Karl R. Popper
John C. Eccles
Das Ich und sein Geh‎

SERIE PIPER

Zu diesem Buch

»Dieses Buch kann man als einen Versuch interdisziplinärer Zusammenarbeit betrachten. Einer von uns (Eccles) ist Gehirnphysiologe; er wurde auf dieses Forschungsgebiet durch sein Interesse an dem Problem der Beziehungen von Gehirn und Seele gelenkt, ein Interesse, das ihn ein Leben lang beherrschte. Der andere (Popper) ist Philosoph, der schon immer von den herrschenden philosophischen Schulen unbefriedigt war und der stark an den Naturwissenschaften interessiert ist. Wir sind beide Dualisten – genauer Pluralisten – und Anhänger der Theorie der Wechselwirkung. Wir hoffen, voneinander gelernt zu haben.« (Aus dem Vorwort)

Sir Karl R. Popper, geboren am 28. Juli 1902 in Wien, gestorben am 17. September 1994 bei London, war Professor an der Universität London, Mitglied der Royal Society und zahlreicher wissenschaftlicher Akademien. 1965 wurde er von Königin Elisabeth II. geadelt. Mitglied des Ordens Pour le Mérite, zahlreiche Ehrendoktorate. Im Piper Verlag erschienen: »Das Ich und sein Gehirn« (mit John C. Eccles, 1982), »Auf der Suche nach einer besseren Welt« (1984), »Alles Leben ist Problemlösen« (1990).

Sir John C. Eccles, geboren 1903 in Melbourne, gestorben 1997 in Locarno. Medizinstudium in Melbourne. Lehrtätigkeit in Oxford, dann Institutsleiter in Sydney. Professuren in Otago/ Neuseeland, Canberra/Australien und Buffalo/USA. 1963 Nobelpreis für gehirnphysiologische Forschung. Zahlreiche Veröffentlichungen.

Karl R. Popper
John C. Eccles
Das Ich und sein Gehirn

Mit 66 Abbildungen

Piper München Zürich

Von den Verfassern durchgesehene Übersetzung
aus dem Englischen von Angela Hartung (Eccles-Texte)
und Willy Hochkeppel (Popper-Texte).
Wissenschaftliche Mitarbeit bei der Übersetzung:
Otto Creutzfeldt.
Die klassischen und einige andere Zitate wurden von
Karl Popper selbst übersetzt.
Gegenüber der Originalausgabe haben die Autoren in Teil I erhebliche,
in Teil II geringfügige Änderungen vorgenommen.

Von Karl R. Popper liegen in der Serie Piper vor:
Auf der Suche nach einer besseren Welt (699)
Das Ich und sein Gehirn (mit John C. Eccles, 1096)
Alles Leben ist Problemlösen (2300)

Ungekürzte Taschenbuchausgabe
1. Auflage Mai 1989
8. Auflage November 2002
© 1977 Sir Karl Popper und Sir John Eccles
Titel der englischen Originalausgabe:
»The Self and Its Brain – An Argument for Interactionism«,
Springer Verlag, Heidelberg, Berlin, London, New York 1977
© der deutschsprachigen Ausgabe:
1982 Piper Verlag GmbH, München
Umschlag: Büro Hamburg
Umschlagabbildung: René Magritte (»L'Annonciation«,
© VG Bild-Kunst, Bonn 2002)
Foto Umschlagrückseite: David Levenson (K. R. Popper) und
Piper Archiv (J. C. Eccles)
Satz: Appl, Wemding
Druck und Bindung: Clausen & Bosse, Leck
Printed in Germany   ISBN 3-492-21096-1

www.piper.de

Für unsere Frauen

Jeder Tag ist eine Bühne, die in einer Komödie, Farce oder Tragö-
die von einer *dramatis persona*, dem »Ich«, beherrscht wird, zum
Guten oder zum Bösen; und so wird es sein, bis der Vorhang fällt.

C. S. Sherrington, 1947

Nur menschliche Wesen gestalten ihr Verhalten im Wissen davon,
was geschah, bevor sie geboren wurden, und in einem Vorbegriff
davon, was nach ihrem Tode geschehen wird: so finden nur
menschliche Wesen ihren Weg mit Hilfe eines Lichtes, das mehr
erhellt, als den kleinen Platz, auf dem sie stehen.

Peter B. Medawar und Jean S. Medawar, 1977

Inhalt

Vorwort

Das Problem der Beziehung zwischen Körper und Geist und besonders des Zusammenhangs zwischen den Strukturen und Prozessen des Gehirns einerseits und geistigen, bewußtseinsmäßigen Anlagen und Vorgängen andererseits ist außerordentlich schwierig. Ohne zu beanspruchen, künftige Entwicklungen vorauszusehen, halten es beide Autoren dieses Buches für unwahrscheinlich, daß das Problem jemals in dem Sinne gelöst werden könnte, daß wir diese Beziehung wirklich verstehen. Wir können wohl nicht mehr erwarten, als hier und da einen kleinen Schritt vorwärts zu tun. Wir haben dieses Buch in der Hoffnung geschrieben, daß uns ein solcher kleiner Schritt gelungen ist.

Wir wissen sehr gut, daß das, was wir erreicht haben, sehr bescheiden ist und weitgehend auf Vermutungen beruht. Wir sind uns unserer Fehlbarkeit bewußt; doch wir glauben an den Wert jeder menschlichen Bemühung um ein vertieftes Verständnis unserer selbst und der Welt, in der wir leben. Wir glauben an den Humanismus: an menschliche Vernunft, an die Wissenschaft und an andere menschliche Leistungen, wie unzulänglich sie auch immer sein mögen. Wir lassen uns nicht durch die immer wiederkehrenden intellektuellen Moden beeindrucken, die uns dazu verführen, die Wissenschaft und andere bedeutende menschliche Leistungen geringzuachten.

Wir haben dieses Buch zum Teil geschrieben, weil wir beide der Ansicht sind, daß die Herabsetzung des Menschen und seiner Leistungen weit genug getrieben worden ist – in der Tat, zu weit. Es heißt, wir sollten von Kopernikus und Darwin lernen, daß die Stellung des Menschen im Universum nicht so erhaben ist oder so einzigartig, wie wir es einst angenommen hatten. Das mag sein. Doch seit Kopernikus haben wir auch zu verstehen gelernt, wie wunderbar, wie selten und vielleicht einzigartig unsere kleine Erde in diesem großen Universum ist; und seit Darwin haben wir vieles über die wunderbare Organisation aller Lebewesen auf

Erden gelernt, sowie über die einzigartige Stellung des Menschen unter seinen Mitgeschöpfen.

Das sind einige der Punkte, in denen die beiden Autoren des Buches übereinstimmen. Über mehrere wichtige Punkte sind wir aber verschiedener Meinung. Wir hoffen, daß diese Punkte durch unseren Dialog, der den Teil III des Buches bildet, deutlich werden.

Ein wichtiger Unterschied zwischen den Autoren sollte indes sogleich erwähnt werden: er betrifft den religiösen Glauben. Einer von uns beiden (Eccles) glaubt an Gott und an ein Übernatürliches, während der andere (Popper) als Agnostiker bezeichnet werden könnte. Aber wir bringen beide dem Standpunkt des anderen nicht nur Achtung entgegen, sondern wir versuchen, ihn zu verstehen.

Dieser Unterschied in unseren Anschauungen ist für die Diskussion einiger Probleme, insbesondere der rein wissenschaftlichen Probleme, recht unwichtig. Aber er wird wichtig für die Diskussion von vielen mehr philosophischen Problemen. So neigt einer von uns dazu, die Vorstellung vom Weiterleben der menschlichen Seele zu verteidigen, wie es Sokrates in Platons *Phaidon* tut, während der andere zu einer agnostischen Position tendiert, wie sie Sokrates in Platons *Apologie* einnimmt. Und obwohl beide Autoren Anhänger des Evolutionsgedankens sind, hält Eccles die Kluft zwischen tierischem Bewußtsein und menschlichem Selbstbewußtsein für tiefer als Popper. Dennoch stimmen wir in vielen wichtigen Punkten überein, zum Beispiel darin, daß wir allzu einfachen Lösungen mißtrauen. Wir vermuten, daß wir vor tiefgründigen Rätseln stehen. Unsere Hauptthese – die psychophysische Wechselwirkung – wird in unserem Buch ausführlich behandelt. Hier wollen wir nur einen oder zwei methodische Gesichtspunkte erwähnen.

Zunächst sind wir uns über die Bedeutung einer Darstellung einig, die sich um Klarheit und Einfachheit bemüht. Worte sollten angemessen und sorgfältig benutzt werden (was uns sicherlich nicht immer gelungen ist); aber ihre Bedeutungen sollten unserer Meinung nach keinesfalls Gegenstand der Diskussion sein, und Bedeutungsprobleme sollten nie die Diskussion beherrschen, wie es so häufig in zeitgenössischen philosphischen Schriften der Fall ist. Und obwohl es manchmal nützlich ist, zu sagen, in welchem Sinne wir ein Wort verwenden, läßt sich das nicht durch Definition erreichen, da sich jede Definition im wesentlichen auf undefinierte Begriffe stützen muß. Wo es möglich war, haben wir nicht-technische Ausdrücke den Fachausdrücken vorgezogen.

Um es kurz zu sagen: Was uns interessiert, ist nicht die Bedeutung von Begriffen, sondern die Wahrheit von Theorien; und diese Wahrheit ist von der verwendeten Terminologie weitgehend unabhängig.

Trotzdem sollen hier einige Bemerkungen zur Terminologie gemacht werden. Wir haben im Englischen das Wort »soul« (wörtlich »Seele«) zu vermeiden gesucht, weil dieses Wort im Englischen starke religiöse Assoziationen hat. Mit dem deutschen Wort »Seele« (oder dem lateinischen »anima« oder dem griechischen »psyche«) ist das anders, wie zum Beispiel der Ausdruck »Leib-Seele-Problem« zeigt (im Englischen »mind-body-problem«). In unserem englischen Text tritt das Wort »mind« (wörtlich »Geist«) in seinem umgangssprachlichen Sinn auf (wie in dem Ausdruck »I made up my mind«, »Ich habe mich entschlossen«). Überall haben wir versucht, eine philosophische Kunstsprache zu vermeiden. Und wir verwenden unsere Terminologie niemals dazu, die Lösung philosophischer Probleme zu suggerieren.

Auf die Parapsychologie, mit der keiner von uns unmittelbare Erfahrungen gemacht hat, sind wir nicht eingegangen.

Dieses Buch kann man als einen Versuch interdisziplinärer Zusammenarbeit betrachten. Einer von uns (Eccles) ist Gehirnphysiologe; er wurde auf dieses Forschungsgebiet durch sein Interesse an dem Problem der Beziehungen von Gehirn und Seele gelenkt, ein Interesse, das ihn ein Leben lang beherrschte. Der andere (Popper) ist Philosoph, der schon immer von den herrschenden philosophischen Schulen unbefriedigt war und der stark an den Naturwissenschaften interessiert ist. Wir sind beide Dualisten – genauer Pluralisten – und Anhänger der Theorie der Wechselwirkung. Wir hoffen, voneinander gelernt zu haben.

Die P (Popper) und E (Eccles) Kapitel bilden Teil I und II des Buches. Sie wurden unabhängig voneinander geschrieben, sowohl in der Villa Serbelloni, als auch später in den Jahren von 1974 bis 1976. Teil III beruht auf Tonbandaufnahmen eines Dialogs, der täglich weitergeführt wurde, wie aus den Daten und Zeiten zu entnehmen ist. Er entstand spontan aus den vielen Diskussionen, die wir bei Spaziergängen auf dem schönen Gelände der Villa Serbelloni führten, vor allem über Probleme, bei denen wir nicht gleicher Meinung waren. Wir wollten zuerst diesen Dialog mehr oder weniger in seiner ursprünglichen Form belassen. Am Ende haben wir aber doch einige Stellen des Dialogs weggelassen, weil sie in unseren Kapiteln ausführlich behandelt werden; vielleicht hat das dem Zusammenhang des Dialogs hier und da geschadet. Der Dialog zeigt, daß sich manche unserer Ansichten aufgrund der täglich neuen kritischen Diskussionen änderten.

KARL R. POPPER
JOHN C. ECCLES

Danksagungen

Zu allererst möchten wir Dr. Ralph Richardson und Dr. Jane Allen von der Rockefeller Foundation (Bellagio Study and Conference Center) unseren Dank für die Einladung in das Center aussprechen. Dr. William Olson, der Direktor des Centers, und Mrs. Olson empfingen uns mit herzlicher Gastfreundlichkeit in der herrlichsten aller akademischen Stätten, der Villa Serbelloni am Comer See. Im September 1974 waren wir dort mit unseren Frauen zu Gast. Das Gelände war ideal für Spaziergänge zwischen der Schreibarbeit und für Gespräche über die jeweiligen Kapitel. Der peripatetische Dialog wurde schließlich in täglichen Tonbandaufnahmen festgehalten; er bildet Teil III dieses Buches.

J. C. E.
K. R. P.

Der Einfluß der Diskussionen mit Sir John Eccles auf meinen Beitrag – besonders die lange, auf Tonband aufgezeichnete und hier abgedruckte Diskussion von 1974 – ist offensichtlich. Er hat darüber hinaus kritische Bemerkungen zu meinem Beitrag gemacht und zahlreiche wichtige Verbesserungen vorgeschlagen. Das gleiche hat Sir Ernst Gombrich getan und auch meine Frau, die mehrere Versionen des Manuskriptes abgeschrieben und im Detail kritisiert hat.

Jeremy Shearmur, der dank der Großzügigkeit der Nuffield Foundation mein Forschungsassistent war, hat mir außerordentlich geholfen. Er hat eine frühere Version sorgfältig durchgearbeitet, meine Argumente kritisiert und viele Verbesserungsvorschläge gemacht. Er lieferte auch einige wichtige positive Beiträge, auf die ich an den entsprechenden Stellen hingewiesen habe. Ich möchte auch Frau Pamela Watts für die Abschrift des endgültigen Manuskriptes danken.

Bei meiner (leider sporadischen) Durchsicht der deutschen Übersetzung haben mir meine Freunde Willy Hochkeppel und Inge Belke in aufopfernder Weise geholfen. Ich danke ihnen von Herzen.

K. R. P.

Ohne das Beispiel, die Ermutigung und die Kritik von Sir Karl Popper hätte ich es nicht gewagt, meinen Vorstellungen über das Problem von Gehirn und Seele in der Weise Ausdruck zu verleihen, wie ich das in den philosophischen Abschnitten meiner Kapitel getan habe. Ich möchte meiner Frau Helena für ihre wertvollen Bemerkungen zum Manuskript und für die Erstellung vieler der Illustrationen sowie für einen großen Teil der Abschrift danken. Der größte Teil dieses Manuskriptes wurde während meiner Zeit in Buffalo fertiggestellt. Besonders möchte ich den Beitrag meiner Assistentin, Frau Virginia Muniak, erwähnen. Sie hat die Tonbandaufnahme unserer 12 Dialoge (Teil III) abgeschrieben. Frau Tecla Rantucci war eine sehr wertvolle Hilfe bei der Herstellung und fachmännischen Fotografie einiger Abbildungen.

Ich möchte den folgenden Neurophysiologen dafür danken, daß sie mir die Wiedergabe von Abbildungen aus ihren Veröffentlichungen gestatteten und mir in einigen Fällen Abbildungen zur Reproduktion zur Verfügung stellten: Drs G. Allen, T. Bliss, A. Brodal, A. Gardner Medwin, N. Geschwind, G. Gray, A. Hein, R. Held, D. Hubel, E. Jones, H. Kornhuber, B. Libet, B. Milner, T. Powell, R. Sperry, J. Szentágothai, C. Trewarthen, N. Tsukahara und T. Wiesel.

J. C. E.

Teil I

Kapitel P 1
Der Materialismus überwindet sich selbst

1. Das Argument Kants

»Zwei Dinge«, so sagt Kant im »Beschluß« seiner *Kritik der Praktischen Vernunft*[1], »erfüllen das Gemüt mit immer neuer und zunehmender Bewunderung und Ehrfurcht …: der bestirnte Himmel über mir und das moralische Gesetz in mir.« »Der bestirnte Himmel« symbolisiert für ihn das Problem unseres Wissens vom physikalischen Universum[2] und die Frage nach unserer Stellung darin. »Das moralische Gesetz« betrifft unsere unsichtbare Seele, unser Ich, die menschliche Persönlichkeit und damit, wie Kant erklärt, die menschliche Freiheit. Das erste macht unsere Bedeutung zunichte: Es läßt die Bedeutung des Menschen als Teil des physikalischen Universums zu einem Nichts zusammenschrumpfen. Das zweite erhebt dagegen unseren Wert als intelligente und verantwortliche Wesen ins Unermeßliche.

Ich glaube, Kant hat im wesentlichen recht. Josef Popper-Lynkeus drückte es einmal so aus: Immer wenn ein Mensch stirbt, wird ein ganzes Universum zerstört (was man sofort verstehe, wenn man sich mit diesem Menschen identifiziere). Menschliche Wesen sind unersetzlich; und dadurch unterscheiden sie sich deutlich von Maschinen. Menschen können das Leben genießen; sie können leiden und sie können dem Tod bewußt ins Auge sehen. Sie haben Bewußtsein, sie haben ein Ich, eine Seele. Eine Person ist Zweck, nicht Mittel zum Zweck, wie Kant betont.

Diese Auffassung scheint mir mit der materialistischen Lehre unvereinbar zu sein, wonach Menschen Maschinen sind.

Meine Absicht in diesem einführenden Kapitel ist es, eine Anzahl Probleme aufzuwerfen und auf einige Dinge hinzuweisen, die vielleicht

---

[1] Immanuel Kant [1788], S. 161–163.

[2] Für Kant gipfelte dieses Wissen in der astronomischen Theorie: In Newtons Mechanik, einschließlich dessen Gravitationstheorie, die unsere »Einsicht in den Weltbau« hervorgebracht habe (S. 163).

den Materialisten oder Physikalisten nachdenklich stimmen könnten. Zugleich möchte ich den großen historischen Leistungen des Materialismus Gerechtigkeit widerfahren lassen. Ich möchte aber gleich am Anfang betonen, daß es nicht meine Absicht ist, irgendwelche »Was-ist«-Fragen zu stellen, wie »Was ist Bewußtsein?« oder »Was ist Materie?«. (Es wird sich später als einer meiner Hauptpunkte herausstellen, daß wir »Was-ist«-Fragen vermeiden sollen.) Und noch weniger ist es meine Absicht, derartige Fragen zu *beantworten*. (Das heißt, ich biete meinen Lesern keine »Ontologie« an.)

2. Menschen und Maschinen

Die Lehre, daß Menschen Maschinen oder Automaten sind, ist ziemlich alt. Ihre erste klare und ausdrückliche Formulierung geht anscheinend auf den Titel (aber nicht auf den Inhalt[1]) eines berühmten Buches von La Mettrie, *L' homme machine* [1747] (Der Mensch als Maschine), zurück; obwohl der erste Schriftsteller, der mit der Idee von menschenähnlichen Automaten oder Robotern spielte, Homer war.[1a]

Aber eine Maschine ist offenbar niemals ein Selbstzweck, wie kompliziert sie auch sein mag. Sie kann wegen ihrer Nützlichkeit von Wert sein;

---

[1] La Mettrie bestreitet nicht die Existenz des Bewußtseins. Er reagierte auch heftig auf Descartes' These, daß Tiere (aber nicht Menschen) bloße Automaten sind (genaueres im Abschnitt 56).

[1a] Es gibt zwei Stellen im 18. Buch der *Ilias*, in denen »Hephaistos, der göttliche Handwerker« als Schöpfer von automatischen Robotern beschrieben wird. In der ersten Stelle ist Hephaistos damit beschäftigt, etwas wie automatische Kellner (oder einen automatischen Teewagen) zu konstruieren. In der zweiten wird er bei seiner Arbeit von geschickten Mädchen unterstützt, die er aus Gold geschmiedet hat, einem Metall, dem er besondere Kraft zuschreibt. Die erste Stelle (373–377) lautet in der Übersetzung von Johann Heinrich Voss:

> Denn Dreifüße bereitet' er, zwanzig in allem,
> Rings zu stehn an der Wand des wohlgerundeten Saales.
> Goldene Räder befestigt' er jeglichem unter dem Boden;
> Daß sie von selbst hinrollten zum Mahl der unsterblichen Götter,
> Dann zu ihrem Gemach heimkehrten; ein Wunder dem Anblick.

Die zweite Stelle (417–420) heißt:

> Künstliche Mädchen halfen dem Herrscher, goldene,
> Lebenden gleich, mit jugendlich reizender Bildung:
> Diese haben Verstand im Herzen und sprechende Stimme,
> Haben auch Kraft und Kunstfertigkeit, Gaben der Götter.

(Die beiden letzten Zeilen klingen ganz, als ob Homer Gilbert Ryles Werk *The Concept of Mind* [1949] – »Der Begriff des Geistes« [1969] – gelesen hätte!)

und ein bestimmtes Exemplar kann aufgrund seiner historischen Einzigartigkeit kostbar sein. Doch Maschinen werden wertlos, wenn sie nicht auch Seltenheitswert haben: Wenn es zu viele von einer Art gibt, sind wir sogar bereit, dafür zu zahlen, daß sie weggeschafft werden. Dagegen halten wir das menschliche Leben für wertvoll, ungeachtet der Übervölkerung, dem schwersten aller sozialen Probleme unserer Zeit. Wir respektieren sogar das Leben eines Mörders.

Man muß zugeben, daß nach zwei Weltkriegen und unter der Bedrohung durch neue Massenvernichtungsmittel in einigen Gesellschaftsschichten die Achtung vor dem menschlichen Leben erschreckend gesunken ist. Es ist daher besonders dringend, im Folgenden für jene Auffassung einzutreten, von der wir meiner Überzeugung nach nicht abweichen sollten: die Auffassung, daß der Mensch Selbstzweck ist, im Unterschied zu einer bloßen Maschine.

Man kann die, die da meinen, Menschen seien Maschinen, in zwei Gruppen einteilen: jene, die Bewußtsein, persönliche Erlebnisse oder psychische Vorgänge leugnen, oder etwa erklären, die Frage, ob es solche Erlebnisse gebe, sei von untergeordneter Bedeutung und könne offengelassen werden; und jene, die zwar die Existenz von Bewußtseinsvorgängen zugeben, aber behaupten, diese seien »Epiphänomene«: alles könne ohne sie erklärt werden, da die materielle Welt kausal in sich geschlossen sei. Welcher Gruppe sie auch angehören mögen – beide sind gezwungen, wie mir scheint, die Realität des menschlichen Leidens und die Bedeutung des Kampfes gegen unnötiges Leiden zu vernachlässigen.

Ich halte deshalb die These, daß Menschen Maschinen sind, nicht nur für falsch, sondern für eine Lehre, die dazu tendiert, eine humane Ethik zu untergraben. Gerade deshalb ist es wichtig festzustellen, daß die großen Verfechter dieser Lehre – die großen Philosophen des Materialismus – fast alle Vorkämpfer einer humanistischen Ethik waren. Von Demokrit und Lukrez bis zu Herbert Feigl und Anthony Quinton waren die materialistischen Philosophen im allgemeinen Humanisten und Kämpfer für Freiheit und Aufklärung; und ihre Gegner waren, wie man leider zugeben muß, nicht selten das Gegenteil. Deshalb möchte ich, gerade weil ich den Materialismus für falsch halte – gerade weil ich nicht glaube, daß Menschen Maschinen oder Automaten sind –, die große und wirklich lebenswichtige Rolle betonen, die die materialistische Philosophie in der Entwicklung des menschlichen Denkens und der humanistischen Ethik gespielt hat.

3. Der Materialismus überwindet sich selbst

Historisch gesehen hat der Materialismus als philosophische Bewegung die Naturwissenschaften inspiriert. Er hat zwei der ältesten und der immer noch wichtigsten naturwissenschaftlichen Forschungsprogramme hervorgebracht, zwei sich befehdende Traditionen, die erst in unserer Zeit miteinander verschmolzen sind. Die eine Tradition geht auf die parmenideische und cartesianische *Theorie des Plenum* zurück, die sich zur Kontinuitätstheorie der Materie weiterentwickelte und die mit Faraday und Maxwell, Riemann, Clifford und, in unserer Zeit, mit Einstein, Schrödinger und Wheeler zur Feldtheorie der Materie und weiter zur Quantengeometrodynamik geführt hat. Die andere Tradition ist die des *Atomismus* von Leukipp, Demokrit, Epikur und Lukrez; sie hat schließlich zur modernen Atomtheorie und zur Quantenmechanik geführt.

Doch diese beiden Forschungsprogramme haben sich bis zu einem gewissen Grad selbst überwunden. Beide Theorien gingen davon aus, daß Materie etwas im Raum Ausgedehntes, etwas Raumerfüllendes (oder etwas, das Teile des Raums erfüllt) und etwas Letztes sei: essentiell, substantiell; ein Wesen oder eine Substanz, die weiterer Erklärung weder fähig noch bedürftig ist, und somit ein Prinzip, mit dessen Hilfe alles andere erklärt werden muß und kann. Diese (»materialistische«) Auffassung von der Materie wurde wohl zum ersten Mal von Leibniz und Boscovich überwunden (siehe Abschnitt 51). Die moderne Physik dagegen enthält Theorien, die die Materie *erklären,* zum Beispiel deren Eigenschaft, den Raum zu erfüllen (eine Eigenschaft, die einmal die »Undurchdringlichkeit der Materie« genannt wurde) oder die Eigenschaften der Elastizität und der Kohäsion; oder etwa die »Aggregatzustände« der Materie: fest, flüssig und gasförmig. Durch diese theoretische Erklärung der Materie und deren Eigenschaften wurde die moderne Physik über das ursprüngliche Programm des Materialismus weit hinausgeführt. Tatsächlich war es die Physik selbst, die auf diese Weise die weitaus wichtigsten Argumente gegen den klassischen Materialismus lieferte.

Ich will kurz die wichtigsten dieser Argumente zusammenfassen. (Siehe auch Abschnitte 47–51.) Die klassischen Vertreter des Materialismus, wie Leukipp oder Demokrit, wie auch die späteren Theoretiker Descartes oder Hobbes nehmen an, daß Materie oder die Körper oder die »ausgedehnte Substanz« Teile des Raumes ausfüllt, oder vielleicht auch den ganzen Raum, und daß ein Körper einen anderen Körper *stoßen* kann. Stoß – oder Aufprall – wird so zum Erklärungsprinzip aller kausalen Wirkung (»Kontaktwirkung«). Die Welt ist ein Uhrwerk, ein System von Körpern, die sich gegenseitig wie Zahnräder fortstoßen und antreiben.

Über diese Theorie ging erstmals die Gravitationstheorie Newtons hinaus, die (1) mit Anziehung, nicht nur mit Stoß, und (2) mit Fernwirkung statt Kontaktwirkung arbeitete. Newton selbst fand das ganz unzulänglich und geradezu absurd;[1] doch seine und seiner Nachfolger Versuche (vor allem die von Le Sage[2]), die Anziehung der Schwerkraft auf Stoß zurückzuführen, mißlangen. Diese erste Bresche in das Bollwerk des klassischen Materialismus wurde jedoch durch eine Erweiterung der Idee des Materialismus geschlossen: Die Anziehung der Schwerkraft wurde von späteren Anhängern Newtons als eine »wesentliche« oder »innere« Eigenschaft der Materie interpretiert, die einer weiteren Erklärung weder fähig noch bedürftig ist.[3]

Eines der wichtigsten Ereignisse in der Geschichte der Selbstüberwindung des Materialismus war J. J. Thomsons Entdeckung des Elektrons, das er (ähnlich wie H. A. Lorentz) als einen winzigen Atomsplitter interpretierte. Also konnte das Atom – seiner alten Definition nach unteilbar – geteilt werden. Das war schlimm; doch man konnte sich anpassen, indem man die Atome als Systeme kleinerer geladener materieller Teilchen ansah: als Systeme von Elektronen und Protonen, die man als sehr kleine geladene Materieteilchen interpretierte.

Die neue Theorie konnte den Stoß zwischen Materiestücken (also die »Undurchdringlichkeit der Materie«) durch die elektrische Abstoßung gleichgeladener Teilchen *erklären* (durch die Elektronenhüllen der Atome). Das war zwar überzeugend, zerstörte aber die Vorstellung, daß der mechanische Stoß »wesentlich« ist, und erklärbar durch die essentielle, raumfüllende Eigenschaft der Materie, und daß daher der Stoß als Modell aller physikalischen kausalen Wirkung zugrundeliege. Heute sind andere Elementarteilchen bekannt, die nicht als geladene (oder ungeladene) Materieteilchen gedeutet werden können – als Materie im Sinne des Materialismus –, denn sie sind *instabil:* Sie zerfallen. Sogar stabile Teilchen wie Elektronen können sich paarweise unter Erzeugung von Photonen (Lichtquanten) vernichten; und sie können aus einem Photon (einem Gammastrahl) erzeugt werden. Aber Licht ist keine Materie, wenn wir auch sagen können, daß sowohl Licht als auch Materie Formen von Energie sind.

So mußte das Gesetz von der Erhaltung der Materie (und der Masse)

---

[1] Siehe Popper [1963 (a)], S. 106 (Text zu Anm. 20 zu Kapitel 3) und Abschnitt 48.
[2] Siehe ders. [1963 (a)], S. 107 (Anm. 21 zu Kapitel 3).
[3] Über die Rolle, die die Theorie Newtons im Niedergang des Essentialismus spielte, findet sich mehr in Abschnitt 51.

aufgegeben werden. Materie ist nicht »Substanz«, da sie ja nicht erhalten bleibt: Sie kann zerstört werden, und sie kann erzeugt werden. Sogar die stabilsten Partikel können durch Zusammenstoß mit ihren Antipartikeln zerstört werden, wobei ihre Energie in Licht umgewandelt wird. Materie erweist sich als hochverdichtete, in andere Energieformen umwandelbare Energie und folglich als eine Art *Prozeß,* da sie in andere Prozesse, wie Licht und natürlich Bewegung und Wärme, umgewandelt werden kann.

Man kann also sagen, daß die Ergebnisse der modernen Physik es nahelegen, *die Vorstellung von einer Substanz oder einem Wesen* aufzugeben.[4] Sie deuten daraufhin, daß es keine selbstidentische Wesenheit gibt, die alle zeitlichen Veränderungen überdauert (wenn das auch Materieteilchen unter »gewöhnlichen« Umständen tun); daß es kein Wesen gibt, das der beständige Träger oder Besitzer der Eigenschaften oder Qualitäten eines Dinges ist. Das Universum erscheint uns heute nicht als eine Ansammlung von Dingen, sondern als eine Menge von in Wechselwirkung stehenden Ereignissen oder Prozessen (wie es besonders A. N. Whitehead betonte).

Ein moderner Physiker könnte somit sagen, daß physikalische Dinge – Körper, Materie – eine atomare Struktur haben. Doch die Atome besitzen ihrerseits eine Struktur, eine Struktur, die kaum als »materiell« und gewiß nicht als »substantiell« bezeichnet werden kann: Mit dem Programm, die Struktur der Materie zu erklären, war die Physik gezwungen, über den Materialismus hinauszugehen.

Diese ganze Entwicklung, die die Physik über den Materialismus hinausführte, war ein Ergebnis von Forschungen über die Struktur der Materie, über die Theorie der Atome, und damit ein Ergebnis des materialistischen Forschungsprogramms selbst. (Aus diesem Grunde sage ich auch, daß der Materialismus sich selbst überwindet.) Diese Entwicklung hat die Wirklichkeit und die Wichtigkeit der Materie und der materiellen Dinge – Atome, Moleküle und Molekülstrukturen – unangetastet gelassen. Man könnte sogar sagen, daß sie zu einem Realitätsgewinn geführt hat. Denn wie die Geschichte des Materialismus und besonders des Atomismus zeigt, wurde die Realität der Materie nicht nur von idealistischen Philosophen wie Berkeley und Hume, sondern auch von Physikern, wie etwa

---

[4] Die heutige Physik geht von der Annahme aus, daß die Energiemenge in einem geschlossenen System erhalten bleibt. Das bedeutet aber nicht, daß in der Physik so etwas wie eine Substanz mit Notwendigkeit angenommen werden muß: In der Theorie von Bohr, Kramers und Slater [1924] wurde angenommen, daß Energie nur im statistischen Durchschnitt erhalten bleibt. Bohr machte Jahre später einen ähnlichen Vorschlag, kurz vor Paulis Vermutung der Existenz des Neutrinos; und auch Schrödinger [1952] schlug eine ähnliche Theorie vor. Das zeigt, daß die Physiker durchaus bereit waren, jene Eigenschaft der Energie, in der sie einer Substanz ähnelt, aufzugeben, und daß keine *apriorische* Notwendigkeit hinter dem Satz von der Erhaltung der Energie steht.

Mach, gerade zum Zeitpunkt des Aufstiegs der Quantentheorie in Zweifel gezogen. Doch seit 1905 (mit Einsteins Molekulartheorie der Brownschen Bewegung) nahmen die Dinge ein anderes Aussehen an; und sogar Mach änderte kurz vor seinem Tode wenigstens zeitweise[5] seine Ansichten, als ihm auf einem Schirm die Szintillationen gezeigt wurden, die von Alpha-Partikeln (Fragmenten zerfallener Radium-Atome) ausgelöst wurden. Man könnte sagen, die Atome wurden gerade zu dem Zeitpunkt als wirklich oder real akzeptiert, als sie aufhörten, atomar zu sein: als sie aufhörten, unteilbare Materiestückchen zu sein und eine Struktur bekamen.

So kann man die heutige physikalische Theorie der Materie also nicht mehr länger materialistisch nennen, wenn sie auch viel von ihrem ursprünglichen Charakter behalten hat. Sie arbeitet immer noch mit Teilchen (obwohl diese nun nicht nur kleine Materiestückchen sind, sondern Strukturen mit ganz unerwarteten Eigenschaften) und mit Kräften; aber sie verwendet jetzt Kraftfelder und verschiedene Formen von Strahlung, also von strahlender Energie. So wurde die Physik zu einer *Theorie*, die die Materie aus nicht-materiellen (aber bestimmt nicht aus ideellen oder geistigen) Entitäten erklärt. Oder wie John Archibald Wheeler sagt: »Die Teilchenphysik ist nicht der geeignete Ausgangspunkt für die Teilchenphysik. Das ist vielmehr die Vakuumphysik.«[6]

So hat der Materialismus sich selbst überwunden. Und die Auffassung, daß Tiere und Menschen mechanische Maschinen sind – eine Auffassung, die ursprünglich vom Titel von La Mettries Buch *Der Mensch als Maschine* inspiriert war (siehe Abschnitt 56) –, wurde nun von der Auffassung abgelöst, daß Tiere und Menschen *elektrochemische* Maschinen sind.

Dieser Wechsel ist wichtig. Aber aus Gründen, die zu Beginn des Kapitels geäußert wurden, scheint mir diese moderne Version der Theorie vom Menschen als Maschine (obwohl sie vielleicht der Wahrheit einen Schritt näher kommt) nicht akzeptabler zu sein als die alte mechanistische Version des Materialismus.

Viele moderne Philosophen, die diese neuere Auffassung teilen (namentlich U. T. Place, J. J. C. Smart und D. M. Armstrong), nennen sich »Materialisten« und verleihen damit dem Begriff »Materialismus« eine von der früheren etwas abweichende Bedeutung. Andere, die ganz ähnliche Auffassungen vertreten – auch die, daß Menschen Maschinen sind –, nennen sich »Physikalisten«, ein Ausdruck, der meines Wissens auf Otto Neurath zurückgeht. (Auch Herbert Feigl nennt sich so, obwohl er die

---

[5] Siehe Blackmore [1972], S. 319–324.
[6] John Archibald Wheeler [1973], S. 235. Wie Wheeler ausführt (S. 229), kann diese bedeutende Idee auf Riemann und William Kingdon Clifford [1873], [1879], [1882] zurückverfolgt werden.

Tatsache des menschlichen Bewußtseins mit Recht für eines der wichtigsten Probleme der Philosophie hält.)

Die Terminologie ist natürlich ganz unwichtig. Aber eines dürfen wir
nicht übersehen: Eine Kritik des alten Materialismus ist, selbst wenn sie
schlüssig ist, nicht unbedingt auf die heutigen physikalistischen Formen
des Materialismus anwendbar.

4. Bemerkungen über den Begriff »wirklich«

Gewöhnlich versuche ich, »Was ist«-Fragen zu vermeiden und noch mehr
»Was meinen Sie mit«-Fragen. Denn diese Fragen scheinen mir alle die
Gefahr heraufzubeschwören, daß man sich statt mit wirklichen Problemen
über Sachen mit verbalen Problemen, also mit Wortstreitigkeiten, befaßt.
Doch in diesem Abschnitt will ich von diesem Prinzip[1] abweichen und
kurz erklären, wie ein Ausdruck oder Begriff verwendet wird (oder wie
ich ihn zu verwenden vorschlage), nämlich der Begriff »wirklich« oder
»real«; im letzten Abschnitt hatte ich ihn verwendet, als ich sagte, daß die
Atome gerade dann als wirklich oder real akzeptiert wurden, als sie aufhörten, atomar zu sein.

Ich vermute, daß der Begriff »wirklich« oder »existierend« oder
»real« (»real«-»dinglich«) ursprünglich zur Charakterisierung körperlicher Dinge von handlicher Größe diente – Dinge, die ein kleines Kind
hantieren und die es womöglich in den Mund stecken kann. Dann wurde
der Gebrauch des Begriffs »wirklich« zunächst auf größere Dinge ausgedehnt – Dinge, die zu groß sind, um sie in die Hand zu nehmen, wie zum
Beispiel Züge, Häuser, Berge, die Erde und die Sterne – aber auch auf
sehr kleine Dinge – Dinge wie Staubpartikel oder Milben. Ferner wird
sein Gebrauch natürlich auf Flüssigkeiten und auch auf Luft, Gase und auf
Moleküle und Atome ausgedehnt.

Welches Prinzip steckt hinter dieser Ausdehnung? Ich glaube, es ist so,
daß die Dinge, die wir für wirklich halten, imstande sein sollten, eine
Wirkung auf jene Dinge auszuüben, die im ursprünglichen Sinn wirklich
Dinge sind, also auf die materiellen Dinge von gewöhnlicher Größe. Ich
glaube, daß wir Veränderungen in der gewöhnlichen Welt der körperli-

---

[1] Auch wenn ich hier so etwas wie eine »Was ist«-Frage stelle, mache ich doch keine
»Bedeutungsanalyse«. Hinter meiner Untersuchung des Wortes »wirklich« oder »real« steht
eine *Theorie:* die Theorie, daß es die Materie wirklich gibt, und daß diese Tatsache *entscheidend* wichtig ist. Aber ich behaupte, daß auch andere Dinge, die mit der Materie in Wechselbeziehung stehen, wie etwa das Bewußtsein, ebenfalls existieren; siehe unten.

chen Dinge durch die kausalen Wirkungen von Dingen erklären, die wir hypothetisch als wirklich, als existierend annehmen.

Doch dann erhebt sich die weitere Frage, ob diese Dinge, die wir hypothetisch als wirklich annehmen, auch tatsächlich existieren.

Vielen widerstrebte es, die Existenz von Atomen anzunehmen, aber nach Einsteins Theorie der Brownschen Bewegung wurde sie weithin zugestanden. Einstein schlug eine auch quantitativ gut überprüfbare Theorie vor, daß kleine, in einer Flüssigkeit schwebende Teilchen (deren Bewegungen im Mikroskop sichtbar und die daher »real« sind) sich bewegen, weil sie mit den wärmebewegten Molekülen der Flüssigkeit zusammenstoßen. Er nahm an, daß die dann immer noch unsichtbar kleinen Moleküle *kausale Wirkungen* auf diese zwar recht kleinen, aber immerhin noch »gewöhnlichen« wirklichen Dinge ausübten. So lieferte diese Theorie gute Gründe für die Realität von Molekülen und, weiter, von Atomen.

Obwohl Mach nicht gern mit Vermutungen arbeitete, wurde er (wenigstens eine Zeitlang) von der Existenz der Atome durch den beobachtbaren Nachweis der physikalischen Wirkungen ihres Zerfalls überzeugt. Und das Wissen um die Wirklichkeit, die Existenz von Atomen wurde allgemein, als zwei große Städte durch die Wirkung des künstlichen Zerfalls von Atomen zerstört wurden.

Ob solche Gründe für die Wirklichkeit von hypothetischen oder theoretischen Entitäten (wie es die Atome sind) aber auch akzeptiert werden sollen, ist eine nicht ganz einfache Frage. Sicher sind keine solchen Gründe jemals endgültige Beweise. Aber wir alle neigen dazu, etwas, dessen Existenz vermutet wird, als tatsächlich existierend anzunehmen, wenn seine Existenz durch neue Gründe bestätigt wird; zum Beispiel durch die Entdeckung von Wirkungen, die wir erwarten würden, falls das fragliche Ding wirklich existierte. Wir können jedoch sagen, daß eine solche Bestätigung zuerst einmal anzeigt, daß es *etwas* gibt; zumindest die Tatsache dieser Bestätigung muß durch jede zukünftige Theorie erklärt werden. Zweitens zeigt die Bewährung, daß die Theorie, die Hypothese, daß jene Dinge existieren, vielleicht wahr ist oder doch der Wahrheit nahekommt: daß sie Wahrheitsähnlichkeit besitzt. (Es ist daher vielleicht besser, von der Wahrheit oder Wahrheitsähnlichkeit von Theorien zu sprechen als von der Existenz von Dingen, weil ja der Satz, der die Existenz eines Dinges ausspricht, ein Teil einer Theorie, also einer Hypothese, einer Vermutung ist.)

Wenn wir diese Vorbehalte berücksichtigen, dann besteht kein Anlaß, warum wir zum Beispiel nicht sagen sollten, daß Atome und auch Elektronen und andere Elementarteilchen jetzt als wirklich existierend angenommen werden (natürlich hypothetisch), etwa aufgrund ihrer kausalen Wirkungen auf fotografische Emulsionen. Wir akzeptieren also Dinge als

»wirklich«, wenn sie kausal auf gewöhnliche, reale materielle Dinge wirken oder wenn sie mit diesen in Wechselwirkung stehen.

Man muß indes zugeben, daß wirkliche, reale Dinge in verschiedenen Graden konkret oder abstrakt sein können. In der Physik halten wir Kräfte oder Kraftfelder für wirklich, weil sie auf materielle Dinge einwirken. Doch diese Dinge sind abstrakter und vielleicht auch hypothetischer als die gewöhnlichen körperlichen oder materiellen Dinge.

Kräfte und Kraftfelder sind gewöhnlich an materielle Dinge gebunden, zum Beispiel an Atome und an subatomare Teilchen. Sie sind von dispositionaler Art: Sie sind Anlagen von Dingen, in Wechselwirkung mit anderen Dingen zu treten. Sie können folglich als hochabstrakte theoretische Gebilde bezeichnet werden; doch da sie direkt oder indirekt mit gewöhnlichen körperlichen oder materiellen Dingen in Wechselwirkung stehen, so nehmen wir an, daß sie wirklich sind.

Um es zusammenzufassen: Ich teile mit altmodischen Materialisten die Auffassung, daß materielle Dinge wirklich sind, und sogar auch die Ansicht, daß feste materielle Körper die ursprünglichen Beispiele der Wirklichkeit sind. Und mit den modernen Materialisten oder Physikalisten bin auch ich der Auffassung, daß Kräfte und Kraftfelder, Ladungen usw. – das heißt andere theoretische physikalische Gebilde als Materie – ebenfalls wirklich sind.

Aber obwohl ich vermute, daß wir als Kinder unsere Idee der Wirklichkeit von den materiellen Dingen herleiten, behaupte ich nicht, daß materielle Dinge in irgendeinem Sinn etwas »Letztes« sind. Im Gegenteil, wenn wir etwas mehr über physikalische Kräfte und Vorgänge gelernt haben, können wir sehen, daß materielle Dinge, insbesondere feste Körper, als höchst spezielle physische Vorgänge interpretiert werden müssen, Vorgänge, in denen molekulare Kräfte eine dominierende Rolle spielen.

5. Materialismus, Biologie und Bewußtsein

Nicht nur in der Physik, sondern auch in der Biologie ist der Materialismus eine wichtige große Tradition, eine Bewegung von großer Bedeutung. Wir wissen nicht viel über den Ursprung des Lebens auf der Erde; aber es sieht ganz so aus, als ob das Leben mit der chemischen Synthese von großen sich selbstreproduzierenden Molekülen entstand, und daß es sich durch natürliche Auslese weiterentwickelte, wie es ja die Materialisten in der Nachfolge Darwins behaupten.

Es scheint also, daß in einem materiellen Universum etwas Neues auftauchen kann. Tote Materie kann, so scheint es, mehr hervorbringen als tote Materie. Insbesondere hat sie auch Bewußtsein hervorgebracht – zweifellos in langsamen Schritten – und schließlich das menschliche Gehirn und den menschlichen Geist, das menschliche Bewußtsein des eigenen Selbst und das menschliche Wissen um das Universum.

Es verbindet mich also mit den Materialisten oder Physikalisten nicht nur die Betonung der materiellen Dinge als der grundlegenden Beispiele der Wirklichkeit, sondern auch die Hypothese der Evolution. Doch unsere Wege scheinen sich da zu trennen, wo die Evolution das Bewußtsein und die menschliche Sprache hervorbringt. Und sie gehen noch stärker auseinander, wenn der menschliche Geist Märchen und Geschichten und erklärende Mythen, Werkzeuge und Kunstwerke und Werke der Wissenschaft hervorbringt.

Das alles hat sich entwickelt, so scheint es, ohne jegliche Verletzung der Gesetze der Physik. Doch mit dem Leben, auch schon in seinen niederen Formen, tauchen Probleme und Problemlösungen im Universum auf, und mit den höheren Formen auch Zwecke und Ziele, die bewußt verfolgt werden.

Wir können uns nur wundern, daß Materie so über sich selbst hinausgehen kann, daß sie Bewußtsein hervorbringt und Zwecke und Ziele, und schließlich die Welt der Erzeugnisse des denkenden menschlichen Geistes.

Wohl eines der ersten Erzeugnisse des menschlichen Geistes ist die menschliche Sprache. Ich vermute sogar, daß die Sprache in der Tat das erste dieser Erzeugnisse war. Und nicht nur das, sondern ich vermute auch, daß sich das menschliche Gehirn und der menschliche Geist in gegenseitiger Wechselwirkung mit ihrem eigenen Erzeugnis, der sich entwickelnden Sprache, entwickelt haben.

6. Die »organische Evolution«

Um diese Wechselwirkung besser zu verstehen, wollen wir einen oft vernachlässigten Aspekt der Theorie der natürlichen Auslese betrachten.

Die natürliche Auslese wird oft als das Ergebnis einer Wechselwirkung zwischen zwei Dingen angesehen: dem blinden Zufall, der innerhalb des Organismus die Mutationen hervorbringt, und dem Selektionsdruck der äußeren Umwelt, auf den der Organismus keinerlei Einfluß hat. Die Ziele oder die Präferenzen eines Organismus scheinen überhaupt keine Rolle in der natürlichen Auslese zu spielen, es sei denn als Ergebnisse der natürlichen Auslese. Die Theorien von Lamarck, Butler oder Bergson,

nach denen die Zielsetzungen oder die Präferenzen oder die Wünsche und
Hoffnungen eines Lebewesens die Evolution beeinflussen können, schei-
nen mit dem neueren Darwinismus in Widerspruch zu stehen, da sie die
Erblichkeit erworbener Eigenschaften behaupten.

Diese Ansicht ist falsch, wie mehrere Forscher unabhängig voneinander gefunden haben, namentlich die beiden Darwinisten J. M. Baldwin
und C. Lloyd Morgan, die ihre Theorie als die Lehre von der »organischen
Evolution« bezeichnen.[1]

Die Theorie der organischen Evolution geht von der Tatsache aus, daß
alle Organismen, vor allem die höheren, über ein verhältnismäßig reiches
Verhaltensrepertoire verfügen. Durch Aneignung einer neuen Verhaltensweise kann nun der einzelne Organismus seine Umwelt verändern.
Sogar ein Baum kann eine Wurzel in einen Spalt zwischen zwei Felsen
treiben, die Felsen auseinanderdrängen und so in ein Erdreich eindringen,
das von anderer chemischer Zusammensetzung ist, als das in seiner unmittelbaren Umgebung. Noch bedeutsamer ist, daß sich ein Lebewesen die
Vorliebe für eine neue Nahrung bewußt aneignen kann, und zwar als
Ergebnis von Versuch und Irrtum. Das bedeutet, es verändert seine Umwelt in dem Sinn, daß neue Aspekte der Umwelt eine neue biologische
(ökologische) Bedeutung annehmen. Auf diese Weise kann eine individuelle Vorliebe oder auch eine individuelle Fertigkeit zur Auslese und vielleicht geradezu zum Aufbau einer neuen ökologischen Nische durch den
Organismus führen. Der Organismus kann also bis zu einem gewissen
Grad sozusagen seine Umwelt »wählen«;[2] und er kann sich und seine
Nachkommen dadurch neuen Abarten des Selektionsdruckes aussetzen,
die für die neue Umwelt charakteristisch sind. So können die Handlungen,
die Präferenzen, die Zu- oder Abneigungen, die Zielsetzungen und die
Fertigkeiten des einzelnen Lebewesens indirekt den Selektionsdruck, dem
es ausgesetzt ist, und damit das Ergebnis der natürlichen Auslese, beeinflussen.

Um ein bekanntes Beispiel zu nennen: Nach Lamarck war es die Vorliebe, hochgelegene Äste von Bäumen abzuäsen, die die Vorfahren der
Giraffe ihre Hälse strecken ließ, und diese Vorliebe führte dann durch die
Vererbung erworbener Eigenschaften zu unserer Giraffe. Für den modernen Darwinismus (die »synthetische Theorie«) ist diese Erklärung völlig
unannehmbar, weil erworbene Eigenschaften nicht vererbt werden. Das

---

[1] Ein wichtiger Beitrag zur Ideengeschichte der organischen Evolution findet sich in Sir
Alister Hardys wichtigem Buch, *The Living Stream* [1965].
[2] Wenn ich auch persönlich glaube, daß Tiere und Menschen eine echte Auswahl treffen,
könnte natürlich ein Materialist solches Auswählen und solche Vorlieben so interpretieren,
daß sie letztlich nichts anderes seien als das Ergebnis von Zufall und von selektiven Filtern.
Ich will aber diese Frage hier nicht weiter behandeln.

heißt aber keineswegs, daß die Tätigkeiten, Vorlieben und Wahlhandlungen der Vorfahren der Giraffe nicht eine entscheidende (wenn auch indirekte) Rolle in ihrer Evolution gespielt haben. Im Gegenteil, sie schufen eine neue Umwelt mit neuen Abarten des Selektionsdrucks für ihre Nachkommen, und das führte zur Auslese der langen Hälse.

Man kann sogar sagen, daß bis zu einem gewissen Grade die Präferenzen und Zielsetzungen oft entscheidend sind. Es ist viel wahrscheinlicher, daß eine neue Eßgewohnheit durch natürliche Auslese (und über zufällige Mutationen) zu neuen anatomischen Anpassungen führt, als daß zufällige anatomische Veränderungen neue Ernährungsgewohnheiten erzwingen. Denn Veränderungen, die den Gewohnheiten des Organismus nicht angepaßt sind, wären in seinem Kampf ums Dasein kaum von positivem Wert.

Darwin schrieb: »... es wäre leicht für die natürliche Auslese, die Struktur des Tieres dessen geänderten Gewohnheiten anzupassen ...«. Er fuhr jedoch fort: »Es ist ... schwierig zu entscheiden und für uns unwesentlich, ob sich im allgemeinen zuerst die Gewohnheiten ändern und erst danach die Struktur, oder ob geringfügige Modifikationen der Struktur zu geänderten Gewohnheiten führen. Beides passiert wahrscheinlich oft fast gleichzeitig«.[3] Auch ich bin der Meinung, daß beide Fälle vorkommen, und daß es in beiden Fällen die natürliche Auslese ist, die auf die genetische Struktur einwirkt. Dennoch glaube ich, daß in vielen und vielfach in den interessantesten Fällen sich zuerst die Gewohnheiten ändern. Das sind eben die Fälle, die »organische Evolution« genannt werden.

Aber ich stimme mit Darwin nicht überein, wenn er sagt, die Frage sei »für uns unwesentlich«. Im Gegenteil, ich halte sie für sehr wichtig. Evolutionäre Veränderungen, die mit neuen Verhaltensmustern beginnen – mit neuen Präferenzen und neuen Absichten des Lebewesens – machen nicht nur viele Anpassungen verständlich, sondern sie geben den subjektiven Zielen und Absichten des Lebewesens deren Bedeutung im Evolutionsprozeß zurück. Darüberhinaus macht die Theorie der organischen Evolution verständlich, daß der Mechanismus der natürlichen Auslese wirkungsvoller wird, wenn ein größeres Verhaltensrepertoire zur Verfügung steht. Sie zeigt somit den selektiven Wert eines gewissen angeborenen Grades der Freiheit des Verhaltens – im Gegensatz zu einer Verhaltensstarrheit, die es der natürlichen Auslese schwerer machen muß, neue Anpassungen zu schaffen. Und dadurch könnte es vielleicht auch verständlicher werden, wie das menschliche Bewußtsein entstand. Wie Sir Alister Hardy betont (auf der Titelseite in seinem Buch *The Living*

---

[3] Charles Darwin [1859], Kap. VI: "On the Origin and Transitions of Organic Beings with Peculiar Habits and Structure". Die hier zitierte Stelle entspricht der Version, wie man sie von der fünften Auflage an findet. Vgl. Darwin [1959], S. 332, und [1979].

Stream), kann diese »Neuformulierung« der Darwinschen Theorie »deren
Beziehung der Evolution zum menschlichen Geist« aufhellen. Man
könnte sagen, daß der Mensch, als er sich zu sprechen entschloß und
Interesse an der Sprache zeigte, sich auch dazu entschied, sein Gehirn und
sein Bewußtsein zu entwickeln; daß die Sprache, einmal geschaffen, den
Selektionsdruck ausübte, unter dem sich das menschliche Gehirn und das
Bewußtsein des eigenen Selbst, das bewußte Ich entwickelten.

Diese Dinge, so denke ich, sind auch für das Leib-Seele-Problem von
einiger Bedeutung. Wie ich in Abschnitt 4 sagte, vermuten wir, daß etwas
wirklich ist, wenn es physische Gegenstände beeinflussen kann; und wir
nehmen an, daß es auch wirklich existiert, wenn solche Wirkungen durch
andere Gründe bestätigt werden. Die in diesem Abschnitt behandelten
Dinge – wie unsere Entscheidungen, unsere Gedanken, unsere Pläne und
unsere Handlungen zu einer Situation führen, die ihrerseits auf uns und
auf die Entwicklung des menschlichen Gehirns zurückwirkt – lassen vermuten, daß in der Evolution und im Verhalten der höheren Tiere, insbesondere des Menschen, Gründe für die Wirklichkeit von bewußten Erlebnissen zu finden sind. Diese Dinge stellen für jene Philosophen ein Problem dar, die bestreiten, daß es ein Bewußtsein gibt, und auch noch für
die, die zwar zugeben, daß es ein Bewußtsein gibt, die aber behaupten,
daß es ohne kausalen Einfluß auf die physische Welt ist, da die physische
Welt kausal in sich geschlossen ist (siehe Kapitel P 3).

7. Es gibt nichts Neues unter der Sonne. Reduktionismus und das Problem der »Verursachung nach unten«

Eines der ältesten philosophischen Dogmen läßt sich durch den Aus-
spruch des Predigers Salomo wiedergeben: »Es gibt nichts Neues unter
der Sonne«. Aber auch der Materialismus vertritt dieses Dogma, vor allem die älteren Formen des Atomismus und auch sogar noch des Physikalismus. Die Materialisten sind – oder waren – der Meinung, daß die Materie ewig ist und daß alle Veränderung durch die Bewegung von Materieteilchen und durch die daraus resultierenden Veränderungen ihrer Anordnungen erklärt werden muß. Die modernen Physiker sind in der Regel
der Meinung, daß die physikalischen Gesetze ewig seien. (Es gibt Ausnahmen, wie Paul Dirac und John Archibald Wheeler[1].) Es ist tatsächlich

---

[1] Siehe J. A. Wheeler [1973].

schwer, anders zu denken, da ja das, was wir die Gesetze der Physik nennen, die Ergebnisse unserer Suche nach Invarianten sind. Selbst wenn sich also ein anscheinendes Gesetz der Physik als veränderlich erweisen sollte, so daß sich (etwa) eine der anscheinend fundamentalen physikalischen Konstanten als mit der Zeit veränderlich herausstellt, sollten wir versuchen, es durch ein neues invariantes Gesetz zu ersetzen, das die Geschwindigkeit der Veränderung angibt.

Die Ansicht, es gäbe nichts Neues unter der Sonne, ist in gewisser Weise in der ursprünglichen Bedeutung des Wortes »Evolution« enthalten; denn »Evolvieren« bedeutet »sich entfalten«. So bedeutet Evolution ursprünglich das Entfalten von etwas, das bereits da ist: Das, was schon *präformiert* da ist, wird manifest gemacht. (Das ist auch die Bedeutung von »Entwickeln«.) Diese ursprüngliche Bedeutung kann als überholt gelten, zumindest seit Darwin, obwohl sie immer noch eine Rolle in der Weltanschauung einiger Materialisten oder Physikalisten zu spielen scheint.

Heute haben wir gelernt, den Begriff »Evolution« anders zu verwenden. Wir glauben, daß die Evolution – die Evolution des Universums und insbesondere die Evolution des Lebens auf der Erde – Neues hervorgebracht hat: etwas *wirklich Neuartiges*. Meine These in diesem Abschnitt ist, daß wir uns über das Auftauchen von wirklich Neuartigem klar bewußt sein sollten.

Nach unseren gegenwärtigen physikalischen Theorien sieht es so aus, als ob das expandierende Universum sich vor vielen Milliarden Jahren durch einen Urknall selbst erschaffen habe. Und die Geschichte der Evolution, so weit wir sie kennen, legt die Annahme nahe, daß das Universum niemals aufgehört hat, schöpferisch zu sein – oder »erfinderisch«, wie es Kenneth G. Denbigh nennt.[2]

Die übliche materialistische und physikalistische Ansicht ist die, daß alle die Möglichkeiten, die sich im Laufe der Zeit und der Evolution verwirklicht haben, potentiell, von Anfang an vorgegeben oder vorgeprägt, dagewesen sein müssen. Das ist entweder eine Trivialität, formuliert in einer gefährlich irreführenden Weise, oder ein Irrtum. Es ist trivial, daß nichts geschehen kann, ohne daß es die Naturgesetze und der vorausgehende Zustand erlauben; obwohl es irreführend wäre, zu behaupten, daß wir immer wissen können, was dadurch ausgeschlossen wird. Wenn jedoch behauptet wird, daß die Zukunft, wenigstens im Prinzip, vorhersehbar ist und vorhersehbar war, dann ist das falsch und im Widerspruch zu allem, was wir aus der Evolution lernen können. Die Evolution hat

---

[2] Siehe Kenneth G. Denbigh [1975].

vieles hervorgebracht, was nicht vorhersehbar war, wenigstens nicht für die menschliche Erkenntnis.

Manche Forscher glauben, daß es von Anfang an etwas Ähnliches wie Bewußtsein gab, etwas Psychisches, das der Materie schon immer anhaftete, auch wenn daraus erst sehr viel später, in der Evolution der höheren Tiere, Empfindung und Bewußtsein wurden. Das ist die Theorie des »Panpsychismus«: alles (jedes materielle Ding) hat eine Seele oder so etwas wie einen Vorläufer oder das Rudiment einer Seele (siehe auch Abschnitt 19).

Der Grund für diese Auffassungen, ob materialistisch oder panpsychistisch, ist, glaube ich, die These: »Es gibt nichts Neues unter der Sonne« oder »Aus Nichts kann nichts werden«. Der große Philosoph Parmenides lehrte das vor 2500 Jahren, und er schloß daraus, daß Veränderung unmöglich sei, daß sie also eine Illusion sein müsse. Die Begründer der Atomtheorie, Leukipp und Demokrit, folgten ihm insofern, als sie lehrten, daß das, was existiert, nur unveränderliche Atome seien, die sich im leeren Raum, im Vacuum bewegten. Die einzig möglichen Veränderungen seien somit die Bewegungen, Zusammenstöße und Neuanordnungen der Atome, einschließlich jener sehr feinen Atome, aus denen unsere Seelen bestünden. Und einige der bedeutendsten lebenden Philosophen (wie Quine) meinen, es könne nur physikalische Dinge geben, und keine bewußtseinsmäßigen Erlebnisse. Andere schließen einen Kompromiß und räumen ein, daß es geistige Erlebnisse gibt; aber sie behaupten, daß das in gewissem Sinne physische Vorgänge sind, oder daß sie »identisch« sind mit physikalischen Vorgängen.

Allen diesen Ansichten gegenüber schlage ich vor, anzunehmen, daß das Universum in seiner Evolution schöpferisch ist, und daß die Evolution empfindender Lebewesen mit bewußten Erlebnissen etwas ganz Neues zutage gebracht hat. Diese Erlebnisse waren wohl anfangs von sehr rudimentärer Art, aber sie entwickelten sich; und so entstanden schließlich jene Formen des Ich-Bewußtseins und der geistigen Kreativität, die wir beim Menschen finden.

Mit dem Auftauchen des Menschen wird die Kreativität des Universums meiner Meinung nach offensichtlich. Denn der Mensch hat eine neue objektive Welt geschaffen, die Welt der Erzeugnisse des menschlichen Geistes; eine Welt der Mythen, der Märchen und der wissenschaftlichen Theorien, der Dichtung, der Kunst und der Musik. (Ich nenne das »Welt 3«, im Unterschied zur physikalischen Welt 1 und der subjektiven oder psychologischen Welt 2; siehe Abschnitt 10.) Die Existenz großartiger und fraglos schöpferischer Werke der Kunst und der Wissenschaft beweist die Kreativität des Menschen – und damit des Universums, das den Menschen hervorgebracht hat.

Was ich hier mit dem Wort »kreativ« andeute, wird von Jacques Monod mit der Unvoraussehbarkeit des Entstehens von Leben auf der Erde umschrieben, mit der Unvoraussehbarkeit der Entwicklung der verschiedenen Arten und vor allem der menschlichen Art: »... wir waren nicht voraussehbar, bevor wir erschienen«, sagt er.[3]

Wenn ich die etwas vage Idee einer kreativen oder »emergenten«, einer Neues schaffenden Evolution aufnehme, so denke ich zumindest an zwei verschiedene Dinge. Erstens denke ich an die Tatsache, daß in einem Universum, in dem es (nach unseren gegenwärtigen Theorien) zu Beginn nichts gab als Wasserstoff, Helium, Neutrinos und Strahlung, kein Theoretiker, der die damals in diesem Universum wirkenden und nachweislichen physikalischen Gesetze gekannt hätte, die Eigenschaften oder überhaupt die Entstehung der noch nicht existierenden schwereren Elemente hätte voraussagen können, auch nur die Eigenschaften selbst der einfachsten zusammengesetzten Moleküle wie Wasser. Zweitens denke ich daran, daß es zumindest die folgenden Stufen in der Evolution des Universums zu geben scheint, in jeder von denen Dinge mit Eigenschaften entstanden sind, die gänzlich unvoraussehbar oder emergent waren: (1) die Erzeugung der schwereren Elemente (einschließlich der Isotope) und die Entstehung von Flüssigkeiten und Kristallen; (2) die Entstehung von Leben; (3) die Entstehung von Empfindungen oder Gefühlen; (4) die Entstehung (zusammen mit den Anfängen der menschlichen Sprache) des Ich-Bewußtseins und des Todesbewußtseins; (5) die Entstehung der menschlichen Sprache und von Theorien (Mythen) über uns selbst und über den Tod; (6) die Entstehung solcher Erzeugnisse des menschlichen Bewußtseins wie erklärende Mythen, wissenschaftliche Theorien und Kunstwerke.

Es ist aus verschiedenen Gründen zweckmäßig (besonders im Vergleich mit Tabelle 2), einige dieser kosmisch-evolutionären Stufen in der folgenden Tabelle 1 anzuordnen (sie ist von unten nach oben zu lesen). Man sieht sofort, daß aus dieser Tabelle vieles weggelassen wurde und daß sie stark vereinfacht ist. Sie hat jedoch den Vorzug, einige der wohl größten Ereignisse der schöpferischen oder emergenten Evolution knapp zusammenzufassen.

Gegen die Annahme der emergenten Evolution besteht ein starkes intuitives Vorurteil. Ihm liegt die Anschauung zugrunde, daß das Universum aus Atomen oder Elementarteilchen besteht und daß, da alle Dinge Strukturen von solchen Teilchen sind, alle Vorgänge in der Welt wenigstens im Prinzip durch aus Teilchen bestehende Strukturen und die Wechselwirkung von Teilchen erklärbar und vorhersagbar sein müssen.

---

[3] Jacques Monod [1975], S. 23; vgl. auch J. Monod [1970], [1971].

Tabelle 1: Einige kosmisch-evolutionäre Stufen

Welt 3 (die Erzeugnisse des menschlichen Geistes)	(6) Kunstwerke; wissenschaftliche Entdeckungen (5) Menschliche Sprachen; Theorien (Mythen) über uns selbst und über den Tod
Welt 2 (die Welt der subjektiven Erlebnisse)	(4) Ich-Bewußtsein und Wissen um den Tod (3) Empfindung (tierisches Bewußtsein)
Welt 1 (die Welt der physikalischen Gegenstände)	(2) Lebende Organismen (1) Die schwereren Elemente; Flüssigkeiten und Kristalle (0) Wasserstoff und Helium

So kommen wir zu dem, was das *Programm des Reduktionismus* genannt werden kann. Zu seiner Analyse benutze ich die folgende Tabelle 2.

Tabelle 2: Biologische Systeme und ihre Teile

(12) Stufe der Ökosysteme
(11) Stufe der Populationen von Metazoen und Pflanzen
(10) Stufe der Metazoen und vielzelligen Pflanzen
(9) Stufe der Gewebe und Organe (und der Schwämme?)
(8) Stufe der Populationen der einzelligen Organismen
(7) Stufe der Zellen und der einzelligen Organismen
(6) Stufe der Organellen (und vielleicht der Viren)
(5) Flüssigkeiten und Festkörper (Kristalle)
(4) Moleküle
(3) Atome
(2) Elementarteilchen
(1) Subelementarteilchen
(0) Unbekannt: Sub-sub-Elementarteilchen?

Gemäß dem reduktionistischen Programm, das hinter dieser Tabelle steht, müssen die Vorgänge oder Dinge auf jeder Stufe dadurch erklärt werden, daß sie auf Strukturen der nächstniederen Stufe zurückgeführt werden.

Bei der Kritik dieser Tabelle 2 möchte ich zuerst darauf hinweisen, daß sie viel komplexer sein sollte: Sie sollte wenigstens eine Verzweigung wie ein Baum zeigen. So ist z. B. klar, daß (6) und (7) keineswegs homogen sind. Auch sind die Gebilde auf Stufe (8) nicht Teile der Gebilde auf Stufe (9).

Aber was in (9) – etwa in den Lungen eines an Tuberkulose leidenden Tieres oder Menschen – geschieht, kann wenigstens teilweise durch (8) erklärt werden. Weiterhin kann (10) ein Ökosystem (Umwelt) von (8) oder Teil eines Ökosystems von (8) sein. Alles das zeigt eine gewisse Unordnung in unserer Tabelle. (Es wäre einfach, eine Tabelle aufzustellen, in der diese Schwierigkeiten nicht so offensichtlich sind wie in Tabelle 2; aber sie wären doch die gleichen: die Welt des Lebendigen ist nicht in einer klaren Hierarchie organisiert.)

Vergessen wir jedoch diese Schwierigkeiten und wenden wir uns der intuitiven Vorstellung zu, daß die Vorgänge und Dinge einer höheren Stufe immer durch das erklärt werden können, was auf den niedereren Stufen geschieht; genauer, daß das, was einem Ganzen geschieht, durch die Struktur (die Anordnung) und die Wechselwirkung seiner Teile erklärt werden kann.

Diese reduktionistische Vorstellung ist interessant und wichtig; und wann immer wir Gebilde und Vorgänge einer höheren Stufe durch solche auf niederen Stufen erklären können, können wir von einem großen wissenschaftlichen Erfolg sprechen: Wir haben dann viel zum Verständnis der höheren Stufe beigebracht. Als *Forschungsprogramm* ist der Reduktionismus nicht nur wichtig, sondern ein Teil des Programms jeder Naturwissenschaft, deren Ziel Erklärung und Verstehen ist.

Aber haben wir wirklich Grund zu hoffen, daß uns eine Reduktion der höheren Stufen bis auf die niedersten Stufen gelingt? Paul Oppenheim und Hilary Putnam, die eine ähnliche Tabelle wie Tabelle 2 aufgestellt haben[4], behaupten, wir hätten guten Grund nicht nur dazu, ein reduktionistisches *Forschungsprogramm aufzustellen* und *weitere Erfolge* auf diesem Wege zu erwarten (womit ich völlig übereinstimme), sondern auch zu der Erwartung oder zu dem Glauben, daß *das Programm schließlich erfolgreich sein werde*. In diesem letzteren Punkt bin ich anderer Meinung: Ich glaube nicht, daß es irgendwelche Beispiele einer erfolgreichen und vollständigen Reduktion gibt, vielleicht mit Ausnahme der Reduktion der Optik von Young und Fresnel auf Maxwells Theorie des elektromagnetischen Feldes (siehe Anmerkung 9 – eine Reduktion, die offenbar nicht in Tabelle 2 hineinpaßt). Außerdem glaube ich nicht, daß Oppenheim und Putnam jemals die Schwierigkeiten diskutiert haben, die zum Beispiel im oberen Teil unserer Tabelle 1 stecken, etwa die Schwierigkeit, das Auf und Ab des britischen Handelsdefizits und dessen Beziehungen zum britischen Nettovolkseinkommen auf die Psychologie und dann auf die Biologie zu reduzieren. (Ich verdanke dieses Beispiel Sir Peter Medawar, der

---

[4] P. Oppenheim und H. Putnam [1958], S. 9.

von der Reduzierbarkeit des »ausländischen Währungsdefizits« spricht.[5])
Oppenheim und Putnam[6] beziehen sich auf eine berühmte, auch von Medawar zitierte Stelle[7], an der J. S. Mill fordert, daß die Soziologie letztlich
auf die Psychologie, die Gesetze der menschlichen Natur reduzierbar sein
müsse. Aber sie erörtern nicht die Schwäche dieses Millschen Arguments
(die ich früher[8] aufgezeigt habe).

Tatsächlich ist sogar die oft beschriebene Reduktion der Chemie auf
die Physik, so wichtig und so erfolgreich sie ist, keineswegs abgeschlossen
und vollendet, möglicherweise gar nicht vollendbar. Einige Eigenschaften
von Molekülen, hauptsächlich der einfachen zweiatomigen Moleküle, wie
etwa Molekülspektren, oder auch von Kristallsystemen wie etwa die des
Diamanten und des Graphits, wurden mit Hilfe der Atomtheorie (Quantentheorie) erklärt. Aber wir sind noch weit davon entfernt, behaupten zu
können, daß wir alle oder die meisten Eigenschaften von chemischen
Verbindungen auf die Atomtheorie reduziert haben, auch wenn das, was
man als eine »im Prinzip mögliche Reduktion« der Chemie auf die Physik
bezeichnen könnte, höchst suggestiv ist.[9] Aber man kann anhand der fünf
niedrigeren Stufen von Tabelle 2 (die mehr oder weniger mit denjenigen
von Oppenheim und Putnam übereinstimmen) zeigen, daß wir Grund
haben, diesem intuitiven Reduktionsprogramm zu mißtrauen. Es scheint
nämlich mit gewissen Ergebnissen der modernen Physik im Widerspruch
zu stehen.

Denn was Tabelle 2 vorschlägt, könnte als Prinzip der »Verursachung
nach oben« charakterisiert werden. Das ist das Prinzip, daß man die Ursächlichkeit (in unserer Tabelle 2) von einer niederen Stufe zu einer höheren Stufe verfolgen kann, aber *nicht umgekehrt:* Das, was auf einer höheren Stufe geschieht, kann durch die Geschehnisse auf nächstniederen Stufen erklärt werden und schließlich durch die Bewegungen und Wechsel-

---

[5] P. B. Medawar [1974], S. 62.   [6] Oppenheim und Putnam [1958], S. 11.
[7] P. B. Medawar [1969], S. 16; vgl. auch Medawar [1974], S. 62.
[8] Vgl. dazu Popper [1958 (i)], Kapitel 4.
[9] Die »nur im Prinzip durchführbare Erklärung« und »die Erklärung nur durch das
zugrundeliegende Prinzip« (the mere »explanation of the principle«) wurde zuerst von F. A.
von Hayek [1955] (siehe [1967], S. 11) kritisch untersucht. Eine »nur im Prinzip mögliche
Reduktion« ist eine Spezialfall dieser von Hayek untersuchten Erklärungen.
Die am besten gelungene Reduktion, die mir bekannt ist, ist die Reduktion der Optik
von Young und Fresnel auf die Theorie von Maxwell. Aber (1) diese Theorie wurde später
als die Young-Fresnel-Theorie der Optik entwickelt, und (2) waren weder die »reduzierte«
Theorie noch die reduzierende Theorie abgeschlossen. Die Theorien der Emission und
Absorption – Quantenmechanik und Quantenelektrodynamik – standen (und stehen teil-
weise noch immer) aus. Ein weiteres wichtiges Beispiel einer unvollständigen Reduktion ist
die der Wärmelehre auf die statistische Mechanik. Für eine Erörterung der Reduktion siehe
Popper, Scientific Reduction and the Essential Incompleteness of All Science [1974 (z_2)],
·S. 259–284.

wirkungen von Elementarteilchen und durch die entsprechenden physikalischen Gesetze. Es scheint zunächst, daß die höheren Stufen nicht auf die niederen einwirken können.

Doch die Beschränkung auf eine Wechselwirkung zwischen Teilchen und Teilchen oder zwischen Atom und Atom wurde durch die Physik selbst überholt. Ein Beugungsgitter oder ein Kristall, zu Stufe (5) unserer Tabelle 2 gehörig, ist eine räumlich ausgedehnte, sehr komplizierte (und periodische) Struktur von Billionen von Molekülen; aber sie steht als eine im Ganzen ausgedehnte periodische Struktur in Wechselwirkung mit den Photonen oder den Teilchen eines Strahls von Photonen oder von Teilchen. Wir haben hier also ein gutes Beispiel für »*Verursachung nach unten*«, um einen Ausdruck (»downward causations«) von D. T. Campbell [1974] zu verwenden, oder eine *strukturelle Verursachung*.[10] Das heißt, das Ganze, die Makrostruktur kann *als* Ganzes auf ein Photon, ein Elementarteilchen oder ein Atom einwirken. (Der fragliche Partikelstrahl kann eine so beliebige Intensität haben.)

Andere physikalische Beispiele von Verursachung nach unten – von makroskopischen Strukturen der Stufe (5), die auf Elementarteilchen oder Photonen der Stufe (1) einwirken – sind Laser, Maser und Hologramme. Es gibt noch viele andere Makrostrukturen als Beispiele für Verursachung nach unten: Jede einfache Anordnung eines negativen Feedback, etwa ein Dampfmaschinenregulator, ist eine makroskopische Struktur, die Vorgänge einer niedereren Stufe reguliert, etwa den Fluß der Moleküle, die den Dampf bilden.

Verursachung nach unten ist natürlich für alle Werkzeuge und Maschinen wichtig, die zu bestimmten Zwecken entworfen wurden. Wenn wir zum Beispiel einen Keil benutzen, dann kümmern wir uns nicht um die Wirkung seiner Elementarteilchen, sondern wir benutzen eine Struktur. Und wir verlassen uns darauf, daß diese Struktur die Wirkungen der sie konstituierenden Elementarteilchen so zum Einsatz bringt, daß das gewünschte Ergebnis erzielt wird.

Sterne kann man als nicht-entworfene »Maschinen« betrachten, als Kompressoren, die in ihrem Zentrum Atome und Elementarteilchen unter unvorstellbaren Gravitationsdruck setzen, mit dem (nicht geplanten) Ergebnis, daß einige Atomkerne miteinander verschmelzen und die Kerne schwererer Elemente bilden – ein ausgezeichnetes Beispiel für Verursachung nach unten, für die Wirkung der Gesamtstruktur auf die sie bildenden Teilchen.

Sterne, nebenbei bemerkt, sind auch gute Beispiele für die allgemeine Regel, daß Dinge Prozesse sind. Sie veranschaulichen auch, daß es ein

---

[10] D. T. Campbell [1974].

Irrtum ist, zwischen einer Ganzheit, die mehr als die Summe ihrer Teile ist, und einem »bloßen Haufen« zu unterscheiden: Ein Stern ist, in einem recht klaren Sinn, eine »bloße Ansammlung«, ein »bloßer Haufen« aus den ihn bildenden Atomen.[11] Aber er hat, wie jeder Haufen, eine Gestalt; und er hat eine dynamische Struktur. Seine Stabilität hängt vom dynamischen Gleichgewicht ab zwischen dem Gravitationsdruck, der durch seine Masse bestimmt wird, und den Abstoßungskräften zwischen seinen schnell bewegten Elementarteilchen. Sind diese Kräfte zu groß, dann explodiert der Stern. Sind sie kleiner als der Gravitationsdruck, dann kollabiert er in ein »schwarzes Loch«.

Die interessantesten Beispiele für Verursachung nach unten sind in Organismen und ihren ökologischen Systemen und in Organismengesellschaften zu finden. Eine Gesellschaft kann unbehindert weiter funktionieren, auch wenn viele ihrer Mitglieder sterben; doch ein Streik in einem maßgeblichen Industriezweig, etwa in den elektrischen Kraftwerken, kann für viele Menschen großen Schaden anrichten. Ein Lebewesen kann den Tod vieler seiner Zellen sowie die Amputation oder den Verlust eines Organs überleben, etwa eines Beines (mit dem darauf folgenden Tod der Zellen, die das Organ bilden); aber der Tod des Lebewesens verursacht den Tod seiner Organe, einschließlich der Zellen.

Ich glaube, diese Beispiele machen die Tatsache einer Verursachung nach unten offenkundig; und sie machen das vollständige Gelingen eines reduktionistischen Programms zumindest problematisch.

Peter Medawar verwendet in seinen kritischen Untersuchungen zur Reduktion die folgende Tabelle 3[12], die wieder von unten nach oben zu lesen ist.

Tabelle 3: Das übliche physikalistische Programm für eine Reduktion

---

(4) Ökologie/Soziologie
(3) Biologie
(2) Chemie
(1) Physik

Medawar macht den Vorschlag, die Beziehungen zwischen den höheren und den niederen Sachgebieten dieser Tabelle nicht einfach als solche der logischen Reduzierbarkeit zu interpretieren, sondern eher gemäß einem

---

[11] Er ist ein »Haufen« wie ein »Sandhaufen« oder ein »Steinhaufen«; siehe Anmerkung 2 zu Abschnitt 8.
[12] P. Medawar [1974] und [1969], S. 15–19.

Modell wie das der Sachgebiete, die in der folgenden Tabelle 4 erwähnt sind.

Tabelle 4: Verschiedene Geometrien

---

(4) Metrische (Euklidische) Geometrie
(3) Affine Geometrie
(2) Projektive Geometrie
(1) Topologie

Die grundlegende Beziehung zwischen den in Tabelle 4 aufgeführten höheren und niederen geometrischen Disziplinen ist nicht ganz leicht zu beschreiben, aber die höheren sind bestimmt nicht auf die niedereren reduzierbar. Zum Beispiel ist die metrische Geometrie, besonders in Gestalt der Euklidischen Geometrie, nur teilweise auf die projektive Geometrie reduzierbar, wenn auch alle Ergebnisse der projektiven Geometrie in einer metrischen Geometrie gültig sind, sofern diese in einer Sprache gefaßt ist, die reich genug ist, um die Begriffe der projektiven Geometrie einzuführen. Wir können also die metrische Geometrie als eine *Bereicherung* der projektiven Geometrie auffassen. Ähnliche Beziehungen bestehen zwischen den anderen Stufen von Tabelle 4. Die Bereicherung besteht teilweise in Begriffen, hauptsächlich aber in Theoremen.

Medawar schlägt vor, die Beziehungen zwischen den aufeinanderfolgenden Stufen von Tabelle 3 als denen von Tabelle 4 analog anzusehen. So kann die Chemie als eine Bereicherung der Physik betrachtet werden, was erklären würde, warum sie weitgehend, wenn auch nicht vollständig, auf die Physik reduzierbar ist. Ähnlich steht es mit höheren Stufen von Tabelle 3.

Die Sachgebiete in Tabelle 4 sind also deutlich *nicht reduzierbar* auf die der niedereren Stufen, obgleich die Theoreme der niederen Stufen auf den höheren gültig bleiben und irgendwie auch in den höheren Theoremen enthalten sind. Ferner sind *einige* Theoreme der höheren Stufen auf die niedereren reduzierbar.

Ich finde Medawars Bemerkungen wichtig und anregend. Sie sind natürlich nur annehmbar, wenn wir die Vorstellung aufgeben, daß unser physikalisches Universum deterministisch ist in dem Sinn, daß eine physikalische Theorie, zusammen mit den in einem gegebenen Augenblick herrschenden Anfangsbedingungen, den Zustand des physikalischen Universums in jedem anderen Moment *vollständig* determiniert. (Siehe die Bemerkungen über Laplace im nächsten Abschnitt.) Wenn wir diesen physikalistischen Determinismus akzeptieren, so kann Tabelle 4 nicht als analog zur Tabelle 3 betrachtet werden. Wenn wir ihn ablehnen, kann Tabelle 4 als Schlüssel für Tabelle 3 und auch für Tabelle 1 dienen.

8. Die Theorie der Emergenz und ihre Kritik

Die Idee der »kreativen« oder »emergenten« Evolution (auf die ich in Abschnitt 7 hingewiesen habe) ist sehr einfach, wenn auch etwas unbestimmt. Sie verweist auf die Tatsache, daß im Verlauf der Evolution neue Dinge und Ereignisse mit unerwarteten und tatsächlich unvorhersehbaren Eigenschaften auftreten; Dinge und Ereignisse, die in dem Sinne neu sind, in dem ein großes Kunstwerk als neu bezeichnet werden kann.

Diese Unvorhersehbarkeit wurde jedoch durch die Kritiker der Emergenz in Frage gestellt. Die wichtigsten Angriffe erfolgten von drei Seiten: von den Deterministen, von den klassischen Atomisten und von den Verfechtern einer Theorie der Potentialitäten. Eine kurze Beschreibung dieser drei Angriffe folgt hier.

(1) Die berühmteste Formulierung der These der Deterministen geht auf Laplace (1814) zurück[1]: »Wir müssen ... den gegenwärtigen Zustand des Universums als die Auswirkung des vorhergehenden Zustands betrachten und als die Ursache dessen, was folgen wird. Nehmen wir ... eine Intelligenz an, die alle die Kräfte, durch die die Natur bewegt wird, kennen könnte und, für einen bestimmten Moment, die genauen Zustandsgrößen aller physikalischen Objekte, aus denen sie besteht; ... für [diese Intelligenz] wäre nichts ungewiß; und die Zukunft wie die Vergangenheit läge klar vor ihren Augen.« Wenn dieser Laplacesche Determinismus akzeptiert wird, dann kann prinzipiell nichts unvorhersehbar sein. Also kann die Evolution dann nicht emergent sein.

Die zitierte Stelle bei Laplace stammt aus der Einführung zu seinem *Philosophischen Essay über die Wahrscheinlichkeit*. Ihre Funktion dort ist es, ganz klar zu machen, daß die Theorie der Wahrscheinlichkeit – wie sie Laplace sieht – Vorgänge betrifft, von denen wir *subjektiv* ungenügende Kenntnis haben, nicht aber *objektiv* indeterminierte oder zufallsartige Vorgänge: *Solche gibt es nicht.* (Man beachte, daß der Laplacesche Determinismus *keine* wie immer gearteten Ausnahmen zuläßt: Die Behauptung, daß es objektiv zufallsartige Ereignisse gibt, involviert den Indeterminismus, auch wenn jene zufallsartigen Ereignisse noch so seltene Ausnahmen sein sollen.)

Die deterministische These ist auf den ersten Blick recht überzeugend – wenn wir unsere eigenen Willensregungen außeracht lassen –, solange Atome als unteilbare starre Körper betrachtet werden (obgleich Epikur einen indeterministischen Atomismus einführte). Doch die Einführung zusammengesetzter Atome und subatomarer Teilchen wie der Elektronen

---

[1] P. S. Laplace [1814]; Nachdruck: Brüssel [1967], S. 2; vgl. auch [1932].

legte eine andere Möglichkeit nahe: die Vorstellung, daß Zusammenstöße von Atomen und Molekülen nicht deterministisch sein können. Das scheint in unserer Zeit erstmals Charles Sanders Peirce zur Sprache gebracht zu haben, der erklärte, daß wir einen objektiven Zufall annehmen müssen, um die Vielfalt des Universums zu verstehen. Franz Exner sagte Ähnliches.[2] Eine Antwort auf Laplace ist, denke ich, daß die moderne Physik objektiv zufallsartige Vorgänge und objektive Wahrscheinlichkeiten oder Verwirklichungstendenzen annimmt.

(2) Vom Standpunkt der Atomisten aus sind alle physikalischen Körper und alle Organismen nichts als Strukturen von Atomen (siehe Tabelle 2 im vorhergehenden Abschnitt 7). Demnach kann es nicht eine Neuerung geben außer einer *Neuerung in deren Anordnung*. Wenn die genaue Anordnung der Atome gegeben ist, sollte es prinzipiell möglich sein, so lautet das Argument, alle Eigenschaften jeder neuen Anordnung aus der Kenntnis der Eigenschaften der Atome abzuleiten oder vorauszusagen. Natürlich wird unser menschliches Wissen von den Eigenschaften der Atome und von deren genauer Anordnung im allgemeinen für eine solche Voraussage nicht ausreichen. Doch im Prinzip kann dieses Wissen verbessert werden; und deshalb, so lautet das Argument, müssen wir zugeben, daß die neuartige Anordnung und ihr Ergebnis prinzipiell vorhersehbar ist.

Eine Teilantwort auf die Atomisten wurde im vorausgehenden Abschnitt 7 gegeben. Der Kern dieser Antwort ist, daß neue atomare Anordnungen zu physikalischen und chemischen Eigenschaften führen können, die nicht aus einer Aussage ableitbar sind, die in Verbindung mit den Aussagen der Atomtheorie die Anordnung der Atome beschreibt. Allerdings sind einige solcher Eigenschaften erfolgreich aus der physikalischen Theorie abgeleitet worden, und diese Ableitungen sind höchst eindrucksvoll; doch es scheint, daß die Zahl und die Komplexität sowohl der verschiedenen Moleküle als auch deren Eigenschaften unbegrenzt sind, und daß sie bei weitem die Möglichkeiten deduktiver Erklärung überschreiten. Einige wichtige Eigenschaften, darunter vor allem einige der Eigenschaften der DNS, sind jetzt auf der Grundlage der Atomstruktur gut verstehbar. Doch wenn dieser Fortschritt auch höchst eindrucksvoll ist, so sind wir doch sehr weit – manche würden sagen: unendlich weit – davon ent-

---

[2] Siehe Erwin Schrödinger [1957], Kapitel VI, S. 133. Diese Bemerkungen Schrödingers stehen in einer 1922 gehaltenen Vorlesung. Schrödinger sagt dort (S. 142 f.), daß Exner diese Ideen erstmals 1919 ausgesprochen habe. In Kapitel 3 des gleichen Buches (S. 71) gibt Schrödinger als Datum von Exners Vorlesung 1918 an; und in einer Ansprache sagt Schrödinger [1929], Exner habe die Thematik in seinen 1919 *veröffentlichten* Vorlesungen erörtert. (Über Peirce siehe Popper [1972 (a)], Kap. VI, S. 212 f., siehe auch [1973 (i)], [1974 (e)].

fernt, auch nur die Mehrzahl der Eigenschaften der unübersehbar vielfältigen Makromoleküle aus ersten Prinzipien abzuleiten oder vorherzusagen.

(3) Ein drittes Argument (das als eine schwache Form der Theorie der Präformation gekennzeichnet werden kann) ist vielleicht weniger klar, aber trotzdem recht ansprechend. Es ist den zwei vorigen Argumenten eng verwandt und kann folgendermaßen formuliert werden. Wenn im Verlauf der Evolution des Universums etwas Neues entsteht – ein neues chemisches Element (also eine neue Struktur von Atomkernen) oder ein neu zusammengesetztes Molekül oder ein lebender Organismus oder die menschliche Sprache oder bewußte Erlebnisse – dann müssen die beteiligten physikalischen Teilchen oder Strukturen zuvor das besessen haben, was man eine »Disposition« oder »Möglichkeit« oder »Potentialität« oder »Kapazität« zur Hervorbringung der neuen Eigenschaften unter geeigneten Bedingungen nennen könnte. Mit anderen Worten, die Möglichkeit oder Potentialität der physikalischen Teilchen oder Strukturen, in die neue Kombination oder Struktur einzutreten, und die Möglichkeit oder Potentialität, dadurch die offenbar unvorhersagbare oder neu auftauchende Eigenschaft hervorzubringen, muß vor dem Ereignis vorhanden gewesen sein; und ein ausreichendes Wissen über diese inhärente oder verborgene Möglichkeit oder Potentialität sollte es uns prinzipiell erlauben, den neuen evolutionären Schritt und die neue Eigenschaft vorherzusagen. Demnach kann Evolution nicht kreativ oder emergent sein.

Wird dieses dritte Argument insbesondere auf das Problem der (offenbar emergenten) Evolution des Bewußtseins, also der bewußten Erlebnisse angewandt, führt es zur These des Panpsychismus (der ausführlicher in Abschnitt 19 behandelt wird).

Ich finde es interessant, daß die hier skizzierten Argumente (1) bis (3) vor nicht langer Zeit von dem bedeutenden Gestaltpsychologen und Philosophen Wolfgang Köhler in einer Abhandlung über das Leib-Seele-Problem gegen die Idee der emergenten Evolution vorgebracht worden sind.[3]

Als Köhler seine Abhandlung schrieb, hatte er sich mit dem Problem der Emergenz und mit dem Leib-Seele-Problem seit mehr als 40 Jahren beschäftigt: 40 Jahre zuvor hatte er ein sehr originelles Buch über *Die physischen Gestalten in Ruhe und im stationären Zustand* [1920] veröffentlicht. In diesem Buch versuchte er, den Argumenten seines früheren Lehrers, des Psychologen Carl Stumpf, zu begegnen, der ein Gegner des Materialismus und des psycho-physischen Parallelismus war und ein Anhänger der Theorie der Wechselwirkung und der emergenten Evolution.

---

[3] Wolfgang Köhler [1960], S. 3–23, und ders. [1961], S. 15–32.

Köhler hatte auch unter Max Planck studiert, dem großen Physiker und Deterministen; und Köhlers Buch aus dem Jahre 1920 zeigt, daß er ein sehr gutes Verständnis für die Physik hatte. Ich las das Buch als Student, kurz nach dessen Veröffentlichung, und es machte großen Eindruck auf mich. Seine zentrale These läßt sich folgendermaßen zusammenfassen: Materialismus und epiphänomenalistischer Parallelismus werden durch die Tatsache psychischer »*Ganzheiten*« oder »Gestalten« nicht widerlegt; denn die Gestalten können im Rahmen der Physik vorkommen und vollständig erklärt werden. (Ein einfaches Beispiel einer physischen Gestalt ist eine Seifenblase.[4]) Zweifellos führte dieser Gedankengang Köhlers 40 Jahre später zu der Forderung, daß *alle* Ganzheiten (lebende Organismen, Gestalt-Wahrnehmungen) physikalisch erklärt werden sollten.[5]

Die Argumente (1) bis (3) stützen sich jedoch auf die klassische Physik und ihren offenkundig deterministischen Charakter. Bei Köhler[6] findet sich kein Hinweis darauf, daß die neue Atomtheorie – die Quantenmechanik – den strengen Determinismus über Bord geworfen hat. Sie hat die Physik durch die Einführung *objektiver Wahrscheinlichkeitsaussagen* in die Theorie der Elementarteilchen und Atome bereichert. Die Konsequenz daraus ist, daß wir den Laplaceschen Determinismus aufgeben. Tatsächlich wurden viele der einstmals streng kausalen Aussagen der klassischen Physik über makroskopische Objekte neu interpretiert als Wahrscheinlichkeitsaussagen, die eine Wahrscheinlichkeit nahe an 1 behaupten. Kausale Erklärungen wurden, zumindest teilweise, durch Erklärungen im Sinne von hoher Wahrscheinlichkeit ersetzt.

Wenn wir nun den Wandel von der klassischen (Newtonschen) Physik zur modernen Atomphysik und deren objektiven Wahrscheinlichkeiten oder Verwirklichungstendenzen bedenken, so entdecken wir, daß wir eine vollständige Verteidigung für die Idee der emergenten Evolution gegen die Anklagen (1) bis (3) haben. Wir können zugestehen, daß sich die Welt insofern nicht ändert, als bestimmte universelle Gesetze invariant bleiben. Aber es gibt andere wichtige und interessante gesetzesähnliche Aspekte – besonders probabilistische Verwirklichungstendenzen –, die sich je nach

---

[4] Sogar ein Steinhaufen hat eine Gestalt im Sinne Köhlers (obwohl ich nicht glaube, daß Köhler sich dieser Tatsache bewußt war); siehe Popper [1965 (g)], S. 61–66. Ich unterschied dort ein Ganzes im Sinne einer *Gestalt* von einem Ganzen im Sinne einer Gesamtheit aller Eigenschaften oder Aspekte eines Gegenstandes. Ich bestritt, daß wir irgendeinen Gegenstand in dem Sinne erkennen können, daß wir die Totalität, die Gesamtheit seiner Eigenschaften erkennen. Siehe auch Dialog X im vorliegenden Band.

[5] Es ist interessant, daß Köhler ([1961], S. 32) dem Panpsychismus sehr nahekommt; doch er gelangt mit Recht zu dem Schluß, daß sich der Panpsychismus mit seiner eigenen materialistischen Einstellung nicht verträgt: »... Wenn [der Panpsychismus] wahr wäre, würde er ... zeigen, daß die Physiker uns keine angemessene Beschreibung von der Natur [der Atome] gegeben haben«.

[6] W. Köhler [1961].

der sich wandelnden Situation ändern. Meine Antwort auf Köhler ist also einfach. Es kann invariante Gesetze *und* Emergenz geben, denn das System der invarianten Gesetze ist nicht vollständig, nicht abgeschlossen und nicht einschränkend, daß es die Entstehung, unter neuen Bedingungen, von neuen gesetzartigen Eigenschaften verhindern könnte.

Die Theorie der Wahrscheinlichkeit wurde innerhalb der Physik hauptsächlich für die Molekulartheorie der Wärme und der Gase und, im 20. Jahrhundert, auch für die Atomtheorie wichtig.

Zunächst wurde die Rolle der Wahrscheinlichkeit in der Physik subjektiv interpretiert, in Anlehnung an die Interpretation von Laplace. Physikalische Vorgänge wurden objektiv als vollständig determiniert angenommen. Nur wegen unseres subjektiven Mangels an Wissen über die genauen Positionen und Geschwindigkeiten von Molekülen, Atomen oder Elementarteilchen müßten wir probabilistische anstelle von streng deterministischen Methoden verwenden. Diese subjektivistische Deutung der Wahrscheinlichkeit vertraten die Physiker lange Zeit. Einstein hielt daran fest.[7] Heisenberg neigte zu einer ähnlichen Deutung, und sogar Max Born, der Begründer der statistischen Interpretation der Wellenmechanik, schien sie sich manchmal zu eigen zu machen. Doch mit der Veröffentlichung des berühmten Gesetzes vom radioaktiven Zerfall durch Rutherford und Soddy[8] bot sich eine andere Deutung an: daß radioaktive Atomkerne »*spontan*« zerfallen, daß jeder Atomkern eine von seiner Struktur abhängige *Tendenz oder Neigung zum Zerfall* besaß. Diese Tendenz oder Verwirklichungstendenz kann durch die »*Halbwertszeit*« gemessen werden, eine konstante Eigenschaft der Struktur des radioaktiven Kernes. Sie ist die Zeitdauer, die für den spontanen Zerfall der Hälfte einer jeden gegebenen Anzahl von Kernen (einer gegebenen Struktur) nötig ist. Die objektive Konstanz der Halbwertszeit und ihre Abhängigkeit von der Kernstruktur zeigen, daß es eine von der Struktur des Kerns abhängige objektive und konstante und meßbare Tendenz gibt – eine Verwirklichungstendenz (»*Propensität*«) zum Zerfall innerhalb einer gegebenen Zeiteinheit.[9]

---

[7] Vgl. dazu seinen Brief und meine Kommentare in: Popper [1976 (a)], S. 412–414 (bes. den dritten Abschnitt meines Kommentars, S. 412).

[8] E. Rutherford und F. Soddy [1902].

[9] Das ist vielleicht das stärkste Argument für das, was ich die »*Propensitäts-Interpretation der Wahrscheinlichkeit in der Physik*« genannt habe. Siehe Popper [1957 (e)], [1959 (a)] und [1967 (k)]; auch meine Antwort auf Suppes in [1974 (c)]. Die Propensität ist die *Verwirklichungstendenz* eines Dings, *in einer bestimmten Situation* eine bestimmte Eigenschaft oder einen bestimmten Zustand anzunehmen.
Wie das Beispiel der radioaktiven Kerne zeigt, können die Propensitäten irreversibel sein: Sie können die Richtung der Zeit (den »Zeitpfeil«) bestimmen. Einige Propensitäten

So führt die Situation in der Physik zu der Annahme *objektiver Wahrscheinlichkeiten* oder probabilistischer *Verwirklichungstendenzen*: zur Annahme der Propensitätsinterpretation der Wahrscheinlichkeit. Ohne eine solche Annahme ist die moderne Atomphysik (Quantenmechanik) kaum zu verstehen. Aber sie ist von den Physikern noch keineswegs allgemein akzeptiert: Die ältere, subjektivistische Theorie von Laplace, von der die Propensitätsinterpretation scharf unterschieden werden muß, lebt noch fort. (Ich habe lange die These verfochten, daß die unbefriedigende Rolle, die »der Beobachter« in gewissen Deutungen der Quantenmechanik spielt, als Residuum der subjektivistischen Interpretation der Wahrscheinlichkeitstheorie erklärt werden kann, und daß man diese Deutungen aufgeben sollte.[10])

Es gibt viele Gründe dafür, objektive probabilistische Verwirklichungstendenzen als Verallgemeinerungen von kausalen Beziehungen zu betrachten, und kausale Beziehungen als Sonderfälle von Verwirklichungstendenzen.[11] Aber es ist wichtig zu sehen, daß Aussagen, die andere Wahrscheinlichkeiten oder Verwirklichungstendenzen als 0 oder 1 behaupten, nicht aus Kausalgesetzen deterministischer Art (zusammen mit den Anfangsbedingungen) ableitbar sind; auch nicht aus solchen Gesetzen, die feststellen, daß eine bestimmte Art von Ereignissen in einer bestimmten Situation immer vorkommt. Eine Wahrscheinlichkeitskonklusion kann nur aus Wahrscheinlichkeitsprämissen abgeleitet werden, zum Beispiel aus der Prämisse, daß die Wahrscheinlichkeiten der verschiedenen möglichen Fälle alle gleich groß sind. Andererseits ist es möglich, Konklusionen, die Wahrscheinlichkeiten gleich 0 oder 1 behaupten – und die deshalb vielleicht kausaler Art sind, aus typischen Wahrscheinlichkeitsprämissen abzuleiten.

Wir können folglich sagen, daß eine typische Propensitätsaussage, etwa eine Aussage über die Propensität des Zerfalls eines bestimmten instabilen Kerns, aus einem universellen Gesetz kausaler Art plus den Anfangsbedingungen nicht abgeleitet werden kann. Andererseits kann die *Situation*, in der ein Ereignis stattfindet, die Propensitäten stark beeinflussen; zum Beispiel kann das Eintreffen eines langsamen Neutrons in der unmittelbaren Nähe eines Atomkerns die Propensitäten des Kerns so beeinflussen, daß der Kern das Neutron einfängt und, anschließend, zerfällt.

Nehmen wir, um die Bedeutung der Situation für die Wahrscheinlichkeit der Verwirklichungstendenz eines eintretenden Ereignisses zu veran-

---

können aber auch reversibel sein: Die Schrödinger-Gleichung (und somit die Quantenmechanik) ist hinsichtlich der Zeit reversibel und die Propensität eines Atoms, im Zustand s_1 unter Absorbierung eines Photons in den Zustand s_2 überzugehen, ist gewöhnlich gleich der Propensität zum umgekehrten Übergang unter Emission eines Photons.

[10] Siehe z. B. Popper [1967 (k)], siehe auch Anmerkung 1 oben und Text.

[11] Popper [1974 (c)], Abschnitt 37.

schaulichen, das Münzwerfen: Kopf oder Zahl? Wir können sagen, daß eine Münze, sofern sie nicht unregelmäßig ist, mit einer Wahrscheinlichkeit von $1/2$ »Kopf« zeigt. Doch angenommen, wir werfen die Münze über einen Tisch mit in verschiedenen Richtungen verlaufenden Spalten oder Kerben, die die Münze aufrechthalten können. Dann kann die Verwirklichungstendenz, daß »Kopf« oben liegt, beträchtlich geringer sein als $1/2$, obwohl sie immer noch gleich der Verwirklichungstendenz sein wird, »Zahl« zu zeigen,[12] denn die Propensität der Münze, auf der Kante stehenzubleiben, ist durch die geänderte Situation von 0 auf einen positiven Wert (sagen wir drei Prozent) gestiegen.

Ganz ähnlich ist es, wenn wir die Propensität eines wahllos herausgegriffenen Wasserstoffatoms, Teil eines bestimmten Makromoleküls (etwa einer Nukleinsäure) zu werden, betrachten: Ob ein Katalysator, ein Enzym, da ist oder nicht, kann dabei einen großen Unterschied machen – wie das Vorhandensein oder Nichtvorhandensein der Kerben im Tisch beim Münzwerfen. Die Wahrscheinlichkeit oder Propensität wird 0 sein für ein Wasserstoffatom, das wahllos irgendwo aus dem Universum herausgegriffen wird. Die Wahrscheinlichkeit oder Propensität für ein Wasserstoffatom innerhalb eines Organismus und in der unmittelbaren Nachbarschaft eines geeigneten Enzyms kann aber ganz beträchtlich sein.

Ich meine, daß diese Idee der *Situationsabhängigkeit der Wahrscheinlichkeit oder Propensität* eines interessanten Ereignisses einiges Licht auf die Probleme der Evolution und der Emergenz werfen kann.

Zu den wichtigsten emergenten Ereignissen nach heutiger kosmologischer Auffassung zählen wohl die folgenden, die den Punkten (1) bis (4) oder (5) von Tabelle 1 entsprechen:

(a) Die Entstehung der schwereren Elemente (also nicht Wasserstoff und Helium, von denen man annimmt, daß sie seit dem Urknall existieren).

(b) Der Anfang des Lebens auf der Erde (und vielleicht anderswo).

(c) Die Emergenz des Bewußtseins.

(d) Die Emergenz der menschlichen Sprache und des menschlichen Gehirns.

Von diesen Ereignissen erscheint (a), die Emergenz der Elemente, auf den ersten Blick eher vorhersehbar zu sein als emergent. Es sieht so so aus, als könnten wir prinzipiell die Entstehung der schweren Elemente durch den ungeheuren Druck im Zentrum eines riesigen Sterns erklären. Auf den ersten Blick können die Eigenschaften der neuen Elemente ebenfalls eher vorhersagbar als emergent aussehen, wenn wir uns an die Regelmäßigkeiten des periodischen Systems der Elemente erinnern, Regelmäßig-

---

[12] Siehe Popper [1957 (e)], wo dieses Beispiel auf S. 89 kurz erwähnt ist.

keiten, die weitgehend durch Paulis Ausschlußprinzip und durch andere Prinzipien der Quantentheorie erklärt wurden. Was jedoch erklärt werden müßte, ist nicht nur die periodische Tafel der Elemente, sondern die Folge der Atomkerne – der Isotopen – mit ihren charakteristischen Eigenschaften. Zu diesen Eigenschaften gehört auch insbesondere der Grad der Stabilität oder Instabilität des Atomkerns; und das heißt, im Falle von instabilen Kernen, die genaue Wahrscheinlichkeit oder Propensität ihres radioaktiven Zerfalls. Die Propensität eines Kerns zu zerfallen (gemessen durch seine Halbwertszeit), gehört zu den charakteristischsten Eigenschaften eines radioaktiven Isotops. Sie ändert sich von Isotop zu Isotop, wobei sie von weniger als einer Millionstel Sekunde bis zu mehr als einer Million Jahre variiert, aber sie ist für alle Kerne der gleichen Struktur konstant. Obgleich man nun eine Menge über die Kernstruktur weiß – wir wissen, zum Beispiel, daß die Stabilität des Kerns stark von seinen Symmetrieeigenschaften abhängt –, sieht es doch ganz so aus, als ob der *genaue* Wert der Halbwertszeit eines Kerns für immer eine emergente Eigenschaft bleiben müßte, eine aus den Eigenschaften seiner Bestandteile nicht genau vorhersehbare Eigenschaft.[13]

Was (b) betrifft, den Ursprung des Lebens, so habe ich bereits gesagt, daß die Wahrscheinlichkeit oder Propensität eines wahllos aus dem Universum herausgegriffenen Atoms, (innerhalb einer beliebigen Zeiteinheit) Teil eines lebenden Organismus zu werden, von 0 ununterscheidbar war und ist. Sie war sicherlich 0 vor dem Entstehen des Lebens; und selbst wenn man annimmt, daß es im Universum viele Planeten gibt, auf denen Leben möglich ist, muß die fragliche Wahrscheinlichkeit immer noch unmeßbar klein sein.

Jacques Monod schreibt: »Das Leben ist auf der Erde erschienen; wie groß war *vor dem Ereignis* die Wahrscheinlichkeit dafür, daß es eintreffen würde?« und er liefert eine gute Begründung für die Antwort, daß die Wahrscheinlichkeit »fast null war«.[14] Die Gründe sind die, daß selbst bei einem ungeschützten, zufällig synthetisierten Gen, das sich in einer Suppe von Enzymen fände, die Wahrscheinlichkeit gleich Null wäre, daß die Enzyme – hochkomplexe und hochspezialisierte Moleküle – gerade zu

---

[13] Eine weitere emergente Eigenschaft scheint die Verwirklichungstendenz gewisser Moleküle zu sein, Kristalle zu bilden, die Licht von einer bestimmten Wellenlänge reflektieren können: die Entstehung farbiger Oberflächen. Die optischen Eigenschaften eines komplexen Kristalls – einer räumlich ausgedehnten, komplexen periodischen oder aperiodischen Anordnung von Molekülen – und somit die Eigenschaften von Spektralanalysatoren, sind aus den Eigenschaften einzelner Atome und Photonen vielleicht ebenfalls nicht vollkommen vorhersagbar, obwohl die der einfachen und hochsymmetrischen Anordnungen vorhersagbar sind und vieles über die Struktur von hochkomplexen Molekülen aus ihrem Röntgenspektrogramm abgeleitet werden kann.

[14] Siehe Jacques Monod [1970], S. 160; [1971], S. 144; [1971], S. 178.

diesem Gen passen und ihm bei seinen zwei Hauptfunktionen helfen würden: bei der Erzeugung neuer Enzyme *und* bei seiner eigenen Replikation; Funktionen, für die genau passende Enzyme erforderlich sind. Monod schätzt, daß etwa 50 verschiedene Enzyme dazu nötig sind. Nach dem Prinzip »ein Gen, ein Enzym« würde das die Zahl der erforderlichen Gene ebenfalls auf etwa 50 erhöhen. Aber das ursprüngliche System war wahrscheinlich viel primitiver.

Selbst wenn wir, was die Entstehung der Elemente betrifft, erklären könnten, wie sich das abgespielt hat, können wir für den Ursprung des Lebens anscheinend keine Erklärung geben, denn eine probabilistische Erklärung muß mit Wahrscheinlichkeiten nahe 1 arbeiten, nicht aber mit Wahrscheinlichkeiten nahe 0, gar nicht zu reden von Wahrscheinlichkeiten, die praktisch gleich 0 sind.[15]

Die in letzter Zeit gewonnenen Erkenntnisse über Gene und Enzyme und über die vermutlichen Minimalbedingungen des Lebens sind erstaunlich. Dennoch weist gerade dieses detaillierte Wissen daraufhin, daß die Schwierigkeiten auf dem Wege einer *Erklärung* der Entstehung des Lebens unüberwindbar sein könnten – auch wenn wir bestimmte Vorstellungen von den notwendigen Bedingungen für das Eintreten dieses Ereignisses haben. Vieles spricht für die Auffassung, daß es sich um ein einmaliges Ereignis handelte.

Unter diesen Umständen könnten viele Eigenschaften lebender Organismen unvorhersehbar sein – emergent. Darunter fallen die Eigentümlichkeiten ihrer Entwicklung. So steht es auch mit den Eigenschaften neuer, im Verlauf der Evolution auftauchender Arten.

Es ist schwierig, etwas über (c), Auftauchen des Bewußtseins zu sagen. Hier gibt es Theorien, die einander diametral entgegengesetzt sind. Zwei davon sind: der Panpsychismus, der sogar Atomen ein inneres Leben zuspricht (von sehr primitiver Art), und jene Richtung des Behaviorismus, die selbst dem Menschen bewußte Erlebnisse abspricht. Beide Theorien

---

[15] Siehe Popper [1976 (a)], Abschnitte 67 und 68, S. 150–158.

[16] Es gibt auch eine kuriose ichbezogene Version des Behaviorismus, die Bewußtsein nur dem Ich zugesteht: nur einem selbst, keinem anderen: eine psychistische Form des Solipsismus. Siehe Sidney Hook [1960], [1961], Kapitel 9. Bemerkung über ein Modell für den Ursprung des Lebens (Urzeugung). (Zusatz zur deutschen Ausgabe.) Ich halte es jetzt für möglich, daß die Wahrscheinlichkeit (Propensität) einer Entstehung des Lebens sich eines Tages im Lichte von neuen Theorien als wesentlich größer herausstellen könnte. Wie Manfred Eigen und Ruthild Winkler ([1975], S. 307–310) berichten, hat Manfred Sumper gefunden, daß ein Enzymkomplex, der zuerst von Sol Spiegelman isoliert wurde (»Spiegelman Komplex«), die folgenden Fähigkeiten hat:

In einem »Nährmedium, das alle zum Aufbau von RNS notwendigen Bausteine in energiereicher Form enthält« aber keine Zellen und keine RNS-Moleküle, kann Spiegelmans Enzymkomplex erst die Bildung von kürzeren Segmenten von RNS induzieren, die er dann »zu langen Ketten von einigen hundert Gliedern« zusammenheftet. Wenn diese RNS-Ket-

vermeiden das Problem der Emergenz des Bewußtseins.[16] Sodann gibt es die cartesianische Ansicht, wonach Bewußtsein erst mit dem Menschen auftritt und Tiere unbeseelte Automaten sind, eine eindeutig vor-evolutionäre Auffassung. Allen diesen Theorien gegenüber meine ich, wir haben Grund anzunehmen, daß es niederere und höhere Stufen des Bewußtseins gibt. (Man denke an Träume.) Wenn die Tatsache, daß Tiere nicht sprechen können, ein ausreichender Grund wäre, ihnen ein bewußtes Ich abzusprechen, dann müßte man es aus demselben Grunde auch Kindern im Alter vor dem Spracherwerb absprechen. Es gibt überdies gute Anhaltspunkte für die Theorie, daß die höheren Tiere träumen – trotz Malcolm und Wittgenstein. Und es gibt Tiersprachen, die Vorläufer der menschlichen Sprache sind – trotz Chomsky.

Die vernünftigste Ansicht scheint die zu sein, daß Bewußtsein eine emergente Eigenschaft von Lebewesen ist, die unter dem Druck der natürlichen Auslese entsteht (und deshalb wohl nur nach der Evolution eines Mechanismus der Reproduktion). Wie früh Vorläufer des Bewußtseins auftauchen, und ob es vielleicht ähnliche Zustände bei Pflanzen gibt,

---

ten dann existieren, bewirkt Spiegelmans Enzymkomplex, daß sie wie Matrizen wirken und kopiert werden. Spiegelmans Enzymklomplex enthält also eine RNS-Replikase.

Diese Ketten sind zunächst anscheinend mehr oder weniger zufallsartig: Sie bestehen aus regellosen Sequenzen von Nukleobasen. Unter Selektionsdruck werden aber die jeweils *bestangepaßten* Sequenzen ausgewählt.

Was können wir über diese bestangepaßten Sequenzen sagen?

(a) Zunächst sind die bestangepaßten Sequenzen die, »die sich am schnellsten und genauesten vervielfältigen« lassen, und die »gleichzeitig eine genügend hohe Stabilität« besitzen.

Alles das wird von Eigen und Winkler auf S. 309 gesagt. Aber auf S. 310 argumentieren sie, daß diese Entwicklung nicht zur Urzeugung führt, sondern »in einer Sackgasse« landet. Zunächst hat mich ihre Argumentation überzeugt. (Sie läuft, ähnlich wie Monods Argumente, darauf hinaus, daß die Wahrscheinlichkeit 0 ist, daß eine Urzeugung auf diesem Wege stattfand. Das halte ich aber nicht länger für richtig.)

(b) Wir können nun annehmen, daß es unter den vielen in diesem Sinn bestangepaßten RNS-Sequenzen überaus selten, aber doch mit endlicher Wahrscheinlichkeit, auch solche geben wird, denen ein Enzym (oder ein Enzymkomplex) entspricht, das für diese Sequenz vielleicht als Replikase wirkt. (Replikasen waren bis vor kurzem nur theoretisch gefordert, aber nicht nachgewiesen; Spiegelmans Komplex enthält aber jedenfalls eine RNS-Replikase.)

Im Augenblick, in dem unter den regellosen aber bestangepaßten RNS-Sequenzen eine Sequenz – offenbar eine sehr lange und daher unwahrscheinliche Sequenz, z. B. jene Sequenz, die Spiegelmans Komplex entspricht, – entsteht, wird sie, falls das Nährmedium reich genug ist, sich höchst ungestüm vermehren, vermutlich bis das Nährmedium mehr oder weniger erschöpft ist, womit ein neuer Selektionsdruck entsteht.

Spiegelmans und Sumpers Entdeckungen scheinen mir daher ein durchaus mögliches Modell für eine Urzeugung zu suggerieren.

Die Wahrscheinlichkeit, durch einen Spiegelman-Komplex oder Ähnliches experimentell eine Urzeugung zu bewirken, ist offenbar überaus nahe an 0: Es mag viele Tausende von Jahren gedauert haben, bevor durch Zufall ein RNS-Molekül entstand, dessen zugeordneter Enzymkomplex sich als eine für dieses Molekül wirksame Replikase herausstellte.

das scheinen mir Fragen zu sein, die zwar sehr interessant, aber vielleicht auf immer unbeantwortbar sind. Man sollte allerdings erwähnen, daß der große Biologe H. S. Jennings (1906) berichtete, daß er, als er längere Zeit das Verhalten von Amöben beobachtet hatte, den starken Eindruck gewann, daß diese Bewußtsein haben. Er fand Anzeichen von Aktivität und Initiative in ihrem Verhalten. Tatsächlich muß ein sich frei bewegendes Lebewesen – insbesondere ein freilebendes Tier –, wenn es diese Freiheit nutzen soll, seine Umwelt aktiv erkunden. Seine Sinne fungieren nicht nur passiv, bloß als Aufzeichner von Information; vielmehr benutzen Tiere und Menschen ihre Sinne aktiv, als »Wahrnehmungssysteme« zum selektiven »Auflesen« von Information, wie J. J. Gibson [1966] mit Recht betont.[17] Aber der Hinweis auf Wahrnehmungssysteme genügt nicht: Es gibt ein Aktivitätszentrum der Neugierde, der Erforschung, der Planung; und es gibt einen Forscher: das Bewußtsein des Tieres.

Wir können also über die Entscheidungsbedingungen des Bewußtseins nur spekulieren. Klar ist jedoch, daß es etwas Neues und Unvorhersagbares ist: Es ist emergent, es taucht auf.

Was (d) angeht, so enthält das menschliche Gehirn schätzungsweise 10 000 Millionen Neuronen, die miteinander durch etwa tausendmal so viele Synapsen verknüpft sind; und dieses unglaublich komplexe System ist fast ständig in Betrieb. F. A. von Hayek[18] gibt Gründe an, warum es unmöglich ist, das Funktionieren des menschlichen Gehirns jemals im Detail zu erklären. Der Hauptgrund ist, daß »jeder Apparat ... eine Struktur von höherem Komplexitätsgrad haben muß, als die Dinge«, die er zu erklären versucht. Dazu bemerkt Monod, daß wir »... von dieser absoluten Grenze der Erkenntnis noch weit entfernt sind«.[19] Wie entstand das Gehirn? Wir können darüber nur Vermutungen anstellen. Meine Vermutung ist– siehe Abschnitt 5 –, daß es die Emergenz der menschlichen Sprache war, die den Selektionsdruck schuf, unter dem die Großhirnrinde und mit ihr das menschliche Ichbewußtsein entstand.

Von den drei Argumenten gegen die Emergenz, die zu Beginn dieses Abschnitts formuliert wurden, habe ich, wie ich meine, die Argumente des Atomismus und des Determinismus mehr oder weniger beantwortet. Das dritte Argument muß jedoch noch beantwortet werden; diesem zufolge müssen die physischen Teile, die eine neue Struktur (etwa einen Organismus) bilden, zuvor die Möglichkeit, die Potentialität oder die Fähigkeit besitzen, jene neue Struktur zu schaffen. Eine vollständige Kenntnis vorgegebener Möglichkeiten oder Potentialitäten würde uns demnach befähigen, die Eigenschaften der neuen Struktur vorherzusagen. Diese kann also nicht emergent sein.

---

[17] J. J. Gibson [1966].   [18] F. A. von Hayek [1952], S. 185.
[19] Monod [1970], S. 162; [1971], S. 146; dt. Ausg., [1971], S. 179.

Auf dieses Argument kann man, glaube ich, eine Antwort finden, wenn man die klassischen Ideen der Möglichkeit, Potentialität, Fähigkeit oder Kraft durch ihre neue Form ersetzt – durch Wahrscheinlichkeiten und Verwirklichungstendenzen. Wie wir gesehen haben, kann das erstmalige Auftauchen von etwas Neuem, wie das Leben, die Möglichkeiten und Propensitäten im Universum verändern. Wir könnten sagen, daß die neu auftauchenden Mikro- und Makro-Objekte die Mikro- und Makro-Propensitäten in ihrer Umgebung beeinflussen. Sie führen neue Möglichkeiten oder Wahrscheinlichkeiten oder Verwirklichungstendenzen in ihre Nachbarschaft ein:[20] Sie schaffen neue *Propensitätsfelder,* so wie ein neuer Stern ein neues Gravitationsfeld schafft. Die Assimilation unbelebter Materie durch einen Organismus hat die Möglichkeit oder Wahrscheinlichkeit 0, wenn sie außerhalb des Feldes des Organismus liegt. Innerhalb eines solchen Feldes kann sie sehr wahrscheinlich werden. (Wie ich anderenorts zu zeigen versucht habe[21], kann man mit Hilfe der Propensitäten eine formale Analyse der kausalen *und* probabilistischen Erklärungen von Ereignissen geben, analog der Art, wie wir Kräfte, Gravitations- oder elektromagnetische Kräfte, zur Erklärung in der klassischen Physik verwenden.)

Es gibt eine eindrucksvolle Illustration für die radikale Art, in der die frühe Evolution des Lebens auf der Erde die Bedingungen, Wahrscheinlichkeiten oder Propensitäten jener Ereignisse verändert haben mag, die die spätere Evolution bildeten. Ich meine die Theorie von A. I. Oparin und J. B. S. Haldane, nach der es keinen Sauerstoff in der frühen Erdatmosphäre gab: Er habe sich erst später als Ergebnis der Aktivität photosynthetischer Moleküle wie des Chlorophyll gebildet. Zuvor unmögliche und unvorhersehbare evolutionäre Ereignisse konnten dann ganz natürlich einsetzen.

Das ist meine Antwort auf Köhlers Behauptung, daß schon die Idee der Evolution notwendigerweise ein »Postulat der Invarianz« beinhalte, das er folgendermaßen formuliert: »Während die Evolution stattfand, blieben in der unbelebten Natur die grundlegenden Kräfte, die Elementarprozesse und die allgemeinen Aktionsprinzipien die gleichen, wie sie es immer gewesen waren und immer noch sind. Sobald … irgendein neuer Elementarprozeß oder irgendein neues Aktionsprinzip in einem Organismus entdeckt würde, würde der Begriff der Evolution in seinem strengen Sinne unanwendbar werden.«[22] Das mag stimmen. Doch während die

---

[20] Ein ähnlicher Vorschlag findet sich bei R. A. Fisher [1954], S. 91 f.

[21] Popper [1974], Bd. II, Abschnitt 37.

[22] Wolfgang Köhler [1961], S. 23 f. Interessanterweise geht die Diskussion anscheinend auf die geologische Katastrophentheorie des frühen 19. Jahrhunderts zurück, die Thomas Huxley zweifellos im Sinne hatte, wenn er ganz ähnlich wie Köhler schreibt [1893], S. 103:

Invarianzen weiterhin als solche elementaren physikalischen Gebilde (Atome, unbelebte Strukturen) gelten können, die von den neu entstandenen Strukturen genügend weit entfernt sind, können neue Ereignistypen innerhalb des Feldes der neu hervortretenden Strukturen vorherrschend werden; denn mit ihnen entstehen neue Propensitäten und damit neue Wahrscheinlichkeitserklärungen.[23]

9. Indeterminismus – Wechselwirkung von Emergenzstufen

Die »natürliche« Ansicht vom Universum scheint indeterministisch zu sein: Die Welt ist ein absichtsvolles Gebilde, das Werk der Götter oder eines Gottes; bei Homer von sehr launenhaften Göttern. Der Platonsche Demiurg ist ein Handwerker.[1] Das führt dann zu Aristoteles' unbewegtem Beweger. Aristoteles' Auffassung ist in diesem Sinne noch indeterministisch; das ist besonders wichtig, da er ja eine ausgearbeitete Theorie der *Ursachen* besaß. Doch seine wichtigste Ursache war die *Zweck-Ursache.* Es war der *Zweck,* der die Welt bewegte; dadurch rückt sie ihrem Ziel näher, ihrem Sinn, ihrer »Vollendung«; das macht sie besser. Das zeigt, daß man die Aristotelische Idee einer Zweckursache nicht als (determinierende) Ursache in unserem Sinn beschreiben kann. Es ist die »Seele«, die tierische Seele oder die menschliche oder göttliche Vernunft, die das Prinzip der Bewegung darstellt. Nur die Bewegung des Firmaments ist völlig gesetzesartig und rational. Das Geschehen in der sublunaren Welt wird zwar vom gesetzmäßigen Wechsel der Jahreszeiten beeinflußt, aber nicht völlig determiniert; aber auch sie sind anderen Zweck-Ursachen unterworfen. Und nichts deutet darauf hin, daß diese Geschehnisse durch

---

»Die Evolutionslehre ... verlangt die Konstanz der Operationsregeln von Bewegungsursachen im materiellen Universum ... die geregelte Evolution physikalischer Natur aus *einem* Substrat und *einer* Energie impliziert, daß die Wirkungsregeln dieser Energie fest und endgültig sein sollen.« In jüngerer Zeit wurde die Konstanz der Naturgesetze von einigen dialektischen Materialisten wie David Bohm [1957] in Frage gestellt.

[23] Ein interessanter Einwand gegen dieses Argument wurde von Jeremy Shearmur gemacht: Selbst wenn wir Propensitäten zugeben, entrinnen wir nicht der Idee der Vorgegebenheit, der Präformation – wir haben nur mehrere präformationistische Möglichkeiten statt einer. Meine Antwort ist, daß wir vielleicht eine *Unendlichkeit* offener Möglichkeiten haben, und das bedeutet die Preisgabe der Präformationstheorie; und diese Unendlichkeit möglicher Propensitäten kann immer noch unendlich viele logische Möglichkeiten ausschließen. Propensitäten können Möglichkeiten ausschließen: Darin besteht ihr gesetzesähnlicher Charakter.

Etwas Ähnliches schlug ich vor vielen Jahren in meinem damals unveröffentlichten *Postskriptum* vor, in dem ich die Weltansicht der Propensitätsinterpretation der Wahrscheinlichkeit zu erklären versuchte. Die *Unendlichkeit* der inhärenten Möglichkeiten oder Propensitäten ist wichtig, weil ja eine probabilistische Präformationslehre sich sonst nicht genügend von einer deterministischen Präformationslehre unterscheidet.

[1] Zu Platos Indeterminismus siehe die Stelle in *Phaidon,* die in Abschnitt 46 zitiert wird.

unveränderliche Gesetze gänzlich auf einen Nenner gebracht werden können, schon gar nicht durch mechanische Gesetze. Für Aristoteles ist die Ursache nicht mechanisch, und die Zukunft ist nicht vollständig durch Gesetze determiniert.

Die Begründer des Determinismus, Leukipp und Demokrit, waren auch die Begründer des Atomismus und des mechanischen Materialismus. Leukipp sagte[2]: »Kein Ding entsteht planlos, sondern alles entsteht sinnvoll und mit Notwendigkeit.« Für Demokrit ist die Zeit nicht zyklisch, sondern unendlich, und die Welten treten ewig ins Sein und Vergehen: »Die Ursachen der Dinge ... haben keinen Anfang, aber seit der unendlichen Vergangenheit und vorbestimmt durch Notwendigkeit bestehen alle Dinge, die einst existiert haben, die jetzt existieren und die in Zukunft existieren werden.«[3] Diogenes Laertius berichtet über die Lehren Demokrits[4]: »Alles geschieht gemäß der Notwendigkeit, denn die Wirbelbewegung ist die Ursache von allem Geschehen, und diese nennt er [Demokrit] Notwendigkeit.« Aristoteles[5] klagt darüber, daß Demokrit keine Zweck-Ursache kannte: »Demokrit ließ die Zweck-Ursache außeracht und so erklärt er alles Geschehen in der Natur durch Notwendigkeit.« An einer anderen Stelle beschwert sich Aristoteles[6], daß nach Demokrit (denn der scheint gemeint zu sein) unsere Himmel und alle Welten »durch Zufall« enstanden seien (und nicht allein durch Notwendigkeit); doch »Zufall« scheint hier nicht blinder Zufall zu bedeuten, sondern das Fehlen eines Zweckes, einer Zweck-Ursache.[7]

Demokrit sah alle Dinge durch einen Wirbel von Atomen entstanden: Die Atome prallten aufeinander, stießen einander herum und zogen sich auch gegenseitig an, da einige von ihnen Haken besaßen, durch die sie sich verketten und Fäden bilden konnten.[8] Die atomistische Weltanschauung war völlig mechanistisch. Doch das hinderte Demokrit nicht daran, ein großer Humanist zu sein (siehe Abschnitt 44 und 46).

Ein Determinismus von mehr oder weniger mechanistischer Art blieb die herrschende Wissenschaftsauffassung bis zu meiner Zeit. Die großen Namen in der Moderne sind Hobbes, Priestley, Laplace und auch Einstein. (Newton bildete eine Ausnahme.) Erst mit der Quantenmechanik, mit Einsteins wahrscheinlichkeitstheoretischer Deutung der Amplitude

---

[2] H. Diels und W. Kranz (Hg.), (Abkürzung DK), [1951/52], B 2.

[3] DK A 39.   [4] Diogenes Laertius IX, 45.

[5] Aristoteles, De generatione animalium 789 b 2.

[6] Aristoteles, Physik 196 a 24.

[7] Vgl. Cyril Bailey [1928], S. 140f. Auch DK A 69. Bailey (S. 142f.) sagt wohl richtig, daß Demokrit mit »Zufall« solche objektiven mechanischen Ursachen meinte, die subjektiv »dem Menschen unzugänglich« sind. (Objektiver blinder Zufall wurde viel später durch Epikurs »Abweichungstheorie« in den Atomismus eingeführt.)

[8] Siehe DK A 66 und Aëtius I 26, 2.

der Lichtwellen, mit Heisenbergs Unschärfeformel und vor allem mit Max Borns wahrscheinlichkeitstheoretischer Interpretation der Schrödingerschen Wellenmechanik wurde die Physik wirklich indeterministisch.

Zur Analyse der Ideen des Indeterminismus und Determinismus habe ich 1965 das Bild von den *Wolken* und *Uhren* eingeführt.[9] Für den normalen Menschen ist eine Wolke etwas höchst Unvorhersagbares und Indeterminiertes: Die Unberechenbarkeit des Wetters ist sprichwörtlich. Im Gegensatz dazu ist eine Uhr etwas höchst Vorhersagbares, und eine zuverlässige Uhr ist geradezu das Paradebeispiel eines mechanischen und deterministischen materiellen Systems.

Mit Wolken und Uhren als Beispielen indeterministischer und deterministischer Systeme können wir den Standpunkt eines Deterministen, etwa eines Atomisten wie Demokrit, folgendermaßen formulieren:

Alle physikalischen Systeme sind in Wirklichkeit Uhren.

Die ganze Welt ist ein Uhrwerk von Atomen, die sich gegenseitig vorwärtstreiben wie die Zähne eines Zahnrades. Sogar die Wolken sind Teile des kosmischen Uhrwerks, obwohl sie wegen der Komplexität und praktischen Unvorhersagbarkeit ihrer Molekularbewegungen den Anschein erwecken, daß sie keine Uhren, sondern unbestimmbare Wolken sind.

Die Quantenmechanik, besonders in der Version Schrödingers, hatte dazu Wichtiges zu sagen. Sie besagt, daß die Elektronen eine *Wolke* rund um den Atomkern bilden, und daß die Lage und Geschwindigkeit der verschiedenen Elektronen dieser Wolke indeterminiert und daher unbestimmbar sind. In jüngster Zeit wurden wiederum die subatomaren Teilchen als komplexe Strukturen erkannt; David Bohm[10] hat die Möglichkeit unendlich vieler solcher hierarchischer Schichten untersucht. (Die Stufe 0 in Tabelle 2, Abschnitt 7, würde danach von negativen Stufen getragen.) Wenn das stimmte, dann wäre die Idee eines durchgehend deterministischen, auf atomaren Uhren beruhenden Kosmos unmöglich.

Wie dem auch sei, die Interpretation des Atomkerns als eines Systems von in rascher Bewegung befindlichen Teilchen und die Deutung der ihn umgebenden Elektronen als einer Elektronenwolke reicht aus, um die alte atomistische Auffassung eines mechanischen Determinismus zunichte zu machen. Die Wechselwirkung zwischen Atomen oder zwischen Molekülen hat etwas Regelloses, einen Zufallsaspekt; »Zufall« nicht nur im Sinne des Aristoteles als etwas dem »Zweck« Entgegengesetztes, sondern in dem Sinne, in dem er Gegenstand der objektiven Wahrscheinlichkeitstheorie zufallsartiger Ereignisse ist und weniger ein Gegenstand exakter mechanischer Gesetze.

---

[9] Vgl. Popper [1974 (e)], Kap. VI, S. 230 ff.   [10] David Bohm [1957].

So hat sich also die These, daß alle physischen Systeme, einschließlich der Wolken, in Wirklichkeit Uhren seien, als falsch erwiesen. Nach der Quantenmechanik müssen wir sie durch die folgende entgegengesetzte These ersetzen:

Alle physischen Systeme, einschließlich der Uhren, sind in Wirklichkeit Wolken.

Die alte mechanistische Theorie erweist sich als eine Täuschung, die dadurch entstand, daß hinreichend schwere Systeme (Systeme, die aus einigen Tausenden von Atomen bestehen, wie die großen organischen Markromoleküle oder schwerere Systeme) *annähernd* nach den Uhrwerkgesetzen der klassischen Mechanik aufeinander einwirken, vorausgesetzt, sie reagieren nicht chemisch aufeinander. Kristalline Systeme – feste physikalische Körper, die wir als gewöhnliche Geräte, etwa Uhren, benutzen und aus denen unsere Umwelt überwiegend besteht – verhalten sich annähernd (aber nur annähernd) wie mechanische deterministische Systeme. Dieser Umstand ist tatsächlich die Quelle unserer mechanistischen und deterministischen Täuschungen.

Jedes Zahnrad in einer Uhr ist eine Struktur von Kristallen, ein Gitter von Molekülen, das, wie die Atome in den Molekülen, durch elektrische Kräfte zusammengehalten wird. Es ist merkwürdig, aber Tatsache, daß den Gesetzen der Mechanik gerade die Elektrizität zugrundeliegt. Ferner vibriert jedes Atom und jedes Molekül mit einer Amplitude, die von der Temperatur abhängt (oder *umgekehrt*); und wenn ein Zahnrad heiß wird, bleibt das Uhrwerk stehen, weil sich die Zähne ausdehnen. (Wenn es noch heißer wird, schmilzt es.)

Die Wechselwirkung zwischen der Wärme und der Uhr ist höchst bemerkenswert. Einerseits ist die Temperatur der Uhr durch die Durchschnittsgeschwindigkeit ihrer vibrierenden Atome und Moleküle definiert. Andererseits können wir die Uhr dadurch erhitzen oder abkühlen, daß wir sie mit einer heißen oder kalten Umgebung in Berührung bringen. Nach der gegenwärtigen Theorie hängt die Temperatur von der Bewegung der einzelnen Atome ab; gleichzeitig kann man sie noch auf einer anderen Stufe lokalisieren als der der einzelnen bewegten Atome, nämlich auf einer holistischen oder emergenten Stufe, weil sie ja durch die *Durchschnitts*geschwindigkeit *aller* Atome definiert ist.

Hitze verhält sich ganz so wie eine Flüssigkeit (»kalorisch«), und wir können die Gesetze dieses Verhaltens auf die gleiche Weise *erklären,* wie sich die Zu- oder Abnahme der Geschwindigkeit eines Atoms – oder einer Atomgruppe – auf benachbarte Atome ausbreitet. Diese Erklärung kann als »Reduktion« bezeichnet werden: Sie reduziert die holistischen Eigenschaften der Wärme auf die Eigenschaften der Atom- oder Molekülbewegung. Doch die Reduktion ist nicht vollständig, denn man muß mit neuen Ideen arbeiten – den Ideen der *molekularen Unordnung* und der *Mittelung;* und das sind natürlich Begriffe auf einer neuen, holistischen Stufe.[11]

Die Stufen können miteinander in Wechselwirkung stehen (das ist ein wichtiger Gedanke für die Wechselwirkung von Bewußtsein und Gehirn). Zum Beispiel beeinflußt nicht nur die Bewegung jedes einzelnen Atoms die Bewegungen der angrenzenden Atome, sondern die *Durchschnitts*geschwindigkeit einer Atom*gruppe* beeinflußt auch die *Durchschnitts*geschwindigkeit der angrenzenden Atom*gruppen.* Dadurch beeinflußt sie (und hierin liegt die Wechselwirkung der Stufen sowie der »Verursachung nach unten«) die Geschwindigkeit vieler einzelner Atome in der Gruppe – welche einzelnen Atome, das können wir ohne Untersuchung der Details der niedereren Stufe nicht sagen.

Jede Veränderung auf der höheren Stufe (Temperatur) wird somit die niedere Stufe (die Bewegung einzelner Atome) beeinflussen. Das Gegenteil trifft ebenfalls zu. Natürlich können ein einzelnes Atom oder auch viele einzelne Atome ihre Geschwindigkeit erhöhen, ohne die Temperatur zu erhöhen, weil nämlich einige andere benachbarte Atome ihre Geschwindigkeit zur gleichen Zeit verringern können. Das geschieht bei konstanter Temperatur fortwährend. Wir haben also hier ein Beispiel für »Verursachung nach unten«, für die Einwirkung der höheren auf die niederere Stufe. (Siehe auch Abschnitt 7.) Das scheint mir ein weiteres bedeutsames Beispiel für das allgemeine Prinzip zu sein, daß eine höhere Stufe einen dominanten Einfluß auf eine niederere Stufe ausüben kann.

Die einseitige Dominanz beruht, wenigstens in diesem Fall, auf der Regellosigkeit der Wärmebewegung der Atome und deshalb, wie ich vermute, auf der Wolkenartigkeit des Kristalls. Denn wäre das Universum *per impossibile* ein perfektes deterministisches Uhrwerk, dann gäbe es wohl keine Wärmeerzeugung und keine Schichten und folglich auch keinen derartig dominierenden Einfluß.

Das deutet darauf hin, daß die Emergenz hierarchischer Stufen oder Schichten sowie die Wechselwirkung zwischen ihnen auf einem fundamentalen Indeterminismus des physischen Universums beruht. Jede Stufe ist für kausale Einflüsse von niedereren *und* von höheren Stufen offen.

Das ist natürlich für das Leib-Seele-Problem, für die Wechselwirkung zwischen der physischen Welt 1 und der psychischen Welt 2 von großer Bedeutung.

---

[11] Die Frage ist, ob das (wahrscheinlichkeitstheoretische) Zweite Gesetz der Thermodynamik vollständig auf die Gesetze der Wechselwirkung einzelner Atome oder Moleküle reduzierbar ist oder nicht. Meine Antwort ist, daß das Zweite Gesetz probabilistisch ist und daß probabilistische Schlüsse zu ihrer Ableitung probabilistischer Prämissen bedürfen.

Kapitel P 2
Die Welten 1, 2 und 3

10. Wechselwirkung: Die Welten 1, 2 und 3

Ob die Biologie auf die Physik reduzierbar ist oder nicht – es zeigt sich, daß alle physikalischen und chemischen Gesetze für lebende Wesen – Pflanzen und Tiere und sogar Viren – bindend sind. Lebende Wesen sind materielle Körper. Wie alle materiellen Körper sind sie Prozesse; und wie einige andere materielle Körper (z. B. Wolken) sind sie offene Systeme von Molekülen: Systeme, die einige ihrer Bestandteile mit ihrer Umwelt austauschen. Sie gehören dem *Universum physikalischer Gegenstände* an, oder Zuständen physikalischer Dinge, oder physikalischen Zuständen.

Die Gegenstände der physikalischen Welt – Prozesse, Kräfte, Kraftfelder – stehen miteinander und somit auch mit materiellen Körpern in Wechselwirkung. Deshalb halten wir sie für wirklich (in dem Sinne, wie es in Abschnitt 4 gesagt wurde), auch wenn ihre Wirklichkeit nur eine vermutete bleibt.

Ich vermute, daß es neben den physikalischen Gegenständen und Zuständen noch *psychische Zustände* gibt, und daß diese Zustände wirklich sind, da sie ja mit unseren Körpern in Wechselwirkung stehen.

Zahnschmerzen sind ein gutes Beispiel für einen Zustand, der sowohl psychisch *als auch* physikalisch oder physisch ist. Wenn man starke Zahnschmerzen hat, ist das ein dringender Grund, zum Zahnarzt zu gehen, was wiederum gewisse Aktivitäten und physische Bewegungen des Körpers einschließt. Die Karies im Zahn – ein materieller, physikochemischer Vorgang – führt somit zu physischen Wirkungen; das aber hängt mit den Schmerzempfindungen und mit dem Wissen um bestehende Institutionen wie Zahnarztpraxen zusammen. (Solange man keine Schmerzen hat, bemerkt man die Karies nicht und geht nicht zum Zahnarzt; oder man wird aus anderen Gründen aufmerksam und geht, ohne auf die Schmerzen zu warten, zum Zahnarzt. In beiden Fällen werden durch das Dazwischentreten psychischer Zustände – durch etwas wie Vermutung oder Wissen – die Handlungen und die Bewegungen des Körpers verständlich.)

Es gibt andere psychische Zustände, die menschliche Handlungen verständlich machen. Ein Bergsteiger klettert weiter, »indem er seinen Körper zwingt, weiterzumachen«, auch wenn sein Körper erschöpft ist: Wir sprechen dann von seinem Ehrgeiz, seinem Wunsch, den Gipfel zu erreichen und von seinem Entschluß als von psychischen »Zuständen«, die ihn seinen Aufstieg fortsetzen lassen. Oder ein Autofahrer tritt auf die Bremse, weil er sieht, daß die Verkehrsampel gerade auf Rot schaltet: Seine Kenntnis der Straßenverkehrsordnung läßt ihn so reagieren.

Das alles ist ganz offenkundig, ja trivial. Dennoch ist die Wirklichkeit psychischer Zustände von manchen Philosophen bestritten worden. Andere geben zwar die Wirklichkeit psychischer Zustände zu, bestreiten aber deren Wechselbeziehung mit der Welt der physischen Zustände; eine Auffassung, die nach meiner Ansicht so unannehmbar ist wie die Ablehnung der Wirklichkeit psychischer Zustände.

Die Frage, ob es physische und psychische Zustände gibt und ob sie durch Wechselwirkung oder durch etwas anderes miteinander in Beziehung stehen, ist als das Leib-Seele-Problem oder als das psychophysische Problem bekannt.

Eine der denkbaren Lösungen dieses Problems ist die Theorie des Interaktionismus, nach der psychische und physische Zustände aufeinander einwirken. Diese Theorie führt, genauer, zur Beschreibung des Leib-Seele-Problems als des Problems von Gehirn und Bewußtsein, da ja behauptet wird, die Wechselwirkung müsse im Gehirn lokalisiert sein; und das hat einige Anhänger dieser Theorie der Wechselwirkung (namentlich Eccles) dazu geführt, das Leib-Seele-Problem so detailliert wie möglich als das Problem einer »Liaison« von Gehirn und Bewußtsein (»Die Gehirn-Bewußtsein-Liaison«) zu beschreiben.

Man könnte sagen, die Übernahme der Theorie der Wechselwirkung stelle eine Lösung des Problems von Gehirn und Bewußtsein dar. Natürlich müßte eine derartige Lösung durch eine kritische Diskussion alternativer Ansichten sowie der verschiedenen Kritiken der Theorie der Wechselwirkung untermauert werden. Die Theorie der Wechselwirkung kann als eine Art Forschungsprogramm bezeichnet werden. Sie wirft viele Einzelfragen auf, und die Antworten darauf erfordern viele detaillierte Theorien.

Es heißt manchmal, daß die Aufgabe der Lösung des Problems von Gehirn und Bewußtsein darin besteht, die Wechselwirkung zwischen so verschiedenen Dingen wie physischen Zuständen oder Vorgängen und psychischen Zuständen oder Vorgängen verständlich zu machen.

Ich meine auch, daß es die Hauptaufgabe der Wissenschaft ist, unser Verständnis zu vervollständigen. Aber ich glaube auch, daß ein vollständiges Verständnis und ein vollständiges Wissen wahrscheinlich nie zu errei-

chen sind. Außerdem kann das Verständnis trügerisch sein: Jahrhunderte-
lang hatten wir scheinbar ein vollkommenes Verständnis von der Arbeitsweise des Uhrwerkmechanismus, in dem die Zähne der Zahnräder sich
gegenseitig antreiben. Doch das erwies sich als ein sehr oberflächliches
Verständnis, und der Stoß, den ein physikalischer Körper einem anderen
erteilt, mußte durch die Abstoßung zwischen den negativ geladenen Elektronenhüllen ihrer Atome erklärt werden. Doch diese Erklärung und dieses Verständnis sind ebenfalls oberflächlich, wie es die Tatsache der Ad-
häsion und Kohäsion belegt. Ein letztes Verständnis ist also nicht leicht zu
gewinnen, nicht einmal in den anscheinend elementarsten Bereichen der
physikalischen Wissenschaft. Und wenn man zur Wechselwirkung von
Licht und Materie übergeht, betritt man einen Forschungsbereich, von
dem einer der größten Pioniere auf diesem Gebiet, Niels Bohr, so verwirrt
war, daß er erklärte, bei der Quantentheorie müßten wir die Hoffnung, sie
zu verstehen, aufgeben. Auch wenn es so aussieht, als müßte man das
Ideal eines *vollständigen* Verständnisses aufgeben, so kann eine eingehende Beschreibung doch zu einem *teilweisen* Verständnis führen.

Ein Verständnis, wie wir es beim mechanischen Stoß einst irrtümlich
zu haben glaubten, ist also nicht einmal in der Physik zu erlangen. Und wir
können es schwerlich für die Wechselwirkung von Gehirn und Bewußtsein
erwarten, selbst wenn uns eine genauere Kenntnis der Funktionsweise des
Gehirns vielleicht jenes Teilverständnis bringen könnte, wie es in der
Wissenschaft, so scheint es, erreichbar ist.

Ich habe in diesem Abschnitt von physischen und von psychischen Zuständen gesprochen. Ich glaube allerdings, daß die Probleme, mit denen
wir es zu tun haben, beträchtlich klarer gemacht werden können, wenn wir
eine *Dreiteilung* einführen. Da gibt es zunächst die physische Welt – das
Universum physischer Gegenstände –, auf die ich zu Beginn dieses Abschnitts hinwies; ich möchte sie »Welt 1« nennen.[1] Zweitens gibt es die
Welt psychischer Zustände, einschließlich der Bewußtseinszustände, der
psychischen Dispositionen und unbewußten Zustände; diese will ich
»Welt 2« nennen. Doch es gibt noch eine *dritte* Welt, die Welt der Inhalte
des Denkens und der Erzeugnisse des menschlichen Geistes; diese will ich
»Welt 3« nennen; sie wird in den nächsten Abschnitten behandelt.

---

[1] Ich habe Sir John Eccles' [1970] Vorschlag übernommen, von »Welt 1«, »Welt 2« und
»Welt 3« anstatt von der »ersten Welt«, »zweiten Welt«, »dritten Welt« zu sprechen, wie ich
es vor dem Buch von Eccles, *Facing Reality,* in dem er diesen Vorschlag machte, tat.

11. Die Wirklichkeit der Welt 3

Ich glaube, daß man ein besseres Verständnis durch die Untersuchung der Rolle, die Welt 3 spielt, erreichen kann.

Mit Welt 3 meine ich die Welt der Erzeugnisse des menschlichen Geistes, wie Erzählungen, erklärende Mythen, Werkzeuge, wissenschaftliche Theorien (wahre wie falsche), wissenschaftliche Probleme, soziale Einrichtungen und Kunstwerke. Die Gegenstände der Welt 3 sind von uns selbst geschaffen, obwohl sie nicht immer Ergebnisse planvollen Schaffens einzelner Menschen sind.

Viele Gegenstände der Welt 3 existieren in der Form materieller Körper und gehören in gewisser Hinsicht sowohl zu Welt 1 wie zu Welt 3. Beispiele sind Skulpturen, Gemälde und Bücher wissenschaftlicher oder literarischer Art. Ein Buch ist ein physisches Ding und gehört daher zu Welt 1; was es aber zu einem bedeutsamen Erzeugnis menschlichen Denkens macht, ist sein *Inhalt:* das, was in den verschiedenen Auflagen und Ausgaben unverändert bleibt. Dieser Gehalt gehört zu Welt 3.

Eine meiner Hauptthesen ist, daß Gegenstände der Welt 3 wirklich (im Sinne von Abschnitt 4) sein können: nicht nur in ihren Materialisationen oder Verkörperungen von Welt 1, sondern auch unter dem Gesichtspunkt von Welt 3. Als Gegenstände der Welt 3 können sie Menschen dazu veranlassen, andere Dinge der Welt 3 zu schaffen und dadurch auf Welt 1 einzuwirken; und die Wechselwirkung mit Welt 1 – selbst die indirekte Wechselwirkung – halte ich für ein entscheidendes Argument dafür, ein Ding wirklich zu nennen.

So kann ein Bildhauer durch ein neues Werk andere Bildhauer zu dessen Nachahmung oder zur Schaffung ähnlicher Figuren anregen. Sein Werk – nicht so sehr als materielles Gebilde, sondern als neugeschaffene Form – kann sie, durch ihre der Welt 2 zugehörenden Erlebnisse und indirekt durch den neuen Gegenstand der Welt 1, beeinflussen.

Ein Gegner der Auffassung, daß Gegenstände der Welt 3 wirklich sind, könnte auf diese Analyse erwidern, daß alles hier Genannte Gegenstände der Welt 1 sind. Jemand formt einen solchen Gegenstand und regt dadurch andere dazu an, ihn nachzuahmen: Mehr ist nicht daran.

Ich will versuchen, mit einem anderen und vielleicht überzeugenderen Beispiel zu antworten: mit der Schaffung einer wissenschaftlichen Theorie, mit ihrer kritischen Diskussion, ihrer versuchsweisen Annahme und ihrer Anwendung, durch die das Aussehen der Erde und somit der Welt 1 verwandelt werden kann.

Der produktive Wissenschaftler beginnt gewöhnlich mit einem *Problem.* Er versucht das Problem zu verstehen. Das ist meist eine langwierige intellektuelle Arbeit – ein Versuch der Welt 2, einen Gegenstand der Welt 3 zu erfassen. Dabei kann er durchaus Bücher benutzen (oder andere wissenschaftliche Hilfsmittel in Gestalt materieller Dinge der Welt 1). Doch sein *Problem* stellt sich nicht in diesen Büchern dar; vielmehr wird er es durch eine Schwierigkeit in den behaupteten *Theorien* entdecken. Darin kann eine schöpferische Anstrengung liegen: die Anstrengung, die abstrakte Problemsituation zu erfassen, vielleicht besser, als es zuvor geschah. Dann kommt er zu seiner Lösung, seiner neuen Theorie. Diese kann auf vielerlei Weise in sprachliche Form gebracht werden. Eine davon wählt er. Dann untersucht er seine Theorie kritisch; und als Ergebnis der Untersuchung ändert er sie vielleicht erheblich. Dann wird sie publiziert und von anderen unter logischen Gesichtspunkten untersucht, vielleicht auch anhand neuer Experimente, die zu ihrer Überprüfung unternommen werden. Vielleicht wird die Theorie verworfen, wenn sie den Test nicht besteht. Und erst nach all diesen intensiven intellektuellen Bemühungen entdeckt vielleicht jemand eine weitreichende technische Anwendungsmöglichkeit, die auf Welt 1 einwirkt.

Dagegen kann immer noch eingewendet werden, ich hätte bloß ein bestimmtes Verhalten von Leuten beschrieben mitsamt deren Benutzung von Büchern etc., ferner ihr soziales und berufliches Verhalten mitsamt ihrem üblichen Aufsatzschreiben. Ich hätte, so könnte ein Behaviorist einwenden, keinerlei Gründe dafür geliefert, Theorien als etwas Eigenständiges anzunehmen, unabhängig von den Menschen, deren verbales Verhalten von Bedeutung sein mag.

Mein Standpunkt ist dagegen der, daß wir niemals das Verhalten von Wissenschaftlern verstehen werden, wenn wir Probleme und Theorien nicht als Gegenstände von Untersuchungen und von Kritik zulassen.

Natürlich sind Theorien Produkte menschlichen Denkens (oder, wenn man will, menschlichen Verhaltens – ich möchte nicht um Worte streiten). Dennoch haben sie einen gewissen Grad an *Autonomie:* Sie können objektive Konsequenzen haben, an die bis dahin niemand gedacht hat und die *entdeckt* werden können, entdeckt im gleichen Sinne, in dem eine existierende, aber bisher unbekannte Pflanze oder ein unbekanntes Lebewesen entdeckt werden kann. Man kann sagen, daß Welt 3 nur zu Anfang Menschenwerk ist, und daß Theorien, wenn sie einmal da sind, ein Eigenleben zu führen beginnen: Sie schaffen unvorhergesehene Konsequenzen, sie schaffen neue Probleme.

Mein Standardbeispiel stammt aus der Arithmetik. Ein Zahlensystem könnte man eher eine Konstruktion oder Erfindung der Menschen als deren Entdeckung nennen. Doch der Unterschied zwischen geraden und ungeraden Zahlen oder teilbaren und Primzahlen ist eine Entdeckung. Diese bestimmten Zahlengruppen sind, als (unbeabsichtigte) Konsequenzen beim Aufbau des Systems, mit der Existenz des Zahlensystems objektiv vorhanden; und ihre Eigenschaften können entdeckt werden.

Es gibt Behavioristen, die glauben, die Wahrheit von »2 × 2 = 4« müsse durch Konvention erklärt werden: daß diese Gleichung nur wahr ist, weil wir sie in der Schule gelernt haben. So ist es aber nicht: Sie ist eine Konsequenz unseres Zahlensystems und in alle Sprachen, sofern sie nicht zu arm sind, übersetzbar. Es ist eine Wahrheit, die gegenüber der Konvention und Übersetzung invariant ist.

Die Situation ist bei jeder wissenschaftlichen Theorie ähnlich. Eine solche enthält objektiv eine riesige Menge bedeutsamer Konsequenzen, ob sie nun bisher entdeckt wurden oder nicht. Man kann sogar zeigen, daß in einer bestimmten Zeit nur ein Bruchteil davon entdeckt werden kann.[1] Es ist die objektive Aufgabe des Wissenschaftlers – eine objektive Aufgabe der Welt 3, die sein »sprachliches Verhalten« *als* »Wissenschaftler« lenkt –, die wichtigen logischen Konsequenzen der neuen Theorie zu entdecken und sie im Lichte vorhandener Theorien zu diskutieren.

Auf diese Weise werden Probleme eher entdeckt als erfunden, obwohl sich manche Probleme – nicht immer die interessantesten – als Erfindungen bezeichnen lassen. Beispiele sind: das euklidische Problem, ob es eine größte Primzahl gibt; das entsprechende Problem für Zwillingsprimzahlen; ob Goldbachs Theorem, wonach jede gerade Zahl größer als 2 die Summe von zwei Primzahlen ist, richtig ist; das Drei-Körper-Problem (und das *n*-Körper-Problem) der Newtonschen Dynamik; und viele andere.

Es ist ein verhängnisvoller Fehler, zu glauben, es könne eine adäquate Theorie – eine psychologische, eine behavioristische, eine soziologische oder eine historische – vom Verhalten der Wissenschaftler geben, die nicht dem wissenschaftlichen Status von Welt 3 voll Rechnung trüge. Das ist ein wichtiger Punkt, über den sich viele nicht im klaren sind.

Ich halte diese Überlegungen für entscheidend. Sie begründen die Objektivität von Welt 3 und deren (partielle) Autonomie. Und da der Einfluß wissenschaftlicher Theorien auf Welt 1 offenkundig ist, begründen sie auch die Wirklichkeit der Gegenstände von Welt 3.

12. Unkörperliche Gegenstände der Welt 3

Viele Gegenstände der Welt 3, wie Bücher, neue Arzneimittel, Computer oder Flugzeuge, sind als Gegenstände der Welt 1 materialisiert oder in Gegenständen der Welt 1 verkörpert: Sie sind materielle Artefakte und

---

[1] Siehe z. B. Abschnitt 7 meiner Autobiographie [1974 (b)], [1976 (g)] und [1982 (e)].

gehören sowohl Welt 3 als auch Welt 1 an. Die meisten Kunstwerke gehören dazu. Einige Gegenstände der Welt 3 existieren nur in verschlüsselter Form, etwa musikalische Partituren (die vielleicht niemals in einer Aufführung gespielt werden) oder Schallplattenaufnahmen. Andere – Gedichte etwa und Theorien – können auch als Gegenstände von Welt 2 existieren, als Erinnerungen, vermutlich auch als Gedächtnisspuren in menschlichen Gehirnen (Welt 1) verschlüsselt und mit ihnen vergehend.

Gibt es nichtmaterialisierte Gegenstände der Welt 3, solche, die nicht materialisiert sind wie Bücher oder Schallplattenaufnahmen oder Gedächtnisspuren (die auch nicht als Erinnerungen der Welt 2 oder als Gegenstände der Vorhaben von Welt 2 existieren)? Ich glaube, das ist eine wichtige Frage, und die Antwort darauf heißt »ja«.

Diese Antwort ist schon darin enthalten, was ich im vorigen Abschnitt über die Entdeckung wissenschaftlicher und mathematischer Tatsachen, Probleme und Lösungen sagte. Mit der Erfindung (oder Entdeckung?) der natürlichen Zahlen (Kardinalzahlen) traten auch ungerade und gerade Zahlen ins Dasein, noch bevor jemand diese Tatsache bemerkte oder beachtete. Das gleiche gilt für Primzahlen. Es folgten Entdeckungen (Entdeckungen sind Ereignisse der Welt 2, die von solchen der Welt 1 begleitet sein können) so einfacher Tatsachen wie der, daß es nicht mehr als eine gerade Primzahl geben kann, nämlich 2, und nicht mehr als ein ungerades Triplet von Primzahlen (nämlich 3, 5 und 7); und daß Primzahlen mit zunehmender Größe schnell seltener werden. (Siehe auch Dialog XI.) Diese Entdeckungen schufen eine objektive Problemsituation, die neue Fragen wie die folgenden aufwarfen: Wie rasch steigt die Seltenheit der Primzahlen? Gibt es unendlich viele Primzahlen (und Zwillingsprimzahlen)? Es ist wichtig zu sehen, daß das objektive und unmaterielle Dasein dieser Probleme ihrer bewußten Entdeckung in der gleichen Weise vorausgeht, wie die Existenz des Mount Everest seiner Entdeckung vorausliegt; und es ist wichtig, daß das Gewahrwerden der Existenz dieser Probleme ahnen läßt, daß es einen objektiven Weg zu ihrer Lösung und die planvolle Suche nach diesem Weg geben könnte: Diese Suche kann nicht begriffen werden ohne ein Verständnis der objektiven Existenz (oder auch Nichtexistenz) von bislang unentdeckten und unmaterialisierten Methoden und Lösungen.

Häufig entdecken wir ein neues Problem durch einen Fehler bei der Suche nach der erwarteten Lösung eines älteren Problems. Denn aus dem Fehler kann ein neues Problem entstehen: dasjenige, die objektive Unmöglichkeit der Lösung des alten Problems (unter den gegebenen Bedingungen) zu beweisen. Ein derartiger Unmöglichkeitsbeweis führte zur Zeit Platons zur Entdeckung der Irrationalität der Quadratwurzel von 2, also der Diagonalen des Einheitsquadrats. Ein ähnliches Beispiel, das

Platon anscheinend ebenfalls beschäftigte, ist das Problem der Quadratur des Kreises; seine Unmöglichkeit (unter den zugelassenen Bedingungen) wurde erst 1882 von Lindemann bewiesen.

Einige der berühmtesten mathematischen Probleme sind somit nicht durch die ursprüngliche Suche nach einer positiven Lösung, sondern durch einen Unmöglichkeitsbeweis gelöst worden. »Diese merkwürdige Tatsache ... ist es wohl«, sagt Hilbert in seiner berühmten Vorlesung,[1] »welche in uns eine Überzeugung entstehen läßt, die jeder Mathematiker gewiß teilt, die aber bis jetzt wenigstens niemand durch Beweis gestützt hat – ich meine die Überzeugung, daß ein jedes bestimmtes mathematisches Problem einer strengen Erledigung notwendig fähig sein müsse, sei es, daß es gelingt, die Beantwortung der gestellten Frage zu geben, sei es, daß die Unmöglichkeit seiner Lösung und damit die Notwendigkeit des Mißlingens aller Versuche dargetan wird. Man lege sich irgendein bestimmtes ungelöstes Problem vor, etwa ... die Frage, ob es unendlich viele Primzahlen von der Form $2^n + 1$ gibt [doch auch von teilbaren Zahlen derselben Form]. So unzugänglich diese Probleme uns erscheinen ... – wir haben dennoch die sichere Überzeugung, daß ihre Lösung durch eine endliche Anzahl rein logischer Schlüsse gelingen muß.«

Es ist klar, daß Hilbert hier nicht nur für die objektive Existenz mathematischer Probleme plädiert, sondern auch für das Vorhandensein der einen oder der anderen Lösungsart vor ihrer Entdeckung. Obwohl die Behauptung, seine Überzeugung werde ›von jedem Mathematiker gewiß geteilt‹, vielleicht etwas zu weit geht – ich kenne Mathematiker, die anderer Ansicht sind, – denken selbst diejenigen, die die Mathematik als solche für unabgeschlossen halten (und nicht bloß ihre Formalisierung), in Begriffen von entdeckten, also präexistenten, und auch von nichtentdeckten Problemen und Lösungen – von Problemen und Lösungen, die noch gefunden werden müssen.

Der Hauptgrund, warum ich die Existenz von nichtmaterialisierten Gegenständen der Welt 3 für so wichtig halte, ist der: Wenn es nichtmaterialisierte Gegenstände der Welt 3 gibt, dann kann es nicht wahr sein, daß unser Erfassen oder Verstehen eines Gegenstandes der Welt 3 stets von unserem sinnlichen Kontakt mit seiner materiellen Verkörperung abhängt, beispielsweise vom Lesen der Aussage einer Theorie in einem Buch. Entgegen dieser These behaupte ich, daß die charakteristischste Art, Gegenstände der Welt 3 zu erfassen, mittels einer Methode geschieht, die kaum oder gar nicht von ihrer materialisierten Form oder von der Mitwirkung unserer Sinne abhängt. Meine These lautet, daß das

---

[1] D. Hilbert [1901].

menschliche Bewußtsein, der menschliche Geist, Gegenstände der Welt 3 zwar nicht immer direkt, so doch mittels einer indirekten Methode erfaßt (die noch erläutert wird), einer Methode, die unabhängig von deren materialisierter Gestalt ist und die bei Gegenständen der Welt 3 (wie Büchern), die auch Welt 1 angehören, von der Tatsache ihres materiellen Vorhandenseins (ihrer Verkörperung) absieht.

13. Das Erfassen eines Gegenstandes der Welt 3

Wie erfassen wir einen intellektuellen Gegenstand der Welt 3, zum Beispiel ein Problem, eine Theorie oder ein Argument? Das ist ein altes Problem, und ich muß dazu auf Platon zurückgreifen.

Platon war anscheinend der erste, der über etwas unseren Welten 1, 2 und 3 Entsprechendes nachgedacht hat. Er setzt die Welt »der sichtbaren Objekte« (die Welt der materiellen Dinge, die weitgehend, wenn auch vielleicht nicht ganz, unserer Welt 1 entspricht) in scharfen Kontrast zu einer Welt »intelligibler Objekte« (die in etwa unserer Welt 3 entspricht). Darüberhinaus spricht er von den »Affektionen der Seele« oder den »Zuständen der Seele«, die unserer Welt 2 entsprechen.

Obwohl nun Platons Welt der intelligiblen Dinge in manchem unserer Welt 3 entspricht, ist sie in vieler Hinsicht ganz anders. Sie besteht aus dem, was er »Formen« oder »Ideen« oder »Wesen« nannte – etwas, auf das sich Allgemeinbegriffe, Gedanken oder Vorstellungen beziehen. Die wichtigsten Wesen oder Wesenheiten in seiner Welt der intelligiblen Formen oder Ideen sind das Gute, das Schöne und das Gerechte. Diese Ideen werden als unwandelbar, zeitlos oder ewig und als göttlichen Ursprungs gedacht. Dagegen ist unsere Welt 3 ursprünglich Menschenwerk (von Menschen geschaffen, ungeachtet ihrer, in den Abschnitten 11 und 12 erörterten, teilweisen Autonomie) – eine Auffassung, die Platon erschreckt hätte. Weiterhin glaube ich, wenn ich die Existenz von Gegenständen der Welt 3 behaupte, keineswegs, daß es Wesenheiten oder Wesen, Essenzen, gibt; das heißt, ich messe den Gegenständen oder Trägern unserer Begriffe oder Ideen keinerlei Status bei. Spekulationen über die wahre Natur oder die wahre Definition des Guten oder der Gerechtigkeit führen meiner Ansicht nach zu verbalen Spitzfindigkeiten und sollten vermieden werden. Ich bin ein Gegner dessen, was ich »Essentialismus« genannt habe. Meiner Ansicht nach spielen Platons ideale Wesenheiten demnach keine erkennbare Rolle in Welt 3. Das heißt, Platons Welt 3 scheint mir, auch wenn sie in mancher Hinsicht sicher eine Vorwegnahme meiner Welt 3 ist, eine Fehlkonstruktion zu sein. Platon hingegen würde niemals Dinge wie Probleme oder Annahmen oder Vermutungen – vor allem falsche Annahmen – in seiner Welt der intelligiblen Gegenstände zugelassen haben, obwohl er beim ersten Entwurf dieser Welt mit Annahmen, Vermutungen oder Hypothesen arbeitete, die durch ihre Konsequenzen getestet werden sollten: Seine sogenannte »Dialektik« ist eine hypothetisch-deduktive Methode.[1]

Platon beschrieb das Erfassen der Formen oder Ideen als eine Art Vision: Unser geistiges Auge (*nous*, Vernunft), das »Auge des Geistes«, ist mit intellektueller Anschauung begabt und kann eine Idee, ein Wesen, ein Objekt der intelligiblen Welt *schauen*. Ist es uns einmal gelungen, es zu schauen, zu begreifen, dann erkennen wir dieses Wesen: Wir schauen es »im Lichte der Wahrheit«. Diese intellektuelle Anschauung ist, einmal erreicht, unfehlbar.

Diese Theorie hatte den größten Einfluß auf all jene, die, wie ich, das Problem ernstnehmen: »Wie können wir eine Theorie verstehen oder begreifen?« Doch wenn ich auch das Problem ernstnehme, akzeptiere ich noch nicht Platons Lösung – oder doch nur in erheblich modifizierter Form.

Ich gebe zunächst zu, daß es so etwas wie intellektuelle Anschauung gibt; doch ich behaupte, daß sie ganz und gar nicht unfehlbar ist, sondern sich viel häufiger irrt.

Zweitens meine ich, daß es leichter zu verstehen ist, wie wir Gegenstände der Welt 3 *machen,* als wie wir sie erfassen, begreifen oder »schauen«. Ich will versuchen, das Verstehen von Gegenständen der Welt 3 in Begriffen des Machens oder Herstellens zu erklären.

Drittens glaube ich, daß wir so etwas wie ein intellektuelles Sinnesorgan nicht haben, obwohl wir eine Fähigkeit – etwas wie ein Organ – zum Argumentieren oder vernünftigen Denken erworben haben.

Meiner Ansicht nach sollten wir das Erfassen oder Begreifen eines Gegenstandes der Welt 3 als einen aktiven Prozeß verstehen. Wir müssen es als ein Machen, als eine Nachschöpfung dieses Gegenstandes erklären. Um einen schwierigen lateinischen Satz zu verstehen, muß man ihn konstruieren: Man muß sehen, wie er gemacht ist, man muß ihn nachkonstruieren, nachvollziehen. Um ein *Problem* zu verstehen, muß man wenigstens einige der einleuchtenderen Lösungen ausprobieren und herausfinden, daß sie falsch sind; so wiederentdeckt man also, daß es da eine Schwierigkeit gibt – ein Problem. Um eine *Theorie* zu verstehen, muß man zuerst das Problem verstehen, zu dessen Lösung die Theorie entworfen wurde, und dann muß man sehen, ob das dieser Theorie besser gelingt als einer

---

[1] Siehe Popper [1940 (a)], jetzt Kapitel 15 der Ausgabe [1963 (a)]; und ders. [1960 (d)], jetzt Einführung zu [1963 (a)], und Abschnitt 47 unten.

der naheliegenderen Lösungen. Um ein schwieriges *Argument,* wie Euklids Beweis des Theorems von Pythagoras, zu verstehen (es gibt einfachere Beweise dieses Theorems) muß man die Arbeit selbst tun und dabei genau beachten, was unbewiesen vorausgesetzt wird. In allen diesen Fällen wird das Verstehen »intuitiv«, sobald man das Gefühl bekommt, daß die Arbeit der Rekonstruktion jederzeit willentlich getan werden kann.

Diese Ansicht vom Begreifen setzt kein »Auge des Geistes«, kein geistiges Wahrnehmungsorgan voraus. Sie setzt lediglich unsere Fähigkeit voraus, gewisse Gegenstände der Welt 3, besonders sprachliche, zu schaffen. Diese Fähigkeit ist zweifellos ihrerseits ein Ergebnis der Übung. Ein Säugling fängt an, ganz einfache Laute von sich zu geben. Er wird mit dem Drang zur Nachahmung geboren, zum Nachmachen schwierigerer sprachlicher Äußerungen. Entscheidend ist, daß wir etwas lernen, indem wir es in den entsprechenden Situationen, auch kulturellen, *tun:* Wir lernen Lesen und Argumentieren.

Das alles sieht ganz anders aus als Platos Theorie vom Auge des Geistes. Die Neurophysiologie des Auges und des Gehirns zeigt allerdings, daß der mit dem physischen Sehen verbundene Prozeß kein passiver ist, sondern aus der aktiven Deutung eines verschlüsselten Inputs besteht. Er gleicht in vieler Hinsicht dem Vorgang des Problemlösens durch Hypothesen.[2] Sogar der Input ist teilweise schon durch das aufnehmende Sinnesorgan interpretiert, und unsere Sinnesorgane selbst gleichen Hypothesen oder Theorien – Theorien über die Struktur unserer Umwelt und über die für uns dringlichste und nützlichste Information. Unsere visuelle Wahrnehmung gleicht mehr dem Vorgang beim Malen eines Bildes, ist also selektiv, wobei »making comes before matching« gilt, wie Ernst Gombrich sagt. Das heißt, das »Machen« (das Malen eines Bildes) muß dem Ähnlichkeits-Vergleich mit dem Urbild des Gegenstandes (matching), der Anpassung also oder Annäherung, vorausgehen – oder der aktive Versuch dem kritischen Vergleich[3], und nicht, wie beim Photographieren, zufallsartig. Platon wußte freilich nichts über diese Hintergründe des Sehvorgangs. Sie zeigen aber, daß es gleichwohl bedeutsame Entsprechungen zwischen dem intellektuellen Erfassen eines Gegenstandes der Welt 3 und der visuellen Wahrnehmung eines Gegenstandes der Welt 1 gibt.

Es gibt viele Ähnlichkeiten zwischen dem optischen Sehvorgang und dem Verstehen von Gegenständen der Welt 3: Wir können annehmen,

---

[2] Siehe Kapitel E2 und E7 und die dortigen Hinweise auf Hubels und Wiesels Arbeit.
[3] Siehe Ernst Gombrich [1960], [1962] und spätere Ausgaben, und J. J. Gibson [1966].

daß ein Säugling sehen *lernt,* indem er aktiv die Dinge erforscht und mit ihnen nach dem Muster von Versuch und Irrtum umgeht.[4]

Dennoch ist Begreifenlernen durch Handeln weitgehend ein naturwüchsiger Vorgang. Wir lernen, die uns begegnenden verschlüsselten Signale zu entschlüsseln: Wir entschlüsseln sie fast ganz unbewußt, automatisch, in Ausdrücken wirklicher Dinge. Wir *lernen* uns zu verhalten und zu erfahren, als wären wir »unmittelbare Realisten«; das heißt, wir *lernen* die Dinge so direkt zu erfahren, als brauchten wir sie nicht zu entschlüsseln. Ich vermute, daß es sich mit allen Sinnesorganen so verhält, und daß eine Fledermaus, die sich auf ihr akustisches Radar verläßt, die gehörten materiellen Hindernisse so »direkt« »sieht« wie andere Säugetiere sie optisch sehen.

Ähnlich ist es mit den Gegenständen der Welt 3, nur daß hier der Lernprozeß nicht naturwüchsig ist, sondern kulturell und sozial bedingt. Das gilt für den grundlegendsten Lernprozeß der Welt 3, das Erlernen einer Sprache. Das Entschlüsseln wird dem Sprachbenutzer und dem Leser eines Buches weitgehend unbewußt. Doch es gibt anscheinend Unterschiede. Wir stoßen manchmal auf komplizierte, aber korrekte Sätze, die man zwei- oder dreimal lesen muß, bevor man sie versteht – was bei der visuellen Wahrnehmung nur selten passiert, regelmäßig jedoch bei besonders erdachten optischen Täuschungen. Meistens können wir sie nicht richtig entschlüsseln; man könnte sogar sagen, daß es gar keine »richtige« Entschlüsselung gibt.

Wir haben eine genetisch verankerte, angeborene Neugier und einen Erkundungsinstinkt, die uns aktiv zur Erforschung unserer physischen und sozialen Umgebung anregen. In beiden Bereichen sind wir aktive Problemlöser. Im Bereich der Sinneswahrnehmung führt das unter normalen Bedingungen zu fast fehlerfreiem, unbewußtem Entschlüsseln. Im kulturellen Bereich bringt es uns als erstes dazu, sprechen zu lernen, später Lesen und Wissenschaft und Künste schätzen zu lernen. Bei einfachen Mitteilungen werden Sprache und Lesen zu einem fast so unbewußten Entschlüsselungsvorgang wie die optische Wahrnehmung. Die Fähigkeit zum Erlernen einer deskriptiven und argumentativen Sprache ist genetisch verankert und spezifisch menschlich. Man könnte sagen, daß die materielle genetische Grundlage hier über sich selbst hinausgeht: Sie wird zur Grundlage kulturellen Lernens, der Teilnahme an der Zivilisation und den Traditionen der Welt 3.

---

[4] Siehe auch die Experimente von R. Held und A. Hein [1963], über die Eccles [1970], S. 67, und in Kapitel E8 berichtet.

14. Die Wirklichkeit nichtmaterialisierter Gegenstände der Welt 3

Wir lernen also nicht durch unmittelbares Schauen oder durch Kontemplation, sondern durch praktisches Tun, durch aktive Teilnahme daran, wie man Gegenstände der Welt 3 macht, wie man sie versteht und wie man sie »schaut«. Dazu gehört auch das »Aufspüren« offener und noch gar nicht formulierter Probleme. Es kann uns zum Denken anregen, zur Überprüfung bestehender Theorien, zur Entdeckung eines vage vermuteten Problems und zur Aufstellung von Theorien, durch die wir es zu lösen hoffen. Bei diesem Prozeß können veröffentlichte Theorien – materialisierte Theorien – eine Rolle spielen. Doch auch die noch nicht erforschten logischen Beziehungen zwischen bestehenden Theorien können eine Rolle spielen. Diese Theorien wie auch ihre logischen Beziehungen sind Gegenstände der Welt 3, und im allgemeinen macht es weder für ihre Eigentümlichkeit als Gegenstände der Welt 3 noch für deren Begreifen durch unsere Welt 2 einen Unterschied, ob diese Gegenstände materialisiert sind oder nicht. So kann sich eine noch nicht entdeckte und noch nicht materiell vorhandene logische Problemsituation als entscheidend für unseren Denkprozeß erweisen und zu Tätigkeiten mit Rückwirkungen auf die physische Welt 1 führen, z. B. zu einer Veröffentlichung. (Ein Beispiel wäre die Suche nach einem geahnten neuen Beweis eines mathematischen Theorems, sowie seine Entdeckung.)

Derart können Gegenstände der Welt 3 mitsamt bisher noch nicht ganz erforschten logischen Möglichkeiten auf Welt 2 einwirken, das heißt auf unser Bewußtsein, auf uns. Und wir wiederum können auf Welt 1 einwirken.

Dieser Prozeß ließe sich natürlich auch ohne die Erwähnung dessen beschreiben, was ich Welt 3 nenne. Wir könnten dann sagen, daß gewisse Physiker (Szilard, Fermi, Einstein), angespornt von ihrem Wissen über Welt 1, die physikalische Möglichkeit zur Herstellung einer nuklearen Bombe ahnten, und daß diese Gedanken der Welt 2 zur Verwirklichung ihrer Ahnung führten. Derartige Darstellungen sind durchaus in Ordnung. Aber sie verdecken die Tatsache, daß mit »ihrem Wissen über Welt 1« *Theorien* gemeint sind, die logisch wie empirisch objektiv untersucht werden können, und daß diese Theorien eher Gegenstände der Welt 3 als solche der Welt 2 sind (auch wenn man sie begreifen kann und sie folglich Korrelate in Welt 2 haben); ähnlich sind mit der Formulierung »sie ahnten die physikalische Möglichkeit« Vermutungen über *physikalische Theorien* gemeint – wiederum Gegenstände der Welt 3, die logisch untersucht werden können. Es ist völlig richtig, daß der Physiker in erster Linie an Welt 1 interessiert ist. Um aber mehr über Welt 1 zu erfahren,

muß er theoretisieren; und das bedeutet, daß er Gegenstände der Welt 3
als seine Werkzeuge verwenden muß. Das zwingt ihn – vielleicht nur
sekundär – sich für die Werkzeuge, die Gegenstände der Welt 3, zu interessieren. Und nur durch ihre Untersuchung und die Herausarbeitung ihrer
logischen Konsequenzen kann er »angewandte Wissenschaft« treiben, das
heißt, von seinen Produkten der Welt 3 als Werkzeugen zur Veränderung
der Welt 1 Gebrauch machen.

Es können also sogar nichtmaterialisierte Gegenstände der Welt 3,
und nicht allein Zeitschriften und Bücher, in denen physikalische Theorien veröffentlicht sind oder darauf fußende materielle Instrumente, als
wirklich betrachtet werden.

15. Welt 3 und das Leib-Seele-Problem

Es ist die Grundannahme dieses Buches, daß die Überlegungen zu Welt 3
neues Licht auf das Leib-Seele-Problem werfen können. Ich möchte kurz
drei Argumente dafür vorbringen.

Das erste Argument lautet folgendermaßen:

(1) Gegenstände der Welt 3 sind abstrakt (noch abstrakter als physikalische Kräfte), aber nichtsdestoweniger wirklich; denn sie sind mächtige
Werkzeuge zur Veränderung von Welt 1. (Ich möchte nicht behaupten,
das sei der einzige Grund, sie wirklich zu nennen, auch nicht, daß sie
nichts anderes als Werkzeuge sind.)

(2) Gegenstände der Welt 3 haben nur durch das Eingreifen des Menschen eine Wirkung auf Welt 1, durch das Eingreifen derer, die sie machen, ganz besonders dadurch, daß sie erfaßt werden; das ist ein Prozeß
der Welt 2, ein psychischer Prozeß oder, noch deutlicher, ein Prozeß, bei
dem Welt 2 und Welt 3 in Wechselwirkung treten.

(3) Wir müssen daher zugeben, daß sowohl Gegenstände der Welt 3
als auch die Prozesse der Welt 2 wirklich sind – auch wenn uns dieses
Zugeständnis, etwa mit Rücksicht auf die große Tradition des Materialismus, nicht gefallen mag.

Ich glaube, das ist ein annehmbares Argument – obwohl es natürlich
jedem frei steht, alle seine Voraussetzungen zu bestreiten. Er kann bestreiten, daß Theorien abstrakt sind, oder daß sie eine Wirkung auf Welt 1
haben, oder er kann fordern, abstrakte Theorien müßten die physikalische
Welt direkt beeinflussen können. (Ich glaube allerdings, daß er einen
schweren Stand haben wird, diese Ansichten zu verteidigen.)

Das zweite Argument beruht teilweise auf dem ersten. Wenn wir die
Wechselwirkung der drei Welten zugeben und somit ihre Wirklichkeit,

dann kann uns vielleicht die Wechselwirkung zwischen den Welten 2 und 3, die wir bis zu einem gewissen Grade verstehen, zu einem besseren Verständnis der Wechselwirkung zwischen den Welten 1 und 2 verhelfen, ein Problem, das zum Leib-Seele-Problem gehört.

Wir haben ja gesehen, daß eine Art von Wechselwirkung zwischen den Welten 2 und 3 (»Erfassen«) als ein Machen (making) von Gegenständen der Welt 3 und als ihr Passendmachen (matching) durch kritische Auslese interpretiert werden kann; ähnliches scheint für die visuelle Wahrnehmung eines Gegenstandes der Welt 1 zu gelten. Das bedeutet, daß wir Welt 2 als aktiv – als produktiv und kritisch (making and matching) betrachten sollten. Doch wir haben Grund zu der Annahme, daß auch einige unbewußte neurophysiologische Prozesse genau das erreichen. Dadurch »versteht« man vielleicht etwas leichter, daß bewußte Prozesse auf ähnliche Weise ablaufen: es ist bis zu einem gewissen Maße »verständlich«, daß bewußte Prozesse ähnliche Aufgaben durchführen, wie sie die Nervenprozesse leisten.

Ein drittes Argument, das sich auf das Leib-Seele-Problem bezieht, hängt mit der Stellung der menschlichen Sprache zusammen.

Die Fähigkeit zum Erlernen einer Sprache – und auch das starke Bedürfnis, eine Sprache zu erlernen – ist anscheinend Teil der genetischen Ausstattung des Menschen. Im Gegensatz dazu ist das faktische Erlernen einer bestimmten Sprache, auch wenn es durch unbewußte angeborene Bedürfnisse und Motive beeinflußt ist, kein gengesteuerter Prozeß und daher kein natürlicher, sondern ein kultureller, ein durch Welt 3 gesteuerter Prozeß. Demnach ist das Erlernen einer Sprache ein Prozeß, in dem genetisch verankerte Dispositionen, durch natürliche Auslese entwickelt, sich etwas überlappen und mit bewußten Prozessen der Erforschung und des Lernens, die auf kultureller Evolution beruhen, in Wechselwirkung treten. Das stützt die These von der Wechselwirkung zwischen Welt 3 und Welt 1 und, im Hinblick auf unsere früheren Argumente, auch die Existenz von Welt 2.

Mehrere ausgezeichnete Biologen[1] haben die Beziehungen zwischen genetischer und kultureller Evolution behandelt. Die kulturelle Evolution, so könnte man sagen, setzt die genetische Evolution mit anderen Mitteln fort: mit Mitteln der Gegenstände von Welt 3.

Es wird oft und zurecht gesagt, der Mensch sei ein werkzeugherstellendes Lebewesen. Das stimmt. Wenn mit Werkzeugen materielle physische Gegenstände gemeint sind, ist es allerdings von erheblichem Interesse festzustellen, daß keines der menschlichen Werkzeuge, nicht einmal ein Stock, genetisch determiniert ist. Das einzige Werkzeug, das eine

---

[1] Huxley [1942]; Medawar [1960]; Dobzhansky [1962].

genetische Grundlage zu haben scheint, ist die Sprache. Sprache ist nicht-materiell und erscheint in den vielfältigsten physikalischen Formen – nämlich in Gestalt höchst verschiedener Systeme physikalischer Laute.

Es gibt Behavioristen, die nicht gern von »Sprache« reden wollen, sondern nur von »Sprechenden« dieser oder jener besonderen Sprache. Doch das bedeutet mehr als nur das. Alle normalen Menschen sprechen; und Sprechen ist für sie von größter Bedeutung, so sehr, daß sogar ein taubstummes und blindes kleines Mädchen wie Helen Keller sich rasch und mit Begeisterung einen Ersatz für das Sprechen schuf, einen Ersatz, durch den dieses Mädchen es zu wahrer Meisterschaft in der englischen Sprache und Literatur brachte. Physikalisch war ihre Sprache völlig verschieden vom gesprochenen Englisch; doch sie hatte eine eindeutige Entsprechung zum geschriebenen oder gedruckten Englisch. Ohne Zweifel hätte Helen Keller sich statt Englisch jede andere Sprache aneignen können. Ihr starkes, wenn auch unbewußtes Bedürfnis galt der Sprache – Sprache an sich.

Wie die Anzahl und die Unterschiede der verschiedenen Sprachen zeigen, sind sie Menschenwerk: Sie sind kulturelle Gegenstände der Welt 3, obwohl sie durch genetisch festgelegte Fähigkeiten, Bedürfnisse und Ziele ermöglicht werden. Jedes normale Kind erwirbt eine Sprache durch viel Übung, vergnügliche und vielleicht auch schmerzliche. Die damit verbundene intellektuelle Leistung ist außerordentlich. Diese Leistung hat natürlich einen starken Rückkoppelungseffekt auf die Persönlichkeit des Kindes, auf seine Beziehungen zu anderen Personen sowie auf seine Beziehungen zu seiner materiellen Umwelt.

Man kann also sagen, daß die Persönlichkeit des Kindes teilweise das Ergebnis seiner Leistungen ist. Es ist bis zu einem gewissen Grade selbst ein Produkt der Welt 3. In dem Maße, in dem die Beherrschung und die bewußte Auffassung der materiellen Umwelt des Kindes durch seine neu erworbene Sprachfähigkeit erweitert wird, erweitert sich auch das Bewußtsein seiner selbst. Das Ich, die Persönlichkeit, bildet sich in Wechselwirkung mit dem Ich anderer sowie mit den Erzeugnissen und Dingen seiner Umwelt. Das alles wird durch den Erwerb des Sprechens stark beeinflußt, besonders wenn das Kind sich seines Namens bewußt wird und lernt, seine Körperteile zu benennen; vor allem, wenn es lernt, Personalpronomina zu gebrauchen.

Ein vollkommen menschliches Wesen zu werden beruht auf einem Reifeprozeß, in dem der Spracherwerb eine außerordentliche Rolle spielt. Man lernt nicht nur wahrnehmen und seine Wahrnehmungen interpretieren, sondern auch eine Person, ein Ich sein. Ich halte die Ansicht, daß uns unsere Wahrnehmungen »gegeben« sind, für falsch: Sie werden von uns

»gemacht«, sie sind das Ergebnis aktiver Tätigkeit. Ich halte es ebenfalls
für einen Irrtum, wenn man nicht sieht, daß das berühmte Descartessche
Argument »ich denke, also bin ich« Sprache voraussetzt sowie die Fähigkeit, das Pronomen zu gebrauchen (gar nicht zu reden von der Formulierung des höchst komplizierten Problems, das dieses Argument lösen soll).
Wenn Kant [1787] annahm, daß der Gedanke »ich denke« imstande sein
muß, alle unsere Wahrnehmungen und Erlebnisse zu begleiten, hatte er
anscheinend nicht an ein Kind (oder an sich selbst) in seiner vorsprachlichen oder vorphilosophischen Phase gedacht.[2]

---

[2] Übrigens kann ich nicht zugeben, daß selbst bei einem Erwachsenen die Vorstellung
seines Ego, seines Ich, *alle* seine Erlebnisse begleiten muß. Es gibt durchaus bewußtseinsmäßige Zustände, in denen wir so in ein vorliegendes Problem vertieft sind, daß wir unser Ich
ganz vergessen. Zur Auseinandersetzung mit Descartes siehe Abschnitt 48; zu Kant siehe
Abschnitt 31.

Kapitel P 3
Kritik des Materialismus

16. Vier materialistische oder physikalistische Standpunkte

Drei von den vier Standpunkten, die ich hier als »materialistisch« oder »physikalistisch« (siehe Abschnitt 3 oben) klassifizieren möchte, geben zu, daß es Bewußtseinsvorgänge oder psychische Prozesse gibt; doch alle vier behaupten, daß die physikalische Welt – das, was ich »Welt 1« nenne – autonom und kausal, *abgeschlossen* ist. Damit meine ich, daß physikalische Prozesse mit Hilfe von physikalischen Theorien restlos erklärt und verstanden werden können und müssen.

Ich nenne das das physikalistische Prinzip von der Abgeschlossenheit der physikalischen Welt 1. Es ist von entscheidender Bedeutung. Ich halte es für das kennzeichnende Prinzip des Physikalismus oder Materialismus.

Ich habe früher gesagt, daß wir es prima facie mit einem Dualismus oder Pluralismus zu tun haben, mit einer Wechselwirkung zwischen Welt 1 und Welt 2; ferner sagte ich, daß, durch Vermittlung von Welt 2, die Welt 3 auf die Welt 1 einwirken kann. Im Gegensatz dazu unterstellt das physikalistische Prinzip von der Abgeschlossenheit der Welt 1, daß es entweder *nur* eine Welt 1 gibt, oder es besagt, daß, falls es so etwas wie eine Welt 2 oder eine Welt 3 gibt, keine von diesen auf Welt 1 einwirken kann. Die Welt 1 ist eben autonom und kausal abgeschlossen. Dieser Standpunkt klingt recht überzeugend. Die meisten Physiker neigen dazu, ihn fraglos zu akzeptieren. Aber kann er aufrechterhalten werden? Und sind wir, wenn wir ihn akzeptieren, in der Lage, eine adäquate alternative Erklärung für unseren prima facie-Dualismus zu liefern? In diesem Kapitel werde ich erklären, daß die von den Materialisten bis heute aufgestellten Theorien unbefriedigend sind, und daß es keinen Grund zur Ablehnung unserer prima facie-Auffassung gibt – eine Auffassung, die mit dem physikalistischen Prinzip unvereinbar ist. Ich möchte hinzufügen, daß meiner Ansicht nach die Offenheit der physischen Welt für die Erklärung menschlicher Freiheit – statt sie wegzuerklären – notwendig ist.[1]

---

[1] Siehe Popper [1973 (a)].

In diesem einführenden Abschnitt will ich zwischen den folgenden vier materialistischen oder physikalistischen Standpunkten unterscheiden:

(1) Radikaler Materialismus oder Physikalismus, oder radikaler Behaviorismus. Das ist die Ansicht, daß es bewußtseinsmäßige Prozesse und psychische Prozesse nicht gibt: Ihre Existenz kann »als ungerechtfertigt abgewiesen« werden (um einen Begriff von W. V. Quine zu verwenden).

Ich glaube nicht, daß in der Vergangenheit viele Materialisten diese Auffassung (siehe Abschnitt 56) vertreten haben, denn sie steht in krassem Widerspruch zu dem – oder versucht letztlich wegzuerklären –, was den meisten von uns als nicht zu bestreitende Tatsache erscheint, etwa (subjektiver) Schmerz und Leiden. Die großen klassischen Systeme des Materialismus, von den frühen griechischen Materialisten bis zu Hobbes und La Mettrie, sind nicht »radikal« in dem Sinne, daß sie die Existenz bewußter oder psychischer Prozesse leugnen. Auch der »dialektische Materialismus« von Marx und Lenin oder der Behaviorismus der meisten behavioristischen Psychologen[2] ist nicht »radikal« in diesem Sinne.

Dennoch ist das, was ich radikalen Materialismus (oder radikalen Physikalismus oder radikalen Behaviorismus) nenne, ein wichtiger Standpunkt, der nicht außer acht gelassen werden darf: erstens, weil er in sich folgerichtig ist; zweitens, weil er eine sehr einfache Lösung des Leib-Seele-Problems anbietet. Das Problem verschwindet ganz einfach, wenn es keine Seele, kein Bewußtsein, sondern nur einen Leib gibt.[3] Natürlich verschwindet das Problem auch, wenn wir einen radikalen Spiritualismus oder Idealismus annehmen, etwa den Phänomenalismus von Berkeley oder von Mach, in dem die Existenz von Materie bestritten wird. Drittens darf man den Standpunkt des radikalen Materialismus nicht außer acht lassen, weil es im Lichte der Evolutionstheorie Materie und insbesondere chemische Prozesse gab, bevor psychische Prozesse existierten. Nach den gegenwärtigen Theorien muß man annehmen, daß Evolution und Entwicklung des Körpers der Evolution und Entwicklung des Bewußtseins vorausgehen und daß sie die Grundlage der Evolution und der Entwicklung des Bewußtseins bilden. Da das so ist, wird verständlich, daß wir, unter dem Eindruck der zeitgenössischen Wissenschaft, vielleicht radikale Physikalisten werden könnten, wenn wir nur stark genug zum Monismus und zur Einfachheit tendieren und keine dualistische oder pluralistische Auffassung der Dinge akzeptieren wollen.

Genau aus diesen Gründen wird ein radikaler Physikalismus oder ein

---

[2] Vergleiche hierzu die Bemerkung über Marx auf S. 102, Band II meiner »*Open Society*« [1966 (a)], dt. Ausg. [1977 (z$_3$)] S. 128, und die Bemerkungen über die Stoiker in den Fußnoten 6 und 7 auf Seite 157 von »*Objective Knowledge*« [1972 (a)], »Objektive Erkenntnis« [1973 (i)], S. 176.

[3] Einige radikale Materialisten nehmen jedoch das Problem ernst. Siehe Abschnitt 25.

radikaler Behaviorismus von einigen bedeutenden Philosophen akzeptiert[4]; und von anderen wird derzeit häufig erklärt, daß etwas, das dem radikalen Physikalismus oder Behaviorismus sehr nahekommt, letztlich akzeptiert werden müsse, etwa aufgrund der Ergebnisse der Wissenschaften oder aufgrund philosophischer Analyse. Solche Behauptungen, wenn auch nicht immer ganz so entschiedene, findet man z. B. in den Werken von Ryle [1949], [1950], Wittgenstein [1953], Hilary Putnam [1960] oder J. J. C. Smart [1963]. Tatsächlich ließe sich sagen, daß der radikale Materialismus oder Behaviorismus derzeit die Ansicht des Leib-Seele-Problems ist, die unter der jüngeren Generation der Philosophiestudenten am meisten in Mode ist. Man muß ihn also diskutieren.

Meine Kritik des radikalen Materialismus oder des radikalen Behaviorismus weist in drei Richtungen. Erstens will ich zeigen, daß diese Weltanschauung dadurch, daß sie die Existenz des Bewußtseins bestreitet, die Kosmologie simplifiziert. Doch das tut sie weniger durch Lösung als durch Weglassen ihres größten und interessantesten Rätsels. Weiterhin will ich zeigen, daß ein Prinzip, das viele als »wissenschaftlich« hinnehmen und das für den radikalen Behaviorismus spricht, einem Mißverständnis der naturwissenschaftlichen Methode entspringt. Und schließlich will ich zeigen, daß diese Auffassung falsch ist und durch Experimente widerlegt wird (obwohl man natürlich einer Widerlegung immer ausweichen kann).[5]

(2) Alle anderen Auffassungen, die ich hier als materialistisch einstufe, geben die Existenz psychischer und besonders bewußtseinsmäßiger Prozesse zu, also das, was ich Welt 2 nenne. Sie akzeptieren jedoch ebenfalls das fundamentale Prinzip des Physikalismus – die Abgeschlossenheit von Welt 1.

Die älteste dieser Auffassungen, der *Panpsychismus,* geht auf die frühesten Vorsokratiker und auf Campanella zurück. Sie findet sich ausgearbeitet in Spinozas *Ethik* und in der *Monadologie* von Leibniz.

Panpsychismus ist die These, daß *alle Materie* eine Innenseite hat, die von seelenartiger oder bewußtseinsartiger »Qualität« ist. Für den Panpsychismus verhalten sich Materie und Bewußtsein folglich »*parallel*« zueinander, wie die äußeren und inneren Seiten einer Eierschale (Spinozistischer Parallelismus). Bei der unbelebten Materie ist die Innenseite nicht bewußt: Der seelenartige Vorläufer des Bewußtseins kann als »präpsychisch« oder »protopsychisch« bezeichnet werden. Mit der Vereinigung von Atomen zu Riesenmolekülen und zu lebender Materie entstehen gedächtnisartige Wirkungen; und mit den höheren Lebewesen taucht das Bewußtsein auf.

---

[4] Siehe W. V. O. Quine [1960], S. 264; [1975], S. 93 ff.
[5] Siehe Popper [1959 (a)], Abschnitte 19–20; dt. Ausg. [1966 (e)].

Der Panpsychismus wurde in England namentlich von dem Mathematiker und Philosophen William Kingdon Clifford [1879], [1886] verfochten. Clifford lehrte (nicht unähnlich dem Parallelismus von Leibniz), daß die Dinge an sich eine Art Geistesstoff sind (präpsychisch oder auch psychisch), von außen betrachtet aber als Materie erscheinen.[6]

Der Panpsychismus hat mit dem radikalen Materialismus eine gewisse Einfachheit der Betrachtungsweise gemein. Das Universum ist in beiden Fällen homogen und monistisch. Beider Motto könnte sein: »Es gibt wirklich nichts Neues unter der Sonne«, was eine intellektuell behagliche Lebensweise andeutet – wenn auch nicht gerade eine intellektuell sehr aufregende. Doch alles im Universum scheint sehr schön zusammenzupassen, hat man erst einmal die radikale materialistische oder die panpsychistische Auffassung angenommen.

(3) Der Epiphänomenalismus kann als eine Modifikation des Panpsychismus gedeutet werden, bei der das »pan«-Element fallengelassen und der »Psychismus« auf die lebenden Dinge beschränkt wird, die ein Bewußtsein zu haben scheinen. Wie beim Panpsychismus handelt es sich in seiner gewöhnlichen Spielart um eine Variante des Parallelismus, der Auffassung also, nach der psychische Prozesse parallel zu gewissen physikalischen Prozessen ablaufen – etwa, weil sie die Innen- und Außenansicht einer (unbekannten) dritten Sache sind.

Es kann allerdings Formen des Epiphänomenalismus geben, die nicht parallelistisch sind: Was ich für wesentlich am Epiphänomenalismus halte, ist die These, daß *nur* die physikalischen Prozesse *kausal relevant* in Bezug auf spätere physikalische Prozesse sind, während die psychischen Prozesse, auch wenn es sie gibt, kausal völlig irrelevant sind.

(4) Die Identitätstheorie oder die sogenannte Central State Theory (die behauptet, daß Bewußtseinszustände identisch sind mit den Zuständen des zentralen Nervensystems) ist gegenwärtig die einflußreichste der als Antwort auf das Leib-Seele-Problem ausgearbeiteten Theorien. Sie kann als Modifikation sowohl des Panpsychismus als auch des Epiphänomenalismus gelten. Wie der Epiphänomenalismus kann sie als Panpsychismus ohne »pan« verstanden werden. Doch im Gegensatz zum Epiphänomena-

---

[6] Clifford erwähnt mehrere deutsche Philosophen als Vorläufer seiner Auffassung. So bezieht er sich [1886], S. 286, auf Kants *Kritik der reinen Vernunft*, und zwar auf die Ausgabe von Rosenkranz, die den Text der ersten Ausgabe der *Kritik* wiedergibt; siehe Anmerkung 1 zu Abschnitt 22. Clifford erwähnt auch Wilhelm Wundt [1880], Band II, S. 460ff. und Ernst Haeckel [1878]. Spätere Vertreter des Panpsychismus in Deutschland sind Theodor Ziehen [1913] und Bernhard Rensch [1968], [1971]. Die Identitätstheorie von Moritz Schlick und Herbert Feigl hat eine gewisse Ähnlichkeit mit dem Panpsychismus, obwohl sie die evolutionären Aspekte des Problems nicht zu berücksichtigen scheint und daher nicht behauptet, daß »Dinge an sich« oder »Qualitäten« unbelebter Dinge präpsychischer Art sind. (Siehe auch Abschnitt 54.)

lismus hält sie Bewußtseins-Tatsachen für wichtig und kausal wirksam. Sie behauptet, daß so etwas wie »Identität« zwischen psychischen Prozessen und bestimmten Hirnprozessen besteht: keine Identität im logischen Sinne, doch immerhin eine Identität wie diejenige zwischen »dem Abendstern« und dem »Morgenstern«, verschiedene Namen für ein und denselben Planeten, die Venus; obwohl sie auch verschiedene Erscheinungsformen des Planeten Venus bezeichnen. In einer Form der Identitätstheorie, die auf Schlick und Feigl zurückgeht, werden die psychischen Prozesse (wie bei Leibniz) als Dinge an sich betrachtet, die man von innen heraus kennt, während Theorien über Hirnprozesse – Prozesse, von denen wir nur durch theoretische Beschreibung wissen – die gleichen Dinge von außen beschreiben. Im Gegensatz zum Epiphänomenalisten kann der Identitätstheoretiker sagen, daß psychische Prozesse mit physischen Prozessen in Wechselwirkung stehen, denn die psychischen Prozesse *sind* ganz einfach physische Prozesse oder genauer: Sie sind besondere Arten von Hirnprozessen.

In Abschnitt 10 oben habe ich kurz das Beispiel vom Zahnarztbesuch gebracht, um zu veranschaulichen, wie physische Zustände (Welt 1), bewußte Aufmerksamkeit (Welt 2) und Pläne und Institutionen (Welt 3) allesamt an solchen Handlungen beteiligt sind. Die Eigenart der vier materialistischen Theorien kann dadurch illustriert werden, wie sie sich in einem solchen Fall ausnehmen würden. Sie könnten zum Beispiel bei der Verletzung des Zahns, bei den folgenden Zahnschmerzen, beim Anruf beim Zahnarzt, bei der Terminvereinbarung und beim anschließenden Zahnarztbesuch eine Rolle spielen.

(1) Die radikale materialistische Interpretation: Etwas geht in meinem Zahn vor, das zu Vorgängen in meinem Nervensystem führt. Alles, was da geschieht, erschöpft sich in physischen Prozessen, die auf Welt 1 beschränkt sind (einschließlich meines Verbalverhaltens, meiner Wortäußerungen am Telefon).

(2) Die panpsychistische Interpretation: Es gibt die gleichen physischen Prozesse wie in (1), aber die Geschichte hat noch eine andere Seite. Es gibt einen »parallelen« Gesichtspunkt (den verschiedene Panpsychisten verschieden erklären können), der die Geschichte so erzählt, wie sie von uns erlebt wird. Der Panpsychismus erzählt uns nicht nur, daß unser Erleben in mancher Hinsicht mit der wie in (1) gegebenen physischen Erklärung »korrespondiert«, sondern daß die offensichtlich rein physischen Objekte, die darin vorkommen (wie das Telefon), noch eine »Innenansicht« haben, die in etwa unserer eigenen inneren Bewußtheit gleicht.

(3) Die epiphänomenalistische Interpretation: Es gibt die gleichen

physischen Prozesse wie in (1). Der Rest der Geschichte ist nicht viel anders als in (2), doch mit den folgenden Unterschieden zu (2): (a) nur die »beseelten« Dinge haben »innere« oder subjektive Erlebnisse; (b) während in (2) behauptet wurde, wir hätten zwei verschiedene, doch gleichwertige Ansichten, räumt der Epiphänomenalist dem physischen Gesichtspunkt nicht nur Priorität ein, sondern betont, daß subjektive Erlebnisse kausal überflüssig sind: Der Schmerz, den ich spüre, spielt überhaupt keine kausale Rolle in der Geschichte; er motiviert nicht meine Handlungen.

(4) Die Identitätstheorie: Das gleiche wie in (1), doch dieses Mal können wir zwischen solchen Prozessen der Welt 1 unterscheiden, die mit bewußtem Erleben nicht identisch sind (Welt 1_p; p steht für »rein physisch«) und solchen physischen Prozessen, die identisch mit Erlebnis- oder Bewußtseinsprozessen sind (Welt 1_m; m steht für »mental«, psychisch). Die zwei Teile von Welt 1 (das heißt die Teilwelten 1_p und 1_m) können natürlich miteinander in Wechselbeziehung treten. So wirkt mein Schmerz (Welt 1_m) auf meinen Gedächtnisspeicher ein, und das läßt mich die Telefonnummer suchen. Alles vollzieht sich wie in der Analyse der Anhänger der Wechselwirkung (das macht meines Erachtens diese Auffassung so attraktiv), nur daß meine Welt 2 (einschließlich des subjektiven Wissens) mit Welt 1_m identifiziert wird – d. h. mit einem Teil von Welt 1 – und Welt 3 mit anderen Teilen von Welt 1: mit *Instrumenten oder Vorrichtungen* wie dem Telefonbuch oder dem Telefon (oder vielleicht mit Hirnprozessen: für den Identitätstheoretiker gibt es keine abstrakten Erkenntnisgehalte, die den Kern meiner Welt 3 ausmachen).

17. Der Materialismus und die autonome Welt 3

Wie zeigt sich Welt 3 vom materialistischen Standpunkt aus? Offensichtlich stellt die bloße Existenz von Flugzeugen, Flughäfen, Fahrrädern, Büchern, Plattenspielern, Gebäuden, Autos, Computern, Vorlesungen, Manuskripten, Gemälden, Skulpturen und Telefonen gar kein Problem für jeglichen Physikalismus oder Materialismus dar. Während das alles für den Pluralisten materielle Beispiele sind, Materialisationen von Gegenständen der Welt 3, hält sie der Materialist bloß für Teile von Welt 1.

Doch was ist mit den objektiven logischen Beziehungen, die zwischen Theorien (ob schriftlich fixiert oder nicht) bestehen, etwa der Unverträglichkeit, der wechselseitigen Ableitbarkeit, der teilweisen Überlappung etc.? Der radikale Materialist ersetzt Gegenstände der Welt 2 (subjektive Erlebnisse) durch Hirnprozesse. Unter diesen sind Dispositionen für verbales Verhalten besonders wichtig: Dispositionen der Zustimmung oder Ablehnung, der Bestätigung oder Widerlegung oder der bloßen Überlegung – der Erprobung der Pros und Contras. Wie die meisten, die Gegenstände der Welt 2 akzeptieren (die »Mentalisten«), interpretieren Materialisten gewöhnlich die Gehalte der Welt 3 so, als handelte es sich um »Vorstellungen in unserem Bewußtsein«: Doch die radikalen Materialisten wollen darüberhinaus »Vorstellungen in unserem Bewußtsein« – und somit auch Gegenstände der Welt 3 – als im Gehirn verankerte Dispositionen zu verbalem Verhalten interpretieren.

Doch weder der Mentalist noch der Materialist kann damit den Gegenständen der Welt 3 gerecht werden, insbesondere den Gehalten von Theorien und ihren objektiven logischen Beziehungen.

Gegenstände der Welt 3 sind nicht bloß »Vorstellungen in unserem Bewußtsein«, auch nicht Dispositionen des Gehirns für verbales Verhalten. Und es hilft nicht, wenn man diesen Dispositionen die Materialisationen der Welt 3 hinzufügt, wie schon im ersten Paragraphen dieses Abschnitts erwähnt. Denn nichts davon deckt sich angemessen mit dem *abstrakten* Charakter der Gegenstände von Welt 3, vor allem nicht mit den *logischen Beziehungen* zwischen ihnen.[1]

Freges Buch *Grundgesetze* war beispielsweise schon geschrieben und bereits teilweise gedruckt, als er einem Brief Bertrand Russells entnehmen mußte, daß ein Selbstwiderspruch in seiner Grundannahme steckte. Dieser Selbstwiderspruch bestand objektiv seit Jahren. Frege hatte ihn nicht bemerkt: Er war nicht »in seinem Bewußtsein«. Russell bemerkte das Problem (im Zusammenhang mit einer ganz anderen Arbeit) erst, als Freges Manuskript schon abgeschlossen war. Es gab also seit Jahren eine Theorie Freges (und eine ähnliche, jüngere von Russell), die objektiv widersprüchlich war, ohne daß irgendjemand eine Ahnung davon hatte, oder ohne daß jemandes Gehirnzustand ihn dazu disponiert hätte, den Hinweis ernstzunehmen: »Dieses Manuskript enthält eine widersprüchliche Theorie«.

Ich fasse zusammen: Gegenstände der Welt 3, ihre Eigenschaften und Beziehungen können nicht auf Gegenstände der Welt 2 reduziert werden. Sie können auch nicht auf Hirnzustände oder Dispositionen reduziert werden; nicht einmal dann, wenn wir zugeben müßten, daß alle psychischen Zustände und Prozesse auf Hirnzustände und Hirnprozesse reduziert werden können. Das ist so, ungeachtet der Tatsache, daß wir Welt 3 als Produkt des menschlichen Bewußtseins ansehen können.

Russell hat die Unverträglichkeit nicht erfunden oder geschaffen, sondern *entdeckt*. (Er erfand oder schuf einen Weg, um zu zeigen oder zu

---

[1] In Abschnitt 21 wird dies ausführlicher diskutiert.

beweisen, daß diese Unverträglichkeit bestand.) Wäre Freges Theorie nicht objektiv widersprüchlich gewesen, dann hätte er Russells Unverträglichkeits-Beweis nicht darauf anwenden und sich folglich nicht von ihrer Unhaltbarkeit überzeugen können. So war der Geistes- oder Bewußtseinszustand Freges (und zweifellos auch ein Gehirn-Zustand Freges) wenigstens teilweise die Folge der objektiven Tatsache, daß diese Theorie widersprüchlich war: Er war zutiefst erregt und erschüttert, als er diese Tatsache entdeckte. Das wiederum veranlaßte ihn zur Niederschrift der Worte (ein Vorgang der physikalischen Welt 1): »*Die Arithmetik ist ins Schwanken geraten*«. Es besteht also eine Wechselwirkung zwischen (a) dem physikalischen, oder teilweise physikalischen Vorgang, daß Freges) einen Brief von Russell erhielt; (b) der bis dahin unbemerkten, objektiven Tatsache – die zu Welt 3 gehört –, daß eine Unverträglichkeit, ein Widerspruch, in Freges Theorie steckte; und (c) dem physikalischen oder teilweise physikalischen Vorgang, daß Frege einen Kommentar zur (Welt 3) Situation der Arithmetik schrieb.

Das sind einige der Gründe, warum ich Welt 1 nicht für kausal abgeschlossen halte, und warum ich behaupte, daß eine Wechselwirkung (wenn auch eine indirekte) zwischen Welt 1 und Welt 3 besteht. Für mich ist klar, daß diese Wechselwirkung durch psychische und teilweise bewußte Vorgänge der Welt 2 vermittelt ist.

Der Physikalist kann natürlich nichts davon zugeben.

Ich glaube, daß dem Physikalisten auch die Lösung eines anderen Problems verbaut ist: Er kann den höheren Funktionen der Sprache nicht gerecht werden.

Diese Kritik des Physikalismus bezieht sich auf die Analyse der Sprach-Funktionen, die von meinem Lehrer, Karl Bühler, eingeführt wurde. Er unterschied drei Funktionen der Sprache: (1) die Ausdrucksfunktion, (2) die Signal- oder Auslösefunktion und (3) die Darstellungsfunktion.[2] Ich habe Bühlers Theorie verschiedentlich behandelt[3] und seinen drei Funktionen eine vierte hinzugefügt – (4) die argumentative Funktion. Nun habe ich andernorts[4] erwähnt, daß der Physikalist sich nur mit der ersten und zweiten dieser Funktionen auseinandersetzen kann. Daraus ergibt sich, daß der Physikalist, wenn er es mit den darstellenden und den argumentativen Funktionen der Sprache zu tun hat, immer nur die beiden ersten Funktionen sehen wird (die ja auch immer präsent sind), und zwar mit verheerenden Ergebnissen.

---

[2] Siehe K. Bühler [1918]; [1934], S. 28.
[3] Zum Beispiel in Popper [1963 (a)], Kapitel 4 und 12; [1972 (a)], Kapitel 2 und 6.
[4] Siehe besonders Popper [1953 (a)].

Um zu verstehen, worum es geht, muß kurz die Theorie der Sprach-funktionen behandelt werden.

In Bühlers Analyse des Sprechaktes unterscheidet er zwischen dem *Sprecher* (oder dem *Sender*, wie ihn Bühler auch nennt) und der angesprochenen Person, dem *Zuhörer* (oder dem *Empfänger*). In bestimmten speziellen (»entarteten«) Fällen kann der Empfänger fehlen, oder er kann mit dem Sender identisch sein. Die hier aufgeführten vier Funktionen (es gibt noch andere, wie Befehls-, Ermahnungs-, Ratgeber-Funktionen – siehe auch John Austins »performative Äußerungen« [1962]) beruhen auf Beziehungen zwischen *(a)* dem Sender, *(b)* dem Empfänger, *(c)* anderen Dingen oder Vorgängen, die in entarteten Fällen identisch mit *(a)* oder *(b)* sein können. Ich habe eine Tabelle der Funktionen aufgestellt, in der die Funktionen in aufsteigender Rangfolge von tiefer stehenden zu höher stehenden angeordnet sind.

	Funktionen	Werte	
	(4) argumentative Funktion	Gültigkeit/Ungültigkeit	⎫
	(3) Darstellungs-Funktion	Falschheit Wahrheit	⎬Menschen
vielleicht Bienen[5]	(2) Signal-Funktion	Wirksamkeit/ Unwirksamkeit	
Tiere, Pflanzen	(1) Ausdrucks-Funktion	auslösend nicht auslösend	⎭

Zu dieser Tabelle können folgende Anmerkungen gemacht werden:

(1) Die Ausdrucks-Funktion beruht auf einem nach außen gerichteten Ausdruck eines inneren Zustandes. In diesem Sinne »drücken« selbst einfache Instrumente wie ein Thermometer oder eine Verkehrsampel ihre Zustände »aus«. Aber nicht nur Instrumente, auch Tiere (manchmal auch Pflanzen) drücken ihren inneren Zustand durch ihr Verhalten aus und natürlich auch Menschen. Eigentlich ist jede unserer Handlungen, nicht bloß der Sprach-Gebrauch, eine Form des Selbstausdrucks.

(2) Die Signalfunktion (Bühler nennt sie auch die »Auslöse-Funktion«) setzt die Ausdrucks-Funktion voraus und steht daher auf einer höheren Stufe. Das Thermometer kann uns »signalisieren«, daß es sehr

---

[5] Tanzende Bienen übermitteln *vielleicht* sachhaltige oder deskriptive Information. Ein Thermograph oder ein Barograph tut das durch Schreiben. Es ist interessant, daß sich in beiden Fällen das Problem des Lügens anscheinend nicht stellt – obwohl der Hersteller eines Thermographen denselben auch zu falscher Information mißbrauchen kann.

kalt ist. Die Verkehrsampel ist ein Signal-Instrument (auch wenn sie stundenlang ohne Autoverkehr in Betrieb ist). Tiere, vor allem Vögel, geben Gefahrsignale von sich; sogar Pflanzen signalisieren (zum Beispiel an Insekten); und wenn unser Selbstausdruck (sprachlicher oder anderer) zu einer Reaktion bei einem Tier oder einem Menschen führt, dann können wir sagen, daß er als Signal verstanden wurde.

(3) Die Darstellungs-Funktion der Sprache setzt die beiden niedereren Funktionen voraus. Was sie indes kennzeichnet, ist, daß sie über die Ausdrucks- und Kommunikations-Funktion (die zu ganz unwichtigen Aspekten einer Situation herabsinken können) hinaus Aussagen macht, die *wahr* oder *falsch* sein können: Damit werden die Werte der Wahrheit und Falschheit eingeführt. Wir können auch eine niedere Hälfte der Darstellungs-Funktion unterscheiden, bei der falsche Darstellungen jenseits des Abstraktionsvermögens des Lebewesens – der Biene? – liegen. Dazu gehört auch der Thermograph, denn er zeigt, solange er intakt ist, die Wahrheit an.

(4) Die argumentative Funktion fügt den drei niedereren Funktionen das Argument mit den Werten der *Gültigkeit* und *Ungültigkeit* hinzu.

Nun sind die Funktionen (1) und (2) in der menschlichen Sprache fast immer präsent; doch meist sind sie unwichtig, zumindest im Vergleich mit der darstellenden und der argumentativen Funktion.

Wenn sich jedoch der radikale Physikalist und der radikale Behaviorist mit der Analyse der menschlichen Sprache beschäftigen, können sie nicht über die ersten beiden Funktionen hinauskommen[6]. Der Physikalist wird eine physikalische Erklärung – eine kausale Erklärung – des Sprachphänomens zu geben versuchen. Das ist gleichbedeutend mit einer Interpretation der Sprache als Ausdruck des Zustandes des Sprechers und folglich alleine der Ausdrucks-Funktion. Der Behaviorist hingegen wird sich auch mit dem sozialen Aspekt der Sprache beschäftigen – doch der wird im wesentlichen als etwas angesehen, was das Verhalten anderer berührt, als »Kommunikation«, um ein Modewort zu gebrauchen, als die Art, in der Sprecher untereinander auf ein »Verbalverhalten« reagieren. Das läuft darauf hinaus, Sprache als Ausdruck und Kommunikation zu betrachten.

Doch die Folgen davon sind verheerend. Denn wenn die gesamte Sprache bloß für Ausdruck und Kommunikation gehalten wird, dann läßt man all das außeracht, was für die menschliche Sprache im großen Unterschied zur tierischen Sprache charakteristisch ist: Ihre Fähigkeit, wahre und falsche Aussagen zu machen und gültige und ungültige Argumente vorzubringen. Das wiederum hat zur Folge, daß der Physikalist nicht in

---

[6] Siehe Popper [1953 (a)].

der Lage ist, dem Unterschied zwischen Propaganda, verbaler Einschüchterung und rationaler Argumentation Rechnung zu tragen.

Es sollte auch erwähnt werden, daß die eigentümliche Offenheit der menschlichen Sprache – die Fähigkeit zu einer fast unendlichen Vielfalt von Reaktionen auf jede mögliche Situation, worauf vor allem Noam Chomsky eindringlich hingewiesen hat – mit der Darstellungs-Funktion der Sprache in Beziehung steht. Das Bild der Sprache – und des Spracherwerbs –, wie es behavioristisch orientierte Philosophen wie Quine vorweisen, scheint in Wirklichkeit ein Bild der Signalfunktion der Sprache zu sein. Diese hängt bezeichnenderweise von der jeweils herrschenden Situation ab. Wie Chomsky [1969] zeigte, wird die behavioristische Erklärung nicht der Tatsache gerecht, daß eine deskriptive Aussage weitgehend unabhängig von der Situation sein kann, in der sie gemacht wird.

18. Radikaler Materialismus oder radikaler Behaviorismus

Radikaler Materialismus oder Physikalismus ist gewiß ein in sich schlüssiger Standpunkt. Denn er vermittelt eine Ansicht des Universums, die, soweit wir wissen, einmal stimmte, das heißt vor dem Auftauchen des Lebens und des Bewußtseins.

Die meisten, die diese Theorie heute vertreten und verteidigen, empfinden dabei ein leichtes Unbehagen: Schon die Tatsache, daß sie eine *Theorie (qua* Theorie) vorlegen, ihren eigenen *Glauben,* ihre eigenen *Worte,* ihre eigenen *Argumente,* das alles scheint ihr zu widersprechen. Um diese Schwierigkeit zu überwinden, muß der radikale Physikalist den radikalen Behaviorismus übernehmen und ihn auf sich selbst anwenden: Seine Theorie, sein Glaube daran, ist nichts; nur der physikalische *Ausdruck* durch Worte und vielleicht durch Argumente – sein verbales Verhalten und die dispositionellen Zustände, die dazu führen – ist etwas.

Was zugunsten des radikalen Materialismus oder des radikalen Physikalismus spricht, ist natürlich, daß er uns eine einfache Sicht eines einfachen Universums bietet; und das erscheint deshalb so attraktiv, weil wir in der Wissenschaft nach einfachen Theorien suchen. Doch ich glaube, es ist wichtig zu beachten, daß es *zwei verschiedene* Wege gibt, auf denen wir nach Einfachheit suchen können. Sie können kurz philosophische Reduktion und wissenschaftliche Reduktion genannt werden.[1] Die erste ist durch

---

[1] Siehe Popper [1972 (a)], [1973 (i)], Kapitel 8, wo diese Ideen ausführlich behandelt werden.

den Versuch charakterisiert, unsere Sicht der Welt zu vereinfachen, die zweite durch den Versuch, kühne und überprüfbare Theorien hoher Erklärungskraft[2] zu liefern. Ich glaube, die letztere ist eine äußerst wertvolle und lohnende Methode, während die erste nur dann von Wert ist, wenn wir annehmen können, daß sie den Tatsachen über das Universum entspricht.

Tatsächlich kann der Wunsch nach Einfachheit im Sinne einer philosophischen statt einer wissenschaftlichen Reduktion schädlich sein. Denn selbst beim Versuch einer wissenschaftlichen Reduktion müssen wir unbedingt zuerst das Problem, das gelöst werden soll, voll in den Griff bekommen; deshalb ist es äußerst wichtig, daß interessante Probleme nicht durch philosophische Analyse »wegerklärt« werden. Wenn etwa mehr als ein Faktor für eine Wirkung verantwortlich ist, dann ist es wichtig, das wissenschaftliche Urteil nicht vorwegzunehmen: Es besteht immer die Gefahr, daß wir anderen Ideen als denen, die man zufällig hat, die Zustimmung verweigern; oder daß wir ein Problem wegerklären oder herunterspielen. Die Gefahr wird größer, wenn wir versuchen, die Sache vorweg durch philosophische Reduktion zu erledigen. Die philosophische Reduktion macht uns auch blind für die Bedeutung der wissenschaftlichen Reduktion.[3]

In diesem Lichte sollten wir meines Erachtens den radikalen physikalistischen Ansatz zum Problem des Bewußtseins betrachten. Wir haben ja im Phänomen des Bewußtseins etwas, das radikal anders zu sein *scheint* als das, was unserer gegenwärtigen Auffassung nach in der physikalischen Welt zu finden ist. Es gibt auch die dramatischen und unter physikalischem Gesichtspunkt seltsamen Veränderungen, die in der physikalischen Umwelt des Menschen stattgefunden haben, und zwar, wie sich zeigt, infolge bewußter und absichtsvoller Tätigkeiten. Das sollte nicht ignoriert oder dogmatisch wegerklärt werden.

Ich meine sogar, daß das größte Rätsel der Kosmologie durchaus weder der Urknall ist noch das Problem, warum es überhaupt etwas und vielmehr nicht nichts gibt (es ist gut möglich, daß sich diese Probleme als Pseudoprobleme herausstellen), sondern daß das Universum in einem gewissen Sinne kreativ ist: daß es Leben schuf und daraus etwas Geistiges

---

[2] Siehe z. B. in Popper [1972 (a)], Kapitel 5.

[3] Man bedenke zum Beispiel, was ein dogmatischer philosophischer Reduktionist mit mechanistischer Veranlagung (oder sogar quantenmechanistischer Veranlagung) angesichts des Problems der chemischen Bindung getan hätte. Die tatsächliche Reduktion – soweit möglich – der Theorie der Wasserstoffbindung auf die Quantenmechanik ist weit interessanter als die philosophische Behauptung, daß eine derartige Reduktion eines Tages erreicht wird.

– unser Bewußtsein –, welches das Universum erhellt und seinerseits
schöpferisch ist. Einer der Höhepunkte in Herbert Feigls *Postskriptum*
(1967) zu seinem Essay *The ›Mental‹ and the ›Physical‹* ist ein Gespräch,
bei dem Einstein etwa das folgende sagte: »Gäbe es nicht diese innere
Erleuchtung, dann wäre das Universum bloß ein Schutthaufen.«[4] Das ist
einer der Gründe, wie Feigl sagt, warum er nicht den radikalen Physikalismus (wie ich ihn nenne), sondern die Identitätstheorie akzeptiert, die die
Realität psychischer und besonders bewußtseinsmäßiger Prozesse aner-
kennt.

Man sollte auch bedenken, daß es, auch wenn wir in der Wissenschaft
nach Einfachheit *suchen,* ein wirkliches Problem ist, ob die Welt selbst
ganz so einfach ist wie einige Philosophen annehmen. Die Einfachheit der
alten Theorie der Materie (etwa der von Descartes oder von Newton oder
auch der von Boscovich) ist dahin: Sie scheiterte an den Tatsachen. Das
gleiche geschah mit der elektrischen Theorie der Materie, die über 20
oder 30 Jahre lang auf eine noch größere Einfachheit hoffen ließ. Unsere
gegenwärtige Theorie der Materie, die Quantenmechanik, erweist sich
(besonders im Lichte des Gedankenexperimentes von Einstein, Podolsky
und Rosen und der Forschungsergebnisse von J. Bell, S. J. Freedman und
R. A. Holt [1975]) als weitaus weniger einfach, als man gehofft hatte. Sie
ist auch sichtlich unabgeschlossen: Trotz Diracs Ergebnis, das sich als die
Vorhersage von Antiteilchen interpretieren läßt, kann man von der Quantentheorie nicht behaupten, sie hätte zur Vorhersage oder Erklärung der
vielen neuen Elementarteilchen geführt, die in den letzten Jahren gefunden wurden. Die Forderung nach Einfachheit kann demnach kaum als
entscheidend angesehen werden, nicht einmal in der Physik. Vor allem
sollten wir uns nicht selbst dadurch um interessante und drängende Probleme bringen – Probleme, die darauf hinzuweisen scheinen, daß unsere
besten Theorien falsch und unvollständig sind –, daß wir uns selbst dazu
überreden, die Welt wäre einfacher, wenn es diese Probleme nicht gäbe.
Mir scheint, moderne Materialisten tun genau das.[5]

Ich sollte hier vielleicht sagen, daß ich den radikalen Physikalismus,
falls er mit den Tatsachen übereinstimmte, für eine intellektuell befriedigende Theorie halten würde. Aber er stimmt nicht mit den Tatsachen überein. Und die Tatsachen, so schwer man nun einmal von ihnen

---

[4] Siehe Feigl [1967], S. 138. Feigl übersetzt ein Gespräch, das in deutsch geführt wurde;
ich habe den Wortlaut der Übersetzung leicht verändert (so wie Feigl es in seinem Bericht
entsprechend getan hat).
[5] Erwähnenswert ist, daß der im Text beschriebene Konflikt auch als Konflikt zwischen
Konventionalismus und Realismus in der Wissenschaftsphilosophie bezeichnet werden kann.
Vielleicht kann man hier Charles S. Sherrington ([1947], S. XXIV) zitieren: »Daß unser Sein
aus *zwei* fundamentalen Elementen bestehen sollte, ist meiner Meinung nach nicht wesentlich unwahrscheinlicher, als daß es nur auf einem Element beruht.«

absehen kann, stellen eine intellektuelle Herausforderung dar. Für mich scheint somit die Entscheidung zwischen intellektueller Behaglichkeit (oder Selbstzufriedenheit) und intellektuellem Unbehagen zu liegen.

Der radikale Behaviorismus, auf den der radikale Physikalist angewiesen ist, um sich selbst seine theoretischen Betätigungen als »verbales Verhalten« zu erklären, findet den größten Anklang durch das Mißverständnis eines Methodenproblems. Der Behaviorist fordert zu Recht, daß jede wissenschaftliche Theorie – und folglich auch die Theorien der Psychologie – durch reproduzierbare Experimente nachprüfbar sein muß oder zumindest durch intersubjektiv überprüfbare Beobachtungsaussagen: durch Aussagen über beobachtbares Verhalten, das im Falle der Humanpsychologie Verbalverhalten einschließt.

Doch dieses wichtige Prinzip bezieht sich nur auf die *Testaussagen* einer Wissenschaft. So wie wir in der Physik theoretische Gebilde einführen – Elektronen und andere Teilchen, Kraftfelder etc. –, um unsere Beobachtungsaussagen zu erklären (Aussagen über photographierte Vorgänge in Blasenkammern zum Beispiel), so können wir auch in der Psychologie bewußte und unbewußte psychische Vorgänge und Prozesse einführen, wenn sie zur Erklärung menschlichen Verhaltens, etwa des Verbalverhaltens, hilfreich sind. In diesem Falle ist das jeder normalen menschlichen Person zugeschriebene Attribut eines Bewußtseins sowie subjektiver, bewußter Erlebnisse in gleicher Weise eine erklärende Theorie der Psychologie wie die Existenz von relativ stabilen materiellen Körpern in der Physik. In beiden Fällen werden die theoretischen Gebilde *nicht* als etwas Endgültiges eingeführt – etwa als Substanzen im traditionellen Sinne; beide eröffnen weite Gebiete ungelöster Probleme, ebenso ihre Wechselwirkung. Doch in beiden Fällen sind unsere Theorien gut überprüfbar: in der Physik durch die Experimente der Mechanik, in der Psychologie durch Experimente, die zu reproduzierbaren verbalen Protokollen führen (und damit zu reproduzierbarem »Verbalverhalten«). Da alle, oder fast alle Versuchspersonen in diesen Experimenten mit feststellbar den gleichen Protokollen reagieren – Protokolle über das, was sie in der experimentellen Situation subjektiv erleben – ist die Theorie darüber, daß sie diese subjektiven Erlebnisse haben, gut überprüft.

Ich möchte hier ein einfaches Experiment beschreiben, das jeder selbst durchführen und bei seinen Freunden nachprüfen kann. Es stammt von dem großen dänischen Experimentalpsychologen Edgar Rubin.[6] Ich verwende hier optische Täuschungen, weil dabei die Eigenart subjektiver Erlebnisse sehr deutlich wird.

---

[6] E. Rubin [1950], S. 366f.

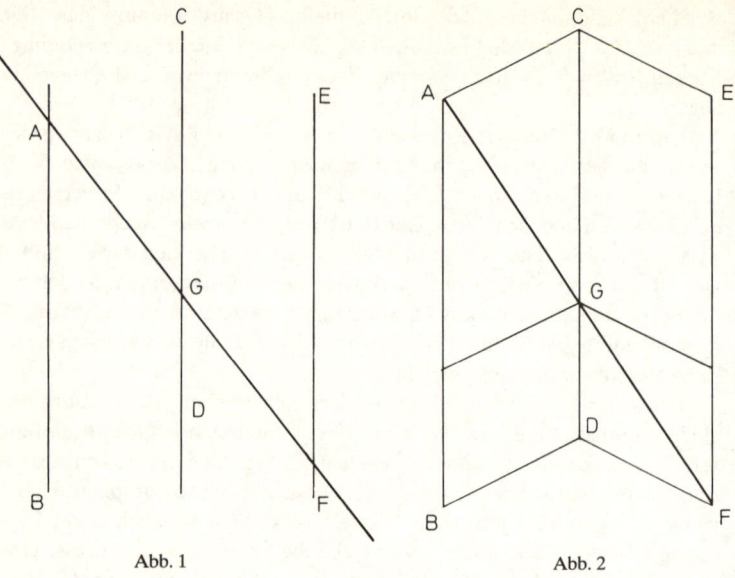

Abb. 1   Abb. 2

Die beiden Abbildungen sind mit ganz geringfügigen Abänderungen Rubin entlehnt.

In Abbildung 1 sieht man, daß die schräg verlaufende Linie AF bei G halbiert wird, da ja AB, CD und EF parallel sind und den gleichen Abstand zueinander haben, so daß AG = GF.

Wir erklären das der Versuchsperson, damit sie nicht die Abstände AG und GF nachmessen muß, um sich zu vergewissern, daß sie gleich sind. Wir stellen ihr nun die folgenden Fragen:

(1) Betrachten Sie Abbildung 2. Sie wissen, daß AG = GF ist, aufgrund des durch Abbildung 1 gegebenen Beweises. Stimmen Sie zu?

Wir warten auf die Antwort.

(2) *Sieht* für Sie AG = GF aus?

Wir warten wieder auf die Antwort.

Frage (2) ist die entscheidende Frage. Die Antwort (»Nein«), die man von jeder (oder fast jeder) Versuchsperson erhält, kann unmittelbar dadurch erklärt werden, daß die subjektive visuelle Erfahrung jeder Versuchsperson systematisch von dem abweicht, was, wie wir alle wissen (und beweisen können), objektiv der Fall ist. Das stellt einen leicht wiederholbaren, objektiven und verhaltensbezogenen Test für die Tatsache subjektiver Erfahrung dar. (Natürlich nur so lange, wie wir die Aussagen der Versuchspersonen ernst nehmen; der radikale Behaviorist kann allerdings

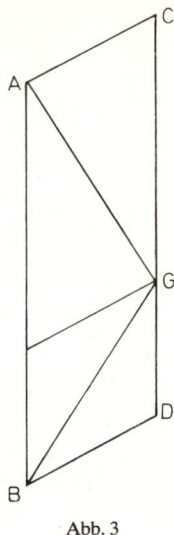

Abb. 3

immer noch ihre verbalen Antworten *ad hoc* umdeuten: Wer nicht aus Erfahrung zu lernen bereit ist, kann jeder Falsifikation ausweichen.)

Wir hätten uns auch auf Abbildung 3 (die sogenannte »Sanders-Täuschung«) beschränken und AG und GB messen können, was vielleicht noch spannender ist.

Doch Messungen können Zweifel offen lassen: Kleine Fehler können unterlaufen, die vielleicht nicht so leicht zu entdecken sind. Andererseits ist klar, daß die drei vertikalen Linien in Abbildung 1 und 2 parallel und in gleichem Abstand zueinander verlaufen. Eine weitere Frage ist:

(3) Hilft Ihnen Ihr theoretisches Wissen im Falle von Abbildung 2, die Abstände AG und GF als gleich zu *sehen?*

Ein verwandtes, doch ein wenig anderes Experiment kann uns davon überzeugen, daß psychische Prozesse oftmals *psychische Aktivitäten* sind. Hierbei bedient man sich einer mehrdeutigen Figur. (Solche Figuren werden in Wittgensteins »Philosophischen Untersuchungen« benutzt, doch anscheinend zu ganz anderen Zwecken.) Die hier gezeigte Figur (die »Winson Figur«) ist einem Aufsatz von Ernst Gombrich entnommen.[7]

Die Abbildung zeigt gleichzeitig das Profil eines Indianers und einen Eskimo von hinten. Worauf ich aufmerksam machen möchte ist, daß wir

---

[7] E. Gombrich [1973], S. 239.

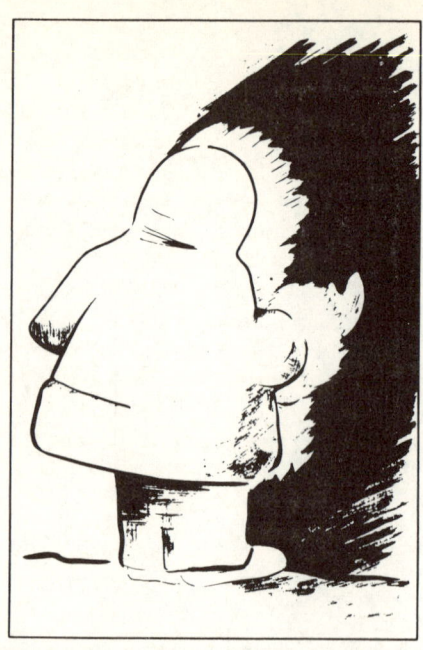

Abb. 4
Aus R. L. Gregory and E. H. Gombrich (eds.) [1973] mit freundlicher
Genehmigung des Autors, des Ver-
lages und »Alphabet and Image«.

willkürlich von einer Interpretation zur anderen wechseln können, auch
wenn uns das vielleicht nicht leicht fällt. Anscheinend können die meisten
Leute den Indianer leicht erkennen, haben aber Schwierigkeiten, sich auf
den Eskimo umzustellen. Bei einigen Menschen ist es jedoch umgekehrt.

Entscheidend ist, daß wir willkürlich und aktiv das Profil des Indianers
nachbilden können, indem wir seine Nase, seinen Mund und sein Kinn
anschauen und dann zu seinen Augen weitergehen. Bei dem Eskimo können wir damit anfangen, daß wir ihn von seinem rechten Stiefel aus nachbilden. (Wir können natürlich auch experimentelle Fragen zu diesen Aktivitäten formulieren, die zu intersubjektiv wiederholbaren Antworten
führen.)

Es gibt noch andere Arten intersubjektiv testbarer Experimente, die
höchst erfolgreich und überzeugend die Theorie bestätigen, daß Menschen bewußte Erlebnisse haben. Da gibt es zum Beispiel die Experimente des großen Gehirnchirurgen Wilder Penfield. Penfield [1955] sti-
mulierte mit Hilfe einer Elektrode mehrfach das freigelegte Gehirn von
Patienten, die bei vollem Bewußtsein operiert wurden. Wurden bestimmte Areale der Rinde auf diese Weise stimuliert, dann schilderten die

Patienten gleichzeitig sehr intensiv visuelle und auditive Begebenheiten, die sie wiedererlebten, während sie sich dabei ihrer wirklichen Umgebung völlig bewußt waren. »Ein junger südafrikanischer Patient, der auf dem Operationstisch lag ... scherzte mit seinen Vettern auf einer Farm in Südafrika, wobei er sich aber völlig klar war, daß er im Operationssaal in Montreal lag.«[8] Solche eindeutig reproduzierbaren und vielfach wiederholten Berichte können, soweit ich sehe, nur erklärt werden, wenn man bewußte subjektive Erlebnisse zugesteht. Penfields Experimente sind verschiedentlich kritisiert worden, weil sie nur an Epileptikern durchgeführt wurden. Doch das berührt nicht das Problem der Tatsache subjektiver bewußter Erlebnisse.

Die Experimente von Penfield können mit einer Identitätstheorie verträglich sein, aber anscheinend nicht mit dem radikalen Physikalismus – mit der Leugnung der Existenz subjektiver Bewußtseinszustände. Es gibt viele ähnliche Experimente.[9] Sie prüfen und stützen mit behavioristischen Methoden die Vermutung – wenn man es Vermutung statt Tatsache nennen will –, daß wir subjektive Erlebnisse haben, daß es bewußtseinsmäßige Prozesse gibt. Es gibt eingestandenermaßen gute Gründe dafür anzunehmen, daß sie gemeinsam mit Hirnprozessen ablaufen. Es ist, so scheint es, eher das Gehirn als das Ich, das auf der Ungleichheit der Strecken, die wir als gleich kennen, sozusagen »besteht«. (Ähnliches trifft für den *Gestalt*wechsel zu.) Doch worum es mir hier lediglich geht ist, daß wir empirisch, durch behavioristische Methoden, feststellen können, daß es subjektive, bewußte Erfahrung oder Erlebnisse gibt.

Ein Wort noch zur ungewöhnlichen oder paradoxen Art der beiden hier erwähnten Typen von Experimenten – den optischen Täuschungen und Penfields Rindenstimulation. Unser Wahrnehmungsmechanismus ist normalerweise nicht reflexiv auf sich selbst gerichtet, sondern auf die Außenwelt. Wir können uns selbst also beim normalen Wahrnehmen vergessen. Um uns unseres subjektiven Erlebens ganz klar zu werden, ist es sinnvoll, Experimente zu wählen, wo etwas vom Gewöhnlichen abweicht und dem normalen Wahrnehmungsmechanismus zuwiderläuft.

---

[8] W. Penfield [1975], S. 55.

[9] Ein wichtiges Experiment stammt aus der modernen Schlafforschung: man konnte zeigen, daß rasche Augenbewegungen Träume anzeigen; und Träumen ist sicher ein (auf niederer Stufe) bewußtes Erleben. (Der radikale Behaviorist oder Materialist müßte, wenn er nicht widerlegt werden will, sagen, rasche Augenbewegungen bedeuteten die Äußerungen einer Disposition, die die Leute nach dem Aufwachen *sagen* läßt, sie hätten geträumt – während es in Wirklichkeit nichts derartiges wie Träume gibt. Doch das wäre offensichtlich ein *ad hoc*-Verfahren, um einer Widerlegung zu entgehen.)

19. Panpsychismus

Der Panpsychismus ist eine sehr alte Theorie. Spuren davon findet man
bei den frühesten griechischen Philosophen (die oft »Hylozoisten« genannt werden, weil sie alle Dinge für belebt bzw. beseelt hielten). Aristoteles berichtet von Thales, daß er lehrte, »Alles sei voll von Göttern«.[1]
Das kann, so meint Aristoteles, besagen, daß die »Seele mit dem All
vermischt sei«, einschließlich dessen, was wir gewöhnlich für unbelebte
Materie halten. Das ist die Lehre des Panpsychismus.

Bei den vorsokratischen Philosophen bis zu Demokrit war der Panpsychismus insoweit materialistisch oder zumindest semi-materialistisch, als
die Psyche, oder der Geist, als eine ganz besondere Art von Materie
betrachtet wurde. Diese Auffassung ändert sich mit der moralischen oder
ethischen Theorie der Seele, wie sie von Demokrit, Sokrates und Platon
entwickelt wurde. Doch noch Platon (*Timaios* 30 b/c) nennt das Universum »einen lebenden, mit einer Seele ausgestatteten Körper«.

Der Panpsychismus ist wie der Pantheismus unter den Denkern der
Renaissance weit verbreitet (z. B. bei Telesius, Campanella, Bruno). Voll
entfaltet findet man ihn in Spinozas Abhandlung über die Leib-Seele-
Beziehung, nämlich in seiner Lehre vom psychophysikalischen Parallelismus: »... alle Dinge sind in verschiedenem Maße beseelt«. (*Ethik* II, XII,
Scholium.) Nach Spinoza sind Materie und Seele die Außen- und Innen-
seiten, die Attribute ein und desselben *Dinges an sich* (oder *der Dinge an
sich*), das heißt der »Natur, die dasselbe wie Gott ist«.

Eine ganz ähnliche, jedoch atomistische Version dieser Theorie ist die
Monadologie von Leibniz. Die Welt besteht aus Monaden (= Punkten),
aus unausgedehnten Intensitäten. Weil sie unausgedehnt sind, sind diese
Intensitäten Seelen. Sie sind, wie bei Spinoza, in verschiedenen Graden
beseelt. Der Hauptunterschied zu Spinozas Theorie ist dieser: Während
bei Spinoza das Ding an sich die (unerforschliche) Natur oder Gott ist,
von der Körper und Seele innere und äußere Seiten sind, lehrt Leibniz,
daß seine Monaden – die die Dinge an sich sind – Seelen oder Geister sind
und daß ausgedehnte Körper (die räumliche Integrale über den Monaden
sind) ihre äußeren Erscheinungsformen sind. Leibniz ist folglich ein metaphysischer Spiritualist: Körper sind Akkumulationen von Geistern oder
Geistigem, gesehen von außen.

Im Gegensatz dazu lehrt Kant, daß die Dinge an sich unerkennbar
sind. Es spricht jedoch vieles dafür, daß wir selbst, als moralische Wesen,

---

[1] *Über die Seele* 411 a 7; siehe Platon, *Gesetze* 899 b.

Dinge an sich sind; es gibt allerdings auch Hinweise darauf, daß die anderen Dinge an sich (die, die nichtmenschlich sind) nicht psychischer oder geistiger Art sind: Kant ist kein Panpsychist.

Schopenhauer greift Kants Vorschlag auf, daß wir als moralische Wesen – als moralischer Wille – Dinge an sich sind; und er verallgemeinert das dahin: das Ding an sich (Spinozas Gott) ist Wille, und der Wille manifestiert sich in allen Dingen. Der Wille ist das Wesen, das Ding an sich, die Wirklichkeit von allem, und der Wille ist das, was von außen gesehen, für den Betrachter, als Körper oder Materie erscheint. Man kann sagen, Schopenhauer ist ein Kantianer, der Panpsychist geworden ist. Um diese Idee durchführen zu können, beruft er sich mit besonderem Nachdruck auf das Unbewußte: Obwohl der Wille bei Schopenhauer geistig oder psychisch ist, ist er weitgehend unbewußt – und zwar gänzlich in der unbelebten Materie und größtenteils noch bei Tieren und bei Menschen. Schopenhauer ist also ein Spiritualist; aber sein Geist ist vorwiegend unbewußter Wille, mehr Trieb und Strebung als bewußte Vernunft. Diese Theorie[2] hat großen Einfluß auf deutsche, englische und amerikanische Panpsychisten ausgeübt, die, teilweise unter dem Einfluß Schopenhauers, die chemischen Affinitäten, die Bindungskräfte der Atome und anderer physikalischer Kräfte wie der Gravitation, als die nach außen gerichteten Manifestationen der triebähnlichen oder willensähnlichen Eigenschaften der Dinge an sich interpretieren, die, von außen gesehen, uns als Materie erscheinen.

Soweit die Skizze der Idee des Panpsychismus.[3] (Eine ausgezeichnete historische und kritische Einführung findet sich bei Paul Edwards [1967 (a)]). Der Panpsychismus hat viele Varianten und bietet in den Augen seiner Verfechter eine angemessene Lösung des Problems der Emergenz des Bewußtseins im Universum: Das Bewußtsein gab es immer, als Innenseite der Materie. Das scheint auch der Grund dafür zu sein, daß der Panpsychismus von mehreren prominenten zeitgenössischen Biologen wie C. H. Waddington [1961] in England oder Bernhard Rensch [1968], [1971] in Deutschland übernommen wurde.

Offensichtlich steht der Panpsychismus vom metaphysischen (oder ontologischen) Standpunkt aus dem Spiritualismus näher als dem Materialismus. Viele Panpsychisten, von Spinoza und Leibniz bis Waddington, Theodor Ziehen und Rensch, akzeptieren allerdings etwas, was ich in

---

[2] Sie ist anscheinend von Goethes Novelle *Die Wahlverwandtschaften* (das heißt die gewählten – chemischen – Verwandtschaften) beeinflußt, in der Sympathie und Anziehung als etwas der chemischen Affinität Ähnliches gedeutet werden. Schopenhauer war von Goethe, den er persönlich kannte, stark beeinflußt.

[3] Für eine ausführlichere Behandlung der Geschichte des Leib-Seele-Problemes siehe Kapitel P 5.

Abschnitt 16 das physikalistische Prinzip *der kausalen Abgeschlossenheit der physischen Welt* genannt habe. Sie glauben,[4] wie Spinoza und Leibniz, daß psychische oder geistige Prozesse mit physischen oder materiellen Prozessen, ohne miteinander in Wechselwirkung zu stehen, parallel laufen, und daß psychische Prozesse (der Welt 2) nur auf andere psychische Prozesse einwirken können und daß physische Prozesse (der Welt 1) nur auf andere physische Prozesse einwirken können, so daß Welt 1 kausal abgeschlossen, autonom ist.

Ich möchte hier drei Argumente gegen den Panpsychismus vorbringen.

(1) Das erste richtet sich gegen die Annahme, daß es einen prä-psychischen Vorläufer psychischer Prozesse geben muß; sie ist entweder trivial und rein verbal oder grob irreführend. Daß es etwas in der Geschichte der Evolution gibt, das in gewissem Sinne den psychischen Prozessen vorausging, ist ebenso trivial wie ungenau. Doch darauf zu bestehen, daß dieses Etwas geistartig, bewußtseinsähnlich sein *und* daß es sogar Atomen zugeschrieben werden muß, ist eine irreführende Argumentation. Denn wir wissen, daß Kristalle und andere Festkörper die Eigenschaft der Festigkeit haben, *ohne* daß Festigkeit (oder eine Vor-Festigkeit) im Flüssigen vor der Kristallisation da war (obwohl das Vorhandensein eines Kristalls oder eines anderen Festkörpers in der Flüssigkeit den Kristallisationsprozeß unterstützen kann).

So kennen wir also Vorgänge in der Natur, die »emergent« sind in dem Sinne, als sie nicht graduell, sondern sprunghaft zu Eigenschaften führen, die es vorher nicht gab. Obwohl das Bewußtsein eines Säuglings sich stufenweise von einem vorbewußten zu einem Zustand des vollen Selbstbewußtseins ausbildet, brauchen wir nicht zu unterstellen, daß die Nahrung, die der Säugling ißt (und die schließlich sein Gehirn aufbaut) Eigenschaften besitzt, die informativ ergiebig als vorbewußt oder als etwa gar dem Bewußtsein ähnlich bezeichnet werden können. Das *Pan*-Element beim *Pan*psychismus erscheint mir also als unhaltbar und phantastisch. (Womit ich nicht sagen will, daß diese Idee besonders phantasievoll ist.)

(2) Der Panpsychismus akzeptiert natürlich, daß das, was wir gewöhnlich unbelebte oder anorganische Materie nennen, sehr viel weniger psychisches Leben aufweist als irgendein Organismus. Demnach entspricht dem großen Schritt von der leblosen zur lebenden Materie der große

---

[4] Professor Rensch hat mir freundlicherweise mitgeteilt, daß er mit der im ersten Teil dieses Satzes behaupteten Auffassung nicht einverstanden ist, da er kein Parallelist sondern ein Identitätstheoretiker sei. (Doch meiner Ansicht nach stellt die Identitätstheorie einen Sonderfall – einen degenerierten Fall – des Parallelismus dar; siehe auch die Abschnitte 22 bis 24.)

Schritt von vorpsychischen zu psychischen Prozessen. Es ist daher nicht recht klar, was der Panpsychismus zu einem besseren Verständnis der Evolution des Bewußtseins beiträgt, wenn er vorpsychische Zustände oder Prozesse annimmt: Sogar nach der panpsychistischen Ansicht tritt mit dem Leben und mit der Vererbung etwas vollkommen Neues in die Welt, wenn auch nur in vielen einzelnen Schritten. Doch das Hauptmotiv des nachdarwinistischen Panpsychismus war, dem unvermeidlichen Zugeständnis der Emergenz von etwas vollkommen Neuem zu entgehen.

Damit wird natürlich nicht bestritten, daß es nicht nur unbewußte psychische Zustände gibt, sondern viele verschiedene Bewußtseins-Grade. Es kann kaum Zweifel daran bestehen, daß man bewußt träumt, wenn auch auf einer niederen Stufe des Bewußtseins: Ein Traum ist von einer kritischen Beurteilung und von der Prüfung eines schwierigen Argumentes himmelweit entfernt. Ähnlich hat ein neugeborenes Kind eindeutig einen niederen Bewußtseinsgrad. Es dauert wahrscheinlich Jahre, und setzt die Aneignung einer Sprache und vielleicht sogar des kritischen Denkens voraus, bis das volle Selbstbewußtsein erreicht wird.

(3) Obwohl es zweifellos so etwas wie unbewußtes Gedächtnis gibt – das heißt ein Gedächtnis, dessen wir nicht gewahr sind –, kann es hingegen, so behaupte ich, kein Bewußtsein oder keine Bewußtheit ohne Gedächtnis geben.

Das läßt sich durch ein Gedankenexperiment erläutern.

Es ist bekannt, daß jemand durch eine Verletzung oder einen Elektroschock oder durch ein Medikament das Bewußtsein verlieren kann (und daß ein davorliegender Zeitabschnitt aus dem Gedächtnis ausgelöscht werden kann).

Nehmen wir nun an, wir könnten durch die Einnahme eines Medikamentes oder durch irgendetwas anderes die Gedächtnis-Aufzeichnungen für mehrere Minuten oder Sekunden löschen.

Nehmen wir weiter an, daß wir *wiederholt* auf diese Art behandelt werden – etwa alle p Sekunden –, wobei jedes Mal unser Gedächtnis für eine kurze Ausfallzeit von q Sekunden gelöscht wird (dabei sei $p > q$).

(a) Wir sehen sofort, daß, falls die Zeiträume p den gelöschten Zeiträumen q gleichgemacht würden, keine Erinnerungsaufzeichnung aus dem gesamten Zeitabschnitt des Experimentes zurückbliebe.

(b) Da die Zeitabschnitte p etwas größer als die Zeitabschnitte q sind, wird eine Folge von Aufzeichnungen erhalten bleiben, von denen jede die Länge $p-q$ besitzt.

(c) Nehmen wir nun (b) an, und weiter, daß $p-q$ sehr kurz wird. In diesem Falle würden wir meiner Meinung nach das Bewußtsein für den gesamten Zeitabschnitt des Experimentes verlieren. Denn nach jedem Gedächtnisverlust (selbst beim Aufwachen aus tiefem Schlaf) braucht es einige Zeit, bevor wir uns sozusagen gesammelt haben und voll bewußt sind. Wenn diese Zeit zur Erlangung des vollen Bewußtseins (etwa 0,5 Sekunden) *p–q* überschreitet, dann gibt es meiner Meinung nach nicht einmal mehr kurze Momente von Bewußtsein oder Bewußtheit, deren Gedächtnis gelöscht ist; es wird vielmehr überhaupt keinen Augenblick von Bewußtsein oder Bewußtheit mehr geben.

Anders formuliert lautet meine These: Eine bestimmte minimale Kontinuitätsspanne des Gedächtnisses ist erforderlich, damit Bewußtsein oder Bewußtheit entsteht. Demnach muß eine Atomisierung des Gedächtnisses ein bewußtes Erleben und jede Form bewußten Gewahrseins tatsächlich auslöschen.

Bewußtsein, und jede Art von Bewußtheit, verbindet bestimmte seiner Momente mit früheren Momenten. Es kann also nicht aus willkürlich kurzen Ereignissen zusammengesetzt gedacht werden. Es gibt kein Bewußtsein ohne Gedächtnis, das dessen konstituierende »Bewußtheitsakte« verbindet; und diese wiederum kann es nicht geben, ohne daß sie mit vielen anderen derartigen Akten verbunden werden.

Diese Ergebnisse eines rein spekulativen Gedankenexperiments werden, soweit das möglich ist, durch einige Forschungsergebnisse der Hirnphysiologie bestätigt. Man hat mir berichtet, daß einige Medikamente zur totalen Anästhesie – das heißt zur Herbeiführung von Bewußtlosigkeit – auf die angegebene Weise wirken, also als Mittel, die die Gedächtnisverbindungen und damit die Bewußtheit radikal atomisieren. Einige Formen der Epilepsie scheinen ähnlich zu verlaufen. In all diesen Fällen bleiben Teile des Langzeitgedächtnisses in dem Sinne intakt, als sich der Patient beim Wiedererlangen des Bewußtseins an Ereignisse seines früheren Lebens oder an Ereignisse bis zum Verlust seines Bewußtseins erinnern kann; und es ist – anscheinend – diese Erinnerung an die Vergangenheit, die es dem Patienten ermöglicht, seine Ichidentität zu bewahren.[5]

Dieses Gedankenexperiment spricht nun stark gegen die Theorie des Panpsychismus, nach der Atome oder Elementarteilchen so etwas wie eine Innenansicht haben; eine Innenansicht, die sozusagen die Einheit darstellt, aus der das Bewußtsein von Tieren und Menschen gebildet ist. Denn nach der modernen Physik haben Atome oder Elementarteilchen entschieden kein Gedächtnis: Zwei Atome des gleichen Isotops sind physisch vollkommen identisch, *ungeachtet ihrer vergangenen Geschichte*. Sind sie zum Beispiel radioaktiv, dann ist ihre Wahrscheinlichkeit oder Tendenz zu zerfallen genau gleich, wie verschieden auch ihre radioaktive Vergangenheit sein mag. Das aber bedeutet, daß sie, physisch, kein

---

[5] Siehe besonders die Bemerkungen über den Patienten H. M. bei Brenda Milner [1966].

Gedächtnis haben. Wenn man einen psychophysischen Parallelismus annimmt, muß ihr »innerer Zustand« ebenfalls gedächtnislos sein. Doch das kann dann nicht so etwas wie ein innerer Zustand sein: kein Bewußtseinszustand, nicht einmal der eines bewußtseinsartigen Vor-Bewußtseins.

Gedächtnisartige Zustände kommen jedoch in der unbelebten Materie vor, z. B. in Kristallen. Stahl »erinnert« sich, daß er magnetisiert wurde. Ein wachsender Kristall »erinnert« sich an einen Fehler in seiner Struktur. Doch das ist etwas Neues, etwas Emergentes: Atome und Elementarteilchen »erinnern« sich nicht, wenn die derzeitige physikalische Theorie stimmt.

Wir sollten also Atomen keine inneren oder psychischen oder bewußten Zustände zuschreiben: Die Emergenz des Bewußtseins ist ein Problem, das durch eine panpsychistische Theorie nicht umgangen oder entschärft werden kann. Der Panpsychismus ist ohne Grundlage, und die Leibnizsche Monadologie ist unhaltbar.

Zu ergänzen wäre, daß es derzeit so aussieht, ,als ob die Anfänge menschlichen oder tierischen Gedächtnisses im genetischen Mechanismus zu finden sind; als ob Gedächtnis im Sinne von Bewußtsein ein spätes Produkt des genetischen Gedächtnisses sei. Die physische Grundlage des genetischen Gedächtnisses scheint jetzt in der Reichweite der Wissenschaft zu liegen, und nach den Erklärungen, die wir dafür haben, scheint es völlig ohne Beziehung zu irgendwelchen panpsychistischen Wirkungsweisen zu sein. Das heißt, statt eines geradlinigen Fortschreitens von gedächtnislosen Atomen zum Gedächtnis von magnetisiertem Eisen und weiter zum Gedächtnis von Pflanzen und dann zum bewußten Gedächtnis scheint ein riesiger Umweg über das genetische Gedächtnis zu führen. So sprechen die Forschungsergebnisse der modernen Genetik entschieden dagegen, daß der Panpsychismus irgendeinen Wert hat – das heißt gegen seine Erklärungskraft oder seine Erklärungsaussichten, obwohl der Panpsychismus als solcher so metaphysisch (in einem schlimmen Sinne) und so inhaltsarm ist, daß wir kaum von seinem Erklärungswert sprechen können.

20. Epiphänomenalismus

William Kingdon Clifford war Panpsychist. Sein Freund Thomas Huxley war Epiphänomenalist. Beide waren von dem physikalistischen Prinzip der kausalen Abgeschlossenheit der physischen Welt (Welt 1) überzeugt.

In Cliffords Worten: »alle Anhaltspunkte, die wir haben, deuten darauf hin, daß die physikalische Welt völlig sich selbst genügt ...«[1].

Der Epiphänomenalismus unterscheidet sich vom Panpsychismus hauptsächlich in folgenden Punkten:

(1) Der Epiphänomenalismus behauptet *nicht,* daß *alle* materiellen Prozesse einen psychischen Aspekt haben, und

(2) der Epiphänomenalismus ist weit davon entfernt, Bewußtseinszustände oder -prozesse für Dinge an sich zu halten, wie es zumindest einige nachleibnizeanische und nachkantianische Panpsychisten tun.

(3) Der Epiphänomenalismus *kann* mit einer parallelistischen Anschauung verbunden sein (etwa einem partiellen Panpsychismus), oder er *kann* eine einseitige Kausalwirkung des Körpers auf das Bewußtsein einräumen. (Die letztere Auffassung gerät leicht in Widerspruch mit Newtons Drittem Gesetz – der Gleichheit von Aktion und Reaktion.[2]) Ich möchte hier einen parallelistischen Epiphänomenalismus kritisieren; doch meine Kritik ist unabhängig von dieser Wahl.

Huxley[3] hat seinen Epiphänomenalismus einmal sehr gut erklärt: »Bewußtsein ... würde zum Mechanismus (des) Körpers einfach als ein ... (Neben-)Produkt seiner Arbeit in Beziehung zu stehen und so vollkommen ohne irgendeine Macht, diese Arbeit zu modifizieren, zu sein scheinen, wie der (Klang einer) Dampfpfeife, die die Arbeit einer Lokomotive begleitet ..., ohne Einfluß auf ihre Maschinerie ist.«

Thomas Huxley war Darwinist – ja er war der erste aller Darwinisten. Doch ich glaube, sein Epiphänomenalismus widerspricht dem darwinistischen Standpunkt. Denn vom darwinistischen Standpunkt aus können wir über den Überlebenswert psychischer Prozesse nur spekulieren. Zum Beispiel könnten wir Schmerz als Warnsignal betrachten. Allgemeiner müssen Darwinisten »das Bewußtsein«, also psychische Prozesse und Dispositionen für psychische Handlungen und Reaktionen, wie ein körperliches Organ (vermutlich eng mit dem Gehirn verknüpft) betrachten, das sich unter dem Druck natürlicher Auslese entwickelt hat. Es funktioniert, indem es die Anpassung des Organismus unterstützt (vergl. den Abschnitt 6 über organische Evolution). Der darwinistische Standpunkt muß der sein: Bewußtsein und, allgemeiner, die psychischen Prozesse sind als Produkt der Evolution aufgrund natürlicher Auslese anzusehen (und wenn möglich zu erklären).

---

[1] W. K. Clifford [1886], S. 260.
[2] Das Prinzip wird von Einstein neu bestätigt [1922], [1956], Kapitel 3, S. 54, wenn er sagt: »... es widerspricht der Denkweise der Wissenschaft, von irgendeiner physikalischen Entität anzunehmen ..., daß sie selbst wirkt, aber keine Gegenwirkung erleiden kann.«
[3] T. H. Huxley [1898], S. 240; siehe S. 243f.

Die darwinistische Auffassung braucht man insbesondere für ein Verständnis intellektueller Prozesse. Intelligente Handlungen sind an vorhersehbare Ereignisse angepaßte Handlungen. Sie beruhen auf Voraussicht, auf Erwartung, gewöhnlich auf Kurzzeit- *und* Langzeiterwartung sowie auf einem Vergleich der erwarteten Ergebnisse mehrerer möglicher Züge und Gegenzüge. Hier kommt die *Präferenz* ins Spiel und damit das Treffen von Entscheidungen, von denen viele instinkthaft verankert sind. Vielleicht gelangen so auch Emotionen in die Welt 2 der psychischen Prozesse und Erlebnisse, das erklärt vielleicht auch, warum sie manchmal »bewußt werden« und manchmal nicht.

Die darwinistische Ansicht erklärt wenigstens teilweise auch das erstmalige Auftauchen einer Welt 3 mit den Produkten des menschlichen Geistes oder des Bewußtseins: die Welt der Werkzeuge, der Instrumente, der Sprachen, der Mythen und der Theorien. (Soviel können natürlich auch die zugestehen, die sich sträuben oder die zögern, Dingen wie Problemen und Theorien »Realität« zuzuschreiben, oder jene, die Welt 3 als Teil von Welt 1 und/oder von Welt 2 ansehen.) Die Tatsache der kulturellen Welt 3 und der kulturellen Evolution kann unsere Aufmerksamkeit darauf lenken, daß es einen beachtlichen systematischen Zusammenhang innerhalb Welt 2 wie Welt 3 gibt, und daß das – teilweise – als das systematische Ergebnis von Selektionsdruck erklärt werden kann. Zum Beispiel kann die Evolution der Sprache wohl nur erklärt werden, wenn wir annehmen, daß selbst eine primitive Sprache im Kampf ums Überleben hilfreich ist, und daß die Emergenz der Sprache einen Rückkoppelungseffekt hat: Sprachliche Fähigkeiten stehen miteinander in Wettbewerb; sie werden nach ihrer biologischen Wirksamkeit ausgelesen, was wiederum zu einer höheren Stufe in der Evolution der Sprache führt.

Wir können das zu den folgenden vier Prinzipien zusammenfassen, von denen die ersten beiden, wie mir scheint, vor allem von denjenigen akzeptiert werden müssen, die zum Physikalismus oder Materialismus neigen.

(1) Die Theorie der natürlichen Auslese ist die einzige gegenwärtig bekannte Theorie, die die Emergenz zweckgerichteter Prozesse in der Welt und vor allem die Evolution der höheren Lebensformen erklären kann.

(2) Die natürliche Auslese hat es mit *physischem Überleben* (mit der Häufigkeitsverteilung konkurrierender Gene in einer Population) zu tun. Sie hat es demnach im wesentlichen mit der Erklärung der Wirkungen von Welt 1 zu tun.

(3) Wenn die natürliche Auslese die Emergenz der Welt 2 der subjektiven oder psychischen Erlebnisse erklären soll, muß die Theorie die Art

und Weise erklären, in der die Evolution der Welt 2 (und der Welt 3) uns systematisch mit Instrumenten zum Überleben versieht.

(4) Jede Erklärung in Begriffen der natürlichen Auslese ist einseitig und unvollständig, denn sie muß stets das Vorhandensein vieler (und teilweise unbekannter) konkurrierender Mutationen und häufigen (teilweise unbekannten) Selektionsdruck annehmen.

Diese vier Prinzipien können kurz als der darwinistische Standpunkt bezeichnet werden. Ich werde hier zu zeigen versuchen, daß der darwinistische Standpunkt mit der gemeinhin »Epiphänomenalismus« genannten Lehre in Widerspruch steht.

Der Epiphänomenalismus gibt die Existenz psychischer Vorgänge oder Erlebnisse zu – das heißt einer Welt 2 –, aber er behauptet, diese psychischen oder subjektiven Erlebnisse seien kausal unwirksame Nebenprodukte physiologischer Prozesse, die allein kausal wirksam sind. So kann der Epiphänomenalist das physikalistische Prinzip von der Abgeschlossenheit der Welt 1 zusammen mit der Existenz einer Welt 2 akzeptieren. Der Epiphänomenalist muß nun darauf bestehen, daß Welt 2 tatsächlich unbedeutend ist, daß nur physische Prozesse zählen: Wenn jemand ein Buch liest, dann ist es nicht entscheidend, daß es seine Meinung beeinflußt und ihm Information liefert. Das alles sind unwichtige Epiphänomene. Was zählt ist ausschließlich die Veränderung in seiner Gehirnstruktur, die auf seine Handlungs-Dispositionen einwirkt. Diese Dispositionen sind tatsächlich, so wird der Epiphänomenalist sagen, von größter Bedeutung für das Überleben: Und erst hier kommt der Darwinismus ins Spiel. Die subjektiven Erlebnisse des Lesens und Denkens sind da, aber sie spielen nicht die Rolle, die wir ihnen gewöhnlich zuschreiben. Was wir ihnen da fälschlich zuschreiben ist vielmehr die Folge unseres Ungeschicks, zwischen unseren Erlebnissen und dem entscheidenden Einfluß des Lesens auf die dispositionellen Eigenschaften der Struktur des Gehirns zu unterscheiden. Die subjektiven erlebnismäßigen Aspekte unserer Wahrnehmungen während des Lesens zählen nicht; auch nicht die emotionalen Aspekte. Das alles ist zufällig, eher beiläufig als kausal.*

Es ist klar, daß diese epiphänomenalistische Auffassung unbefriedigend ist. Sie gesteht die Existenz einer Welt 2 zu, macht ihr aber jegliche biologische Funktion streitig. Sie kann daher die Evolution der Welt 2 nicht in darwinistischen Begriffen erklären. Und sie ist gezwungen, die schlechthin wichtigste Tatsache zu leugnen – den ungeheuren Einfluß dieser Evolution (und der Evolution der Welt 3) auf Welt 1.

Ich halte dieses Argument für entscheidend.

---

* Im Original ein Wortspiel: casual – causal (Anm. d. Übers.).

Um es in biologischen Begriffen auszudrücken, es gibt mehrere, eng-verwandte Kontrollsysteme in höheren Organismen: das Immunsystem, das endokrine System, das Zentralnervensystem sowie das, was wir das »mentale oder psychische System« nennen können. Es besteht kaum ein Zweifel, daß die beiden letzten Systeme eng miteinander verknüpft sind. Doch das sind die anderen auch, wenn auch vielleicht weniger eng. Das psychische System hat eindeutig seine evolutionäre und funktionelle Geschichte, und seine Funktionen haben mit der Evolution der niedereren zu den höheren Organismen zugenommen. Es muß folglich mit dem darwinistischen Standpunkt zusammengebracht werden. Doch das kann der Epiphänomenalismus nicht leisten.

Eine wichtige, wenn auch gesonderte Kritik ist diese: Auf Argumente und unser Abwägen von Gründen angewandt ist die epiphänomenalistische Auffassung selbstmörderisch. Denn der Epiphänomenalist muß argumentieren, daß Argumente und Gründe nicht wirklich zählen. Sie können nicht wirklich unsere Handlungsdispositionen beeinflussen – zum Beispiel solche zu sprechen oder zu schreiben – noch die Handlungen selbst. Diese sind alle auf mechanische, physikochemische, akustische, optische und elektrische Wirkungen zurückzuführen.

So führt also das epiphänomenalistische Argument zur Einsicht in seine eigene Belanglosigkeit. Das widerlegt noch nicht den Epiphänomenalismus. Es bedeutet lediglich, daß wir – wenn der Epiphänomenalismus wahr ist – nichts, was zur Begründung oder als Argument zu seiner Unterstützung vorgebracht wird, ernst nehmen können.

Das Problem der Gültigkeit dieses Arguments wurde neben anderen von J. B. S. Haldane aufgeworfen. Es wird im nächsten Abschnitt behandelt.

21. Eine revidierte Form von J. B. S. Haldanes Widerlegung des Materialismus

Das am Ende des vorigen Abschnitts erwähnte Argument gegen den Materialismus ist von J. B. S. Haldane prägnant formuliert worden. Haldane [1932] drückt es so aus: »... wenn der Materialismus wahr ist, dann, so scheint mir, können wir nicht wissen, ob er wahr ist. Wenn meine Meinungen das Ergebnis der in meinem Gehirn ablaufenden chemischen Prozesse sind, dann sind sie durch die Gesetze der Chemie und nicht der Logik determiniert.«[1]

---

[1] Siehe J. B. S. Haldane [1932], wiederaufgelegt in Penguin Books [1937], S. 157; siehe auch Haldane [1930], S. 209.

Das Argument (das von Haldane in dem Aufsatz »I Repent an Error«[2] zurückgenommen wurde) hat eine lange Geschichte. Es kann mindestens bis auf Epikur zurückverfolgt werden. »Wer sagt, daß alle Dinge mit Notwendigkeit geschehen, kann nicht einen anderen kritisieren, der sagt, daß nicht alle Dinge mit Notwendigkeit geschehen. Denn er muß zugeben, daß auch seine Behauptung mit Notwendigkeit geschieht.«[3] In dieser Form war es eher ein Argument gegen den Determinismus als gegen den Materialismus. Doch die Ähnlichkeit zwischen den Argumenten von Haldane und Epikur ist auffallend. Beide weisen darauf hin, daß unsere Ansichten, sofern sie nicht das Ergebnis des freien Vernunft-Urteils[4] oder des Erwägens von Gründen, der Pros und Kontras, sind, nicht wert sind, ernst genommen zu werden. Somit widerlegt sich ein Argument selbst, das zu dem Schluß führt, unsere Meinungen seien nicht auf diese Weise zustande gekommen.

Haldanes Argument (oder genauer: der zweite der beiden oben zitierten Sätze) kann in der hier wiedergegebenen Form nicht aufrechterhalten werden. Denn man kann die Arbeitsweise einer Rechenmaschine als durch die Gesetze der Physik determiniert bezeichnen, aber sie funktioniert nichtsdestoweniger in voller Übereinstimmung mit den Gesetzen der Logik. Diese einfache Tatsache macht (wie ich in Abschnitt 85 meines *Postskriptums* ausführte) den zweiten Satz von Haldanes Argument, so wie er dasteht, ungültig.

Ich glaube allerdings, daß sich Haldanes Argument (wie ich es trotz seiner Überholtheit nennen will) so revidieren läßt, daß man es nicht beanstanden kann. Obwohl es nicht beweist, daß der Materialismus sich selbst unterminiert, so zeigt es meiner Ansicht nach immerhin, daß der Materialismus selbstzerstörerisch ist: Er kann nicht ernsthaft beanspruchen, daß er durch rationale Argumente gestützt wird. Das revidierte Argument von Haldane könnte knapper formuliert werden, doch ich glaube, es wird klarer, wenn es ausführlich dargestellt wird.

Ich werde das revidierte Argument in der Form eines Dialogs zwischen einem Anhänger der Wechselwirkung (Interaktionist) und einem Physikalisten vorstellen.

---

[2] Siehe J. B. S. Haldane [1954]. Siehe auch Antony Flew [1955]. Eine neuere Verwerfung dessen, was ich nach Keith Campbell Haldanes Argument nenne, findet man in Paul Edwards (Hrsg.) [1967 (b)], Bd. 5, S. 186. Siehe auch J. J. C. Smart [1963], S. 126f. (und Antony Flew [1965], S. 114–15), wo sich weitere Hinweise finden, und Abschnitt 85 meines *Postskriptums.*

[3] Epikur, Aphorismus 40 der Vatikanischen Sammlung. Siehe Cyril Bailey [1926], S. 112–113. Das könnte durchaus Epikurs Hauptargument gegen den Determinismus und für seine Theorie der »Abweichung«, der »schrägen Lage«, des »Schwingens« der Atome gewesen sein.

[4] Siehe Descartes, *Meditation* IV; *Prinzipien* I, 32–44.

Interaktionist: Ich bin gerne bereit, Ihre Widerlegung von Haldanes Argument zu akzeptieren. Der Computer stellt ein Gegenbeispiel zu dem so formulierten Argument dar. Ich halte es jedoch für wichtig, daran zu erinnern, daß der Computer, der zugegebenermaßen nach physischen Prinzipien und zugleich auch nach logischen Prinzipien arbeitet, *von uns daraufhin entworfen* worden ist – vom menschlichen *Verstand.* Es wird ja ein großer Aufwand an logischer und mathematischer Theorie beim Bau eines Computers getrieben. Das erklärt, warum er im Einklang mit den Gesetzen der Logik arbeitet. Es ist gar nicht so leicht, einen physischen Apparat zu konstruieren, der nach den Gesetzen der Physik und zugleich nach den Gesetzen der Logik arbeitet. Sowohl der Computer als auch die Gesetze der Logik gehören ganz entschieden zu dem, was hier Welt 3 genannt wird.

Physikalist: Das meine ich auch, wenn ich auch nur die Existenz einer *physischen* Welt 3 zugebe, zu der beispielsweise Bücher über Logik und Mathematik gehören und natürlich auch Computer: Ihre Welt 3 ist eigentlich ein Teil von Welt 1. Bücher und Computer sind Produkte von Männern und Frauen – sie sind geplant, entworfen; sie sind Produkte menschlicher *Gehirne.* Unsere Gehirne dagegen sind nicht wirklich geplant oder entworfen. Sie sind weitgehend die Ergebnisse natürlicher Auslese. Sie sind so ausgelesen, um sich ihrer Umwelt anzupassen; und ihre dispositionellen Kapazitäten für logisches Denken sind das Ergebnis dieser Anpassung. Logisches, vernunftgemäßes Denken besteht in einem bestimmten verbalen Verhalten sowie in der Aneignung von Handlungs- und Sprechdispositionen. Abgesehen von der natürlichen Auslese spielen auch positives und negatives Konditionieren nach Erfolg und Mißerfolg unserer Handlungen und Reaktionen eine Rolle. Zum Beispiel beim Unterricht: das bedeutet Konditionieren durch einen Lehrer, der auf uns einwirkt – wie ein Konstrukteur, der auf einen Computer einwirkt. Auf diese Weise werden wir zum Sprechen und Handeln sowie zu rationalem oder intelligentem Denken konditioniert.

Interaktionist: Mir scheint, wir stimmen in mehreren Punkten überein. Wir stimmen überein, daß natürliche Auslese *und* individuelles Lernen ihre Rolle in der Evolution logischen Denkens spielen. Und wir stimmen überein, daß ein vernünftiger oder ein vernünftig argumentierender Materialismus feststellen muß, daß ein gut geschultes Gehirn ebenso wie ein zuverlässiger Computer so gebaut ist, daß es in Übereinstimmung mit den Prinzipien der Logik *und* denen der Physik und Elektrochemie arbeitet.

Physikalist: Genau. Ich bin sogar bereit zuzugeben, daß Haldanes Argument, falls diese Auffassung nicht aufrechtzuerhalten ist, tatsächlich den Materialismus stürzen würde: Ich müßte dann zugeben, daß der Materialismus seine eigene Rationalität unterminiert.

Interaktionist: Machen Computer oder Gehirne niemals Fehler?

Physikalist: Natürlich sind Computer nicht perfekt. Menschliche Gehirne auch nicht. Das versteht sich von selbst.

Interaktionist: Aber dann brauchen Sie Gegenstände der Welt 3 wie Gültigkeitsstandards, die *nicht* in Gegenständen der Welt 1 materialisiert oder inkarniert sind: Sie brauchen sie, um sich auf die *Gültigkeit eines Schlusses* berufen zu können; doch sie bestreiten die Existenz solcher Gegenstände.

Physikalist: Ich bestreite allerdings die Existenz nichtmaterieller Gegenstände der Welt 3; doch ich sehe noch nicht, worauf Sie hinauswollen.

Interaktionist: Das ist ganz einfach. Wenn sich Computer oder Gehirne irren können, wem sind sie dann unterlegen?

Physikalist: Anderen Computern oder Gehirnen oder dem Gehalt von Büchern über Logik oder Mathematik.

Interaktionist: Sind diese Bücher unfehlbar?

Physikalist: Natürlich nicht; aber Fehler kommen selten vor.

Interaktionist: Das bezweifle ich, aber lassen wir das. Ich frage nochmals: Wenn ein Fehler vorliegt – wohlgemerkt, ein logischer Fehler – nach welchen Standards ist das ein Fehler?

Physikalist: Nach den Standards der Logik.

Interaktionist: Ich bin ganz Ihrer Meinung. Aber das sind abstrakte nichtmaterielle Standards der Welt 3.

Physikalist: Ich bin anderer Ansicht. Das sind keine abstrakten Standards, sondern Standards oder Prinzipien, die die große Mehrheit der Logiker – faktisch alle, außer einer spinösen Randgruppe – als solche anzunehmen bereit ist.

Interaktionist: Tun sie das, weil die Prinzipien gültig sind, oder sind die Prinzipien gültig, weil Logiker bereit sind, sie zu akzeptieren?

Physikalist: Eine spitzfindige Frage. Die naheliegende Antwort, und jedenfalls Ihre Antwort, wäre wohl die: »Logiker sind bereit, logische Standards zu akzeptieren, weil diese Standards gültig sind«. Doch damit wäre die Existenz nichtmaterieller und somit abstrakter Standards und Prinzipien zugegeben, die ich gerade bestreite. Nein, ich muß Ihnen eine andere Antwort auf Ihre Frage geben: Die Standards gibt es, soweit es sie als Zustände oder Dispositionen der Gehirne von Menschen gibt: Zustände oder Dispositionen, die Leute dazu bringen, die passenden Standards zu akzeptieren. Sie können mich jetzt natürlich fragen: »Was sind dann die *passenden* Standards anderes als die *gültigen* Standards?« Meine Antwort ist: »Gewisse Arten von verbalem Verhalten oder der Verbindung von Meinungen mit anderen; Verhaltensweisen, die sich als nützlich im Kampf ums Überleben erwiesen haben, und die daher durch natürliche Auslese selektiert oder durch Konditionierung, vielleicht in der Schule oder anderswo, erlernt worden sind.«

Diese ererbten oder erlernten Dispositionen sind das, was manche Leute »unsere unmittelbaren logischen Einsichten« nennen. Ich gebe zu, daß es sie gibt (im Gegensatz zu den abstrakten Gegenständen der Welt 3). Ich gebe auch zu, daß sie nicht immer zuverlässig sind: Es gibt logische Fehler. Doch diese falschen Schlüsse können kritisiert und eliminiert werden.[5]

Interaktionist: Ich glaube nicht, daß wir viel weiter gekommen sind. Ich habe längst die Rolle der natürlichen Auslese und des Lernens (das ich übrigens bestimmt nicht als »Konditionieren« beschreiben würde; doch lassen wir die Terminologie beiseite) zugegeben. Ich würde auch, wie Sie es anscheinend jetzt tun, auf der Bedeutung der Tatsache bestehen, daß wir uns oft der Wahrheit durch Eliminierung und Fehlerkorrektur nähern; und wie Sie würde ich sagen, daß das gleiche für falsche Schlüsse im Gegensatz zu gültigen Schlüssen gilt: wir lernen aus einem Schluß oder einer bestimmten Schlußweise, daß sie ungültig ist, sobald wir ein Gegenbeispiel finden; das heißt, einen Schluß der gleichen logischen Form mit wahren Prämissen und einem falschen Schluß. Mit anderen Worten: *ein Schluß ist gültig, wenn und nur wenn es kein Gegenbeispiel zu diesem Schluß gibt.* Doch diese Aussage (die ich unterstrichen habe) ist *ein charakteristisches Beispiel für ein Prinzip der Welt 3.* Und obwohl die Emergenz von Welt 3 teilweise durch natürliche Auslese erklärt werden kann, also durch ihre Nützlichkeit, können dadurch die Prinzipien gültiger Schlüsse und ihre Anwendungen, die zu Welt 3 gehören, nicht alle erklärt werden. Sie sind die zum Teil ungewollten selbständigen Ergebnisse der Schaffung der Welt 3.

Physikalist: Ich bleibe aber dabei, daß es nur physiologische Dispositionen (genauer: dispositionelle Zustände[6]) gibt. Warum sollten sich nicht Dispositionen entfalten oder entwickeln, die ich als Handlungsdispositionen aufgrund von Routine beschreiben möchte? Etwa dem entsprechend, was Sie die logischen Standards der Wahrheit und Gültigkeit nennen? Die Hauptsache ist, daß die Dispositionen im Kampf ums Überleben nützlich sind.

Interaktionist: Das mag alles richtig *klingen,* scheint mir aber den eigentlichen Streitpunkt zu umgehen. Denn Dispositionen müssen Dispositionen zu irgendetwas sein. Wenn wir fragen, was dieses Etwas ist, scheinen Sie darauf sagen zu wollen »nach Routine handeln.« Doch läßt sich dann nicht fragen »*Welche* Routine?« – und das, meine ich, würde uns zurück zu den Prinzipien der Welt 3 führen,

---

[5] Mein Physikalist scheint es mir hier etwas besser zu machen als solche Materialisten, für die Wahrheit mehr durch direkte Begründung als durch Fehlerelimination gesichert wird, zum Beispiel durch Auslese (teilweise durch natürliche Auslese). Siehe auch Abschnitt 23.
[6] Siehe Armstrong [1968], S. 85–8.

Doch betrachten wir die Sache unter einem anderen Gesichtspunkt. Die Eigenart eines Hirnmechanismus oder eines Computermechanismus, durch die sie nach den Standards der Logik arbeiten, ist keine rein physische Eigenschaft, obwohl ich gerne zugebe, daß sie in einem gewissen Sinne mit physischen Eigenschaften verbunden oder darauf gegründet ist. Denn zwei Computer mögen physisch noch so verschieden sein, sie arbeiten beide nach den gleichen Standards der Logik. Und *umgekehrt:* sie mögen sich physisch kaum nennenswert voneinander unterscheiden, doch dieser Unterschied kann so ausgedehnt werden, daß der eine nach den Standards der Logik arbeitet, der andere nicht. Das zeigt wohl, daß die Standards der Logik keine physischen Eigenschaften sind. (Das gleiche trifft übrigens praktisch für alle ins Gewicht fallenden Eigenschaften eines Computers *qua* Computer zu.) Dennoch sind sie, Ihrer und meiner Meinung nach, nützlich für das Überleben.

Physikalist: Aber Sie sagen doch selbst, daß die Eigenschaft eines Computers, durch die er nach den Standards der Logik arbeitet, auf physische Eigenschaften zurückgeht. Ich verstehe nicht, warum Sie bestreiten, daß diese Eigenschaft eine physische Eigenschaft *ist.* Sie kann bestimmt in rein physikalischen Begriffen definiert werden. Wir bauen einfach einen logischen Computer, der ein physischer Gegenstand ist. Dann definieren wir die Beziehungen zwischen seinem Input und seinem Output als Standards der Logik. Damit haben wir einen logischen Standard in rein physikalischen Begriffen definiert.

Interaktionist: Nein. Ihr Computer kann kaputt gehen, und das kann jedem Computer passieren. Sie könnten übrigens genauso gut irgendeine Ausgabe eines logischen Lehrbuches als Ihren Standard wählen. Aber darin können Fehler sein, Druckfehler oder andere. Nein, Standards gehören zur Welt 3, aber sie sind auch nützlich für das Überleben; was bedeutet, daß sie kausale Wirkungen in der physischen Welt, in Welt 1, ausüben. Somit hat die abstrakte Eigenschaft der Welt 3 eines Computers, den wir durch die Formulierung beschreiben können »seine Operationen entsprechen logischen Standards«, physische Auswirkungen: Sie ist »wirklich« (im Sinne von Abschnitt 4 oben). Genau diese kausale Wirkung auf Welt 1 ist der Grund, warum ich Welt 3, einschließlich ihrer abstrakten Gegenstände, »wirklich« nenne. Wenn Sie zugeben, daß Übereinstimmung mit logischen Standards nützlich für das Überleben ist, dann geben Sie die Nützlichkeit logischer Standards und damit ihre Realität zu. Wenn Sie ihre Wirklichkeit leugnen, warum läßt sich dann die Ähnlichkeit zwischen nützlichen Computern und der Unterschied zwischen einem nützlichen und einem nutzlosen Computer nicht in ihrer physischen Ähnlichkeit oder Verschiedenheit, sondern in ihrer Fähigkeit oder Unfähigkeit, nach logischen Standards zu arbeiten, finden?

Physikalist: Ich bin immer noch nicht überzeugt. Ist Nützlichkeit für Überlebenszwecke für Sie eine Eigenschaft, die zu Welt 1 gehört, wie ich meine, oder zählen Sie sie zur Welt 3?

Interaktionist: Das kommt darauf an. Ich neige dazu, die Nützlichkeit eines natürlichen Organs zur Eigenschaft von Gegenständen der Welt 1 zu zählen, während die Eigenschaften der vom Menschen geschaffenen Werkzeuge wohl zu den Gegenständen der Welt 3 gehören.

Physikalist: Aber das Gehirn und seine Zustände und Prozesse sind Gegenstände der Welt 1, ebenso verbale Ausdrücke, wie Aussagen oder Theorien. Könnten wir nicht einfach einen Vorschlag von William James annehmen und eine Theorie dann wahr nennen, wenn sie nützlich ist? Und könnten wir nicht ähnlich einen Schluß gültig nennen, wenn er nützlich ist?

Interaktionist: Das kann man natürlich, doch man gewinnt nichts dabei. Zugegeben, Wahrheit ist in vielen Fällen nützlich. Besonders dann, wenn man sich die zur Welt 3 gehörenden Ziele und Zwecke eines Wissenschaftlers, eines Theoretikers zueigen macht, also das Erklären von Dingen. Von diesem Standpunkt aus ist ein gültiger Schluß besonders wertvoll oder »nützlich«, denn wir können eine Erklärung als eine bestimmte Art eines (gewöhnlich abgekürzten) gültigen Schlusses betrachten. Doch wenn wir auch in diesem Sinne Wahrheit nützlich nennen können, so führt es zu großen Schwierigkeiten, wenn wir (mit William James) Wahrheit und Nützlichkeit zu identifizieren versuchen.

Physikalist: Wieso führt das zu Schwierigkeiten?

Interaktionist: Wenn man eine wahre Theorie für nützlich hält, tut man das hauptsächlich wegen der Nützlichkeit ihres wahren Informationsgehalts. Doch eine Theorie kann selbst dann wahr sein, wenn ihr Informationsgehalt unerheblich oder Null ist: eine Tautologie wie »Alle Tische sind Tische« oder »1 = 1« ist wahr; aber sie hat keinen nützlichen Informationsgehalt. Das hat Rückwirkungen auf den Nutzen der Gültigkeit.

Eine gültige Schlußfolgerung überträgt stets die Wahrheit der Prämissen auf den Schluß und rück-überträgt die Falschheit vom Schluß auf mindestens eine der Prämissen. Ist das etwa ausreichend, um ihren instrumentellen Wert aufzuzeigen? Das ist es nicht, denn die Prämissen können wahr und nützlich sein, während der Schluß wahr und nutzlos ist, wie ich ja gerade gezeigt habe. Der springende Punkt ist, daß der *Informationsgehalt* eines gültig abgeleiteten Schlusses niemals denjenigen der Prämissen überschreiten kann. (Tut er es doch, dann läßt sich ein Gegenbeispiel finden.) Doch der Informationsgehalt kann in einer gültigen Schlußfolgerung abnehmen. Er kann tatsächlich Null werden. Ein gültiger Schluß aus einer hochinformativen und nützlichen Theorie kann z. B. bloß eine Tautologie wie »1 = 1« sein; sie ist nicht informativ und daher auch nicht nützlich.

So überträgt ein gültiger Schluß stets Wahrheit, aber nicht immer Nützlichkeit. Deshalb kann man nicht zeigen, daß jeder gültige Schluß ein nützliches Instrument ist, oder daß die Routine, gültige Schlüsse zu ziehen, als solche immer nützlich ist.

Sie könnten sich fragen, warum Sie als Physikalist nicht sagen sollten, daß es nicht so sehr jeder besondere gültige Schluß ist, der nützlich ist, sondern das gesamte System gültiger Schlußfolgerungen, also die Logik als solche. Nun ist es selbstverständlich wahr, daß es das System ist – die Logik –, das nützlich ist. *Doch eben das ist das Problem für den Physikalisten, daß er eben das nicht zugeben kann; denn der strittige Punkt zwischen ihm und dem Interaktionisten ist genau der, ob es solche Dinge wie Logik (die ein abstraktes System ist) gibt (über besondere Arten sprachlichen Verhaltens hinaus).* Der Interaktionist übernimmt hier die Auffassung des Alltagsverstandes, wonach gültiges Schließen nützlich ist – und eben das ist einer der Gründe, warum er seine Wirklichkeit zugibt. Dem Physikalisten ist es nicht möglich, diesen Standpunkt einzunehmen.

Soweit der Dialog. Ich habe darin versucht, in Kürze einige Gründe dafür vorzubringen, warum eine materialistische Theorie der Logik und damit der Welt 3 nicht funktioniert.

Logik, die Theorie des gültigen Schließens, ist in der Tat ein wertvolles Instrument; doch das kann durch eine instrumentalistische Interpretation gültigen Schließens nicht klargemacht werden. Und ich glaube, auch Ideen wie diejenige vom *Informationsgehalt einer Theorie* (eine Idee, die auf derjenigen der Ableitbarkeit oder des gültigen Schließens beruht) können nicht verständlich gemacht werden, wenn wir nicht den materialistischen Standpunkt überwinden – einen Standpunkt, der nur die physischen Aspekte von Welt 3 zuläßt.

Ich beanspruche nicht, den Materialismus widerlegt zu haben. Aber ich glaube, ich habe gezeigt, daß der Materialismus kein Recht zu der Behauptung hat, er könne durch rationale Argumente gestützt werden – Argumente, die aufgrund logischer Prinzipien rational sind. Der Materialismus mag wahr sein, aber er ist unverträglich mit dem Rationalismus, mit der Annahme von Standards kritischen Argumentierens; denn diese Standards erscheinen von einem materialistischen Standpunkt aus als Illusion oder zumindest als Ideologie.

Ich glaube, man kann das hier vorgebrachte Argument über die Gültigkeit verallgemeinern.

Manche Leute behaupten,[7] daß jedes Argument ideologisch ist und daß die Wissenschaft auch nichts anderes als Ideologie ist. Das ist offensichtlich ein selbstzerstörerischer Relativismus. Er geht manchmal mit der These einher, es gäbe nichts dergleichen wie reine Standards der Gültigkeit oder eine reine Theorie, sondern alle Erkenntnis werde durch menschliche Interessen gelenkt – solche wie den Sozialismus und den Kapitalismus. Antwort: müssen Computer in einem sozialistischen Utopia anders als solche in einer kapitalistischen Gesellschaft konstruiert werden? (Natürlich mögen sie anders programmiert werden; doch das ist trivial, da sie ja stets anders programmiert werden, wenn sie zur Lösung anderer Probleme benutzt werden.)

22. Die Theorie der psychophysischen Identität

Ich versuche immer, Diskussionen über die Bedeutung von Worten zu vermeiden, und demgemäß versuche ich auch zu vermeiden, eine Theorie wegen ihrer Verwendung falscher Worte oder von Worten mit falscher Bedeutung oder gar keiner Bedeutung zu kritisieren. Meine Standardstrategie in solchen Fällen ist es zu sehen, ob die fragliche Theorie nicht so umformuliert oder interpretiert werden kann, daß Einwände, die sich auf die Bedeutung von Worten berufen, verschwinden.

So auch bei der Identitätstheorie. (Die Identitätstheorie kommt häufig in Verbindung mit dem Panpsychismus vor, zum Beispiel bei ihrem Begründer Spinoza, oder in unserer Zeit in den Arbeiten von Rensch. Man muß sie jedoch deutlich vom Panpsychismus als Theorie unterscheiden.) Ich bezweifele sehr, ob eine Formulierung wie »psychische Prozesse sind identisch mit einer bestimmten Art von (physiko-chemischen) Hirnprozessen« angesichts der Tatsache für bare Münze genommen werden kann, daß wir, seit Leibniz, »a ist identisch mit b«, so verstehen, daß es besagt, jede Eigenschaft des Objektes a ist auch eine Eigenschaft des Objektes b. Einige Identitätstheoretiker scheinen Identität in diesem Sinne zu behaupten, aber es scheint mir mehr als zweifelhaft, ob sie es wirklich so meinen können. (Zwei sehr drastische, wenn auch sehr unterschiedliche Kritiken eines derartigen Identität-Anspruchs findet man bei Judith Jarvis Thomson [1969] und bei Saul A. Kripke [1971]; beide erscheinen mir recht überzeugend.) Angesichts dieser Situation möchte ich mir hier die folgende Strategie zu eigen machen. Ich werde die Identitätstheorie kriti-

---

[7] Vielleicht unter dem Einfluß von Thomas S. Kuhns *Die Struktur der wissenschaftlichen Revolutionen* [1967].

sieren, indem ich eine ihrer logisch schwächeren Konsequenzen kritisiere, nämlich die spinozistische Theorie, wonach psychische Prozesse »von innen« erfahrene physische Prozesse sind. Das heißt, ich werde eine Form des Parallelismus kritisieren. (Die parallelistische Theorie ist schwächer als die Identitätstheorie, weil die Identität zweier Linien oder zweier Flächen einen Grenzfall ihrer Parallelität darstellt: Sie sind parallel mit dem Abstand Null.) Dadurch kann ich die Kritik des Identitätsanspruchs umgehen und dennoch die Identitätstheorie mitsamt einigen schwächeren Theorien kritisieren. Außerdem hindert mich diese Strategie nicht daran, die Identitätstheorie so vernünftig und überzeugend darzustellen, wie ich kann.

Die Identitätstheorie ist in einigen ihrer Versionen sehr alt. Neu formuliert findet sie sich bei Diogenes von Appolonia (DK B 5). Demokrit sah psychische Prozesse zweifellos als identisch mit Atomprozessen an, und Epikur[1] macht deutlich, daß er Empfindungen und Leidenschaften (oder Gefühle) als geistig oder psychisch und die Seele oder den Geist als einen Körper aus feinen Teilchen ansieht; diese Vorstellungen sind ohne Zweifel sogar noch älter. Descartes betont den unterschiedlichen Charakter des Geistigen (unausgedehnt; intensiv) und des Physischen (ausgedehnt); aber der Cartesianer Spinoza betont, daß »die Ordnung und die Verknüpfung von [psychischen] Vorstellungen dieselbe ist wie die (oder identisch ist mit der) Ordnung und Verknüpfung von [physischen] Dingen«[2]; und er erläutert das durch die Theorie, derzufolge Geist und Materie zwei unterschiedliche Arten oder Aspekte des Verstehens ein und derselben Substanz (oder des Dinges an sich) sind, die er auch »Natur« oder »Gott« nannte. Diese Theorie – ein Parallelismus von Geist und Materie, der dadurch erklärt wird, daß sie zwei Aspekte eines Dinges an sich sind – halte ich für den Anfang der modernen physikalistischen Identitätstheorie, die »Natur« entweder durch »psychischen Prozeß« oder durch »physischen Prozeß« ersetzt und die die Identitätsthese auf eine kleine Teilklasse materieller Prozesse beschränkt: auf eine Teilklasse der Hirnprozesse, die sie mit psychischen Prozessen identifiziert.

Es ist interessant, daß die spinozistische Theorie der zwei Aspekte häufig als Identitätstheorie beschrieben wurde. So unterschied der große Neurologe des 19. Jahrhunderts, John Hughlings Jackson[3], die folgenden drei Thesen über die Beziehung zwischen dem Bewußtsein und »den höchsten Nervenzentren« des Nervensystems. (Die Anmerkungen in Klammern habe ich hinzugefügt.)

---

[1] Brief I an Herodot, 63 ff.
[2] *Ethik,* Teil II, These VII; Teil V, These I, Demonstration.
[3] J. H. Jackson [1887] = [1931], Bd. ii, S. 84.

(1) Das »Bewußtsein wirkt durch das Nervensystem«. (Wechselwirkungstheorie)

(2) Die »Tätigkeiten der höchsten Zentren und psychischen Zustände sind ein und dasselbe, oder sie sind verschiedene Seiten ein und desselben Dinges«. (Identitätstheorie – und Spinozismus)

(3) Die zwei Dinge, so »gänzlich verschieden« sie auch sind, »kommen gemeinsam ... in einem Parallelismus vor«, wobei »keine gegenseitige Interferenz« besteht. (Parallelismus)

Es ist klar, daß (2) die Identitätstheorie und den Spinozismus einschließt, während (3) einen Unterschied zwischen nicht-spinozistischem (leibnizschem?) Parallelismus und (2) macht. (Jackson selbst optierte für (3).) Auch ich werde hier die Identitätstheorie als eine radikalere Form des Spinozistischen Parallelismus behandeln.

Die von Herbert Feigl »psychophysische Identitätstheorie« genannte Theorie will die Ungereimtheiten und Schwierigkeiten des Epiphänomenalismus dadurch umgehen, daß sie erklärt, daß die psychischen Phänomene – oder die psychischen Prozesse – wirklich sind. (Feigl sagt sogar, in Anlehnung an Schlick, sie seien *die* wirklichen Dinge, oder, in Kantischer Terminologie, die Dinge an sich.[4] Demnach spielen hier psychische Prozesse nicht die fragwürdige Rolle überflüssiger Epiphänomene. Sie sind allerdings als »identisch« mit einer gewissen Teilklasse *physischer Prozesse* gedacht, die in unserem Gehirn ablaufen. Das ist die zentrale These der Theorie. Das bedeutet nicht, daß die durch Bekanntheit gewußten psychischen Erlebnisse oder Prozesse *logisch* identisch mit physischen Prozessen sind, wie sie die physikalische Theorie beschreibt. Man nimmt im Gegenteil an, wie Schlick betont, daß die psychischen Prozesse, von denen wir ein *Wissen durch Bekanntheit* haben, nach seiner Theorie »identisch« mit einer Art von physischen Prozessen sind, von der wir nur ein *Wissen durch Beschreibung* erlangen können, »identisch« in dem Sinne, daß sich die Gegenstände, die der Hirnphysiologe in theoretischen Begriffen zu beschreiben versucht, empirisch teilweise als unsere subjektiven Erlebnisse herausstellen. Dieses Wissen ist *theoretisches* Wissen (und somit übrigens Vermutungswissen). Oder wie Feigl es gerne ausdrückt:

---

[4] Feigl [1967], S. 84, 86, 90. In einer Fußnote auf S. 84 bezieht sich Feigl auf Kants *Kritik der reinen Vernunft,* (*erste* Ausgabe, S. 361; transzendentale Dialektik, zweites Buch, dritter Paralogismus = Kants *Werke,* Akademieausgabe [1911], Band 4, S. 227; Cassirer Ausgabe [1913], Band 3, S. 643), wo tatsächlich die Theorie erwähnt wird, daß das Ding an sich geistiger Art sein könnte. So erhalten wir den folgenden Stammbaum dieser Form von Identitätstheorie: Kant – Schopenhauer (das Ding an sich = Wille) – Clifford (dessen Identitätstheorie eine Art von Parallelismus ist) – Schlick – Feigl – Russell (Russells »Mind and Matter« [1956] wird in H. Feigl und A. E. Blumberg [1974] und Feigl [1975] behandelt.) Zu Clifford siehe Fußnote 6 zu Abschnitt 16; für einige zusätzliche Bemerkungen über die Geschichte der Identitätstheorie siehe Abschnitt 54.

Die psychischen Prozesse, von denen wir ein Wissen durch Bekanntheit haben, erweisen sich, wenn wir von ihnen ein Wissen durch Beschreibung erlangen wollen, als physische Hirnprozesse. Somit kann nach Feigls Theorie ein Typ psychischer Prozesse, verstanden als ein Typ von Hirnprozessen, darin bestehen, daß eine ausreichend große Anzahl von Neuronen mikrochemisch das gleiche tut – etwa bestimmte Transmittermoleküle in einem bestimmten Rhythmus zu synthetisieren.

Die Identitätstheorie (oder die »Central State Theory«) kann so formuliert werden: Nennen wir »Welt 1« die Klasse von Prozessen in der physischen Welt. Welt 1 (oder die Klasse der zu ihr gehörenden Objekte) sei sodann (wie in Abschnitt 16) in zwei einander ausschließende Teilwelten oder Teilklassen aufgeteilt und zwar so, daß Welt 1_m (m für mental, psychisch) aus der in physikalischen Begriffen gegebenen *Beschreibung* der Klasse all der *psychischen* oder psychologischen Prozesse besteht, die man jemals *aufgrund von Bekanntheit wissen* wird, während die weit größere Klasse, Welt 1_p (p für rein physisch) aus allen solchen physischen Prozessen besteht (beschrieben in physikalischen Begriffen), die ebenfalls keine psychischen Prozesse sind.

Mit anderen Worten, wir haben

(1) Welt 1 = Welt 1_p + Welt 1_m

(2) Welt 1_p · Welt 1_m = 0 (das heißt die beiden Klassen schließen einander aus)

(3) Welt 1_m = Welt 2

Die Identitätstheorie betont die folgenden Punkte:

(4) Da Welt 1_p und Welt 1_m Teile der gleichen Welt 1 sind, entsteht kein Problem durch ihre Wechselwirkung. *Sie können ganz klar gemäß den Gesetzen der Physik miteinander in Wechselwirkung stehen.*

(5) Da Welt 1_m = Welt 2 ist, sind psychische Prozesse wirklich. Sie stehen mit Welt 1_p-Prozessen in Wechselwirkung, genau wie es die Theorie der Wechselwirkung behauptet. Wir haben also (nahtlos) die These der Wechselwirkung.

(6) Demgemäß ist Welt 2 nicht epiphänomenal, sondern wirklich (auch im Sinne von Abschnitt 4). Daher gibt es keinen Widerspruch zwischen dem darwinistischen Standpunkt und der epiphänomenalen Auffassung von Welt 2, wie sie in Abschnitt 20 beschrieben ist (oder nur scheinbar nicht – siehe aber den nächsten Abschnitt).

(7) Die »Identität« von Welt 1_m und Welt 2 kann intuitiv plausibel gemacht werden, wenn man eine Wolke betrachtet. Sie besteht, in physikalischen Begriffen gesprochen, aus einer Ansammlung von Wasserdampf, das heißt einem Teil des physikalischen Raumes, in dem Wassertropfen einer bestimmten Durchschnittsgröße mit einer bestimmten Dichte verteilt sind. Das ist eine physikalische Struktur. Sie sieht von

außen wie eine weiße reflektierende Oberfläche aus; von innen wird sie als ein trüber, nur hier und da durchsichtiger Nebel erlebt. Das so erlebte Ding ist in theoretischer oder physikalischer Beschreibung identisch mit einer Struktur von Wassertropfen.

Nach U. T. Place [1956] können wir die Innenansicht und die Außenansicht der Wolke mit dem inneren oder subjektiven Erleben eines Hirnprozesses beziehungsweise mit der Außenbeobachtung des Gehirns vergleichen. Außerdem kann man die theoretische Beschreibung in Begriffen von Wasserdampf oder einer Struktur von Wassertropfen mit der noch nicht vollständig bekannten theoretischen physikalischen Beschreibung der beteiligten maßgeblichen physikochemischen Hirnprozesse vergleichen.

(8) Wenn wir sagen, daß Nebel die Ursache eines Autounfalls war, dann läßt sich das in physikalischen Begriffen analysieren, indem man darauf hinweist, wie die Wassertropfen Licht absorbierten, so daß Lichtquanten, die sonst die Retina des Fahrers stimuliert hätten, die Retina nicht erreichten.

(9) Die Verfechter der Central State Theory oder Identitätstheorie erklären, daß das Schicksal der Theorie von einer empirischen Bestätigung abhängt, die durch den Fortschritt der Hirnforschung zu erwarten ist.

Ich habe bisher gezeigt, was ich als die wesentlichen Züge der Theorie ansehe. Die folgenden Punkte halte ich für unwesentlich:

(a) Herbert Feigls Erklärung[5], daß die Theorie nicht die Hypothese von der emergenten Evolution vertritt. (Das ist sogar ein entscheidender Punkt für Smart.) Ich meine, die Theorie vertritt sie doch: Es gab keine Welt 1_m, bevor sie aus Welt 1_p hervorging, noch ließen sich ihre eigentümlichen psychischen Eigenschaften vorhersagen. Ich halte allerdings diesen emergenten Charakter von Welt 1_m für vollkommen in Ordnung und keineswegs für einen schwachen Punkt der Theorie.[6]

(b) Man wird sich erinnern, daß ich in meiner Darstellung der Theorie versucht habe, jedes bloß verbale Argumentieren zu vermeiden, das mit dem Begriff »identisch« oder mit der Frage zusammenhängt, was es bedeutet zu sagen, psychische oder Erlebnisprozesse (Welt 2 = Welt 1_m) seien »identisch« mit Gegenständen unserer physikalischen Beschreibun-

---

[5] H. Feigl [1967], S. 22.

[6] Dieser Punkt ist gar nicht entscheidend; aber er ist nicht bloß verbal. Smart insbesondere hat eine andere Einstellung zur wissenschaftlichen Erkenntnis als ich: Während ich von unserer ungeheuren Unkenntnis auf allen Stufen beeindruckt bin, glaubt er behaupten zu können, daß unser physikalisches Wissen eines Tages ausreichen wird, alles zu erklären – sogar (um Peter Medawar zu zitieren) unser Devisendefizit; siehe Abschnitt 7.

gen. Diese »Identität« hat sicherlich ihre Schwierigkeiten. Doch nach
meiner Ansicht muß man sie nicht als entscheidend für die Theorie oder
für eine ihrer Versionen ansehen; so wie es auch nicht wesentlich für unser
Bild von der Wolke ist, zu entscheiden, in welchem Sinne die drei Aspekte
– die Außenansicht, die Innenansicht und die Beschreibung in physikalischen Begriffen – alle Aspekte *ein und desselben* Objektes sind. Was ich
für entscheidend halte, ist, daß sich die Identitätstheorie an das physikalistische Prinzip von der kausalen Abgeschlossenheit von Welt 1 hält. In
meinen Augen würde also eine Theorie, die den Terminus »Identität«
aufgibt und ihn etwa durch den Ausdruck »sehr enge Assoziation« ersetzt,
genauso falsch sein, sofern sie sich auf dieses physikalistische Prinzip
verläßt.

(c) Feigl betont zurecht die »Wirklichkeit« psychischer Prozesse, und
das erscheint mir wesentlich. Doch er hebt zugleich die psychischen Prozesse als Dinge an sich hervor. Dadurch scheint er mir eher zum Spiritualisten als zum Physikalisten zu werden; doch das verleitet zu Diskussionen,
die leicht bloß verbal werden können. Nehmen wir nochmals unser Wol-
kenbild. Mir scheint (doch darüber will ich nicht streiten), daß die physikalische Beschreibung – der Wolke als Raum, in dem bestimmte Wassertropfen verteilt sind – vielleicht irgendwie der Beschreibung des Dinges an
sich näherkommt als ihre äußerliche Beschreibung als Wolke oder als
massige, lichtreflektierende Oberfläche, oder als das innere Erlebnis eines
Nebels. Doch was macht das? Was zählt ist, daß alle Beschreibungen
Beschreibungen desselben wirklichen Dinges sind – eines Dinges, das mit
einem physikalischen Körper (zum Beispiel indem es darauf kondensiert
und ihn naß macht) in Wechselwirkung treten kann.

Wir können, denke ich, annehmen, daß hier gar kein Problem besteht;
wir können immer noch die Theorie aus nichtverbalen Gründen kritisieren. Im nächsten Abschnitt will ich die Identitätstheorie als eine physikalistische Theorie kritisieren. In einem späteren Abschnitt (54) will ich zeigen, daß sie als eine spiritualistische Theorie, die dem Panpsychismus
nahekommt, mit der modernen Kosmologie schlecht in Einklang zu bringen ist.

23. Entgeht die Identitätstheorie dem Schicksal des Epiphänomenalismus?

Bevor ich mit meiner Kritik der Identitätstheorie beginne, möchte ich
ganz klar machen, daß ich sie für eine vollkommen folgerichtige Theorie
der Beziehung zwischen Bewußtsein und Körper halte. Meiner Meinung
nach *könnte* die Theorie deshalb wahr sein.

Was ich für widersprüchlich halte, ist eine erweiterte und stärkere Theorie: die materialistische Weltauffassung, die den Darwinismus einbezieht, und die zusammen mit der Identitätstheorie zu einem Widerspruch führt – genau wie im Falle des Epiphänomenalismus. Meine These lautet, daß die mit dem Darwinismus vereinigte Identitätstheorie den gleichen Schwierigkeiten gegenübersteht wie der Epiphänomenalismus.

Zugegebenermaßen ist die Identitätstheorie etwas anders als der Epiphänomenalismus, besonders unter einem intuitiven Gesichtspunkt. Von daher scheint sie nicht so sehr eine Form des psychophysischen Parallelismus[1] zu sein, sondern mehr dem dualistischen Standpunkt nahezustehen.

Denn angesichts von   (3) Welt 1_m = Welt 2
finden wir, nach (4), daß Welt 1 mit Welt 2 in Wechselwirkung steht. Ferner könnte die Wirklichkeit von Welt 1_m (= Welt 2) und ihre Wirksamkeit gar nicht stärker betont werden. Das alles entfernt Welt 1_m (= Welt 2) weit vom Epiphänomenalismus.

Außerdem hat die Identitätstheorie gegenüber dem Epiphänomenalismus den großen Vorzug, daß sie so etwas wie eine Erklärung – und zwar eine intuitiv zufriedenstellende Erklärung – über die Art der Verbindung von Welt 1_m und Welt 2 liefert. Im parallelistischen Epiphänomenalismus muß diese Verbindung einfach als eine letzte Unerklärbarkeit der Welt hingenommen werden – als eine Leibnizsche prästabilierte Harmonie. In der Identitätstheorie (ob wir nun den Begriff »Identität« ganz ernst nehmen oder nicht) ist die Verbindung hinreichend. (Sie ist zumindest so ausreichend wie die zwischen der Innenansicht und der Außenansicht der Wirklichkeit im Spinozismus.)

Das alles scheint die Identitätstheorie scharf vom Epiphänomenalismus abzuheben. Dennoch ist die Identitätstheorie vom darwinistischen Standpunkt aus ebenso unbefriedigend wie der Epiphänomenalismus. Doch wir (und vor allem die Materialisten unter uns) *brauchen den Darwinismus* als die einzig bekannte Erklärung der Emergenz zweckgerichteten Verhaltens in einer rein materiellen oder physikalischen Welt, oder selbst in einer Welt, die auf einer Stufe ihrer Evolution auf Welt 1_p beschränkt blieb (sodaß auf dieser Stufe Welt 1_m = Welt 2 − 0 ist).

Meine These lautet also, daß meine kritischen Bemerkungen über den Epiphänomenalismus hier ebenfalls, *mutatis mutandis,* zutreffen, wenn auch zugegebenerweise mit weniger intuitiver Überzeugungskraft.

Denn die Identitätstheorie ist ihrer Absicht nach eine rein physikalistische Theorie. Ihr fundamentales Prinzip ist nach wie vor das Prinzip der

---

[1] Die Vorstellung, daß Welt 1 und Welt 2 ohne Wechselwirkung parallel verlaufen, wird vom Epiphänomenalismus vorgebracht, wenn wir nämlich daran denken, daß er das physikalistische Prinzip, daß Welt 1 kausal geschlossen ist, akzeptiert.

Abgeschlossenheit von Welt 1, das zu dem Satz führt, daß (kausale) Erklärung, soweit sie Wissen durch Beschreibung ist, in Begriffen einer streng physikalischen Theorie erfolgen muß. Das erlaubt uns (vielleicht), die Emergenz einer neuen Welt 1_m anzunehmen; *aber es gestattet uns nicht die Erklärung, es sei das kennzeichnende Merkmal dieser Welt 1_m, daß sie aus psychischen Prozessen besteht oder mit psychischen Prozessen eng verbunden ist.*

Andererseits müssen wir verlangen, daß alle größeren Neuerungen, die unter dem Druck natürlicher Auslese entstehen, restlos innerhalb von Welt 1 erklärt werden.

Anders gesagt: die Welt 2 der Identitätstheorie bleibt in Anbetracht des darwinistischen Standpunktes logisch in genau der gleichen Situation wie die epiphänomenale Welt 2. Denn obwohl sie kausal wirksam ist, wird diese Tatsache unerheblich, wenn es um die *Erklärung* einer kausalen Wirkung von Welt 2 auf Welt 1 geht. Diese muß gänzlich in Begriffen der geschlossenen Welt 1 erfolgen.

Das wirkliche Ding, das Ding an sich, und Kausalität aufgrund von Bekanntheit – das alles bleibt, nach dem physikalistischen Prinzip und dem des Wissens durch Beschreibung, außerhalb der physikalischen Erklärung und überhaupt dessen, was physikalisch erklärbar ist.

Das Prinzip von der Abgeschlossenheit von Welt 1 verlangt, daß wir stets getreulich den Zahnarztbesuch in rein physikalischen Begriffen *erklären*. Doch dann bleibt die Tatsache, daß Welt 1_m identisch mit Welt 2 ist – mit der Welt der Schmerzen und dem Bestreben, sie loszuwerden und meinem Wissen, daß es Zahnärzte gibt – kausal überflüssig. Und das ändert sich auch nicht durch die Behauptung, daß eine andere kausale Erklärung, eine aus Welt 2, ebenfalls wahr ist: Sie ist nicht nötig, die Welt kommt ohne sie aus. Der Darwinismus aber erklärt die Emergenz der Dinge oder Prozesse nur, wenn sie sich unterscheiden. Die Identitätstheorie fügt der geschlossenen physikalischen Welt einen neuen Aspekt hinzu, aber sie kann nicht erklären, wieso dieser Aspekt in den Kämpfen und Bedrängnissen von Welt 1 von Vorteil sein soll.[2] Denn das kann sie nur erklären, wenn die rein physikalische Welt 1 diese Vorteile enthält. Dann aber ist Welt 2 überflüssig.

So sitzt also die Identitätstheorie, ungeachtet ihrer intuitiven Plausibilität, logisch im gleichen Boot wie die parallelistische Theorie, die das physikalistische Prinzip von der kausalen Abgeschlossenheit der Welt 1 anwendet.

---

[2] Jeremy Shearmur hat mich auf ein ganz ähnliches Argument bei Beloff [1965] aufmerksam gemacht.

24. Kritische Anmerkung zum Parallelismus. Die Identitätstheorie als eine Form des Parallelismus

In diesem Abschnitt werde ich das behandeln, was man den empirischen Hintergrund des psychophysischen Parallelismus nennen könnte. Durch eine nachträgliche Überlegung werde ich zeigen, daß alles, was der Verteidigung der Identitätstheorie zu dienen scheint, anscheinend auch den Parallelismus unterstützt – ein weiterer Grund, die Identitätstheorie als einen Spezialfall (einen »degenerierten« Fall) des Parallelismus zu interpretieren.

Ich beginne mit der Beziehung der Wahrnehmung zu anderen Bewußtseinsinhalten und will versuchen, durch die Untersuchung der biologischen Funktion der Wahrnehmung Licht auf gewisse Merkmale der Wahrnehmung zu werfen.

Unter dem Einfluß von Descartes und auch des englischen Empirismus wurde eine Art *atomistischer Theorie der psychischen Vorgänge oder Prozesse* weithin anerkannt. In ihrer einfachsten Form deutete diese Theorie das Bewußtsein als eine *Folge von elementaren Vorstellungen.* Es spielt für unsere Zwecke keine Rolle, ob die Vorstellungen als nicht-analysierbare Atome oder als molekular angesehen wurden (oder aus atomaren Empfindungen, Sinnesdaten oder sonst etwas zusammengesetzt). Wichtig ist die These, daß es elementare psychische Ereignisse (»Vorstellungen«) gibt, und daß der Strom des Bewußtseins aus einer geordneten Folge solcher Ereignisse besteht.

Einige Cartesianer nahmen daraufhin an, daß jedem elementaren psychischen Ereignis ein ganz bestimmter Hirn-Vorgang entspreche. Diese Entsprechung hielt man für ein-eindeutig. Das Ergebnis ist ein Leib-Seele-Parallelismus oder ein psychophysischer Parallelismus.

Nun muß man zugeben, daß ein Körnchen Wahrheit in dieser Theorie steckt. Wenn ich eine rote Blume anschaue, dann (stillhaltend) meine Augen für eine Sekunde schließe, sie danach öffne und wieder hinschaue, sind beide Wahrnehmungen so ähnlich, daß ich die zweite Wahrnehmung für eine Wiederholung der ersten halte. Wir alle nehmen an, daß diese Wiederholung durch die Ähnlichkeit der beiden zeitlich unterschiedlichen Reizungen der Retina und der beiden korrespondierenden Hirnprozesse erklärt werden muß. Wenn wir solche Überlegungen verallgemeinern (eine Verallgemeinerung, die besonders ein Anhänger Humes für richtig halten wird, da für Hume das gesamte Bewußtsein nur aus solchen Erfahrungen besteht) sind wir beim psychophysischen Parallelismus angelangt.

(Der *Gestalt*wechsel eines Necker-Würfels[1], der ohne Zweifel auf einer Funktionsänderung des Gehirns beruht, scheint dafür eine weitere Bestätigung zu sein.)

Es ist daher verständlich, daß der psychophysische Parallelismus vielen so überzeugend, ja so einleuchtend vorkommt. Dennoch will ich ihn hier angreifen. Mein grundsätzlicher Einwand ist der, daß die Beispiele wiederholter Wahrnehmung falsch interpretiert worden sind, und daß unsere Bewußtseinszustände nicht als Abfolge von Elementen, weder von Atomen noch von Molekülen, vorzustellen sind.

Es stimmt: Ich schaute zweimal aufmerksam auf das gleiche Objekt. Und da mein Bewußtsein gelernt hat, wie es mich über meine Umwelt zu informieren hat, informierte es mich auch darüber. Und zwar durch Bildung der Hypothese oder der Annahme: »Das ist dieselbe Blume wie zuvor (und dieselbe Ansicht davon, da sich ja weder die Blume noch ich mich bewegt haben).«

Doch genau deshalb, weil ich so informiert wurde, als ich angeblich »die beiden Erfahrungen identifizierte«, ist die zweite Erfahrung oder der zweite Bewußtseinszustand anders als der erste. Die Identifikation war eine solche von *Objekten* und ihren Ansichten. Das subjektive Erlebnis (das gebildete »Urteil«, die gemachte Annahme) war etwas anderes: Ich erlebte eine Wiederholung, was ich beim ersten nicht tat. Wenn das stimmt, dann ist die Theorie vom Bewußtsein als eine Abfolge von (oft wiederholten) elementaren oder atomaren Wahrnehmungen falsch. Und die Theorie einer ein-eindeutigen Entsprechung von elementaren bewußten Vorgängen und Hirnvorgängen muß folglich als haltlos (wenn auch sicher nicht als empirisch widerlegt) aufgegeben werden. Denn wenn unsere Bewußtseinszustände nicht Abfolge von Elementen sind, dann ist

---

[1] Das folgende erleben wohl die meisten: Wenn wir lange genug und angestrengt auf die Zeichnung des Necker-Würfels blicken, springt er von selbst in die entgegengesetzte Perspektive um (das heißt die Seite, die zuvor nach vorne zeigte, rückt nun nach hinten). Der Effekt hat wohl mit der Tendenz zu tun, daß alles verschwindet, wenn wir lange genug darauf blicken. Diese Tendenz, und vielleicht damit auch der hier demonstrierte Effekt, können biologisch erklärt werden. Es ist wohlbekannt, daß ein nicht zu lautes Geräusch subjektiv nach einer Zeit verschwindet, wenn wir unsere Aufmerksamkeit nicht bewußt darauf lenken. Siehe auch Anmerkung 2.

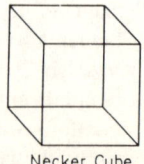

Necker Cube

nicht länger einsichtig, was wem in ein-eindeutiger Weise entsprechen soll.

Ein Parallelist könnte versuchen, diesen Schluß dadurch zu vermeiden, daß er unsere Wahrnehmungen (und die korrespondierenden Hirnvorgänge) nicht als atomar, sondern als molekular behauptet: In diesem Falle könnten die (postulierten) Erlebnisatome und -elemente der objektiven Hirnvorgänge immer noch von einer ein-eindeutigen Entsprechung sein, obwohl es vielleicht tatsächlich niemals zwei molekulare Erlebnisse (und ihre entsprechenden Hirnvorgänge) geben mag, die identisch sind.

Mir scheint, es gibt zwei Einwände gegen diese Auffassung.

Erstens, während die ursprüngliche Theorie, die wir besprachen, schlicht und informativ war, indem sie tatsächliche Erlebnisse als elementare oder atomare Wahrnehmungen beschrieb, und indem sie behauptete, daß elementare Hirnvorgänge in einer ein-eindeutigen Entsprechung zu ihnen stehen, wird uns nun ein atomistisches Gespenst als Ersatz offeriert. Denn die Ersatztheorie ist völlig spekulativ und behauptet bloß, daß alle tatsächlichen Erlebnisse in unspezifizierter Weise aus atomaren Bestandteilen *zusammengesetzt* sind, zu denen es Entsprechungen im Gehirn geben soll: Sie überträgt den Atomismus dogmatisch von der Physik auf die Psychologie. So etwas mag es geben – wir können es nicht ausschließen –, aber eine solche Theorie kann sich nicht auf irgendwelche empirischen Befunde berufen.

Zweitens glaube ich, daß sie als Wahrnehmungstheorie auf dem falschen Weg ist. Ich werde später ausführen, daß wir einen biologischen Ansatz zum Bewußtseinsproblem brauchen, und daß es eine der Funktionen des Bewußtseins ist, uns physische Objekte wiedererkennen zu lassen, wenn wir ihnen erneut begegnen. Das wird durch die Theorie, die wir als das Wiederauftreten eines psychischen Vorgangs und eines entsprechenden Hirnvorgangs diskutieren, eigenmächtig interpretiert.

Die Theorie der Wahrnehmung, die ich kritisiere, ist übrigens ein Teil der sehr populären aber gleichwohl falschen Theorie von einer ein-eindeutigen Entsprechung von Reiz und Reaktion oder von Input und Output; und diese Theorie ist ihrerseits Teil jener Theorie, die offensichtlich 1906 von Sherrington vertreten, doch 1947 von ihm verworfen wurde, einer Theorie, wonach es eine elementare Art von atomaren oder molekularen Hirnfunktionen gibt – die »Reflexe« und die sogenannten »bedingten Reflexe« –, von denen alle anderen Zusammensetzungen oder Ergänzungen sind.[2]

---

[2] Siehe R. James [1977]. Siehe auch Abschnitt 40. In diesem Zusammenhang sollte auf Experimente hingewiesen werden, die belegen, daß ständige Eindrücke, anhaltende Geräusche und anhaltende Berührungen (zum Beispiel durch unsere Kleider) dazu neigen, sich abzuschwächen. Dieser Schwund-Effekt ist ganz klar durch so etwas wie eine physische oder reizartige Gleichartigkeit bedingt. Doch so wie diese ein Abklingen, einen Schwund bewirkt, tritt eine Ungleichartigkeit der Reaktion auf.

Wie steht es dann mit der Wahrnehmung? Ich schlage vor, daß wir einen anderen Weg einschlagen. Statt von der Voraussetzung eines eineindeutigen Reiz-Reaktions-Mechanismus auszugehen (obwohl es derartige Mechanismen vielleicht gibt und sie womöglich eine wichtige Rolle spielen), schlage ich vor, davon auszugehen, daß das Bewußtsein oder die Bewußtheit eine Anzahl biologisch nützlicher Funktionen hat.

Wenn wir nach einer kurzen Bewußtlosigkeit das Bewußtsein wiedererlangen, kommt es zu der typischen Frage: »Wo bin ich?« Ich halte das für ein Anzeichen dafür, daß es eine wichtige Bewußtseins-Funktion ist, unseren jeweiligen Standort in der Welt durch den Entwurf einer Art schematischen Modells (wie Kenneth J. W. Craik [1943] vorschlug) oder einer schematischen Landkarte laufend zu überwachen; und zwar detailliert, was unsere augenblickliche unmittelbare Umwelt angeht, doch sehr skizzenhaft, soweit entferntere Bereiche betroffen sind. Ich glaube, dieses Modell oder diese Karte, auf der unser eigener Standort markiert ist, ist Teil unseres normalen Selbstbewußtseins. Sie existiert normalerweise in der Form vager Dispositionen oder Programme; aber wir können jederzeit unsere Aufmerksamkeit darauf richten, sodaß sie detaillierter und scharfumrissener wird. Diese Karte – oder dieses Modell – ist eine von zahlreichen mutmaßlichen *Theorien* über die Welt, die wir haben und fast ständig zu Rate ziehen, während wir mit dem Programm und dem Zeitplan unserer Tätigkeiten beschäftigt sind, sie weiterentwickeln, spezifizieren und verwirklichen.

Wenn wir jetzt unter diesen Gesichtspunkten die Funktion der Wahrnehmung betrachten, dann, meine ich, können wir unsere Sinnesorgane als Hilfsmittel unseres Gehirns ansehen. Das Gehirn wiederum ist dazu programmiert, ein passendes und entsprechendes Modell (oder eine Theorie, eine Hypothese) unserer Umwelt auszuwählen, das ständig vom Bewußtsein interpretiert werden soll. Das würde ich als die ursprüngliche oder primäre Funktion unseres Gehirns und unserer Sinnesorgane, eigentlich des Zentralnervensystems bezeichnen: In seiner primitivsten Form entwickelte es sich als Steuersystem, als eine *Bewegungshilfe*. (Das primitive Zentralnervensystem der Würmer ist eine Bewegungshilfe, auch die weitaus primitiveren Sinne von Pilzen. Siehe Max Delbrücks Bericht [1974] über seine faszinierenden Untersuchungen von den Anfängen der Sinnesorgane bei Algenpilzen.)

Der Frosch ist für die hochspezialisierte Aufgabe programmiert, bewegte Fliegen zu fangen. Das Froschauge signalisiert nur dann dem Gehirn eine Fliege in Reichweite, wenn sie sich bewegt.[3]

---

[3] Siehe Lettvin und Mitarbeiter [1959].

Vor vielen Jahren zitierte ich David Katz[4] in einem ähnlichen Zusammenhang: »Ein hungriges Tier teilt die Umgebung in eßbare und nichteßbare Dinge ein. Ein Tier auf der Flucht sieht Fluchtwege und Verstecke.« Normalerweise nimmt ein Tier das wahr, was in seiner Problemsituation von Belang ist; und seine Problemsituation hängt wiederum nicht nur von seiner äußeren Situation, sondern auch von seinem inneren Zustand, von dem durch seine genetische Konstitution festgelegten Programm und dessen vielen Teilprogrammen, von seinen Neigungen und seinem Wahlverhalten ab. Beim Menschen gehören persönliche Ziele und persönliche, bewußte Entscheidungen dazu.

Schauen wir jetzt auf unser Experiment zurück, das eine Abfolge von zwei praktisch identischen Wahrnehmungen vorführte, dann bestreite ich nicht, daß sich die beiden Wahrnehmungen *als* Wahrnehmungen äußerst ähnlich waren: Unser Gehirn, von unseren Augen unterstützt, hätte seine biologische Aufgabe nicht erfüllt, wenn es uns nicht darüber informiert hätte, daß sich *unsere Umwelt* vom ersten bis zum zweiten Augenblick nicht veränderte. Das erklärt, warum es im Bereich der Wahrnehmung ein Bewußtsein der Wiederholung gibt, wenn die wahrgenommenen Objekte sich nicht ändern *und wenn unser Programm sich nicht ändert*. Das heißt aber nicht, wie ich bereits angedeutet habe, daß unser Bewußtseinsinhalt sich wiederholt. Es heißt auch nicht, daß die beiden Zustände des Gehirns sich besonders ähnlich waren. Tatsächlich änderte sich unser Programm (das in diesem speziellen Fall hieß: »Vergleiche deine Reaktion auf einen in zwei aufeinanderfolgenden Zeitmomenten wiederholten Reiz«) zwischen dem ersten und dem zweiten Augenblick nicht. Aber die beiden Zeitmomente spielten entschieden unterschiedliche Rollen in diesem Programm, eben wegen der Wiederholung; und das allein stellte sicher, daß sie auf verschiedene Weise erlebt wurden.

Wir sehen nun, daß es sogar im Falle der Bewußtheit von Wahrnehmungen (die nur einen Teil unserer subjektiven Erlebnisse darstellt) keine ein-eindeutige Entsprechung von Reiz und Reaktion gibt, worauf die Bemerkung von David Katz über mögliche Veränderungen unseres Interesses und unserer Aufmerksamkeit hinweist. Dennoch würden Wahrnehmungen ihre Aufgabe nicht erfüllen, gäbe es nicht etwas, das *in Fällen, in denen Interesse und Aufmerksamkeit sich nicht ändern,* einer ein-eindeutigen Entsprechung nahekommt. Doch das ist *ein sehr spezieller Fall.* Und das übliche Verallgemeinerungsverfahren dieses speziellen Falles, die Deutung von Reiz und Reaktion als simplen ein-eindeutigen Mechanis-

---

[4] D. Katz [1953], Kap. VI; vgl. auch [1948], S. 177; siehe Popper [1963 (a)], S. 46f.

mus sowie die Einengung der bewußten Erlebnisinhalte darauf sind ein schwerer Irrtum.

Doch wenn wir die Idee zweier ein-eindeutig entsprechender Ereignisfolgen aufgeben, verliert die Idee des psychophysischen Parallelismus ihre Hauptstütze. Das *widerlegt* nicht die Idee des Parallelismus, doch es löst, glaube ich, seine offensichtlich empirische Basis auf.

Übrigens stellt sich die Theorie der Identität von Gehirn und Bewußtsein unter dem Aspekt der vorliegenden Überlegungen als ein Spezialfall der Idee des Parallelismus heraus; denn auch diese beruht auf der Idee einer ein-eindeutigen Korrelation: sie ist der Versuch, diese ein-eindeutige Korrelation, die sie unkritisch für selbstverständlich hält, rational zu *erklären*.

25. Ergänzende Bemerkungen über einige neuere materialistische Theorien

Armstrongs Buch *A Materialist Theory of the Mind* [1968] ist in vieler Hinsicht ausgezeichnet. Doch im Gegensatz zu Feigls Identitätstheorie oder Central State Theory – die nachdrücklich die Existenz einer Welt bewußter Erfahrungen akzeptiert – schmälert Armstrong die Bedeutung dessen, was Feigl[1] die »innere Erleuchtung« unserer Welt durch unser Bewußtsein nennt. Erstens betont er, nicht zu Unrecht, die Bedeutung unterbewußter oder unbewußter Zustände. Als nächstes stellt er eine hochinteressante Theorie der Wahrnehmung als eines unbewußten oder bewußten Prozesses des Erwerbs dispositionaler Zustände auf. Drittens behauptet er (wenn auch nicht ausdrücklich), Bewußtsein sei nichts anderes als innere Wahrnehmung, Wahrnehmung zweiten Ranges oder Wahrnehmung (Abtasten) der Hirnaktivität durch andere Teile des Gehirns. Doch er übergeht das Problem, warum dieses Abtasten Bewußtsein oder Bewußtheit in dem uns allen vertrauten Sinn von Bewußtsein oder Bewußtheit entstehen läßt, zum Beispiel bei der bewußten kritischen Einschätzung einer Problemlösung. Und er geht nirgends auf das Problem des Unterschieds zwischen wacher Bewußtheit und physischer Wirklichkeit ein.

Armstrongs Buch zerfällt in drei Teile: Teil I ist ein einführender Überblick über die Theorien des Geistes, des Bewußtseins; Teil II, »The Concept of Mind«, ist eine allgemeine Theorie geistig-psychischer Zustände und Prozesse und enthält meiner Ansicht nach einige ausgezeich-

---

[1] H. Feigl [1967], S. 138.

nete Passagen; doch sie kann, glaube ich, auf neurophysiologischer Grundlage angegriffen werden. Der sehr skizzenhafte Teil III enthält wenig mehr als die bloße These, daß die in Teil II beschriebenen geistig-psychischen Zustände mit Hirnzuständen identifiziert werden können.

Warum halte ich hauptsächlich Teil II für ausgezeichnet? Der Grund ist der: Teil II bringt eine Beschreibung von Bewußtseinszuständen und -prozessen unter *biologischen Gesichtspunkten,* nämlich so, als könne das Bewußtsein als ein *Organ* betrachtet werden.

Diese Auffassung rührt natürlich daher, daß Armstrong später (in Teil III) das Bewußtsein mit einem Organ *identifizieren* möchte: mit dem Gehirn. Ich brauche nicht zu betonen, daß ich mit dieser Identifizierung nicht einverstanden bin, obwohl ich die Identifikation *unbewußter* psychischer Zustände und Prozesse mit Hirnzuständen und Hirnprozessen für eine sehr wichtige Hypothese halte. Und obwohl ich zu der Auffassung neige, daß selbst bewußte Prozesse irgendwie »Hand in Hand« mit Gehirnprozessen ablaufen, scheint mir eine *Identifikation* bewußter Prozesse mit Hirnprozessen Gefahr zu laufen, in den Panpsychismus zu münden.

Wie irrig aber auch Armstrongs metaphysische Motive sein mögen, seine Methode, das Bewußtsein als ein Organ mit darwinistischen Funktionen zu betrachten, erscheint mir ausgezeichnet, und Teil II seines Buches beweist nach meiner Ansicht die Fruchtbarkeit dieses biologischen Ansatzes.

Wenden wir uns der Kritik zu. Armstrongs Theorie kann entweder als radikaler Materialismus unter Verneinung des Bewußtseins klassifiziert und als solcher kritisiert werden, oder man kann sie als eine unausdrückliche Form des Epiphänomenalismus klassifizieren, *soweit es die Welt des Bewußtseins betrifft,* deren Bedeutung sie herunterspielen will. In diesem Fall trifft meine Kritik des Epiphänomenalismus als einer mit dem darwinistischen Standpunkt unverträglichen Theorie zu.

Ich glaube nicht, daß die Theorie Armstrongs als Identitätstheorie im Sinne Feigls klassifiziert werden sollte, das heißt in dem Sinne, daß bewußte Prozesse mit Gehirnprozessen nicht nur verbunden, sondern tatsächlich identisch sind. Denn Armstrong erörtert oder behauptet nirgends, daß bewußte Prozesse Dinge an sich sind, deren Erscheinungsformen bestimmte Gehirnprozesse sind: Er ist weit vom Animismus Leibniz' entfernt. Stünde allerdings Armstrong Feigl näher, dann würde meine Kritik in Abschnitt 23 zutreffen. In jedem Falle scheint mir meine Kritik in Abschnitt 20 zutreffend.

Ich glaube, daß viele (wenn auch nicht alle) Analysen Armstrongs in seinem Teil II gewichtige Beiträge zur biologischen Psychologie darstellen. Aber seine Behandlung des Bewußtseinsproblems ist zweideutig und schwach.

Der Grund für diese Schwäche liegt nicht so sehr darin, daß Armstrong, auch wenn er Bewußtsein oder Bewußtheit wenn schon nicht leugnet, so doch deren Bedeutung schmälert und undiskutiert läßt, sondern eher darin, daß er das ignoriert und undiskutiert läßt (in welcher Terminologie auch immer), was ich Gegenstände der Welt 3 nenne: Er befaßt sich nur mit Welt 2 und deren Reduktion auf Welt 1. Doch die biologische Hauptfunktion von Welt 2 und vornehmlich die des Bewußtseins ist das Erfassen und die kritische Beurteilung von Gegenständen der Welt 3. Selbst die Sprache wird kaum erwähnt.

Nach einer Anregung von Armstrong ist es modern geworden, sich auf die Identifikation von

$$Gen = DNS$$

als analog der unterstellten Identifikation von

$$psychischer\ Zustand = Gehirnzustand$$

zu berufen. Aber das ist eine schlechte Analogie, weil die Identifikation von Genen mit DNS-Molekülen, gewiß eine hochbedeutsame empirische Entdeckung, nichts zum metaphysischen (oder ontologischen) Status des Gens oder der DNS beibringt. Tatsächlich gab es schon vor dem Aufkommen der Gen-Theorie die Theorie des *Keimplasmas* von Weismann, in der angenommen wurde, die Entwicklungs-Anweisungen lägen in Form einer materiellen (chemischen) Struktur vor. Später nahm man an (aufgrund der Entdeckung Mendels), im Keimplasma befänden sich »Teilchen«, die »Merkmale« repräsentierten. Die Gene selbst wurden von Anfang an als solche »Teilchen« eingeführt: als materielle Strukturen, oder genauer: als Substrukturen der Chromosomen. Mehr als 30 Jahre vor der DNS-Theorie der Gene wurden detaillierte Chromosomenkarten entworfen, die die relativen Positionen der Gene zeigten[2], Karten, deren Prinzip im Detail durch neuere Ergebnisse der Molekularbiologie bestätigt wurde. Mit anderen Worten, so etwas wie die Identität *Gen = DNS* wurde in der Gen-Theorie von Anfang an erwartet, wenn nicht für selbstverständlich gehalten. Was für manche unerwartet kam, war, daß das Gen sich eher als eine Nukleinsäure denn als ein Protein herausstellte; das galt natürlich auch für die Struktur und die Funktion der Doppelhelix.

Dem entspräche die Identifizierung des Bewußtseins mit dem Gehirn nur dann, wenn – um damit zu beginnen – angenommen würde, daß das Bewußtsein ein physisches Organ sei, und dann empirisch festgestellt würde, daß das nicht (etwa) das Herz oder die Leber, sondern vielmehr das Gehirn sei. Während man seit der Schrift des Hippokrates *Über die heilige Krankheit* eine gegenseitige Abhängigkeit (oder Interdependenz) von Denken, Verstand, subjektiven Erlebnissen und Gehirnzuständen

---

[2] Siehe T. H. Morgan und C. B. Bridges [1916].

vermutete, behaupteten einzig die Materialisten eine Identität – trotz beträchtlicher sachlicher und begrifflicher Schwierigkeiten.

Diese Analyse zeigt, daß keine Analogie zwischen den beiden Identifikationen besteht. Die Behauptung, daß sie analog sind, ist nicht nur unberechtigt, sondern auch irreführend.

Eine noch schärfere Kritik läßt sich gegen die Behauptung vorbringen, daß die Identifikation von psychischen Prozessen mit Gehirnprozessen analog derjenigen des Blitzes mit einer elektrischen Entladung ist.

Die Annahme, daß ein Blitz eine elektrische Entladung ist, wurde durch die Beobachtung nahegelegt, daß elektrische Entladungen Miniaturblitzen glichen. Franklins Experimente stützten dann diese Vermutung erheblich.

Sehr interessante kritische Bemerkungen zu dieser Identifikation hat Judith Jarvis Thomson [1969] gemacht.

Armstrong hat unlängst mit *Belief, Truth and Knowledge* ein sehr klares und gut durchdachtes Buch veröffentlicht.[3] Das Buch stellt im wesentlichen eine traditionelle empirische Erkenntnistheorie in materialistischen Begriffen dar. Enttäuschend ist, daß die Probleme der Dynamik des Erkenntniswachstums, der Erkenntniskorrektur oder des Wachstums wissenschaftlicher Theorien nicht einmal erwähnt werden.

Quinton schlägt in *The Nature of Things* [1973] eine Identitätstheorie vor, die, ähnlich der Feigls, aber anders als die Armstrongs, zwar die Bedeutung des Bewußtseins hervorhebt, sich aber nicht auf die Beziehung zwischen dem Ding an sich und seiner Erscheinung einläßt.

Wie ist diese Identifikation zu denken? Quinton verweist auf Armstrongs Beispiel vom Blitz und der elektrischen Entladung. Wie Feigl, Smart und Armstrong hält er diese Identifikation für empirisch. Soweit so gut. Aber er untersucht nicht, wie wir empirisch vorgehen, um angenommene Identifikationen zu testen. Und wie seine Vorgänger schlägt er keine Testverfahren vor, die möglicherweise als Tests der Identitätsthese von Bewußtsein und Gehirn im Unterschied zur These der Wechselwirkung (besonders einer solchen, die nicht mit einer geistigen Substanz arbeitet) betrachtet werden könnten.

Es gibt auch Materialisten, die einfach sagen, daß das Bewußtsein eine Aktivität des Gehirns ist und es dabei belassen. Dagegen läßt sich nicht viel sagen, soweit man damit zurecht kommt. Doch es reicht nicht weit genug: Es erhebt sich nämlich alsbald die Frage, ob die seelisch-geistigen

---

[3] D. M. Armstrong [1973].

Aktivitäten des Gehirns bloß Teil seiner vielen physischen Aktivitäten sind, oder ob es da einen wichtigen Unterschied gibt; und wenn ja, was läßt sich dann über diesen Unterschied sagen.

26. Der neue vielversprechende Schuldscheinmaterialismus

Seit kurzem ist ein etwas halbherziger Rückzug aus der Identitätstheorie in Mode. Es ist ein Rückzug in das, was man einen Schuldscheinmaterialismus oder einen »versprechenden Materialismus« nennen könnte. Die Beliebtheit des versprechenden Materialismus ist vielleicht eine Reaktion auf die vernichtende Kritik, die in den letzten Jahren gegen die Identitätstheorie vorgebracht wurde. Diese Kritik zeigt, daß die Identitätstheorie mit der Umgangssprache oder dem Alltagsverstand kaum zu vereinbaren ist. Jedenfalls sieht es so aus, als ob der neue versprechende Materialismus akzeptiert, daß der Materialismus gegenwärtig nicht haltbar ist. Doch er gibt uns das Versprechen auf eine bessere Welt, eine Welt, in der geistig-psychische Begriffe aus unserer Sprache verschwunden sein werden und in der der Materialismus siegreich sein wird.

Der Sieg soll folgendermaßen zustande kommen: Mit den Fortschritten der Gehirnforschung wird die Sprache der Physiologen wahrscheinlich immer mehr in die Umgangssprache eindringen und unser Bild vom Universum, auch das des Alltagsverstandes, verändern. Wir werden also immer weniger über Erfahrungen, Wahrnehmungen, Denken, Glauben, Zwecke und Ziele sprechen, stattdessen immer mehr über Gehirnprozesse, Verhaltensdispositionen und tatsächliches Verhalten. Die mentalistische Sprache wird damit aus der Mode kommen und nur noch bloß metaphorisch oder ironisch in historischen Darstellungen verwendet werden. Wenn dieses Stadium erreicht ist, wird der Mentalismus mausetot sein, und das Problem des Geistes, des Bewußtseins und seiner Beziehung zum Körper wird sich von selbst gelöst haben.

Zur Erhärtung des versprechenden Materialismus wird darauf hingewiesen, daß genau das im Falle der Hexen und ihrem Verhältnis zum Teufel geschehen sei. Wenn überhaupt, dann sprächen wir heute von Hexen, um entweder einen archaischen Aberglauben zu bezeichnen oder wir sprächen metaphorisch oder ironisch. Das gleiche, so wird uns versprochen, wird mit der mentalistischen, mit Geistigem operierenden Sprache geschehen: vielleicht noch nicht *allzu* bald – vielleicht nicht einmal im Laufe der gegenwärtigen Generation –, aber bald genug.

Der versprechende Materialismus ist eine merkwürdige Theorie. Er besteht im wesentlichen aus einer historischen (oder historizistischen) Prophezeiung zukünftiger Ergebnisse der Gehirnforschung und ihrer Auswirkungen. Diese Prophezeihung ist haltlos. Man hat nicht einmal versucht, sie durch Berichte der jüngsten Gehirnforschung zu belegen. Die Meinung der Forscher, die wie Wilder Penfield als Identitätstheoretiker begannen, um als Dualisten zu enden[1], bleibt unbeachtet. Nichts wird versucht, um die Schwierigkeiten des Materialismus durch Argumente aufzulösen. Alternativen zum Materialismus werden nicht einmal in Erwägung gezogen.

So stellt sich heraus, daß die These des versprechenden Materialismus rational nicht interessanter ist als etwa die These, daß wir eines Tages Katzen oder Elefanten dadurch abschaffen werden, daß wir nicht mehr über sie sprechen, oder die These, daß wir eines Tages den Tod abschaffen werden, indem wir aufhören über ihn zu reden. (Sind wir nicht eigentlich die Wanzen einfach dadurch losgeworden, daß wir uns weigerten, über sie zu reden?)

Versprechende Materialisten lieben es anscheinend, ihre Prophezeiungen im derzeit immer noch modischen Jargon Sprachphilosophie vorzutragen. Aber ich halte das für unwesentlich; ein Physikalist könnte den Jargon der Sprachphilosophie aufgeben und auf das, was ich hier gesagt habe, etwa folgendermaßen antworten:

Physikalist: »Sie behaupten als Kritiker des Physikalismus, daß Protokolle über subjektive Erfahrungen und empirisch testbare Theorien über subjektive Erfahrungen einen Beweis gegen unsere These darstellen. Wie Sie jedoch selbst [1934 (b)] immer betonen, sind alle Beobachtungsaussagen theorieimprägniert; und wie Sie selbst zeigen[2] kam es im Laufe der Wissenschafts-Geschichte vor, daß Aussagen über Tatsachen und über gut überprüfte Theorien durch die Erklärung späterer Theorien *korrigiert* wurden. So ist es also sicher nicht unmöglich, daß unsere jetzigen Aussagen über subjektive Erfahrungen und Erlebnisse in Zukunft durch physikalistische Theorien erklärt und korrigiert werden. Wenn das geschieht, wird subjektive Erfahrung weitgehend auf die gleiche Ebene absinken wie heutzutage etwa Dämonen oder Hexen: Sie wird Teil einer einst akzeptierten, dann aber aufgegebenen Theorie geworden sein; und deren alte Beweiskraft wird neu interpretiert und korrigiert worden sein.«

Wenn ich auch nicht behaupten möchte, daß es *unmöglich* ist, daß es so kommen könnte, wie der Physikalist es hier darstellt[3], so glaube ich doch nicht, daß dieses Argument ernst genommen werden kann. Denn es

---

[1] Siehe W. Penfield [1975], S. 104 f.
[2] [1957 (i)] = [1972 (a)], Kapitel 5.
[3] Siehe Popper [1974 (c)].

sagt nicht mehr, als daß kein auf Beobachtung gegründeter Beweis endgültig, jenseits möglicher Korrektur ist, und daß unsere gesamte Erkenntnis fehlbar ist. Das ist natürlich wahr; aber es genügt nicht, um es allein
zur Verteidigung einer Theorie gegen empirische Kritik zu benutzen. So,
wie das Argument lautet, ist es zu schwach. Wie schon gesagt, ließe es sich
ebenso gut zur Infragestellung der Existenz von Katzen oder Elefanten
verwenden wie zur Bezweiflung der Existenz subjektiver Erfahrung. Auch
wenn immer ein Risiko darin liegt, Beweise und Argumente, wie ich sie
hier vorbringe, zu akzeptieren, erscheint es mir doch vernünftig, das Risiko auf sich zu nehmen. Denn alles, was der Physikalist vorbringt, ist
sozusagen ein auf seine zukünftigen Aussichten ausgestellter Wechsel;
alles beruht auf der Hoffnung, daß eines Tages eine Theorie ausgearbeitet
wird, die seine Probleme für ihn löst, kurz, auf der Hoffnung, daß sich
etwas herausstellen wird.

27. Ergebnisse und Schlußfolgerung

Es ergibt sich aus unserer Analyse, daß im gegenwärtigen darwinistischen
Klima eine haltbare materialistische Weltauffassung nur möglich ist, wenn
sie gleichzeitig die Existenz des Bewußtseins bestreitet.

Doch wie John Beloff am Schluß seines ausgezeichneten Buches sagt:
»Eine Theorie, die sich nur durch ausgeklügelte Ausflüchte aufrechterhalten läßt, ist nicht viel anderes als Schwindel.«[1]

Ferner ergibt sich, daß wir zur Theorie der Wechselwirkung kommen,
wenn wir uns den darwinistischen Standpunkt zueigen machen (siehe Abschnitt 20) und die Existenz eines evolutionär entstandenen Bewußtseins
zugestehen.

Was ich den darwinistischen Standpunkt nenne, ist wohl Teil unserer
gegenwärtigen wissenschaftlichen Auffassung und ebenso integraler Bestandteil jedes materialistischen oder physikalistischen Glaubens.

Andererseits scheint mir die Identitätstheorie dann haltbar zu sein,
wenn sie vom darwinistischen Standpunkt getrennt wird. Doch abgesehen
von ihrer Unverträglichkeit mit darwinistischen Prinzipien halte ich sie
nicht durch irgendwelche voraussichtlichen Ergebnisse der Neurophysiologie empirisch überprüfbar, wie Feigl[2] meint. Solche Ergebnisse können
bestenfalls einen engen Parallelismus zwischen Gehirnprozessen und psy-

---

[1] J. Beloff [1962], S. 258. Worin ich Beloff nicht folgen kann, ist seine Einstellung zum
»Paranormalen«, wie er es nennt. Ich glaube, daß der radikale Physikalismus ganz unabhängig vom Paranormalen als widerlegt angesehen werden kann.

[2] H. Feigl [1967], S. 160 und *passim*.

chischen Prozessen zeigen. Doch das würde die Identitätstheorie nicht besser bestätigen als den Parallelismus (zum Beispiel den Epiphänomenalismus) oder gar die Theorie der Wechselwirkung.

Ich darf das vielleicht ein wenig ausführlicher für die Theorie der Wechselwirkung zeigen.

Der Theorie der Wechselwirkung zufolge ist eine intensive Gehirnaktivität die notwendige Bedingung für psychisch-geistige Prozesse. Gehirnprozesse laufen folglich gleichzeitig mit allen psychisch-geistigen Prozessen ab, und man kann sie, da sie notwendige Bedingungen darstellen, als »verursachend« oder auf diese »einwirkend« nennen. Nehmen wir ein einfaches Beispiel, etwa das Betrachten eines Baumes und das Öffnen und Schließen der Augen. Die kausale Wirkung der nervlichen Veränderungen auf unsere Erlebnisse ist offensichtlich. Oder man betrachte Figuren, die einen *Gestalt*wechsel veranschaulichen – sei er durch uns selbst oder durch unser Nervensystem ausgelöst. Das erläutert die Einwirkung des Nervensystems auf das Bewußtsein *und* die – willkürliche – Wirkung der »Konzentration«.[3]

Infolge der ständig ablaufenden Gehirnprozesse auf allen Ebenen ist es anscheinend nicht möglich, Wechselwirkung *empirisch* etwa von angeblicher Identität zu unterscheiden; es sind auch noch keine ernstzunehmende Vorschläge gemacht worden, wie das bewerkstelligt werden könnte, obwohl oft behauptet wird, es sei zu machen (wie wir gesehen haben).

Ich fasse zusammen: Die darwinistische Theorie, so zeigt sich, führt zusammen mit der Tatsache, daß es bewußte Prozesse gibt, über den Physikalismus hinaus – ein weiteres Beispiel für die Selbst-Überwindung des Materialismus, und zwar eines, das ganz unabhängig von Welt 3 ist.

---

[3] Ein gutes Beispiel ist die folgende wohlbekannte Figur, die von Wittgenstein ([1953], S. 207) »Doppelkreuz« genannt wurde. Man kann sie durch Konzentration entweder auf das weiße oder auf das schwarze Kreuz verschieden auslegen, und zwar willentlich oder unwillentlich.

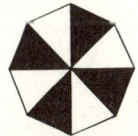

Kapitel P 4
Bemerkungen über das Ich

28. Einführung

Dieses Kapitel ist schwierig, nicht so sehr (hoffe ich) für den Leser als für den Autor. Das Schwierige ist, daß das Ich eine eigenartige Einheit darstellt, meine ziemlich verstreuten Bemerkungen über das Ich hingegen nicht den Anspruch erheben können, eine solche Einheit oder ein solches System zu haben (außer vielleicht durch die Betonung der Abhängigkeit des Ich von Welt 3). Eine Untersuchung des Ich, der Person und der Persönlichkeit, des Bewußtseins und des menschlichen Geistes führt nur allzu leicht zu Fragen wie: »Was ist das Ich?« oder »Was ist Bewußtsein?« Wie ich aber schon oft bemerkt habe,[1] sind »Was ist«-Fragen niemals fruchtbar, auch wenn sie von Philosophen häufig gestellt und behandelt worden sind. Sie sind mit der Vorstellung von *Wesenheiten* verbunden – »Was ist das Ich im Wesentlichen?« – und daher mit der höchst einflußreichen Philosophie, die ich »Essentialismus« genannt habe, und die ich für falsch halte.[2] »Was ist«-Fragen sind immer in Gefahr, zu einem Verbalismus zu degenerieren – zur Diskussion über die Bedeutung von Worten oder Begriffen oder zur Diskussion über Definitionen. Aber im Gegensatz zu einem immer noch weitverbreiteten Glauben sind solche Diskussionen und Definitionsversuche nutzlos.

Es muß natürlich zugegeben werden, daß Worte wie das englische »self« (wörtlich: »selbst«, aber hier gewöhnlich mit »ich« übersetzt), »person« (»Persönlichkeit«), »mind« (wörtlich »Geist«, hier meist »Bewußtsein«, oder manchmal »Seele«), »soul« (wörtlich »Seele«) nicht gleichbedeutend sind; sie haben in einigermaßen empfindlichen Ohren verschiedene Bedeutungen. »Soul« zum Beispiel wird im Englischen oft so verwendet, daß es eine Substanz suggeriert, die den Tod überleben

---

[1] Siehe Popper [1974 (z_7)]; [1974 (z_8)]; [1974 (z_4)]; [1975 (r)] und [1976 (g)].
[2] Siehe Popper [1975 (r)] und [1976 (g)]. Vgl. auch Fußnote 2 in Abschnitt 30.

kann. Im Deutschen wird »Seele« oft ohne eine solche Anspielung verwendet, eher so wie im Englischen das Wort »mind« (wörtlich »Geist«, wie zum Beispiel in »die geistige Entwicklung des Kindes«).

Ich will hier nicht die Frage der Unsterblichkeit der Seele erörtern. (Siehe jedoch die Diskussion zwischen Eccles und mir in Dialog XI.) Ich möchte aber eine Bemerkung zu dieser Frage zitieren, der ich weitgehend zustimme. Sie stammt von John Beloff[3]:

»Ich habe kein Verlangen nach persönlicher Unsterblichkeit; eigentlich würde ich eine Welt für ärmer halten, in der mein Ich eine dauerhafte Einrichtung wäre.«

Ich will aber hier nicht um Worte streiten, sondern sie, so gut ich kann, dazu benutzen, um sachliche Fragen, nicht bloße Wortfragen, zu behandeln.

Nach diesen Bemerkungen über meine Einstellung zum Problem des Fortlebens der Seele möchte ich, bevor ich mit Argumentation und Kontroverse beginne, meine Einstellung zu den Hauptfragen klarstellen.

Ich bin der Meinung des großen Biologen Theodosius Dobzhansky, der kurz vor seinem Tode, im Dezember 1975, schrieb:[4]

»Ich lebe nicht nur, sondern ich weiß, daß ich lebe. Ich weiß überdies, daß ich nicht für immer leben werde, daß der Tod unausweichlich ist. Ich besitze die Eigenschaften des Selbstbewußtseins und des Todesbewußtseins.«

Wir wissen nicht nur, daß wir leben, sondern jeder von uns ist sich dessen bewußt, ein Ich zu sein; jeder ist sich seiner Identität über beträchtliche Zeitabschnitte bewußt, auch nach Unterbrechungen seines Selbstbewußtseins durch Schlafperioden oder Zeiten von Bewußtlosigkeit; und jeder von uns weiß um die moralische Verantwortung für seine Handlungen.[5]

Diese Selbst- oder Ich-Identität hängt ohne Zweifel eng mit der Ich-Identität unseres Körpers zusammen (der sich im Laufe des Lebens stark verändert und seine materiellen Bestandteile ständig wechselt). Bei der Identität unseres Ich wie bei der Identität unseres Körpers sollten wir uns stets darüber klar sein, daß diese zahlenmäßige Identität keine streng logische Identität ist. (Sie ist eher das, was Kurt Lewin [1922] »Genidentität« nannte: die zahlenmäßige Selbigkeit eines Dings, das sich in der Zeit verändert.) Diese Art von Identität stellt schon ein Problem bei sich ver-

---

[3] J. Beloff [1962], S. 190.

[4] Dobzhansky [1975], S. 411.

[5] Ich sollte vielleicht gleich erwähnen, daß ich bei der Erörterung des Ich keine Themen aus dem Bereich der Psychologie des Abnormen oder verwandte Probleme behandeln werde, wie sie durch Ergebnisse der Kommissurotomie, der Trennung der Hirnhälften, aufgeworfen werden. Zur Diskussion des »Split-Brain« siehe Eccles.

ändernden unbelebten Dingen dar, noch mehr aber bei lebendigen Körpern; sie ist ein noch größeres Problem beim Ich, beim Bewußtsein oder
beim Selbstbewußtsein.

29. Das Ich

Bevor ich mit meinen Bemerkungen über das Ich beginne, möchte ich klar
und unzweideutig feststellen, daß ich davon überzeugt bin, daß es ein *Ich
gibt.*

Diese Feststellung mag in einer Welt überflüssig erscheinen, in der die
Überbevölkerung eines der größten sozialen und moralischen Probleme
darstellt. Offensichtlich *gibt* es Menschen; und jeder von ihnen ist ein
individuelles Ich, mit Gefühlen, Hoffnungen und Ängsten, Sorgen und
Freuden, Furcht und Träumen, die wir nur erraten können, da sie ja nur
dem einzelnen selbst bekannt sind.

Das alles ist fast zu offenkundig, um es zu erwähnen. Doch es muß
gesagt werden. Denn einige große Philosophen haben es bestritten. David
Hume war einer der ersten, der an der Existenz seines eigenen Ich zu
zweifeln begann; und er hatte viele Nachfolger.

Hume kam zu dieser recht seltsamen Einstellung durch seine empirische Erkenntnistheorie. Er machte sich die alltagsverständliche Auffassung (die ich für falsch halte; siehe Popper [1972 (a)], Kapitel 2) zu eigen,
daß unser ganzes Wissen das Ergebnis von Sinneserfahrungen sei. (Dabei
wird die ungeheure Menge an Wissen, die wir ererben und die in unsere
Sinnesorgane und unser Nervensystem eingebaut ist, übersehen, unser
Wissen nämlich, wie wir reagieren sollen, wie wir uns entwickeln und
wie wir reifen. Siehe Popper [1957 (a)] = [1963 (a)], Kapitel 1, S. 47).
Humes Empirismus brachte ihn zu der These, daß wir allein unsere Sinneseindrücke und die aus den Sinneseindrücken abgeleiteten »Vorstellungen« erkennen können. Demgemäß argumentierte er, daß *wir keine Vorstellung des Ich haben können,* und daß es daher so etwas wie ein Ich nicht
geben kann.

So wendet er sich in dem Abschnitt »*Of Personal Identity*« seines
»*Treatise*«[1]gegen »einige Philosophen, die denken, daß wir uns in jedem
Augenblick dessen unmittelbar bewußt sind, was wir unser *ICH* nennen«;

---

[1] [1739], Buch I, Teil IV, Abschnitt VI (Selby-Bigge-Edition [1888], S. 251). In Buch
III [1740], Anhang ([1888], S. 634), mildert Hume seinen Ton leicht; doch er scheint in
diesem Anhang seine eigenen »positiven Behauptungen« vollkommen vergessen zu haben,
etwa die in Buch II, [1739], auf die in der nächsten Fußnote verwiesen wird. Vgl. auch
[1978].

und er sagt von diesen Philosophen, daß »aber zum Unglück all diese
Behauptungen im Widerspruch zu eben dieser Erfahrung stehen, die man
zu ihrer Unterstützung anführt, denn wir haben ja keine Vorstellung vom
Ich ... Denn von welchen Sinneseindrücken könnte diese Vorstellung
abgeleitet werden? Es ist unmöglich, diese Frage ohne offensichtlichen
Widerspruch und ohne Absurdität zu beantworten ...«.

Das sind starke Worte, und sie haben einen starken Eindruck auf die
Philosophen gemacht: Von Hume bis in unsere Zeit gilt die Existenz eines
Ich als höchst problematisch.

Aber Hume selbst vertrat in einem anderen Zusammenhang die Existenz des Ich ebenso nachdrücklich wie er sie hier bestritt. So schreibt er
in Buch II des *Treatise:*[2]

»Es ist evident, daß die Vorstellung oder vielmehr der Sinneseindruck
von uns selbst uns immer unmittelbar gegenwärtig ist und daß unser Bewußtsein uns einen so lebendigen Begriff von unserer eigenen Person gibt,
daß es gar nicht möglich ist, zu denken, daß irgendetwas darin darüber
hinausgehen kann.«

Diese audrückliche Erklärung Humes läuft auf die gleiche Einstellung
hinaus, die er in der berühmteren, zuvor zitierten negativen Stelle »einigen Philosophen« zuschreibt, und die er dort nachdrücklich für offensichtlich widersprüchlich und absurd erklärt.

Es finden sich aber zahlreiche andere Stellen bei Hume, die die Vorstellung oder Idee des Ich, vornehmlich unter dem Namen »Charakter«,
stützen. So lesen wir:[3]

»Es gibt auch Charaktere, die verschiedenen ... Personen eigen sind
... Die Kenntnis dieser Charaktere gründet sich auf die Beobachtung von
typischen Handlungen, die wir auf den Charakter zurückführen ...«

Humes offizielle Theorie (wenn ich sie so nennen darf) ist die, daß das
Ich nichts anderes als die Gesamtsumme (das Bündel) seiner Erfahrungen
ist.[4] Er argumentiert – meiner Ansicht nach richtig –, daß die Rede von
»einem substantiellen« Ich uns nicht viel hilft. Doch er bezeichnet immer
wieder Handlungen als etwas, das aus dem Charakter einer Person
»fließt«. Meiner Meinung nach brauchen wir nicht mehr, um von einem
Ich sprechen zu können.

---

[2] [1739], Buch II, Teil I, Abschnitt XI ([1888], S. 317). Eine ähnliche Stelle ist [1739],
Buch II, Teil II, Abschnitt II, Sechstes Experiment ([1888], S. 339), wo wir lesen: »Es ist
evident, daß ... wir uns unmittelbar unseres Ich bewußt sind und auch unserer Gefühle und
Leidenschaften ...«.
[3] [1739], Buch II, Teil III, Abschnitt I ([1888], S. 403; siehe auch S. 411). An anderer
Stelle schreibt uns Hume als Handelnden »Motive und Charakter« zu, von denen »ein
Zuschauer gewöhnlich auf unsere Handlungen schließen kann«. Siehe z. B. [1739], Buch II,
Teil III, Abschnitt II ([1888], S. 408). Siehe auch im Anhang ([1888], S. 633 ff.).
[4] Zur Kritik dieser Theorie siehe auch den Text zu Fußnote 1 zu Abschnitt 37.

Hume und andere nehmen an, daß wir, wenn wir vom Ich als einer Substanz sprechen, die Eigenschaften (und die Erlebnisse) des Ich ihm »innewohnend« nennen könnten. Ich stimme denen zu, die diese Redeweise nicht für erhellend halten. Wir können freilich von »unseren« Erlebnissen sprechen, indem wir das Possessivpronomen verwenden. Das scheint mir ganz natürlich, und braucht keinen Spekulationen über ein Besitzverhältnis Auftrieb zu geben. Ich kann von meiner Katze sagen, sie »hat« einen starken Charakter, ohne zu meinen, daß diese Redeweise ein Besitz-Verhältnis ausdrückt (anders als wenn ich von »meinem« Körper spreche). Manche Theorien – wie die Besitztheorie – sind in unserer Sprache verankert. Wir müssen jedoch die Theorien, die in unserer Sprache verankert sind, nicht als wahr hinnehmen, auch wenn diese Tatsache es schwer machen mag, sie zu kritisieren. Wenn wir zu dem Schluß kommen, daß sie ernstlich irreführend sind, sind wir zur Änderung des in Frage stehenden Aspektes unserer Sprache angehalten; ansonsten können wir ihn weiterverwenden und einfach im Auge behalten, daß er nicht zu buchstäblich genommen werden darf (zum Beispiel der »Neu«-Mond). Das alles sollte uns allerdings nicht davon abhalten, stets eine möglichst einfache Sprache zu gebrauchen.

Für die Ich-Bewußtheit ist offensichtlich das Gedächtnis von Bedeutung: Zustände, die ich *restlos* aus dem Gedächtnis verloren habe, kann man schwerlich Zustände meines Ich nennen, außer in dem Sinne, daß ich das Gedächtnis solcher Zustände wiedergewinnen *kann*. Dennoch meine ich, daß zum Selbst- oder Ich-Bewußtsein mehr gehört als Gedächtnis, trotz Quintons glänzender Antwort auf F. H. Bradley [1883], der schrieb: »Mr. Bain hält das Bewußtsein für eine Ansammlung (= was Hume ein Bündel nannte). Hat sich Mr. Bain überlegt: Wer sammelt Mr. Bain zusammen?« Quinton ([1973], S. 99) kommentiert: »Die Antwort ist, daß der spätere Mr. Bain den früheren Mr. Bain sammelt, indem er ihn erinnert.«*
   Sich-Erinnern ist wichtig, doch es ist nicht alles. Die Fähigkeit zur Erinnerung ist vielleicht wichtiger als die tatsächliche Erinnerung. Offensichtlich »erinnern« wir uns nicht fortwährend an unser früheres Ich (unsere früheren »Iche«). Wir leben mehr für die Zukunft – wir handeln und bereiten uns auf die Zukunft vor – als in der Vergangenheit.

---

* Sprachspiel aus: collect = sammeln, recollect – erinnern. Anm. des Übers.

30. Das Gespenst in der Maschine

Es mag vielleicht hilfreich sein, hier etwas ausführlicher die Frage der Ich-Erkenntnis und Ich-Beobachtung sowie Gilbert Ryles Standpunkt dazu in seinem höchst bemerkenswerten Buch *Der Begriff des Geistes* [1969], (englische Ausgabe: *The Concept of Mind* [1949]), zu erörtern.

Materialisten haben dieses Buch als Auslegung ihres Glaubensbekenntnisses begrüßt; und Ryle selbst schreibt darin, daß seine »allgemeine Tendenz ... zweifellos (und harmlos), als ›behavioristisch‹ gebrandmarkt werden« wird (vgl. auch S. 449). Er erklärt auch ausdrücklich (vgl. auch S. 451), »daß die Geschichte von den zwei Welten ein Mythos ist«. (Vermutlich ist die Drei-Welten-Story noch schlimmer.)

Doch Ryle ist gewiß kein Materialist (im Sinne des physikalistischen Prinzips). Natürlich ist er kein Dualist, und er ist bestimmt kein Physikalist oder Monist. Das wird aus dem Abschnitt »Das Schreckgespenst der mechanistischen Weltanschauung« sehr klar. Dort schreibt er (vgl. auch S. 97): »Jedesmal, wenn eine neue Wissenschaft [er spielt auf die Mechanik an] ihre ersten großen Erfolge erzielt, bilden sich ihre enthusiastischen Anhänger ein, alle Probleme seien nun lösbar«; und in diesem und dem nächsten Abschnitt macht er ganz klar, daß er die Hoffnung auf oder die Angst vor einer »Reduktion« biologischer, psychologischer und soziologischer Gesetze auf das, was er »mechanische Gesetze« nennt, nicht ernst nimmt; und obwohl er nicht zwischen einem mechanistischen Materialismus und dem modernen Physikalismus unterscheidet, so ist es klar, daß er einen physikalistischen Monismus so entschieden ablehnen würde, wie er den mechanistischen Monismus ablehnt.

Unter diesem Aspekt müssen wir die folgende Feststellung Ryles lesen, die zweifellos seine humanistischen Absichten zeigt: »Der Mensch braucht durch die Behauptung, er sei kein Gespenst in einer Maschine, nicht zu einer Maschine degradiert zu werden ... Es muß noch der verwegene Sprung zu der Hypothese gewagt werden, daß er vielleicht ein Mensch sei.« (S. 451)

Man könnte fragen: Was will Ryle bestreiten, wenn er sagt, daß der Mensch kein »Gespenst in einer Maschine« ist? Wenn es seine Absicht ist, der Meinung Homers entgegenzutreten, für den die *Psyche* – ein dem Körper ähnelnder Schatten – den Körper überlebt, wäre nichts dagegen einzuwenden. Doch es war Descartes, der diese semi-materialistische Ansicht vom menschlichen Bewußtsein am entschiedensten zurückwies; und Ryle nennt den Mythos, den er verwirft, den »Cartesischen Mythos«.[1] Das

---

[1] Wie schon andere ebenfalls bemerkt haben, läßt sich der Mythos kaum Descartes zuschreiben. Er ist eher eine alte volkstümliche Legende, kaum eine philosophische und »ziemlich neumodische Legende«, wie Ryle ([1950], S. 77) sie nennt (siehe Abschnitt 44).

sieht so aus, als ob Ryle die Existenz des Bewußtseins in Frage stellen
möchte. Aufgrund einiger seiner Argumente könnte man tatsächlich glauben, daß das sein Ziel ist; doch dieser Eindruck wäre falsch. (Siehe S. 280,
engl. Ausg. S. 206: »Beobachtungen sind ohne Sinnesempfindungen logisch nicht möglich«; oder siehe S. 329, engl. Ausg. S. 240: »In mein
eingeschlafenes Bein kehrt die Empfindung zurück«; oder siehe die Seiten
43 ff., engl. Ausg. S. 37 f., wo man eine ausgezeichnete Analyse eingebil-
deter Geräusche findet; und viele andere Stellen.) Was möchte Ryle also
bestreiten? Er möchte sicherlich bestreiten, daß es eine Descartessche
denkende »Substanz« gibt; etwas, das auch ich bestreite, weil ich meine,
daß schon die Idee der Substanz auf einem Irrtum beruht. Ryle aber
möchte zweifellos auch die (Sokratische oder Platonische) Idee des Geistes als des Steuermanns eines Schiffes – des Körpers – verwerfen, ein
Gleichnis, das ich in vieler Hinsicht für so ausgezeichnet und angemessen
halte, daß ich von mir sagen könnte, »ich glaube an das Gespenst in der
Maschine«.[2]

(Das Passende des Gleichnisses geht aus der neurologischen Beschreibung des »Automatismus« (oder »*petit mal*-Automatismus«) hervor, einem Ausfall des vollen Selbstbewußtseins und des Gedächtnisses, wie er
manchmal bei epileptischen Patienten zu beobachten ist: der Steuermann
hat das Schiff verlassen.[3])

---

[2] Siehe Dialog IV. Die Theorie des Steuermanns wird später behandelt. Siehe u. a.
Abschnitte 33 und 37. Ich darf hier vielleicht sagen, daß ich doch, so sehr ich auch nach wie
vor gegen den »Essentialismus« bin und gegen das Stellen und die Beantwortungsversuche
von »Was ist«-Fragen, an etwas glaube, das man die quasi-essentielle (oder quasi-substan-
tielle) Natur des Ich nennen könnte. Das Ich hängt mit dem zusammen, was gewöhnlich
Charakter oder Persönlichkeit genannt wird. Es verändert sich. Es hängt zum Teil vom
physischen Typus eines Menschen und auch von seiner intellektuellen Initiative, seinem
Einfallsreichtum und seiner Entwicklung ab. Gleichwohl glaube ich, daß wir eher psychophysische Prozesse als Substanzen sind.
Der springende Punkt dabei ist, daß die Idee eines Wesens tatsächlich aus unserer Idee,
unserer Vorstellung des Ich (oder der Seele, des Bewußtseins oder des Geistes) übernommen ist; wir machen die Erfahrung, daß es ein Verantwortung tragendes, kontrollierendes
Zentrum unseres Ich, unserer Person gibt; und wir sprechen über Wesen, Essenz (die Essenz
von Vanille) oder Geist (den Geist des Weines) in Analogie zu diesem Ich. Diese Übertragungen können als Anthropomorphismen abgelehnt werden. Aber wenn es um den Menschen geht, gibt es den Einwand des Anthropomorphismus nicht (woran uns Hayek erinnert
hat).
Der aristotelische Essentialismus paßt merkwürdigerweise sehr gut auf biologische Organismen, die ein Wesen im Sinne eines genetischen Programms besitzen. Er paßt auch auf
menschen-geschaffene Werkzeuge, deren Wesen ihr Zweck ist: Es ist das Wesen einer Uhr,
die Zeit zu messen (ein Werkzeug ist ein exosomatisches Organ). Diese Bemerkungen
beinhalten kein Zugeständnis an den Essentialismus, an das Stellen von »Was ist«-Fragen –
obwohl es in der Biologie und auch bei Werkzeugen ergiebig ist, teleologische »Wozu dient
es«-Fragen zu stellen.
[3] Wilder Penfield ([1975], S. 39) berichtet: »Bei einem Anfall von (epileptischem) Automatismus wird der Patient plötzlich bewußtlos, doch da andere Mechanismen im Gehirn

Insgesamt scheint in Ryles Buch die allgemeine Tendenz zu herrschen, die Existenz fast aller subjektiven bewußten Erlebnisse zu leugnen und sie durch reine physische Zustände ersetzen zu wollen – durch dispositionelle Zustände, durch Verhaltensdispositionen. Es gibt jedoch viele Stellen in Ryles Buch, in denen zugegeben wird, daß wir diese Zustände echt *fühlen* können. So sagt Ryle (S. 133), daß ein Unterschied besteht zwischen einem geheuchelten und einem aufrichtigen Gefühlsbekenntnis. Ich bin sicher, Ryle würde ebenso zwischen dem aufrichtigen Bekenntnis »ich langweile mich« (S. 133 f.) und der Unterdrückung dieses aufrichtigen Bekenntnisses aus Höflichkeit unterscheiden. Und er gibt nicht nur zu (S. 137 f.), daß wir Schmerzen fühlen können, sondern weist interessanterweise auch auf etwas hin, was viele Neurologen (und auch Descartes) gefunden haben: daß wir uns bei der Lokalisierung von Schmerzen irren können. Wenn man sagt, ich habe Schmerzen im Bein, kann das eine falsche »kausale Hypothese«, eine »falsche Diagnose« sein, auch wenn ich den Schmerz spüre, von dem ich irrigerweise meine, er komme von einem amputierten Bein.

Es scheint allerdings, daß es wenigstens eine wichtige Sach-Frage gibt, in der Ryle und ich anderer Meinung sind. Es ist die Frage der Selbsterkenntnis und die etwas andere Frage der Selbstbeobachtung. (Die Fragen sind verschieden, weil Erkenntnis nicht immer auf Beobachtung beruht.)

So scheint mir der mit »Introspektion« betitelte Abschnitt in Kapitel VI von *Der Begriff des Geistes* kritikanfällig zu sein. Denn es gibt eine beachtliche introspektive Psychologie, die auch objektiv überprüfbare Ergebnisse erzielt. Ich denke vor allem an die Richtungen der Psychologie, die der Würzburger Schule nahestehen, namentlich an Otto Selz und seine Schüler Julius Bahle und Adrian D. de Groot. Ich habe selbst Psychologie unter Karl Bühler studiert, der ein prominentes Mitglied der Würzburger Schule war, und an manches erinnere ich mich noch gut. Zwar gab ich die Psychologie auf, weil ich mit ihren Methoden und ihren Ergebnissen unzufrieden war, und die psychologische Welt 2 befrage ich hauptsächlich nach ihrer (biologischen) Funktion der Beziehung von Welt 3 auf Welt 1, aber ich finde, daß das, was Ryle in seinem Abschnitt »Introspektion« (S. 219 ff.) über introspektive Psychologie schreibt, nicht dem wirklichen Stand der Dinge entspricht, nicht einmal wie er in meiner Jugend war. Was Ryle sagt, ist vielleicht eine zutreffende, aber auch etwas übertrie-

---

weiterlaufen, verwandelt er sich in einen Automaten. Er kann ... weiterhin jede Absicht ausführen, die sein Bewußtsein bei der Übergabe an seinen automatischen senso-motorischen Mechanismus hatte, als die höchsten Hirnmechanismen außer Funktion traten. Oder er folgt einem stereotypen, gewohnheitsmäßigen Verhaltensmuster. In jedem Falle jedoch kann der Automat, wenn überhaupt, nur einige wenige Entscheidungen treffen, für die es keinen Präzedenzfall gibt. Wenn Patient C ein Auto fuhr, stellte er später vielleicht fest, daß er ein oder mehrere Rotlichter überfahren hatte.«

bene Kritik der introspektiven Psychologie vor der Würzburger Schule,
vor Wolfgang Köhler und der *Gestalt*-Schule, vor David Katz, Edgar Rubin und Edgar Tranekjaer Rasmussen; vor Albert Michotte oder in jüngerer Zeit vor J. J. Gibson. Doch die hat keine Ähnlichkeit mit dem, was
diese Forscher machten und heute noch machen. Ich kann nur sagen, daß
wiederholbare, sehr interessante Ergebnisse (zum Beispiel über optische
Täuschungen) teilweise durch introspektive Methoden erzielt wurden.

Nun ist das Interessanteste in diesem Zusammenhang, daß Ryle anscheinend versucht hat, sich selbst zu beobachten, daß es ihm aber offenbar nicht gelang, irgendwelche interessanten Selbst-Beobachtungen zu
machen. Der Grund könnte sein, daß er sich nicht das Hauptprinzip der
Würzburger Schule zunutze machte: vor eine interessante und fesselnde
Aufgabe gestellt zu sein und *danach* (unmittelbar danach) zu versuchen,
sich an die geistigen Operationen, die bei der Lösung des Problems beteiligt waren, zu erinnern und sie zu beschreiben. (Es gibt natürlich neuere
Methoden; siehe zum Beispiel A. D. de Groots [1965], [1966] oder
R. L. Gregory [1966]). Es ist klar, daß wir uns nicht auf ein Problem
konzentrieren und uns *gleichzeitig* selbst beobachten können. Doch aus
verschiedenen Bemerkungen in Ryles Buch gewinnt man den Eindruck,
daß er genau das tun wollte. Natürlich fand er das »Ich« (das er irgendwie
mit dem »Jetzt« verknüpfte) schwer faßbar. Das hat er sehr gut beschrieben. Wäre er den Würzburger Vorschriften gefolgt, hätte er bessere Resultate erzielt. Tatsächlich kann man mit etwas Übung sehr interessante
Ergebnisse erzielen.[4] Julius Bahle ([1936] und besonders [1939]) zum
Beispiel entdeckte, daß eine Gruppe hervorragender Komponisten, darunter Richard Strauss, alle eine Methode der Problemfindung und Problemlösung anwandten, die derjenigen überraschend glich, die Otto Selz
[1913], [1922], [1924] in seinem Werk über reine rationale Denk-Aufga-
ben beschrieben hatte.

Es gibt auch viele introspektive Protokolle über wissenschaftliche Entdeckungen. Berühmt ist Kekulés Bericht über die Entdeckung des Ring-
modells des Benzolmoleküls. Im Halbschlaf sah er Ketten von Kohlen-
stoffatomen, und zwar in der von ihm erfundenen symbolischen Darstellung, die lebendig zu werden schienen; eine Kette ringelte sich wie eine
Schlange zu einem Ring zusammen. Das war das Ende einer langen Suche. (Die introspektive Beobachtung kam natürlich nach dem Erlebnis.)
Einen ganz ähnlichen Bericht gab Otto Loewi ([1940]; siehe auch

---

[4] Es ist interessant, daß Ryles Argumente gegen die Introspektion denjenigen von Au-
guste Comte sehr ähnlich sind, und daß John Stuart Mill's Antwort an Comte die Theorie der
Würzburger Schule teilweise vorwegnahm. Siehe A. Comte [1930–42], Band I, S. 34–8, und
J. S. Mill [1865 (a)], (dritte Ausgabe [1882], S. 64). Siehe William James [1890], Band I,
S. 188 f.

F. Lembeck und W. Giere 1968, und Dialog VI) über seine Idee, wie man die Hypothese chemischer Nerven-Übertragung testen könne.

Eine Anzahl ähnlich interessanter Berichte ist in dem berühmten Buch *The Psychology of Invention in the Mathematical Field,* von Jacques Hadamard [1945], [1954] enthalten. Diesen Berichten zufolge wird die Lösung oft intuitiv, plötzlich gefunden; doch man darf nicht übersehen, daß sie gewöhnlich erst nach harter und mühsamer Arbeit, mehrfachem Verwerfen früherer Versuche und nach strenger Kritik unbefriedigender Ergebnisse gefunden wird.

Es ist klar, daß diese kritischen Methoden, selbst wenn die endgültige Lösung intuitiv war, notwendige Stufen sind und durch die Sprache und andere Arten symbolischer Darstellung ermöglicht werden. Denn solange wir einem intuitiven Glauben ohne symbolische Repräsentation anhängen, sind wir eins mit ihm und können ihn nicht kritisieren. Haben wir ihn aber einmal formuliert oder in symbolischer Form niedergeschrieben, dann können wir ihn objektiv als einen Gegenstand der Welt 3 betrachten, ihn kritisieren und von ihm lernen, sogar von seiner Widerlegung; siehe auch Abschnitt 34 unten.

In den genannten Fällen ist das Ich in Wirklichkeit sehr aktiv. Fälle, in denen das Ich vergleichsweise passiv und zweifellos fast völlig von dem abhängig ist, was das Zentralnervensystem liefert, sind wohlbekannt. Einer der einfachsten mir bekannten Fälle eines vergleichsweise passiven Ich, aufgezeigt durch Selbstbeobachtung, geht auf Aristoteles zurück.[5] Das Experiment besteht darin, daß man beim Betrachten eines Gegenstandes leicht auf eines seiner Augen drückt. Der Gegenstand *scheint* sich mit zunehmendem Druck zu bewegen, aber wir sind uns des kausalen Zusammenhangs so sehr *bewußt,* daß wir uns nicht täuschen lassen; wir durchschauen den *subjektiven Charakter* dieses Erlebnisses.

In Abschnitt 18, bei den optischen Täuschungen, fanden wir bei der Winson-Figur (das Eskimo/Indianerbild), daß wir aktiv versuchen konnten, alternativ eine der beiden Ansichten zu sehen. Solche Fälle – und die, in denen wir uns der Täuschung bewußt und doch nicht imstande sind, sie zu verhindern – veranschaulichen die Tatsache, daß wir manchmal zwischen dem, was uns sozusagen vom Gehirn geliefert wird und unseren aktiven Interpretations-Bemühungen unterscheiden können.

Die Aktivität des Ich oder des Bewußtseins des Ich führt uns zu der Frage, *was es tut, welche Funktion es ausführt,* und damit zu einem biologischen Ansatz des Ich. Das wird das Thema späterer Abschnitte dieses Kapitels sein. Zuvor jedoch möchte ich auf ein anderes Thema dieses Kapitels eingehen: die Beziehung des Ich zu Welt 3.

---

[5] Siehe Abschnitt 46, Text zu Fußnote 11.

31. Lernen ein Ich zu sein

In diesem Abschnitt lautet meine These, daß wir – das heißt unsere Persönlichkeit, unser Ich – in allen drei Welten verankert sind, vor allem aber in der Welt 3.

Es erscheint mir von erheblicher Bedeutung, daß wir nicht als Ich geboren werden, sondern daß wir lernen müssen, daß wir ein Ich haben; ja, wir müssen erst lernen, ein Ich zu sein. Bei diesem Lernprozeß lernen wir etwas über Welt 1, Welt 2 und vor allem über Welt 3.

Zur Frage, ob man sein Ich beobachten kann, wurde (von Hume, Kant, Ryle und vielen anderen) viel geschrieben. Ich halte die Frage für schlecht formuliert. Wir können – und das ist wichtig – ziemlich viel über unser Ich wissen; aber Wissen, wie ich schon erwähnt habe, beruht nicht immer (wie so viele glauben) auf Beobachtung. Sowohl vorwissenschaftliche Erkenntnis wie wissenschaftliches Erkennen beruhen weitgehend auf Handeln und auf Denken: auf Problemlösen. Beobachtungen spielen allerdings eine Rolle, doch diese Rolle besteht darin, uns Probleme zu stellen und uns zu helfen, unsere Annahmen auszuprobieren und auszumerzen.

Außerdem ist unser Beobachtungsvermögen primär auf unsere Umwelt gerichtet. Sogar bei den Experimenten mit optischen Täuschungen in Abschnitt 18 ist das, was wir beobachten, ein Umweltobjekt, und zu unserer Überraschung entdecken wir, daß es gewisse Eigenschaften zu haben *scheint*, während wir doch *wissen,* daß es sie nicht hat. Wir wissen das in einem Sinn von »wissen«, der zu Welt 3 gehört: wir haben gut getestete Theorien von Welt 3, die uns zum Beispiel sagen, daß sich ein gedrucktes Bild beim Betrachten physikalisch nicht verändert. Wir können sagen, daß das Hintergrundwissen, das wir anlagemäßig besitzen, eine wichtige Rolle dabei spielt, wie wir unsere Beobachtungserlebnisse interpretieren. Es ist auch durch Experimente gezeigt worden (siehe Jan B. Deregowski [1973]), daß einiges von diesem Hintergrundwissen kulturell erworben ist.

Darum ist das Ergebnis gewöhnlich so mager, wenn wir versuchen, das Gebot »Beobachte dich selbst!« zu erfüllen. Der Grund ist nicht in erster Linie eine gewisse Ungreifbarkeit des Ich (auch wenn, wie wir gesehen haben, Ryles Behauptung[1] sicher stimmt, daß es fast unmöglich ist, sich selbst, wie man »jetzt« ist, zu beobachten). Denn auch wenn man aufgefordert wird, »beobachte das Zimmer, in dem du sitzt« oder »beobachte deinen Körper«, ist das Ergebnis wahrscheinlich ebenfalls ziemlich mager.

---

[1] Gilbert Ryle [1949], Kapitel VI, (7): Die systematische Flüchtigkeit des »Ich«.

Wie erlangen wir ein Wissen von uns selbst? Nicht durch Selbstbeobachtung, meine ich, sondern dadurch, daß man ein Ich wird, und daß man
Theorien über sich selbst entwickelt. Lange bevor wir Bewußtsein und
Kenntnis von uns selbst gewinnen, sind wir uns normalerweise anderer
Personen, meist unserer Eltern, bewußt geworden. Es scheint so etwas wie
ein angeborenes Interesse am menschlichen Gesicht zu geben. Experimente von R. L. Fanz[2] haben gezeigt, daß sogar sehr junge Säuglinge die
schematische Darstellung eines Gesichts längere Zeit festhalten als eine
ähnliche, doch »bedeutungslose« Darstellung. Diese und andere Ergebnisse legen die Vermutung nahe, daß sehr junge Kinder ein Interesse an
anderen Personen und eine Art von Verstehen anderer entwickeln. Ich
nehme an, daß sich ein Bewußtsein des Ich durch das Medium anderer
Personen zu entwickeln anfängt: Genau so, wie wir uns selbst im Spiegel
sehen lernen, so wird sich das Kind dadurch seiner selbst bewußt, daß es
sein Spiegelbild im Spiegel des Bewußtseins, das andere von ihm haben,
spürt. (Ich bin sehr kritisch gegenüber der Psychoanalyse, doch es scheint
mir, daß Freuds Betonung des prägenden Einflusses sozialer Erlebnisse in
der frühen Kindheit richtig war.) Ich möchte zum Beispiel behaupten, daß
es ein Teil dieses Lernprozesses ist, wenn das Kind lebhaft versucht, »die
Aufmerksamkeit auf sich zu lenken«. Es scheint, daß Kinder und vielleicht Primitive ein »animistisches« oder »hylozoistisches« Stadium
durchleben, in dem sie dazu neigen, einen physikalischen Körper für beseelt zu halten, für eine Person[3] – bis diese Theorie durch die Passivität
des Dings widerlegt wird.

Ein wenig anders ausgedrückt: das Kind lernt, seine Umwelt zu erkennen; Personen aber sind die wichtigsten Dinge in seiner Umwelt; und
durch deren Interesse an ihm – und dadurch, daß es etwas über seinen
eigenen Körper lernt – lernt es mit der Zeit, daß es selbst eine Person ist.

Das ist ein Prozeß, dessen spätere Stadien stark von der Sprache ab-

---

[2] R. L. Fanz [1961], S. 66. Siehe auch Charlotte Bühler, H. Hetzer und B. H. Tudor-
Hart [1927] und Charlotte Bühler [1927]; diese älteren Untersuchungen erzielten (mit
weniger ausgefeilten Methoden) nur bei Kindern in einem Alter von mehr als einem Monat
positive Ergebnisse. Fanz gewann, schon bei Säuglingen im Alter von fünf Tagen, positive
Ergebnisse.

[3] Mir scheint, Peter Strawson ([1959], S. 136) hat recht, daß die Erwerbung einer allgemeinen Idee der Person dem Erlernen des Wortgebrauchs von »Ich« vorausgehen muß. (Ich
bezweifle allerdings, ob man diese Priorität als eine »logische« bezeichnen kann.) Er hat
auch recht, glaube ich, wenn er sagt, daß das zur Lösung des sogenannten »Problems des
Fremdpsychischen« wichtig ist. Man sollte jedoch nicht vergessen, daß die sich frühzeitig
entwickelnde Tendenz, alle Dinge als Personen zu deuten (die man Animismus oder Hylo-
zoismus nennt), von einem realistischen Gesichtspunkt aus der Korrektur bedarf: Eine
dualistische Haltung kommt der Wahrheit näher. Siehe William Kneales ausgezeichnete
Vorlesung *On Having a Mind* ([1962], oberer Abschnitt von S. 41) und auch meine Diskussion der Ideen Strawsons in Abschnitt 33.

hängen. Doch noch bevor das Kind eine Sprache beherrschen lernt, lernt es, bei seinem Namen gerufen und gelobt oder getadelt zu werden. Und da Lob und Tadel weitgehend kultureller Art oder etwas der Welt 3 Zugehöriges sind, kann man sogar sagen, daß die sehr frühe und anscheinend angeborene Reaktion des Kindes auf ein Lächeln bereits den primitiven vorsprachlichen Beginn seiner Verwurzelung in Welt 3 darstellt.

Um ein Ich zu sein, muß man viel lernen; insbesondere das Zeitgefühl, daß man sich in die Vergangenheit (wenigstens in das »Gestern«) und in die Zukunft (wenigstens in das »Morgen«) erstreckt. Doch das setzt *Theorie* voraus, zumindest in der rudimentären Form der Erwartung:[4] Es gibt kein Ich ohne theoretische Orientierung, sowohl in einem primitiven Raum, als auch in einer primitiven Zeit. Das Ich ist also teilweise das Ergebnis der aktiven Erkundung der Umwelt und des Erfassens eines üblichen Zeitablaufs, der auf dem Tag- und Nacht-Zyklus beruht. (Das ist zweifellos bei Eskimokindern anders.)[5]

Der Schluß aus alledem ist, daß ich mich der Theorie des »reinen Ich« nicht anschließen kann. Der philosophische Begriff »rein« geht auf Kant zurück und meint etwas wie »vor der Erfahrung liegend« oder »frei von (der Vermengung mit) Erfahrung«; und so meint auch der Begriff »reines Ich« eine Theorie, die ich für falsch halte: daß das Ich der Erfahrung vorausging, so daß alle Erlebnisse von Anfang an von dem Descartesschen und Kantischen »Ich denke« (oder vielleicht »Ich denke gerade«, jedenfalls von einer Kantischen »reinen Apperzeption«) begleitet waren. Dagegen behaupte ich, daß ein Ich zu sein teils das Ergebnis angeborener Dispositionen und teils das Ergebnis von Erfahrungen ist, besonders sozialer Erfahrungen. Das neugeborene Kind hat viele angeborene Handlungs- und Reaktions-Weisen und viele angeborene Tendenzen zur Entfaltung neuer Reaktionen und neuer Aktivitäten. Unter diesen Tendenzen ist auch die Tendenz, sich zu einer ihrer selbst bewußten Person zu entwickeln. Aber um das zu erreichen, muß viel geschehen. Ein in sozialer Isolation aufgewachsenes Kind wird kein volles Bewußtsein seiner selbst erlangen.[6,7]

---

[4] Siehe Popper [1963 (a)], Kapitel 1, speziell S. 47.

[5] Der Säugling lächelt, zweifellos unbewußt. Doch das ist eine Art (psychischer?) *Tätigkeit:* Sie ist quasi-teleologisch und läßt erkennen, daß der Säugling die psychologische *a priorische* Erwartung hegt, von *Personen* umgeben zu sein; Personen, die die Macht besitzen, freundlich oder feindlich zu sein – Freunde oder Fremde. Das, meine ich, geht dem Selbstbewußtsein voraus. Ich würde das Folgende als ein mutmaßliches Entwicklungsschema vorschlagen: erstens die Kategorie der Personen; dann die Unterscheidung zwischen Personen und Dingen; dann die Entdeckung des eigenen Körpers, das Lernen, daß es der eigene ist; und dann erst das Gewahrwerden der Tatsache, ein Ich zu sein.

[6] Siehe den Fall der Genie in Kapitel E 4, und dort den Hinweis auf Curtiss und andere [1974].

[7] Als ich diesen Abschnitt schrieb, hat Jeremy Shearmur mich darauf aufmerksam ge-

Ich behaupte also, daß nicht nur Wahrnehmung und Sprache – aktiv – erlernt werden müssen, sondern auch noch die Aufgabe, eine Person zu sein; und ich behaupte ferner, daß das nicht nur einen engen Kontakt mit der Welt 2 anderer Personen, sondern auch einen engen Kontakt mit der Welt 3 der Sprache und der Theorien, etwa einer Theorie der Zeit (oder etwas Entsprechendes)[8] einschließt.

Was würde mit einem Kind geschehen, das ohne *aktive* Teilnahme an sozialen Beziehungen, ohne andere Menschen und ohne Sprache aufwächst? Einige solcher tragischen Fälle sind bekannt.[6] Als indirekte Antwort auf diese Frage möchte ich auf einen Bericht von Eccles[9] über ein sehr wichtiges Experiment von R. Held und A. Hein hinweisen, das die Erlebnisse eines aktiven und eines unaktiven Kätzchens vergleicht; es ist ausgiebig in Kapitel E 8 beschrieben.

Das unaktive Kätzchen lernt nichts. Ich glaube, das gleiche muß mit einem Kind geschehen, das von einem aktiven, tätigen Erleben in der sozialen Welt ausgeschlossen wird.

Darüber gibt es eine äußerst interessante neuere Untersuchung. Wissenschaftler der Universität von Berkeley (Cal.) arbeiteten mit zwei Gruppen von Ratten, von denen die eine Gruppe in einer reichhaltigen Umgebung, die andere in einer ärmlichen Umgebung lebte. Die erste wurde in einem großen Käfig gehalten, in sozialen Gruppen zu zwölft, mit einer Auswahl von täglich neuem Spielzeug. Die andere Gruppe lebte einzeln in Standardlaborkäfigen. Das wichtigste Ergebnis war, daß die Tiere, die in einer reichhaltigen Umgebung lebten, eine schwerere Gehirnrinde hatten als die aus der ärmlichen Umgebung. Es erwies sich, daß das Gehirn durch Aktivität, dadurch also, daß Probleme aktiv zu lösen waren, wächst.[10] (Der Zuwachs bestand in einer Wucherung von Dendriten an Rinden- und Gliazellen.)

---

macht, daß Adam Smith [1759] die Idee aufbrachte, die Gesellschaft sei ein »Spiegel«, durch den das Individuum »seinen eigenen Charakter, die Richtigkeit oder die Falschheit seiner eigenen Gefühle und seines Benehmens, die Schönheit oder Häßlichkeit seiner Seele denken« und sehen kann, was besagt, daß, falls es »möglich wäre, daß ein menschliches Geschöpf in Einsamkeit zum Menschsein heranreifen könnte, ohne irgendeine Kommunikation mit seiner eigenen Art«, es kein Ich entwickeln würde. (Siehe Smith [1759], Teil III, Abschnitt II; Teil III, Kapitel I in der sechsten und in späteren Ausgaben.) Shearmur meint auch, daß gewisse Ähnlichkeiten zwischen den hier von mir entwickelten Gedanken und der »Sozial-Theorie des Ich« bei Hegel, Marx und Engels, Bradley und dem amerikanischen Pragmatiker G. H. Mead besteht.

[8] Ich habe die Worte »oder etwas Entsprechendes« angesichts dessen hinzugefügt, was Whorf [1956] über Zeit und über Hopi-Indianer sagt.

[9] J. C. Eccles [1970], S. 66f. Siehe auch Abbildung E 8–8.

[10] Siehe Mark R. Rosenzweig und andere [1972 (a)]; P. A. Ferchmin und andere [1975]; siehe auch Abschnitt 41, unten.

32. Die Identität und Integrität des Ich

Bei der Behandlung der individuellen und personalen Identität – Identität im Wandel – beginnt John Locke ([1690], [1694], Buch II, Kapitel XXVII, Abschnitt 4–26) mit biologischen Betrachtungen: Er beginnt mit einer Erörterung der Identität von individuellen Pflanzen und Tieren. Eine Eiche kann man von ihren Anfängen als Eichel bis zu ihrem Absterben als dasselbe Individuum bezeichnen, ebenso ein Tier. Locke weist daraufhin, daß die individuelle Identität eines Menschen im wesentlichen »in nichts anderem besteht als darin ..., daß er am selben fortdauernden Leben teilnimmt, während seine Materieteilchen ihn dauernd verlassen und sich dauernd erneuern« (Abschnitt 6).

Ich glaube, Locke hat mit seinem biologischen Ansatz recht, und er hat besser argumentiert als spätere Philosophen, die oft Fragen wie die, ob jede Erfahrung einer individuellen spirituellen »Substanz« zugehören oder innewohnen muß durch apriorische Argumente entscheiden wollen. Statt solcher Fragen sollten wir lieber die Frage nach der Individuation lebender Materie stellen.

Höhere Tiere sind offenbar Individuen, das heißt individuelle Organismen (Prozesse, offene Systeme; siehe unten). Sie können Teil einer Familie, einer Herde oder einer anderen tierischen Gesellschaft sein, etwa eines Schwarms oder eines Staates. Diese individuellen Organismen illustrieren gut, was sich als eine sehr bedeutsame Tendenz des Lebens, wie wir es auf der Erde kennen, erweist: Es tendiert zur Individuation. So wichtig diese Tendenz auch ist, so zeigt sie doch Ausnahmen. Es gibt durchaus Lebensformen, die von diesem Prinzip der Individuation abweichen: Organismen etwa wie Erdwürmer, die zwar Individuen sind, aber im Gegensatz zu den meisten Organismen in zwei oder mehrere Individuen geteilt werden können. Es gibt auch Organismen wie Seeigel, die kein vollkommen zentralisiertes Nervensystem haben (siehe Abschnitt 37) und sich deshalb nicht so verhalten können, wie wir es von Individuen erwarten. Dann gibt es die Schwämme, die kein Nervensystem und kein individualisiertes Gepräge haben, wie wir es von einzelligen und den meisten vielzelligen Organismen und auch noch von Viren kennen. Und es gibt Tierkolonien, wie die sogenannte Portugiesische Galeere oder Blasenqualle, deren spezialisierte Mitglieder als Organe fungieren.

Obwohl es also auf den ersten Blick so aussieht, als ob das biologische Prinzip der Individuation auf den fundamentalen Strukturen und Mechanismen der Molekularbiologie beruht, ist es tatsächlich nicht so. Denn wenn es zu vielzelligem Leben kommt, gibt es Abweichungen von diesem Prinzip: Es gibt multizelluläre Strukturen und tierische Kolonien oder

Staaten, die nicht gänzlich durch ein Nervensystem zentralisiert oder nicht völlig individualisiert sind. Es scheint aber, daß diese Experimente der Evolution zwar offensichtlich nicht erfolglos, aber doch nicht ganz so erfolgreich waren wie individuelle vielzellige Organismen mit hochzentralisierten Nervensystemen. Das scheint, betrachtet man die Mechanismen der natürlichen Auslese, intuitiv verständlich zu sein. Individuation scheint der beste Weg zu sein, um einen Abwehr- und Überlebens-Instinkt auszubilden; und sie scheint grundlegend für die Evolution eines Ich zu sein.

Ich glaube, daß wir die Existenz individueller Menschen und des menschlichen Ich oder des menschlichen Bewußtseins vor diesem zufälligen und nicht einmal allgemeinen biologischen Hintergrund des Individuations-Prinzips sehen sollten. Wir können trivialerweise annehmen, daß ohne biologische Individuation das Geistige und das Bewußtsein nicht entstanden wären, wenigstens nicht so, wie wir sie aus unserer eigenen Erfahrung kennen.

Betrachten wir die Individualität eines Organismus etwas genauer. Sie ist sicher nicht genau die gleiche wie die Individualität etwa eines Diamanten oder eines festen Stücks Metall. Diese festen Materie-Stücke sind Kristalle. Sie sind Systeme oszillierender Atome, Atome, die während recht langer Zeitspannen das System im Grunde weder verlassen noch sich damit verbinden: Sie sind *geschlossene Systeme* – geschlossen im Hinblick auf die materiellen Teilchen, aus denen sie bestehen (obwohl sie hinsichtlich des Energieflusses offen sind). Organismen sind dagegen offene Systeme – wie Flammen. Sie tauschen materielle Teilchen (und natürlich auch Energie) mit der Umgebung aus: Sie haben einen Stoffwechsel. Gleichwohl sind sie identifizierbare Individuen. Sie sind, wie Locke es nannte, auch noch während des Wachsens identifizierbar: Sie sind identifizierbare dynamische Prozesse, oder vielleicht besser materielle Systeme, die einem Austausch von Materie unterliegen. Wenn wir von einem Organismus sprechen, vergessen wir das oft, weil *während einer genügend kurzen Zeitspanne ein Organismus annähernd geschlossen ist,* fast wie ein Kristall.

Das sich verändernde Ich, das doch es selbst bleibt, scheint also auf dem sich verändernden individuellen Organismus zu beruhen, der dennoch seine individuelle Identität behält.

Doch wir dürfen vielleicht noch etwas mehr annehmen. Während wir im allgemeinen materiellen Körpern keine *Aktivität* oder *Wirksamkeit* zuschreiben (selbst wenn sie in Bewegung sind oder andere Körper anziehen, wie die Sonne die Planeten anzieht), rechnen wir doch einer Flamme, einem Feuer und einem chemischen Prozeß so etwas wie Aktivität zu, vor allem wenn solche Prozesse außer Kontrolle geraten. Noch viel entschiedener messen wir einem Organismus, einer Pflanze und besonders einem höheren Tier Aktivität bei. (Übrigens wurde zwischen Bewegung und Aktivität von den vorsokratischen griechischen Philosophen nicht klar unterschieden; sie nannten die *Psyche* meist die allgemeine Ursache der Bewegung, und weniger die aktive Weise sich zu verhalten oder zu bewegen; siehe Aristoteles *Über die Seele* 403b26–407b11, *etc.*)

Wenn wir einem unbelebten Vorgang, vor allem aber wenn wir einem Organismus Aktivität zuschreiben, dann betrachten wir den Prozeß oder den Organismus als ein Kontrollzentrum und als selbstkontrollierend (es sei denn, er gerät außer Kontrolle). Sogar ein unbelebter Prozeß, zum Beispiel eine Gasflamme, kann ohne weiteres ein selbstkontrollierendes (homöostatisches) System genannt werden. Organismen sind das auf jeden Fall; und zumindest einige errichten Kontrollzentren, die sie in einer Art dynamischem Gleichgewicht halten. Bei solchen Lebewesen, denen wir Geist oder Bewußtsein zuschreiben, steht die biologische Funktion des Bewußtseins offensichtlich in enger Verbindung mit dem Kontrollmechanismus (Selbstkontrolle) des individuellen Organismus.

Was gewöhnlich als die Einheit des Ich oder die Einheit bewußten Erlebens bezeichnet wird, ist höchstwahrscheinlich eine teilweise Folge biologischer Individuation – der Evolution von Organismen mit eingebauten Instinkten für das Überleben des individuellen Organismus. Es scheint, daß Bewußtsein und sogar Vernunft sich weitgehendst dank ihres Überlebenswertes für den individuellen Organismus ausgebildet haben. (Siehe auch Abschnitt 37.)

Ich habe in diesem Abschnitt vorgeschlagen, das Problem der Ich-Identität von einem biologischen Standpunkt aus zu betrachten. Dabei zeigt sich, daß die Ich-Identität wenigstens teilweise von überraschend zufälliger Art ist. Weitere Aspekte dieses Problems werden in den folgenden Abschnitten untersucht. Im nächsten Abschnitt möchte ich kurz Peter Strawsons Auffassung von Ich-Identität behandeln sowie die Art und Weise, in der Ich-Identität vom Gehirn abhängt.

33. Die Selbstidentität des Ich und seines Gehirns

Ist ein neugeborener Säugling ein Ich? Ja und nein. Er fühlt: Er kann Schmerz und Freude fühlen. Aber er ist noch keine Person im Sinne der beiden Kantischen Sätze:[1] »Person ist dasjenige Subjekt, dessen Handlun-

---

[1] Das erste Zitat stammt aus *Die Metaphysik der Sitten* [1797], Einleitung in die Metaphysik der Sitten, 4: Vorbegriffe zur Metaphysik der Sitten *(philosophia practica universalis)* = *Kants Werke*, Akademieausgabe [1914], Band 6, S. 223 = Cassirer-Ausgabe, Band 7, S. 24. Das zweite ist aus *Kritik der reinen Vernunft*, erste Ausgabe [1781], S. 361, transzendentale Dialektik, zweites Buch, dritter Paralogismus = *Kants Werke*, Akademieausgabe [1911], Band 4, S. 227; Cassirer-Ausgabe, Band 3, S. 643.

gen einer Zurechnung fähig sind« und »Was sich der numerischen Identität seiner Selbst in verschiedenen Zeiten bewußt ist, ist sofern eine Person.« So ist ein Säugling ein Körper – ein sich entwickelnder menschlicher Körper – *bevor* er eine Person, eine Einheit von Körper und Geist wird.

Zeitlich ist der Körper vor dem Geist, dem Bewußtsein, da. Das Bewußtsein ist eine spätere Errungenschaft; und es ist wertvoller. Juvenal sagt uns, wir sollen darum bitten, daß uns ein gesunder Geist in einem gesunden Körper geschenkt wird. Doch um unser Leben zu retten, würden wir alle bereit sein, uns ein Bein amputieren zu lassen. Und ich glaube, wir alle würden eine Operation ablehnen, die es uns unmöglich machte, für unsere Handlungen verantwortlich zu sein oder die das Bewußtsein unserer numerischen Identität zu verschiedenen Zeiten vernichten würde: eine Operation, die zwar das Leben des Körpers retten würde, nicht aber die Integrität des Bewußtseins.

Es ist ziemlich klar, daß die Identität und Integrität des Ich eine physische Basis hat. Sie scheint ihren Sitz im Gehirn zu haben. Doch wir können beträchtliche Teile unseres Gehirns ohne Störungen unserer Persönlichkeit verlieren. Andererseits scheint eine Schädigung unserer geistigen, bewußtseinsmäßigen Integrität immer auf Hirnverletzungen oder anderen physische Störungen des Gehirns zu beruhen.

Vor kurzem ist mehrfach behauptet worden, namentlich von Strawson, daß es ein Fehler ist, die Unterscheidung zwischen Körper und Geist zum Ausgangspunkt zu nehmen; wir sollten vielmehr von der integrierten Person ausgehen. Wir könnten dann verschiedene Aspekte oder Eigenschaftsarten unterscheiden: diejenigen, die eindeutig physisch sind, und die, die teilweise oder ganz personhaft oder psychisch sind. (P. F. Strawson [1959], gibt folgende Beispiele: »Wiegt zehn Stones« für die physische Eigenschaft einer Person, und »lächelt« oder »denkt angestrengt nach« für zwei verschiedene personhafte Eigenschaften. Ein ähnlicher Vorschlag – daß wir »Person« als fundamental gebrauchen – wurde um 1948 von J. H. Woodger in einer Vorlesung in einem meiner Seminare gemacht.) Personen, so wird richtig gesagt, können auf die gleiche Art *identifiziert* werden, wie wir physikalische Körper identifizieren. Das, so heißt es, löst das Problem der Identität des Ich. Ich halte es für einen sehr verlockenden Vorschlag, die Person als primär anzunehmen, ihre Aufteilung in Körper und Bewußtsein aber als eine sekundäre Abstraktion. Leider muß ich etwas später einige Einwände dagegen machen.

Doch zuerst möchte ich einiges für diesen Vorschlag sagen. Mir scheint vor allem, daß er mit unserer psychischen Entwicklung in Einklang steht. Wie in Abschnitt 31 erwähnt, glaube ich, daß viel dafür spricht, daß ein Kind mit einem »Wissen« um Personen geboren wird – einer angeborenen Haltung gegenüber Personen: Es lächelt schon in sehr frühem Al

ter, und es fühlt sich vom menschlichen Gesicht und von einer gesichts-
ähnlichen Attrappe oder Imitation angezogen.[2] Mit der Zeit werden
Dinge von *Personen* unterschieden. Und allmählich entdeckt das Kind,
daß es selbst eine Person ist wie andere auch. Deshalb vermute ich, daß
genetisch und psychologisch die Vorstellung von einer Person derjenigen
des Ich oder des Bewußtseins tatsächlich vorausgeht.

Ich stimme daher nicht mit John Beloffs Kritik an Peter Strawson
überein. Beloff schreibt in seinem ausgezeichneten Buch *The Existence of
Mind* ([1962], S. 193): »Alles, was wir je über andere Personen wissen
können, muß ... letztlich aus unserer eigenen Sinneserfahrung kommen.
Wenn wir zur Rechtfertigung unseres Glaubens, daß andere Personen ein
Bewußtsein wie wir haben, gedrängt werden, sind wir noch auf Analogie-
Beweise verwiesen ... zu behaupten [also], wie Strawson es tut, daß un-
sere eigene persönliche Identität irgendwie von der Wahrnehmung der
Identität anderer abhängt, ist eine ungerechtfertigte Umkehrung des tra-
ditionellen Standpunktes.«

Beloff hat ganz Recht, hier vom »traditionellen Standpunkt« zu sprechen. Tatsächlich ist dieser Standpunkt alles andere als allgemein anerkannt.[3] Er ist, meine ich, bloß eines der »Dogmen des Empirismus«, wie
Quine es nennt.

Der Säugling ist aktiv an seiner Umgebung interessiert. Er zeigt durch
sein Verhalten ein Erkennen des Daseins der äußeren Welt, die er nicht
aus seiner eigenen Sinneserfahrung »erschlossen« haben kann: Er wird
durch das geleitet, was am besten als sein angeborenes Wissen bezeichnet
wird – ein Wissen, das ihn teilweise bei seinen Erkundungen leitet, und
das er durch seine aktiven Erlebnisse entwickelt und erweitert. (Vergleiche das sich aktiv verhaltende Kätzchen in dem Experiment von Held und
Hein, auf das in Abschnitt 31 eingegangen wurde; siehe Kapitel E 8.)

Es ist auch kaum zu bezweifeln, daß der Säugling über sein angeborenes Wissen um Personen hinaus, namentlich seiner Mutter, lernen muß,
was zu seinem Körper gehört und was nicht, und daß dieses Wissen seiner
Entdeckung, ein Ich zu sein, vorausgeht und dessen Grundlage bildet. Der
Widerstand, den die äußere Welt seinen Absichten und Handlungen ent-
gegensetzt, trägt ebenfalls zu dieser Entdeckung bei.

Ich will mich jetzt mit einigen Einwänden gegen die Theorie Strawsons
und ähnliche Theorien beschäftigen.

Wir lernen, zwischen Körper und Bewußtsein oder Geist zu unterscheiden. (Das ist nicht, wie vor allem Gilbert Ryle behauptet, die Erfin-

---

[2] Siehe Fußnote 2 zu Abschnitt 31. R. L. Fanz [1961] vergleicht die Reaktion des Säuglings mit derjenigen eines jungen Vogels; siehe auch Popper, [1963 (a)], S. 381.

[3] Doch siehe Fußnote 7 zu Abschnitt 31.

dung eines Philosophen. Das ist so alt wie das Gedächtnis der Menschheit. Siehe meinen Abschnitt 45.) Wir lernen, zwischen empfindenden Teilen unseres Körpers und anderen (Nägeln, Haaren), die unempfindsam sind, zu unterscheiden. Das ist noch Teil dessen, was wir als die »natürlich« gebildete Weltauffassung bezeichnen können. Doch dann erfahren wir etwas über chirurgische Operationen: Wir lernen, daß wir ohne Blinddarm, Gallenblase, ohne Teile unseres Magens auskommen können; ohne Glieder, ohne Augen, ohne unsere eigenen Nieren und sogar ohne unser eigenes Herz. Das alles lehrt uns, daß unsere Körper in einem überraschenden und fast erschreckenden Ausmaß entbehrlich sind. Und das wiederum lehrt uns, daß wir unser persönliches Ich nicht einfach mit unserem Körper identifizieren können.

Theorien über den Sitz der Seele, des Geistes, oder des Bewußtseins im Körper sind sehr alt. Selbst die Theorie des Gehirns als Sitz der Seele oder des Geistes ist mindestens 2500 Jahre alt. Sie geht auf die griechischen Ärzte und Philosophen Alkmaeon (DK A 10)[4] und Hippokrates *(Über die heilige Krankheit)* und auf Platon (*Timaios* 44 D, 73 D) zurück. Der gegenwärtige Standpunkt kann scharf und etwas schockierend durch die These formuliert werden, daß die gelungene Transplantation eines Gehirns, sofern sie möglich wäre, auf eine Übertragung des Bewußtseins, des Ich, hinauslaufen würde. Ich glaube, daß sowohl Physikalisten wie die meisten Nichtphysikalisten dem zustimmen würden.[5]

(Einwände gegen diese enge Verbindung von Gehirn und Bewußtsein würden wohl, wie ich vermute, von Anhängern der Parapsychologie und von solchen erhoben werden, denen Berichte von Leuten Eindruck machen, die von abgeschiedenen Geistern besessen waren. Siehe z. B. William James (1890), Band I, S. 397f. Ich beabsichtige hier keineswegs, die Parapsychologie zu diskutieren, einfach weil ich dafür nicht kompetent bin. Es scheint, daß man sich leicht zwanzig Jahre mit diesem Thema beschäftigen kann, ohne je kompetent zu werden. Das hat damit zu tun, daß die Ergebnisse der Parapsychologie – oder die angeblichen Ergebnisse – nicht wiederholbar sind und auch nicht den Anspruch erheben, wiederholbar zu sein. Meines Wissens gibt es auf diesem Gebiet nur eine einigermaßen aussichtsreiche Theorie, die jedoch bis jetzt nicht überprüfbar ist – nämlich diejenige von Robert Henry Thouless und Berthold Paul Wiesner.[6])

Wenn wir nun die Annahme der Transplantierbarkeit des Ich und

---

[4] DK = Diels und Kranz [1951–2].
[5] Siehe Anthony Quinton [1973], S. 93.
[6] In dieser Theorie (siehe Thouless und Wiesner [1947]) wird gezeigt, daß es einen Leib-Seele-Dualismus gibt, und daß Willensakte (der Geist, der auf den Körper einwirkt) und Wahrnehmung (der Körper, der auf den Geist einwirkt) die beiden typischen Fälle von

seines Gehirns akzeptieren, dann müssen wir Strawsons Theorie aufgeben, wonach die *Person* mit ihren physischen Eigenschaften (des gesamten menschlichen Körpers) und ihren personhaften Eigenschaften (solche mit einer psychischen Komponente) als *logisch* primitiv anzusehen ist. (Wir können hingegen sagen, daß sie *psychologisch* primitiv ist.) Keine derartig simple und einfache Theorie genügt; denn der Körper einer Person garantiert nicht länger die sichere Basis ihrer persönlichen Identität. Wir können auch nicht das Gehirn mit dem Bewußtsein identifizieren, wie ich ausführlich in Kapitel P3 zu zeigen versucht habe. (Das würde tatsächlich nicht einmal einem Identitätstheoretiker genügen, denn er möchte nicht das Gehirn mit dem Bewußtsein identifizieren, sondern vielmehr gewisse Probleme und Zustände in *Teilen* des Gehirns mit psychischen Prozessen und Bewußtseinszuständen.)

Und wenn wir gefragt werden, wieso wir erwarten, daß im Falle einer gelungenen Gehirntransplantation auch die Persönlichkeit oder der persönliche Charakter transplantiert und damit die persönliche Identität des Körpers verändert werden, dann können wir diese Frage kaum beantworten, ohne vom Bewußtsein oder vom Ich zu sprechen, oder von seiner angenommenen Verbindung mit dem Gehirn. Wir müßten auch sagen, daß das Bewußtsein für die Person wesentlich ist; und wir müßten vorhersagen (es wäre eine prinzipiell überprüfbare Vorhersage), daß nach der Transplantation die Person Identität mit dem Spender des Gehirns beanspruchen wird, und daß sie diese Identität »nachzuweisen« vermag (mit Mitteln, wie sie Odysseus anwandte, um der Penelope seine Identität zu beweisen).

Das alles zeigt, daß wir das Bewußtsein und seine Ich-Identität als entscheidend für die persönliche Identität ansehen; denn wenn wir, mit Aristoteles, das Herz für den Sitz des Bewußtseins, des Geistes hielten, dann würden wir erwarten, daß die persönliche Identität mit dem Herz statt mit dem Gehirn zusammenhängt. (Wenn ich Strawson [1959] richtig verstanden habe, widerspricht diese meine Auffassung der seinen; er würde sagen, sie führe uns zum Cartesianismus zurück.)

Wir können also unter *normalen* Umständen die Identität des Körpers als ein Kriterium der Identität der Person und des Ichs betrachten. Aber unser Gedankenexperiment, die Transplantation (von der ich hoffe, daß

Wechselwirkung sind. Die willentliche Bewegung unserer Glieder und die normale Wahrnehmung sind Sonderfälle, bei denen der Körper und der beteiligte Geist derselben Person angehören. Es wird behauptet, daß Phänomene wie Hellsehen (oder extrasensorische Wahrnehmung) und Telekinese allgemeinere Fälle der gleichen Arten von Wechselwirkungstypen sind. Hier beeinflussen Körper den Geist, ohne daß die Sinne beteiligt sind, und der Geist beeinflußt Körper, ohne daß muskuläre Innervation beteiligt ist. Ich will hier wegen der in unserem Vorwort genannten Abmachung, die Parapsychologie nicht zu erörtern, nicht weiter auf diese Theorie eingehen. Siehe auch Beloff [1962], S. 239 ff.

sie niemals an einem Menschen ausgeführt wird) zeigt, daß die Identität
des Körpers nur so lange ein Kriterium darstellt, als sie die Identität des
Gehirns mitumfaßt; und das Gehirn spielt seinerseits diese Rolle nur, weil
wir seine Verbindung mit dem Geist vermuten, weil wir annehmen, daß
das Gehirn aufgrund dieser Verbindung der Träger der Ich-Identität der
Person ist.

Das erklärt auch, warum wir etwa im Falle eines pathologischen Gedächtnisverlustes die Identität des Körpers für die Identifizierung der Person als ausreichend betrachten. Aber das besagt nicht, daß wir die Identität des Körpers als ein endgültiges Kriterium hinnehmen.

Die Verbindung des Ichs mit seinem Gehirn wird als außerordentlich
eng vermutet. Doch man sollte sich mehrerer sehr wichtiger Tatsachen
erinnern, die gegen eine zu enge und zu mechanische Beziehung sprechen.

Es wurden große Anstrengungen gemacht, um die Funktionen der
verschiedenen Abschnitte des menschlichen Gehirns ausfindig zu machen.
Eines der Ergebnisse ist, daß es etwas gibt, was Wilder Penfield »commit-
ted areas« (Abschnitte in Funktion) und große »uncommitted areas« (Abschnitte ohne Funktion) nennt. Die sensorischen und motorischen Abschnitte zum Beispiel sind für diese Tätigkeiten von Geburt an in Funktion. Das Sprachzentrum zum Beispiel ist nicht vollkommen in Funktion:
Bis zum fünften oder sechsten Lebensjahr arbeitet die rechte Hemisphäre
mit der linken bei der Kontrolle der Sprachfunktion zusammen. (Siehe
Kapitel E4). Das erklärt die Wiederherstellung des Sprachvermögens
nach einer Verletzung des Hauptzentrums in der linken Hemisphäre.
Wenn das Sprachzentrum eines Kindes in fortgeschrittenem Alter verletzt
wird, ist der Sprachverlust dauernd.

Die Funktionslosigkeit großer Rindenabschnitte wird auch auf andere
Weise deutlich. Beträchtliche Teile der funktionslosen Rinde können
ohne bemerkenswerten Schaden einer geistig-psychischen Funktion entfernt werden. Operative Entfernung von Teilen des Gehirns, etwa bei der
Behandlung epileptischer Anfälle, hat sogar in manchen Fällen zu verbesserten intellektuellen Leistungen geführt.

Das alles reicht natürlich nicht aus, um die physikalistische Ansicht zu
widerlegen, daß die physische Struktur des Gehirns, einschließlich dieser
Plastizität ihrer Funktionsweisen, das gesamte Bewußtsein erklären kann:
Ich habe in Kapitel P3 gegen den Physikalismus argumentiert und werde
hier meine Argumentation nicht fortsetzen. Doch zumindest einige her-
vorragende Gehirnforscher haben darauf hingewiesen, daß die Ausbildung eines neuen Sprachzentrums in der unbeschädigten Hemisphäre sie
an das Reprogrammieren eines Computers erinnert. Man kann die Analo-

gie zwischen Gehirn und Computer zugeben; dabei sollte betont werden, daß der Computer ohne den Programmierer hilflos ist.

Es scheint einige Gehirnfunktionen zu geben, die in einer ein-eindeutigen Beziehung zur Erfahrung stehen; zum Beispiel ein Gestaltwechsel (siehe Abschnitt 18). Doch es muß viele Fälle geben, für die eine derartige Beziehung empirisch nicht untermauert werden kann. Man denke an den typischen Fall, daß es Sätze gibt, die wir nur einmal und nie wieder verwenden. Es könnte eine ein-eindeutige Beziehung zwischen den Worten und gewissen Hirnprozessen bestehen. Doch die Erfahrung, einen Satz zu verstehen, ist etwas, das über das Verstehen einer Wortfolge hinausgeht (wie wir jedesmal feststellen, wenn wir einen schwierigen Satz zweimal lesen müssen, um ihn zu verstehen); und da diese Erfahrung ja eine von den vielen ist, die im wesentlichen *einmalig* sind, sollten wir nicht willkürlich annehmen, daß ein Hirnprozeß in einer ein-eindeutigen Beziehung dazu steht (man kann von einer ein-eindeutigen Beziehung nur sprechen, wenn es ein *universales* Gesetz oder eine Regel gibt, durch welche die beiden Prozesse korreliert werden; das wird hier nicht angenommen; siehe auch Abschnitt 24 oben). Natürlich würden nur wenige Verfechter der Wechselwirkung bezweifeln, daß es einen gleichzeitig ablaufenden Hirnprozeß gibt, der vielleicht auch einmalig ist, der zur gleichen Zeit abläuft und der mit der Erfahrung in Wechselwirkung steht. (Ähnliche Überlegungen gelten für kreative Erlebnisse; wir könnten durchaus die Bildung eines jeden neuen Satzes kreativ nennen – was die meisten von uns die meiste Zeit über kreativ machen würde.)

Ein anderer, von Eccles angesprochener Punkt ist, daß es nicht nur das Problem der Ich-Identität (in Verbindung mit dem des Gehirns) gibt, sondern auch das Problem der Einheit des Ich. Unsere Erlebnisse sind häufig komplex und manchmal ist sogar unsere Aufmerksamkeit geteilt; doch jeder von uns weiß – offensichtlich aus introspektiver Erfahrung –, daß er *eine* Person ist. Aber es scheint keinen bestimmten Teil des Gehirns zu geben, der diesem einen Ich entspricht; es scheint im Gegenteil so, daß das gesamte Gehirn hochaktiv sein muß, um mit dem Bewußtsein verbunden zu bleiben – eine Zusammenarbeit von unvorstellbarer Komplexität.

Ich habe diesen Abschnitt »Das Ich und sein Gehirn« genannt, weil ich hier behaupten will, daß das Gehirn dem Ich gehört und nicht umgekehrt. Das Ich ist fast immer aktiv. Die Aktivität des Ich ist, wie ich meine, die einzige echte Aktivität, die wir kennen. Das aktive, psychophysische Ich ist der aktive Programmierer des Gehirns (das der Computer ist), es ist der Ausführende, dessen Instrument das Gehirn ist. Die Seele ist, wie

Platon sagte, der Steuermann. Sie ist nicht, wie David Hume und William James behaupteten, die Gesamtsumme oder das Bündel oder der Strom ihrer Erlebnisse: Das hieße Passivität. Ich vermute, daß diese Auffassung dem Versuch entstammt, sich passiv selbst zu beobachten, anstatt zurückzudenken und seine vergangenen Handlungen zu überschauen.

Diese Überlegungen zeigen meiner Ansicht nach, daß das Ich nicht ein »reines Ich« ist (siehe Abschnitt 31, S. 144), das heißt, ein bloßes Subjekt. Es ist vielmehr unglaublich reich. Wie ein Steuermann beobachtet und handelt es gleichzeitig. Es ist tätig und erleidend, erinnert sich der Vergangenheit und plant und programmiert die Zukunft; es ist in Erwartung und disponiert. Es enthält in rascher Abfolge oder mit einemmal Wünsche, Pläne, Hoffnungen, Handlungsentscheidungen und ein lebhaftes Bewußtsein davon, ein handelndes Ich zu sein, ein Zentrum der Aktion. Und es verdankt diese Ichheit weitgehend der Wechselwirkung mit anderen Personen, mit dem Ich anderer und mit der Welt 3.

Und das alles steht in enger Wechselwirkung mit der ungeheuren »Aktivität«, die im Gehirn des Ich stattfindet.

34. Menschliche Erkenntnis und Intelligenz: Der biologische Ansatz

Mit dem biologischen Ansatz der Erkenntnis meine ich einen solchen, der die Erkenntnis, tierische oder menschliche, als das evolutionäre Ergebnis der Anpassung an die Umwelt – an eine äußere Welt – ansieht.

Wir können hier mehrere wichtige Unterscheidungen einführen.

(1) Vererbte Anpassungen *versus* erlernte Anpassungen, die durch den individuellen Organismus erworben wurden. Die letzteren sind vor allem Anpassungen an neu auftauchende Aspekte der Umwelt, an Aspekte einer neu gewählten Umwelt oder an veränderliche Situationen. Zu beachten ist jedoch, daß jede erlernte Anpassung in dem Sinne eine genetische Grundlage hat, als die Erblichkeit des Organismus (sein »Genom«) die Befähigung muß gewährleisten, neue Anpassungen zu erlernen.

(2) Bewußtes *versus* unbewußtes Wissen; ein wichtiger Unterschied auf der menschlichen Stufe. Das wirft das Problem der biologischen Funktion des Bewußtseins auf.

(3) Wissen im subjektiven Sinne (Wissen der Welt 2) *versus* Wissen im objektiven Sinne (Wissen der Welt 3). Diesen Unterschied gibt es nur auf der menschlichen Stufe.[1]

---

[1] Vgl. Popper [1972 (a)], [1974], S. 123 ff.

Sowohl ererbtes als auch erworbenes Wissen kann von äußerster Komplexität sein. Sein Informationsgehalt kann sehr groß sein. Ohne den Hintergrund des ererbten Wissens, das fast gänzlich unbewußt und unseren Genen einverleibt ist, wären wir natürlich nicht imstande, irgendwelches
neues Wissen zu erwerben. Die klassische empiristische Philosophie betrachtet den menschlichen Geist als eine *tabula rasa,* eine leere Tafel oder
ein leeres Blatt Papier, das solange leer bleibt, bis Sinneswahrnehmungen
darauf eingetragen werden (»nichts ist im Verstand, was nicht vorher in
den Sinnen war«). Diese Idee ist nicht bloß falsch, sondern auf groteske
Weise falsch: Wir brauchen nur an die zehntausend Millionen Neuronen
unserer Großhirnrinde zu denken, einige davon (die kortikalen Pyramidenzellen) jeweils mit »schätzungsweise insgesamt zehntausend« synaptischen Verknüpfungen.[2] Man kann sagen, daß sie die materiellen (Welt 1)
Spuren unseres ererbten und fast gänzlich unbewußten Wissens repräsentieren, wie es durch die Evolution ausgelesen wurde. Obwohl es eigentlich
kein Verfahren gibt, die beiden Wissensarten zu vergleichen (das gilt ganz
allgemein für das Vererbung-Umwelt-Problem), neige ich intuitiv zu der
Annahme, daß die riesige Informationsmenge, die wir im Laufe des Lebens durch die Sinne erwerben können, klein ist verglichen mit der Menge
dieses ererbten Hintergrunds an Potentialitäten. Jedenfalls gibt es zwei
große Quellen unserer Information: das, was durch genetische Vererbung
erworben ist, und das, was wir uns während unseres Lebens aneignen.
Ferner ist alles Wissen, ob ererbt oder erworben, historisch eine Modifikation früheren Wissens; und alles erworbene Wissen kann Schritt für
Schritt auf Modifikationen angeborenen oder instinktiven Wissens zurückverfolgt werden. Der Wert erworbener Information beruht fast restlos auf unserer angeborenen Fähigkeit, sie in Verbindung mit unserem
unbewußten, ererbten Wissen und vielleicht auch zu dessen Korrektur zu
nutzen.

Natürlich ist der größte Teil der erworbenen, durch die Sinne erhalte-
nen Information ebenfalls unbewußt. Weitgehend bewußt erworbenes
und eine Zeitlang bewußt bleibendes Wissen ist das theoretische Wissen
der Welt 3, das das Ergebnis der Konstruktion von Theorien und besonders der kritischen Korrektur unserer Theorien ist. Das ist ein Vorgang,
bei dem Welt 2 und Welt 3 in Wechselwirkung treten (siehe Abschnitt
13). Wir werden also zu der Annahme gedrängt, daß *völlig bewußte gei-
stig-verstandesmäßige Tätigkeit weitgehend auf diese Wechselwirkung zwischen Welt 2 und Welt 3 angewiesen ist.*

Bei der Entdeckung von neuen Problemen der Welt 3 und der Erfindung neuer Theorien der Welt 3 scheint unbewußte Erkenntnis (die viel-

---

[2] John C. Eccles, Cerebral Synaptic Mechanisms, in: ders. (Hg.), [1966], S. 54.

leicht als »Intuition« bewußt wird) eine äußerst wichtige Rolle zu spielen. Die Hauptfunktion der durch Welt 3 vollzogenen Vergegenständlichung ist jedoch die, unsere Theorien bewußter Fehleraufdeckung zugänglich zu machen: der Kritik. Und obwohl das, was unser »kritischer Scharfsinn« genannt werden kann, weitgehend unbewußte Erkenntnis sein mag, müssen die zu kritisierende Theorie und vielleicht auch unsere kritischen Argumente bewußt und sprachlich formulierbar sein: Unsere Vermutungen der Welt 3 setzen wir der Auslese durch *bewußte* Kritik aus.

Es gibt einen wichtigen Unterschied zwischen »Wissen« im subjektiven, persönlichen Sinn, d. h. im Sinn von Welt 2, und »Wissen« im objektiven Sinn oder im Sinn von Welt 3, in der Bedeutung von »das, was bekannt ist«, oder im Sinne der Inhalte der Ergebnisse von Tradition und Forschung. Dieser Unterschied, das sollte ich vielleicht betonen, betrifft Tatsachen oder, wenn man so will, eher Dinge als den Sprachgebrauch. Mit dieser Unterscheidung möchte ich auf einige wichtige Unterschiede zwischen diesen beiden Arten von »Wissen« aufmerksam machen.[3]

Einige Philosophen haben mich allerdings im Falle des Sprachgebrauchs beim Wort genommen; und von einigen bin ich kritisiert worden; sie haben gesagt, daß mein Sprachgebrauch dem der Umgangssprache widerspricht. Sie haben behauptet, daß »Wissen« in der Umgangssprache nie das bedeute, was ich »Wissen im objektiven Sinn« nenne. Diese Kritik ist in zwei Punkten falsch. Erstens ist es für meinen Standpunkt irrelevant, ob die Unterscheidung, die ich vorschlage, im deutschen oder englischen Sprachgebrauch existiert oder nicht – oder auch in irgendeiner anderen Sprache. Zweitens glaube ich, daß die Kritik am Sprachgebrauch tatsächlich falsch ist. Zugegeben, das deutsche Zeitwort »wissen« wird mit dem Personalpronomen »ich« fast ausschließlich im subjektiven Sinne gebraucht; aber Wendungen wie »Man weiß, daß ...« oder »Es gehört zum allgemeinen Wissen, daß ...« werden oft verwendet, um auf die *Gehalte* oder den *Inhalt* einer Tradition oder gewisser Forschungsergebnisse zu verweisen. Erzbischof Whately hat allerdings den grundlegenden subjektiven Sprachgebrauch für das Englische richtig so beschrieben: »Wissen bedeutet den festen Glauben ... an das Wahre ... aus zureichenden Gründen.« Doch das *Oxford English Dictionary,* aus dem dieses Zitat entnommen ist, beschäftigt sich mit *zwei* Bedeutungen des Wortes »Wissen«, abgeleitet aus dem Verb »wissen«; der erste, »die Tatsache oder Bedingung des Wissens«, entspricht dem Sinn von Welt 2; aber es gibt noch einen zweiten: »Der Gegenstand des Wissens, das, was man weiß, oder was zum Wissen gemacht wird«; und das entspricht der Bedeutung meiner Welt 3. Ich würde allerdings hinzufügen, daß die Hauptkategorie unter

---

[3] Popper [1973 (a)].

der Überschrift »Die Summe dessen, was gewußt wird« mir nicht dem
objektiven oder dem Sprachgebrauch von Welt 3 voll gerecht zu werden
scheint, denn wir können den Begriff »Wissen« auch verwenden, wenn
wir über einzelne Wissensbereiche sprechen, etwa über Ergebnisse gegenwärtiger Forschungen zur Nerventaubheit, wie sie in Fachbüchern und
-zeitschriften bekannt gemacht werden.

Von Bedeutung ist, daß es gar keinen Selbstwiderspruch gibt, wenn
man sagt, daß *wissenschaftliches Wissen* oder auch *historisches Wissen*
zum größten Teil oder völlig aus Hypothesen oder Vermutungen besteht
und weniger aus einem Katalog bekannter und gutbegründeter Wahrhei-
ten.[4] Daß ich das objektive und auf Vermutung gegründete, wissenschaftliche Wissen betone, heißt in keiner Weise, daß ich die Bedeutung persönlicher Erlebnisse der Welt 2 leugnete, die diejenigen haben, die wissenschaftliche Vermutungen anstellen. Im Gegenteil, wenn ich die Bedeutung von Welt 3, von den objektiven Erzeugnissen des menschlichen Geistes betone, so kann das sehr wohl zu größerem Respekt für den subjektiven Geist oder Intellekt derer führen, die die Schöpfer dieser Welt 3 sind.

Ein Wort soll in diesem Zusammenhang noch über Intelligenz-Unter-
schiede gesagt werden.

Wahrscheinlich gibt es angeborene Unterschiede der Intelligenz. Aber
es scheint fast unmöglich, daß etwas so Vielseitiges und Komplexes wie
das angeborene menschliche Erkenntnisvermögen und die Intelligenz
(Auffassungsgeschwindigkeit, Tiefe des Verständnisses, Kreativität, Klarheit der Darstellung *etc.*) durch eine eindimensionale Funktion wie den
»Intelligenzquotienten« (IQ) gemessen werden kann. Peter Medawar
schreibt dazu:

»Man muß kein Physiker oder auch kein Gärtner sein, um zu begreifen, daß die Beschaffenheit einer so vielfältigen und komplexen Sache wie
der Erdboden auf einer großen Zahl von Variablen beruht. Tatsächlich
aber wurde die Jagd nach einwertigen Kennzeichnungen von Bodenbe-
schaffenheiten erst in den letzten Jahren aufgegeben.«[5]

Der einwertige IQ ist noch lange nicht aufgegeben, wenn auch eine
Kritik wie die obige langsam und spät zu Versuchen führt, Eigenschaften
wie »Kreativität« zu untersuchen. Der Erfolg dieser Bemühung ist höchst
zweifelhaft: Kreativität ist ebenfalls vielseitig und komplex.[6]

So ist es durchaus möglich, daß ein intellektueller Riese wie Einstein
einen vergleichsweise niederen IQ gehabt haben könnte, und daß unter
Leuten mit einem ungewöhnlich hohen IQ solche Begabungen, die zu

---

[4] Siehe meine Autobiographie [1974 (b)], S. 87 und [1976 (g)], S. 110.
[5] Peter Medawar [1974 (b)], S. 179; siehe auch ders. [1977].
[6] Siehe John Beloff [1973], S. 186–97 und 207–9 und die dortigen Literaturhinweise.

kreativen Errungenschaften der Welt 3 führen, ganz selten sein können; ebenso kann es vorkommen, daß ein ansonsten hochbegabtes Kind an Legasthenie leidet. (Ich habe selbst ein IQ-Genie gekannt, das alles andere als überragend war.)

Es ist auch durchaus möglich, daß bei den meisten normalen Leuten angeborene Begabungsunterschiede vergleichsweise unerheblich sind – verglichen mit der ungeheuren intellektuellen Leistung fast aller Kinder, im frühen Alter durch aktive Bemühungen einen Dialekt mit all seinen Kompliziertheiten zu erlernen.

35. Bewußtsein und Wahrnehmung

Dem psychologischen Sensualismus oder Empirismus zufolge ist es die zugeführte Menge an sensorischen Informationen, von der unser Wissen und vielleicht sogar unsere Intelligenz abhängen. Diese Theorie wird nach meiner Ansicht durch einen Fall wie den von Helen Keller widerlegt, deren Input an sinnlichen Informationen – sie war blind und taub – sicherlich weit unter dem normalen lag, deren intellektuelle Kräfte sich jedoch von dem Augenblick an erstaunlich entwickelten, in dem man ihr die Möglichkeit bot, eine symbolische Sprache zu erlernen. Sie scheint sogar bis zu einem gewissen Grad gelernt zu haben, mit Hilfe der Augen und Ohren ihrer Lehrerin zu »sehen« und zu »hören«, mit der sie in engem taktilen (und symbolischen) Kontakt stand.

Ihre sprachlichen Erfolge hingen für sie mit einem starken und unvergeßlichen Glückserlebnis zusammen und mit einem Gefühl der Dankbarkeit. Das waren starke bewußte Erlebnisse, die aber nichts mit Sinneswahrnehmung zu tun hatten. Es war nicht die Berührung der Hand ihrer Lehrerin, die sie glücklich machte, sondern die plötzliche Einsicht, daß eine bestimmte Folge von Berührungen ein *Name* bedeutete, der Name für Wasser. Ein anderes starkes bewußtes Erlebnis hatte sie später, als sie – ungerechterweise – des Plagiates beschuldigt wurde.

Ich glaube, es ist eine schlechte philosophische Angewohnheit, daß man Sinneswahrnehmungen, besonders visuelle, als beispielhaft für bewußte Erfahrungen nimmt. (Siehe Abschnitt 24.) Diese Angewohnheit bildete sich unter dem Einfluß des traditionellen Empirismus des gesunden Menschenverstandes heraus. Die Tradition ist gut zu verstehen: Ich *weiß*, daß ich bewußt bin; doch *wie kann ich mir das selbst klarmachen?* Das Problem wird ganz einfach dadurch gelöst, daß man bloß einen nahegelegenen Gegenstand ansieht, und zwar *bewußt.* Die Lösung ist also ganz leicht zu finden. Tatsächlich aber wird sie zu leicht gefunden. Sie läßt mich leicht übersehen, daß ich nicht nur einen *Sinneseindruck erfahren* habe, sondern daß ich bewußt ein *Problem gelöst* habe; daß ich wahrscheinlich die ganze Zeit Sinneseindrücke hatte (aber vielleicht nur unbewußte oder jedenfalls keine voll bewußten), bis ich mit dem *Problem* konfrontiert wurde, wie ich mir beweisen könnte, daß ich bewußt war. Es ist dieses intellektuelle Erfassen des Problems und dessen bewußte Lösung, die mir eigentlich die Tatsache des Bewußtseins klargemacht haben; und die bewußte visuelle Erfahrung war nur ein bequemes Mittel, das als Teil des Vorgangs diente.

Der englische Empirismus – Locke, Berkeley, Hume – begründete jedoch die Tradition, Sinneswahrnehmung für das wichtigste oder sogar das einzige Beispiel einer bewußten Erfahrung und einer Erfahrung des Erkennens zu halten. Folglich konnte Hume bestreiten, daß er außer der Tatsache, daß er sich seiner Wahrnehmungen oder seiner Erinnerungen an Wahrnehmungen bewußt war, sich so etwas wie eines Ichs bewußt sei.[1] Ich meine, wir sollten uns beizubringen versuchen, als Beispiele für bewußte Erfahrung etwa folgendes zu nehmen: die Bewunderung und das Vergnügen an einer glänzenden Formulierung oder das Erlebnis hilfloser Gereiztheit, wenn wir einem schwerwiegenden Problem gegenüberstehen (Wie können wir das Wettrüsten beenden? Wie können wir den Bevölkerungszuwachs bremsen?) oder unsere Anstrengungen, Versuche und Widerlegungen beim Lesen, Nachlesen, Interpretieren und Neu-Interpretieren einer schwierigen Stelle in einem alten Buch.

36. Die biologische Funktion bewußter und intelligenter Tätigkeit

Ich schlage vor, die Evolution des Bewußtseins und bewußter intelligenter Anstrengung, dann die Evolution der Sprache und des Denkens – und der Welt 3 – teleologisch zu betrachten, so wie wir auch die Evolution körperlicher Organe teleologisch betrachten, nämlich als bestimmten Zwecken dienend und als etwas, was sich unter bestimmten Selektionsdrucken entwickelt hat. (Vergleiche Abschnitt 25.)

Das Problem kann folgendermaßen formuliert werden. Ein Großteil unseres zweckgerichteten Verhaltens und vermutlich auch des zweckgerichteten Verhaltens von Tieren vollzieht sich ohne Einmischung des Bewußtseins.[1] Welche biologischen Leistungen werden dann aber vom Bewußtsein unterstützt?

---

[1] Siehe Abschnitt 29.
[1] So sagt John Beloff [1962]: »... alle Reflexabläufe, von denen gelungenes Sehen abhängt: Linsenakkomodation, Pupillenkontraktion, binokuläre Konvergenz, Augenbewegung etc., laufen auf unbewußtem Niveau ab.«

Ich schlage als eine erste Antwort vor: die Lösung von *Problemen nicht-routinemäßiger Art*. Probleme, die durch Routine gelöst werden, erfordern kein Bewußtsein. Das erklärt, warum intelligentes Sprechen (oder noch besser Schreiben) ein so gutes Beispiel für eine bewußte Leistung ist (natürlich hat diese unbewußte Wurzeln). Wie oft hervorgehoben wurde, ist es eines der Kennzeichen menschlicher Sprache, daß wir fortlaufend neue *Sätze* produzieren – nie zuvor formulierte Sätze – und daß wir sie verstehen. Im Gegensatz zu dieser größeren Leistung benutzen wir fortgesetzt *Worte* (und natürlich Phoneme), die routinemäßig immer wieder verwendet werden, wenn auch in einem höchst vielfältigen Zusammenhang. Wer fließend spricht, produziert die meisten Worte unbewußt, ohne ihnen Aufmerksamkeit zu schenken, ausgenommen da, wo die Wahl des besten Wortes ein Problem darstellt – ein neues Problem, das nicht durch Routine zu lösen ist. »Tatsache ist nur, daß *Neu*situationen und die auf sie folgenden *Neu*reaktionen im Lichte des Bewußtseins stehen«, schreibt Erwin Schrödinger, »alteingeübte dagegen nicht mehr.«[2]

Eine ganz ähnliche Vorstellung von der Funktion des Bewußtseins ist die folgende: Bewußtsein ist nötig, damit neue Ansichten oder Theorien kritisch ausgelesen werden – wenigstens auf einer gewissen Abstraktionsstufe. Wenn irgendeine Ansicht oder Theorie unter bestimmten Bedingungen unverändert erfolgreich ist, dann wird ihre Anwendung nach einer gewissen Zeit zu einer Routineangelegenheit und unbewußt. Ein unerwartetes Ereignis aber zieht die Aufmerksamkeit auf sich und regt damit Bewußtsein an. Wir merken das Ticken einer Uhr oft gar nicht, aber wir »hören«, wenn sie aufhört zu ticken.

Wir können natürlich nicht wissen, inwieweit Tiere bewußt sind. Aber etwas Neuartiges kann auch ihre Aufmerksamkeit erregen, oder genauer, es kann ein Verhalten hervorrufen, das viele wegen seiner Ähnlichkeit mit menschlichem Verhalten als »Aufmerksamkeit« beschreiben und als bewußt deuten.

Aber die Rolle des Bewußtseins ist vielleicht da am klarsten, wo ein Ziel oder Zweck (vielleicht nur ein unbewußtes oder instinktives Ziel oder ein instinktiver Zweck) durch *alternative Mittel* erreicht werden kann und wenn zwei oder mehrere Mittel nach reiflicher Überlegung ausprobiert werden. Das ist ein Fall einer neuen Entscheidung. Der klassische Fall ist

---

[2] [1959], S. 4f. Schrödinger ging tatsächlich noch weiter: Er meinte, daß jedesmal, wenn irgendein Organismus auf ein neues Problem stößt, ein bewußter Lösungsversuch folgt. Diese Theorie geht zu weit, wie von Peter Medawar [1959] in einer Besprechung von Schrödingers Buch [1958] gezeigt wurde. Medawar weist darauf hin, daß das Immunsystem fortgesetzt neuen Problemen gegenübersteht; aber es löst sie unbewußt. Medawar hat mir einen Briefwechsel zwischen Schrödinger und ihm selbst gezeigt, in dem Schrödinger zugibt, daß Medawar ein Gegenbeispiel zu Schrödingers Theorie gebracht hat. Siehe auch Fußnote 1 zu Abschnitt 38 und Text.

natürlich Köhlers Schimpanse »Sultan«, der einen Bambusstock in einen anderen steckte, um nach vielen Versuchen das Problem zu lösen, eine außer seiner Reichweite liegende Frucht zu erreichen: eine Umwegstrategie beim Problemlösen. Eine ähnliche Situation ist die Wahl eines Programms außerhalb der Routine oder eines neuen Ziels, wie der Entschluß, die Einladung zu einer Vorlesung außer den vielen vorliegenden Arbeiten anzunehmen oder nicht anzunehmen. Die Zusage und der Eintrag in den Terminkalender sind Gegenstände der Welt 3, die unser Handlungsprogramm festlegen; und die allgemeinen Prinzipien, die wir vielleicht für die Zu- oder Absage solcher Einladungen entwickelt haben, sind ebenfalls Programme, die auch zu Welt 3 gehören, wenn auch womöglich auf einer höheren hierarchischen Stufe.

37. Die integrative Einheit des Bewußtseins

Vom biologischen Standpunkt aus ist es, besonders im Fall höherer Tiere, der individuelle Organismus, der um sein Dasein kämpft, sich entspannt, neue Erfahrungen und Fertigkeiten erwirbt, der leidet und endlich stirbt. Bei höheren Tieren »integriert« (um Sherringtons Ausdruck zu verwenden[1]) das Zentralnervensystem alle Aktivitäten des einzelnen Tieres und, wenn ich so sagen darf, all seine »Passivitäten«, die *einige* »Reflexe« einschließen. Sherringtons berühmte Theorie von »der einheitstiftenden Tätigkeit des Nervensystems« wird vielleicht am besten durch die zahllosen Nervenvorgänge veranschaulicht, die zusammenwirken müssen, damit ein Mensch ruhig aufrecht stehen kann.

Sehr viele dieser integrativen Vorgänge oder Tätigkeiten laufen automatisch und unbewußt ab. Einige jedoch nicht. Zu diesen gehört vor allem die Wahl der Mittel für bestimmte, oft unbewußte Zwecke; also das Fällen von Entscheidungen, die Auswahl der Programme.

Das Entscheiden oder Programmieren ist zweifellos eine biologisch wichtige Funktion jener Instanz, die das Verhalten von Tieren oder Menschen regelt oder kontrolliert. Es ist im wesentlichen eine einheitstiftende Tätigkeit im Sinne Sherringtons[1]: Es verbindet das Verhalten in verschiedenen Augenblicken mit Erwartungen oder Absichten, oder anders gesagt: Es stellt eine Beziehung her zwischen gegenwärtigem Verhalten und bevorstehendem oder zukünftigem Verhalten. Und es leitet die Aufmerksamkeit dadurch, daß es auswählt, was wichtig ist und was zu vernachlässigen ist.

---

[1] C. Sherrington [1906], [1947].

Meine erste Vermutung ist, daß das Bewußtsein aus vier biologischen Funktionen hervorgeht: aus Schmerz, also einem warnenden Gefühl, und einem bestätigenden Gefühl, aus Aufmerksamkeit und Erwartung, wenn diese enttäuscht wird. Vielleicht entsteht Aufmerksamkeit aus primitiven Erlebnissen von Schmerz und Vergnügen. Aber Aufmerksamkeit ist als Phänomen fast identisch mit dem Bewußtsein: Selbst Schmerzen können manchmal verschwinden, wenn die Aufmerksamkeit abgelenkt und auf etwas anderes gerichtet wird.

Die Frage erhebt sich: Inwieweit können wir die individuelle Einheit unseres Bewußtseins oder unseres Ichseins durch die biologische Situation erklären? Also durch den Hinweis auf die Tatsache, daß wir Lebewesen sind, Tiere, in denen sich sowohl der Instinkt für individuelles Überleben als auch natürlich ein Instinkt für kollektives Überleben entwickelt haben.

Konrad Lorenz schreibt über den Seeigel: »Der Mangel einer höheren Kommandostelle macht es für solche Wesen unmöglich, eine von mehreren potentiell möglichen Verhaltensweisen total unter Hemmung zu setzen und sich zu einer anderen zu ›entschließen‹. Eben dies ist aber, wie Erich von Holst am Regenwurm so überzeugend demonstriert hat, die ursprünglichste und wichtigste Leistung eines ›gehirnähnlichen‹ Zentrums.« Dazu muß die entsprechende Situation dem zentralen Organ auf eine gemäße Weise signalisiert werden (das heißt sowohl in realistischer als auch – durch Unterdrückung der unwichtigen Aspekte der Situation – in idealisierender Weise). So muß ein einheitliches Zentrum einige der möglichen Verhaltensweisen hemmen und nur jeweils eine einzige Verhaltensweise zum Zuge kommen lassen: eine Verhaltensweise, so sagt Lorenz, »die unter den augenblicklich obwaltenden Umständen ihre Arterhaltungsleistung entfalten kann ... Je mehr Verhaltensmöglichkeiten einem Wesen zur Verfügung stehen, desto vielseitigere und ›höhere‹ Leistungen werden naturgemäß von dem sie gewissermaßen verwaltenden Zentralorgan gefordert.«[2]

(1) Der individuelle Organismus – das Lebewesen – ist also eine Einheit;

(2) jede der verschiedenen Verhaltensweisen – d.h. die einzelnen Bestandteile des Verhaltensrepertoires – ist eine Einheit, während das gesamte Repertoire eine Gruppe sich gegenseitig ausschließender Alternativen bildet;

(3) das zentrale Kontrollorgan muß als eine Einheit wirken (oder vielmehr, es wird als solche erfolgreicher sein).

Diese drei Punkte zusammen, (1), (2) und (3), machen selbst aus einem Tier einen aktiven, problemlösenden *Handlungsträger*: Das Tier

---

[2] K. Lorenz [1976], S. 46f.

versucht stets aktiv seine Umwelt zu kontrollieren, entweder in einem
positiven Sinn oder, wenn es »passiv« ist, in einem negativen Sinn. Im
letzteren Fall unterwirft es sich den Einwirkungen einer (oft feindlichen)
Umwelt, die weitgehend außerhalb seiner Kontrolle liegt; oft hat es nur
die Möglichkeit, diese zu erleiden. Doch selbst wenn es sich nur betrachtend verhält, ist es aktiv betrachtend. Es ist niemals nur die Summe seiner
Eindrücke oder seiner Erlebnisse. Unser Bewußtsein (und ich wage zu
sagen, auch das Bewußtsein der Tiere) ist niemals nur ein »Bewußtseins-
strom«, ein Strom von Erlebnissen. Unsere aktive Aufmerksamkeit ist
vielmehr in jedem Augenblick genau auf die wesentlichen Aspekte der
Situation gerichtet, die durch unseren Wahrnehmungsapparat, dem ein
Selektionsprogramm einverleibt ist, ausgewählt und abstrahiert werden;
ein Programm, das dem uns verfügbaren Repertoire von Verhaltensreak-
tionen angepaßt ist.

Bei der Besprechung Humes stießen wir auf die Auffassung, daß es
kein Ich außerhalb des Stroms unserer Erlebnisse gibt, sodaß das Ich
nichts als ein Bündel von Erlebnissen darstellt. Diese Theorie[1] halte ich
nicht nur für unwahr, sondern durch die Experimente von Penfield eigentlich für widerlegt. Penfield hatte gezeigt, daß das Selbstbewußtsein seines
Patienten nicht von den wachgerufenen Wahrnehmungserlebnissen, sondern vom momentanen Standort bestimmt wurde.

Die Bedeutung dieses Standorts ist etwas, ohne das wir nicht zusammen-
hängend handeln können. Daß wir wissen wollen, wo wir in Raum und
Zeit sind, daß wir uns auf unsere Vergangenheit und die unmittelbare
Zukunft mit ihren Zielen und Zwecken beziehen und daß wir versuchen,
uns im Raum zu orientieren, ist Teil unserer Ich-Identität.

Das ist von einem biologischen Standpunkt aus alles gut verständlich.
Das Zentralnervensystem hatte von Anfang an die Hauptfunktion, den
sich bewegenden Organismus zu *steuern* oder zu *leiten*. Das Wissen um
seinen Standort (die Lage seines Körperbildes) im Verhältnis zu den biologisch bedeutsamsten Aspekten der Umwelt ist eine unerläßliche Vorbedingung für diese Leitfunktion des Zentralnervensystems. Eine andere
derartige Vorbedingung ist die zentralisierte Einheit des Steuerorgans,
des Entscheidungsträgers, der, nach Möglichkeit, einige seiner Aufgaben
auf eine hierarchisch niedere Verantwortungsstufe, auf einen der vielen
unbewußten einheitschaffenden Mechanismen abwälzt. Zu diesen abge-
schobenen Aufgaben gehören nicht nur exekutive Aufgaben (etwa die,
die Körperbalance aufrecht zu erhalten), sondern auch der Informations-
erwerb: Information wird selektiv gefiltert, bevor sie zum Bewußtsein

---

[1] Siehe Abschnitt 29.

zugelassen wird. (Siehe Kapitel E2.) Ein Beispiel dafür ist die Auslese der Wahrnehmung; ein anderes die Selektivität des Gedächtnisses.

Ich glaube nicht, daß das, was ich hier oder in den vorangegangenen Abschnitten gesagt habe, irgendein Geheimnis enthüllt; aber ich glaube, daß wir weder die Individualität noch die Einheit oder die Einmaligkeit des Ich oder unsere persönliche Identität für geheimnisvoll halten müssen; jedenfalls nicht für geheimnisvoller als die Existenz des Bewußtseins, die Existenz des Lebens und der individualisierten Organismen. Die Emergenz eines vollen, der Selbstreflexion fähigen Bewußtseins, das anscheinend mit dem menschlichen Gehirn und der Darstellungsfunktion der Sprache verbunden ist, ist eigentlich eines der größten Wunder. Wenn wir aber auf die lange Entwicklung der Individuation und der Individualität blicken, auf die Entwicklung eines Zentralnervensystems und auf die Einmaligkeit der Individuen (teils aufgrund genetischer Einmaligkeit, teils wegen der Einmaligkeit ihrer Erfahrung), dann erscheint die Tatsache, daß Bewußtsein, Intelligenz und Einheit mit dem biologischen individuellen Organismus (statt etwa mit dem Keimplasma) gekoppelt sind, nicht so überraschend. Denn es liegt am individuellen Organismus, ob das Keimplasma – das Genom, das Programm für das Leben – den Prüfungen standhält.

38. Die Kontinuität des Ich

Wir können vom Ich sagen, daß es sich, wie jeder lebende Organismus, über eine Zeitspanne erstreckt, grob gesagt von der Geburt bis zum Tod. Während das Bewußtsein durch Schlafperioden unterbrochen wird, halten wir unser Ich für kontinuierlich. Das heißt, wir identifizieren nicht unbedingt das Ich mit dem Bewußtsein: Es gibt unbewußte »Teile« des Ich. Die Existenz solcher »Teile« stört jedoch normalerweise nicht das, was wir (wie ich meine) alle als die Einheit und die Kontinuität des Ich kennen.

Das Ich oder das Ego ist oft mit einem Eisberg verglichen worden, d. h. das Unbewußte mit dem großen untergetauchten Teil des Eisbergs und das bewußte Ich mit dessen Spitze, die aus dem Wasser herausragt. Obwohl es hier kaum eine Möglichkeit zum Größenvergleich gibt, ist anscheinend doch das, was in jedem Augenblick ausgelesen, gefiltert und zum vollen Bewußtsein zugelassen wird, nur ein kleiner Teil dessen, worauf wir einwirken und das auf uns einwirkt. Das meiste, was wir »lernen«, was wir erwerben und in unsere Persönlichkeit, in unser Ich integrieren und beim Handeln oder Überlegen benutzen, bleibt unbewußt oder unterbewußt. Das ist durch interessante psychologische Experimente bestätigt

worden. Sie zeigen, daß wir immer bereit sind – in einigen Fällen ganz
unbewußt –, neue Fertigkeiten zu lernen, etwa die, etwas Unangenehmes
zu vermeiden (zum Beispiel einen Elektroschock[1]). Man kann annehmen,
daß solche unbewußten Fertigkeiten, etwas zu vermeiden, eine beträchtliche Rolle im Prozeß der Aneignung fast aller Fertigkeiten spielen, einschließlich der, eine Sprache zu sprechen.

Ich glaube, daß die Ansichten von Gilbert Ryle und D. M. Armstrong
erhebliches Licht auf das unbewußte Ich werfen können, das in der Tat
weitgehend anlagebedingt und wenigstens teilweise physisch ist. Es besteht aus Handlungs- und Erwartungs-Dispositionen: aus unbewußten Erwartungen. Unser unbewußtes Wissen könnte gut als eine Gruppe von
Handlungs-, Verhaltens- oder Erwartungs-Dispositionen beschrieben
werden. Es ist sehr interessant, daß diese unbewußten und dispositionalen
Zustände rückwirkend irgendwie bewußt werden können, dann nämlich,
wenn unsere Erwartung enttäuscht wird; man erinnere sich daran, daß wir
hören können, wenn die Uhr gerade zu ticken aufgehört hat. Es kann
bedeuten, daß ein neues, *unerwartetes Problem* auftaucht, das unsere Aufmerksamkeit erfordert. Das veranschaulicht eine der Funktionen des *Bewußtseins*.

Unsere unbewußten Dispositionen sind bestimmt sehr wichtig für unser
Ich. Vieles, was zur Einheit des Ich und insbesondere zu seiner zeitlichen
Kontinuität beiträgt, scheint unbewußt zu sein. Es gibt eine Art der Erinnerung – die Fähigkeit, sich an etwas zu erinnern, was uns in der unmittelbaren Vergangenheit zugestoßen ist –, die wie jede latente Erinnerung
unbewußt ist, jedoch ins Bewußtsein gerufen werden kann. Wir »wissen«
gewöhnlich mit beachtlichen Einzelheiten, was wir vor einer Minute getan
und erlebt haben, das heißt, wir wissen, wie wir es ins Bewußtsein zurückrufen können, *wenn wir das wollen*. Diese unbewußte Disposition ist es,
die dem Ich im normalen Zustand des Wachseins von einem Augenblick
zum andern Kontinuität verleiht.

Ich muß mich hier vom radikalen Materialismus oder vom radikalen
Behaviorismus distanzieren und betonen, daß diese unbewußten Dispositionen zur willkürlichen Erinnerung der unmittelbaren Vergangenheit
nicht Dispositionen zu einem *Verhalten* sind, nicht Dispositionen zu ir-

---

[1] Michael Polanyi gibt in den ersten drei Fußnoten seines Buches »The Tacit Dimension« [1967], S. 95–97 einige interessante Literaturhinweise zu diesem Thema. Siehe insbesondere: R. S. Lazarus und R. A. McCleary [1949], [1951]; C. W. Eriksen [1960]; R. F. Hefferline und T. B. Perera [1963]. Die meisten übernehmen eine Theorie der bedingten Reflexe, wie sie hier in Abschnitt 40 kritisiert wird. Die Frage, welche Fertigkeiten durch
bewußte Aufmerksamkeit erworben werden (siehe Abschnitt 36, S. 163) und welche unbewußt erworben werden können, sollte Gegenstand einer systematischeren theoretischen und
experimentellen Forschung sein.

gendeinem beobachtbaren Verhalten, sondern eher Dispositionen zum Wiedererleben einer Erfahrung. Das trifft nicht auf alle Arten des Gedächtnisses zu: die Fähigkeit, das Gehen, Radfahren oder Klavierspielen zu erlernen, besteht in der willentlichen Aneignung einer Verhaltens-Disposition; dabei können viele Verhaltensdetails vollkommen unbewußt bleiben.

Das alles deutet darauf hin, daß es mindestens zwei Arten von unbewußten dispositionalen Zuständen gibt, die das Ergebnis eines Lernprozesses sein können oder auch nicht:

(1) Dispositionen, etwas ins Bewußtsein zurückzurufen (was zu bewußten Handlungen führen kann oder nicht).

(2) Dispositionen zu unbewußtem Verhalten.

Es scheint, daß diese beiden Dispositionen in hohem Maße vom Ich abhängen. Die erste Art ist äußerst wichtig für das, was man als das Gedächtnis bezeichnen kann, das die potentielle Kontinuität des Ich oder das Kontinuität stiftende Gedächtnis hervorbringt.

Das Kontinuität stiftende Gedächtnis kann man sich als eine Art Reflektor vorstellen, der wahrscheinlich Nervenregelkreise oder etwas derartiges reflektiert. Man muß es allerdings in seiner biologischen Funktion verstehen. Es wird immer *theoretisch* interpretiert, im Lichte einer Theorie über unseren Standort in der Umwelt, die durch ein »Fühlen« unseres Körpers und seines Standortes in einer Art Modell oder Karte dargestellt wird. Auch diese Theorie wird unbewußt und dispositional vertreten, als eine Disposition zur Erinnerung unserer Beziehung oder Orientierung gegenüber solchen Objekten der Umwelt, die bei allen unseren Handlungen oder Erwartungen bedeutsam oder problematisch sein könnten.

So ist das aktive Ich durch Theorien oder Modelle der Welt 3, die wir aufgrund einer Disposition willentlich bewußt und klar machen können, im Raum orientiert und verankert. Ähnlich sind wir durch unsere Fähigkeit, uns der Vergangenheit zu erinnern durch unsere theoretischen Erwartungen und unsere Handlungsprogramme für die Zukunft in der Zeit festgelegt.

In dem Modell unserer Umwelt, das durch unsere Handlungsprogramme interpretiert und erhellt wird, zieht das Kontinuität stiftende Gedächtnis unbewußt eine raum-zeitliche Spur unserer unmittelbaren Vergangenheit, wie die Kondensstreifen eines Flugzeugs am Himmel oder die Spur von Skiern im Schnee; eine Spur, die nach einiger Zeit undeutlicher wird.

Das Kontinuität stiftende Gedächtnis muß von dem Gedächtnis unterschieden werden, das man durch ein *Lern*verfahren erwirbt. Dieses ist im wesentlichen Theorie-Bildung oder Ausbildung von Fertigkeiten durch

Handeln und Auslese, die zu unbewußten Erwartungs- und Handlungs-Dispositionen führen.

Ich habe in diesem Abschnitt die unbewußte Seite des Ichs und die dispositionalen Aspekte, vornehmlich des Gedächtnisses, hervorgehoben. Das sollte nicht mißverstanden werden. Ich halte das bewußte Ich für entscheidend wichtig, vor allem seine Beziehung zu Welt 3, zu der Welt unserer Theorien über uns und unsere Umwelt, einschließlich unserer Erwartungen und unserer Handlungsprogramme. Das alles kann die Form von Dispositionen annehmen; und diese Dispositionen stellen unser »Wissen« im subjektiven oder im Sinn von Welt 2 dar. Dieses dispositionale Wissen ist also Teil von uns, aber es besteht, zumindest teilweise, in Dispositionen zum »Erfassen« von Gegenständen der Welt 3, also von »Wissen« im objektiven Sinne.

39. Lernen aus Erfahrung: Die natürliche Auslese von Theorien

Das Ich verändert sich. Anfangs sind wir Kinder, dann wachsen wir heran, wir werden alt. Doch die Kontinuität des Ich garantiert, daß es in gewisser Hinsicht identisch bleibt (im Sinne von Kurt Lewins »Gen-Identität«). Und es bleibt zuverlässiger identisch als sein sich verändernder Körper (der ebenfalls »gen-identisch« in Lewins Sinne bleibt).[1] Das Ich verändert sich allmählich durch Altern und Vergessen; viel schneller noch durch Lernen aus Erfahrung. Nach der hier vertretenen Theorie lernen wir aus Erfahrung *durch Handeln und Auslese.* Wir handeln nach bestimmten Zielen oder Vorlieben und mit bestimmten Erwartungen oder Theorien, vor allem mit den Erwartungen, die Ziele zu verwirklichen oder sich ihnen zu nähern: Wir handeln aufgrund von Handlungsprogrammen. Nach meiner Theorie besteht das Lernen aus Erfahrung darin, unsere Erwartungen und Theorien und unsere Handlungsprogramme zu modifizieren. Es ist ein Prozeß der Modifikation und Auslese, insbesondere durch die Widerlegung, die Enttäuschung unserer Erwartungen. Organismen können dieser Auffassung nach aus Erfahrung nur dann lernen, wenn sie aktiv sind, wenn sie Ziele oder Vorlieben haben und wenn sie Erwartungen erzeugen. Da wir statt von Erwartungen auch von Theorien oder Aktionsprogrammen sprechen können, läßt sich auch sagen, daß wir lernen, indem wir unsere Theorien oder unsere Aktionsprogramme durch Auslese, das heißt durch Versuch und Fehlerbeseitigung modifizieren. Natürlich kön-

---

[1] Vgl. K. Lewin [1922].

nen sich unsere Ziele oder Vorlieben bei diesem Lernprozeß ebenfalls ändern, doch in der Regel sind solche Veränderungen selten und langsam, obwohl sie manchmal von der Art einer Bekehrung sein können.

Die hier skizzierte Theorie des Lernprozesses gilt sowohl für adaptatives Lernen auf der Stufe des tierischen Verhaltens (wo meine Theorie mit der alten Theorie des bedingten Reflexes in Widerspruch steht) als auch auf der Stufe der Bildung von objektivem Wissen, also zum Beispiel von wissenschaftlichen Theorien. Und sie gilt weitgehend für die Adaptation durch natürliche Auslese auf der fundamentalen Stufe, der Stufe genetischer Adaptation.

Auf allen drei Adaptationsstufen, auf der genetischen Stufe, der Verhaltensstufe, der Stufe wissenschaftlicher Theorienbildung, gehen adaptative Veränderungen immer von *gegebenen* Strukturen aus: Auf der genetischen Stufe ist die Struktur das Genom, die DNS-Struktur. Auf der Stufe tierischen und menschlichen Verhaltens besteht die Struktur im genetisch vererbten Repertoire möglicher Verhaltensformen und überdies in den durch Tradition weitergegebenen Verhaltensregeln. (Auf der Stufe menschlichen Verhaltens gehören einige dieser Strukturen zu Welt 3.) Auf der wissenschaftlichen Stufe besteht die Struktur aus den herrschenden tradierten wissenschaftlichen Theorien und aus offenen Problemen. Diese Strukturen oder Ausgangspunkte werden stets durch Unterweisung übermittelt: Das Genom wird *qua* Schablone und somit durch Unterweisung nachgebildet; die Tradition wird durch direkte Unterweisung und Imitation weitergegeben. Doch die neuen adaptativen Veränderungen in der ererbten Struktur spielen sich auf allen drei Stufen durch natürliche *Auslese* ab: durch Wettbewerb und durch Beseitigung untauglicher Vor-Versuche. Mehr oder weniger zufällige Mutationen oder Variationen geraten unter den Selektionsdruck des Wettbewerbs oder unter äußeren Selektionsdruck, der die weniger erfolgreichen Variationen eliminiert. Die konservative Kraft ist folglich *Unterweisung;* die evolutionäre oder revolutionäre Kraft ist Selektion, *Auslese.*[2]

Auf jeder Stufe geht die Anpassung von einer hochkomplexen Struktur aus, die (bildhaft, wenn wir die genetische Stufe im Sinn haben) als übermittelte Struktur hochkomplexer *Theorien* über die Umwelt oder als eine *Erwartungs*-Struktur beschrieben werden kann. Und Anpassung (oder adaptatives Lernen) besteht in einer Veränderung dieser hochkomplexen Struktur durch Versuchsmutationen und durch Auslese.

Diese Versuchsmutationen scheinen auf der genetischen Stufe völlig wahllos oder blind zu erfolgen. Auf der Verhaltensstufe sind sie nur

---

[2] Für eine ausführliche Analyse siehe Popper [1975 (p)], S. 72–101.

darum nicht völlig blind, weil sie durch das (in jedem Augenblick konstante) Hintergrundwissen, das die innere Struktur des Organismus miteinschließt, und durch die (relativ konstante) Zielstruktur und Präferenzstruktur des Organismus beeinflußt werden. Auf der Stufe der Theoriebildung in Welt 3 haben sie den Charakter eines planvollen Ins-Unbekannte-Tappen.

Anpassung auf der Verhaltens- und auf der wissenschaftlichen Stufe ist gewöhnlich *ein intensiver aktiver Prozeß.* Ich verweise auf das Spiel junger Tiere und auf jene Verhaltensweisen, die Pawlow »Orientierungsverhalten« und »Freiheitsverhalten« nennt. Ich glaube, daß Pawlow die Bedeutung dieser Verhaltensformen nicht gesehen hat (siehe auch den nächsten Abschnitt).[3] Diese Tätigkeiten sind weitgehend genetisch programmiert, können aber durch Umweltzwänge unterdrückt werden. Man erinnere sich an die Experimente von R. Held und A. Hein und die experimentellen Ergebnisse von Mark R. Rosenzweig und Mitarbeitern (auf die in Abschnitt 31 hingewiesen wurde). Im Falle solcher Zwänge versagt das Tier beim Lernen, und sein Gehirn wächst und reift nicht mehr. Das ungeheuer komplexe neue Wachstum von Gliazellen, Dendriten und synaptischen Verbindungen hängt, wie Rosenzweig und andere zeigen, von der Aktivität des Subjektes und seinem aktiven Kontakt mit einer reichhaltigen Umwelt ab.[4]

Auf der wissenschaftlichen Stufe sind es Entdeckungen, die revolutionär und kreativ sind, und sie sind gewöhnlich das Ergebnis intensiver Tätigkeit: einer neuen Art, Probleme zu sehen, das Ergebnis neuer Theorien, neuer experimenteller Ideen, neuartiger Kritik und neuer kritischer Überprüfungen. Auf allen drei Stufen besteht eine Wechselwirkung und ein Zusammenwirken von konservativen und revolutionären Tendenzen. Die konservativen Tendenzen bewahren und schützen eine ungeheuer komplexe strukturelle Leistung; die revolutionären Tendenzen fügen diesen komplexen Strukturen neue Varianten hinzu.

Bei keinem dieser Anpassungsvorgänge, durch die wir Neues lernen und entdecken, finden wir so etwas wie induktive Verfahren oder Entdeckung durch Induktion oder Wiederholung. Wiederholung spielt *allerdings* eine Rolle bei der Verhaltensanpassung, doch zum Entdecken trägt sie nichts bei. Sie hilft bestenfalls, das Entdecken im nachhinein zu einer unproblematischen und daher unbewußten Routineangelegenheit zu machen. So verhält es sich mit den zuvor erwähnten Fertigkeiten des Gehens, Radfahrens oder Klavierspielens. Wiederholung oder Übung führt nicht zum

---

[3] J. P. Pawlow [1927] [1972].
[4] M. R. Rosenzweig u. a. [1972 (a)]; P. A. Ferchmin u. a. [1975].

Erwerb neuer Anpassungen: Sie verwandelt neue Anpassungen in alte, in unproblematisches Hintergrundwissen und unbewußte Dispositionen.

Ich habe viel gegen den Mythos der Induktion durch Wiederholung geschrieben – ein Mythos, demzufolge wir eine Regelmäßigkeit dadurch entdecken, daß wir sie von wiederholten Beobachtungen oder Experimenten ableiten; hier will ich nur eines meiner Argumente noch einmal vorbringen, und zwar dieses:

Alle Beobachtungen und in noch höherem Maß alle Experimente sind *theorieimprägniert:* Sie sind Interpretationen im Lichte von Theorien. Wir beobachten nur das, was unsere Probleme, unsere biologische Situation, unsere Interessen, unsere Erwartungen und unsere Handlungsprogramme bedeutsam machen. Genauso wie unsere Beobachtungsinstrumente auf Theorien beruhen, so tun es schon unsere Sinnesorgane, ohne die wir nichts beobachten können. *Es gibt kein Sinnesorgan, dem nicht vorgreifende Theorien genetisch einverleibt sind.* Ein Beispiel (vergleiche Abschnitt 24) ist die Unfähigkeit des Frosches, eine in der Nähe sitzende, bewegungslose Fliege zu sehen: Sie wird nicht als mögliche Beute erkannt. Demnach sind unsere Sinnesorgane Ergebnisse von Anpassung – man kann sie Theorien nennen, oder sie enthalten Theorien: Theorien kommen vor der Beobachtung und können somit nicht die Ergebnisse wiederholter Beobachtungen sein.

Die Theorie von der Induktion durch Wiederholung muß somit ersetzt werden durch die Theorie der versuchsweisen Variation von Theorien oder von Handlungsprogrammen und deren kritischer Überprüfung durch die Überführung in die Praxis.[5]

Die Tatsache, daß unsere Organe Anpassungen sind und daher Regelmäßigkeiten »annehmen«, etwa Theorien, wird bei der Kritik der Reflextheorie, besonders des bedingten Reflexes, eine Rolle spielen.

40. Kritik der Theorie der nichtkonditionierten und konditionierten Reflexe

Eine ganz andere Theorie des adaptativen Lernens – die Reflextheorie und die eng damit verbundene Assoziationstheorie – ist seit Descartes, Locke und Hume über Jacques Loeb, Bechterew und Pawlow bis zum Begründer des Behaviorismus, J. B. Watson, und dessen Nachfolgern und sogar bis zur ersten Ausgabe [1906] von Sherringtons »*Integrative Action of the Nervous System*« vorherrschend, wenn Sherrington diese Theorie auch im Vorwort der zweiten Ausgabe von 1947 verwarf.

---

[5] Siehe Popper [1934 (b)], dt. Ausg., Tübingen [5]1973, besonders S. 3ff.; ders. [1963 (a)], besonders Kap. I; ders. [1972 (a)], [1974], besonders Kap. I.

Die Reflextheorie ist eine erklärende Verhaltenstheorie. Etwas vereinfacht und idealisiert kann sie kurz so beschrieben werden:

Tierisches Verhalten besteht aus Muskelreaktionen auf Reize. Der *Reiz* ist im einfachsten Falle eine Reizung oder Erregung eines Sinnesorgans, das heißt eines afferenten Nervs. Das Signal wird durch den afferenten Nerv zum Zentralnervensystem (Rückenmark und Gehirn) geleitet und dort *reflektiert;* das heißt, es erregt, vielleicht nachdem es im Zentralnervensystem verarbeitet worden ist, einen efferenten Nerv, der seinerseits für die Erregung und Kontraktion eines Muskels zuständig ist. Das verursacht die physische Bewegung eines Körperteils: eine *Verhaltensreaktion.*

Die Nervenverbindung vom gereizten zentripetalen Nerv zur Erregung des Muskels ist der Reflexbogen. Im denkbar einfachsten Fall würde der Reflexbogen aus zwei Neuronen bestehen, dem afferenten und dem efferenten und deren Verbindung, die Sherrington die »Synapse« nennt. Es ist klar, daß sich gewöhnlich einige Interneurone einschalten, die weder zum afferenten noch zum efferenten System, sondern zum Zentralnervensystem gehören.

Die Reflextheorie (Bechterew nennt sie »Reflexologie«) ist die These, daß im Prinzip jedes Verhalten durch das Zusammenwirken verhältnismäßig komplizierter Reflexbogen erklärbar ist.

Die Reflextheorie unterscheidet zwischen nichtkonditionierten oder angeborenen und konditionierten oder erworbenen Reflexen. Alles Lernen, insbesondere jedes adaptative Lernen, wird durch konditionierte Reflexe oder durch Konditionierung erklärt. Der grundlegende Vorgang der Konditionierung (»Pawlows Hund«) ist der: Nehmen wir einen nichtkonditionierten Reflex, wie die Reaktion des Speichelflusses bei einem Hund auf den optischen Reiz von etwas Eßbarem. Wenn ein akustischer Reiz, etwa das Läuten einer Glocke, den optischen Reiz mehrere Male begleitet, so führt der neue akustische Reiz nunmehr alleine zur Reaktion des Speichelflusses.

Der neue konditionierte Reflex (Glocke – Speichelfluß) kann »positiv verstärkt« werden, wenn man den Hund mit Futter belohnt, sobald er auf das Läuten der Glocke reagiert hat.

Es gibt auch eine Methode der »negativen Verstärkung«. Sie besteht darin, den Hund immer dann zu bestrafen (zum Beispiel durch einen elektrischen Schlag), wenn er nicht in der gewünschten Weise reagiert. Negative Verstärkung ist vor allem dann wirksam, wenn die konditionierte Reaktion eine *Ausweich-Reaktion* ist. Beispiel: Eine Glocke wird geläutet, kurz bevor der Hund einen Schlag auf sein rechtes Vorderbein erhält. Hebt er die Pfote, wenn die Glocke geläutet wird, erhält er keinen Schlag. Das Heben des rechten Vorderbeins beim Läuten der Glocke ist dann der neue oder konditionierte Reflex; der elektrische Schlag ist die negative Verstärkung.

Zur Kritik wollen wir zuvor sehen, wie die Reflextheorie des Lernens vom vorhin dargelegten Standpunkt aus erscheint.

Meiner Ansicht nach gibt es weder konditionierte noch nichtkonditionierte Reflexe. Meiner Auffassung nach *entwickelte* der aktiv an seiner Umwelt interessierte Pawlowsche Hund bewußt oder unbewußt *eine Theorie,* die er dann ausprobierte. Er entwickelte die wahre und offensichtliche Theorie oder Erwartung, daß es Futter gibt, wenn die Glocke läutet. Diese Erwartung löste seinen Speichelfluß aus – genauso wie durch die optische Wahrnehmung oder den Geruch des Futters die Erwartung geweckt wurde.

Wo liegt der Unterschied zwischen den beiden Interpretationen von Pawlows Experiment? Auf den ersten Blick möchte man vielleicht annehmen, daß sich Pawlows und meine Interpretation nur verbal voneinander unterscheiden; zudem könnte man meinen, Pawlows Interpretation sei einfach, meine kompliziert; und meine Interpretation sei anthropomorph, nicht aber die Pawlows.

Doch die beiden Interpretationen unterscheiden sich nicht nur verbal. Pawlows Interpretation sieht in dem Hund einen passiven Mechanismus, während meine Interpretation dem Hund ein aktives (wenn auch zweifellos unbewußtes) Interesse an seiner Umwelt, einen Erkundungsinstinkt zuschreibt. Pawlow stellte tatsächlich auch Erkundungsverhalten bei seinem Hund fest. Aber er sah nicht, daß dies kein »Reflex« in seinem Sinne war: nicht eine Reaktion auf einen Reiz, sondern eine allgemeine Haltung gegenüber seiner Umgebung, eine allgemeine Neugier und Aktivität, etwas wie ein Bergsonscher *élan vital,* doch womöglich erklärbar in darwinistischen Begriffen, da es ja ersichtlich viel zum Überleben des Organismus beitragen kann, wenn er aktives Erkundungsinteresse an der Struktur seiner Umwelt zeigt. Im Gegensatz dazu mußte Pawlow annehmen, daß alle biologisch wichtigen Regelmäßigkeiten, an die sich der Organismus anpassen kann, in Koinzidenzen bestehen, wie bei der Glocke und der Futterausgabe. Doch die Struktur unserer Umwelt, an die wir und an die auch Hunde sich anpassen müssen, hat keine Ähnlichkeit mit Humes ständig zusammentreffenden Eindrücken. Tiere und Menschen müssen ihren Weg finden und in einer Welt teils des Wechsels, teils des Beständigen für sich selbst sorgen. Eine Katze, die im Gras vor einem Mauseloch sitzt und geduldig wartet, reagiert nicht mechanisch auf einen »Reiz«, sondern führt ein Handlungsprogramm aus. Regen, Hagel und Schnee verändern die Welt für Vögel und für Säugetiere radikal, und ziemlich viele schaffen es sich anzupassen. Ratten passen sich, wie wir gesehen haben, an eine »reichhaltige Umwelt« an; und es ist wichtig, daß sie das nicht durch passive Trägheit, sondern durch erhöhte Aktivität tun. Es ist diese Aktivität, die ihr Gehirn wachsen läßt: offensichtlich ein Fall von Erkundungsdrang.

Ich sollte vielleicht auch betonen, daß von meinem Standpunkt aus etwas, was ein Reiz sein soll, auf das Handlungsprogramm und auf die aktive Umweltbeziehung des betreffenden Tieres bezogen sein muß. Ob etwas ein Reiz ist oder nicht, und welche Art von Reiz es darstellt, hängt von dem Tier und seinem augenblicklichen Zustand ab. (Vergleiche Abschnitt 24.)

Der von Pawlow angenommene Lernmechanismus ist zugegebenermaßen sehr einfach. Er ist viel einfacher, als jede Erklärung der Theorienbildung oder der Erwartungen sein könnte. Aber lebende Organismen sind nicht so sehr einfach, auch nicht ihre Anpassungen an die Umwelt.

Ich bin der Meinung, daß Organismen nicht passiv auf Wiederholung eines (oder mehrerer) Ereignisse warten, um ihrem Gedächtnis Regelmäßigkeiten oder regelmäßige Verbindungen einzuprägen oder aufzudrängen. Vielmehr versuchen die Organismen ganz aktiv, der Welt vermutete Regelmäßigkeiten (und damit Ähnlichkeiten) aufzudrängen.

Wir versuchen demnach, Ähnlichkeiten in unserer Welt zu entdecken, und zwar im Lichte von Gesetzmäßigkeiten oder Regelmäßigkeiten, die wir selbst versuchsweise eingeführt haben. Ohne auf Wiederholungen zu warten, machen wir Schätzungen, stellen Vermutungen an; ohne auf Prämissen zu warten springen wir zu Schlüssen. Diese müssen vielleicht aufgegeben werden; und wenn wir sie nicht rechtzeitig aufgeben, werden wir womöglich mit ihnen beseitigt. Genau diese Theorie aktiv angebotener Vermutungen und deren Widerlegung (durch eine Art natürlicher Auslese) möchte ich anstelle der Theorie der bedingten Reflexe vorschlagen und anstelle der Theorie, es gebe auf natürliche Weise wiederholbare Reize, die der Organismus zwangsläufig als dieselben ansehen müsse. Für uns sehen sich zwei Spatzen außerordentlich ähnlich, aber wohl kaum für Spatzen[1]).

Was hat nun die Theorie einer Welt 3 damit zu tun? Die vermuteten Regelmäßigkeiten, durch die wir eine Ordnung in unsere Welt zu bringen versuchen, eine Ordnung, der wir uns anpassen können, und die darauf beruhenden Ähnlichkeiten können uns vielleicht bewußt sein. Aber auch dann noch sind sie von dispositioneller Art und sind fast dauernd Teil unserer physischen Natur. Nur dadurch, daß wir sie sprachlich formulie-

---

[1] Vergleiche dazu Popper [1934(b)], [1963 (a)], Kapitel I, besonders S. 46–48; siehe auch Popper [1982(c)]; [1972(a)] S. 420–422; [1973(i)], [1974(e)], [1982(f)], S. 374ff.

ren, daß wir sie zu Gegenständen der Welt 3 machen, werden sie Gegenstände der Untersuchung, der Überlegung und der rationalen Kritik. Solange unsere Vermutungen Teil von uns selbst sind, ist die Wahrscheinlichkeit groß, daß wir mit ihnen sterben, falls sie nicht genügend angepaßt sind. Es ist eine der wichtigsten biologischen Funktionen von Welt 2, Theorien zu schaffen und bevorstehende Ereignisse geistig vorwegzunehmen; und es ist die wichtigste biologische Funktion von Welt 3, zu ermöglichen, daß diese Theorien widerlegt werden, daß unsere Theorien an unserer Stelle sterben.

Wir wollen jetzt die nichtkonditionierten Reflexe betrachten; etwa den berühmten Pupillenreflex, bei dem sich unsere Pupillen zusammenziehen, wenn das Licht heller wird, und sich erweitern, wenn es dunkler wird.

Das scheint ein gutes Beispiel für einen Reflex im Sinne der Reflextheorie zu sein. Und es ist nicht zu bestreiten, daß es durchweg dafür gehalten wird. Doch von meinem Standpunkt aus ist der darin beschriebene Vorgang Teil des genetisch determinierten Funktionierens eines Organs – des Auges –, das nur so zu verstehen ist, daß es ganz wie eine Theorie bestimmte Probleme löst, Probleme der Anpassung an eine sich verändernde Umwelt. Der Pupillenreflex löst das Problem, die Lichtmenge, die die Netzhaut erreicht, in bestimmten Grenzen zu halten. Auf diese Weise kann die Netzhaut empfindlicher auf das Licht reagieren, als wenn sie ungeschützt wäre, und sie bleibt dadurch selbst in ganz dämmerigem Licht einsatzfähig. Unsere Organe sind Problemlöser. Eigentlich sind alle Organismen hochaktive Problemlöser. Daß wir manchmal einen Reflexbogen benutzen, um unsere Probleme zu lösen, ist nicht überraschend. Doch die Reflextheorie, nach der alles Verhalten dem Reiz-Reaktions-Schema unterliegt, ist falsch und sollte aufgegeben werden.[2] Organismen sind Problemlöser und Erforscher ihrer Welt.

41. Über die verschiedenen Formen von Gedächtnis

Wie aus den vorigen Abschnitten zu ersehen ist, bin ich ein Gegner der Assoziationspsychologie und der auf Assoziation beruhenden Lerntheorie. Ich messe der Wiederholung vergleichsweise geringe Bedeutung bei, besonders der passiven Wiederholung (außer daß sie dazu führen kann, daß einige Handlungen automatisch vollzogen werden), große Bedeutung

---

[2] Eine interessante Kritik dieser Theorie findet sich bei Robert Efron [1966]. Er kritisiert hauptsächlich die Bedeutung der Theorie-Konzeptionen, während ich lieber die *Wahrheit ihrer Behauptungen* kritisiere. Eine weitere ausgezeichnete neuere Diskussion findet sich bei R. James [1977].

hingegen dem Handeln und der Interpretation im Lichte von Zielen, Zwecken und erklärenden Theorien.

Als ich etwa zehn Jahre alt war, entdeckte ich, daß ich lange Gedichte am besten auswendig lernen konnte, wenn ich sie zu *rekonstruieren* versuchte. Ich war von den Ergebnissen dieser Methode höchst überrascht. Die Methode bestand in dem Versuch, die Struktur und die Vorstellungswelt des Gedichtes zu verstehen und es dann, ohne auf den Text zu schauen, zu rekonstruieren und mir dabei die Stellen zu merken, die unklar waren. Erst als das Ganze rekonstruiert und die unklaren Stellen auf ein Minimum reduziert waren, las ich sie nach. Das genügte gewöhnlich, obwohl ich nicht gut auswendig lernen konnte, bevor ich diese Methode erfand; auch diese Methode der Rekonstruktion war keineswegs leicht. Es kam mir darauf an, mechanische Wiederholung durch Konstruktion und somit durch Problemlösen zu ersetzen.

Ein Aspekt dieser Erfahrung war die starke Empfindung, daß diese Rekonstruktions-Methode Fähigkeiten anregte, die völlig anders waren als diejenigen, die der mehr mechanischen Methode der Wiederholung zugrunde lagen. Sie richtete sich mehr an das Verständnis als an das »mechanische Gedächtnis«. Sie war mehr aktiv als passiv, und sie ähnelte fast der Aktivität beim Lösen einer Gleichung.

Seither merkte ich, daß es wohl eine Anzahl höchst verschiedener Strukturen gab, die man unter dem Begriff »Gedächtnis« zusammenfassen sollte.

Ich nehme an, daß die älteste Theorie über einen Gedächtnismechanismus von Descartes stammt. Sie ist darum interessant, weil sie in die hochmoderne Theorie des Langzeitgedächtnisses »übersetzt« werden kann, und zwar so: Wo wir von einem (elektrischen) Nervenimpuls sprechen, spricht Descartes vom Fluß der Lebensgeister. Wo wir von einer Synapse oder einer synaptischen Umschaltstelle sprechen, spricht Descartes von Poren, durch die die Lebensgeister fließen können. Wo wir die Spuren oder Engramme des Langzeitgedächtnisses als Gruppen von synaptischen Endkolben vermuten, die durch Gebrauch vergrößert werden und damit eine Zunahme synaptischer Wirksamkeit bewirken, sagt Descartes, daß »diese Spuren (Engramme) nichts als die Tatsache sind, daß die Poren des Gehirns, durch die die Geister früher geflossen sind ... auf diese Weise eine verbesserte Eignung erworben haben als die anderen, noch einmal durch die Lebensgeister geöffnet zu werden, die zu ihnen hinfließen ...«.[1]

In jüngerer Zeit ist diese Descartessche Theorie erweitert (1) und modifiziert (2) worden; und eine beträchtliche Menge empirischer Daten

---

[1] René Descartes [1649], Artikel XLII.

»über synaptische Plastizität« wurde zur Untermauerung der modifizierten Theorie gesammelt.[2]

(1) Die Lerntheorie des Synapsenwachstums, wie wir sie nennen könnten, ist durch eine Theorie erweitert worden, die die folgenden beiden Probleme löst: (a) Was ist der Mechanismus des Synapsenwachstums? (b) Was war der Mechanismus des Gedächtnisses, bevor die Synapsen Zeit zu wachsen hatten? Die Antwort auf diese beiden Fragen liegt in der Unterscheidung von Kurzzeitgedächtnis und Langzeitgedächtnis (siehe Eccles [1973]) oder in einer noch verfeinerten Unterscheidung zwischen Kurzzeit-, dazwischenliegendem Mittelzeit- und Langzeitgedächtnis, wie es in Kapitel E8 behandelt wird. (Siehe vor allem Abbildung E8–7.) Die grundlegende Idee ist die: Jede Erfahrung führt zu Wiederholungsregelkreisen im Gehirn (ein dynamisches Engramm, könnte man sagen), die eine große Zahl von Synapsen beteiligen. Diese Wiederholungsregelkreise bilden das Kurzzeit- und/oder das Mittelzeit-Gedächtnis. Doch die Wiederholungsregelkreise erklären nicht nur das Kurzzeit- und das Mittelzeit-Gedächtnis, sondern auch das Wachstum der Synapsen, die das Langzeitgedächtnis bilden (das anatomische oder histologische Engramm). Denn die Wiederholungsregelkreise benutzen eine bestimmte Synapsengruppe; und es kann experimentell gezeigt werden (siehe Abbildung E8–3), daß die Wirksamkeit der Synapsen mit ihrem Gebrauch zunimmt; es gibt auch Hinweise darauf, daß die Synapsen selbst mit dem Gebrauch wachsen (Abbildung E8–4).

(2) Die wichtigsten neueren Abänderungen der Lerntheorie des Synapsenwachstums sind diese: Es gibt nicht nur ein Wachstum mancher Synapsen, vielmehr werden andere geschwächt oder beseitigt.[3] Außerdem scheint es auch noch andere, vielleicht untergeordnete Veränderungen zu geben: chemische Veränderungen (Holger Hydén [1959], [1964]) müssen am Synapsenwachstum beteiligt sein, (Eccles [1966 (b)], S. 340) und es gibt experimentelle Arbeiten, die auf ein Wachstum der Gliazellen hindeuten.

Diese Ergebnisse sind höchst interessant. Aber sie befriedigen mich nicht.

Ich bin nicht davon überzeugt, daß es genügt, zwischen zwei oder drei Gedächtnismechanismen nach der Dauer der Erinnerung zu unterscheiden, also nach ihrem Kurzzeit-, Mittelzeit- und Langzeitcharakter. Ich glaube, daß noch andere Mechanismen und andere Strukturen beteiligt sind. Ich vermute, daß Problemlösen und bloß passive Wiederholung einer Erfahrung wahrscheinlich nicht auf dieselbe Weise vor sich gehen,

---

[2] Vgl. John C. Eccles, Kap. E8 dieses Bandes, und ders., [1973].
[3] Siehe Mark K. Rosenzweig und andere [1972 (b)].

soweit es um das Gedächtnis geht. Diese Vermutung wird durch verschiedene experimentelle Ergebnisse bestärkt; zum Beispiel durch die Rolle der Aktivität bei den Experimenten mit jungen Katzen von Held und Hein [1963], die Eccles in Kapitel E8 behandelt, und die in Abschnitt 39 erwähnten Ergebnisse von Rosenzweig und Ferchmin.

Ich glaube, es ist nützlich, die Phänomene aufzuzählen, die unter dem Begriff »Gedächtnis« im weitesten Sinne zusammengefaßt werden können, damit man einen Überblick über die entsprechenden Probleme gewinnt.

Wir könnten mit dem vororganischen »Gedächtnis« beginnen, wie es bei einer Eisenstange mit der »Erfahrung« der Magnetisierung vorkommt oder bei einem wachsenden Kristall bei einem »Fehler«. Doch die Liste solcher vororganischer Effekte wäre lang und nicht sehr aufschlußreich.

(1) Der erste gedächtnisähnliche Effekt bei Organismen ist höchstwahrscheinlich die Beibehaltung des Programms für die Protein-(Enzym-)Synthese, kodiert im Gen (DNS oder vielleicht RNS). Es manifestiert sich unter anderem durch das Auftreten von Gedächtnisfehlern (Mutation) und durch die Tendenz solcher Fehler, sich fortzusetzen.

(2) Die angeborenen Nervenbahnen bilden wahrscheinlich eine Art von Gedächtnis, das aus Instinkten, Handlungsweisen und Fertigkeiten besteht.

(3) Neben diesem strukturellen oder anatomischen Engramm (2) gibt es ein weiteres angeborenes Gedächtnis funktioneller Art; dieses schließt anscheinend die angeborene Fähigkeit ein, verschiedene Funktionen zur Reifung zu bringen (Gehenlernen oder Sprechenlernen).

Das immunologische Gedächtnis kann hier ebenfalls erwähnt werden.

(4) Andere angeborene Lernfähigkeiten, die nicht so eng mit der Reifung verbunden sind, etwa die zum Schwimmen-Lernen, Malen-Lernen oder zum Lehren.

(5) Durch einen Lernprozeß erworbenes Gedächtnis

    (5.1) Aktiv erworben   (a) bewußt (b) unbewußt

    (5.2) Passiv erworben (a) bewußt (b) unbewußt

(6) Weitere Unterscheidungen, teilweise mit den vorigen kombinierbar:

    (6.1) Willentlich abrufbar

    (6.2) Nicht willentlich abrufbar (doch etwa ungerufen als »Erwartungswellen« auftauchend)

    (6.3) Manuelle Fertigkeiten und andere körperliche Fertigkeiten (Schwimmen, Skifahren)

    (6.4) Sprachlich formulierte Theorien

    (6.5) Lernen von Reden, Vokabeln, Gedichten

Es scheint keinen Grund dafür zu geben, daß die Prozesse zur Aneignung dieser verschiedenen Gedächtnisarten alle auf dem gleichen einfachen Mechanismus wie dem Synapsen-Wachstum durch wiederholten Gebrauch beruhen. Ferner basiert die Gedächtnisart, die ich in Abschnitt 38 »das Kontinuität stiftende Gedächtnis« genannt habe, wahrscheinlich auf einem Mechanismus, der sich von dispositionellem Wissen oder von einem durch aktives Problemlösen (oder durch Handeln und Auslese) gebildeten Gedächtnis stark unterscheidet.

(7) Das Kontinuität stiftende Gedächtnis. Hierzu gibt es mehrere interessante Theorien. Es ist oder scheint mit dem verwandt, was Henri Bergson [1896] »reines Gedächtnis« nennt (im Gegensatz zu »Gewohnheiten«), eine Aufzeichnung unserer gesamten Erlebnisse in der richtigen zeitlichen Reihenfolge. Diese Aufzeichnung wird allerdings nach Bergson nicht im Gehirn oder in irgendeinem anderen materiellen Substrat vorgenommen: Sie existiert als eine rein spirituelle Wesenheit. Die Funktion des Gehirns ist die eines Filters für das reine Gedächtnis, der verhindert, daß es sich unserer Aufmerksamkeit aufdrängt. Es ist interessant, diese Theorie mit den experimentellen Ergebnissen zu vergleichen, die von Penfield und Perot (1963) durch Reizung ausgewählter Regionen des freigelegten Gehirns wacher Patienten gewonnen wurden, wie sie von Eccles in Kapitel E8 beschrieben werden: Bergson hätte vielleicht behauptet, daß diese Experimente seine Theorie bestätigen, da sie ja die Tatsache einer vollständigen Aufzeichnung (wenigstens einiger) vergangener Erlebnisse belegen. Doch wie Eccles ausführt, gibt es solche Protokolle von nichtepileptischen Patienten nicht; außerdem reizte Penfield das Gehirn, statt es in seiner Funktion als Bergsonscher Filter zu hemmen. Es scheint mir immer noch am wahrscheinlichsten, daß die Kontinuität stiftende Erinnerung nicht vollständig gespeichert wird, weder im Bewußtsein noch im Gehirn, und daß Penfields erstaunliche Entdeckungen lediglich zeigen, daß bestimmte Splitter davon bei manchen Menschen vollständig gespeichert werden können – vielleicht nur bei Epileptikern. Die normale Erinnerung an vergangene Situationen ist natürlich nicht wie ein unmittelbares Wiedererleben, sondern eher die eines verschwommenen »Ich erinnere mich, daß« oder »Ich erinnere mich, wie«.

(8) Was den Prozeß des aktiven Lernens nach Versuch und Irrtum, durch Problemlösen oder durch Handeln und Auslese betrifft, so müssen wir, glaube ich, wenigstens zwischen den folgenden verschiedenen Stadien unterscheiden:

(8.1) Die aktive Erkundung, geleitet durch angeborenes und erworbenes »Wissen, wie« und durch (Hintergrund-) »Wissen, daß«.

(8.2) Die Bildung einer neuen Vermutung, einer neuen Theorie.

(8.3) Die Kritik und Prüfung der neuen Vermutung oder Theorie.

(8.4) Die Verwerfung der Vermutung und die Feststellung, daß sie nicht funktioniert. (»Nicht so.«)

(8.5) Die Wiederholung dieses Vorgangs von (8.2) bis (8.4) mit Abänderungen der ursprünglichen Vermutung oder mit neuen Vermutungen.

(8.6) Die Entdeckung, daß eine neue Vermutung anscheinend funktioniert.

(8.7) Die Anwendung der neuen Vermutung unter Hinzuziehung weiterer Überprüfungen.

(8.8) Die praktische und standardisierte Verwendung der neuen Vermutung, d. h. die Annahme der neuen Vermutung.

Ich vermute, daß nur in (8.8) der Vorgang stufenweise den Charakter einer Wiederholung annimmt.

Es gibt anscheinend keinen Grund dafür, daß diese Vorgänge sich sehr ähneln oder daß die verschiedenen zugrundeliegenden Gehirntätigkeiten sich sehr ähneln. Nehmen wir an, alles, was ein Neuron tun kann, sei, Impulse zu senden, zu »feuern«. Das ist nicht so: Es zeigt sich, daß es wachsen oder eingehen oder neue Synapsen bilden kann usw. Doch die Komplexität des Gehirns ist ungeheuer; und Lernen im Sinne von Theorienbildung und die anderen Arten, Gedächtnisspuren festzulegen, müssen nicht auf der Stufe des Feuerns von Neuronen oder auf der Stufe anatomischer Strukturen geschehen, obwohl diese Stufen zweifellos eine Rolle spielen. Solches Lernen könnte durchaus in der hierarchischen Organisation von Strukturen von Strukturen bestehen. Ein nichtdynamisches Beispiel solcher Strukturen von Strukturen wäre ein Hologramm, wie es Dennis Gabor entdeckt hat.

Zu den Gründen, die gegen die reine Wiederholungstheorie der Widerspiegelungsströme und des von ihnen angeregten Synapsenwachstums sprechen, gehören die folgenden: Die Rolle, die beim Lernen solche teilweise emotionalen Momente wie Interesse oder Aufmerksamkeit oder die antizipierte Bedeutung von Ereignissen spielen, darf nicht außer acht gelassen werden (siehe Kapitel E8); auch nicht die Tendenz, bestimmte Vorfälle, die unserem Selbstbild nicht gerade schmeicheln, zu vergessen; ebenfalls nicht die Tendenz, diese in der Erinnerung nachträglich zu verändern. Derartiges kann meiner Meinung nach nicht durch einen bloßen Wiederholungsmechanismus erklärt werden, sondern nur, wie ich meine, durch die Wirkung, die das erkennende Bewußtsein auf Gedächtnisinhalte ausübt – Inhalte, die in Beziehung zur Welt 3 der Theorien und der Handlungsprogramme stehen.

Eines der wichtigsten offenen Probleme in der Gedächtnistheorie ist der Meinungsstreit zwischen den Verfechtern der klassischen elektrophysiologischen (oder synaptischen) Theorie der Gedächtnisspeicherung und den Anhängern einer chemischen Theorie.[4] Die letzteren haben Belege dafür geliefert, daß erlernte Gewohnheiten durch Injektion gewisser chemischer Substanzen von Tier zu Tier übertragen werden können.[5]

Ich bin zwar kein Fachmann auf diesem Gebiet, aber ich glaube doch, daß jene Theorie die meistversprechende ist, die die elektrophysiologische mit der chemischen Theorie verbindet; und zwar aus folgenden Gründen: (a) Eine elektrophysiologische Theorie braucht man anscheinend für alle Lebewesen mit einem Zentralnervensystem. (b) Eine chemische Theorie scheint die einzig mögliche für Pflanzen (die anscheinend eine Art von »Gedächtnis« haben) und für niedere Tiere ohne Nervensystem zu sein. Es sieht so aus, als ob es etwas Gedächtnisartiges auf dieser Stufe gibt; dann aber wäre es unwahrscheinlich, daß dieses chemische »Gedächtnis« auf den höheren Stufen der evolutionären Leiter vollständig verschwindet. Wahrscheinlicher ist, daß es zusammen mit der Tätigkeit des Nervensystems eine Rolle spielt.

42. Das in der Welt 3 verankerte Ich

Bisher habe ich das Ich meistens dem lebenden individuellen Organismus zugeordnet und versucht, von diesem biologischen Ansatz aus einige Belege zu sammeln, die die Einheit, Individualität und Kontinuität des Ich erklären können; ferner Belege, die vielleicht etwas Licht auf die biologische Funktion des größten Wunders werfen können: auf das menschliche Selbstbewußtsein.

Doch das menschliche Selbstbewußtsein überschreitet, wie ich meine, jedes rein biologische Denken. Ich möchte es so ausdrücken: Ich habe kaum Zweifel daran, daß Tiere bewußt leben, und vor allem, daß sie Schmerzen empfinden, und daß ein Hund hocherfreut sein kann, wenn sein Herr zurückkehrt. Aber ich vermute, daß nur ein menschliches, der Sprache mächtiges Wesen über sich selbst reflektieren kann. Ich glaube, daß jeder Organismus ein Programm hat. Ich glaube aber auch, daß nur ein menschliches Wesen sich einiger Teile dieses Programms bewußt sein und sie kritisch revidieren kann.

---

[4] Anhänger einer chemischen Theorie ist Holger Hydén; vgl. dazu Georges Ungar [1974], und die dort zitierte Literatur.

[5] Diese chemischen Substanzen sind möglicherweise mit den »Transmittersubstanzen« verwandt; vgl. Eccles [1973], Kap. 3, und Kap. E 1 dieses Bandes.

Die meisten, wenn nicht alle Organismen sind darauf programmiert, ihre Umwelt zu erkunden, und dabei nehmen sie Risiken auf sich. Doch sie nehmen diese Risiken nicht bewußt auf sich. Obwohl sie einen Selbsterhaltungs-Instinkt haben, wissen sie nicht um ihren Tod. Nur der Mensch kann auf seiner Suche nach Erkenntnis bewußt dem Tod ins Auge sehen.

Ein höheres Tier kann einen »Charakter« haben: Es kann auch das haben, was wir Tugenden oder Laster nennen. Ein Hund kann tapfer sein, freundlich und treu; oder er kann böse und tückisch sein. Aber ich glaube, nur ein Mensch kann sich darum bemühen, ein besserer Mensch zu werden: seine Ängste, seine Trägheit, seine Selbstsüchtigkeit und seinen Mangel an Selbstkontrolle zu überwinden.

In allen diesen Fällen ist es die Verankerung des Ich in Welt 3, die den Unterschied ausmacht. Sie beruht auf der menschlichen Sprache, die es uns ermöglicht, nicht nur Subjekte zu sein, Zentren des Handelns, sondern auch Objekte unseres eigenen kritischen Denkens, unseres eigenen kritischen Urteils. Das wird ermöglicht durch den sozialen Charakter der Sprache, dadurch, daß wir über andere Leute sprechen können und daß wir sie verstehen können, wenn sie über sich selbst sprechen.

Ich halte den sozialen Charakter der Sprache und die Tatsache, daß wir unseren Status als Ich – unsere Menschlichkeit, unsere Vernünftigkeit – der Sprache und somit anderen verdanken, für bedeutsam. Als Ich, als menschliche Wesen, sind wir alle aus Welt 3 hervorgegangen, die ihrerseits ein Produkt des Geistes, des Bewußtseins unzähliger Menschen ist.

Ich habe Welt 3 als etwas beschrieben, das aus den Schöpfungen des menschlichen Geistes oder Bewußtseins besteht. Doch das menschliche Bewußtsein reagiert seinerseits auf diese Schöpfungen: Es gibt eine Rückkoppelung. Das Bewußtsein eines Malers oder eines Ingenieurs zum Beispiel wird weitgehend durch die Objekte beeinflußt, an denen dieser arbeitet. Und der Maler oder der Ingenieur werden auch durch die Arbeit anderer beeinflußt, durch die seiner Vorgänger und seiner Zeitgenossen. Dieser Einfluß ist sowohl bewußt als auch unbewußt. Er erstreckt sich auf Erwartungen, auf Vorlieben, auf Programme. Insofern wir Produkte des Bewußtseins anderer und unseres eigenen Bewußtseins sind, kann man sagen, daß wir der Welt 3 angehören.

Ich habe in Abschnitt 33 den Satz von Kant zitiert: »Person ist dasjenige Subjekt, dessen Handlungen einer Zurechnung fähig sind.« Insofern eine Person verantwortlich oder haftbar für ihre Handlungen gegenüber anderen und gegenüber sich selbst ist, kann man sie rational handelnd nennen; sie kann als moralisch Handelnder oder als moralisches Ich bezeichnet werden.

Wenn wir jemanden in diesem Sinne einen »moralisch Handelnden«
nennen, so schließt das natürlich noch nicht die positive Beurteilung ein,
daß er eine verantwortliche oder rationale Person ist; es bedeutet nicht,
daß er tatsächlich rechtmäßig oder gerecht oder moralisch handelt: Ein
moralisch Handelnder kann moralisch tadelnswert oder sogar sträflich
handeln. Wie diese Handlungen vom moralischen Standpunkt aus zu beurteilen sind, hängt von den angestrebten Zielen seiner Handlungen ab;
insbesondere davon, wie er andere Menschen und deren Interessen berücksichtigt.

In seinem in vieler Hinsicht sehr bedeutenden Buch *Eine Theorie der
Gerechtigkeit* [1975] führt John Rawls die Idee eines *Lebensplans* ein, um
die Zwecke oder Ziele zu charakterisieren, die aus einem Menschen »eine
bewußte, einheitliche moralische Person« machen. Ich schlage vor, diese
Idee eines von Menschen geschaffenen Welt-3-Lebensplanes etwas abzu-
ändern: Nicht die Einheit eines einheitlichen und vielleicht unabänderli-
chen Lebensplans ist nötig, um die Einheit des Ich zu begründen, sondern
eher die Tatsache, daß hinter jeder vollzogenen Handlung ein Plan, eine
Reihe von Erwartungen (oder von Theorien), Zielen und Vorlieben steht,
die sich entwickeln und reifen können, und die sich manchmal, wenn auch
nicht häufig, sogar radikal verändern können, zum Beispiel unter dem
Eindruck einer neuen theoretischen Einsicht oder einer neuen praktischen Schwierigkeit. Es ist dieser sich entwickelnde Plan, der – nach
Rawls – der Person Einheit verleiht und der weitgehend unseren moralischen Charakter bestimmt. Die Idee ist ganz ähnlich meiner Idee, daß
unser Ich in Welt 3 verankert ist; nur daß ich neben den Zielen und
Vorlieben die Erwartungen und die Theorien vom Universum (von
Welt 1, 2 und 3) stärker betone, die jemand zu bestimmten Zeiten hat.
Daß wir einen solchen (sich verändernden) Plan haben oder eine Reihe
von Theorien und Präferenzen, führt uns über uns selbst hinaus – das
heißt über unser instinktives Verlangen und unsere »*Neigungen*« (wie
Kant sie nannte).

Das am weitesten verbreitete Ziel eines solchen Lebensplans ist die
persönliche Aufgabe, für sich und für die von uns Abhängigen zu sorgen.
Es kann als das populärste Ziel bezeichnet werden: Man schalte es aus
und man macht das Leben für viele bedeutungslos. Das heißt nicht, daß
für einen Wohlfahrtsstaat keine Notwendigkeit besteht, denjenigen zu
helfen, die dabei schlecht wegkommen. Aber noch wichtiger ist es, daß
der Wohlfahrtsstaat denjenigen keine unvernünftigen oder unüberwind-
baren Schwierigkeiten macht, die diese natürlichsten und für die meisten
Menschen nicht fragwürdigen Aufgaben vorwiegend als ihre Lebensziele
ansehen wollen.

Es gibt viel Heroismus im menschlichen Leben: Unternehmungen, die zwar rational sind, die aber Zielen dienen, die unseren Befürchtungen, unseren Sicherheits- und Schutzinstinkten zuwiderlaufen.

Hohe Berge zu besteigen, zum Beispiel den Mount Everest, hielt ich immer für eine eindrucksvolle Widerlegung der physikalistischen Auffassung vom Menschen. Schwierigkeiten um ihrer selbst willen zu überwinden, großen Gefahren ins Auge zu sehen um der Sache selbst willen, am Punkt äußerster Erschöpfung weiterzugehen: Wie sollten diese Formen der Unterdrückung unserer natürlichen Neigungen durch Physikalismus oder Behaviorismus erklärbar sein? In einigen Fällen vielleicht durch den Ehrgeiz, bekannt zu werden: Manche Bergsteiger sind ja berühmt geworden. Doch es gab und gibt viele Bergsteiger, die Popularität und Ruhm verachten: Sie lieben die Berge und sie lieben das Überwinden von Schwierigkeiten um dieser selbst willen; das ist Teil ihres Lebensplans.

Und ist nicht Ähnliches Teil des Lebensplans vieler großer Künstler und Wissenschaftler? Wie auch immer die Erklärung lautet – selbst wenn sie Ehrgeiz heißt, es kann keine physikalische sein, meine ich wenigstens. Irgendwie übernimmt der Geist, das Bewußtsein, das bewußte Ich die Führung.

Wenn ich das Wesentliche dieses Kapitels angeben sollte, dann würde ich sagen, daß es für mich keinen Grund gibt, an eine unsterbliche Seele oder an eine psychische Substanz zu glauben, die unabhängig vom Körper existiert. Ich lasse dabei die Möglichkeit offen – die ich für weithergeholt halte –, daß psychologische Forschungsergebnisse mein Urteil ändern könnten. Man muß jedoch sehen, daß die Rede von einem substantiellen Ich keineswegs eine schlechte Metapher ist, vor allem wenn wir beachten, daß »Substanzen« anscheinend durch Prozesse zu ersetzen oder zu erklären sind, wie Heraklit es schon gesehen hatte. Wir erleben uns durchaus als ein »Wesen«: Die ganze Idee des Wesens scheint von diesem Erlebnis abgeleitet zu sein; das erklärt, warum sie mit der Idee eines Geistes so eng verwandt ist. Vielleicht ist das Schlechteste an dieser Metapher, daß sie den ausgesprochen aktiven Charakter des Ich nicht hervorhebt. Auch wenn man den Essentialismus ablehnt, kann man das Ich doch noch als ein »Quasi-Wesen« beschreiben, als etwas, das für die Einheit und Kontinuität der verantwortlichen Person wesentlich ist.

Im Gegensatz zu den elektrochemischen Prozessen des Gehirns, von denen das Ich weitgehend abhängig ist – eine Abhängigkeit, die anscheinend ganz und gar nicht einseitig ist, ist das Ich dadurch gekennzeichnet, daß alle seine Erlebnisse eng miteinander in Beziehung stehen und zu einer Einheit zusammengeschlossen sind: nicht nur mit vergangenen Erlebnissen, sondern auch mit unseren wechselnden *Handlungsprogram-*

men, unseren *Erwartungen* und unseren *Theorien* – mit unseren Modellen der physischen und kulturellen Umwelt, der vergangenen, der gegenwärtigen und der zukünftigen, mitsamt den *Problemen,* die sie für unsere Wertungen und unsere Handlungsprogramme darstellen. Doch sie alle gehören wenigstens teilweise der Welt 3 an.

Diese Idee eines Beziehungsgefüges des Ich ist wegen des wesentlich aktiven und integrativen Charakters des Ich nicht ganz befriedigend. Selbst für die Sinneswahrnehmungen und selbst für das Gedächtnis ist das Modell von »Einfließen« (und vielleicht von »Ausfließen«) ganz unzureichend, da ja alles von einem sich ständig verändernden Programm abhängt: von einer aktiven Auslese, zum Teil auch von der aktiven Verwertung und von einer aktiven Assimilation. Und das alles hängt von aktiven Wertsetzungen ab.

Kapitel P 5
Historische Bemerkungen zum Leib-Seele-Problem

43. Die Geschichte unseres Weltbildes

Das menschliche Denken im allgemeinen und die Wissenschaft im besonderen sind aus der menschlichen Geschichte hervorgegangen. Daher hängen sie von vielen Zufälligkeiten ab: Wäre unsere Geschichte anders verlaufen, dann wären auch unser gegenwärtiges Denken und unsere gegenwärtige Wissenschaft (sofern es sie überhaupt gäbe) anders.

Solche Argumente haben viele zu relativistischen oder skeptischen Folgerungen geführt. Doch die sind keineswegs unausweichlich. Wir können es als Tatsache ansehen, daß es zufällige (und natürlich auch irrationale) Elemente in unserem Denken gibt; aber wir sollten relativistische Folgerungen als selbstzerstörerisch und defätistisch ablehnen. Denn wir können darauf verweisen, daß wir aus unseren Fehlern lernen können und es manchmal auch tun, und daß das der Weg ist, auf dem die Wissenschaft vorankommt. Wie falsch auch immer unsere Ausgangspunkte sein mögen, sie können korrigiert und somit überwunden werden, vor allem wenn wir bewußt danach trachten, unsere Fehler durch Kritik zur Rechenschaft zu ziehen, wie es in den Naturwissenschaften geschieht. Wissenschaftliches Denken kann somit unter einem rationalen Gesichtspunkt progressiv sein, ungeachtet seiner mehr oder weniger zufälligen Ausgangspunkte. Und wir können es aktiv durch Kritik fördern und dadurch der Wahrheit näher kommen. Die augenblicklichen wissenschaftlichen Theorien sind das gemeinsame Ergebnis unserer vielfach zufälligen (oder vielleicht historisch bedingten) Vorurteile *und* kritischer Fehlerbeseitigung. Unter dem Ansporn von Kritik und Fehlerbeseitigung tendieren sie zu größerer Wahrheitsähnlichkeit.

Vielleicht sollte ich nicht sagen »tendieren«; denn es ist nicht eine unseren Theorien oder Hypothesen innewohnende Tendenz, wahrheitsähnlicher zu werden: Es ist mehr das Ergebnis unserer eigenen kritischen Einstellung, die eine neue Hypothese nur zuläßt, wenn sie gegenüber den vorausgegangenen eine Verbesserung darzustellen scheint. Was wir von einer neuen Hypothese verlangen, bevor sie an die Stelle einer früheren treten darf, ist das:

(1) Sie muß die Probleme, die ihre Vorläuferin löste, mindestens so gut wie diese lösen.

(2) Sie sollte die Ableitung von Voraussagen ermöglichen, die sich aus der älteren Theorie nicht ergeben. Das sollten vornehmlich Voraussagen sein, die der alten Theorie widersprechen, das heißt entscheidende Experimente. Wenn eine neue Theorie diesen Bedingungen genügt, dann stellt sie einen möglichen Fortschritt dar. Der Fortschritt findet wirklich statt, wenn das entscheidende Experiment für die neue Theorie spricht.

Punkt (1) ist eine notwendige Bedingung und eine bewahrende Bedingung. Er verhindert Regression. Punkt (2) ist freigestellt und erstrebenswert. Er ist revolutionär. Nicht jeder Fortschritt in der Wissenschaft ist revolutionär, wenn auch jeder bedeutende Durchbruch in der Wissenschaft revolutionär ist. Beide Forderungen zusammen sichern die Rationalität wissenschaftlichen Fortschritts, und das heißt die Zunahme an Wahrheitsähnlichkeit.

Diese Auffassung vom wissenschaftlichen Fortschritt scheint mir in striktem Gegensatz zum Relativismus und auch zu den meisten Formen des Skeptizismus zu stehen. Es ist eine Auffassung, die es uns erlaubt, Wissenschaft von Ideologie zu unterscheiden und die Wissenschaft ernst zu nehmen, ohne ihre oftmals blendenden Ergebnisse zu überschätzen oder zu dogmatisieren.

Manche Ergebnisse der Wissenschaft sind nicht nur blendend, sondern auch ungewöhnlich und häufig ganz unerwartet. Sie scheinen uns zu sagen, daß wir in einem unermeßlichen Universum leben, das fast gänzlich aus von Materie entleertem Raum besteht und von Strahlung erfüllt ist. Es enthält nur wenig Materie, die meiste davon in heftiger Bewegung; dazu einen verschwindend kleinen Betrag an lebender Materie; und einen noch kleineren Betrag von lebender Materie, die mit Bewußtsein begabt ist.

Nicht nur riesige Raumbereiche, sondern auch unermeßliche Zeiträume sind nach gegenwärtiger wissenschaftlicher Ansicht ohne jegliche lebende Materie. Man kann von der Molekularbiologie lernen, daß die Entstehung des Lebens aus lebloser Materie ein Ereignis von extremer Unwahrscheinlichkeit gewesen sein muß. Selbst unter sehr günstigen Bedingungen – die ihrerseits unwahrscheinlich sind – konnte Leben anscheinend nur nach zahllosen und langen Ereignisfolgen entstehen, von denen jeder beinahe, aber nie ganz, das Hervorbringen von Leben gelang.

Man kann nicht sagen, daß dieses Bild vom Universum, wie es die zeitgenössische Wissenschaft zeichnet, uns vertraut vorkommt oder daß es intuitiv befriedigend ist (auch wenn es sicherlich intellektuell und für den unmittelbaren Eindruck aufregend ist). Doch warum sollte es uns vertraut erscheinen? Es kann durchaus wahr sein oder der Wahrheit nahekommen: Wir sollten endlich gelernt haben, daß die Wahrheit oft befremdlich ist. Andererseits könnte es auch weit von der Wahrheit entfernt sein – wir könnten unvorhergesehenerweise die ganze Geschichte oder das, was wir für einleuchtende Belege dieser Geschichte halten, falsch gelesen haben. Und dennoch ist es unwahrscheinlich,[1] daß es in der kritischen Evolution dieser Geschichte keine Zunahme an Wahrheitsähnlichkeit gegeben hat. Es gibt, wie sich zeigt, unbelebte Materie, Leben und Bewußtsein. Es ist unsere Aufgabe, über diese drei Phänomene und ihre Beziehungen zueinander nachzudenken, und besonders über den Platz des Menschen im Universum und über die menschliche Erkenntnis.

Ich möchte beiläufig erwähnen, daß mir die Fremdartigkeit des wissenschaftlichen Weltbildes die subjektivistische (und die fideistische) Wahrscheinlichkeitstheorie zu widerlegen scheint, ebenso die subjektivistische Induktionstheorie oder genauer: den »Wahrscheinlichkeitsglauben«. Denn nach dieser Theorie sollte das uns Vertraute, das uns Gewohnte auch das rational und wissenschaftlich Akzeptable sein; während in Wirklichkeit die Evolution der Wissenschaft das Vertraute durch das Unvertraute korrigiert und ersetzt.

Den neuesten Theorien zufolge könnten diese kosmologischen Tatbestände kaum unvertrauter aussehen; was nebenbei zeigt, wie weit sich die Wissenschaft unter dem Druck der Kritik von ihren Anfängen anthropomorpher Mythen entfernt hat. Das physikalische Universum weist – so scheint es wenigstens – mehrere voneinander unabhängige und übereinstimmende Spuren dafür auf, daß es durch eine gewaltige Explosion entstanden ist, durch den »Urknall«. Und die wohl zuverlässigsten heutigen Theorien sagen voraus, daß es schließlich wieder in sich zusammenfallen wird. Diese beiden Grenzereignisse sind sogar als Anfang und Ende von Raum *und Zeit* interpretiert worden – obzwar wir offenbar bei solchen Reden kaum verstehen, was wir sagen.

Das Befremdliche einer wissenschaftlichen Theorie, im Vergleich zur naiveren Ansicht, hat Aristoteles erörtert, der zum Beweis der Unmeßbarkeit der Diagonalen durch die Seite des Quadrats sagte: »Der Erwerb von Wissen muß zu einem Geisteszustand führen, der demjenigen, von dem aus wir ursprünglich unsere Suche begannen, genau entgegengesetzt ist ... Denn jemandem, der den Grund noch nicht eingesehen hat, muß es als ein Wunder erscheinen, daß es etwas geben kann [nämlich die Diagonale des Quadrats], das nicht gemessen werden kann, nicht einmal durch die kleinste Einheit [durch die man die Seite des Quadrats messen kann].«

---

[1] »Unwahrscheinlich« im Sinne von Popper [1972 (a)], S. 101–103, [1974 (e)], S. 117–119).

(*Metaphysik* 983a11.) Was aber Aristoteles anscheinend nicht gesehen hat, ist, daß der »Erwerb von Wissen« ein nie endender Prozeß ist, und daß wir *ständig* vom Erkenntnisfortschritt überrascht werden können.

Dafür gibt es kaum ein dramatischeres Beispiel als die Entwicklungsgeschichte der Theorie der Materie. Vom griechischen »*hyle*«, das wir mit »Materie« übersetzen und das bei Homer häufig Feuerholz bedeutet, sind wir zu dem fortgeschritten, was ich in Abschnitt 3 als die Selbstüberwindung des Materialismus beschrieben habe. Einige führende Physiker sind in der Auflösung der Materie noch weiter gegangen. (Nicht, daß ich bereit bin, ihnen darin zu folgen.) Unter dem Einfluß von Mach, einem Physiker, der weder an Materie noch an Atome glaubte, und der eine Erkenntnistheorie vorschlug, die an Berkeleys subjektiven Idealismus erinnert, und unter dem Einfluß Einsteins – der in seiner Jugend ein Anhänger Machs war – wurden von einigen großen Pionieren der Quantenmechanik idealistische und sogar solipsistische Interpretationen der Quantenmechanik vorgelegt, vor allem von Heisenberg und Wigner. »Die Vorstellung von der objektiven Realität der Elementarteilchen hat sich also in einer merkwürdigen Weise verflüchtigt«, sagte Heisenberg 1954 ([1954] S. 1158). Und Bertrand Russell erklärte: »Es sieht allmählich so aus, als ob die Materie wie die Cheshire Katze allmählich durchscheinend wird, bis von ihr nichts übrigbleibt als ein Lächeln, das offenbar von der Belustigung über diejenigen kommt, die immer noch glauben, daß sie da ist.«[2]

Meine Bemerkungen zur Ideengeschichte werden sehr skizzenhaft sein. Das ist unvermeidbar, selbst wenn es meine eigentliche Absicht wäre, diese Geschichte zu erzählen, was aber nicht der Fall ist. Meine eigentliche Absicht ist es, die gegenwärtige Problemsituation der Leib-Seele-Beziehung dadurch verständlicher zu machen, daß ich zeige, wie sie aus früheren Lösungsversuchen – nicht nur des Leib-Seele-Problems – entstanden ist. Nebenbei sollte das meine These illustrieren, daß Geschichte als Geschichte von Problemsituationen geschrieben werden sollte.[3]

44. Ein im Folgenden zu lösendes Problem

Die eigentliche Absicht meiner Ausführungen über die frühe Geschichte des Leib-Seele-Problems ist es zu zeigen, wie unbegründet jene These ist, die besagt, daß dieses Problem zu einer modernen Ideologie gehöre und in der Antike unbekannt gewesen sei. Diese These enthält ein propagandi-

---

[2] B. Russell [1956], S. 145.
[3] Siehe Popper [1972 (a)], [1974 (e)] Kap. 4.

stisches Vorurteil. Sie behauptet, daß ein Mensch, der keiner Gehirnwäsche durch eine dualistische Religion oder Philosophie unterzogen worden ist, selbstverständlich den Materialismus annehmen würde. Sie behauptet, daß die antike Philosophie materialistisch war – eine Behauptung, die, so irreführend sie auch sein mag, ein Körnchen Wahrheit enthält; und sie behauptet, daß diejenigen unter uns, die sich für das Bewußtsein und das Leib-Seele-Problem interessieren, von Descartes und seinen Nachfolgern einer Gehirnwäsche unterzogen worden seien.

Ähnliches wird in dem brillanten und gewichtigen Buch *Der Begriff des Geistes* von Gilbert Ryle ([1949], dtsch. [1969]) behauptet; und nachdrücklicher noch in einem Rundfunkvortrag Ryles, der von »der Legende der beiden Theater« sprach, die er als eine »recht neumodische Legende« beschreibt.[1] Er erklärte auch: »Daran, daß die Wissenschaftler [Ryle spielt auf Sherrington und Lord Adrian an] ihre Probleme mit den Begriffen von Leib und Seele zu erfassen suchen, tragen wir Philosophen die Hauptschuld.«[2] Denn »wir Philosophen« muß man hier lesen als »Descartes und die Philosophen in seiner Nachfolge«.

Solche Ansichten finden sich nicht nur bei einem so hervorragenden Philosophen wie Ryle, der Platon und Aristoteles studiert hat, sie sind vielmehr weit verbreitet. William F. R. Hardie, Autor von *A Study in Plato* [1936] und *Aristotle's Ethical Theory* [1968], besprach in einem Artikel in der Zeitschrift »Mind« zwei Bücher und acht Aufsätze über Aristoteles, von denen er sagt: »Was in den meisten dieser Aufsätze [und Bücher] auf verschiedene Art gesagt oder behauptet wird, ist, daß Aristoteles, leider oder gottseidank, keinen Begriff von Bewußtsein kannte oder jedenfalls keinen, der dem unseren ganz entspricht.« Hardie untersucht sehr sorgfältig den besten dieser Aufsätze und schließt damit – nicht ganz unerwartet –, daß Aristoteles kein Cartesianer war. Doch Hardie macht klar, daß man, falls »sich ›bewußt sein‹ oder ›Bewußtsein‹ oder ›Seele‹ haben [das ist], was Tiere von Pflanzen oder was Menschen von anderen Lebewesen unterscheidet«, Aristoteles, »der uns die Terminologie (›Psychologie‹, ›psychisch‹, ›psychophysisch‹, ›psychosomatisch‹) vermachte, die wir zur Kennzeichnung dieses Unterschieds verwenden«, nicht nachsagen kann, er habe die Unterscheidung »außer acht gelassen«. Mit anderen Worten, selbst wenn Aristoteles keinen Begriff gehabt hat, der genau unserem »Bewußtsein« oder »Ich« in seinem sehr weiten und ziemlich vagen Sinn entspricht, so machte es ihm doch keine Schwierigkeiten, von den verschiedenen Arten bewußter Vorgänge zu sprechen.

---

[1] G. Ryle [1950], S. 77.
[2] AaO., S. 76.

Aristoteles zweifelte auch nicht daran, daß Leib und Seele miteinander in Wechselwirkung stehen – wenn sich auch seine Theorie dieser Wechselbeziehung von den geistreichen, aber widersprüchlichen (und somit unhaltbaren) detaillierten Ausführungen unterscheidet, die Descartes dem Problem der Wechselwirkung widmete.

In der kurzen historischen Skizze dieses Kapitels werde ich versuchen, zugunsten der folgenden Ansichten zu argumentieren.

(1) Dualismus als Erzählung vom Gespenst in der Maschine (oder besser, vom Gespenst im Körper) ist so alt wie die historischen oder archäologischen Belege reichen, obwohl es unwahrscheinlich ist, daß in der Zeit vor den Atomisten der Körper als eine Maschine betrachtet wurde.

(2) Alle Denker bis und mit Descartes, über deren Einstellung wir hinreichend Bescheid wissen, waren Vertreter einer dualistischen Theorie der Wechselwirkung.

(3) Dieser Dualismus ist sehr ausgeprägt, obwohl gewisse Tendenzen der menschlichen Sprache (die ursprünglich offenbar nur für die Beschreibung materieller Dinge und ihrer Eigenschaften geeignet war) uns so von Bewußtsein oder Seele oder Geist sprechen lassen, als ob diese eine besondere gasähnliche Art von Körpern wären.

(4) Die Entdeckung der moralischen Welt führt zur Anerkennung der Besonderheit des Bewußtseins, des Geistes. Das ist so bei Homer[3], bei Demokrit und bei Sokrates.

(5) Analysiert man die Ideen der Atomisten, so findet man nebeneinander Materialismus, Wechselwirkung zwischen Körper und Seele und auch die Anerkennung des besonderen moralischen Charakters des Bewußtseins oder des Geistes; doch die frühen griechischen Denker zogen, wie ich glaube, keine Konsequenzen aus dem moralischen Widerspruch, der in ihren Ansichten über Geist und Materie lag.

(6) Die Pythagoräer, Sokrates, Platon und Aristoteles versuchten, die »materialistische« Redeweise vom Geist zu überwinden: Sie erkannten den *nichtmateriellen Charakter der Psyche* und versuchten, diesem neuen Begriff einen Sinn zu geben. Eine bedeutende, dem Sokrates im *Phaidon* zugeschriebene Rede (siehe Abschnitt 46), handelt ausführlich von der moralischen Erklärung menschlichen Handelns durch Ziele und Entscheidungen und stellt diese Erklärung einer Erklärung menschlichen Verhaltens durch physiologische Ursachen entgegen.

(7) Alternativen zur Theorie der Wechselwirkung kamen erst nach

---

[3] Siehe *Ilias* 24, wo als Höhepunkt des gesamten Gesanges der Besuch des Priamos bei Achilles erzählt wird und wo moralische und humanistische Betrachtungen eine entscheidende Rolle spielen.

Descartes auf. Diese entstanden, weil Descartes' komplizierte Theorie der Wechselwirkung besondere Schwierigkeiten auslöste und überdies in Widerspruch geriet mit der Kausaltheorie in der Physik.

Diese sieben Punkte zeigen offensichtlich eine ganz andere Auffassung als die gegenwärtig so weit verbreitete. Diesen sieben Punkten werde ich einen achten hinzufügen:

(8) Wir wissen, daß Geist und Körper in Wechselwirkung stehen, wir wissen aber nicht, *wie*. Das ist nicht überraschend, da wir nicht einmal eine klare Vorstellung davon haben, wie physische Dinge miteinander in Wechselwirkung stehen. Wir wissen auch nicht, wie geistige Vorgänge miteinander in Wechselwirkung stehen, es sei denn, wir glaubten an eine Theorie geistiger Vorgänge und deren Wechselwirkung, die ganz sicher falsch ist: an den Assoziationismus. Der Assoziationismus ist eine Theorie, die geistige Vorgänge oder Prozesse wie Dinge (Ideen, Bilder) behandelt und ihre Wechselwirkung durch so etwas wie Anziehungskraft erklärt. Die Assoziationstheorie ist daher wahrscheinlich bloß eine der materialistischen Metaphern, die wir fast immer dann verwenden, wenn wir über geistige Vorgänge zu sprechen versuchen.

45. Die prähistorische Entdeckung des Ich und der Welt 2

Die Geschichte der Theorien über das Ich oder den Geist unterscheiden sich sehr von der Geschichte der Theorien über die Materie. Man gewinnt den Eindruck, daß die größten Entdeckungen in prähistorischen Zeiten und durch die Schulen des Pythagoras und Hippokrates gemacht wurden. In neuerer Zeit hat es viele kritische Versuche gegeben, doch sie haben kaum zu großen revolutionären Ideen geführt.

Die größten Errungenschaften der Menschheit liegen in der Vergangenheit. Zu ihnen gehören die Erfindung der Sprache und der Gebrauch künstlicher Werkzeuge zur Herstellung anderer Kunstprodukte; die Verwendung des Feuers als Werkzeug; die Entdeckung des eigenen Selbst-Bewußtseins und des Selbst-Bewußtseins der anderen Menschen und das Wissen, daß wir alle sterben müssen.

Die letzten beiden Entdeckungen hängen anscheinend mit der Erfindung der Sprache zusammen, die anderen vielleicht auch. Sprache ist sicher die älteste dieser Errungenschaften, und zwar diejenige, die am tiefsten in unserer genetischen Ausstattung verwurzelt ist (obwohl natürlich eine spezifische Sprache durch Tradition erworben werden muß).

Die Entdeckung des Todes und das Gefühl für Verlust, für Beraubung müssen ebenfalls sehr alt sein. Die alten Beerdigungssitten, die bis zum

Neandertaler zurückreichen, lassen vermuten, daß diese Menschen sich nicht nur des Todes bewußt waren, sondern daß sie auch an ein Fortleben glaubten. Denn sie begruben ihre Toten mit Geschenken – höchstwahrscheinlich mit Geschenken, die sie für die Reise in eine andere Welt und für ein anderes Leben als nützlich betrachteten. Weiterhin berichtet R. S. Solecki 1971, daß er in der Shanidar-Höhle im Nordirak das Grab eines Neandertalers (oder auch von mehreren) gefunden hat, der offensichtlich auf einem Bett aus Zweigen und mit Blumen geschmückt begraben worden war.[1] Er berichtet ferner, daß er die Skelette zweier alter Männer fand, von denen der eine »sehr behindert«, der andere »ein Rehabilitationsfall« war.[2] Es scheint, daß sie nicht nur geduldet wurden, sondern daß ihnen auch von ihrer Familie oder Sippe geholfen wurde. Anscheinend ist die humanitäre Idee, den Schwachen zu helfen, sehr alt, und unsere Vorstellungen von der Primitivität des Neandertalers, den man in die Zeit vor 60 000 bis 35 000 Jahren datiert, müssen revidiert werden.

Vieles scheint auch dafür zu sprechen, daß der Vorstellung vom Fortleben nach dem Tode eine Art Leib-Seele-Dualismus zugrundeliegt. Zweifellos war dieser Dualismus nicht cartesianisch. Alles spricht dafür, daß die Seele als ausgedehnt betrachtet wurde: als ein Geist oder eine Geistererscheinung – als ein Schatten mit einem physischen, dem Körper ähnelnden Umriß. Das jedenfalls ist die Vorstellung, die wir in den ältesten literarischen Quellen, besonders bei Homer, in Sagen und Märchen (und auch noch bei Shakespeare) finden.

In gewissem Sinne ist das eine Form von Materialismus, vor allem wenn wir die cartesianische Vorstellung übernehmen, daß die Materie durch dreidimensionale Ausdehnung bestimmt ist. Gleichwohl ist der dualistische Charakter klar: Die geistartige Seele ist vom Körper *verschieden,* sie ist *weniger* materiell als der Körper, feiner, mehr wie Luft, Dampf oder Atem.

Bei Homer gibt es viele Worte für den Geist oder die Seele und deren Funktionen, die »Bewußtseinsprozesse«, wie R. B. Onians sie nennt: Fühlen, Wahrnehmen, Denken, Verachten, Zorn und so weiter. Ich werde hier nur auf drei dieser Worte eingehen.[3]

Von größter Bedeutung bei Homer ist *thymos,* der Lebenswille, die

---

[1] Bodenproben wurden acht Jahre nach dieser Entdeckung von der französischen Paläobotanikerin Arlette Leroi-Gourhan analysiert, einer Spezialistin für Pollen-Analyse, die diese überwältigende Entdeckung machte.

[2] R. S. Solecki [1971], S. 268.

[3] Hesiod gebraucht diese Begriffe in ähnlichem Sinne. – Für zwei weitere Begriffe *(phrēn* oder *phrēnes* und *eidolon)* siehe Anmerkungen 5 und 8 dieses Abschnitts und Anmerkung 1 zu Abschnitt 47.

dampfförmige Atemseele, der mit dem Blut verbundene, aktive, lebens-
erhaltende, fühlende und denkende Stoff.[4] Er verläßt uns, wenn wir ohn-
mächtig werden, oder beim letzten Atemzug, wenn wir sterben. Später
wird dieser Begriff in seiner Bedeutung oft eingeschränkt: Er bedeutet
dann Mut, Energie, Leidenschaft, Kraft. Im Gegensatz dazu ist *psyche* bei
Homer (wenn auch manchmal als Synonym von *thymos* gebraucht) kaum
ein Lebensprinzip wie bei den späteren Autoren Parmenides, Empedokles, Demokrit, Platon, Aristoteles. Bei Homer ist sie eher der traurige
Rest, der übrigbleibt, wenn wir sterben. Der armselige, verstandlose
Schatten, das Geisterhafte, das den Körper überlebt: Sie hat nichts mit
dem »gewöhnlichen Bewußtsein zu tun«; sie ist das, was »im Haus des
Hades fortdauert, doch ohne gewöhnliches Bewußtsein [oder gewöhnliches Leben], ... die sichtbare, doch ungreifbare Erscheinung des einst
lebenden« Körpers.[5] Wenn Odysseus im elften Gesang der *Odyssee* die
Unterwelt aufsucht, das dunkle und traurige Haus des Hades, bemerkt er,
daß die Schatten der Toten fast völlig leblos sind, bis er sie mit Blut
genährt hat, dem Stoff, der die Kraft hat, dem Schatten, der *psyche,* einen
Schein von Leben zurückzugeben. Das ist eine Szene von äußerster Trau-
rigkeit, von verzweifeltem Mitleid mit dem Zustand, in dem die Toten
dahinleben. Für Homer ist nur der lebende Körper ein voll-bewußtes Ich.

Der dritte Begriff *nus, noos* (oder *nous,* in der entscheidend wichtigen
Passage *Odyssee* 10, 240, die jetzt behandelt werden soll), wird im Deutschen meist zutreffend mit »Verstand« oder »Einsicht« übersetzt (im
Englischen mit »mind« oder »understanding«). Im Allgemeinen handelt
es sich um zweckhaftes, absichtsvolles Verstehen oder Deuten (*Odyssee*
24, 474). Onians bezeichnet es gut als »absichtsvolles Bewußtsein«.[6] Es
schließt meist das Verstehen einer Situation ein und bedeutet bei Homer
manchmal bewußte Einsicht oder auch verständiges Bewußtsein seiner
selbst.

Da manchmal stillschweigend bestritten wird, daß die dualistische
Vorstellung des Bewußtseins schon vor Descartes vorkommt – wonach es
dann schlicht unhistorisch wäre, wenn ich diese Vorstellung Homer zu-
schreibe –, möchte ich auf eine Stelle (*Odyssee* 10, 239ff.) hinweisen, die
mir als absolut entscheidend für die Vor- und Frühgeschichte des Leib-
Seele-Problems erscheint.

Die Geschichte von der Verzauberung des Körpers, einer Verwandlung, die den Geist unverändert läßt, ist eines der ältesten und populärsten

---

[4] R. B. Onians [1954], S. 48. Siehe auch Bruno Snell [1955], S. 27. Er charakterisiert
thymos als die Ursache oder das Organ der Regung, und *noos* als das Organ des (gewöhnlich
absichtsvollen) Denkens.
[5] AaO., S. 94.
[6] AaO., S. 83.

Themen in Märchen und Volkssagen. In diesem vielleicht ältesten überlieferten literarischen Dokument unserer westlichen Zivilisation wird ausdrücklich festgestellt, daß die durch Zauber bewirkte Verwandlung des Körpers die Selbstidentität des Geistes, des Bewußtseins intakt läßt.

Die erwähnte Stelle im 10. Buch der *Odyssee* schildert, wie Kirke einige Begleiter des Odysseus mit ihrem Zauberstab verwandelt:

»Sie nun hatten von Schweinen die Köpfe, die Stimme, die Borsten
Und auch den Körper [»demas«[7]]; jedoch der Verstand blieb derselbe wie vorher.
Weinend wurden sie eingesperrt, aber die Kirke warf ihnen Eckern und Eicheln vor ...«

Offenbar verstanden sie ihre verzweifelte Lage und blieben sich ihrer Selbstidentität bewußt.

Das ist, meine ich, klar genug; und wir haben guten Grund, die vielen Verzauberungen und Verwandlungen der klassischen Antike und der Märchen entsprechend zu interpretieren: Das bewußte Ich ist also kein künstliches Produkt cartesianischer Ideologie. Es ist eine universale Erfahrung der Menschheit, was auch immer zeitgenössische Anti-Cartesianer sagen mögen.

Hat man das einmal gesehen, dann sieht man auch, daß der Leib-Seele-Dualismus überall bei Homer[8] und natürlich bei den späteren griechischen Autoren auftaucht. Dieser Dualismus ist typisch gerade für die antike Neigung, in Polaritäten wie der Antithese »sterblich-unsterblich« zu denken.[9] Agamemnon sagt zum Beispiel von Chryseis (*Ilias* 1, 113–115): »Denn ich ziehe sie der Klytämnestra, meiner Frau vor, da sie ihr nicht unterlegen ist, weder an Körper noch an Haltung, weder in ihrem Geist[10] noch in ihrer Kunstfertigkeit.« Die Entgegensetzung oder der

---

[7] Bei Homer wird »demas« (bei späteren Schriftstellern, von Hesiod und Pindar an, häufig »soma«), der Körper, die Gestalt oder Statur des Menschen, in Gegensatz zum Geist gesetzt, für den verschiedene Begriffe verwendet werden, zum Beispiel »phrenes«; siehe Fußnote 8 und *Ilias* 1, 113–115; vgl. auch *Odyssee* 5, 212–213. Siehe weiter *Ilias* 24, 376–377, mit dem Gegensatz von Körper (»demas«) und Geist (»nous«); *Odyssee* 18, mit dem Gegensatz von Körper (Körpergröße, »megethos«, hier als ein Synonym für »demas« verwendet, wie bei 551 zu sehen ist) und Geist (»phrenes«); *Odyssee* 17, 454, wo Körpergestalt (»eidos«) in Gegensatz zu Geist (»phrenes«) gesetzt wird. In *Odyssee* 4, 796, wird ein »Traumbild« *(eidolon,* ähnlich der Homerischen *psyche)* von der Gottheit in einen Körper (»demas«) gekleidet; vergleiche damit die Gegenüberstellung von Traumbild oder Geist (»eidôlon«) und Körper (»sôma«) in dem in Anmerkung 1 zu Abschnitt 46 zitierten Fragment von Pindar.

[8] Interessante Stellen aus der *Ilias,* die auf einen Dualismus hinweisen, (natürlich einen materialistischen Dualismus), sind zum Beispiel die goldenen automatischen Mädchen-Roboter (siehe Fußnote 1 zu Abschnitt 2), die deutlich als *bewußte* Roboter beschrieben werden: Sie haben Verständnis des Geistes (»nous«) in ihren Herzen (vgl. *Ilias* 18, 419). Siehe auch *Ilias* 19, 302; 19, 339; und 24, 167; Stellen, in denen offenes Reden in Gegensatz zu verstecktem Denken gesetzt wird; und auch 24, 674, wo Priamos und der Herold sich im Vorhof von Achilles' Hütte schlafen legen, »das Herz voller Sorgen«.

[9] Vgl. G. E. R. Lloyd [1966].

[10] Hier wird der Begriff *phrenes* (nach Onians bei Homer ursprünglich die Lungen und das Herz) für »Geist« verwendet; siehe Onians [1954], Kapitel 2.

Dualismus von Körper und Geist ist ganz charakteristisch für Homer (siehe Fußnote 5); und da der Geist ja gewöhnlich als materiell begriffen wird, gibt es keinerlei Hindernis für die naheliegende Lehre der Wechselwirkung von Körper und Geist, Leib und Seele.

Beim Dualismus sollte klargestellt werden, daß der Gegensatz oder die Polarität von Körper und Geist nicht übertrieben werden darf: »mein Geist« und »mein Körper« können durchaus als Synonyme für »meine Person« vorkommen, wenn sie auch selten Synonyme füreinander sind. Ein Beispiel findet sich bei Sophokles, wenn Ödipus sagt: »meine Seele *(psyche)* trägt den Druck meiner und deiner Sorgen« und, an einer anderen Stelle: »Er [Kreon] hat sich schlau gegen meinen Körper *(soma)* verschworen«. In beiden Fällen wäre im Deutschen »meine Person« oder einfach »mich« genauso gut oder besser; doch sowohl im Griechischen als auch im Deutschen können wir nicht an diesen Stellen den einen Ausdruck *(psyche)* durch den anderen *(soma)* ersetzen, ohne den Sinn zu ändern.[11] Das geht eben nicht immer und das gilt für Homer und Sophokles ebenso wie für uns.

Ich will mit dem, was ich hier über die Theorie der Wechselwirkung gesagt habe – die Wechselwirkung zwischen einer materiellen Seele und einem materiellen Körper – nicht andeuten, daß man sich Wechselwirkung in mechanistischer Weise dachte. Konsequentes mechanistisches Denken gewinnt erst viel später Bedeutung, nämlich durch die Atomisten Leukipp und Demokrit, obwohl es natürlich vor ihnen zahlreiche geschickte Nutznießer der Mechanik gab. Vieles verstand man zu Zeiten Homers und noch lange danach nicht richtig, weder in mechanistischen noch in anderen Ausdrücken; es wurde in grob »aniministischer« Weise gedeutet, etwa wie der Blitz des Zeus. Ursächlichkeit *war* ein Problem, und animistische Ursächlichkeit war etwas, das ans Göttliche grenzte. Und es gab nach damaliger Vorstellung göttliche Eingriffe in den Körper und in die Seele. Verblendung, wie bei Helena, blinde Wut und Starrsinn wie bei Agamemnon wurden der Einwirkung von Göttern zugeschrieben. Es war »ein abnormaler Zustand, der eine übernormale Erklärung (verlangte)«, wie E. R. Dodds es ausdrückte.[12]

Es gibt eine Fülle wichtiger prähistorischer und natürlich historischer Beweise zur Unterstützung der Hypothese, daß der dualistische Glaube und der Glaube an Wechselwirkung zwischen Körper und Bewußtsein sehr alt ist. Abgesehen von Folklore und Märchen wird er durch alles das belegt, was wir über primitive Religion, Mythos und magischen Glauben wissen.

---

[11] Siehe Sophokles, *König Ödipus,* Zeilen 64 und 643; vgl. E. R. Dodds [1951], S. 159, Fußnote 17.

[12] E. R. Dodds, aaO., S. 9.

Da ist zum Beispiel der Schamanismus mit seiner charakteristischen Lehre, daß die Seele des Schamanen den Körper verläßt und auf die Reise geht; bei den Eskimos sogar zum Mond. Der Körper bleibt inzwischen in einem Zustand des Tiefschlafs oder Komas zurück und lebt ohne Nahrung weiter. »In dieser Verfassung denkt man sich ihn [den Schamanen] nicht wie die Pythia oder ein modernes Medium, von einem fremden Geist besessen; sondern seine eigene Seele, so denkt man es sich, verläßt den Körper ...«.[13] Dodds zitiert eine lange Liste prähistorischer und historischer griechischer Schamanen;[14] von den prähistorischen künden nur noch Legenden, die aber ein ausreichender Beleg für den Dualismus sind. Die Geschichte von den Sieben-Schläfern von Ephesus gehört wahrscheinlich in diese Tradition, vielleicht auch die Theorie der Seelenwanderung oder Reinkarnation. Zu den Schamanen historischer Zeiten zählt Dodds Pythagoras und Empedokles.

Für unseren Standpunkt ist die Unterscheidung zwischen Hexen (männlichen oder weiblichen) und Zauberern interessant, die auf den Sozialanthropologen E. E. Evans-Pritchard zurückgeht. In seiner Analyse der Vorstellungen des Azande-Volkes unterscheidet er Hexen von Zauberern, je nachdem ob bewußte Absicht eine Rolle spielt oder nicht. Nach der Anschauung der Zande haben Hexen ererbte, besondere angeborene übernatürliche Kräfte, um anderen Schaden zuzufügen, doch diese gefährlichen Fähigkeiten sind ihnen vollkommen unbewußt. Der böse Blick ist ein Beispiel dafür. Im Gegensatz dazu haben sich Zauberer Techniken für den Umgang mit Substanzen und Zauberformeln angeeignet, durch die sie vorsätzlich anderen Schaden zufügen können. Diese Unterscheidung scheint für zahlreiche, wenn auch nicht alle primitiven afrikanischen Kulturen zuzutreffen.[15] Das zeigt die weitverbreitete primitive Unterscheidung zwischen bewußt beabsichtigten Handlungen und unbewußten Wirkungen.

Mythen und religiöser Glaube sind Versuche, uns die Welt – natürlich mitsamt der sozialen Welt, in der wir leben und die Art, wie sie auf uns und unsere Lebensweise einwirkt, theoretisch zu erklären. Es scheint so, daß die alte Unterscheidung zwischen Seele und Körper das Beispiel einer solchen theoretischen Erklärung ist. Doch was sie erklärt, ist die Erfahrung des Bewußtseins – des Verstandes, des Willens, der Planung und der Durchführung unserer Pläne; des Gebrauchs unserer Hände und Füße als Werkzeuge; des Gebrauchs künstlicher, materieller Werkzeuge und deren Wirkung auf uns. Diese Erlebnisse sind keine philosophischen Ideologien.

---

[13] AaO., S. 140.
[14] Siehe auch K. Meuli [1935], S. 140.
[15] S. F. Nadel [1952].

Sie führen zur Lehre von der substantiellen (oder auch materiellen) Seele, und diese Lehre kann durchaus ein Mythos sein; tatsächlich vermute ich, daß die Substanztheorie als solche ein Mythos ist. Doch wenn sie ein Mythos ist, ist sie als das Ergebnis dessen zu verstehen, was wir als Realität und als Wirksamkeit unseres Gewissens und unseres Willens erfassen. Und der Versuch, die Realität zu erfassen, veranlaßt uns, die Seele als materiell vorzustellen, als feinste Materie, später dann dazu, sie als nicht-materielle »Substanz« aufzufassen.

Ich darf vielleicht abschließend die größeren Entdeckungen auf diesem Gebiet zusammenfassen, die, wie sich zeigt, vom primitiven und prähistorischen Menschen gemacht wurden, zum Teil schon vom Neandertaler, der gewöhnlich als früherer Mensch eingestuft wird, der sich von unserer eigenen Spezies unterscheidet und dessen Blut, wie man seit kurzem annimmt, sich mit dem des *Homo sapiens* vermischt hat.

Der Tod und seine Unausweichlichkeit werden entdeckt; die Theorie wird aufgestellt, daß der Zustand des Schlafs und der Bewußtlosigkeit dem Tod verwandt und daß es das Bewußtsein, die Seele, der Geist oder das Gemüt *(thymos)* seien, die uns beim Tode »verlassen«. Die Lehre von der Wirklichkeit und daher der Materialität und Substantialität des Bewußtseins – der Seele (oder des Geistes) – wird entwickelt, ferner die Lehre von der Komplexität der Seele oder des Geistes: Verlangen, Furcht, Zorn, Intellekt, Vernunft oder Erkenntnis *(nous)* werden unterschieden. Traumerfahrung und die Zustände göttlicher Inspiration und Besessenheit und andere abnormale Zustände werden anerkannt, auch dem Willen entzogene und unbewußte psychische Zustände (wie bei »Hexen«). Die Seele wird als der »Beweger« des lebenden Körpers oder als das Prinzip des Lebens betrachtet. Auch das Problem, ob wir für unbeabsichtigte, in abnormalen Zuständen (von Wahnsinn) begangene Handlungen noch verantwortlich sind, wird begriffen. Man stellt die Frage nach dem Sitz der Seele im Körper und beantwortet sie gewöhnlich durch die Theorie, daß sie zwar den Körper durchdringe, doch im Herz und in den Lungen konzentriert sei.[16]

Einige dieser Lehren sind ohne Zweifel Verdinglichungen, die durch Kritik modifiziert wurden oder modifiziert werden sollten. Andere sind falsch. Doch sie stehen modernen Ansichten und modernen Problemen näher als die vor-jonischen oder auch die jonischen Theorien der Materie,[17] obwohl das sicher an der primitiven Art unserer modernen Ansichten vom Bewußtsein liegt.

---

[16] Siehe Dodds [1951], Kapitel 1, S. 3, über Agamemnons Apologie in *Ilias* 19, 86 ff.; vgl. auch Sophokles, *Ödipus auf Kolonos,* 960 ff.

[17] Siehe Popper [1963 (a)], Kapitel 5.

46. Das Leib-Seele-Problem in der griechischen Philosophie

Es wird hin und wieder behauptet, daß die Griechen ein Leib-Seele-Problem kannten, aber nicht ein Leib-Bewußtseins- oder Leib-Geist-Problem. Diese Behauptung halte ich entweder für falsch oder für ein Wortspiel. In der griechischen Philosophie spielte die Seele eine ganz ähnliche Rolle wie der Geist oder das Bewußtsein in der nach-cartesianischen Philosophie. Sie war eine Wesenheit, eine Substanz, die die bewußte Erfahrung des Ich zusammenfaßte. (Man kann sie eine – fast unvermeidliche und möglicherweise gerechtfertigte – Verdinglichung der bewußten Erfahrung nennen.) Wir finden ferner bereits im Pythagoreismus des 5. Jahrhunderts eine Lehre von der Unkörperlichkeit der Seele; und bei mehreren Autoren stehen zahlreiche Begriffe (zum Beispiel »nous« und »psyche«) dem modernen Begriff des Bewußtseins manchmal sehr nahe. (Man denke daran, daß der englische Begriff »mind« oft mit »Seele« ins Deutsche übersetzt wird, was auch die Übersetzung von »soul« ist; ein Zeichen dafür, daß »mind« und »soul« nicht so verschieden sind, wie es die zu Anfang dieses Abschnittes gemachte Behauptung nahelegt.) Obwohl die Verwendung bestimmter Ausdrücke oft ein Hinweis auf die vertretenen Theorien und die für selbstverständlich gehaltenen Ansichten sein kann, trifft das nicht immer zu: So sind ganz ähnliche oder fast identische Theorien manchmal in ganz verschiedenen Terminologien formuliert. Einige der wichtigsten Veränderungen zu Fragen von Körper und Geist nach Homer sind tatsächlich terminologisch und fallen nicht zusammen mit Veränderungen der Theorie.[1]

Im folgenden werde ich kurz die Geschichte (I) der materiellen Seele von Anaximenes bis Demokrit und Epikur (einschließlich der Geschichte vom

---

[1] Für Homer bedeutete *psyche* (oder *eidōlon)* Phantom oder Schatten; später nimmt *psyche* eine Bedeutung an, die Homers *thymos* nahekommt: das tätige bewußte Ich, das lebende und atmende Ich. So wird die *psyche* oder das *eidōlon* das Lebensprinzip, während sie bei Homer (und später gelegentlich bei Pindar) zu schlafen schien, wenn die Person lebendig und wach war, hingegen wach, wenn die Person schlief oder bewußtlos oder tot war. (Diese Anwendungsregeln wurden deshalb noch lange nicht immer völlig übereinstimmend von den Autoren befolgt.) So lesen wir bei Pindar (Fragment 116 Bowra = 131 Sandys; Loeb): »Der Körper jedes Menschen folgt dem Ruf des mächtigen Todes; doch es wird ein Traumbild oder Bildnis *(eidōlon)* von seiner Lebenszeit übriggelassen, das allein von den Göttern stammt. Es schläft, solange seine Glieder tätig sind; doch während er schläft kündet es oft in Träumen ihre [der Götter] Entscheidung über kommende Freude oder Schmerz.« Wir sehen, daß Homers Traumbild *psyche,* die eine Projektion all der Schrecken extrem hohen Alters weit über das Grab hinaus war, einiges von seinem gräßlichen und gespensterhaften Charakter verloren hat, obwohl noch einige Spuren des homerischen Wort-Gebrauchs geblieben sind.

Sitz der Seele) skizzieren; (II) die Geschichte der Entmaterialisierung oder Spiritualisierung der Seele, von den Pythagoräern und Xenophanes bis Platon und Aristoteles; (III) die Geschichte der moralischen Auffassung der Seele oder des Geistes von Pythagoras bis Demokrit, Sokrates und Platon.

I

Bei Homer war die materielle Seele des lebendigen Körpers luftartig – wie ein Atem. (Es ist nicht ganz klar, in welcher Beziehung diese Atem-Seele zum Verstand, zum Verstehen oder zum Geist oder Bewußtsein stand.) In der jonischen philosophischen Tradition von Anaximenes bis zu Diogenes von Appollonia bleibt sie weitgehend die gleiche: Die Seele besteht aus Luft. Aristoteles erzählt uns, daß »die Gedichte, die orphisch genannt werden, sagen, daß die Seele, von den Winden geboren, aus dem All in Lebewesen eintritt, wenn sie atmen«.[2]

Wie Guthrie ausführt, bedeutet »psyche« für einen griechischen Denker des 5. Jahrhunderts vor Christus »nicht nur *eine* Seele, sondern Seele; das heißt, die Welt war durchdrungen von einer Art Seelenstoff, was besser durch Weglassung des Artikels angedeutet wird«.[3] Das ist sicher richtig für die materialistischen Denker dieser Zeit: Sie betrachteten Seele als Luft (und die Seele als einen Teil der Luft), weil Luft die feinste und leichteste bekannte Form von Materie ist.

Anaxagoras, der vielleicht nicht mehr an eine materielle Seele glaubt, drückt es so aus: »Geist *(nous)* ... ist das flüchtigste der Dinge und das reinste; er besitzt alles Wissen von allem und er hat die größte Macht. Und alles was Leben *(psyche)* besitzt, sowohl die größten [Organismen] und die kleinsten, alle diese regiert der Geist.«[4] Ob nun Anaxagoras an eine materielle Seele glaubte oder nicht, er unterschied jedenfalls scharf zwischen Seele und allen anderen existierenden (materiellen) Substanzen. Für Anaxagoras ist Seele oder Geist das Prinzip der Bewegung und Ordnung und daher das Prinzip des Lebens.

Schon vor Anaxagoras gab es eine aufregendere, wenn auch immer noch materialistische Deutung der Seelenlehre – des Seelenstoffes – und zwar bei Heraklit, dem Denker, der von allen Materialisten vielleicht am weitesten vom mechanistischen Materialismus entfernt war, denn er deutete alle materiellen Substanzen und vornehmlich die Seele als materielle *Prozesse*. Die Seele war *Feuer*. Daß wir Flammen sind, daß unser Ich ein Prozeß ist, war eine großartige, eine revolutionäre Idee. Sie gehörte zu

---

[2] DK 1 B11 = *Über die Seele* 410b28. (DK = Diels und Kranz [1951–2])
[3] W. K. C. Guthrie [1962], S. 355.
[4] DK 59 B 12.

Heraklits Kosmologie: alle materiellen Dinge seien im Fluß, alle seien sie Prozesse, mitsamt dem Universum. Und alle würden durch das Gesetz *(logos)* regiert. »Der Seele Grenzen kannst du nicht abschreiten, nicht ausfindig machen, auch wenn du jeden Weg begehst: zu tief ist der Sinn, der sie erklärt [»logos«].[5] Die Seele wird, wie das Feuer, durch Wasser erstickt: »es ist Tod für die Seele, Wasser zu werden«.[6] Feuer ist für Heraklit der vollkommenste, der mächtigste und der reinste (und ohne Zweifel auch der feinste) materielle Prozeß.

Alle diese Theorien waren insofern dualistisch, als sie der Seele einen sehr besonderen, einen Ausnahme-Status innerhalb des Universums einräumten.

Auch die Schulen der medizinischen Denker waren bestimmt materialistisch *und* dualistisch im hier beschriebenen Sinne. Alkmaion von Kroton, den man gewöhnlich für einen Pythagoräer hält, scheint der erste griechische Denker gewesen zu sein, der Empfindung und Denken (die er anscheinend scharf unterschieden hat) ins Gehirn verlegt hat. Theophrast berichtet, »daß er von Kanälen *(poroi)* sprach, die von Sinnesorganen zum Gehirn führen«.[7] Er schuf so eine Tradition, der die Schule des Hippokrates folgte, auch Platon, nicht aber Aristoteles, der gemäß einer älteren Tradition das Herz als das gemeinsame Empfindungsorgan und somit als den Sitz des Bewußtseins, des Ich, ansah.

Von größtem Interesse ist die medizinische Abhandlung *Über die heilige Krankheit* von Hippokrates. Darin wird nicht nur mit größtem Nachdruck behauptet, daß das Gehirn »den Gliedern sagt, wie sie sich bewegen sollen«, sondern auch, daß das Gehirn »der Bote zum Bewußtsein *(synesis)* ist und ihm erzählt, was geschieht«. Das Gehirn wird auch als der Interpret *(hermeneus)* des Bewußtseins bezeichnet. Natürlich kann das Wort *»synesis«,* das hier mit »Bewußtsein« übersetzt wird, auch durch »Verstand« oder »Klugheit« oder »Verständnis« übersetzt werden. Doch die Bedeutung ist klar – und auch, daß der Autor der Abhandlung ausführlich das behandelt, was wir das Leib-Seele-Problem und die Wechselwirkung von Leib und Seele nennen. (Siehe vor allem Kapitel XIX und XX.) Er erklärt den Einfluß des Gehirns dadurch, daß »es die Luft ist, die ihm Verstand verleiht« (Kapitel XIX); somit wird die Luft als Seele gedeutet, wie bei den jonischen Philosophen. Die Erklärung lautet, daß »wenn ein Mensch Atem in sich hineinsaugt, die Luft zuerst das Gehirn erreicht«. (Es mag erwähnenswert sein, daß Aristoteles, der von der medizinischen Tradition stark beeinflußt war, die Beziehung zwischen Luft und Seele zwar aufgab, die Beziehung zwischen Luft und Gehirn aber

---

[5] DK B 45.
[6] DK B 36.
[7] W. K. C. Guthrie [1962], S. 349.

beibehielt und das Gehirn als Mechanismus zur Kühlung durch Luft betrachtete – als eine Art Luftkühler.)

Der größte und konsequenteste materialistische Denker war Demokrit. Er erklärte alle natürlichen und psychologischen Prozesse mechanisch, durch Bewegung und durch den Zusammenprall von Atomen, durch ihre Verbindung oder Trennung, ihre Zusammensetzung oder ihr Auseinandertreten.

In einem brillanten Essay »Ethics and Physics in Democritus«, der erstmals 1945/46 erschien, behandelt Gregory Vlastos [1975] sehr ausführlich das Leib-Seele-Problem in der Philosophie Demokrits. Er weist darauf hin, daß Demokrit, selbst Verfasser medizinischer Abhandlungen, gegen die professionelle Tendenz argumentierte, »den Körper zum Schlüssel für das Wohlbefinden von Körper und Seele« zu machen. Er zeigt, daß ein berühmtes Fragment Demokrits[8] in diesem Sinne interpretiert werden sollte. Das Fragment lautet: »Es ist recht, daß die Menschen eher einen *logos* (= erklärende Theorie) über die Seele als über den Körper machen sollten. Denn die Heilung der Seele hilft auch den Fehlern des Körpers. Aber körperliche Kraft ohne Denken hilft der Seele nicht.«

Vlastos hebt hervor, daß »das erste Axiom dieses *logos* der Seele« das Prinzip der Verantwortung ist: Die Seele, nicht der Körper, ist der verantwortlich Handelnde. Das folgt aus Demokrits Prinzip der Physik, »daß die Seele den Körper bewegt.«

In der Atomphysik Demokrits besteht die Seele aus den kleinsten Atomen. Sie sind[9] die gleichen Atome wie die des Feuers. (Demokrit war sichtlich von Heraklit beeinflußt.) Sie sind rund und »am besten geeignet, durch alles zu schlüpfen und die anderen Dinge durch ihre eigene Bewegung zu bewegen«.

Die kleinen Seelenatome sind so im ganzen Körper verteilt, daß die Atome der Seele und des Körpers abwechselnd vorkommen.[10] Genauer: »die Seele besitzt zwei Teile; der eine, der rational ist *(logicos)* ist im Herz lokalisiert, während der nicht denkende Teil sich über den ganzen Körper ausbreitet« (DK A 105). Dies ist zweifellos ein Versuch, gewisse Fragen des Leib-Seele-Problems zu lösen.

Wie Sokrates, der (in der *Apologie*) lehrte »sorgt für eure Seelen«, so lehrte auch der mechanische Materialist Demokrit: »Die Menschen finden kein Glück in ihren Körpern oder im Geld, aber sie finden es in Geradlinigkeit und Weitherzigkeit« (DK B 40). Ein anderes ethisches Fragment heißt: »Wer die Güter der Seele wählt, wählt das Göttlichere;

---

[8] DK B 187.
[9] Siehe Aristoteles' *Über die Seele* 403 b 31.
[10] Siehe Lukrez, *De rerum natura* III, 371–73.

wer diejenigen des Körpers wählt, wählt das Menschlichere.«[11] Wie sein Zeitgenosse Sokrates lehrt er: »Wer Unrecht tut, ist unglücklicher als der, der Unrecht erleidet« (DK B 45).

Man kann Demokrit nicht nur als Materialisten bezeichnen, sondern muß ihn auch einen monistischen Atomisten nennen. Doch in seinen moralischen Lehren war er auch eine Art Dualist. Denn wenn er auch eine wichtige Rolle in der Geschichte der materialistischen Seelen-Theorie spielt, so hat er doch ebenfalls einen gewichtigen Anteil an der Geschichte des moralischen Begriffs der Seele und ihres Gegensatzes zum Körper (wie es unter III behandelt wird). Hier will ich nur Demokrits, Epikurs und Lukrez' Theorie der Träume erwähnen (*De rerum natura,* Buch IV), aus der wir sehen, daß die materialistische Theorie der Seele das bewußte Erleben nicht außer acht ließ: Träume werden nicht von den Göttern geschenkt, sondern bestehen aus Erinnerungen an unsere eigenen Wahrnehmungen.

II

Wir haben gerade gesehen, daß Homers Vorstellung von der Seele als Atem – als Luft oder als Feuer: als eine sehr feine körperliche Substanz – lange Zeiten überdauert hat. Aristoteles hatte demnach nicht ganz recht, wenn er von seinen Vorgängern sagte (*Über die Seele* 405 b 11): »Fast alle von ihnen charakterisieren die Seele durch drei ihrer Attribute: durch Bewegung, durch Empfindung und durch Unkörperlichkeit.« Wir sollten »Unkörperlichkeit« durch einen schwächeren Begriff ausdrücken, um die Aussage zutreffend zu machen, etwa durch »annähernde Unkörperlichkeit«; denn fast alle seine Vorgänger waren Materialisten.

Doch Aristoteles' Lapsus ist entschuldbar. Selbst die Materialisten waren, wie ich meine, Dualisten, die gewohnheitsmäßig die Seele vom Körper klar unterschieden. Ich glaube, daß sie alle in der Seele oder im Geist das *Wesen* des Körpers sahen.

Es gibt offensichtlich zwei Vorstellungen vom Wesen: ein körperliches Wesen und ein körperloses. Die Materialisten bis zu Demokrit und darüberhinaus hielten die Seele oder das Geistige des Menschen für vergleichbar mit dem Geist des Weins – oder den Geist des Weins mit der Seele.[12] Damit kommen wir zu einer (materiellen) Seelensubstanz wie der Luft. Eine andere Vorstellung aber, die, wie ich vermute, auf Pythagoras oder auf den Pythagoräer Philolaos zurückgeht, war die, daß das Wesen eines Dinges etwas Abstraktes sei (wie eine Zahl oder das Zahlenverhältnis).

---

[11] DK B 37; vgl. Vlastos [1975], S. 382 f.
[12] Siehe Fußnote 2 zu Abschnitt 30.

Vielleicht am Rande oder schon innerhalb der Tradition der Körperlosigkeit steht der Monotheismus von Xenophanes. Xenophanes, der die jonische Tradition nach Italien brachte, betont, daß der Geist oder das Denken Gottes das göttliche Wesen sei; wenn sein Gott auch nicht dem Menschen gleich gedacht wird (DK B 23, 26, 25, 24; Übersetzung vom Autor):

> Ein Gott nur ist der größte, allein unter Göttern und Menschen,
> Nicht an Gestalt den Sterblichen gleich, noch in seinen Gedanken.
> Stets am selbigen Ort verharrt er ohne Bewegung;
> Und es geziemt ihm auch nicht bald hierhin, bald dorthin zu wandern.
> Mühelos schwingt er das All, allein durch sein Wissen und Wollen.
> Ganz ist er sehen; ganz hören; und ganz ist er klares Erkennen.[13]

Geist, oder Seele, wird hier mit Wahrnehmung, mit Denken, mit der Willenskraft und mit Tatkraft gleichgesetzt.

In der pythagoräischen Theorie der immateriellen verborgenen Wesen treten Zahlen und Beziehungen zwischen Zahlen, wie »Verhältnisse« oder »Harmonien«, an die Stelle der substantiellen »Prinzipien« der jonischen Philosophie: das Wasser des Thales, das Unbegrenzte des Anaximander, die Luft des Anaximenes, das Feuer des Heraklit. Das ist ein sehr eindrucksvoller Wandel, den man am besten durch die Annahme erklärt, daß es Pythagoras selbst war, der die zahlenmäßigen Verhältnisse entdeckte, die den harmonischen musikalischen Intervallen zugrundeliegen:[14] Auf dem Monochord, einem Instrument mit einer Saite, die durch eine bewegliche Brücke angehalten werden kann, läßt sich zeigen, daß die Oktave dem Verhältnis $1:2$ entspricht, die Quint dem Verhältnis $2:3$ und die Quart dem Verhältnis $3:4$ der Saitenlänge.

Das verborgene Wesen melodischen oder harmonischen Zusammenklangs ist also das Verhältnis bestimmter einfacher Zahlen $1:2:3:4$ – auch wenn Zusammenklang oder Harmonie als etwas Erlebtes deutlich nichts Quantitatives, sondern etwas Qualitatives ist. Das war eine überraschende Entdeckung. Doch noch eindrucksvoller muß es gewesen sein, als Pythagoras entdeckte, daß ein rechter Winkel (ersichtlich auch wieder etwas Qualitatives) mit den Verhältnissen $3:4:5$ in Zusammenhang stand. Jedes Dreieck mit diesen Seiten-Verhältnissen war rechtwinklig.[15] Wenn, wie es scheint, Pythagoras selbst es war, der diese Entdeckung machte, dann stimmen wahrscheinlich auch die Berichte, daß »Pythago-

---

[13] Fragment B24 endet hier. Vergleiche Epicharmus, DK 23 B12: »Nur der Geist sieht, nur der Geist hört: alles andere ist taub und blind.«

[14] Platons *Staat,* 530c–531c, kann als Beleg dafür gelten, daß die Entdeckung von einem Pythagoräer gemacht wurde. Zur Entdeckung selbst und der Autorschaft des Pythagoras siehe Guthrie [1962], S. 221 ff. Siehe auch Diogenes Laertius viii, 12.

[15] Zur Verallgemeinerung dieses Problems siehe Popper [1963 (a)], Kapitel 2, Abschnitt IV.

ras die meiste Zeit mit arithmetischen Fragen der Geometrie verbrachte«.[16]

Diese Berichte erhellen den Hintergrund der pythagoräischen Theorie, wonach das verborgene Wesen aller Dinge abstrakt ist. Ihr Wesen sind Zahlen, Zahlenverhältnisse und »Harmonien«. Guthrie[17] drückt es folgendermaßen aus: »Den Pythagoräern war *alles* Verkörperung von Zahlen. Dazu gehörten auch Abstraktionen wie Gerechtigkeit, Mischung, Glücksfall ...«. Vielleicht ist es interessant, daß Guthrie hier »Verkörperung« schreibt. Tatsächlich spüren wir immer noch, daß die Beziehung des Wesens zu dem, dessen Wesen es ist, wie die Beziehung der Seele oder des Geistes zum Körper ist.

Guthrie [1962] meint[18], daß es unter dem Namen »pythagoräisch« tatsächlich zwei Theorien über die Seele gibt. Die erste, die ursprüngliche Theorie, die wahrscheinlich auf Pythagoras selbst zurückgeht oder vielleicht auf Philolaos, den Pythagoräer, war die, daß die unsterbliche Seele des Menschen eine Harmonie oder eine harmonische Abstimmung abstrakter Zahlen darstelle. Diese Zahlen und ihre harmonischen Beziehungen gehen dem Körper voraus und überleben ihn. Die zweite Theorie, die von Plato dem Simmias, einem Schüler des Philolaos, in den Mund gelegt wird, war die, daß die Seele eine Harmonie oder Abstimmung des Körpers ist, wie die Harmonie oder Gestimmtheit einer Leier. (Anzumerken ist, daß die Leier nicht bloß ein Gegenstand der Welt 1, sondern auch ein Gegenstand der Welt 3 ist; ebenso verhält es sich mit ihrer richtigen Gestimmtheit oder Harmonie.) Sie muß mit dem Körper vergehen, wie die Harmonie der Leier mit der Leier vergehen muß. Die zweite Theorie wurde populär und von Plato und Aristoteles ausführlich behandelt.[19] Ihre Popularität lag offensichtlich darin, daß sie ein leicht zu begreifendes Modell der Wechselwirkung von Leib und Seele anbot.

Wir haben hier zwei verwandte Theorien mit feinen Unterschieden; sie beschreiben, so kann man sie auslegen, »zwei Arten von Seele«[20], eine unsterbliche und höhere und eine vergängliche und niederere Seele; beide sind Harmonien. Es gibt historische Hinweise auf das Vorhandensein beider Theorien, der Theorie des Pythagoras und der Theorie des Simmias. Meines Wissens sind sie jedoch vor Guthries Forschungen und glänzenden

---

[16] Diogenes Laertius VIII, 11f.

[17] W. K. C. Guthrie [1962], S. 301.

[18] Siehe auch den brillanten Artikel von Charles H. Kahn [1974].

[19] Siehe Platon, *Phaidon*, 85off., besonders 88c–d; Aristoteles, *Über die Seele*, 407b27 »... viele betrachten sie als die glaubwürdigste aller ... Theorien«; und S. 21 von Band XII *(Selected Fragments)* der Oxford Edition von *The Works of Aristotle*, herausgegeben und übersetzt von Sir David Ross [1952], wo Themistios die Theorie als sehr populär bezeichnete.

[20] Guthrie [1962], S. 317.

Darlegungen über Pythagoras und die Pythagoräer nie klar unterschieden worden.

Man muß sich fragen, wie die Theorie, die wir mit Guthrie als die Theorie des Pythagoras (im Gegensatz zur Theorie des Simmias) bezeichnen können, die Beziehung der Seele (Harmonie, Zahlenverhältnis) zum Körper sieht.[21] Wir können vermuten, daß die Antwort auf diese Frage der Theorie – einer pythagoräischen Theorie – glich, wie man sie in Platos *Timaios* findet. Dort ist der geformte oder gestaltete Körper das Ergebnis einer präexistenten Form, die sich selbst dem ungeformten oder unbegrenzten Raum (entsprechend der ersten Substanz des Aristoteles) aufprägt.[22] Diese Form könnte von der Art einer Zahl sein (eines Zahlenverhältnisses oder eines Dreiecks). Daraus ließe sich schließen, daß der organisierte Körper durch eine präexistente Zahlenharmonie organisiert wird, die daher auch den Körper überdauern könnte.

Die Philosophen, die den Pythagoräern (einschließlich »Simmias«) darin folgten, daß sie eine Theorie der Seele und/oder des Geistes vorschlugen, welche diese als unkörperliche Wesen interpretiert, waren (möglicherweise) Sokrates und (bestimmt) Platon und Aristoteles. Ihnen folgten später die Neu-Platoniker, Augustinus und andere christliche Denker sowie Descartes.

Platon stellte zeitweise verschiedene Theorien des Geistes auf, aber sie waren stets so auf seine Theorie der Formen oder Ideen bezogen, wie die Theorie des Geistes bei Pythagoras mit seiner Theorie der Zahlen oder Zahlenverhältnisse zusammenhing. Die pythagoräische Theorie der Zahlen und ihrer Verhältnisse kann als eine Theorie der wahren Natur oder des allgemeinen Wesens der Dinge verstanden werden, ebenso wie Platons Theorie der Formen und Ideen. Und während für Pythagoras die Seele ein Zahlenverhältnis ist, ist sie für Platon wenn schon keine Form oder Idee, so doch den Formen oder Ideen »verwandt«. Die Verwandtschaft ist sehr eng: Die Seele ist nahezu das Wesen des lebenden Körpers. Aristoteles' Theorie ist ähnlich. Er beschreibt die Seele als die »erste Entelechie« des lebenden Körpers; und die erste Entelechie ist ungefähr seine Form oder sein Wesen. Der Hauptunterschied zwischen Platon und Aristoteles' Theorie der Seele ist, glaube ich, der, daß Aristoteles ein kosmologischer Optimist ist, Platon hingegen eher ein Pessimist. Aristoteles' Welt ist im wesentlichen teleologisch: Alles bewegt sich auf Vollendung hin. Platons Welt ist von Gott geschaffen, und bei ihrer Erschaffung

---

[21] Ich verdanke diese Frage Jeremy Shearmur, der außerdem darauf hinwies, daß die Beziehung derjenigen der platonischen Ideen zur Materie ähnlich sein könnte.

[22] Siehe Popper [1963 (a)], Kapitel 3, S. 26 und Fußnote 15.

die beste aller Welten: Sie bewegt sich auf nichts Besseres hin. Demgemäß ist Platons Seele nicht fortschreitend, progressiv; sie ist vielmehr beharrend, konservativ. Die Entelechie des Aristoteles aber ist progressiv: Sie strebt einem Zweck, einem Ziel zu.

Ich halte es für wahrscheinlich, daß diese teleologische Theorie – das Streben der Seele auf ein Ziel, auf das Gute zu – auf Sokrates zurückgeht, der lehrte, daß das Handeln nach dem besten Zweck und auf das beste Ziel hin mit Notwendigkeit aus dem Wissen um das, was das Beste ist, folgt, und daß der Geist, oder die Seele, stets so zu handeln versuche, daß er das, was das Beste ist, hervorbringt.[23]

Platons Lehre von der Welt der Wesen – seine Theorie der Formen oder Ideen – ist die erste Lehre dessen, was ich Welt 3 nenne. Doch (wie ich in Abschnitt 13 erklärt habe) es bestehen beträchtliche Unterschiede zwischen meiner Theorie der Welt 3, der Welt der Erzeugnisse des menschlichen Bewußtseins, und Platons Theorie der Formen. Platon war jedoch einer der ersten (vielleicht zusammen mit Protagoras und Demokrit), der die Bedeutung von Ideen – von »Kultur«, um einen modernen Begriff zu verwenden – für die Prägung unseres Geistes richtig eingeschätzt hat.

Was das Leib-Seele-Problem angeht, so sah Platon dieses Problem hauptsächlich unter einem ethischen Gesichtspunkt. Wie die orphisch-pythagoräische Tradition hält auch er den Körper für das Gefängnis der Seele (vielleicht ist nicht ganz klar, wie wir ihm durch Auswanderung entfliehen können). Doch nach Sokrates und Platon *sollte* die Seele oder der Geist oder die Vernunft der Beherrscher des Körpers (und der niedereren Teile der Seele: der Begierden, die dem Körper verwandt und durch ihn beherrschbar sind) sein. Platon weist oft auf Parallelen zwischen Geist und Körper hin, doch er nimmt eine Wechselwirkung von Geist und Körper als gegeben an. Wie Freud vertritt er die Theorie, daß der Geist aus drei Teilen besteht: (1) Vernunft, (2) Aktivität, Energie oder Belebtheit

---

[23] Siehe auch Sokrates' autobiographische Bemerkungen im *Phaidon*, 96 aff., besonders 97 d, die ich – Guthrie [1969], Bd. III, S. 421 ff. folgend – für historisch ansehen möchte. – Die Lektüre von Guthries Buch [1969], Band III, das die beste mir bekannte Darstellung des Sokrates enthält, hat mich davon überzeugt, daß Sokrates' autobiographische Bemerkungen in Platons *Phaidon*, 96 aff., wahrscheinlich historisch sind. Ich akzeptierte anfangs auch Guthries Kritik (S. 423, Fußnote 1) meiner *Offenen Gesellschaft* (Band I) ohne nachzulesen, was ich geschrieben hatte. Als ich den vorliegenden Abschnitt vorbereitete, schaute ich noch einmal in meiner *Offenen Gesellschaft*, Band I, nach, und fand, daß ich auf S. 421 (Anm. 56, 5 a) nicht gegen die Historizität der autobiographischen Stelle *(Phaidon*, 96 aff.) argumentiert hatte, sondern gegen die Historizität des *Phaidon* im allgemeinen und des *Phaidon*, 108 dff. im besonderen mit seiner etwas autoritativen und dogmatischen Darstellung der Natur des Kosmos, besonders der Erde. Diese Darstellung erscheint mir immer noch als unverträglich mit der *Apologie*.

(»Thymos«, oft übersetzt mit Gesinnung oder Mut), und (3) die (niedereren) Triebe. Wie Freud nimmt er auch eine Art von Klassenkampf zwischen den niedereren und den höheren Teilen der Seele an. Im Traum können die niederen Teile außer Kontrolle geraten; zum Beispiel können die Begierden einen Menschen träumen lassen *(Staat,* Anfang von Buch IX, 571 dff.), daß er seine Mutter heirate oder »sonst eine schmutzige Bluttat« (etwa Vatermord, fügt James Adam hinzu). Offensichtlich wird angenommen, daß solche Träume durch die Einwirkung unseres Körpers auf »die tierhaften und wilden Teile« der Seele entstehen, und daß es die Aufgabe der Vernunft ist, diese Teile zu zähmen und dadurch den Körper zu beherrschen. Die Wechselwirkung zwischen Geist und Körper beruht auf Kräften, die Platon hier und an einigen anderen Stellen eher mit *politischen* als mit *mechanischen* Kräften gleichsetzt: sicherlich ein interessanter Beitrag zum Leib-Seele-Problem. Er beschreibt den Geist auch als den Steuermann der Seele.

Aristoteles hat ebenfalls eine Theorie niederer (irrationaler) und höherer (rationaler) Seelen-Teile; aber seine Theorie ist eher biologisch als politisch oder ethisch inspiriert. (In der »Nikomachischen Ethik«, 1102 b 6 ff., sagt er allerdings – wahrscheinlich auf die Traumpassage bei Platon anspielend –, daß »die Träume eines guten Menschen besser sind als die gewöhnlicher Leute«.)

Aristoteles' Thesen nehmen in vielerlei Hinsicht die Theorie der biologischen Evolution vorweg. Er unterscheidet die nährende Seele (die sich bei allen Organismen, einschließlich den Pflanzen, findet) von der sensorischen Seele und der Seele als Quelle der Bewegung (die sich nur bei Tieren findet), sowie von der rationalen Seele *(Nous),* die nur beim Menschen vorkommt und die unsterblich ist. Er betont häufig, daß diese verschiedenen Seelen »Formen« oder »Wesen« sind. Doch die aristotelische Theorie des Wesens ist anders als die Platons. Seine Wesenheiten gehören nicht wie die Platos einer gesonderten Welt der Formen oder Ideen an. Sie sind vielmehr den physikalischen Dingen inhärent. (Bei Organismen kann man sie als im Organismus lebend, als dessen Lebensprinzip, bezeichnen). Die irrationalen Seelen oder Wesen des Aristoteles kann man als Vorläufer der modernen Gentheorie ansehen: Wie die DNS planen sie die Tätigkeiten des Organismus und steuern ihn zu seinem *Telos,* zu seiner Vollendung.

Die irrationalen Teile oder Potentialitäten der aristotelischen sinnlichen und bewegenden Seelen haben viel mit Ryles Verhaltensdispositionen gemein. Sie sind natürlich vergänglich und gleichen ganz und gar der »Harmonie des Körpers« bei Simmias (obwohl Aristoteles viel Kritisches zur Harmonietheorie zu sagen hat). Der rationale Teil aber, der unsterbliche Teil der Seele, ist anders.

Aristoteles' rationale Seele ist sich natürlich, wie die Platons, ihrer selbst bewußt. (Siehe zum Beispiel gegen Ende von *Zweite Analytik,* 99 b 20, mit der Erörterung des »Nous«, was hier intellektuelle Anschauung bedeutet.) Sogar Charles Kahn [1966], der gerne die Unterschiede zwischen dem aristotelischen Begriff der Seele und dem Descartesschen Begriff des Bewußtseins betont, kommt nach einer glänzenden und äußerst sorgfältigen Untersuchung zu dem Schluß (den ich für nahezu offenkundig halte), daß die Psychologie des Aristoteles *doch* den Begriff des Selbstbewußtseins kennt.[24]

In diesem Zusammenhang möchte ich nur auf eine wichtige Stelle hinweisen, die zugleich die Auffassung des Aristoteles von der Wechselwirkung zwischen unseren physischen Sinnesorganen und unserer subjektiven Bewußtheit zeigt. In Aristoteles' Buch *Über Träume,* 461 b 31, liest man: »Wenn ein Mensch nicht merkt, daß ein Finger unter sein Auge gedrückt wird, wird nicht nur ein Ding als zwei Dinge erscheinen, sondern er wird vielleicht denken, daß es zwei sind; aber wenn er es weiß [daß der Finger unter sein Auge gedrückt wird], wird es ihm zwar noch scheinen, daß es zwei Dinge sind, aber er wird nicht denken, daß es zwei sind.« Das ist ein klassisches Experiment, um die Wirklichkeit des Bewußtseins zu zeigen sowie die Tatsache, daß Sinnesempfindungen nicht notwendigerweise eine Disposition enthalten müssen, an das Gesehene auch zu glauben.[25]

III

Bei der Fortbildung der Theorie der Seele oder des Geistes oder des Ich spielt die Entwicklung ethischer Ideen eine Hauptrolle. Vor allem der Wandel in der Theorie des Fortlebens der Seele ist höchst eindrucksvoll und bedeutend.

Man muß zugeben, daß bei Homer und in anderen Mythen vom Hades das Problem der Belohnung und Bestrafung der Seele für ihre ungewöhnliche Vortrefflichkeit oder ihre moralische Fehlerhaftigkeit nicht immer umgangen wird. Doch der Zustand der überlebenden Seele normaler Menschen, die niemals viel Böses getan haben, ist bei Homer schrecklich und niederdrückend. Die Mutter des Odysseus ist nur *ein* solcher Fall. Sie wird nicht für ein Verbrechen bestraft. Sie leidet nur deshalb, weil sie tot ist.

Der Mysterienkult von Eleusis (und vielleicht auch das, was die »Orphische Religion« genannt wird) führten zu einer Veränderung dieses Glaubens. Hier war ein Versprechen auf eine bessere, künftige Welt – wenn man die richtige Religion mit den richtigen Ritualen übernahm.

---

[24] Siehe auch die Bemerkungen zu W. F. R. Hardie [1976] in Abschnitt 44.
[25] Siehe Abschnitt 30, Text zu Fußnote 5.

Für uns Nach-Kantianer ist dieses Versprechen auf Belohnung wohl keine moralische Motivation mehr. Doch es besteht kaum Zweifel daran, daß es der erste Schritt auf dem Wege zum sokratischen und kantischen Standpunkt war, wonach moralisches Handeln um seiner selbst willen geschieht und seine eigene Belohnung darstellt, statt eine gute Investition, den Preis, den man für die versprochene Belohnung im künftigen Leben zu bezahlen hat. Die Schritte in dieser Entwicklung sind deutlich zu erkennen; und die aufkommende Idee einer Seele, eines Ich, das die verantwortlich handelnde Person repräsentiert, spielt eine höchst bedeutende Rolle in dieser Entwicklung. Vielleicht lehrte Pythagoras unter dem Einfluß der Eleusischen Mysterien und der »Orphik« das Überleben und die Reinkarnation der Seele oder die Seelenwanderung: Die Seele wird für ihre Taten durch die Art – die *moralische* Qualität – ihres nächsten Lebens belohnt oder bestraft. Das ist der erste Schritt zu der Idee, daß Gutsein seine eigene Belohnung darstellt.

Demokrit, der in vielerlei Hinsicht durch die Lehren der Pythagoräer beeinflußt war, lehrte wie Sokrates (wie wir zuvor in diesem Abschnitt gesehen haben), daß es besser ist, Unrecht zu erleiden als Unrecht zu tun. Demokrit, der Materialist, glaubte natürlich nicht an ein Fortleben nach dem Tode; und auch Sokrates scheint in diesem Punkt ein Agnostiker gewesen zu sein (nach Platons »Apologie«, nicht aber nach dem »Phaidon«[26]). Beide argumentierten in Begriffen von Belohnung und Bestrafung – Begriffe, die für den moralischen Rigorismus kantischer Art unannehmbar sind. Doch beide gingen weit über die primitive Idee des Hedonismus – des »Lustprinzips« – hinaus. (Vgl. *Phaidon*, 68e–69a) Beide lehrten, daß ein Unrecht begehen dazu führe, seine Seele zu verderben, ja sein Ich zu bestrafen. Beide hätten Schopenhauers einfache Maxime akzeptiert: »Schade niemandem, aber helfe allen, so gut du kannst!« *(Neminem laede; imo omnes, ut potes, juva!)* Und beide hätten dieses Prinzip damit verteidigt, was im wesentlichen als Appell an die Selbstachtung und die Achtung des anderen gilt.

Wie so viele Materialisten und Deterministen hat auch Demokrit anscheinend nicht gesehen, daß Materialismus und Determinismus mit ihren aufgeklärten und humanitären moralischen Lehren wirklich unvereinbar sind. Sie sahen nicht, daß Moralität, selbst wenn man sie nicht für gottgegeben hält, sondern als vom Menschen geschaffen, ein Teil von Welt 3 ist; daß sie zum Teil etwas vom menschlichen Bewußtsein selbständig geschaffenes ist. Es war Sokrates, der das als erster klar erkannte.

Am wichtigsten für das Leib-Seele-Problem sind zwei wahrscheinlich

---

[26] Was die Unverträglichkeit bestimmter Partien des »Phaidon« (besonders *Phaidon,* 108dff.) mit Platons »Apologie« betrifft, siehe Fußnote 9 zu diesem Abschnitt, und S. 308 meiner *Offenen Gesellschaft* [1966 (a)], Band I, [1977 (z_3)] S. 421.

wirklich von Sokrates selbst gemachte Bemerkungen, die im »Phaidon« berichtet werden, dem Dialog, in dem Platon die letzten Stunden im Gefängnis und den Tod von Sokrates schildert. Die zwei Bemerkungen, die ich meine, kommen an einer Stelle im »Phaidon« vor (96a–100d), die deshalb berühmt ist, weil sie einige autobiographische Hinweise auf Sokrates enthält.[27] Die erste Bemerkung (96b) ist eine der klarsten Formulierungen des Leib-Seele-Problems in der gesamten Geschichte der Philosophie. Sokrates berichtet, daß er in seiner Jugend an Fragen interessiert war wie: »Bringt die Wärme oder die Kälte die Entstehung von Tieren durch einen Prozeß der Gärung zustande, wie einige sagen? Denken wir durch das Blut oder durch die Atmung oder durch die Hitze? Oder ist es keines von diesen, durch das wir denken, oder bringt vielleicht das Gehirn alle Sinnesempfindungen hervor – Hören, Sehen und Riechen? Und entsteht das Gedächtnis und die Meinungsbildung aus diesen? Und entsteht beweisbares Wissen *(epistēme)* aus fest gegründetem Gedächtnis und Meinung?« Sokrates macht klar, daß er früh alle derartigen physikalistischen Spekulationen verwarf. Geist oder Denken oder Vernunft, so entschied er, verfolgen immer ein Ziel oder einen Zweck: Sie verfolgen immer den Zweck, das Beste zu tun. Als er hörte, daß Anaxagoras ein Buch geschrieben hatte, in dem er lehrte, daß die Vernunft *(nous)* »alle Dinge ordnet und sie verursacht«, war Sokrates höchst begierig, das Buch zu lesen; aber er wurde schwer enttäuscht. Denn das Buch erklärte nicht die *Zwecke* oder die *Vernunftgründe,* die der Weltordnung zugrunde liegen, sondern versuchte, die Welt als eine Maschine zu erklären, die durch rein mechanische *Ursachen* angetrieben wird. »Es war (so sagt Sokrates in der zweiten Bemerkung, *Phaidon,* 98c–99a) ... als ob jemand zuerst sagen würde, daß Sokrates alles mit Vernunft oder Verstand tue; dann aber, wenn er versuchte, die Gründe für das, was ich gerade tue, zu erklären, behaupten würde, daß ich jetzt hier sitze, weil mein Körper aus Knochen und Sehnen bestehe; ... und daß die Sehnen, wenn sie erschlaffen und sich zusammenziehen, mich meine Glieder nun beugen lassen, und daß ich aus diesem Grunde jetzt hier sitze, mit gebeugten Knien ... Doch die wirkliche Ursache dessen, daß ich hier jetzt im Gefängnis sitze, ist, daß die Athener entschieden haben, mich zu verdammen, und daß auch ich entschieden habe, daß ... es richtiger ist, wenn ich hier bliebe und mich der Strafe, die sie mir auferlegt haben, unterziehe. Denn beim Hund ... diese meine Knochen wären schon lange in Megara oder bei den Böotiern ... hätte ich es nicht für gerechter und schöner gehalten, die Strafe zu erdulden, die meine Stadt mir auferlegt, statt zu flüchten und fortzulaufen.«

---

[27] Die historische Echtheit dieser autobiographischen Stelle wird von Guthrie [1969], Band III, S. 421–3, überzeugend belegt: siehe auch Fußnote 9.

John Beloff[28] nennt diese Stelle richtig eine »großartige Bestätigung moralischer Freiheit angesichts des Todes«. Aber sie ist als eine Feststellung gemeint, die scharf zwischen einer Erklärung in Begriffen physikalischer Ursachen (einer Kausalerklärung der Welt 1) und einer Erklärung in Begriffen von Absichten, Zielen, Zwecken, Motiven, Vernunftgründen und zu verwirklichenden Werten unterscheidet (einer Erklärung gemäß Welt 2, die auch Überlegungen von Welt 3 miteinbezieht: Sokrates will nicht die Rechtsordnung Athens brechen). Und sie stellt klar, daß beide Erklärungsarten wahr sein können, daß aber, sofern es um die Erklärung verantwortlicher und zweckgerichteter Handlungen geht, die erste Art (die Kausalerklärung gemäß Welt 1) völlig irrelevant ist.

Nach unseren heutigen Theorien können wir durchaus sagen, daß Sokrates hier gewisse Parallelismus- und Identitäts-Theorien überdenkt; und daß er die Behauptung zurückweist, eine physikalistische Kausalerklärung oder eine behavioristische Erklärung menschlicher Handlungen könne eine Erklärung in Begriffen von Zielen, Zwecken und Entschlüssen (oder einer Erklärung in Begriffen der Situationslogik) gleichwertig sein. Er weist eine physikalistische Erklärung nicht als unwahr, sondern als unvollständig und als bar jeden Erklärungswertes zurück. Sie läßt alles, was wichtig ist, weg: die bewußte Wahl von Zwecken und Mitteln.

Dann haben wir eine zweite und ganz andere Bemerkung über das Leib-Seele-Problem, die noch wichtiger als die vorige ist. Sie ist eine Aussage in Begriffen verantwortlichen menschlichen Handelns: eine Aussage in einem wesentlich ethischen Zusammenhang. Sie macht deutlich, daß die ethische Idee eines verantwortlichen moralischen Ich eine entscheidende Rolle in den antiken[29] Auseinandersetzungen um das Leib-Seele-Problem und das Selbstbewußtsein gespielt hat.

Die hier von Sokrates vertretene Auffassung muß jeder Verfechter der Wechselwirkung unterschreiben: Für diesen kann selbst eine vollständige Erklärung menschlicher Körperbewegungen, *rein als physikalische Bewegungen aufgefaßt,* nicht in rein physikalischen Begriffen gegeben werden: Die physische Welt 1 ist nicht in sich geschlossen, sondern kausal offen gegenüber Welt 2 (und durch sie gegenüber Welt 3).[30]

---

[28] J. Beloff [1962], S. 141.

[29] In neueren Zeiten hat auf diese zweite Stelle in Platons *Phaidon* wiederholt Leibniz in seinen Erörterungen des Leib-Seele-Problems hingewiesen. Siehe Abschnitt 50.

[30] Wenn man hierauf nicht beharrt – wenn man etwa sagt, daß die physikalischen Bewegungen unseres Körpers im Prinzip vollständig und allein in Begriffen der Welt 1 erklärt werden können, und daß diese Erklärung lediglich durch eine solche in Begriffen von Bedeutungen ergänzt werden muß – dann, so scheint mir, hat man unmerklich eine Form des Parallelismus übernommen, in der menschliche Ziele, Zwecke und menschliche Freiheit bloß zu einem subjektiven Epiphänomen werden.

47. Mutmaßliche Erklärungen gegenüber Letzt-Erklärungen

Selbst für diejenigen, die sich nicht für Geschichte, sondern hauptsächlich für das Verständnis der gegenwärtigen Problemsituation interessieren, ist es unumgänglich, auf zwei einander entgegengesetzte Auffassungen von Wissenschaft und wissenschaftlicher Erklärung einzugehen, die sich als Teil der Platonischen und Aristotelischen Tradition aufweisen lassen.

Die Platonische und die Aristotelische Tradition kann man als objektivistisch und rationalistisch bezeichnen (im Gegensatz zum subjektivistischen Sensualismus und Empirismus, der als Ausgangspunkt Sinneseindrücke annimmt und versucht, die physische Welt daraus zu »konstruieren«). Fast[1] alle Vorläufer von Platon und Aristoteles waren Rationalisten in diesem Sinne: Sie versuchten die Phänomene der Welt dadurch zu erklären, daß sie eine verborgene Welt voraussetzten, eine Welt verborgener Wirklichkeiten hinter der Welt der Erscheinungen.

Die erfolgreichsten unter diesen Vorläufern waren natürlich die Atomisten, Leukipp und Demokrit, die viele Eigenschaften der Materie erklärten, wie Zusammendrückbarkeit, Porösität, Übergang vom flüssigen Zustand in den gasförmigen und in den festen Zustand.

Ihre Methode kann man die *Methode der Vermutung oder Hypothese* nennen, oder der *mutmaßlichen Erklärung*. Sie wird ziemlich ausführlich in Platons *Staat* (z. B. 510b–511e), im *Menon* (86e–87c) und im *Phaidon* (85c–d) analysiert. Sie besteht im Wesentlichen darin, eine Annahme zu machen (für die wir womöglich nichts vorzubringen haben) *und zu sehen, was daraus folgt.* Das heißt, *wir testen unsere Annahme oder unsere Vermutung, indem wir ihre Konsequenzen untersuchen;* dabei sind wir uns klar darüber, daß wir dadurch niemals die Annahme begründen können. Die Annahme kann uns intuitiv zusagen oder nicht: Intuition ist wichtig, doch (im Rahmen dieser Methode) niemals entscheidend. Es ist eine der Hauptaufgaben dieser Methode, die Phänomene zu erklären, oder »die Phänomene zu retten«.[2]

---

[1] Die einzige Ausnahme waren einige Sophisten, namentlich Protagoras. Der subjektive Empirismus gewann wieder Bedeutung mit Berkeley, Hume, Mach, Avenarius, dem frühen Wittgenstein und den logischen Positivisten. Ich halte ihn für falsch und werde ihm nicht viel Raum widmen. Ich halte für seine charakteristische These die Äußerung von Otto Neurath: »Alles ist Oberfläche: Die Welt hat keine Tiefe«; oder Wittgensteins Satz: »*Das Rätsel* gibt es nicht.« (*Tractatus* [1921], 6 5)

[2] Diese Methode muß deutlich von der Theorie des Instrumentalismus unterschieden werden, mit dem sie von Duhem verschmolzen wurde. (Siehe Popper [1963 (a)], Kapitel 3, Fußnote 6, S. 99, wo sich Hinweise auf Stellen bei Aristoteles, die diese Methode behandeln, finden, z. B. *Über den Himmel* 293a25.) Der Unterschied zwischen dieser Methode und dem Instrumentalismus ist der, daß wir die Wahrheit unserer versuchsweisen Erklärungen haupt-

Eine zweite Methode, die meiner Ansicht nach scharf von der Methode der Vermutung oder der Hypothesenbildung unterschieden werden sollte, ist die *Methode des intuitiven Erfassens des Wesens;* also die *Methode der essentialistischen Erklärung* (die Husserlsche »*Wesensschau*«[3]). Hier meint »Intuition« *(nous,* intellektuelle Anschauung) unfehlbare Einsicht: Sie garantiert Wahrheit. Was wir sehen oder intuitiv begreifen ist (in diesem Sinne von Intuition) das Wesen selbst. (Siehe zum Beispiel Platons *Phaidon,* 100c; und Aristoteles' *Zweite Analytik,* besonders 100b.) Die essentialistische Erklärung erlaubt uns eine »Was ist«-Frage zu beantworten und (nach Aristoteles) die Antwort in einer *Wesensdefinition* zu geben, einer Formel des Wesens. (Essentialistische Definition, Realdefinition.) Indem wir diese Definition als Prämisse nehmen, können wir wiederum versuchen, das Phänomen deduktiv zu erklären – das Phänomen zu retten. Gelingt uns das aber nicht, dann kann es kein Fehler unserer Prämisse sein: Die Prämisse muß wahr sein, wenn wir das Wesen richtig erfaßt haben. Ferner ist eine Erklärung durch Wesensschau eine *Letzterklärung:* Sie bedarf weder irgendeiner weiteren Erklärung, noch ist sie dazu fähig. Im Gegensatz dazu kann jede mutmaßliche Erklärung ein neues Problem aufwerfen, eine neue Forderung nach Erklärung. Die »Warum?«-Frage kann immer wiederholt werden, wie schon kleine Kinder wissen. (Warum ist Papa nicht zum Essen heimgekommen? Er mußte zum Zahnarzt gehen. Warum mußte er zum Zahnarzt gehen? Er hat Zahnschmerzen. Warum hat er Zahnschmerzen?) Anders ist es mit »Was ist«-Fragen. Hier kann die Antwort endgültig sein.

Ich hoffe, daß ich den Unterschied zwischen mutmaßlicher Erklärung – die immer versuchsweise bleibt, auch wenn sie von Intuition geleitet wird – und andererseits essentialistischer oder Letzterklärung klargemacht habe – die, wenn sie durch Intuition (im genannten Sinne von Anschauung) geleitet wird, unfehlbar ist.

Es gibt übrigens zwei einander entsprechende Methoden, eine Behauptung zu kritisieren. Die erste Methode (»wissenschaftliche Kritik«) kritisiert eine Behauptung dadurch, daß sie logische *Konsequenzen* daraus zieht (vielleicht zusammen mit anderen, unproblematischen Behauptungen) und daß sie versucht, *Konsequenzen aufzudecken, die unannehmbar sind.* Die zweite Methode (»philosophische Kritik«) versucht zu zeigen, daß die Behauptung *nicht wirklich belegbar* ist: daß sie nicht aus intuitiv gewissen Prämissen abgeleitet werden kann und selbst nicht intuitiv gewiß ist.

---

sächlich deshalb einer Prüfung unterziehen, weil wir an ihrer Wahrheit *interessiert* sind (wie ein Essentialist, siehe unten), obwohl wir nicht glauben, daß wir ihre Wahrheit *begründen* können.

[3] Siehe Popper, *Offene Gesellschaft* [1966 (a)], Band II, S. 16, [1977 (Z$_3$)], S. 23 f.

Fast alle Wissenschaftler kritisieren Behauptungen nach der ersten Methode; fast alle philosophische Kritik, die ich kenne, geht nach der zweiten Methode vor.

Das Interessante ist nun, daß eine Unterscheidung zwischen den beiden Erklärungsmethoden schon in den Werken von Plato und Aristoteles zu finden ist: Sowohl die theoretische Beschreibung der beiden Methoden, als auch ihre Anwendung anhand praktischer Beispiele findet sich dort. Was aber fehlt, von Plato bis auf unsere Tage, ist die volle Einsicht, daß es sich um zwei Methoden handelt: daß sie sich grundlegend unterscheiden; und daß vor allem nur die erste Methode, die mutmaßliche Erklärung, gültig und durchführbar ist, während die zweite nur ein Irrlicht ist.

Der Unterschied zwischen den beiden Methoden ist radikaler als der Unterschied zwischen zwei Methoden, die zu sogenannten »Erkenntnisansprüchen« führen; denn nur die zweite Methode führt zu Erkenntnisansprüchen. Die erste Methode führt zu *Vermutungen* oder *Hypothesen*. Obwohl auch diese als zur »Erkenntnis« im objektiven oder im Sinn von Welt 3 gehörend bezeichnet werden können, wird von ihnen nicht *behauptet,* sie seien gewiß oder wahr. Man kann sie als wahr *vermuten;* doch das ist etwas ganz anderes.

Es gibt freilich eine alte traditionelle Bewegung gegen essentialistische Erklärungen, die vom antiken Skeptizismus ausgeht, und die Hume, Kirchhoff, Mach und viele andere beeinflußt hat. Doch die Anhänger dieser Bewegung machen keinen Unterschied zwischen den beiden Erklärungsarten; sie identifizieren »Erklärung« eher mit dem, was ich »essentialistische Erklärung« nenne und lehnen deshalb überhaupt jegliche Erklärung ab. (Stattdessen empfehlen sie, »Beschreibung« als die wirkliche Aufgabe der Wissenschaft anzusehen.)

Stark vereinfacht (wie wir es immer in der Geschichte tun müssen) können wir sagen, daß es ungeachtet der Existenz beider Erklärungsarten, die an einigen Stellen bei Platon und Aristoteles klar gesehen wurden, eine fast universelle Überzeugung sogar unter Skeptikern ist, daß nur der essentialistische Erklärungstyp wirklich eine Erklärung darstellt und alleine ernst zu nehmen ist.

Ich glaube, diese Haltung ist ohne eine klare Unterscheidung zwischen Welt 2 und Welt 3 fast unvermeidlich. Wird diese Unterscheidung nicht deutlich gemacht, so gibt es keine »Erkenntnis« außer im subjektiven oder im Sinne von Welt 2. Es gibt dann keine Vermutungen oder Hypothesen, keine versuchsweisen und konkurrierenden Theorien. Es gibt nur subjektiven Zweifel, subjektive Ungewißheit, was fast das Gegenteil von »Erkenntnis« ist. Wir können dann nicht von zwei Theorien sagen, daß die eine besser ist als die andere – wir können nur an die eine glauben und an der andern zweifeln. Es kann natürlich verschiedene Grade subjektiven Glaubens (oder subjektiver Wahrscheinlichkeit) geben. Doch so lange wir nicht die Existenz einer objektiven Welt 3 anerkennen (und objektiver Gründe, die uns eine der konkurrierenden Theorien einer anderen objektiv vorziehen läßt oder die sie objektiv stärker als eine andere machen, auch wenn man von keiner wissen kann, ob sie wahr ist), kann es keine verschiedenen Theorien oder Hypothesen verschiedenen Grades objektiver Vorzüglichkeit oder Vorrangigkeit (ohne unmittelbare Wahrheit oder Falschheit) geben. Während unter dem Gesichtspunkt von Welt 3 Theorien mutmaßliche Hypothesen *sind,* besteht folglich für die, die Theorien und Hypothesen als Glaubens-Annahmen der Welt 2 interpretieren, eine scharfe Trennung zwischen Theorien und Hypothesen: Theorien werden als wahr erkannt, während Hypothesen vorläufig sind und jedenfalls noch nicht als wahr erkannt sind. (Selbst der große William Whewell – der in vielem der hier vertretenen Ansicht nahekommt – glaubt an den wesentlichen Unterschied zwischen einer Hypothese und einer endgültig begründeten Theorie: ein Punkt des Einverständnisses zwischen Whewell und Mill.)

Es ist bemerkenswert, daß Platon fast immer, wenn er sich auf einen Mythos beruft, Wert darauf legt, daß der Mythos nur Wahrheitsähnlichkeit, nicht Wahrheit besitzt. Doch das berührt nicht seine Einstellung, daß es Gewißheit ist, wonach wir suchen, und daß Gewißheit in der intellektuellen Anschauung des Wesens gefunden wird. Er ist sich mit den Skeptikern einig, daß das wohl nicht (oder nicht immer) zu erreichen ist. Doch die Methode der Vermutung wird anscheinend von allen Parteien nicht nur als versuchsweiser, sondern als vorläufiger *Lückenbüßer für etwas Besseres* angesehen.

Es gehört zu den interessantesten Vorfällen in der Geschichte der Wissenschaft, daß diese Auffassung sogar von Newton vertreten wurde. Seine *Principia* können, wie ich glaube, als das bedeutendste Werk mutmaßlicher oder hypothetischer Erklärung in der Geschichte bezeichnet werden; und Newton sah klar, daß seine eigene Theorie in den *Principia* keine essentialistische Erklärung war. Aber er verwarf die Philosophie des Essentialismus nie und akzeptierte sie unausdrücklich. Er sagte nicht nur: »Ich fingiere keine Hypothesen« (diese Bemerkung meint wohl: »Ich biete keine *Spekulationen* über mögliche Letzterklärungen, wie Descartes«), sondern er gestand zu, daß nach essentialistischen Erklärungen gesucht werden müsse, und daß sie, einmal gefunden, letztgültig und seiner Massenanziehungstheorie überlegen seien. Ihm kam nie der Gedanke, seinen Glauben an die Überlegenheit essentialistischer Erklärung über seine eigene Erklärungsart (von der er fälschlich glaubte, sie beruhe mehr auf Induktion aus den Phänomenen als auf Hypothesen) aufzugeben.

Ganz im Unterschied zu einigen seiner Nachfolger gab er zu, daß seine Theorie keine Erklärung war; er behauptete lediglich, es sei »die beste und sicherste Methode, zuerst sorgfältig die Eigenschaften der Dinge zu untersuchen ... und (erst) dann Hypothesen zu suchen, um sie zu erklären«.[4] In der dritten Ausgabe der *Principia* (1726) fügte Newton dem Anfang von Buch III am Ende der Regeln des Denkens in der Philosophie hinzu, »Nicht, daß ich behaupte, Gravitation sei wesentlich für Körper«, und bestritt somit, daß die Gravitationskraft als essentialistische Erklärung aufgefaßt werden könne.[5]

Ich fasse zusammen: Newton, wahrscheinlich der größte Meister der Methode mutmaßlicher Erklärung, die »die Phänomene rettet«, hatte natürlich recht, wenn er sich auf die Phänomene berief. Er glaubte fälschlicherweise, er selbst habe Hypothesen vermieden und (Baconsche) Induktion angewendet. Er hatte recht, wenn er glaubte, daß seine Theorie durch eine tieferliegende Theorie erklärt werden könnte, doch er glaubte zu Unrecht, das müsse eine essentialistische Erklärung sein. Er glaubte ebenfalls zu Unrecht, Trägheit sei der Materie wesentlich – eine ihr inhärente *vis insita*. (Eine weitere und ausführlichere Auseinandersetzung mit Newtons Theorie und ihrer Beziehung zum Essentialismus findet sich in Abschnitt 51.)

Bevor wir zu Descartes und seiner essentialistischen Erklärung der Materie und des Bewußtseins übergehen, will ich noch kurz meiner Überzeugung Ausdruck geben, daß die meisten Schwierigkeiten daher rühren, daß wir immer noch dazu neigen, »Was ist«-Fragen zu stellen: daß wir hoffen, eines Tages herauszufinden, was der Geist, das Bewußtsein wirklich ist. Dagegen möchte ich darauf hinweisen, daß wir nicht wissen, was Materie ist, auch wenn wir eine ganze Menge über die physikalische Struktur der Materie wissen. So wissen wir zum Beispiel nicht, ob die »Elementarteilchen«, die in diese Struktur eingehen, »elementar« in irgendeinem bedeutsamen Sinne dieses Ausdrucks sind oder nicht.

Wenn wir ebenfalls auch nichts über sein Wesen wissen, wissen wir doch eine ganze Menge über die Struktur des Bewußtseins. Wir wissen etwas über Wachsein und Schlafen. Wir wissen viel über seine zweckvolle Tätigkeit; über die Art, wie es Probleme löst, eine geistige Tätigkeit, die noch während des Schlafs und unbewußt weiterläuft; über Tugenden,

---

[4] Newton, Brief an Oldenburg, 2. Juni 1672. (Vgl. Newtons *Opera*, Hrsg. S. Horsley, Band IV, S. 314f.)
[5] Siehe auch die Briefe an Richard Bentley, 17. Januar und 25. Februar 1692–3. Siehe Popper [1963 (a)], Fußnoten 20 und 21 zu Kapitel 3 (und Text), und Newtons *Optik*, Frage 31, wo Newton die Möglichkeit erwähnt, daß Anziehung »vielleicht durch Impuls bewirkt wird oder durch andere Mittel, über die ich nichts weiß«.

Heroismus, Selbstlosigkeit und Opferbereitschaft; über Laster, Egoismus und Selbstsucht; und überhaupt über den Reichtum und die Vielfalt der menschlichen Persönlichkeit. Und wir wissen viel, wenn auch viel zu wenig, über die sozialen und kulturellen Traditionen des Menschen und darüber, wie unser Bewußtsein in Welt 3 verankert ist. Das sind die »Phänomene« (im Sinne Newtons); irgendwie trachten wir auch, wie Newton, nach einer Letzterklärung. Zweifellos zu Unrecht. Wir kommen nicht einmal mit mutmaßlichen Erklärungen sehr weit. Doch mehr können wir nicht erwarten. Denn das Bewußtsein ist ein Prozeß oder ein Phänomen des Lebens – des Lebens höherer Organismen; und obwohl wir sehr viel über Organismen wissen, besonders über den eindrucksvollen vereinheitlichenden Tatbestand – den genetischen Kode –, so ist doch unser gesamtes Wissen noch weniger vereinheitlicht als unser typisch pluralistisches Wissen von der Materie. Wenn wir uns auch um größtmögliche Vereinheitlichung bemühen müssen, dürfen wir keine essentialistische oder ähnliche einheitliche Antwort auf unsere Probleme erwarten.

48. Descartes: Ein Wandel im Leib-Seele-Problem

> Seele und Körper, so meine ich, reagieren sympathetisch aufeinander: eine Veränderung in dem Zustand der Seele erzeugt eine Veränderung in der Gestalt des Körpers und umgekehrt: eine Veränderung in der Gestalt des Körpers erzeugt eine Veränderung in dem Zustand der Seele.
>
> ARISTOTELES

Ob diese programmatische Erklärung zu Beginn von Kapitel IV der *Physiognomik (Nebenwerke,* 808b11) von Aristoteles selbst stammt, unter dessen Namen sie jedenfalls überliefert ist, oder ob sie einem seiner Schüler (vielleicht Theophrastus) zuzuschreiben ist, spielt für meinen Zweck keine Rolle, nämlich zu zeigen, daß das Leib-Seele-Problem und seine Lösung durch die Theorie der Wechselwirkung Allgemeingut der aristotelischen Schule waren. Die Mitglieder dieser Schule, die die These akzeptierten, daß der Geist körperlos sei, akzeptieren auch stillschweigend aber gleichwohl offenkundig, daß die Leib-Seele-Beziehung auf einer *Wechselwirkung* beruht, die selbstverständlich *nicht-mechanisch* war. Auf diese Weise wurde das Leib-Seele-Problem, wie ich bereits angedeutet habe, von allen Denkern der Zeit gelöst, mit Ausnahme der Atomisten, die an eine mechanische Wechselwirkung glaubten.

Meine These in diesem Abschnitt ist einfach. Erstens möchte ich behaupten, daß Aristoteles und Descartes im Falle der Lehren von der Körperlosigkeit der Seele und der Wechselwirkung und auch im Falle ihrer Billigung der Idee einer essentialistischen Erklärung auf gemeinsamem Boden standen. Descartes verwickelte sich allerdings in besondere Schwierigkeiten beim Problem der Wechselwirkung. Ihm wurde zum Problem, wie eine nichtmaterielle Seele auf eine physikalische Welt von Uhrwerkmechanismen, in der alle physikalische Verursachung wesentlich und notwendig auf mechanischem Stoß beruhte, einwirken konnte. Meine These ist, daß Descartes dadurch, daß er die Theorie der Körperlosigkeit der Seele und der Wechselwirkung mit einem mechanistischen und monistischen Prinzip physikalischer Verursachung zu kombinieren versuchte, eine gänzlich neue und unnötige Schwierigkeit schuf. Diese Schwierigkeit führte zu einem Umschwung im Leib-Seele-Problem (und, bei den Nachfolgern Descartes, zum Leib-Seele-Parallelismus und später zur Identitätsthese).

Descartes war, wie ich schon sagte, ein Essentialist, und seine physikalischen Ansichten beruhten auf einer intuitiven Vorstellung vom Wesen des Körpers.[1] Die Verläßlichkeit dieser Einsicht wurde als von Gott garantiert angenommen. Descartes wollte mit Argumenten, die von seinem »Ich denke, also bin ich« ausgingen, zeigen, daß Gott existiert, und daß Gott als Vollkommener nicht zulassen könne, daß wir getäuscht werden, wenn wir eine klare und deutliche Vorstellung oder Wahrnehmung haben. Somit sind Klarheit und Deutlichkeit unserer Wahrnehmungen (und anderer subjektiver Gedanken) für Descartes zuverlässige *Wahrheitskriterien.*

Descartes definierte einen Körper als etwas, das (dreidimensional) räumlich ausgedehnt ist. *Ausdehnung war also das Wesen der Körperlichkeit oder Materialität.* (Das war nicht viel anderes als Platons Raumtheorie im *Timaios* oder Aristoteles' Theorie der ersten Materie oder Substanz.) Descartes teilte mit vielen früheren Denkern (Platon, Aristoteles, Augustinus[2]) die Auffassung, daß Geist und Selbstbewußtsein nicht-körperlich sind. Mit der Annahme der These, Ausdehnung sei das Wesen der Materie, mußte er auch erklären, daß die unkörperliche Substanz, die Seele, »unausgedehnt« sei. (Deshalb identifizierte Leibniz Seelen mit unausge-

---

[1] Mit »Wesen«, »Essenz« meint Descartes die eigentlichen oder unveränderlichen Eigenschaften einer Substanz (zu Descartes Idee der Substanz siehe Fußnote 1 zu Abschnitt 49, unten) – ganz ähnlich wie bei Aristoteles oder Newton (der sagte, Gravitation könne der Materie nicht wesentlich sein, weil sie mit der Entfernung abnimmt).

[2] Es ist interessant, daß Descartes berühmtes Argument »Ich denke, also bin ich« von Augustinus in seinem *De libero arbitrio* vorweggenommen wurde, worauf Arnauld bei Descartes hinwies. (Siehe Haldane und Ross [1931], Band II, S. 80 und 97.) Es stand auch schon (nach Bertrand Russell [1945], S. 374) in Augustinus' *Soliloquia.* Über die Beziehung vom Geist zum Körper ist vieles in Augustinus' *Confessiones* (z. B. X, 8) und in seinem *De quantitate animae* zu finden.

dehnten Euklidischen Punkten – das heißt mit »Monaden«.) Wesen der Seelensubstanz bedeutete nach Descartes, daß sie eine »denkende« Substanz war.[3] »Denkend« ist hier eindeutig als Synonym von »bewußt« gemeint. Die Definition der Materie oder des Körpers als *ausgedehnt* führte Descartes direkt zur besonderen Form seiner mechanistischen Kausalitätstheorie – zu der Theorie, daß alle Verursachung in Welt 1 durch Stoß erfolgt.

Das war in gewisser Weise eine alte Theorie. Es war die Theorie des Kriegers, der das Schwert oder den Speer schwingt und sich mit einem Schild und einem Helm verteidigt; und es ist die Theorie des Handwerkers, des Töpfers, des Schiffbauers, des Schmiedes. Es ist nicht so sehr die Theorie des Bronze- oder Eisenschmelzers, denn die Verwendung von Hitze bedeutet einen vom bloßen Stoß verschiedenen Kausalfaktor; sie ist auch nicht die Theorie des Alchemisten oder Chemikers; ebensowenig die Theorie des Schamanen oder des Wahrsagers oder des Astrologen; aber natürlich ist der Stoß ein nahezu universales Prinzip und jedem Menschen von Kindheit an vertraut.

Der erste Philosoph, der den Stoß zur (fast) universal wirkenden kausalen Kraft machte, war Demokrit; sogar die Verbindung von Atomen beruhte (teilweise) auf dem Stoß, dann nämlich, wenn die Häkchen der Atome sich ineinander einhängten. Auf diese Weise »reduzierte« er den Zug auf den Stoß.

Im Gegensatz dazu akzeptierte Descartes den Atomismus nicht. Seine Identifizierung von geometrischer Ausdehnung und Körperhaftigkeit oder Materialität ließ das nicht zu. Diese Identifikation brachte ihn auf zwei Argumente gegen den Atomismus. Es konnte keine Leere, keinen leeren Raum geben; denn geometrischer Raum war Ausdehnung und somit das Wesen des Körpers oder der Materie selbst. Und es konnte keine letzte Grenze der Teilbarkeit geben: Denn der geometrische Raum war unendlich teilbar. Dennoch übernahm Descartes neben der Theorie des Stoßes viele kosmologische Ideen der Atomisten (wie es schon Platon und Aristoteles getan hatten); vor allem die Theorie der Wirbel. Er mußte zwangsläufig diese Theorie wegen seiner Definition des Wesens der Materie übernehmen. Da diese Definition ihn ja zu der Annahme zwang, daß der Raum gefüllt ist, mußte jede Bewegung im Prinzip von der Art eines Wirbels sein, wie die Bewegung von Teeblättern in einer Teetasse.

In Descartes wie in der Kosmologie der Atomisten war die Welt ein riesiges mechanisches Uhrwerk mit Zahnrädern: Wirbel griffen ineinander und stießen einander vorwärts. Alle Lebewesen waren Teil dieses

---

[3] Zu Descartes Idee der Substanz siehe Fußnote 1 in Abschnitt 49.

riesigen Uhrwerkmechanismus. Jedes Lebewesen war ein Teiluhrwerk, wie die automatischen, von Wasser getriebenen Pumpen, die zu seiner Zeit modische Schaustücke in den Gärten mancher Adeliger waren.

Der menschliche Körper bildete keine Ausnahme. Er war ein Automat – *mit Ausnahme seiner Willensbewegungen.* Hier war die *einzige* Ausnahme im Universum: Der immaterielle menschliche Geist konnte im menschlichen Körper Bewegungen verursachen. Er konnte sich auch einiger mechanischer Eindrücke bewußt werden, wie sie durch Licht, Geräusche und Berührung im menschlichen Körper entstehen.

Es ist klar, daß diese Theorie der Wechselwirkung von Leib und Seele nicht besonders gut in eine sonst völlig mechanische Kosmologie paßt.

Um das zu sehen, braucht man nur Descartes Kosmologie mit der des Aristoteles zu vergleichen.

Die immaterielle und unsterbliche menschliche Seele in der Philosophie von Descartes entspricht weitgehend der rationalen Seele oder dem Geist *(nous)* in der Philosophie des Aristoteles. Beide sind eindeutig mit Selbstbewußtsein begabt. Beide sind immateriell und unsterblich. Beide können bewußt ein Ziel verfolgen und den Körper als ein Instrument, ein Organ zur Erreichung ihrer Ziele einsetzen.

Die vegetative Seele und die empfindende Seele (und die triebhafte und fortbewegende Seele) bei Aristoteles entsprechen dem, was Descartes die »Lebens-Geister« nennt. Entgegen dem ersten, durch den Begriff »Geist« entstehenden Eindruck, sind die Lebens-Geister bei Descartes Teil des rein mechanischen Apparates des Körpers. Sie sind Flüssigkeiten – sehr seltene Flüssigkeiten –, die bei allen Tieren und beim Menschen eine Menge mechanischer Gehirn-Tätigkeit verrichten und das Gehirn mit den Sinnesorganen und den Muskeln der Glieder in Verbindung setzen. Sie werden in die Nerven geleitet (und sind somit Vorwegnahmen nervöser elektrischer Signale).

Bis dahin besteht kaum ein Unterschied zwischen den Theorien von Aristoteles und denen von Descartes. Die Diskrepanz wird jedoch sehr groß, wenn wir das kosmologische Bild als Ganzes betrachten. Aristoteles sieht den Menschen als ein höheres Tier, ein vernunftbegabtes Tier. Aber alle Tiere und Pflanzen und sogar der gesamte unbelebte Kosmos streben auf Ziele oder Zwecke hin; und die Pflanzen und Tiere stellen Stufen dar (möglicherweise sogar evolutionäre Stufen), die von der unbelebten Natur zum Menschen führen. Aristoteles denkt teleologisch.

Descartes Welt ist völlig anders. Sie besteht fast ausschließlich aus leblosen mechanischen Apparaten. Alle Pflanzen oder Tiere sind solche Apparate, nur der Mensch ist wirklich beseelt, wirklich lebendig. Dieses Bild des Universums war für viele unannehmbar, ja erschreckend. Es

weckte Zweifel an der Aufrichtigkeit Descartes' – ob er nicht vielleicht ein
verkappter Materialist sei, der die Seele nur deshalb in sein System einführte, weil er die katholische Kirche fürchtete. (Daß er die Kirche fürchtete, ist dadurch bekannt, daß er den Plan zur Veröffentlichung seines
ersten Buches *Über die Welt* aufgab, als er vom Prozeß und der Verurtei-
lung Galileis hörte.)

Dieser Verdacht ist wahrscheinlich unbegründet. Doch es ist schwierig, ihn loszuwerden. Descartes bejahte das kopernikanische System und
das unendliche Universum Giordano Brunos (weil der Euklidische Raum
endlos ist). Im Rahmen einer vorkopernikanischen Kosmologie mag es
verständlich gewesen sein, daß die einzige Ausnahme für den Menschen
gemacht wurde. Aber in die kopernikanische Kosmologie paßt sie
schlecht.

Die Descartessche Seele ist unausgedehnt, aber sie hat einen Ort. Deshalb
wird sie in einem unausgedehnten Euklidischen Punkt im Raum lokalisiert. Descartes scheint diesen Schluß nicht (wie Leibniz) aus seinen Prämissen gezogen zu haben. Sondern er verlegte die Seele »hauptsächlich«
in ein sehr kleines Organ – die Epiphyse. Die Epiphyse war das Organ, das unmittelbar durch die menschliche Seele bewegt wurde. Seinerseits wirkte es auf die Lebens-Geister wie eine Klappe in einem elektrischen Verstärker: Es steuerte die Bewegung der Lebens-Geister und
durch sie die Bewegung des Körpers.

Diese Theorie brachte nun zwei schwerwiegende Schwierigkeiten. Die
gewichtigste davon war diese: Die animalischen Geister (die ausgedehnt
sind) bewegten den Körper durch Stoß, und sie ihrerseits wurden ebenfalls durch Stoß bewegt: Das war eine notwendige Folge der Descartesschen Kausalitätstheorie. Doch wie konnte die unausgedehnte Seele so
etwas wie einen Stoß auf einen ausgedehnten Körper ausüben? Hier lag
eine Unstimmigkeit.

Diese besondere Unstimmigkeit war das Hauptmotiv für die Entwicklung des Cartesianismus. Sie wurde, wie ich zeigen werde, endgültig von
Leibniz beseitigt; und bei der Lösung des Problems war Leibniz von Thomas Hobbes beeinflußt, der ihm in mancher Hinsicht vorgriff.[4]

Die zweite Schwierigkeit ist weniger ernst. Descartes glaubte, daß die
Wirkung der Seele auf die Lebens-Geister darin bestand, die Richtung
ihrer Bewegung abzulenken; und er glaubte, daß das ohne Verletzung
eines Gesetzes der Physik geschehen könne, so lange nur die »Bewe-
gungsmenge«, Masse multipliziert mit Geschwindigkeit, erhalten blieb.
Leibniz zeigte, daß das ein Irrtum war. Er entdeckte das Gesetz von der

---

[4] Siehe den Hinweis auf John W. N. Watkins in Fußnote 1 zu Abschnitt 50.

Erhaltung des Impulses (Masse multipliziert mit *Bewegung in einer gege-benen Richtung*), und er betonte wiederholt, daß das Gesetz von der Er-haltung des Impulses verlangt, daß der Impuls, und damit *die Richtung* der Bewegung, erhalten bleiben muß.

Ich halte das zwar für einen eindrucksvollen Einwand namentlich ge-gen die Auffassung Descartes', glaube aber nicht, daß physikalische Er-haltungsgesetze für die Vertreter der Wechselwirkung ein ernstes Pro-blem darstellen. Das läßt sich dadurch zeigen, daß ein Schiff oder ein Fahrzeug von innen gesteuert werden kann, ohne irgendein physikalisches Gesetz zu verletzen. (Und zwar durch so schwache Kräfte wie drahtlose Signale.) Dazu gehört nur (1), daß das Fahrzeug eine Energiequelle mit sich führt und (2) daß es seine Richtungsänderungen dadurch ausgleichen kann, daß es eine Masse – zum Beispiel die Erde oder eine gewisse Was-sermenge – in die entgegengesetzte Richtung stoßen kann. (Man könnte auch sagen: Gäbe es hier eine ernste Schwierigkeit, dann könnten wir niemals unsere eigene Richtung ändern; schon wenn wir von einem Stuhl aufstehen, stoßen wir die ganze Erde, wenn auch noch so geringfügig, in die entgegengesetzte Richtung. Damit ist das Gesetz von der Erhaltung des Impulses gewahrt.)

Wenn wir darüberhinaus Descartes mechanische »Lebens-Geister« nicht mechanisch, sondern physikalistisch als elektrische Phänomene in-terpretieren, dann läßt sich diese besondere Schwierigkeit völlig vernach-lässigen, da ja die Masse des abgelenkten elektrischen Stroms fast gleich Null ist, so daß es für einen Schalter, der die Stromrichtung ändert, kein Ausgleichsproblem gibt.

Ich fasse zusammen: die große Schwierigkeit der Descartesschen Theorie der Wechselwirkung von Leib und Seele liegt in der Descartesschen Theo-rie der physikalischen Kausalität, nach der jedes physikalische Geschehen durch mechanischen Stoß erfolgen muß.

49. Von der Wechselwirkung zum Parallelismus: Die Okkasionalisten und Spinoza

Die meisten bedeutenden Denker nach Descartes verwarfen die Theorie der Wechselwirkung. Um das zu verstehen, müssen wir kurz noch einen Blick auf Descartes werfen.

Descartes war, wie wir gesehen haben, ein Essentialist, und Kritiker seiner Ideen erhoben gegen ihn den Einwand, daß, falls Seele und Körper Substanzen gänzlich verschiedener Natur seien, keine Wechselwirkung

zwischen ihnen stattfinden könne. Descartes selbst protestierte dagegen:
»Ich erkläre ... (daß es) eine falsche Annahme (ist), die mit keiner Art
von Mitteln bewiesen werden kann ..., daß es, wenn die Seele und der
Körper zwei Substanzen von verschiedener Natur sind, sie dies daran
hindert, in der Lage zu sein, aufeinander einzuwirken.«[1] Ich gebe zu, daß
die bloße Verschiedenheit von Natur oder Wesen noch keine Schwierigkeit schafft. *Wenn* man jedoch Descartes' essentialistische Theorie der
physikalischen Verursachung zusammen mit seiner essentialistischen Auffassung von Seele und Körper akzeptiert, dann ist es allerdings schwer zu
verstehen, wie diese Wechselwirkung stattfinden soll. Das erklärt die weit
verbreitete Ablehnung der Wechselwirkung in der Cartesianischen
Schule.

Historisch ist das alles durchaus verständlich. Doch überraschend ist
wohl, daß das Mißtrauen gegenüber der Theorie der Wechselwirkung
wegen der Unähnlichkeit der beiden Substanzen immer noch besteht. Das
Argument gegen die Theorie der Wechselwirkung, das sich auf die Unähnlichkeit von Körper und Seele stützt, wird sogar von hervorragenden
zeitgenössischen Philosophen sehr ernstgenommen.[2]

Aber ich meine, es ist *allein* die Cartesianische Idee der physikalischen
Verursachung (zugegebenerweise von Descartes aus der wesentlichen Eigenschaft physikalischer Substanz abgeleitet), die ein ernstes Problem
schafft, und nicht die Idee eines wesenhaften Unterschiedes der Substanzen. Selbst wenn wir die Idee einer *auf letzten wesenhaften Substanzen
gründenden Letzterklärung* voraussetzen müßten, selbst dann würde die
Unähnlichkeit der Substanzen nicht unbedingt ein Argument gegen die
Möglichkeit ihrer Wechselwirkung schaffen; vom Standpunkt einer *mutmaßlichen Erklärung* aber entsteht diese Schwierigkeit gar nicht.

Tatsächlich haben wir es beim gegenwärtigen Stand der Physik (die
mit mutmaßlichen Erklärungen arbeitet) nicht mit einer Pluralität von

---

[1] Siehe Haldane und Ross [1931], Bd. ii, S. 132. Die Vorgeschichte des Begriffs der
Substanz geht auf die frühen jonischen »Prinzipien« zurück: Wasser oder das Unbegrenzte
(apeiron), Luft, oder Feuer. Man könnte sagen, er bezeichnet alles, was bei der *Veränderung*
eines Dinges identisch mit sich selbst bleibt; oder er soll das Ding als Träger seiner Eigenschaften (die sich ändern können) bezeichnen. In den »Meditationen« verwendet Descartes
»Substanz« häufig als ein Synonym für »Ding«. Doch in den »Prinzipien« (i, 51), wie auch in
Meditation III, sagt er zuerst, daß eine Substanz ein Ding ist, das in seiner Existenz von
nichts anderem abhängt, und er fügt hinzu, daß nur Gott wirklich eine Substanz ist (die
Auffassung, die sich später Spinoza zueigen machte); doch gleich danach (i, 52–54) sagt er,
daß wir auch Seele und Körper Substanzen nennen können, nämlich geschaffene Substanzen: da sie von Gott geschaffen worden sind, können sie nur von Gott zerstört werden.
Locke dachte offensichtlich an Descartes, wenn er über die verworrene Idee der Substanz
klagte (*Essay,* ii, xxiii). Im großen und ganzen ist der landläufige Gebrauch von »Substanz«
mindestens so klar wie der cartesianische. (Siehe auch Quinton [1973], Pt. i.)
[2] Siehe John Passmore [1961], S. 55.

Substanzen, sondern einer Pluralität von verschiedenen Arten von Kräften zu tun und folglich mit einem Pluralismus verschiedener, in Wechselwirkung stehender Erklärungsprinzipien.[3]

Das vielleicht einleuchtendste physikalische Beispiel gegen die These, daß sich nur gleiche Dinge beeinflussen können, ist dieses: In der modernen Physik ist die Wirkung von Körpern auf Körper durch Felder vermittelt – durch Gravitations- und elektrische Felder. Gleiches wirkt folglich nicht auf Gleiches, sondern Körper wirken zunächst auf Felder ein, die sie verändern, und dann wirkt das (veränderte) Feld auf einen anderen Körper ein.[4]

Die Schwierigkeit der Wechselwirkung von Leib und Seele entsteht also nur als zwangsläufige Folge der Descartesschen essentialistischen Theorie der Verursachung.

Die zuerst vorgeschlagene Lösung dieser Schwierigkeit geht auf einige Cartesianer (Clauberg, Cordemoy, De la Forge, Geulincx, Malebranche) zurück, die auch »Okkasionalisten« waren.

Okkasionalismus ist die Theorie, daß alle Verursachung wie ein Wunder wirkt: daß Gott bei Gelegenheit jedes besonderen Falles von kausaler Wirkung oder Wechselwirkung eingreift. Die Cartesianischen Okkasionalisten wandten diese Theorie besonders bei Einwirkungen des Bewußtseins auf den Körper und des Körpers auf das Bewußtsein an.

Ihre Theorie, daß Gott bei derartigen Gelegenheiten eingreift, findet Unterstützung in einem wichtigen Teil von Descartes eigener Theorie. Denn Descartes hatte sich, als er sagte, daß klare und deutliche Vorstellungen wahr sein müssen, auf die Wahrhaftigkeit Gottes berufen, der uns nicht täuscht. Das besagt (a), daß klare und deutliche Sinneswahrnehmungen wahr sind, (b) daß Gott eingreift und mindestens mitverantwortlich ist, wenn er diese Wahrnehmung bei passender Gelegenheit in unseren Geist legt, das heißt bei allen Gelegenheiten, bei denen die wahrgenommenen physikalischen Objekte auf unsere körperlichen Sinnesorgane einwirkten.

Das zeigt, daß die Okkasionalisten gute Cartesianer waren: Sie benutzten einen wesentlichen Teil von Descartes philosophischem System,

---

[3] J. O. Wisdom [1952] bespricht den Elektromagnetismus und meint, die gegenseitige Abhängigkeit von elektrischen und magnetischen Kräften könne als Modell für die Wechselwirkung von Leib und Seele dienen. Siehe auch Watkins [1974], S. 394–5. Jeremy Shearmur hat mich auf eine Bemerkung bei Beloff aufmerksam gemacht ([1962], S. 231), wonach Sir Cyril Burt erklärt hätte, »daß Physiker toleranter ... gegenüber ... dem Dualismus sein sollten, weil die Physik, wie sie gegenwärtig verstanden wird, selbst pluralistisch ist.« Über Kausalität siehe auch Popper [1972 (a)], *Appendix;* [1959 (a)], Abschnitt 12; [1972 (a)], Kapitel 5; [1967 (k)]; und [1974 (c)], S. 1125–39.

[4] Siehe Watkins [1974], S. 395.

um einen anderen Teil zu verbessern, der sich als unhaltbar und tatsächlich unvereinbar mit Descartes eigenen essentialistischen Definitionen von Leib und Seele erwiesen hatte.

Es waren also die Okkasionalisten, die zuerst die psychophysikalische *Wechselwirkung* verwarfen, die bis dahin als überlegen und unbefragt gegolten hatte. Sie ersetzten sie durch einen psychophysikalischen *Parallelismus:* Es gab keine Wechselwirkung zwischen Geist und Körper. Es gab vielmehr einen Parallelismus, der einen Schein von Wechselwirkung hervorrief. Bei jeder Gelegenheit, bei welcher der Geist, das Bewußtsein, der Wille bewußt ein Glied bewegen wollte, bewegte sich das Glied wie vom Willen veranlaßt; und *umgekehrt,* bei jeder Gelegenheit, bei der ein körperliches Sinnesorgan gereizt wurde, hatte der Geist eine wie durch ein Sinnesorgan verursachte Wahrnehmung. Doch in Wirklichkeit gab es keine Verursachung. Der Parallelismus war wie ein Wunder: Er beruhte auf dem Eingreifen Gottes, auf Gottes Wahrhaftigkeit und Güte.

Dieses Wunder war jedoch nicht wirklich zufriedenstellend, weder für den orthodoxen, an Wunder und an das Christentum Glaubenden, noch für den nüchternen Rationalisten – geschweige denn für den Skeptiker. Wenn wir in einer Welt von ständigen Wundern leben, Wunder, die bei den trivialsten Gelegenheiten vorkommen, dann werden die für den christlichen Glauben wesentlichen Wunder eines Teils ihres wunderbaren Charakters und eines Teils ihres Wertes beraubt.

Es ist verständlich, daß Cartesianische Philosophen nach einer Version des Parallelismus suchten, der alle Vorteile des Okkasionalismus ohne seine offensichtlichen Nachteile bot.

Die erste Version einer solchen parallelistischen Theorie geht auf Spinoza zurück, der sich selbst für einen Cartesianer hielt. Die zweite, und meiner Ansicht nach bedeutendere Fassung, geht auf Leibniz zurück.

Spinozas Theorie berief sich, wie die Theorie des Okkasionalismus, auf eine Bemerkung von Descartes. Descartes hatte Geist und Körper als »Substanzen« beschrieben. Doch er hatte auch gesagt, daß nur Gott es ernsthaft verdiente, als Substanz bezeichnet zu werden; denn eine Substanz sollte, so sagte Descartes (in *Meditation* III), als »ein Ding, das existiert, ohne zu seiner Existenz von einem anderen Ding abhängig zu sein«, definiert werden; und das trifft streng genommen nur auf Gott zu.

Diese Idee wurde von Spinoza übernommen. Gott allein ist die Substanz von allem, vom Universum. Er ist identisch mit dem Wesen des Universums, mit seiner Natur. Es kann nicht mehr als eine einzige Substanz geben, das heißt Gott.

Diese eine *Substanz,* Gott, besitzt unendliche *Attribute.* (Der Begriff »Attribut« war in ähnlichem Sinne auch von Descartes, in *Prinzipien* I, 56, gebraucht worden.) Aus dieser Unendlichkeit von Attributen kann der menschliche Verstand nur zwei begreifen: *Cogitatio,* Denken, Bewußtsein, Geist; und *Extensio,* Ausdehnung, Körperhaftigkeit. Da beide lediglich Attribute Gottes sind, ist ihr Parallelismus ohne Berufung auf gelegentliche Wunder erklärt. Sie laufen parallel, weil sie verschiedene Aspekte ein und derselben zugrundeliegenden Wesenheit sind.

Man sieht, daß und warum Spinoza Pantheist sein mußte: Weil es kein anderes Wesen oder keine andere Substanz im Universum gibt als Gott, muß Gott identisch sein mit dem Wesen oder der Substanz des Universums, mit der Natur.

Und man sieht auch, daß und warum Spinoza ein Panpsychist sein mußte: Geist ist ein Attribut und ein Aspekt der einen Substanz. Es gibt also psychische Aspekte, die überall sämtlichen materiellen Aspekten entsprechen.

50. Geist und Materie bei Leibniz: Vom Parallelismus zur Identität

Ich glaube, Leibniz läßt sich am besten als ein in die Fußstapfen anderer großer Cartesianer tretender Cartesianer verstehen, der sich Descartes gegenüber kritisch verhielt. Er war ein kritischer Eklektiker, stark von Platon, Aristoteles und Augustinus, wie von allen großen produktiven Philosophen seiner Zeit beeinflußt: von Descartes, von Hobbes[1] und Gassendi; von Geulincx und Malebranche; von Spinoza und Arnauld. (Er las und kritisierte Locke; doch er scheint niemals Newtons »Principia« gelesen zu haben.) Er war ein Parallelist wie Spinoza, und er kritisierte häufig Spinoza und die Okkasionalisten, namentlich Malebranche. Doch seine eigene Theorie des Leib-Seele-Parallelismus ähnelt auffallend sowohl dem Okkasionalismus wie dem Spinozismus. Wie die Okkasionalisten gab er die Leib-Seele-Wechselwirkung auf und ersetzte sie durch das Handeln Gottes. Wie Spinoza vermied er die Berufung auf ein bei jeder Gelegenheit geschehendes göttliches Wunder. Aber er mied auch Spinozas Pantheismus und dessen Monismus. Leibniz' Erklärung des Leib-Seele-Paral-

---

[1] Leibniz Abhängigkeit von Hobbes und seiner Theorie des *conatus* (= Bemühen, Bedürfnis, Streben oder Wille) ist allgemein bemerkt worden, obwohl ihre volle Bedeutung meines Wissens nur von John W. N. Watkins [1965], [1973] gesehen wurde.

lelismus ist seine berühmte Theorie von der prästabilierten Harmonie: Als
Gott die Welt schuf, sah er alles voraus und prästabilierte, legte alles im
voraus fest; dadurch prästabilierte er für jede Seele, daß ihre Ideen (ihre
Wahrnehmungen, ihre subjektiven Erlebnisse) die physischen Vorgänge
des Universums genau (wenn auch oft nur unklar) widerspiegeln würden,
und zwar von ihrem besonderen Standpunkt aus: von dem Punkt im Universum, den sie einnahm. Entsprechend sind unsere Wahrnehmungen (sofern sie klar und deutlich sind) wahrheitsgemäß, und es bedarf dazu nicht
des besonderen Eingreifens Gottes bei jeder besonderen Gelegenheit;
und ebenso wenn wir ein Glied bewegen wollen, folgt darauf sowohl die
Wahrnehmung der Bewegung als, natürlich, auch die physische Bewegung
des Glieds.

Leibniz war wie Spinoza eine Art Panpsychist: Es gab einen inneren
Aspekt, eine seelenartige Erfahrung aller Materie. Er unterschied sich
allerdings von Spinoza durch mindestens zwei wichtige Betrachtungsweisen der Leib-Seele-Beziehung. Während Spinoza Monist war – es gibt nur
eine Substanz, nämlich Gott – war Leibniz Pluralist und Individualist: Es
gibt unendlich viele Substanzen, und jede von ihnen entspricht einem
Punkt im Raum; jede von ihnen ist seelenartig, wenn auch nur verhältnismäßig wenige – die tierischen Seelen – mit Wahrnehmung und Gedächtnis
begabt sind, und noch weniger – die menschlichen Seelen oder der
menschliche Geist – dazu mit Vernunft. Da jede dieser Seelen oder see-
lenartigen Substanzen, die sich im Klarheitsgrad des Bewußtseins unterscheiden, einem Punkt im Raum entsprechen, nannte Leibniz sie »Monaden« (*monas* ist bei Euklid eine Einheit oder ein Punkt).

Ein weiterer wichtiger Unterschied zwischen der Kosmologie von
Leibniz und der Spinozas ist dieser: Während in Spinozas Theorie Seele
und Körper lediglich zwei *Attribute* der einen Substanz, Gott, waren,
lehrte Leibniz, daß jede der vielen Monaden eine echte Substanz ist. In
kantischer Terminologie heißt das: Jede war ein *wirkliches Ding an sich*,
wohingegen die Materie bloß eine, von außen gesehen, wohlgegründete
Erscheinung der Anhäufungen und Ausdehnungen dieser substanziellen
Dinge an sich waren. (»Wohlgegründet« in dem Sinne, als die Einheit
eines Körpers zwar eine Illusion war, seine räumliche Kontinuität und
Ausdehnung hingegen nicht.) Gott insbesondere erscheint nicht als Substanz, wie im System Spinozas; er ist vielmehr eine Seele, eine Monade,
ein Ding an sich, wenn auch natürlich in seiner Allwissenheit und All-
mächtigkeit verschieden von allen anderen Monaden. Er ist Schöpfer der
anderen Monaden – die er nach seinem Bilde geschaffen und in unter-
schiedlichem Maße mit Erkenntnis und Macht ausgestattet hat. (Er war
nicht der Schöpfer der Materie, da diese ja bloß die äußere Erscheinung
von Monaden-Anhäufungen ist.)

Leibnizens Theorie des Geistes (der Monaden) und der Materie nimmt
die Descartessche Definition des Geistes als ein wesentlich unausgedehn-
tes und der Materie als ein wesentlich ausgedehntes Ding wörtlich. Da der
Geist unausgedehnt ist, muß er, von außen betrachtet, ein *unausgedehnter
Punkt im Raum* sein. (Descartes sagt, wie oben erwähnt, nicht genau das
gleiche; sondern sein unausgedehnter Geist ist *hauptsächlich* in der Epiphyse konzentriert; und Unausgedehnt-sein *und* einen gemeinsamen Ort
haben scheint die Leibnizsche These nach sich zu ziehen, daß die Seele in
einem Punkt im Raum enthalten ist.) Andererseits muß jedes Stück Materie, da es im Raum *ausgedehnt* ist, aus einer Unendlichkeit von Punkten
bestehen und somit aus einer Unendlichkeit von Monaden, und zwar
»unbeseelter« Materie, die aus Monaden ohne klare und deutliche Vorstellungen und ohne Gedächtnis besteht, »belebter« Materie oder Organismen, die aus Monaden mit mehr oder weniger klaren und deutlichen
Vorstellungen (Wahrnehmungen) und so etwas wie Gedächtnis besteht,
und Geist, der aus Monaden mit sehr klaren und deutlichen Vorstellungen
und mit einem Gedächtnis besteht.

   Leibniz übernimmt also hier einige grundlegende Descartessche
Ideen. Aber er unterscheidet sich von Descartes durch die Behauptung,
daß Materie nicht eine Substanz (oder ein Ding an sich ist), sondern bloße
Erscheinung. Er behauptet auch eine zusammenhängende Stufenfolge
von den geistlosen oder unbeseelten Monaden bis zu den Tieren und
schließlich zu den menschlichen rationalen Seelen.

   Dieses Ergebnis ist durch die Kritik an Descartes gewonnen.

   Ausdehnung – geometrische Ausdehnung – heißt wie bei Descartes
Teilbarkeit. Es kann also keine unteilbar ausgedehnten Atome geben.
(Descartes lehrte das gleiche.) Doch jedes ausgedehnte Ding besteht aus
einer Unendlichkeit von ausgedehnten Substanzen. Somit muß jede unausgedehnte Substanz eine *in einem Punkt gelegene Intensität* sein.

   Leibniz war auf solche in einem Punkt gelegene Intensitäten in seinem
Differentialkalkül gestoßen. Zum Beispiel war eine Kraft eine in einem
Punkt gelegene unausgedehnte Intensität. Da nun eine Kraft eine unausgedehnte Intensität war, zeigte die Cartesianische Dichotomie *(Geist =
unausgedehnt* und *Materie = ausgedehnt),* daß Kraft etwas *Psychisches*
sein mußte. Das stand in leidlicher Übereinstimmung mit dem sehr weiten
Gebrauch des Descartesschen Begriffs einer denkenden Substanz: Denken bedeutete für Descartes vom Wahrnehmen und Bezweifeln über das
Planen, Beabsichtigen und Wollen bis zum Erleben von Bedürfnissen und
den Trieben alles. Das alles waren Intensitäten, und Bedürfnisse und
Triebe sind Kräften nicht unähnlich.

   Descartes Mechanik gründete sich auf Materie (Ausdehnung) in Bewegung. Sie verwandte nicht die Idee der Kraft. Leibniz kritisierte das

schon früh. Er zeigte, daß Ausdehnung, obwohl sie charakteristisch für Materie ist, zur Erklärung der Materie und der Verursachung durch Stoß nicht ausreicht (wie Descartes dachte). Denn sie konnte nicht die so wichtige *Undurchdringlichkeit* der Materie (ihre »*Antitypie*«[2] oder abstoßende Kraft) begründen. Was Materie von einem Trugbild oder von einem Schatten unterschied, war diese Undurchdringlichkeit oder *Antitypie*. Doch das war ein Widerstands-Vermögen – Widerstand zum Beispiel gegen Berührung – und daher eine Kraft. Materie war also von Kräften, von Intensitäten erfüllte Ausdehnung.

Dieses Argument von Leibniz führte ihn zu dem für seine Theorie des Leib-Seele-Problems so überaus wichtigen Schluß, daß *Materie von geistähnlichen Substanzen erfüllte Ausdehnung ist.*

Die Idee, den etwas Psychisch-Geistiges bezeichnenden Begriff des Strebens (*conatus,* Bemühung, Wille) mit der Vorstellung einer lokalisierbaren, aber unausgedehnten physikalischen Kraft zu identifizieren, geht auf Hobbes zurück (siehe Fußnote 1). Es muß Leibniz äußerst ermutigt haben, als er fand, daß der Differentialkalkül diese Idee stark unterstützte: Kraft war gleich Beschleunigung mal Masse, und Beschleunigung war ein zweites Differential der Bewegung eines Punktes: offensichtlich eine *lokalisierte Intensität,* und offensichtlich *unausgedehnt,* und daher, nach Descartes, *geistig-psychisch.*

Dies ist der Hintergrund der Kosmologie von Leibniz, seiner Theorie des Universums geistiger Substanzen oder Monaden – seiner Monadologie. Später[3] fügte er die Lehre von der prästabilierten Harmonie hinzu. Das war zunächst einmal eine bei ihrer Schöpfung stabilierte Harmonie zwischen den Intensitäten (den erlebten Wahrnehmungen und Bestrebungen) der verschiedenen individuellen geistigen Substanzen, den Monaden. *Als Folge* davon mußte auch eine Harmonie zwischen den individuellen Substanzen und den Erscheinungen (die Anhäufungen von Substanzen, von außen gesehen, waren) bestehen.

Eine Folge der Lehre von der prästabilierten Harmonie war diese: Da alle Erfahrung, insbesondere auch Wille und Wahrnehmung (auch Apperzeption, das heißt Bewußtsein, Reflexion; siehe Gerhardt IV, S. 600) in den Monaden prästabiliert war, brauchten die Monaden keine »Fenster« oder Sensoren zur Betrachtung der Welt: Sie spiegelten einfach die sich verändernde Welt (die Außenansicht der physischen Monaden-Anhäu-

---

[2] Siehe Leibnizens Brief an Thomasius, April 20/30, 1669. Gerhardt IV [1880], S. 162ff., bes. S. 171, 173; Loemker I [1956], S. 144ff., bes. S. 148–160.
[3] In »Ein neues System der Natur und der Kommunikation der Substanzen« [1695]. Gerhardt IV, 477ff.; Loemker ii, 740ff.

fungen) wider, weil ihnen diese Fähigkeit von Gott von Anfang an eingebaut war.

Es gab also keine Wechselwirkung zwischen den Monaden. *Sondern
die physische Welt verhielt sich so, als gäbe es mechanische Wechselwirkung durch Stoß.*

Daraus ergibt sich eine wichtige weitere Konsequenz: ein Parallelismus zwischen der Welt geistig-psychischen Erlebens – der Zwecke, Ziele
und des Willens – und der physischen Welt der Erscheinungen, der Welt
mechanischer Verursachung, der Welt der Materie. Leibniz betont wiederholt, daß seine Theorie der prästabilierten Harmonie die zweite Formulierung des sokratischen Leib-Seele-Problems löst, wie sie im autobiographischen Abschnitt des *Phaidon* (siehe das Ende von Abschnitt 46)
gegeben wird. Sie zeigt, daß es eine Erklärung in Begriffen von *Vernunft-
Gründen* oder *Zwecken* neben einer Erklärung in Begriffen von *mechanischen Ursachen oder des Stoßes* gibt. Und sie zeigt, daß die frühere Erklärung, wo sie anwendbar ist, wichtiger ist, weil sie sich auf Substanzen
bezieht, auf die teleologische Welt des Geistes, also auf Dinge an sich;
während sich die Erklärung in Begriffen des Stoßes nur auf physische
Erscheinungen bezieht.

Eine weitere wichtige Konsequenz dieser Theorie ist die Lehre von der
absoluten Individualität der Monaden, der geistigen Substanzen, mit ihren
innerlichen Eigenschaften, ihren Vorstellungen (zum Beispiel Wahrnehmungen). Da jede Monade von innen her dazu geschaffen war, das Universum unter einem anderen Gesichtspunkt widerzuspiegeln, konnten
keine zwei Substanzen innerlich gleich sein. Das führt zu Leibnizens
These von der Identität des Ununterscheidbaren: Zwei Substanzen, die
innerlich ununterscheidbar wären, könnten nicht wirklich zwei sein, sondern wären identisch dieselben. (Das steht im Widerspruch zur modernen
Theorie der Elementarteilchen, die natürlich äußerlich oder der Lage
nach verschieden, innerlich aber in höchst bedeutsamer Weise ununterscheidbar sind. Man kann sagen, daß Newton das vorausgesehen hat,
Leibniz aber nicht.[4])

Es ist wichtig, sich zu erinnern, daß Leibnizens Theorie verglichen mit
Spinozas Monismus pluralistisch ist: Sie enthält unendlich viele innerlich
verschiedene individuelle Substanzen. In einem gewissen Sinn ist sie aber
auch dualistisch: Sie trennt scharf zwischen Geist (realer Substanz) und
Körper (Erscheinung). Und in einem anderen Sinne ist sie sogar monistisch: Die einzigen Substanzen, die einzigen Realitäten, die einzigen

---

[4] Siehe *A Collection of Papers which passed between the Late Learned Mr. Leibniz and
Dr. Clarke in the Years 1715 and 1716* (London [1717]); Loemker ii, S. 1095 ff.

Dinge an sich sind geistartig. Und die Geister oder die Seelen unterscheiden sich in ihren Vorstellungen nicht akzidentiell sondern essentiell. Denn das Ideen- oder Vorstellungen-Haben ist ihr Wesen, das Gott ihnen eingepflanzt hat, und das sie individuell kennzeichnet.

Es ist interessant, Leibnizens Theorie mit den antiken Theorien von Pythagoras und Simmias (siehe Abschnitt 46) und mit den modernen Identitätstheorien von Schlick, Russell und Feigl (siehe Abschnitte 22 und 23, und Abschnitt 54) zu vergleichen.

Pythagoras Theorie der immateriellen Seele beschrieb die Seele als eine Harmonie – eine Harmonie von Zahlen-Beziehungen. Leibniz bezeichnet die *Beziehungen zwischen* seinen Seelen als Harmonie: Was harmonisch ist, sind die Vorstellungen, die von Gott eingepflanzten Inhalte der verschiedenen individuellen Seelen. So ist »Seele« im allgemeinen – das Universum der Seelen im Unterschied zu den einzelnen Seelen – harmonisch.

Simmias (Platon im *Phaidon*) beschreibt die Seele als eine Harmonie des Körpers (des lebenden Organismus). Nach Leibniz besteht der Körper eines lebenden Organismus aus einer Anhäufung von Seelen, die sich in Harmonie befinden, wobei eine von ihnen beherrschend ist und den Organismus regiert.

Offensichtlich steht diese beherrschende Seele in Harmonie mit dem Körper – das heißt mit der Unendlichkeit der Seelen, die den Körper ausmachen.

Die modernen Identitätstheorien von Schlick, Russell und Feigl beschreiben »das Psychische«, »das Mentale«, als eine Innenschau (Wissen durch Bekanntheit) von Hirnprozessen. Wie in Leibnizens Theorie ist diese Innenschau *wirklich;* sie ist die Betrachtung eines *Dinges an sich.* Der entsprechende Hirnprozeß ist eine äußere *Erscheinung* desselben Dinges (»Wissen durch Beschreibung«). Schlick, Russell und Feigl sind nicht absichtlich panpsychistische und noch weniger spiritualistische Monisten. Man kann jedoch behaupten, daß sie einer Theorie anhängen, die sich nur verbal von Leibnizens Monadologie unterscheidet. (Natürlich ist in Leibnizens Theorie das »Geistige« nicht identisch mit irgendetwas »Physischem« oder »Ausgedehntem«; es ist aber identisch mit einem unteilbaren Element von etwas »Physischem« oder »Ausgedehntem«.)

Schließlich sollte beachtet werden, daß Leibnizens Idee von der *Monade als Kraft* manchmal der Idee von der *Monade als Prozeß* sehr nahekommt – eine Idee die etwas anders von Whitehead vertreten wurde.

51. Newton, Boscovich, Maxwell: Das Ende der Letzterklärung

Stünde die Geschichte des menschlichen Denkens mehr unter der Kontrolle der Vernunft, dann wäre die Idee der Letzterklärung (etwa der Erklärung durch Berufung auf selbst-evidente Axiome oder auf klare und deutliche Vorstellungen; siehe Abschnitt 47) nach der Veröffentlichung der ersten Ausgabe von Newtons *Principia* [1687], oder spätestens nach der fast allgemeinen Akzeptierung der Newtonschen Theorie, etwa 50 Jahre später, aufgegeben worden. Denn Newtons *Principia,* wie Newton selbst, Leibniz, Berkeley und fast jeder sah, stand mit der Idee der essentialistischen oder Letzterklärung in Widerspruch. Letzterklärungen in der Physik hätten auf dem Wesen der Materie, auf ihrer innerlichen oder wesenhaften Eigenschaft – Ausdehnung –, die Stoß, Impuls, *Abstoßung* erklärt, aufgebaut werden müssen. Newton aber arbeitete mit Gravitations*anziehung.*

Diese Problem-Situation läßt vier mögliche Standpunkte zu:

(1) Preisgabe der Newtonschen Theorie. Das war der Standpunkt von Leibniz.

(2) Die Deutung der Newtonschen Anziehungskraft als eine neue innere oder wesenhafte Eigenschaft der Materie (unter Berufung auf ihre *ad hoc* intuitive Selbstevidenz). Das wurde halbherzig von Cotes und, wie später gezeigt wird, auch von Newton vorgeschlagen, obwohl er den Vorschlag fast sofort wieder zurückzog.

(3) Preisgabe des Essentialismus und Interpretation der Newtonschen Theorie als eine mutmaßliche Erklärung. Das ist nach meiner Ansicht der richtige Standpunkt. Auf den ersten Blick scheint das der Standpunkt von Berkeley gewesen zu sein, der die Existenz einer wirklichen Welt physikalischer Wesenheiten hinter der Welt der Erscheinungen bestritt. Doch Berkeley blieb nicht nur Essentialist (vor allem im Hinblick auf Bewußtsein oder Geist und auf Gott), sondern seine Ansichten sind zutreffender als ein vierter Standpunkt zu beschreiben:

(4) Die Übernahme einer instrumentalistischen Deutung der Newtonschen Theorie.

Diese sollte klar von (3) unterschieden werden: während (3) Newtons Theorie als eine Vermutung ansieht, die *vielleicht wahr ist,* betrachtet (4) sie als ein *bloßes Instrument der Vorhersage* (Berkeley sagte auch eine – bloß – »mathematische Hypothese«), die nicht wahr sein kann, obwohl sie nützlich sein mag, zum Beispiel zur Vorhersage.[1]

Ich nehme an, Newtons eigene Stellung war schwankend. Er gab nicht

---

[1] Für diesen Standpunkt siehe Popper [1963 (a)], Kapitel 6 (über Berkeley) und 3.

nur den Essentialismus niemals auf, sondern er gab auch niemals gänzlich seine Einwände gegen die Auffassung der Schwerkraft als eine annehmbare Wesensursache auf. Er gab auch niemals ganz die Hoffnung auf, daß er oder einer seiner Nachfolger die Wesensursache der Schwerkraft finden würde, und damit eine Letzterklärung für das Gesetz der Anziehung im umgekehrten Verhältnis des Quadrats der Entfernung. Erst in der vierten Ausgabe seiner »Optik«, die drei Jahre nach seinem Tode erschien, plädiert er in der Form von Fragen (Frage 31) für etwas, das man meiner Ansicht nach als die Vermutung deuten kann, Anziehung könne schließlich doch etwas wie Abstoßung (»eine abstoßende Wirksamkeit«) sein, eine »Wirksamkeit« oder eine den Körpern innewohnende Eigenschaft und somit doch eine Letzterklärung. Doch selbst nach dieser Vermutung sichert er sich durch Wiederholung seiner häufigen Erklärung gegen die Verwendung von »Hypothesen« oder »okkulten Qualitäten« ab, die »der Verbesserung der Naturphilosophie ein Ende setzen«. Doch (wie er zuvor sagte) »zwei oder drei Bewegungsprinzipien aus Phänomenen abzuleiten« ist »ein sehr großer Schritt in der Philosophie, auch wenn die (wesentlichen) Ursachen dieser Prinzipien nicht entdeckt würden«.

Somit ist der Standpunkt Newtons, dessen »Principia« offensichtlich das aufwiesen, was ich »mutmaßliche Erklärungen« genannt habe, hier wiederum von großem Interesse. (a) Er glaubte, daß seine Bewegungsgesetze durch Induktion aus den Erscheinungen gewonnen waren. (b) Er gab zu, daß Induktion kein gültiger Beweis war. (c) Er glaubte, daß er im Falle der Bewegungsgesetze berechtigt war, ihre faktische Wahrheit zu beanspruchen, wenn er sich auch nicht berechtigt sah, auf ihren »Ursachen«-Charakter (oder Erklärungs-Charakter) zu pochen, und daß das Gesetz der Schwerkraft schließlich doch als eine Wesenursache annehmbar sein *könnte,* das wagte er in der letzten Frage seiner »Optik« kaum vorzuschlagen. Ich meine, das alles gehört zu einem tiefsitzenden Glauben an den Essentialismus, einen Glauben, den er erfolglos durch Berufung auf die Phänomene und auf die Induktion aus den Phänomenen zu überwinden versuchte.

Falls ich mit dieser Analyse einigermaßen recht habe, macht das Newtons Leistung nur noch bewundernswerter: Sie kam gegen eine Übermacht falscher methodologischer Annahmen zustande. Indem er fälschlicher- und bescheidenerweise glaubte, das, was er anbot, sei nicht das Beste, sondern nur das Zweitbeste, gelang ihm unbeirrt und auf die beste Weise die beste Theorie, die wahrscheinlich zu seiner Zeit zu erreichen war. (Wer kann sagen, ob nicht seine depressiven Anfälle zum Teil auf diesen überkommenen Essentialismus zurückgingen?)

Newton war Atomist und ein Bewunderer der alten Atomisten, aber nicht da, wo es um das Leib-Seele-Problem ging: Da folgte er Descartes und den platonischen und aristotelischen Traditionen des Immaterialismus (*Optik,* Fragen 28 und 31).

Den jugoslawischen Physiker und Philosophen Roger Joseph Boscovich kann man einen der größten, wenn nicht den größten Anhänger Newtons nennen. Er vereinigte auf höchst originelle Weise eine von Leibnizens Ideen mit vielen Ideen Newtons, insbesondere mit Newtons Atomismus. Die Idee, die Boscovich von Leibniz übernahm, war die Unausgedehntheit der Atome: Wie Leibnizens Monaden waren auch Boscovichs Atome unausgedehnte Monaden, geometrische Punkte im Raum und Kraftzentren. Ansonsten aber waren Boscovichs Monaden (ebenso wie Kants Monaden, deren Theorie gleichzeitig mit – und unabhängig von – Boscovich ausgearbeitet wurde) ganz anders als die von Leibniz.

Leibniz Monaden waren dicht, oder genauer kontinuierlich in den Raum gepackt. Jedem Punkt im dreidimensionalen Raum entsprach eine Monade, die, da sie unausgedehnt war, nicht-materiell war. Andererseits erschien jede dreidimensional ausgedehnte Anhäufung im Raum als Materie, als Körper. Sie *erschien* so, denn in Wirklichkeit bestand sie aus unausgedehnter und nicht-materieller Substanz; sie erschien als Materie oder als Körper, weil sie ausgedehnt war, weil sie einen ausgedehnten Teil des dreidimensionalen Raums erfüllte. Somit gab es kein Vakuum, keinen leeren Raum zwischen den dichtgepackten Monaden.

Boscovichs (und auch Kants) Theorien waren anders.[2] Beide waren Atomisten; das heißt sie glaubten an *Atome und an das Leere.* Ihre Atome waren Punkte, Monaden. Aber sie waren nicht dichtgepackt. Im Gegenteil, bei ihnen konnten sich keine zwei atomare Monaden berühren: Daran wurden sie durch *abstoßende* Kräfte gehindert, die sich mit abnehmender Entfernung verstärkten und sich dem Unendlichen näherten, wenn sich die beiden Monaden einander unbegrenzt näherten. Die Monaden sind also räumlich getrennt; und wie besonders Kant klar macht, erfüllen die von den Monaden ausstrahlenden Kräfte das Leere mit wechselnder Intensität oder Dichte.

Nach Boscovich ändern sich die von den Monaden ausstrahlenden Kräfte mit der Entfernung so: Bei *sehr* kurzen Entfernungen ist die Kraft stark abstoßend. Mit zunehmender Entfernung sinkt die Abstoßung rasch auf Null; dann wird die Kraft anziehend. Das erklärt die Kohäsion zwischen Teilchen (oder vielleicht die chemischen Kräfte zwischen Atomen, die Moleküle bilden). Dann sinkt sie wieder auf Null und wird dann

---

[2] Kant veröffentlichte seine *Monadologica Physica* 1756, zwei Jahre vor der ersten Ausgabe von Boscovichs großem Buch *Theoria Philosophiae Naturalis,* Wien [1758]. Boscovich hatte jedoch früher einige seiner Hauptideen in seiner Dissertation *De Viribus Vivis* [1745], und in *De Lege Virium in Natura Existentium* [1755], veröffentlicht.

abstoßend. Aufgrund der abstoßenden Kräfte nehmen die Atome Raum ein. Materie ist also ausgedehnt, doch sie läßt sich stets zusammendrükken, auch wenn wegen der abstoßenden Kräfte weiteres Zusammendrükken nur möglich ist, wenn die zusammendrückenden Kräfte sehr stark sind.

Diese Theorie ist in gewisser Weise rein spekulativ oder rein rational – das Ergebnis rationaler, kritischer Modellkonstruktion sowie der Kritik an früheren Modellen (etwa denen von Leibniz und der früheren Atomisten). Sie ist natürlich reine Vermutung: Sie ist das Muster-Beispiel einer mutmaßlichen Erklärung. Es ist interessant, daß, abgesehen von der Vermutung, daß die letzten Grund-Atome unausgedehnte Punkte sind, die Theorie wechselnder abstoßender und anziehender Kräfte von Newton vorweggenommen wurde, der in der »Optik« (Frage 31) über anziehende chemische Kräfte schrieb: »So wie in der Algebra, wenn die positiven Größen verschwinden und aufhören, die negativen beginnen, so sollte in der Mechanik, wenn die Anziehung aufhört, die abstoßende Kraft nachfolgen.« Das ist im wesentlichen die Theorie von Boscovich. (Boscovich bezieht sich auf mehrere Stellen von Frage 31.)

Für uns ist interessant, daß Boscovich, wie Descartes und Newton, an essentialistische oder Letzterklärungen glaubt; und er macht ausdrücklich Gebrauch davon, um die Wechselwirkung von Körper und Geist zu begründen. Bei seiner eigenen physikalischen Theorie ist sein Standpunkt fast der gleiche wie der Newtons, wenn er auch ersichtlich weniger durch das methodologische Problem beunruhigt wird als Newton.

Da Boscovich eine dynamische Theorie der Materie, gleich der von Leibniz vorschlägt, muß er, als Verfechter der Wechselwirkung, klar machen, daß seine Monaden nicht Leibnizsche Geister sind, und daß seine Materie mit Geistigem oder dem Geist in Wechselwirkung steht, nicht aber in einer prästabilisierten Harmonie damit parallel läuft: »... diese meine Theorie«, schreibt Boscovich[3], »kann sehr gut mit der Immaterialität des Geistes verbunden werden. Die Theorie schreibt der Materie die Eigenschaften Trägheit, Undurchdringlichkeit, Sensibilität [sie ist eine Konsequenz von Undurchdringbarkeit durch Berührung] und Unfähigkeit zu denken zu; und Seelen schreibt sie eine Unfähigkeit zu, unsere Sinne durch Undurchdringlichkeit zu affizieren, und die Fähigkeiten zu denken und zu wollen. Tatsächlich nehme ich die Unfähigkeit zu denken und zu wollen in der Definition [der essentialistischen Definition] der Materie selbst und der körperlichen Substanz an ... Wenn diese Definition akzeptiert wird, ist es klar, daß Materie nicht denken kann. Und dies ist eine Art von metaphysischer Schlußfolgerung, die mit absoluter

---

[3] R. J. Boscovich [1763], Artikel 157.

Sicherheit folgt, wenn man die Definition annimmt.« Man sieht die Gefahr essentialistischer Definitionen selbst bei einem so großen Mann wie Boscovich. Er hat jedoch recht, wenn er sich gegen den Verdacht wehrt, daß die Annahme unausgedehnter dynamischer Intensitäten wie die Leibnizschen Monaden ihn dazu verpflichte, eine Leibnizsche Einstellung zum Leib-Seele-Problem einzunehmen.

Der Essentialismus wurde also weder durch die Ergebnisse der Theorie Newtons noch der Boscovichs überwunden. Er wurde hingegen durch die Ergebnisse der Maxwellschen Feldtheorie des Elektromagnetismus überwunden. Maxwell versuchte zuerst, seine Theorie auf ein mechanisches Modell des Äthers zu gründen. (Das war immer noch Essentialismus.) Zunächst war dieses mechanische Modell eine große Hilfe für die Formulierung und Interpretation seiner Gleichungen (die die gegenseitige Abhängigkeit von elektrischen und magnetischen Kräften beschrieben). Doch das *mechanische* essentialistische Modell wurde immer unbeholfener und schließlich in sich widersprüchlich: Es brach zusammen. Die Gleichungen hingegen waren schlüssig und überprüfbar. Sie wurden von Heinrich Hertz überprüft.

Man hatte hier demnach eine höchst erfolgreiche und bedeutsame physikalische Theorie, deren mechanische Substanz und Essenz sich verflüchtigt hatte. Es war das Ende des Essentialismus. Niemand konnte jetzt mehr fragen, welche selbstevidente Intuition »hinter« den Gleichungen lag: Die Gleichungen legten einfach die Gesetze elektromagnetischer Wechselwirkung fest und erklärten dadurch die betreffenden Phänomene. Genauso wie Newtons Gleichung die Gesetze der Mechanik festlegte und dadurch die Phänomene erklärte – worauf er immer beharrt hatte.

So war mit Newton und nun auch offensichtlich mit Maxwell die Idee, daß es intuitiv selbstevidente letzte Prinzipien (wie angeblich beim Uhrwerkmechanismus) hinter einer Erklärung geben müsse, überlebt. Darauf folgende »selbstevidente« Einsichten in die »wahre Natur« der Materie waren gescheitert. So wurde es möglich, bei jeder vorgebrachten Erklärung die Frage zu stellen »Kann das noch weiter erklärt werden?« oder einfacher: »Warum?«. (Weil das ja immer möglich ist, kann keine Letzterklärung erreicht werden.) Was am Essentialismus von Wert war – der Wunsch, *Strukturen hinter den Erscheinungen* zu entdecken sowie die Suche nach *einfachen* Theorien – wurde durch die Methode mutmaßlicher Erklärung voll abgedeckt.

Der Erfolg der Maxwellschen Theorie brachte eine zeitlang eine Wende. Anstelle einer mechanistischen Erklärung des Elektromagnetismus wurde eine elektromagnetische Theorie der Materie und der Mechanik lange Zeit (besonders nach H. A. Lorentz[4]) allgemein akzeptiert. Sogar die Quantenmechanik begann ihre Karriere als Teil dieser elektromagnetischen Theorie der Materie. Doch auch diese Theorie brach zusammen (mit Yukawas Theorie nicht-elektrischer nuklearer Kräfte).

Damit wurde die moderne Physik nicht-essentialistisch und pluralistisch. Dieser Pluralismus ist wohl sicher nicht das letzte Wort. Es gibt ein (verallgemeinertes) Gesetz der Erhaltung der Energie und des Drehmoments; und das stellt eine monistische Vereinfachung in Aussicht. Eine solche monistische Vereinfachung der Theorien der Materie und der verschiedenen Arten von Kräften wäre ein ungeheurer Erfolg, und man arbeitet daran. Doch ich nehme an, die essentialistische »Was-ist-«Frage wird bald für immer verschwinden.

Lange Zeit wurde der Essentialismus von allen Gruppen, einschließlich seiner positivistischen Gegner, mit der Auffassung gleichgesetzt, daß es Aufgabe der Wissenschaft (und der Philosophie) sei, die letzte verborgene Realität hinter den Erscheinungen zu enthüllen. Obwohl es solche verborgenen Realitäten gibt, hat sich erwiesen, daß keine von ihnen eine letzte ist, wenn auch einige auf einer tieferen Schicht als andere liegen.[5]

52. Ideenassoziation als Letzterklärung

Descartes war zwar ein Verfechter der Wechselwirkung, aber er war auch ein Dualist, und Fragen nach der ausgedehnten Substanz, nach Materie oder Körper, können ähnliche Fragen nach der unausgedehnten Substanz, dem Geist, dem Bewußtsein, wachrufen. Geist und Materie stehen in Wechselwirkung. Aber unter kosmischer Betrachtungsweise ist es noch wichtiger, daß Materie (körperliche Abläufe, körperliche Bewegungen) mit Materie in Wechselwirkung stehen kann; für Descartes, wie wir wissen, durch Stoß. Es stellt sich also die Frage: Wie steht es mit der Wechselwirkung von Geist und Geist, also psychischen Geschehnissen und ihrer Wechselwirkung mit psychischen Geschehnissen?

Eine Antwort auf diese stets höchst einflußreiche Frage, ist eine Theorie, die in ihrer intuitiven Einfachheit und Überzeugungskraft mit der Theorie verglichen werden kann, wonach Körper einander mechanisch Stöße erteilen. Es ist die Theorie, daß Vorstellungen (als Elemente der psychischen Substanz) einander mechanisch anziehen (in den Brennpunkt

---

[4] Weitere Bemerkungen zu dieser Entwicklung finden sich im Text anschließend an Fußnote 3 zu Abschnitt 3.

[5] Siehe auch Popper [1963 (a)], Kapitel 3, S. 114–17, und [1972 (a)], Kapitel 5, S. 196–204.

des Bewußtseins). Diese Theorie eines Mechanismus des Geistes war von ungeheurem Einfluß. Sie kommt, glaube ich, mit Aristoteles auf; wichtig wird sie bei Descartes und Spinoza[1] und noch mehr in der Schule der britischen Empiristen, Locke, Berkeley, Hume (und namentlich seines jüngeren Zeitgenossen Hartley, dessen Hauptwerk [1749] zehn Jahre nach Humes »Treatise« erschien); sie wird dominierend bei Bentham, James Mill und Herbart, und blieb ein mächtiges Element in Freuds Psychoanalyse und auch noch in der *Gestalt*-Schule (obwohl diese der Assoziationstheorie höchst kritisch gegenüberstand). Ich nehme aber an, daß es John Stuart Mill[2] war, der als erster ausdrücklich erklärte, was mindestens seit Spinoza unausdrücklich in den Ansprüchen der Assoziationstheoretiker steckte: daß nämlich die »Assoziationsgesetze«, den Gesetzen der Bewegung (und der Gravitation in der Newtonschen Mechanik) physischer Körper entsprechend und von gleicher Bedeutung wie diese, einen Mechanismus des Geistes darstellen. Die »Ideen« – einfach oder komplex – stellten die Atome und Moleküle des Geistes dar, die einem Assoziations-Mechanismus gehorchten, und ihre durch Assoziation verbundenen Komplexe waren einer »psychischen Chemie« unterworfen.

(Das ist meiner Meinung nach die erschreckendste Irrlehre, die aus dem Cartesianischen Dualismus unter dem Einfluß späterer parallelistischer Ideen hervorgegangen ist. Ich glaube, nichts kann weiter von der Wahrheit entfernt sein. Die Lehre von den Ideen als geistige Partikel und von den psychischen Mechanismen – das alles ist so weit wie nur möglich von der Wirklichkeit entfernt. Organismen lieben und hassen, lösen Probleme, versuchen Wertungen. Welt 2 ist von Welt 1 wirklich sehr verschieden.)

Es ist interessant, daß ganz so, wie die Theorie des Stoßes als Letzterklärung in Begriffen des Wesens von Körpern gedacht war (Stoß beruht auf Ausdehnung), die Theorie der Ideenassoziation als Letzterklärung in Begriffen des Wesens des Geistes ausgegeben werden kann: *Denken,* das heißt Ideen verknüpfen.[3]

Lockes Haltung gegenüber Letzterklärungen und dem Essentialismus (*Essay* III, vi, 3) im allgemeinen und besonders gegenüber der Cartesianischen Theorie der Ausdehnung und des Stoßes kann man skeptisch nen-

---

[1] Descartes selbst wollte Gedächtnis und Assoziation physiologisch erklären (siehe Abschnitt 41). Spinoza hat keine derartige Theorie. In seiner *Ethik* II, 7. Lehrsatz, begründet er das parallelistische Prinzip »Die Ordnung und die Verknüpfung der [psychischen] Vorstellungen ist die selbe wie die Ordnung und die Verknüpfung der [physischen] Dinge« und in II, 18. Lehrsatz, formuliert er das Assoziationsprinzip als Koinzidenz der Ereignisse.

[2] J. S. Mill [1865], S. 190.

[3] Wie ich in Dialog VIII erwähnt habe, erhärtete die Übernahme der Verursachung durch Stoß in der physischen und der Verursachung durch Assoziation in der geistigen Welt die Theorie des psychophysischen Parallelismus.

nen (II, xiii, 11). Dennoch läßt sich seine Theorie des Denkens – des
Erkennens, des Urteilens – als *eine an Letzterklärungen orientierte, essentialistische Theorie des Denkens durch Assoziation* verstehen (II, xxxiii,
5 ff.). Denken ist im wesentlichen ein Verbinden oder Trennen von Ideen
(IV, v, 2; IV, i, 2 und 5; etc.). Wie in den kategorialen aristotelischen
Subjekt-Prädikat-Sätzen werden zwei Vorstellungen, Ideen (etwa Mensch
und sterblich), durch die Kopula verknüpft oder getrennt (der Mensch ist
sterblich; der Mensch ist nicht sterblich). Die Kopula ist ein Zeichen
positiver oder negativer *Assoziation*. (Vgl. IV, v. 5.) Die Gesetze des
Denkens (oder des Denkens nach Aristoteles) sind also Gesetze der Assoziation von Ideen, wobei *Ideen* aristotelische *Begriffe* sind. Locke machte aus der aristotelischen Subjekt-Prädikat-Logik eine psychologische
Theorie.

Betrachten wir kurz die Vorgeschichte der Assoziationstheorie.

Bei Platon sind Formen oder Ideen natürlich keine bewußtseinsmäßigen
psychischen Dinge (oder Gegenstände der Welt 2), sondern Gegenstände
der Welt 3, die unabhängig davon existieren, ob irgendjemand sie begreift; das Begreifen einer Idee wird demnach nicht »Idee« genannt. Ähnlich sind bei Aristoteles Formen oder Ideen oder Wesen den Dingen
inhärent: Eine Steinplastik besteht aus Materie *und* Form, und die inhärente Form oder Idee ist ihr Wesen.

Bei Descartes, Spinoza und Locke aber sind die Ideen im Geist, sie
stellen die Atome oder Elemente von Denkprozessen dar. Sie sind die
geistigen Begriffe oder Vorstellungen, die wir beim Denken der wesenhaften Eigenschaften der Dinge verwenden; sie sind die Elemente des
Denkens. So entsteht das historische Problem: Wie kam es zu dem Übergang, der zur Theorie der *Ideenassoziation* führte? (Ich lasse bewußt,
neben anderem, die Geschichte der Theorie der Erinnerung durch Ähnlichkeit – durch Erkennen = Wiedererkennen = Erinnerung – außeracht, die natürlich auf Platons *Menon* und *Phaidon* zurückgeht.)

Aristoteles (*Über das Gedächtnis,* 451b12–452b7) kennt eine Assoziationstheorie der Erinnerung. Er spricht dort zwar nicht von der Assoziation von »Ideen«, doch ich glaube, er war es, der als erster Ideen
(Formen, Wesen), die normalerweise den Gegenständen der Welt 1 innewohnen, in unseren Geist, in unser Bewußtsein verlegte (wenn auch nicht
als dessen Atome oder Elemente oder elementare Erlebnisse). Wenn ich
mich nicht irre, ging das so vor sich:

Nach Aristoteles (*De anima,* 430a20) »ist wirkliche Erkenntnis identisch mit ihrem Objekt«. (Vgl. Popper [1966(a)], Band 1, S. 314;[4] und

---

[4] Dt. Ausg. [1977 (z_3)] S. 430, Anm. 59,2.

auch Theophrastus *De sensu* 1 = DK 28 A46.) Ausführlicher erklärt er
(*Metaphysik,* 1075 a1), daß Erkenntnis identisch mit der Form oder dem
Wesen ihres Objektes ist; die Materie übergeht er. Oder wie er es ausdrückt (*Über die Seele,* 431b26–432a1): »Die Inhalte des Sensoriums und
des wissenschaftlichen Prozesses, durch den die Seele etwas erfaßt oder
begreift … müssen entweder identisch sein mit den Objekten selbst oder
mit ihren Formen oder ihrem Wesen. Doch sie sind nicht identisch mit den
Objekten; denn der Stein existiert nicht in der Seele, sondern nur seine
Form oder sein Wesen oder seine Idee.« So finden wir, daß die platonischen Ideen, die für Platon nur in Welt 3 existieren, für Aristoteles aber
der Welt 1 angehören, für Aristoteles auch in Welt 2 vorkommen. Ich
nehme an, daß dies der Schritt ist, der den Ausdruck »Idee« in einen
psychischen oder psychologischen Begriff verwandelt. Das erklärt die psychologische Verwendung bei Descartes, Spinoza, Locke und den Modernen (gegen die Schopenhauer protestierte – ich glaube ungerechtfertigter-
weise, angesichts der Verwendung bei Aristoteles). War der wichtige Ausdruck »Idee« erst einmal ein Ausdruck für etwas im Geist Enthaltenes
geworden, dann ist es nicht überraschend, daß Ideen die Haupt- oder
sogar die einzigen Elemente des Geistes wurden, und daß eine Theorie
des Geistes wie die Humes dabei herauskam, derzufolge es keinen Geist
gab, sondern nur Ideen und Ideenbündel.

53. Neutraler Monismus

Während man den psychophysischen Parallelismus der Okkasionalisten
Spinoza und Leibniz einen metaphysischen Parallelismus nennen kann,
läßt sich der Parallelismus der sogenannten neutralen Monisten, deren
klassische Vertreter Hume, Mach und Russell (in einer seiner Phasen)
sind, als erkenntnistheoretischer Parallelismus bezeichnen. Ich werde
diese Auffassung hier vorstellen, ohne mich sehr eng an die tatsächlichen
historischen Formen zu halten, in denen er von David Hume und Ernst
Mach vertreten wurde. Wie im Falle des metaphysischen Parallelismus
bieten uns die Verfechter des erkenntnistheoretischen Parallelismus eine
umstandslose, nicht auf Wechselwirkung beruhende Theorie der Beziehung von Leib und Seele an.
   Dem neutralen Monismus zufolge gibt es keinen Körper oder keinen
Geist in dem Sinne, wie die metaphysischen Philosophen sie verstanden.
Es gibt eigentlich gar keine physische Welt oder eine psychische Welt.
Was es wirklich gibt, ist eine physikalische Ordnung der (neutralen) Dinge
oder Ereignisse und eine psychisch-geistige Ordnung *derselben* Dinge
oder Ereignisse. Das besagt, die Dinge oder Geschehnisse werden je nach

den Umständen, unter denen wir sie begreifen, als »physikalisch«, »physisch« oder »psychisch« betrachtet. Das, so könnte der neutrale Monist argumentieren, muß so sein, weil »physisch« oder »physikalisch« so oder so etwas meint, was ins Blickfeld physikalischer Theorie gerät; »physisch« oder »physikalisch« ist etwas, das durch eine physikalische Theorie mit ihren Begriffen von physikalischer Wirkung, physikalischer Wechselwirkung usw. begriffen oder erklärt oder abgehandelt werden kann. Ähnlich ist »psychisch« etwas, das mit Hilfe von Theorien über das Bewußtsein – Theorien der Psychologie und solche über menschliches Handeln – erklärt werden kann. Wir haben also zwei Theorienbereiche – physikalische und psychologische Theorien – oder zwei Systeme zum Ordnen der Dinge.

Die physikalischen Theorien ordnen die Dinge danach, was man eine physikalische Ordnung oder eine physikalische Interpretation nennen kann, und die psychologischen Theorien ordnen dieselben Dinge nach einer psychischen Ordnung oder einer psychischen Interpretation. Ob wir etwas physikalisch oder psychisch nennen hängt deshalb von der Ordnung ab, unter der wir es begreifen. Bestimmte unzusammengesetzte, einfache Teile oder insbesondere Elemente lassen sich so deuten, als gehörten sie entweder zu physikalischen oder zu psychischen Komplexen. Die Elemente selbst aber werden als neutral angenommen, einfach deshalb, weil sie wechselweise Teile physischer oder aber psychischer Komplexe werden können.

Wenn man die Dinge so ordnet, hat man noch gar nichts darüber gesagt, was diese angeblich neutralen Elemente wirklich sind. Die neutralen Monisten halten allerdings gewöhnlich die Elemente für so etwas wie Eindrücke oder Vorstellungen oder Empfindungen, wie der Machsche Ausdruck heißt. Am besten läßt sich der neutrale Monismus (wenn wir von den Elementen und nicht von den Theorien ausgehen wollen) so beschreiben:

Die Elemente kann man als »Daten« oder als »Gegebenes« verstehen. Diese Daten können auf zwei verschiedene Arten gebündelt oder zusammengepackt werden, wie es in einem zweidimensionalen Diagramm gezeigt werden soll. Die Elemente sollen durch Punkte auf einer Fläche dargestellt werden (als Kreuzchen); die zwei Arten, wie sie zuammengepackt werden, können dann durch Einzeichnung vertikaler und horizontaler Spalten dargestellt werden; verschiedenes Bewußtsein wird durch verschiedene vertikale Spalten, verschiedene materielle Gegenstände durch verschiedene horizontale Spalten dargestellt, wie aus dem folgenden Diagramm zu ersehen ist.

In diesem Diagramm gehört jedes Element beiden Einteilungen an, was natürlich eine grobe Vereinfachung ist; denn ein Element, das zwar zu

	Jacks Ich	Karls Ich	Toms Ich	Jeremys Ich	Freddys Ich
Dieser				×	
Tisch	×		×	×	×
Dieses	×	×		×	
Buch	×				
Jacks		×			
Körper	×	×			× ×
Jacks	×				
Füller	×		×	×	
Karls	×	×	×		
Körper					
Toms			× ×		×
Körper			×		
Toms	×	×	×		×
Pfeife					
Jeremys		×			
Körper		× ×		×	
		×			
Freddys			×		×
Körper					×
Freddys			×		
Füller			×		×

einem Bewußtsein gehört, braucht nicht zu einem Körper zu gehören – zum Beispiel wenn dieses Element etwas wie ein Gefühl der Entspannung oder ein Gefühl der Freude ist. Andererseits braucht ein Element, obwohl es zu einem physischen Körper gehört, nicht zu einem Bewußtsein gehören (obwohl es dem neutralen Monisten schwer fällt, diese Möglichkeit zuzugeben). Oder es kann zu einem physikalischen Vorgang gehören, der nicht unbedingt körperlich ist, zum Beispiel ein Blitz. Der Hauptpunkt der Theorie ist der, daß die physische Welt und die psychische Welt beide *theoretische Konstruktionen* aus gegebenem Material sind, und daß die verschiedenen Dinge, die dieser Welt zugehören, ebenfalls theoretische Konstruktionen aus diesem gegebenen Material sind.

Wie stellt sich nun das Leib-Seele-Problem dieser Auffassung nach dar? Wie beim Spinozismus haben wir hier eine Auffassung, die grundsätzlich monistisch ist: Sie kennt nur eine wirklich fundamentale Art der Wirklichkeit. Während aber in Spinozas Theorie diese fundamentale Wirklichkeit Gott ist, ist sie im neutralen Monismus »das Gegebene«. Während ferner Spinoza sagt, daß Körper und Geist zwei Attribute seiner fundamentalen Wirklichkeit sind, sind im neutralen Monismus Körper und Bewußtsein zwei aus dem Gegebenen geschaffene Gebilde. Bei Spinoza haben wir wirkliche Verursachung, kausale Wechselwirkung von Körpern mit Körpern und von Geist mit Geist, aber keine Wechselwirkung zwischen Geist und Körper. Im neutralen Monismus haben wir physikalische Theorien, das heißt Theorien, die erklären, wie die physischen Gebilde mit anderen physischen Gebilden in Wechselwirkung stehen; und wir haben psychologische Theorien, das heißt, Theorien, die erklären, wie psychische Gebilde mit anderen psychischen Gebilden in Wechselwirkung stehen. Aber die Frage einer Wechselwirkung zwischen den psychischen Gebilden und den physischen Gebilden stellt sich nicht, weil Wirkung und Wechselwirkung theoretische Begriffe sind und die zwei Theorien – die physikalische Theorie und die psychologische Theorie – jeweils in sich abgeschlossen sind. Zwischen ihnen kommt es zu keiner Wechselwirkung, außer wir führen eine neue (unnötige) Theorie ein. Eine derartige Theorie würde vom Standpunkt des neutralen Monisten aus bedeuten, daß es nicht nur die beiden Theorien gäbe, sondern auch noch eine andere: eine Theorie höheren Typs, die vorwiegend die beiden Theorien aufeinander bezieht statt die Elemente, das Gegebene.

Aber im neutralen Monismus ist kein Platz für eine solche Theorie der Wechselwirkung: Wechselwirkung kann und sollte daher vermieden werden. Folglich wird die Beziehung zwischen dem Psychischen und dem Physischen parallelistisch. Wir können sie insofern als einen erkenntnistheoretischen Parallelismus bezeichnen – im Gegensatz zum metaphysischen Parallelismus von Spinoza oder Leibniz –, als die Wirklichkeit, bei der dieser Parallelismus ansetzt, etwas erkenntnistheoretisch Letztes oder »Gegebenes« sein soll.

Die Auffassung, daß physische oder physikalische Gegenstände konstruierte Gebilde sind, wurde erstmals durch die von Sinneseindrücken ausgehende oder phänomenalistische Erkenntnistheorie vorgebracht, die unsere gesamte empirische Erkenntnis auf Sinneseindrücke oder »Ein-

drücke« zu reduzieren versuchte. Vom Standpunkt dieser Erkenntnistheorie aus ist der neutrale Monismus nicht nur eine umstandslose Theorie der Leib-Seele-Beziehung, sondern auch eine ebenso einfallsreiche
wie natürliche Betrachtungsweise.

Was spricht für den neutralen Monismus? Es ist, glaube ich, wahr, daß
fast alle Dinge, die einer naiven Auffassung als einfach existierend erscheinen, in einem gewissen Sinne theoretische Interpretationen oder
Konstruktionen sind. Doch wenn auch der neutrale Monismus attraktiv
aussehen mag, vor allem für einen konsequenten Exempiristen, halte ich
ihn doch nicht für eine befriedigende Theorie. Seine angeblich neutralen
Elemente heißen bloß »neutral«: Sie sind unvermeidlich *psychisch;* und
das ist ersichtlich auch das Verfahren der »Konstruktion« physikalischer
oder physischer Objekte. Somit ist der »neutrale« Monismus nur ein
Name. In Wirklichkeit ist er ein in hohem Maße subjektiver Idealismus,
ganz nach der Art Berkeleys.

54. Nach Leibniz: Die Identitätstheorie von Kant bis Feigl

In Leibnizens Theorie sind die Dinge an sich Monaden; und Monaden
sind im wesentlichen, wenn auch nicht alle im gleichen Maße, Geist oder
Geistiges. Sie sind denkende Substanzen, deren Denken mehr oder weniger klar und deutlich, mehr oder weniger bewußt sein kann. Nach dem
Grade der Klarheit und Deutlichkeit ihres Bewußtseinszustands sind die
Substanzen hierarchisch geordnet. Jeder Organismus hat eine leitende
oder beherrschende Monade – seine Seele. Niederere Dinge wie Steine
brauchen nicht einmal eine beherrschende Monade. Diese Theorie ist
offensichtlich eine Form des Panpsychismus mit all seinen Schwierigkeiten. Sie ist auch eine Theorie, die Dinge an sich für psychisch oder geistig
(und *umgekehrt*) hält. Und sie hält Materie für die (wohlbegründete)
äußere Erscheinung von Ansammlungen oder Anhäufungen geist- oder
bewußtseinsartiger Dinge an sich. Wenn wir Leibnizens Ansicht der physischen Welt, wie sie von Boscovich und Kant modifiziert und gestrafft
wurde (siehe Abschnitt 51), zusammen mit seiner Auffassung nehmen,
daß die Monaden (die Atome) geist- oder bewußtseinsartig sind, dann
kommen wir zu einem Standpunkt, der der modernen Form der Identitätstheorie sehr ähnelt, wenn auch nicht identisch mit ihr ist. Diese Theorie findet man bei vielen deutschen Philosophen, von Kant, Herbart und
Fechner bis zu Moritz Schlick; auch in den Werken von Bertrand Russell,
Bernhard Rensch und, wie ich glaube, Herbert Feigl. Sie wurde in den
Abschnitten 22 und 23 diskutiert und kritisiert.

Als Modifikation der Leibnizschen Auffassung besagt die Identitätstheorie kurz dies, daß die Monaden, die geist- oder bewußtseinsartigen Wesenheiten – oder vielleicht die Erlebnisse, die Empfindungen, die Gedanken – Dinge an sich sind. Wir kennen entweder unser Ich oder unsere Erlebnisse (»Rohgefühle«, wie Feigl sie in Anlehnung an Tolman nennt) unmittelbar »durch Bekanntheit«. Von außen gesehen – oder vielleicht als Basis logischer Konstruktionen – sind diese Erlebnisse die Gegenstände der theoretisch-physikalischen Welt: der Welt solcher physischer Gegenstände, die wir nicht unmittelbar oder durch Bekanntheit kennen, sondern »durch Beschreibung« mittels unserer theoretischen Konstruktionen. Diese Welt physischer Teilchen, Atome und Moleküle ist ersichtlich unsere Konstruktion, unsere theoretische Erfindung. Das trifft auch für Organismen und ihre Teile, etwa das Gehirn, zu.

Die hier skizzierte Identitätstheorie muß aus einleuchtenden Gründen eine physikalische Theorie akzeptieren und sich zu eigen machen – die jeweils herrschende physikalische Theorie; denn es ist diese Theorie, die, gemäß der Identitätstheorie, die physische Welt konstruiert. In diesem Sinne ließe sich die Identitätstheorie als »physikalistisch« bezeichnen. Man kann sie aber ebensogut oder sogar noch zutreffender eine Form des Spiritualismus oder Mentalismus nennen, da sie ja den Geist und andere geistartige Wesenheiten für real oder als Dinge an sich betrachtet.

Die ausgereifte Philosophie Kants zerfällt seltsamerweise in zwei Teile: in die theoretische oder spekulative Philosophie und in die praktische oder Moralphilosophie. Die erste, die theoretische Philosophie, erklärt, daß wir nichts über die Dinge an sich sagen können. Wir können ihren geistigen Charakter weder bestätigen noch bestreiten. Die zweite, die Moral- oder praktische Philosophie, behauptet, daß uns unsere Sittlichkeit an Gott und an eine unsterbliche Seele glauben läßt; und sie läßt uns glauben, daß Seelen Dinge an sich sind. (Sie läßt offen, ob alle Dinge an sich Seelen sind oder nicht.) Obwohl also Kants Erkenntnistheorie ganz anders als die von Leibniz ist, kommen seine Physik wie seine (moralisch begründete) Theorie der Seele derjenigen von Leibniz sehr nahe – näher vielleicht, als er es selbst bemerkte.

Wie dem auch sei, mehrere deutsche Nachkantianer verwarfen die Kantsche These, daß eine Erkenntnis (gemeint ist theoretische Erkenntnis) der Dinge an sich unmöglich sei; und die meisten machten die Dinge an sich zu etwas Seelenartigem. Sie behaupteten, gegen Kant, daß wir ein Wissen (Wissen aufgrund von Bekanntheit) von einem Ding an sich – nämlich von unserem Ich – durch unmittelbare Selbsterfahrung (durch »Rohgefühle«) erlangen könnten.

Das Ergebnis waren, grob gesagt, zwei Theorien, eine monistische, von der man sagen könnte, daß sie auf Spinoza zurückgeht, und eine pluralistische und individualistische, die man auf Leibniz zurückgehend nennen kann. Die erste nimmt an, daß Individualität mehr Erscheinung als Wirklichkeit ist. Ihr Hauptrepräsentant unter den Nachfolgern Kants war Schopenhauer.[1] Die zweite nimmt an, daß Individualität wirklich ist und daß Dinge an sich Individuen sind. Das scheint auch Kants eigene Ansicht gewesen zu sein. Es war ebenfalls die Überzeugung von Fechner und auch von Lotze, und es war im wesentlichen die Ansicht von Schlick und von Russell. Sie alle waren stark von Leibniz beeinflußt. Es ist interessant, daß Schlick[2] auf den Einfluß Leibnizens auf Russell aufmerksam macht.

In unserer Zeit wurde diese Theorie von Herbert Feigl, der Student und enger Freund Schlicks war, erneuert und gründlich und angemessen durchdiskutiert. Feigl brachte die Theorie auf den neuesten Stand und verband sie mit einem physikalistischen Standpunkt. Er hat viel dazu beigetragen, sie durch neue Argumente zu stützen. Er ist sich der Ähnlichkeiten mit der Auffassung von Leibniz und Kant bewußt, obwohl er anscheinend annimmt, daß diese Ähnlichkeiten zum Teil zufällig sind (worin ich ihm nicht folgen kann). Das hängt damit zusammen, daß er sich mehr für einen Materialisten als für einen Spiritualisten hält.

Eine eingehende Kritik der Identitätstheorie als physikalistische Theorie wurde in Abschnitt 23 gegeben. Mein Einwand gegen sie als mentalistische Theorie kann kurz so zusammengefaßt werden: Die Theorie stimmt nicht damit überein, was unsere gegenwärtige Kosmologie als Tatsache vorweist: nämlich eine Welt, in der es über Äonen keine Spur von Leben oder Bewußtsein gab, in der dann zuerst Leben und später Bewußtsein und sogar eine Welt 3 auftauchte. Ich gebe zu, daß man das alles wegerklären kann; aber ich finde, man muß es zum Ausgangspunkt des Leib-Seele-Problems machen. Ich gebe die intellektuelle Anziehungskraft des Monismus zu. Und ich gebe auch zu, daß eine Form des Monismus eines Tages annehmbar werden könnte; aber ich halte es nicht für wahrscheinlich, daß es dazu kommt.

---

[1] Schopenhauer schlug in Band 1, Paragraph 18, von »*Die Welt als Wille und Vorstellung*« nicht nur eine Identitätstheorie vor (»Der Willensakt und die Aktion des Leibes ... sind eines und dasselbe, [uns] nur auf zwei gänzlich verschiedene Weisen gegeben«) sondern er gebrauchte auch den Begriff »Identität«: Er spricht von »der Identität des Willens und des Leibes«.

[2] M. Schlick [1925], S. 209; [1974], S. 227.

55. Linguistischer Parallelismus

Eine andere Theorie, die die Wechselwirkung umgeht und die man als
einen psycho-physischen Parallelismus betrachten kann, ist die Zweispra-
chentheorie. Nach dieser Theorie gibt es nur eine Welt, nur eine Wirklichkeit. Doch es gibt zwei Arten, über diese eine Wirklichkeit zu sprechen:
eine ist die, sie als physisch, eine andere, sie als psychisch aufzufassen.
Diese Auffassung ist dem neutralen Monismus sehr verwandt. An die
Stelle der zwei Theorien oder der zwei Arten des Zusammenpackens von
Elementen beim neutralen Monismus setzt sie zwei Sprachen oder
Sprachsysteme oder zwei Redeweisen über die Wirklichkeit. *Theorien* und
Sprachsysteme sind natürlich sehr eng verwandt, und das deutet auf die
enge Beziehung zwischen linguistischem und erkenntnistheoretischem Parallelismus hin. Der linguistische Parallelismus kann verschiedene Formen
annehmen, entsprechend dem, was man meint, wenn man sagt, es gebe
zwei Sprachen, in denen wir über dieselbe Wirklichkeit sprechen. Ich
unterscheide drei Versionen von linguistischem Parallelismus.

Nach der ersten Version meinen wir mit zwei Sprachen einfach zwei
verschiedene Vokabularien. Beide Vokabularien können in derselben
Sprache benutzt werden, doch man kann gleichwohl zwei Wortklassen
deutlich unterscheiden, nämlich Wörter, die Psychisches, und Wörter, die
Physisches bezeichnen.

Nach der zweiten Version haben wir zwei Vokabularien, weil wir zwei
Theorien haben, und innerhalb dieser zwei Theorien haben wir zwei Begriffsgruppen, die nur innerhalb ihrer entsprechenden theoretischen Kon-
texte Bedeutung haben.

Nach der dritten Version ist die Situation etwas anders. Hier wird das
Sprechen über die beiden Sprachen als eine Art Metapher genommen, die
anzeigt, daß zwei Personen, von denen die eine über Körper spricht, die
andere über Bewußtsein, sich niemals wirklich verständigen können. Sie
sind wie ein Chinese und ein Engländer, die niemals die Sprache des
anderen gelernt haben. Demnach ist die Unmöglichkeit wechselseitiger
Verständigung zwischen einer mentalistischen und einer physikalistischen
Sprache hier der Hauptpunkt. Diese Theorie läuft auf die Ansicht hinaus,
daß es da zwei Sprachen gibt, zwischen denen keine Verständigung möglich ist. Doch warum, so ließe sich fragen, ist keine Verständigung möglich? Immerhin haben Engländer gelernt Chinesisch zu sprechen, und
noch mehr Chinesen haben Englisch sprechen und schreiben gelernt.
Wenn sich diese beiden Sprachen auf dieselbe Welt beziehen – wenn die
zwei Personen zwar verschiedene Sprachen sprechen, aber in derselben
Welt leben –, dann sollte es ihnen möglich sein, eine Basis-Verständigung

herzustellen, eine Übersetzung der einen in die andere Sprache, von welch unterschiedlichen Interpretationen der Welt sie auch ausgehen mögen.

Das sind die mir bekannten drei Hauptversionen der Zweisprachen-Theorie oder des linguistischen Parallelismus. Die Einstellung des linguistischen Parallelismus zum Leib-Seele-Problem ist natürlich wiederum die, daß Wechselwirkung unmöglich ist. Sie ist unmöglich, weil Kausal-Wirkung in einer Sprache beschrieben werden muß, und wir haben nur entweder eine physikalische oder eine psychologische Sprache zur Verfügung. Es ist, wie beim neutralen Monismus, die Tendenz dieser Theorie, das Leib-Seele-Problem durch Wegerklären dessen zu lösen, was bis zu Descartes und für ihn selbst eine offenkundige Tatsache war – die Tatsache der Wechselwirkung –, und zwar indem man zeigt, daß diese offenkundige Tatsache keine Tatsache ist, sondern eine falsche Auslegung. Nach dieser Auffassung ist sie eine Fehlinterpretation der Sprache.

Warum ist der linguistische Parallelismus attraktiv? Erstens weil er so etwas wie die Lösung eines sehr schwer zu bewältigenden Problems durch den Hinweis bietet, daß das Problem eigentlich gar nicht entsteht oder daß es nur aus sprachlichen Mißverständnissen entsteht. Daher ist diese Ansicht besonders attraktiv für die Sprachphilosophie, vor allem für die Sprachanalytiker, die immer noch erklären, philosophische Probleme entstünden im allgemeinen aus sprachlichen Mißverständnissen. Ein zweiter Grund für die Attraktivität dieser Ansicht ist, daß sie zweifellos ein Körnchen Wahrheit enthält. Der linguistische Parallelismus verficht die These, daß alle Vorstellungen über Wechselwirkung aus einer unzulässigen Vermengung zweier Sprachen entstehen. Wenn man zwei Sprachen vermengt, so lautet die Behauptung, dann erhält man nicht einfach eine andere Sprache, sondern vielmehr sinnlose Scheinaussagen. So könnte Sokrates erklärt haben (siehe Abschnitt 46), es sei unzulässig zu sagen, er säße im Gefängnis, weil seine Beine ihn nicht wegtrugen.

Ich komme nun zu meiner Kritik des linguistischen Parallelismus und will mit der ersten und zweiten Version beginnen, also den Versionen, in denen die beiden Sprachen zwei Vokabularien oder zwei Begriffsgruppen darstellen, die durch Theorien verbunden sind oder innerhalb des Kontextes bestimmter Theorien sinnvoll sind. Ich meine, das stimmt vielleicht. Aber ich möchte doch fragen, wie es kommt, daß man diese Theorien für beziehungslos hält. Man nehme zum Beispiel die charakteristischen Begriffe oder den charakteristischen Wortschatz dreier Theorien, der Optik, der Akustik und der Mechanik. Hier hat man drei verschiedene Theorien, jede mit ihrem eigenen, besonderen Vokabular und mit ihrer besonderen Sprache. Doch das hält die Physiker nicht von dem Versuch ab, diese Theorien zu vereinen. Sie können zum Beispiel versuchen, die Akustik mechanisch zu erklären oder eine Strahlungs-Theorie (eine optische Theorie) zu entwickeln, die mit der Atom-Mechanik in Verbindung steht. Noch bedeutender ist, daß die Optik mit mechanischen Wirkungen, wie dem Lichtdruck, verbunden wurde. Und natürlich kennt auch die Akustik mechanische Wirkungen (zum Beispiel Resonanz), und man kann akustische Effekte mechanisch erzeugen. Man kann auch Strahlungshitze erzeugen, also etwas aus dem Bereich der Optik auf mechanischem Wege.

Das alles zeigt, daß wir guten Grund haben, uns um die Schaffung von Verbindungen zwischen Theorien zu bemühen, die zunächst unabhängig voneinander entstanden sein mögen und verschiedene Sprachen benutzen. Und es zeigt, daß die Verwendung verschiedener Sprachen nicht festlegt, daß es keine Wechselwirkung oder wechselseitige Verbindung zwischen den von diesen verschiedenen Theorien behandelten Sachverhalten oder Bereichen geben kann.

Ich will mich nun mit der dritten Version des linguistischen Parallelismus auseinandersetzen. Hier ging es darum, daß die beiden Sprachen als (fast) unübersetzbar galten. Ich habe bereits darauf hingewiesen, daß ich gewisse kritische Vorbehalte gegen diese These habe – besonders, wenn sich die beiden Sprachen auf dieselbe Welt oder dieselbe Realität beziehen, und wenn die Sprechenden dieser Sprachen bestimmte Ziele oder Probleme gemeinsam haben. Doch wir wollen diese Vorbehalte zurückstellen und von der Annahme ausgehen, daß die beiden Sprachen nicht ineinander übersetzbar sind.

Es ist klar, was das für das Leib-Seele-Problem bedeutet. Aussagen in der einen Sprache, wie »Mir ist kalt« und in der anderen, wie »Mein Gehirn befindet sich in einem bestimmten Zustand«, gelten nicht als ineinander übersetzbar. Kein Dualist, glaube ich, wäre anderer Meinung.

Doch es ist möglich, Verbindungen zwischen den beiden verschiedenen Aussagearten herzustellen. Wir können zum Beispiel entdecken, daß eine allgemeine Verbindung zwischen einem bestimmten Hirnzustand – oder bestimmten Arten von Hirnzuständen – und bestimmten Schmerzarten besteht. Niemand (außer womöglich ein Materialist) würde behaupten wollen, daß wir damit die beiden Aussagen ineinander übersetzt haben. Was wir vielmehr getan haben, ist, daß wir eine rudimentäre Theorie über psycho-physische Wechselwirkung aufgestellt haben. Wir haben genau das getan, was der linguistische Parallelismus zu vermeiden sucht.

Anders gesagt: wenn zwei Sprachen nicht ineinander übersetzbar sind, und vor allem wenn man uns sagt (wie es die linguistischen Parallelisten tun), daß sie sich beide auf dieselbe Wirklichkeit beziehen, dann ist es offenbar interessant zu fragen, worin die Beziehungen – wenn es welche gibt – zwischen den »Tatsachen« der verschiedenen Sprachen liegen. Das wird uns dann zu dem Versuch bringen, eine Sprache zu entwickeln, in der wir über beide Arten von Tatsachen sprechen und Probleme über ihre etwaigen gegenseitigen Beziehungen formulieren können.

Das alles in Abrede zu stellen und auf der Beibehaltung eines Parallelismus bestehen zu wollen, halte ich für obskurantistisch. Nehmen wir ein Beispiel. Stellen wir uns jemanden vor, der sich unbeabsichtigt vergiftet hat, etwa weil er zwei verschiedene Lebensmittelsorten gegessen hat, in denen zufällig Konservierungsstoffe waren, die unter Bildung einer toxischen Substanz aufeinander reagieren. Wenn etwa der Leichenbeschauer den Fall untersucht, dann wird er darüber sowohl in Ausdrücken einer chemischen Theorie (einer Theorie von Welt 1) als auch in solchen der menschlichen Belange (Welt 2) und der rechtlichen Aspekte (Welt 3) sowie über ihre *Zwischenbeziehungen* sprechen. Die Vermengung dieser Sprachen wird, weit davon entfernt, Konfusion zu stiften, selbst eine Aussage über den fraglichen Vorfall liefern. Doch selbst der rein chemische Befund kann nur erstellt werden, wenn wir zulassen, daß er bei den »menschlichen« und rechtlichen Aspekten des Problems ansetzt und ständig von ihnen geleitet wird. Denn unter einem streng wissenschaftlichen Gesichtspunkt gibt es nichts, was dem Chemiker sagen könnte, *welche* von all den verschiedenen chemischen Reaktionen, die in dem fraglichen räumlichen und zeitlichen Bereich stattfanden, hier für das Problem – den Unglücksfall – *wichtig* sind und welche nicht.

Man wird sich erinnern, daß wir sagten, der linguistische Parallelismus sei attraktiv, weil es einige Fälle gibt, in denen Pseudoprobleme durch die Vermengung von Sprachen entstehen können. Dergleichen ist jedoch auch dann erklärbar, wenn wir auf die Zwei-Sprachen-Erklärung verzichten. Denn solche Fälle entstehen durch eine Vermengung von *Theorien* oder durch verworrene Fragen. Es ist besser, solche Probleme wenn nötig *ad hoc* auszusondern, statt ein philosophisches System mit dem zweifelhaften Ziel aufzubauen, ihre Entstehung zu verhindern.

56. Ein Abschiedsblick auf den Materialismus

Meine Auseinandersetzung mit dem linguistischen Parallelismus bringt uns ganz von selbst auf die Theorien, die ich zuvor »radikalen Materialismus« und »versprechenden Materialismus« genannt habe. Denn von der Zwei-Sprachen-Theorie ist es ein recht einfacher Schritt zu der folgenden Erklärung:

Es gibt zwei Sprachen, eine psychologische, »mentale« Sprache und eine »physikalische« Sprache. Wir können jedoch durch philosophische und wissenschaftliche Analyse die mentale Sprache *eliminieren,* entweder jetzt (»radikaler Materialismus«) oder in einer unbestimmten Zukunft (»versprechender Materialismus«). (Entsprechend könnte natürlich ein Mentalist oder Spiritualist ein ähnliches Programm zur Eliminierung der physikalischen Sprache vorschlagen.)

Ich bin von solchen Vorschlägen nicht sehr beeindruckt, aus Gründen, die ich in Kapitel P 3 dargelegt habe, obwohl ich für die Idee bin, daß wir eine wissenschaftliche Reduktion versuchen sollten.

Werfen wir jedoch einen kurzen Abschiedsblick auf den Materialismus und seine Geschichte seit Descartes.

Descartes war Mechanist und Materialist, soweit es die Welt ohne den Menschen anging. Allein der Mensch war keine bloße Maschine, denn er bestand aus Leib und Seele.

Wer glaubte, daß diese Denkweise die Kluft zwischen Mensch und Tier übertrieb, reagierte auf zweierlei Art. Man konnte sagen, wie es Arnauld in seinen *Einwänden gegen Descartes Meditationen* tut, daß Tiere mehr als Maschinen sind und Seelen haben, das heißt eine Art Bewußtsein;[1] oder man konnte radikaler als Descartes sein und erklären, daß der Mensch eine Maschine ist, weil er ja ein Tier sei.

Man würde jedoch nicht erwarten, daß jemand, der an die Überlegenheit des Menschen über andere Lebewesen glaubt, sowohl der Meinung ist, *Tiere seien mehr als Maschinen* als auch *der Mensch sei eine Maschine.* Dieser Standpunkt wurde jedoch zögernd von Pierre Bayle und nach ihm von Julien Offray de la Mettrie, dem berühmten Autor von *Der Mensch eine Maschine* [1748] vertreten. Weniger bekannt ist, daß La Mettrie zwei Jahre später ein Buch unter dem Titel *Les animaux plus que machines* veröffentlichte.

Man muß sich deshalb den Materialismus dieses berühmtesten aller Materialisten etwas näher ansehen. Es stellt sich dann heraus, daß er mit Bestimmtheit lehrte, die Seele hinge vom Körper ab. Aber er bestritt nicht, daß es Bewußtsein gibt (das Descartes den Tieren abgesprochen hatte), weder für Tiere noch für Menschen. Im übrigen schlug er eine Art empirischer und naturalistischer Auffassung vor, in der auch evolutionäre Emergenz einen Platz hatte. (Seine Auffassung könnte vielleicht als eine solche bezeichnet werden, die an den Epiphänomenalismus angrenzt.) Er gestand Tieren und Menschen zweckvolles Tätigsein zu. Seine Hauptthese

---

[1] Siehe Haldane und Ross [1931], Band ii, S. 85. (Descartes Antwort findet sich auf S. 103 f.) Es ist interessant, daß Arnauld in seinem Buch *Port-Royal Logic* (Pt iii, Ende von Kapitel xiii) einen Syllogismus *(Celarent)* bringt, der beweist, daß die Seele eines Tieres nicht denkt. Damit bekannte er sich nicht zur Seelenlosigkeit des Tieres, sondern nur zu einer nichtdenkenden tierischen Seele, der er vielleicht Wahrnehmung zugestand. (Siehe Leonora C. Rosenfeld [1941] S. 281.)

war, daß der Zustand der Seele von dem des Körpers abhängt.[2]

Wenn auch La Mettries Einfluß auf die Entwicklung einer materialisti-schen Mensch-Maschine-Theorie sicher sehr groß war, so war er selbst doch kein radikaler Materialist, denn er bestritt keineswegs die Tatsache subjektiven Erlebens. Es ist interessant zu sehen, daß viele, die sich selbst Materialisten oder Physikalisten nennen, keine radikalen Materialisten sind – weder Häckel noch Schlick, Anthony Quinton oder Herbert Feigl oder sogar die »dialektischen Materialisten«. Ich glaube auch die nicht, die bloß die Existenz körperlosen Bewußtseins bestreiten (wozu ich auch neige), und auch die nicht, die betonen, daß das Bewußtsein ein Produkt des Gehirns oder der Evolution ist; auch die nicht, die erklären, daß Materie, wenn sie nur hochorganisiert genug ist, denken kann. Nicht daß ich nun alle diese Ansichten für annehmbar halte (wie ich in Kapitel P3 erläutert habe). Ich halte es vielmehr für wichtig, daran zu erinnern, daß sich die Verfechter derartiger Ansichten zwar gelegentlich Materialisten nennen, dennoch aber die Existenz des Bewußtseins bejahen, auch wenn sie seine Bedeutung herunterspielen.

Ob die Theorien von Demokrit und Epikur zutreffend als radikaler Materialismus zu bezeichnen sind, ist schwer zu sagen. Anscheinend sind sie Realisten in ihrem Programm, kaum aber in dessen Ausführung. Sie glaubten an die Existenz der Seele, die sie, wie viele vor ihnen, als sehr feine Materie erklären wollten, doch (worauf ich in den Abschnitten 44 und 46 oben hingewiesen habe) ich glaube, daß sie dem Geist einen vom Körper verschiedenen moralischen Status zugeschrieben haben.

Mir sind übrigens nur drei Typen des Materialismus bekannt, die wirk-lich die Existenz des Bewußtseins leugnen: die Theorien von Denkern wie Quine, der ausdrücklich eine Form des radikalen Behaviorismus über-nimmt; die Theorien von Armstrong und Smart (beschrieben in Ab-schnitt 25); und das, was ich den »versprechenden Materialismus« (siehe Abschnitt 28) nenne. Der letztere scheint mir keiner weiteren Bespre-chung wert. Was die beiden ersten angeht, so nannte Schopenhauer einen solchen radikalen Materialismus »die Philosophie des Subjekts, das ver-gessen hat, an sich selbst zu denken.« Das ist zwar eine gute Bemerkung, sie geht aber nicht weit genug; denn (wie wir in Abschnitt 18 gesehen haben) es gibt völlig objektive, durch intersubjektives Verhalten über-prüfbare Regelmäßigkeiten, was der radikale Materialist und der radikale Behaviorist gerne vergessen – oder mit weithergeholten Argumenten wegerklären wollen.

---

[2] Man könnte La Mettrie als einen Interaktionisten auffassen (im Gegensatz zu Male-branche) und als einen Vitalisten hinsichtlich der Physiologie der Tiere (im Gegensatz zu Descartes). La Mettrie selbst weist auf Claude Perrault und Thomas Willis als seine Vorgän-ger hin (vgl. La Mettrie [1960], S. 188). Aber beide waren, jeder auf seine Weise, Animisten.

Die Hauptmotive aller materialistischen Theorien sind intuitiv. Ein solches intuitives Motiv habe ich kurz in Abschnitt 7 erwähnt und kritisiert. Es ist der reduktionistische Glaube, daß es keine »Verursachung nach unten« geben kann. Das andere ist der intuitive Glaube an die kausale Abgeschlossenheit der physikalischen Welt 1 – eine intuitiv höchst zwingende Auffassung, die, wie ich meine, ganz klar durch die technischen, wissenschaftlichen und künstlerischen Leistungen der Menschheit widerlegt wird, mit anderen Worten: durch die Existenz von Welt 3. Selbst die, die glauben, daß das Bewußtsein »bloß« das ursächliche Ergebnis der sich selbst organisierenden Materie ist, müßten doch spüren, daß es schwierig ist, die Neunte Symphonie oder »Othello« oder die Gravitationstheorie so zu sehen.

Ich habe bisher eine Frage nicht erwähnt, über die ziemlich viel debattiert wird: nämlich die, ob wir eines Tages eine Maschine bauen können, die denken kann. Darüber ist unter dem Titel »Können Computer denken?« viel geredet worden. Ich würde ohne Zögern sagen, daß wir es nicht können, ungeachtet meines grenzenlosen Respekts für A. M. Turing, der das Gegenteil meinte. Wir *können* vielleicht einem Schimpansen das Sprechen beibringen – in ganz rudimentärer Art; und wenn die Menschheit lange genug weiterbesteht, könnten wir vielleicht sogar die natürliche Auslese beschleunigen und durch künstliche Auslese eine Spezies züchten, die mit uns konkurrieren kann. Vielleicht können wir eines Tages auch einen künstlichen Mikroorganismus schaffen, der sich in einer entsprechend aufbereiteten Umwelt aus Enzymen selbst reproduzieren kann. So vieles, das unglaublich schien, ist gemacht worden, so daß es voreilig wäre zu behaupten, daß es unmöglich ist. Aber ich sage voraus, daß es uns nicht gelingen wird, elektronische Computer mit bewußter subjektiver Erlebnisfähigkeit zu bauen.

Wie ich vor vielen Jahren[3], ganz zu Anfang der Debatte über Computer, schrieb, ist ein Computer nur ein hochgepriesener Bleistift. Einstein sagte einmal: »Mein Bleistift ist schlauer als ich«. Was er meinte, läßt sich vielleicht so ausdrücken: mit einem Bleistift können wir mehr als doppelt so leistungsfähig sein als ohne ihn. Mit einem Computer (einem typischen Gegenstand der Welt 3[4]) können wir vielleicht mehr als hundertmal so leistungsfähig sein; und mit verbesserten Computern ist dem keine obere Grenze gesetzt.

---

[3] Popper [1950 (b), (c)].

[4] Die »Vernunft«, die der Programmierer und der mit künstlicher Intelligenz arbeitende Ingenieur im Computer finden, wurde von uns dort hineingesteckt; daß der Computer *mehr* als wir leistet, beruht darauf, daß wir wirksame Funktionsprinzipien in den Computer eingebaut haben, nämlich Prinzipien der autonomen Welt 3. (Siehe Abschnitt 21 und auch Popper [1953 (a)]).

Turing [1950] sagte es einmal ungefähr so: Gib genau an, worin deiner Meinung nach ein Mensch einem Computer überlegen sein soll, und ich werde einen Computer bauen, der deinen Glauben widerlegt. Wir sollten Turings Herausforderung nicht annehmen; denn jede hinreichend genaue Bestimmung könnte prinzipiell zur Programmierung eines Computers verwendet werden. Die Herausforderung hat auch mehr mit dem Verhalten – zugegebenermaßen einschließlich des verbalen Verhaltens – als mit subjektivem Erleben zu tun. (Zum Beispiel wäre es einfach, einen Computer so zu programmieren, daß er mit jeder gewünschten Aussage auf die Reize der Abbildungen 1, 2 und 3 in Abschnitt 18, die optischen Täuschungen, reagiert.)

Ich glaube keinesfalls, daß wir es fertigbringen werden, künstlich Leben zu schaffen; doch nachdem wir den Mond erreicht und mehrere Raumsonden auf dem Mars gelandet haben, ist mir klar, daß mein Unglaube sehr wenig bedeutet. Doch Computer sind völlig anders als Gehirne, deren Funktion nicht primär die ist, zu rechnen, sondern einen Organismus zu leiten und zu stabilisieren und ihm zu helfen, am Leben zu bleiben. Aus diesem Grunde war der erste Schritt der Natur auf ein vernunftbegabtes Bewußtsein hin die Schaffung von Leben, und ich glaube, wir müßten den gleichen Weg gehen, wollten wir je künstlich vernunftbegabtes Bewußtsein schaffen.

Kapitel P 6
Zusammenfassung

Um die Hauptergebnisse meines Beitrags zusammenzufassen, scheinen mir die folgenden Punkte von Interesse zu sein:

(1) Die Kritik des Materialismus, besonders Abschnitt 21.

(2) Die Kritik des Parallelismus und der Identitätstheorie. (Abschnitte 20, 23, 24.)

(3) Die Verteidigung der Wechselwirkung und der These, daß der Parallelismus das Ergebnis einer fehlerhaften Theorie von Descartes ist: seiner Theorie, daß alle physikalischen Ursachen auf dem Stoß beruhen. (Abschnitte 48–49.)

(4) Die Ablehnung der Ansicht, daß die Theorie der Existenz des Bewußtseins nichts ist als eine Ideologie. (Abschnitt 44.)

(5) Die Bemerkungen zur Emergenz, zur Offenheit der Welt 1 und der Unabgeschlossenheit aller wissenschaftlichen Theorien. (Abschnitte 7–9 und Popper [1974 (z_2)].)

(6) Das Vorhandensein einer »Verursachung nach unten«, die insbesondere von D. T. Campbell [1974] und namentlich von R. W. Sperry [1969, 1973] vertreten wird. Sperry meint sogar, daß jede Einwirkung des Bewußtseins auf das Gehirn bloß ein besonderer Fall der »Verursachung nach unten« ist. Beispiele von »Verursachung nach unten« finden sich in den Abschnitten 7–9.

(7) Jede planvolle Handlung wie das Navigieren eines Schiffs (Platons Beispiel) ist nicht nur ein Beispiel für »Verursachung nach unten« sondern ebenso für den (indirekten) kausalen Einfluß von Hypothesen, die zur Welt 3 gehören, und von moralischen Entscheidungen auf Welt 1.

(8) Der Bau und das Stimmen eines Musikinstrumentes ist eine solche Handlung. Sie versieht einen Gegenstand der Welt 1 mit dispositionellen Eigenschaften, die zur Welt 3 gehören. Das ist es, was die Theorie der Seele von Simmias so interessant macht (siehe Abschnitt 46).

Ein letzter Punkt, der in den Kapiteln meist nicht ausdrücklich vorkommt, sollte hier noch ausdrücklich erwähnt werden:

(9) Natürliche Auslese und Selektionsdruck stellt man sich gewöhnlich als das Ergebnis eines recht gewaltsamen Kampfes ums Dasein vor.

Aber das ändert sich mit der Emergenz des Bewußtseins, der Welt 3 und der Theorien. Wir können jetzt unsere Theorien den Kampf ausfechten lassen – wir können unsere Theorien sterben lassen, an unserer Stelle. Vom Standpunkt der natürlichen Auslese aus besteht die Hauptfunktion des Bewußtseins, der Welt 3 und der Theorien darin, daß sie die Anwendung der Methode von Versuch und Irrtumsausschaltung ohne die gewaltsame Beseitigung unserer selbst ermöglichen: Darin liegt der große Überlebenswert des Bewußtseins und der Welt 3. Mit der Emergenz des Bewußtseins und der Welt 3 überwindet die natürliche Auslese und ihr ursprünglich gewaltsamer Charakter sich selbst. Mit der Emergenz von Welt 3 braucht die Auslese nicht mehr länger gewaltsam zu sein: Wir können falsche Theorien durch gewaltlose Kritik beseitigen. Gewaltlose kulturelle Evolution ist nicht nur ein utopischer Traum; sie ist vielmehr ein mögliches Ergebnis der Emergenz des Geistes durch die natürliche Auslese.

Bibliographie zu Teil I

ALEXANDER VON APHRODISIAS   *Kommentar über die Metaphysik des Aristoteles.*

ALLEN, R. E. C., und FURLEY D. J. (eds)   [1975] Studies in *Presocratic Philosophy,* Band II, Routledge & Kegan Paul, London.

ARISTOTELES

    Erste und zweite Analytik.

    Kleine Schriften und zweite Analytik.

    Metaphysik.

    Nkomachische Ethik.

    Über Träume.

    Über das Gedächtnis.

    Physik.

    Physiognomik.

    Über den Himmel.

    Über die Entstehung der Tiere.

    Über die Seele.

    [1952] *Fragmente.* (Zitiert nach:) *Select Fragments. The Works of Aristotle,* David Ross (ed.), Band XII, Clarendon Press, Oxford.

ARMSTRONG, D. M.   [1968] *A Materialist Theory of the Mind,* Routledge & Kegan Paul, London.

    [1973] *Belief, Truth and Knowledge,* Cambridge University Press, London.

ARNAULD, D., und NICOLE, P.   [1662] *La Logique, ou l'art de penser (= Port-Royal Logic).*

AUGUSTINUS

    Confessiones.

    De libero arbitrio.

    De quantitate animae.

    Soliloquia.

AUSTIN, J. L.   [1962] *How to Do Things With Words,* Clarendon Press, Oxford.

    [1972] *Zur Theorie der Sprechakte,* dt. Bearbeitung v. Eike v. Savigny, Stuttgart.

AYALA, F. J., und DOBZHANSKY, T. (eds)   [1974]   *Studies in the Philosophy of Biology,* Macmillan, London.

BAHLE, J.   [1936]   *Der musikalische Schaffensprozeß,* S. Hirzel, Leipzig.

[1939]   *Eingebung und Tat im musikalischen Schaffen,* S. Hirzel, Leipzig.

BAILEY, C.   [1926]   *Epicurus: The Extant Remains,* Clarendon Press, Oxford.

[1928]   *The Greek Atomists and Epicurus,* Clarendon Press, Oxford.

BELOFF, J.   [1962]   *The Existence of Mind,* MacGibbon & Kee, London.

[1965]   »The Identity Hypothesis: A Critique«, in: SMYTHIES (ed.) [1965], S. 35–54.

[1973]   *Psychological Sciences: A Review of Modern Psychology,* Crosby Lockwood Staples, London.

BERGSON, H.   [1896]   *Matière et mémoire,* Alcan, Paris.

[1911]   *Matter and Memory,* Macmillan, London.

[1964]   *Materie und Gedächtnis* und andere Schriften, Dt. von R. v. Bendemann, J. Frankenberger, E. Lerch, Frankfurt a. M.

BLACKMORE, J. T.   [1972]   *Ernst Mach, His Life, Work and Influence,* University of California Press, Berkeley/Los Angeles/London.

BOHM, D.   [1957]   *Causality and Chance in Modern Physics,* Routledge & Kegan Paul, London.

BOHR, N., KRAMERS, H. A., und SLATER, J. C.   [1924]   »The quantum theory of radiation«, *Philosophical Magazine, 47,* S. 785–802.

BOSCOVICH, R.   [1745]   *De Viribus Vivis.*

[1755]   *De Lege Virium in Natura existentium.*

[1758]   Theoria philosophiae naturalis, Wien.

[1763]   *Theoria philosophiae naturalis,* revidierte Ausgabe, Venedig.

BRADLEY, F. H.   [1883]   *The Principles of Logic,* Kegan Paul, London.

BÜHLER, C.   [1927]   »Die ersten sozialen Verhaltungsweisen des Kindes« in: BÜHLER, HETZER und TUDOR-HART [1927].

BÜHLER, C., HETZER, H., und TUDOR-HART, B. H.   [1927]   *Soziologische und psychologische Studien über das erste Lebensjahr, Quellen und Studien zur Jugendkunde, 5,* G. Fischer, Jena.

BÜHLER, K.   [1918]   »Kritische Musterung der neueren Theorien des Satzes«, *Indogermanisches Jahrbuch, 6,* S. 1–20.

[1934]   *Sprachtheorie: die Darstellungsfunktion der Sprache,* G. Fischer, Jena.

BUNGE, M. (ed.)   [1967]   *Quantum Theory and Reality,* Springer-Verlag, Berlin/Heidelberg/New York.

CAMPBELL, D. T.   [1974]   »»Downward Causation‹ in Hierarchically Organized Biological Systems«, in: AYALA und DOBZHANSKY (eds) [1974], S. 179–186.

CAMPBELL, K.   [1967]   »Materialism«, in: EDWARDS (ed.) [1967 (b)], Band 5, S. 179–188.

CHOMSKY, N.   [1969] »Some Empirical Assumptions in Modern Philosophy of
                                   Language«, in: MORGENBESSER u. a. (eds) [1969], S.
                                   260–285.

CLIFFORD, W. C.   [1873] »On the hypotheses which lie at the bases of geometry«,
                                   Nature, Nr. 183–184, S. 14–17 und 36f. Auch in CLIF-
                                   FORD [1882].

                           [1879] *Lectures and Essays*, L. Stephen und F. Pollock (eds),
                                   2 Bände, Macmillan, London.

                           [1882] *Mathematical Papers*, R. Tucker (ed.), Macmillan, Lon-
                                   don

                           [1886] *Lectures and Addresses*, 2. Auflage, Macmillan, London.

COMPTON, A. H.   [1935] *The Freedom of Man*, Yale University Press, New Haven.

                           [1940] *The Human Meaning of Science*, The University of North
                                   Carolina Press, Chapel Hill.

COMTE, A.   [1830–42] *Cours de philosophie positive*, 6 Bände, Paris.

                           [1974] *Die Soziologie*. Die positive Philosophie im Auszug, hrsg.
                                   v. F. Blaschke, 2. Aufl., Stuttgart (Leipzig 1933).

CRAIK, K. J. W.   [1943] *The Nature of Explanation*, Cambridge University Press,
                                   Cambridge.

CURTISS, S., u. a.   [1974] »The linguistic development of Genie«, *Language, 50,* S.
                                   528–554.

DARWIN, C.   [1859] *The Origin of Species*, J. Murray, London.

                           [1959] *The Origin of Species, Variorum Text,* hrsg. v. Morse
                                   Peckham, University of Pennsylvania Press, Philadelphia.

                           [1979] *Die Entstehung der Arten durch natürliche Zuchtwahl,*
                                   übers. von C. W. Neumann, Reclam, Stuttgart.

DELBRÜCK, M.   [1974] *Anfänge der Wahrnehmung* (Karl-August-Forster-Le-
                                   sungen, *10,* 1973), Akademie der Wissenschaften und
                                   der Literatur, Mainz/Franz Steiner Verlag, Wiesbaden.

DEMOKRIT   Siehe DIELS und KRANZ [1951–2].

DENBIGH, K. G.   [1975] *The Inventive Universe*, Hutchinson, London.

DEREGOWSKI, J. B.   [1973] »Illusion and Culture«, in GREGORY und GOMBRICH (eds)
                                   [1973], S. 161–191.

DESCARTES, R.   [1637] *Discourse on Method.*

                           [1641] *Meditations on First Philosophy.*

                           [1644] *Principles of Philosophy.*

                           [1649] *Les Passions de l'Ame.*

                           [1931] *The Philosophical Works of Descartes,* übers. v. E. S.
                                   Haldane und G. R. T. Ross, 2 Bände, Cambridge Univer-
                                   sity Press, London.

                           [1948] *Abhandlung über die Methode des richtigen Vernunftge-
                                   brauchs und der wissenschaftlichen Wahrheitsforschung,*
                                   übers. v. K. Fischer, m. einem Vorwort v. K. Jaspers u.
                                   einem Beitrag üb. Descartes u. die Freiheit v. J.-P. Sar-
                                   tre, Mainz.

                           [1953] *Meditationen über die Grundlagen der Philosophie,*
                                   übers. v. A. Buchenau, Hamburg.

DIELS, H. (Hrsg.)   [1929]   *Doxographi Graeci,* de Gruyter, Berlin/Leipzig.

DIELS, H., und   [1951–2]   *Die Fragmente der Vorsokratiker,* 6. Auflage, hrsg. v.
KRANZ, W.   W. Kranz, 3 Bände, Weidmannsche Verlagsbuchhand-
(Hrsg.)   lung, Berlin.

DIOGENES VON AP-   Siehe DIELS und KRANZ [1951–2].
POLONIA

DIOGENES LAER-   *Vitae philosophorum.*
TIUS:

DOBZHANSKY, T.   [1962]   *Mankind Evolving,* Yale University Press, New Haven.

                           [1975]   »Evolutionary Roots of Family Ethics and Group
                                       Ethics«, in: *The Centrality of Science and Absolute Valu-
                                       es,* Band I, Proceedings of the Fourth International Con-
                                       ference on the Unity of the Sciences, New York 1975,
                                       S. 411–427.

                           [1965]   *Dynamik der menschlichen Evolution,* Gene und Um-
                                       welt, übers. v. G. Heberer, Frankfurt.

DODDS, E. R.   [1951]   *The Greeks and the Irrational,* University of California
                                       Press, Berkeley/Los Angeles.

                           [1970]   *Die Griechen und das Irrationale,* übers. v. H.-J. Dirksen,
                                       Darmstadt.

ECCLES, J. C.   [1965]   *The Brain and the Unity of Conscious Experience,* Ed-
                                       dington Memorial Lecture, Cambridge University Press,
                                       London.

ECCLES, J. C.   [1966 (a)] »Cerebral Synaptic Mechanisms«, in ECCLES (ed.) [1966
                                       (b)], S. 24–58.

(ed.)   [1966 (b)] *Brain and Conscious Experience,* Springer-Verlag, Ber-
                                       lin/Heidelberg/New York

                           [1970]   *Facing Reality,* Springer-Verlag, Berlin/Heidelberg/New
                                       York.

                           [1973]   *The Understanding of the Brain,* McGraw-Hill, New
                                       York.

                           [1975]   *Wahrheit und Wirklichkeit,* übers. v. R. Liske, Berlin.

                                       Das Gehirn des Menschen, 6 Vorlesungen für Hörer aller
                                       Fakultäten, aus d. Amerik. v. A. Hartung, 4. völlig über-
                                       arb. u. erw. Neuausg., München/Zürich 1979.

EDWARDS, P.   [1967 (a)] »Panpsychism«, in: EDWARDS (ed.) [1967 (b)], Band 6,
                                       S. 22–31.

(ed.)   [1967 (b)] *The Encyclopaedia of Philosophy,* The Macmillan Com-
                                       pany & The Free Press, New York; and Collier-Macmil-
                                       lan, London.

EFRON, R.   [1966]   »The conditioned reflex: a meaningless concept«, *Per-
                                       spectives in Biology and Medicine, 9,* Teil 4, S. 488–514.

EIGEN, M., und   [1975]   *Das Spiel: Naturgesetze steuern den Zufall,* München.
WINKLER, R.

EINSTEIN, A.   [1905]:   Über die von der molekularkinetischen Theorie der Wär-
                                       me geforderte Bewegung von in ruhenden Flüssigkeiten
                                       suspendierten, *Annalen der Physik,* 4. Reihe, XVII,
                                       S. 549–560.

| | [1922] | *The Meaning of Relativity,* Methuen, London. |
| | [1956] | *The Meaning of Relativity,* 6th edn., Methuen, London. |

EINSTEIN, A.,   [1922]   *Das Relativitätsprinzip,* Eine Sammlung von Abhandlun-
  LORENTZ, H. A.,   gen, 4. erw. Aufl., Leipzig/Berlin.
  MINKOWSKI, H.

EPIKUR   Siehe BAILEY [1926].

ERIKSEN, C. W.   [1960]   »Discrimination and learning without awareness«, *Psy-
                           chological Review, 67,* S. 279–300.

EVANS-PRITCHARD, [1937]   *Witchcraft, Oracles and Magic Among the Azande,* Cla-
  E. E.   rendon Press, Oxford.

FANZ, R. L.   [1961]   »The origin of form perception«, *Scientific American,
                           204,* May, S. 66–72.

FEIGL, H.   [1967]   *The »Mental« and the »Physical«,* University of Minne-
                           sota Press, Minneapolis.

                 [1975]   »Russell and Schlick«, *Erkenntnis, 9,* S. 11–34.

und BLUMBERG,   [1974]   »Introduction«, zu SCHLICK [1974], S. XVII–XXVI.
  A. E.

u. a. (ed.)   [1958]   *Concepts, Theories and the Mind-Body Problem, Minne-
                           sota Studies in the Philosophy of Science,* Band 2, Univer-
                           sity of Minnesota Press, Minneapolis.

FERCHMIN, P. A., [1975]   »Direct contact with enriched environment is required to
  u. a.   alter cerebral weights in rats«, *Journal of Comparative
                           and Physiological Psychology, 88,* (1), S. 360–367.

FISHER, R. A.   [1954]   »Retrospect of the Criticisms of the Theory of Natural
                           Selection«, in: HUXLEY u. a. (eds) [1954], S. 84–98.

FLEW, A.   [1955]   »The Third Maxim«, *The Rationalist Annual,* S. 63–66.

                 [1965]   »A Rational Animal«, in: SMYTHIES (ed.) [1965],
                           S. 111–128.

FREEDMAN, S. J., [1975]   »Test of local hidden-variable theories in atomic phy-
  HOLT, R. A.   sics«, *Comments on Atomic and Molecular Physics, 5,*
                           Nr. 2, S. 55–62.

GERHARDT, C. J. [1875–90] Siehe LEIBNIZ.

GIBSON, J. J.   [1966]   *The Senses Considered as Perceptual Systems,* Houghton
                           Mifflin, Boston.

                 [1968]   *The Senses Considered as Perceptual Systems,* Allen &
                           Unwin, London.

                 [1973]   *Die Sinne und der Prozeß der Wahrnehmung,* übers. v. I.
                           u. E. Kohler u. M. Groner, hrsg. v. I. Kohler, Bern/Stutt-
                           gart.

GLOBUS, G. G., u. a. [1976]: *Consciousness and the Brain,* Plenum Press, New York/
  (eds)   London.

GOETHE, J. W.:   *Die Wahlverwandtschaften.*

GOMBRICH, E.   [1960]   *Art and Illusion,* Pantheon Books, New York.

                 [1962]   *Art and Illusion,* 2. Auflage, Phaidon Press, London.

                 [1973]   »Illusion and Art«, in: GREGORY und GOMBRICH (eds)
                           [1973], S. 193–243.

| | [1978] | *Kunst und Illusion,* Zur Psychologie der bildlichen Darstellung, aus d. Engl. v. L. Gombrich, Stuttgart/Zürich (Köln 1967). |

GREGORY, R. L.   [1966]   *Eye and Brain,* Weidenfeld & Nicolson, London.

und GOMBRICH, E. (eds)   [1973]   *Illusion in Nature and Art,* Duckworth, London.

   [1966]   *Auge und Gehirn,* Zur Psychophysiologie des Sehens, übers. v. I. Baumgartner, München.

GROOT, A. D. De   [1965]   *Thought and Choice in Chess,* Mouton, Den Haag.

   [1966]   *Thought and Choice in Chess,* Basic Books, New York.

GUTHRIE, W. K. C.   [1962]   *A History of Greek Philosophy, volume I: The Earlier Presocratics and the Pythagoreans,* Cambridge University Press, Cambridge.

   [1969]   *A History of Greek Philosophy, volume III: The Fifth-Century Enlightenment,* Cambridge University Press, Cambridge.

GUTTENPLAN, S. (ed.)   [1975]:   *Mind and Language,* Wolfson College Lectures 1974, Clarendon Press, Oxford.

HADAMARD, J.   [1945]   *The psychology of Invention in the Mathematical Field,* Princeton University Press, Princeton.

   [1954]   *The Psychology of Invention in the Mathematical Field,* Dover Books, New York.

HAECKEL, E.   [1878]   »Zellseelen und Seelenzellen«, *Deutsche Rundschau,* XVI, Juli–Sept. 1878, S. 40–59.

HALDANE, E. S., und ROSS, G. R. T.   [1931]   Siehe DESCARTES.

HALDANE, J. B. S.   [1930]   *Possible Worlds,* Chatto & Windus, London.

   [1932]   *The Inequality of Man,* Chatto & Windus, London.

   [1937]   *The Inequality of Man,* Penguin Books, Harmondsworth.

   [1954]   »I repent an error«, *The Literary Guide,* April 1954, S. 7 und 29.

HARDIE, W. F. R.   [1936]   *A Study in Plato,* Clarendon Press, Oxford.

   [1968]   *Aristotle's Ethical Theory,* Clarendon Press, Oxford.

   [1976]   »Concepts of consciousness in Aristotle«, *Mind,* LXXXV, Juli 1976, S. 388–411.

HARDY, A.   [1965]   *The Living Stream: A Restatement of Evolution Theory and Its Relation to the Spirit of Man,* Collins, London.

HARRÉ, R. (ed.)   [1975]   *Problems of Scientific Revolution,* Clarendon Press, Oxford.

HARTLEY, D.   [1749]   *Observations on Man, His Frame, His Duty and His Expectations.*

HAYEK, F. A. von   [1952]   *The Sensory Order,* Routledge & Kegan Paul, London; University of Chicago Press, Chicago.

   [1955]   »Degrees of explanation«, *British Journal for the Philosophy of Science, 6,* S. 209–225. Auch in HAYEK [1967].

   [1967]   *Studies in Philosophy, Politics and Economics,* Routledge & Kegan Paul, London.

HEFFERLINE R. F., und PERERA, T. B. [1963] »Proprioceptive discrimination of a covert operant without its observation by the subject«, *Science, 139,* S. 834 f.

HEISENBERG, W. [1954] »Das Naturbild der heutigen Physik«, in *Universitas 9,* 1153–1169.

[1958] »The representation of nature in contemporary physics«, *Daedalus, 87,* S. 95–108.

HELD, R., und HEIN, A. [1963] »Movement produced stimulation in the development of visually guided behaviour«, *Journal of Comparative and Physiological Psychology, 56,* S. 872–876.

HILBERT, D. [1901] »Mathematische Probleme«, *Archiv der Mathematik und Physik,* 3. Reihe, *1,* S. 44–63 und 213–237.

[1902] »Mathematical problems«, *Bulletin of the American Mathematical Society, 8,* S. 437–479.

HIPPOKRATES *On the Sacred Disease.*

[1968] (De morbo sacro, gr. u. dt.), *Die hippokratische Schrift »Über die heilige Krankheit«,* hrsg., übers. u. erl. v. H. Grensemann, Berlin.

HOMER *Ilias.*

[1950] *Illias,* übers. v. E. V. Rieu, Penguin Books, Harmondsworth.
Odyssee.

HOOK, S. (ed.) [1960] *Dimensions of Mind,* New York University Press, New York.

(ed.) [1961] *Dimensions of Mind,* Collier-Macmillan, New York.

HUME, D. [1739] *A Treatise of Human Nature,* Buch I und II.

[1740] *A Treatise of Human Nature,* Buch III.

[1888] *A Treatise of Human Nature,* hrsg. v. L. A. Selby-Bigge, Clarendon Press, Oxford.

[1978] *Ein Traktat über die menschliche Natur,* Dt. m. Anm. u. Reg. v. T. Lipps, m. einer Einf. neu hrsg. v. R. Brandt, Buch 1–3, Meiner, Hamburg.

HUXLEY, J. [1942] *Evolution. The Modern Synthesis,* Allen & Unwin, London.

u. a. (eds) [1954] *Evolution as a Process,* Allen & Unwin, London.

HUXLEY, T. H. [1898] *Method and Results: Collected Essays Volume I,* Macmillan, London.

HYDÉN, H. [1959] »Quantitative assay of compounds in isolated, fresh nerve cells and glial cells from control and stimulated animals«, *Nature, 184,* S. 433 ff.

[1964] »Changes in RNA content and base composition in cortical neurons of rats in a learning experiment involving transfer of handedness«, *Proceedings of The National Academy of Science, 52,* S. 1030–1035.

JACKSON, J. H. [1887] »Remarks on evolution and dissolution of the nervous system«, *Journal of Medical Science,* April 1887.

[1931] *Selected Writings of John Hughlings Jackson,* 2 volumes, ed. J. Taylor, Hoder & Stoughton.

JAMES, R.   [1977] »Conditioning is a Myth«, *World Medicine,* 18. Mai
                               1977, S. 25–28.

JAMES, W.   [1890] *The Principles of Psychology,* 2 volumes, H. Holt, New
                               York.

JENNINGS, H. S.   [1906] *The Behaviour of the Lower Organisms,* Columbia Uni-
                               versity Press, New York.

                        [1910] *Das Verhalten der niederen Organismen unter natürlichen
                               und experimentellen Bedingungen,* autoris. dt. Übers. v.
                               E. Mangold, Leipzig.

KAHN, C. H.   [1966] »Sensation and consciousness in Aristotle's psychology«,
                               Archiv für Geschichte der Philosophie, XLVIII, S. 43–81.

                        [1974] »Pythagorean Philosophy Before Plato«, in: MOURELA-
                               TOS (ed.) [1974] S. 161–185.

KANT, I.   [1756] *Monadologica Physica.*

                        [1781] *Kritik der reinen Vernunft,* 1. Auflage.

                        [1787] *Kritik der reinen Vernunft,* 2. Auflage.

                        [1788] *Kritik der praktischen Vernunft.*

                        [1797] *Die Metaphysik der Sitten.*

                               Kants Werke, Akademieausgabe, 1910 etc., Georg Rei-
                               mer, Berlin.

                               Werke, hrsg. von E. Cassirer, 11 Bände, Berlin 1912/23.

KAPP, R. O.   [1951] *Mind Life and Body,* Constable, London.

KATZ, D.   [1953] *Animals and Men,* Penguin Books, Harmondsworth.

                        [1948] *Mensch und Tier,* Studien zur vergleichenden Psycholo-
                               gie, Zürich.

KNEALE, W.   [1962] *On Having a Mind,* Cambridge University Press, Cam-
                               bridge.

KÖHLER, W.   [1920] *Die physischen Gestalten in Ruhe und im stationären Zu-
                               stand,* Vieweg, Braunschweig.

                        [1960] »The Mind-Body Problem«, in: HOOK (ed.) [1960],
                               S. 3–23.

                        [1961] »The Mind-Body Problem«, in: HOOK (ed.) [1961],
                               S. 15–32.

KÖRNER, S. und   [1957] *Observation and Interpretation,* Butterworths Scientific
PRYCE, M. H. L.   Publications, London.
(eds)

KRIPKE, S.   [1971] »Identity and Necessity«, in: MUNITZ (ed.) [1971],
                               S. 135–164.

KUHN, T. S.   [1962] *The Structure of Scientific Revolutions,* University of Chi-
                               cago Press, Chicago/London.

                        [1967] *Die Struktur wissenschaftlicher Revolutionen,* aus d.
                               Amerik. v. K. Simon, Frankfurt a. M. [1973].

LA METTRIE, J. O. DE   [1747] *L'homme machine.*

                        [1750] *Les animaux plus que machines.*

                        [1960] *L'homme machine; Critical edition with an introductory
                               monograph and notes by A. Vartanian,* Princeton Univer-
                               sity Press, Princeton, N. J.

LAPLACE, P. S.   [1814] *Essai philosophique sur les probabilités.*

                                [1932] *Philosophischer Versuch über die Wahrscheinlichkeit,* in:
                                        Ostwalds Klassiker, 233.

LASLETT, P. (ed.)   [1950] *The Physical Basis of Mind,* Blackwell, Oxford.

LAZARUS, R. S., und   [1951] »Autonomic discrimination without awareness: A study
MCCLEARY, R. A.   of subception«, *Psychological Review, 58,* S. 113–122.
                                        Siehe auch MCCLEARY.

LEIBNIZ, G. W. von   [1695] »Système nouveau de la nature et de la communication
                                        des substances«, *Journal des Savants.*

                                [1717] *A Collection of Papers which passed between the late
                                        learned Mr. Leibniz and Dr. Clarke in the Years 1715 and
                                        1716 relating to the Principles of Natural Philosophy and
                                        Religion,* London.

                             [1875–90] *Die philosophischen Schriften von G. W. Leibniz,* hrsg. v.
                                        C. J. Gerhardt, 7 Bände, Berlin.

                                [1956] *Philosophical Papers and Letters,* hrsg. v. L. E. Loemker,
                                        2 Bände, University of Chicago Press, Chicago.

LEMBECK, F., und   [1968] *Otto Loewi. Ein Lebensbild in Dokumenten,* Springer-
GIERE, W.   Verlag, Berlin/Heidelberg/New York.

LETTVIN, J. Y., u. a.   [1959] »What the frog's eye tells the frog's brain«, *Proceedings
                                        of the Institute of Radio Engineers, 47,* S. 1940ff.

LEUKIPPOS   Siehe DIELS und KRANZ [1951–2].

LEWIN, K.   [1922] *Der Begriff der Genese in Physik, Biologie und Entwick-
                                        lungsgeschichte,* J. Springer, Berlin.

LLOYD, G. E. R.   [1966] *Polarity and Analogy,* Cambridge University Press, Cam-
                                        bridge.

LOCKE, J.   [1690] *An Essay Concerning Human Understanding,* London.

                                [1694] *An Essay Concerning Human Understanding,* 2. Auflage,
                                        London.

                                [1981] *Versuch über den menschlichen Verstand,* 2 Bde, 4.
                                        durchges. u. erw. Aufl., Meiner, Hamburg.

LOEMKER, L. E.   [1956] siehe LEIBNIZ.

LOEWI, O.   [1940] »An Autobiographical Sketch«, in: *Perspectives in Biolo-
                                        gy and Medicine, IV,* University of Chicago Press, Chica-
                                        go.

LORENZ, K.   [1976] »Die Vorstellung einer zweckgerichteten Weltordnung«,
                                        *Österreichische Akademie der Wissenschaften, phil.-hist.
                                        Klasse, 113,* S. 37–51.

LUKREZ   *De rerum natura.*

MCCLEARY, R. A.,   [1949] »Autonomic discrimination without awareness: An inte-
und LAZARUS,   rim report«, *Journal of Personality, 18,* S. 171–179. Sie-
R. S.   he auch LAZARUS.

MACE, C. A. (ed.)   [1957] *British Philosophy in the Mid-Century: A Cambridge
                                        Symposium,* Allen & Unwin, London.

MEDAWAR, P. B.   [1959] »[Besprechung von E. SCHRÖDINGER, *Mind and Matter*]«
                                        Science Progress, 47, S. 398f.

                                [1960] *The Future of Man,* Methuen, London.

                                [1962] *Die Zukunft des Menschen,* Die Reith-Vorlesungen der

British Broadcasting Corporation, übers. v. I. Winger, Frankfurt a. M.

[1969] *Induction and Intuition in Scientific Thought*, Methuen, London.

[1974] »A Geometric Model of Reduction and Emergence«, in: AYALA und DOBZHANSKY (eds) [1974], S. 57–63.

[1974(b)] »Some follies of quantification«, in: *Hospital Practice*, Juli 1974, S. 179f.

[1977] »Unnatural science«, in: *New York Review of Books*, 3. Februar 1977, S. 13–18.

MEDAWAR, P. B. und J. S.   [1977] *The Life Science*, Wildwood House, London:

MEHRA, J. (ed.)   [1973] *The Physicist's Conception of Nature*, D. Reidel, Dordrecht.

MEULI, K.   [1935] Scythia, *Hermes, 70*, S. 121–176.

MILL, J. S.   [1865(a)] *Auguste Comte and Positivism*, Trübner, London.

[1865(b)] *An Examination of Sir W. Hamilton's Philosophy*, 2 volumes, London.

MILLIKAN, R. A.   [1935] *Electrons, + and –, Protons, Photons, Neutrons and Cosmic Rays*, Cambridge University Press, Cambridge.

MILLNER, B.   [1966] »Amnesia Following Operation on the Temporal Lobe«, in: WHITTY und ZANGWILL (eds) [1966], S. 109–133.

MONOD, J.   [1970] *Le hasard et la nécessité*, Éditions du Seuil, Paris.

[1971] *Chance and Necessity*, Alfred A. Knopf, New York.

[1971] *Zufall und Notwendigkeit*, Philosophische Fragen der modernen Biologie, übers. v. F. Griese, Piper, München.

[1972] *Chance and Necessity*, Collins, London.

[1975] »On the Molecular Theory of Evolution«, in: HARRÉ, (ed.) [1975], S. 11–24.

MORGAN, T. H., und BRIDGES, C. B.   [1916] »Sex-linked inheritance in drosophila«, *Carnegie Institute of Washington Publications No. 237*.

MORGENBESSER, S., u. a. (eds)   [1969] *Philosophy, Science and Method: Essays in Honor of Ernest Nagel*, St. Martin's Press, New York.

MOURELATOS, A. P. (ed.)   [1974] *The Presocratics*, Doubleday Anchor, New York.

MUNITZ, M. K. (ed.)   [1971] *Identity and Individuation*, New York University Press, New York.

NADEL, S. F.   [1952] »Witchcraft in four African societies: An essay in comparison«, in: *American Anthropologist, N. S. 54*, S. 18–29.

NEWTON, I.   [1687] *Philosophiae naturalis principia mathematica*, London.

[1704] *Opticks*, London.

[1726] *Philosophiae naturalis principia mathematica*, 3. Auflage, London.

[1730] *Opticks*, 4. Auflage, London.

[1779–85] *Isaaci Newtoni Operae quae exstant omnia*, hrsg. von S. Horsley, 5 Bände, London.

ONIANS, R. B.   [1954] *The Origins of European Thought*, Cambridge University Press, London.

270   Bibliographie zu Teil I

OPPENHEIM, und   [1958] »Unity of Science as a Working Hypothesis«, in: FEIGL
  PUTNAM, H.   u. a. (eds) [1958], S. 3–36.

OXFORD ENGLISH   [1933] Clarendon Press, Oxford.
  DICTIONARY

PARFIT, D.   [1971] »Personal Identity«, *Philosophical Review, 80,* S. 3–27.

PASSMORE, J. A.   [1961] *Philosophical Reasoning,* Duckworth, London.

PAVLOV, I. P.   [1927] *Conditioned Reflexes,* Oxford University Press, Oxford.

                      [1972] *Iwan Petrowitsch Pawlow, Die bedingten Reflexe,* Eine
                              Auswahl aus dem Gesamtwerk, besorgt v. G. Baader
                              u. U. Schnapper, mit einem biograph. Essay v. H. Dri-
                              schel: (Das Leben Iwan Petrowitsch Pawlows), München.

PENFIELD, W.   [1955] »The Permanent Record of the Stream of Conscious-
                              ness«, *Proc. XVI Int. Congr. Psychol.,* Montreal 1954, =
                              Acta Psychologica, 11, S. 47–69.

                      [1975] *The Mystery of the Mind,* Princeton University Press,
                              Princeton.

PENFIELD, W., und   [1963] »A brain's record of auditory and visual experience. A
  PEROT, P.   final summary and discussion«, *Brain, 86,* S. 595–696.

PINDAR   [1915] *The Odes of Pindar,* übers. v. John Sandys, Loeb Classi-
                              cal Library, Heinemann, London.

                      [1947] *Carmina cum Fragmentis,* 2. Auflage, hrsg. v. C. M. Bow-
                              ra, Clarendon Press, Oxford.

                      [1958] *Oden,* ins Dt. übertr. u. erl. v. L. Wolde, München.

                      [1975] *Pindari carmina cum fragmentis,* hrsg. v. H. Maehler,
                              Leipzig.

                      [1921] Werke, *Pindars Dichtungen,* übertr. u. erl. v. F. Dorn-
                              seiff, Leipzig [1965].

PLACE, U. T.   [1956] »Is consciousness a brain process?«, *British Journal of
                              Psychology, 47,* S. 44–51.

PLATON   *Apologie.*

                              Gesetze.

                              Menon.

                              Phaidon.

                              Staat.

                              Timaios.

POLANYI, M.   [1966] *The Tacit Dimension,* Doubleday, New York.

                      [1967] *The Tacit Dimension,* Routledge & Kegan Paul, London.

POLTEN, E. P.   [1973] *Critique of the Psycho-Physical Identity Theory* (Vorwort
                              von John Eccles), Mouton, Den Haag/Paris.

POPPER, K. R.   [1934(a)] »Zur Kritik der Ungenauigkeitsrelationen«, *Die Natur-
                              wissenschaften, 22,* Heft 48, S. 807–808.

                   [1934(b)]* *Logik der Forschung,* Verlag von Julius Springer, Wien
                              (mit der Jahreszahl »1935«).

* Die Hinweise auf Poppers Werke – zum Beispiel [1934 (b)] – folgen in der Numerierung
  der »Bibliography of the Writings of Karl Popper«, zusammengestellt von Troels Eggers
  Hansen für SCHILPP (Hrsg.) [1974]; siehe auch »Select Bibliography« in Popper [1979
  (w)].

[1940(a)] »What is Dialectic?«, *Mind, 49,* S. 403–426. (Deutsch [1965(n)], [1975(h)].)

[1944(a)] »The Poverty of Historicism, I«, *Economica, 11,* S. 86–103. (Deutsch [1965(g)].)

[1944(b)] »The Poverty of Historicism, II.«, *Economica, 11,* S. 119–137. (Deutsch [1965(g)].)

[1945(a)] »The Poverty of Historicism, III«, *Economica, 12,* S. 69–89. (Deutsch [1965(g)].)

[1945(b)] *The Open Society and Its Enemies,* Volume I, *The Spell of Plato,* George Routledge & Sons Ltd., London. (Deutsch [1957(k)].)

[1945(c)] *The Open Society and Its Enemies,* Volume II, *The High Tide of Prophecy: Hegel, Marx, and The Aftermath,* George Routledge & Sons Ltd., London. (Deutsch [1958(i)].)

[1950(a)] *The Open Society and Its Enemies,* Princeton University Press, Princeton, N. J.

[1950(b)] »Indeterminism in Quantum Physics and in Classical Physics, Part I«, *The British Journal for the Philosophy of Science, 1,* S. 117–133.

[1950(c)] »Indeterminism in Quantum Physics and in Classical Physics, Part II«, *The British Journal for the Philosophy of Science, 1,* S. 173–195.

[1953(a)] »Language and the Body-Mind Problem«, *Proceedings of the XIth International Congress of Philosophy, 7,* North-Holland Publishing Company, Amsterdam, S. 101–107.

[1957(a)] »Philosophy of Science: A Personal Report«, in *British Philosophy in the Mid-Century: A Cambridge Symposium,* hg. von C. A. Mace, George Allen and Unwin, London, S. 155–191.

[1957(d)] »Irreversible Processes in Physical Theory«, *Nature, 179,* S. 1297.

[1957(e)] »The Propensity Interpretation of the Calculus of Probability, and the Quantum Theory«, *Observation and Interpretation: A Symposium of Philosophers and Physicists: Proceedings of the Ninth Symposium of the Colston Research Society Held in the University of Bristol, April 1st-April 4th, 1957,* hg. von S. Körner in Zusammenarbeit mit M. H. L. Pryce, Butterworths Scientific Publications, London, S. 65–70, 88–89.

[1957(f)] »Irreversibility; or Entropy since 1905«, *The British Journal for the Philosophy of Science, 8,* S. 151–155.

[1957(g)] *The Poverty of Historicism,* Routledge & Kegan Paul, London, und The Beacon Press, Boston, Mass.

[1957(h)] *The Open Society and Its Enemies,* dritte Auflage, Routledge & Kegan Paul, London.

[1957(i)] »The Aim of Science«, *Ratio* (Oxford), *1,* S. 24–35. (Deutsch [1957(i)].)

[1958(i)] *Die offene Gesellschaft und ihre Feinde,* Band II, *Falsche*

Propheten: Hegel, Marx und die Folgen, Francke Verlag, Bern.

[1959(a)] *The Logic of Scientific Discovery*, Hutchinson & Co., London; Basic Books Inc., New York.

[1960(d)] »On the Sources of Knowledge and of Ignorance«, *Proceedings of The British Academy, 46*, S. 39–71. (Deutsch [1975(v)].)

[1963(a)] *Conjectures and Refutations: The Growth of Scientific Knowledge*, Routledge & Kegan Paul, London; Basic Books Inc., New York.

[1965(f)] »Time's Arrow and Entropy«, *Nature, 207*, S. 233–234.

[1965(g)] *Das Elend des Historizismus*, J. C. B. Mohr (Paul Siebeck), Tübingen.

[1966(a)] *The Open Society and Its Enemies*, fünfte englische Auflage, Routledge Paperbacks, Routledge & Kegan Paul, London.

[1966(e)] *Logik der Forschung*, zweite, erweiterte Auflage, J. C. B. Mohr (Paul Siebeck), Tübingen.

[1967(b)] »Time's Arrow and Feeding on Negentropy«, *Nature, 213*, S. 320.

[1967(d)] »La rationalité et le statut du principe de rationalité«, in *Les Fondements philosophiques des systèmes économiques: Textes de Jaques Rueff et essais rédigés en son honneur, 23 août 1966*, hg. von Emil M. Classen, Payot, Paris, S. 142–150.

[1967(e)] »Zum Thema Freiheit«, in *Die Philosophie und die Wissenschaften: Simon Moser zum 65. Geburtstag*, hg. von Ernst Oldemeyer, Anton Hain, Meisenheim am Glan, S. 1–12.

[1967(h)] »Structural Information and the Arrow of Time«, *Nature, 214*, S. 322.

[1967(k)] »Quantum Mechanics without ›The Observer‹«, in *Quantum Theory and Reality*, hg. von Mario Bunge, Springer-Verlag, Berlin, Heidelberg, New York. S. 7–44.

[1972(a)] *Objective Knowledge: An Evolutionary Approach*, Clarendon Press, Oxford. (Siehe auch [1979(a)].)

[1973(a)] »Indeterminism is Not Enough«, *Encounter, 40*, Heft 4, S. 20–26.

[1973(i)] *Objektive Erkenntnis: Ein evolutionärer Entwurf*, Hoffmann und Campe, Hamburg, (Siehe auch [1974(e)]).

[1974(b)] »Autobiography of Karl Popper«, in *The Philosophy of Karl Popper*, in *The Library of Living Philosophers*, hg. von P. A. Schilpp, Band I, Open Court Publishing Co., La Salle, S. 3–181, (Siehe auch [1976(g)]).

[1974(c)] »Replies to My Critics«, in *The Philosophy of Karl Popper*, in *The Library of Living Philosophers*, hg. von P. A. Schilpp, Band II, Open Court Publishing Co., La Salle, S. 961–1197.

[1974(e)] *Objektive Erkenntnis: Ein evolutionärer Entwurf*, zweite Auflage, Hoffmann und Campe, Hamburg.

[1974(i)]   »Selbstbefreiung durch das Wissen«, in *Der Sinn der Geschichte,* fünfte Auflage, hg. von Leonhard Reinisch, C. H. Beck, München, S. 100–116.

[1974(w)] »Bemerkungen zu Roehles Arbeit und zur Axiomatik«, *Conceptus, 8,* Heft 24, S. 53–56.

[1974(z)]   *Das Elend des Historizismus,* vierte Auflage, J. C. B. Mohr (Paul Siebeck), Tübingen.

[1974(z₂)] »Scientific Reduction and the Essential Incompleteness of All Science«, in *Studies in the Philosophy of Biology,* hg. von F. J. Ayala und T. Dobzhansky, Macmillan, London, S. 259–284.

[1974(z₄)] *Conjectures and Refutations,* fünfte Auflage, Routledge & Kegan Paul, London.

[1974(z₇)] *The Poverty of Historicism,* achte Auflage, Routledge & Kegan Paul, London.

[1974(z₈)] *The Open Society and Its Enemies,* zehnte Auflage, Routledge & Kegan Paul, London.

[1975(f)]   »Die Logik der Sozialwissenschaften«, in *Der Positivismusstreit in der deutschen Soziologie,* Hermann Luchterhand Verlag, Darmstadt und Neuwied, S. 103–123.

[1975(g)]   »Die Aufgabe der Wissenschaft«, in *Kritischer Rationalismus und Sozialdemokratie,* hg. von Georg Lührs, Thilo Sarrazin, Frithjof Spreer und Manfred Tietzel, J. H. W. Dietz, Berlin und Bonn-Bad Godesberg, S. 89–102.

[1975(h)]   »Was ist Dialektik?«, ebendort, S. 167–199.

[1975(i)]   »Utopie und Gewalt«, ebendort, S. 303–315.

[1975(l)]   »Die Aufgabe der Wissenschaft«, in *Kritischer Rationalismus und Sozialdemokratie,* hg. von Georg Lührs, Thilo Sarrazin, Frithjof Spreer und Manfred Tietzel, zweite Auflage, J. H. W. Dietz, Berlin und Bonn-Bad Godesberg, S. 89–102.

[1975(m)] »Was ist Dialektik?« ebendort, S. 167–199.

[1975(n)]   »Utopie und Gewalt«, ebendort, S. 303–315.

[1975(o)]   »How I See Philosophy«, in *The Owl of Minerva. Philosophers on Philosophy,* hg. von C. T. Bontempo und S. J. Odell, McGraw-Hill, New York. S. 41–55. (Deutsch [1978(e)].)

[1975(p)]   »The Rationality of Scientific Revolutions«, in *Problems of Scientific Revolution. Progress and Obstacles to Progress in the Sciences. The Herbert Spencer Lectures 1973,* hg. von Rom Harré, Clarendon Press, Oxford, S. 72–101.

[1976(a)]   *Logik der Forschung,* sechste, verbesserte Auflage, J. C. B. Mohr, Tübingen.

[1976(b)]   »The Logic of the Social Sciences«, in *The Positivist Dispute in German Sociology,* Heinemann Educational Books, London, S. 87–104.

[1976(c)]   »Reason or Revolution?«, in *The Positivist Dispute in German Sociology,* Heinemann Educational Books, London, S. 288–300.

[1976(d)] »Die Theorien sollen sterben – nicht wir. Die Demokratie lebt von der Korrektur ihrer Fehler«, *Deutsche Zeitung,* Bonn, Nr. 1, 2. Januar 1976, S. 9 (Kultur).

[1976(g)] *Unended Quest: An Intellectual Autobiography,* Fontana/ Collins, London, (Siehe auch [1978(g)]).

[1977(e)] *Unended Quest: An Intellectual Autobiography,* dritte Auflage, Fontana/Collins, London.

[1977(g)] »The Death of Theories and of Ideologies«, in *La Réflexion sur la mort: 2me Symposium Internationale de Philosophie,* École libre de philosophie »PLÉTHON«, Athen, S. 296–328.

[1977(k)] »Wie ich Philosophie nicht sehe«, *Süddeutsche Zeitung,* Nr. 167, 23./24. Juli, S. 100, (Siehe auch [1978(e)]).

[1977(o)] »Die moralische Verantwortlichkeit des Wissenschaftlers«, in *Probleme der Erklärung sozialen Verhaltens,* hg. von Klaus Eichner und Werner Habermehl, Verlag Anton Hain, Meisenheim, S. 298–304.

[1977(n)] »Some Remarks on Panpsychism and Epiphenomenalism«, *Dialectica, 31,* Heft 1–2, S. 177–186.

[1977(r)] *The Logic of Scientific Discovery,* neunte Auflage, Hutchinson, London.

[1977(u)] *The Self and Its Brain: An Argument for Interactionism,* mit John C. Eccles, Springer International, Springer-Verlag, Berlin, Heidelberg, London, New York.

[1977(y)] *The Open Society and Its Enemies,* zwölfte Auflage, Routledge & Kegan Paul, London.

[1977(z)] »Utopie und Gewalt«, in *Logik, Mathematik und Philosophie des Transzendenten* (Festgabe für Uuno Saarnio), hg. von Ahti Hakamies, Verlag Ferdinand Schöningh, München, Paderborn und Wien, S. 97–108.

[1977(z_3)] *Die offene Gesellschaft und ihre Feinde,* fünfte Auflage, Francke Verlag, München.

[1979(a)] *Objective Knowledge: An Evolutionary Approach,* fünfte Auflage, verbessert und vermehrt, Clarendon Press, Oxford.

[1982(c)] *Logik der Forschung.* Siebte, durch 6 neue Anhänge vermehrte Auflage, Tübingen)

[1982(e)] *Ausgangspunkte. Meine intellektuelle Entwicklung,* dritte verbesserte Auflage, Hoffmann und Campe, Hamburg.

[1982(f)] *Objektive Erkenntnis. Ein evolutionärer Entwurf.* Dritte Auflage, Hoffmann und Campe, Hamburg.

PUTNAM, H.   [1960] »Minds and Machines«, in: HOOK (ed.) [1960], S. 148–179.

QUINE, W. V. O.   [1960] *Word and Object,* M. I. T. Press, Cambridge, Mass.

[1975] »Mind and Verbal Dispositions«, in: GUTTENPLAN (ed.) [1975], S. 83–95.

QUINTON, A.   [1973] *The Nature of Things,* Routledge & Kegan Paul, London.

RAWLS, J.   [1971] *A Theory of Justice,* Harvard University Press, Cambridge, Mass.

	[1975]	*Eine Theorie der Gerechtigkeit,* aus d. Amerik. v. H. Vetter, Frankfurt a. M.
RENSCH, B.	[1968]	*Biophilosophie auf erkenntnistheoretischer Grundlage,* G. Fischer, Stuttgart.
	[1971]	*Biophilosophy,* übers. v. C. A. M. Sym, Columbia University Press, New York.
ROSENFIELD, L. C.	[1941]	*From Beast-Machine to Man-Machine,* Oxford University Press, New York.
ROSENZWEIG, M. R. u. a.	[1972a]	»Brain changes in response to experience«, *Scientific American, 226,* Februar 1972, S. 22–29.
	[1972b]	»Negative as well as positive synaptic changes may store memory«, *Psychological Review, 79* (1), S. 93–96.
RUBIN, E.	[1949]	*Experimenta Psychologica,* Ejnar Munksgaard, Kopenhagen.
	[1950]	»Visual figures apparently incompatible with geometry«, *Acta Psychologica, VII,* Nr. 2–4, S. 365–387.
RUSSELL, B.	[1945]	*A History of Western Philosophy,* Simon and Schuster, New York, und Allen & Unwin, London.
	[1956]	»Mind and Matter«, in: *Portraits From Memory,* Simon and Schuster, New York, S. 145–165.
	[1950]	*Philosophie des Abendlandes,* autoris. Übers. v. E. Fischer-Wernecke u. R. Gillischewski, Frankfurt a. M.
RUTHERFORD, E.	[1923]	»The electrical structure of matter«, *Nature 112,* S. 409–419.
RUTHERFORD, E., und SODDY, F.	[1902]	»The radioactivity of thorium compounds II. The cause and nature of radioactivity«, *Journal of the Chemical Society, Transactions,* LXXXI, Teil II, S. 837–860.
RYLE, G.	[1949]	*The Concept of Mind,* Hutchinson, London.
	[1950]	»The Physical Basis of Mind«, in: LASLETT (ed.) [1950], S. 75–79.
	[1969]	*Der Begriff des Geistes,* übers. v. K. Baier, überarb. v. G. Patzig u. U. Steinvorth, Stuttgart.
SCHILPP, P. A. (ed.)	[1974]	*The Philosophy of Karl Popper,* Band 14/I, 14/II, *The Library of Living Philosophers,* Open Court, La Salle, Ill.
SCHLICK, M.	[1925]	*Allgemeine Erkenntnislehre,* 2. Auflage, J. Springer, Berlin.
	[1974]	*General Theory of Knowledge,* Springer, Wien/New York.
SCHMITT, F. O., und WORDEN, F. G. (eds)	[1973]	*The Neurosciences: Third Study Program,* M. I. T. Press, Cambridge, Mass.
SCHOPENHAUER, A.	[1818]	*Die Welt als Wille und Vorstellung.*
	[1883]	*The World as Will and Idea,* Routledge & Kegan Paul, London.
	[1958]	*The World as Will and Representation,* Falcon's Wing Press, Indian Hills, Colo.
SCHRÖDINGER, E.	[1929]	»Aus der Antrittsrede des neu in die Akademie eingetretenen Herrn Schrödinger«, *Die Naturwissenschaften, 17,* S. 732.

[1935]   *Science and the Human Temperament,* Allen & Unwin, London.

[1952]   »Are there quantum jumps?«, *British Journal for the Philosophy of Science, 3,* 1953, S. 109–123; 233–242.

[1957]   *Science, Theory and Man,* Dover, New York.

[1958]   *Mind and Matter,* Cambridge University Press, Cambridge.

[1967]   *What is Life? & Mind and Matter,* Cambridge University Press, Cambridge.

[1959]   *Geist und Materie,* Vieweg, Braunschweig.

[1951]   *Was ist Leben?,* übers. v. L. Mazurczak, Überarb. d. 2. Aufl. v. E. Schneider, München.

SELZ, O.   [1913]   *Über die Gesetze des geordneten Denkverlaufs,* I, W. Spemann, Stuttgart.

[1922]   *Zur Psychologie des produktiven Denkens und des Irrtums,* F. Cohen, Bonn.

[1924]   *Die Gesetze der produktiven und reproduktiven Geistestätigkeit,* F. Cohen, Bonn.

SHERRINGTON, C.   [1906]   *The Integrative Action of the Nervous System,* Yale University Press, New Haven, und Oxford University Press, London.

[1947]   *The Integrative Action of the Nervous System;* Reprint der Ausgabe von 1906 mit einem neuen Vorwort von Sherrington, Cambridge University Press, Cambridge.

SMART, J. J. C.   [1963]   *Philosophy and Scientific Realism,* Routledge & Kegan Paul, London.

SMITH, A.   [1759]   *The Theory of Moral Sentiments,* London/Edinburgh.

[1926]   *Theorie der ethischen Gefühle,* hrsg. v. W. Eckstein, Vol. 1–2, Leipzig.

SMYTHIES, J. R.   [1965]   *Brain and Mind,* Routledge & Kegan Paul, London.
(ed.)

SNELL, BRUNO   [1955]   Die Entdeckung des Geistes, Hamburg [1955].

SOLECKI, R. S.   [1971]   *Shanidar,* Knopf, New York.

SOPHOKLES   *Ödipus Tyrannos.*

                           Ödipus auf Kolonos.

SPERRY, R. W.   [1966]   »Brain bisection and mechanisms of consciousness«, in: ECCLES (ed.) [1966(b)], S. 298–313.

[1969]   »A Modified Concept of Consciousne«, *Psychological Review, 76,* S. 532–536.

[1973]   »Lateral specialization in the surgically separated hemispheres«, in: SCHMITT und WORDEN (eds) [1973].

[1976]   »Mental Phenomena as Causal Determinants in Brain Function«, in: GLOBUS u. a. (Hrsg.) [1976], S. 163–177.

SPINOZA, B. DE   *Ethik.*

STRAWSON, P.   [1959]   *Individuals,* Methuen, London.

[1972]   *Einzelding und logisches Subjekt,* aus d. Engl. v. F. Scholz, Stuttgart 1972.

THEOPHRAST   *Über die Charaktere.*

THOMSON, J. J.   [1969] »The Identity Thesis«, in: MORGENBESSER u. a. (eds) [1969], S. 219–234.

THOULESS, R. H. und WIESNER, B.   [1947] »The Psi Process in Normal and Paranormal Psychology«, *Proceedings of the Society for Psychical Research, 48,* S. 177–196.

TURING, A. M.   [1950] »Computing machinery and intelligence«, *Mind, 59,* S. 433–460.

UNGAR, G.   [1974] »Molecular Coding of Information in the Nervous System«, *Stadler Symposium* (University of Missouri) *6.*

VLASTOS, G.   [1975] »Ethics and Physics in Democritus«, in: ALLEN und FURLEY (eds) [1975], S. 381–408.

WADDINGTON, C. H.   [1961] *The Nature of Life,* Allen & Unwin, London.

    [1966] *Die biologischen Grundlagen des Lebens,* übers. v. W. Klingmüller, Braunschweig.

WATKINS, J. W. N.   [1965] *Hobbes's System of Ideas,* Hutchinson, London.

    [1973] *Hobbes's System of Ideas,* 2. Auflage, Hutchinson, London.

    [1974] »The Unity of Popper's Thought« in: SCHILPP (ed.) [1974], S. 371–412.

WHEELER, J. A.   [1973] »From Relativity to Mutability«, in: MEHRA (ed.) [1973], S. 202–247.

WHITTY, C. W. M., und ZANGWILL, O. L. (eds)   [1966] *Amnesia,* Appleton, Century, Crofts, New York.

WHORF, B. L.   [1956] *Language, Thought, and Reality,* ed. J. B. Carroll, M. I. T. Press, Cambridge, Mass.

    [1963] *Sprache, Denken, Wirklichkeit,* hrsg. u. übers. v. P. Krausser, Reinbek b. Hamburg.

WISDOM, J. O.   [1952] »A new model for the mind-body relationship«, *British Journal for the Philosophy of Science, 2,* S. 295–301.

WITTGENSTEIN, L.   [1921] »Logisch-philosophische Abhandlung«, *Annalen der Naturphilosophie.*

    [1922] *Tractatus Logico-philosophicus.*

    [1953] *Philosophical Investigations,* Blackwell, Oxford.

WUNDT, W.   [1880] *Grundzüge der physiologischen Psychologie,* Band I und II, 2. Auflage, Wilhelm Engelmann, Leipzig.

ZIEHEN, T.   [1913] *Erkenntnistheorie auf psychophysiologischer und physikalischer Grundlage,* G. Fischer, Jena.

Teil II

Vorwort

Bisher ist der neuronalen Maschinerie, die an den verschiedenen Manifestationen des selbstbewußten Geistes beteiligt ist, viel zu wenig Aufmerksamkeit geschenkt worden. Philosophen, die zur Leib-Seele-Frage physikalistische Theorien, wie die Identitätstheorie[1] oder die central state theory[2] vorlegen, sollten ihre Philosophie auf dem bestmöglichen wissenschaftlichen Verständnis des Gehirns, das derzeit zur Verfügung steht, aufbauen. Leider geben sie sich mit oberflächlicher und überholter Information zufrieden, welche sie oft dazu verleitet, irrige Vorstellungen zu unterstützen. Es besteht eine allgemeine Tendenz, die wissenschaftliche Kenntnis des Gehirns überzubewerten, was bedauerlicherweise auch bei vielen Hirnforschern und Wissenschaftsautoren der Fall ist. Wir erfahren zum Beispiel, daß das Gehirn Linien, Winkel, Ecken und einfache geometrische Formen »sieht« und finden uns so rasch in der Lage zu erklären, wie ein ganzes Bild als eine Komposition aus diesem »Sehen« einzelner Elemente zusammengesetzt »gesehen« wird. Doch diese Feststellung ist irreführend. Alles, was man über die Vorgänge im Gehirn weiß, ist, daß Neurone der Sehrinde veranlaßt werden, als Antwort auf einen spezifischen visuellen Input Impulsfolgen abzufeuern (vgl. Abb. E 2–6). Neurone, die auf verschiedene Komplikationen dieses spezifischen visuellen Inputs reagieren, werden identifiziert, doch es gibt keine wissenschaftliche Erklärung dafür, wie diese Merkmalerkennungsneurone in den ungeheuren synthetischen Mechanismus einbezogen werden können, der zu einem Hirnprozeß führt, der »identisch« mit dem wahrgenommenen Bild ist.

Es wird hier nicht behauptet, daß unser gegenwärtiges wissenschaftliches Verständnis des Gehirns irgendeines der philosophischen Probleme, die das Thema dieses Buches sind, lösen wird. Allerdings wird behauptet, daß unser gegenwärtiges Wissen die Formulierungen unhaltbarer Theorien zweifelhaft erscheinen lassen sollte und daß es neue Einsichten in so

---

[1] H. Feigl [1967].
[2] D. M. Armstrong [1968].

fundamentale Probleme wie bewußte Wahrnehmung, Willkürhandlung und bewußtes Gedächtnis gewähren wird.

Eine vollständige Darstellung unseres derzeitigen wissenschaftlichen Verständnisses des Gehirns wäre eine ungeheure Aufgabe. Technisch gesehen wäre sie überwältigend und würde eine große Zahl von Bänden erfordern. Und selbst dann, wenn man diesen Versuch unternähme, würde das Ergebnis an unserem hier gesteckten Ziel vorbeigehen, nämlich eine verständliche Erklärung der Funktionsprinzipien des Gehirns in den verschiedenen Manifestationen zu geben, die mit dem Selbstbewußtsein und dem Selbst zu tun haben. Soweit möglich gründen sich die Kapitel E 1 bis 8 auf die wissenschaftliche Erforschung des menschlichen Gehirns, doch dies ist notwendigerweise unvollständig. Und es wird in einigen Abschnitten ergänzt werden, in denen es sich als notwendig erweist, sich auf ausgefeilte elektrische Ableitung und anatomische Untersuchungen an Säugetiergehirnen, bei denen es sich im allgemeinen um Primatenhirne handelt, zu beziehen.

Es ist verständlich, wenn sogar das einfache Niveau der Darstellung wie sie in diesen E-Kapiteln versucht wird, anfänglich eine zu große Anforderung an den Leser stellt. Aus diesem Grund ist jedem Kapitel eine kurze Übersicht vorangestellt, die die wesentlichen Themen des Kapitels nennt und auf die Abbildungen hinweist. Der Text des Kapitels kann dann zur weiteren Information dienen, doch es ist zu hoffen, daß sich letztlich alle Leser um die Auseinandersetzung mit dem vollständigen Text bemühen. Kapitel E 7 unterscheidet sich von den übrigen Kapiteln dadurch, daß es keine wissenschaftlichen Erkenntnisse vorlegt. Eine Synthese der wesentlichen Ergebnisse in den anderen Kapiteln wird zur Errichtung einer philosophischen Theorie verwendet, die im Mittelpunkt des Gegenstandes dieses Buches steht. Es ist eine dualistisch-interaktionistische Theorie, die stärker ist als jede bisher vorgelegte. Ihre Stärke ergibt sich aus logischer Notwendigkeit. Schwächere Theorien sind unausweichlich auf den materialistischen Monismus reduzierbar.

Das Thema dieser E-Kapitel bezieht sich, wie gesagt, auf die neuronale Maschinerie. Dieser Begriff ist mit Bedacht gewählt, um die wissenschaftliche Annahme zum Ausdruck zu bringen, daß das Gehirn als Maschine funktioniert. Es ist unerläßlich, daß alle Betrachtungen des Leib-Seele-Problems das wissenschaftliche Verständnis des Gehirns in bezug auf die verschiedenen Aktivitäten, von denen man glaubt, daß sie an der Herstellung bewußter Erfahrung beteiligt sind, berücksichtigen. Nach der in diesem Buch vertretenen dualistisch-interaktionistischen Philosophie ist das Gehirn eine Maschine von fast grenzenloser Komplexität und Feinheit, und in bestimmten Regionen, unter geeigneten Bedingungen, ist es offen gegenüber der Interaktion mit Welt 2, der Welt der bewußten Erfahrung.

Kapitel E1
Die Großhirnrinde

1. Übersicht

Die Einführung bringt eine kurze Beschreibung der makroskopischen (Abb. E1–1) und mikroskopischen Merkmale der menschlichen Großhirnrinde. Es werden die Grundeinheiten des Nervensystems beschrieben, die Neurone oder Nervenzellen und ihre Verknüpfungen über sehr enge Kontakte, sogenannte Synapsen (Abb. E1–2). Die Aktivierung eines Typs dieser Synapsen erregt das Neuron und veranlaßt es, seinerseits Impulse abzugeben, die als kurze elektrische Nachrichten über sein Axon laufen. Aktivierung einer anderen Gruppe von Synapsen hemmt das Neuron und führt zu einer Behinderung der Impulsentladung. Jedes Neuron hat Hunderte oder sogar Tausende von Synapsen auf seiner Oberfläche und entsendet Impulse nur dann, wenn die Synapsenerregung wesentlich stärker als die Hemmung ist. Impulse stellen fast das einzige Mittel einer schnellen Übertragung im Zentralnervensystem dar.

Im Detail erlaubt die Mikrostruktur der sechs Schichten der Großhirnrinde (Abb. E1–3) eine Einteilung in mehr als 40 getrennte Areale, die Brodmannschen Felder (Abb. E1–4). Diese Unterteilung wird das ganze Buch hindurch verwendet werden, weil mittlerweile bekannt ist, daß die Brodmannsche Unterteilung sehr gut mit den unterschiedlichen funktionellen Leistungen der Abschnitte der Großhirnrinde korrespondiert.

Eine weitere wichtige Unterteilung der Großhirnrinde leitet sich von ihrem Aufbau in Säulen (Kolumnen) oder Moduln ab, die vertikal zur Oberfläche verlaufen und eine Länge von etwa 3 mm und einen Durchmesser von 0,1 bis 0,5 mm besitzen. Diese säulenförmigen Anordnungen wurden ursprünglich entdeckt, als man in den primären sensorischen Rindenabschnitten Neurone mit annähernd gleicher funktioneller Eigenschaft fand, die in vertikalen Säulen angeordnet sind. Da die Kolumnen inzwischen als getrennte funktionelle und anatomische Einheiten angesehen werden, erfolgt eine umfassende Beschreibung der neueren Arbeiten von Neuroanatomen über den neuronalen Aufbau einer Säule sowie die mutmaßlichen Wechselbeziehungen dieser Neurone (Abb. E1–5, 6). Es ist von Bedeutung, daß viele dieser Neurone inhibitorisch sind und daß diese inhibitorische Wirkung auf in der Nähe liegende Kolumnen ausgeübt wird. Ein weiteres wichtiges Merkmal der kolumnären Anordnung ist, daß die beiden oberflächlichen Rindenschichten anders als die tieferen aufgebaut zu sein scheinen, insofern, als sie wegen der kleineren inhibitorischen Neurone eine feinkörnigere Struktur besitzen und insofern, als weniger starke und mehr diffuse Synapsenaktionen auf die Pyramidenzellen ausgeübt werden, also auf die Hauptzellen der Kolumne, deren Axone zu anderen Kolumnen in der gleichen oder entgegengesetzten Hemisphäre und auch zu tiefer gelegenen Ebenen des Zentralen Nervensystems verlaufen.

Man nimmt an, daß jedes Modul eine Krafteinheit darstellt, indem es mittels seiner internen neuronalen Verbindungen Energie aufbaut, und so in seinen Pyramidenzellen Impulse anregt, die irgendwo im Zentralnervensystem zur Wirkung gelangen. Gleichzeitig übt es mit Hilfe seiner inhibitorischen Neurone eine unterdrückende Wirkung auf benachbarte Moduln aus. Somit können wir uns ein Modul als eine Einheit denken, die mit ihren Impulsentladungen versucht, andere Moduln zu beherrschen. Selbstverständlich wirken diese Moduln in ihrem eigenen Bestreben nach Vorherrschaft dem entgegen. Ein Modul besteht schätzungsweise aus bis zu 10 000 Teil-Neuronen, und ihr Funktionieren als ein ungeheuer komplexes Ganzes ist das Ergebnis eines Konfliktes zwischen den exzitatorischen und den inhibitorischen Eingängen von anderen Moduln. Jedes Modul kann auf Hunderte andere Moduln wirken und selbst von einer ähnlichen Zahl empfangen. Unter normalen Umständen findet eine ständige Aktivität in den Neuronen jedes Moduls statt, so daß die Komplexität des Wirkens des gesamten Aggregates von etwa zwei Millionen Moduln sich jeder Vorstellung entzieht.

Wir werden eine Zusammenfassung der neueren Forschung geben, die eine sequentielle (kaskadenartige) Aktivierung nahelegt, welche von den primären sensorischen Arealen über Assoziationsfasern zu den sekundären Arealen, von hier zu tertiären und zu quaternären verläuft (Abb. E1–7, 8). Auf diese Weise kommt es zu einer weitgestreuten Wirkung der Erregungen, die den primären sensorischen Arealen von den Rezeptoren, wie den Haut-, Gesichts- und Gehörsystemen, zugeleitet werden.

Schließlich wird kurz über die Projektionen dieser Gebiete in das Limbische System berichtet, das ein früher Teil des Vorderhirns ist und ursprünglich mit dem Geruchssinn in Verbindung stand (Abb. E1–9). Dieses Limbische System empfängt Erregungen aus den verschiedenen Umschaltzentren für die Sinne, wie sie oben beschrieben sind, und proji-

ziert zurück zum Neokortex, insbesondere zum Frontallappen. Die Bedeutung dieser Verbindungen wird in Kapitel E2 beschrieben in bezug auf
den emotionalen Gehalt der Wahrnehmungserfahrung.

2. Anatomische Vorbemerkung

Das wesentliche anatomische Kennzeichen des menschlichen Gehirns sind
die beiden, annähernd symmetrischen, Großhirn-Hemisphären, die über
das sogenannte Corpus callosum (Balkenkörper) miteinander verbunden
sind. Die Hemisphären sind durch starke Bahnen von Nervenfasern eng
mit den nächst tieferen Hirnebenen, den großen neuronalen Komplexen
des Thalamus und der Basal-Ganglien (Dienzephalon), verknüpft. Große
aufsteigende und absteigende Bahnen, die sich aus Millionen von Nerven-

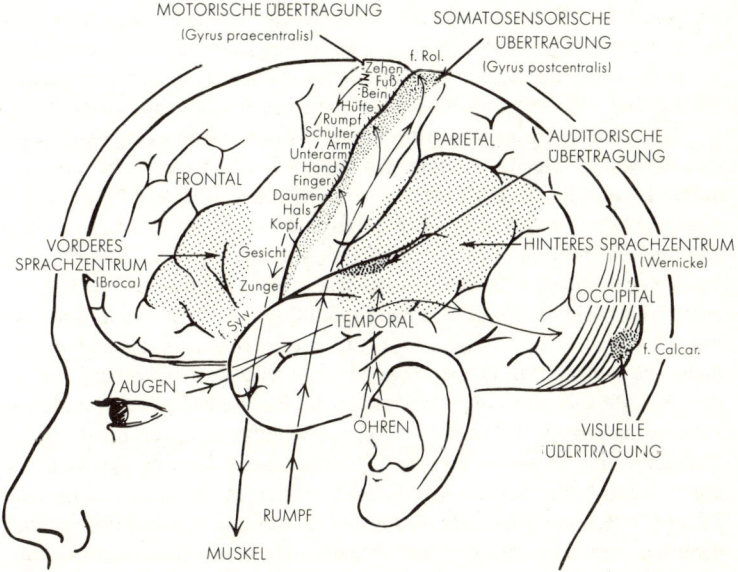

Abb. E1–1. Die motorisch und sensorisch übertragenden Felder der Großhirnrinde. Die
ungefähre Repräsentation des Körpers ist nur im motorischen Feld des Gyrus praecentralis
gezeigt. Im somatosensorischen Feld (Körperfühlfeld, vgl. Abb. E2–1) ist die Körperoberfläche in einer ähnlichen Karte im Gyrus postcentralis repräsentiert. Andere primär sensorische Felder sind das visuelle und auditorische, aber sie liegen größtenteils in Abschnitten, die
in dieser Seitenansicht verdeckt sind. Die Frontal-, Parietal-, Okzipital- und Temporal-
Lappen sind zu sehen, ebenso die Sprachzonen von Broca und Wernicke.

fasern zusammensetzen, verbinden die Großhirnhemisphären und den Thalamus mit noch tiefer gelegenen Ebenen, dem Mesenzephalon (Mittelhirn), Pons (Brücke), Cerebellum (Kleinhirn), Medulla oblongata (verlängertes Mark) und Rückenmark. Eine genaue Beschreibung dieser Bahnen würde den hier gegebenen Rahmen sprengen, doch finden sich Hinweise auf einige von ihnen in den jeweiligen Kapiteln über Wahrnehmung und Bewegungskontrolle, Kapitel E2 bzw. E3.

Die Großhirnhemisphären sind der phylogenetisch jüngste Teil des Vorderhirns. Daher die Bezeichnung der großen bedeckenden Rinde als Neokortex. Wie in Abb. E1–1 gezeigt, ist der Neokortex jeder Hemisphäre ziemlich willkürlich in vier Lappen eingeteilt, Frontal-, Parietal-, Temporal- und Occipitallappen. Ursprünglich standen die älteren Teile des Vorderhirns, der Archikortex und der Paleokortex, in spezifischer Verbindung mit dem Geruchssinn. Diese älteren Rindenbezirke besitzen einmalige strukturelle Kennzeichen und Verknüpfungen, wie unten beschrieben, und es wird später auf ihre speziellen Funktionen hingewiesen, zum Beispiel auf die Rolle des Hippocampus (Kapitel E8) – der den Hauptteil des Archikortex einnimmt – bei der Gedächtnisfunktion und die Rolle anderer Strukturen des Limbischen Systems, die eine Beziehung zu Stimmung und Emotion haben (Kapitel E2 und E6). Für den Augenblick soll sich die Aufmerksamkeit auf die Struktur des Neokortex richten.

Die Großhirnhemisphären bestehen aus der gewundenen Fläche der Großhirnrinde, die die gesamte gefaltete Oberfläche bedeckt, und dadurch die große Gesamtfläche von etwa 1200 cm^2 für jede Hemisphäre erreicht. Der Neokortex ist etwa 3 mm dick und stellt eine massive Anhäufung von Neuronen dar, etwa 10000 Millionen.

Die Neurone der Großhirnrinde sind so dicht gepackt, daß das einzelne Neuron in histologischen Schnitten nur dann mit all seinen Fortsätzen erkannt werden kann, wenn es durch eine besonders geeignete Färbung, die Golgi entdeckte, sichtbar gemacht wird. In Abbildung 2A wurden zum Beispiel nur etwa ein Prozent der Neurone angefärbt, und man kann verschiedene Individuen mit den sich aufzweigenden baumartigen Dendriten und dem dünnen Axon (Nervenfaser), das vom Zentrum des Somas oder Zellkörpers abwärts verläuft, erkennen. In B ist ein derartiges Neuron mit kurzen Dornfortsätzen (s, spines) auf den Dendriten, aber nicht auf dem Soma (p) oder dem Axon (ax), gezeigt. Die Dendriten sind abgeschnitten und, wie man sieht, von zweierlei Art: solche, die von dem apikalen Dendriten (b) der Pyramidenzelle und solche, die direkt von dem Soma (p) ausgehen.

Ende des 19. Jahrhunderts äußerte Ramón y Cajal, der große spanische Neuroanatom, erstmals die Vermutung, daß das Nervensystem aus Neuronen aufgebaut ist, die isoliert und nicht in einem Synzytium (Zell-

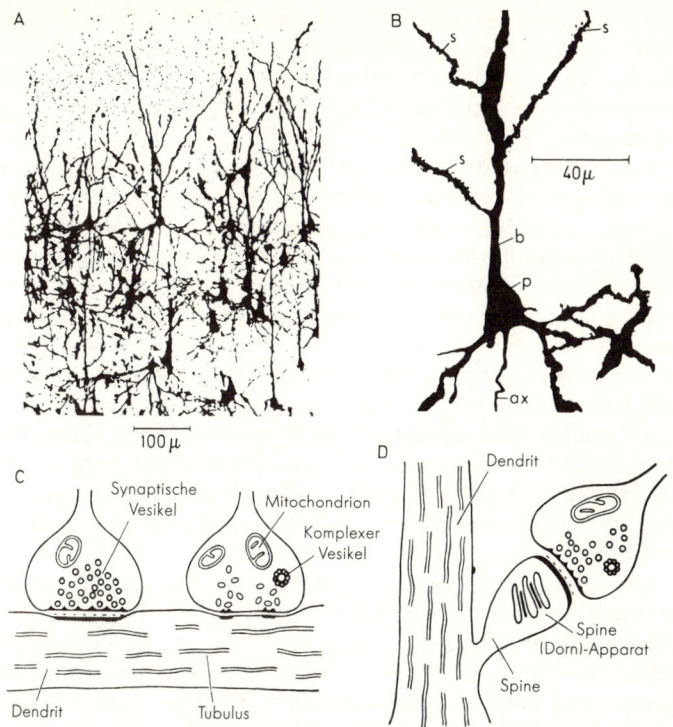

Abb. E1–2. Neurone und Synapsen. A. Pyramiden- und Sternzellen in einem Schnitt der Sehrinde der Katze in Golgifärbung. B ist ein Golgi-Präparat eines Neurons von der Katzen-Großhirnrinde, auf dem Dornfortsätze (spines, *s*) auf apikalen und basalen Dendriten, aber nicht auf dem Soma (*p*), Axon (*ax*) oder den Dendriten-Stümpfen (*b*) zu sehen sind. C zeigt eine Synapse vom Typ 1 (exzitatorisch) und vom Typ 2 (inhibitorisch) auf einem Dendriten mit den charakteristischen Merkmalen, die schematisch dargestellt sind. Die exzitatorische Synapse besitzt einen weiteren Synapsenspalt mit einer großen Zone dichter Anfärbung. Die Synapsenbläschen sind bei der exzitatorischen Synapse sphärisch und bei der inhibitorischen Synapse länglich. Spezielle Fixierungsmethoden sind für diese Differenzierung erforderlich. In D sieht man einen dendritischen Dornfortsatz einer neokortikalen Pyramidenzelle mit ihrem spine-Apparat und einer angeschlossenen Synapse Typ 1 (Whittaker und Gray, 1962).

verband) miteinander verbunden sind, sondern von denen jede unabhängig ihr eigenes biologisches Leben lebt. Dieses Konzept wird die Neuronentheorie genannt. Wie aber empfängt dann ein Neuron Information von anderen Nervenzellen? Dies geschieht mit Hilfe der feinen Aufzweigungen der Axone von anderen Neuronen, die Kontakt zu seiner Oberfläche herstellen und in kleine Kolben auslaufen, die über sein gesamtes Soma und die Dendriten verteilt sind, wie in Abbildung E1–2C gezeigt wird. Es war Sherringtons Konzept, ebenfalls Ende des 19. Jahrhunderts, daß diese Kontaktbezirke spezialisierte Kommunikationsorte darstellen, denen er in Anlehnung an das griechische Wort *synapto,* das *eng umgreifen* bedeutet, den Namen Synapsen gab.[1]

Zu Beginn des 20. Jahrhunderts waren diese neuen Theorien sehr umstritten – auch noch in den ersten zwei oder drei Jahrzehnten. Doch in den letzten Jahrzehnten wurden die Neuronentheorie von Ramón y Cajal und die Synapsentheorie von Sherrington durch neue Forschungsmethoden bestätigt und weitergeführt. Diese beiden Theorien bilden die sichere Basis für alle weiteren Konzepte, die wir entwickeln. Die Elektronenmikroskopie hat aufgedeckt, daß das Neuron von anderen Neuronen durch seine umhüllende Membran vollständig getrennt ist. An der Synapse besteht der enge Kontakt, wie er in Abbildung E1–2C dargestellt ist, mit einer Trennung durch den Synapsenspalt von etwa 200 Å. An elektrisch übertragenden Synapsen stehen die präsynaptische und postsynaptische Membran fast in direktem Kontakt. Dennoch ist die Integrität der neuronalen Membranen gewährleistet, da keine zytoplasmatische Fusion vorhanden ist.

Die Erregungsübertragung im Nervensystem geschieht durch zwei verschiedenartige Mechanismen. Erstens gibt es die kurzen, Impulse oder Aktionspotential genannten, elektrischen Wellen, die nach einem Alles-oder-Nichts-Prinzip, oft mit hoher Geschwindigkeit, die Nervenfasern entlang laufen. Zweitens gibt es Übertragungen über Synapsen. In Parenthese muß angemerkt werden, daß es auch eine abklingende Übertragung gibt, und zwar über kurze Distanzen entlang Nervenfasern durch kabelartige Ausbreitung.

Impulse werden dann von einem Neuron erzeugt und entlang seinem Axon entladen, wenn es synaptisch ausreichend erregt worden ist. Der Impuls läuft das Axon oder die Nervenfaser und alle ihre Aufzweigungen entlang und erreicht schließlich die synaptischen Endkolben, die axonalen Kontakte mit den Somata und Dendriten anderer Neuronen. Die Abbildung E1–2C zeigt die zwei Arten von Synapsen, die exzitatorische links und die inhibitorische rechts.[2] Die ersteren sind bestrebt, das Empfängerneuron zu veranlassen, einen Impuls abzugeben, die letzteren trachten danach, diese Entladung zu hemmen. Es gibt zwei Arten von Neuronen, diejenigen, deren Axone exzitatorische Synapsen bilden und diejenigen, die inhibitorische Synapsen schaffen. Es gibt keine ambivalenten Neu-

---

[1] Siehe J. C. Eccles [1964], Kapitel 1.
[2] Vgl. V. P. Whittaker und E. G. Gray [1962].

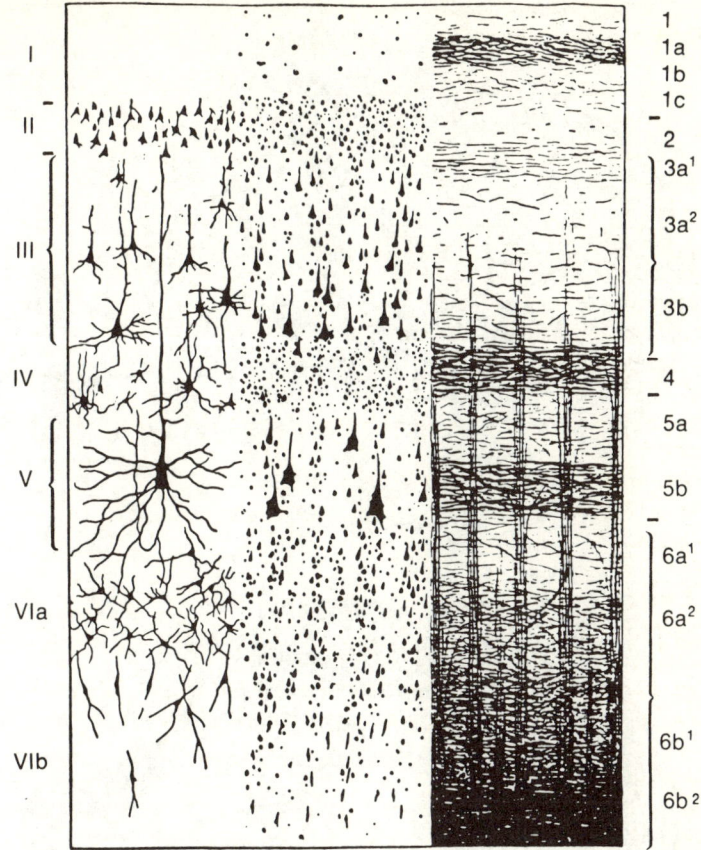

Abb. E1–3. Schema der Struktur der Großhirnrinde. *Links* nach einem Golgi-Präparat; *Mitte* nach einem Nissl-Präparat; *rechts* nach einem Myelinscheiden-Präparat. *I*: Lamina zonalis; *II*: Lamina granularis externa; *III*: Lamina pyramidalis; *IV*: Lamina granularis interna; *V*: Lamina ganglionaris; *VI*: Lamina multiformis. Nach Brodmann und O. Vogt (Brodal [1969]).

rone.[3] Die Abbildung E1–2D zeigt eine Synapse, die auf dem Dendriten-Dornfortsatz (spine) einer Pyramidenzelle gebildet wird (vgl. s in Abb. E1–2B). Es gibt überzeugende Hinweise darauf, daß alle Spine-Synapsen exzitatorisch sind.

---

[3] Eine einfache Schilderung der Synapsenaktion findet sich in Eccles [1977 (c)], Kapitel 3.

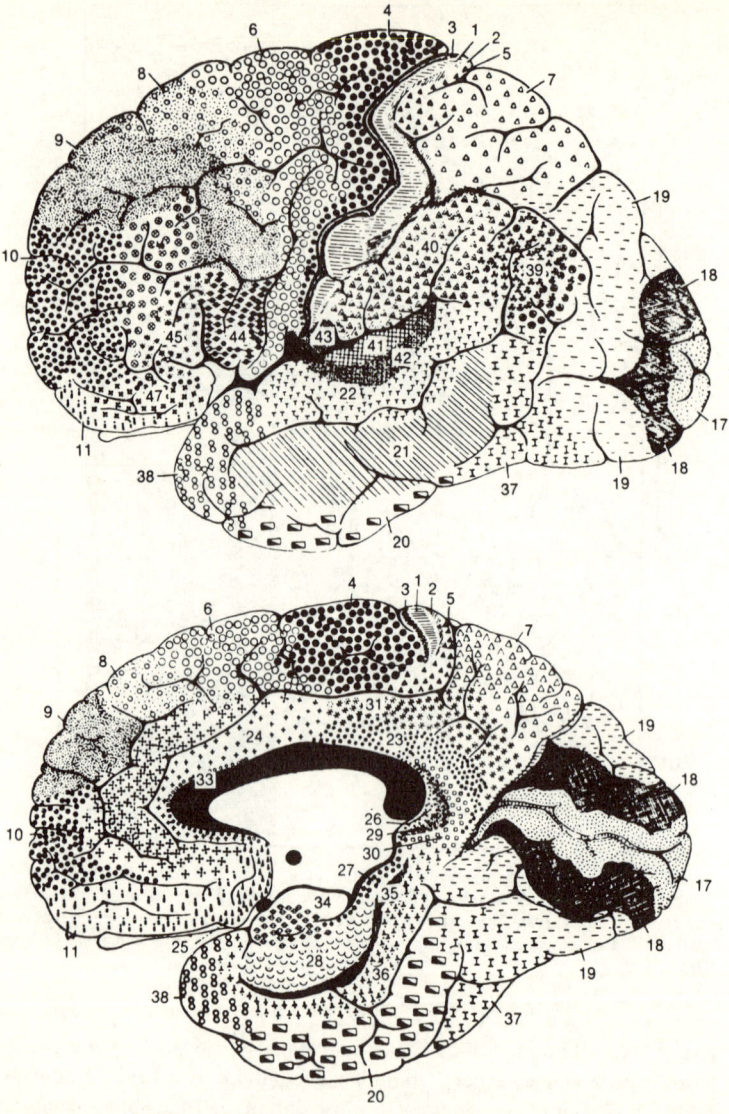

Abb. E1–4. Zytoarchitektonische Karte des menschlichen Gehirns nach Brodmann. Die verschiedenen Abschnitte sind mit verschiedenen Symbolen versehen und ihre Bezeichnung durch Zahlen angezeigt. Die obere Zeichnung bringt eine seitliche Ansicht der linken, die untere eine mediale Ansicht der rechten Hemisphäre (Brodal [1969]).

Eine weitere sehr ergiebige Technik zur Untersuchung von Synapsen ist die Ableitung aus dem Inneren von Nervenzellen mit Hilfe von feinen Mikroelektroden, die nicht nur die elektrische Unabhängigkeit der Neurone offenbart hat, sondern auch die Arbeitsweise von Synapsen. Jedes Neuron besitzt auf seiner Oberfläche Hunderte oder gar Tausende von Synapsen und es entlädt Impulse nur dann, wenn die Synapsen-Exzitation viel stärker ist als die Inhibition.

Unter der Großhirnrinde liegt die weiße Substanz, die größtenteils aus myelinisierten Nervenfasern – den Bahnen zu und von den Großhirnrinden – besteht. Sie verbinden jedes Gebiet der Großhirnrinde mit tieferen Ebenen des Zentralnervensystems, wie oben aufgeführt, oder mit anderen Abschnitten der gleichen Hemisphäre (die Assoziationsfasern) und der entgegengesetzten Hemisphäre (die Kommissurenfasern). Das Corpus callosum (Balken), das bei weitem das größte, die beiden Hemisphären verbindende System ist, enthält etwa 200 Millionen Kommissurenfasern. Allen Teilen des Neokortex liegt der gleiche schichtförmige Aufbau aus Neuronen zugrunde, gewöhnlich sechs Schichten, wie in Abbildung E1–3 gezeigt. Jedoch sind strukturelle Unterschiede vorhanden, die eine Unterteilung der menschlichen Großhirnhemisphäre in über 40 verschiedene Zonen zuläßt, die sogenannten Brodmannschen Felder, die in Abbildung E1–4A und B von lateral beziehungsweise medial zu sehen sind. Brodmann legte seiner Strukturanalyse die Merkmale zugrunde, die Abbildung E1–3 in der Mitte und in den rechten Streifen zeigt. Es gibt viele Unterteilungen der sechs Schichten und sie variieren in den verschiedenen Brodmannschen Feldern in hohem Maße. Diese Unterteilung in Brodmannsche Felder hat ein funktionelles Gegenstück, indem viele der Zonen spezifische physiologische Eigenschaften besitzen, wie in den anschließenden Kapiteln deutlich werden wird. Auf der medialen Oberfläche der Hirnrinde kann man das Limbische System erkennen. Die Felder 23 bis 35 werden entweder als dem Limbischen System zugehörend oder als paralimbisch eingestuft.

3. Die kolumnäre Anordnung und das moduläre Konzept der Großhirnrinde

Wir verdanken Ramón y Cajal [1911] die erste umfassende Darstellung der Neuronenstruktur des Neokortex mit detaillierten Beschreibungen der Pyramidenzellen und der unvorstellbar großen Population von kleineren Neuronen. Lorente de Nó [1943] setzte diese detaillierte Neurohistologie fort, indem er die bemerkenswerte Entdeckung machte, daß sich zusätzlich zu der horizontalen Schichtung in sechs Hauptschichten eine

Anordnung von »vertikalen Ketten« von Neuronen durch die gesamte Tiefe der Rinde zieht. Wir werden also in das moderne Konzept der säulenförmigen kolumnären Anordnung eingeführt, das erst als Folge der detaillierten Untersuchungen von Antworten einzelner Neurone entwikkelt wurde.

Physiologische Untersuchungen durch Mountcastle über die somästhetische Rinde und durch Hubel und Wiesel über die Sehrinde ergaben[1], daß die kortikalen Neurone kleiner, scharf begrenzter Zonen eine annähernd ähnliche Antwort auf spezifische afferente Inputs ergaben. Die Neurone befanden sich in Rindenzonen, die orthogonal zur Rindenoberfläche verlaufende Säulen (Kolumnen) bildeten (Abb. E1–5, 6). In der somästhetischen Rinde (Körperfühlsphäre) (Abb. E1–1, somatosensorisch; E1–4, Felder 3, 1, 2) antworteten die Kolumnen entweder auf oberflächliche oder auf tiefe Gewebereize. In der primären Sehrinde (Abb. E1–1, E1–4 A, B, Feld 17) wurden Kolumnen ursprünglich spezifiziert durch die optimale Erregbarkeit ihrer Neurone durch Reizung mit einer Linie bestimmter Orientierung. Die primären sensorischen Abschnitte setzen sich aus einem Mosaik solcher Säulen mit unregelmäßigen Überschneidungen zusammen, die im Mittel eine Fläche von 0,1 mm^2 einnehmen.

Neuere Untersuchungen von Szentágothai, Colonnier, Colonnier und Rossignol und Marin-Padilla[2] haben wichtige Informationen zu diesem kolumnären oder Modul-Konzept beigetragen, indem sie seine strukturelle Organisation aufgedeckt haben. Inzwischen kann man viele spezifische Neuronentypen in den Kolumnen unterscheiden auf Grund ihrer wahrscheinlichen Rolle bei der Informationsverarbeitung, ihrer synaptischen Verbindungen und ihrer exzitatorischen oder inhibitorischen Wirkung.[3] In der Folge erkennen wir, daß die Kolumne eine komplexe Organisation vieler spezifischer Zelltypen darstellt.

Aufgrund ausgedehnter mikrostruktureller Studien hat Szentágothai[4] ein Konzept entwickelt, in dem sowohl für die Struktur als auch für die Funktion aller Abschnitte der Großhirnrinde die Säule oder der Modul die Grundeinheit verkörpert. Er geht so weit zu postulieren, daß die Moduln den integrierten Mikroschaltkreisen der Elektronik vergleichbar sind. Die Moduln repräsentieren das, was er die Grundform eines neuro-

---

[1] V. B. Mountcastle [1957]; Mountcastle, V. B., und T. P. S. Powell [1959]; Hubel, D. H., und T. N. Wiesel [1962], [1963], [1968], [1972].
[2] J. Szentágothai [1969], [1972], [1973], [1974], [1975]; M. L. Colonnier [1966], [1968]; Colonnier, M. L., und S. Rossignol [1969]; M. Marin-Padilla [1970].
[3] O. Creutzfeld und M. Ito [1968]; K. Toyama, K. Matsunami, T. Ohno und S. Tokashiki [1974].
[4] J. Szentágothai [1972], [1973], [1974], [1975].

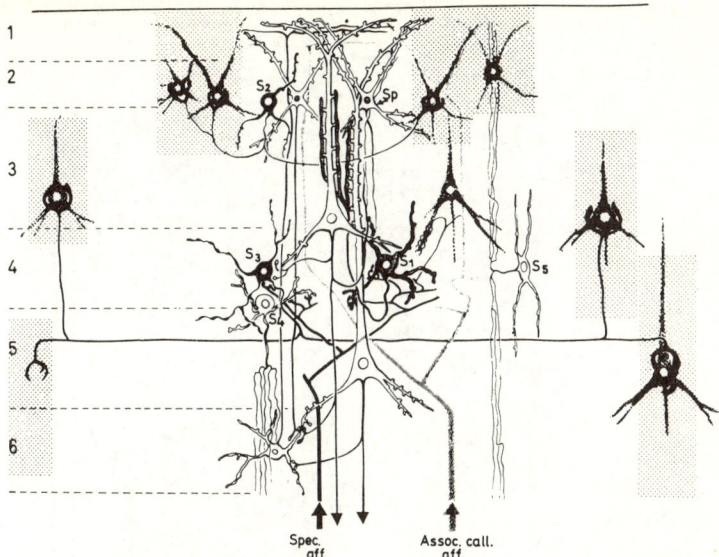

Abb. E1–5. Halbschematische Zeichnung einiger Zelltypen der Großhirnrinde mit Verbindungen. In den Schichten III und V sieht man in der Mitte zwei Pyramidenzellen. Die spezifische afferente Faser (*Spec. aff.*) erregt ein Stellatum-Interneuron S_1 (schraffiert), dessen Axon Synapsen vom Cartridge-Typ auf apikalen Dendriten bildet. Die spezifische afferente Faser erregt außerdem ein Stellatum-Interneuron vom Korbtyp, S_3, das auf Pyramiden-Zellen in anliegenden Säulen eine Hemmung ausübt, wie durch die Schraffierung angedeutet. In Schicht VI ist ein anderes Interneuron (S_6) mit aufsteigendem Axon (Martinotti-Zelle) gezeigt, und S_5 ist ein Interneuron, das wahrscheinlich auch an der vertikalen Erregungsausbreitung durch die gesamte Tiefe der Rinde beteiligt ist. *Sp* sind Stern-Pyramiden-Zellen und S_2 sind die inhibitorischen Zellen mit kurzem Axon in Schicht II. Die von Assoziations- und Callosum-Fasern gebildeten Afferenzen (*Assoc. call. aff.*) steigen auf und zweigen in Schicht I auf. Weitere Beschreibung im Text (Szentágothai [1969]).

nalen Schaltkreises nennt, der sich in seiner Urform aus Eingangs-Kanälen (afferente Fasern), komplexen neuronalen Wechselwirkungen im Modul, und Ausgangs-Kanälen, die größtenteils von den Axonen der Pyramidenzellen gebildet werden, zusammensetzt. Trotz der Unterschiedlichkeit der in verschiedenen Regionen des Neokortex vorliegenden Struktur, den Brodmannschen Feldern (Abb. E1–4), findet Szentágothai [1972] fünf grundlegende Gemeinsamkeiten:

(1) Ein weitgehend uniformes Schichtungsprinzip, (2) einen relativ uniformen Hauptzelltyp: die Pyramidenzellen, (3) bestimmte charakteristische Typen von Interneuronen oder Golgi-Zellen Typ 2, (4) eine wesentliche Ähnlichkeit in der Organisation von Input-Kanälen: Assoziationsfasern, Kommissurenfasern, spezifische und nicht- (oder weniger) spezifische subkortikale Afferenzen und (5) eine wesentliche Ähnlichkeit in der Organisation von Output-Linien, hauptsächlich

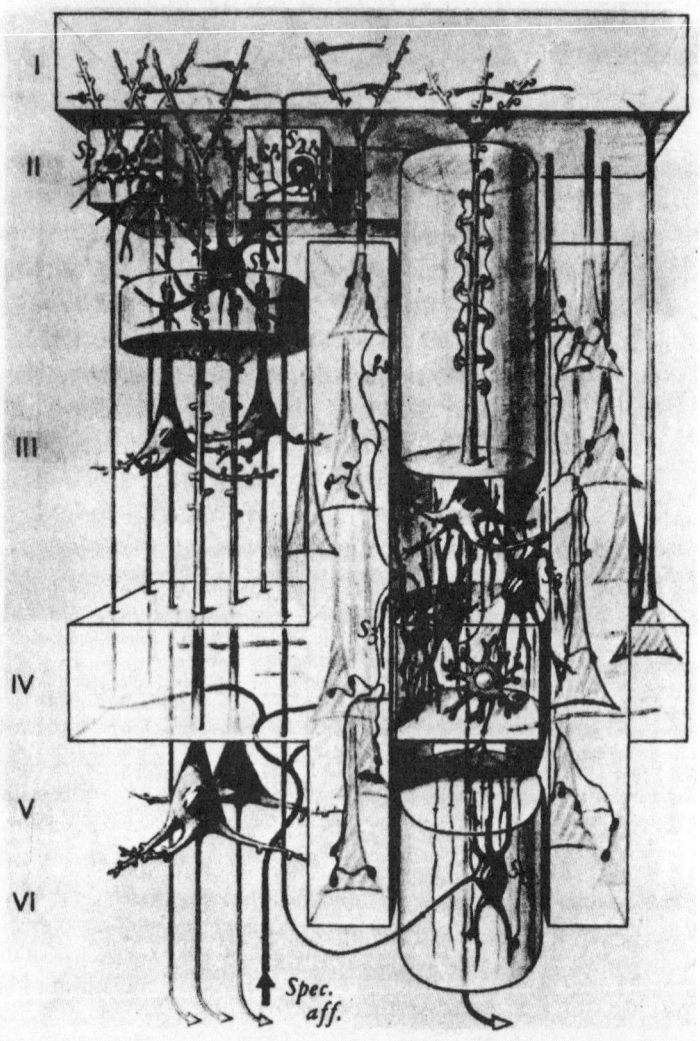

Abb. E1–6. Dreidimensionales Modell, in dem die verschiedenen kortikalen Neuronentypen mit den gleichen Identifikationssymbolen, wie in Abb. E1–5 gezeigt sind. Rechts sieht man eine Säule mit einer Pyramidenzelle und verschiedenen Abarten von Sternzellen. Die beiden inhibitorischen Zellen, S_3, sind in ihrer Projektion zu Pyramidenzellen dargestellt, die man in anliegenden Säulen umrißhaft erkennt. Links ist die ungefähre Organisation von Neuronen und Synapsen in den Schichten I und II gezeigt. Weitere Besprechung im Text (Szentágothai [1975]).

den Axonen von Pyramiden-Neuronen. Dies gibt uns die Zuversicht, daß trotz offensichtlicher Unterschiede in der Feinstruktur und noch mehr in den Verknüpfungen mit anderen Regionen des Zentralnervensystems (ZNS) bestimmte »Einheiten« von neokortikalem Gewebe auf dem gleichen fundamentalen Prinzip aufgebaut sein könnten, *das heißt* sie könnten als Einrichtungen zur Verarbeitung neuraler Informationen im wesentlichen ähnlich sein.

Einige grundlegende Operationsmuster innerhalb und in der Umgebung des Moduls sind in den Abbildungen E1–5 und 6 schematisch dargestellt. Diese Abbildungen geben weitgehend vereinfacht den neuronalen Aufbau eines Moduls und seiner Umgebung wieder. Nach Szentágothai besteht eine erhebliche funktionelle Differenz zwischen den neuronalen Verknüpfungen in den Schichten III, IV und V einerseits und denjenigen in den Schichten I und II andererseits.

Die Abb. E1–5 zeigt, daß in den Schichten III, IV und V die afferenten Fasern vom Thalamus (*spec. aff.*) synaptische Endigungen auf den Dendriten-Spines exzitatorischer Interneurone (S_1, S_4)[5] und auf den Dendriten inhibitorischer Interneurone (S_3)[6] bilden. Auch die Assoziations- und Kommissurenfasern (*Assoc. call. aff.*) geben auf ihrem Weg zu ihren Hauptendigungen in den Schichten I und II Zweige zu Zellen in den tieferen Schichten ab.[7] Einige der exzitatorischen Neurone (S_1) der Schicht IV und die *cellules à double bouquet* (S_5) wirken – in diesem Schema – stark exzitatorisch auf die apikalen Dendriten von Pyramidenzellen über die sogenannten *Synapsen vom Cartridge-Typ,* in denen das Axon dieser Zelle entlang den Dendriten verläuft und dabei Hunderte von Synapsen bildet, vergleichbar den Synapsen der sogenannten Kletterfasern an den Dendriten der *Purkinje*-Zellen des Kleinhirns. Einige andere Interneurone verteilen ihre exzitatorischen Synapsen weit, sowohl in vertikaler als horizontaler Richtung. Andere wiederum (S_4 in Abb. E1–5) sind lokalisierter. Diese letzten beiden Typen geben sehr wenige Synapsen an irgend ein bestimmtes Interneuron oder eine Pyramidenzelle ab. Für eine effektive Exzitation ist die konvergierende Aktion vieler erforderlich. Das Gesamtergebnis der Abfolge der Synapsenerregung durch alle diese exzitatorischen Zellen ist eine gewaltige Exzitation von Pyramidenzellen innerhalb der Säule, die rechts in der Abbildung E1–6 dargestellt ist. Es kommt zu einer Art Verstärkungsprozeß. Andererseits werden die inhibitorischen Neurone (S_3 in Abb. E1–5 und E1–6) der Schichten III und IV des Moduls durch spezifische Afferenzen entweder direkt oder indirekt über Interneurone erregt. Sie üben ihren inhibitorischen Einfluß auf Pyramidenzellen in vertikalen Streifen der Schichten III, IV und V

[5] J. S. Lund [1973].
[6] M. Marin-Padilla [1970].
[7] L. Heimer, F. F. Ebner und W. J. H. Nauta [1967].

anliegender Moduln aus, wie in Abb. E1–6 gezeigt wird.[8] Es besteht Konvergenz von vielen inhibitorischen Zellen auf jedes Pyramidenzell-Soma, auf dem 50 bis 100 inhibitorische Synapsen ein dichtes Gespinst oder einen Korb bilden, daher der Name *Korbzelle* (*basket cell*) für die inhibitorischen Neurone.[9]

Im Gegensatz zu der starken örtlichen Wirkung spezifischer afferenter Fasern (*Spec. aff.* in Abb. E1–5 und 6) in den Schichten III, VI und V, stehen die Schichten I und II unter der weniger konzentrierten Aktion der anderen Haupt-Eingänge zu dem Modul, der Assoziationsfasern von anderen Regionen der Rinde und der Kommissurenfasern des Corpus callosum (siehe *Assoc. call. aff.* in Abb. E1–5). Diese Fasern, ebenso wie die aufsteigenden Axone der Zellen vom *Martinotti-Typ* der Schichten V und VI (S_6 in Abb. E1–5 und E1–6), zweigen sich auf, um in den Schichten I und II tangential verlaufende Axone zu bilden, die eine Reichweite von bis zu 5 mm Länge besitzen (Abb. E8–9; Szentágothai [1972]). Diese Axone überkreuzen die aufsteigenden Dendriten der Pyramidenzellen der tieferen Schichten (cf. Abb. E1–5 und E1–6) und auch der Stern-Pyramidenzellen (Sp) der Schicht II in einem Winkel von etwa 45° und bilden dabei, en passant, einzelne Synapsen. Man nimmt an, daß jede afferente Faser eine derartige schwache, entfernte Synapsenerregung über diese Enpassant – Synapsen hervorruft, so daß die Summation sehr vieler Eingangserregungen von Callosum- oder Assoziationsfasern für eine effektive Aktion erforderlich ist. So stellen die Schichten I und II Zonen diffuser schwacher exzitatorischer Aktioc auf Pyramidenzellen dar. Auch in Schicht II gibt es kleine inhibitorische Korbzellen (S_2), deren axonale Verteilung zu den *Stern-Pyramiden-Zellen,* jedoch begrenzter ist, als es bei den Korbzellen der tieferen Schicht der Fall ist. Dieses feinere Inhibitionsmuster läßt erkennen, daß die exzitatorische Synapsenaktion auf Stern-Pyramiden-Zellen feiner aufgegliedert wird als es bei den großen Pyramiden-Zellen in den Schichten III und V geschieht. Jedoch sollte in Parenthese hinzugefügt werden, daß es nunmehr auch Anhalt für die Existenz von kleinen inhibitorischen Korbzellen in den tieferen Schichten gibt, die dort ebenso eine fein abgestimmte inhibitorische Wirkung ausüben. Die diffusere schwächere Exzitation der Schichten I und II führt zu der Vermutung, daß in diesen oberflächlichen Schichten eine schwache Exzitation und eine fein abgestimmte inhibitorische Modulation der Stern-Pyramiden-Zellen stattfindet (Abb. E1–5 und 6, Sp.). Szentágothai [1972] betont jedoch, daß erst durch weitere Forschung geklärt werden müsse, ob die Assoziations- und Callosum-Afferenzen auch mit Zellen in den tieferen Schichten enger synaptisch verschaltet sind (wie in

---

[8] M. Marin-Padilla [1969], [1970].   [9] M. L. Colonnier und S. Rossignol [1969].

Abb. E1–5 gezeigt ist), aber wahrscheinlich in ihrer horizontalen Ausbreitung viel begrenzter als in oberflächlichen Schichten.

Ein kürzlich entdecktes Neuron wird in Abb. E1–6 tief in der Schicht II (S_7) liegend gezeigt. Diese sogenannte *Kandelaber-Zelle* bildet viele Synapsen vom inhibitorischen Typ auf den apikalen Dendriten von Pyramiden-Zellen. Szentágothai [1974] vermutet, daß dieses Neuron speziell die exzitatorischen Synapsen auf den oberflächlicheren Zonen dieser apikalen Dendriten hemmt.

Diese Überlegungen lassen erkennen, daß die funktionelle Einheitlichkeit eines Moduls (Abb. E1–5, 6) in erster Linie auf der begrenzten Reichweite – weniger als 500 μm – der exzitatorischen Wirkung der spezifischen und anderer afferenter Fasern in den Schichten III, IV und V, und auf der starken vertikal sich ausbreitenden Exzitation durch die Interneurone (S_1, S_5 in Abb. E1–5) beruht, die die Synapsen vom Cartridge-Typ bilden. Ein weiterer bestimmender Faktor ist die inhibitorische Umgebung, die durch die Korbzellen der Schicht IV aufgebaut wird. Marin-Padilla [1970] entdeckte, daß die Axone der inhibitorischen Korbzellen sich nicht zylindrisch, sondern entlang rechteckiger Streifen ausbreiten, die den von Hubel und Wiesel [1972] vorgeschlagenen ähneln. Dies wird in Kapitel E2, Abb. 7, diskutiert und veranschaulicht werden.

Szentágothai [1972] schließt von den spezifischen sensorischen Regionen, den somästhetischen und visuellen, auf den Neokortex im allgemeinen. Man kann zum Beispiel annehmen, daß nichtspezifische afferente Fasern vom Thalamus die gleiche Verteilung wie die spezifische thalamische afferente Faser in Abb. E1–5 besitzen. Diese inhibitorisch begrenzten Moduln in den Schichten III, IV und V des Neokortex sind sozusagen eingebettet in die viel diffuseren und schwächeren exzitatorischen und inhibitorischen Aktionen der Schichten I und II, die viele Moduln mit einem, wie wir vermuten allgemeinen modulierenden Einfluß überspannen, obwohl durch die lokalisierte inhibitorische Aktion durch kleine Korbzellen (S_2) auf die Stern-Pyramiden-Zellen (Sp) von Schicht II auch eine feinere funktionelle Gliederung gegeben ist. Ein weiterer komplizierender Faktor leitet sich von den weit (bis zu 3 mm) verstreuten Axon-Kollateralen der Pyramiden-Zellen ab[10], die anscheinend einen diffusen exzitatorischen Hintergrund für Moduln in einem größeren Bezirk liefern, was eine weit diffuse positive Rückkoppelung bedeuten würde.

Neuere Untersuchungen im Feld 17 der primären Sehrinde des Affen haben feine vertikale Verknüpfungsmuster von Stern- und Pyramiden-Zellen erschlossen.[11] In der Schicht IV zum Beispiel besitzen die apikalen

---

[10] M. E. Scheibel und A. B. Scheibel [1970]; J. Szentágothai [1972], [1974].
[11] J. S. Lund [1973]; Lund, J. S., und R. G. Boothe [1975].

Dendriten tiefer gelegener Pyramidenzellen nur wenige Dornfortsätze und die Synapsenerregung konzentriert sich auf die Sternzellen. Die verschiedenen Unterschichten der Schichten III und IV scheinen Zonen bevorzugter synaptischer Verknüpfung zu sein. Diese Feinanalyse der schichtförmigen Anordnung des dendritischen Inputs gibt eine Vorahnung davon, was auf uns zukommt, wenn wir uns darum bemühen, die funktionelle Komplexität der kortikalen Moduln zu verstehen.

4. Moduläre Interaktion

Das in einem Modul aufgebaute Erregungsniveau wird anderen kortikalen Moduln von Augenblick zu Augenblick durch Impulsentladungen über Assoziations- und Kommissurenfasern, die von den Axonen von Pyramidenzellen und den großen Stern-Pyramidenzellen ausgehen[1], mitgeteilt. Auf diese Weise wird sich die Erregung eines Moduls weit und wirkungsvoll auf andere Moduln (siehe Abb. E7–4) ausbreiten, jedoch vorzugsweise auf deren Schichten I und II. Weniger stark erregte Moduln werden in ihrer intermodulären Transmission weniger wirksam sein und eine Null-Aktion wird durch diejenigen Moduln stattfinden, die durch die Korbzellaktion wirksam gehemmt werden.

Bis jetzt gibt es noch keine quantitativen Daten über die Arbeitsweise der Moduln. Die Zahl von Neuronen in einem Modul ist jedoch überraschend groß – bis zu 10000. Davon gehören jeweils einige Hundert zu den Pyramiden-Zellen und zu den anderen Neuronenarten. Die Arbeitsweise eines Moduls kann man sich als einen Komplex von Schaltkreisen mit einer Summation von Hunderten konvergenter Linien auf die einzelnen Neurone und, parallel dazu, einem Netzwerk von exzitatorischen und inhibitorischen Vorwärts- und Rückwärtsschaltungen vorstellen, die noch über die einfachen neuronalen Verbindungen, wie sie in den Abb. E1–5 und 6 gezeigt werden, hinausgehen. So erreicht die Moduloperation Komplexitätsgrade, die jede Vorstellung überschreiten und auch grundsätzlich anders als die integrierten Schaltkreise der Elektronik arbeiten. Darüber hinaus besteht eine große Variabilität der Ausgangsaktivität eines Moduls, mit hochfrequenten Entladungen der Großhirnrinde im Ruhezustand.[2] Die Reichweite der Projektion der Axone von Pyramidenzellen ist ebenfalls sehr variabel – manche verlaufen nur zu nahegelegenen Moduln, andere bilden Assoziationsfasern zu entfernteren Gebieten, und noch andere ziehen als Kommissurenfasern über das Corpus callosum zu korrespondierenden Abschnitten der spiegelsymmetrisch organisierten gegen-

---

[1] J. Szentágothai [1972].
[2] E. V. Evarts [1964]; G. Moruzzi [1966]; R. Jung [1967].

seitigen Hemisphäre. Schließlich senden viele Pyramidenzellen ihre Axone zu tieferen Ebenen des Zentralnervensystems, etwa eine halbe Million von der motorischen Rinde die Pyramidenbahn hinunter in das Rückenmark und zwanzig Millionen in den Hirnstamm. Jedoch, bevor sie die Großhirnrinde verlassen, geben alle diese Axone ausgedehnte Abzweigungen (Kollateralen) ab, die eine positive Rückkoppelung zur Großhirnrinde ermöglichen.

Man muß berücksichtigen, daß die Fakten, die wir präsentiert haben, sich auf die Untersuchungen der Hirnrinden von Katzen und Affen stützen. Bisher hat noch niemand die menschliche Großhirnrinde auf dem erforderlichen elektronenmikroskopischen Niveau untersucht, um beurteilen zu können, ob irgend ein Unterschied besteht, ob in der menschlichen Hirnrinde eine Feinstruktur von Verbindungen vorhanden ist, die sie von derjenigen im nicht-menschlichen Primatenhirn unterscheidet. Ein anderer Punkt ist natürlich, daß noch niemand detaillierte Mikroelektrodenuntersuchungen an menschlichen Hirnrinden vorgenommen hat, um irgendwelche speziellen Charakteristika der neuronalen Aktivität in den modulären Anordnungen zu entdecken. Dies könnte schon bald der Fall sein. Es gibt sogar einige vorläufige Berichte, und ich sehe keine unüberwindliche Schwierigkeit. Pinneo (persönliche Mitteilung) zum Beispiel hat die elektrischen Antworten der menschlichen Großhirnrinde in den Sprachfeldern während des Sprechens untersucht und hat die Spezifität neuronaler Muster für Worte gezeigt. Sie sind sicherlich erregt, wie wir aufgrund der Durchblutungszunahme in den Sprachfeldern wissen, die Risberg und Ingvar [1973], Ingvar und Schwartz [1974] und Ingvar [1975] mit der Radio-Xenon-Methode während des Sprechens und Lesens finden. Es könnte von besonderem Interesse sein, eine umfassende Untersuchung der Antworten von einzelnen Neuronen der Sprachfelder in Aktivität zu besitzen. Wir sind jedoch noch nicht reif für eine solch genaue Interpretation, wie sie eine derartige Ableitung erfordern würde. Von größerer Bedeutung könnte eine detaillierte Studie der Sprachfelder auf elektronenmikroskopischem Niveau sein, besonders der einmaligen Brodmannschen Felder 39 und 40. Wenn diese Arbeit wirklich ein hohes Niveau erreicht, könnten wir herausfinden, ob es besondere neue Eigenschaften, neue Verknüpfungen, vielleicht eine größere Zahl von Verbindungen in den Schichten I und II gibt. Wenn etwas derartiges in der menschlichen Großhirnrinde entdeckt würde, wären wir in der glücklichen Lage, sagen zu können, daß wir beginnen, die tatsächliche strukturelle Basis derjenigen Moduln zu verstehen, mit denen der selbstbewußte Geist (self-conscious mind) in Wechselbeziehung treten kann, indem er sowohl empfängt als auch wirkungsvolle Veränderungen hervorruft, wie in Kapitel E7 beschrieben wird.

4.1 Aktions- und Interaktionsmuster von Moduln

Zusammenfassend kann die für unseren Zweck wichtige Entdeckung festgehalten werden, daß in der Hirnrinde mehr oder weniger gut abgegrenzte Gruppen von vielleicht bis zu 10000 Neuronen existieren, die durch gegenseitige Verknüpfungen zusammengeschlossen sind und somit eine einheitliche Existenz besitzen, indem sie innerhalb ihrer selbst Kraft aufbauen und die Zellen in der Nähe liegender Säulen hemmen. Das ist das moduläre Konzept. Und weiterhin ist die unter unserem Gesichtspunkt wichtige funktionelle Eigenschaft die, daß es zwei Leistungsebenen zu geben scheint. Es gibt die starken synaptischen Verknüpfungen in den Schichten III, IV und V, in denen die Somata und Dendriten der großen Pyramidenzellen liegen und wo die spezifischen afferenten Fasern teils direkt, doch meistens über Interneurone ihren hauptsächlichen synaptischen Einfluß ausüben. Man kann vermuten, daß den Schichten I und II, in denen synaptische Verknüpfungen mit einer feineren Gliederung und einer viel geringeren Wirksamkeit[1] vorhanden sind, für die Wechselwirkung mit Selbstbewußtem Geist besondere Bedeutung zukommt. Wir haben unterstellt, daß sich auf dieser Ebene synaptische Verknüpfungen finden, die geringere Ansprüche stellen. Wir könnten unterstellen, daß sie lediglich die Erregung von Pyramidenzellen in einer subtilen und langsam variierenden Weise modulieren.

Wir sind der Meinung, daß ein Modul als Krafteinheit betrachtet werden muß. Seine *raison d'être* ist, Kraft auf Kosten seiner Nachbarn aufzubauen. Wir denken, daß das Nervensystem immer durch Konflikt arbeitet – in diesem Fall aufgrund von Konflikt zwischen jedem Modul und den anliegenden Moduln. Jeder versucht, den anderen zu überwinden, indem er seine eigene Kraft mit Hilfe all der vertikalen Verknüpfungen, die Ramón y Cajal und Lorente de Nó als erste beschrieben, und mit Hilfe der Projektion von Hemmung zu den Nachbar-Moduln[2] aufbaut. Dieser funktionelle diskriminierende Mechanismus kennzeichnet einen Modul. Ein Modul ist eine Einheit, weil er ein System innerer Krafterzeugung besitzt, und darum herum ist die Abgrenzung durch seine inhibitorische Aktion auf die anliegenden Moduln gesichert. Natürlich besitzt jeder dieser Moduln seinerseits seine eigene, ihm innewohnende Kraft und kämpft mit einer Gegen-Hemmung auf seine umliegenden Moduln zurück. Nirgends besteht unkontrollierte Exzitation. Es herrscht eine immense Kraft-Wechselwirkung von Exzitation und Inhibition. In dieser fortwährenden

---

[1] J. Szentágothai [1974].
[2] J. Szentágothai [1969]; M. Marin-Padilla [1970].

Interaktion müssen wir uns die Feinheit des gesamten neuronalen Apparates der menschlichen Großhirnrinde vorstellen, die sich vielleicht aus ein bis zwei Millionen Moduln, jeder aus bis zu 10 000 Teil-Neuronen bestehend, zusammensetzt. Wir können uns nur vage vorstellen, was sich in der menschlichen Hirnrinde oder auch in den Rinden der höheren Säugetiere abspielt, aber es befindet sich auf einem Niveau von Komplexität, von dynamischer Komplexität, die unermeßlich größer ist als irgendetwas, das jemals im Universum entdeckt worden oder in der Computertechnologie geschaffen worden ist.

Dieser Konflikt zwischen Erregung und Hemmung bewirkt tatsächlich all die Variationen der Abläufe von Augenblick zu Augenblick. Dem ist auf der Ebene der Schichten I und II die feinere Abstimmung der Inhibition überlagert. Sie ist feiner abgestimmt, weil die inhibitorischen Zellen kürzere Axone besitzen, die nur ganz in der Nähe liegende Zellen hemmen und nicht die weiterreichende hemmende Wirkung der inhibitorischen Zellen der tieferen Schichten, die auf in der Nähe liegende Moduln projizieren, ausüben. Neben dieser feineren inhibitorischen Abstimmung ist auch die synaptische Erregung viel feiner, weil sie in den Schichten I und II sehr gering, aber andererseits weiter gestreut ist. Hier ist eine starke Konvergenz erforderlich, weil die exzitatorischen Synapsen verstreut auf Dornfortsätzen von Seitenzweigen der apikalen Dendriten, also entfernt von den impulserzeugenden Stellen in den Somata, den somanahen Dendriten und dem Axon liegen.[3] Hier gibt es nicht diese wirkungsvolle Synapse vom Cartridge-Typ entlang den apikalen Dendriten der Pyramidenzellen, die solch ein hervorstechendes Charakteristikum der tieferen Schichten ist. So sehen wir, daß die Synapsen-Einflüsse der Schichten I und II einen feineren und sacht modulierenden Einfluß ausüben. Es ist von großem Interesse, daß dieser mutmaßliche, modulierende Einfluß größtenteils durch afferente Assoziations- und Callosumfasern bewirkt wird. Diese Afferenzen kommen von den Pyramidenzellen anderer, relativ entfernter Moduln, und so kann man sich denken, daß auf diese Weise eine schwache Wechselwirkung zwischen entfernten Moduln besteht (siehe Kapitel E7).

5. Die Verknüpfungen der kortikalen Zonen

Bisher haben wir uns auf die Tätigkeit individueller Moduln und ihre Interaktion mit anliegenden Moduln konzentriert und haben die Verbindungen zwischen Moduln entfernter Rindengebiete über Assoziations-

---

[3] Vgl. J. Szentágothai [1972], [1974].

oder Kommissurenfasern lediglich erwähnt. Diese Bahnen zu nachgeschalteten Stufen wurden für die primären sensorischen Rindenfelder ausführlich untersucht (siehe Abb. E 1–1 und 4): die somästhetischen (Felder 3, 1, 2), visuellen (Feld 17) und auditorischen Areale (Heschlscher Gyrus des Gyrus temporalis superior). Doch sogar innerhalb eines primären sensorischen Areals findet eine beträchtliche Menge lokalisierter Interaktion statt, zum Beispiel innerhalb des Abschnittes für die obere, aber nicht zwischen oberer und unterer Extremität.[1] Außerdem gibt es keine direkte Interaktion zwischen den primären sensorischen Zentren für somästhetische Sensibilität, Sehen und Hören. Doch Interaktion findet statt, wenn wir zum Beispiel ein getastetes Objekt durch ein gesehenes identifizieren. Offensichtlich muß sie sich in denjenigen kortikalen Zentren abspielen, auf die diese primären sensorischen Zentren projizieren. Diese Projektionen wurden viele Jahre lang ausführlich erforscht. Die äußerst gründliche Untersuchung von Jones und Powell [1970] setzt diese Arbeit am Primatenhirn fort und zeigt, daß eine kaskadenartige Anordnung von den primären zu den sekundären, tertiären usw. Feldern besteht. Diese sehr wichtige Untersuchung wird im Detail diskutiert und veranschaulicht werden.

Wie in Abb. E 1–7 A–D gezeigt, wurde die somästhetische Bahn mit Hilfe einer stufenweisen Degenerationstechnik untersucht. Werden die Neurone in einem Abschnitt der Rinde durch Anoxie abgetötet, die ihnen durch Exzision der weichen Hirnhaut beigebracht wird, so degenerieren ihre Axone; einige Tage später können sie mit Hilfe einer speziellen Färbung in den Serienschnitten des Gehirns verfolgt werden. In A zum Beispiel zeigt die schwarze Zone (S), daß die Neurone des primären somästhetischen Areals 3, 1, 2 abgetötet worden sind und degenerierte Axonendigungen in den gepunkteten Zonen 5, 4 und SM (supplementäres motorisches Feld) gefunden wurden. Offensichtlich projizieren die Felder 3, 1, 2 zu den Feldern 5, 4 und SM und enden dort als Assoziationsfasern (siehe Abb. E 1–5). In B ist der nächste Projektionsschritt durch Abtötung der Neurone des Feldes 5 bei einem anderen Affen untersucht worden, und man sieht, daß die Degeneration von Axonendigungen in den Feldern 6, 7 und SM stattfindet. C zeigt einen weiteren Schritt mit Abtötung in Feld 7. Hier verlaufen die Projektionen zur präfrontalen Rinde, den Feldern 46 und 45 und zu STS (in der Tiefe des oberen sulcus temporalis). Diese Zonen liegen auf der äußeren Oberfläche der Hemisphäre und man sieht, daß auf der medialen Oberfläche in D Projektion zu den Feldern 35 und CG (Gyrus cinguli, Felder 23 und 24 von Abb. E 1–4B) erfolgt. Die Felder 35 und CG liegen in der paralimbischen Zone, auf dem Weg zum

---

[1] E. G. Jones und T. P. S. Powell [1969].

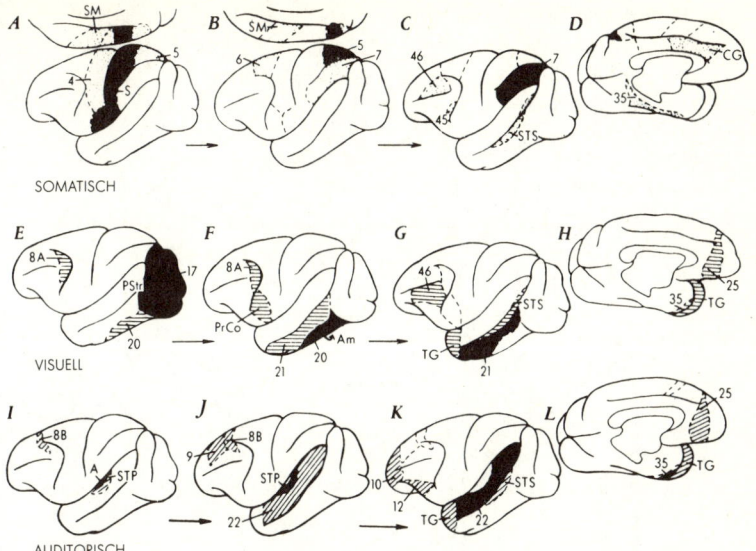

Abb. E1–7. Schematische Darstellung, die die kaskadenartigen Verbindungen von den primären somatischen (A–D), visuellen (E–H) und auditorischen (I–L) Feldern der Hirnrinde zusammenfaßt. Die Läsionen in den jeweiligen Stufen sind schwarz und die weiteren Projektionsfelder dieser Areale durch leichte Punktierung oder Schraffierung gekennzeichnet. Alle sensorischen Bahnen konvergieren in den Tiefen des Sulcus temporalis superior (*STS*)! D, H und L bringen die mediale Ansicht der Hemisphären, wie sie in C, G und K gezeigt sind (Jones und Powell [1970]).

Limbischen System. So gibt Abb. E1–7, A–D eine Darstellung der Verbindungskaskade für die primären zu den sekundären, tertiären und quaternären somästhetischen Zentren. Hierbei ist noch zu beachten, daß in Abb. E1–7, A–D nur die Hauptfolge (3, 1, 2) →5→7 dargestellt ist, jedoch nicht die verschiedenen sekundären Verzweigungen.

Die Verbindungskaskade für die Sehbahnen ist in Abb. E1–7, E–H in ähnlicher Weise abgebildet. Beim Affen bilden die sog. circumstriären Felder, 18 und 19, ein sehr schmales Band um das ausgedehnte primäre Sehfeld (Area Striata), 17, so daß in E die Läsion alle drei Felder einschloß. Die stufenweise Läsion fand für Feld 20 in F (dem Lobus inferotemporalis) und für Feld 21 in G statt. Es ist von großem Interesse, daß auf der dritten Stufe, C und G in Abb. E1–7, die somästhetischen und Sehbahnen auf die gleichen Rindenzonen, 46 und STS, und möglicherweise auch 35 in D und H, konvergieren. Da sich jedoch die beiden frontalen Projektionsgebiete in 46 in dem horizontal verlaufenden Sulcus

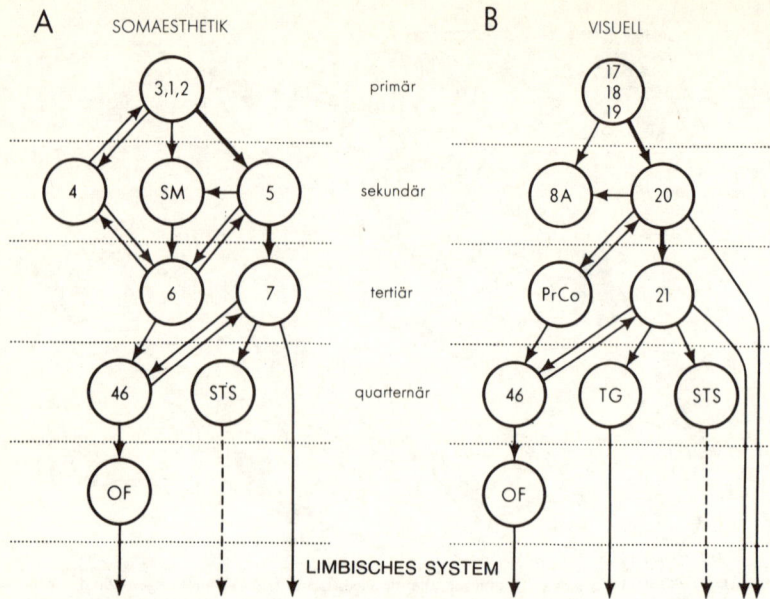

Abb. E1–8. Schematische Darstellung der Projektionskaskade für die somästhetischen (A) und visuellen (B) Systeme im Großhirn. Die Zahlen beziehen sich auf die Brodmannschen Felder, die anderen Felder sind, mit Ausnahme von *OF*, das die orbitale Oberfläche des Frontallappens bildet, in Abb. E1–7 dargestellt.

principalis nur berühren und wahrscheinlich nicht überlappen, ist STS die Haupt-Konvergenzzone.

In Abb. E1–7, I–L ist auch die Verbindungskaskade vom primären Hörzentrum (Heschlscher Gyrus, A in I) nach STP (Planum temporale superior), zum Feld 22 und wiederum nach STS zu sehen. Die weiteren tertiären Projektionen erfolgen wiederum zu den paralimbischen Feldern 25 und 35.

Die Abtötung anderer Rindenzonen in den Projektionen zeigt eine weitere Komplexität von Verbindungen. Doch lassen sich aus der diagrammatischen Darstellung von Abb. E1–8, A und B, gewisse Prinzipien dieser kaskadenartigen Verbindungen ableiten. Die Hauptkaskade wird auf vier Ebenen gezeigt und leitet sich teilweise von Abb. E1–7, A–D ab. Das primäre somästhetische Areal besitzt Ausgänge zu nur drei Zonen, wobei rückläufige Verbindungen nur aus dem motorischen Zentrum, 4, kommen. Die nächste in der Reihenfolge ist die starke Projektion von 5 nach 7 und auch von 5 nach 6 und SM. die Felder 4, 6 und 5 besitzen starke reziproke Verknüpfungen, über die die somästhetischen Eingänge wirkungsvoll für die Regulierung der Aktivität der Pyramidenbahnzellen des motorischen Zentrums, 4, und damit für die motorische Aktion genutzt werden können, wie in Kapitel E3 noch beschrieben wird. Die Verbindung zwischen den Feldern 5 und 7 ist nicht reziprok, auf der quaternären Ebene aber sind die Felder 46 und 7 wieder reziprok miteinander verbunden. Auf den weiteren Stufen erfolgt Projektion zu der wichtigen polymodalen Zone STS. Auch hier gibt es zahlreiche Projektionen zum Limbischen System, entweder direkt von 7, über 46 oder möglicherweise STS.

Im visuellen System projizieren die Felder 17, 18, 19 auf der sekundären Ebene zu den Feldern 20 und 8 A (dem präfrontalen Augenfeld) ohne rückläufige Verbindungen (Abb. E1–8 B). Auf der tertiären Ebene finden sich reziproke Verbindungen mit der Zone PrCo (dem präcentralen agranulären Feld), jedoch ausschließlich Vorwärtsprojektionen zu 8 A und 21. Schließlich ist die tertiäre Hauptzone, 21, reziprok zu 46, aber einwegig mit STS und dem Limbischen System verbunden. Ein besonderes Charakteristikum des visuellen Systems ist eine direkte Bahn von der sekundären Zone 20 zum Limbischen System. Zahlreiche Merkmale sind für A und B charakteristisch: die einläufigen Bahnen aus dem primären Feld; die einläufige Bahn von sekundär zu tertiär in der Hauptsequenz, 5 zu 7 in A und 20 zu 21 in B; die reziproken Verknüpfungen von den beiden tertiären Feldern 7 und 21 zu 46; die Verbindung von den gleichen tertiären Zonen zu STS; die Ausgänge von den tertiären Hauptzonen 7 und 21 zum Limbischen System. In jedem System existieren verschiedene andere, weniger direkte Bahnen zum Limbischen System. Sowohl in A als auch B geht der vorwärts gerichtete Verlauf der sekundären und tertiären Projektionen sowohl zum Frontal- als auch Parieto-temporal-Lappen mit überkreuzten Verbindungen. Das Projektionssystem des Gehörs zeigt ähnliche Merkmale, ist jedoch weniger untersucht (siehe Abb. E1–7, I–L).

Die in den Abb. E1–7 und 8 dargestellten Verbindungen werden von besonderem Interesse sein, wenn wir uns in Kapitel E2 dem Studium der Rindenmechanismen, die bei der bewußten Wahrnehmung eine Rolle spielen, und in Kapitel E6 den Auswirkungen umschriebener zerebraler Läsionen zuwenden. Es ist zu beachten, daß jede der Kommunikationslinien in Abb. E1–8 eine Assoziationsbahn mit einer großen Zahl von Nervenfasern, mindestens Hunderttausenden, verkörpert und daß an jeder Umschaltstation die immensen Integrationssysteme der Moduln vorhanden sind. Wie in Abb. E1–5 gezeigt und weiter oben wiederholt betont, erfolgt der Eingang aus den Assoziationsfasern größtenteils in den Schichten I und II, das heißt in der Operationszone der Moduln, die schwächer und diffuser und feiner geregelt ist.

6. Verknüpfungen des Limbischen Systems[1]

Ein Teil des Gehirns, der sich aus dem alten olfaktorischen (Geruchs-) Hirn entwickelt hat, besitzt einzigartige Funktionen. Er spielt eine spezielle Rolle bei der emotionalen Erfahrung (mit der wir uns in Kapitel E2 beschäftigen) und auch beim Speichern von Erinnerungen (was in Kapitel E8 thematisiert wird). Er ist gewöhnlich als das Limbische System oder der Limbische Lappen bekannt, Bezeichnungen, die eine extrem komplexe Anhäufung von Strukturen umfassen, die immer noch wenig verstanden sind – sowohl strukturell als auch funktionell. Er schließt primitive Zonen der Großhirnrinde mit ein, die sich von den großen, in jüngerer Zeit entwickelten neokortikalen Abschnitten unterscheiden und die oft Archikortex genannt werden. Wie in Abb. E1–9 schematisch gezeigt, umfaßt er den Hippocampus (HI) und den angeschlossenen Gyrus Hippocampi (HG), einschließlich der entorhinalen Rinde (EC), die auch in einem Querschnitt des Gehirns in Abb. E8–6 dargestellt sind. Der Cortex piriformis (PC in Abb. E1–9) ist ebenfalls ein primitiver Kortex und liegt auf der Riechbahn, wie in Kapitel E2 beschrieben. Neben diesen Abschnitten des primitiven Kortex gibt es verschiedene Gruppen, wie das Corpus amygdaloideum (Mandelkerne, A), den Nucleus septi (S) und die Nuclei raphae (nicht gezeigt), den Hypothalamus (HY) und die Verknüpfungen besonders durch das gesamte Fornixsystem (F) (nicht gezeigt).

Die Abb. E1–9 zeigt Bahnen von den Zonen des Lobus temporalis, TG, und 20 (Abb. E1–7) zum entorhinalen Kortex (EG) und zum Gyrus hippocampi (HG) und von dort zum Hippocampus (HI), der der Hauptbestandteil des menschlichen Limbischen Systems ist. Sie zeigt auch zwei Bahnen vom Lobus präfrontalis zum Limbischen System, eine von der Konvexität (Feld 46 in Abb. E1–7) über einen Umweg mit vielen Aufzweigungen im Gyrus cinguli (CG) zum Gyrus hippocampi (HG), die andere direkter von der orbitalen Oberfläche des Präfrontallappens (OF, siehe Abb. E1–8) zum Hypothalamus (HY) und dem entorhinalen Kortex (EC). Weitere Verknüpfungen sind in Abb. E1–9 gezeigt. Von besonderem Interesse sind die Bahnen von PC nach A und nach EC, über die Geruchsinformation zum Hypothalamus, zum Hippocampus, zu den Nuclei septi und von dort zum medio-dorsalen Thalamus, MD, und weiter zum Cortex praefrontalis gelangt. Die verschiedenen hypothalamischen Kerne (HY), die für die Empfindung von Hunger, Durst, Sex, Vergnügen zuständig sind, scheinen zum medio-dorsalen Thalamus größtenteils über die Nuclei septi zu projizieren. Die Rolle dieses Informationsflusses bei

---

[1] R. Hassler [1967]; W. J. H. Nauta [1971].

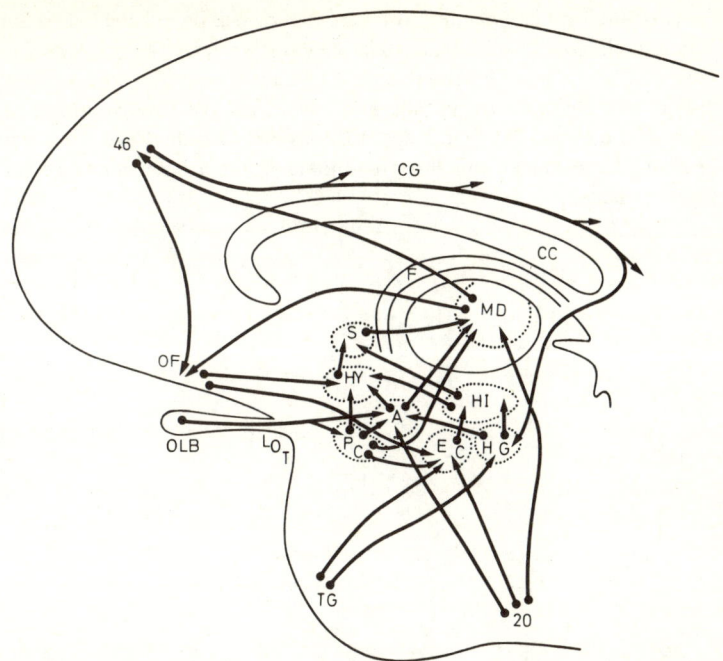

Abb. E1–9. Schematische Zeichnung der Verbindungen vom Neokortex zum und vom medio-dorsalen Thalamus (*MD*). *OF*, ist die orbitale Oberfläche des präfrontalen Kortex; *TG*, der temporale Pol; *HG*, der Gyrus hippocampi; *HI*, der Hippocampus; *S*, das Septum; *F*, Fornix; *CC*, Corpus callosum; *OLB*, Bulbus olfactorius; *LOT*, Tractus olfactorius lateralis; *PC*, Cortex piriformis; *EC*, Entorhinaler Cortex; *A*, Corpus amygdaloideum; *HY*, Hypothalamus; *CG*, Gyrus cinguli.

der Modifikation und Entwicklung bewußter Wahrnehmungen wird in Kapitel E2 betrachtet werden.

In Abb. E1–9 tritt die zentrale Rolle des medio-dorsalen Thalamus MD zutage.[2] Die Hauptbahn vom Limbischen System zum Neokortex verläuft von hier zur orbitalen Oberfläche des präfrontalen Cortex (OF). Die Bedeutung dieser einzigartigen Bahn kann nicht hoch genug eingeschätzt werden. Es ist wichtig zu wissen, daß das Geruchssystem über den Cortex piriformis (PC) und das Corpus amygdaloideum (A) direkt zum Limbischen System projiziert, ohne die komplexen neokortikalen Bahnen zu durchlaufen, wie die somatosensiblen, visuellen und auditorischen Systeme (siehe Abb. E1–7 und E1–8).

---

[2] Vgl. W. J. H. Nauta [1971].

Abschließend ist noch festzustellen, daß es sich beim Limbischen System um ein stufenweises neuronales Netzwerk handelt, dessen Komplexität weit über das stark vereinfachte Schema von Abb. E 1–9 hinausgeht,
in dem zum Beispiel das gesamte Fornixsystem fortgelassen wurde. Dennoch wird die Abb. E 1–9 in Kapitel E 2 als Basis für die Diskussion, wie
bewußte Erfahrungen mit ihren emotionalen Obertönen ausgearbeitet
werden, dienen.

Kapitel E2
Bewußte Wahrnehmung

7. Übersicht

Der Grundplan des sensorischen Systems wird beschrieben. Die verschiedenen Sinnesorgane, zum Beispiel für Berührung, Sehen und Hören, übermitteln durch das Abfeuern von Impulsen dem Gehirn kodierte Meldungen über Ort und Intensität des Reizes. Die Übertragung erfolgt niemals direkt, sondern über synaptische Umschaltstellen (vgl. Abb. E2–1), die die Nachricht modifizieren, so daß das Zentralnervensystem tatsächlich ein sehr verzerrtes »kodiertes Bild« des peripheren Stimulus erhält. Man muß sich vorstellen, daß diese Übertragungssysteme den ursprünglichen Reiz in neuronale Ereignisse umwandeln, die in der Großhirnrinde aufgenommen und interpretiert werden können. Jeder Sinn ist in seinem primären Projektionsfeld in der Hirnrinde, das heißt dem zugehörigen Brodmannschen Feld, landkartenartig ausgebreitet. Der Hautsinn zum Beispiel ist so ausgelegt, daß sich die Körperoberfläche als streifenförmige Karte von den Zehen bis zur Zunge über die Brodmannschen Felder 3, 1, 2 hinzieht (Abb. E1–1, 4).

Von Libet liegt eine präzise analytische Studie vor über die zeitliche Beziehung von bewußter Wahrnehmung zu Vorgängen im primären sensorischen Areal der Großhirnrinde (Abb. E2–2, 3). Wenn die neuronalen Nachrichten die Großhirnrinde erreichen, kommt es nicht unmittelbar zur bewußten Empfindung. Es besteht eine relativ lange »Inkubationsperiode«, während der sich die neuronalen Erregungsmuster zunehmend ausbreiten und komplexer werden, bis sie ein angemessenes Niveau für Aktion über die Kontaktstelle (interface) zwischen Gehirn und selbstbewußtem Geist erreichen. Diese Periode kann bis zu einer halben Sekunde dauern, aber selbstbewußter Geist ist in der Lage, die Wahrnehmung zeitlich derart vorzuziehen, daß sie bis zu 0,5 Sekunden vor den sie auslösenden neuronalen Ereignissen stattfindet – der Prozeß der Vordatierung. Von dem primären sensorischen Areal für Berührung breitet sich die Information nach Feld 5 und dann 7 aus, die den sensorischen Input in

Mustern darstellen, die den Umriß und das Oberflächengefühl von beta-
steten Gegenständen vermitteln und in Beziehung zur visuellen Erfahrung
dieser Gegenstände bringen.

Die Sehbahn von der Retina zum primären Sehfeld der Großhirnrinde
wird kurz besprochen. In Abb. E2–4 ist gezeigt, wie die linken und rechten Gesichtsfelder beider Augen durch die Sehbahnen geführt werden, so
daß eine Überkreuzung des linken Gesichtsfeldes zur rechten Sehrinde
und umgekehrt für das rechte Gesichtsfeld stattfindet. Im primären visuellen Areal ist das Gesichtsfeld kartenartig ausgelegt (Abb. E2–5). In dieser
Karte sind feine Details in kortikalen Säulen nach zwei Kriterien angeordnet: die Augendominanz und die räumliche Orientierung von Linien,
Rändern oder Konturen im Gesichtsfeld (Abb. E2–6, 7). Die weitere
Verarbeitung in der Sehrinde führt zu einer gewissermaßen geteilten Zu-
sammenstellung von Elementen des visuellen Bildes. In der Retina wird
dieses visuelle Bild natürlich einfach in ein Mosaik von etwa einer Million
Punkten umgewandelt, die mittels des Impulsentladungskodes in den Fasern des Sehnerven zur Sehrinde projizieren. Dieses punktförmige Mosaik
in der Retina wird schließlich durch Neurone in den tertiären und quaternären sensorischen Zentren, die Merkmalerkennung für einfache geometrische Formen besitzen, in verschiedenen Ebenen kodiert zusammengestellt (Abb. E1, 7 E–H, 8 B). Aus diesen Untersuchungen ergibt sich jedoch kein Anhaltspunkt dafür, wie das gesamte visuelle Bild in der bewußten Erfahrung wiederhergestellt wird. Erkennungsmerkmale, wie zum
Beispiel Quadrate, Dreiecke, Rechtecke, Sterne, sind freilich von der
Wiederherstellung des gesamten Bildes weit entfernt.

So großartig sie sind, geben diese Tierexperimente doch noch keinen
Anhaltspunkt dafür, wie ein gesamtes visuelles Bild durch die neuronale
Maschinerie des Gehirns zusammengesetzt werden kann. Bei der Diskussion dieses Rätsels visueller Wahrnehmung wird auf Kapitel E7 hingewiesen, wo eine radikale neue Hypothese vorgestellt wird.

Es wird kurz über die akustische Wahrnehmung berichtet und gezeigt,
daß im wesentlichen die gleiche neuronale Maschinerie mit aufeinanderfolgenden Umschaltstellen von der primären Empfangszone zu anderen
kortikalen Abschnitten zuständig ist.

Schließlich wird darüber berichtet, wie das Limbische System und angeschlossene Gebiete des Hirnstamms die emotionale Färbung bewußter
Wahrnehmung liefern können. Es werden Schaltkreise vom Neokortex,
insbesondere vom Frontallappen zum Limbischen System und wieder zurück, beschrieben. Dabei muß auch berücksichtigt werden, daß in mehreren Gebieten eine Übertragung zwischen verschiedenen spezifischen Sin-
nesgebieten (crossmodal transfer) wie Berührung, Sehen und Hören, sowie den Limbischen Erregungen mit den sie begleitenden Empfindungen

von Geruch, Geschmack, Hunger, Angst, Durst, Wut, Sex, Vergnügen etc. stattfindet.

Im Epilog soll ein Zitat von Mountcastle die außergewöhnliche Dichotomie veranschaulichen, die zwischen den Vorgängen im Gehirn als Folge aller eingehenden Erregungen aus den Rezeptoren einerseits und den bewußten Wahrnehmungen, die jeder von uns als Ergebnis dieser Erregungen andererseits hat, besteht.

8. Einführung

Hinsichtlich der neuronalen Vorgänge, die zu Wahrnehmungen im Bereich der verschiedenen Sinne führen, gibt es bestimmte Prinzipien. Am gründlichsten sind die Tastempfindung und das Sehen untersucht worden. Doch man hat Grund zu glauben, daß alle anderen Sinneserfahrungen auf ähnlichen neuronalen Mechanismen beruhen. Notwendigerweise müssen die entscheidenden experimentellen Untersuchungen über Wahrnehmung an menschlichen Versuchspersonen bei Bewußtsein ausgeführt werden; doch sowohl die Planung als auch die Interpretation dieser Experimente leiten sich von den großartigen Erfolgen ab, die Untersuchungen an den sensorischen Systemen von Tieren und hier besonders von Affen in den letzten Jahrzehnten errungen haben. Den leistungsfähigen Techniken zur Präzision und Selektivität der Reizung entsprach die Ableitung von einzelnen Neuronen mit Hilfe von Mikroelektroden. Doch genauso wichtig war der Erfolg bei der genauen Aufklärung der neuralen Bahnen von den Rezeptoren zur Großhirnrinde und innerhalb der Großhirnrinde mit anatomischen Methoden.

Es gibt eine Vielzahl von Rezeptortypen, die in der Lage sind, bestimmte Veränderungen in der Umwelt in selektiver Weise in Entladung von Nervenimpulsen umzukodieren. Im allgemeinen kann man feststellen, daß die Stärke des Reizes als Entladungsfrequenz der Impulse verschlüsselt wird. Auf diese Weise werden Signale von den Rezeptoren zu den höheren Ebenen des Zentralnervensystems übermittelt, die in der bewußten Wahrnehmung von zum Beispiel Gesehenem, Gehörtem und Berührung resultieren. Eine Einführung in das Problem der bewußten Wahrnehmung wird am besten anhand der Hautempfindung gegeben. In der Haut liegen Rezeptoren, die darauf spezialisiert sind, einen mechanischen Reiz, eine langsame oder rasche Berührung, in Impulsentladungen in den Nervenfasern umzuwandeln.

Die Verbindungen von den Rezeptoren zum Gehirn verlaufen niemals direkt. Es sind immer synaptische Verknüpfungen von Neuron zu Neuron an jeder der verschiedenen Umschaltstationen vorhanden. Jede dieser Stufen ermöglicht eine Modifikation der Kodierung von »Meldungen« der Rezeptoren. Sogar die einfachsten Reize, wie ein Lichtblitz oder eine kurze Berührung der Haut, werden den entsprechenden primären Empfangszonen der Großhirnrinde in Form eines Codes von Nervenimpulsen in verschiedenen zeitlichen Aufeinanderfolgen und in vielen parallel verlaufenden Fasern signalisiert.

Unser spezielles Interesse konzentriert sich auf die neuronalen Ereignisse, die für eine bewußte Erfahrung erforderlich sind. Man ist sich darin einig, daß eine bewußte Erfahrung nicht in dem Augenblick eintritt, wenn Impulse über eine sensorische Bahn die primären sensorischen Felder des Großhirns erreichen. Die erste Antwort auf einen kurzen peripheren Reiz ist eine knappe Potentialänderung, die evozierte Reaktion, in der dazugehörigen primären Rindenzone (ER von Abb. E2–3 A). Unmittelbar danach ändert sich die Entladungsfrequenz von zahlreichen Neuronen in diesem Gebiet im Sinne einer Zunahme oder Abnahme oder einer komplizierten zeitlichen Abfolge beider. Unser Problem ist jetzt, einen Einblick in die neuralen Ereignisse zu gewinnen, die eine notwendige Beziehung zu der bewußten Erfahrung haben. In wichtigen Punkten führt das Studium der Hautempfindung in dieses erregende Feld der neuralen Wissenschaften.

Diese Einführung kann am besten durch die lebendigen und phantasievollen Feststellungen von Mountcastle [1975(b)] abgeschlossen werden.

> Jeder von uns glaubt von sich selbst, daß er direkt in der Welt, die ihn umgibt, lebt, ihre Gegenstände und Ereignisse genau fühlt und in einer realen und gegenwärtigen Zeit lebt. Ich behaupte, daß dies Illusionen der Wahrnehmung sind, denn jeder von uns begegnet der Welt mit einem Gehirn, das mit dem, was »draußen« ist, über wenige Millionen gebrechliche sensible Nervenfasern verbunden ist. Diese sind unsere einzigen Informationskanäle, unsere lebendigen Verbindungen zur Realität. Diese sensiblen Nervenfasern sind keine high-fidelity-Empfänger, denn sie heben bestimmte Reizmerkmale hervor und vernachlässigen andere. Das zentrale Neuron ist im Vergleich zu den afferenten Nervenfasern ein Fabulierer; es ist niemals vollkommen glaubwürdig, erlaubt es doch qualitative und quantitative Verzerrungen, im Rahmen einer gestrafften aber isomorphen räumlichen Beziehung zwischen dem »Außen« und dem »Innen«. Empfindung ist eine Abstraktion, nicht eine Replikation der realen Welt.

9. Hautempfindung (Somaesthesie)
9.1. Bahnen zum primären sensorischen Areal im Kortex

Die Abb. E2–1 ist ein Schema der einfachsten Bahn von den Rezeptoren in der Haut zur Großhirnrinde hinauf. Eine Berührung der Haut zum Beispiel veranlaßt einen Rezeptor, Impulse abzugeben. Diese wandern

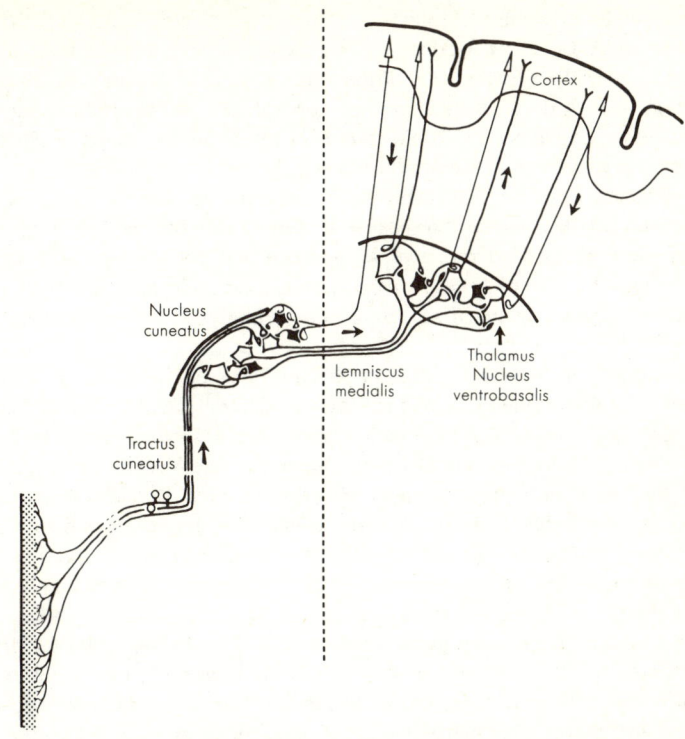

Abb. E2–1. Bahn für Hautfasern aus der vorderen Extremität zur senso-motorischen Rinde. Beachte die schwarzgezeichneten inhibitorischen Zellen im Nucleus cuneatus und im ventro-basalen Nucleus des Thalamus. Die inhibitorische Bahn im Nucleus cuneatus ist vom feed-forward-Typ und im Thalamus vom feedback-Typ. Außerdem ist eine präsynaptische inhibitorische Bahn zu einer exzitatorischen Synapse einer Faser des Tractus cuneatus zu sehen. Es ist dargestellt, wie efferente Bahnen vom senso-motorischen Kortex die thalamokortikalen Relais-Zellen und sowohl postsynaptische als auch präsynaptische inhibitorische Neurone im Nucleus cuneatus erregen.

die dorsalen Säulen des Rückenmarks (den Tractus cuneatus für die Hand und den Arm) hinauf, und nach einer synaptischen Umschaltung im Nucleus cuneatus und einer weiteren im Thalamus erreicht die Bahn die Großhirnrinde. Auf dem Wege liegen nur zwei Synapsen und man könnte fragen, warum gibt es die überhaupt? Warum gibt es keine direkte Bahn? Der springende Punkt ist, daß jede dieser Umschaltstationen Gelegenheit für eine inhibitorische Aktion gibt, die die neuronalen Signale dadurch schärft, daß sie schwächere exzitatorische Aktionen ausfiltert, wie sie auftreten würden, wenn die Haut eine unscharf begrenzte Kante berührt. Auf

diese Weise erreicht schließlich ein schärfer begrenztes Signal die Hirnrinde und dort findet wiederum das gleiche inhibitorische Meißeln des
Signals durch modulare Interaktion (vgl. Kapitel E1) statt. Als Folge
davon können Berührungsreize präziser lokalisiert und beurteilt werden.
Infolge dieser Hemmung ist ein starker Hautreiz häufig von einer Haut-
zone mit verminderter Empfindlichkeit umgeben.

Ebenfalls in Abb. E2–1 sind die Bahnen, die von der Großhirnrinde
hinunter zu den beiden Umschaltstellen der Hautbahn laufen, gezeigt.
Auf diese Weise, indem sie präsynaptische und postsynaptische Hemmung ausübt, ist die Großhirnrinde imstande, diese Synapsen zu blockie-
ren und sich so davor zu schützen, durch Hautreize, die vernachlässigt
werden können, belästigt zu werden. Dies ist es natürlich, was geschieht,
wenn man sehr intensiv beschäftigt ist, zum Beispiel mit der Ausführung
einer Handlung oder mit Wahrnehmung oder mit Denken. In solchen
Situationen kann man sogar einen starken Reiz nicht bemerken. In der
Hitze eines Gefechtes zum Beispiel können schwere Verletzungen unbe-
merkt bleiben. In einem weniger schwerwiegenden Bereich ist es seit
langem gebräuchlich, einen Gegenreiz auszuüben, um Schmerzen zu verringern. Vermutlich wird auf diese Weise eine inhibitorische Suppression
der Schmerzbahn zum Gehirn erzeugt. So können wir die afferenten An-
ästhesien von Hypnose oder Yoga oder Akupunktur dadurch erklären,
daß die zerebralen oder andere Bahnen die Hautbahnen zum Gehirn
hemmen. In all diesen Fällen bewirken Entladungen von der Großhirnrinde abwärts über die Pyramiden- und andere Bahnen eine inhibitorische
Blockade an den Umschaltstellen der aufsteigenden spinokortikalen Bahnen, wie in Abb. E2–1 schematisch dargestellt. Diese Fähigkeit der Großhirnrinde ist wichtig, weil es nicht wünschenswert ist, daß sich alle Entladungen der Rezeptoren des Körpers ständig in das Gehirn ergießen. Der
Schaltplan mit aufeinanderfolgenden synaptischen Relais, jedes mit verschiedenen zentralen und peripheren inhibitorischen Eingängen ermöglicht die Ausschaltung von Inputs gemäß den Erfordernissen von Situationen.

Konventionelle Untersuchungen an Tieren und Menschen haben das
Rindenareal festgelegt, das in erster Linie mit der Beantwortung von
Hautreizen befaßt ist, das somästhetische Feld. Wie in Abb. E1–1 gezeigt,
breitet sich die Hauptzone in Form einer langen, streifenförmigen Landkarte im Gyrus postcentralis aus, der sich in drei Felder gliedert (Brodmannsche Felder 3, 1, 2 in Abb. E1–4), die sich durch ihre unterschiedlichen Strukturen unterscheiden. Alle Felder der Körperoberfläche vom
untersten bis zum obersten liegen in linearer Anordnung entlang dem
Gyrus postcentralis von seinem dorso-medialen Ende über die konvexe
Oberfläche der Großhirnhemisphäre. Das Feld 3b ist auf leichte Berüh-

rung spezialisiert, und 1 und 2 auf tiefergehende Reize, Hautdruck und Gelenkbewegung, während 3 a für die Muskelempfindung zuständig ist.[1] Es gibt noch eine zusätzliche somästhetische Zone, die für die Thematik dieses Kapitels nicht von Bedeutung ist. Wie schon in Kapitel E1 festgestellt, wurde der erste Anhalt für die säulenförmige Anordnung der Großhirnrinde von Mountcastle [1957] in seiner detaillierten topographischen Studie der somästhetischen Zone gewonnen. In Abb. E1–1 kann man erkennen, daß die Rindenfelder im Verhältnis zur Unterscheidungsfeinheit der Hautareale und nicht zu deren Ausdehnung bemessen sind. Diese Landkarte ist mit Hilfe von zwei Haupttechniken im Detail erforscht worden: bei nichtmenschlichen Primaten durch Registrierung von kortikalen Antworten, die bei systematischer Exploration der gesamten Körperoberfläche, von Gliedern, Hals und Kopf, durch Reizung evoziert wurden; durch elektrische Reizung der sensorischen Rinde von Menschen bei Bewußtsein, die die Hautareale angeben, denen die evozierten Empfindungen zugeordnet werden.[2]

Gewöhnlich berichten die Versuchspersonen über anomale sensorische Empfindungen, Parästhesien wie Prickeln, Taubheit, Kribbeln, obwohl es auch Berichte über normale Empfindungen – Berührung, Klopfen und Druck – gibt. Die Parästhesien lassen sich plausibel dadurch erklären, daß die verabreichte Reizung der hochorganisierten neuronalen Maschinerie der Großhirnrinde Gewalt antut. Sogar ein sehr schwacher elektrischer Reiz wird auf eine Weise erregen, die von der Beziehung der ungeheuren Anhäufung von Neuronen zum angewandten elektrischen Strom abhängt. Als Folge davon kommt es zu einer »neuronalen Schockwelle«, die wenig Ähnlichkeit mit dem Muster neuronaler Aktivität hat, wie es durch einen natürlichen Input von den Rezeptoren erzeugt wird; daher die Parästhesie, ähnlich wie wenn der Nervus ulnaris am Ellenbogengelenk angestoßen wird – am sogenannten Musikantenknochen.

9.2. Die zeitliche Analyse der Hautwahrnehmung

Bei unserer Untersuchung der Vorgänge in der Großhirnhemisphäre, die eine notwendige Beziehung zu bewußter Wahrnehmung haben, kann die Hauptfrage folgendermaßen formuliert werden: Wie ausgefeilt muß das räumlich zeitliche Muster neuronaler Aktivität sein, damit es eine notwendige Beziehung zu einer bewußten Wahrnehmung erreicht? Zum Bei-

---

[1] Literaturhinweise bei E. G. Jones und T. P. S. Powell [1973].
[2] W. Penfield und H. Jasper [1954].

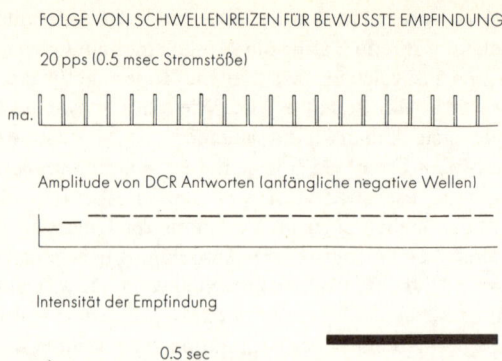

Abb. E2–2. Beziehung zwischen der Folge von 0,5 msec dauernden Stromstößen schwellen-
naher Intensität, die auf den menschlichen Gyrus postcentralis verabfolgt werden (obere
Zeile), und die Amplituden der daneben registrierten direkten kortikalen Antworten (*DCR*
mittlere Zeile). Die dritte Zeile zeigt, daß eine bewußte sensorische Wahrnehmung nach
ungefähr 0,5 Sekunden auftritt, und daß die gerade spürbare Wahrnehmung nach diesem
Zeitraum die gleiche subjektive Intensität beibehält, solange die Reizfolge fortdauert (Libet
[1966]).

spiel ist man sich allgemein darüber einig, daß es nicht zur geringsten
Wahrnehmung (die undifferenzierte Empfindung des Philosophen!)
kommt, wenn einlaufende Impulse auf die Neurone der primär sensorischen Rinde treffen oder sogar dann, wenn die einlaufenden Impulse
Entladungen dieser Neurone auslösen.

Libets[1] Untersuchungen der Hautempfindungen menschlicher Versuchspersonen bei Bewußtsein haben sehr überraschende Antworten gebracht. Diese Arbeit wurde während der letzten zehn Jahre durchgeführt,
immer mit der informierten Zustimmung des Patienten und während der
Freilegung einer Großhirnhemisphäre für einen neurochirurgischen Eingriff. Es wurde mit äußerster Sorgfalt vorgegangen, um eine vorsichtige
elektrische Stimulation zu verabreichen, so daß es zu keiner Beschädigung
der freigelegten Großhirnrinde, die gereizt wurde, kam.

Die erste Entdeckung war, daß eine kurze wiederholte Stimulation der
sensorischen Rinde weit wirkungsvoller hinsichtlich der Evokation einer
Wahrnehmung war als ein einziger Stimulus. Für die optimale Wirksamkeit einer Stimulation, die gerade an der Schwelle lag (Abb. E2–2), lag die
Folge repetitiver Einzelreize, von denen jeder einen Stromstoß von
0,5 msec. Dauer darstellte, im Bereich von 20/Sekunde bis 120/Sekunde.
Libet fand heraus, daß die kritische Stromstärke, die zu einer Wahrneh-

---

[1] B. Libet [1973], und persönliche Mitteilung.

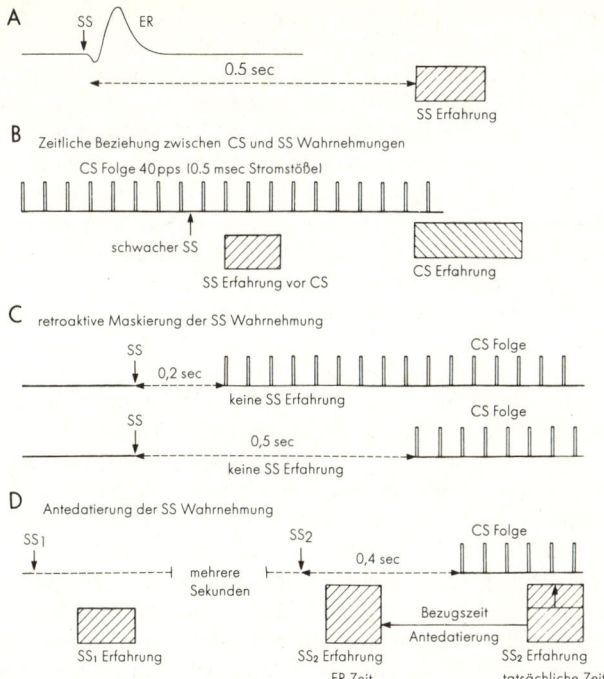

Abb. E2–3. Analytische Experimente über somästhetische Wahrnehmung. A. Evozierte Antwort (*ER*) des kortikalen somästhetischen Zentrums auf einen schwachen Hautreiz (*SS*) und die postulierte verzögerte Wahrnehmung von *SS*. B, C und D werden im Text ausführlich erklärt.

mung führte – häufig eine Parästhesie – am niedrigsten bei einer langen Reizfolge war. Wie durch den schwarzen Balken in Abb. E2–2 angezeigt, führte eine weitere Fortsetzung der Folge über 0,5 Sekunden hinaus lediglich zu einer gerade überschwelligen Fortsetzung der Wahrnehmung, ohne Verstärkung derselben. Doch gleichzeitig zeigten die von der Großhirnrinde abgeleiteten evozierten Potentiale eine gleichförmig starke Antwort auf jeden aufeinanderfolgenden Stimulus der Reihe. Offensichtlich kann bei einer derartig schwachen Reizfolge nur dann eine bewußte Wahrnehmung entstehen, wenn Zeit (bis zu 0,5 Sekunden) für eine Ausarbeitung der räumlich zeitlichen (ST) Muster in der neuronalen Maschinerie der sensorischen Rinde vorhanden ist.

Im Gegensatz zu diesem Befund bei kortikaler Reizung kann ein einziger schwacher Hautreiz ebenso gut wie eine Reizfolge wahrgenommen werden. Libet [1973] vermutete, daß diese Wahrnehmung nur stattfand, nachdem Zeit für die Ausarbeitung neuronaler ST-Muster zur Verfügung gestanden hat, wie in Abb. E2–3 A dargestellt. Wenn jedoch ein kurzer Stromstoß zum Beispiel auf die Haut der Hand verabreicht wurde, bemerkte die Versuchsperson nicht, daß diese relativ lange Verzögerung von bis zu 0,5 Sekunden bestand, bis sie die Stimulation empfinden konnte. Es ist bekannt, daß nur ein sehr kleiner Anteil dieser Zeit – 0,015 Sekunden – für die Übertragung von der Hand zur Großhirnrinde benötigt wird, wie anhand der evozierten Reaktion (ER) in Abb. E2–3A gezeigt wird. Libet wandte sehr raffinierte experimentelle Techniken an, um diese Hypothese zu prüfen. Sie sind in Abb. E2–3 B–D schematisch gezeichnet.

Der erste Versuchsplan prüfte die Annahme, daß ein gerade überschwelliger einzelner Hautreiz (SS) nach der gleichen Inkubationszeit (Abb. E2–3 A) wie eine gerade überschwellige kortikale Reizfolge (CS) von etwa 0,5 Sekunden ausreichend sei für eine bewußte Wahrnehmung. Wäre dies der Fall, so würde der SS, wenn er *während* der minimalen CS-Folge verabreicht wurde, *nach* dem CS wahrgenommen; doch im allgemeinen wurde er *vorher* wahrgenommen! (Abb. E3–2 B). Nur wenn der SS während der letzten 100 msec der CS-Folge gegeben wurde, verschob sich die Reihenfolge der bewußten Wahrnehmung von SS nach CS. In einem zweiten Experiment wurde erkannt, daß ein überschwelliger SS oft nicht wahrgenommen wurde, wenn eine CS-Folge 0,2 bis 0,5 Sekunden *nach* dem einzelnen SS verabreicht wurde (Abb. E2–3C). Diese *retroaktive Maskierung* legte sicherlich die Vermutung nahe, daß ein gerade überschwelliger SS nur nach dem Aufbauen kortikaler Aktivität über einen Zeitraum von etwa 0,2 bis 0,5 Sekunden wahrgenommen wurde. Doch das vorhergehende Experiment (Abb. E2–3 B) schien die Existenz einer solchen Inkubationszeit zu negieren!

Das endgültige Experiment klärte dieses Paradoxon, aber brachte weitere große Probleme. Es beruhte auf dem Befund, daß die relative Intensität zweier Hautreize SS_1 und SS_2, wenn sie in einem Abstand von einigen Sekunden verabreicht werden, von der Versuchsperson mit überraschender Genauigkeit erkannt wird. Nach diesem Ausgangsbefund wurde der Test mit zwei identischen Reizen SS_1 und SS_2 und mit einer CS-Folge durchgeführt, die 0,2 bis 0,6 Sekunden *nach* SS_2 gegeben wurde. Unter diesen Bedingungen berichtete die Versuchsperson über drei Wahrnehmungen: SS_1, SS_2 und CS, letzteres ist nicht mehr in Abb. E2–3D zu sehen. SS_2 schien in einigen Fällen stärker als SS_1 zu sein (Abb. E2–3D) und in anderen Fällen war es schwächer. Zu einer *retroaktiven Verstärkung* der subjektiven Bewußtwerdung von SS_2 kann es kommen, wenn CS etwa 0,6 Sekunden nach SS_2 beginnt. Da die bewußte Wahrnehmung von SS_2 durch einen CS, der 0,2 bis 0,6 Sekunden nach SS_2 beginnt, modifiziert werden kann, ist der Schluß erlaubt, daß die neuralen Ereignisse, die dem SS$_2$-Stimulus Bewußtheit verleihen, über diesen Zeitraum andauern müssen, damit die erforderliche Ausarbeitung neuronaler räumlich-zeitlicher Muster in der Großhirnrinde stattfinden kann. Die Aktivationszeit ist somit vergleichbar mit der für schwache CS-Reizfolgen (Abb. E2–2). Doch zugleich wurde in dem ersten, oben beschriebenen Experiment (Abb. E2–3 B) dieser SS wahrgenommen, als ob keine derartige Verzögerung bestünde!

Um dieses Paradoxon zu erklären, entwickelte Libet eine sehr interessante Hypothese, nämlich, daß ein schwacher einzelner SS, obwohl er bis zu 0,5 Sekunden kortikaler Aktivität bis zur Wahrnehmung benötigt, im *Wahrnehmungs-Prozeß* vordatiert wird, indem er zeitlich auf die anfängliche evozierte Antwort der Hirnrinde (ER in Abb. E2–3 A) bezogen wird. Offensichtlich hat Libet in dem Versuch, ein Problem zu lösen, ein noch verwirrenderes geschaffen: Was ist der Wahrnehmungsmechanismus für diese Vordatierung? Eine mögliche Lösung dieses Problems wird in Kapitel E7 vorgetragen. Die anfängliche Hypothese Libets wird durch diese Experimente unterstützt, nämlich, daß schwache Hautreize nur dann bewußt wahrgenommen werden, wenn in der Großhirnrinde ein Zeitraum bis zu 0,5 Sekunden für die Ausarbeitung neuronaler ST-Muster aufgebracht wird, um die für die primitivste bewußte Erfahrung, eine undifferenzierte Empfindung, erforderliche Komplexität zu erreichen.

In einer weiteren Prüfung dieser Hypothese haben Libet, Wright und Feinstein [1979] die Hautbahn zur Großhirnrinde (*med. lemn.* und *ventrobasaler Thalamus* in Abb. E2–1) gereizt, wodurch eine evozierte Antwort ausgelöst wird, die mit der durch periphere Reizung (ER in Abb. E2–3 A) hervorgerufenen vergleichbar ist. Diese Reizung erfordert jedoch, wenn sie schwach ist, Reizfolgen, um wahrgenommen zu werden. Sie gleicht also in dieser Hinsicht einem kortikalen Stimulus (Abb. E2–2). Obwohl eine Reizfolge nötig war, wurde die tatsächliche Wahrnehmung, vermutlich wegen der evozierten Antwort, zeitlich auf das Einsetzen der Folge vordatiert. Es soll noch angemerkt werden, daß kortikale Reizung eine diffuse, schwache direkte kortikale Reizantwort (DCR in Abb. E2–2) erzeugt, die ganz verschieden von der scharf ausgeprägten großen ER-Antwort von Abb. E2–3 A ist.

9.3. Sekundäre und tertiäre sensorische Felder

Berührungswahrnehmungen auf einem komplexeren Niveau werden durch Neurone des primären sensorischen Areals signalisiert, die spezifisch auf die Bewegungsrichtung eines Reizes auf der Hautoberfläche antworten.[1] Wir werden sehen, daß vergleichbare Bewegungsempfindlichkeiten bei Neuronen der primären Sehrinde noch viel höher entwickelt sind. Mehr synthetische Antworten zeigen die Neurone des sekundären Rindenfeldes, 5, das in Abb. E1–4 A neben den primären sensorischen Feldern 3, 1, 2 liegt. In den Abb. E1–7 A und 8 A empfängt Feld 5 seine Hauptprojektion von den Feldern 3, 1, 2. Mountcastle und Mitarbeiter ([1975 (a)], [1975 (b)], haben eine sehr erschöpfende Untersuchung der Antworten individueller Neurone von Feld 5 durchgeführt. Sie fanden, daß die Antworten der meisten Neurone in einer holistischen Weise in Beziehung zur Auslösung von Bewegungen standen, während die detaillierten Bewegungen den motorischen Feldern überlassen bleiben, wie in Kapitel E3 beschrieben wird. Die neuronale Maschinerie von Feld 5 enthält eine fortlaufend auf den neuesten Stand gebrachte neuronale Kopie der Position und Bewegungen der Extremität im Raum. Komplexe Reizmuster, die viele Gelenk- und Hautbereiche mit einbeziehen, Antworten von Neuronen aus, die vermutlich für die synthetische Empfindung zuständig sind, die abläuft, wenn ein Gegenstand palpiert (betastet) wird. Bei der Palpation kommt es als erstes zur Formung der Hand, um einen Gegenstand zu erfassen, und als zweites zur Bewegung der Hand über die Oberfläche des Gegenstandes in einer aktiven Exploration. Auf diese Weise führt die Hautempfindung zum Merkmalerkennen, das der visuellen Merkmalerkennung im Lobus inferotemporalis, wie unten beschrieben, entspricht.

Feld 7 ist in der somästhetischen Reihenfolge (Abb. E1–7 B, 8 A) das nächste. Durch Analyse von Einzelneuronen haben Mountcastle und Mitarbeiter gezeigt, daß eine beträchtliche Gruppe von Projektions- und Handmanipulationsneuronen vorhanden ist, die denjenigen von Feld 5 ähneln. Unerwartet entdeckte man jedoch, daß die meisten Neurone mit visueller Exploration in Verbindung standen und mit hohen Frequenzen entluden, wenn der Affe einen Gegenstand visuell fixierte, der von großem Interesse und in Reichweite ist. So ähneln sich Feld 7 und 5 darin, daß die Neurone in aktiver Beziehung zu Kommando-Signalen für die Exploration des umgebenden Raumes stehen, Feld 5 für die manuelle und Feld 7 sowohl für die manuelle als auch für die visuelle. Die Beziehung von Feld 7 zu visuellen Inputs ist überraschend, da keine anatomischen Bahnen von irgendeinem der visuellen Zentren zu Feld 7 bekannt sind.[2] Wahrscheinlich sind abgelegenere Wege betroffen.

Die Abb. E1–7 A, B und 8 A zeigen zusätzliche Projektionen der somästhetischen Bahn zum Hauptverlauf. Zahlreiche dieser Projektionen ver-

---

[1] G. Werner [1974].
[2] E. G. Jones und T. P. S. Powell [1970]; vgl. auch Abb. E1–7 E, F, G, und 8 A, B.

laufen zum Lobus praefrontalis und zu den motorischen Zentren. Die letzteren sind zweifellos für motorische Befehlsfunktionen zuständig und werden in Kapitel E3 näher betrachtet. Die ersteren könnten mit Bahnen im menschlichen Gehirn in Zusammenhang stehen, die zur Vermittlung somästhetischer bewußter Wahrnehmungen beitragen. Es ist wichtig zu realisieren, daß, obwohl die Experimente Libets sich auf die primären somästhetischen Zentren (3, 1, 2) konzentrierten, die von den Versuchspersonen berichteten Wahrnehmungen wahrscheinlich in Abhängigkeit von neuronalen Aktivitäten in tertiären, quaternären oder sogar noch entfernteren Zonen (vgl. Abb. E1–8A) entstehen.

Eine weitere wichtige Projektion ist die zum Feld STS, weil sie auch Eingänge von den visuellen und auditorischen Bahnen empfängt (Abb. E1–7C, G, K, 8A, B). Auf diese Weise kommen wir zu den Problemen des intermodalen Transfers, das heißt zwischen visuellem und Berührungserkennen, das nur dem Menschen und einigen nicht-menschlichen Primaten[3], aber nicht Katzen[4] möglich ist. Dies wird den Gegenstand eines späteren Abschnitts bilden. Das Problem der Antedatierung (Abb. E2–3D) wird ebenfalls später in Beziehung zur Rolle des selbstbewußten Geistes bei der Wahrnehmung betrachtet. Die Projektionen von somästhetischen Bahnen zum Limbischen System werden später in diesem Kapitel besprochen. Schließlich werden die Wirkungen klinischer Läsionen der Felder 5 und 7 im Abschnitt von Kapitel E6 über die Parietallappen erörtert.

10. Visuelle Wahrnehmung
10.1. Von der Retina zum primären Sehzentrum in der Großhirnrinde

Höchst komplizierte und äußerst fein aufgebaute Strukturen sind auf allen Stufen der Sehbahnen beteiligt. Das optische System des menschlichen Auges wirft ein Bild auf die Retina, die eine Fläche dicht gepackter Rezeptoren von etwa 10^7 Zapfen und 10^8 Stäbchen ist, in die die komplex organisierten neuronalen Systeme der Retina einmünden. Somit ist das erste Stadium visueller Wahrnehmung eine radikale Aufsplitterung des Retina-Bildes in die unabhängigen Antworten von Myriaden punktförmiger Elemente, den Stäbchen und Zapfen. Auf ganz rätselhafte Weise erscheint das Retina-Bild in der bewußten Wahrnehmung, doch nirgends

---

[3] G. Werner [1974].
[4] G. Ettlinger und C. B. Blakemore [1969].

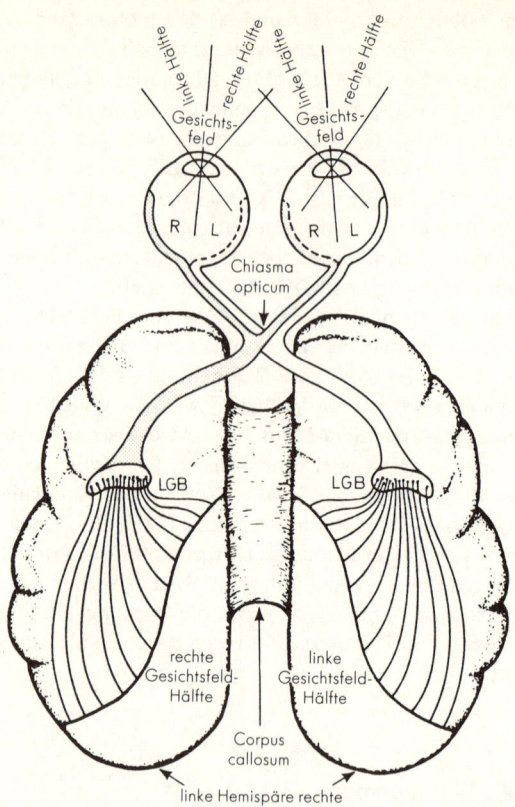

Abb. E2–4. Schema der Sehbahnen, das die linken und rechten Gesichtsfeldhälften mit den retinalen Bildern und der teilweisen Kreuzung im Chiasma opticum zeigt. Die rechte Hälfte des Gesichtsfeldes jeden Auges geht nach Umschaltung im Corpus geniculatum laterale (*LGB*) zur linken Sehrinde und entsprechend das linke Gesichtsfeld zur rechten Sehrinde.

im Gehirn können Neurone entdeckt werden, die spezifisch auf eine noch so kleine Zone des Retina-Bildes oder des gesehenen Bildes antworten. Es wurde gezeigt, daß die neuronale Maschinerie des visuellen Systems des Gehirns eine sehr mangelhafte Rekonstitution zustande bringt, die in vielen Schritten nachverfolgt werden kann.[1]

Das Anfangsstadium der Rekonstitution des Bildes findet in dem komplexen Nervensystem der Retina statt. Als Folge dieses retinalen Synthese-Mechanismus ist der Output in den Millionen Nervenfasern in je-

---

[1] Siehe S. W. Kuffler [1973].

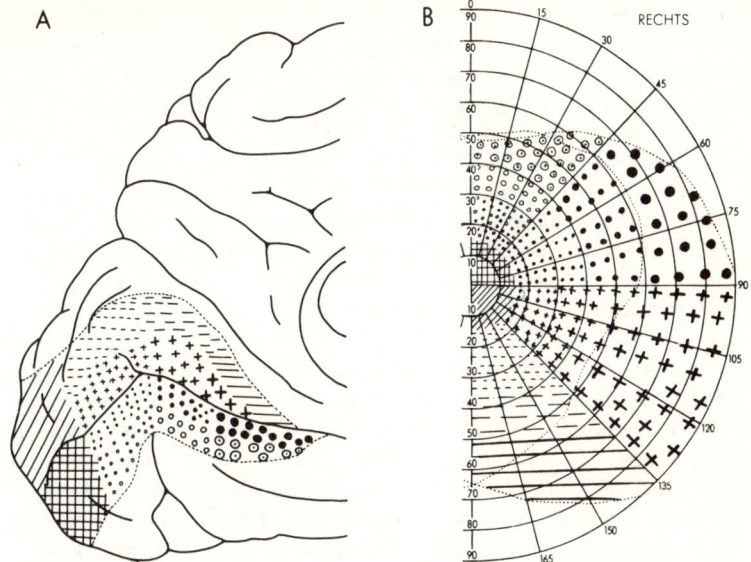

Abb. E2–5. Topographische Beziehungen zwischen dem rechten Gesichtsfeld und der linken Sehrinde des menschlichen Großhirns. In B ist das rechte Gesichtsfeld in Winkelgrade von der Fovea und vom oberen vertikalen Meridian aus aufgeteilt. In A ist die Projektion nach Feld 17 des Okzipitallappens gezeigt, die weitgehend auf der medialen Oberfläche liegt. Die Topographie der Projektionen vom Gesichtsfeld nach Feld 17 ist durch Symbole dargestellt. Das Zentrum des Sehens besitzt eine viel größere Repräsentation als die Peripherie (Holmes [1951]).

dem Sehnerven nicht eine einfache Übersetzung des retinalen Bildes in ein korrespondierendes Muster von Impulsentladungen, die zum primären Sehzentrum des Gehirns, Brodmannsches Feld 17 (Abb. E1–4, E2–5 A) wandern. Bereits im Nervensystem der Retina hat die Abstraktion von dem reich gemusterten Mosaik von Antworten durch die retinalen Rezeptoreinheiten in Musterelemente, die wir Merkmale nennen könnten, begonnen, und diese Abstraktion setzt sich auf den vielen nacheinander folgenden Stufen, die nun in den visuellen Zentren des Gehirns erkannt worden sind, fort (Abb. E1–7 E–H und 8B).

Die komplexen Wechselwirkungen im retinalen Nervensystem kommen schließlich durch die retinalen Ganglienzellen zum Ausdruck, die Impulse entlang den Nervenfasern des Sehnerven und somit zum Gehirn entladen. Diese Zellen antworten besonders auf räumliche und zeitliche Änderungen der Helligkeit des retinalen Bildes mit Hilfe von zwei neuronalen Untersystemen, die Helligkeit bzw. Dunkelheit signalisieren. Die

Helligkeitskontraste des retinalen Bildes werden über zahlreiche neuronale Stadien von Informationsverarbeitung in konturierte Umrisse umgewandelt. Ein Typ von Ganglienzelle wird durch einen Lichtpunkt erregt, der auf die über ihr liegende Retina geschickt wird, und wird durch Licht auf die umgebende Retina gehemmt. Der andere Typ gibt die umgekehrte Antwort, Hemmung durch Belichtung des Zentrums und Erregung durch die Umgebung. Die kombinierten Antworten dieser beiden neuronalen Untersysteme resultieren in einer konturierten Abstraktion des Retina-Bildes in der Sehrinde. So ist das, was das Auge dem Gehirn über Millionen Fasern des Nervus opticus erzählt, eine Abstraktion von Helligkeits- und Farbkontrasten.

Wie in Abb. E2–4 gezeichnet, treffen sich die optischen Nerven von jedem Auge im optischen Chiasma, wo eine teilweise Überkreuzung stattfindet. Die Retina-Hälften beider Augen (nasal von rechts und temporal von links), die das Bild aus dem rechten Gesichtsfeld empfangen, erhalten ihre Sehnerven-Projektionen im Chiasma wieder so angeordnet, daß sie sich vereinigen, um die Bahn zur linken Sehrinde zu bilden und umgekehrt für das linke Gesichtsfeld, das auf die rechte Sehrinde projiziert. So kommt, mit Ausnahme eines schmalen vertikalen (meridionalen) Streifens des Gesichtsfeldes, das direkt in der Richtung des Sehens liegt, das visuelle Bild der rechten und linken Gesichtsfelder zu den linken bzw. rechten Sehrinden, um eine geordnete Karte (Abb. E2–5 A) aufzubauen, wie es bei der Rindenkarte für die Hautempfindung (Abb. E1–1) der Fall ist. Natürlich findet eine topographische Verzerrung statt. Das feine visuelle Empfinden im Zentrum des Gesichtsfeldes (schräge Linien und rechteckige Gitter) resultiert aus einer wesentlich ausgedehnteren kortikalen Projektionszone als dasjenige für den Teil der Retina, der für das periphere Sehen zuständig ist (grobe Punkte und Kreuze etc. in Abb. E2–5 A und B).[2]

Soweit beruht diese Somatotopie auf anatomischen Untersuchungen am Menschen und auf den visuellen Ausfällen (Scotome), die sich aus klinischen Läsionen[3] ergeben. Elektrische Reizung der menschlichen Sehrinde bei nicht-narkotisierten Versuchspersonen vermittelt dem Patienten die Wahrnehmung von Lichtblitzen (elektrische kortikale Phosphene), die im Gesichtsfeld korrespondierend zu dem stimulierten Rindenpunkt lokalisiert sind.[4] Das Phosphen hält über die Dauer der Folge repetitiver Reize an. Es gibt noch keine analytische Untersuchung der Zeitfolgen, die der oben beschriebenen von Libet für die Hautwahrnehmungen entspricht.

---

[2] G. Holmes [1945].
[3] Siehe H.-L. Teuber, W. S. Battersby und M. B. Bender [1960].
[4] W. Penfield und H. Jasper [1954]; G. S. Brindley [1973].

Tatsächlich sind die Antworten der menschlichen Sehrinde sehr wenig untersucht worden und dann auch nur bei Blinden. Die gemittelten evozierten Potentiale von der menschlichen Schädeldecke sind nicht sehr hilfreich.[5] Im Gegensatz dazu wurden die visuellen Systeme von Säugetieren, wie Katze und Affe, während der letzten zwei Jahrzehnte einer Vielzahl von raffinierten elektrophysiologischen und verhaltensphysiologischen Untersuchungen unterzogen. Eine kurze Beschreibung dieser Befunde ist wichtig, bevor wir uns der Aufgabe zuwenden, die Art und Weise zu verstehen, in der unsere Gehirne uns visuelle Wahrnehmungen vermitteln.

10.2. Stadien der Rekonstruktion des visuellen Bildes

Wie Abb. E2–4 zeigt, erreichen die Nervenfasern von der Retina nach teilweiser Kreuzung im optischen Chiasma eine Relais-Station, die Corpus geniculatum laterale genannt wird. Hier findet nur wenig weitere Auftrennung oder Synthese statt. Zum Beispiel wird eine helle Linie im Gesichtsfeld als lineare Anordnung erregter Neurone kodiert, die zu den Sternzellen in Schicht IV der primären Empfangszone der Sehrinde projizieren (Feld 17). Diese Neurone (einfache Zellen) sind die erste kortikale Stufe beim wieder Zusammenbauen des retinalen Bildes. Sie antworten auf eine helle Linie im retinalen Bild und reagieren selektiv auf die Orientierung dieser Linie. Sich bewegende helle Linien sind besonders wirkungsvoll.

In Abb. E2–6A feuert eine einfache Zelle Impulse. Sie wurde durch eine Mikroelektrode »aufgefunden«, die in die primäre Sehrinde des Affen eingeführt worden war. Der Einstichkanal ist in Abb. E2–6B als eine schräg verlaufende Linie gezeigt. Die kurzen, quer dazu gezeichneten Linien geben die Orte abgeleiteter Neurone in diesem Kanal an. Mit der Mikroelektrode kann man die Impulsentladung einer einzelnen Zelle extrazellulär ableiten, wenn man sie sorgfältig plaziert. Die Zelle besitzt eine langsame Hintergrundaktivität (obere Kurve von Abb. E2–6A), doch wenn ein Lichtstreifen über die Retina bewegt wird, wie in dem Schema links gezeichnet, kommt es zu einer intensiven Entladung dieser Zelle, wenn das Licht über einen bestimmten Bereich der Retina streift, und die Entladung hört sofort auf, wenn der Streifen diesen Bereich verläßt (unterste Kurve von Abb. E2–6A). Dreht man die Richtung des Streifens, so entlädt die Zelle nur ein wenig, wie in der mittleren Kurve dargestellt.

---

[5] D. M. MacKay und D. A. Jeffreys [1973].

Richtungsabhängige Antworten von Neuronen der Sehrinde

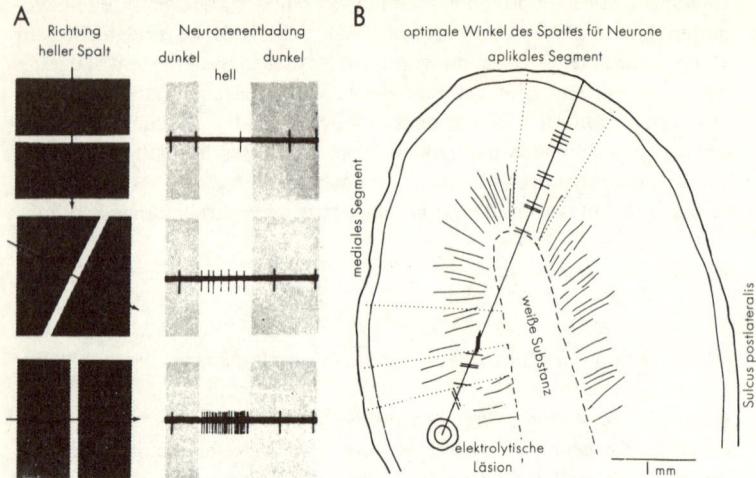

Abb. E2–6. Orientierungsabhängige Antworten von Neuronen in der primären Sehrinde der Katze. Ausführliche Beschreibung im Text (Hubel und Wiesel [1962]).

Verläuft schließlich der Streifen im rechten Winkel zur günstigsten Richtung, so hat er überhaupt keinen Effekt (oberste Kurve). Dies zeigt an, daß diese Zelle besonders empfindlich ist für Bewegungen des Lichtstreifens in einer Richtung und gänzlich unempfindlich für Bewegungen im rechten Winkel dazu. Die Richtung der den Einstichkanal der Mikroelektrode kreuzenden Linien in Abb. E2–6B veranschaulicht, daß alle Zellen in diesem Kanal die gleiche Richtungsempfindlichkeit haben. Dies findet man, wenn der Kanal durch eine Zellsäule senkrecht zur Oberfläche verläuft, wie in der oberen Gruppe von 12 Zellen. In Abb. E2–6B jedoch setzte sich der Kanal über die zentrale weiße Substanz hinweg fort und verlief dann durch drei Zellgruppen mit ganz verschiedenen Richtungsempfindlichkeiten.

In der Sehrinde sind Neurone mit ähnlicher Richtungsempfindlichkeit gewöhnlich in Säulen angeordnet, die vertikal zur Rindenoberfläche verlaufen. So kann man sich vorstellen, daß die Population von etwa 400 Millionen Neuronen in dem großen Areal der menschlichen primären Sehrinde als Mosaik von Säulen angeordnet ist, von denen jede aus einigen Tausenden von Neuronen besteht, die die gleiche Richtungsempfindlichkeit besitzen.[1] Diese Anordnung kann als der erste Schritt bei der Analyse

---

[1] D. H. Hubel und T. N. Wiesel [1963]; D. H. Hubel [1963].

des retinalen Bildes betrachtet werden. Diese Orientierungskarte ist der Karte des Gesichtsfeldes (Abb. E2–5 A) überlagert, wobei sich jede Zone dieses Feldes aus Säulen zusammensetzt, die insgesamt alle Richtungen heller Linien oder Konturen zwischen Hell und Dunkel repräsentieren.

Wie Abb. E2–4 zeigt, projiziert sowohl das ipsilaterale als auch das kontralaterale Auge zum Corpus geniculatum laterale (LGB) auf dem Weg zur Sehrinde. Doch beim Primaten werden diese Projektionen in getrennten Schichten umgeschaltet, drei für das gleichseitige (2 i, 3 i, 5 i) und drei für das gegenseitige Auge (1 c, 4 c, 6 c), (Abb. E2–7). Die Projektion zu den Säulen von Feld 17 ist in einer sehr schematisierten Form in Abb. E2–7 gezeigt.[2] Die gleichseitigen und gegenseitigen Schichten des LGB projizieren zu alternierenden Säulen, den okulären Dominanzsäulen. Orthogonal sind die Säulen durch die Richtungsspezifität definiert, wie in Abb. E2–6 dargestellt, und in Abb. E2–7 kann man sehen, daß diese eine rotierende Folge besitzen. Die eigentlichen Säulenelemente sind natürlich viel weniger exakt angeordnet, als in diesem Schema der Affenrinde gezeigt ist.

Auf der nächsten Stufe der Zusammensetzung des Bildes sind Neurone auf anderen Ebenen in Feld 17 und in den umgebenden sekundären und tertiären visuellen Abschnitten (Brodmannsche Felder 18 und 19, Abb. E1–4 A, B) beteiligt. Hier gibt es Neurone, die speziell empfindlich sind für die Länge und Breite von hellen oder dunklen Linien sowie ihre Richtung und sogar für den Winkel von zwei sich kreuzenden Linien. Diese sogenannten komplexen und hyperkomplexen Neurone[3] begründen eine weitere Stufe der Merkmalerkennung. Man glaubt, daß die spezifischen Eigenschaften dieser »komplexen« und »hyperkomplexen« Neurone auf einer Synthese der neuronalen Verbindungen beruhen, die durch »einfache« Zellen aktiviert werden, und die sowohl inhibitorische als auch exzitatorische Komponenten enthalten.[4] Abb. E2–7 zeigt zum Beispiel zwei komplexe Zellen in der oberen Schicht, die von zwei einfachen Zellen aus verschiedenen okulären Dominanzsäulen Impulse empfangen.

Bis hierher ist die Geschichte also relativ klar; in der Sehrinde konnten Neurone identifiziert werden, die für die verschiedenen Integrationsaufgaben erforderlich sind. Natürlich ist dieser Bericht im höchsten Maße vereinfacht. Zum Beispiel wurden die neuralen Mechanismen ausgelassen, die für die verschiedenartigen Kontrastphänomene und für die Dun

---

[2] D. H. Hubel und T. N. Wiesel [1972], [1974].

[3] D. H. Hubel und T. N. Wiesel [1963], [1965].

[4] ders. [1965]; D. H. Hubel [1971].

kelerkennung verantwortlich sind, die die Grundlage vieler visueller Illusionen bilden. Die Farberkennung beruht auf der Kodierung mittels eines Dreifarben-Prozesses in der Retina, beginnend mit Rot-, Grün- und Blau-Zapfen, die über relativ unabhängige Bahnen zur primären Sehrinde projizieren.[5] An dieser Station laufen verschiedene synthetische Mechanismen ab, doch sind wir noch weit davon entfernt die neuronalen Mechanismen zu verstehen, die an der Farberkennung beteiligt sind.

Da die komplexen und hyperkomplexen Zellen ihre Erregung von verschiedenen Gruppen einfacher Zellen empfangen, ist zu erwarten, daß sie von einem ziemlich ausgedehnten Bereich des Gesichtsfeldes aus erregt werden. Dies ist tatsächlich der Fall. Aber der Verlust von Ortsspezifität ist größer als man erwarten würde. Dies führt zu der noch unbeantworteten Frage: Wie kann die Ortsspezifität in den weiteren Aufbaustufen des visuellen Feldes wiedergewonnen werden?

Eine weitere Stufe der Synthese der visuellen Information ist kürzlich physiologisch untersucht worden.[6] Wie in Kapitel E1 berichtet, empfängt bei Affen die inferotemporale Rinde (Felder 20, 21) einen starken Input von den Sehzentren im Occipitallappen (Abb. E1–7E, F, 8B). Viele Neurone in den Feldern 20, 21 erfordern weitergehende Reizspezifikationen, als die Linien und Winkel, die für die komplexen und hyperkomplexen Neurone der Felder 17, 18, 19 adäquat waren. Zum Beispiel können einige Neurone nur durch Rechtecke im Gesichtsfeld, jedoch nicht durch Scheiben oder Sterne oder Kreise zur Entladung veranlaßt werden. Offensichtlich besitzen manche der Neurone eine bemerkenswerte Fähigkeit, Merkmale zu erkennen. Es wird vermutet, daß die Ansprechbarkeit auf Merkmale einiger Neurone so spezifisch ist, daß sie in der begrenzten Testzeit, die in einem Versuch zur Verfügung steht, nicht zu entdecken ist. Ein Neuron zum Beispiel schien spezifisch durch den Umriß einer Affenhand erregt zu werden! Bei diesen Neuronen der Felder 20 und 21 wird die Gesichtsfeldkarte sogar noch mehr als bei den Neuronen der Felder 18 und 19 der Merkmalerkennung geopfert. Große Bereiche des Gesichtsfeldes können ein Neuron wirksam beeinflussen, und die Topographie für jedes einzelne »Merkmalerkennungsneuron« schließt immer das Zentrum des Gesehenen mit ein. Wieder kann man sich vorstellen, daß diese spezifische Reaktion auf geometrische Formen, wie Quadrate, Rechtecke, Dreiecke und Sterne, dadurch zustandekommt, daß komplexe und hyperkomplexe Neurone, die auf helle oder dunkle Linien oder Ränder bestimmter Orientierung und Länge, sowie auf bestimmte Kreuzungswinkel

---

[5] R. L. De Valois [1973].
[6] Übersicht bei C. G. Gross [1973]; Gross, C. G., D. B. Bender und C. E. Roche-Miranda [1974].

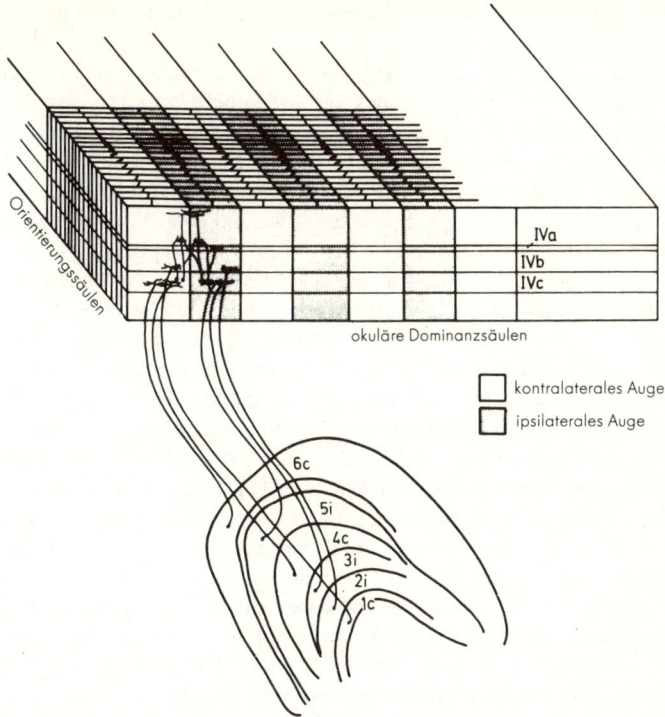

Abb. E2–7. Idealisiertes Schema, das die Projektion vom Corpus geniculatum laterale (LGB) zur Sehrinde (Feld 17) des Affen zeigt. Die sechs Schichten des Corpus geniculatum laterale sind entsprechend ihrer Verbindung zum ipsilateralen (i) oder contralateralen (c) Auge bezeichnet. Diese i und c Schichten projizieren zu spezifischen Zonen und bilden auf diese Weise die Säulen okulärer Dominanz für das ipsilaterale und contralaterale Auge. Die wie Schichten aneinander gestaffelten Säulen der Sehrinde sind durch okuläre Dominanz in einer Richtung und Orientierungsempfindlichkeit in der anderen Richtung (auf der Oberfläche gezeigt, siehe Abb. E2–6) definiert (Hubel und Wiesel [1974]).

empfindlich sind, auf diese Merkmalsdetektoren projizieren. Zum Beispiel wäre die Merkmalerkennung eines Dreiecks durch ein Neuron möglich, das Inputs von Neuronen in der extrastriären Sehrinde empfängt, die auf die Winkel und Richtungen, die das Dreieck zusammensetzen, empfindlich sind. Es sind zwei Hauptbahnen für die Übertragung der visuellen Information zu den Feldern 20 und 21 vorhanden. Der Hauptweg verläuft vom striären Kortex zum circumstriären Gürtel (Feld 17, 18, 19). Eine andere Route verläuft über ein zweites visuelles System, das weniger spe-

zifische Information aus dem Colliculus superior über den Pulvinar heran-
bringt (Abb. E5–6).[7]

Weiskrantz [1974] hat gezeigt, wie Affen ein erinnertes dreidimensionales Modell eines Gegenstandes, der wiederholt von nur einem Winkel
aus untersucht wird, aufbauen können. Diese Fähigkeit wird durch Läsionen des Lobus infero-temporalis (Felder 20, 21) vermindert. Daher
postuliert Weiskrantz, daß dieses Gebiet beim Aufbau von Modellen und
Kategorien eine Rolle spielt, und somit wesentlich an visuellem Denken
und visueller Vorstellung beteiligt ist. Mishkin [1971] berichtet über äußerst interessante Experimente, die auf die Bedeutung der Felder 20 und
21 beim Wiedererlernen der Musterunterscheidung hinweisen.

Es ist schon lange bekannt, daß bei Primaten eine vollständige Zerstörung der Sehzentren in einem Occipitallappen oder der Bahnen dorthin zu
Blindheit in der betreffenden Gesichtsfeldhälfte – Hemianopie – führt.
Eine Läsion des rechten Occipitallappens führt zu einer Hemianopie im
linken Gesichtsfeld und umgekehrt. Partielle Läsionen führen zu korrespondierenden topographischen Felddefekten, genannt Skotomata.[8] Subtilere Sehstörungen ergeben sich aus Läsionen der Felder 18 und 19,
obwohl sich die Befunde hier im Detail noch ziemlich widersprechen.[9]
Dennoch kann dieser Teil der Sehrinde nur als ein Gebiet für ziemlich
einfache Rekonstruktionen des gesehenen Bildes betrachtet werden. Dies
gilt sogar für die Neurone mit höchster Synthesestufe in diesem Gebiet.
Wie in Kapitel E6 erwähnt, scheint der untere Teil des rechten menschlichen Temporallappens hinsichtlich seiner Merkmalerkennung dem rechten und linken inferotemporalen Lappen der Primaten zu entsprechen,
insbesondere was die Merkmalerkennung geometrischer und anderer irre-
gulärer Umrisse anbelangt.[10]

Die Verarbeitung der visuellen Information von der Retina zu den
Rindenfeldern 20, 21 kann als Ablauf in einer hierarchischen Ordnung im
Sinne einer sequentiellen Anordnung angesehen werden:

(1) Das Gesichtsfeld wird zunehmend weniger spezifisch. Diese wach-
sende Generalisierung führt zu einer Repräsentation des zentralen Gesichtsfeldes (Fovea) in allen Neuronen der Felder 20, 21. Weiterhin werden auf dieser Stufe alle Neurone aus beiden Gesichtsfeldhälften einschließlich der Fovea erregt und zwar über Inputs zu beiden Occipitallappen über den hinteren Teil (Splenium) des Corpus callosum (siehe
Abb. E5–6).

(2) Der adäquate Reiz wird zunehmend spezifischer von einem Punkt

---

[7] E. G. Jones [1974].
[8] H. L. Teuber, W. S. Battersby und M. B. Bender [1960].
[9] M. Mishkin [1972]; K. H. Pribram [1971].
[10] B. Milner [1968], [1974].

zu einer hellen Linie oder einem Rand bestimmter Orientierung, dann zu
Linien bestimmter Breite und Länge, häufig mit Spezifität für Bewegungsrichtung, und schließlich zu der komplizierteren Merkmalerkennung einiger Neurone der Felder 20 und 21.

(3) Offensichtlich kommt bei Neuronen der Felder 20 und 21 die
Bedeutung der Antwort für das Tier als besonderes Merkmal hinzu,
ebenso wie es für Neurone der Felder 5 und 7 des somästhetischen Systems[11] entdeckt wurde.

10.3. Das wahrgenommene visuelle Bild

So großartig sie sind, diese Experimente am Tier liefern doch noch keine
Lösung der Frage, wie ein gesamtes gesehenes Bild durch die neuronale
Maschinerie des Gehirns zusammengesetzt wird. In Hinblick auf die Pro-
bleme der visuellen Wahrnehmung in ihrer Beziehung zu den bekannten
Funktionen des Gehirns stellt Weiskrantz [1974] fest:

> »Ich glaube, daß lediglich auf dem Gebiet der Merkmalerkennung Grund dafür
> besteht zu glauben, daß das Ende des Tunnels in Sicht sein könnte ... Für die
> wichtigsten Funktionen, d. h. für das Zusammensetzen oder Zusammenbrauen
> des Wesens von Wahrgenommenem wie Gegenständen und Menschen aus der
> Entdeckung von Merkmalen, und für das Erkennen von Wahrnehmungskonstan-
> zen hat, glaube ich, noch keine Graufärbung der black box stattgefunden – das
> heißt, eine Zuordnung in der gray box des realen Nervensystems, im Gegensatz
> zu den gänzlich im Reich abstrakter black boxes verweilenden Spekulationen.«

Im gleichen Sinne und wieder nach einer gründlichen funktionellen Analyse von einfachen und komplexen Zellen der Sehrinde stellten Pollen und
Taylor [1974] die Frage, wie Gegenstände unabhängig von ihrer augen-
scheinlichen Größe erkannt werden können. Da bei der Temporallappen-
Epilepsie Gegenstände in der Aura eine Größenänderung durchmachen
können[1], vermuteten sie, daß:

> »der normale Temporallappen einen Mechanismus enthält, der wie ein Scanner
> oder Zoom mit einer endlichen Zahl von Größen über die Repräsentation des
> Gesichtsfeldes schweift, so daß eine Zahl verschiedener Objektgrößen mit dem
> Gedächtnis korreliert wird. Ob ein derartiger Zoom sich innerhalb des Temporal-
> lappens oder über temporale efferente Einflüsse auf anderen Ebenen des visuel-
> len Systems abspielt, ist unbekannt.«

Es gibt einige Ähnlichkeiten zwischen diesem Vorschlag und der radikalen Hypothese, die in Kapitel E7 entwickelt wird. Dort wird die Vermutung angestellt, daß das Zusammensetzen des wahrgenommenen Bildes
ein Akt bewußten Geistes ist, der die Elemente der Merkmalerkennung

---

[11] V. B. Mountcastle und Mitarbeiter [1975 (a)], [1975 (b)].
[1] W. Penfield und H. Jasper [1954].

der Sehzentren abtastet und die geeigneten herausliest. Das vollständig zusammengesetzte Bild wird so bewußt wahrgenommen. Die verschiedenen Felder der Sehrinden des Gehirns leisten dabei einen jeweils nur fragmentarischen Beitrag. In diesem Zusammenhang sollte darauf hingewiesen werden, daß bisher keine detaillierte Untersuchung der visuellen Projektionen zum Lobus praefrontalis vorliegt. Diese wichtigen Projektionen sind in den Abb. E1–7E, F, G und 8B gezeichnet. Man kann voraussagen, daß die visuelle Information in diesen Bezirken gnostisch und emotional gefärbt wird, wie später in diesem Kapitel besprochen wird.

Die ausgedehnten Forschungen über das visuelle System von Primaten in den letzten beiden Dezennien sind zweifellos überwältigend. Dennoch gibt es keine Arbeit über die Sehrinde des Menschen, die derjenigen von Libet über die menschliche somästhetische Rinde vergleichbar ist. Wir besitzen nur ein Indiz, das darauf hindeutet, daß für die tatsächliche visuelle Wahrnehmung der Aufbau von neuronalen ST-Mustern für einige Zehntelsekunden erforderlich ist. Crawford [1947] und andere haben einen rückwirkenden Maskierungseffekt von 0,2 Sekunden oder mehr nachgewiesen. Ein anfänglicher schwacher Lichtblitz wird nicht gesehen, wenn ein stärkerer Blitz 0,2 Sekunden später erfolgt. Dies entspricht einem der Experimente über Rückwärtsmaskierung von Libet.

Brindley [1973] hat mit großem Einfallsreichtum ein visuelles prothetisches Hilfsmittel entwickelt, das über der Sehrinde blinder Menschen eingesetzt wird, in der Hoffnung, daß das Muster kortikaler elektrischer Phosphene, das durch Hunderte von Stimulationsstellen im Bereich der primären Sehrinde erzeugt wird, der Versuchsperson eine grobe Sehwahrnehmung ihrer Umgebung vermitteln kann. Man wird erkennen, wie weit diese Stimulationstechnik von der durch einen Input aus der Retina über die Sehbahnen gegebenen Stimulation abweicht.

Zum Abschluß muß betont werden, daß die großen Errungenschaften auf dem Gebiet der Sehforschung nur als erste Schritte betrachtet werden können, eine Erklärung zu liefern, wie das Bild auf der Retina, das in neuronale Entladungen kodiert wird, am Ende wieder zu einem beobachteten Bild zusammengesetzt wird. Jung[2] bemerkt dazu:

> »Das sensorische Rohmaterial, wie es die Rezeptoren liefern, kann ohne Informationsverarbeitung über mehrere Ebenen im Gehirn nicht zu einer Wahrnehmung werden. Diese beinhaltet Merkmalanalyse, räumliche und zeitliche Einordnung und Gedächtnisvergleich, der ein Widerhallen und redundante Resonanz der sensorischen Botschaften erfordert. Das Rätsel der sequentiellen Ordnung und der Einheitlichkeit des Gesehenen stellt sich dem Neurophysiologen weniger verblüffend dar, wenn er weiß, daß die Wahrnehmungsphilosophie vor ähnlichen ungelösten Problemen steht.«

---

[2] R. Jung [1973], S. 124.

In Kapitel E7 wird eine radikale Hypothese vorgestellt, die im wesentlichen eine neue Wahrnehmungsphilosophie ist, die mit genau den gleichen Problemen der sequentiellen Ordnung und Einheitlichkeit kämpft. Sie wird auf der Tätigkeit der Merkmalanalyse der Sehrinden aufbauen – der primären und sekundären visuellen Rinde und der infero-temporalen Gebiete. Darüber hinaus baut sie auf der modulären Rindenstruktur und der vermuteten Leistung der komplizierten neuronalen Maschinerie der Moduln auf.

11. Akustische Wahrnehmung

Es gibt einen höchst spezialisierten Übertragungsmechanismus in der Schnecke des Innenohres (Cochlea), wo über einen wunderbar entwickelten Resonanzmechanismus eine Frequenzanalyse der komplexen Muster von Schallwellen und Umwandlung in neuronale Entladungen, die zum Gehirn geleitet werden, stattfindet. Nach zahlreichen synaptischen Umschaltungen erreicht die kodierte Information das primäre Hörzentrum (Heschlsche Windung) im Gyrus temporalis superior (siehe Abb. E1–1, E1–7I, E4–4). Die rechte Cochlea projiziert hauptsächlich zum linken Hörzentrum und umgekehrt für die linke Cochlea. Es herrscht eine lineare somatotopische Verteilung, wobei die höchsten akustischen Frequenzen im Heschlschen Gyrus am meisten medial (Abb. E4–4) und die niedrigsten am meisten lateral lokalisiert sind. Die Abb. E1–7I–L zeigt die sekundären, tertiären und quaternären Projektionen der akustischen Information, wie sie durch die sequentiale Degenerationstechnik von Jones und Powell [1970] identifiziert wurden. Diese kaskadenförmigen Projektionen zeigen weitgehend die gleichen Abfolgen wie die somästhetischen und visuellen Inputs. Ähnlich verlaufen die Projektionen zu den sekundären (STP) und tertiären (22) Hauptfeldern des Temporallappens und außerdem zu spezifischen Arealen des Lobus praefrontalis und zum Limbischen System (über die Felder 25, 35 und TG). Es ist nicht bekannt, ob der auslösende Stimulus auch nur fragmentarisch wieder zusammengestellt wird, wie sich dies in den Sehzentren abspielt. Es bleibt ganz rätselhaft, wie z. B. eine Tonfolge zu einer Melodie zusammengesetzt wird. Dennoch bestehen Parallelen zwischen den kaskadenförmigen Verknüpfungen in Abb. E1–7I–L zu denjenigen für das somästhetische und das visuelle System. Die Projektionen aller drei Systeme sowohl zum Lobus praefrontalis als auch zum Limbischen System werden in einem späteren Abschnitt besprochen.

12. Olfaktorische Wahrnehmungen

Bei den meisten niederen Säugetieren stellt der Geruchssinn den hauptsächlichen sensorischen Input zum Vorderhirn dar, doch in der Evolution
der Primaten zum Menschen ordnete sich der Geruch dem Sehen und
Hören und sogar der Somatosensibilität unter, insbesondere als diese von
vitaler Bedeutung für manuelle Fertigkeiten wurde. Chemische Sinnes-
vorgänge in der Riechschleimhaut spielen sich in Rezeptoren ab, die spezialisierte Neurone mit Axonen sind, die zum Bulbus olfactorius verlaufen, wo eine Informationsverarbeitung mit Hilfe eines komplizierten Nervensystems, so wie in der Retina, stattfindet. Vom Bulbus olfactorius
(OFB) verläuft der Tractus olfactorius lateralis (LOT) zum Gehirn (siehe
Abb. E1–9), wo er eine komplizierte Verteilung erfährt, von der nur ein
Teil in Abb. E1–9 gezeigt ist. Die Hauptendigung liegt im Cortex piriformis, einer primitiven Großhirnrinde. Von dort sind Verknüpfungen mit
vielen Strukturen des Limbischen Lappens vorhanden, von denen einige
in Abb. E1–9 gezeigt sind. Eine Verbindung zum Neokortex besteht nur
über zahlreiche Umschaltungen im Limbischen System und verläuft über
den MD-Thalamus.[1] So unterscheiden sich die olfaktorischen Verknüpfungen von den somästhetischen, visuellen und auditorischen Systemen,
wo die Verbindungen zuerst zum Neokortex erfolgen und nach mehreren
Umschaltungen das Limbische System erreichen (Abb. E1–8).

13. Emotionale Färbung bewußter Wahrnehmungen

Es ist eine landläufige Erfahrung, daß die bewußte Wahrnehmung, die
sich von irgendeinem allgemeinen sensorischen Input ableitet, weitgehend
durch Emotionen, Gefühle und Verlangen modifiziert wird. Zum Beispiel
vermittelt der Anblick von Nahrung bei Hunger eine Wahrnehmung, die
stark durch ein Verlangen gefärbt ist! Nauta [1971] vermutet, daß der
Zustand des internen Milieus des Organismus (Hunger, Durst, Sex,
Angst, Wut, Lust) vom Hypothalamus, den Nuclei septi und verschiedenen Bausteinen des Limbischen Systems, wie dem Hippocampus und den
Amygdalae zum Präfrontallappen signalisiert wird. Die Bahnen würden
hauptsächlich über den MD-Thalamus zu den Präfrontallappen (Abb.
E1–9) verlaufen. Somit würden der Hypothalamus und das Limbische
System über ihre Projektionen zum Präfrontallappen die bewußten Wahr-

---

[1] T. Tanabe u. a. [1975].

nehmungen, die aus den sensorischen Inputs gewonnen wurden, modifizieren, mit Emotion färben und sie mit Motivationen überlagern. Kein anderer Teil des Neokortex verfügt über diese enge Beziehung zum Hypothalamus.

Die Abb. E1–7, 8 zeigen für das somästhetische, visuelle und auditorische System die vielen Projektionen zu den Präfrontallappen von den primären sensorischen und den sekundären und tertiären Hauptzentren. Gleichzeitig projizieren diese Zentren zum Limbischen System und in Abb. E1–9 sieht man auch Projektionen vom Lobus praefrontalis (Felder 46 und OF) zum Limbischen System. So bestehen Bahnen für einen komplizierten Schaltkreis von den verschiedenen sensorischen Inputs zum Limbischen System und zurück zum Lobus praefrontalis mit weiteren Verschaltungen von diesem Lappen zum Limbischen System und wieder zurück.[1] An den Verbindungen der Abb. E1–9 kann man sehen, daß die präfrontalen und Limbischen Systeme in reziproker Beziehung miteinander stehen und die Möglichkeit für endlose schleifenartige Wechselwirkungen besitzen. So kann die Person mit Hilfe des präfrontalen Kortex in der Lage sein, einen kontrollierenden Einfluß auf die Emotionen, die vom Limbischen System erzeugt werden, auszuüben. Ein zusätzlicher sensorischer Input (Geruch) tritt direkt in das Limbische System für die transmodale Übertragung zu den anderen Sinnen ein und trägt somit zum Reichtum und zur Vielfalt des Wahrnehmungserlebnisses bei. Zum Beispiel projizieren die neokortikalen sensorischen Systeme über die Felder 46, OF, 20 und TG zum Hypothalamus, dem entorhinalen Kortex und dem Gyrus hippocampi und so zum Hippocampus, zu den Nuclei septi und zum MD-Thalamus, während der olfaktorische Input nach Umschaltung im Cortex piriformis und in den Amygdalae ebenfalls zum Hypothalamus, den Nuclei septi und zum MD-Thalamus verläuft. So stellt der MD-Nucleus die Empfangsstation für alle Inputs dar und projiziert seinerseits zur orbitalen Oberfläche des Lobus praefrontalis. So kann man sich den Cortex praefrontalis als das Zentrum vorstellen, in dem alle Gefühlsinformation mit somästhetischer, visueller und auditorischer synthetisiert wird, um dem Subjekt bewußte Wahrnehmung und Anleitung zu passendem Verhalten zu vermitteln, wie in den Kapiteln E3 und E7 beschrieben wird. Wir vermuten, daß sich bewußte Wahrnehmungen von räumlich-zeitlichen Erregungsmustern neuronaler Aktivität in speziellen Moduln des Neokortex (siehe Kapitel E7) ableiten. Diese Vermutung beruht teilweise auf dem Befund, daß nach Durchtrennung des Corpus callosum Selbstbewußter Geist nur mit der dominanten Hemisphäre in Verbindung steht (Kapitel E5).

---

[1] W. J. H. Nauta [1971].

14. Epilog

Mountcastle [1975(b)] drückt die Beziehung der bewußten Wahrnehmung zu den sensorischen Systemen und zum Gehirn kurz und bündig und
klar aus:

> »Jeder von uns lebt innerhalb des Universums – des Gefängnisses – seines eige-
> nen Gehirns. Von ihm gehen Millionen gebrechliche sensorische Nervenfasern
> aus, die in Gruppen auf einzigartige Weise dazu geschaffen sind, die energeti-
> schen Zustände der Welt um uns herum zu sammeln: Hitze, Licht, Kraft und
> chemische Zusammensetzungen. Das ist alles was wir jemals direkt davon wissen:
> Alles weitere ist logische Folgerung.
>
> Sensorische Reize, die uns erreichen, werden an peripheren Nervenendigun-
> gen übertragen und neurale Repliken davon gehirnwärts abgesandt, zu dem gro-
> ßen grauen Mantel der Großhirnrinde. Wir benutzen sie, um dynamische und
> fortwährend auf den aktuellen Stand gebrachte neurale Landkarten von der äu-
> ßeren Welt und von unserer Position und Orientierung und von Ereignissen in ihr
> zu zeichnen. Auf der Ebene der Empfindung sind deine und meine Bilder im
> wesentlichen die gleichen und werden einander durch verbale Deskription oder
> übliche Reaktion leicht erkennbar gemacht.
>
> Darüber hinaus ist jedes Bild mit genetischer und aus Erfahrung gespeicherter
> Information verbunden, die jeden von uns einzigartig macht. Aus diesem kom-
> plexen Integral konstruiert jeder von uns auf einem höheren Niveau von Wahr-
> nehmungserlebnis seine eigene, sehr persönliche Sicht von innen heraus.«

Kapitel E 3
Willkürmotorik

15. Übersicht

Die Kontrollmechanismen der Willkürmotorik erstrecken sich über viele hierarchische Ebenen. Die niederste Ebene ist die motorische Einheit, die aus dem Motoneuron im Zentralnervensystem und der Nervenfaser besteht, die zu den etwa 100 Muskelfasern verläuft, die ein Motoneuron innerviert (Abb. E3–1). Alle Bewegungen entstehen durch kombinierte Kontraktionen einzelner motorischer Einheiten. Jeder Muskel setzt sich aus vielen Hunderten solcher Kontraktionseinheiten zusammen. Es wird kurz auf die einfachsten Bahnen hingewiesen, die an der Reflexkontrolle motorischer Einheiten beteiligt sind (Abb. E3–2). Am anderen Ende der Hierarchie steht die motorische Rinde, Feld 4 der Brodmannschen Karte, in der sich wiederum eine streifenförmige Repräsentation von den Zehen bis zur Zunge findet, entsprechend dem sensorischen Streifen, der unmittelbar dahinter in den Feldern 3, 1 und 2 liegt (Abb. E1–1). Pyramidenzellen der motorischen Rinde senden ihre Axone die Pyramidenbahn hinab, um Motoneurone der Muskeln direkt oder indirekt zu innervieren (Abb. E3–3).

Bei der willkürlichen Bewegung werden bestimmte Gruppen von Pyramidenzellen erregt, um die erwünschte Aktion auszuführen. In diesem Zusammenhang taucht ein sehr verwirrendes Problem auf: Wie kann der Wille zu einer Muskelbewegung neurale Ereignisse in Gang setzen, die die Entladung der entsprechenden Pyramidenzellen der motorischen Rinde und so die Aktivation der neuralen Bahn zur Folge haben, die zu der Muskelkontraktion, die diese Bewegung ergibt, führt? Eine Erklärung ist durch die Experimente von Kornhuber an menschlichen Versuchspersonen gegeben, bei denen man entdeckte, daß das Wollen einer Aktion zu einem ausgedehnten negativen Potential über dem Scheitel des Gehirns führt, das sich während fast einer Sekunde aufbaut und sich schließlich auf die Pyramidenzellen konzentriert, die für die Aktion zuständig sind (Abb. E3–4). Man vermutet, daß Selbstbewußter Geist in einer two-way-

Kommunikation mit einer großen Zahl von Moduln über der Hemisphä-
renoberfläche steht, und daß die daraus folgende Aktivität das negative
»Bereitschaftspotential«, wie es genannt wird, entstehen läßt. Ein weiteres Problem ist, herauszufinden, wie diese Aktivität am Ende zu den
richtigen Pyramidenzellen geleitet wird.

Es wird kurz über einen anderen bedeutenden Teil des Gehirns berichtet, das Kleinhirn (Abb. E3–5), dessen Aufgabe in der gleitenden und
automatischen Bewegungskontrolle liegt. Zwei verschiedene Kleinhirn-
funktionen werden beschrieben. Die eine steht mit bereits ablaufenden
Bewegungen in Beziehung und sorgt über Rückkoppelungen für deren
Ausformung, so daß sie ihr Ziel genau erreichen, ähnlich dem Kontrollsystem einer zielsuchenden Rakete (Abb. E3–6A). Die zweite Kleinhirn-
funktion sorgt für die Vorprogrammierung von Bewegungen, bevor sie
tatsächlich in Gang gesetzt werden. Areale der Großhirnrinde, die mit
Bewegung zu tun haben, besonders Feld 6, wirken auf die Kleinhirnhemisphäre über eine offene Schleife, die zu den motorischen Pyramidenzellen
von Feld 4 rückkoppelt (Abb. E3–6B). Infolgedessen stellen ihre Impulsentladungen bereits eine gute Annäherung an das Optimum für die Ausführung der gewünschten Bewegung dar. Es ist diese Vorprogrammierung, die während der relativ kurzen Zeit des Bereitschaftspotentials
stattfindet. Zusätzlich läuft gleichzeitig ein paralleles Schleifensystem
durch die Basalganglien.

Wir vermuten deshalb, daß die prämotorischen Assoziationsfelder
(Feld 6), die Kleinhirnhemisphären und die Basalganglien für die Vorprogrammierung von Bewegungen verantwortlich sind (Abb. E3–6B). Das
motorische Kommando, das schließlich von dieser Vorprogrammierung
abstammt, wird von den Pyramidenzellen von Feld 4 die Pyramidenbahn
hinab entladen, um die Bewegung in Gang zu setzen, und wird gleichzeitig
dem Kleinhirn (Abb. E3–6A) eingegeben, um das motorische Kommando auf den neuesten Stand zu bringen. So übt dieser Regelkreis kontinuierlich eine Feedback-Kontrolle aus, die die Bewegung auf das Ziel
gerichtet hält (vgl. Abb. E3–7).

Das noch offenstehende Problem willkürlicher Bewegungskontrolle ist
natürlich die aktive Verbindung von Selbstbewußtem Geist mit den Moduln der Großhirnrinde. Die Existenz eines solchen Einflusses ist empirisch durch Experimente von Kornhuber und Mitarbeitern bestätigt, doch
gibt es keine Erklärung dafür, wie er zustande kommen kann. In Kapitel
E7 werden wir jedoch zu diesem Problem der Interaktion des Geistes mit
dem Gehirn eine Hypothese formulieren.

16. Einleitung

Bei einer Analyse der Willkürmotorik und ihrer Kontrolle erkennt man sofort viele hierarchische Ebenen. Dies wurde von Sherrington 1906 in seinem großartigen Buch »The Integrative Action of the Nervous System« gewürdigt, wo er in Kapitel 9 »The physiological position and dominance of the brain« auf die Überlagerung der einfachsten Reflexe durch zunehmend komplexere Kontrollen auf der spinalen, supraspinalen, cerebellaren und cerebralen Ebene hinwies.

Bereits bei dem Versuch zu erklären, wie wir uns bewegen können, tauchen große Probleme auf. Wie können wir unsere Muskulatur derart unter Kontrolle bringen, daß sie uns Handlungen in Übereinstimmung mit unseren jeweiligen Situationen ausführen läßt? Wie kann ich zum Beispiel meinen Arm so bewegen, daß ich mit geschlossenen Augen geradenwegs meinen Finger auf meine Nasenspitze legen kann? Doch man kann an viel kompliziertere Bewegungen in dem ungeheuren Repertoire von Fertigkeiten denken, wie im Sport, in der Technik, beim Spielen von Musikinstrumenten und vor allem in komplexer Weise bei Rede, Gesang und Gestik, wo unsere gesamte Persönlichkeit sich enthüllt. Und sie enthüllt sich einfach durch unsere Bewegungen, die sich aus unseren Muskelkontraktionen ergeben, wie zum Beispiel im Gesichtsausdruck und durch Augenbewegungen. Wenn man wie ein Leichnam mit einem maskenähnlichen Gesicht fixiert ist, enthüllt man keine Persönlichkeit.

17. Die motorische Einheit

Alle Bewegungen werden durch Kontraktionen zustande gebracht, die in Muskeln durch Impulse von spezialisierten Nervenzellen, den sogenannten Motoneuronen ausgelöst werden. Die Impulse werden vom Motoneuron auf seinem Axon fortgeleitet, das sich aufzweigt und in motorische Endplatten (vgl. Abb. E3–1) im Muskel endet, so daß es bei jeder Entladung einige hundert Muskelfasern zur Kontraktion bringt. Das Motoneuron und die von ihm ausschließlich innervierten Muskelfasern bilden die elementare Einheit jeder Bewegung. Sherrington hat der Gruppe, die in Abbildung E3–1 gezeichnet ist, zutreffend den Namen motorische Einheit verliehen[1], und er kam zu der richtigen Vorstellung, daß alle Bewegungen Gruppen der Kombinationen von Kontraktionen einzelner motorischer Einheiten darstellen. Verschiedene Anteile der Gesamtzahl werden er-

---

[1] Siehe J. C. Eccles [1973 (b)].

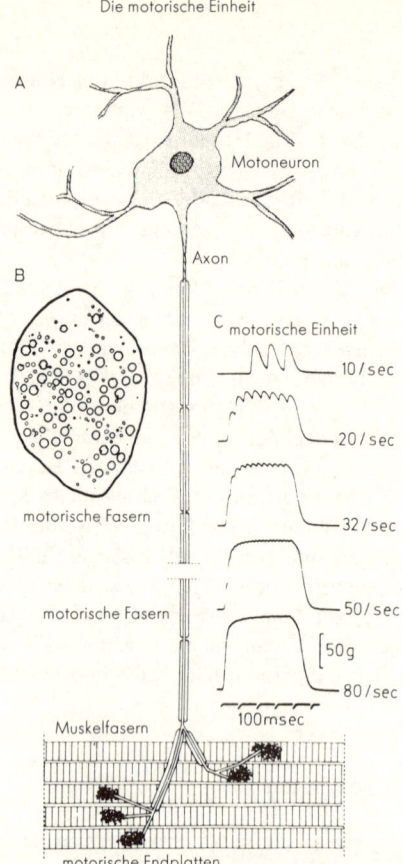

Die motorische Einheit

A   Motoneuron

B   Axon

C motorische Einheit

10 / sec

20 / sec

32 / sec

50 / sec

[50g

80 / sec

100 msec

motorische Fasern

motorische Fasern

Muskelfasern

motorische Endplatten

Abb. E3–1. **Die motorische Einheit.** A. Motoneuron mit seinem Axon, das als myelinierte Nervenfaser verläuft, um Muskelfasern zu innervieren. B. Querschnitt von motorischen Fasern, die einen Katzenmuskel versorgen, alle afferenten Fasern sind degeneriert. C. Isometrische mechanische Antworten einer einzelnen motorischen Einheit des Gastrocnemius-Muskels der Katze. Die Antworten wurden durch repetitive Stimulation des Motoneurons (A) durch über eine intrazelluläre Elektrode verabfolgte Stromstöße mit den angezeigten Frequenzen pro Sekunde hervorgerufen (Eccles [1973(b)]).

regt, abhängig von der Kontraktionsstärke, die für jede bestimmte Aktion notwendig ist. Der gesamte Motoneuronenpool des Muskels wird von Augenblick zu Augenblick gemäß den Bedürfnissen aufgespalten. Die Gesamtzahl von Motoneuronen im menschlichen Rückenmark mit den zugehörigen motorischen Einheiten beträgt etwa 200 000. Diese Anzahl

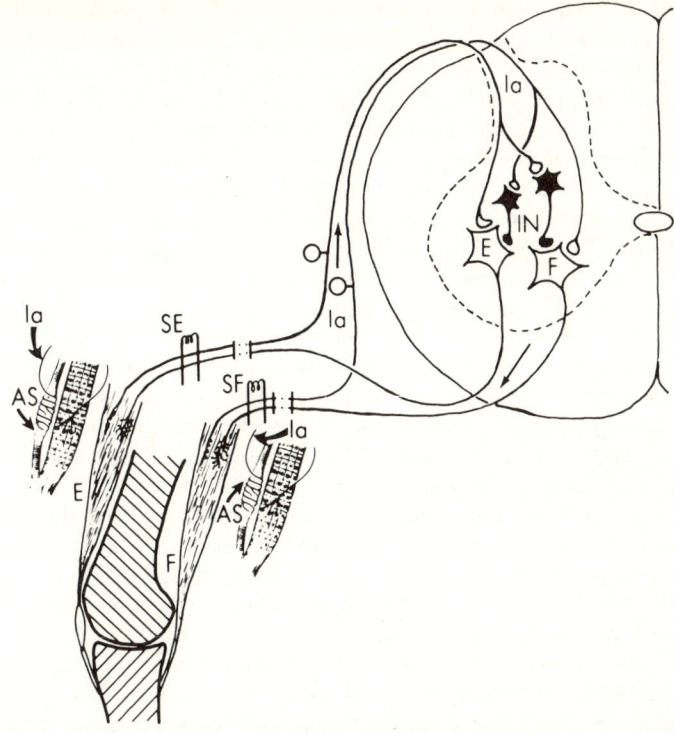

Abb. E3–2. Einfache Reflexbahnen. Schematische Darstellung der Bahnen von und zu den Strecker- *(E)* und Beuger- *(F)* Muskeln des Kniegelenks. Die kleinen Skizzen zeigen Details des Ursprungs der *Ia*-afferenten Fasern von den annulospiralen Endigungen *(AS)* der Muskelspindeln. Im Rückenmark zweigen sich die *Ia*-Fasern auf, so daß das Motoneuron, *E* oder *F*, das den Ursprungsmuskel, *E* oder *F*, innerviert, monosynaptisch erregt wird, während das antagonistische Motoneuron, *F* oder *E*, über ein inhibitorisches Interneuron *(IN)* gehemmt wird.

ist für die Kontraktion aller Muskel der Extremitäten, des Rumpfes und Halses, das heißt für unsere gesamte Muskelleistung mit Ausnahme derjenigen des Kopfes verantwortlich. Es ist bemerkenswert, daß wir lernen können, einzelne Motoneurone in Arm oder Beinmuskeln zu aktivieren und einmal das eine und einmal das andere willkürlich zu betätigen!

In Abbildung E3–2 mündet die afferente Faser (I a) von dem Dehnungsrezeptor (AS, Muskelspindel) des Kniestreckers (E) in eine dorsale Wurzel des Rückenmarks und wirkt direkt (monosynaptisch) auf ein Motoneuron (E) dieses Muskels. Parallel zu der einen gezeichneten Bahn verlaufen viele Hunderte, so daß sich ein großes Spektrum der Divergenz und Konvergenz ergibt.

Der antagonistische Muskel ist der Flexor (F), der das Bein im Knie beugt. In diesem Muskel befinden sich die gleichen Muskelspindeln (AS) und die von den motorischen Nervenfasern gebildeten motorischen Endplatten. Impulse der Muskelspindel (AS) des Flexors münden ebenfalls durch die dorsale Wurzel in das Rückenmark, erregen das Motoneuron (F) monosynaptisch und innervieren so den Flexor. So besitzen der Extensor und der Flexor zentrale Bahnen, die einander komplementär sind.

Zusätzlich findet sich in Abb. E3–2 eine reziproke Anordnung. Die afferente Faser vom Extensor (E) zweigt sich im Rückenmark auf, so daß sie nicht nur ihr eigenes Motoneuron erregt, sondern auch einen Zweig absendet, der ein Interneuron (IN) erregt (schwarz dargestellt). Es sendet sein Axon zu dem antagonistischen Motoneuron (F) und bildet auf ihm inhibitorische Synapsen. (Das ganze Buch hindurch stehen in den Diagrammen die schwarzen Symbole für Inhibition und die weißen für Exzitation, vgl. Abb. E2–1.) In gleicher Weise gibt es eine reziproke Anordnung für die afferenten Fasern von den Flexoren, die auf inhibitorische Neurone zu extensorischen Motoneuronen wirken.

Diese sehr einfache reziproke Anordnung kann funktionell gedeutet werden. Wenn man mit leicht gebeugten Knien dasteht, dehnt das Gewicht den Extensor des Knies (E), die Dehnungsrezeptoren (Muskelspindeln, AS) feuern in das Rückenmark und erregen die Motoneurone des Knieextensors, die Impulse abfeuern, so daß der Extensor sich kontrahiert und das Gewicht hält. Wenn diese Muskelkontraktion nicht genügt, so gibt das Knie ein wenig nach, wobei es den Extensor mehr dehnt. Dies wiederum führt zu verstärkter Entladung der Muskelspindeln, die eine erhöhte Reflexentladung zum Muskel abgeben, der auf diese Weise für eine stabile Haltung eingestellt wird. Gleichzeitig hindert die reziproke inhibitorische Bahn die Entladung der antagonistischen Motoneurone (F) und damit an der Kontraktion der antagonistischen Flexoren (F). Eine derartige Kontraktion würde den Extensoren entgegenstehen, die für die wesentliche Aufgabe, das Gewicht zu halten, zuständig sind. Diese Beschreibung der Aktionsweise der Bahnen in Abbildung E3–2 veranschaulicht einen einfachen Reflexablauf.

18. Die motorische Rinde

Nach dieser Einführung möchte ich nun das Thema des vorliegenden Kapitels entwickeln. Es herrscht allgemeine Übereinstimmung, daß willkürliche Kontrolle durch die motorische Rinde der Großhirnhemisphäre und die Bahn von dort zu den Motoneuronen (die Pyramidenbahn) ausge-

Pyramidenbahn von der rechten motorischen Rinde

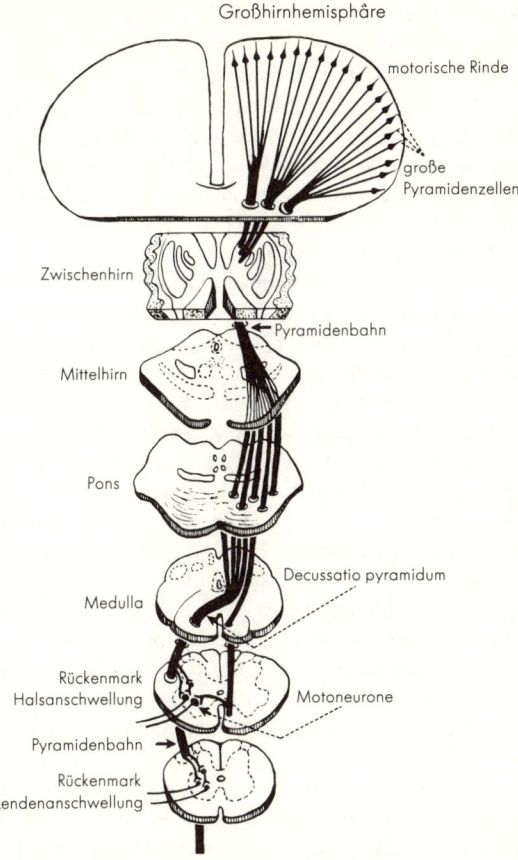

Abb. E3–3. Schematische Darstellung der Pyramidenbahn aus der linken motorischen Rinde. Der Ursprung geht von den großen Pyramidenzellen aus und in der Medulla kreuzt der größte Teil, um in der dorsolateralen Säule des Rückenmarks der entgegengesetzten Seite abzusteigen und Motoneurone entweder direkt oder über ein Interneuron zu innervieren.

übt wird.[1] Abbildung E1–1 zeigt die Position der linken motorischen Rinde als Band über die Oberfläche der Großhirnhemisphäre, das dem Feld 4 der Brodmannschen Karte in Abbildung E1–4 entspricht. Es liegt unmittelbar vor der zentralen Fissur (der Rolandischen Fissur, *f. Rol.*)

---

[1] M. Wiesendanger [1969].

und viele der Nervenzellen, aus denen sie besteht, sind Pyramidenzellen, deren Axone die Pyramidenbahn hinablaufen. Die motorische Rinde ist im wesentlichen mit der Willkürmotorik befaßt, doch sie ist nicht der Hauptinitiator einer Bewegung, wie des willkürlichen Beugens des Fingers. Sie ist nur die endgültige Relaisstation der sehr komplizierten Aktivitäten in weit verstreuten Abschnitten der Großhirnrinde, dem Kleinhirn und den Basalganglien (Abb. E3–6,7). Die Pyramidenzellen der motorischen Rinde mit ihren Axonen, die die Pyramidenbahn hinablaufen, sind wichtig, weil sie einen direkten Kanal aus dem Gehirn zu den Motoneuronen bilden (Abb. E3–3), die ihrerseits die Muskelkontraktionen, wie in Abbildung E3–1 dargestellt, veranlassen.

Wenn kurze elektrische Reizimpulse auf die Oberfläche der motorischen Rinde durch Elektroden verabfolgt werden, kommt es zu Kontraktionen örtlicher Muskelgruppen. Die ersten Experimente wurden an Affen und anthropoiden Affen ausgeführt, doch später wurde die menschliche motorische Rinde erforscht, wenn sie im Verlauf einer Hirnoperation freigelegt wurde. Auf diese Weise wurde gezeigt, daß all die verschiedenen Teile des Körpers in der streifenförmigen Karte der kontralateralen motorischen Rinde in Abbildung E1–1 repräsentiert sind.[2] Darauf sind die spezifischen Areale für Zehen, Fuß, Bein, Hüfte, Rumpf, Schulter, Arm, Hand, Finger und Daumen, Hals, Kopf, Gesicht etc. markiert, beginnend bei der medialen Oberfläche und lateral und abwärts über die Oberfläche sich ausbreitend. Es gibt eine große Repräsentation für Hand, Finger und Daumen und ein noch größeres Areal für Gesicht und Zunge. Die motorische Rinde ist nicht uniform in Proportion zur Muskelgröße parzelliert – weit davon entfernt. Es sind Geschicklichkeit und Feinheit von Bewegungen, die sich in den Repräsentationen der Areale reflektieren!

Während ihres Verlaufes durch den Hirnstamm geben die Pyramidenbahnen zahlreiche Verzweigungen ab, kreuzen dann in der Medulla zur anderen Seite und laufen so das Rückenmark hinab, um auf verschiedenen Etagen zu enden. Bei den Primaten[3] einschließlich des Menschen bilden sie starke monosynaptische Verknüpfungen mit Motoneuronen (Abb. E3–3). Diese sehr direkte Verbindung der motorischen Rinde mit Motoneuronen ist von größter Bedeutung dafür, zu gewährleisten, daß die Großhirnrinde im allgemeinen über die motorische Rinde sehr wirksam und rasch die gewünschte Bewegung zustande bringen kann. Dennoch gibt es zwei grundlegende Probleme, die in dem Hauptteil dieses Kapitels diskutiert werden. Wie kann das Wollen einer Muskelbewegung neurale

---

[2] W. Penfield und H. Jasper [1954].
[3] Siehe C. G. Phillips [1973]; R. Porter [1973].

Ereignisse in Gang setzen, die zu der Entladung motorischer Pyramidenzellen führen? Wie tragen das Kleinhirn und andere subkortikale Strukturen zu der Feinheit und Gewandtheit der Bewegung bei? Hier folgt zuerst
eine einleitende Behandlung des Problems der willkürlichen Bewegung.

19. Willkürliche Bewegungen

Ich habe die unbezweifelbare Erfahrung, daß ich mit Hilfe von Denken
und Wollen meine Aktionen kontrollieren kann, wenn ich dies wünsche,
obwohl dieses Prärogativ im normalen wachen Leben nur selten ausgeübt
wird. Ich bin nicht in der Lage, eine wissenschaftliche Erklärung dafür
abzugeben, wie Denken zu Handeln führen kann, doch diese Unfähigkeit
unterstreicht gerade die Tatsache, daß, wie in zahlreichen Abschnitten der
Diskussion erwähnt, unsere gegenwärtige Physik und Neurobiologie zu
primitiv für diese höchst herausfordernde Aufgabe sind, die Antinomie
zwischen unseren Erfahrungen und unserem Verständnis der Hirnfunk-
tion zu lösen. Wenn Denken zu Handeln führt, so bin ich als Neurophysiologe gezwungen zu vermuten, daß mein Denken in irgendeiner Weise die
operativen Muster der neuronalen Aktivitäten in meinem Gehirn verändert. Das Denken erreicht es schließlich, die Impulsentladungen von den
Pyramidenzellen meiner motorischen Rinde (Abb. E3–3) und so am Ende
die Kontraktionen meiner Muskel (Abb. E3–1) und die davon abstam-
menden Verhaltensmuster zu kontrollieren. Wir können das oben skizzierte erste grundlegende neurologische Problem neu formulieren: Wie
kann das Wollen einer Muskelbewegung neurale Ereignisse in Gang setzen, die zu der Entladung von Pyramidenzellen der motorischen Rinde
und somit zur Aktivierung der neuralen Bahn führen, deren Aktivität
Muskelkontraktionen entsprechend dieser Bewegung bewirkt?

An diesem Punkt wollen wir uns die Experimente von Kornhuber und
Mitarbeitern[1] über die in der Großhirnrinde erzeugten elektrischen Potentiale vor dem tatsächlichen Ablauf einer gewollten Handlung anschauen. Das Problem ist, die Versuchsperson mehrfach eine elementar
einfache Bewegung gänzlich aufgrund ihres eigenen Willensentschlusses
ausführen zu lassen, und doch ein so genaues Timing zu haben, daß die
sehr kleinen, von der Schädeloberfläche abgeleiteten Potentiale gemittelt
werden können. Dies wurde von Kornhuber und Mitarbeitern gelöst. Sie
lösen, durch die an der Bewegung beteiligten Muskelpotentiale ein Re-
chenprogramm aus, mit dem die abgeleiteten Potentiale bis zu zwei Se-

---

[1] Siehe L. Deecke, P. Scheid und H. H. Kornhuber [1969]; H. H. Kornhuber [1974].

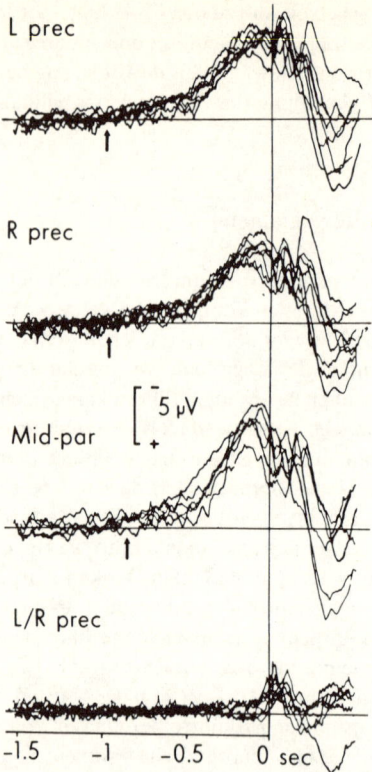

Abb. E3–4. Bereitschaftspotentiale, die von den gekennzeichneten Orten auf dem Schädel-dach abgeleitet wurden, Antworten auf willkürliche Bewegungen des Fingers. Der Zeitpunkt 0 ist das Einsetzen der Bewegung, die vorausgehenden Potentiale wurden durch Rückwärts-berechnung des Mittelwertes von 250 Antworten gewonnen. *L prec,* links-präzentral; *R prec,* rechts-präzentral; *Mid-par,* Mitteparietal; *L/R prec,* Ableitung links-präzentral ge-gen rechts-präzentral. Weitere Beschreibung im Text (Kornhuber [1974]).

kunden vor dem Einsetzen der Bewegung rückwärts gemittelt werden. Die in Abbildung E3–4 dargestellte Bewegung war eine rasche Beugung des rechten Zeigefingers, doch viele andere Extremitätenbewegungen sind mit ähnlichen Ergebnissen untersucht worden, sogar die Vokalisa-tion. Die Versuchsperson setzt diese Bewegung »willentlich« in irregulä-ren Intervallen von vielen Sekunden in Gang, wobei alle auslösenden Außenreize sorgfältig ausgeschlossen werden müssen. Auf diese Weise konnten von zahlreichen, über die Schädeloberfläche verteilten Elektro-den die Potentiale von 250 Bewegungen gemittelt werden, wie in Abbildung E3–4 in den drei oberen Kurven gezeigt. Das langsam ansteigende negative Potential, das sogenannte Bereitschaftspotential, wurde als ein negativer Ausschlag mit unipolarer Ableitung über einem ausgedehnten Areal der Großhirnoberfläche beobachtet (abgeleitet über eine Schädelelektrode gegen eine indifferente Elektrode), doch es fanden sich kleine positive Potentiale mit einem ähnlichen Zeitverlauf über den meisten anterioren und basalen Regionen des Großhirns. Gewöhnlich begann das Bereitschaftspotential *(Pfeile)* etwa 0,8 Sekunden vor dem Einsetzen der Muskelaktionspotentiale und führte zu stärkeren Potentialen, positiv dann negativ, die etwa 0,09 Sekunden vor der Bewegung begannen. In der untersten Spur erfolgte eine bipolare Ableitung von symmetrischen Zonen über der motorischen Rinde, die linke lag über der an der Bewegung des rechten Zeigefingers beteiligten Zone (vgl. Abb. E1–1). Es war keine Asymmetrie zu entdecken, bis eine scharfe Negativität sich 0,05 Sekunden vor dem Einsetzen der Muskelaktionspotentiale zum Zeitpunkt 0 entwickelte. Wir können annehmen, daß das Bereitschaftspotential durch komplexe Muster neuronaler Entladungen erzeugt wurde, die ursprünglich in den Frontal- und Parietallappen symmetrisch verstreut waren. Erst 0,05 Sekunden vor der Muskelantwort zeigt das negative Potential, daß die neuronale Aktivität sich auf die Pyramidenzellen der motorischen Rinde konzentriert hat. Die Zeit von 0,05 Sekunden entspricht genau der Erregungsübertragung von der Pyramidenzellentladung zu Motoneuronen und Muskelaktionspotentialen (siehe Abb. E3–3).

Diese Experimente liefern wenigstens eine teilweise Antwort auf die Frage: Was geschieht in meinem Gehirn zu der Zeit, in der eine willkürliche Aktion in Ausführung begriffen ist? Man kann annehmen, daß sich während des Bereitschaftspotentials das Muster der neuronalen Impulsentladung derart spezifiziert, daß schließlich die Pyramidenzellen im richtigen motorischen Rindenabschnitt aktiviert werden (Abb. E1–1), um die geforderte Bewegung zustande zu bringen. Das Bereitschaftspotential kann als die neuronale Konsequenz des Willenskommandos betrachtet werden. Die überraschenden Charakteristika des Bereitschaftspotentials sind seine weite Ausbreitung und sein allmählicher Aufbau. Offensichtlich breitet sich im Stadium des Wollens einer Bewegung der Einfluß des Willenskommandos weit auf die Muster neuronaler Operationen aus.

Bei dem Versuch, auf eine weitere Stufe der Erklärung der kortikalen Ereignisse, die dem Bereitschaftspotential zugrunde liegen, zu kommen, müssen wir Hypothesen entwickeln, die sich auf die speziellen Eigenschaften kortikaler Moduln beziehen. In Kapitel E7 wird gemutmaßt, daß gewisse Moduln der Großhirnrinde (offene Moduln) in einer Liaison mit dem selbstbewußten Geist stehen, der in einer schwachen und subtilen Weise geringfügige Abweichungen der Antworten dieser Moduln bewirkt.

Dies ist eine Aktion über die Kluft zwischen der geistigen Welt und der physischen Welt. Nach Kommissurotomie steht der selbstbewußte Geist nur mit Moduln der dominanten Hemisphäre in Liaison (Kapitel E5), sodaß vermutet wurde[2], daß hier normalerweise eine ähnlich ausschließliche Liaison vorhanden ist. Es wird in Kapitel E7 und in den Diskussionen vorgeschlagen, daß dies nicht so sein muß. Die Natur der Aktion über die Kluft wird ausführlich in Kapitel E7 und in zahlreichen Diskussionsabschnitten besprochen. Ein besonderes Problem stellt der Befund dar, daß das Bereitschaftspotential bilateral ist, während die obige Vermutung offensichtlich zu der Erwartung führen würde, daß das Bereitschaftspotential auf die dominante Hemisphäre beschränkt sei. Es muß jedoch berücksichtigt werden, daß diese Beschränkung in der obigen Hypothese nur für die primäre Aktion des selbstbewußten Geistes zutreffen würde. Die in den offenen Moduln erzeugten Veränderungen würden durch die Pyramidenzellentladungen rasch von diesen Moduln zu geschlossenen Moduln der gleichen und entgegengesetzten Hemisphäre übertragen, das heißt, durch das ungeheure System von Assoziations- und Kallosumfasern (Abb. E1–5). Daher ist eine symmetrische und ausgedehnte Ausbreitung des Bereitschaftspotentials zu erwarten. Darüber hinaus kann sein allmählicher Aufbau über 0,8 Sekunden sowohl den kumulativen Effekten der geringfügigen Abweichungen, die der selbstbewußte Geist in den offenen Moduln bewirkt, als auch den resultierenden Veränderungen in den geschlossenen Moduln, die auf einer weiteren Stufe ebenfalls miteinander in Wechselbeziehung stehen, zugeschrieben werden. Zusätzliche Faktoren, die zu dem Aufbau des Bereitschaftspotentials beitragen, werden im nächsten Abschnitt in Bezug auf die Vorprogrammierung von Bewegungen betrachtet werden.

Ein sogar noch ernsteres Problem bringt der Versuch mit sich, die Modellierung und Steuerung der kollektiven modulären Aktivitäten zu erklären, so daß es schließlich zu einer Konvergenz dieser Aktivitäten auf diejenigen motorischen Pyramidenzellen kommt, die die gewünschte Bewegung zustande bringen. Alles, was wir auf dieser Stufe vermuten können, leitet sich von der Hypothese (siehe Kapitel E7) ab, daß der selbstbewußte Geist in einer two-way-Kommunikation mit den offenen Moduln steht, sowohl was das Handeln, als auch das Empfangen angeht. Daher könnte er eine fortgesetzte informierte Führung während des gesamten Bereitschaftspotentials ausüben. Darüber hinaus wird in Kapitel E7 vermutet, daß die lange Dauer des Bereitschaftspotentials die extreme Schwachheit der Aktion des selbstbewußten Geistes auf die offenen Moduln zur Ursache hat. Sie könnte höchstens den Ablauf der Hinter-

---

[2] Siehe J. C. Eccles [1973 (b)].

grundaktivität der neuronalen Entladungen geringfügig abweichen lassen.

Wenn wir die Aktivität des selbstbewußten Geistes bei der Bewegungskontrolle betrachten, ist es wichtig, an unsere Fähigkeit, im Geiste Bilder zu manipulieren, ohne daß damit eine offenkundige Bewegung verbunden ist, zu denken. Ein faszinierendes Beispiel ist von Bronowski in einem Interview von Derfer [1974] berichtet worden.

> »Die Vorstellung, daß wir tatsächlich im Geiste Bilder manipulieren, war in der Psychologie der vergangenen Generation nicht in Mode, als der Operationismus und Funktionalismus und Behaviorismus herrschten. Die gegenwärtige Mode des Behaviorismus möchte alles zwischen Stimulus und Antwort ignorieren.
>
> Wir besitzen experimentellen Anhalt dafür, daß die Symbole oder Bilder, mit denen der Geist arbeitet, welche auch immer es sein mögen, mächtig sind. Und er arbeitet mit ihnen in einer Weise, die nicht von derjenigen zu unterscheiden ist, die wir fordern würden, wenn die Bilder wirklich konkrete Objekte wären. Roger Shepard in Berkeley hat zum Beispiel die Zeit gemessen, die eine Person benötigt, um im Geist ein asymmetrisches Objekt herumzudrehen, um zu klären, ob es ein Spiegelbild eines anderen, ihr gezeigten Objektes ist. Die Zeit ist direkt proportional zu dem erforderlichen Rotationswinkel, und ist deshalb direkt proportional zu der benötigten Zeit, wenn sie das Objekt tatsächlich in ihrer Hand halten und herumdrehen würde.«

20. Die cerebellaren Kontrollen der Willkürmotorik

Die Großhirnrinde enthält all die neuronalen Regelkreise, um Willkürbewegungen in Gang zu setzen und aufrechtzuerhalten, doch diese Bewegungen sind unbeholfen und unregelmäßig bei Läsion einiger anderer Regionen des Gehirns. Es ist schon lange bekannt, daß aus Läsionen eines großen Hirnteils des Kleinhirns, das in Abbildung E3–5 A in seiner Lage unterhalb der Großhirnhemisphären und an den Hirnstamm anliegend gezeigt ist, schwere Störungen der Bewegung resultieren. Die besten Untersuchungen, die jemals über menschliche Kleinhirnläsionen gemacht wurden, wurden von Gordon Holmes [1939] an Patienten aus dem Ersten Weltkrieg durchgeführt, deren Kleinhirn auf einer Seite durch Schußwunden zerstört war, während die andere Seite normal war und so als Kontrolle zur Verfügung stand. Auf der normalen Seite war die Untersuchungsperson zum Beispiel in der Lage, rasch und genau ihren ausgestreckten Arm zu bewegen, so daß ein ausgestreckter Finger ein Quadrat auf der Wand umriß, wobei die Fingerbewegungen fotografisch festgehalten wurden. Im Gegensatz dazu war die Bewegung auf der Seite der Kleinhirnläsion in Zickzackform und ungenau, mit Zögern und Überschießen bei Richtungsänderung. Die Untersuchungsperson klagte darüber, daß »die Bewegungen meiner linken Hand unbewußt ausgeführt

Menschliches Großhirn und Kleinhirn

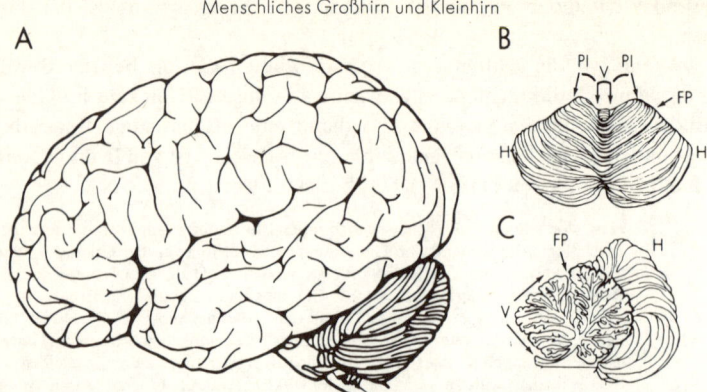

Abb. E3–5. Menschliches Großhirn und Kleinhirn. In B und C ist das Kleinhirn in der gleichen Größenordnung von dorsal (B) und nach einem sagittalen Schnitt in der Mittellinie (C) zu sehen. *V* ist der zentrale Abschnitt des Wurms, Vermis, *PI* ist die Pars intermedia und *H* ist die Kleinhirnhemisphäre. *FP* in B und C ist die Fissura prima zwischen den anterioren und posterioren Teilen des Kleinhirns.

werden, aber ich muß über jede Bewegung meines rechten Armes nachdenken. Ich komme zu einem Halt, wenn ich umkehre und muß nachdenken, bevor ich wieder beginne.« Dies zeigt, wie viel von dieser geistigen Konzentration uns durch das Kleinhirn erspart wird. Bei gewöhnlichen Bewegungen gibt man ein allgemeines Kommando – wie »lege den Finger auf die Nase« oder »schreibe deine Unterschrift« oder »nimm ein Glas in die Hand« – und der gesamte Ablauf geht automatisch vonstatten.

Zusammenfassend können wir sagen, daß normalerweise die meisten unserer komplexen Muskelbewegungen unbewußt und mit vollendeter Gewandtheit ausgeführt werden. Je weniger man sich der tatsächlichen betroffenen Muskelkontraktionen bei einem Golfschlag bewußt ist, desto besser ist es. Das gleiche trifft für Tennis, Skifahren, Schlittschuhlaufen oder jede andere Fertigkeit zu. Bei all diesen Leistungen haben wir nicht die geringste Vorstellung von der Komplexität der Muskelkontraktionen und Gelenkbewegungen. Alles, dessen wir uns bewußt sind, ist eine allgemeine Direktive, die durch das gegeben wird, was wir unser willkürliches Kommandosystem nennen könnten. Die Feinheit und Gewandtheit scheint natürlich und automatisch davon auszugehen. Es ist meine These, daß das Kleinhirn an all dieser enorm komplexen Organisation und Bewegungskontrolle beteiligt ist, und daß wir während unseres ganzen Lebens, besonders in den frühen Jahren, mit einem unablässigen Lehrprogramm für das Kleinhirn beschäftigt sind. In der Folge kann es alle diese bemerkenswerten Aufgaben ausführen, die wir ihm in dem gesamten Repertoire geübter Bewegungen, beim Sport, in der Technik, bei musikalischen Darbietungen, beim Sprechen, Tanzen, Singen usw. auftragen. Es kann als ein bemerkenswert erfolgreicher neuronaler Computer betrachtet werden, doch bisher besitzen wir nur allgemeine Hypothesen über die Weise, in der diese ausgedehnte Struktur, die sich aus etwa 30 Milliarden Neuronen zusammensetzt, ihre Aufgaben ausführt.[1]

20.1 Die geschlossene Schleife über die Pars intermedia des Kleinhirns

Abbildung E3–6A zeigt, wie das Kleinhirn (die Pars intermedia, PI, in Abb. E3–5B) auf einer Operationsebene zu der Ausgewogenheit und Genauigkeit willkürlicher Bewegung beiträgt.[1] Durch die Pfeile sind lediglich die wesentlichen neuronalen Verbindungen gezeigt, nicht all die detaillierten synaptischen Verknüpfungen, die sich auf jeder Stufe und auch an den Relaisstellen entlang der gezeichneten Verbindungen ergeben, wo jeder Pfeil vielen Tausenden von parallel geschalteten Nervenfasern entspricht. Mit der motorischen Rinde operieren diese Verbindungen als geschlossene Schleife. Wenn Pyramidenzellen der motorischen Rinde (Feld 4) Impulse die Pyramidenbahn (PT) hinabsenden, um eine willkürliche Bewegung zustandezubringen (ein motorisches Kommando), werden die Muster dieser Entladung (die sich entfaltende Bewegung) in allen Details mit Hilfe der kollateralen Aufzweigungen der Pyramidenbahnfasern zum Kleinhirn (Pars intermedia) übertragen. In der Kleinhirnrinde (PI) erfolgt die Verrechnung, und der resultierende Output kehrt zur motorischen Rinde zurück, so daß bei jedem motorischen Kommando alle 10 bis 20 msec ein fortgesetzter »Kommentar« vom Kleinhirn gegeben wird. Wir können diesen »Kommentar« als eine fortgesetzte Korrektur ansehen, die ununterbrochen vom Kleinhirn gemacht und sofort in die von der motorischen Rinde ausgegebenen modifizierten motorischen Kommandos aufgenommen wird. Die Abbildung E3–6A zeigt auch eine längere Rückkoppelungsschleife, die in der gleichen Kleinhirnregion operiert. Wenn das motorische Kommando eine Bewegung bewirkt, so erregt diese ablaufende Bewegung eine Vielzahl peripherer Rezeptoren in Muskeln, Haut, Gelenken etc. und diese signalisieren zu den gleichen Regionen der Kleinhirnrinde zurück (nach oben gerichteter Pfeil), die für die

---

[1] Siehe J. C. Eccles, M. Ito und J. Szentágothai [1967]; J. C. Eccles [1973(a)].
[1] G. I. Allen und N. Tsukahara [1974].

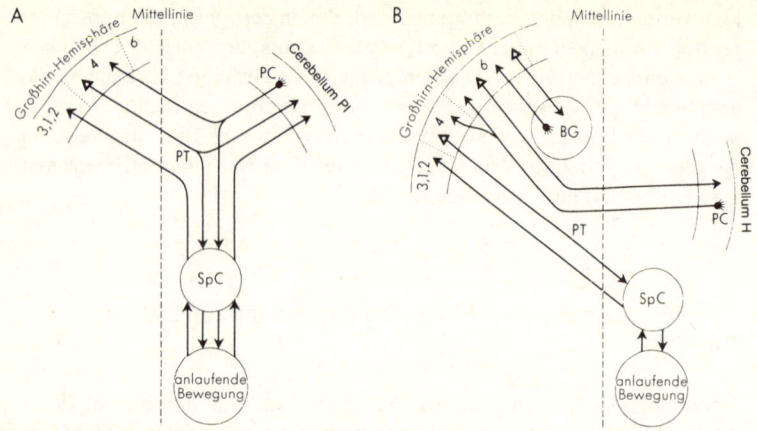

Abb. E3-6. Cerebro-cerebellare Regelkreise in der motorischen Kontrolle sind vereinfacht durch die Weglassung der synaptischen Verknüpfungen gezeigt. A zeigt die Regelkreise von einer Pyramidenzelle in der motorischen Rinde *(4)* über die Pyramidenbahn *(PT)* zum Rückenmark und so zu der entstehenden Bewegung und mit Kollateralen zur Pars intermedia *(PI)* des Kleinhirns. Die Purkinje-Zelle *(PC)* in *PI* kommuniziert (über synaptische Relais) zurück zur motorischen Rinde und auch die Pyramidenbahn hinab zu den spinalen Zentren *(SpC)*. Ebenfalls gezeigt ist die Projektion von den spinalen Zentren zu *PI* und zu dem somästhetischen Rindenfeld (3, 1, 2). In B sind die Verbindungen vom Großhirn (hauptsächlich Feld 6) zur Hemisphäre *(H)* des Kleinhirns gezeigt. Die rückläufige Verbindung von der Purkinje-Zelle, *PC*, verläuft zurück zu den Feldern *4* und *6*. Von Feld *4* besteht eine Projektion über die Pyramidenbahn, *PT*, das Rückenmark hinab, wie in *A*, und eine rückläufige Verbindung von der entstehenden Bewegung über die spinalen Zentren zu den Feldern *3, 1, 2*. Zusätzlich ist die Verbindung von Feld *6* zu den Basalganglien *(BG)* und zurück zur Großhirnrinde gezeigt.

direktere Schleife zuständig waren. Die Verrechnung dieser beiden Inputs bildet die Basis der cerebellaren Antwort. So wird den motorischen Kommandozentren ein fortlaufender aus diesen beiden Schleifen synthetisierter cerebellarer Kommentar geliefert.[2] Zusätzlich besitzt die Pars intermedia einen direkteren Weg, die spinalen Zentren über den Nucleus ruber und den Tractus rubrospinalis zu beeinflussen, die durch den abwärtsweisenden Pfeil auf SPC in Abbildung E3–6A bezeichnet sind.

Zusammenfassend können wir die Pars intermedia des Kleinhirns als etwas ansehen, das wie das Kontrollsystem eines zielsuchenden Geschosses arbeitet. Es arbeitet ähnlich, indem es nicht eine einzige Meldung zur Bewegungskorrektur gibt, die vom Ziel fort gerichtet ist. Stattdessen liefert sie Folgen korrigierender Meldungen und verschafft so eine ständig

---

[2] J. C. Eccles [1969], [1973(a)], [1973(b)]; G. I. Allen und N. Tsukuhara [1974].

dem neuesten Stand angepaßte Kontrolle über geschlossene dynamische Schleifen. Der nächste Abschnitt bringt Gründe für die Annahme, daß es bei den Kleinhirnhemisphären ganz anders ist.

20.2. Die offene Schleife über die Kleinhirnhemisphären

Die Kleinhirnhemisphären umfassen fast 90% des menschlichen Kleinhirns (H in Abb. E3–5B, C). Die Hauptregelkreise sind in Abbildung E3–6B gezeigt.[1] Pyramidenzellen von anderen kortikalen Abschnitten als der motorischen Rinde, besonders der prämotorischen Zone (Feld 6 in Abb. E1–4A) projizieren über Relais in der Pons zur kontralateralen Kleinhirnrinde (H), und die rückläufige Verbindung erfolgt teilweise zur motorischen Rinde (4), doch auch zu anderen kortikalen Abschnitten (6) als der motorischen Rinde. Da die Kleinhirnhemisphäre von der motorischen Rinde nur einen bescheidenen Input erhält, wirkt sie auf die Großhirnrinde hauptsächlich in der Weise einer offenen Schleife, indem sie das motorische Kommando, das von den Pyramidenzellen im Feld 4 gegeben wird, antedatiert. Wegen dieser speziellen Verknüpfungsmerkmale haben Allen und Tsukahara [1974] vermutet, daß die Kleinhirnhemisphäre eher mit der Planung einer Bewegung als mit ihrer tatsächlichen Ausführung und Korrektur durch stetige Kontrolle beschäftigt ist. Ihre Funktion ist weitgehend antizipatorisch und basiert auf Lernen und früherer Erfahrung. Bei Primaten gibt es keine Bahn von peripheren Sinnesorganen zu den Kleinhirnhemisphären. Derartige sensorische Informationen werden in den Feldern 3, 1, 2 (Abb. E3–6B) empfangen und dann in einigen der Assoziationsfelder – wie 6, 5 und 7 in den Abbildungen E1–4A und 8A – transformiert, bevor sie zu den Kleinhirnhemisphären übermittelt werden, wie in Abbildung E3–6B gezeigt.

21. Die offenen Schleifen über die Basalganglien

In Abbildung E3–6B ist eine weitere dynamische Schleife von anderen kortikalen Abschnitten als der motorischen Rinde gezeigt, die durch die Basalganglien, BG, großen Ansammlungen von Nervenzellen unter der Großhirnrinde, verläuft.[1] Dieses System scheint parallel mit den Klein-

---

[1] G. I. Allen und N. Tsukahara [1974].
[1] A. Brodal [1969]; M. R. DeLong [1973].

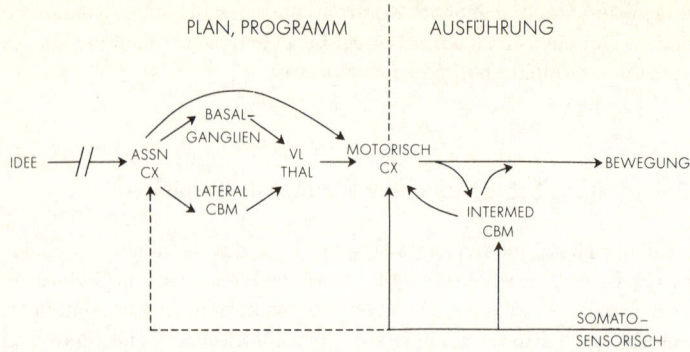

Abb. E3–7. Schematische Darstellung der an der Ausführung und Kontrolle willkürlicher Bewegungen beteiligten Bahnen: *ASSN CX*, Assoziationsrinde; *lateral CBM*, Kleinhirnhemisphäre; *intermediate CBM*, pars intermedia des Kleinhirns (modifiziert nach Allen und Tsukahara [1974]).

hirnhemisphären zu arbeiten. Seine Bedeutung zeigt sich an den schweren motorischen Störungen, die aus Läsionen der Basalganglien resultieren, dem Tremor und der Rigidität der Parkinsonschen Erkrankung und den wilden irregulären Bewegungen der Huntingtonschen Chorea. Dennoch wird die Arbeitsweise der neuronalen Maschinerie der Basalganglien immer noch wenig verstanden, und deshalb ist ihre Rolle bei der Bewegungskontrolle in den Abbildungen E3–6B und 7 nur vage angezeigt.

22. Synthese der verschiedenen mit der Kontrolle der Willkürmotorik beschäftigten neuronalen Mechanismen

Die Abbildung E3–7 illustriert in phantasievoller Weise die sich gegenseitig beeinflussenden Kontrollschleifen.[1] Wie in Zusammenhang mit Kornhubers Experimenten besprochen, drückt sich die Vorstellung einer Bewegung in Erregungsmustern der Assoziationsrinde aus, die als Bereitschaftspotential in den EEG-Ableitungen erkennbar sind (Abb. 3–4). Es folgen die beiden Systeme dynamischer Schleifen der Abbildung E3–6B, die über den VL-Thalamus zur motorischen Rinde projizieren. Zusätzlich projizieren diese Schleifensysteme zur Assoziationsrinde (Feld 6 in Abb. E3–6B) zurück, mit der Möglichkeit zur Bildung weiterer dynamischer Schleifen. Die Synthese all dieser Inputs zusammen mit den Aktivitäten

---

[1] Siehe Allen und Tsukahara [1974].

der Assoziationsrinde könnte man die vorprogrammierte Information für die motorische Rinde nennen, die daraus die entsprechenden Erregungen die Pyramidenbahn hinab (das motorische Kommando) erzeugt, um die gewünschte Bewegung zustandezubringen.

Mountcastles [1975] detaillierte Studien über die Neurone der Felder 5 und 7 (siehe Kapitel E2) führen zu Konzepten, die den oben formulierten nahestehen. Es wird vermutet, daß

»Neurone von Feld 5 einen konditionalen Kommandoapparat für Bewegungen einer bestimmten Art bilden, der unter bestimmten Motivationsgegebenheiten in Gang gesetzt wird; der Kommandoapparat operiert in einer holistischen Weise und spezifiziert die Details der Bewegungen, die er befiehlt, nicht. Dies wird, in dieser Hypothese, dem Apparat der präzentralen motorischen Rindenabschnitte (Feld 6) überlassen. Feld 5 enthält eine fortwährend auf den neuesten Stand gebrachte neuronale Replik der Position und Bewegungen der Extremitäten im Raum, durch die der topographische Abschnitt, in dem eine beabsichtigte Bewegung stattfinden soll, gebahnt, oder wie man sagen könnte, »aufgehellt« wird, Entladungen, die den tatsächlich zu der Bewegung führenden motorischen Kommandos entsprechen (corollary discharge).

Diese parallelen Entladungen operieren vermutlich über die Bahnen, die in Abbildung E1-8A gezeigt sind – Felder $4 \rightleftarrows 6 \rightleftarrows 5 \rightarrow 7$. Mountcastle führt weiter aus, daß

»wir in der holistischen oder Gestalt-Kommandofunktion dieser parietalen Neurone etwas von der Flexibilität und Sensitivität gegenüber Motivationszustand und Verhaltensziel sehen, die wir aus all unseren Beobachtungen menschlichen Verhaltens folgern müssen: die neuralen Substrate für adaptives Verhalten. Unsere allgemeine Kommandohypothese beinhaltet nicht, daß diese besonderen parietalen Kommandozentren ausschließlich Kontrolle über derartige Bewegungen ausüben. Ich vermute vielmehr, daß sich im Gehirn viele derartige Kommandozentren, und nicht alle auf der Rindenebene, befinden, die Zugang zum motorischen System auf vielen seiner Ebenen besitzen.«

Die Abbildungen E3–6B und 7 zeigen diese vielen Ebenen.

Während der motorischen Entladung leistet die Pars intermedia des Kleinhirns mit Hilfe der beiden in Abbildung E3–6A gezeichneten geschlossenen Schleifen einen wichtigen Beitrag zur endgültigen Ausgestaltung der Bewegung, aufbauend auf der sensorischen Beschreibung der Position der Extremität und der Geschwindigkeit, auf die die beabsichtigte Bewegung aufgesetzt werden muß. Dieser geschlossene Regelkreis ist eine Art kurzfristiger Planung im Gegensatz zu der längerfristigen Planung der Assoziationsrinde und des lateralen Kleinhirns. Sicherlich müssen diese beiden cerebellaren Systeme bei dem Ablauf jeder Feinbewegung zusammenarbeiten.[2]

Bei dem Erlernen einer Bewegung führen wir die Bewegung zuerst

---

[2] Siehe Allen und Tsukahara [1974].

sehr langsam aus, weil sie noch nicht ausreichend vorausprogrammiert
sein kann. Stattdessen wird sie weitgehend durch intensive cerebrale Konzentration ausgeführt, ebenso wie durch die konstante Korrektur über die
Pars intermedia des Kleinhirns. Mit Übung und dem daraus folgenden
motorischen Lernen kann ein größerer Anteil der Bewegung präprogrammiert werden, und die Bewegung rascher ausgeführt werden. Bei sehr
raschen Bewegungen verlassen wir uns gänzlich auf die Präprogrammierung durch die Regelkreise links in Abbildung E3–7, weil keine Zeit für
eine auf das Ziel angewandte Korrektur durch die Pars intermedia vorhanden ist, wenn eine rasche Bewegung einmal begonnen wurde.[3]

So dürfen wir vermuten, daß trainierte Bewegungen weitgehend präprogrammiert sind, während exploratorische Bewegungen, die einen
wichtigen Teil unseres Bewegungsrepertoires darstellen, unvollständig
präprogrammiert sind, da sie provisorisch und Gegenstand fortwährender
Revision sind. Die Rolle des Kleinhirns, vermutlich der Pars intermedia,
bei untrainierten oder exploratorischen Bewegungen wird durch die Un-
beholfenheit und Langsamkeit bestätigt, mit der sie durchgeführt werden,
wenn das Großhirn nach Cerebellektomie in Abwesenheit der cerebellaren Kooperation sowohl in der Präprogrammierung als auch in der Aktualisierung funktionieren muß. Falls nur die Kleinhirnhemisphäre mit den
Regelkreisen von Abbildung E3–6B außer Aktion gesetzt wird, resultiert
häufig ein Tremor, weil die Bewegung so wenig präprogrammiert ist, daß
die Pars intermedia ihrer normalen Funktion, nämlich der Kontrolle einer
Bewegung, die bereits gut abgeschätzt ist, ineffektiv nachkommt.

Zusammenfassend vermuten wir, daß die prämotorischen Assoziationszentren und die Kleinhirnhemisphären und Basalganglien für die
Präprogrammierung von Bewegungen verantwortlich sind. Das motorische Kommando, derart ausformuliert, wird die Pyramidenbahn hinab
entladen und löst so die Bewegung aus, doch die Pars intermedia bringt
das motorische Kommando ständig auf den neuesten Stand und übt so
fortwährend eine Feedback-Kontrolle aus, die Bewegung auf das Ziel
zuhaltend.[4]

23. Allgemeine Diskussion

Man muß sich vor Augen halten, daß die lange Dauer des Bereitschaftspotentials (0,8 Sekunden) für einen sehr speziellen Typ willkürlicher Bewegung zutrifft, nämlich eine solche, die ohne irgendein äußeres Signal

---

[3] Siehe ebd.
[4] Siehe ebd.

ausgelöst wird. Die experimentelle Anordnung sichert, daß selbstbewußter Geist ohne irgendeine prädisponierende oder determinierende Bedingung der neuralen Maschinerie auf die Großhirnrinde wirkt. Das Bereitschaftspotential entsteht als kleines diffuses Feldpotential aus der komplexen präprogrammierenden Operation in der Großhirnrinde unter Beteiligung der Verbindungen durch die Kleinhirnhemisphären und die Basalganglien, wie in den Abbildungen 3E–6B und 7 gezeichnet. Soweit bekannt[1], ist das Bereitschaftspotential während fast seiner gesamten Dauer nicht spezifisch, und besitzt für jede willkürliche Bewegung weitgehend den gleichen Zeitverlauf und die gleiche räumliche Verteilung. Zum Beispiel erscheint in Abbildung 3–4 das lokale Zeichen in den beiden präzentralen Ableitungen nicht bis etwa zu dem Zeitpunkt der Entladung in der motorischen Rinde, die die Pyramidenbahn hinab geleitet wird (untere Kurve).

Es wäre von besonderem Interesse, das Bereitschaftspotential bei Kommissurotomie-Patienten abzuleiten, wo man erwarten müßte, daß es nur in der dominanten Hemisphäre erzeugt wird. Eine willkürliche Handlung kann von solchen Patienten nur mit Hilfe der dominanten Hemisphäre bewerkstelligt werden (Kapitel E5). Alle von der subdominanten Hemisphäre ausgelösten Handlungen stehen nicht unter der bewußten Kontrolle des Patienten, obwohl sie oft richtige und intelligente Antworten auf Signale darstellen, die auf Rezeptoren wirken, die zu der untergeordneten Hemisphäre übertragen.

Es ist ersichtlich, daß die strengen Bedingungen für die experimentelle Demonstration des Bereitschaftspotentials weit entfernt von der normalen Weise der Auslösung und Ausführung willkürlicher Bewegungen sind. Der Hintergrund ist selten neutral wie in Kornhubers Experimenten. Die meisten willkürlichen Bewegungen sind Bestandteile komplexer Aufeinanderfolgen, so daß es unmöglich ist, die Komponenten auseinanderzuhalten, welche der Aktion selbstbewußten Geistes und welche erlernten Verhaltensmustern zugeschrieben werden können. Wie oben bemerkt, werden vollständig erlernte Bewegungen mit Hilfe eines Komplexes von Präprogrammierung und Aktualisierung ausgeführt und die Details ihres Ablaufs drängen sich kaum dem Bewußtsein der handelnden Person auf. Dennoch muß man sich vor Augen halten, daß diese Bewegungen überwiegend von dem Gedächtnisspeicher erlernter Fertigkeiten in der Rinde abhängen. Doch die Gedächtnisspeicher im Kleinhirn sind ebenfalls wichtig, wie man an den Störungen, die mit Kleinhirnläsionen einhergehen, erkennen kann.

Die beschränkte Behandlung, die das Problem willkürlicher Aktion

---

[1] H. H. Kornhuber [1974].

hier erfährt, wird durch die Forderung bestimmt, daß es wissenschaftlich untersucht werden muß. Es ist unmöglich, irgendeine wissenschaftliche Studie über die einer Entscheidung zugrunde liegenden Leistungen eines menschlichen Wesens in der Komplexität einer »realen Lebenssituation« auszuführen, selbst wenn diese Situation ethisch neutral ist, beispielsweise die Entscheidung, mit dem Zug oder einem Omnibus nach Hause zu fahren, oder welche Schallplatte als nächste aufgelegt werden soll. Zweifelsohne könnten Psychologen oder Philosophen fordern, daß derartige Entscheidungen im Prinzip in einer eindeutig determinierten Weise durch die aktuellen Ereignisse im Gehirn und die gespeicherten Erinnerungen erklärt werden können. Jedoch die strengen Bedingungen von Kornhubers [1974] Experiment schließen derartige explanatorische Ansprüche aus oder leugnen sie. Die trainierten Versuchspersonen führen die Bewegungen buchstäblich in der Abwesenheit determinierender Einflüsse aus der Umgebung aus, jedes im relaxierten Gehirn erzeugte Zufallspotential würde praktisch durch die Mitteilung von 250 Kurven eliminiert werden. So können wir erkennen, daß diese Experimente eine überzeugende Demonstration dessen erbringen, daß Willkürbewegungen frei ausgelöst werden können, unabhängig von irgendwelchen determinierenden Einflüssen, die gänzlich innerhalb der neuronalen Maschinerie des Gehirns liegen. Wenn wir dies als für elementar einfache Bewegungen erwiesen ansehen können, so besteht kein Problem, das Spektrum bewußt gewollter oder streng willkürlicher Handlungen endlos auszudehnen. Dennoch muß eine kritische Auswertung erfolgen, um eine große Vielfalt automatischer Handlungen auszuschließen. Nur selten bemühen wir uns, eine willkürliche Kontrolle unserer Handlungen auszuüben. Glücklicherweise laufen fast alle automatisch ab, zum Beispiel Atmen, Gehen, Stricken, und man ist manchmal versucht zu sagen Sprechen! Doch alle diese können willkürlich kontrolliert werden, wenn wir dies wünschen. Sogar das Atmen kann in Grenzen kontrolliert werden. Wir können hyperventilieren oder in einem gewählten Rhythmus atmen oder den Atem bis zu einer Minute anhalten.

Das außergewöhnliche Problem bei der willkürlichen Bewegungskontrolle ist natürlich die Aktion über die Schaltstelle zwischen selbstbewußtem Geist einerseits und den Moduln der Großhirnrinde andererseits. Die Existenz dieses Einflusses ist durch die empirischen Experimente von Kornhuber und Mitarbeitern erwiesen, doch es gibt natürlich keine Erklärung dafür, wie er zustande kommen kann. Doch in Kapitel E7 wird eine Hypothese über dieses Problem der Interaktion von Geist und Gehirn formuliert werden.

Kapitel E 4
Die Sprachzentren
des menschlichen Gehirns

24. Übersicht

Vorab wird über die Abschnitte der Großhirnrinde berichtet, die für die Sprache zuständig sind, das vordere Sprachfeld von Broca und das große, hintere Sprachfeld von Wernicke (Abb. E4–1). Die Abgrenzung dieser Gebiete wurde ursprünglich von kortikalen Läsionen bei Patienten abgeleitet, die an verschiedenen Arten von Aphasie litten. Die bemerkenswerte Entdeckung war, daß etwa 95% der Aphasiker Läsionen in ihrer linken Großhirnhemisphäre haben. Experimente an freigelegten menschlichen Gehirnen haben diese früheren klinischen Studien bestätigt und eine noch genauere Lokalisation des Sprachfeldes ermöglicht, indem sie insbesondere zeigten, daß das Wernickesche Feld sich bis zu den Feldern 39 und 40 des Parietallappens ausdehnt (Abb. E4–3).

Eine andere wichtige Untersuchung bediente sich des dichotischen Hörtests, bei dem über Kopfhörer zwei verschiedene akustische Stimuli gegeben werden, einer in das rechte und der andere in das linke Ohr. Da jedes Ohr vorwiegend in die Hörrinde auf der kontralateralen Seite projiziert (Abb. E4–4), konnte auf diese Weise erwiesen werden, daß die Inputs von Worten durch das rechte Ohr viel besser als durch das linke erkannt wurden, weil hier die Projektion direkter zu den Sprachzentren der linken Hemisphäre verlief.

Die im nächsten Kapitel beschriebenen Kommissurotomieuntersuchungen sind wichtig, weil sie gezeigt haben, daß die Hemisphäre, die die Sprachzentren enthält, die erstaunliche Eigenschaft besitzt, in Verbindung mit dem Selbstbewußten Geist der untersuchten Person zu stehen sowohl gebend als auch empfangend. Neuere Untersuchungen haben gezeigt, daß die kortikalen Abschnitte der Sprachfelder größer sind als die symmetrischen Zonen auf der anderen Hemisphäre (Abb. E4–5). Besondere Bedeutung wird den Brodmannschen Feldern 39 und 40 beigelegt, die in der Evolution sehr spät kamen und bei nicht-menschlichen Primaten kaum zu erkennen sind. Dies sind die Zonen, die spezifisch mit crossmodalen Assoziationen beschäftigt sind, das sind Assoziationen von einem sensorischen Input, etwa Berührung, zu einem anderen, etwa Sehen (Feld STS in Abb. E1–7 und 8). Es wird postuliert, daß Sprache entsteht, wenn man die Assoziation hat zwischen Objekten, die man fühlt, und Objekten, die man sieht und die man dann benennt. Es folgt ein kurzer Hinweis auf die Evolution der Sprache und ihre große Bedeutung für die menschliche Aktivität. Sprache stellt die Mittel zur Verfügung, Gegenstände abstrakt zu repräsentieren und sie hypothetisch im Geiste zu manipulieren.

Trotz der neueren Fortschritte bei der Erkennung von Asymmetrien der dominanten Hemisphäre, die sich aus der Hypertrophie der mit der Sprache verbundenen Zonen ergibt (Abb. E4–4), liegt noch keine detaillierte mikroskopische Analyse der kortikalen Struktur von Sprachzentren vor. Und es gibt noch keine physiologische Studie der neuronalen Aktivität in Sprachzentren während ihrer Aktivität.

Schließlich wird über die außerordentliche Unfähigkeit berichtet, an der ein Mädchen litt, das von jeder sprachlichen Erfahrung isoliert gehalten wurde, bis sie $13^1/_2$ Jahre war. Wegen dieser langen Inaktivitätsperiode der Sprachzentren zeigten sich schwerwiegende Behinderungen bei den Bemühungen, sie sprechen zu lehren. Sogar nach drei Jahren ist ihre sprachliche Leistung ganz limitiert, doch Sätze mit Bedeutung können zustande gebracht werden. Obwohl sie Rechtshänderin ist, verwendet sie die rechte Hemisphäre zum Sprechen. Dies ist ein Hinweis darauf, daß die Abschnitte der Großhirnrinde, die für das Sprechen bereitgestellt sind, in den frühen Jahren benutzt werden müssen, damit sich die wundervollen Möglichkeiten der Sprache wirksam entfalten können.

25. Einführung

Die Repräsentation der Sprache in der Großhirnrinde ist mit vier Methoden untersucht worden: erstens die Untersuchung von Sprachstörungen aufgrund von cerebralen Läsionen[1]; zweitens die Effekte von Stimulation des freigelegten Gehirns wacher Individuen und der vorübergehenden Aphasien, die aus dieser Freilegung resultieren[2]; drittens die Effekte von Injektionen von Amytal-Natrium (einem Anästhesiemittel) in die Arteria carotis, die Halsschlagader[3]; viertens die dichotischen Hörtests von Broadbent [1954] und Kimura [1967].

---

[1] Übersichtsarbeiten von N. Geschwind [1965 (a)], [1970], [1972], [1973].
[2] W. Penfield und L. Roberts [1959].
[3] E. A. Serafetinides, R. D. Hoare und M. V. Driver [1965].

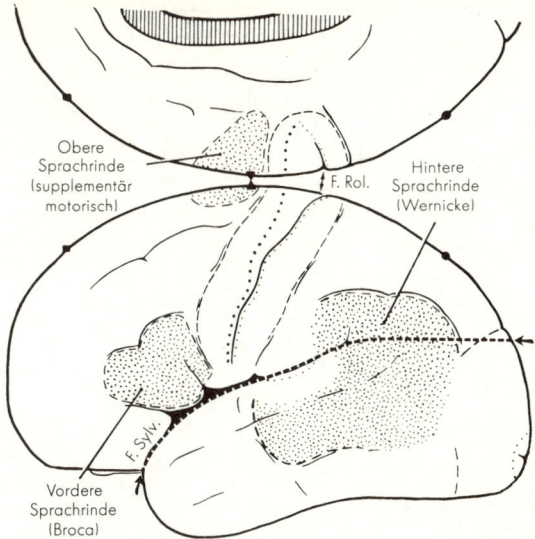

Abb. E4–1. Cortikale Sprachfelder der dominanten linken Hemisphäre. Die linke Hemisphäre sowohl von lateral (unten) als auch von medial dargestellt. *F. Rol.* ist die Rolandsche Fissur und *F. Sylv.* ist die Sylviussche Fissur (Penfield und Roberts [1959]).

26. Aphasie

Wie von Penfield und Roberts [1959] und Geschwind [1970] beschrieben, wurden Störungen der Sprache (Aphasie) über ein Jahrhundert lang mit Läsionen der linken Großhirnhemisphäre in Zusammenhang gebracht (Abb. E4–1). Da war zuerst die motorische Aphasie, die von Broca [1861] beschrieben wurde, und die aus Läsionen des hinteren Teils der dritten frontalen Hirnwindung entsteht, einer Zone, die wir jetzt das vordere Sprachzentrum von Broca nennen. Der Patient hatte die Fähigkeit zu sprechen verloren, obwohl er gesprochene Sprache verstehen konnte. Das Brocasche Zentrum liegt unmittelbar vor den kortikalen Zonen, die die Sprechmuskel kontrollieren; dennoch beruht motorische Aphasie nicht auf der Paralyse der Artikulationsmuskulatur, sondern auf Störungen in ihrem Gebrauch.

Viel wichtiger jedoch ist das große Sprachzentrum, das mehr posterior in der linken Hemisphäre liegt. Auf der Grundlage von aus Läsionen gewonnenen Hinweisen, dachte Wernicke [1874] ursprünglich, daß es sich nur in der oberen Temporalwindung befände; doch jetzt weiß man[1], daß es eine Repräsentation besitzt, die sich viel weiter auf die Parietotempo-

---

[1] W. Penfield und L. Roberts [1959].

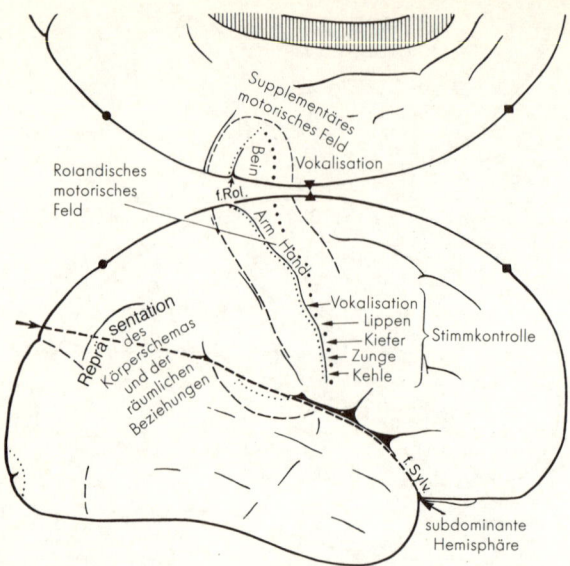

Abb. E4–2. Vokalisationsfelder der nichtdominanten rechten Hemisphäre. Wie bei Abb. E4–1 ist die Darstellung sowohl von lateral als auch von medial gesehen. Die verschiedenen Effekte werden durch elektrische Stimulation evoziert. (Penfield und Roberts [1959]).

rallappen ausbreitet (Abb. E4–1). Wir nennen dieses Gebiet jetzt das hintere Sprachzentrum von Wernicke, und es steht speziell mit dem gedanklichen Aspekt der Sprache in Zusammenhang. Diese Form von Aphasie ist durch die Unfähigkeit, Sprache zu verstehen, charakterisiert – sei sie geschrieben oder gesprochen. Obwohl der Patient mit normaler Geschwindigkeit und normalem Rhytmus sprechen konnte, war seine Sprache auffallend gehaltlos, eine Art unsinniges Gestammel. Bei der Mehrzahl der Patienten führten Läsionen irgendwo in der rechten Hemisphäre (Abb. E4–3) nicht zu ernsten Sprachstörungen. Geringere Defekte im sprachlichen Ausdruck werden in Kapitel E6 beschrieben. Sogar Läsionen der motorischen Zentren für die Vokalisation verursachen nur geringe Ausfälle, weil die Sprechmuskeln bilateral repräsentiert sind.

Die Aphasie selbst war Gegenstand sehr detaillierter und verschiedenartiger Beschreibungen und Klassifizierungen. Auf Lesen und Schreiben spezialisierte Abschnitte wurden zum Beispiel durch die aus ihrer Zerstörung resultierende Alexie oder Agraphie erkannt.[2] Es ist wesentlich, die

---

[2] N. Geschwind [1965(a)], [1965(b)], [1970]; H. Hécaen [1967]; B. Milner [1967], [1968], [1974].

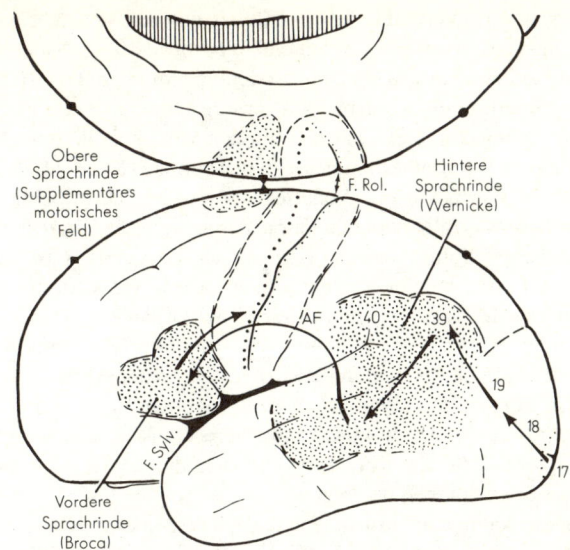

Abb. E4–3. Gleiche Zeichnung der linken Hemisphäre wie in Abbildung E4–1, doch mit den Gyri angularis und supramarginalis als Brodmannsche Felder 39 und 40 bezeichnet (vgl. Abb. E1–4). Ebenfalls gezeigt und durch Pfeile bezeichnet ist die Bahn von Feld 17 zu 18, 19 zu 39 (Gyrus angularis) zum Wernickeschen Sprachzentrum, dann über den Fasciculus arcuatus (*AF*) zum Brocaschen Zentrum und so zur motorischen Rinde für die Sprachmotorik.

unglaubliche Komplexität der Kodierung und Dekodierung in der Sprache zu erkennen.[3] Als Illustration dafür können wir die neuralen Ereignisse betrachten, die an einer einfachen sprachlichen Leistung beteiligt sind.

Beim lauten Lesen beispielsweise werden schwarze Zeichen auf weißem Papier in der kodierten Form von Impulsfrequenzen in den Sehnervenfasern von der Retina zum Gehirn projiziert und so schließlich zu der primären Sehrinde (Feld 17 in Abb. E4–3, vgl. Kapitel E2, Abb. E2–4 und 5). Das nächste Stadium ist die Übertragung der kodierten visuellen Information zu den visuellen Assoziationszentren (Brodmannsche Felder 18, 19), wo eine weitere Stufe der Rekonstitution des visuellen Bildes stattfindet. Wie in Kapitel E2 beschrieben, ist diese Rekonstitution immer noch höchst unzulänglich. Neurone antworten spezifisch auf einfache geometrische Formen, die sogenannten Merkmalerkennungsneurone. Auf der nächsten Stufe jedoch führen Läsionen des hinteren Teils des Wernickeschen Zentrums (der Gyrus angularis, Feld 39 in Abb. E4–3) zu

---

[3] Siehe H.-L. Teuber [1967].

Dyslexie, was vermuten läßt, daß das Relais von den visuellen Assozia-
tionsneuronen Information liefert, die in Wortmuster umgewandelt wird,
und daß diese ihrerseits als Sätze mit Bedeutung im Prozeß der bewußten
Erkennung interpretiert werden. Es ist unsere These, daß dies geschieht,
weil der selbstbewußte Geist mit den offenen Moduln in diesem kortikalen Abschnitt in Wechselbeziehung zu stehen vermag (Kapitel E7). Läsionen führen zu Wernickescher Aphasie. Der weitere Schritt beim Prozeß
des lauten Lesens erfolgt über den Fasciculus arcuatus (AF in Abb. E4–3)
zum motorischen Sprachzentrum (Brocasches Zentrum). Läsionen des
Fasciculus arcuatus resultieren in Leitungsaphasie (Geschwind, 1970).
Das Begreifen der gesprochenen Sprache ist vorhanden, doch liegt ein
grober Defekt bei ihrer Wiederholung und beim normalen Sprechen vor.
Auf der Endstufe führen geeignete Muster neuronaler Aktivität im Brocaschen Zentrum zu den motorischen Zentren für die Vokalisation und so
zu den koordinierten Kontraktionen der Sprechmuskel. Eine vergleichsweise komplexe Kette von Kodierung und Dekodierung ist am Aufschreiben von gehörter Sprache beteiligt.

Allgemein kann man feststellen, daß einer genauen Klassifizierung
von Aphasien wegen der unregelmäßigen Ausdehnung destruktiver klinischer Läsionen große Schwierigkeiten entgegenstehen. Für unseren gegenwärtigen Zweck ist es nicht notwendig, auf all die detaillierten Kontroversen zwischen den verschiedenen Experten über die vielen Typen von
Aphasie oder über die ursächlichen cerebralen Läsionen einzugehen.[4] Die
bemerkenswerte Entdeckung ist, daß bei weitem die meisten Aphasiker
Läsionen in ihrer linken Großhirnhemisphäre haben. Nur selten geht eine
rechte cerebrale Läsion mit Aphasie einher. Ursprünglich nahm man allgemein an, daß Rechtshänder ihre Sprachzentren auf der linken Seite
besäßen und Linkshänder umgekehrt. Dies hat sich als falsch erwiesen.
Die Mehrzahl der Linkshänder hat ihre Sprachzentren ebenfalls in der
linken Großhirnhemisphäre.[5]

27. Experimente an freigelegten Gehirnen

Unter der Obhut von Penfield und Mitarbeitern hat die Stimulation der
Großhirnrinde zu sehr bemerkenswerten Entdeckungen in Zusammenhang mit der Lokalisation von Sprachzentren geführt. Stimulation der
motorischen Abschnitte in beiden Hemisphären (Abb. E4–2), die an der
Lautgebung beteiligte Strukturen wie Zunge und Kehlkopf innervieren,

---

[4] Siehe N. Geschwind [1965 (a)], [1970], [1973].

[5] Siehe W. Penfield und L. Roberts [1959]; O. L. Zangwill [1960]; E. A. Serafetinides,
R. D. Hoare und M. V. Driver [1965]; M. Piercy [1967].

veranlassen die Patienten, eine Vielfalt von Rufen und Schreien (Vokalisation), aber keine erkennbaren Worte zu äußern. Dies sind die motorischen Zentren der Stimmkontrolle. Sie sind bilateral. Nur selten ergibt eine ähnliche Stimulation bei Tieren Vokalisationen. Andererseits führt Stimulation der Sprachzentren (Abb. E4–1) zu einer Interferenz mit Sprache oder zu einem Sprachstillstand. Zum Beispiel, wenn die Versuchsperson mit einer Sprachproduktion beschäftigt ist wie dem Aufsagen von Zahlen, kann ihre Stimme undeutlich oder verzerrt werden oder die gleiche Zahl kann wiederholt werden. Häufig verursacht die Verabfolgung des sachten Stimulationsstroms auf die Sprachzentren ein Aufhören des Sprechens, das wieder aufgenommen wird, sobald die Stimulation aufhört; oder es kommt während der Stimulation zu einer temporären Unfähigkeit, Gegenstände zu benennen. Man kann sich vorstellen, daß der Stimulus eine weitgestreute Interferenz mit den spezifischen räumlich-zeitlichen Mustern neuronaler Aktivität, die für Sprache verantwortlich ist, verursacht hat. Auf diese Weise waren Penfield und Mitarbeiter in der Lage, die beiden Sprachzentren abzugrenzen, die aus klinischen Studien der Aphasie bekannt waren, nämlich die vorderen und hinteren Sprachzentren, und auch ein untergeordnetes drittes Zentrum (Abb. E4–1).

Unbeabsichtigte Folgen operativer Eingriffe wiesen auf die Großhirnhemisphäre hin, die für die Sprache verantwortlich ist – ob es die rechte oder die linke Hemisphäre der Untersuchungsperson ist. Man hat beobachtet, daß sich nach einer Gehirnoperation mit Freilegung einer Großhirnhemisphäre häufig einige Tage nach der Operation eine vorübergehende Aphasie entwickelt und über zwei oder drei Wochen anhält. Dies wird dem neuroparalytischen Ödem zugeschrieben, das als Folge der Hirnfreilegung auftritt. Eine systematische Untersuchung der neuroparalytischen Aphasie von Patienten durch Penfield und Roberts [1959] zeigte, daß es sich bei über 70% der Patienten mit Operation an der linken Hemisphäre entwickelte, ungeachtet dessen, ob sie Rechts- (157) oder Linkshänder (18) waren. Im Gegensatz dazu war die Aphasie bei Operationen an der rechten Hemisphäre sehr selten, sie trat bei nur einem von 196 Rechtshändern und bei einem der 15 Linkshänder auf. Diese Beobachtungen zeigen die sehr starke Dominanz der Sprachrepräsentation (über 98%) in der linken Hemisphäre, ungeachtet der Händigkeit. Andere Untersucher, die verschiedene Techniken verwenden, befinden sich in allgemeiner Übereinstimmung mit diesen Ergebnissen, doch zeigen die Linkshänder in ihren Diagrammen etwas häufiger eine Repräsentation der Sprache in der rechten Hemisphäre, doch immer noch nicht so häufig wie eine Repräsentation in der linken Hemisphäre.[1]

---

[1] Übersicht bei O. L. Zangwill [1960]; M. Piercy [1967].

28. Injektionen von Amytal-Natrium in die Arteria carotis

Eine neue Methode, die Sprachrepräsentation zu bestimmen und sie in
Zusammenhang mit der Händigkeit zu bringen, wurde von Wada mit der
Injektion von Amytal-Natrium in die Arteria carotis communis oder interna von Untersuchungspersonen entwickelt, bei denen es wichtig war,
die Sprachhemisphäre präoperativ zu identifizieren.[1] Diese Arbeit wurde
von Milner, Branch und Rasmussen [1964] analysiert. Es fand sich gleich-
falls eine überwältigende Dominanz der Repräsentation der Sprache in
der linken Hemisphäre bei Rechtshändern und eine beträchtliche Dominanz auch bei Linkshändern, doch die linke Dominanz war weniger ausgeprägt, als die von Penfield und Roberts berichtete [1959]. Ähnliche Resultate wurden von anderen Untersuchern berichtet. Eine Schwierigkeit
des Wada-Tests ist, daß er von einer sehr strengen Lateralisation der
Blutgefäßverteilung abhängt. Man hat erkannt, daß dies in einigen Fällen
nicht zutrifft, und andere Beobachtungen, die in Widerspruch mit der
strengen unilateralen Repräsentation der Sprache liegen, mögen derartigen Gefäßanomalien zugeschrieben werden. Es gibt ein paar Berichte
über Sprache, die in beiden Hemisphären lokalisiert war.[2] Was sicherer
erscheint, ist, daß in der Kindheit eine Beschädigung der linken Hemisphäre zu der Entwicklung von Sprachzentren in der rechten Hemisphäre
führen kann, wie in Kapitel E6 beschrieben wird.[3] In diesem frühen Alter
scheint eine beträchtliche neurale Plastizität vorhanden zu sein. Basser
[1962] bot Anhalt dafür, daß die Sprache bei sehr kleinen Kindern bilateral war und die linke Hemisphäre in den ersten Lebensjahren schrittweise
die Dominanz gewann. Unter Verwendung des dichotischen Hörtests
zeigte Kimura [1967], daß die Sprache mit vier bis fünf Jahren vollkommen lateralisiert ist.

29. Der dichotische Hörtest

Eine leistungsfähige Technik wurde unlängst für die Untersuchung cerebraler Asymmetrie angewandt: der dichotische Hörtest.[1] Der große Vorteil dieses Tests ist, daß er Untersuchungen an gesunden Versuchspersonen erlaubt. Er erweitert somit das Kontingent potentieller Testpersonen
enorm und eliminiert die Unsicherheitsfaktoren, die in dem Versuch, phy-

---

[1] Siehe Serafetinides, Hoare und Driver [1965].
[2] O. L. Zangwill [1960]; B. Milner [1974]; R. W. Sperry [1974].
[3] Siehe B. Milner [1974].
[1] D. E. Broadbent [1954]; D. Kimura [1967], [1973].

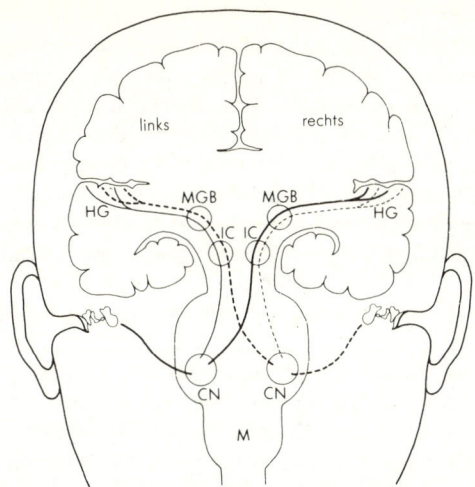

Abb. E4–4. Schematische Zeichnung der auditorischen Bahnen zum Heschlschen Gyrus *(HG)* auf jeder Seite. Die dickeren Linien zeigen die Dominanz der gekreuzten Verknüpfungen. *CN,* Nucleus cochlearis, *IC,* Colliculus inferioris, *MGB,* Corpus geniculatum mediale, *M,* medulla oblongata.

siologische Ergebnisse durch die Untersuchung kranker Gehirne zu gewinnen, liegt. Der Versuchsperson werden über Kopfhörer simultan zwei verschiedene auditorische Stimuli zugespielt, einer zum rechten Ohr, der andere zum linken Ohr. Der Test wurde zuerst hinsichtlich der Worterkennung ausprobiert. Drei Zahlenpaare (etwa 2,5 dann 3,4, dann 9,7) wurden normalen Versuchspersonen in rascher Folge dichotisch präsentiert. Im Anschluß wurde die Versuchsperson aufgefordert, in irgendeiner Reihenfolge so viele der Zahlen wiederzugeben, wie sie konnte. Es war überraschend zu finden, daß diejenigen Zahlen, die dem rechten Ohr präsentiert worden waren, genauer wiedergegeben wurden, als die dem linken Ohr präsentierten, obwohl keine Unterschiede in den entsprechenden sensorischen auditorischen Kanälen vorhanden waren.

Die Asymmetrie beim normalen auditorischen Erkennen erklärt sich durch die Besonderheiten der neuralen Bahnen, über die die den Ohren präsentierten Zahlen dem Gehirn übermittelt werden. Wie im visuellen System ist eine gekreuzte Verbindung vom Ohr zum primären auditorischen sensorischen Zentrum vorhanden, das der Heschlsche Gyrus im Temporallappen ist (Abb. E4–4). Die Situation unterscheidet sich jedoch von derjenigen beim Sehen, wo die Verbindungen von einem Gesichtsfeld zur entsprechenden primären Sehrinde sich vollständig kreuzen

(Abb. E2–4). Es existieren auch ipsilaterale Verbindungen von einem Ohr zum Heschlschen Gyrus der gleichen Seite. Diese ipsilaterale Verbindung ist jedoch viel schwächer als die kontralaterale[2]; außerdem werden die ipsilateralen Bahnen durch die kontralateralen während der dichotischen Präsentation unterdrückt,[3] wahrscheinlich durch Hemmung in der Großhirnrinde. So müssen wir den Vorteil des rechten Ohres bei dem dichotischen Zahlentest der Tatsache zuschreiben, daß das rechte Ohr einen direkteren Zugang zu der Hemisphäre besitzt, in der der kodierte auditorische Input in erkennbare Worte dekodiert wird, nämlich der linken Hemisphäre, der Sprachhemisphäre.

Bisher haben wir das Spektrum des sensorischen Inputs, das als verbal klassifiziert werden könnte, nicht definiert. Einige signifikante Daten wurden aus der dichotischen Präsentation von rückwärts gespieltem Sprachsalat gwonnen. In diesem Fall erwies sich das rechte Ohr ebenfalls als überlegen, daher vermutlich auch die linke Hemisphäre. So ist die linke Hemisphäre speziell mit einer Stufe bei der Verarbeitung akustischer Information beschäftigt, die sogar dem Erkennen ihres begrifflichen Gehalts vorausgeht. Die Situation in der auditorischen Rinde ist daher analog derjenigen in der Sehrinde, wie man nach der kaskadenförmigen Organisation, die in Abbildung E1–7 gezeichnet ist[4] erwarten würde.

Studdert-Kennedy und Shankweiler [1970] fanden eine Überlegenheit des rechten Ohres für Silben, die aus Konsonant-Vokal-Konsonant bestehen, doch für Vokale alleine hat sich kein signifikanter Vorteil eines Ohres erwiesen.[5] Offensichtlich werden Vokale eher auf der Basis ihres musikalischen Gehaltes verarbeitet. Studdert-Kennedy und Shankweiler [1970] postulieren, daß die linke Hemisphäre auf der Stufe der Worterkennung ihre linguistische Überlegenheit entfaltet, doch die auditorischen Zentren beider Hemisphären arbeiten ebenso gut auf der früheren Stufe der Analyse auditorischer Muster.

30. Selbstbewußtsein und Sprache

Wir werden in Kapitel E5 sehen, daß die Durchtrennung des Corpus callosum (Kommissurotomie) bei menschlichen Versuchspersonen zeigt, daß die linke Hemisphäre die Sprachhemisphäre für alle bisher untersuchten Untersuchungspersonen darstellt (Abb. E5–4). Tatsächlich zeigt sich,

[2] E. Bocca und Mitarbeiter [1955].
[3] B. Milner, L. Taylor und R. W. Sperry [1968].
[4] E. G. Jones und T. P. S. Powell [1970].
[5] C. J. Darwin [1969].

daß die Sprachhemisphäre mit der dominanten Hemisphäre identisch und mit den bewußten Erfahrungen aller Untersuchungspersonen assoziiert ist, sowohl im Hinblick auf das Empfangen von der Welt als auch auf das Handeln. Es gibt somit deutliche Hinweise darauf, daß wir die dominante, das heißt die Sprachhemisphäre, mit der erstaunlichen Eigenschaft zu assoziieren haben, bewußte Erfahrungen bei der Wahrnehmung entstehen lassen zu können (Kapitel E2) und auch von ihnen beim Ausführen gewollter Bewegungen zu empfangen (Kapitel E3). *Darüber hinaus ergibt die sehr eingehende Untersuchung von Kommissurotomie-Patienten, daß die nicht-dominante Hemisphäre nicht im geringsten diese erstaunliche Eigenschaft besitzt, in Verbindung mit dem selbstbewußten Geist der Untersuchungsperson zu stehen, weder im Hinblick auf das Geben noch auf das Empfangen* (Kapitel E5). Man könnte mit Gewißheit voraussagen, daß bei Untersuchungspersonen mit der selten vorkommenden Repräsentation der Sprache in der rechten Hemisphäre die rechte Hemisphäre dominant wäre, wie sich nach der Callosum-Durchtrennung zeigen würde, und allein mit den bewußten Erfahrungen der Untersuchungsperson assoziiert wäre. Doch bleibt uns natürlich das Problem, was geschehen würde, wenn Callosum-Durchtrennungen an Gehirnen vorgenommen würden, bei denen eine bilaterale Präsentation der Sprache vorhanden ist, die als seltene Anomalie vorkommen soll.[1]

1965 berichteten Serafetinides und Mitarbeiter, daß relativ langsame Injektionen von Amyl-barbital-Natrium in die Arteria carotis nicht nur zu Aphasie, sondern auch zu Bewußtseinsverlust für einige Minuten führte, wenn es auf der Seite der dominanten Sprachhemisphäre verabreicht wurde. Im Gegensatz dazu kam es bei Injektion in die Arteria carotis der untergeordneten Hemisphäre höchstens zu einer kurzen Bewußtlosigkeit. Diese Resultate stehen in Einklang mit der gegenwärtigen Hypothese einer alleinigen Assoziation der dominanten Hemisphäre mit dem Selbstbewußtsein. Die experimentellen Ergebnisse wurden jedoch von Rosaldini und Rossi [1967] kritisiert, die fanden, daß Bewußtlosigkeit nur dann auftrat, wenn der größere Teil beider Hemisphären funktionell inaktiviert wurde. Sie schlossen daraus, daß es keinen Anhalt dafür gibt, Bewußtsein mit den für die Sprache verantwortlichen neuronalen Mechanismen zu assoziieren. Bei der Interpretation dieser Ergebnisse muß man sich vor Augen halten, daß jede Hemisphäre normalerweise einem intensiven Sperrfeuer von Impulsen, die das Corpus callosum durchqueren, unterworfen ist. Inaktivierung der untergeordneten Hemisphäre müßte somit erwartungsgemäß die dominante Hemisphäre wegen der Ausschaltung dieses Beschusses über das Callosum stören. Offensichtlich sind eindeuti-

---

[1] Siehe O. L. Zangwill [1960]; B. Milner [1974].

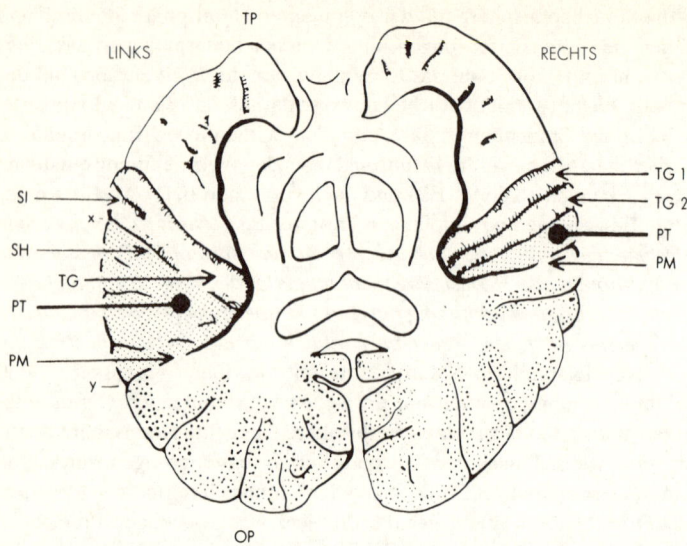

Abb. E4–5. Asymmetrie der menschlichen oberen Temporallappen. Obere Oberflächen menschlicher Temporallappen durch einen Schnitt auf jeder Seite freigelegt, wie durch die durchbrochenen Linien in Abb. E4–1 und E4–2 veranschaulicht. Typische Links-Rechts-Unterschiede werden gezeigt. Die Margo posterior *(PM)* des Planum temporale *(PT)* fällt auf der linken Seite schärfer nach hinten ab als auf der rechten, so daß das Ende *y* der linken Fissura sylvii hinter dem entsprechenden Punkt auf der rechten Seite liegt. Die Margo anterior des Heschlschen Sulcus *(SH)* fällt links schärfer nach vorne ab. In diesem Gehirn gibt es links einen einzigen transversen Heschlschen Gyrus *(TG)* und zwei auf der rechten Seite *(TG₁, TG₂)*. TP, temporaler Pol; *OP* okzipitaler Pol; *SI,* Sulcus intermedius von Beck (Geschwind und Levitsky [1968]).

gere methodische Techniken erforderlich, bevor die Injektionen in die Carotis dazu verwendet werden können, die Hypothese zu testen, ob die dominante Hemisphäre bei intaktem Corpus callosum ausschließlich mit dem Phänomen des Selbstbewußtseins befaßt ist.

31. Anatomische Substrate der Sprachmechanismen

Die alleinige Assoziation von Sprache und Bewußtsein mit der dominanten Hemisphäre nach Kommissurotomie gibt Anlaß zu der Frage: Gibt es eine spezielle anatomische Struktur in der dominanten Hemisphäre, der nichts in der untergeordneten Hemisphäre entspricht? Allgemein wurden die beiden Hemisphären als auf einer groben anatomischen Stufe spiegelbildlich angesehen, doch unlängst wurde entdeckt, daß bei etwa 80% menschlicher Gehirne Asymmetrien mit speziellen Entwicklungen der Großhirnrinde in den Gebieten sowohl der vorderen als auch hinteren Sprachzentren vorhanden sind.[1] In Abbildung E4–5 ist die obere Oberfläche des Temporallappens nach Entfernung des Frontal- und Parietallappens beider Hemisphären durch einen Schnitt entlang den gepunkteten Linien in den Abbildungen E4–1 und E4–2 dargestellt. Man sieht, daß eine Hypertrophie eines Teiles des linken Gyrus temporalis superior in der Gegend des hinteren Sprachzentrums von Wernicke (des Planum temporale, schraffierte Region) vorliegt. Es befindet sich unmittelbar hinter dem primären auditorischen Zentrum, dem Heschlschen Gyrus (TG). Diese Asymmetrie, bei der die linke Seite größer ist, wird in 65% der Gehirne beobachtet, doch in 11% ist das rechte Planum temporale größer und beim Rest (24%) lag eine annähernde Gleichheit vor.

Hinweise, die die Unabhängigkeit der Lokalisation von Sprache und Händigkeit unterstützen, ergeben sich auch aus einer jüngeren Beobachtung von Wada, Clarke und Hamm [1975], die die Links-Rechts-Asymmetrien des Planum temporale nicht nur bei Kindern fanden, die bei der Geburt starben, sondern auch bei einem 29-Wochen alten Fötus. So scheint die Sprachlokalisation genetisch determiniert zu sein, so daß die Sprachzentren in Vorbereitung auf ihren endgültigen Gebrauch nach der Geburt gebaut werden. Andererseits scheint die Händigkeit viel flexibler und wenigstens teilweise durch Umwelteinflüsse determiniert zu sein.

Eine wichtige Untersuchung betrifft die Lokalisation des Wernickeschen Sprachfeldes. Warum wurde diese Region des unteren Parietallappens (Brodmannsche Felder 39, 40) für die Sprache verwendet, zusätzlich zu den kortikalen Gebieten, die speziell in Zusammenhang mit dem Hören stehen, nämlich Feld 22 im Gyrus temporalis superior (vgl. Abb. E1–7K, L)? Geschwind [1965(a)] stellt die hochinteressante Vermutung an, daß die Felder 39 und 40 entwickelt wurden, um die Fähigkeit zu cross-modalen Assoziationen zu verbessern. Bei Affen wurde das STS-Feld als Ort demonstriert, an dem somästhetische, visuelle und auditorische Information konvergieren (Abb. E1–7 und 8). Nach Jones und Powell [1970] ist dieser Abschnitt mit den Feldern 39 und 40 im menschlichen Gehirn identisch. Läsionen dieser Bezirke sind die kritischsten bei der Verursachung von Agnosien, die durch Apraxie für die subdominante Hemisphäre und Dyslexie, Agraphie und andere Aphasien für die dominante Hemisphäre charakterisiert sind. Geschwind [1965(a)] geht soweit, zu behaupten, daß

---

[1] N. Geschwind und W. Levitsky [1969]; N. Geschwind [1972], [1973]; J. A. Wada, R. J. Clarke und A. E. Hamm [1975].

»die Fähigkeit, Sprache zu erwerben, als Vorbedingung die Fähigkeit hat, cross-modale Assoziationen zu bilden (siehe Kapitel E2). Bei subhumanen Formen sind die einzigen ohne weiteres bewerkstelligten sensori-sensorischen Assoziationen diejenigen, zwischen einem nicht-limbischen (das heißt visuellen, taktilen oder auditorischen) und einem limbischen Reiz. Es ist nur beim Menschen der Fall, daß Assoziationen zwischen zwei nicht-limbischen Reizen ohne weiteres gebildet werden, und diese Fähigkeit liegt dem Lernen von Namen von Gegenständen zugrunde.«

Teubers [1967] sehr herausfordernde Bemerkungen zu diesem gleichen Thema sind es wert, vollständig zitiert zu werden.

»Ohne Zweifel ist einer der entscheidenden Aspekte der Sprache, über ihre formalen Charakteristika hinaus, wie sie der Linguist beschreibt, das Benennen von Objekten. Die Sprache bringt Ordnung in Ereignisse, indem sie ihre Klassifizierung zuläßt, und sie liefert ein Werkzeug für die Darstellung abwesender Gegenstände und für ihre hypothetische Behandlung in unserem Geist. Wegen alledem erscheint es als wesentlich, daß ein zentraler Mechanismus vorhanden sein muß, um die Teilung zwischen den verschiedenen Sinnen zu überschreiten, um ein gefühltes Objekt durch ein gesehenes Objekt zu identifizieren und beides mit dem Objekt, das wir benennen können; es muß eine Form cross-modaler Verarbeitung vorhanden sein, die zu supramodalen, mehr als sensorischen Kategorien führt, die aus der Erfahrung gewonnen oder der Erfahrung ausgelagert werden. Die Sprache befreit uns zu einem hohen Ausmaß von der Tyrannei der Sinne ... Sie gibt uns Zugang zu Konzepten, die Information aus verschiedenen sensorischen Modalitäten kombinieren und somit intersensorisch oder suprasensorisch sind, doch das Rätsel bleibt, wie dies erreicht wird. Zu sagen, daß Sprache dazu nötig ist, suprasensorische Objekte zu »erzeugen«, erfordert, daß wir verstehen, wie wir zuerst wissen, daß ein gesehenes Ding mit dem gleichen gefühlten Ding identisch ist. Dies Paradox ergab sich aus den vielen Untersuchungen, die uns vorgestellt wurden, und die die fast vollständige Abwesenheit irgendeines Transfers von einer Sinnesmodalität zu der anderen, bei Affen und sogar unter einigen Bedingungen bei Menschen, zu zeigen schienen.«

Im Licht dieser Einsichten in die Natur der neuronalen Maschinerie, die ein notwendiges Substrat für sprachliche Entwicklung bildet, kann vermutet werden, daß bei der Evolution eingeübter motorischer Fähigkeiten, an denen cross-modale Assoziationen beteiligt sind, spezielle Fertigkeiten im Ausdruck in Laut und Gestik entstehen. Diese Fertigkeiten standen mit den sich entwickelnden Feldern cross-modaler Assoziation, Feld STS, in Verbindung und schließlich entwickelten sich aus STS die Felder 39 und 40, um dann einen so großen Teil des Parietallappens einzunehmen (Abb. E1–4 und E4–3). Die Lateralisation der Sprache in der dominanten Hemisphäre ist ein weiteres Problem, doch ich glaube, es ist jetzt weniger akut, da bekannt ist, daß die Sprache anfänglich bilateral repräsentiert ist, und die Dominanz in den ersten Lebensjahren hergestellt wird. Und sogar noch später ist in der nichtdominanten Hemisphäre eine gewisse Sprachfähigkeit latent vorhanden, die nach der Zerstörung der Sprachzentren der dominanten Hemisphäre entwickelt werden kann (Kapitel E5 und E6).

Zaidel [1976] hat eine sehr interessante Hypothese aufgestellt. Bis zum Alter von vier oder fünf Jahren entwickeln sich beide Hemisphären in linguistischem Wettbewerb gemeinsam, doch die beträchtliche Steigerung linguistischer Fähigkeit und Gewandtheit, die sich in diesem Alter einstellt, erfordert eine feinabgestimmte motorische Kontrolle, um zu wohlgeformter Rede zu werden. In diesem Stadium kommt es dann dazu, daß eine Hemisphäre, gewöhnlich die linke, wegen ihrer überlegenen neurologischen Ausstattung in der sprachlichen Leistung dominant wird. Gleichzeitig bildet sich die andere Hemisphäre, gewöhnlich die rechte, was die Sprache anbelangt, zurück, doch sie behält ihre Fähigkeit, zu verstehen. Dieses Verständnis ist besonders wertvoll, wenn Gestalt-Begriffe interpretiert werden müssen. Wir sind auch der Meinung, daß die rechte Hemisphäre für die Ausdruckskraft und den Rhythmus der Sprache wichtig ist, speziell beim Singen, was nach Entfernung der dominanten Hemisphäre gut erhalten bleibt und nach Entfernung der subdominanten Hemisphäre verloren geht. Diese Hypothese liefert eine gute Begründung für die Übertragung der Sprache auf die untergeordnete Hemisphäre nach schwerer Schädigung der Sprachzentren der dominanten Hemisphäre vor dem Alter von fünf Jahren und für die fortschreitende Limitierung des Transfers in späterem Alter.

Zusätzlich zu diesen Forschungsergebnissen im Makrobereich muß man annehmen, daß es besonders feine strukturelle und funktionelle Eigenschaften als Basis für die linguistische Leistung der Sprachzentren gibt. Zweifelsohne wartet höchst aufregende Arbeit auf die Untersuchung mit elektronenmikroskopischen Techniken und schließlich auf die elektrophysiologische Analyse der funktionellen Abläufe in den Sprachzentren wacher Untersuchungspersonen, deren Gehirne für einen therapeutischen Zweck freigelegt sind. In der Evolution des Menschen müssen sehr bemerkenswerte Entwicklungen in der neuronalen Struktur der Großhirnrinde stattgefunden haben, die die Evolution der Sprache ermöglicht haben. Man kann sich vorstellen, daß eine zunehmend subtilere sprachliche Leistung primitiven Menschen die Möglichkeiten für ein sehr effektives Überleben schenkte, was als ein starker evolutionärer Druck betrachtet werden mag. Als Folge kam es zu den wunderbar raschen evolutionären Veränderungen, die in mehreren Millionen Jahren einen primitiven Affen zu der gegenwärtigen menschlichen Rasse umformten. Die Evolution der Sprache wird in den Diskussionen ausführlich behandelt werden (II, IV, V, VI).

Im Hinblick auf das anatomisch repräsentierte Sprachfeld und die assoziierte Sprachfähigkeit und das Selbstbewußtsein ist das menschliche Gehirn einzigartig. Zweifelsohne zeigen die experimentellen Untersuchungen an Schimpansen sowohl im Hinblick auf ihr Entwickeln einer

Zeichensprache[2] und einer Symbolsprache[3], daß das Schimpansenhirn beträchtliche Stufen intelligenter und erlernter Leistung aufweist, doch diese Schimpansen-Kommunikation steht auf einer anderen Stufe als die menschliche Sprache.[4] Die von Lenneberg berichteten Tests [1975] sind von besonderer Bedeutung. Er trainierte normale High-School-Studenten mit den von Premack beschriebenen Maßnahmen, wobei er Premacks Studie so buchstäblich wie möglich nachahmte. Zwei menschliche Versuchspersonen waren schnell in der Lage, beträchtlich niederere Fehlerquoten zu erreichen, als die für die Schimpansen berichteten. Sie waren jedoch nicht in der Lage, einen einzigen, von ihnen komponierten Satz ins Englische zu übersetzen. Tatsächlich verstanden sie nicht, daß eine Korrespondenz zwischen den plastischen Symbolen und der Sprache bestand; stattdessen standen sie unter dem Eindruck, daß es ihre Aufgabe war, Rätsel zu lösen. Weiterhin neigten sie dazu, die Lösung für eine Aufgabe fast sofort zu vergessen, wenn sie mit neuen Aufgaben konfrontiert wurden. Lenneberg schlug vor, das Fassungsvermögen von Premacks Schimpansen mit allgemeineren und objektiveren Methoden als zuvor zu testen.

Außerdem steht die sprachliche Leistung von Schimpansen auf einer niedereren Stufe als die durch die nichtdominante Hemisphäre in den Experimenten von Sperry und Mitarbeitern an den Kommissurotomie-Patienten dargebotene (Kapitel E5). Der Gegenstand tierischen Bewußtseins wird in Kapitel E7 und in zahlreichen Abschnitten der anschließenden Diskussion (Abschnitte II, VII, VIII) behandelt werden.

Wichtig für die Versuche, Schimpansen im Gebrauch der menschlichen Sprache zu trainieren, ist der Hinweis, daß die Brodmannschen Felder 39 und 40 in den Gehirnen von Affen nicht gefunden werden können[5] und bei anthropoiden Affen wenig entwickelt zu sein scheinen.[6] Es ist höchst wichtig, das Schimpansen-Gehirn von neuem zu untersuchen, um aufzuklären, inwieweit dieses Gehirn ebenfalls die ungeheure Hypertrophie der Zentren der cross-modalen Assoziation (39 und 40), die eine Schlüsselrolle in der Evolution menschlicher Sprache zu spielen scheint, aufweist.

---

[2] B. T. Gardner und R. A. Gardner [1969], [1971]; R. S. Fouts [1975].

[3] D. Premack [1970].

[4] J. Bronowski und U. Bellugi [1970]; N. Chomsky [1968].

[5] E. G. Jones und T. P. S. Powell [1970].

[6] T. Mauss [1911]; C. Vogt und O. Vogt [1919]; P. Bailey u. a. [1943]; M. Critchley [1953]; N. Geschwind [1965 (a)].

32. Der Spacherwerb

Die Beziehung zwischen Sprache und menschlicher kognitiver Fähigkeit ist in Verbindung mit dem normalen Spracherwerb in der Kindheit intensiv untersucht worden. Kürzlich ist eine bemerkenswerte Studie an dem Opfer einer tragischen Familiensituation durchgeführt worden.[1] Das Mädchen, Genie, war in Isolation und ohne irgendwelche sprachliche Erfahrung gehalten worden, bis sie im Alter von $13^{1}/_{2}$ Jahren entdeckt und gerettet wurde. Sie besaß zu diesem Zeitpunkt keine Sprache und schnitt in einem nichtverbalen kognitiven Test nur mit einem geistigen Alter von 15 Monaten ab. Über einen Zeitraum von zwei Jahren hat sie eine beträchtliche linguistische und kognitive Fähigkeit entwickelt, doch ihre Sprache ist immer noch sehr mangelhaft. Beginnend mit einsilbigen Worten entwickelte sie eine Zwei-Worte-Grammatik, und sie kann jetzt Reihen von drei oder vier Worten konstruieren, die eine Bedeutung besitzen. Ihre Wortfolgen zeigen, daß ihre Leistung nicht imitativ ist, sondern daß sie tatsächlich Sätze erzeugt. Sie hat jedoch Schwierigkeiten bei der Konstruktion von Sätzen. Zum Beispiel kann sie die Negative »nicht« oder »kein« nicht in ihre Sätze einfügen. Sie haben eine unveränderliche Position am Anfang.

Kimura wandte den dichotischen Hörtest an und zeigte, daß die verzögerte Sprachentwicklung von Genie trotz ihres Rechtshändertums in der rechten Hemisphäre lokalisiert ist. Alle auditorische Verarbeitung scheint durch die rechte Hemisphäre bewerkstelligt zu werden, was vermuten läßt, daß wegen des enorm lang anhaltenden Fehlens sprachlicher Übung eine funktionelle Atrophie der linken Hemisphäre vorliegt. Infolgedessen wurde die extrem verzögerte Sprachentwicklung von der rechten Hemisphäre bewerkstelligt. Diese funktionelle Atrophie könnte der – auf einer viel einfacheeren Stufe stehenden – beim Transfer der Augendominanz entsprechen, die (bei Versuchen an Kätzchen) aus der Deprivation des visuellen Inputs durch ein Auge resultiert.[2]

Zusammenfassend hat die tragische und anhaltende Deprivation aller sprachlichen Inputs die fundamentale Rolle der Sprache bei der Erschaffung einer menschlichen Person mit kognitiven und kreativen Fähigkeiten gezeigt. Das deprivierte Gehirn war immer noch in der Lage, einige seiner latenten Fähigkeiten wiederzugewinnen, wenngleich in der anderen Hemisphäre als derjenigen, die bei normaler Entwicklung fast mit Sicherheit benutzt worden wäre. Jedoch Genies stark verzögerte Sprachentwicklung

---

[1] S. Curtiss u. a. [1974].
[2] Siehe T. N. Wiesel und D. H. Hubel [1963].

war mit vielen Schwierigkeiten belastet, und sie ist immer noch sehr inda-
däquat. Der letzte Kommentar in dem Verlaufsbericht von Curtiss und
Mitarbeitern [1974] ist es wert, zitiert zu werden.

> »Ihr Spracherwerb zeigt soweit, daß Genie trotz der tragischen Isolation, an der
> sie gelitten hat, trotz des Fehlens eines sprachlichen Inputs, trotz der Tatsache,
> daß sie keine Sprache für fast die ersten 14 Jahre ihres Lebens besaß, dafür
> ausgestattet ist, Sprache zu erlernen, und sie erlernt sie. Niemand kann voraussa-
> gen, wieweit sie sich sprachlich oder kognitiv entwickeln wird. Der bisherige
> Fortschritt jedoch war bemerkenswert und stellt einen Tribut an die menschliche
> Kapazität für intellektuelle Leistung dar.«

Kapitel E 5
Globale Läsionen
des menschlichen Großhirns

33. Übersicht

In diesem Kapitel wird über die Leistung des menschlichen Gehirns nach massiven Läsionen entweder infolge eines operativen Eingriffs oder einer Verletzung berichtet. Das Studium der aus diesen Läsionen resultierenden Ausfälle hilft uns, das normale Funktionieren des Gehirns zu verstehen.

Die bemerkenswerteste Studie war diejenige von Sperry und Mitarbeitern über Patienten, deren Corpus callosum bei der Behandlung therapieresistenter Epilepsie durchtrennt worden war. Das Corpus callosum stellt eine ungeheure Ansammlung von Nervenfasern dar, etwa 200 Millionen, die fast alle Teile einer Hemisphäre mit den spiegelbildlichen Bezirken der anderen Hemisphäre verknüpfen (Abb. E5-1). Diese Kommissurotomie-Patienten wurden, methodisch außerordentlich geschickt und sorgfältig, von Sperry und Mitarbeitern (Abb. E5-2) untersucht, deren umfangreiche Beobachtungen bei weiteren Patienten wieder und wieder bestätigt worden sind. Indem er sich der Tatsache bediente, daß die linke Gesichtsfeldhälfte zum Sehzentrum der rechten Hemisphäre projiziert (Abb. E2–4, 5) und umgekehrt das rechte Gesichtsfeld in die linke Hemisphäre, war Sperry in der Lage, in der rechten Hemisphäre die Antworten auf Inputs, die spezifisch zu ihr und nicht zu der anderen Hemisphäre verlaufen, (Abb. E5-3) zu untersuchen. Alle Patienten hatten ihr Sprachzentrum in der linken Hemisphäre (siehe Kapitel E4), die aus diesem Grund als die dominante Hemisphäre bezeichnet wird (Abb. E5–4). *Die außergewöhnliche Entdeckung bei den Untersuchungen dieser Personen ist die Einzigartigkeit und Ausschließlichkeit der dominanten Hemisphäre hinsichtlich bewußter Erfahrung.* Die Freunde und Verwandten bemerken, daß der Ausdruck der Untersuchungsperson in Sprache und in Erinnerungen durch die Operation nicht wesentlich gestört ist. Die Einheit des Selbstbewußtseins oder die geistige Einheit, die der Patient vor der Operation erlebte, ist erhalten, doch um den Preis des Nichtbewußtseins all der Geschehnisse in der nicht-dominanten rechten Hemisphäre. Trotz dieser Unfähigkeit der rechten Hemisphäre, der selbstbewußten Person bewußte Erfahrungen zu übermitteln, kann sie bemerkenswert geschickte und zweckhafte Bewegungen speziell bei räumlichen und bildlichen Tests ausführen (Abb. E5–5). Da sie jedoch fast ohne jegliche sprachliche Fähigkeit ist, ist es unmöglich, mit ihr auf der symbolischen Stufe zu kommunizieren, die erforderlich ist, um zu entdecken, ob sie eigene bewußte Erfahrungen besitzt.

Es wird über die hochinteressanten Untersuchungstechniken berichtet, die von Sperry und seinen Mitarbeitern mit Einfallsreichtum und Einsicht durchgeführt wurden. Im Lichte dieser bemerkenswerten Entdeckungen, die an kommissurotomierten Untersuchungspersonen gemacht wurden, können wir jetzt fragen: Wie funktioniert die untergeordnete Hemisphäre im normalen Gehirn? Es wird postuliert, daß bei normalen Personen Aktivitäten in der untergeordneten Hemisphäre das Bewußtsein erst nach Übertragung zur dominanten Hemisphäre erreichen, was sehr wirksam über den immensen Impulsverkehr im Corpus callosum geschieht, wie in Abbildung E5–7 durch die zahlreichen Pfeile veranschaulicht. Ergänzend wird postuliert, daß die für Willkürhandlungen verantwortlichen neuralen Aktivitäten in der dominanten Hemisphäre durch eine gewollte Aktion des bewußten Selbst erzeugt werden (siehe nach unten gerichtete Pfeile in Abb. E5–7). Normalerweise breiten sich diese neuralen Aktivitäten weit über die dominante und die subdominante Hemisphäre aus und ergeben das »Bereitschaftspotential«, das in Kapitel E3 beschrieben wird. Auf einer weiteren Stufe findet eine Konzentration der neuralen Aktivität auf den Bezirk der motorischen Rinde statt, die über die Pyramidenbahn projiziert, um die gewollte Bewegung zustande zu bringen.

Der Status der untergeordneten Hemisphäre wird diskutiert. Ohne Zweifel ist sie in Leistung und Geschicklichkeit dem Gehirn eines anthropoiden Affen überlegen, weil sie vor der Kommissurotomie Teil eines menschlichen Gehirn war, mit den Erinnerungen und den Leistungen, auf die diese Hemisphäre spezialisiert ist, wie in Kapitel E6 beschrieben wird. Weitere Hinweise auf die bemerkenswerten Befunde von Sperry und seinen Mitarbeitern werden in Kapitel E7 gegeben, wo das Gehirn-Geist-Problem unter Berücksichtigung der Befunde über die Folgen von Läsionen auf das menschliche Gehirn betrachtet wird.

Die anderen massiven Läsionen, die in diesem Kapitel behandelt werden, sind durch vollständige Entfernung der einen oder anderen Hemisphäre entstanden. Die Entfernung der subdominanten Hemisphäre hat eine schwere Hemiplegie (Halbseitenlähmung) zur Folge, doch die Untersuchungsperson behält eine angemessene Sprachfähigkeit. Die Entfernung der dominanten Hemisphäre hat ernsthaftere Folgen. Neben der Hemiplegie kommt es zu einem schwerwiegenden Verlust der sprachlichen Fähigkeit, und die Kommunikation mit älteren Patienten wird sehr schwierig. Je jünger der Patient, desto beachtlicher die Erholung, und es sind Fälle aus den Altersgruppen von 10 bis 14 Jahren beschrieben, in denen es zu einer gewissen sprachlichen Erholung kam. Kinder bieten eine viel ermutigendere Situation, weil eine beachtliche Plastizität vorhanden ist, wobei bis zum Alter von fünf Jahren die Sprachfunktion der dominanten Hemisphäre ziemlich wirksam auf die andere Hemisphäre übertragen wird. Tatsächlich ist bis zu diesem Alter eine gewisse bilaterale Repräsentation des Sprachvermögens gegeben. Als Folge davon findet sich bei diesen hemisphärektomierten Patienten eine beträchtliche sprachliche Fähigkeit, doch ergibt sich ein Nachteil insofern, als die anderen Funktionen der nichtdominanten Hemisphäre – wie die bildlichen und räumlichen – wegen Überlastung infolge der Invasion der sich neu entwickelnden Sprachzentren leiden.

34. Einführung

Es ist ein allgemeines Prinzip der Biologie, daß das Verständnis für einen biologischen Mechanismus sehr gefördert wird durch die systematische Untersuchung dieses Mechanismus unter verschiedenen, künstlich ausgelösten Störungen. In diesem Kapitel soll über die Leistung des menschlichen Gehirns nach globalen Läsionen berichtet werden, die oft im Rahmen eines therapeutischen Eingriffs zugefügt werden, doch die sich auch unabwendbar aus unfallbedingten Verletzungen ergeben. Läsionen führen zu einem Ausfall in der Leistung, im Vergleich mit einem normalen intakten Gehirn gemessen. Eine systematische Studie dieser Ausfälle ermöglicht Vorstellungen über die Leistungen der Vielzahl spezialisierter Abschnitte des Gehirns, die in Kapitel E1 beschrieben wurden. Die mehr umschriebenen Läsionen werden im nächsten Kapitel abgehandelt. Es ist hier beabsichtigt, zuerst einen kritischen Bericht über die Arbeit von Sperry und Mitarbeitern an den »Split-Hirn-Patienten« zu geben, weil diese Arbeit die aufschlußreichsten Einblicke in das Funktionieren des menschlichen Gehirns liefert, besonders in seine Beziehung zur bewußten Erfahrung.

35. Untersuchungen am menschlichen Gehirn nach Kommissurendurchtrennung (Kommissurotomie)

Diese Arbeit wurde von Sperry und Mitarbeitern veröffentlicht und bei vielen Anlässen diskutiert[1], doch es ist unsere These, daß die außerordentlichen Konsequenzen dieser Arbeit für das Ich-Gehirn-Problem von Philosophen und Wissenschaftlern noch nicht voll realisiert wurden. Dies ist deshalb so, weil es noch kein geeignetes »Klima« für eine suchende Auswertung dieser höchst überraschenden und revolutionären Ergebnisse gibt.

Die operative Durchtrennung des Corpus callosum ist bisher in etwa 20 Fällen aus therapeutischen Gründen durchgeführt worden und hat oft zu einer bemerkenswerten Besserung der therapieresistenten Epilepsien, an denen diese Patienten litten, geführt. In Parenthese sollte angeführt werden, daß schon vor vielen Jahren die vollständige Durchtrennung des Corpus callosum von anderen Untersuchern an einer Reihe Untersuchungspersonen ausgeführt wurde, doch wegen der weniger strengen postoperativen Testvorgänge wurden die bemerkenswerten Ausfälle übersehen.

Diese Durchtrennung des Corpus callosum zusammen mit der vorderen und der Hippocampus-Kommissur stellt eine schwere cerebrale Läsion dar, und sie wurde nicht an Patienten ausgeführt, bevor nicht Experimente mit äquivalenten Läsionen an nicht-menschlichen Primaten von Sperry [1964] und Myers [1961] vollständig erforscht worden waren und ergeben hatten, daß sie nicht zu schweren Ausfällen führen. Es ist wichtig, sich klar zu machen, daß diese Durchtrennung sich von jeder anderen Läsion, die durch einen chirurgischen Eingriff im Gehirn verursacht worden ist, unterscheidet, weil sie in idealer Weise eine ganz klare und scharfe Läsion, die auf die Nervenfasern der Kommissur beschränkt ist, bewirkt. Es kommt zu keiner Verletzung der Umgebung, die in angrenzende neurale Territorien eindringt, wie es zum Beispiel bei einer kortikalen Resektion der Fall ist. Weiterhin ist es wichtig, zu realisieren, daß das Corpus callosum eine ungeheure Bahn darstellt, durch die schätzungsweise 200 Millionen Fasern von einer Hemisphäre zu der anderen kreuzen und fast alle kortikalen Abschnitte einer Hemisphäre mit den spiegelbildlichen Abschnitten der anderen verknüpfen (Abb. E5–1). Die Ausnahmen stellen das primäre Sehzentrum und der größte Teil des somästhetischen Zentrums, die Felder 17 bzw. 3, 1, 2 von Abbildung E1–4 dar. Hier ist

---

[1] R. W. Sperry [1964], [1968], [1970], [1974]; J. E. Bogen [1969(a)], [1969(b)]; M. S. Gazzaniga [1970].

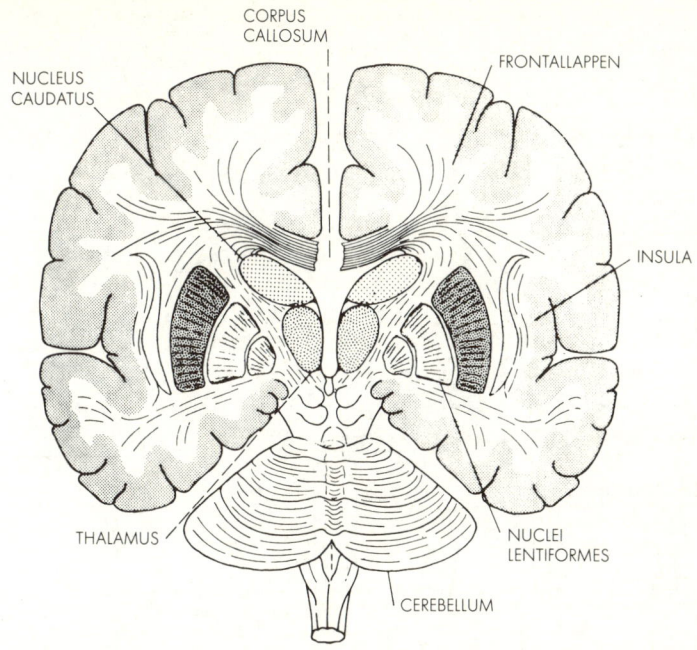

Abb. E5–1. Trennung der beiden Großhirnhemisphären durch Durchtrennung des Corpus callosum im Primatenhirn (Sperry [1974]).

von Bedeutung, daß die meisten Inputs von den Sinnesorganen zum Großhirn und auch seiner motorischen Aktion über die Pyramidenbahnen gekreuzt repräsentiert sind. Besonders wegen der teilweisen Kreuzung im Chiasma opticum empfängt die linke Großhirnhemisphäre von den rechten Gesichtsfeldern beider Augen, wie in Abbildung E2–4 dargestellt, und umgekehrt, was die rechte Hemisphäre und die linken Gesichtsfelder anbelangt. Wegen der Kreuzung der motorischen und sensorischen Bahnen besteht auch eine gekreuzte Repräsentation für die Extremitäten. Die linke Hemisphäre steht in sensorischer und motorischer Kommunikation mit dem rechten Arm und Bein, die rechte Hemisphäre mit dem linken Arm und Bein. Der Schnitt durch die Mittellinie des Gehirns dehnt sich natürlich nicht auf niederere Ebenen aus. Die Faserkreuzungen zwischen den Großhirnhemisphären durch indirekte Bahnen auf der Ebene des Diencephalon und Mesencephalon bleiben intakt. Nur die direkten Kommissurenverknüpfungen über das Corpus callosum und die anteriore Kommissur werden verletzt.

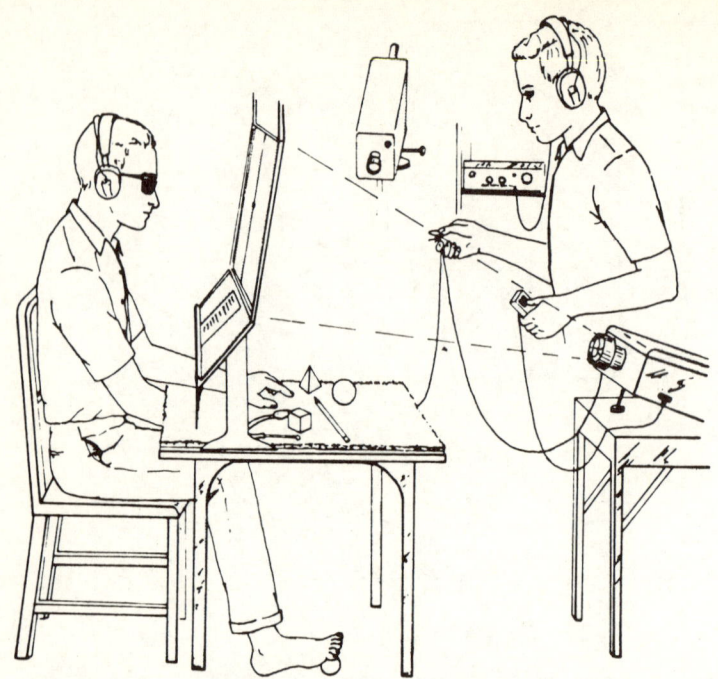

Abb. E5–2. Allgemeine Versuchsanordnung zum Nachweis der durch die Kommissuren-durchtrennung erzeugten Symptome (aus Sperry, [1970]).

Diese Kommissurotomie-Patienten wurden von Sperry und Mitarbeitern sehr methodisch und geduldig untersucht. Sie haben einen Beobachtungsschatz angehäuft, der in der Reihe von Patienten wieder und wieder bestätigt wurde. Sie ließen in der experimentellen Anordnung große Sorgfalt walten, um alle versehentlichen Überschneidungen zu eliminieren. Zum Beispiel erfolgte in den Hauptuntersuchungsreihen jede Präsentation visueller Daten zu der einen oder anderen Gesichtsfeldhälfte durch Blitze mit einer Dauer, die nicht länger als 0,1 Sekunden betrug, um zu verhindern, daß Augenbewegungen sie auf die andere Gesichtsfeldhälfte ablenkten. Zusätzlich sind bei der üblichen Durchführung des Experiments die Hände der Sicht entzogen, wenn sie nach Gegenständen suchen und sie durch Berührung erkennen. Ein anderer Punkt, den man am Anfang beachten muß, ist, daß die Sprachzentren bei den acht experimentell untersuchten Patienten postoperativ in der linken Hemisphäre nachgewiesen wurden. Wegen dieser Lokalisation der Sprachzentren wurde die linke Hemisphäre als die dominante Hemisphäre bezeichnet.

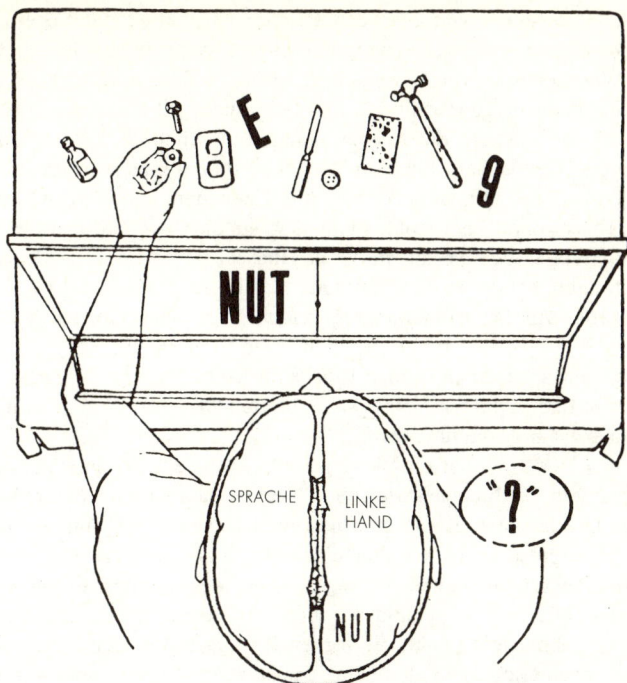

Abb. E5–3. Die Namen der kurz auf die linke Gesichtsfeldhälfte geblitzten Gegenstände können gelesen und verstanden, aber nicht ausgesprochen werden. Die Versuchsperson kann den benannten Gegenstand durch Berührung mit der linken Hand heraussuchen, kann ihn jedoch danach nicht benennen oder mit der rechten Hand heraussuchen (Sperry [1970]).

Die außerordentliche Entdeckung bei den Untersuchungen an diesen Patienten ist die Einzigartigkeit und Ausschließlichkeit der dominanten Hemisphäre im Hinblick auf bewußtes Erleben. Die Freunde und Verwandten erkennen, daß die sprachliche Ausdrucksfähigkeit der Patienten durch die Operation nicht erheblich gestört ist und daß das bewußte Selbst eine gute Erinnerung an sein präoperatives Leben berichtet. Die Einheit des Selbstbewußtseins oder die geistige Einheitlichkeit[2], die der Patient vor der Operation erlebte, blieb erhalten, doch auf Kosten der Unbewußtheit all der Geschehnisse in der untergeordneten rechten Hemisphäre. Diese untergeordnete Hemisphäre fährt fort, als ein sehr gehobenes tierisches Gehirn mit einer ausgeprägten Fähigkeit in der Stereognosis und im Erkennen und Kopieren von Mustern zu arbeiten, doch keiner der Vorgänge

---

[2] F. Bremer [1966]; J. C. Eccles [1965].

in dieser Hemisphäre vermittelt dem Patienten bewußte Erfahrungen, mit Ausnahme über verzögerte und sehr diffuse Bahnen im Gehirn oder durch Wahrnehmung von Bewegungen, die durch die untergeordnete Hemisphäre zustande gebracht wird. Es ist eindrucksvoll, die souveräne stereognostische Leistung, die Tastbewegungen, zu sehen, die von der untergeordneten Hemisphäre für die linke Hand programmiert werden, alles ohne Wissen des Patienten, der es mit Erstaunen und Verdruß sieht. Diese Tests können bei voller Sicht durchgeführt werden, nicht in der üblichen Weise abgeschirmt. In dieser Hinsicht ist die bewußte Leistung des Patienten, bei der er die dominante Hemisphäre und die rechte Hand benutzt, der von der subdominanten Hemisphäre ausgeführten weit unterlegen. Diese versagt zum Beispiel bei dem Versuch, ein einfaches geometrisches Muster durch farbige Blöcke nachzubilden, eine Aufgabe, die von der untergeordneten Hemisphäre, die die linke Hand programmiert, rasch und exakt ausgeführt wird.[3]

Bogen [1969(a)] hat die überlegene Leistung der linken Hand beim Kopieren von Zeichnungen wie einem Neckerschen Kubus, einem Malteser Kreuz oder beim Kopieren eines geschriebenen Skriptums demonstriert. Eine entsprechende Fähigkeit zeigt sich an der überlegenen taktilen Mustererkennung durch die linke Hand des kommissurotomierten Patienten. Dies wurde anhand der Zeit bestimmt, während derer eine Figur aus gebogenem Draht, die vorher durch Betasten identifiziert worden war, noch erinnert werden kann, das heißt aus einer Gruppe von vier derartigen Figuren, von denen jede eine andere Gestalt besitzt, noch herausgefunden werden kann. Sogar nach strengem Training versagt die rechte Hand bei einem Testintervall von einigen Sekunden gewöhnlich vollkommen, während die linke gewöhnlich sogar nach einem Intervall von zwei Minuten noch erfolgreich ist.[4]

In anderen Bereichen weist die untergeordnete Hemisphäre nicht nur darin Mängel auf, daß sie über eine äußerst begrenzte sprachliche Leistung verfügt, was natürlich zu erwarten ist, weil sie nicht die Sprachzentren des Gehirns besitzt, sondern auch in ihrem äußerst geringen Rechen- und Vorstellungsvermögen. Dennoch besitzt sie eine begrenzte »Lese«-fähigkeit, wenn gedruckte Namen geläufiger Gegenstände in der in der Abbildung E5-2 dargestellten Weise auf das linke Gesichtsfeld geblitzt und so zur subdominanten Hemisphäre übermittelt werden. Zum Beispiel wird in Abbildung E5-3 das Wort NUT im linken Gesichtsfeld durch die rechte Hemisphäre »erkannt«. Diese Hemisphäre zeigt ein intelligentes Verständnis für geläufige Namen, so daß sie die linke Hand dazu program-

---

[3] M. S. Gazzaniga [1970].
[4] B. Milner [1974].

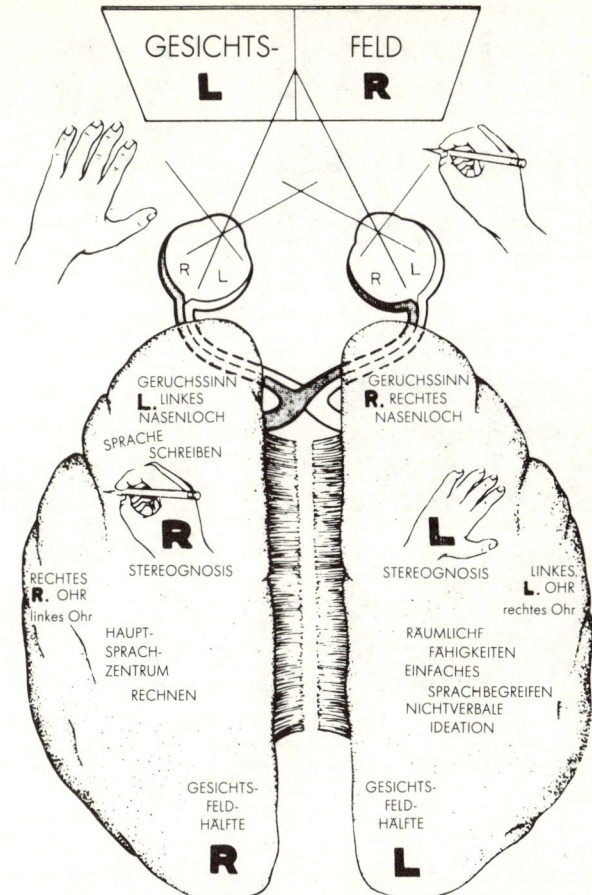

Abb. E5–4. Schema der Projektion der linken und rechten Gesichtsfelder auf die rechte und linke Sehrinde, aufgrund der partiellen Kreuzung im Chiasma opticum (vgl. Abb. E2–4). Das Schema zeigt auch andere sensorische Inputs von den rechten Extremitäten zur linken Hemisphäre und von den linken Extremitäten zur rechten Hemisphäre. In ähnlicher Weise kreuzt der Input des Hörens weitgehend, doch der Geruchssinn ist ipsilateral. Es ist bildlich dargestellt, daß die Programmierung der rechten Hand beim Schreiben von der linken Hemisphäre kommt (Sperry [1974]).

mieren kann, nach einem genannten Objekt zu suchen und es zu entdek-ken, das ihr in einer Auswahl unter einem Tuch präsentiert wird, und sogar seinen richtigen Gebrauch zu demonstrieren. Auch Namen, die der Versuchsperson genannt werden, können eine erfolgreiche Suche und ein

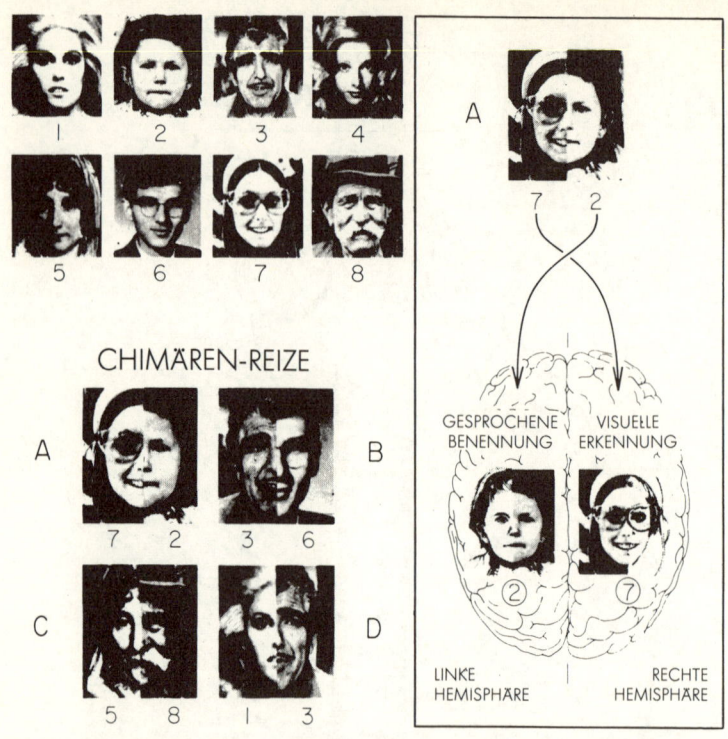

Abb. E5–5. Zusammengesetzte Gesichter (Chimären), um die hemisphärische Spezialisierung zur Gesichter-Erkennung zu testen. Ausführliche Erklärung im Text (Sperry [1974]).

Erkennen durch die linke Hand auslösen. Jedoch zeigt sich die extrem beschränkte Sprachfähigkeit durch das Versagen, darauf zu reagieren, wenn Verben wie »zeige«, »winke«, »nicke«, »blinzle« auf das linke Gesichtsfeld geblitzt werden. Die Worterkennung ist auf die Namen geläufiger Gegenstände und gelegentlich auf wenige Verben beschränkt.

Dieses Erkennen überschreitet insofern eine einfache Name-Objekt-Identifizierung, als es ein Begreifen von Sprache erkennen läßt, wie zum Beispiel »Meßinstrument« für Lineal, »zum Feuermachen« für Streichholz. Auf diese Weise kann die untergeordnete Hemisphäre nicht nur ein Erfassen von Worten, sondern sie kann auch einfaches Lernen in neuen Situationen zeigen. Trotz all dieses offensichtlich intelligenten Verhaltens gewinnt die Untersuchungsperson niemals irgendeine bewußte Erfahrung der Vorgänge in der untergeordneten Hemisphäre in all ihren operativen

Abläufen. Tatsächlich, wie oben festgestellt, lehnt die Untersuchungsperson eine Verantwortlichkeit für diese angemessenen und intelligenten Handlungen, die von ihrer untergeordneten Hemisphäre programmiert werden, ab.

Sperry [1970] hat in schematischer Form (Abb. E5–4) die wesentlichen Leistungen der rechten und linken Hemisphäre dargestellt, wie sie durch diese Untersuchungen an Patienten mit vollständiger Durchtrennung des Corpus callosum gefunden wurden. Die Projektionen des rechten (R) und linken (L) Gesichtsfeldes auf die linke und rechte Okzipitalrinde sind dargestellt und einige der Funktionen der Hemisphären auf sie geschrieben. Man wird bemerken, daß das Hören bilateral ist, doch größtenteils gekreuzt, während der Geruchssinn streng ipsilateral ist.

Bemerkenswerte Beispiele für die komplementären Funktionen der dominanten und nichtdominanten Hemisphäre wurden bei den Untersuchungen von Levy, Trevarthen und Sperry [1972] mit »Chimären« nachgewiesen. Chimären wurden durch die Aufspaltung von Bildern hergestellt, zum Beispiel von einem Gesicht wie in Abbildung E5–5. Die Bilder sind von 1–8 numeriert und chimärische Reize durch vier Kombinationen in A, B, C, D gezeigt. Eine dieser Kombinationen wird auf die Leinwand geblitzt, zum Beispiel die Chimäre A, die aus den Gesichtern 7 und 1 gebildet ist, während die Untersuchungsperson den Mittelpunkt der Leinwand fixiert. Das Bild im linken Gesichtsfeld (Hälfte von 7) wird zur rechten Hemisphäre projiziert. Ähnlich projiziert das rechte Gesichtsfeld die Hälfte von Bild 2 zur linken Hemisphäre. Wegen des Fehlens der Kommunikation über die Kommissur macht jede Hemisphäre in ihrer Wahrnehmung weiter und vervollständigt das Bild in der Weise, wie durch die auf jede Hemisphäre geschriebenen Bilder in Abb. E5–5, rechts, gezeigt. Die Chimärennatur des gesamten visuellen Inputs wird nicht erkannt, doch jede Hemisphäre zeigt Antworten in Übereinstimmung mit ihren spezifischen Funktionen. So befindet sich, wenn eine verbale Antwort gefordert wird, die vokale Benennung in Übereinstimmung mit dem in der linken Hemisphäre vervollständigten Bild. Andererseits, wenn das visuelle Erkennen durch Zeigen mit der linken Hand auf eines der acht Gesichter geprüft wird, wird Gesicht 7 bezeichnet. Es wurden viele Varianten derartiger Chimären aus verschiedenen Gegenständen, anderen als Gesichtern untersucht. Immer zeigen die Ergebnisse eine vollständige Trennung der beiden Hemisphären in ihren Wahrnehmungsantworten. Wird eine verbale Antwort gefordert, so dominiert die linke Hemisphäre mit ihrer Wahrnehmung des rechten Gesichtsfeldes. Die rechte Hemisphäre dominiert, wenn die geforderte Wahrnehmung sich auf komplexe und schwer beschreibbare Muster bezieht (vgl. Abb. E6–2) und bei manuellem Herauslesen zum Beispiel durch Zeigen. So bestätigt der Chimä-

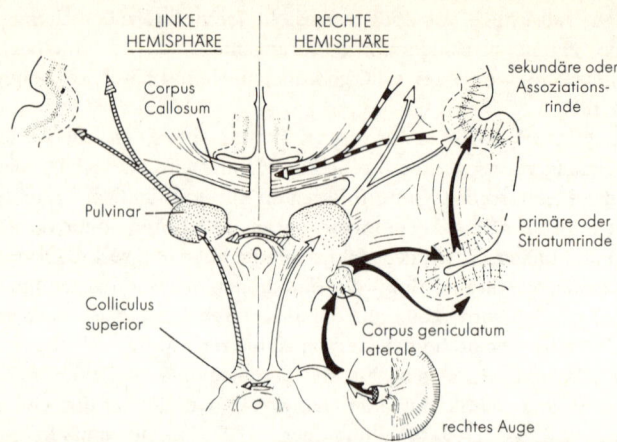

Abb. E5–6. Schema der anatomischen Bahnen des sekundären visuellen Systems, mit Hilfe dessen Gegenstände weit außen in der Peripherie des linken Gesichtsfeldes des rechten Auges trotz Kommissurotomie über den Colliculus superior und den Pulvinar auf die Sehrinden beider Hemisphären projiziert werden können. Das erste visuelle System (vgl. Abb. E2–4) vom rechten Auge zum Corpus geniculatum laterale zur striären (Seh-)Rinde ist schwarz gezeichnet (Trevarthen und Sperry [1973]).

rentest die unterschiedlichen Funktionen der beiden Hemisphären, wie in den Abbildungen E5–4 und E6–6 gezeigt.

Detailliertere Untersuchungen von Sperry und Mitarbeitern haben gezeigt, daß einige sensorische Informationen von der linken Seite auf die dominante Hemisphäre projiziert wird, vermutlich über ungekreuzte Bahnen, die anatomisch und physiologisch bekannt sind. Das einfachste Beispiel findet sich im auditorischen System, in dem der Input von einem Ohr zu beiden Hemisphären verläuft, doch vorwiegend zu der kontralateralen Hemisphäre. Ähnlich gibt es in den Hemisphären eine bilaterale Repräsentation für einen großen Teil der in der Mittellinie des Körpers gelegenen Regionen, Kopf und Hals. Die marginale ipsilaterale Repräsentation geht sogar noch weiter, und die dominante Hemisphäre ist imstande, von den proximalen Teilen der Extremitäten zu empfangen und motorische Aktionen zu verursachen, ganz sicher die in der Schulter und den Hüftmuskeln der ipsilateralen Seite. Die ausschließliche gekreuzte Repräsentation und Aktion für die Großhirnhemisphären trifft besonders für das visuelle System und für den Vorderarm und die Hand und das Bein und den Fuß zu.

Eine andere Art ipsilateraler Transfers besteht in vager und diffuser bewußter Erfahrung. Wenn zum Beispiel das linke Gesichtsfeld plötzlich beleuchtet wird, hat die Versuchsperson eine vage Erfahrung dieses Helligkeitsanstiegs, obwohl sie nicht im rechten Gesichtsfeld stattgefunden hat. Wenn eine verletzende Hautreizung beispielsweise auf die linke Hand verabreicht wird, wird sie als unangenehm ohne Lokalisation erfahren, mit der Feststellung »Ich wurde irgendwo verletzt«.

Von größerem allgemeinen Interesse sind die emotionalen Reaktionen, die in einem beschränkten Grad übertragen werden können. Ein Bild einer nackten Frau, das der subdominanten Hemisphäre über das linke Gesichtsfeld präsentiert wurde, verursachte bei der (übrigens weiblichen) Untersuchungsperson die Empfindung eines vagen emotionalen Zustandes von Verlegenheit mit Erröten, die sie nicht erklären konnte. In ähnlicher Weise können der bewußten Person Reaktionen von Angst durch ein furchterregendes Bild, das dem linken Gesichtsfeld präsentiert wird, übermittelt werden. Vermutlich wird diese überkreuzte Kommunikation durch subkortikale Strukturen wie den Colliculus superior, Thalamus, Hypothalamus und Basalganglien bewirkt, deren Kommissurenverknüpfungen intakt bleiben.[5] In allen Fällen kann man annehmen, daß die bewußte Wahrnehmung aus einer neuralen Kommunikation mit der dominanten Hemisphäre über Bahnen, die nur vage Information vermitteln, resultiert. Es besteht kein Anhalt, daß sie in der subdominanten Hemisphäre entsteht. Die Übertragung von Information durch diese subkortikalen Kommissurenbahnen wird nun diskutiert werden.

Bisher haben die experimentellen Tests gezeigt, daß ganz unterschiedliche Inputs vom rechten und linken Gesichtsfeld hereinkommen, der erstere zum linken Okzipitallappen, der letztere zum rechten. Die experimentelle Technik war standardisiert, mit Testsignalen, die nur wenige Grade vom Zentrum des Gesichtsfeldes entfernt lagen. Ganz andere Resultate wurden von Trevarthen und Sperry [1973] gewonnen, wenn die Testsignale auf das Gebiet des peripheren Sehens, etwa 40° lateral, verabreicht wurden. Dann waren die kommissurotomierten Patienten gewöhnlich in der Lage, Objekte im linken Gesichtsfeld ebenso gut wie im rechten zu erkennen und sie zu einheitlichen Wahrnehmungen zu kombinieren, die sie über den vertikalen Meridian über Kreuz integrieren konnten. Zusätzlich machten sie richtige Angaben über Attribute von Reizen wie Farbe und Größe, die sich weit außen im linken Gesichtsfeld befanden. Diese Resultate wurden gewonnen, während die Untersuchungspersonen eine gleichmäßige zentrale Fixierung beibehielten und wobei alle Handlungen fehlten, die eine Überkreuzverbindung zwischen den Hemisphären hätten ergeben können. So bleibt das periphere Sehen nach der Callosumdurchtrennung ungeteilt. Glücklicherweise liefern anatomische Bahnen,

---

[5] R. W. Sperry [1974].

die sich auf subkortikalen Ebenen überkreuzen, eine plausible Erklärung für die Weise, in der Inputs aus dem linken Gesichtsfeld schließlich die linke Hemisphäre erreichen, um dort von der Untersuchungsperson bewußt erkannt zu werden. Wie in Abbildung E5–6 gezeigt, verläuft die Bahn dieses zweiten visuellen Systems (offene und überkreuzte Pfeile) vom linken Gesichtsfeld des rechten Auges zum Colliculus superior des Mittelhirns und von dort über den Pulvinar zur visuellen Assoziationsrinde der linken Hemisphäre (überkreuzte Pfeile). Zu einer Kreuzung kommt es sowohl auf der collikulären als auch auf der pulvinaren Ebene, daher projiziert das linke Gesichtsfeld zur linken Sehrinde. So entspricht diese Untersuchung dem allgemeinen Schluß, daß nur die Ereignisse der dominanten Hemisphäre den Split-Hirn-Patienten bewußte Erfahrung vermitteln.

Alle diese sehr schönen Untersuchungen mit Blitzreizen wurden durch eine neue Technik überholt,[6] bei der vor dem rechten Auge eine Kontaktlinse mit einer optischen Vorrichtung placiert wird, die den Input in dieses Auge auf das linke Gesichtsfeld beschränkt , ungeachtet dessen, wie das Auge sich bewegt. Gleichzeitig verhindert eine Augenklappe, daß das linke Auge benutzt wird. Auf diese Weise kann eine bis zu zweistündige fortgesetzte Untersuchung des Patienten erfolgen, was viel ausgefeiltere Untersuchungen erlaubt, als mit Blitzreizen. Die Untersuchungen bezogen sich auf die Fähigkeit der rechten (untergeordneten) Hemisphäre, komplexes visuelles Bildmaterial zu verstehen, geprüft an den richtigen Reaktionen mit der linken Hand.

Zum Beispiel wurden in Experimenten, die ich Dank der Freundlichkeit der Doktoren Sperry und Zaidel beobachten konnte, Comicstrips, die sich aus vier bis sechs wahllos aneinandergefügten Bildern zusammensetzten, von der linken Hand sortiert und in der richtigen Reihenfolge angeordnet, trotz der Tatsache, daß die Untersuchungsperson verbal berichtete, daß sie keine Ahnung hatte, weder was im linken Gesichtsfeld präsentiert wurde, noch von den Reaktionen der linken Hand. Es fand eine Elimination des gesamten Inputs vom rechten Gesichtsfeld zum Gehirn statt, infolgedessen war die bewußte Untersuchungsperson ganz blind. Sie berichtete über keine bewußten visuellen Erfahrungen außer einer allgemeinen Empfindung von Helle oder zeitweise von Farbe.

Andere Beispiele des Bildverständnisses der rechten Hemisphäre werden durch Testverfahren geliefert, in denen ein Bild, etwa von einer Katze, vorhanden ist und darunter die Worte »Katze« und »Hund«. Die Untersuchungsperson kann mit der linken Hand auf das dazugehörige Wort richtig zeigen. Umgekehrt, wenn zwei Bilder vorhanden sind, eine

---

[6] E. Zaidel und R. W. Sperry [1972(a)], [1972(b)]; E. Zaidel [1973].

Tasse und ein Messer, und darunter ein Wort »Tasse«, wird die Untersuchungsperson auf das richtige Objekt (Tasse) mit der linken Hand weisen. Einen sogar noch raffinierteren Test für die Bildidentifikation stellt eine Zeichnung von Landschaften mit einer richtigen und einer falschen Benennung darunter dar. Zum Beispiel fanden sich unterhalb des Bildes die Wörter »Sommer« und »Winter«, und die Untersuchungsperson war imstande, in richtiger Identifizierung des Bildes eher auf den Begriff »Winter« anstatt auf »Sommer« zu deuten. Doch alle diese visuellen Inputs zum Gehirn vermitteln der Untersuchungsperson keine bewußten Wahrnehmungen.

Trotz dieser intelligenten Leistung mit bildlicher und verbaler Präsentation zur untergeordneten Hemisphäre ist diese Hemisphäre vollkommen unfähig, Sätze, sogar den einfachsten, zu vervollständigen, wenn sie in der Weise getestet wird, wie sie durch die verbale, unten gebrachte Anordnung veranschaulicht wird.

Mutter liebt

Nagel   Baby   Besen   Stein

Die Untersuchungsperson zeigt mit der linken Hand, wenn der Satz gelesen wird: »Mutter liebt . . . .« und dann der Reihe nach auf die vier Worte darunter zur Identifikation. Die Versuchsperson versucht dann, diesen Satz zu vervollständigen, indem sie die linke Hand dazu verwendet, auf das eine oder andere der vier Wörter darunter zu deuten, und wählt nur mit einer Zufallswahrscheinlichkeit »Baby«. Die Ergebnisse der Sprachtestung von Schimpansen zeigen in ähnlicher Weise, daß sie nicht imstande sind, Sätze zu vervollständigen, obwohl einige fragwürdige Behauptungen darüber gemacht worden sind. Dies ergibt sich natürlich aus der Tatsache, daß weder die untergeordnete Hemisphäre noch das Schimpansengehirn ein Wernickesches Zentrum besitzt, das die notwendige semantische Fähigkeit zur Verfügung stellt.

Diese gründlicheren Untersuchungen[7] haben gezeigt, daß die rechte Hemisphäre nach Kommissurotomie immer noch Zugang zu einem beträchtlichen auditorischen Vokabular hat, und in der Lage ist, Aufforderungen zu erkennen und Worte, die ihr über Gehör oder Sicht präsentiert werden, zu bildlichen Darstellungen in Beziehung zu bringen. Sie ist besonders leistungsfähig bei der Erkennung bildlicher Darstellungen, die in normalen Erfahrungssituationen vorkommen. Es war auch überraschend, daß die rechte Hemisphäre ebenso erfolgreich auf Verben wie auf Ak-

---

[7] E. Zaidel [1976].

tionsbegriffe reagierte. Eine Antwort auf verbale Kommandos wurde mit der Blitztechnik nicht erkannt. Trotz all dieser Darbietung von Sprachverständnis ist die rechte Hemisphäre äußerst leistungsschwach im sprachlichen Ausdruck oder im Schreiben. Hier sind ihre Fähigkeiten praktisch Null. Sie ist außerdem unfähig, Anweisungen zu verstehen, die viele Punkte enthalten, welche in der richtigen Reihenfolge erinnert werden müssen. Der auffälligste Befund ist der große Unterschied zwischen Verstehen und Ausdruck in der Leistung der rechten Hemisphäre.

Die operative Läsion der Kommissurotomie unterbricht lediglich die direkten Kommissurenverknüpfungen zwischen den beiden Hemisphären, wobei ihre gesamte Kommunikation zum und von den niederen Zentren intakt bleibt. Daher zeigen zum Beispiel die beiden Hemisphären die gleichen Schlaf-Wach-Zyklen, denn dies hängt von den Weck-Einflüssen, wahrscheinlich von mesenzephalischen und dienzephalischen Strukturen ab, die über die Mittellinie hinweg verbunden sind und die bilateral wirksam sind. Sogar noch wichtiger ist die sehr wirksame Integration der Haltung und automatischen Bewegungen des Körpers und der Extremitäten beider Seiten. Die Patienten können beispielsweise normal gehen, stehen und schwimmen, weil die neurale Maschinerie, die derartige Handlungen leitet, Kommissurenverknüpfungen auf subkortikalen Ebenen besitzt und somit durch die Kallosumdurchtrennung nicht gespalten wird.

In den seltenen menschlichen Fällen eines kongenitalen Fehlens des Corpus callosum[8] müssen sich beim Embryo kompensatorische Verknüpfungen zwischen den beiden Hemisphären auf subkortikalen Ebenen entwickelt haben. Als Folge davon antwortete eine derartige Versuchsperson auf eine Vielzahl von Tests der Überkreuz-Integration im wesentlichen wie eine normale Kontrollperson. Ebenfalls von Interesse war der experimentelle Anhalt dafür, daß sich die Sprache in beiden Hemisphären mit der ungünstigen Folge von Mängeln an anderen Funktionen entwickelt hatte. Es ist ein weiteres Beispiel dafür, wie die Dominanz der Sprachfunktion die cerebrale Repräsentation anderer Funktionen einschränkt.

36. Diskussion der Kommissurotomie

Diese bemerkenswerten Untersuchungen an kommissurotomierten Patienten sind von größtem Interesse für unsere Untersuchung des »Ich und seines Gehirns«, wie in Abbildung E5–4 dargestellt. Man kann vermuten, daß die unterschiedlichen Leistungen der »getrennten« Hemisphären zu-

---

[8] R. Saul und R. W. Sperry [1968].

verlässige Anhalte für ihre spezifischen Funktionen, wenn sie normal durch das Corpus callosum verbunden sind, liefern. So erbringt die dominante Hemisphäre fast die gesamte Kontrolle des Ausdrucks für das Sprechen, Schreiben und Rechnen. Sie ist auch aggressiver und exekutiver in der Kontrolle des motorischen Systems. Es ist die Hemisphäre, mit der man normalerweise kommuniziert.

Beim kommissurotomierten Patienten

scheint die stumme, untergeordnete Hemisphäre weitgehend als ein passiver, schweigender Passagier mitgetragen zu werden, der die Verhaltenssteuerung hauptsächlich der linken Hemisphäre überläßt. Demgemäß bleiben die Natur und Qualität der inneren geistigen Welt der schweigenden rechten Hemisphäre relativ unzugänglich für die Untersuchung und erfordern spezielle Testmaßnahmen mit nichtverbalen Ausdrucksformen. (Sperry [1974])

Sperry (1974) jedoch betrachtet es als

ein bewußtes System in seinem eigenen Bereich, das wahrnimmt, denkt, sich erinnert, urteilt, will und fühlt, alles auf einer charakteristisch menschlichen Stufe, und daß sowohl die linke als auch die rechte Hemisphäre simultan in verschiedenen, sogar in sich gegenseitig widersprechenden geistigen Erfahrungen, die parallel verlaufen, bewußt sein können.

Obwohl überwiegend stumm und im allgemeinen in allen Leistungen an denen Sprache oder sprachliches oder mathematisches Urteilen beteiligt ist, unterlegen, ist die untergeordnete Hemisphäre dennoch für gewisse Arten von Aufgaben klar das überlegene cerebrale Mitglied. Wenn wir daran denken, daß es bei der großen Mehrzahl der Tests die abgetrennte linke Hemisphäre ist, die überlegen und dominant ist, können wir nun rasch einige der Arten von Aktivitäten, in denen sich die untergeordnete Hemisphäre als Ausnahme hervortut, überblicken. Erstens handelt es sich natürlich, wie man voraussagen würde, bei allen um nichtsprachliche, nichtmathematische Funktionen. Weitgehend umfassen sie das Erkennen und Verarbeiten räumlicher Muster, Beziehungen und Transformationen. Sie scheinen eher holistisch und ganzheitlich als analytisch und fragmentarisch zu sein und mehr orientierend als fokal und eher konkrete Wahrnehmungseinblicke zu beinhalten als abstrakte, symbolische, sequentielle Vernunft.

Im Licht dieser bemerkenswerten, an kommissurotomierten Patienten gemachten Entdeckungen können wir nun fragen: Wie funktioniert die subdominante Hemisphäre im normalen Gehirn? Vor einigen Jahren formulierte ich [1973] die radikale Hypothese, daß die Vorgänge in der subdominanten Hemisphäre sogar vor Durchtrennung des Corpus callosum der untersuchten Person keine bewußten Wahrnehmungen vermittelten, eine Hypothese, die versuchsweise mehrere Jahre zuvor vorgeschlagen worden war [1965]. Um diese Hypothese von der Wechselbeziehung zwischen Gehirn und Bewußtsein zu verdeutlichen, stellen wir ein Diagramm vor (Abb. E5–7), das den Kommunikationsfluß zwischen größeren Unterabschnitten des Gehirns und auch zur und von der äußeren Welt abbildet. Einige spezielle Charakteristika dieses Diagrammes werden an anderer Stelle in diesem Buch bei der Formulierung von Hypothesen über den

ARTEN DER INTERAKTION ZWISCHEN DEN HEMISPHÄREN

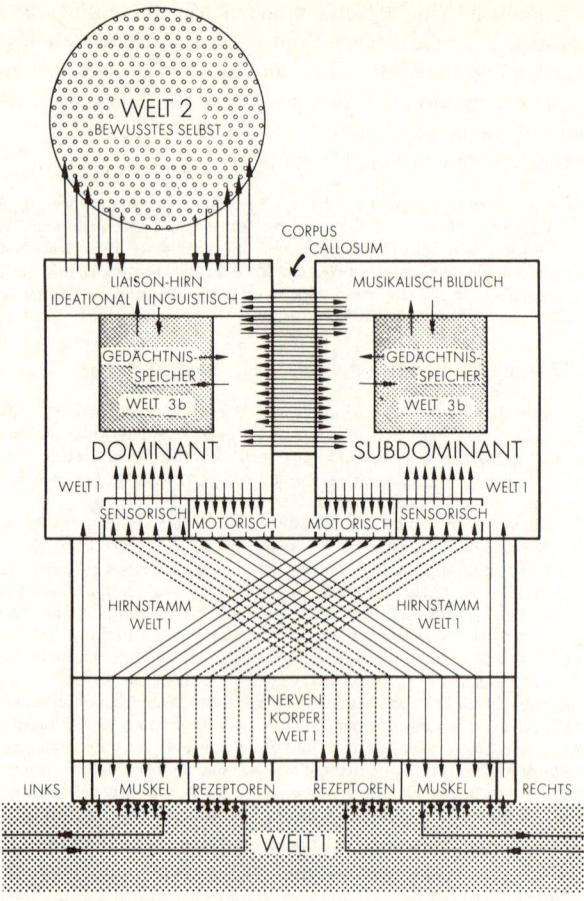

Abb. E5-7. Kommunikationen zum und vom Gehirn und innerhalb des Gehirns. Das Schema zeigt die Haupt-Kommunikationslinien von den peripheren Rezeptoren zu den sensorischen Rinden und so zu den Großhirnhemisphären. In ähnlicher Weise zeigt das Schema den Output von den Großhirnhemisphären über die motorische Rinde zu den Muskeln. Diese beiden Bahnsysteme kreuzen weitgehend, wie gezeichnet, doch unwesentlichere ungekreuzte Bahnen sind durch die vertikalen Linien im Hirnstamm ebenfalls dargestellt. Die dominante linke Hemisphäre und die subdominante rechte Hemisphäre sind bezeichnet, zusammen mit einigen der Eigenschaften dieser Hemisphären, die in Abb. E6-6 aufgeführt sind. Das Corpus callosum ist als ein mächtiger Koppelungskörper der beiden Hemisphären dargestellt, und zusätzlich zeigt das Schema die Interaktionsweisen zwischen den Welten 1, 2 und 3, wie im Text beschrieben und auch in Abb. E7-1 dargestellt.

Ursprung und die Entwicklung der Sprache und Kultur erklärt. Für den gegenwärtigen Zweck konzentrieren wir uns auf die neuralen Bahnen von den Rezeptoren zum Großhirn und umgekehrt vom Großhirn zu den Muskeln. Aufgrund der Kreuzungen der neuralen Bahnen empfängt die linke Großhirnhemisphäre im allgemeinen von der rechten Seite und wirkt auf diese, zum Beispiel vom rechten Gesichtsfeld zum rechten Arm und umgekehrt für die rechte Großhirnhemisphäre vom linken Gesichtsfeld zum linken Arm. Jedoch kreuzen, wie in Abbildung E5–7 gezeigt, nicht alle Bahnen. Es gibt zum Beispiel einen bemerkenswerten ipsilateralen Input für die Somästhesie. In Abbildung E5–7 sind auch kleine ipsilaterale motorische Projektionen von jeder Großhirnhemisphäre gezeigt.

Die strenge Testung der Untersuchungspersonen, an denen eine Durchtrennung des Corpus callosum vorgenommen worden war, hat erkennen lassen, daß bewußte Erfahrungen der Untersuchungsperson nur in Beziehung zu neuralen Aktivitäten in der dominanten Hemisphäre entstehen. Dies ist in Abbildung E5–7 durch die Pfeile gezeigt, die von den Sprach- und ideationalen Zentren der dominanten Hemisphäre zum bewußten Selbst führen, das durch das kreisförmige Areal darüber repräsentiert wird. Man muß beachten, daß Abbildung E5–7 ein Informationsflußdiagramm ist, und daß sich die Lokalisation des bewußten Selbst aus diagrammatischer Zweckmäßigkeit ergibt. Es ist natürlich nicht beabsichtigt, zu unterstellen, daß das bewußte Selbst über der dominanten Hemisphäre lokalisiert ist!

Es wird postuliert, daß bei normalen Untersuchungspersonen Aktivitäten in der untergeordneten Hemisphäre das Bewußtsein nur nach Übertragung zur dominanten Hemisphäre erreichen, die sehr wirksam über den ungeheuren Impulsverkehr im Corpus callosum stattfindet, wie in Abbildung E5–7 durch die zahlreichen querverlaufenden Pfeile dargestellt ist. Ergänzend wurde postuliert, daß die für Willkürhandlungen verantwortlichen neuralen Aktivitäten in der dominanten Hemisphäre durch eine gewollte Aktion des bewußten Selbst erzeugt werden (siehe nach unten gerichtete Pfeile in Abb. E5–7). Normalerweise breiten sich diese neuralen Aktivitäten weit sowohl über die dominante als auch die subdominante Hemisphäre aus, wobei sie zu dem in Kapitel E3 beschriebenen »Bereitschaftspotential« führen. Auf einer weiteren Stufe findet eine Konzentration der neuralen Aktivität auf den Abschnitt der motorischen Rinde statt, der über die Pyramidenbahnen projiziert, um die gewollte Bewegung zustande zu bringen.

Es ist zu beachten, daß diese Übertragung im Corpus callsoum keine einfache Einbahnübertragung darstellt. Die 200 Millionen Fasern müssen einen phantastischen Reichtum von Impulsverkehr in beiden Richtungen übertragen. Zum Beispiel würde eine vorsichtige Schätzung der durchschnittlichen Impulsfrequenz in einer Faser 20 Hz sein, was einen Gesamtverkehr von 4×10^9 Impulsen pro Sekunde ergibt. Bei der normalen Arbeit der Großhirnhemisphären wird die Aktivität jedes Teils einer Hemisphäre so wirksam und rasch zu der anderen Hemisphäre übermittelt, wie zu einem anderen Lappen der gleichen Hemisphäre. Das gesamte Großhirn erreicht so eine höchst wirksame Einheit. Man wird aus Abbildung E5–7 erkennen, daß eine Durchtrennung des Corpus callosum eine einzigartige und vollständige Spaltung dieser Einheit mit sich bringt. Die neuralen Aktivitäten der subdominanten Hemisphäre werden von den Großhirnabschnitten isoliert, die zum bewußten Selbst übermitteln und von ihm empfangen. Wie wir bereits erwähnt haben, sind alle anderen chirurgischen oder pathologischen Läsionen des Großhirns vergleichsweise roh und unperfekt.

In dieser Hypothese können wir die untergeordnete Hemisphäre als etwas betrachten, das einen dem nichtmenschlichen Primatengehirn überlegenen Status besitzt. Sie zeigt intelligente Reaktionen, sogar nach Verzögerungen von vielen Minuten, und Lernantworten; und sie besitzt viele Fertigkeiten, besonders in der räumlichen und auditorischen Domäne, die denjenigen des anthropoiden Gehirns weit überlegen sind, doch sie vermittelt der Person keine bewußte Erfahrung und steht in dieser Hinsicht in vollständigem Kontrast zu der dominanten Hemisphäre. Außerdem gibt es keinen Anhalt dafür, daß dieses Gehirn Reste eigenen Bewußtseins besitzt. Sperry [1974] und Bogen [1969(a)], [1969(b)] postulieren, daß es einen anderen Geist in diesem Gehirn gibt, doch daß er verhindert ist, mit uns zu kommunizieren, weil er keine Sprache besitzt. Wir würden dieser Feststellung zustimmen, wenn sie mit der weiteren Feststellung verknüpft wäre, daß die untergeordnete Hemisphäre in dieser Hinsicht dem Gehirn eines nichtmenschlichen Primaten gleicht, obwohl ihre Leistung derjenigen der Gehirne der höchsten Anthropoiden überlegen ist. In beiden dieser Fälle gibt es keine Kommunikation auf einer reichen linguistischen Stufe, und so ist es nicht möglich, das fragliche Vorhandensein eines bewußt erfahrenden Wesens zu testen. Wir müssen daher in der Frage geistiger Aktivitäten und des Bewußtseins agnostisch sein.

Die Überlegenheit der untergeordneten Hemisphäre gegenüber nichtmenschlichen Primatengehirnen zeigt sich zum Beispiel an der Zeit von vielen Minuten, während der ein Signal bis zum erfolgreichen Wiederabrufen im Gedächtnis gehalten werden kann.[1] Es ist einem tierischen Gehirn auch hinsichtlich des crossmodalen Informationstransfers überlegen. Ein visuelles oder akustisches Signal kann sehr wirksam dazu benutzt werden, ein Objekt durch Tasten zu finden, und dieses Auffinden kann

---

[1] R. W. Sperry, M. S. Gazzaniga und J. E. Bogen [1969].

mit Intelligenz und Verständnis erfolgen. Zum Beispiel führt die kurze Projektion eines Dollarzeichens zum Herbeiholen einer Münze – 25 Cent oder 10 Cent –, wenn keine Dollarscheine vorhanden sind, oder das Blitzbild einer Wanduhr resultiert im Herbeiholen des einzigen verwandten Objekts, das verfügbar ist – einer Kinderspielzeuguhr. Im Gegensatz dazu können Rhesusaffen nicht trainiert werden, äquivalente Objekte zu erkennen, die bei Licht erblickt und auch im Dunkeln durch Berührung palpiert werden;[2] doch Schimpansen kann dies gelingen.[3]

Es empfiehlt sich hier, auf irrtümliche Interpretationen der Kommissurotomieexperimente hinzuweisen. Es wird die Behauptung aufgestellt, daß die intelligente Leistung der nichtdominanten Hemisphäre gewährleistet, daß deren Aktivitäten mit einem Bewußtsein assoziiert sind, das demjenigen der dominanten Hemisphäre äquivalent ist, und sich lediglich durch die sprachliche Unfähigkeit unterscheidet. Diese Ansicht wurde von Puccetti [1973] extravagant entwickelt, indem er die Frage stellte: »Wenn wir cerebral intakte zwillingshirnige (sic) menschliche Wesen wirkliche Bestandteile zweier Personen sind, welcher bin ich?« Die falschen Interpretationen von Puccetti [1973], Zangwill [1973], Doty [1975] und Savage [1975] kommen zustande, weil es ihnen nicht gelingt, zwischen dem mit der dominanten Hemisphäre assoziierten Selbstbewußtsein, wie es durch die bewußte Untersuchungsperson mitgeteilt wird, und dem Bewußtsein zu unterscheiden, das man in der nichtdominanten Hemisphäre wegen ihrer geschickten Reaktionen, die Einblick und Intelligenz zeigen, vermutet.

Ein Gedankenexperiment zeigt den fundamentalen Unterschied zwischen den Antworten der dominanten und nichtdominanten Hemisphäre. Unter den üblichen Bedingungen der Dominanz der linken Hemisphäre besitzt das bewußte Subjekt die willkürliche Kontrolle des rechten Vorderarms und der Hand aber nicht der linken, doch der linke Unterarm und die Hand können geschickte und offensichtlich zweckhafte Bewegungen ausführen. In unserem Gedankenexperiment ergreift die linke Hand unabsichtlich ein Gewehr, feuert es ab und tötet einen Menschen. Ist dies Mord und durch wen? Wenn nicht, warum nicht? Doch keine derartigen Fragen können gestellt werden, wenn die rechte Hand schießt und tötet. Der fundamentale Unterschied zwischen der dominanten und untergeordneten Hemisphäre enthüllt sich auf legalem Boden. Die Kommissurotomie hat das bihemisphärische Gehirn in eine dominante Hemisphäre gespalten, die ausschließlich mit dem selbstbewußten Geist in Verbindung steht und durch ihn kontrolliert wird, und in eine subdominante Hemi-

---

[2] G. Ettlinger und C. B. Blakemore [1968].
[3] R. K. Davenport [1975].

sphäre, die viele der Leistungen ausführt, die zuvor von dem intakten
Gehirn ausgeführt wurden, doch sie steht nicht unter Kontrolle des selbstbewußten Geistes. Sie mag mit einem Geist in Verbindung stehen, doch
dieser ist ganz anders als der selbstbewußte Geist der dominanten Hemisphäre – so anders, daß ein hohes Risiko von Konfusion aus der gebräuch-
lichen Verwendung der Worte »Geist« und »Bewußtsein« für beide Wesenheiten resultiert.

37. Untersuchungen am menschlichen Großhirn nach schweren Läsionen und nach Hemisphärektomie

Die Untersuchungen an Patienten, an denen eine Kommissurotomie vollzogen wurde, haben viel mehr endgültige und herausfordernde Information als andere Großhirnläsionen geliefert. Trotzdem können die Folgerungen, die sich aus den Kommissurotomieuntersuchungen ableiten,
durch Testverfahren an Patienten mit globalen oder umschriebenen
Großhirnläsionen geprüft werden. Die ausgedehnteste Läsion findet man
bei hemisphärektomierten Patienten, bei denen entweder die subdominante oder die dominante Hemisphäre bei der Behandlung eines umfang-
reichen Großhirntumors radikal entfernt worden ist. Im folgenden Kapitel
werden wir über die Untersuchung an Patienten mit umschriebenen Läsionen berichten, die von Exzisionen großer Abschnitte des einen oder
anderen Lappens einer Großhirnhemisphäre stammen. Alle diese Untersuchungen sind von direkter Relevanz für unsere gegenwärtige Erkundung des *Ichs und seines Gehirns*. Sie ergänzen die eindeutigeren Beobachtungen an den Kommissurotomiepatienten und stehen mit ihnen in
allgemeiner Übereinstimmung.

Läsionen des Hirnstamms und des medialen Thalamus können bei
Mensch und Tier zu einem Coma führen.[1] Dieser vollständige und anhaltende Bewußtseinsverlust beruht wahrscheinlich auf einer Beschädigung
des retikulären Aktivierungssystems. Jedoch können diese Läsionen des
Gehirns nicht so angesehen werden, daß sie Hinweise hinsichtlich der
Lokalisation des »Sitzes des Bewußtseins« im Gehirn liefern. Die Bewußtlosigkeit kommt wegen des Wegfalls der Hintergrundexzitation der
Großhirnrinde zustande, die für das Wachsein erforderlich ist, das heißt es
scheint, daß diese Läsionen Strukturen miteinbeziehen, deren Aktivität
für das Bewußtsein nötig, doch nicht ausreichend ist. Vergleichbare Beobachtungen an Läsionen, die zu Bewußtlosigkeit führen, leiteten Penfield

---

[1] H. Cairns [1952]; J. Sprague [1967].

[1966] zu dem Postulat, daß es in der Hirnbasis einen Abschnitt des Diencephalons gibt (die zentrencephalische Zone), der speziell dafür zuständig ist, dem Subjekt bewußte Erfahrungen zu schenken. Wie von Sperry ausgeführt [1974] wurde diese Theorie durch den Befund falsifiziert, daß das Selbstbewußtsein nach Durchtrennung des Corpus callosum nur von den neuronalen Aktivitäten der dominanten Hemisphäre herrührt. Die postulierte zentrencephalische Zone und ihre Verknüpfung zu den Großhirnhemisphären werden durch die Kommissurotomie-Operation nicht in Mitleidenschaft gezogen. Sie mag eine notwendige Bedingung für das Bewußtsein sein, doch sie ist keine ausreichende.

38. Hemisphärektomie

Wir wenden uns nun der menschlichen Großhirnrinde zu, um die möglichen, für das Bewußtsein zuständigen Regionen zu studieren. Es ist auffallend, daß Exstirpation der subdominanten Hemisphäre in örtlicher Betäubung keine bemerkenswerte Änderung des Bewußtseins oder Selbstbewußtseins des Patienten auslöst. Dies ist sogar während der Operation selbst der Fall, wenn sie in örtlicher Betäubung durchgeführt wird, wie Obrador [1964] und Austin, Hayward und Rouhe [1972] berichteten. Diese Forscher, wie auch Gardner, Karnosh, McClure und Gardner [1955], berichten (sieben Fälle), daß Entfernung der subdominanten Hemisphäre zu Symptomen führt, die sich, mit Ausnahme der Hemiplegie (Halbseitenlähmung) und des Fehlens des peripheren Erkennens im linken Gesichtsfeld, nicht merkbar von denen unterscheiden, die Sperry in seiner Studie über Patienten mit Hirndurchtrennung im Detail beschrieb, und über die oben berichtet wurde. Interessanterweise war bei einer linkshändigen Untersuchungsperson von Gardner und Mitarbeitern [1955] offensichtlich die rechte Hemisphäre dominant, und erwartungsgemäß wurden die gleichen Ergebnisse nach Hemisphärektomie links beobachtet. So führt Hemisphärektomie der subdominanten Seite zu einem Ergebnis, das in vollständiger Übereinstimmung mit dem Postulat steht, daß sich Selbstbewußtsein nur aus neuralen Aktivitäten in der dominanten Hemisphäre ableitet. Einer der beiden Fälle von Hemisphärektomie der untergeordneten Seite, die von Gott berichtet wurden [1973 (a)], ist bemerkenswert, weil er eine junge Frau betraf, die Musikerin und ausgebildete Pianistin war. Nach der Operation fand sich ein tragischer Verlust ihrer musikalischen Fähigkeit. Sie konnte keinen Ton hervorbringen, konnte jedoch immer noch die Worte vertrauter Lieder richtig wiedergeben.

Entfernung der linken (dominanten) Hemisphäre beim Erwachsenen hat viel schwerwiegendere Folgen. In den vier Fällen, über die berichtet wurde, scheinen einige Spuren von Restbewußtsein und eine geringfügige Erholung sehr primitiver sprachlicher Fähigkeiten vorhanden zu sein. Die Patienten waren sehr schwierig zu untersuchen, da sie fast vollständig aphasisch waren. Smith [1966] berichtete, daß sein Patient Füllwörter und einfache Wörter in einem Lied benutzen konnte, das er gekannt hatte. Er hatte eine extreme Einschränkung des Sprachgebrauchs. Dennoch besaß die isolierte subdominante Hemisphäre mehr sprachliche Fähigkeiten, als es bei der subdominanten Hemisphäre von Sperrys Patienten der Fall war, wo sie von der dominanten Hemisphäre überschattet wird. Man staunt, wieviel Transfer von Dominanz an diesem Patienten vor der Operation stattgefunden hatte, weil eine schwere Läsion der dominanten Hemisphäre über mindestens zwei Jahre vor der Operation bestanden hatte, vom Alter von 45 bis zum Alter von 47 zum Zeitpunkt der Operation.

Hillier [1954] brachte einen sehr viel ermutigenderen Bericht über Hemisphärektomie der dominanten Seite an einem Jungen von 14, der etwa zwei Jahre überlebte. Bei diesem Jungen erholte sich die allgemeine Leistung gut, doch war er sprachlich sehr eingeschränkt. Hillier berichtet:

> Das Verständnis für gesprochene Wörter ist recht genau. Die motorische Aphasie zeigt eine konstante Besserung. Er ist imstande, einzelne Buchstaben zu lesen, kann jedoch keine Worte formulieren. Er ist zeitweise nicht in der Lage, einen Artikel in einem Inserat zu benennen, kann jedoch das Radioprogramm erzählen und die Darsteller beschreiben, die für ein spezielles Produkt werben.

Wieder hat man den Verdacht, daß ein gewisser Transfer von Funktionen der dominanten Hemisphäre vor der Operation stattgefunden hatte, und die Jugend des Patienten könnte bei dieser Erholung mitgeholfen haben. Trotz des ziemlich optimistischen Tones dieses Berichts, kann man erkennen, daß ein tragisches sprachliches Unvermögen vorhanden war, eine Folge, die man nach Entfernung des Wernickeschen Sprachzentrums erwarten muß.

Eine bessere Erholung wurde von Gott [1973 (b)] bei einem Mädchen berichtet, bei dem im Alter von zehn Jahren eine vollständige Hemisphärektomie auf der dominanten Seite durchgeführt wurde. Im Alter von acht Jahren hatte eine Exstirpation eines Tumors aus dieser Hemisphäre stattgefunden, die endgültige Operation zwei Jahre später mußte wegen eines Rezidivs in der Parietalregion durchgeführt werden. Im Alter von 12 zeigte die Patientin eine erheblich reduzierte Sprachfähigkeit, doch übertraf sie diejenige der Fälle dominanter Hemisphärektomie, die oben besprochen wurden. Gott vermutet, daß sich die Patientin besser regenerierte, weil ein Transfer der Sprache bereits im Alter von sieben bis acht Jahren von der beschädigten dominanten Hemisphäre stattgefunden haben könnte. Es war beachtlich, daß die Patientin trotz der sehr beschränkten Fähigkeit zu sprechen, gut singen konnte und dies gewöhnlich mit den richtigen Worten. Trotz der gravierenden Sprachbehinderung kann kein Zweifel daran bestehen, daß dieses Mädchen nach der dominanten Hemisphärektomie einen selbstbewußten Geist behalten hatte.

Bei Kindern haben wir eine viel ermutigendere Situation. Es findet sich ein guter Anhalt für eine bemerkenswerte Plastizität, indem die Funktionen der dominanten Hemisphäre wirksam bis zum Alter von 5 Jahren übertragen werden. Es finden sich Hinweise, daß die Sprachfähigkeit in diesem frühen Alter normalerweise sowohl in der rechten als auch in der linken Hemisphäre gut entwickelt ist.[1] Dann wird während der ersten Lebensjahre die cerebrale Dominanz vollständig ausgebaut bei gleichzeitiger Regression der Sprachfähigkeit der untergeordneten Hemisphäre.

Krynauw [1950] berichtete über 12 Fälle von Hemisphärektomie wegen infantiler Hemiplegie, und White [1961] fügte zwei weitere hinzu und sichtete eine umfangreiche Literatur. Krynauw vermutet, daß die Sprache von der dominanten Hemisphäre wegen deren Schädigung bei der Geburt bereits übertragen worden sein muß, so daß er in allen Fällen die subdominante Hemisphäre entfernte! Das Alter, in dem ein wirksamer Transfer stattfinden kann, wird gewöhnlich mit bis zu fünf Jahren angegeben, doch Obrador [1964] nimmt eine Zeit bis zu 15 Jahren an. McFie [1961] gibt einen Überblick über die umfangreiche Literatur zur Hemisphärektomie und spricht über diesen Transfer von Funktionen, warnt jedoch vor der Gefahr der Überfüllung.[2] Wenn die Sprache zur subdominanten Hemisphäre übertragen wird, zeigt sie immer Defekte, und zusätzlich kommt es zu einer Verschlechterung der normalen Funktionen der subdominanten Hemisphäre. So zieht McFie den Schluß, daß es eine Begrenzung der Kapazität der verbleibenden Hemisphäre gibt, so daß es zu Mängeln in der Vermittlung ihrer normalen Funktionen und in der Übernahme der Funktionen von der anderen Hemisphäre kommt. Später soll die wichtige Hypothese der »Überfüllung« weiter diskutiert werden.

Vollständige Entfernung der dominanten Hemisphäre führt zu etwas rätselhaften Resultaten. Die sehr erschöpfenden Untersuchungen an den Spalthirn-Patienten von Sperry und Mitarbeitern haben zur Formulierung der Hypothese geführt, daß sich normalerweise Selbstbewußtsein ausschließlich von räumlich-zeitlichen Mustern neuronaler Aktivität in bestimmten Zonen der dominanten Hemisphäre ableitet. Diese Hypothese würde voraussagen, daß dominante Hemisphärektomie bei einem Patienten zum Fehlen des Selbstbewußtseins führen würde, ebenso eindrucks-

---

[1] L. S. Basser [1962].
[2] Siehe B. Milner [1974]; R. W. Sperry [1974].

voll, wie es die subdominante Hemisphäre in den Spalthirn-Fällen zeigt.
Doch soweit Tests bei diesen fast vollständig aphasischen Fällen möglich
sind, scheint ein restliches Selbstbewußtsein vorhanden zu sein. Jahre
nach »dominanter« Hemisphärektomie in den ersten fünf Lebensjahren
lassen Tests erkennen, daß die »subdominante« Hemisphäre Sprachfunk-
tionen übernommen hat und daher einen »dominanten« Status, wenigstens teilweise angenommen hat. Möglicherweise findet ein kleiner Transfer dieser Art sogar bei Erwachsenen, wegen der Destruktion ausgedehnter Abschnitte der dominanten Hemisphäre, in den Jahren vor der Operation statt.

39. Übersicht der sprachlichen Fähigkeiten, wie sie sich durch globale Läsionen offenbaren

Nach der Kommissurotomie scheint die rechte Hemisphäre stumm zu sein
und nach Entfernung der linken Hemisphäre ist die isolierte rechte Hemisphäre schwergradig aphasisch. In beiden Fällen besitzt die rechte Hemisphäre jedoch ein beträchtliches Sprachverständnis, besonders im sprachlichen Umgang mit Bildern. Die rechte Hemisphäre kann auch kurze
verbale Anweisungen, jedoch nicht über einen Umfang von drei Worten
hinaus, begreifen, und es geht ihr die semantische Fähigkeit ab, Sätze zu
vervollständigen. In dieser Hinsicht unterscheidet sich die sprachliche Leistung der rechten Hemisphäre von derjenigen eines Kindes, bei dem sich
Verständnis und Ausdruck gemeinsam entwickeln.

Zaidel [1976] ist der Ansicht, daß in jeder Phase des Spracherwerbs
eine komplexe interhemisphärische Interaktion vorhanden ist. Es gibt
auch Hinweise darauf, daß die rechte Hemisphäre einer aphasischen linken Hemisphäre Unterstützung für das auditorische Verständnis bietet.
Es ist merkwürdig, daß die rechte Hemisphäre trotz ihres beträchtlichen
verbalen Verständnisses, so ungenügend im verbalen Ausdruck ist, es sei
denn, sie ist in einem so frühen Alter isoliert worden, daß ein beträchtlicher Transfer der Sprachfähigkeit stattfinden konnte. Hiermit wird sich
Kapitel E6 noch weiter beschäftigen.

Kapitel E 6
Umschriebene cerebrale Läsionen

40. Übersicht

Läsionen, die auf große Teile des einen oder anderen Lappens einer Großhirnhemisphäre beschränkt sind, machen es möglich, die Funktionen der ausgefallenen Zonen aufzudecken. Viele dieser Läsionen resultierten aus der operativen Entfernung von erkrankter Großhirnrinde und daher ist eine ziemlich genaue Lokalisation des entfernten Areals gegeben.

Angesichts der Tatsache, daß Aphasien verschiedenster Art eine Folge von Läsionen der Sprachfelder im Temporallappen sind, ist die operative Entfernung dieser Gebiete kontraindiziert. An der subdominanten Hemisphäre wurde gezeigt, daß es zu Störungen des Musikverständnisses kommt, und dies korreliert mit den Tests des dichotischen Hörens. Mit Hilfe dieser Testverfahren wird gezeigt, daß die dominante Hemisphäre (gewöhnlich die linke) besser in der Erkennung von Worten oder Wortlauten ist, während die subdominante Hemisphäre sich auf Musikerkennen spezialisiert (Abb. E6-1). Man hat auch gefunden, daß das nichtverbale visuelle Gedächtnis im Temporallappen der subdominanten Hemisphäre repräsentiert ist. Die Ergebnisse dieser vielfältigen Testverfahren sind im Text beschrieben, und sie stehen im Zusammenhang mit der Entdeckung, daß der Inferotemporallappen speziell für visuelle Unterscheidungsaufgaben zuständig ist (Abb. E6–2, 3 und 4). Zusammenfassend gesagt zeigen diese Tests, daß der rechte Temporallappen wesentlich sowohl für die Musik- als auch für die Raumwahrnehmung zuständig ist.

Bei Läsionen des Parietallappens muß zwischen dem primären somästhetischen Zentrum in den Brodmannschen Feldern 3, 1, 2 und den mehr posterior gelegenen Zentren unterschieden werden, die für die Verarbeitung der Tastinformation und ihre Integration mit visuellen Inputs zuständig sind. Es erfolgt eine Beschreibung der außerordentlichen Leistung von Patienten mit Läsionen des rechten Parietallappens, die Pantomime des Nichtbeachtens! Der rechte Parietallappen ist auch für die feine Bewegungskontrolle zuständig, nach Entfernung der Felder 39 und 40 kommt es zu Apraxien. Auf der linken Seite sind diese Zentren natürlich für das Lesen und das Sprachverständnis (Semantik) zuständig. Neben diesen spezifischen Ausfällen resultieren Läsionen des rechten Parietallappens in einer Vielzahl von kognitiven Störungen.

Läsionen des Okzipitallappens resultieren in visuellen Ausfällen mit blinden Feldern (Skotomata) und Defekten in den visuellen Erkennungsleistungen.

Läsionen des Frontallappens haben einen viel tiefer gehenden Einfluß auf die Persönlichkeit der Untersuchungsperson. Der posteriore Teil des Frontallappens ist natürlich für motorische Funktionen, die in Kapitel E3 betrachtet wurden, zuständig. Das vorliegende Kapitel befaßt sich mit Läsionen der präfrontalen Rinde. Es wird gezeigt, daß eine komplementäre Beziehung zwischen den Frontal- und den Temporallappen auf der gleichen Seite besteht. Auf der linken Seite ist der Temporallappen wichtig für verbale Erkennung und der Frontallappen für verbale Neuheiten, nämlich die Erkennung von zeitlichen Abfolgen verbaler Präsentationen. Auf der rechten Seite kommt es, wie bereits erwähnt, zu einem Versagen des Bilderkennens im Temporallappen und der Neuaufnahme von Bildern im Frontallappen. Neben diesen spezifischen Ausfällen leiden die Untersuchungspersonen an allgemeineren Ausfällen, wie zum Beispiel durch die Perseveration im Kartensortier-Test illustriert wird (Abb. E6–5). Wie durch diesen Test gezeigt, haben die Präfrontallappen-Patienten Schwierigkeiten, ihr Verhalten zu stabilisieren und lassen im allgemeinen Absicht bei ihren Handlungen vermissen. Ein zusätzlicher Ausfall ergibt sich aus der engen Beziehung des Präfrontallappens mit dem limbischen System. Wie bereits in Kapitel E2 vermutet, vermittelt die reziproke Kommunikation zum limbischen System und zum Hypothalamus dem Präfrontallappen die einzigartige Funktion, die somästhetischen, visuellen und akustischen Erfahrungen mit dem emotionalen Input von dem limbischen System und dem Hypothalamus zu assoziieren. Ebenfalls in dieser Assoziation verknüpft ist das olfaktorische System, das von der sensorischen Bahn direkt in das limbische System projiziert. Wie bereits in Kapitel E2 gezeigt, verleiht das limbische System mit dem assoziierten Hypothalamus den sensorischen Erfahrungen Farbe, Antrieb, Lebendigkeit und Emotion.

Schließlich findet sich in diesem Kapitel ein Abschnitt über die dominante und subdominante Hemisphäre (Abb. E6–6). Die Unterteilung wurde bereits im Kapitel E5 in Zusammenhang mit den Kommissurotomie-Patienten gezeigt. Sie wurde weiter mit dem dichotischen Testverfahren untersucht. Im allgemeinen lassen die Indizien erkennen, daß die dominante Hemisphäre insofern hinsichtlich feiner imaginativer Details spezialisiert ist, daß sie analytisch und sequentiell ist; doch sie ist – sehr wichtig – verbal und – was noch wichtiger ist – sie steht in direkter Liaison mit dem Selbstbewußten Geist. Die subdominante Hemisphäre auf der anderen Seite ist überlegen im Bild- und Musterempfinden und im musikalischen Empfinden, wobei ihre synthetischen Fähigkeiten den analytischen Fähigkeiten der dominanten Hemisphäre entsprechen. Es muß jedoch realisiert werden, daß eine Tendenz bestanden hat, die Antithese zwischen den beiden Hemisphären zu übertreiben. Nach Trennung durch Kommissurotomie ist jede Hemisphäre für sich viel ärmer im Ablauf ihrer eigenen spezifischen Funktionen. Es erfolgt ein kurzer Bericht über die evolutionäre Bedeutung der Hemisphären-Spezialisierung und auch ein Bericht über die Entwicklung der Spezialisierung während der ersten Lebensjahre.

41. Einleitung

Es liegt eine umfangreiche Literatur über Patienten mit Großhirnläsionen vor, die unabwendbar aus einem vaskulären Ereignis resultierten. Nachfolgende Autopsie ließ den Sitz und das Ausmaß der cerebralen Destruktion erkennen. Unter den bemerkenswertesten Entdeckungen war die Erkennung des motorischen (Broca, 1861) und sensorischen (Wernicke, 1874) Sprachzentrums. Seit dieser Pionierarbeit, die mehr als ein Jahrhundert zurückliegt, entwickelte sich die Untersuchung läsionsbedingter Aphasie zu einem ausgedehnten Feld klinischer Neurologie, wie es zum Beispiel von Geschwind[1] und Hecaen[2] gesichtet wurde. Eine angemessene Behandlung dieses äußerst komplexen Gegenstandes sprengt den Rahmen dieses Buches, doch wurde er in seiner besonderen Beziehung zum Bewußtsein in dem Abschnitt über Sprache (Kapitel E4) abgehandelt. Wir wollen uns hier auf die Untersuchung von Patienten konzentrieren, bei denen größere Abschnitte einer Großhirnhemisphäre entfernt wurden. Diese Untersuchung ist insofern einfacher zu interpretieren, als die Läsion umschrieben und genau lokalisiert ist, was im Gegensatz zu der unbestimmten Natur der meisten klinischen Läsionen steht. Es ist angebracht, diesen Bericht nach Läsionen der Hauptlappen der Großhirnhemisphäre zu organisieren, die in den Abbildungen E1–1 und 4 gezeichnet sind. Der vorliegende Bericht wird sich auf das menschliche Gehirn konzentrieren, doch es muß auf die wichtigen bestätigenden experimentellen Hinweise von anderen Säugetiergehirnen, insbesondere Primatengehirnen, hingewiesen werden.

---

[1] [1965(a)], [1965(b)].
[2] [1967].

42. Temporallappen-Läsionen

Hochinteressante Arbeiten wurden von Milner und ihren Mitarbeitern [1967], [1974] über die unterschiedlichen Funktionen des linken und rechten Temporallappens eingebracht. Bei etwa 95 Prozent der Untersuchungspersonen besitzt der linke eine spezielle sprachbezogene Funktion infolge seiner Lage im Wernickeschen Zentrum (Abb. E4–1), wie in Kapitel E4 beschrieben wurde. Komplementär dazu wurde gezeigt, daß der rechte Temporallappen speziell für das Musikverständnis und die Erkennung von Raummustern zuständig ist.[1] Man konnte Personen verwenden, deren Temporallappen auf der einen oder anderen Seite zur Behandlung von Epilepsien infolge ausgedehnter Hirnschädigungen entfernt worden war. Insgesamt lag in dieser sehr wichtigen Testreihe eine Entfernung des linken oder rechten Temporallappens mit oder ohne Hippocampus bei 21 bzw. 26 Patienten vor. Normale Untersuchungspersonen und Patienten mit ausgedehnter Entfernung des linken oder rechten Frontallappens stellten die Kontrollgruppe dar.

Als man die Wirkungen von Temporallappen-Läsionen auf das Musikverständnis untersuchte, fand man, daß Untersuchungspersonen mit Läsionen des rechten Temporallappens sich hinsichtlich der einfachen Unterscheidung der Tonhöhe oder des Rhythmus nicht von normalen unterschieden. Es zeigten sich jedoch Unterschiede, als diese Patienten nach zwei Untergruppen der Seashore-Tests untersucht wurden, nämlich den Tests für Timbre und tonales Gedächtnis.[2] Im Test für tonales Gedächtnis wurde zum Beispiel eine kurze Sequenz, vier oder fünf Noten, zweimal in rascher Folge gespielt, wonach die Untersuchungsperson entscheiden mußte, welche Note beim zweiten Spielen in der Tonhöhe verändert war. Nach rechter temporaler Lobektomie wurden in diesem Test für die Melodieerkennung viel mehr Fehler als vorher gemacht, während die linke temporale Lobektomie den Score kaum veränderte (Abb. E6–1).

Einen weiteren Anhalt für eine Beziehung des rechten Temporallappens zum Musikverständnis lieferte Shankweiler [1966], der das Gedächtnis für bekannte Notenfolgen verwendete. Nachdem sie ein paar Noten gehört hatte, wurde die Untersuchungsperson aufgefordert, entweder die Melodie durch Summen fortzusetzen, oder sie zu benennen. Untersuchungspersonen mit rechten temporalen Lobektomien erbrachten bei diesen beiden Tests eine abnorm schlechte Leistung. Wie zu erwarten war, schafften Untersuchungspersonen mit linken temporalen Lobektomien

---

[1] P. Scheid und J. C. Eccles [1975].
[2] B. Milner [1967].

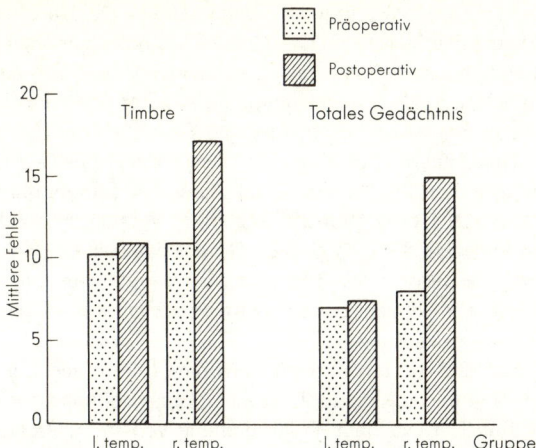

Abb. E6–1. Seashore Timbre- und tonale Gedächtnistests: Mittlere Fehlerscores vor und nach Operation für linke (*L. temp*) und rechte *(R. temp)* Temporallappen-Gruppen, die eine postoperative Beeinträchtigung nach rechter temporaler Lobektomie, jedoch nicht nach linker zeigen (Milner [1967]).

das Summen gut, doch waren sie wegen des Sprach-Defekts abnorm unergiebig in der verbalen Aufgabe, die Melodie zu benennen. Der vielleicht eindrucksvollste Anhalt für das Musikverständnis des rechten Temporallappens ist der neuere Bericht (noch unveröffentlicht) über einen begabten Musiker, der plötzlich all die mit seinen Darbietungen assoziierten ästhetischen Empfindungen verlor. Klinische Untersuchungen ließen eine vaskuläre Läsion des rechten Temporallappens erkennen. Die Bedeutung der rechten Hemisphäre für die musikalische Leistung des Gehirns wird auch überzeugend durch die tragischen Ergebnisse einer rechten Hemisphärektomie bei einer musikbegabten jungen Frau gezeigt[3], wie in Kapitel E5 berichtet. Einen komplizierteren Fall musikalischer Ausfälle stellte Ravel dar, der eine diffuse bilaterale Schädigung der Parietal- und Temporallappen aufwies, die sowohl zu Aphasie als auch Apraxie führte.[4]

All diese, aus Läsionen gewonnenen Anhalte für die Repräsentation des Musikverständnisses in der subdominanten Hemisphäre wurden durch die aus den dichotischen Hörtests bei Normalpersonen gewonnenen Hinweise bestätigt.[5] In diesen Tests wird ein Kopfhörer verwendet, um si-

---

[3] P. S. Gott [1973(a)].
[4] T. Alajouanine [1948].
[5] D. Kimura [1967], [1973].

multan zwei kurze Melodien in je ein Ohr zu spielen. Die Untersuchungsperson wurde dann aufgefordert, diese beiden Melodien aus einer Gruppe von vier Melodien herauszusuchen, die nacheinander auf normale Weise gehört wurden. Es ergab sich ein signifikant höherer Score für die in das linke Ohr eingespielten Melodien, was eine Überlegenheit im Erkennen der rechten Hemisphäre über die linke anzeigt, weil jedes Ohr überwiegend zum akustischen Zentrum des kontralateralen Temporallappens signalisiert (Abb. E2, E4–4). Wurden Folgen von Worten oder Zahlen mit der gleichen Methode des dichotischen Hörens eingegeben, so fand sich, wie erwartet, eine bessere Wahrnehmung des Inputs vom rechten Ohr, der vorwiegend zum linken Temporallappen verläuft, zur Verarbeitung und verbalen Wahrnehmung.

Von Milner[6] und ihren Mitarbeitern Kimura [1963] und Corsi wurde weiterhin gezeigt, daß Läsionen des rechten Temporallappens konsistent zu einer Beeinträchtigung der Wahrnehmung von irregulären Mustern führen, besonders von solchen, die verbal nicht identifizierbar sind. Von den drei verwendeten Tests ist die Gesichtserkennung für den Patienten von besonderer Bedeutung. Die Versuchsperson betrachtet zu Beginn in Ruhe Fotografien von zwölf Gesichtern, die dann aus einer größeren Gruppe von 25 Gesichtern herausgefunden werden müssen, in der die ursprünglich zwölf wahllos angeordnet sind.[7] Nach rechter temporaler Lobektomie fand sich in diesem Test eine schlechte Leistung, doch teilweise hing sie von dem Ausmaß der mit der temporalen Lobektomie assoziierten Hippocampus-Entfernung zusammen, wie später in Kapitel E8 diskutiert werden wird.

Ein zweiter wichtiger Test für das nichtverbale visuelle Gedächtnis ist der sogenannte Test der »wiederkehrenden Nonsens-figuren«, der von Kimura entworfen wurde [1963], und in dem das Gedächtnis für nichtvertraute, geometrische oder unregelmäßige kurvilineare Muster getestet wird (Abb. E6–2A). In einem Haufen aufeinanderfolgend präsentierter Karten kehrt eine Anzahl dieser Muster wahllos wieder, und die Untersuchungsperson muß »ja« oder »nein« sagen, je nachdem ob sie glaubt, daß sie das Muster zuvor gesehen hat oder nicht. Als Kimura Patienten mit Läsionen im rechten oder linken Parietal- oder Temporallappen diesem Test unterzog, konnte sie klar zeigen, daß der mittlere Fehlerscore in der rechten Temporallappengruppe signifikant höher lag als bei allen anderen Patienten (Abb. E6–2B), wobei kein Unterschied zwischen den letzteren Patienten und der normalen Kontrollgruppe bestand. Die Ergebnisse dieses und ähnlicher Tests lassen vermuten, daß Läsionen im rechten Tempo-

---

[6] [1967], [1971], [1974].
[7] B. Milner [1968].

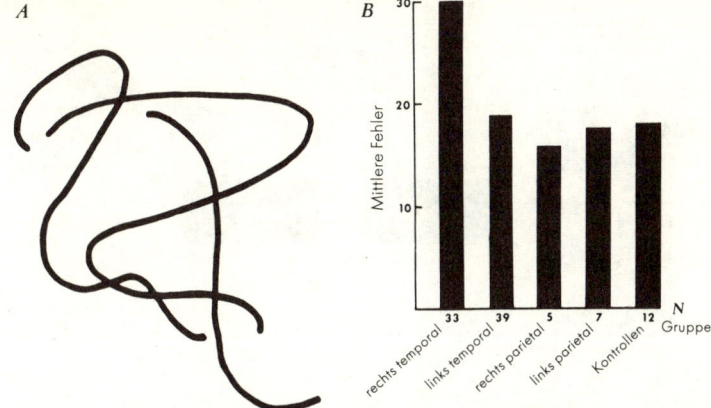

Abb. E6–2. A. Beispiel aus dem Test der wiederkehrenden Nonsensfiguren. B. Mittlere Fehlerscores (Summe falsch positiver oder negativer Antworten) für verschiedene Läsionsgruppen, die eine signifikante Beeinträchtigung nach rechter temporaler Lobektomie zeigen (Milner [1967]).

rallappen die Fähigkeit stören, Information, die als visuelle Mustererkennung definiert werden könnte, zu verarbeiten. In ähnlichen Tests fand Milner [1967] eine Beeinträchtigung bei vielen anderen visuellen Aufgaben. So haben die Patienten mit Läsionen des rechten Temporallappens Schwierigkeiten, schwarze und weiße Papierstückchen zu bestimmten Mustern zu ordnen, wie z. B. ein menschliches Gesicht in einer Karikatur. In der Tat, wie durch den oben beschriebenen Test gezeigt, haben sie Schwierigkeiten, fotografische Portraits zu erkennen, die sie weniger als zwei Minuten zuvor sorgfältig angesehen hatten.

In einem weiteren interessanten Test von Milner und Corsi[8] muß die Untersuchungsperson einen kleinen Kreis an einem bestimmten Platz auf einer Linie zeigen (Abb. E6–3A) und muß später die Lokalisation dieses Kreises auf einer anderen Linie der gleichen Länge und Richtung wieder auffinden, während die erste Linie mittlerweile der Sicht entzogen ist (Abb. E6–3B). Die Leistung wird durch die Addition der Fehler bei der Lokalisation in vier Tests quantitativ ausgewertet. Wieder versagten Untersuchungspersonen mit rechter temporaler Lobektomie in diesem Test schwer gegenüber normalen Kontrollpersonen und Patienten mit linker temporaler Lobektomie (Abb. E6–4A). Es fand sich ein ähnliches relatives Verfahren, wenn zwischen das Anschauen und den Test eine geistige Zerstreuung eingeschaltet wurde (Abb. E6–4B). Corsi fand, daß die

---

[8] B. Milner [1974].

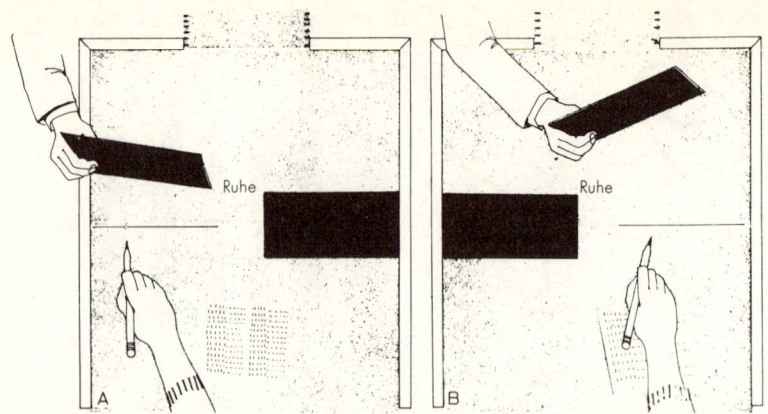

Abb. E6–3. A und B, Skizzen zur Illustration des von Corsi verwendeten Verfahrens, um das Gedächtnis für visuelle Lokalisation zu testen. (A) Der Patient markiert den auf der aufgedeckten 20-cm-Linie gezeigten Kreis. (B) Nach einer kurzen Verzögerung versucht er, diese Position aus dem Gedächtnis auf einer ähnlichen 20 cm-Linie so genau wie möglich zu reproduzieren. Das Zeichen *RUHE (REST)* bedeutet, daß der Patient während des Intervalls nichts tut, im Gegensatz zu *ARBEIT*-Versuchen, bei denen eine ablenkende Aktivität eingeschoben wird (Milner [1974]).

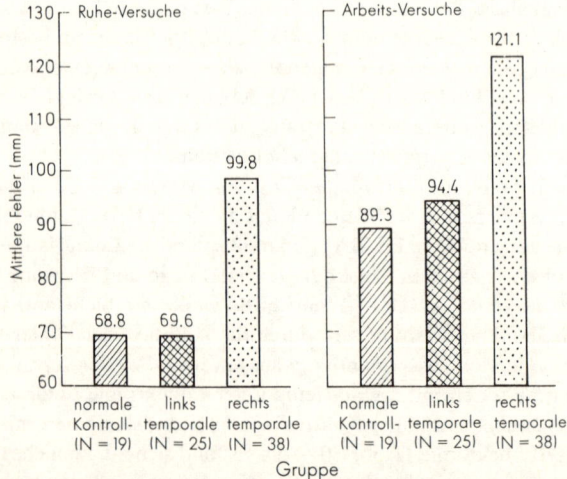

Abb. E6–4. Corsis Ergebnisse der Aufgabe für räumliches Gedächtnis, die die Beeinträchtigung nach rechter temporaler Lobektomie, jedoch nicht nach linker zeigen. Dargestellt ist der Gesamtfehler (in Millimeter) für vier Versuche, ohne Hinblick auf Zeichen, gemittelt über drei Retentionsintervalle (Milner [1974]).

Schwere der Ausfälle nach rechten temporalen Lobektomien zum Ausmaß der begleitenden Hippocampus-Entfernungen in Beziehung stand.

Diese Läsionsuntersuchungen an Menschen zeigen den rechten Temporallappen in seiner speziellen Zuständigkeit für visuelle Merkmalerkennung. So weist dieser Lappen Parallelen zum Inferotemporallappen des Affen auf, wie in Kapitel E2 beschrieben, wobei der einzige Unterschied die bilaterale Repräsentation im Affengehirn ist. Es sollte erwähnt werden, daß bei Affen bilaterale inferotemporale Läsionen einen schweren Ausfall bei der Durchführung visueller Unterscheidungsaufgaben erzeugen[9], ähnlich wie oben bei menschlichen Läsionen beschrieben. Dieser Defekt beschränkt sich auf visuelle Tests, die Muster, Helligkeit oder Farbe miteinbeziehen, und korreliert mit der Merkmalserkennung, die in Kapitel E2 für Neurone des Inferotemporallappens von Primaten beschrieben ist. Diese visuellen Leistungen des Inferotemporallappens können mit den für das zweite und dritte Relais von der primären Sehrinde zu den Feldern 20 und 21 des Inferotemporallappens gezeichneten anatomischen Bahnen in Abbildung E1–7E–G korreliert werden.

So können wir folgern, daß beim Menschen und Affen der Temporallappen (beim Menschen nur die rechte Seite) an einer Wahrnehmungsleistung höherer Ordnung beteiligt ist. Visuelle Funktionen auf niedrigerem Niveau wie visuelle Schärfe und die Topographie der Gesichtsfelder sind von Temporallappen-Läsionen nicht betroffen. Der Hippocampus wurde gewöhnlich bei der menschlichen Temporallappen-Entfernung zu einem größeren oder geringeren Ausmaß entfernt. Die resultierenden schweren Gedächtnisdefekte werden in dem Kapitel über Gedächtnis beschrieben (Kapitel E8).

Zusammenfassend gesagt, zeigen diese Tests, daß der rechte Temporallappen in wichtiger Weise sowohl für die musikalische als auch für die räumliche Wahrnehmung und Erinnerungsleistungen des menschlichen Gehirns zuständig ist. Es wird nicht behauptet, daß der rechte Temporallappen für derartige Leistungen allein zuständig ist, nur daß er der hauptsächlich zuständige Abschnitt ist. Es wird unsere These bei der gesamten weiteren Erforschung der cerebralen Lokalisationen sein, daß Funktionen weit über die Großhirnhemisphären ausgebreitet sind. Diese Funktionen des rechten menschlichen Temporallappens halten der massiven Beteiligung des linken Temporal- und Parietallappens bei der sprachlichen Leistung zu einem gewissen Grad die Waage (siehe Kapitel E4). Die musikalische Repräsentation im rechten Temporallappen kann mit den in Abbildung E1–7I, J für die Hörbahn gezeichneten sekundären und tertiären Relais korreliert werden, nämlich mit den Feldern STP und 22.

---

[9] C. G. Gross [1973].

43. Läsionen des Parietallappens

Hécaen [1967] befaßte sich mit den Auswirkungen von Läsionen der Parietallappen des menschlichen Großhirns. Die anterioren Teile beider Parietallappen werden durch die somästhetischen Zentren gebildet, sowohl das primäre Zentrum (Brodmannsche Felder 3, 1, 2 in Abb. E1–4) im Gyrus postcentralis als auch das Assoziationsfeld (Brodmann 5), das unmittelbar dahinter liegt. Läsionen des primären Zentrums führen zu sensorischen Verlusten in den Hautregionen entsprechend der somatotopischen Karte (Abb. E1–1), wobei der Effekt vorwiegend gekreuzt ist. Bei mehr posterioren Läsionen bestehen deutliche Unterschiede zwischen dem Parietallappen der dominanten (linken) und der subdominanten Hemisphäre. Jedoch bei beiden Lappen gibt es Zonen der Integration sensorischer Inputs verschiedener Modalitäten, der somästhetischen, visuellen und akustischen, in den dem Temporal- und Okzipitallappen angrenzenden Abschnitten. Mountcastle [1975 (b)] gibt eine gute Zusammenfassung:

> Menschen mit parietalen Läsionen zeigen tiefgreifende Störungen des Verhaltens. Das landläufige Merkmal ist eine Alteration der Wahrnehmung der Körperform und ihrer Beziehung zum umgebenden Raum. Speziell bei der tastenden und visuellen Exploration des unmittelbaren extrapersonellen Raumes.
> Die Syndrome können unterteilt werden in:
> (1) diejenigen, bei denen unilaterale Läsionen Veränderungen der Funktion hervorrufen, die rein kontralateral sind, und
> (2) diejenigen, bei denen sogar eine unilaterale Läsion globalere Störungen, die beide Körperseiten betreffen, bewirken; dieses Syndrom ist unterschiedlich je nach der Seite der Läsion.

Das kontralaterale Syndrom (1) ist gewöhnlich mit einer Läsion des rechten (subdominanten) Parietallappens assoziiert. Es führt zu höchst bizarren Verhaltensmustern, die Hécaen [1967] zutreffend als »Pantomime massiven Nichtbeachtens« bezeichnet. Die Untersuchungsperson kann die Existenz der kontralateralen Extremitäten außeracht lassen oder verleugnen und sich sogar nicht um ihre Bekleidung kümmern. Es liegt häufig eine Unfähigkeit vor, Objekte in der kontralateralen Gesichtsfeldhälfte wahrzunehmen. Die kontralateralen Extremitäten werden selten bewegt, obwohl sie nicht gelähmt sind. Es findet sich ein Versagen der Kommandoleistung, wie in Kapitel E3 beschrieben. Der Patient neigt dazu, sich aus der kontralateralen Raumhälfte zurückzuziehen und sie zu vermeiden. Doch trotz dieser »Pantomime des Nichtbeachtens« kann der Patient leugnen, daß er überhaupt krank ist! Ein bemerkenswerter Fall von Nichtbeachten der linken Seite wurde von Jung [1974] bei einem Maler beschrieben, dessen Selbstportraits nach der Läsion sich fast ganz auf die rechte Gesichtshälfte beschränkten.

Das bilaterale Syndrom (2) kann vorkommen, wenn eine große Läsion der rechten (subdominanten) Hemisphäre besteht. Der Patient hat Schwierigkeiten, sich im Hinblick auf den umgebenden Raum zu orientieren, wie zum Beispiel beim Kartenlesen und Wegfinden, Aufgaben, die die Koordination der somästhetischen und visuellen Rolle beinhalten, die speziell Funktionen der subdominanten Hemisphären sind. Die Untersuchungsperson versagt auch beim Abzeichnen von Zeichnungen und bei der Konstruktion dreidimensionaler Formen durch Zusammensetzen von Einzelteilen. Eine Vielfalt globaler Störungen resultiert auch aus ausgedehnten Läsionen des linken (dominanten) Parietallappens. Damit assoziiert sind Sprachstörungen und alle Arten von Versagenszuständen der Kommunikation aus den sensorischen Inputs. Das Versagen dehnte sich auch auf das Ingangsetzen und die Kontrolle von Bewegungen aus, als ob dem Patienten Ideen fehlten.

Im linken Parietallappen findet die Integration sensorischer Daten mit der Sprache statt. Dies ist aus dem Befund zu erkennen, daß Läsionen zu Störungen der Gestik, des Schreibens, des Rechnens und der verbalen Kenntnis beider Körperseiten führen. Die Folge sind Ausfälle der motorischen Aktion (Apraxie), der konstruktiven Fähigkeit und der Kalkulation. Läsionen des Parietallappens, die an den Temporallappen angrenzen, führen zu Aphasie, so daß sich zeigt, daß sich das Wernickesche Zentrum in die linke inferiore Parietalregion ausdehnt (Abb. E4−1 und 3). Bei Läsionen des Gyrus angularis kommt es zu einem Verlust der Wort- und Symbolerkennung (Alexie). Dennoch schneiden Patienten mit linker parietaler Lobektomie in Tests über akustische und visuelle verbale Erinnerung ziemlich gut ab, wesentlich besser als diejenigen mit Läsionen des linken Temporallappens.[1]

Andererseits ist der rechte Parietallappen speziell für den Umgang mit räumlichen Daten und in einer nicht verbalisierten Form für die Beziehung zwischen dem Körper und dem Raum zuständig. Er ist speziell für räumliche Leistungen zuständig. Läsionen führen zu einem Verlust von Leistungen, die von feinorganisierten Bewegungen abhängen. Die Unfähigkeit im Umgang mit räumlichen Daten erscheint beim Schreiben, bei dem die Linien zittrig sind, die Worte ungleichmäßig im Raum verteilt und oft zu Perseveration deformiert, so daß zum Beispiel der richtige Doppelbuchstabe dreifach erscheint, wie ›Muttter‹ für Mutter. Es scheinen auch subtilere Störungen des sprachlichen Ausdrucks vorhanden zu sein, mit Verschlechterungen im Redefluß und im Vokabular. Die Patienten leiden an einem abnormen Grad sprachlicher Müdigkeit. Der bekannte Neuroanatom, Professor Brodal, erlitt im April 1972 eine Läsion

---

[1] B. Milner [1967].

des rechten Parietallappens. Etwa ein Jahr später schrieb er einen hochinteressanten Bericht über die Ausfälle, die er erlebt hatte, und über seine schrittweise Erholung.[2] Zusätzlich zu dem obigen Bericht erwähnte er Verluste höherer geistiger Funktionen. Es zeigte sich eine Reduktion der Konzentrationsfähigkeit, des zusammenhängenden Satzgedächtnisses und des Kurzzeitgedächtnisses für abstrakte Symbole wie Zahlen. Offenkundig findet sich in der rechten Hemisphäre mehr sprachliche Leistung als bisher angenommen wurde.

Hécaen [1967] faßt den Unterschied zwischen den beiden Parietallappen zusammen:

> Eine rechtsseitige Schädigung bringt die Raumbezogenheit verschiedener Aktivitäten durcheinander, während eine linksseitige Schädigung Störungen des Systems von Zeichen, Codes und kategorisierender Aktivität verursacht. So glauben wir, daß eine organisierende Rolle verbaler Vermittlung bei Aktivitäten der übergeordneten (dominanten) Hemisphäre postuliert werden muß.

Es wird weiter auf die Unterschiede zwischen den Funktionen der beiden Lappen Bezug genommen werden, wenn die dominante und subdominante Hemisphäre allgemeiner besprochen werden.

Wie bereits in den Kapiteln E1 und E2 erwähnt, erfolgt die Hauptübertragung von den primären sensorischen Zentren 3, 1, 2 zum sekundären Zentrum 5 und von dort zum tertiären Zentrum 7. Es gibt keine crossmodale Kommunikation in Feld 5 und, obwohl die meisten Neurone von Feld 7 sowohl auf somästhetische als auch visuelle Inputs antworten[3], gibt es offensichtlich keine direkte Bahn von den visuellen Zentren im Okzipitallappen, wie in Abbildung E1–7E–H gezeichnet.[4] Das Konzept des unmittelbaren extrapersonalen Raumes leitet sich sowohl aus somästhetischen als auch aus visuellen Inputs ab, und dafür muß eine crossmodale Kommunikation vorhanden sein. Die Befunde von Jones und Powell [1970] lassen erkennen, daß diese Integration zuerst in dem STS-Zentrum stattfindet (siehe Abb. E1–7). Im menschlichen Gehirn wurde diese Region des linken Temporallappens zum zentralen Teil des großen posterioren Sprachzentrums gemacht. Mountcastle[5] vermutet, daß das STS-Zentrum als der Prolog des Affen für die gewaltige Entwicklung der Gyri angularis und supramarginalis beim Menschen dienen muß, Regionen, die eng mit Kommunikation, Sprache, Vorstellungsvermögen und hemisphärischer Spezialisierung verbunden sind. Diese großen Zentren (Brodmann 39 und 40 in Abb. E1–4, E4–3) werden als bei anthropoiden Affen wenig entwickelt bezeichnet (vgl. Kapitel E4).[6]

---

[2] A. Brodal [1973].   [3] V. B. Mountcastle u. a. [1975(a)].
[4] E. G. Jones und T. P. S. Powell [1970].   [5] [1975(b)], persönliche Mitteilung.
[6] T. Mauss [1911]; M. Critchley [1953]; N. Geschwind [1965(a)]; E. G. Jones und T. P. S. Powell [1970].

44. Läsionen des Okzipitallappens

Auf die aus Läsionen des Okzipitallappens entstehenden visuellen Ausfälle wurde bereits hingewiesen (Kapitel E2). Die Exstirpation des linken Okzipitallappens zum Beispiel hat Blindheit des rechten Gesichtsfelds in beiden Augen zur Folge, was rechte Hemianopie genannt wird, und entsprechend im Falle des rechten Okzipitallappens eine linke Hemianopie. Weniger schwere Destruktionen verursachen blinde Flecken des Gesichtsfeldes, die Skotomata genannt werden. Klassische Untersuchungen wurden von Teuber, Battersby und Bender [1960] über Gesichtsfelddefekte nach penetrierenden Geschoßverletzungen ausgeführt. Die detaillierte Studie der Skotomata bringt eine verläßliche Karte der Beziehung der Retina zur Sehrinde (Abb. E2–5) und auch der vielfältigen Kompensationen bei der visuellen Interpretation durch die Untersuchungsperson.

Milner [1967] berichtete, daß Läsionen des rechten Okzipitallappens ebenso wie Läsionen des Sprachzentrums im linken Temporallappen die Lesegeschwindigkeit verminderten. Doch Tests über die Fähigkeit, sich an vorgegebene Worte oder Sätze zu erinnern, (verbales Gedächtnis) ließen erkennen, daß diese Patienten mit rechter okzipitaler Lobektomie ebensogut wie diejenigen mit rechter temporaler Lobektomie abschnitten. Die Patienten mit linker temporaler Lobektomie versagten in diesem Test ebenso sehr wie bei der Lesegeschwindigkeit. Milner [1967] berichtet über einen sehr interessanten Fall einer radikalen linken okzipitalen Lobektomie. Dieses Mädchen zeigte einen guten Score im verbalen Gedächtnis sowohl bei akustischer als auch bei visueller Präsentation, doch sie wies schwere Defekte beim Lesen und beim Rechnen auf. Offensichtlich ergab sich ein schweres Handicap wegen des notwendigen Transfers vom rechten Okzipitallappen zu den Wort- und Rechenzentren des linken Parietal- und Temporallappens. Ein allgemeiner Schluß ist, daß die Lesegeschwindigkeit von beiden Okzipitallappen abhängt.

Subtile Sehverluste treten bei Läsionen der visuellen Assoziationsrinde auf (Felder 18, 19), doch bestehen beträchtliche Unterschiede im Detail. Die Funktion dieses Gebietes der Sehrinde kann in einer recht einfachen Rekonstruktion des Bildes gesehen werden, wie sich aus der höchsten Synthese-Stufe erkennen läßt, die von den beteiligten Neuronen (komplexe und hyperkomplexe Zellen) bewerkstelligt wird. Wie in Kapitel E2 berichtet, gibt es eine noch höhere Stufe der Merkmalerkennung in der nächsten Relaiszone im rechten Inferotemporallappen.

45. Läsionen des Frontallappens

Die in diesem Abschnitt beschriebenen Läsionsstudien beziehen sich auf den vor den motorischen Zentren 4 und 6 gelegenen Frontallappen, das heißt auf den sogenannten Präfrontallappen. Die Funktion der Felder 4 und 6 wurde in Kapitel E3 besprochen. Es wurden viele systematische Studien über Patienten mit großen Abtragungen des rechten oder linken Präfrontallappens durchgeführt.[1] Diese Untersuchungspersonen schneiden in linguistischen Tests normal ab, sowohl bei der akustischen als auch bei der visuellen Form; doch Untersuchungspersonen mit linken präfrontalen Läsionen neigen dazu, sehr wenig spontan zu sprechen und weisen signifikant niedrige Scores bei Tests für flüssiges Sprechen auf.[2]

Ein verwandter Defekt zeigt sich bei der Prüfung der Erinnerungsfähigkeit für die Reihenfolge gerade vorgekommener Worte (verbal recency-Test). Auf Karten sind zwei zusammengesetzte Worte gedruckt (z. B. Cow-boy oder Eisen-bahn). Die Untersuchungsperson liest hintereinander einen Stapel derartiger Karten, und manchmal erscheint ein Fragezeichen zwischen den beiden Worten. Die Untersuchungsperson muß sagen, welches der Worte sie vorher zuletzt gelesen hat oder, wahlweise, wenn nur eines zuvor gesehen wurde, dieses Wort sofort erkennen. So werden zwei verbale Gedächtnisse getestet: das für die Reihenfolge und das für die Erkennung von Worten. Entfernungen des linken Präfrontallappens beeinträchtigen die Reihenfolge, aber nicht die Erkennung, während, in Übereinstimmung mit einem weiten Spektrum von Untersuchungen der Sprachzentren, Entfernungen des linken Temporallappens das Erkennen beeinträchtigen, doch überraschenderweise nicht die Merkfähigkeit für die Reihenfolge.

Patienten mit Entfernungen des rechten Präfrontallappens weisen keinerlei sprachliche Störungen auf, haben jedoch einen Defekt in der Erkennung aufeinanderfolgender Bilder. Die Tests ähneln denjenigen für Worte. Eine Reihe von Karten mit jeweils zwei abstrakten Bildern wird der Untersuchungsperson vorgelegt, und manchmal kommen zwei Bilder mit einem Fragezeichen dazwischen vor. Die Untersuchungsperson muß erkennen, ob sie eines der beiden Bilder zuvor gesehen hat; und, falls sie beide gesehen hat, welches in der Reihenfolge das letzte war. Entsprechend den oben beschriebenen Tests wird der Erkennungstest auch bei Läsionen des rechten Temporallappens geprüft und ein Patient versagt schwer nach rechter temporaler Lobektomie. Andererseits wird der Rei-

---

[1] Überblick bei H.-L. Teuber [1964], [1972]; B. Milner [1967], [1968], [1971], [1974].
[2] B. Milner [1967].

henfolgetest von einer rechten temporalen Lobektomie nicht berührt, wird jedoch schwerwiegend durch eine rechte präfrontale Lobektomie gestört.

Zusammenfassend besteht eine komplementäre Beziehung zwischen den Temporal- und Frontallappen der gleichen Seite. Links vermitteln sie Erkennung, beziehungsweise Merkfähigkeit für die Reihenfolge von Worten, und rechts von Bildern. Die Funktion eines jeden Frontallappens ermöglicht, Ereignisse, die erkannt und mit Hilfe des korrespondierenden Temporallappens ausgewertet wurden, zeitlich einzuordnen. Frontallappen-Entfernungen resultieren somit in einem Gedächtnisverlust für die zeitliche Ordnung von Erfahrungen.

Außer diesen relativ spezifischen Funktionen zeigen Patienten mit präfrontalen Läsionen ein Unvermögen bei der Ausführung von Aufgaben, die Einsicht und Flexibilität verlangen. Der Wisconsin-Karten-Sortier-Test wurde von Milner angewandt [1963]. Wie in Abbildung E6–5 gezeigt, werden dem Patienten vier »Reiz«-Karten mit Farb-, Zahl- und Formmerkmalen präsentiert und ein Stoß von 128 Karten gegeben, die hinsichtlich dieser drei Merkmale variieren. Die Probekarte zuoberst auf dem Stapel könnte zum Beispiel unter A für Farbe, B für Zahl oder C für Form abgelegt werden. Die Untersuchungsperson wird aufgefordert, der Reihe nach jede Karte des Stapels unter eine Reizkarte zu legen, die nach dem einen oder anderen dieser drei Merkmale, Farbe, Zahl oder Form, gewählt werden kann. Der Versuchsleiter muß sich für ein bestimmtes Merkmal, etwa Farbe, entscheiden, und seine Strategie ist, die Untersuchungsperson nur zu informieren, wenn eine Karte hinsichtlich dieses Merkmals »richtig« oder »falsch« eingeordnet wurde. Nach zehn aufeinanderfolgenden »richtigen« Einordnungen, wird die Strategie ohne Warnung oder Erklärung auf ein anderes Kriterium, etwa Zahl, umgestellt, woraufhin Farbantworten von nun an als »falsch« und Zahlantworten als »richtig« bezeichnet werden. Nach zehn aufeinanderfolgenden richtigen Einordnungen wird die Strategie wiederum abgeändert, zu Form, und so weiter. Dies Vorgehen prüft die Flexibilität beim Lösen von Problemen, soweit sie von Lernen abhängig ist.

Im Vergleich zu Patienten, die verschiedenartige Großhirnläsionen, einschließlich sogar orbito-frontaler Läsionen, haben, zeigen Patienten mit dorsolateralen Frontallappenläsionen auf jeder Seite eine schwere Störung, die Perseveration genannt worden ist. Der untersuchten Person gelingt es ganz gut, die anfängliche Strategie zu erkennen, doch wenn die Strategie geändert wird, versagt sie erheblich, mit steigender Fehlerhäufigkeit, weil sie dazu neigt, an der ursprünglichen Strategie festzuhalten. Die Personen erkennen ihre Fehler, doch zeigen sie eine »merkwürdige Dissoziation zwischen der Fähigkeit, die Anforderungen des Testes zu

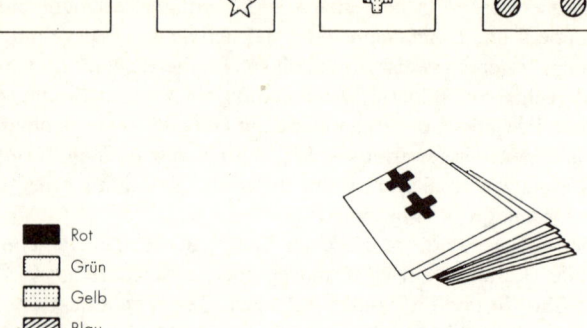

Rot
Grün
Gelb
Blau

Abb. E6–5. Zeichnung des Wiconsin-Karten-Sortier-Tests. Ausführliche Beschreibung im Text (Milner [1963]).

verbalisieren und der Fähigkeit, diese Verbalisation als Führer zum Handeln zu verwenden«.[3]

Nauta [1971] faßt die Störung nach Läsion des Frontallappens zusammen als:

> in erster Linie durch eine Störung der Verhaltensprogrammierung charakterisiert. Einer der wesentlichen funktionellen Mängel des Frontallappen-Patienten scheint in einer Unfähigkeit zu liegen, in seinem Verhalten eine normale Stabilität-in-der-Zeit aufrechtzuerhalten. Seine Handlungsprogramme, wenn sie einmal begonnen sind, neigen dazu, dahinzuschwinden, in Wiederholung zu stagnieren oder von dem beabsichtigten Ziel abgelenkt zu werden. Die Tatsache, daß sogar die zugestandene Einsicht in das Auseinanderlaufen von Ziel und Erfolg seiner Handlungen es nicht vermag, seine Strategie zu beeinflussen, läßt eine unangemessene »Internalisation« all dieser Fehlersignale oder von Fehler-Korrektur-Signalen vermuten, sogar einschließlich von verbalen Kommandos an sich selbst, die normalerweise den Ablauf von Verhaltensprogrammen modulieren.

Tatsächlich ist der Verlust von Voraussicht die charakteristische Behinderung bei massiver Frontallappen-Läsion auf beiden Seiten und ist einem Gedächtnisdefizit zuzuschreiben. Dieser Verlust korreliert mit dem Versagen der Untersuchungspersonen in den einfachen, oben beschriebenen Reihenfolgetests.

Die Untersuchungen an Patienten mit Frontallappen-Läsionen müssen in Beziehung zu den sehr ausführlichen Untersuchungen an Primaten

---

[3] B. Milner [1974].

betrachtet werden. Die ersten Experimente lieferten überraschend klare Demonstrationen eines Gedächtnisverlustes nach Frontallappen-Läsionen. Der verzögerte Reaktionstest von Jacobsen [1936] erbrachte den einfachsten Hinweis auf ein Versagen des Gedächtnisses. Der Schimpanse beobachtete durch ein Gitter, daß Futter unter eine von zwei Tassen gelegt wurde, denn wurde für wenige Sekunden bis zu mehreren Minuten eine Sichtblende herabgelassen. Sogar wenn der Schirm nach vier Sekunden wieder hochgezogen wurde, gelang es dem Tier mit der bilateralen frontalen Lobektomie nicht, sich zu erinnern, unter welche Tasse das Futter gelegt worden war, während dies einem normalen Schimpansen oder einem mit einer unilateralen Läsion sogar noch dann gelang, wenn die Tassen bis zu fünf Minuten lang der Sicht entzogen waren. Affen mit bilateralen präfrontalen Läsionen in dem Abschnitt, der ungefähr Feld 46 in Abbildung E1–7 entspricht, wiesen in einem vergleichbaren verzögerten Testverfahren eine Unfähigkeit auf, die fast so schwer war, wie bei Entfernung beider Präfrontallappen.[4] Eine kompliziertere Aufgabe bestand darin, zu lernen, aus kurzen Stöcken einen längeren Stock herzustellen, um damit schließlich weit außer Reichweite gelegenes Futter heranziehen zu können. Die Stöcke und das Futter lagen auf Podesten so weit voneinander getrennt, daß sie nicht gleichzeitig beobachtet werden konnten. Diese Aufgabe verlangte Erinnerung an frische sensorische Erfahrungen und konnte von normalen Schimpansen und solchen mit unilateraler frontaler Lobektomie rasch erlernt werden; doch bei bilateralen Läsionen kam es zu einem schwerwiegenden Versagen.[5] Seit dieser Zeit hat es viele Untersuchungen über Gedächtnisverluste aufgrund von Frontallappen-Läsionen bei Primaten gegeben. Ich verweise auf das Symposium *The Frontal Granular Cortex and Behaviour*, herausgegeben von J. M. Warren und K. Akert [1964], für eine Übersicht über die komplexen experimentellen Befunde, die den Umfang dieses Buches weit sprengen würden. Die Rolle des Präfrontallappens in der Erinnerung wird ausführlich in Kapitel E8 behandelt.

Nauta [1971] hat versucht, die Funktionen des Präfrontallappens mit den Kommunikationssystemen, die ihn mit anderen Regionen der Großhirnhemisphären verknüpfen, in Beziehung zu setzen.[6] Dies sind in erster Linie die Kommunikationsbahnen zu und von den Temporal- und Parietallappen, wie in Umrissen in den Abbildungen E1–7 und 8 gezeichnet. Wie in Abbildung E1–8 gezeigt, sind viele dieser Bahnen reziprok. Über diese Bahnen können die Präfrontallappen in die Domäne des zeitlichen

---

[4] M. Mishkin [1957].

[5] C. F. Jacobsen, J. B. Wolf und T. Jackson [1935].

[6] Siehe D. N. Pandya und H. G. J. M. Kuypers [1969].

Ablaufs des Umgangs mit der somästhetischen, visuellen und akustischen Information eintreten. Die Läsionen der Präfrontallappen können somit zu den verschiedenen Defekten zeitlicher Urteilsfähigkeit führen, wie oben beschrieben. In dieser Hinsicht beteiligen sich die Präfrontallappen an den sensorischen Effektormechanismen.

Doch eine bedeutungsvollere und besondere Leistung der Präfrontallappen leitet sich von ihren reziproken Beziehungen zum Limbischen System ab. Wie bereits in den Abbildungen E1–7 und 8 gezeichnet, projizieren das sekundäre Zentrum 20 und die tertiären Zentren 7, 21 und 22 zum Limbischen System. So melden von weit verstreuten Abschnitten der Parietal-und Temporallappen alle drei afferenten Systeme, das somästhetische, visuelle und akustische zum Limbischen System. Jedoch die wichtigste Projektion kommt aus dem Präfrontallappen (Abb. E1–8, 9).[7] Im Gegensatz dazu verläuft die einzige direkte Projektion vom Limbischen System zum Neokortex zu den Präfrontallappen.[8] Diese einzigartige Verknüpfung gelangt zur Präfrontalrinde über einen großen Thalamuskern, den MD-Kern, der zu keinem anderen neokortikalen Abschnitt projiziert (Abb. E1–9). Diese Projektion verläuft vorwiegend zur orbitalen Oberfläche des Präfrontallappens, ist jedoch auch weit über die Konvexität verstreut.[9] Wie bereits in Kapitel E2 vermutet, verleiht die reziproke Kommunikation zum Limbischen System und zum Hypothalamus dem Präfrontallappen die einzigartige Funktion, die somästhetischen, visuellen und akustischen Erfahrungen mit dem emotionalen Input vom Limbischen System und vom Hypothalamus zu assoziieren. Ebenfalls in diese Assoziation verkettet ist das olfaktorische System, das von der sensorischen Bahn direkt in das Limbische System hineinprojiziert (Abb. E1–9, OLB, LOT).

Nauta [1971] vermutet, daß

> das Versagen der affektiven und motivationalen Antworten des Frontallappen-Patienten, sich umgebungsbedingten Situationen anzupassen, die er dennoch genau beschreiben kann, möglicherweise als die Folge eines Verlustes eines modulatorischen Einflusses interpretiert werden könnte, der normalerweise durch den Neokortex über den Frontallappen auf die limbischen Mechanismen ausgeübt wird.

Als Folge davon zeigen diese Patienten verhängnisvolle Stimmungs- und Charakterveränderungen, wie Euphorie und Antriebsverlust.

---

[7] dies. [1969]; W. J. H. Nauta [1971]

[8] E. G. Jones und T. P. S. Powell [1969], [1970]; W. J. H. Nauta [1971].

[9] W. J. H. Nauta [1971].

46. Läsionen des Limbischen Systems

Das Limbische System besitzt eine ausgedehnte und komplexe Topographie, indem es als Hauptmerkmal einen großen Ring oder Gyrus fornicatus bildet, der das schwarze und weiße Feld im Zentrum von Abbildung E1–4 umgibt. Wichtige Kommunikationsbahnen sind in Abbildung E1–9 gezeigt. Die Gedächtnisdefekte, die aus umschriebenen Läsionen des Hauptbestandteils, des Hippokampus, entstehen, werden in Kapitel E8 beschrieben. Den informativsten Hinweis auf die Funktion des Limbischen Systems liefert die Beschreibung der Erfahrungen von Patienten mit psychomotorischer Epilepsie, bei der der epileptogene Fokus sich im oder nahe dem Limbischen System befindet.

> Während der initialen epileptischen Entladung erleben die Patienten typischerweise einen oder mehrere aus einer großen Vielfalt von lebhaften Affekten. Die grundlegenden und spezifischen Affekte umfassen Hungergefühle, Durst, Übelkeit, Erstickungsgefühl, Würgegefühl, Kälte, Wärme und das Bedürfnis, Stuhl oder Urin abzusetzen. Unter den allgemeinen Affekten befinden sich Gefühle von Schrecken, Angst, Traurigkeit, Depression, Ahnungen, Vertrautheit oder Fremdheit, Realität oder Unrealität, Verlangen allein zu sein, paranoide Gefühle und Zorn. Manchmal erlebt ein Patient alternierend entgegengesetzte Gefühle ... (MacLean [1970]).

Im allgemeinen lassen diese Symptome die starken emotionalen und viseralen Erfahrungen erkennen, die durch die Aktivität des Limbischen Systems vermittelt werden. Die Weise, in der das Limbische System mit dem assoziierten Hypothalamus den sensorischen Wahrnehmungen Farbe, Dringlichkeit, Lebendigkeit und Emotion verleiht, ist bereits in Kapitel E2 beschrieben worden.

47. Die dominante und subdominante Hemisphäre

Teuber [1974] hat bemerkt, daß »das Konzept der unilateralen Dominanz der linken über die rechte Hemisphäre beim Menschen verlassen und durch eines der komplementären Spezialisierung ersetzt worden ist«. Der Anlaß für diese Behauptung ist in seinen wesentlichen Zügen in den vorangegangenen Abschnitten dargestellt worden. Ich werde hier jedoch den Gebrauch der Dominant-nichtdominant-Terminologie beibehalten, weil ich glaube, daß die hemisphärische Dominanz durch die damit verknüpften Funktionen von Sprache und Selbstbewußtsein klar begründet ist. Wie Teuber ausführt, leitet sich der aufgewertete Status der nichtdominanten Hemisphäre von drei ganz unterschiedlichen Untersuchungsweisen ab:

der Analyse sowohl der totalen Hemisphärektomie (Kapitel E5) als auch
der unilateralen und umschriebenen kortikalen Läsionen (dieses Kapitel),
vorwiegend durch Milner und ihre Mitarbeiter; die intensive Untersuchung von Patienten mit vollständiger Durchtrennung des Corpus callosum (Kommissurotomie) überwiegend durch Sperry und seine Mitarbeiter (Kapitel E5); die weitere Anwendung des dichotischen Verfahrens
von Broadbent[1] durch Kimura und ihre Mitarbeiter[2] (dieses Kapitel).

Das dichotische Verfahren ist insofern wertvoll, als es an normalen
Versuchspersonen angewandt wird und die aus Läsionen gewonnenen
Befunde bestätigt. Es zeigt allgemeiner, daß auch eine starke interhemisphärische Aktion bei Aufgaben vorhanden ist, die in einer oder der
anderen Hemisphäre lokalisiert zu sein schienen. Es sind viele experimentelle Tests dieser Interferenz zwischen den Hemisphären durchgeführt
worden. Zum Beispiel benutzten Broadbent und Gregory [1965] eine
einfache manuelle Reaktion, Fingerbewegung als Antwort auf einen Fin-
gerklaps, und zeigten, daß die Untersuchungsperson während dieser alle
fünf Sekunden ausgelösten »Reflexreaktion« ein vermindertes Gedächtnis für gesprochene Buchstaben des Alphabets von denen ebenfalls alle
fünf Sekunden einer präsentiert wurde, aufwies. Auch verlangsamte sich
während dieser Reizkombination die Fingerreaktionszeit, sogar wenn die
linke Hand betroffen und somit von der rechten Hemisphäre bewegt
wurde, die nicht unmittelbar an dem simultanen linguistischen Test beteiligt sein konnte. Die Interferenz zwischen diesen beiden Testverfahren
läßt erkennen, daß sie sich *nicht* zweier ganz unterschiedlicher cerebraler
Mechanismen bedienen. Ähnlich kann gezeigt werden, daß eine Interferenz zwischen zwei komplexen Aufgaben vorhanden ist, die auf der ersten
Interpretationsstufe als von verschiedenen Rindenabschnitten ausgeführt
angesehen werden könnte, zum Beispiel gehörte dazu, laut Gesprochenes
zu wiederholen (linke Hemisphäre) und Klavier vom Blatt zu spielen
(rechte Hemisphäre). Wie Broadbent [1974] ausführt, ist unter diesen
Bedingungen die Interferenz viel geringer, als es der Fall sein würde,
wenn die Untersuchungsperson auf zwei simultane sprachliche Botschaften antworten würde.

Reaktionszeituntersuchungen sind ebenfalls eingesetzt worden, um
den Unterschied der Hemisphärenfunktionen normaler Versuchspersonen zu demonstrieren. Zum Beispiel hat Berlucchi [1974] gezeigt, daß bei
kurzem Einblenden von Buchstaben in das linke oder rechte Gesichtsfeld
die Latenz für Inputs zum rechten Gesichtsfeld und von dort direkt zur
linken Hemisphäre signifikant kürzer ist (mittlerer Unterschied 18,5

[1] D. E. Broadbent [1954], [1974].
[2] D. Kimura [1967], [1973].

DOMINANTE HEMISPHÄRE	SUBDOMINANTE HEMISPHÄRE
Liaison zum Selbstbewußtsein	keine solche Liaison
verbal	fast nicht-verbal
sprachliche Beschreibung	musikalisch
ideational Begriffliche Ähnlichkeiten	Bild- und Muster-Sinn visuelle Ähnlichkeiten
Analyse über die Zeit	Synthese über die Zeit
Detailanalyse	holistisch – Bilder
arithmetisch und computer–ähnlich	geometrisch und räumlich

Abb. E6–6. Verschiedene spezifische Leistungen der dominanten und nicht-dominanten Hemisphäre, wie aufgrund der Entwicklung neuer Konzepte von Levy-Agresti und Sperry [1968] und Levy [1973] vermutet. Zu ihrer ursprünglichen Liste ist einiges hinzugefügt.

msec). Im Gegensatz dazu sind die Reaktionszeiten für die Erkennung von Gesichtern bei blitzartiger Projektion in das linke Gesichtsfeld und so direkt zur rechten Hemisphäre kürzer (mittlerer Unterschied 15,5 msec). Diese Latenzunterschiede sind von der Größenordnung, wie man sie für den interhemisphärischen Transfer über das Corpus callosum auf der Bahn von der Sehrinde zu der für die diskriminative Informationsverarbeitung zuständigen Hemisphäre erwarten würde. Überraschenderweise spielte es keine Rolle, welche Hand zur Signalisierung der Antwort verwendet wurde.

Trotz der bilateralen hemisphärischen Beteiligung an bestimmten Aufgaben, die überwiegend die Funktion einer davon sind, ist es möglich, Funktionslisten für die dominante und nichtdominante Hemisphäre aufzustellen, die für unsere weitere Diskussion wichtig sind. Die Abbildung E6–6 leitet sich von neueren Veröffentlichungen von Levy-Agresti und Sperry [1968], Levy [1973] und Sperry [1974] ab, doch es wurden Ergebnisse aus den Studien hinzugefügt, über die in den obigen Abschnitten über globale und lokalisierte Hemisphärenläsionen berichtet worden ist.

Im allgemeinen ist die dominante Hemisphäre auf feine imaginative Details bei allen Beschreibungen und Reaktionen spezialisiert, das heißt sie ist analytisch und sequentiell – Eigenschaften, die für verbale Merkmalextraktion und für das Rechnen als wesentlich erscheinen. Und so kann sie addieren, subtrahieren und multiplizieren und andere computerartige Operationen ausführen. Doch natürlich leitet sich ihre Dominanz von ihren verbalen und ideationalen Fähigkeiten und ihrer Verbindung zum Bewußtsein ab (die Welt 2 von Popper, siehe Kapitel E7). Wegen ihrer Mängel in diesen Hinsichten verdient die nichtdominante Hemisphäre ihre Bezeichnung, doch in vielen wichtigen Eigenschaften ist sie

ausgezeichnet, besonders in Hinsicht auf ihre räumlichen Fähigkeiten mit
einem stark entwickelten Sinn für Bild und Muster. Nach Kommissurotomie zum Beispiel ist die nichtdominante Hemisphäre, die die linke Hand
programmiert, bei allen Arten geometrischer und perspektivischer Zeichnungen weitgehend überlegen.[3] Diese Überlegenheit zeigt sich auch durch
die Fähigkeit, farbige Steinchen zu gruppieren, um ein Mosaikbild zusam-
menzufügen.[4] Die dominante Hemisphäre ist nicht in der Lage, auch nur
einfache Aufgaben dieser Art auszuführen, und sie ist fast ungebildet im
Hinblick auf Sinn für Bild und Muster, wenigstens soweit es durch ihre
Unfähigkeit, abzuzeichnen, zu erkennen ist. Sie ist eine arithmetische
Hemisphäre, doch keine geometrische Hemisphäre. Es ist ganz überraschend, wie scharf diese Unterscheidungen getroffen werden können. Sie
konnten nie zuvor vorhergesagt werden, bevor die Kommissurotomie-
Patienten von Sperry und seinen Mitarbeitern Bogen, Gazzaniga, Levy-
Agresti und Zaidel wissenschaftlich untersucht wurden.

Die Abbildung E6–6 zeigt, daß die beiden Hemisphären in ihren
Eigenschaften in einer komplementären Beziehung stehen. Die nichtdominante ist kohärent und die dominante ist detailliert. Außerdem ist die
nichtdominante Hemisphäre in Zusammenhang mit Bildern und Mustern
spezialisiert und sie ist musikalisch. Musik ist im wesentlichen kohärent
und synthetisch, da sie von der Synthese eines aufeinanderfolgenden Inputs von Tönen abhängt. Ein kohärentes, synthetisches, sequentiales Gebilde wird für uns durch unseren Musiksinn in einer holistischen Weise
hergestellt.

Bogen [1969(b)] faßt seine ausführliche Untersuchung an den gleichen Kommissurotomie-Patienten, wie den von Sperry untersuchten
durch die Feststellung zusammen, daß die dominante Hemisphäre vorwiegend symbolisch und propositional in ihrer Funktion ist, indem sie auf
Sprache mit syntaktischen, semantischen, mathematischen und logischen
Fähigkeiten spezialisiert ist. Im Gegensatz dazu bezeichnet er die nichtdominante Hemisphäre als appositional, mit der Eigenschaft, Wahrnehmungen und Schemata in einer Gestaltweise aneinanderzufügen oder zu vergleichen, die weit über unser gegenwärtiges Verständnis hinausgeht.

Diejenigen Abschnitte der beiden Großhirnhemisphären, die für die
einfachsten Operationen zuständig sind, nämlich die primären sensorischen und die motorischen Felder (vgl. Abb. E1–1) setzen sich aus einem
Mosaik von Säulen oder Moduln (vgl. Abb. E1–5, 6) zusammen, die auf
den Input- oder Output-Bahnen parallel liegen. Darüber hinaus findet
sich sehr wenig Überkreuz-Verknüpfung dieser primären Zentren über

---

[3] J. E. Bogen [1969(a)].
[4] M. S. Gazzaniga [1970].

die Kommissur. Auf allen höheren Großhirnebenen ist eine Verknüpfung über die Kommissur in einer annähernd spiegelbildlichen Weise vorhanden, und man entdeckt eine komplementäre hemisphärische Leistung, wenn die Testverfahren ausreichend empfindlich sind.[5] Zum Beispiel ist schon auf die primitive sprachliche Leistung der untergeordneten Hemisphäre nach Kommissurotomie und auf die Verluste der Sprachfähigkeit, die sich aus umschriebenen Läsionen des rechten Parietallappens ergeben, hingewiesen worden. Komplementär dazu ist die rechte Hemisphäre, obwohl der linken in der Erkennung visueller und taktiler Muster weit überlegen, in ihrer Leistung nach Kommissurotomie derjenigen normaler Versuchspersonen, die beide Hände benutzen, weit unterlegen.[6] Die Trennung der Hemisphären läßt erkennen, daß die linke Hemisphäre normalerweise zu der Leistung der rechten beiträgt, vielleicht indem sie wertvolle verbale Symbolismen liefert.

Diese hemisphärische Spezialisierung ist einzigartig für den Menschen. Die homologen Rindenabschnitte nicht-menschlicher Primaten zeigen keinen Anhalt für irgendeine Asymmetrie der Funktion.[7] Während der menschlichen Evolution muß sich die hemisphärische Spezialisierung in Antwort auf die einzigartigen Erfordernisse, die durch die Sprache entstanden, entwickelt haben, und vielleicht, zu einem geringeren Grad, für die Entwicklung einzigartiger Fähigkeiten bei der Erkennung von Raum und Muster, wie zum Beispiel bei Herstellung und Gebrauch von Werkzeug. Es ist schwierig, die Komplexität und Immensität der neuronalen Maschinerie richtig einzuschätzen, wie sie für Sprache in ihrer höchsten Entwicklung erforderlich ist, nicht nur für die offensichtlichen Leistungen von Hören, Sprechen, Lesen, Schreiben, doch viel wichtiger für die kognitive Seite beim Denken, Vorstellen und bei den Speicher- und Rückholprozessen in der Gedächtnisleistung. Dieser großen Anforderung an hemisphärischen Raum, wenn wir es so nennen dürfen, konnte nur durch Elimination des Überflusses bilateraler Repräsentation und durch Trennung von Funktionen begegnet werden. Wir können vermuten, daß es in der evolutionären Entwicklung des Hominiden-Gehirns biologisch sinnvoll war[8], sich eine Hemisphäre durch die subtile Mikrostruktur ihrer neuronalen Maschinerie auf sprachliche, analytische, rechnerische und gedankliche Aufgaben spezialisieren zu lassen. Komplementär dazu spezialisierte sich die andere Hemisphäre mit Hilfe eines unterschiedlichen mikrostrukturellen Bauplans auf synthetische, holistische, bildliche und räumliche Aufgaben. Es ist bemerkenswert, daß eine derartige Funktions

[5] S. J. Dimond und J. G. Beaumont [1973]; J. Levy [1973]; C. Trevarthen [1973].
[6] B. Milner [1974].
[7] ebd.
[8] Siehe J. Levy [1973].

differenzierung der Hemisphären angesichts des Reichtums an Über-
kreuz-Verknüpfungen über die Kommissur beibehalten wurde. Dies stellt
das verwirrende Problem der Funktion dieser Kommissurenverknüpfungen und ihrer Arbeitsweise. Bei der Besprechung der Mikrostruktur der
Großhirnrinde in Kapitel E1 wurde auf dieses Problem hingewiesen.

Es gibt Hinweise dafür, daß diese Trennung der hemisphärischen
Funktionen genetisch kodiert ist[9], wenn auch natürlich durch Gebrauch,
besonders in dem plastischen Stadium des frühen Lebens, wesentliches
beigetragen wird. Wie bereits berichtet, fanden Geschwind und Levitsky
[1969], daß in 65 Prozent der menschlichen Gehirne eine Vergrößerung
des Planum temporale der linken Hemisphäre vorhanden war (Abb.
E4–3), das im Mittelpunkt des hinteren Sprachzentrums liegt. Wada und
Mitarbeiter [1975] bestätigten diese Beobachtungen und berichteten zusätzlich, daß diese Asymmetrie des Planum temporale auch bei Kindern
zum Geburtszeitpunkt und sogar bei einem 29-Wochen alten Feten beobachtet werden konnte.

Man könnte daher schließen, daß der Aufbau des Gehirns durch genetische Instruktionen unwiderruflich determiniert ist und daß die linke Hemisphäre bei der großen Mehrzahl der Babys für die Sprache verwendet
werden wird. Doch dies ist nicht so. Es war zuerst Basser [1962], der aus
der Untersuchung von Läsionen guten Anhalt dafür erbracht hat, daß bei
Kindern unter sechs Jahren beide Hemisphären für das Lernen und die
Spracherzeugung zuständig sind. Danach, in über 90 Prozent, findet eine
schrittweise Übernahme der Sprache durch die linke Hemisphäre statt,
die auf diese Weise die Dominanz erlangt. Dichotische Hörstudien an
Kindern lassen vermuten, daß bereits im Alter von vier oder fünf Jahren
die Sprachdominanz der linken Hemisphäre fest begründet ist.[10]

Überzeugender Anhalt für die Plastizität im frühen Lebensalter wurde
von Milner geliefert [1964]. Die untersuchten Patienten hatten in der
Kindheit umschriebene Entfernungen großer Abschnitte der linken Hemisphäre im Rahmen einer chirurgischen Behandlung der Epilepsie erlit-
ten. Hatte eine Entfernung der ganzen oder fast der ganzen normalen
Sprachfelder stattgefunden, so zeigte sich bei den Untersuchungspersonen
im späteren Leben mit Hilfe des Natrium-Amytal-Testes, daß ihre
Sprachzentren zur rechten Hemisphäre übertragen worden waren. In der
Kontrollgruppe mit ebenso massiven Entfernungen aus der linken Hemisphäre, doch mit Aussparung der normalen Sprachfelder, verblieb die
Sprache in der linken Hemisphäre. In Ausnahmefällen schien hier eine
bilaterale Repräsentation der Sprache vorhanden zu sein.

---

[9] ebd.
[10] D. Kimura [1967].

Leider muß für diese plastische Umsiedlung des Sprachzentrums im frühen Lebensalter ein »intellektueller Preis« gezahlt werden. Sperry [1974] und Teuber [1974] finden, daß die Sprache, wenn sie in die rechte Hemisphäre hineingestopft wird, dazu tendiert, sich auf Kosten der anderen, dort normalerweise vorhandenen kognitiven Fähigkeiten zu entwickeln, und sogar die Sprache leidet an der Unzulänglichkeit des verfügbaren neuronalen Territoriums. Die dominierende cerebrale Anforderung der Sprache wird durch diese ungünstigen Effekte der plastischen Umsiedlung gut veranschaulicht. Die andere Information ist, daß die Sprachfelder, die normalerweise aufgrund genetischer Kodierung aufgebaut werden, keine ausschließlich auf sprachliche Leistung spezialisierte Mikrostruktur besitzen. Höchstens besitzen sie eine Struktur, die die normalen Sprachfelder beeinflußt, die volle sprachliche Leistung auf Kosten der anfänglichen Sprachentwicklung in der rechten Hemisphäre anzunehmen. Man kann die kulturellen Einflüsse (Erziehung und Umwelt) in weitem Maße als Übernahme von der Natur in die Entwicklung der hemisphärischen Funktionsteilung, wie sie dann im erwachsenen menschlichen Gehirn zu erkennen ist, ansehen.

Kapitel E7
Selbstbewußter Geist und das Gehirn

48. Übersicht

In diesem Kapitel wird eine neue Theorie entwickelt, über die Art und Weise, wie selbstbewußter Geist und Gehirn in Wechselwirkung stehen. Diese Theorie ist ein ausgesprochener Dualismus und aus ihr ergeben sich sehr ernsthafte wissenschaftliche Probleme in Hinblick auf das Verbindungsglied zwischen der Welt der Materie-Energie, im speziellen Fall des Liaison-Feldes des Gehirns, und der Welt der Bewußtseinszustände, die hier als selbstbewußter Geist bezeichnet werden. Diese dualistisch-interaktionistische Erklärung ist speziell für den selbstbewußten Geist und das menschliche Gehirn entwickelt worden, insbesondere die dominante Hemisphäre, wie durch die Experimente an den Kommissurotomie-Patienten aufgedeckt. Ihre Rolle für Tiere und für die nicht-dominante Hemisphäre ist umstritten.

Am Anfang steht ein einführender Abschnitt über die 3-Welten-Hypothese von Popper (Kapitel P2 und Abb. E7–1), weil die Theorie in den Begriffen dieser Hypothese entwickelt worden ist; und darüber hinaus liefert diese Hypothese eine sehr interessante Erklärung für die Entwicklung des selbstbewußten Geistes. Es wird zur Diskussion gestellt, daß die Welt des selbstbewußten Geistes (Welt 2) jedes individuellen Ichs sich unter dem Einfluß von Welt 3 auf dieses Ich entwickelt. Welt 3 umfaßt die Gesamtheit des kulturellen Erbes, und besonders die Sprache.

In Kürze besagt diese Hypothese, daß der selbstbewußte Geist eine unabhängige Einheit darstellt (Abb. E7–2), die aktiv mit dem Auslesen aus der Vielzahl aktiver Zentren in den Moduln der Liaison-Zentren der dominanten Großhirnhemisphäre befaßt ist. Der selbstbewußte Geist selektiert aus diesen Zentren in Übereinstimmung mit seiner Aufmerksamkeit und seinen Interessen und integriert seine Wahl, um von Augenblick zu Augenblick die Einheit bewußter Erfahrung zu vermitteln. Er wirkt auch zurück auf die neuralen Zentren (Abb. E7–2). So wird angenommen, daß der selbstbewußte Geist eine überlegene interpretierende und kontrollierende Funktion in bezug auf die neuralen Ereignisse ausübt, mit Hilfe einer in beiden Richtungen erfolgenden Interaktion über die Kluft zwischen Welt 1 und Welt 2 hinweg (Abb. 7–2). Es wird vermutet, daß die Einheit der bewußten Erfahrung nicht von einer letzten Synthese in der neuralen Maschinerie herrührt, sondern in der intergrierenden Aktion des selbstbewußten Geistes auf das, was er aus der ungeheuren Vielfalt neuraler Aktivitäten im Liaison-Gehirn herausliest, liegt (Abb. E7–3 und 4).

Es erfolgt eine detaillierte Erörterung der in Zusammenhang mit dieser Hypothese entstehenden Probleme und der vielfältigen Testverfahren, die für viele Aspekte dieser Hypothese empirischen Anhalt liefern. Sowohl in diesem Kapitel als auch in den Diskussionen wird ein Versuch unternommen zu zeigen, wie die operativen Merkmale von Moduln der Großhirnrinde derartig subtile Eigenschaften bedingen können, daß sie die schwachen Aktionen aufnehmen könnten, die, so wird postuliert, der selbstbewußte Geist über dies Verbindungsglied hinweg ausübt. Für diese Aktionen ergeben sich Anhalte durch Willkürbewegungen, wie in Kapitel E3 beschrieben, und auch durch den Abruf von Erinnerungen je nach Bedarf durch die kognitiven Prozesse, wie in Kapitel E8 beschrieben.

In weiteren Aspekten der theoretischen Entwicklung wird vermutet, daß manche Moduln offen gegenüber der Interaktion mit Welt 2 und andere geschlossen sind (Abb. E7–3). Es besteht jedoch keine starre Trennung zwischen diesen beiden Kategorien. Zum Beispiel können gemäß den Inputs zum Liaison-Gehirn von den verschiedenen sensorischen Prozessen einige Moduln auf einen Aktivitätsspiegel gehoben werden, der sie offen gegenüber der Interaktion mit Welt 2 macht. Es wird so für möglich gehalten, daß die Moduln von Zeit zu Zeit manchmal offen und manchmal geschlossen sind, und dies hängt von den integrativen Operationen der neuronalen Maschinerie ab. Es wird sogar vermutet, daß, obwohl sich die offenen Liaison-Moduln vorwiegend in der linken (dominanten) Hemisphäre befinden, Aktivität über das Corpus callosum die Moduln in der nicht-dominanten Hemisphäre derart anheben könnte, daß sie in Liaison mit dem selbstbewußten Geist treten, obwohl dies nach Kommissurotomie nicht der Fall ist.

Diese Abhandlung des selbstbewußten Geistes in Beziehung zum Gehirn bietet Gelegenheit für eine Interpretation von Schlaf und Träumen und auch der bewußtlosen Zustände, die sich aus Narkose, Komata verschiedener Arten und schließlich beim Gehirntod ergeben. Auf der Gegenseite dieses Bildes steht der Bewußtseinsverlust, der aus den stark angetriebenen Aktivitäten der kortikalen Moduln resultiert, wie sie bei epileptischen Anfällen auftreten.

In einem abschließenden Abschnitt werden die Konsequenzen dieser stark dualistisch-interaktionistischen Hypothese erwähnt. Ihre zentrale

Komponente ist, daß dem selbstbewußten Geist der Vorrang gegeben wird, der während des normalen Lebens damit beschäftigt ist, nach Hirnereignissen zu suchen, die in seinem gegenwärtigen Interesse liegen und sie zu der vereinheitlichten bewußten Erfahrung zu integrieren, die wir von Augenblick zu Augenblick erleben. Wir können ihn so betrachten, als ob er die Hunderte von Tausenden kortikaler Moduln ständig abtastet, die potentiell in der Lage sind, gegenüber der Interaktion mit Welt 2 offen zu sein. In den Diskussionen werden die fundamentalen Probleme behandelt werden, die aus einer dualistisch-interaktionistischen Hypothese entstehen. Das im höchsten Maße herausfordernde Problem ergibt sich natürlich insbesondere aus der Möglichkeit, daß die Aktion des Geistes auf das Gehirn in Konflikt mit dem ersten Gesetz der Thermodynamik kommt. Dies wird in den Dialogen VII, X, XI und XII erörtert werden.

49. Einleitung

Der eine von uns (J. C. E.) hatte im Alter von 18 Jahren eine plötzliche überwältigende Erfahrung. Er schrieb keinen Bericht darüber, doch sein Leben war verändert, weil sie sein intensives Interesse an dem Gehirn-Geist-Problem erweckte. Als Folge davon hat er sein Leben mit der Neurobiologie zugebracht, verbunden mit einer fortgesetzten Beschäftigung mit der Philosophie. Jahre später stieß er darauf, daß Pascal in seinem unnachahmlichen Stil die Lage eines Zweiflers in Worten beschrieben hatte, die so treffend die Schärfe jener Jugenderfahrung ausdrückten.

> Bedenke ich die kurze Dauer meines Lebens, aufgezehrt von der Ewigkeit vorher und nachher; bedenke ich das bißchen Raum, den ich einnehme, und selbst den, den ich sehe, verschlungen von der unendlichen Weite der Räume, von denen ich nichts weiß und die von mir nichts wissen, dann erschaudere ich und staune, daß ich hier und nicht dort bin; keinen Grund gibt es, weshalb ich gerade hier und nicht dort bin, weshalb jetzt und nicht dann. Wer hat mich hier eingesetzt? Durch wessen Anordnung und Verfügung ist mir dieser Ort und diese Stunde bestimmt worden? Das ewige Schweigen dieser unendlichen Räume macht mich schaudern.
> (Pascal, in der Übersetzung von Ewald Wasmuth)

Die Untersuchungen von Sperry und seinen Mitarbeitern an Kommissurotomie-Patienten (Kapitel E5) haben die höchst erhellende Entdeckung über das in diesem Kapitel besprochene Problem geliefert. Ihre sehr frühen Untersuchungen führten zu dem Schluß, daß das Selbstbewußtsein der Untersuchungsperson nur in Beziehung zu den Aktivitäten der dominanten Hemisphäre entstand. In nachfolgenden Stadien schien zeitweise Anhalt dafür gegeben zu sein, daß die Untersuchungsperson ein vages, diffuses Bewußtsein aus Ereignissen in der subdominanten Hemisphäre bezog. Strengere Untersuchungen haben jedoch gezeigt, daß die Beobachtungen diesen Schluß nicht rechtfertigen. Zum Beispiel das diffuse Unbehagen, das gefühlt wurde, wenn ein scharfer Gegenstand in einen linken Finger gedrückt wurde, wird nun einer diffusen nichtspezifischen Bahn von der ipsilateralen Extremität zu der linken (dominanten) Großhirnrinde zugeschrieben. Die in Antwort auf das zur rechten Hemisphäre projizierte Aktfoto erlebte emotionale Reaktion wurde bereits auf eine vergleichbare Weise erklärt (Kapitel E5). Eine Erklärung wurde auch für die Bahnen gegeben, über die Gegenstände, die sich weit außen im linken Gesichtsfeld befinden, einen Input in die linke Hemisphäre veranlassen,[1] und so bewußt wahrgenommen werden (Abb. E5–6). In Zusammenfassung all dieser neueren Arbeit kann festgestellt werden, daß sie den ausschließlichen Anspruch unterstützt, daß bei den Kommissurotomie-Patienten selbstbewußte Erfahrungen lediglich in Beziehung zu Aktivitäten in der dominanten Hemisphäre zustande kommen (Kapitel E5).

Aus dieser Evidenz leitet sich das Konzept ab, daß sich nur eine spezialisierte Zone der Großhirnhemisphären in Liaison mit dem selbstbewußten Geist befindet. Der Begriff Liaison-Hirn bezeichnet all diejenigen Abschnitte der Großhirnrinde, die potentiell in der Lage sind, in direkter Liaison mit dem selbstbewußten Geist zu sein. Später in diesem Kapitel wird die Vermutung entwickelt, daß sich von Augenblick zu Augenblick nur winzige Fraktionen tatsächlich in diesem Zustand direkter Liaison befinden. Bei den Kommissurotomie-Patienten beschränkt sich dieses Liaison-Hirn auf die dominante Hemisphäre, wobei es vermutlich die Sprachzentren dieser Hemisphäre umfaßt, obwohl es sich ohne Zweifel weiter ausbreitet, um Abschnitte miteinzubeziehen, die für nichtverbale Arten bewußter Erfahrungen zuständig sind, zum Beispiel die bildlichen, die musikalischen und die polymodalen Zentren, die in Kapitel E2 beschrieben werden, und vor allem die Präfrontallappen. Jedoch normalerweise könnten sich einige Liaison-Zentren des Gehirns gut in der subdominanten Hemisphäre befinden (siehe Abb. E7–5).

50. Der selbstbewußte Geist und das Gehirn

Allgemein gesagt gibt es zwei Theorien darüber, wie das Verhalten eines Lebewesens (und eines Menschen) zu der effektiven Einheit organisiert werden kann, die es so offensichtlich ist.

Das ist erstens die dem monistischen Materialismus und allen Varia-

---

[1] C. B. Trevarthen und R. W. Sperry [1973].

tionen des Parallelismus inhärente Erklärung. Für die gegenwärtige neurologische Theorie stehen die vielfältigen Inputs zum Gehirn auf der Basis
all der strukturellen und funktionellen Verknüpfung in Wechselwirkung
und ergeben so einen integrierten Output motorischer Leistung. Das Ziel
der Neurobiologie ist, eine mehr und mehr kohärente und vollständige
Erklärung dafür zu liefern, wie die gesamte Leistung eines Lebewesens
und eines menschlichen Wesens in diesen Begriffen erklärbar ist. Ohne
einen zu dogmatischen Anspruch zu stellen, kann man feststellen, daß das
Ziel der Neurobiologie eine Theorie ist, die im Prinzip eine vollständige
Erklärung für alles Verhalten von Lebewesen und Menschen liefern kann,
einschließlich des verbalen Verhaltens des Menschen.[1] Mit einigen wichtigen Einschränkungen habe ich (J. C. E.) an diesem Ziel mit meiner eigenen experimentellen Arbeit teil und glaube, daß dies für alle automatischen und unbewußten Bewegungen, sogar der komplexesten Art, akzeptabel ist. Ich glaube jedoch, daß die reduktionistische Strategie in dem
Versuch, die höheren Ebenen bewußter Leistung des menschlichen Gehirns zu erklären, versagen wird.

Zweitens gibt es die dualistisch-interaktionistische Erklärung, die speziell für selbstbewußten Geist und menschliche Gehirne entwickelt worden ist. Ihre Bedeutung für Tiere und für die subdominante Hemisphäre
ist umstritten. Es wird vorgeschlagen, daß es – der neuralen Maschinerie
mit all ihrer Leistung überlagert, wie in den Kapiteln E1 bis E6 ausgeführt
– an bestimmten Orten der Großhirnhemisphären (den Liaison-Zentren)
wirkungsvolle Interaktionen mit dem selbstbewußten Geist gibt, sowohl
empfangend als auch gebend.

Es ist notwendig, kurz auf die philosophische Basis meiner Diskussion
hinzuweisen. Wie in Abbildung E7–1 gezeichnet, wird alles, was existiert
und was erfahren wird, in die eine oder andere der drei Welten eingereiht:
Welt 1, die Welt physischer Gegenstände und Zustände; Welt 2, die Welt
der Zustände des Bewußtseins und des subjektiven Wissens aller Art;
Welt 3, die Welt der vom Menschen geschaffenen Kultur, die die Gesamtheit des objektiven Wissens umfaßt.[2] Weiterhin wird vorgeschlagen, daß
eine Interaktion zwischen diesen Welten besteht. Es besteht eine reziproke Interaktion zwischen den Welten 1 und 2, und zwischen den Welten
2 und 3 im allgemeinen (s. Dialog XI) über die Vermittlung von Welt 1.
Wenn das objektive Wissen von Welt 3 (die vom Menschen geschaffene
Welt der Kultur) in Form verschiedener Gegenstände von Welt 1 kodiert
ist – Bücher, Bilder, Strukturen, Maschinen –, so kann sie nur dann bewußt wahrgenommen werden, wenn sie über die geeigneten Rezeptoren

---

[1] H. B. Barlow [1972]; R. W. Doty [1975].
[2] K. Popper [1972].

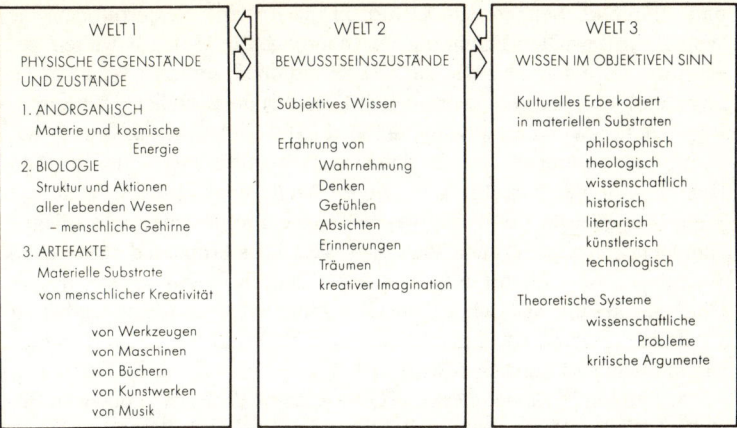

Abb. E7–1. Tabellarische Darstellung der drei Welten, die alles Existierende und alle Erfahrungen umfassen, wie von Popper definiert (Eccles [1970]).

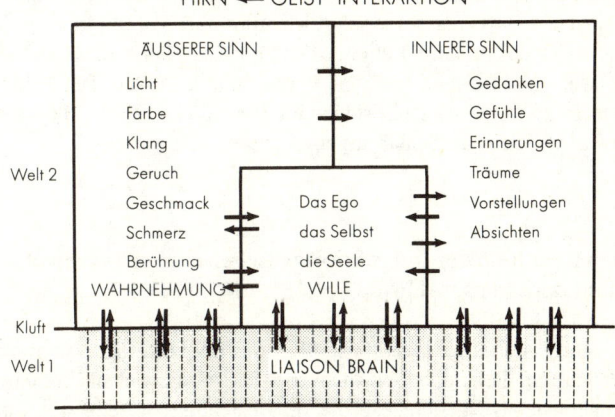

Abb. E7–2. Informationsflußdiagramm für Gehirn-Geist-Interaktion. Die drei Komponenten von Welt 2: äußerer Sinn, innerer Sinn und das Ego oder Selbst sind mit ihren Verknüpfungen schematisch dargestellt. Ebenfalls gezeigt sind die Kommunikationslinien über das Bindeglied zwischen Welt 1 und Welt 2, das heißt vom Liaison-Hirn zu und von diesen Komponenten der Welt 2. Das Liaison-Hirn besitzt die gezeigte säulenförmige Anordnung (vgl. Abb. E1–5 und 6; E2–6 und 7). Man muß sich vorstellen, daß das Areal des Liaison-Hirns enorm ist, mit offenen Moduln, die hunderttausend oder mehr Zellen, nicht nur die zwei hier gezeichneten ausmachen.

und afferenten Bahnen zum Gehirn projiziert wird. Reziprok kann die Welt 2 der bewußten Erfahrung Veränderungen in Welt 1 bewirken, zuerst im Gehirn und dann als Muskelkontraktionen; somit ist Welt 2 in der Lage, ausgiebig auf Welt 1 einzuwirken. Dies ist die postulierte Wirkungsfolge bei der Willkürbewegung, die in Kapitel E3 betrachtet wurde. Wir können die vermuteten Interaktionen der trialistisch-interaktionistischen Hypothese folgendermaßen formulieren: Welt 1 ⇄ Welt 2 und Welt 3 ⇄ Welt 1 ⇄ Welt 2, wo Welt 2 → Welt 1 das Problem der willkürlichen Handlung (Kapitel E3) und Welt 1 → Welt 2 das Problem der bewußten Wahrnehmung (Kapitel E2) beinhaltet. Jedoch, wenn selbstbewußter Geist mit kreativem Nachdenken über Probleme oder Ideen beschäftigt ist, scheint eine direkte Interaktion von Welt 2 und Welt 3 zu bestehen, wie in Dialog XI entwickelt wird.

Abbildung E7–2 definiert das Geist-Gehirn-Problem knapper in Begriffen der drei Hauptbestandteile, wie sie allgemein für Welt 2 angenommen werden.[3] Da ist erstens der äußere Sinn, der spezifisch mit den unmittelbar durch die Inputs der Sinnesorgane vermittelten Wahrnehmungen in Beziehung steht, den visuellen, akustischen, Berührungs-, Geruchs-, Geschmacks- und Schmerzrezeptoren etc. Zweitens gibt es den inneren Sinn, der eine weite Vielfalt kognitiver Erfahrungen umfaßt: Gedanken, Erinnerungen, Absichten, Vorstellungen, Emotionen, Gefühle und Träume. Drittens, und im Zentrum von Welt 2, befindet sich das Selbst oder das Ich, das ist die Basis der personalen Identität und Kontinuität, die jeder von uns durch das gesamte Leben erfährt und die täglichen Bewußtseinslücken, wie zum Beispiel im Schlaf, überspannt. Jeden Tag kehrt das Bewußtsein zu uns zurück mit seiner im wesentlichen durch die Stunden der Bewußtlosigkeit im Schlaf ungebrochenen Kontinuität.

51. Die Hypothese der Interaktion zwischen dem selbstbewußten Geist und dem Liaison-Hirn

Es ist wichtig, nun eine Hypothese über die Interaktionsweise zwischen selbstbewußtem Geist und Gehirn zu entwickeln, die viel stärker und viel eindeutiger ist, als irgendeine bisher in Beziehung zu dem, was wir die dualistischen Postulate nennen könnten, formulierte Hypothese. In der Formulierung einer starken dualistischen Hypothese bauen wir auf folgenden Beweisen auf.

(1) Die Erfahrungen des selbstbewußten Geistes zeigen einen *einheit-*

---

[3] Siehe E. P. Polten [1973].

lichen Charakter. Konzentration findet einmal auf dies, einmal auf jenes statt, Ausdruck der Gehirnleistung in jedem einzelnen Augenblick. Dieses Phänomen der Fokussierung ist als *Aufmerksamkeit* bekannt.[1]

(2) Wir können annehmen, daß die Erfahrungen des selbstbewußten Geistes eine Beziehung zu neuralen Ereignissen im Liaison-Gehirn haben, indem *eine Beziehung der Interaktion* vorhanden ist, *die bis zu einem gewissen Grad Korrespondenz ergibt, jedoch nicht Identität.* In unsern Diskussionen und im Kapitel P3 wurde starke Kritik an der parallelistischen Forderung geübt, daß eine Identität vorhanden sei.[2] Die psychoneurale Identitätshypothese ist auf philosophischer Grundlage wirksam kritisiert worden.[3] Der Neurophysiologe Barlow [1972] äußert seinen parallelistischen Glauben knapp und dogmatisch: »Das Denken wird von Neuronen zustande gebracht, und wir sollten keine Phrasen gebrauchen wie ›die Aktivität von einzelnen Neuronen reflektiert, enthüllt oder kontrolliert Gedankenprozesse‹, weil die Aktivitäten von Neuronen ganz einfach Gedankenprozesse *sind.*« Kein wissenschaftlicher Anhalt wird für diese Identität vorgelegt. Es ist überraschend zu finden, daß er einen Glauben an die operationale Effektivität einzelner Neurone äußert. »Eine hohe Impulsfrequenz in einem gegebenen Neuron korrespondiert mit einem hohen Grad an Zuverlässigkeit, daß die Ursache der Wahrnehmung in der äußeren Welt vorhanden ist.« In der Bemühung, neuronale Sparsamkeit zu betonen, werden all die anatomischen und physiologischen Hinweise außeracht gelassen, daß auf den höheren Ebenen des Nervensystems effektive neuronale Aktion durch große Ansammlungen von in Kolonien oder Moduln angeordneten Neuronen gesichert wird (Kapitel E1, E2, E3). Auf den höheren Ebenen des Zentralnervensystems ist neuronale Sparsamkeit ein Mythos. Die Operation des Gehirns kann nur in Begriffen *neuronaler Verschwendung* bei der Errichtung von Myriaden räumlich-zeitlicher Muster verstanden werden. Der Neurophysiologe Doty [1975] würdigt die neuronale Verschwendung außerordentlich, optiert aber schließlich für eine seltsame psychoneurale Identität, bei der das Bewußtsein mit dem immensen und unablässigen Verkehr im Corpus callosum verknüpft ist. Die Bedeutung dieses Verkehrs im Hinblick auf das Bewußtsein wird durch die Untersuchungen an Kommissurotomie-Patienten bestätigt (siehe Kapitel E5), doch es erscheint unbegreiflich, daß Alles-oder-Nichts-Impulse in myelinisierten Fasern direkt an der Liaison mit dem selbstbewußten Geist beteiligt sein könnten. Es sollte auch beachtet werden, daß bei der klinischen Bedingung der Agenesie des Corpus

---

[1] Siehe F. C. Paschal [1941]; D. B. Berlyne [1969]; J. Dichgans und R. Jung [1969].
[2] H. Feigl [1967]; D. M. Armstrong [1968]; J. J. C. Smart [1962]; K. Popper [1962]; E. Laszlo [1972]; H. B. Barlow [1972].
[3] E. P. Polten [1973].

callosum (Kapitel E5) das Fehlen des Corpus callosum offensichtlich nicht in irgendwelchen Störungen der bewußten Erfahrungen resultiert.

(3) *Es kann eine zeitliche Diskrepanz zwischen neuralen Ereignissen und den Erfahrungen des selbstbewußten Geistes vorhanden sein.* Dies zeigt sich besonders klar in den Experimenten von Libet, wie oben beschrieben (Kapitel E2), zum Beispiel das Phänomen der Rückwärtsmaskierung und der Antedatierung. Es spielt sich auch bei der Verlangsamung der erlebten Zeit in akuten Notfällen ab (Dialog X).

(4) *Es gibt die ständige Erfahrung, daß selbstbewußter Geist wirksam auf Hirnereignisse einwirken kann.* Dies ist am offenkundigsten bei der Willküraktion zu sehen (Kapitel E3), doch während unseres wachen Lebens evozieren wir absichtlich Hirnereignisse, wenn wir versuchen, eine Erinnerung zurückzurufen, oder ein Wort oder einen Satz zu rekapitulieren oder eine neue Erinnerung unterzubringen (Kapitel E8).

Im folgenden soll die Hypothese kurz umrissen werden. Der selbstbewußte Geist ist aktiv damit beschäftigt, aus der Vielzahl aktiver Zentren auf der höchsten Ebene der Hirnaktivität herauszulesen, nämlich den Liaison-Zentren der dominanten Großhirnhemisphäre. Der selbstbewußte Geist selektiert aus diesen Zentren gemäß der Aufmerksamkeit und integriert von Augenblick zu Augenblick seine Wahl, um auch den flüchtigsten Erfahrungen eine Einheit zu verleihen. Darüberhinaus wirkt selbstbewußter Geist auf diese neuralen Zentren, indem er die dynamischen räumlich-zeitlichen Muster der neuralen Ereignisse modifiziert. So schlagen wir vor, daß selbstbewußter Geist eine überlegene interpretierende und kontrollierende Rolle auf die neuralen Ereignisse ausübt.

Eine Schlüsselkomponente der Hypothese ist, daß die Einheit der bewußten Erfahrung durch den selbstbewußten Geist vermittelt wird und nicht durch die neurale Maschinerie der Liaison-Zentren der Großhirnhemisphäre. Bisher war es unmöglich, eine neurophysiologische Theorie zu entwickeln, die erklärt, wie eine Vielfalt von Hirnereignissen synthetisiert wird, so daß sich eine einheitliche bewußte Erfahrung von globalem oder Gestaltcharakter ergibt. Die Hirnereignisse bleiben ungleich, sie sind im wesentlichen die individuellen Aktionen zahlloser Neurone, die in komplexe Regelkreise eingebaut sind, und so an den räumlich-zeitlichen Mustern der Aktivität teilhaben. Dies ist sogar für die spezialisiertesten der bisher entdeckten Neurone der Fall, die Merkmalerkennungsneurone des Inferotemporallappens von Primaten (Kapitel E2). Unsere jetzige Hypothese sieht die neuronale Maschinerie als eine Vielfalt ausstrahlender und empfangender Strukturen an. *Die erlebte Einheit ergibt sich nicht aus einer neurophysiologischen Synthese, sondern aus dem vorgeschlagenen integrierenden Charakter des selbstbewußten Geistes.* Wir vermuten, daß der selbstbewußte Geist in erster Linie entwickelt wird, um diese Einheit des Selbst bei all seinen bewußten Erfahrungen und Handlungen zu gewährleisten.

Um diese Mutmaßung zu verdeutlichen, müssen wir uns vorstellen, daß ein sensorischer Input in den Liaison-Zentren der Großhirnhemisphäre hier und dort ein immenses ablaufendes dynamisches Muster neuraler Aktivität verursacht. Wie in Kapitel E1 beschrieben, projizieren die primären sensorischen Felder zu sekundären und diese zu tertiären usw. (Abb. E1–7 und 8). Auf diesen weiteren Stufen projizieren die verschiedenen sensorischen Modalitäten zu gemeinsamen Feldern, den polymodalen Feldern. In diesen Feldern wird vielfältigste und weitreichende Information in den einheitlichen Komponenten, den Moduln der Großhirnrinde, verarbeitet (siehe Kapitel E1). Wir können fragen, wie es dazu kommt, daraus selektiert und zusammengesetzt zu werden, um die Einheit und die relative Einfachheit unserer bewußten Erfahrung von Augenblick zu Augenblick zu ergeben? Als Antwort auf diese Frage wird vorgeschlagen, daß sich der selbstbewußte Geist durch das gesamte Liaison-Hirn in einer selektiven und vereinheitlichenden Weise betätigt. Eine Analogie stellt ein Scheinwerfer dar, in der Weise, wie Jung [1954] und Popper [1945] es vorgeschlagen haben. Eine bessere Analogie wäre vielleicht eine multiple Abtast- und Sondierungsvorrichtung, die aus den ungeheuren und vielfältigen Aktivitätsmustern in der Großhirnrinde herausliest und selektiert und diese selektierten Komponenten integriert, sie so zu der Einheit bewußter Erfahrung organisierend. So vermuten wir, daß der selbstbewußte Geist die modulären Aktivitäten in den Liaison-Zentren der Großhirnrinde abtastet, wie das sehr unzulängliche Diagramm in Abbildung E7–2 zu erkennen gibt. Von Augenblick zu Augenblick selektiert er Moduln gemäß seinem Interesse, dem Phänomen der Aufmerksamkeit, und integriert selbst aus all dieser Vielfalt, um die einheitliche bewußte Erfahrung zu gewähren. Verfügbar für dieses Herauslesen, wenn wir es so nennen dürfen, ist die gesamte Skala der Leistung derjenigen Abschnitte der dominanten Hemisphäre, die sprachliche und gedankliche Leistung oder polymodale Inputs besitzen. Insgesamt werden wir sie *Liaison-Zentren* nennen. Die Brodmannschen Felder 39 und 40 und die Präfrontallappen (siehe Abb. E1–4) sind wahrscheinlich in dieser Hinsicht die wichtigsten.

Man könnte behaupten, daß diese Hypothese nur eine ausgearbeitete Version des Parallelismus darstellt – eine Art selektiven Parallelismus. Das wäre jedoch ein Fehler. Sie unterscheidet sich insofern radikal, als vermutet wird, daß die selektierenden und integrierenden Funktionen Attribute des selbstbewußten Geistes sind, dem somit eine aktive und dominante Rolle gegeben wird. Es besteht ein vollständiger Gegensatz zu der Passivität der bewußten Erfahrung, die im Parallelismus postuliert wird.[4] Weiterhin wird die aktive Rolle des selbstbewußten Geistes in unserer Hypothese darauf ausgedehnt, Veränderungen in den neuronalen Ereignissen zu bewirken. Er liest nicht nur selektiv aus den ablaufenden Aktivitäten der neuronalen Maschinerie heraus, sondern er modifiziert diese Aktivitäten auch. Es wird vorgeschlagen, daß der selbstbewußte Geist, wenn er zum Beispiel einer Gedankenlinie folgt oder versucht, eine Erinnerung wiederzufinden, aktiv damit beschäftigt ist, in speziell ausgewählten Zonen der neuralen Maschinerie zu suchen und zu sondieren, und so in der Lage ist, die dynamischen Aktivitätsmuster gemäß seinem Wunsch oder Interesse anzulenken und zu modifizieren. Ein spezieller Aspekt dieser Intervention des selbstbewußten Geistes auf die Operationen der neuralen Maschinerie zeigt sich in seiner Fähigkeit, Bewegungen in Einklang mit einer willentlich gewünschten Handlung zustande zu bringen, was wir einen motorischen Befehl nennen könnten. Das Bereitschaftspotential ist ein Zeichen dafür, daß dieses Kommando Veränderungen in der Aktivität der neuronalen Maschinerie zustande bringt (Kapitel E3, Abb. 4).

Die wesentliche Komponente der Hypothese ist die aktive Rolle des selbstbewußten Geistes in seinem Einfluß auf die neuronale Maschinerie des Liaison-Hirns. Neuere experimentelle Untersuchungen liefern Erkenntnisse über die Zeitbeziehungen dieses Einflusses. Die Experimente von Libet am menschlichen Gehirn (Kapitel E2) zeigen, daß direkte Stimulation der somästhetischen Rinde nach einer Verzögerung von 0,5 Sekunden für schwache Stimulation in einer bewußten Erfahrung resultiert, und eine ähnliche Verzögerung wird für einen scharfen, doch schwachen peripheren Hautstimulus beobachtet. Wie in Kapitel E2 beschrieben, wird, obwohl diese Verzögerung beim Erleben des peripheren Stimulus vorhanden ist, sein Geschehen tatsächlich als viel früher bewertet, etwa zu dem Zeitpunkt der kortikalen Ankunft des afferenten Inputs (vgl. Abb. 2–3D). Dieser Antedatierungsprozeß scheint nicht durch irgendeinen neurophysiologischen Prozeß erklärbar zu sein. Vermutlich ist es Strategie, die durch den selbstbewußten Geist erlernt worden ist. Zwei Kommentare können gemacht werden. Erstens sind diese langen Erkennungszeiten von bis zu 0,5 Sekunden (Abb. E2–2) der Notwendigkeit zuzuschreiben, ein immenses und komplexes neuronales Aktivitätsmuster aufzubauen, bevor es für den abtastenden selbstbewußten Geist entdeckbar ist. Zweitens ist dieses Antedatieren der sensorischen Erfahrung auf die Fähigkeit des selbstbewußten Geistes zurückzuführen, geringfügige zeitliche Anpassungen vorzunehmen, das heißt zeitliche Tricks auszufüh-

---

[4] H. Feigl [1967].

ren (Abb. E2–3D). Das neuronale Aktivitätsmuster ist durch den Abtastprozeß des selbstbewußten Geistes zu dem Zeitpunkt entdeckbar, an dem
der erforderliche Aufbau der neuronalen Aktivität erfolgt. Die Antedatierung wird durch den selbstbewußten Geist vorgenommen als Kompen-
sation für die langsame Entwicklung der schwachen neuronalen Raum-
Zeit-Muster bis zur Schwelle für bewußte Erkennung. Auf diese Weise
mögen alle erlebten Ereignisse eine Zeitkorrektur erfahren, so daß die
Wahrnehmungen einen mit den anfänglichen Stimuli korrespondierenden
zeitlichen Ablauf haben werden, ob sie stark oder schwach sind. Wir
nehmen an, daß Libet eine zeitliche Anpassung entdeckt hat, die dem
selbstbewußten Geist zuzuschreiben ist.

Eine weitere zeitliche Eigenschaft des selbstbewußten Geistes zeigt
sich an der langen Dauer des Bereitschaftspotentials (Abb. E3–4). Im
Lichte der Hypothese kann nun vorgeschlagen werden, daß, wenn Wollen
eine Bewegung zustande bringt, eine fortgesetzte Aktion des selbstbewußten Geistes auf ein neuronales Feld großer Ausdehnung vorhanden
ist. Als Folge dieser Aktion kommt es zu einer Zunahme neuronaler
Aktivität über dieser ausgedehnten Zone der Großhirnrinde und dann zu
einem langen und komplexen Modellierungsprozeß, der schließlich zu der
Anpeilung der motorischen Pyramidenzellen führt, die für das Zustande-
bringen der gewünschten Bewegung geeignet sind. Der selbstbewußte
Geist übt keine direkte Aktion auf diese motorischen Pyramidenzellen
aus. Statt dessen arbeitet der selbstbewußte Geist entfernt und langsam
über einem ausgedehnten Rindenbereich, so daß es zu einer zeitlichen
Verzögerung von der überraschend langen Dauer von 0,8 Sekunden
kommt. Bei der Auswertung solcher Zeiten sollten wir uns auf die Skala
neuronaler Zeiten beziehen, nach der Übertragung von einem Neuron
zum nächsten in etwa 0,001 Sekunden erfolgt. Das Bereitschaftspotential
läßt erkennen, daß die aufeinanderfolgende Aktivität vieler Hunderter
von Neuronen an der langen Inkubationszeit des selbstbewußten Geistes
beteiligt ist, schließlich Entladungen der motorischen Pyramidenzellen zu
evozieren. Vermutlich wird diese Zeit dazu verwendet, die erforderlichen
Raum-Zeit-Muster in Millionen von Neuronen in der Großhirnrinde aufzubauen. Es ist ein Zeichen, daß die Aktion des selbstbewußten Geistes
auf das Gehirn nicht von fordernder Stärke ist. Wir mögen sie als mehr
versuchend und subtil und als zeitaufwendig ansehen, Aktivitätsmuster
aufzubauen, die, während sie sich entwickeln, modifiziert werden können
(siehe Kapitel E3). Weiterhin müssen wir uns daran erinnern, daß sich
während des Bereitschaftspotentials die komplexen neuronalen Verschaltungen mit der präprogrammierenden Aktivität, wie in Kapitel E3 beschrieben, beschäftigen, die das Kleinhirn und die Basalganglien miteinbeziehen (Abb. E3–6 und 7). Zusammenfassend hilft unsere Hypothese,

die in der Erklärung der langen Dauer des Bereitschaftspotentials – das einer Willküraktion vorausgeht – liegenden Probleme aufzulösen und neu zu definieren.

52. Die Hypothese der kortikalen Moduln und des selbstbewußten Geistes

Wir können nun die Frage stellen: Welche neuralen Ereignisse befinden sich in Liaison mit dem selbstbewußten Geist, sowohl im Geben als auch im Empfangen? Die Frage betrifft die Welt 1 – Seite der Kontaktstelle zwischen Welt 1 und Welt 2. Wir weisen die Hypothese zurück, daß das Agens das von den neuralen Ereignissen erzeugte Feldpotential ist. Das ursprüngliche Postulat der Gestaltschule basierte auf dem Befund, daß ein massiver visueller Input, wie ein großer erleuchteter Kreis, in einem topologisch äquivalenten Potentialfeld in der Sehrinde resultierte, sogar in einer geschlossenen Schleife! Diese unexakte Hypothese muß nicht weiter betrachtet werden. Jedoch wurde kürzlich eine ausgefeiltere Version von Pribram [1971] in seinem Postulat der Mikropotential-Felder vorgeschlagen. Man nimmt an, daß diese Felder eine subtilere kortikale Antwort als die Impulserzeugung durch Neurone liefern. Jedoch diese Feldpotential-Theorie beinhaltet einen ungeheuren Informationsverlust, weil Hunderte von Tausenden von Neuronen über eine kleine Zone der Großhirnrinde zu einem Mikropotential-Feld beitragen würden. Die ganze Feinheit der neuronalen Aktivität ginge in dieser höchst ineffizienten Aufgabe, ein winziges elektrisches Potential zu erzeugen, durch den Stromfluß in dem durch das extracelluläre Medium dargestellten elektrischen Widerstand verloren. Zusätzlich haben wir das weitere Problem, daß ein Homunkulus vorhanden sein müßte, um die Potentiale in all ihrer musterförmigen Anordnung herauszulesen! Der vermutete Feedback von den Mikropotential-Feldern auf die Feuerfrequenzen von Neuronen wäre von zu vernachlässigendem Einfluß, weil die Ströme extrem klein wären.

Wir müssen glauben, daß eine essentielle funktionelle Bedeutung in all den diskreten neuronalen Interaktionen in Raum-Zeit-Mustern liegt, andernfalls käme es zu großen Informationsverlusten. In diesem Zusammenhang müssen wir die Organisation der kortikalen Neurone in der anatomischen und physiologischen Einheit, die Modul genannt wird (Kapitel E1, Abb. E1–5 und 6) betrachten. Erstens ist es undenkbar, daß der selbstbewußte Geist sich in Liaison mit einzelnen Nervenzellen oder einzelnen Nervenfasern befindet, wie von Barlow [1972] vorgeschlagen wurde. Diese neuronalen Einheiten als Individuen sind viel zu unzuverläs-

Muster offener und geschlossener Moduln

Abb. E7–3. Schematischer Plan kortikaler Moduln von der Oberfläche her gesehen. Wie im Text beschrieben, sind die Moduln als dreierlei Kreise gezeigt, offen, geschlossen (schwarz ausgefüllt) und halb offen. Weitere Beschreibung im Text.

sig und ineffektiv. In unserem gegenwärtigen Verständnis der Operationsweise der neuralen Maschinerie stellen wir uns Neurongruppen (viele Hunderte) vor, die in einer musterförmigen Anordnung zusammenspielen. Nur in solchen Ansammlungen kann Zuverlässigkeit und Effektivität gegeben sein. Wie in Kapitel E1 beschrieben, sind die Moduln der Großhirnrinde (Abb. 5 und 6) solche Neuronengruppen. Der Modul besitzt bis zu einem gewissen Grad ein selbständiges, kollektives Leben mit etwa 10 000 Neuronen verschiedener Arten und mit einer funktionellen Anordnung von feed-forward und feed-back, Erregung und Hemmung. Bisher haben wir wenig Kenntnis über das innere dynamische Leben eines Moduls, doch wir dürfen vermuten, daß es mit seinen komplex organisierten und intensiv aktiven Eigenschaften einen Bestandteil der physischen Welt (Welt 1) verkörpern könnte, der offen gegenüber dem selbstbewußten Geist (Welt 2) sowohl hinsichtlich des Empfanges von ihm als auch des Vermittelns zu ihm ist. Wir können weiterhin annehmen, daß nicht alle Moduln in der Großhirnrinde diese transzendente Eigenschaft »offen« gegenüber Welt 2 zu sein und somit die Welt 1-Komponenten der Kontaktstelle zu sein, besitzen. Definitionsgemäß gäbe es eine Beschränkung auf die Moduln des Liaison-Hirns und nur dann, wenn sie sich auf der richtigen Aktivitätsstufe befinden. Jeder Modul kann mit einer Radio-Überträger-Empfänger-Einheit verglichen werden. Szentágothai hat vorgeschlagen, daß man sich den Modul als einen integrierten Schaltkreis der Elektronik vorstellen kann, nur weit komplizierter (siehe Kapitel E1).

Die Abbildung E7–3 ist eine schematische Zeichnung der vermuteten Beziehung von offenen und geschlossenen Moduln beim Blick auf die Rindenoberfläche von oben gesehen. Eine bequeme schematische Freiheit ist, die Säulen als getrennte Scheiben zu zeigen und nicht in der engen

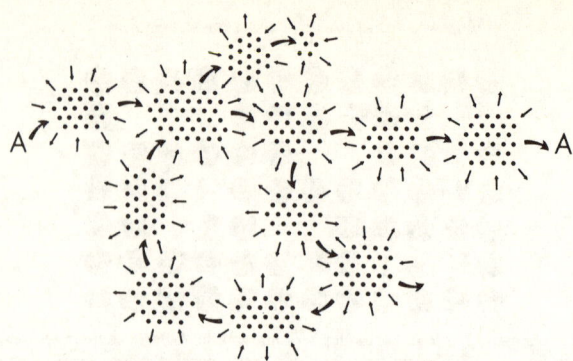

Abb. E7–4. In diesem Schema der von oben gesehenen Großhirnrinde sind die großen Pyramidenzellen als Punkte dargestellt, die haufenförmig angeordnet sind, wobei jeder Haufen mit einer Säule oder einem Modul korrespondiert, wie in den Abb. E1–5 und 6 schematisch dargestellt, in denen nur zwei große projizierende Pyramidenzellen von den hunderten, die sich in einer Säule befinden, gezeigt sind. Die Pfeile symbolisieren Impulsentladungen entlang Hunderter paralleler Linien, die den Weg exzitatorischer Kommunikation von Säule zu Säule darstellen. Nur ein winziges System reihenförmig erregter Säulen ist dargestellt.

Verbindung der tatsächlichen Beziehungen (Kapitel E1, Abb. 5, 6; E2, Abb. 7). Auch muß man sich klar machen, daß die normale intensiv-dynamische Situation zeitlich eingefroren ist. Offene Moduln werden als offene Kreise gezeigt, geschlossene als ausgefüllte Kreise, und es gibt auch teilweise offene Moduln. Man kann vermuten, daß der selbstbewußte Geist diese moduläre Anordnung abtastet, wobei er nur von denjenigen Moduln empfangen und an sie zu übermitteln vermag, die einen gewissen Grad von Offenheit besitzen. Jedoch mit Hilfe seiner Aktion auf offene Moduln kann er geschlossene Moduln mittels Impulsentladungen über die Assoziationsfasern von den offenen Moduln beeinflussen, wie bereits beschrieben (Kapitel E1), und kann auf diese Weise die Öffnung geschlossener Moduln veranlassen. Man kann vermuten, daß eine intensive dynamische Interaktion zwischen Moduln vorhanden ist. Interaktion geschähe aufgrund von inhibitorischer Aktion auf die unmittelbar benachbarten Moduln (Kapitel E1, Abb. 5 und 6) und aufgrund der exzitatorischen Aktionen von Assoziations- und Kommissurenfasern für die entfernter gelegenen Moduln. Die Abbildung E7–4 zeigt in einer extrem vereinfachten Form, wie es durch exzitatorische Aktion über Assoziationsfasern zu räumlich-zeitlichen Erregungsmustern modulärer Interaktion, sogar mit einer geschlossenen Schleife, kommen kann. Da jeder Modul einige Hunderte von Pyramiden- und Sternzellen mit Axonen besitzt, die von dem Modul zu anderen Moduln hinauslaufen (Kapitel E1), projizieren die von einem Modul entladenen Impulse zu vielen anderen Moduln, wie durch die sternförmigen Pfeile gezeigt, und nicht nur zu dem einen oder zu den zweien in Abbildung E7–4 gezeichneten. Er mag sogar zu Hunderten projizieren, ihre Aktivität verändern und diese ihrerseits zu Hunderten von anderen. Die Komplexität des sich ausbreitenden Aktivationsmusters ist außerhalb aller Vorstellung und würde zu Krampfanfällen führen, gäbe es nicht die kontrollierenden inhibitorischen Aktionen zwischen Moduln, wie in Kapitel E1 beschrieben.

Die einfachste Hypothese der Geist-Hirn-Interaktion ist, daß der selbstbewußte Geist die Aktivität jedes Moduls des Liaison-Hirn abtasten kann – oder wenigstens derjenigen Moduln, die auf seine gegenwärtigen Interessen abgestimmt sind. Wir haben bereits vermutet, daß der selbstbewußte Geist die Funktion besitzt, seine Selektionen aus dem immensen Input-Muster, das er vom Liaison-Hirn empfängt – den modulären Aktivitäten in dieser vorliegenden Hypothese – zu integrieren, um seine Erfahrungen von Augenblick zu Augenblick aufzubauen. Die auf diese Weise selektierten Moduln bilden für den Augenblick die Welt 1 – Seite der Kontaktstelle zwischen Welt 1 und Welt 2. Diese Kontaktstelle stellt somit ein fortwährend wechselndes Territorium innerhalb der ausgedehnten Region des Liaison-Hirns dar. Wir haben in Kapitel E2 sogar Anhalt dafür vorgelegt, daß der selbstbewußte Geist geringfügige zeitliche Anpassungen vornehmen kann, um Wahrnehmungsverzögerungen zu korrigieren. Auf diese Weise können Ereignisse aus der äußeren Welt in der richtigen zeitlichen Beziehung, ungeachtet ihrer Stärke, erfahren werden, was eine Fähigkeit von vitaler Bedeutung darstellt, zum Beispiel beim Spielen eines Tasteninstruments, wie eines Klaviers.

Wie in Kapitel E1 erörtert, haben die Afferenzen aus den thalamischen Kernen (*spec. aff.* in Abb. E1–5) einen überwiegenden Einfluß auf der Kraftebene (laminae III, IV und V). So vermutet man, daß es bei der dynamischen Kontrolle und dem Gleichgewicht der tätigen Großhirnrinde alle möglichen Grade der Subtilität und Sensitivität gibt, in denen die Aktivität geringfügig verändert wird, und nicht auf einen Schlag. Vermutlich besteht die Wirkung des selbstbewußten Geistes auf die kortikalen Moduln nicht in einer schlagartigen Operation, sondern eher in einer geringfügigen Auslenkung. Eine sehr sanfte Abweichung nach oben oder unten ist alles, was erforderlich ist. Man kann vermuten, daß dieser Effekt sich in den oberflächlichen Schichten (I und II) aufbaut und die Entladungen von Pyramidenzellen moduliert und kontrolliert, die natürlich auf andere Moduln einwirken. Sie alle spielen dieses Wechselwirkungsspiel miteinander. Weiterhin vermuten wir, daß der selbstbewußte Geist schwach ist im Vergleich zu der Kraft der Synapsenmechanismen in den Schichten III, IV und V, die durch die thalamischen Inputs aktiviert werden. Er ist einfach ein Auslenker und modifiziert die moduläre Aktivität durch seine geringfügigen Ablenkungen.

Wir müssen die Anordnungen für moduläre Interaktion über Assoziations- und Kommissurenfasern in Betracht ziehen (Kapitel E1, Abb. 5), die Axone der Pyramidenzellen anderer Moduln sind. So projiziert jeder Modul zu vielen anderen, und sie ihrerseits feuern zurück. So haben wir lange und komplexe Muster dieser gegenseitigen Interaktion. Wir vermuten, daß der selbstbewußte Geist über eine geringfügige Modifikation einiger dieser Moduln, vermutlich Hunderte, wirkt, und daß die Moduln kollektiv auf diese Modifikationen reagieren, die über die Regelkreise der Assoziationsfasern und die Kallosumfasern übertragen werden. Zusätzlich begreift und erfaßt der selbstbewußte Geist fortwährend die Antworten, die er auf diese subtile Weise gibt, und den daraus resultierenden neuronalen Aufbau. Es ist ein wesentliches Merkmal der Hypothese, daß die Beziehungen zwischen Moduln und dem selbstbewußten Geist reziprok sind, wobei der selbstbewußte Geist sowohl ein Aktivator als auch ein Empfänger ist, wie in diesem Kapitel ausführlich behandelt wurde und wie in Kapitel E8 über das Gedächtnis weiter diskutiert wird.

Aus den Untersuchungen (Kapitel E5, E6) über globale und umschriebene Läsionen des menschlichen Gehirns dürfen wir schließen, daß das Liaison-Hirn einen großen Teil der dominanten Hemisphäre umfaßt, besonders die Sprachfelder und die polymodalen Felder ebenso wie einen großen Abschnitt des Präfrontallappens. Diese ausgedehnten Regionen setzen sich wahrscheinlich aus zahlreichen großen, zusammenhängenden Gebieten der Großhirnrinde zusammen. Jedoch die aktuelle Kontaktstelle offener kortikaler Moduln von Interesse für den selbstbewußten Geist besitzt wahrscheinlich in jedem Augenblick einen punkt- oder fleckförmigen Charakter. Das Herauslesen durch den selbstbewußten Geist hat nichts mit anatomischer Berührung zu tun, sondern mit den in funktioneller Kommunikation durch Assoziations- oder sogar mittels Kommissurenfasern stehenden Moduln. Die integrierende Operation des selbstbewußten Geistes bei dem Vermitteln der Einheit bewußter Erfahrung wird durch räumliche Nähe von Moduln nicht unterstützt. Es ist ihre funktionelle Verknüpfung, die von Bedeutung ist.

Wenn wir die Hypothese, daß einige Moduln gegenüber Welt 2 in Gestalt des selbstbewußten Geistes offen sind, weiterentwickeln, könnten wir vermuten, daß der selbstbewußte Geist nicht oberflächlich über den Modul hinwegschreitet, wie man sich vorstellen könnte, wenn er lediglich die Mikropotentialfelder in dem Abschnitt abtasten würde. Eher müssen wir uns vorstellen, daß er in den Modul »eindringt«, daraus herausliest und die dynamischen Muster der individuellen neuronalen Leistungen beeinflußt. Wir können annehmen, daß dies von Augenblick zu Augenblick über die gesamte verstreute Ansammlung derjenigen Moduln erfolgt, die Information von unmittelbarem Interesse (Aufmerksamkeit) für den selbstbewußten Geist, für seine integrierende Leistung verarbeiten.

Ein anderes wichtiges Merkmal der Interaktion des selbstbewußten Geistes mit Moduln ist, daß er über die Interaktion mit »offenen« Moduln indirekt mit »geschlossenen« Moduln in Wechselwirkung stehen kann.

Da sich der selbstbewußte Geist in Liaison mit offenen Moduln der linken Hemisphäre befindet, die über das Corpus callosum projizieren, vermuten wir, daß es einen Weg in die rechte Hemisphäre gibt, vom selbstbewußten Geist über offene Moduln der linken Hemisphäre und das Corpus callosum in all die spezialisierten, doch geschlossenen Moduln der rechten Hemisphäre. Diese Moduln ihrerseits werden zu den offenen Moduln der linken Hemisphäre in einer symmetrischen Zwei-Wege-Operation rückkoppeln. So kann der selbstbewußte Geist mit der aktiven Informationsverarbeitung in der rechten Hemisphäre beschäftigt sein. Es existiert ein Reichtum von Assoziations- und Kommissurenverknüpfungen mit Hilfe dessen Moduln sehr effektiv sowohl innerhalb einer Hemisphäre als auch zu der anderen Hemisphäre über das Corpus callosum kommunizieren. Es muß eine sehr reiche Verknüpfung vorhanden sein, und dies zeigt sich durch die Verluste von Hirnleistung, wenn das Corpus callosum durchtrennt wird, oder wenn große Abschnitte des Gehirns abgetragen werden. Zum Beispiel leiden sowohl Sprache als auch verbales Gedächtnis nach Kommissurotomie oder nach Läsionen der subdominanten Hemisphäre.[1] Überraschenderweise hatte die Durchtrennung der vorderen 80 Prozent des Corpus callosum einen ebenso verheerenden Effekt auf das Gedächtnis wie die vollständige Durchtrennung.[2] Das intakte posteriore Segment scheint für den Gedächtnistransfer ineffektiv zu sein; dennoch zeigten solche Patienten in den in Kapitel E5 beschriebenen Tests keinen Anhalt für Kommissurotomie.

53. Schlaf, Träume und andere Formen von Bewußtlosigkeit

Wir wissen, daß, wenn Schlaf eintritt, sowohl das Niveau der cerebralen Aktivität als auch die Muster der neuronalen Entladungen sich ändern. In den normalerweise ablaufenden Mustern besitzen die aufeinanderfolgenden Interspike-Intervalle eine zufällige Anordnung um einen Mittelwert, der nach oben oder unten fluktuieren kann. Die gewöhnlichen Rhythmen

---

[1] Kapitel E5, E6; R. W. Sperry [1970], [1974]; A. Brodal [1973]; B. Milner [1974].
[2] R. W. Sperry [1974].

des Elektroencephalogramms (EEG) zeigen das. Wenn man während des Schlafs von Neuronen ableitet, erkennt man, daß sie ihre normalen wachen Muster verloren haben, manche gehen langsam, manche schneller; und es kommt zu einem Chaos, mit gruppenartigen Entladungen. Schlaf bebeutet nicht Aufhören von Aktivität sondern es ist etwas, das viel mehr ungeordneter Aktivität gleicht.[1] Wenn dies geschieht, würde ich sagen, daß der selbstbewußte Geist sieht, daß nichts herauszulesen ist. Alle Moduln sind ihm gegenüber geschlossen. Plötzlich ist er der Daten beraubt, und dies ist Bewußtlosigkeit. Nichts Lesen ergibt nichts.

Doch dann und wann während der Nacht, alle zwei oder drei Stunden, tritt, wie wir wissen, eine organisierte cerebrale Aktivität auf, mit raschen Wellen niedriger Amplitude im EEG. Dies wird paradoxer Schlaf genannt. Es sind rasche Augenbewegungen vorhanden sowie verschiedene Muskelaktionen, und dann findet der selbstbewußte Geist wieder seine Möglichkeit, von aktiven Moduln einen Traum mit seltsamen und sogar bizarren bewußten Erfahrungen herauszulesen, doch immer erkennbar seinem eigenen Traum. Es kann vermutet werden, daß der selbstbewußte Geist während des Traumzyklus aus den neuronalen Aktivitäten im Gehirn herausliest, sogar aus den ungeordnetsten neuronalen Geschehnissen, doch trotzdem werden sie ihm assimiliert. Sie können sich auf seine vergangenen Erfahrungen beziehen und sind oft Reminiszenzen oder ein Wiederabspielen anderer Erfahrungen des früheren Lebens. Manchmal handelt es sich um derart bizarre Erfahrungen, daß der Traum scheinbar mit überhaupt nichts, das im erinnerten Leben geschehen ist, in Verbindung gebracht werden kann, das jedoch eine tiefere Bedeutung hat, die wir nicht kennen, wie Freud vermutete. Auf jeden Fall ist dies die Weise, in der der selbstbewußte Geist in Beziehung zum Gehirn arbeitet. Beim Aufwachen scheint sich der selbstbewußte Geist allmählich zusammenzureißen, und einige organisierte offene Moduln zu finden, eine Erleuchtung hier oder dort in musterförmiger Operation, und bald kommt das dämmernde Bewußtsein des neuen Tages in Flecken und in begrenzten Erfahrungen, und allmählich versammelt sich alles. Man erinnert sich, wo man ist, man erinnert sich an bereits für den kommenden Tag gefaßte Pläne, man erinnert sich, was man sofort tun muß; und man übernimmt dann den vollen wachen Tag.

Ich denke, daß man sich all dies so vorstellen muß, als ob der selbstbewußte Geist wahrscheinlich, sozusagen, die Großhirnrinde während des gesamten Schlafs sondiert oder abgetastet hätte auf der Suche nach Moduln, die offen sind und die für eine Erfahrung genutzt werden können. Wir wissen auch, daß eine ganze Menge von »Träumen« im selbstbewuß-

---

[1] E. V. Evarts [1964].

ten Geist ablaufen, der ohne Zweifel fortwährend und wirkungsvoll das Liaison-Hirn abtastet, doch sie werden beim Erwachen, vielleicht Stunden später, nicht erinnert. Ein Traum kann jedoch erinnert werden, wenn die Untersuchungsperson aufgeweckt wird, während die assoziierten neuronalen Ereignisse in dem aufgezeichneten EEG ablaufen und Augenbewegungen vorhanden sind. Weckt man sie zehn Minuten oder noch später auf, besitzt sie gewöhnlich keinerlei Erinnerung an einen Traum, obwohl sich ein Traumstatus anhand der Ableitungen zeigte. Darüber hinaus kann man statistisch sicher sein, daß die Ableitungen zuverlässige Indikatoren von Träumen sind, weil in 90 Prozent der Fälle ein Traum berichtet wird, wenn man eine Untersuchungsperson während oder genau nach dem durch das Elektronencephalogramm signalisierten paradoxen Schlaf aufweckt. Diese Befunde vermitteln wichtige Information über die Weise, in der der selbstbewußte Geist zum Gehirn in Beziehung steht. Ich vermute, daß er immer da ist und das Gehirn abtastet, doch daß das Gehirn sich nicht immer in einem kommunikativen Status mit ihm befindet!

Ein charakteristisches Merkmal der meisten Träume ist, daß der Träumer eine sehr störende Machtlosigkeit empfindet. Er ist in das Traumerleben eingetaucht, doch fühlt er eine frustrierende Unfähigkeit, irgendeine gewünschte Handlung durchzuführen. Natürlich agiert er in dem Traum, doch mit der Erfahrung, daß er sich dabei wie eine Puppe verhält. Sein selbstbewußter Geist kann erleben, doch nicht wirkungsvoll handeln, was exakt die Position der Parallelisten, wie der Identitätstheoretiker ist. Der Unterschied zwischen Traumzuständen und Wachzuständen begründet eine Widerlegung des Parallelismus. Eine parallelistische Welt wäre eine Traumwelt!

Ich will nun andere bewußtlose Zustände betrachten. Was geschieht zum Beispiel mit dem selbstbewußten Geist in den viel ernsteren Zuständen cerebraler Aktivitätsverminderung, die erstens in tiefer Anästhesie oder zweitens in Komata verschiedener Arten vorkommen? Wir wissen, daß es im tiefen Koma zu einem Aufhören aller neuronaler Entladungen kommt. Es kann für eine beträchtliche Zeit kein EEG abzuleiten sein. Ist dies für etwa 30 Minuten der Fall, so ist es wahrscheinlich irreversibel, in diesem Fall sind die Großhirnhemisphären abgestorben, der sogenannte Hirntod. Wir könnten fragen, ob der selbstbewußte Geist während dieser ernsten Zustände von Bewußtlosigkeit immer noch versucht, abzutasten und einen kleinen Herd zu finden, der eine Erfahrung vermitteln könnte oder nicht? Was geschieht, liegt außerhalb unseres Verständnisses und mag unerkennbar sein.

Die cerebrale Kondition, die wir als nächste betrachten wollen, ist der entgegengesetzte Zustand, Krampfentladungen. In einem epileptischen Krampfanfall läuft eine höchst intensiv angetriebene Aktivierung der be-

troffenen Neurone über das Gehirn hinweg. Wir wissen, daß der Patient
auf einer bestimmen Stufe der abnormen Aktivierung, bei Aktivierung
einer bestimmten Hirnmasse, das Bewußtsein verliert. Er kann bei Bewußtsein sein mit Krampfanfällen, die vielleicht 50 Prozent der Großhirnrinde beteiligen, doch nicht mehr. Dann verliert er das Bewußtsein und es
dauert lange Zeit, bevor die Erholung eintritt. Nachdem der Krampfanfall
vorüber ist, erholt sich das Gehirn allmählich von seiner intensiven konvulsiven Aktivität. Für einige Zeit ist es gestört, und wieder hat der Patient keine Erinnerung an das, was er erlebt. Wir können uns vorstellen,
daß der selbstbewußte Geist ohne Wirkung abtastet.

Abschließend kommen wir natürlich zu dem letzten Bild, was geschieht im Tod? Dann steht alle cerebrale Aktivität für immer still. Der
selbstbewußte Geist, der gewissermaßen eine autonome Existenz in
Welt 2 besaß, findet nun, daß das Gehirn, das er abgetastet und sondiert
und so wirkungsvoll und erfolgreich während eines langen Lebens kontrolliert hat, überhaupt keine Meldungen mehr gibt. Was dann geschieht,
ist die letzte Frage.

54. Die Plastizität »offener« Moduln

Wir haben vorgeschlagen, daß eine einzigartige dynamische Leistung in
den Moduln des Liaison-Hirns liegt, die sie offen werden läßt, um zum
selbstbewußten Geist zu übermitteln und von ihm zu empfangen. Wir
können nun die Situation in dem plastischen Zustand betrachten, der in
frühen Lebensjahren zu bestehen scheint, indem sowohl die linke als auch
die rechte Hemisphäre über Sprachfähigkeit verfügen, und indem ein
Schaden der Sprachzentren der linken Hemisphäre zu einem Transfer der
Dominanz zur rechten Hemisphäre führen kann.[1] In diesem frühen Stadium können wir vermuten, daß einige Moduln beider Hemisphären die
Eigenschaft besitzen, »offen« gegenüber Welt 2 zu sein, und daß Schädigung solcher Moduln in der linken Hemisphäre zu der weiteren Entwicklung solcher modulären Eigenschaften in der rechten Hemisphäre führt,
zusammen mit dem Transfer von Sprache. Wir werden deshalb in die
Probleme der Plastizität modulärer Eigenschaften in ihrer einzigarten Beziehung zu Welt 2 eingeführt. Kommt es während der frühen Lebensjahre, wenn die linke Hemisphäre die Dominanz mit dem fast ausschließlichen Monopol der Sprache übernimmt, zu Regression der »offenen«
Moduln der rechten Hemisphäre? Wir können weiterhin fragen, ob die

---

[1] B. Milner [1974].

Abtastoperation des selbstbewußten Geistes in irgendeiner Weise auf »offene« Moduln beschränkt ist, und ob es keine »offene« Moduln in der rechten (nicht-dominanten) Hemisphäre gibt, wie in Abbildung E5–7 gezeigt? Alternativ könnten »offene« Moduln vorhanden sein, wie durch die gestrichelte Zeile in dem oberen Teil von Abbildung E7–5 angedeutet, doch sie verlieren diese Eigenschaft nach dem Trauma der Kommissurotomie, die die mächtigen Kommunikationslinien (die 200 Millionen Fasern) auf Dauer unterbricht, so daß die subdominante Hemisphäre ihre Liaison mit Welt 2 verliert (siehe Kapitel E5). Weitere Diskussion findet in den Abschnitten V, VII und IX statt.

55. Zusammenfassung

Wir können nun kurz die Konsequenzen der starken dualistischen Hypothese, die wir formuliert haben, betrachten. Ihre Hauptkomponente ist, daß dem selbstbewußten Geist Vorrang zugesprochen wird. Es wird vorgeschlagen, daß der selbstbewußte Geist aktiv damit beschäftigt ist, nach Hirnereignissen zu suchen, die gegenwärtig in seinem Interesse liegen, die Operation der Aufmerksamkeit, doch er verkörpert auch das integrierende Agens, indem er die Einheit der bewußten Erfahrung aus all der Vielfalt der Hirnereignisse aufbaut. Sogar noch wichtiger ist, daß ihm die Rolle zugeteilt ist, Gehirnereignisse gemäß seinem Interesse oder Wunsch aktiv zu modifizieren, und die Abtastoperation, mittels derer er sucht, kann als eine aktive Rolle bei der Selektion spielend betrachtet werden. Sperry [1969] hat einen ähnlichen Vorschlag gemacht.

> »Bewußte Phänomene in diesem Schema werden erkannt als mit den physiochemischen und physiologischen Aspekten der Hirnprozesse in Wechselbeziehung stehend und sie weitgehend beherrschend. Dies ereignet sich offensichtlich ebenso in der entgegengesetzten Richtung, und so erkennt man eine gegenseitige Wechselbeziehung zwischen den physiologischen und den geistigen Eigenschaften. Sogar so würde die gegenwärtige Interpretation dazu tendieren, dem Geist seine alte angesehene Position gegenüber der Materie zurückzugeben, in dem Sinne, daß gesehen wird, daß die geistigen Phänomene die Phänomene der Physiologie und Biochemie transzendieren.«

Es wurde hier angenommen, daß diese Interaktion des selbstbewußten Geistes und des Gehirns von der Anordnung der cerebralen Neurone in den Moduln abhängt, die durch anatomische und physiologische Studien definiert sind. Es wird vermutet, daß jedes Modul ein intensives und subtiles inneres dynamisches Leben besitzt, das auf der kollektiven Interaktion seiner vielen Tausenden von Neuronbestandteilen basiert. Diese Komponenten der physischen Welt (Welt 1) werden auf diese Weise

ARTEN DER INTERAKTION ZWISCHEN DEN HEMISPHÄREN

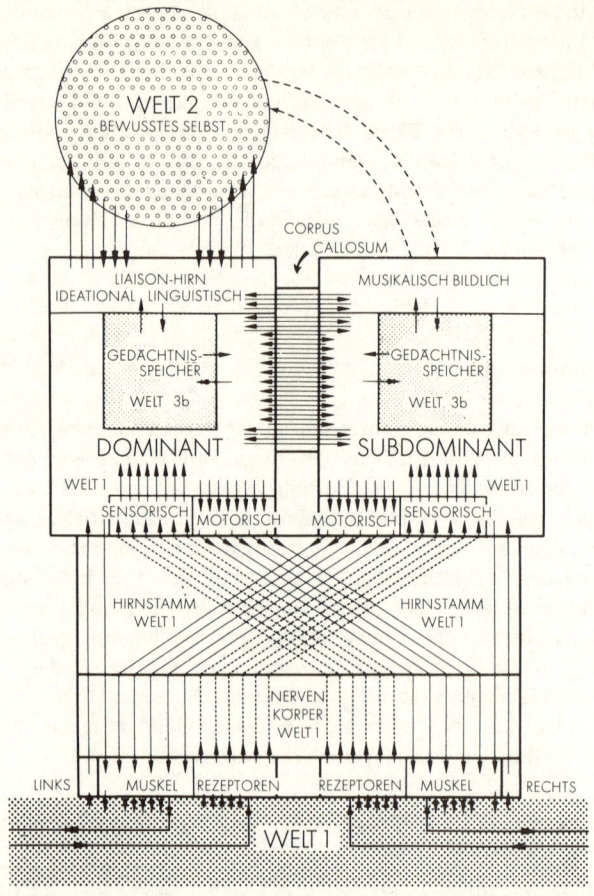

Abb. E7–5. Das gleiche Diagramm wie in Abb. E5–7, doch mit Hinzufügung (durchbrochene Linien) möglicher Kommunikationslinien von Welt 2 zur nicht-dominanten Hemisphäre.

flüchtige Bestandteile eines fundamentalen Kontaktgliedes, das »offen« gegenüber Zwei-Wege-Einflüssen von einer anderen Welt ist, dem selbstbewußten Geist von Welt 2. Nicht alle Moduln der Großhirnhemisphären sind in dieser Weise »offen«. Nach der Kommissurotomie-Operation befindet sich der selbstbewußte Geist nur mit der dominanten Hemisphäre in Liaison, und es wird vorgeschlagen, daß die Liaison-Zone weiter auf die Sprach-Abschnitte im weitesten Sinne beschränkt ist, auf die polymodalen sensorischen Felder, besonders den Präfrontallappen und auf die ideationalen Felder, mit deren Hilfe der selbstbewußte Geist nicht-verbal kommuniziert, zum Beispiel bildlich und musikalisch. Wir schlagen vor, daß der selbstbewußte Geist willentlich aus den Moduln dieser großen Region neuronaler Aktivierung in der dominanten Hemisphäre herauslesen kann. Von Augenblick zu Augenblick wird so nur eine winzige Fraktion gesammelt, und vieles von dem, was herausgelesen wird, wird nur für Sekunden im Kurzzeitgedächtnis behalten (siehe Kapitel E8). So ist der größere Teil unserer bewußten Erfahrungen ephemer. Jedoch die Konzentration auf spezielle Äußerungen des selbstbewußten Geistes kann neuronale Speicherprozesse in Gang setzen, die die Grundlage des Intermediär- und Langzeitgedächtnisses darstellen (Kapitel E8). Wir vermuten, daß der selbstbewußte Geist aktiv mit dem Prozeß, diesen Gedächtnisspeicher niederzulegen und von ihm abzurufen, beschäftigt ist. Wir werden diese Ideen in Kapitel E8 entwickeln.

Man kann behaupten, daß die starke dualistisch-interaktionistische Hypothese, die hier entwickelt worden ist, sich durch ihre große erklärende Kraft empfiehlt. Sie bringt im Prinzip wenigstens Erklärungen für das gesamte Spektrum der Probleme, die sich auf die Gehirn-Geist-Interaktion beziehen. Sie hilft auch für das Verständnis einiger Aspekte des Gedächtnisses und der Illusion und der kreativen Imagination (siehe Diskussionen). Doch das Wichtigste ist, daß sie der menschlichen Person das Empfinden für Wunder, für Mysterien und für Wert zurückgibt. In den Diskussionen werden sich viele Gespräche, über die Weise, in der die Welt 3 $\rightleftarrows$ Welt 2 Interaktion für die Schaffung einer menschlichen Person notwendig ist, finden – notwendig, doch nicht ausreichend. Schließlich kann behauptet werden, daß die Hypothese wissenschaftlich ist, weil sie auf empirischen Daten beruht und objektiv testbar ist. Es muß betont werden, daß, genau wie andere wissenschaftliche Theorien einer großen erklärenden Kraft, die vorliegende Hypothese empirischer Erprobung unterworfen werden muß. Es wird jedoch behauptet, daß sie nicht durch irgendein vorhandenes Wissen widerlegt wird. Es kann optimistisch vorhergesagt werden, daß es einen langen Zeitraum von Ausfeilung und Weiterentwicklung geben wird, doch keine endgültige Falsifizierung.

Die philosophischen Konsequenzen der Hypothese der Gehirn-Geist-Liaison wird weiter an vielen Stellen der Diskussion betrachtet werden (Dialoge V, VI, VII, VIII, IX, X, XII). Dort (Dialog X) werden auch die thermodynamischen Konsequenzen dieser vermuteten Aktionen über die Kluft zwischen Gehirn und Geist hinweg behandelt werden, wie in Abbildung E7–2 schematisch dargestellt.

Falls, wie vermutet, der selbstbewußte Geist keinen speziellen Teil von Welt 1 darstellt, das heißt von der physischen und biologischen Welt, so besitzt er wahrscheinlich andersartige fundamentale Eigenschaften. Obwohl er sich mit speziellen Zonen des Neokortex in Liaison befindet, muß er selbst nicht die Eigenschaft räumlicher Ausdehnung besitzen. Offensichtlich integriert er sofort, was er aus verschiedenen verstreuten Elementen des aktiven Neokortex, weitgehend der dominanten Hemisphäre, doch wahrscheinlich auch von der subdominanten Hemisphäre des normalen Gehirns herausliest (siehe Abb. E7–5). Doch die Frage: wo ist der selbstbewußte Geist lokalisiert? ist im Prinzip nicht zu beantworten. Dies kann man sehen, wenn man einige Komponenten des selbstbewußten Geistes betrachtet. Es hat keinen Sinn zu sagen, wo die Gefühle von Liebe oder Haß, oder von Freude oder Furcht, oder von solchen Werten wie Wahrheit, Güte und Schönheit lokalisiert sind, die für geistige Bewertung gelten. Diese werden erfahren. Abstrakte Konzepte, wie in der Mathematik, besitzen keine Lokalisation per se, doch können sie sozusagen in spezifischen Beispielen oder Demonstrationen materialisiert werden. In ähnlicher Weise erscheint eine Lokalisation des selbstbewußten Geistes, wenn seine Aktionen in seinen Interaktionen mit dem Liaison-Hirn materialisiert werden. Anders ist es mit der Frage: Besitzt der selbstbewußte Geist spezifische zeitliche Eigenschaften? Erlebte Zeit transzendiert die Uhrzeit durch ihre Verlangsamung in akuten Notfällen, und in den Experimenten Libets über die Antedatierung (Abb. E2–3D). Sie überschreitet auch die Uhrzeit im Erinnern und Wiederauflebenlassen vergangener Erfahrungen und in der imaginativen Vorhersage von Geschehnissen in der Zukunft, die emotional erfahren werden kann, zum Beispiel bei freudigen Erwartungen oder bei schrecklichen Vorahnungen. Doch in unseren allgemeinen wachen Erfahrungen sind die erlebten Zeiten und die Uhrzeit im wesentlichen synchronisiert, wie sie es für die effektive Kontrolle von Aktionen in Antwort auf gegenwärtige Situationen sein müssen. So sind aus praktischen Zwecken die erlebte Zeit und die Uhrzeit eng gekoppelt. Wir können uns somit vorstellen, daß Welt 2 eine zeitliche Eigenschaft besitzt, doch keine räumliche Eigenschaft, jedoch erfordern diese tiefreichenden Fragen viel mehr Forschung.

Kapitel E 8
Bewußtes Gedächtnis: Die für die Speicherung und das Wiederabrufen zuständigen Prozesse

56. Übersicht

In diesem Kapitel wird ein Versuch unternommen, die Frage zu beantworten: Wie können wir Ereignisse oder eine einfache Testsituation wie zum Beispiel eine Zahlen- oder Wortreihe wiedergewinnen oder wiedererfahren? Dieses Problem wird auf zwei Ebenen diskutiert. Auf der ersten Ebene ist es ein Problem der Neurobiologie, das sich auf die strukturellen und funktionellen Veränderungen im Gehirn bezieht, die die Grundlage des Gedächtnisses bilden. Eine attraktive Hypothese ist, daß über Jahre anhaltenden Erinnerungen eine strukturelle Basis in der Art veränderter Verknüpfungen in der neuronalen Maschinerie entspricht. Dies würde erklären, daß eine Tendenz für das Replay der Raum-Zeit-Muster neuronaler Aktivität besteht, wie sie sich in der anfänglichen Erfahrung ereignet haben. Dieses Wiederabspielen im Gehirn wäre von Sicherinnern im Geist begleitet. Die zweite Ebene betrifft die Rolle des selbstbewußten Geistes. Dies ist im wesentlichen eine Entwicklung der in Kapitel E7 formulierten Theorie.

Die neurobiologische Ebene des Gedächtnisses wird durch eine Studie der Synapsenstruktur und Synapsenaktion entweder unter der Bedingung gesteigerter Aktivität (Abb. E8–1, 2 und 3) oder des Nichtgebrauchs veranschaulicht. Auf diese Weise wird gezeigt, daß es modifizierbare Synapsen gibt, die für Gedächtnis verantwortlich sein könnten, weil sie weitgehend durch Aktivität gefördert werden und bei Nichtgebrauch verkümmern (Abb. E8–4). Es wird gefolgert, daß die exzitatorischen Spine-Synapsen (Kapitel E1, Abb. 2D) wahrscheinlich die für das Gedächtnis zuständigen modifizierbaren Synapsen sind. Weiterhin wird der Mechanismus, durch den Aktivität zu Wachstum und erhöhter Effektivität von Synapsen führen kann, erörtert.

Man nimmt allgemein an, daß Gedächtnisprozesse zeitlich aufeinander aufbauen, wobei es sehr kurze Erinnerungen über wenige Sekunden gibt, wahrscheinlich intermediäre Erinnerungen über Sekunden bis Stunden und schließlich Langzeiterinnerungen über Stunden bis zu einer ganzen Lebenszeit. Diese Mischung ist in Abbildung E8–7 dargestellt. Beim Kurzzeitgedächtnis von wenigen Sekunden ist zu erkennen, daß das erinnerte Ereignis durch fortgesetzte verbale Wiederholung wahrgenommen werden muß, wie zum Beispiel wenn man eine Telefonnummer nachschaut und wählt. Man vermutet, daß solche kurzen Erinnerungen im selbstbewußten Geist bewahrt werden, weil er aus der unablässigen Aktivität in neuronalen Regelkreisen herausliest, die die abzurufende Information tragen.

Ein bemerkenswerter Anhalt für dieses kurze Gedächtnis ergibt sich bei Patienten, bei denen eine bilaterale Entfernung des Hippokampus vorgenommen worden ist (Abb. E8–6). Dies wurde bei bilateralen epileptischen Anfällen mit Beteiligung der Hippokampi durchgeführt. Man wußte nicht, daß es zu einem tragischen Gedächtnisverlust kommen würde. Diese Patienten haben nicht die aus der Zeit vor der Operation stammenden Erinnerungen verloren, doch sie versagen fast vollkommen darin, irgendwelche neuen Erinnerungen festzuhalten. Die außerordentlichen Ausfälle, die aus diesem Verlust aller Erinnerungen mit Ausnahme derjenigen kürzester Dauer resultieren, werden kurz beschrieben. Es wird gefolgert, daß der Hippokampus für die Speicherprozesse aller Erinnerungen notwendig ist, mit Ausnahme derjenigen vom Typ der verbalen Wiederholung, doch er ist nicht selbst der Ort der Speicherung.

Es wird vermutet, daß der Hippokampus sich an der Festigung der Erinnerung mit Hilfe von Schaltkreisen, speziell vom Präfrontallappen zum Hippokampus und wieder zurück zum Neokortex (Abb. E1–9), beteiligt. Diese angenommenen operativen Schaltkreise sind bereits anatomisch bekannt, doch sind sie noch nicht physiologisch untersucht worden. Es wird vermutet, daß der Hippokampus eine Schlüsselrolle bei dieser Gedächtnisspeicherung spielt, weil nachgewiesen wurde, daß er bereits sehr empfindlich für geringe Aktivierungen ist. Unter solchen Bedingungen zeigen die übertragenden Synapsen eine stark erhöhte und anhaltende Effektivität (Abb. E8–1, 2 und 3). Es gibt viele verlockende Untersuchungsarten, die sich aus dieser allgemeinen Theorie der Gedächtnisspeicherung und der Rolle des Hippokampus ableiten.

Besonders wichtig für das bewußte Gedächtnis ist die Rolle des selbstbewußten Geistes, der über die Schaltstelle zwischen Welt 2 und Welt 1 sozusagen die Datenbank des Speichers in der Großhirnrinde beherrscht (Abb. E7–2). Der selbstbewußte Geist kann Aktivitäten im Gehirn stattfinden lassen, die für den Informationsabruf von den Datenbanken, die wahrscheinlich weit über die Großhirnrinde verstreut sind, wirksam sind. Die abgerufene Information wird aus den Liaison-Zentren des Gehirns herausgelesen und durch eine Gedächtniserkennungsfunktion des selbstbewußten Geistes, wie wir dies nennen könnten, an dem erwarteten Resultat gemessen. Mit Hilfe dieses Gedächtniserkennens kann der selbstbewußte Geist entdecken, ob der Abruf von der Datenbank falsch ist und eine weitere Suche in den Datenbanken des Gehirns veranlassen, in dem Bestreben, eine Erinnerung zu beschaffen, die als richtig erkannt wird. Es ist offenkundig, daß eine fortwährende Interaktion zwischen dem selbstbewußten Geist und dem Liaison-Hirn beim Gedächtnisabruf genauso notwendig ist wie bei der Willkürhandlung.

Ein Anhalt über die Lokalisation und Arbeitsweise der Datenbanken im Gehirn ergibt sich aus den faszinierenden Entdeckungen von Penfield im Hinblick auf die Erinnerungen an Erlebnisse, die durch schwache elektrische Stimulation auf den Hirnoberflächen nicht narkotisierter Untersuchungspersonen gewonnen wurden (Abb. E8–5). Die bevorzugten Abschnitte für dieses Phänomen liegen größtenteils in den Temporallappen, besonders in der nicht-dominanten Hemisphäre. Erlebnisse der im Text beschriebenen Art werden nicht durch Stimulation normaler Gehirne evoziert, sondern nur der Gehirne von Patienten mit epileptischen Anfällen.

Es findet eine kurze Diskussion der Dauer der verschiedenen Arten von Gedächtnis statt, wobei vermutet wird, daß wenigstens drei getrennte Gedächtnisprozesse dafür zuständig sind, die Kontinuität des Gedächtnisses, die wir normalerweise erleben, zu vermitteln (Abb. E8–7). Es gibt erstens die kurzen Wiederholungserinnerungen von Sekunden, zweitens die längeren Erinnerungen für Stunden, wahrscheinlich von einer physiologischen Art (post-tetanische Potenzierung), die die Lücke zwischen den sehr kurzen Erinnerungen und den sich langsam entwickelnden Erinnerungen schließen, die von Synapsenwachstum abhängen und die normalerweise nach Stunden bemessene Zeiten erfordern, um sich wirksam zu entwickeln.

Am Ende des Kapitels werden neuronale Leistungen, die Bezug zum Gedächtnis haben, behandelt, nämlich die plastischen Antworten, die sich im Gehirn finden, wenn es spezifischen Inputs und den Antworten darauf ausgesetzt ist (Abb. E8–8).

57. Einleitung

Das Thema dieses Kapitels ist das bewußte Gedächtnis. Es ist ein Versuch, die Frage zu beantworten: Wie können wir Ereignisse oder eine einfache Testsituation, wie zum Beispiel eine Zahlen- oder Wortfolge wiedergewinnen oder wiedererfahren? Man wird erkennen, daß zwei unterschiedliche Probleme beteiligt sind: Speicherung und Wiederabruf oder, in Beziehung zu unserem gegenwärtigen Problem des bewußten Gedächtnisses, Lernen und Erinnern. Es wird vorgeschlagen, diese Probleme auf zwei Ebenen abzuhandeln.

Erstens wird es als neurobiologisches Problem betrachtet werden, nämlich die strukturellen und funktionellen Veränderungen, die die Grundlage des Gedächtnisses bilden. Man nimmt allgemein an, daß bei der Wiedergewinnung einer Erinnerung die neuronalen Ereignisse, die für die erinnerte Erfahrung verantwortlich waren, in etwa wieder abgespielt werden. Es besteht kein speziell schwieriges Problem bei Kurzzeiterinnerungen von wenigen Sekunden. Man kann vermuten, daß diese durch die während der verbalen oder bildlichen Wiederholung andauernden neuralen Ereignisse bewirkt werden. Die andersartigen Muster neuronaler Aktivität, die in Abbildung E7–4 vorgeschlagen werden, fahren somit fort, während der gesamten Dauer dieser kurzen Erinnerungen zu rezirkulieren und stehen für das Herauslesen zur Verfügung. Andererseits muß noch herausgefunden werden, wie bei Erinnerungen, die über Minuten bis Jahre andauern, die neuronalen Verknüpfungen verändert werden, so daß eine Tendenz zum Replay der Raum-Zeit-Muster neuronaler Aktivität, die bei dem ursprünglichen Erlebnis stattfand und die mittlerweile abgeklungen ist, stabilisiert wird.

Zweitens muß die Rolle des selbstbewußten Geistes betrachtet werden. Wir haben in Kapitel E7 vermutet, daß eine bewußte Erfahrung entsteht, wenn der selbstbewußte Geist in eine wirksame Beziehung mit bestimmten aktivierten Moduln in der Großhirnrinde, »offenen« Moduln, tritt. Bei dem gewollten Rückrufen einer Erinnerung muß der selbstbewußte Geist wiederum in Beziehung treten mit einem Muster modulärer Antworten, die den ursprünglichen durch das zu erinnernde Ereignis ausgelösten Reaktionen ähneln, so daß ein Herauslesen des annähernd selben Erlebnisses stattfindet. Wir müssen uns ansehen, wie der selbstbewußte Geist an dem Hervorrufen der neuronalen Ereignisse, die die erinnerte Erfahrung sozusagen auf Verlangen wiedergeben, beteiligt ist. Weiterhin fungiert der selbstbewußte Geist als Schiedsrichter oder Bewerter im Hinblick auf die Richtigkeit oder Relevanz der Erinnerung, die auf Verlangen geliefert wird. Zum Beispiel kann der Name oder die Zahl durch den selbstbewußten Geist als falsch erkannt werden und ein weiterer Rückrufprozeß kann veranlaßt werden usw. Somit beinhaltet der Rückruf einer Erinnerung zwei unterschiedliche Prozesse im selbstbewußten Geist: erstens denjenigen des Rückrufs von den Datenbanken im Gehirn; zweitens das Erkennungsgedächtnis, das ihre Richtigkeit beurteilt.

58. Strukturelle und funktionelle Veränderungen, die möglicherweise Bezug zum Gedächtnis haben

Es hat Theorien des Langzeitgedächtnisses gegeben, die eine Analogie zum genetischen oder immunologischen Gedächtnis vermuteten. Es wurde zum Beispiel angenommen, daß Erinnerungen in spezifischen Makromolekülen, in bestimmter RNS kodiert sind,[1] oder daß sie analog dem immunologischen Gedächtnis sind.[2] Diese Theorien erweisen sich aus verschiedenen Gründen als falsch[3] und müssen hier nicht weiter diskutiert werden. Es soll nun kurz über den Anhalt für die allgemein angenommene Wachstumstheorie des Lernens im Zentralnervensystem berichtet werden.

Grundsätzlich müssen wir in Anlehnung an Sherrington [1940], Adrian [1947], Lashley [1950] und Szentágothai [1971] annehmen, daß Langzeiterinnerungen irgendwie in den neuronalen Verknüpfungen des Gehirns kodiert sind. Wir werden somit zu der Vermutung geführt, daß die strukturelle Basis des Gedächtnisses in Modifikationen von Synapsen liegt.[4] Bei Säugetieren gibt es keinen Hinweis auf Wachstum oder Veränderung größerer neuronaler Bahnen im Gehirn nach ihrer ursprünglichen Bildung. Es ist nicht möglich, größere Hirnbahnen auf einem derartig gewichtigen Niveau zu konstruieren oder rekonstruieren. Doch es sollte möglich sein, die notwendigen Veränderungen der neuronalen Verknüpfung durch mikrostrukturelle Veränderungen in den Synapsen zu sichern.[5] Sie können zum Beispiel hypertrophieren oder sie können zusätzliche Synapsen aussprießen lassen oder sie können alternativ verkümmern. Da man erwarten würde, daß die erhöhte synaptische Wirksamkeit aufgrund einer starken konditionierenden Synapsenaktivierung entsteht, wurden Experimente, wie die in Abbildung E8–1 dargestellten, an vielen Synapsentypen durchgeführt.

Die Abbildung E8–1B ist bemerkenswert, weil sie zeigt, daß wiederholte Stimulation zu einer starken Steigerung (bis zum Sechsfachen) der exzitatorischen postsynaptischen Potentiale, EPSPs, führt, die monosynaptisch durch Pyramidenbahnfasern in einem α-Motoneuron produziert werden (vgl. Abb. E3–3). Im Gegensatz dazu wurden in Abbildung E8–1A, die in dem gleichen Motoneuron von Ia-Fasern von Muskelspindeln monosynaptisch erzeugten EPSPs (vgl. Abb. E3–2) nicht potenziert.

---

[1] H. Hydén [1965], [1967].
[2] L. Szilard [1964].
[3] Siehe J. C. Eccles [1970]; J. Szentágothai [1971].
[4] Siehe ebd.
[5] Siehe J. C. Eccles [1976].

Frequenzpotenzierung exzitatorischer Synapsen

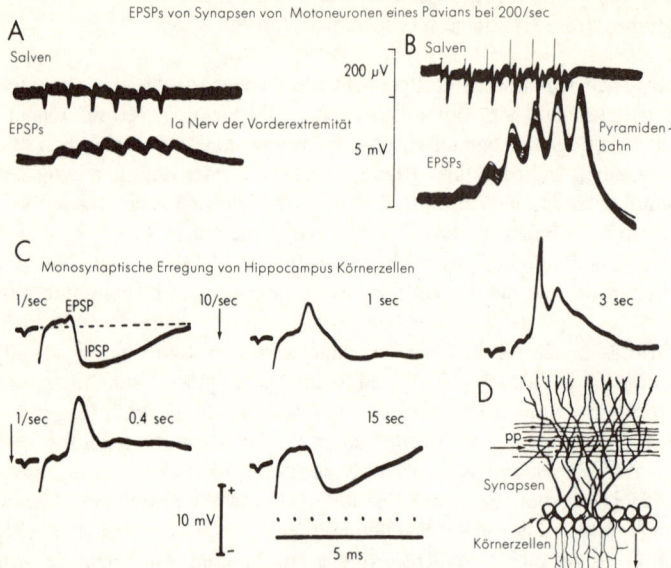

Abb. E8–1. Frequenzpotenzierung exzitatorischer Synapsen. A, B. Die unteren Kurven stellen monosynaptische EPSPs (exzitatorische postsynaptische Potentiale) des gleichen Motoneurons der Cervikalschwellung des Pavian-Rückenmarks dar. In jedem Fall wurden sechs Stimuli mit 200 pro Sekunde auf die afferente Ia-Bahn in A und auf die Pyramidenbahn in B abgegeben. (S. Landgren, C. G. Phillips und R. Porter, J. Physiol., 161:91, [1962]). C zeigt Frequenzpotenzierung monosynaptischer EPSPs von Hippokampus-Körnerzellen (gezeigt in D), wenn die Stimulationsfrequenz der perforierenden Bahn (*pp* von D) von 1 auf 10 pro Sekunde erhöht wurde und ihren Abfall zurück auf 1 pro Sekunde (Bliss und Lømo [1973]).

Offensichtlich entfalten die Pyramidenbahnsynapsen einen extremen Umfang von Modifizierbarkeit durch etwas, das wir *Frequenzpotenzierung* nennen könnten. Der an dieser Potenzierung beteiligte Synapsenmechanismus wird noch nicht verstanden, doch wir können wenigstens sicher sein, daß er auf einem äquivalenten Anstieg der Freisetzung der synaptischen Überträgersubstanz beruht. Viele Synapsentypen auf den höheren Hirnebenen besitzen diese Fähigkeit, sich während intensiver Aktivierung operational aufzubauen.

Die Serie von Abbildung E8–1C, D bringt ein anderes Beispiel für Synapsen in einem primitiven Teil des Großhirns, dem Hippokampus (siehe Kapitel E1). Der Hippokampus ist von besonderem Interesse, weil man glaubt, daß er wichtig für das Niederlegen von Gedächtnisspuren ist, wie weiter unten beschrieben wird. Teil D zeigt die exzitatorischen Synapsen von der perforierenden Bahn (PP) zu den Dendriten der Körnerzellen. In C zeigte die intrazelluläre Ableitung von einer Körnerzelle zu Beginn der 1/sec-Reizung von PP ein sehr kleines anfängliches EPSP, das von einem großen IPSP gefolgt wurde. Bei Erhöhung der Stimulusfrequenz auf 10 pro Sekunde kam es bereits innerhalb einer Sekunde zu einer starken Potenzierung des EPSP, das bis zu einem gewissen Grade dem IPSP entgegenwirkte. Nach drei Sekunden dieser Stimulation unterdrückte das sehr große EPSP das IPSP vollständig und erzeugte, wie man sieht, eine Impulsentladung der Zelle. Wurde die Stimulation wieder auf 1 pro Sekunde verlangsamt, war die Frequenzpotenzierung bei 0,4 Sekunden bereits beträchtlich abgefallen und in 15 Sekunden verschwunden. Es ist verlockend zu denken, daß Synapsen, die so begeistert während und einige Sekunden nach mäßiger Aktivierung antworten (post-tetanische Potenzierung), die *modifizierbaren Synapsen,* die für das Phänomen von Lernen und Gedächtnis verantwortlich sind, darstellen könnten.

Abbildung E8–2 zeigt eine anhaltendere Art post-tetanischer Potenzierung bei diesen gleichen Synapsen des Hippokampus. Eine sehr schwache elektrische Reizung von 20 pro Sekunde über 15 Sekunden (300 Stromstöße) wurde bei dem ersten Pfeil *(unten)* verabfolgt. Die aufgetragenen Punkte zeigen, daß es nur zu einer kleinen flüchtigen Potenzierung kam. Doch bei aufeinanderfolgenden Wiederholungen (bei den späteren Pfeilen) dieser schwachen Stimulation etwa jede halbe Stunde, kam es zu einem zunehmenden Anstieg der Potenzierung, so daß nach der fünften eine enorme Potenzierung der Impulsentladung der Körnerzellen stattfand. Originalregistrierungen finden sich in den Einschubfiguren, in denen drei Testantworten mit den drei Kontrollen unten, die von der anderen Seite abgeleitet wurden, verglichen werden können. Die Meßwerte im Diagramm sind von den steil abfallenden extrazellulären Potentialspitzen, die durch die Pfeile in den Testantworten markiert sind. Diese starke Potenzierung bestand über drei Stunden. Dieser erstaunliche Effekt wurde in vielen derartigen Experimenten beobachtet, wobei Potenzierungen sogar über zehn Stunden in akuten Experimenten voll bestehen blieben.[6] In Dauerexperimenten mit implantierten Elektroden wurde eine ähnliche Potenzierung über mehrere Wochen nach Konditionierung durch sechs kurze Stimulationsfolgen, 15 pro Sekunde über 15 Sekunden beobachtet.[7] In Abbildung E8–3A wurde die Potenzierung aufgebaut wie in Abbildung E8–2, doch nur durch Episoden von 60 V-Reizung, und in B sieht man, daß sie innerhalb von 12 Stunden auf etwa die Hälfte abgefallen ist, doch einen Tag, sechs Tage und sechzehn Wochen später wenig

---

[6] T. V. P. Bliss und T. Lømo [1973].
[7] T. V. P. Bliss und A. R. Gardner-Medwin [1973].

Posttetanische Potenzierung von Hippocampus Körnerzellen

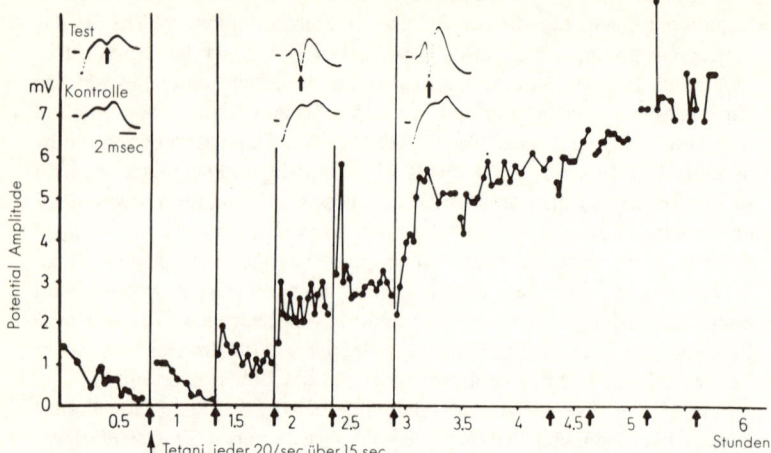

Abb. E8–2. Posttetanische Potenzierung von Hippocampus-Körnerzellen. Die Messungen wurden an der extrazellulären Ableitung der positiven Potentialschwankungen vorgenommen, die in den Ableitungsausschnitten oben durch Pfeile gekennzeichnet sind, und sie können als Maß der Zahl von impulsefeuernden Körnerzellen in der von der Ableitungselektrode erfaßten Zone bewertet werden. Weitere Beschreibung im Text (Bliss und Lømo [1973]).

weiter abgefallen ist. Wir können folgern, daß in diesen Experimenten guter Anhalt dafür vorliegt, daß die Spine-Synapsen auf den Dendriten der Körnerzellen des Hippokampus stark modifizierbar sind und eine andauernde Potenzierung zeigen, die der physiologische Ausdruck des Gedächtnisprozesses sein könnte.

Physiologische Experimente haben somit gezeigt, daß die *modifizierbaren Synapsen,* die für das Gedächtnis verantwortlich sein könnten, exzitatorisch sind und speziell auf den höheren Hirnebenen in Erscheinung treten. In der Großhirnrinde findet sich die große Mehrzahl exzitatorischer Synapsen auf Pyramidenzellen auf ihren Dendriten-Spines, wie in Abbildung E1–2 und 5 dargestellt. Es existieren auch zahlreiche Hinweise darauf[8], daß diese Spine-Synapsen bei Nichtgebrauch verkümmern.[9] Daher wird vermutet, daß diese Spine-Synapsen auf den Dendriten solcher Neurone wie der Pyramidenzelle der Großhirnrinde und des Hippokampus, der Körnerzellen des Hippokampus und der Purkinje-Zellen des

---

[8] F. Valverde [1968].
[9] Siehe J. C. Eccles [1970].

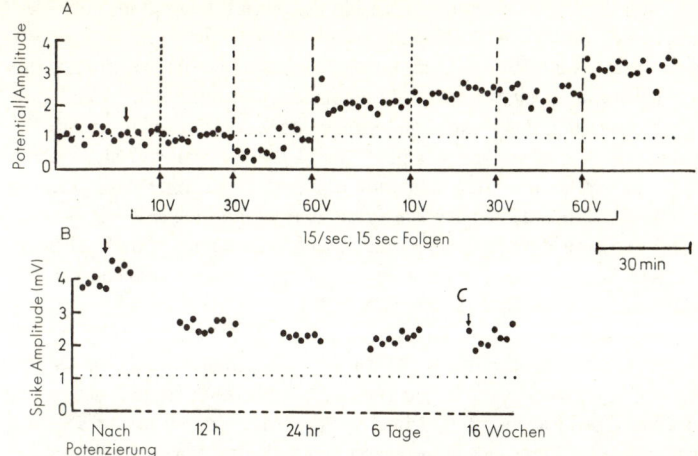

Abb. E8–3. Posttetanische Potenzierung von Hippokampus-Körnerzellen. Messungen von Potentialamplituden, wie in Abb. E8–2 (aus der Mittelung von 16 Antworten auf 30 V-Reize), aufgetragen während mehrerer Reizserien (15/Sek. über 15 Sekunden), wurden mit den angegebenen Stärken verabfolgt und zu verschiedenen danach wie angegeben. Die ungefähre mittlere Potentialamplitude vor den konditionierenden Reizen wird durch die gepunkteten Linien angegeben. Weitere Beschreibung im Text (Bliss und Gardner-Medwin [1973]).

Plastizität dendritischer Spine-Synapsen

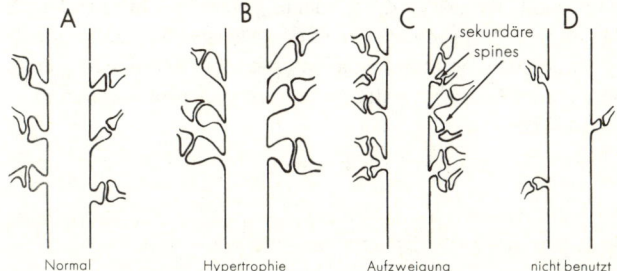

Abb. E8–4. Die Plastizität dendritischer Spine-Synapsen. Die Zeichnungen sollen die plastischen Veränderungen der Spine-Synapsen zeigen, deren Vorkommen beim Wachstum in B und C und bei der Regression in D postuliert wird. Weitere Beschreibung im Text.

Kleinhirns die für das Lernen zuständigen modifizierbaren Synapsen sind. Diese wären die Synapsen, die die unbegrenzt andauernde Potenzierung zeigen, wie sie in den Abbildungen E8–2 und 3 dargestellt ist. Man kann sich vorstellen, daß die bessere Leistung dieser Synapsen unbegrenzt vorhielt, weil sich ein Wachstumsprozeß in den Dendriten-Spines entwickelt hatte, der eine strukturelle Veränderung bewirkte, die große Dauer besitzen könnte. Es gibt bisher noch keine überzeugende Demonstration dieses Wachstums in elektronen-mikroskopischen Aufnahmen, doch es liegen viele Indizien dafür vor. Die vermuteten Veränderungen sind in Abbildung E8–4 schematisch gezeigt, in der A den normalen Zustand und B und C die hypertrophierten Zustände repräsentieren. Eine Alternative zu der Hypertrophie des Synapsen-Spine von Abbildung E8–4B ist in C gezeigt, wo eine Zunahme der synaptischen Wirksamkeit durch Aufzweigung der Spines und der Bildung sekundärer Spine-Synapsen erreicht worden ist, wie von Szentágothai berichtet.

Wir stehen auf viel sichererem histologischen Boden, wenn wir die Effekte des Nichtgebrauchs in Form einer Regression und Verkümmerung der Spine-Synapsen zeigen (Abb. E8–4D). Dies ist sehr schön von Valverde [1967] an den Dendriten der Pyramidenzellen in der Sehrinde von in visueller Deprivation aufgezogenen Mäusen demonstriert worden und tatsächlich wurden auch ähnliche Nachweise an anderen Spine-Synapsen und sogar an exzitatorischen Synapsen im Rückenmark erbracht.[10] So kann angenommen werden, daß normaler Gebrauch zu der Erhaltung der dendritischen Spine-Synapsen auf der normalen, in Abbildung E8–4A gezeichneten Stufe führt.

Man kann folgern, daß die exzitatorischen Spine-Synapsen wahrscheinlich die für das Gedächtnis zuständigen modifizierbaren Synapsen sind, doch noch strengere experimentelle Forschung mit systematischer elektronen-mikroskopischer Untersuchung ist dringend erforderlich, um diese Hypothese zu testen. Es ist überraschend, daß bisher noch keine derartige systematische Studie von Synapsen im Hippokampus unter Bedingungen, unter denen man eine Synapsenhypertrophie erwarten würde, stattgefunden hat.

59. Die sogenannte Wachstumstheorie des Lernens

Wenn Synapsenwachstum für das Lernen erforderlich ist, so muß ein Anstieg des Hirnstoffwechsels von einer speziellen Art mit der Herstellung von Proteinen und anderen für die Membranen und die chemischen Überträgermechanismen erforderlichen Makromoleküle vorhanden sein. Vermutlich muß man in der synaptischen Wachstumstheorie des Lernens annehmen, daß RNS für die, für das Wachstum erforderliche Proteinsyn-

---

[10] J. Szentágothai [1971].

these verantwortlich ist. Jedoch würde dieses vermutete Wachstum nicht das hochspezifische chemische Phänomen darstellen, das in Hydéns [1967] Molekulartheorie des Lernens vermutet wurde, in der das Kodieren von Erinnerungen spezifischen Makromolekülen zugeschrieben wird, wobei jede Erinnerung mit einzigartigen Makromolekülen assoziiert ist. Stattdessen würden die Spezifitäten in der Struktur kodiert, besonders in den synaptischen Verknüpfungen der Nervenzellen, die in dem unvorstellbar komplexen Muster angeordnet sind, das bereits in der Entwicklung gebildet worden ist. Von da an ist alles, was für die funktionelle Reorganisation erforderlich zu sein scheint, die vermutlich das neuronale Substrat des Gedächtnisses verkörpert, lediglich das Mikrowachstum von bereits bestehenden synaptischen Verknüpfungen, wie in Abbildung E8−4B, C gezeigt, die als Modelle der Spine-Synapsen auf Pyramidenzellen und Purkinje-Zellen angesehen werden können.[1] Der Impulsfluß von den Rezeptoren zum Nervensystem (Kapitel E2, Abb. 1, 4) führt dann zur Aktivierung spezifischer Raum-Zeit-Muster von Neuronen, die durch aufeinanderfolgende Impulsentladungen gekoppelt sind. Die so aktivierten Synapsen werden zu einer erhöhten Effektivität wachsen und sogar Zweige aussprießen lassen, um sekundäre Synapsen zu bilden; daher werden, je mehr ein bestimmtes Raum-Zeit-Muster von Impulsen in der Rinde wieder abgespielt wird, seine Synapsen in Beziehung zu anderen um so effektiver. Und mit Hilfe dieser synaptischen Wirksamkeit werden spätere ähnliche sensorische Inputs dazu tendieren, diese selben neuronalen Bahnen zu durchqueren und so dieselben Antworten zu evozieren, sowohl offenkundig als auch psychisch, wie der ursprüngliche Input.

Jedoch häufige Synapsenerregung alleine könnte kaum eine befriedigende Erklärung der am Lernen beteiligten Synapsenveränderungen liefern. Wegen der unablässigen Impulsentladung durch die meisten Neurone wären derartige »gelehrte« Synapsen zu ubiquitär! Diese Kritik der einfachen »Wachstumstheorie« des Lernens kann vielleicht in dem neueren Vorschlag von Szentágothai [1968] und Marr [1969] enthalten sein, daß das synaptische Lernen ein doppeltes oder dynamisch gekoppeltes Geschehen ist, nämlich, daß die Aktivierung eines speziellen Synapsentyps Instruktionen für das Wachstum anderer aktivierter Synapsen auf dem gleichen Dendriten liefert. Dies mag die »Koppelungstheorie des Lernens« genannt werden. Es wurde ursprünglich vorgeschlagen, daß die besondere Wirkungsweise von Kletterfasern auf den Purkinje-Zelldendriten des Kleinhirns (Abb. E3 5) »Wachstumsinstruktionen« an die Spine-Synapsen gibt, die simultan durch die Parallelfasern aktiviert werden. Obwohl das Wort Instruktion gebraucht worden ist, ist der vorgeschla-

---

[1] J. C. Eccles [1966], [1970], [1972].

gene Prozeß insofern analog der »Selektionstheorie« der Immunität[2] als einer Selektion von existierenden Synapsen eine erhöhte Potenz verliehen wird.

Durch sehr geniale Experimente haben Ito und Miyashita [1975] den ersten Anhalt zugunsten der Koppelungstheorie des Lernens geliefert. Wenn Tiere um eine vertikale Achse gedreht werden, sind Moosfaser- und Kletterfaser-Inputs zu einem bestimmten Lappen des Kleinhirns (dem Flocculus) damit beschäftigt, die Augenbewegungen zu kontrollieren, so daß das visuelle Bild ein Minimum an Störung erleidet. Wird der Kletterfaser-Input von den visuellen Bahnen dem Moosfaser-Input von der vestibulären Bahn überlagert, so resultiert eine plastische Veränderung, so daß der vestibuläre Input in der Kontrolle der Augenbewegungen wirksamer wird. Es scheint, daß der Kletterfaser-Input zu einer Selektion der Purkinje-Zellen geführt hat, die lernen, auf ihre Moosfaser-Inputs wirksamer zu antworten.[3] Später werden wir ein analoges Lernsystem für die Großhirnrinde vorschlagen.

Libet, Kobayashi und Tanaka [1975] haben vor kurzem ein Modell für einen synaptischen Gedächtnisprozeß vorgeschlagen, der auch ein Koppelungsprozeß zwischen zwei verschiedenen Synapsen auf einer sympathischen Ganglienzelle ist.

> Eine heterosynaptische Interaktion findet zwischen zwei Typen synaptischer Inputs zum gleichen Neuron statt; die Gedächtnisspur wird durch einen kurzen (dopaminergen) Input in eine Synapsenbahn ausgelöst, während das ›Herauslesen‹ des Gedächtnisses einfach in der gesteigerten Fähigkeit der postsynaptischen Einheit besteht, spezifisch auf einen anderen (cholinergen) synaptischen Input zu reagieren. Diese Anordnung spricht für eine »erlernte« Veränderung in der Antwort auf einen Input als Ergebnis einer zuvor über den anderen Input transportierten »Erfahrung«.

Dieses Modell basiert auf sorgfältig kontrollierten Antworten sympathischer Ganglienzellen, die eine Verdoppelung der Antwort auf Acetyl-β-Methyl-Cholin über viele Stunden nach einer kurzen Exposition gegenüber dem anderen Überträger, Dopamin, zeigen. Weiterhin wird gezeigt, daß zyklisches AMP an der metabolischen Bahn, die die heterosynaptische Potenzierung bewirkt, zuständig ist. Es ist offenkundig, daß diese Entdeckung von großer Bedeutung im Hinblick auf die Verbindungstheorie des Lernens ist.

In der Neurochemie und Neuropharmakologie sind nun viele gute Untersuchungen von Barondes [1969], [1970], Agranoff [1967], [1969] und anderen durchgeführt worden, die zeigen, daß Langzeitlernen (über

---

[2] N. K. Jerne [1967].
[3] J. C. Eccles [1977 (a)].

drei Stunden) nicht zustande kommt, wenn entweder die cerebrale Proteinsynthese oder die RNS-Synthese durch Vergiftung der spezifischen Enzyme durch Zyklohexamid oder Puromycin stark beeinträchtigt wird. Man vermutet, daß die synaptische Aktivierung von Neuronen beim Lernprozeß zuerst zu spezifischer RNS-Synthese führt und diese ihrerseits zu Proteinsynthese und so schließlich zu den einzigartigen strukturellen und funktionellen Veränderungen, die an dem synaptischen Wachstum beteiligt sind, das das Gedächtnis kodiert. Leider ist der entscheidende Schritt noch nicht geklärt, nämlich, wie die synaptische Aktivierung die Aktivitäten der entsprechenden Enzyme auslösen kann. Es ist jedoch bekannt,[4] daß die kritische Proteinsynthese im Gehirn während des Lernprozesses in Aktion ist und es offensichtlich innerhalb von Minuten bewerkstelligt hat, die Gedächtnisspuren niederzulegen. Diese Experimente lassen vermuten, daß das Langzeitgedächtnis nur begründet werden kann, wenn eine intakte Proteinsynthesekapazität vorhanden ist, ein geeigneter »Erweckungszustand« und eine Verfügbarkeit der Information in einem Kurzzeitgedächtnisspeicher.[5]

60. Die Rolle des selbstbewußten Geistes für das Kurzzeitgedächtnis

Betrachten wir eine einfache und einzigartige Wahrnehmungserfahrung, zum Beispiel den ersten Anblick eines uns bisher unbekannten Vogels oder eines neuen Automodells. Zuerst finden viele Stufen kodierter Übertragung vom retinalen Bild zu den verschiedenen Ebenen der Sehrinde mit Merkmalerkennung als der höchsten bisher erkannten Interpretationsebene statt, wie in Kapitel E2 beschrieben. Auf einer weiteren Stufe schlagen wir eine Aktivierung von Moduln des Liaison-Hirns vor, die »offen« gegenüber Welt 2 (Kapitel E7) sind, wobei das folgende Herauslesen durch den selbstbewußten Geist die volle Wahrnehmungserfahrung bewirkt. Dieses Herauslesen durch den selbstbewußten Geist beinhaltet die Integration zu einem einheitlichen Erlebnis der spezifischen Aktivitäten vieler Moduln, die Integration, die dem Erlebnis die abgebildete Einzigartigkeit verleiht (Kapitel E7). Außerdem ist es eine Zwei-Wege-Aktion, bei der der selbstbewußte Geist die moduläre Aktivität ebenso modifiziert, wie er von ihr empfängt, und sie möglicherweise durch Testverfahren in einer Input-Output-Weise bewertet. Man muß darüber hinaus vermuten, daß ein intensives Interaktionsmuster von »offenen«

---

[4] S. H. Barondes [1970].
[5] ebd.

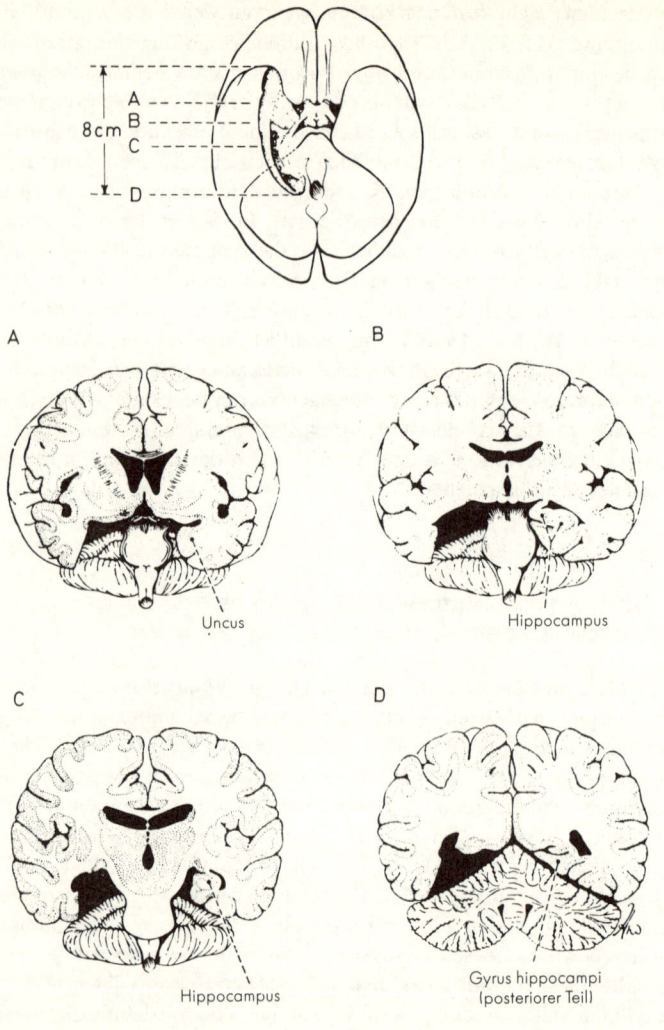

Abb. E8–5. Schematische Schnitte durch das menschliche Gehirn, die das ungefähre Ausmaß der von Scoville durchgeführten Abtragung der medialen Anteile des Temporallappens in dem Falle zeigen, der im Text besprochen wird. Die anterior-posteriore Ausdehnung des Hippokampus ist in dem oberen Bild von unten gesehen dargestellt. A, B und C geben die Schnittebenen der unteren Querschnitte an. Aus illustrativen Gründen ist die Entfernung nur auf der linken Seite gezeigt, sie wurde jedoch bei einer einzigen Operation auf beiden Seiten vorgenommen (Milner [1972]).

Moduln miteinander und mit geschlossenen Moduln vorhanden ist und daß für diesen Zweck die immensen Verknüpfungen von Assoziations- und Kommissurenfasern bestehen, wie in Kapitel E1 beschrieben. Weiterhin müssen wir in diesen ablaufenden Mustern modulärer Interaktion geschlossene, sich selbst wieder erregende Ketten postulieren (Kapitel E7, Abb. 4). Auf diese Weise besteht eine zeitliche Fortsetzung des dynamischen Aktivitätsmusters.

Solange die modulären Aktivitäten in diesem spezifischen Interaktionsmuster fortbestehen, nehmen wir an, daß der selbstbewußte Geist unablässig in der Lage ist, es gemäß seinen Interessen und seiner Aufmerksamkeit herauszulesen. Wir können sagen, daß auf diese Weise die neue Erfahrung im Sinn behalten wird – wie wir uns zum Beispiel eine Telefonnummer zwischen dem Zeitpunkt des Nachschauens und des Wählens zu merken versuchen. Wir meinen, daß die fortgesetzte Aktivität der Moduln durch fortgesetzte aktive Intervention oder Verstärkung durch den selbstbewußten Geist gesichert werden kann, der auf diese Weise Erinnerungen durch Prozesse, die wir erfahren, behalten kann, und sich auf sie als entweder verbale oder nichtverbale (zum Beispiel bildliche oder musikalische) Wiederholung beziehen kann. Sobald sich der selbstbewußte Geist in einer anderen Aufgabe engagiert, endet diese Verstärkung, das Muster neuronaler Aktivitäten bricht zusammen und der Kurzzeitgedächtnisprozeß endet. Erinnerung wird nun von Gedächtnisprozessen längerer Dauer abhängig. McGaugh [1969] mißt das Kurzzeitgedächtnis in Sekunden. Es ist zum Beispiel die gesamte Gedächtnisleistung bei Patienten mit bilateraler Abtragung des Hippokampus, wie im nächsten Abschnitt dieses Kapitels beschrieben wird.[6] Unter speziellen Bedingungen, die anhaltende ungeteilte Aufmerksamkeit erlaubten, konnten solche Patienten eine Erinnerung bis zu 15 Minuten behalten, doch dies hängt von einem fortgesetzten Wiederholungsprozeß ab, von dem wir annehmen, daß er auf der fortgesetzten Verstärkung modulärer Aktivitäten durch den selbstbewußten Geist beruht.

61. Die Rolle des Hippokampus für das Lernen und für das Gedächtnis

Guter Anhalt ergibt sich durch eine Untersuchung von Patienten, bei denen operative Entfernungen vorgenommen wurden, so daß der linke Hippokampus für das Niederlegen oder die Konsolidierung verbaler Erin-

---

[6] B. Milner [1966], [1968], [1970], [1972].

nerungen zuständig ist und der rechte für bildliche und räumliche Erinnerungen. Der Stylus-Maze-Test,[1] ist ein interessantes Beispiel eines Tests, der von der Funktion des rechten Hippokampus abhängt.[2] Je radikaler die Hippokampus-Resektion ist, desto flüchtiger ist das Gedächtnis.

Corsi gelang eine quantitative Bewertung des Gedächtnisses[3] durch Anwendung eines Tests, in dem die Fähigkeit zur Lokalisation eines Punktes auf einer Linie geprüft wird, wie in dem Abschnitt über Läsionen des Temporallappens beschrieben ist (Abb. E6–3). Ein weiterer wertvoller Test für den rechten Temporallappen und den Hippokampus verwendet das Gedächtnis für unregelmäßige Formen aus gebogenem Draht. In Anschluß an eine vollständige Resektion des rechten Hippokampus verbleibt nach 20 Sekunden sehr wenig von der Testerinnerung, sei sie visuell oder taktil.[4]

In ähnlicher Weise wurden Läsionen des linken Hippokampus von Corsi mit Hilfe eines verbalen Gedächtnistests getestet – zum Beispiel das Erinnern einer Gruppe von drei Konsonanten, wie XBJ, während eine ablenkende Aktivität vorhanden war, um fortgesetzte verbale Wiederholung zu verhindern. Läsionen des linken Temporallappens resultierten in einer schlechten Leistung und Resektion des linken Hippokampus war an diesem Gedächtnisverlust beteiligt, je vollständiger die Resektion, desto flüchtiger das Gedächtnis.[5]

Wie unten beschrieben sind Gedächtnisausfälle schwerwiegender bei bilateraler Hippokampektomie, woraus man folgern kann, daß eine hippokampusbedingte Unterstützung über die Mittellinie vorhanden ist, die sich über die Hippokampuskommissur, die entsprechende Abschnitte der Hippokampi auf den beiden Seiten verknüpft, abspielen könnte. Die unilateralen Abtragungen liefern daher Anhalt in Übereinstimmung mit den noch schwerwiegenderen Gedächtnisverlusten (das amnestische Syndrom), die aus bilateraler Hippokampektomie resultieren oder aus Läsionen der Bahnen zu oder vom Hippokampus.[6]

Milner [1966] beschreibt einen bemerkenswerten Fall eines jungen Mannes, bei dem Scoville die medialen Teile beider Temporallappen zur Behandlung andauernder bilateraler Epilepsie, die therapieresistent gegenüber Medikamenten war, und die ihn vollständig lebensunfähig machte, reseziert hatte. Der Hippokampus wurde zusammen mit einem

---

[1] In diesem Test muß die Untersuchungsperson lernen, mit einem Bleistift den richtigen Weg nachzuziehen, der über ein rechteckiges Muster sichtbarer »Stufen-Steine« verläuft.
[2] B. Milner [1967], [1972], [1974].
[3] Berichtet von B. Milner [1974].
[4] B. Milner [1972], [1974].
[5] B. Milner [1972], [1974].
[6] H. H. Kornhuber [1973].

kleinen Abschnitt des Temporallappens auf beiden Seiten entfernt (Abb. E8–5).[7] Dieser Mann hat seit dieser Zeit einen extrem schweren Verlust der Fähigkeit, Gedächtnisspuren niederzulegen. Es ist ein fast vollständiges Versagen des Gedächtnisses für alle Geschehnisse und Erlebnisse nach der Läsion vorhanden, das heißt er hat eine komplette antegrade Amnesie. Er lebt ganz mit Kurzzeiterinnerungen von wenigen Sekunden Dauer und mit den von vor der Operation behaltenen Erinnerungen. Milner [1966] gibt einen schriftlichen Bericht seines Gedächtnisverlustes.

> »Seine Mutter beobachtet, daß er Tag für Tag die gleichen Zusammenlegspiele macht, ohne irgendeinen Übungseffekt zu zeigen, und die gleichen Zeitschriften immer und immer wieder liest, ohne daß ihm jemals ihr Inhalt vertraut erscheint. Die gleiche Vergeßlichkeit ist in Bezug auf die Leute vorhanden, die er seit der Operation kennengelernt hat, sogar gegenüber denjenigen Nachbarn, die das Haus in den vergangenen sechs Jahren regelmäßig besucht haben. Er hat ihre Namen nicht gelernt und er erkennt keinen von ihnen, wenn er sie auf der Straße trifft.«

> »Seine anfängliche emotionale Reaktion kann intensiv sein, doch sie wird von kurzer Dauer sein, da das provozierende Ereignis bald vergessen ist. So regte er sich schrecklich auf, als er vom Tod seines Onkels, den er sehr gerne gehabt hatte, erfuhr, doch schien er dann die ganze Angelegenheit zu vergessen und er fragte danach von Zeit zu Zeit, wann sein Onkel käme, ihn zu besuchen; immer wenn er von neuem vom Tod seines Onkels erfuhr, zeigte er die gleiche intensive Bestürzung ohne Zeichen der Gewöhnung.«

Er kann aktuelle Ereignisse solange im Sinn behalten, als er nicht abgelenkt wird. Ablenkung eliminiert jede Spur dessen, was er nur wenige Sekunden zuvor getan hat, vollständig. Es sind viele bemerkenswerte Beispiele seiner Unfähigkeit, sich zu erinnern, sobald er abgelenkt wird, zitiert. Milner [1966] faßt dies durch die Feststellung zusammen, daß:

> »Beobachtungen wie diese zeigen, daß die einzige Weise, in der dieser Patient an neuer Information festhalten kann, fortgesetzte verbale Wiederholung ist, und daß es zum Vergessen kommt, sobald diese Wiederholung durch eine neue, seine Aufmerksamkeit beanspruchende Aktivität verhindert wird. Da die Aufmerksamkeit im Alltag notwendigerweise ständig umherschweift, zeigt ein solcher Patient eine fortgesetzte anterograde Amnesie. Man gewinnt aus den eigenen Kommentaren des Patienten, die während einer kürzlichen Untersuchung in Intervallen wiederholt wurden, einen Eindruck davon, wie ein solcher amnestischer Zustand sein muß. Zwischen Tests sah er plötzlich auf und sagte ziemlich ängstlich:
> ›Jetzt bin ich im Zweifel. Habe ich etwas Falsches getan oder gesagt? Sehen Sie, in diesem Augenblick erscheint mir alles so klar, doch was geschah unmittelbar vorher? Das ist es, was mich quält. Es ist wie aus einem Traum zu erwachen; ich kann mich nicht erinnern.‹«

Es sind drei andere Fälle verzeichnet, in denen eine vergleichbar schwere anterograde Amnesie aus Zerstörung beider Hippokampi resultierte.[8] So-

---

[7] B. Milner [1972].
[8] B. Milner [1966].

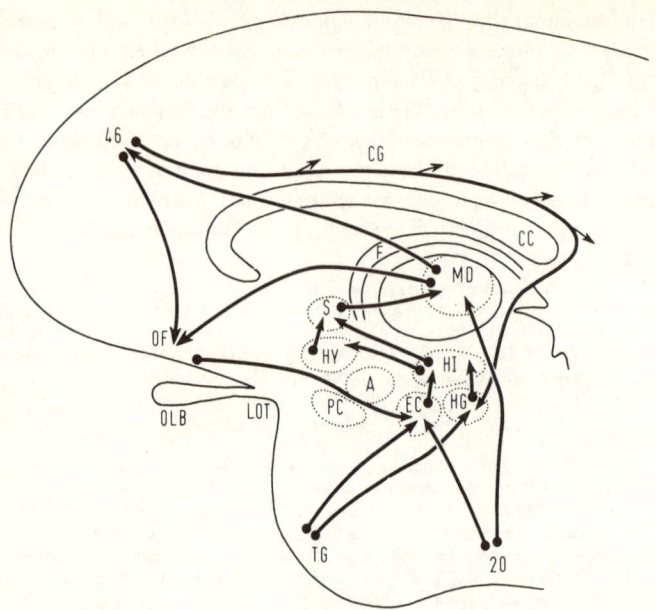

Abb. E8–6. Schematische Zeichnung, vereinfacht aus Abb. E1–9, um Verknüpfungen vom Neokortex zum und vom medio-dorsalen Thalamus *(MD)* zu zeigen. OF ist die orbitale Oberfläche der Präfrontalrinde; *TG* der temporale Pol; *HG,* der Gyrus Hippokampi; *HI,* der Hippokampus; *S,* Septum; *F,* Fornix; *CC,* Corpus callosum; *OLB,* Bulbus olfactorius; *LOT,* Tractus olfactorius lateralis; *PC,* Cortex piriformis; *EG,* entorhinaler Kortex; *A,* Amygdalae; *HY,* Hypothalamus; *CG,* Gyrus cinguli.

gar nach elf Jahren war es zu fast keiner Besserung gekommen. Jedoch die variable retrograde Amnesie, das heißt die Erinnerung an Ereignisse vor der Hippokampus-Destruktion, zeigte eine fortgesetzte Besserung. Es wird über zwei andere Fälle berichtet, in denen unilaterale Hippokampektomie in einer vergleichbaren anterograden Amnesie resultierte, doch es lag Anhalt dafür vor, daß der überlebende Hippokampus schwer geschädigt war. Wir können folgern, daß die schwere anterograde Amnesie nur bei erheblichem bilateralem Hippokampus-Ausfall auftritt. Milner [1966] hat dies durch weitere Beobachtungen an Fällen unilateraler Hippokampektomie unterstützt, in denen der verbleibende Hippokampus und die Großhirnhemisphäre auf dieser Seite vorübergehend durch die kurze durch Natrium-Amytal-Injektion in die Arteria carotis im Wada-Test (Kapitel E4) bewirkte Anästhesie ausgeschaltet wurden. Eine schwere anterograde Amnesie wurde erzeugt, die nach der vorübergehenden Anästhesie fortbestand. Es ist wichtig, sich vor Augen zu halten, daß der

Hippokampus nicht der Sitz der Gedächtnisspuren ist. Erinnerungen aus der Zeit vor der Hippokampektomie werden gut bewahrt und erinnert. Der Hippokampus ist lediglich das Instrument, das für das Niederlegen der Gedächtnisspur oder des Engramms verantwortlich ist, das vermutlich weitgehend in der Großhirnrinde in den entsprechenden Abschnitten lokalisiert ist. Es ist bei diesen Untersuchungspersonen trotz des akuten Versagens des Gedächtnisses keine offenkundige Beeinträchtigung des Intellekts oder der Persönlichkeit vorhanden. Tatsächlich leben sie entweder in der unmittelbaren Gegenwart oder mit erinnerten Erfahrungen von vor dem Zeitpunkt der Operation. Kürzlich haben Marlen-Wilson und Teuber [1975] mit Hilfe eines Testverfahrens mit Soufflieren gezeigt, daß sogar für Erfahrungen nach der Operation eine minimale Informationsspeicherung stattfindet, doch sie nützt den Patienten nichts.

Es ist ein kleiner Trost vorhanden, nämlich daß sie immer noch eine gewisse Fähigkeit besitzen, motorische Handlungen zu erlernen. So kann die Untersuchungsperson Geschicklichkeiten in motorischen Leistungen entwickeln, wie etwa eine Linie in den engen Zwischenraum zwischen die Doppellinienkontur eines fünfzackigen Sterns zeichnen, wobei sie ihre Hand und den Doppelstern nur in einem Spiegel sieht; doch sie kann sich nicht daran erinnern, wie sie diese Geschicklichkeit lernte! Partielle amnestische Syndrome sind bei Patienten mit einer Vielfalt von Läsionen in Strukturen beobachtet worden, die eine Beziehung zum Hippokampus haben: dem Gyrus cinguli, dem Fornix, dem anterioren und medio-dorsalen Thalamuskernen[9] und den Präfrontallappen (Kapitel E6). Wir befinden uns nun in der Lage, uns die für das Niederlegen von Gedächtnisspuren im Neokortex zuständigen neuronalen Bahnen anzusehen.

Wir können diesen kurzen Überblick über Gedächtnisausfälle in Verbindung mit Hippokampus-Läsionen mit drei Feststellungen abschließen, die mit den von Kornhuber entwickelten Konzepten [1973] übereinstimmen. (1) Beim Wiedergewinnen der Erinnerung an ein Ereignis, das nicht im Kurzzeitgedächtnisprozeß fortwährend wiederholt wird, ist der selbstbewußte Geist von einer Konsolidierung oder einem Speicherprozeß abhängig, der durch Hippokampus-Aktivität zustande gebracht wird. (2) der Hippokampus selbst ist nicht Ort der Speicherung. (3) Wir vermuten, daß die Beteiligung des Hippokampus an dem Konsolidierungsprozeß von neuronalen Bahnen abhängig ist, die von den Moduln der Assoziationsrinde zum Hippokampus und von dort zurück zum Präfrontallappen übermitteln.

In Kapitel E1 fand sich ein kurzer Hinweis auf die verschiedenen Bahnen, über die die primären sensorischen Zentren für Somästhesie und

---

[9] M. Victor, R. D. Adams und G. H. Collins [1971].

Sehen zum Limbischen System projizierten, die Hauptrouten sind in Abbildung E1–8 auf der Grundlage der stufenweisen Läsionsuntersuchungen
(Abb. E1–7) von Jones und Powell [1970] schematisch dargestellt. In
beiden Fällen gibt es eine direktere Route zum Limbischen System und
eine Route durch den Präfrontallappen über die orbitale Rinde (OF). Im
Limbischen System können diese verschiedenen Inputs am Ende des Hippokampus (HI in Abb. E8–6) erreichen, was im Lichte des oben präsentierten Anhalts für seine Schlüsselrolle bei der Konsolidierung von Gedächtnisspuren ein Befund von großem Interesse ist. Ähnliche Bahnen
wurden auch im Fall des weniger untersuchten akustischen Systems (vgl.
Abb. E1–7, I–L) gefunden. Das olfaktorische System ist speziell privile-
giert, weil es direkt in das Limbische System projiziert (Abb. E1–9).

Die postulierte Rolle des Hippokampus bei der Konsolidierung des
Gedächtnisses erfordert, daß es auch rückläufige Regelkreise vom Hippo-
kampus zum Neokortex gibt. Ein gut bekannter Regelkreis verläuft vom
Hippokampus zum MD-Thalamus und von dort zur orbitalen Oberfläche
(OF) und der Konvexität des Präfrontallappens (Abb. E8–6).[10] Eine an-
dere Hauptoutput-Bahn vom Hippokampus verläuft zum anterioren Tha-
lamuskern (in Abb. E8–6 nicht gezeigt), von dort über den Gyrus cinguli
(Felder 23 und 24 in Abb. E1–4B) über Assoziationsfasern zu weiteren
Abschnitten des Neokortex.[11] Es ist eine detaillierte Untersuchung dieser
Bahnen bei Primaten notwendig, damit der klinische Anhalt über Läsio-
nen des Hippokampus und angeschlossene Strukturen zuverlässig interpretiert werden kann.

62. Hypothesen über neuronale Geschehnisse bei der Gedächtnisspeicherung[1]

Die hier vorgeschlagene Theorie wurde aus Kornhubers Theorie [1973],
die in Abbildung E8–7 dargestellt ist, entwickelt. Die sensorischen Assoziationszentren spielen eine Schlüsselrolle, da sie sich erstens auf der In-
putbahn zum Limbischen System und zur Frontalrinde und zweitens in
einer engen Zwei-Wege-Beziehung zur Frontalrinde befinden, die einen
»Selektionsinput« vom Limbischen System empfängt. Es ist zu beachten,
daß dem Hippokampus in den beiden limbischen Regelkreisen eine dominante Rolle zukommt. Ein Schaltkreis ist die sogenannte Papez-Schleife:

---

[10] K. Akert [1964]; W. J. H. Nauta [1971].
[11] A. Brodal [1969].
[1] H. H. Kornhuber [1973]; J. C. Eccles [1978].

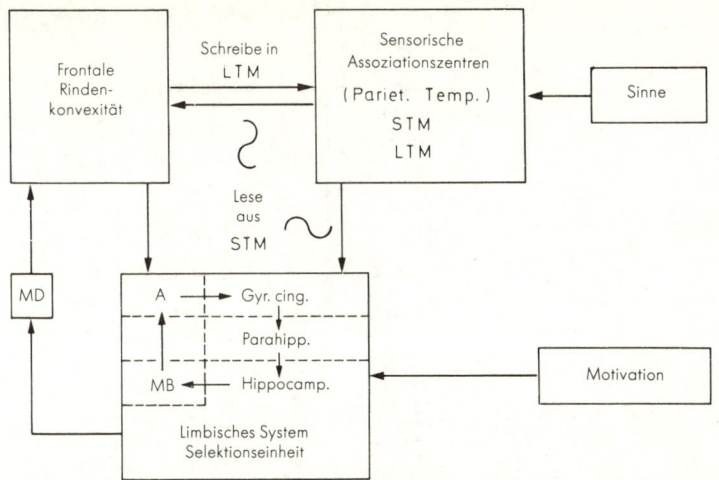

Abb. E8–7. Schema anatomischer Strukturen, die an der Selektion von Information zwischen Kurzzeitgedächtnis (STM) und Langzeitgedächtnis (LTM) beteiligt sind
MB = Corpus mamillare, A = anteriorer Thalamuskern, MD = mediodorsaler Thalamuskern (Kornhuber [1973]).

Hippokampus, Corpus mammilare, anteriorer Thalamuskern, Gyrus cinguli, Parahippokampus, Hippokampus. Der andere Schaltkreis ist von speziellem Interesse, weil er von den Assoziationsrinden über den Gyrus cinguli zum Hippokampus führt und von dort über den medio-dorsalen (MD) Thalamus zum Präfrontallappen (siehe Abb. E8–6). Kornhuber [1973] vermutet, daß bei speziellen Neuronen der sensorischen Assoziationszentren: »... die Synapsen von Afferenzen, die (direkt oder indirekt) vom Limbischen System kommen, wesentlich für die Bildung des Langzeitgedächtnisses sind, während andere Synapsen auf den gleichen Neuronen wesentlich für die Informationsverarbeitung und für die Erinnerung sind«. Er vermutet sogar, daß »Langzeitgedächtnis eine Koinzidenz von thalamischen und kortiko-kortikalen Afferenzen auf einem gegebenen kortikalen Neuron oder einer Zellsäule beinhalten könnte«. Diese theoretischen Entwicklungen von Kornhuber liefern die Grundlage für die weiteren hier beschriebenen Entwicklungen.

Abbildung E8–6 vermittelt ein detailliertes Bild der Bahnen in beiden Richtungen vom Neokortex zum Hippokampus (HI). Erstens sind Bahnen zum Hippokampus gezeigt, die im Gyrus hippocampi (HG) oder einer speziellen, entorhinale Rinde (EC) genannten, Zone davon umgeschaltet werden. Zusätzlich zu der in Abbildung E8–6 gezeigten Bahn von Feld 46

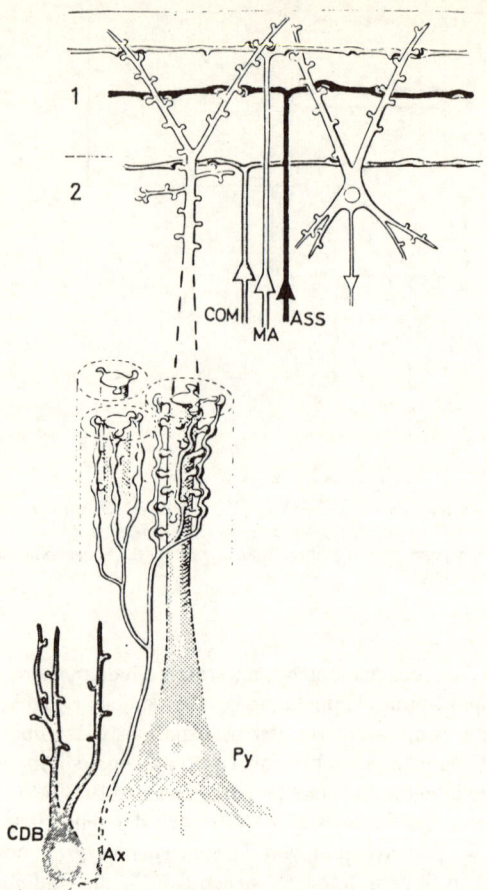

Abb. E8–8. Vereinfachtes Diagramm von Verknüpfungen im Neokortex (vgl. Abb. E1–5 und E1–6). In den Schichten 1 und 2 sind Horizontalfasern gezeigt, die als sich aufzweigende Axone von Kommissuren- *(COM)* und Assoziations- *(ASS)* Fasern und auch von Martinotti-Zellen *(MA)* entstehen. Die Horizontalfasern bilden Synapsen mit den apikalen Dendriten einer Pyramiden- und einer Pyramidensternzelle. Tiefer ist eine dornige Stellatumzelle *(CDB)* gezeigt, die Cartridge-Synapsen auf den Schäften apikaler Dendriten von Pyramidenzellen bildet (Szentágothai [1970]).

über den Gyrus cinguli (CG) gibt es auch Bahnen von den temporalen Feldern 20 und TG und von der orbitalen Zone des Präfrontallappens (OF). Auf der Outputseite projiziert der Hippokampus zum MD-Thalamus über den Nucleus septi (S) und von dort zu den Feldern 46 und OF des Präfrontallappens, doch wahrscheinlich erfahren die Projektionen eine viel weitere Ausbreitung. Die Rolle des Präfrontallappens für das Gedächtnis wird in Kapitel E6 beschrieben.

Grundsätzlich gibt es bemerkenswerte Ähnlichkeiten zwischen den doppelten Input-Systemen zu den Purkinje-Zellen des Kleinhirns einerseits und zu den Pyramidenzellen des Neokortex andererseits. Es besteht starker experimenteller Anhalt, der die Instruktions-Selektionsrolle der Kletterfaser auf den Parallelfaser-Input zu der Purkinje-Zelle, wie oben kurz beschrieben[2] unterstützt, die in Analogie mit der Selektionstheorie der Immunität von Jerne [1967] entwickelt worden ist. Es erhebt sich die Frage: Funktioniert das doppelte Inputsystem zu den Pyramidenzellen des Neokortex ähnlich beim Lernen und kann dies mit der Rolle des Hippokampus in Zusammenhang gebracht werden?

In Abbildung E8–7 sind zwei auf der Frontalrinde konvergierende Bahnen gezeigt – die direkte Bahn von den sensorischen Assoziationszentren und die indirekte über einen Umweg durch das Limbische System und den MD-Thalamus. Wir meinen, daß der direkte Input in der Frontalrinde über nicht spezifische thalamische Afferenzen vom MD-Thalamus erfolgt, die die dornigen Stellatumzellen erregen, die den Cartridge-Typ (Patronentyp) der Synapse bilden (vgl. Abb. E1–5 und 6 und Abb. E8–8), während der direkte Input über die Assoziationsfasern erfolgt, die als Horizontalfasern in den Schichten 1 und 2 enden und die besonders gut in Abbildung E8–8 gezeigt sind. In Analogie mit dem Kleinhirn wird vorgeschlagen, daß die Synapse vom Cartridge-Typ auf einer Pyramidenzelle in ähnlicher Weise auf die Kletterfasern wirkt, indem sie aus dem Input von ungefähr 2000 Horizontalfasern auf die apikalen Dendriten dieser gleichen Pyramidenzelle selektiert. Diese Selektion wäre abhängig von der Verbindung der beiden Inputs in einer noch nicht näher bestimmten spezifischen Zeitbeziehung und resultierte in einer anhaltenden Potenzierung der selektierten Synapsen auf dem apikalen Dendriten. Ebenso wie bei Parallelfasern nimmt man an, daß verschiedene Assoziations-, Kommissuren- und Martinotti-Fasern von den 2000 ausgewählt werden, die den Verbund der synaptischen Cartridge-Aktivität auf dieser Pyramidenzelle bilden.[3] Somit stellt die Aktivität des Cartridge-Systems die Instruktion dar, die zur Potenzierung diejenigen Horizontalfaser-Synapsen auswählt, die in der geeigneten zeitlichen Verbindung aktiviert sind. Wie in Abbildung E8–8 gezeigt, meint Szentágothai [1972], daß ein einzelnes Cartridge-System die apikalen Dendriten von etwa drei Pyramidenzellen umfaßt, die auf diese Weise ein einheitliches Selektionssystem bilden. Für weitere quantitative Betrachtung siehe Eccles [1978]. Möglicherweise

---

[2] Siehe J. C. Eccles [1977 (a)].
[3] D. Marr [1970]; J. C. Eccles [1978].

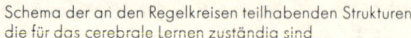

Schema der an den Regelkreisen teilhabenden Strukturen,
die für das cerebrale Lernen zuständig sind

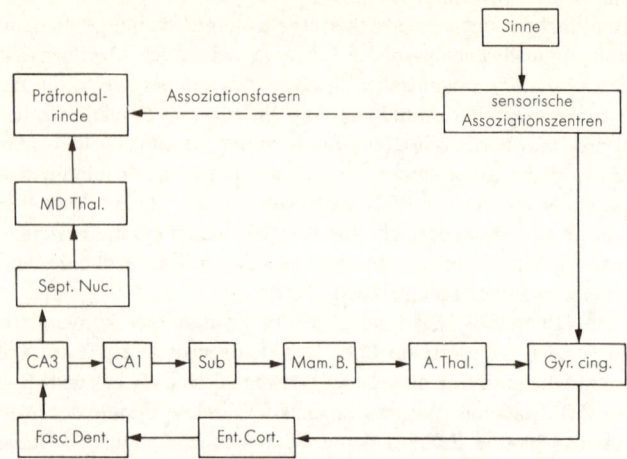

Abb. E8–9. Abb. E8–7 ist neu gezeichnet, um die beiden von den *CA3* und *CA1* Pyramidenzellen des Hippocampus ausgehenden Schaltkreise zu zeigen. Die Verknüpfungen innerhalb
des Hippocampus sind folgendermaßen: Entorhinaler Kortex durch die perforierende Bahn
zur Fascia Dentata; Körnerzellen der Fascia Dentata über Moosfasern zu *CA3*-Pyramiden-
zellen; Axon-Kollateralen von *CA3*-Pyramidenzellen (Schaffer-Kollateralen) zu *CA1*-Pyra-
midenzellen; *CA1* über Subiculum *(Sub)* zu Corpora mamillaria; *CA3* über Fimbria zum
Nucleus septi zum medio-dorsalen Thalamus (*MD-Thal.*).

funktioniert der Papez-Schaltkreis (Abb. E8–7) so, daß er die reflektierende Aktivierung des Hippokampus mit seinem CA3-Output durch den
Nucleus septi zum MD-Thalamus, wie in Abbildung E8–9 gezeigt, ermöglicht.

Bevor wir weiter die vorgeschlagene Selektionsweise des Hippokam-
pus-Outputs auf die immens komplexen neuronalen Verknüpfungen in
der Assoziationsrinde betrachten (vgl. Abb. E1–7, E1–8), sollten wir die
internen neuronalen Verbindungen des Hippokampus erforschen, um zu
sehen, ob sie so gebaut sind, daß sie in einer hochselektiven Weise im
Hinblick auf die Inputs, die sie vom Neokortex empfangen, arbeiten.
Neuere Untersuchungen von Andersen und Mitarbeitern[4] haben gezeigt,
daß der Hippokampus in einer Reihe von engen transversen Lamellen
organisiert ist, die unabhängig durch all die komplexe Verknüpfung hindurch besteht. Diese Unterscheidung wird in der Output-Bahn der CA3-
Pyramidenzellen durch eine strenge Scheidung der CA3-Axone gemäß
der Lokalisation in den Fimbrien aufrechterhalten, wobei die mehr rostral

---

[4] [1971], [1973].

gelegenen medial und die mehr kaudal gelegenen lateral verlaufen. Man kann vermuten, daß diese Scheidung zu einer Scheidung im Nucleus septi führt. Andersen, Bliss und Skrede [1971] fassen ihre Befunde zusammen: »Eine Hauptquelle entorhinaler Aktivität projiziert ihre Impulse durch die viergliedrige Bahn entlang einer Scheibe oder Lamelle von Hippokampus-Gewebe, die nahezu senkrecht zur alvearen Oberfläche und nahezu sagittal im dorsalen Teil der Hippokampus-Formation orientiert ist.«

Die schematische Darstellung in Abbildung E8–9 gibt dem von Andersen und Mitarbeitern [1973] entdeckten fundamentalen Baumerkmal tiefe Bedeutung, nämlich daß die CA3- und CA1-Pyramidenzellen des Hippokampus durch ihre unterschiedlichen Projektionen, wie in Abbildung E8–9 gezeigt, scharf unterschieden werden. Eine der synaptischen Verknüpfungen in den Schaltkreisen von Abbildung E8–9, die entorhinale Rinde zu den Körnerzellen der Fascia dentata *(Fasc. Dent.)* zeigt bemerkenswerte Antworten auf wiederholte Stimulation, die sie sehr wirksam in einer Wiederholungsschleife, wie der für den Papez-Regelkreis in den Abbildungen E8–7 und E8–9 vorgeschlagenen, macht. Es kommt zu einer sehr starken Potenzierung während wiederholter Stimulation mit 10 pro Sekunde (Abbildung E8–1C), und bei wiederholten kurzen Episoden findet ein zunehmender Aufbau einer Potenzierung statt, die über Stunden aufrechterhalten wird (Abb. E8–2) und sogar über Tage (Abb. E8–3). So würde diese synaptische Übertragung mit stark erhöhter Potenz während der Wiederholungsregelkreisaktion arbeiten. Wie in Abbildung E8–9 gezeigt, wäre diese Potenzierung auch auf dem Regelkreis von den CA3-Neuronen zum Präfrontallappen vorhanden und so von Bedeutung für den allmählichen Aufbau der Aktivierung der Cartridge-Synapsen.

Es ist interessant, daß Motivation in Kornhubers Regelkreis-Diagramm kommt (Abbildung E8–7). Diese beinhaltet Aufmerksamkeit oder Interesse an den Erlebnissen, die in den neuronalen Aktivitäten der Assoziationsrinde kodiert sind und die gespeichert werden sollen. Es beinhaltet einen Prozeß der Mittelhirninteraktion. Wir wissen alle, daß wir keine Erinnerungen speichern, die für uns nicht von Interesse sind und denen wir keine Aufmerksamkeit schenken. Es ist eine vertraute Feststellung, daß eine einzelne scharfe Erfahrung während eines ganzen Lebens erinnert wird, doch sie übersieht die Tatsache, daß die intensive emotionale Beteiligung unmittelbar nach dem ursprünglichen emotional geladenen Erlebnis unablässig wieder erlebt wird. Offensichtlich hat eine lange Reihe von »Wiederabspielungen« der mit dem ursprünglichen Erlebnis assoziierten kortikalen Aktivitätsmuster stattgefunden, und diese Aktivität beteiligt besonders das Limbische System, wie durch die starken emotionalen Obertöne zu erkennen ist. So muß in die neuronale Maschinerie

des Kortex die Neigung zu sich wiederholenden Erregungskreisen eingebaut sein, die die synaptische Potenzierung für Gedächtnis verursacht.

In der weiteren Entwicklung unserer Hypothese des bewußten Langzeitgedächtnisses meinen wir, daß der selbstbewußte Geist in diese Trans-
aktion zwischen den Moduln des Liaison-Hirns und des Hippokampus auf
zwei Wegen eintritt: erstens durch Erhaltung der modulären Aktivität
durch die allgemeine Wirkung des Interesses oder der Aufmerksamkeit
(das Motivationssystem von Kornhuber [1973]), so daß der Hippokam-
pus-Schaltkreis dauernd verstärkt wird; zweitens in einer konzentrierte-
ren Weise durch Konsolidierung der entsprechenden Moduln, um ihre
Speicherung herauszulesen und, wenn nötig, sie zu verstärken oder sie
durch direkte Aktion auf die betroffenen Moduln zu modifizieren. Beide
dieser vorgeschlagenen Wirkungen erfolgen vom selbstbewußten Geist zu
denjenigen Moduln, die die spezielle Eigenschaft besitzen, ihm gegenüber
»offen« zu sein. Jedoch, wie bereits geäußert, kann der selbstbewußte
Geist durch seine direkte Aktion auf die »offenen« Moduln eine indirekte
Aktion auf diejenigen »geschlossenen« Moduln ausüben, auf die die »offenen« Moduln projizieren (Kapitel E7). Anhalt für diese unterstützende
Aktion durch »geschlossene« Moduln wurde von Sperry (1974) vorgelegt.
Er findet, daß eine ausgeprägte Beeinträchtigung des verbalen Gedächt-
nisses der linken Großhirnhemisphäre nach Kommissurotomie besteht.
Dies wäre zu erwarten, wenn die geschlossenen Moduln der subdominan-
ten Hemisphäre so, wie hier vorgeschlagen, bei der Gedächtnisspeiche-
rung und dem Wiederabruf des Gespeicherten indirekt aktiv wären.
Sperry [1974] macht eine hierauf bezogene Äußerung: »Jeder Speiche-
rungs-, Kodierungs- oder Wiederabrufprozeß, der normalerweise auf der
Integration symbolischer Funktionen in der linken Hemisphäre mit
Raumwahrnehmungsmechanismen in der rechten Hemisphäre beruht,
würde durch Kommissurotomie ebenfalls unterbrochen.«

Es ist außerordentlich interessant, daß nach der Kommissurotomie
jede Hemisphäre ihre eigenen besonderen Aufgaben erlernen und erinnern kann: die linke Hemisphäre verbale und numerische Aufgaben; die
rechte Hemisphäre räumliche, musikalische und bildliche Aufgaben. Wie
bereits gezeigt, sind die entsprechenden linken und rechten Hippocampi
für diese Erinnerungsspeicherung zuständig. Jeder Hippokampus würde
alleine arbeiten, weil die Hippokampus-Kommissur bei der Kommissurotomie ebenfalls durchtrennt wird. Ein weiterer interessanter Befund ist,
daß der Gedächtnisdefekt bei der modifizierten Kommissurotomie mit
Aussparung der hinteren 20% fast so schwer ist wie bei der totalen Kommissurotomie.[5] Andererseits findet sich bei dieser partiellen Kommissuro-

---

[5] R. W. Sperry [1974].

tomie wenig Anzeichen für die Hemisphärenentkoppelung in all den in Kapitel E5 beschriebenen Tests. Es gibt gegenwärtig keine Erklärung für den schweren Gedächtnisdefekt nach partieller Kommissurotomie.

63. Erinnerungsabruf

Beim Abruf einer Erinnerung müssen wir weiter mutmaßen, daß der selbstbewußte Geist ständig sucht, Erinnerungen wiederzugewinnen, zum Beispiel Worte, Wendungen, Sätze, Ideen, Ereignisse, Bilder, Melodien, indem er die moduläre Anordnung aktiv abtastet, und daß er durch seine Aktion auf die bevorzugten »offenen« Moduln versucht, das volle neurale Operationsmuster zu evozieren, das er als eine erkennbare Erinnerung, reich an emotionalem und/oder intellektuellem Gehalt herauslesen kann. Weitgehend könnte es sich hier um einen Versuch- und Irrtumprozeß handeln. Uns allen sind die Leichtigkeit oder Schwierigkeit, die eine oder andere Erinnerung zurückzurufen, vertraut, und die Strategien, die wir erlernen, um Erinnerungen an Namen wiederzugewinnen, die sich aus einem unbekannten Grund der Erinnerung widersetzen. Wir können uns vorstellen, daß unser selbstbewußter Geist einer fortgesetzten Herausforderung gegenübersteht, die gewünschte Erinnerung dadurch zurückzurufen, daß er den richtigen Zugang zur Aktivität von Moduln herausfindet, so daß sich durch Entwicklung das richtige Anordnungsmuster von Moduln ergeben würde.

Es wird vorgeschlagen, daß es zwei unterschiedliche Arten bewußter Erinnerung gibt. Die Datenbankerinnerung wird im Gehirn gespeichert und ihr Wiederabruf vom Gehirn erfolgt häufig durch einen vorsätzlichen geistigen Akt. Dann kommt ein weiterer Gedächtnisprozeß ins Spiel – den wir Erkennungsgedächtnis nennen könnten. Der Abruf von den Datenbanken wird im Geist kritisch geprüft. Er mag als falsch beurteilt werden – vielleicht ein geringfügiger Fehler in einem Namen oder in einer Zahlenfolge. Dies führt zu einem erneuten Versuch des Wiederabrufs, der wiederum als falsch beurteilt werden mag – usw. bis der Wiederabruf als richtig beurteilt wird oder bis der Versuch aufgegeben wird. Es wird deshalb vermutet, daß es zwei verschiedene Arten von Gedächtnis gibt: (1) *Hirnspeicherungsgedächtnis,* das in den Datenbanken des Gehirns festgehalten wird, speziell in der Großhirnrinde; (2) *Erkennungsgedächtnis,* das vom selbstbewußten Geist bei seiner Prüfung der Abrufe aus den Hirnspeicherungserinnerungen angewandt wird. Eine weitere Diskussion des Gedächtnisabrufs erfolgt in Dialog VI und VII.

Penfield und Perot [1963] lieferten einen äußerst erhellenden Bericht über die durch elektrische Reizung der Großhirnhemisphären evozierten Erfahrungsantworten, die bei 53 Patienten während Hirnoperationen in Lokalanästhesie gesammelt wurden. Diese Reaktionen unterschieden sich von den durch Stimulation der primären sensorischen Zentren hervorgerufenen, die lediglich Lichtblitze oder Berührungsempfindungen und Parästhesien (Kapitel E2) waren, insofern, als die Patienten Erlebnisse hatten, die Träumen ähnelten, die sogenannten Traumzustände. Während der fortgesetzten schwachen elektrischen Stimulation von Stellen auf der freigelegten Oberfläche ihrer Gehirne berichteten die Patienten Erlebnisse, die sie oft als zurückgerufene, lange vergessene Erinnerungen erkannten. Wie Penfield feststellt, ist es, als ob ein vergangener Strom von Bewußtsein während dieser elektrischen Stimulation wiedergewonnen wird. Die häufigsten Erlebnisse waren visuell oder akustisch, doch es gab auch viele Fälle die kombiniert visuell und akustisch waren. Die Erinnerung an Musik und Gesang bot sowohl dem Patienten als auch dem Neurochirurgen sehr eindrucksvolle Erlebnisse. Alle diese Ergebnisse wurden an Gehirnen von Patienten mit einer Anamnese von epileptischen Anfällen gewonnen. Die Abbildung E8-10 zeigt die Orte, deren Reizung bei den verschiedenen Patienten Erlebnisantworten evozierte. Es ist zu beachten, daß die Temporallappen die bevorzugten Stellen darstellten, und daß die subdominante Hemisphäre effektiver als die dominante war. Es ist auch zu ersehen, daß die primären sensorischen Zentren ausgeschlossen sind.

In Zusammenfassung dieser hochinteressanten Untersuchungen wird festgestellt, daß die Erlebnisse solche sind, bei denen der Patient ein Beobachter und nicht ein Teilnehmer ist, genau wie in Träumen.

> Die Zeiten, die am häufigsten zurückgerufen werden, sind kurz gesagt diese: die Zeiten des Beobachtens oder Hörens der Handlung und Rede von anderen und die Zeiten des Musikhörens. Bestimmte Arten von Erlebnissen scheinen zu fehlen. Zum Beispiel die Zeiten des Sichentschließens, dieses oder jenes zu tun, erscheinen nicht in der Aufzeichnung. Zeiten der Ausführung komplizierter Handlungen, Zeiten des dieses oder jenes Sprechens oder Sagens, oder des Schreibens von Mitteilungen und des Hinzufügens von Abbildungen – diese Dinge sind nicht verzeichnet. Zeiten des Essens und Essengenießens, Zeiten sexueller Erregung oder Erfahrung – diese Dinge fehlen ebenso wie Perioden schmerzhaften Leidens oder Weinens. Bescheidenheit erklärt dieses Schweigen nicht. (Penfield und Perot [1963]).

Es kann gefolgert werden, daß die Reizung wie ein Zurückrufen vergangener Erlebnisse wirkt. Wir können dies als ein instrumentelles Mittel für ein Wiedergewinnen von Erinnerungen betrachten. Es kann vermutet werden, daß die Speicherung dieser Erinnerungen sich wahrscheinlich in den cerebralen Abschnitten befindet, die in der Nähe der wirksamen Reizorte liegen. Es ist jedoch wichtig zu beachten, daß der Erlebnisrück-

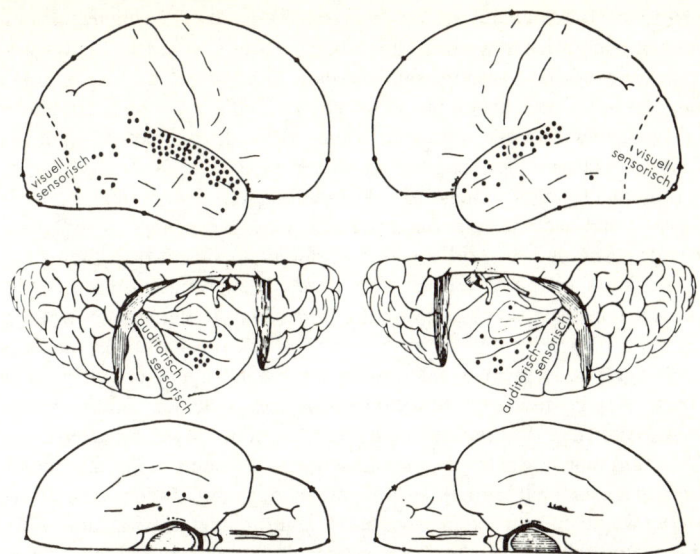

Abb. E8–10. Ansichten des menschlichen Gehirns mit Darstellung der Orte (Punkte) von denen in den experimentellen Serien insgesamt experimentelle Reaktionen durch elektrische Stimulation hervorgerufen wurden. In der oberen Reihe sind die rechte und die linke Hemisphäre von der Seite gesehen. In der mittleren Reihe ist die Ansicht von oben, wobei Parietal- und Frontallappen entfernt sind, um die Temporallappen von oben zu zeigen. In der untersten Reihe sind die Hemisphären von unten gesehen gezeichnet (Penfield und Perot [1963]).

ruf von Abschnitten in der Region der gestörten cerebralen Funktion evoziert wird, die sich anhand der epileptischen Anfälle erkennen läßt. Begreiflicherweise sind die effektiven Orte abnorme Zonen, die dadurch in der Lage sind, über Assoziationsbahnen zu den viel weiteren Abschnitten der Großhirnrinde zu wirken, die die tatsächlichen Speicherorte für Erinnerungen sind.

64. Die Dauer von Erinnerungen

Eine Analyse der Dauer der verschiedenen, am Gedächtnis beteiligten Prozesse liefert Anhalt für drei unterschiedliche Gedächtnisprozesse.[1] Wir haben bereits Anhalt für das Kurzzeitgedächtnis, gewöhnlich von wenigen

---

[1] Siehe J. L. McGaugh [1969].

Sekunden, vorgelegt, das der fortgesetzten Aktivität in neuronalen Schaltkreisen zugeschrieben werden kann, die die Erinnerung in einem dynamischen Muster zirkulierender Impulse hält. Die Patienten mit bilateraler
Hippokampektomie haben fast kein anderes Gedächtnis. Zweitens gibt es
das Langzeitgedächtnis, das über Tage oder Jahre anhält. Gemäß der
Wachstumstheorie des Lernens ist dieses Gedächtnis (oder diese Gedächtnisspur) in der gesteigerten Wirksamkeit von Synapsen kodiert, die
während und nach der ursprünglichen Episode, die erinnert wird, hyper-
aktiv gewesen sind. Im vorliegenden Zusammenhang der bewußten Erinnerung kann vermutet werden, daß dieses Synapsenwachstum in einer
Vielzahl von Synapsen in geordneter Verteilung in denjenigen Moduln
geschieht, die stark auf die ursprüngliche Episode reagierten, die die Operation der Wiederholungsschaltkreise durch den Hippokampus in Gang
setzen. Als Folge dieses Synapsenwachstums wäre der selbstbewußte
Geist in der Lage, Strategien zu entwickeln, um das Wiederabspielen von
Moduln in einem Muster zu veranlassen, das demjenigen der ursprünglichen Episode ähnelt, daher die Gedächtniserfahrung. Zudem wäre dieses
Wiederabspielen von einer erneuten Wiederholungsaktivität durch den
Hippokampus begleitet, die dem Original ähnelt, mit einer daraus folgenden Verstärkung der Gedächtnisspur.

Wir stehen jedoch dem dringenden Problem gegenüber, die zeitliche
Lücke zwischen dem Kurzzeitgedächtnis von Sekunden und den für das
Synapsenwachstum des Langzeitgedächtnisses erforderlichen Stunden zu
füllen. Barondes [1970] gibt eine Übersicht über die Experimente, die den
Zeitverlauf der Wirkung von Substanzen, Zykloheximid zum Beispiel,
testen, die die Proteinsynthese im Gehirn verhindern, das dann nicht imstande ist zu lernen. Die ungefähre Zeit von etwa 30 Minuten bis drei
Stunden scheint für das Synapsenwachstum erforderlich zu sein, um zu der
Langzeiterinnerung zu führen. McGaugh [1969] hat ein Intermediär-Zeit-
Gedächtnis vorgeschlagen, um die Lücke von Sekunden bis Stunden zwischen dem Ende des Kurzzeitgedächtnisses und der vollen Entwicklung
des Synapsenwachstums zu überbrücken, das zu dem Langzeitgedächtnis
führt, wie in Abbildung E8–11 schematisch dargestellt ist. Wir meinen,
daß die früher beschriebene posttetanische Potenzierung (Abb. E8–1C, 2,
3) haargenau paßt, um diese Lücke zu überbrücken. Sie würde durch die
wiederholten synaptischen Aktivierungen der Kurzzeiterinnerung indu-
ziert und würde diesen Aktionen unmittelbar folgen, indem sie den gleichen Hippokampusschleifenregelkreis benutzt wie für das Langzeitgedächtnis. Sie wäre auf die aktivierten Synapsen beschränkt und in Übereinstimmung mit ihrer Aktion abgestuft. In Abbildung E8–2 und 3 folgten
ganz sanfter wiederholter Stimulation von Hippokampus-Synapsen post-
tetanische Potenzierungen, die über Stunden anhielten. Fällt dieser phy-

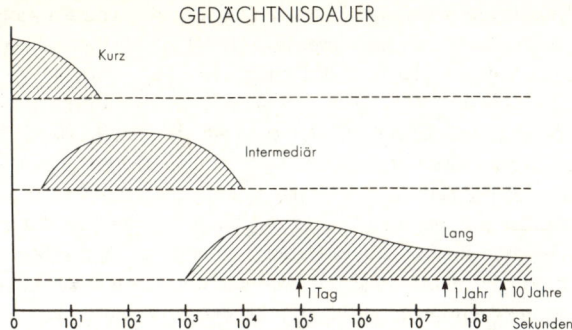

GEDÄCHTNISDAUER

Abb. E8–11. Schematische Darstellung der Dauer der drei im Text beschriebenen Erinnerungen. Beachte die logarithmische Zeitskala und den vermuteten Anstieg und Fall der Erinnerungen in der Zeit.

siologische Prozeß der synaptischen Potenzierung ab, greift das metabolisch induzierte Synapsenwachstum über, um eine andauernde Grundlage für das strategische Herauslesen durch den selbstbewußten Geist herzustellen.

65. Plastische Antworten der Großhirnrinde

Es gibt spezielle Beispiele plastischer Antworten des Nervensystems junger Tiere, die als Beispiele von Lernen angesehen werden können. Eine bemerkenswerte Entdeckung wurde von Blakemore [1974] berichtet, als er junge Kätzchen (drei bis 14 Wochen) für mehrere Stunden pro Tag horizontalen oder vertikalen Streifen aussetzte, während sie sich den Rest des Tages in Dunkelheit befanden. Sogar nach wenigen Stunden dieser Exposition kam es zu einer Konversion der visuellen Rindenzellen und zu einer starken Bevorzugung für die Linienorientierung, der sie ausgesetzt waren, zum Beispiel vertikal oder horizontal (siehe Kapitel E2). Fanden die Expositionen gegenüber vertikalen und horizontalen Streifen in alternierenden Perioden statt, so waren die visuellen Rindenzellen von zwei Arten, diejenigen mit horizontaler und diejenigen mit vertikaler Orientierung. Blakemore schlägt vor, daß diese adaptativen Antworten dem fundamentalen Prozeß, der dem Lernen und Gedächtnis zugrunde liegt, analog sind. Es ist sicherlich beachtlich, daß solche relativ kurzen Expositionen in der Entwicklung spezifischer Verknüpfungen innerhalb einer visuellen Säule (siehe Kapitel E2) resultieren, die verantwortlich für die beobachteten Orientierungsspezifitäten sind.

Eine verwandte plastische Antwort von Sehzellen von Kätzchen bald nach der Geburt wurde von Wiesel und Hubel [1963] entdeckt und von Kuffler und Nicholls [1976] ausführlich diskutiert. War ein Auge für einige Tage nach dem normalen Zeitpunkt der Augenöffnung geschlossen, so fand sich, daß die Bahnen von dem anderen Auge fast alle Sehzellen in beiden Sehrinden beherrschten. Normalerweise ist beim Kätzchen eine Teilung dieser Sehzellen über den gesamten Umfang der Dominanz des einen oder des anderen Auges mit allen Graden von Konvergenz gegeben. In dem hochsensitiven Alter von drei bis vier Wochen nach Geburt errichteten die aktivierten Bahnen von dem unbedeckten Auge dominante Verknüpfungen zu allen Sehzellen, zum Ausschluß der Bahnen von dem geschlossenen Auge. Bei jüngeren oder älteren Kätzchen waren die Effekte weniger schwerwiegend. Diese Effekte beruhen auf Veränderungen in der Synapsenaktion auf visuelle Rindenzellen, nicht in der Retina und in den Bahnen zur Rinde (vgl. Abb. E2–4 und E2–7). Hier haben wir wiederum plastische Veränderungen der Verknüpfungen, die sich aus dem Gebrauch ergeben, und daher können die Effekte als spezieller Typ des Lernens angesehen werden.

Eine weitere Illustration der Weise, in der Lernen die Interpretation visueller Information transformieren kann, ergibt sich aus Strattons Experimenten [1897], in denen ein System von Linsen vor eines seiner Augen geschaltet wurde (das andere war bedeckt), so daß das Bild auf der Retina in Bezug auf seine übliche Orientierung umgekehrt wurde. Über mehrere Tage war die visuelle Welt hoffnungslos gestört. Da sie umgekehrt war, vermittelte sie einen Eindruck von Unrealität und war für den Zweck des Erfassens von oder Hantierens mit Gegenständen nicht zu gebrauchen. Doch als Ergebnis einer fortgesetzten Bemühung über acht Tage konnte er die visuelle Welt wieder richtig empfinden und sie wurde ein zuverlässiger Führer für Handhabung und Bewegung. Wenn keine aktive Anstrengung unternommen wird, kommt es zu keinem Lernen. Es hat zahlreiche experimentelle Bestätigungen von Strattons bemerkenswerten Befunden gegeben und viele zusätzliche Beobachtungen, besonders von Kohler [1951]. Versuchspersonen mit umgekehrten retinalen Bildern haben sogar gelernt, Ski zu fahren, was eine sehr genaue Korrelation visueller mit kinästhetischen Erfahrungen erfordert. Kürzlich haben Gonshor und Melvill Jones [1976 (a)], [1976 (b)] eine quantitative Auswertung des Lernprozesses bei Versuchspersonen berichtet, die eine horizontale Inversion ihrer Gesichtsfelder mit Hilfe von Prismen erfuhren, die ständig über mehrere Tage getragen wurden.

Diese Beobachtungen und viele andere ähnlicher Art zeigen, daß als Folge aktiven oder Versuch- und Irrtum-Lernens die durch sensorische Information von der Retina evozierten Hirnereignisse so interpretiert

werden, daß sie ein gültiges Bild der äußeren Welt vermitteln, die durch
Berührung und Bewegung gefühlt wird, das heißt die Welt visueller Wahrnehmung wird zu einer Welt, in der man sich erfolgreich bewegen kann.

Das eleganteste und reizendste Beispiel für die Rolle der Aktivität
beim visuellen Lernen ergibt sich aus den Experimenten von Held und
Hein [1963]. Kätzchen aus dem gleichen Wurf verbringen mehrere Stunden pro Trag in einer Anlage (Abb. E8–12), die einem Kätzchen fast
vollständige Freiheit gewährt, um seine Umgebung aktiv zu explorieren,
genau wie ein normales Kätzchen. Das andere wird passiv in einer Schau-
kel aufgehängt, die durch eine einfache mechanische Anordnung in allen
Richtungen durch das explorierende Geschwisterchen bewegt wird, so
daß der Schaukelpassagier dem gleichen Spiel visueller Eindrücke unterworfen ist, wie das aktive Kätzchen, doch nichts von dieser Aktivität wird
durch den Passagier veranlaßt. Seine visuelle Welt wird ihm genauso verschafft, wie es für uns auf einem Fernsehschirm geschieht. Wenn sie sich
nicht in dieser Anlage befinden, werden beide Kätzchen mit ihrer Mutter
in Dunkelheit gehalten. Nach einigen Wochen zeigen Tests, daß das aktive Kätzchen gelernt hat, seine Gesichtsfelder dazu zu verwenden, ihm
ein gültiges Bild der äußeren Welt für den Zweck der Bewegung, genau
wie ein normales Kätzchen, zu vermitteln, während der Schaukelpassagier
nichts gelernt hat. Ein einfaches Beispiel dieses Unterschiedes zeigt sich,
wenn man die Kätzchen auf ein schmales Brett setzt, das sie entweder auf
einer Seite mit einem kleinen Sprung verlassen können, oder auf der
anderen Seite mit einem furchterregenden Sturz. In Wirklichkeit verhindert ein durchsichtiges Brett eine Verletzung, wenn man auf der gefährlichen Seite aussteigt. Das aktiv trainierte Kätzchen wählt immer die einfache Seite, das »Schaukelkätzchen« wählt eine von beiden in wahlloser
Weise.

Die Folgerung aus diesen und vielen anderen Experimenten an Tieren
und Menschen ist, daß fortwährend aktive Exploration wesentlich ist,
sogar wenn Erwachsene ihre bestehenden visuellen Unterscheidungsfä-
higkeiten behalten oder neue erlernen sollen. Die bemerkenswertesten
physiologischen und anatomischen Probleme ergeben sich durch diese
fesselnden Experimente über Wahrnehmung und Verhalten, doch bis
jetzt können wir die Probleme nur in den vagesten Begriffen formulieren.

66. Retrograde Amnesie

Es ist eine bekannte Beobachtung, daß aus einem schweren Hirntrauma
Gedächtnisverlust resultiert, wie zum Beispiel eine mechanische Verletzung, die zu Bewußtlosigkeit führt (Gehirnerschütterung), oder durch

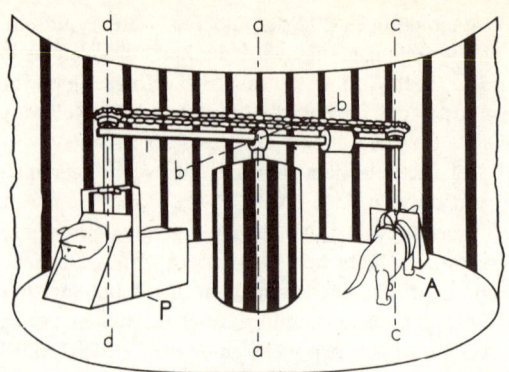

Abb. E8–12. Apparat zur Gleichstellung von Bewegung und daraus folgendem visuellen Feedback für ein sich aktiv bewegendes Kätzchen *(A)* und ein passiv bewegtes *(P)* (Held und Hein [1963]).

Krampfanfälle aufgrund einer Elektroschocktherapie. Die retrograde Amnesie ist gewöhnlich für Ereignisse unmittelbar vor dem Trauma komplett und wird für Erinnerungen von früheren und noch früheren Ereignissen zunehmend weniger schwer. Abhängig von dem Schweregrad des Traumas kann eine retrograde Amnesie Zeiträume von Minuten, Stunden oder Tagen umfassen.

Untersuchungen an Tieren haben das durch Lernvorgänge aufgebaute Gedächtnis benutzt, um die retrograde Amnesie zu testen, die durch ein zu verschiedenen Zeitpunkten nach dem Lernvorgang verabfolgtes Trauma hervorgerufen wurde. Das Trauma konnte ein Elektroschock oder verschiedene chemische Substanzen sein. Diese Experimente lassen erkennen, daß der Gedächtnisspeicherprozeß während sechs Stunden nach dem Lernzeitraum konsolidiert wird. Bei kürzeren Zeiten sind die Erinnerungen zunehmend empfindlicher gegenüber dem Trauma. Man kann sich vorstellen, daß das Synapsenwachstum, das zu Langzeitgedächtnis führt, für viele Stunden sehr empfindlich gegenüber einem Trauma ist, vermutlich bis der gesamte Wachstumsprozeß vollendet ist.[1]

Nach Hippokampektomie kam es nicht nur zu der schweren anterograden Amnesie für Ereignisse nach der Operation, sondern es war auch eine schwere retrograde Amnesie vorhanden, zum Beispiel für Ereignisse, die der Operation um Stunden oder Tage vorausgingen.[2] Offensichtlich verursachte das Trauma der Operation diese retrograde Amnesie, die im Laufe der Zeit weniger schwer wurde, beispielsweise wurden Ereignisse vor der Operation besser erinnert.

---

[1] Siehe J. L. McGaugh [1969]; S. H. Barondes [1970].   [2] B. Milner [1972].

Bibliographie zu Teil II

ADAM, G. (ed.) [1971] *Biology of Memory, Symposia Biologica Hungarica, 10,* S. 21–25.

ADRIAN, E. D. [1947] *The Physical Background of Perception,* Clarendon Press, Oxford, S. 95.

AGRANOFF, B. W. [1967] »Agents That Block Memory«, in: QUARTON, MELNE-CHUK und SCHMITT (eds) [1967], S. 756–764.

[1969] »Protein Synthesis and Memory Formation«, in: BOGOCH (ed.) [1969], S. 341–353.

AKERT, K. [1964] »Comparative Anatomy of the Frontal Cortex and Thalamocortical Connections«, in: WARREN und AKERT (eds) [1964], S. 372–396.

ALAJOUANINE, T. [1948] »Aphasia and artistic realization«, *Brain, 71,* S. 229–241.

ALLEN, G. I., und TSUKAHARA, N. [1974] »Cerebrocerebellar communication systems«, *Physiological Reviews, 54,* S. 957–1006.

ANDERSEN, P., BLAND, B. H., und DUDAR, J. D. [1973] »Organization of the hippocampal output«, *Experimental Brain Research, 17,* S. 152–168.

ANDERSEN, P., BLISS, T. V. P., und SKRE-DE, K. K. [1971] »Lamellar organization of hippocampal excitatory pathways«, *Experimental Brain Research, 13,* S. 222–238.

ARMSTRONG, D. M. [1968] *A Materialist Theory of the Mind,* Routledge, London.

AUSTIN, G., HAYWARD, W., und ROUHE, S. [1972] »A Note on the Problem of Conscious Man and Cerebral Disconnection by Hemispherectomy«, in: SMITH (ed.) [1972].

BAILEY, P., BONIN, G. VON, GAROL, H. W., und McCULLOCH, W. S. [1943] »Functional organization of temporal lobe of monkey (Macaca Mulatta) and chimpanzee (Pan Satyrus)«, *Journal of Neurophysiology, 6,* S. 121–128.

BARLOW, H. B. [1972] »Single units and sensation: A neuron doctrine for perceptual psychology?«, *Perception, 1,* S. 371–394.

BARONDES, S. H. [1969] »The Mirror Focus and Long-Term Memory Storage«, in: JASPER, WARD und POPE (eds) [1969], S. 371–374.

[1970] »Multiple Steps in the Biology of Memory«, in: SCHMITT (ed.) [1970], Band 2, S. 272–278.

BASSER, L. S. [1962] »Hemiplegia of early onset and the faculty of speech with special reference to the effects of hemispherectomy«, *Brain, 85,* S. 427–460.

BERLUCCHI, G. [1974] »Cerebral Dominance and Interhemispheric Communication in Normal Man«, in: SCHMITT und WORDEN (eds) [1974], S. 65–69.

BERLYNE, D. B. [1969] »The Development of the Concept of Attention«, in: EVANS und MULHOLLAND (eds) [1969], S. 1–26.

BLAKEMORE, C. [1974] »Developmental Factors in the Formation of Feature Expracting Neurons«, in: SCHMITT und WORDEN (eds) [1974], S. 105–113.

BLISS, T. V. P., und GARDNER-MEDWIN, A. R. [1973] »Long-lasting potentiation of synaptic transmission in the dentate area of the unanaesthetized rabbit following stimulation of the perforant path«, *Journal of Physiology,* London, *232,* S. 357–374.

BLISS, T. V. P., und LØMO, T. [1973] »Long-lasting potentiation of synaptic transmission in the dentate area of the anaesthetized rabbit following stimulation of the perforant path«, *Journal of Physiology,* London, *232,* S. 331–356.

BOCCA, E., CALEARO, C., CASSINARI, V., und MIGLIAVACCA, F. [1955] »Testing »cortical« hearing in temporal lobe tumors«, *Acta Oto-Laryngolica,* Stockholm, *45,* S. 289–304.

BOGEN, J. E. [1969 (a)] »The other side of the brain I. Dysgraph and dyscopia following cerebral commissurotomy«, *Bulletin of the Los Angeles Neurological Societies, 34,* S. 73–105.

[1969 (b)] »The other side of the brain II. An appositional mind«, *Bulletin of the Los Angeles Neurological Societies, 34,* S. 135–162.

BOGOCH, S. (ed.) [1969] *The Future of the Brain Sciences,* Plenum Press, New York.

BREMER, F. [1966] »Neurophysiological Correlates of Mental Unity«, in: ECCLES (ed.) [1966], S. 283–297.

BRINDLEY, G. S. [1973] »Sensory Effects of Electrical Stimulation of the Visual and Paravisual Cortex in Man«, in: JUNG (ed.) [1973 (c)], S. 583–594.

BROADBENT, D. E. [1954] »The role of auditory localization in attention and memory«, *Journal of Experimental Psychology, 47,* S. 191–196.

[1974] »Division of Function and Integration of Behavior«, in: SCHMITT und WORDEN (eds) [1974], S. 31–41.

BROADBENT, D. E. und GREGORY, M. [1965] »On the interaction of S-R compatibility with other variables affecting reaction time«, *British Journal of Psychology, 56,* London, S. 61–67.

BROCA, P. [1861] »Perte de la parole, ramollissement chronique et destruction partielle du lobe antérieur gauche du cerveau«, *Bulletin de la Société Antropologique, 2,* Paris, S. 235.

BRODAL, A. [1969] *Neurological Anatomy. In Relation to Clinical Medicine,* Oxford University Press, London.

[1973] »Self-observations and neuroanatomical considerations after a stroke«, *Brain, 96,* S. 675–694.

BRONOWSKI, J., und BELLUGI, U. [1979] »Language, name, and concept«, *Science, 168,* S. 669–673.

BUSER, P., ROUGEL-BUSER, A. (eds.) [1978] *Cerebral Correlates of Conscious Experience,* Elsevier, Amsterdam.

CAIRNS, H. [1952] »Disturbances of consciousness with lesions of the brain stem and diencephalon«, *Brain, 75,* S. 109.

CHAPPELL, V. C. (ed.) [1962] *The Philosophy of Mind,* Prentice-Hall, Englewood Cliffs, N. J.

CHOMSKY, N. [1968] *Language and the Mind,* Harcourt Brace and World, New York.

| | [1970] | *Sprache und Geist,* Übers. von S. Kanngiesser, G. Lingrün, U. Schwartz, Suhrkamp Verlag, Frankfurt a. M. |

COLONNIER, M. L. [1966] »The Structural Design of the Neocortex«, in: ECCLES (ed.) [1966], S. 1–23.

[1968] »Synaptic patterns on different cell types in the different laminae of the cat visual cortex. An electron microscope study«, *Brain Research, 9,* S. 268–287.

COLLONIER, M. L. und ROSSIGNOL, S. [1969] »Heterogeneity of the Cerebral Cortex«, in: JASPER, WARD und POPE (eds) [1969], S. 29–40.

CRAWFORD, B. H. [1947] »Visual adaptation in relation to brief conditioning stimuli«, *Proceedings of the Royal Society of London, B, 134,* S. 283–302.

CREUTZFELDT, O., INNOCENTI, G. M. und BROOKS, D. [1974] »Vertical organization in the visual cortex (Area 17) in the cat«, *Experimental Brain Research, 21,* S. 315–336.

CREUTZFELDT, O., und ITO, M. [1968] »Functional synaptic organization of primary visual cortex neurones in the cat«, *Experimental Brain Research, 6,* S. 324–352.

CRITCHLEY, M. [1953] *The Parietal Lobes,* Arnold, London.

CURTISS, S., FROMKIN, V., KRASHENS, S. RIGLER, D., und RIGLER, M. [1974] »The linguistic development of Genie«, *Language, 50,* S. 528–555.

DARWIN, C. J. [1969] »Laterality effects in the recall of steady-state and transient speech sounds«, *Journal of the Acoustical Society of America, 35,* S. 114 (A).

DAVENPORT, R. K. [1976] »Cross-modal Perception in Apes« in der Konferenz »On origins and evolution of language and speech«, *Annals of New York Academy of Sciences, 280,* S. 143–149.

DEECKE, L., SCHEID, P. und KORNHUBER, H. H. [1969] »Distribution of readiness potential, pre-motion positivity and motor potential of the human cerebral cortex preceeding volontary finger movements«, *Experimental Brain Research, 7,* S. 158–168.

DELAFRESNAYE, J. F. (ed.) [1954] *Brain Mechanisms and Consciousness,* Ist C.I.O.M.S. Conference, Blackwells Scientific Publications, Oxford.

[1961] *Brain Mechanisms and Learning,* Blackwell Scientific Publications, Oxford.

DELONG, M. R. [1974] »Motor Functions of the Basal Ganglia: Single-unit Activity During Movement«, in: SCHMITT und WORDEN (eds) [1974], S. 319–325.

DERFER, G. [1974] »Science, poetry and ›human specificity‹, an interview with J. Bronowski«, *The American Scholar, 43,* S. 386–404.

DICHGANS, J. und JUNG, R. [1969] »Attention, Eye Movement and Motion Detection: Facilitation and Selection in Optokinetic Nystagmus and Railway Nystagmus«, in: EVANS und MULHOLLAND (eds) [1969], S. 348–376.

DIMOND, S. J. und BEAUMONT, J. G. [1973(a)] »Experimental Studies of Hemisphere Function in the Human Brain«, in: DIMOND und BEAUMONT (eds) [1973(b)], S. 48–88.

DIMOND, S. J. und BEAUMONT, J. G. (eds)   [1973(b)]   *Hemisphere Function in the Human Brain,* John Wiley & Sons, New York.

DOTY, R. W.   [1975]   »Consciousness from neurons«, *Acta Neurobiologiae Experimentalis 35,* S. 791–804.

ECCLES, J. C.   [1964]   *The Physiology of Synapses,* Springer-Verlag, Berlin/Göttingen/Heidelberg.

[1965]   *The Brain and the Unity of Conscious Experience,* Cambridge University Press, London.

[1966(a)]   »Conscious Experience and Memory«, in: ECCLES (ed.) [1966(b)], S. 314–344.

ECCLES, J. C. (ed.)   [1966(b)]   *Brain and Conscious Experience,* Springer-Verlag, Berlin/Heidelberg/New York.

ECCLES, J. C., ITO, M., und SZENTÁGOTHAI, J.   [1967]   *The Cerebellum as a Neuronal Machine,* Springer-Verlag, Berlin/Heidelberg/New York, S. 335.

ECCLES, J. C.   [1969]   »The Dynamic Loop Hypothesis of Movement Control«, in: LEIBOVIC (ed.) [1969], S. 245–269.

[1970]   *Facing Reality: Philosophical Adventures of a Brain Scientist,* Springer-Verlag, Berlin/Heidelberg/New York, S. 210.

[1972]   »Possible Synaptic Mechanisms Subserving Learning«, in: KARCZMAR/ECCLES (eds) [1972], S. 39–61.

[1973(a)]   »The cerebellum as a computer: Patterns in space and time«, *Journal of Physiology, 229,* S. 1–32.

[1973(b)]   *The Understanding of the Brain,* McGraw-Hill, New York, S. 238.

[1976]   »The plasticity of the mammalian central nervous system with special reference to new growths in response to lesions«, *Naturwissenschaften, 63,* S. 8–15.

[1975]   *Wahrheit und Wirklichkeit* (Facing Reality), Übers. von R. Liske, Springer-Verlag, Berlin.

[1977(a)]   »An instruction-selection theory of learning in the cerebellar cortex«, *Brain Research, 127,* S. 327–352.

[1977(b)]   *The Understanding of the Brain,* 2. Auflage, McGraw-Hill, New York.

[1978]   »An instruction-selection theory of learning in the cerebellar cortex«, in: BUSER/ROUGEL-BUSER [1978], S. 155–175.

[1979]   *Das Gehirn des Menschen,* 6 Vorlesungen für Hörer aller Fakultäten, Aus d. Amerik. von A. Hartung, 4. völlig überarb. u. erw. Neuausg., Piper Verlag, München/Zürich.

ECCLES, J. C., und ZEIER, H.   [1980]   *Gehirn und Geist,* Biologische Erkenntnisse über Vorgeschichte, Wesen und Zukunft des Menschen, Aus d. Engl. von A. Heil und H. Zeier, Kindler Verlag, München.

ETTLINGER, G., und BLAKEMORE, C. B.   [1969]   »Cross-modal transfer set in the monkey«, *Neuropsychologia, 7,* S. 41–47.

EVANS, C. R., und   [1969]   *Attention in Neurophysiology,* Butterworths, London.
MULHOLLAND,
T. B. (eds)

EVARTS, E. V.   [1964]   »Temporal patterns of discharge of pyramidal tract neu-
                                   rons during sleep and waking in the monkey«, *Journal of
                                   Neurophysiology, 27,* S. 152–171.

FEIGL, H.   [1967]   *The ›Mental‹ and the ›Physical‹,* University of Minnesota
                                   Press, Minneapolis, S. 179.

FOUTS, R. S.   [1975]   »Capacities for Language in Great Apes«, in: Socioecol-
                                   ogy and Psychology of the Primates, R. H. TUTTLE (ed.),
                                   Mouton, The Hague, S. 371–390.

FULTON, J. F. (ed.)   [1943]   *Physiology of the Nervous System,* 2. Auflage, Oxford
                                   University Press.

                        [1952]   *Physiologie des Nervensystems,* Übers. von H. Förster
                                   und P. Glees, Enke Verlag, Stuttgart.

GARDNER, B. T., und   [1971]   »Two-way communication with an infant chimpanzee«,
GARDNER, R. A.   in: SCHRIER und STOLLMITZ (eds), Band IV, Kapitel 3
                                   [1971].

GARDNER, R. A., und   [1969]   »Teaching sign language to a chimpanzee«, *Science, 165,*
GARDNER, B. T.   S. 664–672.

GARDNER, W. J.,   [1955]   »Residual function following hemispherectomy for tu-
KARNOSH, L. J.,   mour and for infantile hemiplegia«, *Brain, 78,* S. 478–
MCCLURE, C. C.,   502.
und GERDNER,
A. K.

GAZZANIGA, M. S.   [1970]   *The Bisected Brain,* Appleton-Century-Crofts, New York.

GESCHWIND, N.   [1965(a)]   »Disconnection syndromes in animals and man«, *Brain,*
                                   Teil I, *88,* S. 237–294.

                       [1965(b)]   »Disconnection syndromes in animals and man«, *Brain,*
                                   Teil II, *88,* S. 585–644.

                        [1970]   »The organization of language and the brain«, *Science,*
                                   170, S. 940–944.

                        [1972]   »Language and the brain«, *Scientific American, 226,*
                                   S. 76–83.

                        [1973]   »The Anatomical Basis of Hemispheric Differentiation«,
                                   in: DIMOND und BEAUMONT (eds) [1973], S. 7–24.

GESCHWIND, N., und   [1968]   »Human brain: left-right asymmetries in temporal speech
LEVITSKY, W.   region«, *Science, 161,* S. 186f.

GLOBUS, G. G.,   [1975]   *Mind and Brain, Philosophic and Scientific Strategies,*
MAXWELL, G., und   Plenum Publishing Corporation, New York.
SAVODNIK, I.

GONSHOR, A., und   [1976(a)]   »Short-term adaptive changes in the human vestibulo-
MELVILL JONES, G.   ocular reflex arc«, *Journal of Physiology, 256,*
                                   S. 361–379.

                       [1976(b)]   »Extreme vestibulo-ocular adaptation induced to pro-
                                   longed optical reversal of vision«, *Journal of Physiology,*
                                   256, S. 381–414.

GOTT, P. S.   [1973(a)]   »Cognitive abilities following right and left hemispher-
                                   ectomy«, *Cortex, 9,* S. 266–274.

| | [1973(b)] | »Language after dominant hemispherectomy«, *Journal of Neurology, Neurosurgery and Psychiatry, 36,* S. 1082–1088. |

GROSS, C. G. | [1973] | »Visual Functions of Inferotemporal Cortex«, in: JUNG (ed.) [1973(c)], S. 451–482.

GROSS, C. G., BENDER, D. B., und ROCHA-MIRANDA, C. E. | [1974] | »Inferotemporal Cortex: A Single-Unit Analysis«, in: SCHMITT und WORDEN (eds) [1974], S. 229–238.

HASSLER, R. | [1967] | »Funktionelle Neuroanatomie und Psychiatrie«, in: KISKER, MEYER, MÜLLER und STRÖMGREN (eds) [1967].

HÉCAEN, H. | [1967] | »Brain Mechanisms Suggested by Studies of Parietal Lobes«, in: MILLIKAN und DARLEY (eds) [1967], S. 146–166.

HEIMER, L., EBNER, F. F., und NAUTA, W. J. H. | [1967] | »A note on the termination of commissural fibers in the neocortex«, *Brain Research, 5,* S. 171–177.

HELD, R., und HEIN, A. | [1963] | »Movement-produced stimulation in the development of visually guided behaviour«, *Journal of Comparative and Physiological Psychology, 56,* S. 872–876.

HILLIER, W. F. | [1954] | »Total left hemispherectomy for malignant glioma«, *Neurology, 4,* S. 718–721.

HOLMES, G. | [1939] | »The cerebellum of man«, *Brain, 62,* S. 21–30.

| [1945] | »The organization of the visual cortex in man«, *Proceedings of the Royal Society, B 132,* S. 348–361.

HOOK, S. (ed.) | [1961] | *Dimensions of Mind,* Collier-MacMillan, London.

HUBEL, D. H. | [1967] | »The Visual Cortex of the Brain (Scientific American 1963)«, in: *From Cell to Organism,* W. H. Freeman, San Francisco, S. 54–62.

| [1971] | »Specificity of responses of cells in the visual cortex«, *Journal of Psychiatric Research, 8,* S. 301–307.

HUBEL, D. H., und WIESEL, T. N. | [1962] | »Receptive fields, binocular interaction and functional architecture in the cat's visual cortex«, *Journal of Physiology,* London, *160,* S. 106–154.

| [1963] | »Shape and arrangement of columns in the cat's striate cortex«, *Journal of Physiology,* London, *165,* S. 559–568.

| [1965] | »Receptive fields and functional architecture in two non-striate visual areas (18 und 19) of the cat«, *Journal of Neurophysiology, 28,* S. 229–289.

| [1968] | »Receptive fields and functional architecture of monkey striate cortex«, *Journal of Physiology, 195,* S. 215–243.

| [1972] | »Laminar and columnar distribution of geniculocortical fibers in the Macaque monkey«, *Journal of Comparative Neurology, 146,* S. 421–450.

| [1974] | »Sequence regularity and geometry of orientation columns in the monkey striate cortex«, *Journal of Comparative Neurology, 158,* S. 267–294.

HYDÉN, H. | [1965] | »Activation of Nuclear RNA in Neurons and Glia in Learning«, in: KIMBLE (ed.) [1965], S. 178–239.

| | [1967] | »Biochemical Changes Accompanying Learning«, in: QUARTON, MELNECHUK und SCHMITT (eds) [1967], S. 765–771. |

IGGO, A. (ed.) [1973] *Handbook of Sensory Physiology,* Band II, Springer-Verlag, Berlin/Heidelberg/New York.

INGVAR, D. H. [1975] »Patterns of Brain Activity Revealed by Measurements of Regional Cerebral Blood Flow«, in: INGVAR und LASSEN (eds) [1975], S. 397–413.

INGVAR, D. H., und SCHWARTZ, M. S. [1974] »Blood flow patterns induced in the dominant hemisphere by speech and reading«, *Brain, 97,* S. 273–288.

INGVAR, D. H., und LASSEN, N. A. (eds) [1975] *Brain Work: The Coupling of Function, Metabolism and Blood Flow in the Brain,* Munksgaard, Kopenhagen.

ITO, M., und MIYASHITA, Y. [1975] »The effects of chronic destruction of the inferior olive upon visual modification of the horizontal vestibulo-ocular reflex of rabbits«, *Proceedings of the Japanese Academy, 51,* S. 716–720.

JACOBSEN, C. F. [1936] »Studies on the cerebral function of primates: I. The functions of the cerebral association areas in monkeys«, *Comparative Psychology Monographs, 13,* S. 3–60.

JACOBSEN, C. F., WOLF, J. B., und JACKSON, T. [1935] »An experimental analysis of the functions of the frontal association areas in primates«, *Journal of Nervous and Mental Disease, 82,* S. 1–14.

JASPER, H. H., WARD, A. A., und POPE, A. (eds) [1969] *Basic Mechanisms of the Epilepsies,* Little, Brown and Company, Boston.

JERNE, N. K. [1967] »Antibodies and Learning: Selection versus Instruction«, in: QUARTON, MELNECHUK und SCHMITT (eds) [1967], S. 200–205.

JONES, E. G. [1974] »The Anatomy of Extrageniculostriate Visual Mechanisms«, in: SCHMITT und WORDEN (eds) [1974], S. 215–227.

JONES, E. G. und POWELL, T. P. S. [1969] »Connexions of the somatic sensory cortex of the rhesus monkey. I. Ipsilateral cortical connexions«, *Brain, 92,* S. 477–502.

 [1970] »An anatomical study of converging sensory pathways within the cerebral cortex of the monkey«, *Brain, 93,* S. 793–820.

 [1973] »Anatomical Organization of the Somato-sensory Cortex«, in: IGGO (ed.) [1973], S. 579–620.

JUNG, R. [1954] »Correlations of bioelectrical and autonomic phenomena with alternations of consciousness and arousal in man«, in: DELAFRESNAYE (ed.) [1954], S. 310–339.

 [1967] »Neurophysiologie und Psychiatrie«, in: KISKER, MEYER, MÜLLER, und STRÖMGREN (Hrsg.) [1967], S. 328–928.

 [1973(a)] »Visual Perception and Neurophysiology«, in: JUNG (ed.) [1973(b)], S. 1–152.

 [1973(b)] *Handbook of Sensory Physiology,* Band VII/3 A, Springer-Verlag, Berlin/Heidelberg/New York.

	[1973(c)]	*Handbook of Sensory Physiology,* Band VII/3 B, Springer-Verlag, Berlin/Heidelberg/New York.
	[1974]	»Neuropsychologie und Neurophysiologie des konturierenden Formsehens in Zeichnung und Malerei«, in: WIECK (Hrsg.) [1974], S. 27–88.
JUNG, R., und GAUER, O. H., KRAMER, K. (Hrsg.)	[1976]	*Physiologie des Menschen,* Urban und Schwarzenberg, München.
KARCZMAR, A. G., und ECCLES, J. C. (eds)	[1972]	*Brain and Human Behaviour,* Springer-Verlag, Berlin/Heidelberg/New York.
KIMBLE, D. P.	[1965]	*Anatomy of Memory,* Science and Behaviour Books, Palo Alto, California.
KIMURA, D.	[1963]	»Right temporal lobe damage«, *Archives de Neurologie,* Paris, *8,* S. 264–271.
	[1967]	»Functional asymmetry of the brain in dichotic listening«, *Cortex, 3,* S. 163–178.
	[1973]	»The asymmetry of the human brain«, *Scientific American, 228,* S. 70–78.
KIMURA, D., und DURNFORD, M.	[1973]	»Normal Studies on the Function of the Right Hemisphere in Vision«, in: DIMOND und BEAUMONT (eds) [1973], S. 25–47.
KISKER, K. P., MEYER, J.-E., MÜLLER, M., und STRÖMGREN, E. (Hrsg.)	[1967]	*Psychiatrie der Gegenwart. Forschung und Praxis,* Springer-Verlag, Berlin/Heidelberg/New York.
KOHLER, I.	[1951]	»Über Aufbau und Wandlungen der Wahrnehmungswelt. S.-B.«, *Österreichische Akademie der Wissenschaften, phil.-hist. Klasse, 227,* S. 1–118.
KORNHUBER, H. H.	[1973]	»Neural Control of Input Into Long Term Memory: Limbic System and Amnestic Syndrome in Man«, in: ZIPPEL (Hrsg.) [1973], S. 1–22.
	[1974]	»Cerebral Cortex, Cerebellum and Basal Ganglia: An Introduction to Their Motor Functions«, in: SCHMITT und WORDEN (eds) [1974], S. 267–280.
KRYNAUW, R. A.	[1950]	»Infantile hemiplegia treated by removing one cerebral hemisphere«, *Journal of Neurology, Neurosurgery and Psychiatry, 13,* S. 243–267.
KUFFLER, S. W.	[1973]	»The single-cell approach in the visual system and the study of receptive fields«, *Investigative Ophthalmology, 12,* S. 794–813.
KUFFLER, S. W., und NICHOLLS, J. G.	[1976]	*From Neuron to Brain. A Cellular Approach to the Function of the Nervous System,* Sinauer Associates, Sunderland, Mass., S. 486.
LASHLEY, K. S.	[1950]	»In search of the engram«, *Symposia of the Society for Experimental Biology, 4,* S. 454–482.
LASZLO, E.	[1972]	*Introduction to Systems Philosophy,* Gordon and Breach, New York/London.
LEIBOVIC, K. N. (ed.)	[1969]	*Information Processing in the Nervous System,* Springer-Verlag, Berlin/Heidelberg/New York.

LENNEBERG, E. H.   [1975]   »A neuropsychological comparison between man, chimpanzee and monkey«, *Neuropsychologica, 13*, S. 125.

LEVY, J.   [1973]   »Psychobiological Implications of Bilateral Asymmetry«, in: DIMOND und BEAUMONT (eds) [1973], S. 121–183.

LEVY, J., TREVARTHEN, C., und SPERRY, R. W.   [1972]   »Perception of bilateral chimeric figures following hemispheric deconnexion«, *Brain, 95*, S. 61–78.

LEVY-AGRESTI, J., und SPERRY, R. W.   [1968]   »Differential perceptual capacities in major and minor hemispheres«, *Proceedings of the National Academy of Sciences*, Washington, *61*, S. 1151.

LIBET, B.   [1973]   »Electrical Stimulation of Cortex in Human Subjects, and Conscious Memory Aspects«, in: IGGO (ed.) [1973], S. 743–790.

LIBET, B., KOBAYASHI, H., und TANAKA, T.   [1975]   »Synaptic coupling into the production and storage of a neuronal memory trace«, *Nature, 258*, S. 155 ff.

LIBET, B., WRIGHT, E. W., und FEINSTEIN, B.   [1979]   »Subjective referral of the timing for a conscious experience: A functional role for the somatosensory specific projection system in man«, in: *Brain 102*, S. 191–222.

LORENTE DE NÓ, R.   [1943]   »Cerebral Cortex: Architecture, Intracortical Connections, Motor Projections«, in: FULTON (ed.) [1943], S. 274–301.

LUND, J. S.   [1973]   »Organization of neurons in the visual cortex, Area 17, of the monkey (Macaca mulatta)«, *Journal of Comparative Neurology, 147*, S. 455–496.

LUND, J. S., und BOOTHE, R. G.   [1975]   »Interlaminar connections and pyramidal neuron organization in the visual cortex, Area 17, of the macaque monkey«, *Journal of Comparative Neurology, 159*, S. 305–334.

McFIE, J.   [1961]   »The effects of hemispherectomy on intellectual functioning in cases of infantile hemiplegia«, *Journal of Neurology, Neurosurgery and Psychiatry, 24*, S. 240–249.

McGAUGH, J. L.   [1969]   »Facilitation of Memory Storage Processes«, in: BOGOCH (ed.) [1969], S. 355–370.

MACKAY, D. M., und JEFFREYS, D. A.   [1973]   »Visually Evoked Potentials and Visual Perception in Man«, in: JUNG [1973(c)], S. 647–678.

MACLEAN, P. D.   [1970]   »The Triune Brain, Emotion, and Scientific Bias«, in: SCHMITT (ed.) [1970], S. 336–349.

MARIN-PADILLA, M.   [1969]   »Origin of the pericellular baskets of the pyramidal cells of the human motor cortex: A Golgi study«, *Brain Research, 14*, S. 633–646.

    [1970]   »Prenatal and early postnatal ontogenesis of the human motor cortex: A Golgi study, II. The basket-pyramidal system«, *Brain Research, 23*, S. 185–192.

MARLEN-WILSON, W. D., und TEUBER, H. L.   [1975]   »Memory for remote events in anterograde amnesia: recognition of public figures from newsphotographs«, *Neuropsychologia, 13*, S. 353–364.

MARR, D.   [1969]   »A theory of cerebellar Cortex«, *Journal of Physiology, 202*, S. 437–470.

| | [1970] | »A theory for cerebral neocortex«, *Proceedings of the Royal Society,* B 176, S. 161–234. |

MAUSS, T. [1911] »Die faserarchitektonische Gliederung der Großhirnrinde«, *Journal für Psychologie und Neurologie, 8,* Leipzig, S. 410–467.

MILLIKAN, C. H., und DARLEY, F. L. (eds) [1967] *Brain Mechanisms Underlying Speech and Language,* Grune and Stratton, New York/London.

MILNER, B. [1963] »Effects of different brain lesions on card sorting«, *Archives de Neurologie,* Paris, *9,* S. 90–100.

[1966] »Amnesia Following Operation on the Temporal Lobes«, in: WHITTY und ZANGWILL (eds) [1966], S. 109–133.

[1967] »Brain Mechanisms Suggested by Studies of Temporal Lobes«, in: MILLIKAN und DARLEY (eds) [1967], S. 122–145.

[1968] »Visual recognition and recall after right temporal lobe excision in man«, *Neuropsychologia, 6,* S. 192–209.

[1970] »Memory and the Medial Temporal Regions of the Brain«, in: PRIBRAM und BROADBENT (eds) [1970], S. 29–50.

[1971] »Interhemispheric differences in the localization of psychological processes in man«, *British Medical Bulletin, 27,* S. 272–277.

[1972] »Disorders of learning and memory after temporal-lobe lesions in man«, *Clinical Neurosurgery, 19,* S. 421–446.

[1974] »Hemispheric Specialization: Scope and Limits«, in: SCHMITT und WORDEN (eds) [1974], S. 75–89.

MILNER, B., BRANCH, C., und RASMUS=SEN, T. [1964] »Observations on Cerebral Dominance«, in: WOLSTENHOLME und O'CONNOR (eds) [1964], S. 200–214.

MILNER, B., TAYLOR, L., und SPERRY, R. W. [1968] »Lateralized suppression of dichotically-presented digits after commissural section in man«, *Science, 161,* S. 184 f.

MISHKIN, M. [1957] »Effects of small frontal lesions on delayed alternation in monkeys«, *Journal of Neurophysiology, 20,* S. 615–622.

[1972] »Cortical Visual Areas and Their Interactions«, in: KARCZMAR und ECCLES (eds) [1972], S. 187–208.

MORUZZI, G. [1966] »The Functional Significance of Sleep With Particular Regard to the Brain Mechanisms Underlying Consciousness«, in: ECCLES (ed.) [1966], S. 345–388.

MOUNTCASTLE, V. B. [1957] »Modality and topographic properties of single neurones of cat's somatic sensory cortex«, *Journal of Neurophysiology, 20,* S. 408–434.

[1975] »The view from within: Pathways to the study of perception«, *John Hopkins Medical Journal, 136,* S. 109–131.

MOUNTCASTLE, V. B., und POWELL, T. P. S. [1959] »Neural mechanisms subserving cutaneous sensibility, with special reference to the role of afferent inhibition in sensory perception and discrimination«, *Bulletin of John Hopkins Hospital, 105,* S. 201–232.

MOUNTCASTLE, V. B., [1975] »Posterior parietal association cortex of the monkey:
LYNCH, J. C., Command functions for operations within extrapersonal
GEORGOPOLOUS, A., space«, *Journal of Neurophysiology, 38,* S. 871–908.
SAKATA, H., und
ACUNA, C.

MYRES, R. E. [1961] »Corpus Callosum and Visual Gnosis«, in: DELAFRES-
NAYE (ed.) [1961], S. 481–505.

NAUTA, W. J. H. [1971] »The problem of the frontal lobe: a reinterpretation«,
Journal of Psychiatric Research, 8, S. 167–187.

OBRADOR, S. [1964] »Nervous Integration After Hemispherectomy in Man«,
in: SCHALTENBRAND und WOOLSEY (eds) [1964], S. 133–
154.

PANDYA, D. N., und [1969] »Cortico-cortical connexions in the rhesus monkey«,
KUYPERS, *Brain Research, 13,* S. 13–36.
H. G. J. M.

PASCAL, B. [1961] *Pensées,* übers. v. J. M. Cohen, Penguin Books, London.

[1977] *Pensées,* Le coeur et ses raisons, franz. u. dt., Logik des
Herzens, Gedanken, Ausw., Übers. und Nachw. von F.
Paepcke, dtv, München.

PASCHAL, F. C. [1941] »The trend in theories of attention«, *Psychological Review, 48,* S. 383–403.

PENFIELD, W. [1966] »Speech and Perception – the Uncommitted Cortex«, in:
ECCLES (ed.) [1966].

PENFIELD, W., und [1954] *Epilepsy and the Functional Anatomy of the Human
JASPER, H. Brain,* Little, Brown & Company, Boston, S. 896.

PENFIELD, W., und [1959] *Speech and Brain Mechanisms,* Princeton University
ROBERTS, L. Press, Princeton, N. J.

PENFIELD, W., und [1963] »The brain's record of auditory and visual experience«,
PEROT, P. *Brain, 86,* S. 596–696.

PEPPER, S. C. [1961] »A Neural-Identity Theory of Mind«, in: HOOK (ed.)
[1961], S. 45–61.

PETSCHE, H., und [1972] *Synchronization of EEG Activity in Epilepsies,* Springer-
BRAZIER, M. A. B. (eds.) Verlag, Berlin/Heidelberg/New York.

PHILLIPS, C. G. [1973] »Cortical localization and ›sensorimotor processes‹ at the
›middle level‹ in primates«, *Proceedings of the Royal So-
ciety of Medicine, 66,* S. 987–1002.

PIERCY, M. [1967] »Studies of the neurological basis of intellectual function«, *Modern Trends in Neurology, 4,* S. 106–124.

POLLEN, D. A., und [1974] »The Striate Cortex and the Spatial Analysis of Visual
TAYLOR, J. H. Space«, in: SCHMITT und WORDEN (eds) [1974],
S. 239–247.

POLTEN, E. P. [1973] *A Critique of the Psycho-physical Identity Theory,* Mouton Publishers, Den Haag, S. 290.

POPPER, K. R. [1945(b), *The Open Society and Its Enemies,* Princeton University
(c)] Press, Princeton, N. J.; dt. [1977 (z₃)], vgl. Bibliographie
zu Teil I.

[1972(a)] *Objective Knowledge: An Evolutionary Approach,* Clarendon Press, Oxford; dt. [1974(e)], vgl. Bibliographie
zu Teil I.

PORTER, R.   [1973]   »Functions of the mammalian cerebral cortex in move-
                                       ment«, *Progress in Neurobiology, 1*, S. 1–51.

PREMACK, D.   [1970]   »The education of Sarah: a chimp learns the language«,
                                       Psychology Today, 4, S. 55–58.

PRIBRAM, K. H.   [1971]   *Languages of the Brain*, Prentice-Hall, Englewood Cliffs,
                                       N. J., S. 432.

PRIBRAM, K. H., und   [1970]   *Biology of Memory*, Academic Press, New York/Lon-
  BROADBENT, D. E.   don, S. 29–50.
  (eds)

PUCCETTI, R.   [1973]   »Brain bisection and personal identity«, *British Journal
                                       for the Philosophy of Science, 24*, S. 339–355.

QUARTON, G. C.,   [1967]   *The Neurosciences*, The Rockefeller University Press,
  MELNECHUK, T.,   New York, S. 200–205.
  und SCHMITT, F. O.
  (eds)

RAMÓN CAJAL, S.   [1911]   *Histologie du Système Nerveux de l'Homme et des Verté-
                                       brés*, II., Maloine, Paris, S. 993.

RISBERG, J., und ING-   [1973]   »Patterns of activation in the grey matter of the dominant
  VAR, D. H.   hemisphere during memorization and reasoning«, *Brain,
                                       96*, S. 737–756.

ROSADINI, G., und   [1967]   »On the suggested cerebral dominance for conscious-
  ROSSI, G. F.   ness«, *Brain, 90*, S. 101–112.

SAUL, R., und SPERRY,   [1968]   »Absence of commissurotomy symptoms with agenesis of
  R. W.   the corpus callosum«, *Neurology, 18*, S. 307.

SAVAGE, W.   [1975]   »An Old Ghost in a New Body«, in: GLOBUS, MAXWELL
                                       und SAVODNIK (eds) [1975].

SCHALTENBRAND, G.,   [1964]   *Cerebral Localization and Organization*, University of
  und WOOLSEY,   Wisconsin Press, Madison.
  C. N. (eds)

SCHEIBEL, M. E., und   [1970]   »Elementary processes in selected thalamic and cortical
  SCHEIBEL, A. B.   subsystems: The structural substrates«, in: SCHMITT (ed.)
                                       [1970], S. 443–457.

SCHEID, P., und   [1975]   »Music and speech: Artistic functions of the human
  ECCLES, J. C.   brain«, *Psychology of Music, 3*, S. 21–35.

SCHMITT, F. O. (ed.)   [1970]   *The Neurosciences Second Study Program*, The Rockefel-
                                       ler University Press, New York.

SCHMITT, F. O., und   [1974]   *The Neurosciences Third Study Program*, M. I. T. Press,
  WORDEN, F. G. (eds)   Cambridge, Mass./London.

SCHRIER, A. M., und   [1971]   *Behavior of Nonhuman Primates*, Band IV, Academic
  STOLLNITZ, F. (eds)   Press, New York.

SERAFETINIDES, E. A.,   [1965]   »Intracarotid sodium amylobarbitone and cerebral domi-
  HOARE, R. D., und   nance for speech and consciousness«, *Brain, 88*, S. 107–
  DRIVER, M. V.   130.

SHANKWEILER, D. P.   [1966]   »Effects of temporal-lobe damage on perception of di-
                                       chotically presented melodies«, *Journal of Comparative
                                       and Physiological Psychology, 62*, S. 115–119.

SHERRINGTON, C. S.   [1940]   *Man on His Nature*, Cambridge University Press, Lon-
                                       don, S. 413.

[1969] *Körper und Geist* (Man on his nature, dt.), Der Mensch über seine Natur, Aus d. Engl. von M. Koffka, Schünemann, Bremen (Sammlung Dieterich, 289).

SMART, J. J. C. [1962] »Sensations and Brain Processes«, in: CHAPPELL (ed.) [1962], S. 160–172.

SMITH, A. J. [1966] »Speech and other functions after left (dominant) hemispherectomy«, *Journal of Neurology, Neurosurgery and Psychiatry, 29,* S. 467–471.

SMITH, L. (ed.) [1972] *Cerebral Disconnection,* Chas. C. Thomas, Springfield Ill.

SOMJEN, G. [1975] *Sensory Coding in the Mammalian Nervous System,* Plenum/Rosetta, New York.

SPARKS, R., und GE= SCHWIND, N. [1968] »Dichotic listening in man after section of neocortical commissures«, *Cortex, 4,* S. 3–16.

SPERRY, R. W. [1964] »The great cerebral commissure«, *Scientific American, 210,* S. 42–52.

[1968] »Mental Unity Following Surgical Disconnection of the Cerebral Hemispheres«, in: *The Harvey Lectures,* Academic Press, New York, S. 293–323.

[1969] »A modified concept of consciousness«, *Psychological Review, 76,* S. 532–536.

[1970] »Perception in the Absence of the Neocortical Commissures«, in: *Perception and Its Disorders,* Res. Publ. A. R. N. M. D. 48, S. 123–138.

[1974] »Lateral Specialization in the Surgically Separated Hemispheres«, in: SCHMITT und WORDEN (eds) [1974], S. 5–19.

SPERRY, R. W., GAZ- ZANIGA, M. S., und BOGEN, J. E. [1969] »Interhemispheric Relationships: the Neocortical Commissures: Syndromes of Hemisphere Deconnection«, in: VINKEN und BRUYN (eds) [1969], S. 273–290.

SPRAGUE, J. [1967(a)] »The Effects of Chronic Brainstem Lesions on Wakefulness, Sleep and Behavior«, in: SPRAGUE [1967(b)], S. 148–194.

[1967(b)] *Sleep and Altered States of Consciousness,* Williams and Wilkins Company, Baltimore.

STRATTON, G. M. [1897] »Vision without inversion of retinal image«, *Psychological Review, 4,* S. 463–481.

STUDDERT-KENNEDY, M., und SHANK- WEILER, D. [1970] »Hemispheric specialization for speech perception«, *Journal of the Acoustical Society of America, 48,* S. 579–594.

SZENTÁGOTHAI, J. [1968] »Structure-Functional Considerations of the Cerebellar Neuron Network«, *Proc. of the I. E. E. E.,56,* S. 960–968.

[1969] »Architecture of the Cerebral« Cortex, in: JASPER, WARD und POPE (eds) [1969], S. 13–28.

[1970] »Les circuits neuronaux de l'écorce cérébrale«, *Bulletin de l'Académie Royale de Médecine de Belgique,* S. 475–492.

[1971] »Memory Functions and the Structural Organization on the Brain«, in: ADAM (ed.) [1971], S. 21–25.

[1972] »The Basic Neuronal Circuit of the Neocortex«, in: PETSCHE und BRAZIER (eds) [1972], S. 9–24.

	[1973]	»Synaptology of the Visual Cortex«, in: JUNG (ed.) [1973], S. 269–324.
	[1974]	»A Structural Overview«, in: SZENTÁGOTHAI und ARBIB (eds) [1974], S. 354–410.
SZENTÁGOTHAI, J., und ARBIB, M. A.	[1974]	*Conceptual Models of Neural Organization, Neurosciences Research Program Bulletin, 12.*
	[1975]	»The ›module-concept‹ in cerebral cortex architecture«, *Brain Research, 85,* S. 475–496.
SZILARD, L.	[1964]	»On memory and recall«, *Proceedings of the National Academy of Sciences, 51,* Washington, S. 1092–1099.
TANABE, T., YARITA, H., INO, M., OOSHIMA, Y., und TAGAKI, S. F.	[1975]	»An olfactory projection area in orbitofrontal cortex of the monkey«, *Journal of Neurophysiology, 38,* S. 1269–1283.
TEUBER, H.-L.	[1964]	»The Riddle of Frontal Lobe Function in Man«, in: WARREN und AKERT (eds) [1964], S. 410–444.
	[1967]	»Lacunae and Research Approaches to Them«, in: MILLIKAN und DARLEY (eds) [1967], S. 204–216.
	[1972]	»Unity and diversity of frontal lobe functions«, *Acta Neurobiol. Exp. Neurobiol., 32,* S. 615–656.
	[1974]	»Why Two Brains?« in: SCHMITT und WORDEN (eds) [1974], S. 71–74.
TEUBER, H.-L., BATTERSBY, W. S., BENDER, M. B.	[1960]	*Visual Field Defects After Penetrating Missile Wounds of the Brain,* Harvard University Press, Cambridge, Mass., S. 143.
TOYAMA, K., MATSUNAMI, K., OHNO, T., und TOKASHIKI, S.	[1974]	»An intracellular study of neuronal organization in the visual cortex«, *Experimental Brain Research, 21,* S. 45–66.
TREVARTHEN, C. B.	[1973]	»Analysis of Cerebral Activities That Generate and Regulate Consciousness in Commissurotomy Patients«, in: DIMOND und BEAUMONT (eds) [1973], S. 235–263.
TREVARTHEN, C. B., und SPERRY, R. W.	[1973]	»Perceptual unity of the ambient visual field in human commissurotomy patients«, *Brain, 96,* S. 547–570.
VALOIS, R. L. DE	[1973]	»Central Mechanisms of Color Vision«, in: JUNG (ed.) [1973(b), S. 209–253].
VALVERDE, F.	[1967]	»Apical dendritic spines of the visual cortex and light deprivation in the mouse«, *Experimental Brain Research, 3,* S. 337–352.
	[1968]	»Structural changes in the area striate of the mouse after enucleation«, *Experimental Brain Research, 5,* S. 274–292.
VICTOR, M., ADAMS, R. D., und COLLINS, G. H.	[1971]	*The Wernicke-Korsakoff-Syndrome,* Blackwell Scientific Publications, Oxford.
VINKEN, P. J., und BRUYN, G. W. (eds)	[1969]	*Handbook of Clinical Neurology,* Band 4, North Holland Publishing Company, Amsterdam.
VOGT, C., und VOGT, O.	[1919]	»Allgemeine Ergebnisse unserer Hirnforschung«, *Journal für Psychologie und Neurologie,* Leipzig, *25,* S. 277–462.

Bibliographie zu Teil II   501

WADA, J. A., CLARKE,   [1975]   »Cerebral hemispheric asymmetry in Humans«, in: *Arch.*
R. J., und HAMM,   *Neurol. 32,* 239–246.
A. E.

WARREN, J. M., and   [1964]   *The Frontal Granular Cortex and Behaviour,* McGraw-
AKERT, K. (eds)   Hill, New York.

WEISKRANTZ, L.   [1968]   »Experiments on the r. n. s. (real nervous system) and
                                    monkey memory«, *Proceedings of the Royal Society,*
                                    B 171, S. 335–352.

                         [1974]   »The Interaction Between Occipital and Temporal Cor-
                                    tex in Vision: an Overview«, in: SCHMITT und WORDEN
                                    (eds) [1974], S. 189–204.

WERNER, G.   [1974]   »Neural Information Processing with Stimulus Feature
                                    Extractors«, in: SCHMITT und WORDEN (eds) [1974],
                                    S. 171–183.

WERNICKE, C.   [1874]   *Der aphasische Symptomencomplex. Eine psychologische*
                                    Studie auf anatomischer Basis, Cohn und Weigert, Bres-
                                    lau.

WHITE, H. H.   [1961]   »Cerebral hemispherectomy in the treatment of infantile
                                    hemiplegia. Review of the literature and report of two
                                    cases«, *Confinia Neurologica, 21,* Basel, S. 1–50.

WHITTAKER, V. P.,   [1962]   »The synapse: Biology and Morphology«, *British Medi-*
und GRAY, E. G.   *cal Bulletin, 18,* S. 223–228.

WHITTY, C. W. M.,   [1966]   *Amnesia,* Butterworths, London.
und ZANGWILL,
O. L. (eds)

WIECK, H. H. (Hrsg.)   [1974]   *Psychopathologie musischer Gestaltungen,* F. K. Schat-
                                    tauer, Stuttgart/New York.

WIESEL, T. N., und   [1963]   »Single-cell responses in striate cortex of kittens deprived
HUBEL, D. H.   of vision in one eye«, *Journal of Neurophysiology, 26,*
                                    S. 1003–1017.

WIESENDANGER, M.   [1969]   »The pyramidal tract. Recent investigations on its mor-
                                    phology and function«, *Ergebnisse der Physiologie, Bio-*
                                    logischen Chemie und Experimentellen Pharmakologie,
                                    61, S. 72–136.

WOLSTENHOLME,   [1964]   *Disorders of Language, Ciba Symposium on Disorders of*
D. W., und O'CON-   *Language,* J. and A. Churchill, London.
NOR, M.

ZAIDEL, E.   [1973]   »Linguistic competence and related functions in the right
                                    cerebral hemisphere of man following commissurotomy
                                    and hemispherectomy«. California Institute of Technolo-
                                    gy, Pasadena, California, Thesis.

                         [1976]   »Auditory Language Comprehension in The Right
                                    Hemisphere Following Cerebral Commissurotomy and
                                    Hemispherectomy: A Comparison With Child Language
                                    and Aphasia«, in: ZURIF und CARAMAZZA (eds) [1976].

ZAIDEL, E., und   [1972(a)]   »Functional reorganization following commissurotomy in
SPERRY, R. W.   man«, *Biol. Ann. Rep.,* California Institute of Technolo-
                                    gy, S. 80.

| | [1972(b)] | »Memory following commissurotomy«, *Biol. Ann. Rep.*, California Institute of Technology, S. 79. |

ZANGWILL, O. L.   [1969]   *Cerebral Dominance and Its Relation to Psychological Function,* Oliver & Boyd, Edinburg, S. 31.

                                 [1973]   »Consciousness and the Cerebral Hemispheres«, in: DIMOND und BEAUMONT (eds) [1973], S. 264–278.

ZIPPEL, H. P. (ed.)   [1973]   *Memory and Transfer of Information,* Plenum Publishing Corporation, New York.

ZURIF, E., und CARA-MAZZA, A. (eds)   [1976]   *The Acquisition and Break-down of Language: Parallels and Divergencies,* John Hopkins University Press, Baltimore.

Teil III

Dialoge zwischen den beiden Autoren

Dialog I

20. September 1974, 10.00 Uhr

E: Karl, könntest Du unsere Diskussion mit einer kurzen Bemerkung über die Erkenntnistheorie beginnen?

P: Die übliche Ansicht von der menschlichen Erkenntnis ist die, daß sie mit Beobachtungen beginnt. Wir sollten das durch die Ansicht ersetzen, daß Erkenntnis stets eine Modifikation früherer Erkenntnisse ist.[1] Auf den ersten Blick scheint diese Auffassung in einen unendlichen Regreß zu führen. Ich glaube nicht, daß sie das wirklich in bedenklichem Maße tut, jedenfalls nicht mehr als das Rätsel des Lebens selbst, das in gewissem Sinn ebenfalls in einen unendlichen Regreß führt. Erkenntnis geht letztlich auf angeborenes Wissen und auf tierisches Wissen im Sinne von Erwartungen zurück. Beobachtungen sind immer schon in Begriffen früherer Erkenntnis interpretiert; d. h. die Beobachtungen selbst würden gar nicht existieren, wenn es kein früheres Wissen gäbe, das sie modifizieren oder auch falsifizieren könnten. Das ist die hauptsächliche erkenntnistheoretische Feststellung, die ich machen möchte. Soviel ich weiß, würdest du dem zustimmen.

E: Ja, ich würde diesen Vorstellungen zustimmen. Ich habe einige Modifikationen vorzuschlagen, weil ich immer daran denke, was unter all diesen Bedingungen im Gehirn vonstatten geht. Wie werden eigentlich unsere Sinneswahrnehmungen vermittelt? Ich glaube, du würdest mir zustimmen, daß wir die Welt erleben, indem alles durch die Sinne zu uns kommt, auf die Art, wie in Kapitel E 2 beschrieben wird. Es wird unseren angeborenen Dispositionen, die sich aus genetischen Instruktionen beim Aufbau des Gehirns ableiten und den gespeicherten Erinnerungen, durch die unsere Gehirne zunehmend befähigter in ihrem Interpretationsvermögen

---

[1] Siehe Popper [1963 (a)], S. 23 und Popper, Abschnitt 34.

des Inputs geworden sind, überlagert. Das ganze Leben ist Lernen. Wir lernen, die scharfsinnigsten Interpretationen dessen zu geben, was uns durch unsere Sinnesorgane geboten wird. Wir müssen uns vor Augen halten, daß diese Ideen im evolutionären Ursprung impliziert sind. Genetische Kodierung ist im wesentlichen ein evolutionäres Konzept. Die Evolution kann höchst einfach als ein wundervoller biologischer Prozeß zur Erschaffung des genetischen Kodes gedacht werden, der am besten für die Bedingungen der ökologischen Nische, in der wir uns zufällig befinden, geeignet ist.

Vielleicht stimmen wir in den folgenden Fragen nicht überein. Ich stelle mir zunächst immer mich selbst als zentral für meine Wahrnehmungen, meine Vorstellungen und meine Umgebung vor. Alles kommt zuerst auf mich selbst zu. Dann, ausgehend von allem, das meinem Gehirn angeboren und durch Erfahrungen eingebaut ist, fahre ich fort zu interpretieren, so daß ich in den verschiedenen Situationen in geeignetster Weise handeln kann, wobei ich natürlich das neue Wissen all den Erinnerungen an Erfahrungen, die ich bereits angehäuft habe, assimiliere. Und so glaube ich, daß mein Ich von zentraler Bedeutung für meine eigenen Erlebnisse und Interpretationen ist. Ich verneine den Solipsismus, indem ich diese Erlebnisse dazu verwende, andere Personen und die Welt um mich herum zu verstehen. Ich glaube jedoch, daß ich, soweit ich selbst betroffen bin, vor allem anderen primär in diesem gesamten Geschehen sein muß. Ohne weiteres gestehe ich jedem erlebenden Ich das gleiche Vorrecht zu, primär gegenüber seinem gesamten sensorischen Erleben zu sein, der gesamten Informationsfülle, die über seine Sinnesorgane hereinströmt und die im Hinblick auf das Gedächtnis interpretiert werden muß (siehe Kapitel E 8). Unser wunderbares Gedächtnis hat jedem von uns in jedem Abschnitt unseres Lebens Weisheit und Verständnis verliehen. Es bezieht sich auf die unmittelbaren sensorischen Erlebnisse, doch noch wichtiger, es wird modifiziert und weiterentwickelt durch die Gesamtheit unserer verflossenen Wahrnehmungen. Dies ist im wesentlichen die Position einer Person von Zivilisation und Kultur.

P: Ich glaube, unsere Uneinigkeit hängt hauptsächlich mit deiner Verwendung bestimmter stehender Ausdrücke zusammen, wenn ich sie so nennen darf, z. B.: »Alles tritt zuerst an mich heran« und »zentral für meine eigenen Erlebnisse«. Diese Ausdrücke und die Ansicht, daß jeder gegenüber seinen gesamten sinnlichen Erfahrungen primär ist, kommt mir unkritisch vor. Was wirklich geschieht, ist meiner Ansicht nach folgendes: *Nachdem* ich gewissermaßen als selbstbewußte Person begründet bin, sieht die Sache so aus, wie es diese Sätze nahelegen; doch das Wort »primär« läßt den falschen Eindruck entstehen, daß das Ich zeitlich oder logisch das Erste ist; aber zeitlich und logisch bin ich zuallererst einmal ein Organismus, der sich nicht vollständig seiner selbst bewußt ist – solange ich noch ein Säugling bin. Ich habe jedoch schon auf dieser Stufe Erwartungen oder ein angeborenes Wissen, das aus theorieähnlichen Dispositionen zur Deutung dessen besteht, was mich durch meine Sinne erreicht, und ohne das die einlaufenden Sinnesdaten sich niemals zu Wahrnehmungen, Erlebnis und Erkenntnis kristallisieren würden. Ich nehme an, daß die in den allerersten Lebenstagen einlaufenden Sinnesdaten ziemlich chaotisch sind und nur allmählich organisiert und gedeutet werden.

Ich glaube, das gilt auch für die Arbeitsweise des Gehirns. Durch Sinnesreize gereizt, oder wenn man will, herausgefordert muß das Gehirn mit seiner Tätigkeit beginnen, die, was die Sinne betrifft, hauptsächlich in der Interpretation besteht. Diese Interpretations-Tätigkeit muß weitestgehend im vorhinein angelegt sein; und *sie* muß gegenüber dem Erleben der äußeren Welt oder des Ich »primär« sein. Ich meine, es ist deshalb nicht richtig, zu sagen, daß primär alles an *mich* herantritt oder daß in erster Linie alles zu *mir* durch die Sinne kommt. »Primär« ist vielmehr die angeborene Anlage zu interpretieren, was durch die Sinne ankommt. Wenn du also sagst, daß ich zentral für meine Erfahrung bin, dann akzeptiere ich das, aber nur nachdem ich als Person oder als Ich konstituiert bin, was wiederum das Resultat von Lernen ist. Ich glaube hingegen, daß du völlig recht hast, wenn du sagst, »das ganze Leben ist Lernen«. Lernen ist Interpretation und Bildung neuer Theorien, neuer Erwartungen und neuer Fertigkeiten. Ich muß zunächst einmal lernen, ich selbst zu sein; und ich lerne, ich selbst zu sein im Gegensatz zum Lernen dessen, was nicht ich selbst ist. Durch diesen Prozeß kann ich letztlich mich selbst schrittweise begründen. Das geht nicht auf einmal – es braucht wahrscheinlich Wochen. Ich meine nicht Wochen von der Geburt an, sondern, sagen wir, Wochen von dem Augenblick an, an dem dieser besondere Prozeß, ich zu werden, anläuft. Es braucht wahrscheinlich Wochen, bevor dieser Prozeß festere Formen annimmt. Von da an bilde ich den Mittelpunkt meiner Erlebnisse. Wenn aber das, was ich hier vorschlage, richtig ist, dann sollten wir das nicht als etwas Primäres ansehen, sondern als etwas, das selbst das Ergebnis von Lernen ist.

E: Ich glaube nicht, daß wir uns in dieser Frage uneinig sind, sondern wir sehen es aus unterschiedlichen Perspektiven. Ich stimme gerne zu, daß das neugeborene Kind mit den wenigen primitiven Instinkten, über die ein neugeborenes Kind beim Saugen und Schreien verfügt, handelt, doch es lernt sehr schnell. In wenigen Tagen lernt es, mit seinen Augen zu folgen, und es lernt sogar, die Stimme seiner Mutter zu erkennen und es selbst orientiert sich auch. Natürlich handelt es in Übereinstimmung mit den instinktiven Trieben eines primitiven Organismus, doch es wächst rasch über diese hinaus. Tatsächlich lernt es sehr schnell, viel schneller als wir uns vorstellen können. Es setzt Gesehenes zur Bewegung seiner Hände in Beziehung, indem es die ganze Zeit beobachtet und berührt. Berührtes und Gesehenes, Berührtes und Gehörtes vergleicht usw. Da findet ein intensiver Lernprozeß statt. Natürlich weiß ich nicht, wie man unterscheiden kann, was primär ist und was nicht. Ich glaube nicht, daß die Frage in diesem Stadium gut formuliert werden kann. Ich denke, wir haben hier einfach einen Organismus mit ungeheuren Möglichkeiten und Antrieben, zu lernen, zu entwickeln und schrittweise herauszufinden, daß er eine unabhängige Existenz verkörpert, indem er entdeckt, was er ist und was er nicht ist; was also Umgebung ist – was zu ihm gehört als Hände und Füße, und was nicht zu ihm gehört, wie Schuhe und Socken usw. Er lernt allmählich, sich selbst auf das Wesentliche zu reduzieren und er lernt, wie er handeln und durch Bewegung unter visueller Kontrolle Geschehnisse in Gang bringen kann usw. Er lernt, wie er akustisch befehlen kann. All dies spielt sich während des ersten Lebensjahres ab. Während dieser ganzen Zeit gehen ihm die Leistungen anderer junger Säugetiere, besonders all die komplizierten instinktiven Leistungen ab – stehen und laufen und springen, wie es zum Beispiel die jungen Pflanzenfresser können. Er ist anfangs ganz hilflos, doch er lernt schnell und ist sehr flexibel. Ich denke, das ist das Wesen des Babyalters etwa im ersten Jahr, bis es mit seiner Sprachentwicklung mehr und mehr beginnt, seine eigene Selbstheit zu realisieren.

Dann, so denke ich, findet mit den sich entwickelnden sprachlichen Leistungen eines Kleinkindes ein Wechsel zu einem ganz unterschiedlichen Geschehen statt. Trotz allem, was geschrieben wurde, unterschätzen wir, so denke ich, immer noch das ungeheure Bemühen um die Sprache, das hier vorhanden ist. Ein zwei Jahre altes Kind besitzt bereits ein Gefühl für Sprache hinsichtlich der Bedeutung und Intention. Wir sind geneigt, zu glauben, daß man seine erste Sprache leicht lernt. Ich glaube andererseits, daß wir die enorme experimentelle Anstrengung und die Intensität der Anstrengung, die von einem Kleinkind unternommen wird, wenn es lernt, wie man die Sprache gebraucht, wie man Dinge benennt, wie man Erfahrungen beschreibt, unterschätzen. Weiter muß es sich selbst als Individuum in Bezug zu den anderen Individuen setzen, die es schon im Alter von ein oder zwei Jahren als Wesen wie es selbst erkennt.

Es gibt Betrachtungsweisen, anhand derer wir, glaube ich, über den Gebrauch des Wortes primär nachdenken sollten. Wir haben uns bisher auf das neugeborene Kind und sein erstes oder seine beiden ersten Jahre beschränkt, wenn es seine Kenntnis der Welt und seiner selbst auf eine experimentelle Weise entwickelt, und sich dabei seines Gehirns und seiner

Sinnesorgane und einer ganzen, kunstvoll aufgebauten sensorischen Struktur bedient. Seine Aufgabe ist zum Beispiel, seine visuellen Wahrnehmungen zu seinen taktilen Wahrnehmungen und zu seinen kinästhetischen Wahrnehmungen in Bezug zu bringen. Aus Sehen, Berührung und Bewegung schafft es eine geeinte Welt. Dies ist eine einfache Betrachtungsweise. Wir kennen die Erklärung, die Held und Hein entwickelten, das Beispiel der Kätzchen (siehe Kapitel E 8, Abb. 12), um die Bedeutung dessen zu illustrieren, was ich Lernen durch Teilnahme nenne. Es wird manchmal Lernen durch Wahrnehmung genannt. Babys lernen die ganze Zeit auf diesem Niveau. Ich denke, daß wir uns einig sind.

Wo ich mir vorstellen könnte, daß wir uns nicht einig sind, ist über den Gebrauch des Wortes primär. Im normalen Erwachsenenleben, wo wir dann eine etwas andere Art von Erfahrung haben, müssen wir herausfinden, wie wir ein Verständnis und eine Interpretation dieser neuen Erfahrung erlangen können. Als Beispiel bringe ich eine Art von Gedankenexperiment. Nehmen wir an, wir würden plötzlich als einer dieser Beobachter auf den Mond transportiert. Wir stehen überraschend einer seltsamen Landschaft gegenüber, wo die Atmosphäre unendlich klar ist, und wir verfügen nicht über die normalen Kriterien, die uns Dimensionen oder Distanzen beurteilen lassen. Wir wissen nichts über Größen und alles ist fremd. Wir müssen uns dann daran machen, zu erarbeiten, wie wir unsere Wahrnehmungen interpretieren können. Sie kommen zu uns primär durch das Sehen, und wir verfügen über andere Tricks, wie Parallaxe usw., um dies für die Interpretation zu nutzen. Ich würde sagen, daß unser Mondbeobachter an erster Stelle seine eigenen Erfahrungen besitzt und von daher versucht er, allerlei geschickte Techniken anzuwenden, um ein Verständnis der räumlichen Beziehungen dessen, was ihm seine Wahrnehmungen der äußeren Welt vermitteln, aufzubauen. Die äußere Welt, oder die Mondwelt in diesem Fall, ist für ihn sekundär gegenüber dem, wie er aufgrund seiner primären Erfahrungen, die ihm durch seine Sinnesorgane geliefert werden, Kenntnis über sie erlangt.

P: Dem kann ich nicht zustimmen. Ich glaube, wenn wir zum Mond gebracht würden und ausschließlich aufs Betrachten angewiesen wären, wären wir verloren. Nur wenn wir irgendwie tätig sein könnten, herumgehen könnten und dergleichen, könnten wir uns wirklich zum Beispiel auf einem fremden Planeten oder in einer vollkommen fremden Umwelt eingewöhnen. Ich lege also, wie du siehst, viel mehr Gewicht auf die Rolle des Tuns bei der Interpretation: Sowohl auf die Aktivität der Glieder wie auf die Aktivität des Gehirns. Das sind so aktive Prozesse wie der Prozeß des Machens und Passend-Machens (making and matching) im Gehirn. Daß ich solches Gewicht auf aktive Prozesse lege, beruht darauf, daß es Menschen wie Helen Keller geben kann, denen es an den (für uns) wichtigsten Sinnen wie dem Sehen und Hören fehlt und die doch in der Lage sind, eine vollständige Interpretation, und eine im wesentlichen richtige Interpretation, der Welt zu leisten. Menschen, die blind und taubstumm sind, haben das geschafft.

Natürlich will ich nicht bestreiten, daß die Sinne außerordentlich wichtig sind, und das trifft, wie du gesagt hast, besonders dann zu, wenn ein Erwachsener unvorhergesehen in eine völlig neue Umwelt gestellt wird. Aber ich behaupte, selbst hier stellen wir zuerst eine Hypothese darüber auf, wo wir sind, und dann versuchen wir, diese Hypothese zu testen. Mit anderen Worten: wir wenden ein Versuch-und-Irrtum-Verfahren, ein Verfahren des Machens und Passend-Machens an: ein Verfahren der Vermutung und Widerlegung.

Deshalb halte ich die alte Rede, wonach die Sinne beim Lernen das erste sind, für falsch (besonders beim Erlernen von etwas Neuem, also beim Entdecken). Ich glaube, daß beim Lernen Hypothesen eine vorrangige Rolle spielen; daß Machen vor Passend-Machen kommt.[2] Die Sinne haben zwei Rollen: 1. fordern sie uns dazu heraus, unsere Hypothesen zu *machen;* 2. helfen sie uns, unsere Hypothesen *passend zu machen,* indem sie bei der Widerlegung oder Auslese Hilfestellung leisten.

E: Ja, natürlich stimme ich zu, daß wir nie mit eindeutigen Verhältnissen konfrontiert sind, mit keinen vergangenen Erfahrungen, keinem vergangenen Verstehen, auf dessen Grund eine frische Menge Sinnesdaten zu interpretieren wäre. Was ich zu sagen versucht habe, war, daß, wenn wir mit neuen Sinnesdaten konfrontiert werden, dies dann primär gegenüber den Interpretationen ist. Ich räume ein, daß die Interpretationen auf all unserem Wissen, angeborenem und erlerntem, aufgebaut werden, doch andererseits meine ich, daß wir sagen müssen, daß wir in jedem einzelnen Fall die ganze Zeit auf der Basis des ungeheuren Informationsinputs von unseren Sinnesorganen handeln – indem wir ihn interpretieren, verwerfen, modifizieren und korrelieren. Ich muß unverzüglich feststellen, daß all dies von einem Gehirn abhängt, das die gesamten wundervoll subtilen Mittel sensorischer Interpretation aus der Vergangenheit gelernt hat. Du äußerst, daß wir immer versuchen aufzustellen, bevor wir anpassen. Versuchen wir, indem wir aufstellen und anpassen, unser sensorisches Erleben zu früheren sensorischen Wahrnehmungen in Beziehung zu bringen und diesen anzupassen? Ist es das, was du meinst?

---

[2] Das ist Ernst Gombrichs Wendung: für Literaturhinweise siehe das Verzeichnis von »Art and Illusion« [1960].

P: Ich will versuchen, das noch einmal zu formulieren, weil es so wichtig ist; ich glaube, es enthält eines der Schlüsselelemente meiner Erkenntnistheorie. Ich kann es vielleicht so ausdrücken: Es gibt keine Sinnes-»Daten«. Vielmehr gibt es eine aus der Sinnenwelt einlaufende Fragestellung, die dann das Gehirn, oder uns selbst, veranlaßt, sie zu bearbeiten, zu interpretieren. Es gibt also zunächst einmal keine Daten: Es gibt vielmehr die Aufforderung, etwas zu tun, nämlich zu interpretieren. Dann versuchen wir die sogenannten Sinnesdaten einzupassen. Ich sage die »sogenannten«, weil ich nicht glaube, daß es Sinnes-»Daten« gibt. Was die meisten Menschen für ein einfaches Sinnes-»Datum« halten, ist in Wirklichkeit das Ergebnis eines intensiven Bearbeitungs-Vorgangs. Nichts ist uns direkt »gegeben«: Wahrnehmung ist erst das Ergebnis vieler Schritte, zu denen die Wechselwirkung zwischen den die Sinne erreichenden Reizen, dem Interpretations-Apparat der Sinne und der Gehirn-Struktur gehört. Während also der Terminus »Sinnesdatum« einen Primat beim ersten Schritt unterstellt, behaupte ich, daß noch bevor ich feststellen kann, was ein Sinnesdatum für mich ist (bevor es mir jemals »gegeben« ist), Hunderte von Schritten des Gebens und Nehmens dazwischen liegen, die sich aus der Erregung unserer Sinne und unseres Gehirns ergeben.

Meine Erkenntnistheorie kommt folgendermaßen zustande: Ich versuche zuerst zu zeigen, was man aus mehr oder weniger logischen Gründen erwartet und sage dann, daß das tatsächlich in Wirklichkeit so abläuft.[3] Alles, was ich von Dir über das Gehirn gelernt habe, bestätigt die Ansicht, daß es wirklich so *ist*. Ich habe zum Beispiel gelernt, daß es bestimmte Zellen gibt, die nur auf gebeugte Lichtstrahlen oder nur auf Kanten oder etwas derartiges reagieren (Kapitel E 2, Abb. 6). Wir nehmen an, daß das ein Ergebnis der Evolution ist; im Verlauf der Evolution tauchte vielleicht die Theorie auf, daß es gebeugte Lichtstrahlen und parallele Lichtstrahlen gibt, und daß die Entfernung zwischen diesen Strahlen für unsere Interpretation visueller Erregungen irgendwie wichtig war.

E: Ja, ich beginne jetzt, deinen Standpunkt zu erkennen. Ich denke, da ist ein Mißverständnis. Dies ist ein Fehler, den die Menschen machen, wenn sie die ungeheure Komplexität der Handhabung von Sinnesdaten nicht voll berücksichtigen. Man neigt dazu, zu denken, daß eine visuelle Erfahrung tatsächlich eine perfekte Reproduktion des Retina-Bildes ist. Dies ist natürlich nicht wahr. Es laufen ungeheuer komplizierte Wechselwirkungen in der Retina ab, und, wie ich in Kapitel E 2 über sensorische Wahr-

---

[3] Es wird nicht behauptet, daß etwa Induktion, weil sie logisch ungültig ist, in der Psychologie *a priori* nicht existiert, sondern einfach, daß wir *versuchen* sollten festzustellen, ob Psychologie ohne Induktion funktioniert.

nehmungen geschrieben habe, durchlaufen die visuellen Daten ein Stadium nach dem anderen in der Sehrinde, wo sie verarbeitet und umgeschaltet werden. In einem Abschnitt besteht eine Tendenz von Zellen, durch helle Linien der einen oder der anderen Orientierung optimal erregt zu werden. Dann wird es komplizierter und baut schrittweise eine Komplexität auf, so daß wir uns im Prinzip vorstellen können, wie einfache geometrische Formen über Zellen verfügen können, die sich speziell auf sie beziehen, wie es im Lobus inferotemporalis der Fall ist (vgl. Kapitel E 2). Dies ist immer noch nicht das Stadium bewußter Wahrnehmung.

All dies kommt, bevor man wirklich die Erfahrung macht, somit kann man in gewissem Sinne sagen, wenn man die Erfahrung gewinnt, daß sie nicht primär ist. Sie basiert auf dieser gesamten ungeheuren musterförmigen Entwicklung, die ein notwendiges Vorspiel zu einer bewußten Erfahrung ist. Haben wir einmal diese Erfahrung, so müssen wir sie interpretieren. Sie könnte eine Illusion sein. Sie könnte aus allen Arten seltsamer Mißverständnisse und Mißinterpretationen sensorischer Daten resultieren. Wir könnten zum Beispiel in einen Spiegel schauen und das wahrgenommene Objekt verkehrt herum sehen. Wir müssen alle Interpretationen aufgrund früher gewonnenen Wissens vornehmen und so von ihm unsere Kenntnis dessen erlangen, was Anlaß zu dieser Erfahrung gibt. Auf der praktischen Überlebensstufe ist es nicht von Bedeutung, ob man Freude an seinen Erfahrungen hat. Was man zu tun hat, ist, seine Erfahrungen dazu zu nutzen, die Welt, in der man sich befindet, zu verstehen und angemessen in dieser Welt zu handeln.

P: Ich glaube, wir sind uns jetzt fast ganz einig, und ich hoffe, ich kann dir die Schönheit dieser Betrachtungsweise aufzeigen.

Alle Erfahrung ist durch das Nervensystem bereits hundertfach – oder tausendfach – interpretiert, bevor sie bewußte Erfahrung wird. Wenn sie aber bewußte Erfahrung wird, kann sie, mehr oder weniger bewußt, als Theorie interpretiert werden: Wir können eine Hypothese formulieren – die sprachliche Aussage einer Theorie – um diese Erfahrungen oder Erlebnisse zu erklären. Diese Aussage kann dann öffentlich kritisiert werden – es kann eine Diskussion darüber beginnen. Das heißt, wir können die Sprache dazu benutzen, die beste Interpretation aus den verschiedenen Alternativen, die vorgebracht wurden, auszuwählen.

Wichtig zu beachten ist jetzt, daß der Prozeß auf der letzten und höchsten Stufe – dem Prozeß kritischer Diskussion in Welt 3 – im wesentlichen den gleichen Mechanismus der Elimination, des Versuchs und Irrtums, des Machens und Passend-Machens anwendet, wie auf den niedrigeren Stufen. Es wird der gleiche Mechanismus auf den niedrigeren Stufen und dann auf den höheren Stufen des Nervensystems und schließlich auf der wissenschaftlichen oder logischen Stufe verwendet. Dieser Mechanismus wird objektiviert – sprachlich formuliert und unseren Institutionen eingegliedert –, er wird sozusagen öffentlicher Besitz.

Das ist eine Anwendung der heuristischen Idee, daß dasselbe, was auf der logischen Stufe geschieht, auf allen Stufen des Organismus geschah.

Du siehst jetzt, warum ich es für besser halte, die Sinnesdaten nicht als primär zu bezeichnen. Ich glaube, daß wir ein wirklich schönes Bild vom Organismus und der Arbeitsweise des Bewußtseins erhalten, wenn wir beide als eine Hierarchie von Stufen betrachten, auf denen diese Operationen vor sich gehen. Diese Stufen oder Schichten sind zugleich wahrscheinlich weitgehend evolutionäre Schichten. Den höchsten Interpretationsschichten im Gehirn schließen sich noch höhere Interpretationsschichten an, die den Organismus überschreiten und die zur objektiven Welt 3 gehören; und derselbe Vorgang setzt sich dort fort. Man kommt dem andersherum näher, wenn man den Prozeß der Theorie-Bildung in Welt 3 untersucht. Denn darin steckt im wesentlichen der gleiche Vorgang, der auf eine verhältnismäßig mechanische Art beim Organismus vorkommt – instinktiv oder automatisch, oder als Ergebnis seiner Struktur oder seiner genetischen Programme. Oder vielmehr, der Prozeß ist nur teilweise der gleiche – er wird immer weniger mechanisch, je höher wir in der Hierarchie von Kontrollen und Revisionen aufsteigen.

E: Ich sollte nun eine abschließende Bemerkung über das Gehirn machen und die Art, wie es dazu gekommen ist, uns diese wunderbare Darbietung zu geben. Bis zu einer bestimmten Stufe können wir erklären, was sich abspielt, besonders im *visuellen System,* wo wir den Weg verfolgen können, auf dem das retinale Bild zuallererst in ein punktförmiges Mosaik umgewandelt wird. Das ist der Weg, auf dem es mittels ungefähr 10^8 Sinneszellen zu 10^6 Nervenfasern im Sehnerven zum Gehirn übermittelt werden muß, und dies ist wiederum eine punktförmige Aktion. Dann muß es wieder zusammengefügt werden, im Hinblick und auf Grund der im Gehirn eingebauten neuronalen Verknüpfungen und ihrer während des Lebens erlernten Modifikationen, da wir die sensorischen Daten, die uns zum Beispiel durch den visuellen oder den somästhetischen Sinn vermittelt werden, zunehmend subtiler zu interpretieren lernen.

Ein anderer Punkt ist, daß sie nicht nur als reine visuelle Daten behandelt werden müssen, sondern sie müssen mit den Daten durch die anderen Sinnesorgane (die anderen Modalitäten) verschmolzen werden, so daß wir nun beginnen, eine reale Welt zu erhalten wie wir sie kennen, mit Farbe und Gestalt und Klang und Form und Dimension und sogar mit Geruch. Dies ist die Welt, die wir kennen, aber wir sind enorm weit davon entfernt, eine Aussage darüber machen zu können, wie diese Welt aus den durch unsere Sinnesorgane gelieferten Daten ausgebaut wird. Ich möchte zu unserem Ausgangspunkt zurückkehren. Er betrifft diesen Aufbau der Bilderwelt, die wir erfahren von Augenblick zu Augenblick. Dies hängt von einer immensen Lernleistung ab, ebenso wie von der Struktur, die ursprünglich durch genetische Instruktionen aufgebaut wurde. Diese große Lernleistung war ein Lernen aufgrund von Versuch und Irrtum, so daß wir scharfsinniger und geistvoller und schlauer wurden. Doch dies alles hat noch eine andere Seite. Wenn wir uns mit dem menschlichen Gehirn befassen, müssen wir uns vorstellen, daß Bilder nicht nur musterförmige Wahrnehmungen für das Handeln darstellen. Sie sind auch zur Freude, zum Genuß, zum Verständnis auf höheren Ebenen, als die gewöhnlichen reinen Reaktionen für das unmittelbare Überleben. Reaktionen für das unmittelbare Überleben laufen in den wundervollen Vorgängen in unserem Gehirn ab, wenn wir im Verkehr ein Auto steuern oder als Fußgänger am Verkehr teilnehmen oder was immer man will. Das ist eine Überlebensleistung, und wir neigen dazu, uns unsere Sinnesorgane so vorzustellen, als brächten sie uns unter diesen Bedingungen lediglich das Überleben, doch sie schenken uns viel mehr, sie machen das Leben lebenswert und davon, dies zu verstehen, sind wir weit entfernt.

P: Ich denke, wir sind uns nun weitestgehend einig. Was ich dabei für unser Buch für wichtig halte ist, daß die Erkenntnistheorie gut zu unserem derzeitigen Wissen über Hirnphysiologie paßt, so daß sich beide Gebiete gegenseitig bestätigen. Selbstverständlich sind das alles Vermutungen: Alles ist mutmaßlich, und wir dürfen nicht dogmatisch sein. Aber wenn du über die gewaltige Aufgabe sprichst, vor der die Hirnphysiologen stehen, um zum Beispiel mehr über die Sehrinde herauszufinden (und über die Entschlüsselung des punktförmigen Aktionskodes, der der Sehrinde durch die Retina über den Nervus opticus geliefert wird), so meine ich, daß es eine gute Annahme und Arbeitshypothese wäre – eine weitreichende Hypothese – daß alle Integrationsprozesse oder Kodierungsprozesse kritischer Art oder vom Versuch-und-Irrtum-Muster sind. Das heißt, daß jeder von ihnen gleichsam mit seiner Hypothese aufwartet und schaut, ob sie funktioniert. Die Nervenzelle, die auf eine gebeugte Linie reagiert, ist wirklich feuerbereit oder versucht zu feuern; oder sie feuert wirklich und, wenn die Angleichung erfolgreich ist, feuert sie weiter oder besser oder sonstwie. Es ist ein Unterschied, ob der Einsatz passend ist oder ob sie herausfindet, daß der Einsatz unpassend ist. Wie das im Detail funktioniert, würde ich als Nicht-Physiologe natürlich nicht zu sagen wagen. Aber ich meine, es ist eine gute Arbeitshypothese, daß jede dieser integrativen Stufen im wesentlichen eine Aktionsstufe, eine Stufe ist, auf der wirklich etwas getan wird. Wenn wir uns also nicht bewegten, würden unsere verschiedenen Sinne sich niemals integrieren und eine Wirklichkeit schaffen. Mit der Berührung kontrollieren wir unser Sehen, und mit dem Sehen kontrollieren wir unseren Tastsinn. Das heißt, die verschiedenen Sinne kontrollieren sich gegenseitig, und ganz offensichtlich ist ein Mensch, bei dem ein Sinn gestört ist, auch in einigen Kontrollfunktionen gestört und er wird in diesem Maße für die Kontrollen abhängiger von seinen Mitmenschen sein, wie es Helen Keller war.

E: Es ist nun wichtig, daß wir zu dem Punkt gekommen sind, unsere Konzepte davon, was Sinnes-Wahrnehmungen uns vermitteln, zu verbessern. Zum Beispiel, ich schaue in einen schönen Garten hinaus. Wenn du hinaus blickst und die Blumen siehst, kannst du die Pflanzen identifizieren, wenn du ein guter Botaniker bist. Du würdest einen ungeheuren Schatz von Wissenswertem entdecken, wenn du von einem guten Botaniker herumgeführt würdest. Dies würde dir zeigen, wie subtil du deine visuellen Wahrnehmungen interpretieren kannst, damit sie dir ein neues und tieferes Verständnis des botanischen Lebens mit Blättern und Stielen und Blütenformen und Knospenformen usw. vermitteln. Dies trifft für unser Verstehen der gesamten belebten Welt zu. Ich kann andere Beispiele bringen. Denke zum Beispiel daran, wie wir Bewegung und Aktion beurteilen, wenn wir Sportspielen zuschauen. Hier können wir auf eine gewisse Weise an dem Spiel teilnehmen, weil wir unsere eigenen Erfahrungen gemacht haben. Man kann einem Sport nicht mit dem entsprechenden Verständnis zusehen, wenn man ihn nicht selbst erlernt hat. Amerikanischer Fußball kommt mir wie Unsinn vor. Ich weiß auch nichts darüber. Ich kenne andere Formen von Fußball und Tennis. Mir fehlt es nicht am Verständnis einiger Sportarten, aber ich weiß nichts über viele andere. Dies nur, um dir einen Hinweis darauf zu geben, wie wir lernen und üben, unsere Sinnesdaten in Begriffen von Reaktion oder Erregung oder Geschicklichkeit bei der Durchführung auf eine Weise zu interpretieren, die ich für absolut bemerkenswert halte. Du mußt dir klar machen, was wir von unseren erlernten Wahrnehmungen für neue Interpretationen ableiten, die die reinen Sinnesdaten, mit denen wir beliefert werden, überschreiten.

P: Doch daß Tun und Mitmachen nötig ist, zeigen zum Beispiel die Experimente mit den Körbchen-Kätzchen, wie Abb. 12, in Kapitel E 8, deutlich macht.

E: Ja, das stimmt. Dieses wunderbar einfache und aufschlußreiche Experiment, das Held und Hein anstellten, zeigt, wie Lernen durch Partizipation notwendig ist, um die einfachsten Tatsachen über die Sinnesdaten beurteilen zu können. Ich glaube fest, daß wir während unseres ganzen Lebens aktiv im Erforschen und Empfinden und Ausprobieren bleiben sollten. Außerdem ist die Botschaft aus solchen Experimenten sehr wichtig von Karls Standpunkt aus, über den wir gesprochen haben. Man kann zum Beispiel nicht lernen, Bilder aus der einen oder anderen Periode zu bewerten, indem man sie nur betrachtet. Man muß entweder mit anderen Menschen darüber sprechen oder die kritische und beurteilende Literatur lesen. Man muß bei allem, was man sieht, in die Welt 3-Beziehung eintreten, um ein menschlicher Betrachter davon zu werden. Ich denke, das ganze Leben muß auf diese Weise bereichert werden, so daß wir nicht nur einfach naive Erfahrende visueller oder taktiler oder auditorischer Daten sind, sondern daß wir die ganze Zeit von ihnen dazu herausgefordert werden, mehr und mehr fähig zu werden, die subtileren Beziehungen von Form, Farbe, Muster, Melodie, Harmonie usw. in Raum und Zeit zu sehen. Das ist das Wesen der Kunst.

P: Ich glaube, es ist ungeheuer wichtig, daß wir während unseres gesamten Lebens vermeiden sollten, lediglich passive Informations-Empfänger zu sein. Besonders groß ist die Gefahr in der Kindheit: daß nämlich in unseren Schulen Kinder wie die Körbchen-Kätzchen behandelt werden könnten. Das war vor allem so, als die Kinder in einer engen Schulbank sitzen mußten, die so gebaut war, daß sie die Bewegungs-Möglichkeit der Kinder einschränkte, damit die nicht andere Kinder und besonders den Lehrer stören konnten. Mit anderen Worten: unsere Kinder waren einst Körbchen-Kätzchen. Während es nicht so viel ausmacht, ob Leute unseres Alters ihre Zeit vor dem Bildschirm verbringen, halte ich es für ganz und gar nicht wünschenswert, daß Fernsehen oder Lernmaschinen in der Weise als Unterrichtsmittel eingesetzt werden, daß die Kinder eine passive Rolle spielen müssen: daß sie bloß dasitzen und lernen. Ich bestreite nicht, daß das Fernsehen seine guten Seiten hat, solange es sehr sparsam eingesetzt wird, doch ein heranwachsender Mensch sollte dazu angeregt werden, sich Probleme zu stellen, die er dann zu lösen versucht, und man sollte ihm bei der Lösung dieser Probleme nur dann helfen, wenn Hilfe nötig ist. Er sollte nicht indoktriniert und nicht mit Antworten gefüttert werden, wo keine Fragen gestellt wurden: wo die Probleme nicht von innen kommen.

E: Ja, ich glaube, da ist etwas dran. Auf der anderen Seite finde ich schon, daß wir sprechen müssen. Wenn wir versuchen, unsere Kinder zu lehren, gut in irgendeinem schwierigen Spiel oder im Tanzen oder Skifahren oder Schlittschuhlaufen zu sein, dann ist es unsinnig, sie auf eine Bank zu setzen und über Skifahren zu sprechen. Sie müssen es tun, und sie müssen tanzen usw. Doch auf der anderen Seite, wenn man ihnen Mathematik oder eine Sprache oder sprachlichen Ausdruck beibringen möchte, müssen sie schon aufhören, herumzulaufen und sich auf die vorliegende Aufgabe konzentrieren. Sie beziehen dann ihre Aktivität daraus, daß sie versuchen, mathematische Probleme zu lösen oder ihre Gedanken in Sätzen auszudrücken. Ihre Leistung kritisch zu betrachten heißt in diesem Fall, wiederum aktiv zu sein.

P: Zu dem, was wir besprochen haben, möchte ich noch auf eine Stelle (auf Seite 47 und 48) aus meinem Buch »Conjectures and Refutations« (1963a) hinweisen.

Was ich dort erkläre, ist, daß aus logischen Gründen die Hypothese vor der Beobachtung kommen muß; und was aus logischen Gründen zutrifft, muß, so meine ich, tatsächlich auch für den Organismus gelten – für sein Nervensystem wie für seine Psychologie.

Ich möchte noch sagen, daß ich glaube, daß die Integration der verschiedenen Sinne und ihr gegenseitiges Zusammenwirken ebenfalls in hohem Maße eine Sache gegenseitiger Überprüfung und wechselseitiger Kritik ist, gleichsam einer Gruppe von Interpretationen durch eine andere. Ich meine, daß die verschiedenen Botschaften, die von den verschiedenen Sinnen kommen – die interpretierten Botschaften –, im Lichte dessen revidiert werden, wieweit sie zusammenpassen und die gleichen Resultate bringen.

E: Ein Punkt, den wir uns vor Augen halten müssen, ist, daß Sinneseindrücke, der gesamte Wahrnehmungsinput, den wir erhalten, einen Ruf nach Aktion bedeuten. In den meisten Fällen ist es eine Aktion zu erforschen, eine Aktion, um ein besseres Verständnis zu gewinnen, eine Aktion, etwas zu vermeiden. Wir benutzen die ganze Zeit alle diese Inputs, um Bewegungen der einen oder anderen Art zustande zu bringen und natürlich genießen wir das. Wir können an das kleine Kind denken, das die schönsten Erlebnisse mit Bewegungen hat, mit Purzelbäumen und Wirbeln usw., wobei es alles untersucht und in Erfahrung bringt. Später wenden wir uns schwierigen Ballspielen zu, und Spielen wie Tanzen, Skifahren, Schlittschuhlaufen, Segeln usw. All dies sind wundervolle Erlebnisse, bei denen wir einen Sinn gegen den anderen herausfordern; die Bewegungen und Anstrengungen unserer Glieder, die Sinne unserer vestibulären Orientierungsmechanismen, die Berührungssinne, die Gesichtssinne usw. Das Leben ist erstaunlich reich, denn auf diese Weise können wir die ungeheure Skala unserer Sinnes-Wahrnehmungen benutzen, sie organisieren und auf sie einwirken und so eine hinreißende Harmonie von Raum und Zeit genießen.

P: Dem stimme ich völlig zu. Wenn ich auch kein Gehirnphysiologe bin, so möchte ich doch hinzufügen, daß in meinen Augen diese Erregungen ausschließlich innerhalb des Gehirns vorkommen. Meine Hypothese ist allerdings, daß praktisch nicht nur alle Interpretationen, die hirnabhängig sind, sozusagen nach Art eines Mechanismus ausgeführt werden, sondern daß sie durch ein eingebautes Bedürfnis oder einen Trieb unterstützt werden, durch ein Bedürfnis, tätig zu sein und durch die Lust, die Erfüllung einer Tätigkeit zu erleben.[4] Ich habe dazu eine Hypothese über Farbenblindheit und das Bedürfnis, etwas in Begriffen von Farbe zu interpretieren. Meine Hypothese ist, daß wir Kindern, die farbenblind sind, einen Begriff vom Farbensehen vermitteln könnten, wenn man ihnen gefärbte Brillen gäbe, bei denen etwa für das linke Auge ein rotes Glas und für das rechte Auge ein grünes Glas eingesetzt ist, so daß sie verschiedene Inputs von den beiden Brillengläsern erhalten. Ich glaube, sie könnten diese Inputs nach einem Zwei-Farben-Schema deuten lernen.

---

[4] Karl Bühler sprach meist von der »Funktionslust«.

Dialog II

20. September 1974, 17.15 Uhr

E: Wir kommen zur Diskussion der sehr kontroversen Frage: Wie kam das Bewußtsein in die biologische Welt? Ich glaube, für den Anfang würden die meisten dem zustimmen, daß sich Tiere von Pflanzen oder, sollen wir sagen, höhere Tiere von Pflanzen darin unterscheiden, daß sie ein Nervensystem besitzen, das einen höchst spezialisierten Teil des Organismus darstellt, der damit befaßt ist, Information zu sammeln und auf sie zu reagieren. Dies ermöglicht Tieren eine Leistung, die ganz verschieden von derjenigen der Pflanzen ist, die im wesentlichen Organismen sind, denen eine mehr passive Rolle in ihrer ganzen Existenz zukommt, die seßhaft sind und die in der Regel keine anderen Reaktionen erkennen lassen, als Wachstum und Turgor (osmotischer Druck). Wenn wir die gesamte biologische Evolutionsfolge von Tierarten und Verhaltensweisen überblicken, dann kann man, wenn man möchte, alle Arten zweckhafter Aktionen in primitiven Organismen erkennen, sogar bei Protozoen wie Amöben oder Paramaecium. Untersucht man die höhere tierische Stufe, den vielzelligen Organismus, so kann man wie bei den Coelenteraten, ein primitives Nervensystem beobachten, das geeignete Reflexreaktionen als Antwort auf Reize entwickelt. So geht es in der ganzen Geschichte der Wirbellosen weiter, bis zu ziemlich komplexen Formen mit komplexen Reaktionen, wie zum Beispiel bei den höheren Insekten. Uns allen ist die Fähigkeit der Biene vertraut, ihre Umgebung zu erlernen, so daß sie, wenn ihr Bienenstock an einen anderen Platz gestellt wird, ein paar Mal im Kreis herumfliegen und den Weg von ihren Flügen nach Hause erlernen kann. Das ist eine Lernantwort. Und natürlich kennen wir auch die Information, die symbolisch durch den Tanz der Bienen vermittelt wird. Schließlich auf der Spitze des Wirbellosen-Baumes befinden sich die noch höher entwickelten Nervensysteme der höheren Mollusken. Der Oktopus zum Beispiel wurde im Detail durch J. Z. Young untersucht, der gezeigt hat, daß er ein hochentwickeltes Gehirn mit sehr komplexen Antworten auf Signale und der Fähigkeit zu lernen besitzt. Dies ist nun der Höhepunkt der Geschichte der Wirbellosen, und ich denke, wir sollten nun die Frage stellen: Gibt es einen Anhalt dafür, daß Wirbellose über eine Art von Antworten in ihrem Gehirn verfügen, die als Vermittler von bewußten Wahrnehmungen eingestuft werden könnten?

P: Die Frage, wie das Bewußtsein ins Leben trat, ist natürlich unglaublich schwierig, denn es gibt fast überhaupt keine Hinweise. Ebensowenig dafür, wie das Leben aufkam. Das ist eine ganz ähnliche Situation, und ich glaube, man kann vielleicht am ehesten sagen, daß es Grade des Lebens und Grade des Bewußtseins geben muß, wenn das evolutionäre Geschehen auf das Leben und das Bewußtsein paßt. Wenn wir uns nach Hinweisen für Grade des Lebens und des Bewußtseins umsehen, dann, meine ich, findet man doch ausreichende Anhaltspunkte für beides; aber ich fürchte, das ist eine zu schwierige Frage, um darauf jetzt weiter einzugehen.

Ich möchte jedoch erwähnen, daß wir auf der Grundlage der Selbstbeobachtung herausfinden können, daß wir manchmal an der Grenze des Nicht-Bewußtseins stehen. Und dann ist da noch die äußerst wichtige Tatsache, daß wir ganz normal einen Bewußtseinsausfall im Schlaf haben; und im Tiefschlaf kommt es zu einem ziemlich beträchtlichen Bewußtseins-Ausfall. Solche Anhaltspunkte sind praktisch alles, was wir für die Tatsache der Bewußtseinsgrade haben und demnach auch alles an Hinweisen über die mögliche Emergenz des Bewußtseins.

Einige finden die Idee der Emergenz des Bewußtseins unglaubwürdig und unverständlich. Es ist ein Wunder, aber es ist kein viel größeres Wunder, als wenn wir am Morgen aufwachen und ein volles Selbstbewußtsein beinahe aus dem Nichts wiedererschaffen. Dagegen könnte man einwenden, daß der Vorgang des Aufwachens darin besteht, eine Verbindung innerhalb unseres Gehirns mit den Erinnerungen vorangegangener Zeiträume herzustellen; und das sei verständlicher als die Schaffung eines Bewußtseins aus dem Nichts – jedenfalls aus nichts, das dem Gedächtnis gleichkommt. Hier jedoch können wir den Fall des neugeborenen Kindes anführen. Obwohl das neugeborene Kind wahrscheinlich nichts dergleichen hat, was wir gewöhnlich Gedächtnis nennen, hat es natürlich etwas wie Wissen oder Information oder Erwartungen, und es muß ein Bewußtsein aus dem zusammensetzen, was bestimmt kein Bewußtsein ist. Obwohl diese Wiedererlangung oder Wiedererzeugung von Bewußtsein täglich geschieht, halte ich es für ebenso wunderbar wie das erste Auftreten des Bewußtseins und auch für ebenso schwer verständlich – wenn wir es *wirklich* verstehen wollen.

Wie entsteht Bewußtsein? Ich glaube, die beste Antwort, die wir geben können, und für die einiges, wenn auch nicht allzu viel, spricht, lautet:

»gradweise«. Ich würde sagen, daß etwas wie bewußte Wahrheit – nicht Selbstbewußtsein, vielmehr etwas, das unserer eigenen wachen Bewußtheit auf einer niedereren Stufe gleicht, sagen wir, der wachen Bewußtheit, die wir einem Kind zuschreiben, bevor es zu sprechen gelernt hat – wahrscheinlich nur Tieren mit einem Zentralnervensystem zugesprochen werden kann. Doch etwas, das dem Bewußtsein in mancher Hinsicht ähnelt, kann man wahrscheinlich einer früheren Evolutionsstufe zuschreiben. Natürlich ist es höchst unwahrscheinlich, daß wir jemals Beweise für oder gegen diese Vermutung erhalten werden, und selbst wenn wir einen Beweis erhielten, würde auch er offensichtlich reine Vermutung sein. Ich bin Deiner Meinung, Jack, daß der Beweis dafür, daß andere Leute Bewußtsein haben, ungleich zwingender ist als der Beweis, den wir dafür haben, daß Tiere Bewußtsein haben; aber ich glaube doch, daß die Evolutions-Hypothese uns irgendwie dazu zwingt, Tieren niedrigere Bewußtseinsstufen zuzuschreiben. Man könnte meine Vermutung als teils auf Beweisen und teils auf Intuition beruhend nennen. Die intuitive Grundlage ist schwer zu erklären, aber die beweismäßige Grundlage besteht nicht nur aus dem, was ich gerade erwähnt habe – einschließlich dem Kind, bevor es spricht – sondern auch aus dem Beweis, der sich aus der niederen Hemisphäre (subdominanten Hemisphäre) und ihren Funktionen ergibt. Das heißt, ich bin deiner Meinung, daß die subdominante Hemisphäre als etwas charakterisiert werden kann, das einem gut ausgebildeten Tiergehirn gleicht. Ich möchte sagen, sie ist immer noch insoweit ein Tierhirn – oder einem Tierhirn verwandt – als sie vom vollen Selbstbewußtsein abgeschnitten ist. Aber ich glaube, daß die Leistungen dieser subdominanten Hemisphäre (auch wenn sie dem Tierhirn vergleichbar ist) so hoch sind, daß wir ihr nicht nur Gedächtnis – das eine Art Voraussetzung für Bewußtsein ist – zuschreiben können, sondern sogar ein gewisses Maß an Kreativität. Das heißt, auch die Fähigkeit, ziemlich abstrakte Probleme zu lösen. Nimm zum Beispiel den Fall des Ordnens von Bildergeschichten, den du in Kapitel E 5 beschrieben hast. Das Ordnen der Bildergeschichten hat mich fast davon überzeugt, daß wir Sperrys Vermutung über die subdominante Hemisphäre akzeptieren müssen.

Nach all dem scheint es mir zumindest möglich, Tieren mit einem gut ausgebildeten Zentralnervensystem etwas wie Bewußtsein zuzuschreiben. Aber man muß unbedingt beachten, daß wir zwar gute Gründe dafür haben, ihnen einen Zeitsinn zuzuschreiben, daß sie sich aber der Zeit wahrscheinlich nicht voll bewußt sind: Sie haben nicht einmal Ansätze zu einer Theorie des regelmäßigen Zeitablaufs (daß also heute auf gestern folgt und morgen auf heute). Volles Bewußtsein hängt von einer abstrakten Theorie ab, die sprachlich formuliert ist. Es wäre übrigens interessant, die subdominante Hemisphäre auf ein Verständnis des Zeitablaufs in diesem Sinne zu untersuchen. Die Montage des Comic-strips hat erwiesen, daß die subdominante Hemisphäre Bilder nach einer Zeitabfolge ordnen kann, aber das heißt noch nicht, daß die subdominante Hemisphäre ein Bewußtsein des Unterschieds zwischen gestern, heute und morgen hat, und es wäre höchst interessant herauszufinden, ob sie es hat.

E: Der Gegenstand unseres Gesprächs hat sich zu höheren Tierhirnen weiterbewegt, ihrer Leistung und der Möglichkeit, daß es etwas wie Aufmerksamkeit gibt, ein Bewußtsein das mit einigen der Aktivitäten, die in den Gehirnen dieser Tiere vor sich gehen, verknüpft ist; und über die höheren Tiere möchte ich den ganzen Weg bis zu den anthropoiden Affen hinaufgehen. Nun würde ich sagen, daß wir über keine geeigneten Tests dafür verfügen. Ich möchte mich darauf nicht festlegen, daß ich den Hinweis auf etwas, das die Bezeichnung Bewußtsein verdienen könnte, abstreite, weil es etwas von den gleichen Eigenschaften oder Erfahrungen besitzt, wie sie bei uns vorkommen, wenn wir selbstbewußt sind. Der selbstbewußte Geist ist etwas, von dem wir wissen. Wir müssen ihn nicht testen. Wir erfahren ihn und wir können über ihn zu anderen sprechen und lernen bald durch sprachliche und andere Kommunikationsformen, daß andere Menschen diese gleiche innere Erleuchtung oder diese Selbstbewußtheit, die wir haben, besitzen, und dies spielt sich fortgesetzt während unseres wachen Tages ab und wird während des Schlafs und bei anderen Gelegenheiten von Bewußtlosigkeit unterbrochen und wieder aufgenommen. Daß dies eine universelle menschliche Erfahrung ist, wird durch Kommunikationen auf höheren Stufen der symbolischen Darstellung gegenwärtig. Dies führt uns dazu zu fragen, was nach unserer Vorstellung einem Tier während seines wachen Lebens begegnen kann. Wir nehmen ein Haustier oder einen anthropoiden Affen. Dann meine ich, müssen wir sehr vorsichtig sein, weil wir beginnen, die Situation zu anthropomorphisieren und zu denken, daß sie uns mehr gleichen, als es tatsächlich der Fall ist. Karl machte vorher eine sehr gute Bemerkung, nämlich daß sie keinen richtigen Zeitsinn besitzen, daß sie in der Gegenwart leben. Natürlich werden ihre Aktionen durch vergangene Geschehnisse modifiziert. Sie lernen aus der Erfahrung. Sie erkunden und lernen fortgesetzt und lassen eine große Zahl zweckhafter Tätigkeiten erkennen. Dem stimme ich gerne zu, aber ich bin nicht sicher, daß dies als ein zuverlässiger Test dafür gewertet werden sollte, daß sie ein gewisses Bewußtsein besitzen. Ich denke, im besten Fall ist es nur ein Anzeichen dafür. Das ist es, wo ich es einordnen würde. Wenn wir an ihre Intelligenz denken, ihre Absichten, ihr Gedächtnis, ihre Fähigkeit zu lernen und all die eindrucksvollen Tätigkeiten der Tiere, die Mutter mit dem Jungen, die Paarung und die Organisation von Tieren in Herden usw. müssen wir sagen, daß sie eine Art soziales Leben haben. Wir können zustimmen, daß uns all dies dahingehend beeinflußt, anzunehmen, daß sie eine Art Bewußtsein besitzen. Man kann auch daran denken, daß sie Schmerz zu empfinden scheinen, wenn sie verletzt werden, und dieser, so denken wir, ist wie der Schmerz, den wir erleiden und sie lassen Freude und Vorfreude erkennen, wie zum Beispiel ein Hund, der mit seinem Herrn spazieren geht, usw. Mir ist dies alles bewußt.

Ich muß hier betonen, daß es bei weitem nicht gewiß ist, daß sie Erfahrungen, die genau den unseren gleichen, machen, so schön es auch wäre, dies zu glauben. Nimm zum Beispiel die Reaktionen auf Schmerz, was das geläufigste Beispiel ist. Man kann ein dekortiziertes Tier haben, dessen gesamte Großhirnhemisphären entfernt worden sind, und es wird immer noch auf Schmerz reagieren und Wut und Angst zeigen, also die ganze Skala der grundlegenden ablehnenden Reaktionen. Man muß nicht, und auch wir müssen nicht, im Besitz der höheren Ebenen der Großhirnrinde sein, um auf Verletzungen reagieren zu können. Dies kann alles geschehen, wenn man bewußtlos ist.

Ich würde eher meinen, daß wir unsere Möglichkeit von Bewußtsein bei Tieren aus subtileren Dingen ableiten müssen, wie ihren Tätigkeiten im normalen Leben, aus ihrer Beziehung zueinander und zu menschlichen Wesen usw. Dennoch gibt es auf dieser Stufe bestimmte Dinge, mit denen wir vorsichtig sein müssen. Die Bemerkung, die ich über Tiere machen wollte, ist, daß es hübsch ist, zu sehen, wie sie sich als lebende Wesen in Gesellschaft miteinander und mit anderen Tierarten usw. verhalten, doch eine der Fragen, die ich stelle, ist: Wie sorgen sie für ihre Kranken und Toten? Professor Washburn von Berkeley hat den Fall eines Affenrudels beschrieben, das im Wald herumkletterte und -sprang, während die kranken Affen, einer oder zwei von ihnen, die mit dem Rudel nicht Schritt halten konnten, sich alle Mühe gaben, nicht zu fallen, und wie am Ende das Rudel weiterlief und sie hinter sich ließ, um sie sterben zu lassen. Es nimmt keinerlei Notiz von ihnen. Beim Affen scheint daher keine Empfindung von Mitleid vorhanden zu sein. Es ist sogar anzuzweifeln, daß Jane Goodall soviel dieser Art bei den Schimpansen beschrieben hat. Ich spreche natürlich auf keiner Ebene von der mütterlichen Zuneigung von Mutter und Kind. Das ist etwas, das instinktiv und angeboren ist und bei sehr nieder organisierten Tieren vorkommen kann. Ich spreche über die Anteilnahme, die Tiere für die Kranken und für die Toten haben. Lehnen sie tatsächlich ihre Toten nur ab oder beginnen sie davon Kenntnis zu nehmen, daß dieses tote Tier wie sie selbst ist, und daß sie auch sterben könnten? Ich habe in keinem der aufgezeichneten Fälle von Tieren in der Wildnis einen Anhalt dafür gesehen. Es ist natürlich allgemein geltende Ansicht der Ethologen, daß man keine anekdotischen Daten von domestizierten Tieren verwenden sollte. Wegen ihrer imitativen Fähigkeit ist man niemals sicher, wie stark sie in ihrer Beziehung zu, sagen wir, einem toten Tier oder einem toten Herrn nachahmen, ohne zu verstehen. Diese ganze Frage ist sehr wichtig. Ich wage anzunehmen, daß Tiere, wenn sie Bewußtsein besitzen, dennoch kein Selbstbewußtsein, nicht einmal auf einer ganz bescheidenen Stufe, haben.

Das führt mich zu dem wichtigsten aller dieser Evolutionsvorgänge. Wie kam das Selbstbewußtsein zum Menschen? Ich denke, das wird ein späteres Gesprächsthema sein; doch zu diesem Zeitpunkt ist es für mich wichtig, diese Frage des tierischen Bewußtseins zu untersuchen. Ich will damit sagen, daß man, wenn man es sich schwer machen möchte, sehr gut ein Reduktionist, Identitätstheoretiker oder was immer man will, sein könnte, der sagt, daß alle Leistungen von Tieren aller Art, die man sich nur vorstellen kann, einfach die Leistung ihrer neuralen Maschinerie darstellt, und daß keine Notwendigkeit gegeben ist, dem etwas zu überlagern, das ein Ergebnis der Hirnaktion ist. So meine ich, was Tiere anbelangt, könnten wir Parallelisten werden, indem wir feststellen, daß ihre bewußten Wahrnehmungen ein Ergebnis der neuralen Aktionen darstellen, die aber nicht zurückwirken und irgendwelche Veränderungen in den Operationen der neuralen Maschinerie verursachen können. Hier muß eine Frage behandelt werden, und ich glaube, Karl, du würdest sie gerne aufgreifen. Lassen Tiere in irgendeiner Weise erkennen, daß ihre bewußten Wahrnehmungen zurückwirken und ihr Verhalten verändern?

P: Ich gebe gerne zu, daß es überhaupt keinen Beweis dafür gibt, daß Tiere Erlebnisse wie wir haben, außer der Evolutions-Hypothese und auch der Bewußtseinsstufen, die wir bei uns selbst finden. Es gibt also keinen direkten Beweis, und ich würde deshalb das Problem des Bewußtseins bei Tieren in dem Sinne als ein metaphysisches Problem bezeichnen, als jede Hypothese, jede Vermutung darüber nicht falsifizierbar ist, jedenfalls derzeit nicht. Und eben weil sie nicht falsifizierbar oder prüfbar ist, ist sie metaphysisch.

Doch metaphysische Hypothesen sind zumindest auf zweierlei Art für die Wissenschaft wichtig. Erstens brauchen wir metaphysische Hypothesen für ein allgemeines Weltbild. Zweitens werden wir beim praktischen Vorbereiten unseres Forschens von dem geleitet, was ich »metaphysische Forschungsprogramme« genannt habe.

Ich würde also gleich anfangs zugeben, daß die Theorie, derzufolge Tiere Bewußtsein haben, nicht prüfbar und somit metaphysisch ist (in meiner Terminologie), und daß es sicher nicht unvernünftig ist, wenn jemand diese Theorie ablehnt. Ich glaube allerdings doch, daß es der Mühe wert ist, zu überlegen, ob irgendeine andere Auffassung vom tieri-

schen Bewußtsein besser in unser allgemeines Schema oder unsere Weltauffassung paßt. Was das *Selbst*-Bewußtsein des Menschen betrifft, so
halte ich für die gemäßeste metaphysische Hypothese die, daß es nur
zusammen mit Welt 3 entsteht: Meine Vorstellung ist jedenfalls die, daß
es zusammen mit Welt 3 und in Wechselwirkung mit Welt 3 entsteht. Mir
scheint, daß dem Bewußtsein oder dem sich seiner selbst bewußten Geist
eine eindeutige biologische Funktion zukommt, nämlich die, Welt 3 aufzubauen, zu verstehen und unser Ich in Welt 3 festzumachen.

Ich glaube auch, daß man die möglichen Funktionen der niederen
Bewußtseinsstufen, sofern sie bei Tieren vorkommen, in Betracht ziehen
muß und daß sie festumrissene Aufgaben haben. Sie machen bestimmte
Interpretationen der Wahrnehmungen möglich, die nicht durch das Gehirn allein geleistet werden können. Das heißt, das Gehirn kann dem
tierischen Bewußtsein eine unbestimmte oder unklare Wahrnehmung liefern und das Tier kann dann, genau wie wir das tun, mit deren verschiedenen Deutungen experimentieren, indem verschiedene Interpretationen
dieser zunächst keineswegs unzweideutigen Wahrnehmung ausprobiert
werden. Das wäre eine mögliche Funktion der niedereren Bewußtseinsstufen. Mit anderen Worten, ich glaube, wir haben allen Grund anzunehmen, daß Tiere Wahrnehmungen haben. Und wir können aus unserer
eigenen Erfahrung sehen, daß der Wahrnehmungsprozeß nur teilweise in
dem dazugehörigen Sinnesorgan stattfindet: daß er teilweise im Bewußtsein abläuft. (Ich will damit nicht sagen, daß dazu ein Bewußtsein seiner
selbst nötig ist.) Ich glaube auch, daß es noch andere Funktionen gibt, die
wir dem Bewußtsein zuschreiben können. Du sagst, daß alle Schmerzsymptome ohne Bewußtsein entstehen können und ich akzeptiere, was du
mir darüber erzählt hast. Aber ich bin mir über diesen Punkt nicht ganz im
klaren. Ich möchte dich fragen, ob Menschen, die nicht bei Bewußtsein
sind, Schmerzsymptome zeigen. Ich glaube, das wäre ein sehr wichtiges
Beweisstück. Vielleicht kannst du darüber etwas sagen.

E: Im Hinblick auf menschliche Wesen und ihre Schmerzsymptome ist es
natürlich gut bekannt, daß die Person, wenn die Anästhesie bei einer
Operation ein wenig zu flach wird, reagieren und schreien und sich weh-
ren wird, doch wenn sie aus der Narkose erwacht, hat sie keine Erinnerung daran, und daher könnte man argumentieren, daß sie den Schmerz
überhaupt nie gefühlt hat. Sie reagierte ohne Empfindung; das ist die
übliche Interpretation. Andererseits könnte man argumentieren, daß sie
ihn gefühlt und reagiert hat, die Erinnerung daran aber verloren hat. Wir
stehen diesem Problem immer gegenüber, wenn wir diese Frage bezüglich
menschlicher Wesen beantworten wollen. Wenn sie auf einen Schmerz
reagieren und dann später berichten, daß sie ihn nicht empfinden, könnte

man immer argumentieren, daß sie den Schmerz empfunden haben, aber
sich nicht daran erinnern. So kann ich diese Frage nicht mit Sicherheit
beantworten.

P: Ich finde das sehr wichtig und interessant. Ich glaube nämlich, daß man
tatsächlich sagen kann, daß das Bewußtsein aufhört zu existieren, wenn
das Gedächtnis so unterbrochen wird, daß es oft und nachhaltig genug in
kurze Abschnitte zerlegt wird. Wenn das Gedächtnis unterbrochen wird,
gibt es vielleicht zuerst Zwischenzeiten von Bewußtheit, doch wenn die
Atomisierung weiter ginge, gäbe es überhaupt kein Bewußtsein mehr
(siehe mein Abschnitt 19). Es wird wahrscheinlich auch zeitweise Stadien
von sehr niederem Bewußtseinsgrad geben, die an Bewußtlosigkeit grenzen können. Man hat darauf hingewiesen, daß einige oder gar alle Narko-
semittel so wirken, daß sie das Bewußtsein fast atomisieren oder seine
zeitliche Kohärenz unterbrechen. Ein wichtiger Punkt wäre hier, ob ein
Mensch immer noch Fragen beantworten könnte, wenn die Betäubung
etwas weniger tief wäre, danach aber den Zwischenfall völlig vergessen
würde. Es wäre ganz interessant, darüber etwas zu wissen. Es würde ein
Zwischenstadium darstellen: ein Zwischen-Stadium, doch nur auf einer
geringfügig höheren Stufe als vollständige Bewußtlosigkeit.[1]

Ich glaube, der Umstand, daß wir einige Beweise in dieser Richtung
haben, zeigt, wie wir mit Hilfe unserer metaphysischen Hypothese so
etwas wie einem wirklichen Beweis immer näher kommen könnten –
einem Beweis, der uns derzeit nicht erreichbar ist. Der Beweis, den wir
erreichen könnten, wäre ein Analogie-Beweis, dennoch können wir einen
Analogie-Beweis für anderes Bewußtsein akzeptieren ohne uns zu sehr
auf das »Problem des Fremd-Psychischen«, wie es manche Philosophen
nennen, einzulassen. Bei Tieren kann es ähnlich sein.

Du erwähntest zuvor die Frage des Mitleids. Auch hier gibt es keinen
wirklichen Beweis; aber als Kind hatte ich einen großen Hund, der alle
Anzeichen von Mitleid zeigte, wenn ich krank war. Nun kannst du natürlich sagen, daß das nur eine Art Nachahmung war, doch tatsächlich zeigte
er viel mehr Mitleid als meine Verwandten; wen ahmte er also nach?
Natürlich ist das alles noch lange kein wirklicher Beweis – darüber bin ich
mir vollkommen klar. Aber es *sind* Hinweise, und mehr können wir gegenwärtig nicht bekommen. Und ich fürchte, mehr als Hinweise werden
wir nicht erhalten, bevor wir nicht sehr viel mehr wissen. Ich möchte
sagen, es ist denkbar, daß wir unser Wissen über das tierische Bewußtsein
vermehren könnten, wenn wir mehr über die Beziehung zwischen

---

[1] Ähnliches kommt vor, wenn vor allem Kinder im Schlaf Fragen beantworten und sich
unterhalten.

menschlichem Bewußtsein und menschlichem Gehirn wüßten, d. h. mehr über das Gehirn-Geist-Problem. Sowie wir mehr darüber lernen, könnten wir, durch Analogie-Schlüsse, mehr Informationen über die Möglichkeit tierischen Bewußtseins gewinnen. Sobald wir einmal eine Theorie über die Gehirn-Geist-Verbindung haben, könnte sie uns vielleicht zu einer Theorie der Verbindung auf den niederen Bewußtseinsstufen weiterführen. Und das wiederum könnte vielleicht weiter zu einer Theorie vom tierischen Bewußtsein führen.

Ich gebe allerdings zu, daß die Frage im Augenblick noch metaphysisch ist; aber ich meine, daß die befriedigendere metaphysische Hypothese, insbesondere angesichts des Evolutions-Geschehens, die ist, daß Tiere eine Art Bewußtheit haben, die auf Erinnerung beruht. Sie beruht nicht auf abstrakten Theorien. Diese führen zum menschlichen Bewußtsein des Ich, das sich, wie ich meine, zusammen mit der Evolution von Welt 3 entfaltet.

E: Laß mich unseren Weg ein wenig zurückverfolgen. Zu Beginn durchlief ich die gesamte Wirbellosen-Reihe bis zum Oktopus hinauf, der die komplexesten Hirnstrukturen besitzt. Ich hätte die Frage dort stellen sollen. Ich denke, daß wir unschlüssig gewesen wären, irgendetwas mit bewußter Erfahrung Vergleichbares auf der Stufe der Wirbellosen anzusetzen, sogar bei den Mollusken oder den Insekten. Wir behandeln sie sicherlich nicht, als ob sie Schmerz erleiden könnten oder in irgendeiner Weise uns darin glichen, daß sie neben ihren normalen Reaktionen eine bewußte Aufnahmefähigkeit besäßen.

Nun gehen wir zu den Wirbeltieren weiter, und wir kommen in einem ersten Schritt zum Fisch. Wenn man ihre Gehirne ansieht, so erkennt man, daß sie tatsächlich hinsichtlich der Hirnebenen, die wir mit Bewußtsein auf den höheren Stufen der Wirbeltiere verbinden würden, sehr primitiv sind. Wir wissen aus Experimenten am Menschen, daß der Schmerz nur dann zustande kommt, wenn die Impulse von den Sinnesorganen zu den höheren Ebenen der Großhirnrinde oder wenigstens bis zum Thalamus aufsteigen. Nun entwickelten sich aber in der Evolutionsgeschichte derartige Gehirnebenen nicht beim Fisch, bei dem das Vorderhirn das Geruchshirn ist. Man könnte sich fragen, ob es irgendeinen Teil des Gehirns gibt, in dem eine Leistung stattfinden könnte, die bewußtes Gewahrsein zu erwecken vermag. Wie Du weißt, ist die dem gesunden Menschenverstand entsprechende Haltung die, Fische so zu behandeln, als ob sie überhaupt kein Bewußtsein besäßen! Dies zieht sich durch die Amphibien fort, wo ein Frosch oder irgendeine Kröte wieder als interessante Lebewesen betrachtet werden können, die aber nicht mehr Selbstempfinden oder bewußte Wahrnehmungen besitzen als der Fisch.

Ich denke, es ist wirklich erst der Fall, wenn wir zu den Säugetieren und den Vögeln hinaufkommen, daß wir eine Empfindung haben, daß es hier ein Bewußtsein auf gewissen Stufen ihrer Wahrnehmung gibt. Dies trifft natürlich besonders dann zu, wenn wir zu den höheren Säugetieren, der Katze und dem Hund diesen großen Gefährten des Menschen, kommen. Aber es gibt viele Säugetiere mit größeren und komplizierteren Gehirnen. Die Elefanten zum Beispiel besitzen offensichtlich eine hohe Intelligenz und es gibt Anzeichen dafür, daß sie für ihre Toten sorgen, obwohl dies imitativ sein kann. Es gibt anekdotische Hinweise dafür, daß, wenn ein Elefant stirbt, andere Elefanten den Kadaver mit Blättern bedecken und sogar für die Elefantenknochen sorgen. Und die Delphine, diese sehr interessanten Tiere, besitzen ein Gehirn, das mindestens so groß ist, wie das des Menschen, und zeigen, soweit sie untersucht worden sind, offensichtlich Gefühle füreinander. Der Mutter, die ein Junges gebiert, wird geholfen. Dies könnten gewöhnliche instinktive tierische Aktionen sein, aber es macht Spaß, in ihre Aktionen eine Art menschlicher Eigenschaften hineinzulesen, weil sie solch große Gehirne haben und sie ganz klar sehr komplizierte Leistungen besitzen. Wenn sich auch tatsächlich, wenn man ihre Gehirne anatomisch untersucht, wie Jansen aus Oslo es getan hat, herausstellt, daß ein großer Teil ihrer Großhirnhemisphären für die akustische Lokalisation da ist. Die sehr großen Hörrinden stehen offensichtlich in Beziehung zur Bestimmung ihrer Position anhand von akustischen Wellen im Wasser, Reflexionen von Felsen usw. Dies vermittelt anscheinend eine Orientierung in der Umgebung, die offensichtlich sehr wichtig für sie ist, und wahrscheinlich erhalten sie auch Signale von Fischen, die sie jagen. Dieses akustische Sinnesempfinden kann sich auf einem derartig komplexen und subtilen Niveau abspielen, daß es einen großen Teil ihrer Großhirnrinde benötigt. Wir sind nicht sicher, wieviel Großhirnrinde ihnen übrigbleibt, um, wie die menschliche Großhirnrinde für Sprache (vgl. Kapitel E 4) und andere subtile Ausdrücke, die zu höheren Nervenaktivitäten in Beziehung stehen, zu funktionieren.

Schließlich kommen wir natürlich zu den anthropoiden Affen, die kleinere Gehirne als Elefanten und Delphine besitzen, von nur etwa 500 ccm, und wir verfügen natürlich über alle die Beispiele der Bemühungen, sie in sprachlicher Leistung zu trainieren, aber das ist eine andere Geschichte. Ich will dies für den Augenblick beiseite lassen. Der Anhalt dafür, daß sie Werkzeughersteller sind und eine primitive Welt 3 konstruieren können, ist, so meine ich, sehr dubios. Ich würde sagen, daß sie in dieser Hinsicht nicht besser sind, als andere Reihen niederer Säugetiere oder sogar die Vögel. Nachdem Karl seine Meinung dazu geäußert hat, würde ich gerne die Frage nach Evolution und Bewußtsein und besonders Selbstbewußtsein stellen. Wie kam das Bewußtsein zum Menschen? Das, so meine ich, ist die letzte Frage, der wir uns zuwenden müssen, und wir können darüber sprechen.

P: Ich stimme vollkommen zu, daß die Sorge um die Toten ein immens wichtiger Punkt in der Geschichte der Evolution des Bewußtseins ist (siehe meinen Abschnitt 45), und ich stimme auch zu, daß wir aus ganz klaren Gründen die Sorge um die Toten als einen der hauptsächlichen Hinweise auf ein höheres Selbst-Bewußtsein ansehen können. Das heißt, das wache Bewußtsein des Ich geht sozusagen Hand in Hand mit der Vorstellung, daß ich – mein Ich – sterben werde; und in diesem Lichte können wir die Idee der Sorge um die Toten besser verstehen. Was die Existenz niederer Bewußtseinsformen angeht, so haben wir wohl für ihr Bestehen einige Anhaltspunkte durch uns selbst. Und zu unserer Ausgangs-Frage – wie Bewußtsein ins Leben trat – möchte ich einige metaphysische Annahmen formulieren.

Ich möchte sagen, daß die ersten Ansätze oder ein sehr frühes Zwischen-Stadium des Bewußtseins in Wirklichkeit eine Neugier-Empfindung, ein Gefühl oder ein Wunsch, zu erkennen, sein können. Diese Hypothese wird durch die ungeheure Bedeutung, die der intellektuelle Aspekt unseres Bewußtseins für die gesamte Evolution des Bewußtseins und besonders des höheren Bewußtseins hat, nahegelegt. Seltsamerweise ist es unter evolutionärem Gesichtspunkt kaum von Vorteil, sich bestimmte Arten von Schmerz bewußt zu machen. Oder wenn Schmerz auch insoweit von Vorteil ist, als er eine Warnung darstellt, ist es doch kaum von biologischen Vorteil, bewußt Zahnschmerzen zu haben; das war eher ein biologischer Nachteil, wenigstens bis zur »Erfindung« der Zahnärzte. Vor der Erfindung der Zahnärzte, die sicherlich eine Angelegenheit von Welt 3 war, lag gewiß kein Vorteil darin, bewußt Zahnschmerzen zu haben. Andererseits ist die Erfindung von Zahnärzten eine Folge der Zahnschmerzen.

Ich wollte zwei Hypothesen formulieren, die eng zusammenhängen und die beide etwas kühn sind. Die erste habe ich bereits erwähnt – daß Neugier der Anfang des Bewußtseins ist. Die zweite ist, daß im Evolutionsgeschehen junge Tiere vor den alten Tieren zu Bewußtsein kommen. Das heißt, Bewußtsein ist wohl mit der Erkundungs-Phase in der Evolution der Tiere verbunden. Wenn Tiere Bewußtsein haben, wie wir meiner Meinung nach annehmen sollten, dann ist es sehr gut möglich, daß Tiere dieses Bewußtsein verlieren, wenn sie älter werden und daß sie immer mehr wie Automaten werden. Man hat tatsächlich so etwas wie einen unmittelbaren Eindruck, daß alte Tiere immer weniger bewußt werden. Das fällt besonders auf, wenn man es mit dem Verhalten junger Tiere vergleicht, das viel mehr Anzeichen von Bewußtsein zeigt. Die spezifische Evolution

des Bewußtseins beim Menschen kann danach mit der verzögerten Reife
und dem etwas verzögerten Altern beim Menschen – oder wenigstens bei
manchen Menschen – zusammenhängen. Meine beiden Hypothesen sind
natürlich metaphysisch. Was hältst du von diesem Vorschlag, Jack?

E: Ich stimme zu, so möchte ich es ausdrücken, möchte aber diesen Vor-
schlag aufgreifen und ihn nur für den Ursprung des Selbstbewußtseins des
Menschen verwenden, der, wie ich denke, von höchstem Interesse ist. Das
andere ist unsicherer. Die Fragen, die mich interessieren, sind: Wie kam
Selbstbewußtsein zu primitiven Hominiden? Was waren eigentlich die
Bedingungen, die Situationen, die den Anlaß dafür gaben? Wir können
sagen, daß diese Hominiden exploratorischer als ihre Vorfahren waren.
Sie waren imaginativer. Sie stiegen auf eine unglaubliche Weise zu neuen
Kommunikationsstufen mit ihrer Umgebung auf. Ohne Zweifel war die
Neugierde und der Drang, zu erforschen, groß bei ihnen. Dies, so denke
ich, könnte eines der auslösenden Momente für das schrittweise Beginnen
des Selbstbewußtseins gewesen sein. Mein eigener Glaube ist, daß der
wichtigste Faktor dabei der Beginn sprachlicher Kommunikation auf einem hochentwickelten Niveau war. Das war es, was die primitiven Hominiden emporhob.

P: Natürlich, doch meine metaphysische Vermutung war für das vor-
menschliche Stadium gedacht, für die Anfänge des Bewußtseins. Als metaphysische Vermutung habe ich Bewußtsein höheren Tieren zugeschrieben und mein Vorschlag war, daß die Funktion des Bewußtseins auf einen
Neugier-Zustand über die Sinnen-Reize hinaus, die ihn hervorgebracht
haben, auszudehnen sei – zu einer ständigen Neugier, die zur Erkundung
führt. Was ich meine ist nicht bloß, daß etwas, das im Bereich unserer
Sinneswahrnehmung geschieht, uns erregen könnte, sondern daß es vielmehr zu einer Neugier führen könnte, die wiederum zu Forschungstätigkeit führt: zu aktiver Erforschung. Nun muß das Neugier-Gefühl bei Tieren natürlich nicht unbedingt etwas mit Forschungstätigkeit zu tun haben.
Ob das der Fall ist, ist eine unprüfbare, eine metaphysische Hypothese.
Doch wenn man das Verhalten junger Tiere beobachtet, wie sie beim
Spielen weitgehend unbewußt sind – das ist einer der bezauberndsten
Züge an ihnen –, wenn in ihrem Spiel das, was man als Neugierde deutet,
geweckt ist, dann hat man das Gefühl, daß das Spiel bewußt ist. Es ist ein
bißchen mehr als unbewußtes Spiel dabei. Es ist ein Übergang vom Spiel
zu etwas Ernsterem, und das war es, was mich zu meiner metaphysischen
Hypothese anregte. Auf der Ebene des Menschen muß die Hypothese
nicht einmal metaphysisch sein, insofern sie hier vielleicht einige Beweiskraft hat.

Ich möchte meinem Vorschlag, daß nämlich junge Tiere bewußter sind als alte, noch etwas hinzufügen: Ich will mich nur auf eine Vermutung beziehen, von der ich glaube, daß sie prüfbar ist, und über die oft gesprochen worden ist: daß nämlich die Zeit um so schneller vergeht, je älter wir werden. Man könnte es so ausdrücken: Je älter wir werden, desto weniger können wir in einer gegebenen Zeitspanne tun. Gemessen daran, was wir in einer Zeitspanne tun, scheint die gegebene Zeitspanne schneller zu verstreichen. Ich glaube, wir können durchaus kleinen Kindern eine extrem langsam-vergehende Zeit zuschreiben; das heißt, für ein Kind (ich kann mich selbst daran erinnern) kann ein Tag in jeder Hinsicht einen ungeheuer langen Zeitraum darstellen. Zunächst einmal ist er als Einheit sehr viel wirklicher als für Erwachsene; und zweitens erlebt ein Kind so viel während eines Tages, daß es sich außerordentlich schwer tut, sich seine Erlebnisse anzueignen. Wenn das stimmt, könnte es ein winziges Beweismittel für meine allgemeine metaphysische Hypothese sein, daß junge Tiere bewußter als alte sind. Mit bewußt meine ich natürlich bewußt auf eine vom Menschen ganz verschiedene Art. Ich bin ganz deiner Ansicht, Jack, daß das, was wir das volle Bewußtsein unserer selbst nennen, Tieren nicht zugeschrieben werden kann. Es gibt übrigens auch Gründe für die Annahme, daß Selbst-Bewußtsein nichts Einfaches ist. Es ist etwas höchst Komplexes und entsteht verhältnismäßig spät im Leben eines Kindes; also vielleicht erst nach einem Jahr. Es gibt also einen ungeheuren Zeitraum, den wir als Vorläufer des Bewußtseins ansehen müssen, und in dem wir einen niedereren Bewußtseinsgrad annehmen können. Das ist, unter dem Gesichtspunkt der Erfahrung eine fast notwendige Annahme, so daß man zwangsläufig feststellen muß, daß es eine Form von Bewußtsein gibt, die sich vom Ich- oder Selbst-Bewußtsein unterscheidet. Das läßt sich dann leicht auf Tiere anwenden. Kein volles Selbst-Bewußtsein: darin sind wir uns einig; aber es macht keine Schwierigkeit, Tieren eine nicht-selbstbewußte Bewußtheit zuzuschreiben. Das ist wenigstens meine Meinung.

E: Wenn wir zu der Frage des Selbstbewußtseins weitergehen, müssen wir als ein wichtiges Zeichen oder einen Test dafür nehmen, wie das Bewußtsein nicht zu dem Menschen insgesamt kam, sondern zu jedem einzelnen Menschen während seines eigenen Lebens vom Säuglingsalter an. In einer Weise besteht eine Parallele zwischen diesen beiden. Beide stehen sie insofern miteinander in Beziehung, als sie beide durch Welt 3 kommen. Ich finde, daß dies eine unserer Hauptdiskussionen über Welt 3 und Bewußtsein sein muß. Außerdem glaube ich, daß wir in der Lage sein werden, etwas viel Wichtigeres über dieses Problem des Selbstbewußtseins auszusagen, wenn wir es auf dieser Stufe betrachten. Vielleicht können

wir dann einen Blick zurück zu den Tieren werfen, die diese unglaubliche
Erfahrung nicht besitzen, in einer Welt 3 zu leben, in einer Welt 3 heran-
zuwachsen und sie sich zu assimilieren. Im Gegensatz dazu leben menschliche Wesen in dieser anderen Dimension, die durch Welt 2 und Welt 3 in
Wechselwirkung vermittelt wird. Das ist, wie ich meine, die wirklich wichtige Position.

P: Ich glaube nicht, daß wir uns ganz einig sind. Mein Eindruck ist, daß für
mich die metaphysische Hypothese des tierischen Bewußtseins wichtiger
ist als für dich, Jack, weil du wahrscheinlich metaphysische Hypothesen
nicht so gern magst und besonders nicht diese hier. Aber zwischen uns
scheint gar keine Meinungsverschiedenheit zu bestehen, was den spezifisch menschlichen Charakter des Bewußtseins des Ich anbelangt, wenn
wir einmal von dem Fall absehen, daß sich Elefanten um ihre Toten
kümmern.

Dialog III

E: Karl, könntest du unsere Diskussion beginnen, indem du ein wenig über Welt 3 sagst?

P: Welt 3 ist die Welt der Erzeugnisse des menschlichen Geistes. Diese Erzeugnisse wurden im Verlauf der Evolution wahrscheinlich zuerst nur im menschlichen Gehirn kodiert, und auch da nur flüchtig. Das heißt, wenn der frühe Mensch eine Jagdgeschichte oder etwas Ähnliches erzählt, dann wird die Geschichte in seinem Gehirn wie auch in den Gehirnen seiner Zuhörer kodiert, doch sie wird bald vergessen und in einem gewissen Sinne verschwinden. Die charakteristischeren Gegenstände von Welt 3 sind Gegenstände von größerer Dauerhaftigkeit. Das sind zum Beispiel frühe Kunstwerke, Höhlenmalereien, verzierte Geräte, verzierte Werkzeuge, Boote und ähnliche Gegenstände der Welt 1. Auf dieser Stufe braucht man vielleicht noch nicht unbedingt eine getrennte Welt 3 postulieren. Notwendig wird das jedoch, wenn es zu solchen Dingen wie Werken der Literatur, Theorien, Problemen kommt, und am allereindeutigsten, wenn Dinge wie etwa musikalische Kompositionen entstehen. Eine musikalische Komposition hat eine sehr eigentümliche Daseinsweise. Zuerst existiert sie sicherlich verschlüsselt im Kopf des Musikers, doch sie existiert wahrscheinlich nicht einmal dort als Ganzheit, sondern eher als eine Folge von Anstrengungen oder Versuchen; und ob der Komponist die gesamte Partitur der Komposition im Gedächtnis behält oder nicht, ist nicht eigentlich wesentlich für die Frage nach der Existenz der Komposition, sobald sie einmal niedergeschrieben ist. Doch die niedergeschriebene Verschlüsselung ist nicht identisch mit der Komposition, etwa einer Symphonie. Denn die Symphonie ist etwas Akustisches und die niedergeschriebene Verschlüsselung hängt offensichtlich bloß konventionell und willkürlich mit den akustischen Vorstellungen zusammen, die diese niedergeschriebene Verschlüsselung verkörpern und in eine feste und dauer-

hafte Form bringen will. So entsteht hier bereits ein Problem. Wir wollen
das Problem folgendermaßen darstellen. Mozarts Jupiter-Symphonie ist
offenbar weder die Partitur, die er niedergeschrieben hat und die nur eine
Art konventioneller und willkürlich verschlüsselter Festlegung der Symphonie ist; noch ist sie die Gesamtsumme der imaginierten akustischen
Erlebnisse, die Mozart während der Niederschrift der Symphonie hatte.
Sie ist auch nicht eine der Aufführungen und auch nicht alle Aufführungen zusammen oder die Klasse aller möglichen Aufführungen. Das ergibt
sich daraus, daß Aufführungen gut oder weniger gut sein können, daß
aber keine Aufführung wirklich als ideal bezeichnet werden kann. Irgendwie ist die Symphonie das, was durch Aufführungen interpretiert werden
kann; sie ist etwas, bei dem die Möglichkeit besteht, durch eine Aufführung interpretiert zu werden. Man kann sogar sagen, daß die ganze Tiefe
dieses Gegenstandes der Welt 3 nicht durch eine einzige Aufführung aus-
gelotet werden kann, sondern nur dadurch, daß man ihn immer wieder in
verschiedenen Interpretationen hört. In diesem Sinne ist der Gegenstand
der Welt 3 ein wirklicher idealer Gegenstand, den es wohl gibt, der aber
nirgendwo da ist, und dessen Dasein irgendwie die Potentialität seines
wiederholten Interpretiert-Werdens durch den Geist der Menschen ist. So
ist er zuerst das Werk eines menschlichen Geistes oder des Geistes mehrerer; und zweitens besitzt er die Potentialität, aufs Neue durch den Geist
der Menschen erfaßt zu werden – wenn auch vielleicht nur teilweise. In
gewissem Sinne ist Welt 3 eine Art platonischer Ideenwelt, eine Welt, die
nirgends existiert, die aber doch ein Dasein hat und die vor allen Dingen
mit dem Bewußtsein der Menschen in Wechselwirkung tritt – natürlich
auf der Grundlage menschlicher Tätigkeit. Sie kann auch mit physikalischen Dingen in Wechselwirkung treten, zum Beispiel wenn eine Partitur
vervielfältigt wird oder wenn eine Schallplattenaufnahme gemacht wird.
Und eine Schallplatte kann ohne Einschaltung eines Menschen direkt auf
einen Lautsprecher übertragen werden. Doch wenn auch Welt 3 am besten in Anlehnung an platonische Auffassungen zu verstehen ist, so bestehen natürlich ganz beträchtliche Unterschiede zwischen der platonischen
Ideenwelt und der Welt 3, wie ich sie verstehe. Erstens hat meine Welt 3
eine Geschichte; das trifft für die platonische Welt nicht zu. Zweitens
besteht sie nicht, wie die ideale platonische Welt, aus Begriffen, sondern
hauptsächlich aus Theorien und Problemen, und nicht nur aus richtigen
Theorien, sondern auch aus versuchsweisen Theorien und sogar aus falschen Theorien. Aber ich will darauf jetzt nicht eingehen, das habe ich bei
anderen Gelegenheiten getan.[1]

---

[1] Vergleiche zum Beispiel die Diskussion in den Kapiteln 3 und 4 von »Objektive
Erkenntnis« [1972(a)], 1974(e)], und meinen Abschnitt 13.

E: Karl, du hast eine bemerkenswerte Darlegung von Welt 3 in einigen ihrer höchsten Manifestationen gemacht. Doch ich würde gerne zurückgehen und unsere Schritte bis zu ihrem eigentlichen Ursprung zurückverfolgen. Wie weit zurück in der menschlichen Prähistorie können wir den Anfang, den Ursprung, die primitivsten Daseinsformen von Welt 3 erkennen? Wenn ich auf die Vorgeschichte der Menschheit blicke, so würde ich sagen, daß wir sie in der Werkzeugkultur haben. Die ersten primitiven Hominiden, die Steinwerkzeuge für irgendeinen Zweck meißelten, besaßen eine Idee von Design, eine Idee von Technik.

Dies illustriert, daß man sich vorstellen kann, daß die Anfänge der Sprache möglicherweise im Entwurf, im Zweck, und in den Instruktionen des einen an den anderen beim Weitertragen der Werkzeugkultur gekommen sind. Dies ist, so glaube ich die wichtigste Welt 3-Entwicklung, die Entwicklung sprachlicher Leistung, durch die Gedanken und Erfahrungen in irgendeiner Form kodiert werden können. Das Überleben von Generation zu Generation erfolgt in erinnerter verbaler Form, die durch endlose verbale Repetition gesichert ist.

P: Ich stimme dem zu, was du sagst, aber ich möchte es doch lieber so sehen, daß der Anfang von Welt 3 mit der Ausbildung der *Sprache* zusammenfällt statt mit *Werkzeugen.* Der Grund ist, daß genau hier Welt 3 uns sowohl äußerlich als auch ein Gegenstand von *Kritik* und bewußter Verbesserung wird. Ich halte es für unwahrscheinlich, daß Werkzeuge Gegenstand der Kritik oder etwas dergleichen wurden, bevor es Sprache gab. Es stimmt sicher, daß sie als etwas nicht sonderlich Brauchbares weggeworfen werden konnten, doch das kann man schwerlich eine Form von Kritik nennen, wenngleich es vielleicht eine Vorform von Kritik ist. Wirkliche Kritik – die Kritik von Ideen oder Theorien – entsteht, meine ich, erst mit Sprache und das scheint mir wirklich einer der wichtigsten Aspekte der Sprache zu sein. Ich möchte hier auf diesen kleinen Schritt vom Denken eines bestimmten Gedankens sozusagen in einem Kopf zu seinem Aussprechen aufmerksam machen. Solange der Gedanke nicht formuliert ist, ist er mehr oder weniger Teil unserer selbst.[2] Erst wenn er sprachlich formuliert ist, wird er ein Gegenstand, der verschieden von uns ist und demgegenüber wir eine kritische Haltung einnehmen können. So wird der sehr kleine Unterschied zwischen dem *Denken* (im Sinne eines *Handelns unter Voraussetzungen*) »heute ist Samstag« und dem *Sagen* »heute ist Samstag« zu einem gewaltigen Unterschied unter dem Gesichtspunkt

---

[2] Der erste Schritt ist eine Objektivierung in physikalischen Ausdrücken. Vergl. jedoch meine Besprechung des Euklidschen Theorems (Dialog XI) für ein viel späteres Stadium, wenn es eine Menge feedback gegeben hat.

möglicher Kritik. Obwohl häufig keine große Kluft zwischen Denken und Sprechen besteht, kann vom Standpunkt der Kritik (und der Schärfung unseres Denkens) aus der Unterschied sehr groß sein. Wenn natürlich Sprache einmal gefestigt ist, können wir einen Gedanken in unserem Bewußtsein wirklich formulieren *und* ihn kritisieren; aber das ist erst möglich, nachdem die Sprache selbst objektiv, gleichsam als soziale Institution, etabliert wurde: nachdem die Möglichkeit der Vergegenständlichung begründet worden ist. Erst danach können wir wirklich eine kritische Haltung gegenüber den Erzeugnissen unseres eigenen Geistes einnehmen. Ich stimme dir jedoch vollkommen zu, daß man natürlich Welt 3 wahrscheinlich bis zu früheren Stadien zurückverfolgen kann, doch die sind nicht dasselbe wie die kritisierbare Welt 3.

Andererseits kann man das Werkzeugherstellen als eine höhere Stufe dessen betrachten, was auf die frühesten Anfänge des Lebens zurückgeht, nämlich daß lebende Organismen in einem bestimmten Sinne ihre eigene Umgebung auswählen und gestalten. Man kann sogar sagen, daß die Umgebung eines unverhüllten Gens in irgendeiner Weise aus den von diesem Gen produzierten Enzymen besteht, und daß diese Enzyme ungefähr den vom menschlichen Gehirn entworfenen Werkzeugen entsprechen. Es ist mir klar, daß diese Analogie sehr weit hergeholt ist, ich glaube aber doch, daß diese Enzyme in gewissem Sinne so etwas wie Werkzeuge sind; sie stellen wirklich eine selbstgeschaffene künstliche Umwelt dar. Das Seltsame ist, daß diese künstlichen Umwelten wachsen und wachsen und immer komplizierter werden; und endlich werden sie kritisierbar. Das ist der große Schritt, der, wie ich meine, tatsächlich einzig mit Hilfe der Sprache erreicht wird.

Ich darf hier vielleicht hinzufügen, daß mir zwei Dinge an der Sprache entscheidend wichtig erscheinen. Das eine ist, daß sie Kritisierbarkeit ermöglicht; das andere, daß sie ein Kritikbedürfnis bewirkt, weil man flunkern kann. Mit der Erfindung der Sprache kommt auch die Erfindung von Entschuldigungen auf, von Ausreden und von falschen Erklärungen, die man abgibt, um etwas nicht ganz Rechtes, das man getan hat, zu verbergen, und so weiter; und damit entsteht die Notwendigkeit, zwischen Wahrheit und Falschheit zu unterscheiden. Mit dem Flunkern entsteht also die Nötigung, zwischen Wahrheit und Falschheit zu unterscheiden, und so, glaube ich, entstand auch Kritik ursprünglich mit der Entwicklung der Sprache und der Welt 3.

E: Ich bin, nach dieser Ausführung Karls zur Kritik herausgefordert, und ich möchte sie ganz streng jetzt ausüben, weil ich finde, daß durch die Verwendung des Wortes »Werkzeug« als angekündigt durch normale biologische Prozesse, wie den Bau von DNA, Boten-RNA und von Enzymaufbau usw., sehr viel Verwirrung gestiftet werden kann. Ich glaube, daß mit den Werkzeugen etwas ganz anderes dazukam. Ich möchte behaupten, daß wir die Geschicklichkeit stark unterschätzen, die für die Anfertigung auch nur eines einfachen Steinwerkzeugs erforderlich ist, wie der frühe Mensch es vor einer halben Million Jahre herstellte. Der primitive Mensch besaß primitive Instrumente, um Werkzeuge anzufertigen. Er verfügte nicht über die Maschinenwerkzeuge, in deren Besitz wir jetzt sind. Um mit Steinen zu arbeiten, standen ihm nur zur Verfügung, was er aus Steinen gefertigt hatte. Ich glaube, die volle Tragweite dieses Sachverhalts zeigt sich in einer interessanten archäologischen Klasse, die Professor Washburn in Berkeley leitet. Die Studenten haben ein ganzes Semester dafür Zeit, ein Steinwerkzeug herzustellen, das einigen dort vorhandenen Exemplaren gleicht, wobei sie nur die Werkzeuge verwenden dürfen, die dem primitiven Menschen zur Verfügung standen. Die Steine werden sorgfältig im Hinblick auf Ähnlichkeit mit denjenigen, die der primitive Mensch verwandte, ausgewählt. In dieser Klasse haben die Studenten über viele Jahre mit einem gewaltigen Sprachaufwand und einer Menge Instruktion darüber, wie man den Stein treffen muß, damit die Splitter auf diese oder jene Art abgeschlagen werden, hart gekämpft; doch in einem ganzen Semester ist es keinem einzigen gelungen, das herzustellen, was man als eine annehmbare Steinaxt bezeichnen könnte. Sie haben lediglich Gegenstände angefertigt, die der primitive Mensch weggeworfen hätte. Doch ein Lehrer der Klasse, Dr. Desmond Clark, kann es. So ist es möglich, es zu erlernen. Ich führe diesen Fall an, weil er ein Beispiel gibt für intelligente Handlung hinsichtlich Geschicklichkeit, Kontrolle der Bewegung und für den Gebrauch kritischer Fähigkeit und Beurteilung. Wie man den Stein abschlagen muß, wo man ihn teffen muß und wie stark, das sind Fragen, die besprochen und entschieden werden müssen, um auch nur solch primitive Werkzeuge herzustellen. Das ist etwas ganz anderes, als irgendein Tier jemals tun kann und das, so meine ich, erforderte eine Sprache und kritische Fähigkeit. Wir müssen uns hüten, daß wir diese Werkzeugkultur des primitiven Menschen nicht als etwas abtun, das einfach auf einer Ebene einer sehr ungeschickten menschlichen Leistung stand. Es war eine geschickte menschliche Leistung, wenn man die Umgebung und die Aktionsmittel, die ihnen zur Verfügung standen, betrachtet.

P: Das ist natürlich ungemein interessant für mich und ich halte es für durchaus annehmbar, weil du nämlich sagst, daß diese Art höherer Werkzeugherstellung oder menschlicher Werkzeugherstellung *Sprache voraussetzt.* Meine Bedenken waren nur, daß mir die Art von Werkzeugherstellung, die keine Sprache voraussetzt, nicht auf der gleichen Stufe zu stehen

scheint wie eine solche Werkzeugherstellung, die Sprache voraussetzt.
Was die Frage betrifft, in welchem Augenblick diese höhere Werkzeugherstellung auftauchte, so weiß ich nicht genügend darüber; und wann
Sprache auftauchte, darüber weiß wahrscheinlich niemand genug. Ich
glaube, wir müssen annehmen, daß die Sprache aus sehr kleinen Anfangs-
stadien entstand, und daß es eigentlich die Wechselwirkung zwischen dem
Drang zu sprechen und den Fähigkeiten des Gehirns ist, die die Anregung
und den Anreiz für das Gehirn lieferte, sich so zu entwickeln, wie es über
die vergangenen ein oder zwei Millionen Jahre geschah. Ich vermute dennoch, daß die allerersten Anfänge der Sprache wahrscheinlich mit dem
noch nicht vergrößerten Gehirn zusammenfallen, daß aber Sprache sehr
bald zu einer Zunahme der Gehirngröße führte. Ich glaube, darüber bestehen keine Meinungsverschiedenheiten. Ich habe vorher übrigens von
Werkzeugen vor der Sprache gesprochen. Ich sollte sagen, daß Werkzeuge vor der Sprache noch primitiver gewesen sein müssen als die, die du
beschrieben hast und die von Washburns Studenten untersucht wurden.

E: Es ist ganz klar, daß wir uns die Vergangenheit nur aus dem heraus,
was uns jetzt zur Verfügung steht, vorstellen und zu rekonstruieren versuchen können. Ich glaube, es stehen zwei Arten von Indizien aus diesen
frühen Tagen zur Verfügung. Die eine ist die Wachstumsrate des Gehirns.
Wir müssen an die sehr hübschen endokranialen Abgüsse denken, die
Holloway gemacht und vor kurzem in einem Artikel im *Scientific American* beschrieben hat. Dies vermittelt eine Vorstellung von der Form des
Gehirns mit der damit einhergehenden Gewichtszunahme und auch dem
Wachstum der verschiedenen Lappen. Ich persönlich bin der Ansicht, daß
sie die Interpretation der Lappen in Relation zum Sprechen ziemlich
übertreiben. Es besteht eine Tendenz zu denken, daß eine Vergrößerung
im Bereich der Temporal- und Parietal-Lappen mit einer Zunahme der
Sprachfähigkeit einhergeht. Ich schließe mich dem grundsätzlich an, doch,
wenn man all die Zufälle, zuerst bei der Anfertigung der kranialen Rekonstruktionen und dann der Abgüsse davon in Betracht zieht, ist es
natürlich nur ein anregender Hinweis. Das andere Indiz, das wir für die
Sprachentwicklung besitzen, stammt wirklich aus der Entwicklung der
Kulturen. Da ist zuerst die Entwicklung der Werkzeuge und beim Neandertaler schließlich findet man die zeremoniellen Beerdigungsriten, die,
wie Dobzhansky richtig ausführt, uns den ersten klaren Hinweis geben,
daß dieser primitive Mensch nun eine gewisse Spiritualität entwickelt hat,
ein gewisses Selbstbewußtsein, das er nicht nur an sich selbst erfuhr, sondern auch, indem er seine Mitmenschen erkannte. So lassen Bestattungs-
zeremonien erkennen, daß der primitive Mensch dachte, »der Tod kommt
zu dieser Person, dieser Kreatur wie ich selbst, er wird zu mir kommen

und ich muß ihm deshalb alle Ehre erweisen, damit das Gleiche mir erwiesen werden möge, wenn ich ebenfalls sterbe.«

Dies sind dann die Zeichen dafür, daß die Sprache auf einer ziemlich hohen Stufe zum Menschen gekommen ist. Und natürlich noch viel später finden wir die schönen Formen der Kunst, etwa in den Höhlen von Lascaux, was nach meiner Ansicht ein Zeichen dafür ist, daß es dort eine primitive Kunstschule gab, Gruppen von Menschen, die malten, kritisierten, einander beurteilten und instruierten. Dies konnte natürlich nur geschehen, als die Sprache sehr hoch entwickelt war. Leider besitzen wir, wenn es zu den sprachlichen Kunstformen im Unterschied zu den plastischen Kunstformen kommt, erst Aufzeichnungen, wenn wir viel weiter in der Prähistorie oder Protohistorie, wie man sie nennen könnte, voranschreiten. Bevor die Sprache aufgeschrieben wurde, haben wir Belege dafür, daß Erzählungen durch Sänger wiederholt wurden und daß sie schließlich, wie die Homerischen Epen, nach einigen Hunderten von Jahren der Wiederholung durch Barden, die das wiederholte Vortragen der heroischen Taten der Vergangenheit zu ihrem Beruf erklärten, aufgeschrieben wurden. Diese lange mündliche Tadition bestand sicherlich bei dem Epos von Gilgamesch, das das erste große Epos darstellt, von dem wir Kenntnis besitzen. In babylonischer Zeit schließlich nahm es eine sprachliche Form an, obwohl es das Epos selbst schon bei den Sumerern gab, lange vor der ersten geschriebenen Form um etwa 2000 v. Chr.

Die Frage, um die es in dieser ganzen Diskussion und Illustration geht, ist ihre Beziehung zum Wachstum des Gehirns und der Entwicklung spezieller Leistungen verschiedener Gehirnzonen, die ich in den Kapiteln E 1, E 2, E 3, E 4 und E 6 beschrieben habe. Ich glaube, daß dieses Wachstum nicht spontan und gewissermaßen ohne Ursachen auftrat, sondern daß es in Antwort auf die Anforderungen, die dringenden Anforderungen der sprachlichen Entwicklungen und aller damit verbundenen kreativen Aspekte, die sich aus dem Denken, dem diskursiven Denken, dem kritischen Denken usw. ergaben, entstand.

So schließt sich nun der Kreis zu dem Sachverhalt, daß die Hinweise, die wir für die Entwicklung von Welt 3 in der frühen menschlichen Existenz besitzen, mit dem Wachstum des Gehirns zur gleichen Zeit in Verbindung gesetzt werden können. Es ist bemerkenswert, daß dies phasenverschoben zu geschehen scheint, anders, als man zuerst denken mag. Sicherlich entwickelte sich das menschliche Gehirn lange vor Welt 3, für deren Handhabung es erforderlich war. Dies ist eines der Geheimnisse der menschlichen Existenz. Ich würde sagen, daß das menschliche Gehirn in sumerischen oder frühen ägyptischen Tagen die volle Leistungsfähigkeit des Gehirns eines modernen Menschen besaß und doch noch sehr wenig

in den abstrakten Wissenschaften und nicht einmal so sehr viel in den
kreativen Künsten, besonders in der Musik, vollbracht hat. Dies sollte
alles erst kommen. Man kann sich fragen, was zum Beispiel in neolithischen Zeiten der evolutionäre Überlebenswert eines mathematischen Genies oder von Menschen mit weitreichenden Gedankenkonzepten oder
künstlerischer Imagination wäre. Doch in zwei- oder dreitausend Jahren
wurden die ersten großen Zivilisationen (die sumerische und die ägypti-
sche) von den neolithischen Vorfahren geschaffen. Das ist, so meine ich,
ein Rätsel, weil wir nicht genug Imagination besitzen, um uns in Gedaken
die Lebensbedingungen vorzustellen, unter denen sich der primitive
Mensch um sein Überleben hochkämpfte und dabei die intellektuellen
und die kritischen Fähigkeiten der Imagination in einer unfertigen und
harten Welt einsetzte. Es ist gewiß, daß das Wachstum des Gehirns erstaunlich schnell in den ein oder zwei Millionen Jahren des Paleolithischen
Zeitalters stattfand und sich beim Neandertaler zu der Größe des unseren
entwickelte, was, wie ich bereits erwähnte, mit einem gewissen Erkennen
primitiver Spiritualität verbunden war.

P: Ja, das meine ich auch. Aber ich möchte gerne zu dem, was ich vorhin
sagte, noch etwas bemerken. Mir scheint, daß die Funktion, die zu dieser
gesamten Entwicklung führte, *die Darstellungs-Funktion* der menschlichen Sprache ist, im Gegensatz etwa zum bloßen Namengeben. (Siehe
meinen Abschnitt 17). Das Charakteristikum einer deskriptiven Aussage
ist, daß sie wahr oder falsch sein kann, und daß sie deshalb auch für
verschiedene Zwecke und Absichten benutzt werden kann: um die Wahrheit zu sagen – das heißt Information zu übermitteln – oder um zu lügen;
zum Beispiel um bestimmte Ausreden glaubhaft zu machen oder Fehler
zu vertuschen, und so weiter. Ich glaube, Erzählen entsteht unmittelbar
aus diesen darstellenden, deskriptiven Berichten, aus dem Lügen oder aus
beidem. Sowohl deskriptive Berichte als auch Lügen erfüllen eine Art
Erklärungs-Funktion. Das Erzählen wird zweifellos in der Hauptsache
durch das Bedürfnis angeregt, bestimmte unverstandene Lebensereignisse
aller Art zu erklären, und allmählich bildet sich ein Vergnügen am Erzählen aus, das sich meiner Meinung nach schon auf einer ziemlich primitiven
Stufe entwickelte, lange vor den bedeutenden Mythen, wie sie im Gilga-
mesch-Epos und in den Homerischen Epen erzählt werden. Tatsache ist,
daß alle bekannten primitiven Völker Märchen haben, und alle Märchen
haben eine komplexe Struktur. Die meisten wollen erklären; man kann in
ihnen auch ein furchterregendes Element und ein tröstendes Element
usw. finden. Ich glaube nun, daß das eigentlich Bedeutsame daran ist, daß
es zu etwas führt, was sicherlich nur auf dieser Ebene menschlicher Entwicklung möglich ist, nämlich der Ausbildung menschlicher Einbildungs-

kraft, der Phantasie und Erfindungsgabe. Ich glaube nicht, daß es auf der tierischen Stufe etwas damit Vergleichbares gibt. Tiere können zwar etwas Neues machen, aber sie haben schwerlich den Schwung der Einbildungskraft und Phantasie. Dieser Schwung der Einbildungskraft scheint mir im Zusammenhang mit der Entwicklung höherer Zivilisation oder wirklicher Kultur oder wie immer man es nennen will ungemein wichtig, und zwar aus einleuchtenden Gründen. Das alles führte zu einem Pluralismus menschlicher Werkzeugherstellung, zur Vielseitigkeit selbst ganz primitiver Zivilisationen und dann dazu, daß große Erfindungen nicht nur ein- oder zweimal gemacht wurden, sondern ununterbrochen und immer wieder, von den frühesten Tagen an. Das ist es eigentlich, warum ich meine, daß die Werkzeuge, die du beschrieben hast, die wirkliche Kunstwerke und so schwer herzustellen sind, wahrscheinlich nicht vor den Anfängen der Sprache vorkamen.

Soviel zur Darstellungs-Funktion der Sprache. Das Interessante jedoch ist, daß mit der Darstellungs-Funktion der Sprache die Grundlage für die argumentative Funktion der Sprache und für eine kritische Haltung gegenüber der Sprache geschaffen ist. Allein schon die Tatsache, daß Lügen möglich wird, bedeutet, daß es aus offensichtlich praktischen und aus Anpassungs-Gründen wichtig für die Menschen ist, zwischen Wahrheit und Falschheit zu unterscheiden. Genau aus diesem Grunde haben wir in uns den Drang entwickelt, Kritik auszubilden, sowie das Bedürfnis, eine kritische Haltung gegenüber einer Meldung einzunehmen und damit das Bedürfnis, eine argumentative Sprache auszubilden, eine Sprache, in der die Wahrheit einer Meldung kritisiert oder angegriffen werden kann, oder in der sie durch zusätzliche Berichte verteidigt werden kann. Damit, so meine ich, entsteht das Argument in der menschlichen Sprache. Ich würde sagen, alles spricht dafür, daß diese beiden Funktionen der Sprache, die deskriptive oder darstellende und die argumentative Funktion, die charakteristischsten Merkmale der *menschlichen Sprache* im Unterschied zu den tierischen Sprachen und anderen sozialen Kommunikationsmitteln sind.

Ich möchte noch die folgende Vermutung äußern: Es kann sein, daß diese Spannung zwischen *Darstellung* und dem *Drang, Darstellung zu kritisieren,* die Grundlage des intellektuell bedeutsamen Problems darstellt, vor das die Ausbildung der darstellenden Sprache den Menschen gestellt hat, und daß dieser intellektuelle Kampf das unerhört schnelle Wachstum alles Weiteren anregte – nämlich das Wachstum der Sprache selbst, des Gehirns und der Zivilisation.

E: Es gibt einen Aspekt von Welt 3, der, wie ich meine, nähere Betrachtung verdient. Erstens besteht eine Tendenz, Welt 3 als Information,

Ideen, Konzepte usw. anzusehen, die auf einer materiellen Basis kodiert sind und so einen öffentlichen Charakter annehmen, zugänglich für alle, die sie sehen und herauslesen können, wenn sie über die entsprechenden Fähigkeiten der Interpretation oder Dekodierung verfügen. Dies ist die Weise, wie man alle Kunstformen betrachten kann, plastische Kunstformen, Werkzeuge, Skulpturen, technische Entwicklungen wie das Rad, genauso wie all die sprachlichen, die niedergeschriebenen Texte, die wir aus der Vergangenheit ererbt haben. Aber es gibt einen anderen Gesichtspunkt, der berührt wurde und der wichtig ist. Ich denke, daß Welt 3 ganz von Anfang an eine Komponente der gespeicherten Erinnerung besaß. Die Speicherung liegt nicht in irgendeinem äußeren Medium, Metall, Stein, Papier oder was auch immer, sondern es ist eine Speicherung auch in den Gehirnen von Menschen, die kreative Ideen, imaginative Gedanken, Kunsterzählungen usw., bewahrt und sie dann weitergegeben haben. Dies war der Weg, auf dem frühe Literatur tatsächlich bewahrt wurde, bevor sie niedergeschrieben werden konnte. Die mündlich übermittelte Folklore, die sich durch zahllose Menschenalter zog, muß eines der Hauptmittel des Zivilisationswachstums dieser Menschen verkörpert haben. Man kann all dies an einem intelligenten Volk erkennen, bevor sie das Schreiben erlernten. Ich nenne die Maoris als Beispiel. Karl und ich waren in Neuseeland, und wir kennen uns in den Erzählungen der Maori-Geschichte und ihrer Heldentaten aus, wie sie ihren Weg über Tausende von Meilen über den Ozean nach Neuseeland fanden (das aus der Ferne als die ›lange weiße Wolke‹ erkannt wurde) und wie sie zurückkehrten und mehr von ihrem Volk dorthin brachten. All dies wurde in Form von erinnerten Epen erzählt, die weitergegeben und rezitiert und wiederholt und ohne Zweifel verändert und übertrieben wurden. Dennoch hält diese Geschichte den Untersuchungen sehr gut stand, welche den Zeitpunkt ihrer Ankunft klären und die Frage, woher sie kamen.

Dieses Stammesgedächtnis in der Form mündlicher Überlieferung zog sich durch alle Zeitalter als mündlich erzählende Dichtung, wie wir es nennen können. In den letzten Jahrzehnten hat Professor A. B. Lord Jugoslawien und Bulgarien besucht, wo in abgelegenen Gegenden eine relativ ungebildete Bevölkerung lebt. Das Buch, das er schrieb, trägt den Titel – *The Singer of Tales*. Er stellt viele Ähnlichkeiten fest zwischen der Art, in der die Erzählungen in bestimmten Rhythmen und Versformen gesungen und wiederholt werden und der Art, in der die homerischen Dichtungen, die klassischen Werke der großen Vergangenheit, vielleicht über Jahrhunderte weitergegeben wurden, bevor sie aufgeschrieben wurden.

Dies bringt mich nun zu der nächsten Entwicklung – nämlich, daß wir heutzutage die ganze Zeit das Gleiche tun. Wir müssen unsere Gedanken und Ideen nicht sofort gedruckt oder auf Tonband oder in irgendeiner anderen dauerhaften Form kodieren. Wir behalten sie auch im Gedächtnis. Ich bringe als Beispiel, daß ich, wenn ich irgendwo eine Vorlesung halte, ein paar Notizen und Dias als Anhalt mit mir trage, doch ich benutze meistens mein eigenes Gedächtnis, aus dem ich meine Gedanken für die Darstellung vor dem Publikum beziehen kann. Ich glaube, daß sich unsere Arbeit immer zwischen unseren Erinnerungen und dem, was wir fortlaufend kodiert in geschriebenen Texten und Diagrammen speichern, bewegt.

P: Ich glaube, dem habe ich nichts Wichtiges hinzuzufügen, aber ich möchte noch sagen, daß die frühe Dichtung – die frühe Epik – ein Hinweis für den *Drang* nach so etwas wie Schreiben war, lange bevor das Schreiben sich tatsächlich entwickelte. Man könnte fast sagen, daß das unerfüllte Verlangen nach geschriebenen Erzählungen der Anfang der Dichtung ist: daß die Verwendung des Sprech-Rhythmus zur Unterstützung des Gedächtnisses zu dem führte, was wir jetzt Dichtkunst nennen.

E: Ich betrachte diese gesamte Entwicklung von Ideen, die sich auf Welt 3 beziehen, als eines der großen aufklärenden und synthetisierenden Konzepte, die wir besitzen, weil es eine solche Vielfalt menschlicher Leistung, die so viel Gemeinsames hat, miteinander verknüpft. In einem gewissen Sinn betrachte ich Welt 3 als etwas, das etwas besitzt, das du als Anatomie und Physiologie und Geschichte bezeichnen würdest. Es ist eine Entwicklungs-Geschichte. Es ist die Geschichte der kulturellen Evolution des Menschen, und ich glaube, daß es aus der Perspektive gesehen werden muß, daß sich der Mensch als Ergebnis zweier miteinander in Wechselbeziehung stehender doch ganz verschiedener Evolutionen entwickelte. Die eine ist die biologische Evolution in Form von gewöhnlichem Zufall und Notwendigkeit bei Mutationen und Überleben unter den Bedingungen der natürlichen Selektion; und der zweite Weg führt mit seiner Entwicklung der Gedankenprozesse zu Kreativität in einem weiten Bereich kultureller Leistung: künstlerischer, literarischer, kritischer, wissenschaftlicher, technologischer usw. Schließlich erreichen wir die Ebene, auf der der Mensch nicht mehr nur versucht, das Leben annehmbarer, sicherer zu gestalten, sondern auf der er gleichzeitig versucht, sich mit den ungeheuren Problemen des Sinns des Lebens auseinanderzusetzen: Wozu geschieht das alles? Was ist das Wesen meiner Existenz? Wie kann ich nicht nur dem Selbstbewußtsein, sondern auch dem Todesbewußtsein entgegentreten?

All dies kam im Zuge der Geschichte der Entwicklung von Welt 3 und natürlich verdanken wir dieser Frage nach dem Sinn des Lebens wunderbare Werke in Literatur und Kunst und Musik. Man könnte sagen, es ist der kreative Schrei der Menschheit in ihrer Einsamkeit und auch in ihrer

Furcht vor der Welt, in der sie sich findet, doch natürlich bildet sie auch ihre intensive Freude und den Genuß an ihrer Existenz in der Welt ab. All diese Erfahrungen sind durch die Entwicklung der menschlichen Kultur in Welt 3 zustande gekommen, natürlich mit der Verfeinerung des Gefühls und der Sensibilität und der artistischen Kreativität. All dies kam im Zuge des Wachstums des Gehirns. Beides kam zusammen. Es war nicht so, daß das Gehirn zuerst wuchs und dann der Mensch plötzlich herausfand, daß er ein Gehirn besaß, das all dieser Leistungen fähig war. Wir müssen uns vorstellen, daß das Wachstum des Gehirns, das einen biologischen Prozeß mit Überlebenswert darstellt, nicht nur bessere Überlebenschancen mit sich brachte, sondern auch die unerhörte Skala menschlicher Fähigkeiten, die natürlich ihren vollen Ausdruck in Welt 3 erreicht. Und so ist der große philosophische Vorteil des klaren Konzepts von Welt 3, daß es die Unterscheidung zwischen biologischer Evolution auf der einen und kultureller Evolution auf der anderen Seite schärft. Die biologische Evolution gibt dem Menschen seinen Körper und sein Gehirn aus Welt 1, und Körper und Gehirn aus Welt 1 schaffen die Möglichkeit für die Entwicklung von Welt 3 und Welt 2 in enger Wechselwirkung. Ich denke daher, daß Welt 3 ein großes erhellendes Konzept darstellt, das klar macht, was oft ziemlich wirr und nebelhaft erschienen war.

P: Ich möchte etwas über die zwei Verfahren der Evolution sagen, die Du erwähnt hast. Das erste Evolutionsverfahren ist, kurz gesagt, das, daß etwas Neues eingeführt wird, anatomisch oder physiologisch oder verhaltensmäßig, um es dann durch die natürliche Auslese testen zu lassen. Das zweite Evolutionsverfahren führt etwas Neues anstelle der natürlichen Auslese ein, nämlich bewußte kritische Widerlegung, und das, glaube ich, ist der wirklich fundamentale Unterschied zwischen natürlicher Evolution und kultureller Evolution. Manche haben gesagt, der Unterschied sei der, daß die natürliche Evolution darwinistisch und die kulturelle Evolution lamarckistisch ist und induktiv fortschreitet. Das halte ich für einen Irrtum. Auch kulturelle Evolution ist darwinistisch; der Unterschied ist nur der, daß wir nun selbst anstelle der natürlichen Auslese anfangen, durch kritische Aussonderung unserer Leistungen teilweise die Verantwortung zu übernehmen. In diesem Zusammenhang möchte ich etwas über Neuerung in der Evolution und über Erfindung sagen. Ich glaube, daß viele, wenn auch nicht alle Neuerungen in der Evolution als Ergebnis einer Art von Erfindung einer neuen Umwelt durch den Organismus gedeutet werden können: einer neuen ökologischen Nische. (Siehe meinen Abschnitt 6.)

Nun trägt dies unglaubliche Geschehen, die Erfindung der Sprache, zu einem vollkommen neuartigen Wandel der Ökologie bei. Mit der Erfindung der Sprache werden beispielsweise Laute in bedeutungslose und bedeutungsvolle Laute aufgeteilt. Wir sind versucht, sogar natürliche Laute, Vogelstimmen etwa und anderes daraufhin zu deuten, ob sie nicht doch sinnvoll sind; ob der Donner nicht vielleicht ein von Gott gemachter Klang ist und eine bestimmte Bedeutung hat. Auf diese Weise wird unsere gesamte Ökologie belebt und verlangt nach einer neuen Deutung, einer Deutung auf einer bewußten oder vielmehr ich-bewußten sprachlichen Ebene; und das bringt uns wiederum dazu, unsere Wahrnehmungen nicht nur als Wahrnehmungen zu deuten, sondern als Wahrnehmungen, die womöglich eine bestimmte verborgene, hinter ihnen liegende Bedeutung ausdrücken. Mit anderen Worten, es führte zur Erfindung einer gewissen metaphysischen Hinter-Welt. Das ist eine der größten Herausforderungen der Sprache für den Menschen, und diese Herausforderung führt schließlich zur Wissenschaft, die einen Versuch darstellt, eine Welt hinter der vergleichsweise unmittelbaren Wahrnehmungs-Welt zu entdecken (die natürlich auch nicht wirklich unmittelbar ist, sondern schon interpretiert). Dadurch kommt ein neues Interpretationsniveau zustande, und ich glaube, das ist eine der großen Herausforderungen, die wahrscheinlich zu jener natürlichen Auslese führte, die dann die Ausbildung des Gehirns bewirkte.

E: Ja, ich stimme zu, daß wir annehmen müssen, daß die kreative Imagination der Menschheit ziemlich früh erschien. Als, wie Dobzhansky sagt, das erste Selbstbewußtsein zur Menschheit kam, war es mit Todesbewußtsein verknüpft. Damit verbunden war der Terror der Existenz, nicht nur das Wunder, sondern der Terror und die Furcht. Die kreativen Geister in diesen primitiven Zeiten müssen mit dieser neuen Erhellung gekämpft haben, als die Ursprungsmythen, von denen wir viele Aufzeichnungen besitzen, entstanden. In einer späteren Zeit kamen Mythen der Erklärung durch eine andere unsichtbare Welt hinzu, an der alle teilnahmen und diese brachten so dem ganzen Leben der primitiven Gesellschaft und der Welt um sie herum eine Art höherer Bedeutung, eine kosmische Bedeutung. Wir können vermuten, daß diese religiöse Einsicht Anlaß zum ersten artistischen, imaginativen und kreativen Denken gegeben hat. Es besteht kein Zweifel, daß der primitive Mensch ein Verlangen nach etwas Derartigem empfunden haben muß. Der einzige Hinweis jedoch, den wir aus frühen Zeiten besitzen, sind die Bestattungsriten, an denen wir sehen können, daß für die Toten etwas Organisiertes getan wurde, doch dies dürfte einfach das Endergebnis gewesen sein. Vor dieser Zeremonie dürften viele Gespräche, Nachdenken, Vorstellungen, viel Mythen Erfinden usw., stattgefunden haben.

Ich glaube, wir sind einer Meinung, daß das Erfinden von Mythen einen der großen Anreize für den Menschen darstellte, und natürlich erforderten die Mythen bessere menschliche Leistungen. Mit dem Erfinden von Mythen und den besseren menschlichen Leistungen kam der höhere Überlebenswert des primitiven Menschen mit dem Gehirn, das all dies neue, imaginative, kreative Denken vollziehen konnte. Stämme mit Führern dieser Art waren erfolgreicher auf der Jagd, im sozialen Zusammenhalt und im Krieg, als Stämme, die nicht durch diese Art kreativen Denkens vereint oder zusammengebracht worden waren. Dies bedeutet wiederum eine Herausforderung an das Gehirn in seiner evolutionären Geschichte mit natürlicher Selektion in ihrer charakteristischen Weise; doch natürlich wurde gleichzeitig die kulturelle Entwicklung in diesem Gehirn aufgebaut, das durch biologische Mittel und Selektion gewachsen war. Diese beiden, biologische Evolution und kulturelle Evolution, wirken gewissermaßen zusammen, weil die Kultur einem die natürliche Selektion vermittelt, die nach dem besseren Gehirn selektiert.

P: Sprache bringt ihre eigenen Probleme mit sich, und ihre eigenen Anspannungen und ihre eigenen Anforderungen und damit ihre eigene Auslese, eine natürliche wie auch eine kritische.

E: Wie können wir zurückgehen und mehr aus dieser Vergangenheit entdecken? Ich denke, eines der wichtigsten Probleme, mit dem der Mensch bei dem Versuch, mit seiner gegenwärtigen Existenz zurechtzukommen, konfrontiert ist, ist mehr darüber zu wissen, wie er zu seiner gegenwärtigen Beschaffenheit kommt und wie die Vergangenheit war, welche die Herausforderungen der Vergangenheit waren und wie sich der primitive Mensch diesen Herausforderungen gewachsen zeigte. Ich würde daher glauben, daß einer der größten Beiträge zur Zukunft der Menschheit von den Archäologen kommt, die die vergangene Geschichte der Menschheit untersuchen und lebendiger und besser verständlich machen. Ich glaube weiterhin, daß wir eine detaillierte Klärung brauchen, die die Geschichte der Bestattungssitten von hunderttausend Jahren weiter zurück in noch frühere Zeiten mit noch primitiveren Bestattungssitten verfolgt. Viele wertvolle neue Entdeckungen werden unzweifelhaft mit Ausgrabungen in archäologischen Bezirken kommen. Wir müssen uns daran erinnern, daß die ganze Archäologie, von der wir so viel halten, in ihren detaillierten Entdeckungen und Interpretationen und Erklärungen nur einige hundert Jahre alt ist.

Dialog IV

21. September 1974, 15.50 Uhr

P: Es sind mehrere Unterscheidungen oder Unterteilungen in Welt 3 zu machen; zum Beispiel die Unterteilung in Erzeugnisse unseres Bewußtseins als solchem, die es ja irgendwie gibt (etwa einen bekannten Lehrsatz oder ein bekanntes Lied), und in die unbeabsichtigten und noch unbekannten Folgen dieser Erzeugnisse, die noch zu entdecken sind. Es gibt auch noch die Frage, die wir vielleicht zuerst stellen sollten, nämlich die Frage nach dem tatsächlichen Entdeckungsverlauf. Der Entdeckungsverlauf kann, meine ich, durch Ausarbeitung und daneben auch in Abweichung von der Platonischen Lehre beschrieben werden, daß wir die Ideen oder Formen mit einem inneren Auge sehen: die Platonischen Formen der Welt 3. (Siehe meinen Abschnitt 13.)

Wenn wir eine Theorie verstehen wollen, dann bringt uns das gewissermaßen bloße Hinstarren auf die Theorie nicht weiter, und insofern ist die Platonische Theorie der Ideen und die Art, wie wir sie auffassen, unbefriedigend und muß neu überdacht werden. Was ich meine ist, daß wir eine Theorie nur begreifen können, wenn wir versuchen, sie neu zu erfinden oder zu rekonstruieren und mit Hilfe unserer Einbildungskraft all die Konsequenzen der Theorie, die uns interessant und wichtig erscheinen, auszuprobieren.

Verstehen ist ein aktiver Vorgang, nicht einfach ein Vorgang des bloßen Hinschauens auf etwas und des Wartens auf Erleuchtung. Man könnte sagen, daß der Vorgang des Verstehens und der Vorgang des wirklichen Hervorbringens oder Entdeckens von Gegenständen der Welt 3 sich sehr ähnlich sind. Beides sind Herstellungs- und Anpassungsprozesse.[1]

Normales Sehen (und das »Erfassen« eines sichtbaren Gegenstandes)

---

[1] Das Moment der Anpassung oder des Passend-Machens (matching) besagt, daß etwas in einen Rahmen passen muß und der Rahmen ist das, was ich Welt 3 nenne.

ist nicht einfach so etwas wie ein photographischer Vorgang, sondern ein
Interpretations-Vorgang und damit zweifellos ein Vorgang in der Abfolge
von Versuch und Irrtum. Man sollte es nicht zu sehr mit der Farbfotogra-
fie vergleichen, denn es ist ein dynamischer Prozeß. Es ist ein Wechselwir-
kungs-Geschehen – ein Akt des Gebens und Nehmens – gleich dem, durch
den wir Gegenstände der Welt 3 entdecken. Ich würde sagen, daß die Art,
in der wir Gegenstände der Welt 3 entdecken oder Gegenstände der Welt
3 »sehen« (um einen platonischen Ausdruck zu verwenden) eigentlich
eine Art Zeitlupenfilm darüber ist, wie Sehen oder Wahrnehmung im
Gehirn vor sich geht. Ich bin jetzt an einem Punkt, über den ich mir nicht
ganz im klaren bin, der mich aber fasziniert: daß nämlich die gesamte
Beziehung zwischen uns – unserem bewußten Ich – und Welt 3 insgesamt
etwas darstellt, das bestimmt mit langsamerer Geschwindigkeit abläuft als
der normale Interpretationsvorgang im Gehirn. Das ist wohl deshalb so,
weil im Gehirn mehr vor sich geht, doch meinem Gefühl nach steckt noch
mehr dahinter: Es kann darauf beruhen, daß die Arbeit tatsächlich
schwieriger ist, viel abstrakter und nicht so eng an die Reize gebunden wie
die normale Interpretationsarbeit. Ich glaube, daß wir, falls meine Vermutung über die Existenz einer niedereren Bewußtseinsform ausgearbeitet
würde, erkennen könnten, daß das niederere Bewußtsein ebenfalls mit
einer zeitlichen Verzögerung zusammenhängt,[2] wenn auch vielleicht mit
einer geringeren Zeitverzögerung als das höhere Bewußtsein. Es kann
Teil der biologischen Funktion des niederen Bewußtseins sein, zwischen
Wahrnehmung und motorischer Handlung zu vermitteln und die motorische Handlung irgendwie zu verzögern.

E: Mir gefällt die Idee, die du entwickelt hast, daß es Abstufungen der
Zeiten gibt, zu denen zerebrale Vorgänge geschehen. Dafür liegen nun
beträchtliche Hinweise vor. In zahlreichen Laboratorien wurde unter qua-
litativ hohen Bedingungen weiter darüber geforscht. Ich habe Hinweise
dazu im Kapitel (E 2) über bewußte Wahrnehmung gegeben, doch ich
könnte einige zusätzliche Beispiele jetzt nennen. Erstens wissen wir, daß
man zu einem rascheren Urteil über das Erkennen eines Gesichts kommt,
das einem schon einmal gezeigt worden ist und das später mit Hilfe der
Gestalt-ähnlichen Mechanismen des rechten Temporallappens aus einer
Anzahl von Gesichtern herausgesucht werden kann. Dies geschieht viel
rascher als die mehr verbal-analytischen Operationen auf der linken Seite.
Dies ist also ein Zeichen, daß es eine speziell organisierte, sehr wirksame
Maschinerie zur raschen Bilderkennung in einer *Gestalt*form in Teilen des
Gehirns gibt.

---

[2] Siehe Kapitel E 2, Abbildungen 2 und 3.

Es gibt Möglichkeiten, dies zu demonstrieren. Wenn zum Beispiel eine vollständige Durchtrennung des Corpus callosum besteht, wird diese rechte Hemisphären-Funktion für das Gesichtsfeld, das von der rechten Seite hereingeleitet wird (Kapitel E 5) außer Aktion gesetzt. Die Erkennung von Gesichtern kann noch erfolgen, doch sie benötigt mehr Zeit. Die untersuchte Person muß das Bild in Einzelstücke zergliedern, um zu erkennen, ob dieses Gesicht das gleiche ist, wie das, an das sie sich erinnert. Sie schaut die Ohren an, die Augenbrauen, die Nase usw., in Teilstücken, und spricht währenddessen die ganze Zeit mit sich selbst und läßt so erkennen, daß die linke Hemisphäre einen verbalen Etikettierungsmechanismus benutzt und überhaupt nicht den Gestaltmechanismus, den die rechte Hemisphäre verwendet. Ich glaube, daß wir über alle Arten von Stufen dieses Geschehens verfügen.

Ich denke, wir können das Wunder und die Komplexität der Leistung des Gehirns nicht hoch genug einschätzen, wenn es mit diesen Operationen befaßt ist, die häufig auf einer Menge technischen Know-how's in Mathematik, in sprachlichem oder räumlichem Denken und darauf aufgebauten Entwicklungen basieren. Dies ist die Weise, in der wir über unsere Gehirne denken müssen; und auf der Operationsebene von Welt 3 erproben wir sie natürlich bis zum äußersten. Die ganz engagierten Leute machen sich die Mühe und akzeptieren alles von den verschiedenen Verschlingungen und Aufzweigungen des Denkens. Ihre Kritik mag sie dazu veranlassen, eine Theorie zu verwerfen, in die sie viel geistige Anstrengung gesteckt haben. Sie müssen diesen Fehler erkennen und versuchen, mit kreativer Imagination neue und bessere Erklärungen und Theorien zu entwickeln und zu formulieren. Dies sind die Ebenen hoher intellektueller und künstlerischer Leistung, weil große Kunst auf die gleiche Weise wie große Wissenschaft erreicht wird.

P: Ich habe zwei Bemerkungen dazu zu machen. Zunächst zum ununterbrochenen Problemlösen über lange Zeiträume oder anders: zu wirklicher Gehirntätigkeit und Bewußtseinstätigkeit. Diese beruhen, meine ich, im wesentlichen auf Welt 3. Ich glaube sogar, daß sie darauf beruhen, daß wir Gegenstände der Welt 3 wahrnehmen, als wären sie Dinge: Wir erleben sie ungefähr nach dem Modell materieller Dinge. Das erklärt teilweise das platonische Bild vom Schauen und Sehen der Gegenstände der Welt 3, und warum sie so wie Dinge betrachtet wurden, weil nämlich Dinge unser geläufiges Bild für etwas sind, das Dauer hat. Es ist dieses Dauerhafte der Gegenstände der Welt 3, der Gegenstände, an denen unser Interesse haftet, das hinter dem Zusammenhalt zwischen unseren verschiedenen Anstrengungen, besonders zwischen verschiedenen Versuchen zur Lösung eines Problems, steht. Im Laufe dieser Versuche gibt es etwas, das wir als einen Gegenstand des Denkens erleben. Und dieser Gegenstand, das Problem, das wir untersuchen, muß, wie ein materielles Ding, als zeitlich andauernd, erlebt werden. Ich glaube, daß das die Wurzel dessen ist, was man Verdinglichung nennt. Das heißt, ich glaube, daß wir irgendwie alle unsere abstrakten Ideen verdinglichen müssen, weil wir sonst nicht ständig auf sie zurückkommen können; wir brauchen diese Art des Andauerns in der Zeit.

Die zweite Bemerkung, die ich hier machen möchte, ist die: Wenn ich sage, daß das Ich in Welt 3 verankert ist, dann meine ich etwas Ähnliches; nämlich, daß es tatsächlich in einer Theorie von Welt 3 verankert ist, in der wir uns sozusagen als etwas Andauerndes vorstellen: man könnte fast sagen, wie ein Stück Metall. Wir sehen uns als gestern daseiend, als vorgestern und voraussichtlich werden wir auch morgen da sein ... wenn uns nichts Ernsthaftes zustößt. Das ist eine Art von Verdinglichung des Ich, die uns bei unserem Selbstverständnis hilft. Wir wissen sehr gut, daß das Ich keine materielle Substanz ist, aber das sozusagen nicht-materielle Gespenst in der Maschine ist keine schlechte Hypothese, mit deren Hilfe das Ich ein Selbstverständnis erreichen kann. Mit anderen Worten, ich glaube, daß eine solche Vorstellung eine fast notwendige Stufe – die Gespenst-Stufe – ist, um uns selbst als Ich zu verstehen, obwohl es natürlich eine sehr naive und rohe Stufe darstellt. Aber wir werden sie niemals ganz los, so wie wir praktisch niemals unsere Verdinglichung los werden.

E: Du sprichst das Problem des Geistes in der Maschine und damit Gilbert Ryle an. Ich hielt die Waynflete Vorlesungen gerade auf dem Höhepunkt des Einflusses des *Konzept des Geistes*. Ich behauptete damals in der Vorrede, daß dem gegenwärtigen Verständnis des Gehirns als einer neuronalen Maschine keine angemessene Gerechtigkeit zuteil würde, sondern daß wir immer noch über das Cartesianische Gehirn, mit Pumpen und Klappen und Röhren, in denen Flüssigkeit fließt, sprechen. Ich fuhr fort zu sagen, daß die neuen Feinheiten und Kompliziertheiten, die noch immer nur ungefähr verstanden werden, tatsächlich eher der Art von Maschine gleichen, die ein Geist bewohnen und wirksam arbeiten lassen könnte! Es war nicht allzu ernst gemeint, doch ich dachte nur, daß ich es nun, da du gerade diese Idee erwähnst, aufwerfen sollte, wofür auch immer das Wort Geist stehen mag. Natürlich war sie lächerlich in dem Sinn, in dem sie von Ryle angewandt wurde, doch in gewisser Weise akzeptierte ich sie teilweise bei meiner eigenen Interpretation, weil sie im ganzen genommen nicht schlecht ist, diese Idee eines Geistes.

P: Du hast mir erzählt, daß du danach zu Ryle sagtest (und ich glaube, das findet sich auch in deinem Buch[3]): Wir wollen erst sehen, wie die Maschine aussieht, bevor wir über die Rolle des Gespenstes befinden.

Ich kenne eine ähnliche Geschichte. Kurz nach der Veröffentlichung von Ryles' Buch hielt ich eine Vorlesung vor einer Studenten-Vereinigung in Oxford, in der ich Ryles Buch kritisierte und eine alternative Skizze des Leib-Seele Problems zu geben versuchte. Die Studenten waren offensichtlich sehr beeindruckt von Ryle, doch sie sagten ständig, daß das, was ich sagte, genau das sei, was Ryle immer sagte. So sagte ich verzweifelt: Also gut, ich mache ein Geständnis, ich glaube an das Gespenst in der Maschine. Ihr könnt nicht sagen, daß *das* genau das ist, was Ryle gesagt hat.

E: Karl, als du über die Art sprachst, in der wir über uns dachten, über unsere Probleme dachten und über unsere Versuche, Probleme zu lösen, dachte ich an eine andere Haltung. Ich bin ein praktischer Wissenschaftler auf einem noch nicht allzu hochentwickelten Gebiet ohne höhere Mathematik. Wenn ich versuche, eine Theorie oder einen neuen Weg zur kritischen Betrachtung eines ganzen Feldes von Ergebnissen zu formulieren, denke ich fortwährend in Diagrammen, oft mit dynamischen Eigenschaften. Das heißt, ich beschwöre in meiner Vorstellung dynamische Bilder oder Modelle der Ereignisse. Natürlich werden das unvollkommene Modelle sein, doch ich muß dennoch etwas in Gedanken konstruieren, um zu versuchen, mit den experimentellen Ergebnissen, die ich zu erklären versuche, etwas anfangen zu können. Ich fange an, Diagramme zu zeichnen, um zu sehen, wie es gehen würde, und ich stelle auf der Basis eines zugegebenerweise unvollkommenen Schemas Theorien auf. Diese vereinfachten Modelle versetzen mich in die Lage, mein Denkkonzept zu entwickeln und somit weitere experimentelle Nachprüfungen zu entwickeln.

P: Diese diagrammatische Methode, Hypothesen zu bilden, kann vielleicht auf den Ausdruck Modellherstellung gebracht werden. Und die Methode, vereinfachte Modelle zu konstruieren, ist eine ganz bekannte Methode. Sie ist vielleicht sogar die verbreitetste Methode der Theoriebildung, aber bestimmt nicht die einzige. Einstein zum Beispiel beschreibt ein Verfahren, mit Symbolen umzugehen, nicht mit Worten sondern mit Symbolen, die auf eine Art miteinander in Beziehung stehen, die zunächst ganz unklar ist, durch die sie aber immer enger verbunden werden.[4] Diese Methode hat wohl auch ein diagrammatisches Element, aber ich glaube, daß man aufgrund ihrer Beschreibung sagen kann, daß das diagrammati-

---

[3] J. C. Eccles, *The Neurophysiological Basis of Mind* [1953]; siehe S. vi.
[4] Siehe Hadamard [1954], S. 142f.

sche Element in dieser Denkweise vergleichsweise unwichtig ist. Aber
Diagramme sind natürlich besonders da hilfreich, wo es teilweise um eine
Frage der Anatomie geht.

E: Selbstverständlich, ich stimme natürlich zu, daß das, was ich konstru-
iere, und in dessen Begriffen ich denke, Modelle sind. Einige sind natürlich mehr anatomisch als andere, einige von ihnen sind mehr dynamisch
mit Strömungsbahnen oder mit Gradienten. Man muß ein Modell der
Natur anfertigen, um mit unseren Bemühungen im Bereich der Welt 3-
Kreativität zum Verständnis zu gelangen.

P: Man braucht Modelle gemeinsam mit Betriebs-Regeln, die angeben,
wie die Modelle funktionieren. Zusammen ergeben sie eine Theorie, liefern eine Erklärung und fast so etwas wie eine Kopie des natürlichen
Vorgangs.

E: Ich glaube, ich sollte jetzt einen Gesichtspunkt hereinbringen, weil wir
allmählich zum Gehirn kommen und dies ist Teil unseres zentralen Themas. Als Karl die Bemerkung über anatomische Modelle machte: das ist
es natürlich was sie sind. Ich wollte sagen, das ist es, was sie sein sollten,
weil wir auf allen Stufen des uns jetzt möglichen Verständnisses zwingend
auf einer anatomischen Grundlage aufbauen müssen. Was wir über das
Nervensystem wissen, ist, daß es aus Einheiten, Neuronen, mit stereotypen Eigenschaften aufgebaut ist. Es gibt die exzitatorischen Neurone und
inhibitorischen Neurone, wie in Kapitel E 1 beschrieben. Diese sind in
synaptische Mechanismen eingefügt, wobei sie auf die eine oder andere
Weise arbeiten, je nachdem, ob sie exzitatorisch oder inhibitorisch sind,
und sie besitzen natürlich sowohl konvergente Züge als auch divergente
Züge. Es ist ein Zahlenspiel. Man zählt sie und sieht, wie sie sich alle in
einer Art von Netzwerk, wenn man so will, befinden, das schließlich zum
Zwecke der Computerisierung in ein n-dimensionales Netzwerk gefügt
werden muß. Wenn jede Zelle mit, sollen wir sagen, zehn anderen Zellen
verknüpft ist und so fort, eine reihenförmige Anordnung von vielleicht
100 Verknüpfungen hindurch, so kommt man auf enorme Zahlen struktu-
reller Elemente in einem Netzwerk, das in unserem besonderen Modell in
zehn Dimensionen kalkuliert wäre. Das ist, so meine ich, ein wirklich
fruchtbares Feld für die Anwendung n-dimensionaler Geometrie.
   Ich bin sicher, daß sich aus diesem Wandel des Modells vom anatomischen zum geometrischen noch viel mehr ergibt. Anatomie leitet die Geometrie. Neuronale Verknüpfungen liegen alle in Form und Struktur und
Muster vor. In dem Versuch, eine Art von Verständnis des Nervensystems
auf der Stufe von Welt 3 zu gewinnen, müssen wir unser Konzept der

Muster in Raum und Zeit enorm ausweiten, weil die grundlegenden Konstruktionen, auf die das gesamte Nervensystem wirkt, Muster sind. Wir können an die immense Komplexität und an die immense Zahl von Möglichkeiten von Vertauschungen und Kombinationen von Zellverbindungen denken. Es gibt eine relativ begrenzte Zahl von Zellen im Gehirn, doch Möglichkeiten zur Musterbildung, die Fähigkeit zur Musterbildung ist wesentlich größer als die Zellzahlen. Theorien der Musterbildung werden speziell zu diesem Zweck entwickelt werden müssen.

P: Ich möchte eine weitere Bemerkung darüber machen, wie das Ich in Welt 3 verankert ist. Ich glaube, die einfachste und primitivste Art, meinen Standpunkt darzulegen, ist die, festzustellen, daß wir ohne eine bewußte Theorie über den Schlaf und die Unterbrechung des Bewußtseins durch den Schlaf kein Selbstbewußtsein haben können. Ich glaube auch, daß hier noch eine Bemerkung angefügt werden kann über Dobzhanskys Betonung des Todes, daß nämlich unsere Vorstellung von der Beziehung zwischen Schlaf und Tod ganz klar auf einer Theorie aus Welt 3 beruht, die eine sehr beträchtliche Rolle in unserem Bewußtsein vom Tode spielt. Die Theorie besagt, daß der Tod darum eine Verwandtschaft mit dem Schlaf hat oder irgendwie dem Schlaf ähnelt, weil er in einem gewissen Sinn einen Bewußtseinsverlust mit sich bringt, daß er aber doch anders ist: irgendwie endgültig, wenn auch womöglich andererseits nicht endgültig. Etwas derartiges ist, glaube ich, die letzte Wurzel jeder Theorie über den Tod, den Schlaf und die Bewußtlosigkeit. Und hier taucht natürlich auch eine Theorie der Zeit auf. Whorf, der berühmte Linguist, hat behauptet, daß die Hopi-Indianer tatsächlich keine Vorstellung und kein Modell von Zeit wie wir haben, das heißt von der Zeit als so etwas wie einer Raum-Koordinate. Ich glaube, daß an dem, was Whorf sagt, sicher etwas daran ist, aber ich bezweifle, daß die Hopi Indianer keine abstrakte Theorie der Zeit kennen (Whorf bestreitet, daß die Hopis irgendeine abstrakte Vorstellung von Zeit haben). Ich glaube, daß sie eine Vorstellung vom Schlaf haben müssen, von Einschlafen und vom Wiederaufwachen und von der Wiederholbarkeit dieser Vorgänge, und solche abstrakten Vorstellungen sind, so meine ich, grundlegend für unseren wie für ihren Zeitsinn. Doch wie das nach Whorf auch immer bei den Hopis sein mag, diese Vorstellungen sind jedenfalls in der Sprache verankert, und unsere westlichen Sprachen kennen Zeitformen, und die Vorstellung von Zeit ist natürlich in der Vorstellung der Zeitformen enthalten.

E: Ich möchte ein bißchen über die Rolle der Imagination, wenn wir Theorien entwickeln, wenn wir Phänomene erklären und wenn wir Welt 3 aufbauen, sprechen. Imagination scheint einen tiefen Gedankenprozeß darzustellen, bei dem man untersucht, verwirft, wieder untersucht, während man die ganze Zeit versucht, eine neue Synthese zu schaffen, ein neues Verständnis, einen Durchbruch in unseren Konzepten. Es scheinen verschiedene Wege zum Erfolg zu führen. Der Weg, dem ich den größten Wert beimessen würde, ist der, den Geist mit all den Geschehnissen, den Ideen, den Resultaten, den Experimenten, den Erklärungen zu erfüllen. Auf die eine oder andere Weise fühlt man, wie sich eine Spannung aufbaut, und wenn man zu schreiben beginnt, beginnt man zu erkennen, daß neue Ideen zum Ausdruck kommen. Es kann natürlich sein, daß sie verworfen werden müssen, wenn sie durch vorhandenes Wissen widerlegt werden. Dennoch hat man das Gefühl, daß hier etwas auf einer bestimmten Stufe des Nachdenkens über einen Gegenstand geschieht – des intensiven Nachdenkens darüber –, und daß die Imagination schließlich siegen und eine neue Stufe des Verständnisses erreichen wird.

Gegenwärtig kämpfe ich in dieser Hinsicht mit dem großen Problem des Selbst und seines dazugehörigen Gehirns. Ich empfinde die Anspannung in meinem Geist. Ich habe sehr viel über den neurologischen Aspekt gelesen und viel über den anthropologischen und über den philosophischen, und wir hatten all diese Gespräche und die ganze Zeit habe ich das Gefühl, daß etwas durchbrechen könnte. Ich meine, daß ein kleines Licht am Ende des Tunnels entdeckt werden oder daß ein Blitz der Einsicht kommen könnte. Ich weiß natürlich sehr gut, daß es keine Garantie gibt, daß er kommen wird, doch ich habe mich bereits in diesen Zustand der Erwartung, daß etwas auf meine Imagination zukommen wird, das einen Keim von Wahrheit darüber auf diesem äußerst schwierigen Gebiet enthält, begeben. Natürlich weiß ich, daß es für dieses tiefgründige Problem keine endgültige Lösung geben wird und daß wir in unseren Erwartungen bescheiden sein müssen. Wenn wir nur ein bißchen Einblick gewinnen können, ein Zipfelchen des großen Problems, einen kleinen Halt, nach dem wir greifen können, um ein wenig Verständnis davon zu erlangen, dann ist das ermutigend, und wir können in diese Richtungen von einer Position zu einer weiteren fortschreiten.

Du siehst, ich habe das Gefühl, daß es einige sehr erregende Entdeckungen gibt, die wir uns noch nicht voll zu eigen gemacht haben. Da ist das Kommissurotomie-Problem von Sperry und wie diese rechte Hemisphäre derartig raffinierte und schlaue Dinge ausführen kann, wie in Kapitel E 5 beschrieben. Sie hätte sie natürlich nicht ausgeführt, wenn sie nicht ursprünglich in all den erlernten Abläufen der Vergangenheit mit dem gesamten Hirn verbunden gewesen wäre. Wenn die Commissurotomie durchgeführt worden ist, ist die rechte Hemisphäre, so könnte man sagen, soweit die zerebralen Verbindungen betroffen sind, auf sich selbst angewiesen, doch sie bewahrt all die erinnerten Fertigkeiten, die sich beim

Aufbau des Comicstrips entfalten, von dem du so beeindruckt warst. Ich bin sicher, daß dies nicht geschehen wäre, wenn dieses Gehirn in sehr früher Kindheit durchtrennt worden wäre, bevor die untersuchte Person eine dieser Erfahrungen mit Comicstrips hatte. Dann wäre dieses rechte Gehirn für immer ein naives Gehirn geblieben, doch vor der Commissurotomie war es ein hochentwickeltes erwachsenes menschliches Gehirn geworden. Ich glaube, es war in diesem Fall erwachsen, 14 Jahre alt, als die Commissurotomie durchgeführt wurde. Es trägt seine ganze Vergangenheit mit sich und deshalb verfügt es auch über einige primitive sprachliche Fähigkeiten. Einige der sehr erregenden Aspekte dieses Problems, wie die zerebralen Ereignisse uns Selbstbewußtsein verleihen, treten zutage, wenn wir Ereignisse auf einer höher entwickelten Stufe behandeln.

Nimm zum Beispiel die folgende Situation. Wir hören Musik. Wie ich beschrieben habe (vgl. Kapitel E 2, E 4, E 6) tritt sie in die auditorische Maschinerie ein und wird in erster Instanz vom rechten Temporallappen bearbeitet. Man kann sich vorstellen, daß ein großer Teil der Erfahrung aus all unserer vorhandenen Kenntnis und unseren erlernten Fähigkeiten dazu verwendet wird, uns die vollständige Analyse und Synthese zu bringen, den vollständigen Sinn für die Perfektion der Durchführung, für die Zeitabläufe, die Melodien, die Harmonie und alles übrige in zeitlicher Aufeinanderfolge. Es käme einem sehr gelegen, Bewußtsein mit den tatsächlichen Orten in Verbindung zu setzen, an denen all die unglaublich komplexen neuronalen Operationen mit ihrer ganzen Grundlage im Lernen der Vergangenheit, mit den Erinnerungen und der gesamten Struktur, die in diesen Abschnitt genetisch eingebaut ist, die die anfänglichen Fähigkeiten, Musik zu verstehen gewährleisten, vonstatten gehen. Dieser Abschnitt ist der rechte Temporallappen, und bis jetzt findet sich, gemäß den Ergebnissen der Sperryschen Operation der Durchtrennung des Corpus callosum, Selbstbewußtsein der untersuchten Person nur in der linken dominanten Hemisphäre. Man nimmt an, daß unter diesen Bedingungen diese unglücklichen commissurotomierten Patienten praktisch all ihr Verständnis, ihre Urteilsfähigkeit und ihre Wertschätzung der Musik verloren haben. Es kann sein, daß dies der Fall ist. Es ist schwer zu beurteilen, weil in den Fällen, die ich gekannt habe, möglicherweise von sehr geringer Musikalität ausgegangen werden mußte, und meines Wissens sind sie noch nicht unter dieser Fragestellung untersucht worden.

P. Was ist, wenn man die Wada-Technik bei Musikern anwendet?

E: Du fragst, ob wir dies mit der Injektionstechnik nach Wada in die linke oder rechte Halsschlagader testen können, wobei wir mit etwas Glück in der Lage sind, die eine oder andere Hemisphäre für eine bestimmte begrenzte Zeit außer Aktion zu setzen. Auch das ist, soweit ich weiß, noch nicht untersucht worden. Die Problematik des Wada-Tests ist, daß er ein beträchtliches Risiko enthält. Man sollte ihn nicht unbedenklich anwenden. Diese Tests werden heute praktisch nur da eingesetzt, wo es notwendig ist, zu klären, ob die Sprache in der linken oder in der rechten Hemisphäre lokalisiert ist, weil dies dem Chirurgen Hinweise darüber gibt, welche Teile der Großhirnhemisphäre er entfernen kann. Ich glaube, der Wada-Test könnte mehr angewendet werden. Wenn er an Versuchspersonen durchgeführt wird, könnte während der wenigen Sekunden seiner Wirksamkeit eine gezieltere Suchaktion stattfinden. Es müßte sich um sehr gut geplante Experimente handeln.

P: Du hast gerade die Bedeutung der Imagination erwähnt, und ich glaube, du hast ganz recht. Die Bedeutung der Imagination kann gar nicht überschätzt werden. Ich meine nun, daß die Entstehung der Einbildung nahezu sicher von der Sprache abhängt. Natürlich tritt Einbildung etwa auch bei einem Maler auf, doch ich finde, daß Malen sehr stark anschaulich erklärend ist, wenigstens in den Anfängen. Selbst bei der hochentwickelten Malerei ist das noch so, bei den Werken der großen Meister, und anfangs entstand sie wahrscheinlich aus Diagrammen, die zur Illustration einer Geschichte gelegentlich gezeichnet wurden. Vielleicht bringt der Hinweis auf meine frühere Bemerkung etwas, daß die Anfänge der Einbildung wahrscheinlich auf den Ursprung der darstellenden Sprache und auf das Lügen zurückgehen. Aus den Affen-Tests von Köhler geht hervor, daß die Imagination von Affen sogar äußerst schwach ist. Ich glaube, aus diesem Grund ist es ziemlich unwahrscheinlich, daß Affen eine deskriptive Sprache haben.

E: Mit Hinweis auf diese Frage der tierischen Imagination kann ich beschreiben, wie Imagination auf einer sehr einfachen Stufe getestet werden kann. Ich beziehe mich auf Experimente über den sogenannten crossmodalen Transfer. Das heißt, man kann testen, ob ein mit dem Gesichtssinn alleine gesehener und dann im Dunkeln mit der Hand gefühlter Gegenstand als das gleiche Objekt erkannt werden kann. Dies könnte etwa ein Tetraeder oder irgend eine andere geometrische Form sein oder es könnte eine Banane sein, doch muß es etwas mit einer einfach zu erkennenden Gestalt sein. Das Gesehene und das Getastete werden von sogar ziemlich jungen Kindern genau identifiziert. Nun hatten Ettlinger und Blakemore bei Experimenten über den cross-modalen Transfer bei Affen praktisch überhaupt keinen Erfolg (vgl. Kapitel E 6). Die Affen konnten trainiert werden, in einer angemessenen Weise auf ein gesehenes Objekt zu antworten, indem sie konditioniert wurden, die angemessene

Antwort zu geben, wenn sie es sahen, doch sie waren nicht imstande, diese Antwort zu geben, wenn sie es nicht sahen, sondern lediglich fühlten. Das getastete Objekt vermittelte ihnen nicht das Signal, das ihnen das gesehene Objekt vermittelte. Diese Tiere sind bekanntermaßen gut begabt mit Sensibilität auf diesen beiden Gebieten, so daß man nicht mit schwachen Sinnen arbeitet. Dieser crossmodale Test ist nach meiner Ansicht ein Test für die Imagination, weil die Versuchsperson, die ein Objekt sieht, es sich vorstellen muß, um es nach der Berührung zu identifizieren. Natürlich handelt es sich um eine sehr niedere Stufe von Imagination. Es ist die einzige Stufe, die man mit Tieren versuchen kann, und sogar dies dürfte für sie zu schwierig sein. Ich glaube, wir müssen versuchen, Tests für die Imagination zu erdenken, die auf einer einfachen Stufe beginnen und die raffinierter werden können.

Dialog V

22. September 1974, 10.00 Uhr

E: Du erinnerst dich daran, Karl, daß du gestern abend, als wir bei unserer peripatetischen Diskussion waren, eine sehr wichtige Kritik an der Geschichte, die ich gerade entwickelte, ausübtest. Kurz gefaßt waren meine Gedanken die, daß wir die Vorgänge im Gehirn so betrachten müssen, daß wir eine vollständige integrierte Antwort auf die Gesamtheit des sensorischen Inputs und auf die gesamte erinnerte Vergangenheit geben; und daß wir in dieser integrierten Komplexität sozusagen die Gesamtheit der menschlichen Leistung vor uns haben. Meine nächste Bemerkung war, daß der selbstbewußte Geist aus dieser neural integrierten Gesamtheit lediglich herauslese. Er spiele dabei eine ziemlich passive Rolle, indem er nicht aktiv damit befaßt sei, zu modifizieren, sondern sie so zu nehmen, wie sie von der neuronalen Maschinerie im Raummuster der Operation präsentiert wird. Diese Warnung von dir, daß ich durch eine derartige Ansicht dem Parallelismus verfallen würde, machte mir wirklich Sorge, weil ich erkennen konnte, daß es sicherlich eine parallele Position bedeuten würde, wenn der selbstbewußte Geist nicht mehr bewerkstelligte, als aus der neuronalen Maschinerie herauszulesen. Natürlich konnte ich es ein wenig retten, indem ich sagte, daß in der freien Willensaktion eine Aktion von dem selbstbewußten Geist zurück auf die neurale Maschinerie stattfinden kann, doch dies erscheint mir als ein recht ungeeigneter Ausweg.

Angesichts dieser Kritik überdachte ich die Angelegenheit und kam zu dem Schluß, daß ich einen falschen Weg eingeschlagen hatte, indem ich versuchte, die gesamte Integrationsleistung in Begriffen der neuralen Maschinerie zu erklären. Ich erkannte, daß dies keine Notwendigkeit bedeutete. Wir haben in der Tat zwei Integrationsstufen bei der gewöhnlichen Leistung, die wir selbst erleben. Die erste ist die Integration, die durch unsere Aktionen bei Bewegungen bewerkstelligt wird, indem die Bewegungen eines gesamten Organismus korreliert und organisiert werden, um zu angemessenen Antworten zu führen. Es ist eine Einheitlichkeit des Ausdrucks. Wir sind damit vertraut. Im materialistisch-monistischen Konzept kann dies eine vollständige Erklärung sein, eine behavioristische Erklärung für die operative Einheitlichkeit einer lebenden Person. Dem haben wir die andere Einheitlichkeit entgegenzusetzen, die die Einheitlichkeit unserer Erfahrung ist, und da sehe ich die Dichotomie.

Laß uns dann an die Hypothese denken, daß der selbstbewußte Geist nicht nur passiv damit beschäftigt ist, Operation aus neuralen Ereignissen herauszulesen, sondern daß es sich um eine aktiv suchende Operation handelt. Von Augenblick zu Augenblick entfaltet sich oder stellt sich vor ihm dar die Gesamtheit der komplexen neuralen Prozesse und gemäß der Aufmerksamkeit und Wahl und des Interesses oder des Antriebes kann er aus dieser Repräsentation der Leistung im Liaison-Hirn auswählen, indem er einmal dies, einmal jenes aussucht, und die Ergebnisse seines Herauslesens aus vielen verschiedenen Abschnitten im Liaison-Hirn miteinander verschmilzt. Auf diese Weise erreicht der selbstbewußte Geist eine einheitliche Erfahrung. Du siehst, daß diese Hypothese der Aktion des selbstbewußten Geistes eine vorrangige Rolle zuspricht, eine Aktion der Auswahl und des Suchens, der Entdeckung und der Integration. Die neurale Maschinerie fungiert dort als das Medium, das unentwegt wandelt und multikomplex in Raum und Zeit ist. Es ist für alle Operationen des selbstbewußten Geistes zuständig. Ich denke, das ist die Essenz meiner Ausführung. Man kann viele weitere Entwicklungen daraus ableiten, aber ich wollte dir mitteilen, daß deine Kritik an mir bei unserer peripatetischen Diskussion mich dazu veranlaßte, die Überlegungen auf diese Weise zu überdenken. Ich glaube, das ist eine radikale Absage an alles, was in der Vergangenheit präzise definiert worden ist und eine, die sich nun sogar zur experimentellen Untersuchung eignet, worüber ich später sprechen werde.

P: Was du sagst, interessiert mich außerordentlich. Ich finde doch, daß die Grenzen des Parallelismus, wenn ich sie so nennen darf, sehr aufschlußreich sind. Gewisse Ansichten des Parallelismus sind zweifellos gültig; aber der Parallelismus hat enge Grenzen und genau da tritt die Wechselwirkung auf – daß etwas vollkommen Andersartiges als das physische System irgendwie auf das physische System einwirkt. Es besteht kein Zweifel, daß das mit dem Problem der Integration verbunden ist.

Ich war auch sehr froh über den Nachdruck, den du auf die Aktivität gelegt hast, weil ich, wie du ja von meinem Interesse an der Körbchen-Kätzchen-Geschichte im Experiment von Held und Hein (vergl. Kapitel E 8) weißt, ebenfalls finde, daß Aktivität sehr wichtig ist und daß das bewußte Ich hoch-aktiv ist. Selbst wenn es nur überlegt, überlegt es aktiv.

Ich halte diese Betonung des Tätigseins für sehr wichtig. Ich möchte auch noch auf die Idee der Scheinwerfer-Theorie des Bewußtseins hinweisen.[1]

Noch etwas anderes möchte ich erwähnen, nämlich daß der seiner selbst bewußte Geist gewissermaßen eine Persönlichkeit hat, etwas wie ein Ethos oder einen moralischen Charakter, und daß diese Persönlichkeit teilweise selbst das Produkt vorangegangener Handlungen ist. Die Persönlichkeit formt sich bis zu einem gewissen Grade wirklich selbst aktiv. Teilweise ist sie wohl durch ihre genetische Anlage präformiert. Aber ich glaube, wir nehmen beide an, daß das noch nicht alles ist und daß ein großer Teil der Prägung tatsächlich durch freies Handeln der Person selbst vollbracht wird. Die Persönlichkeit ist zum Teil ein Produkt ihrer eigenen freien Handlungen in der Vergangenheit. Das ist zwar eine wichtige, aber auch sehr schwierige Vorstellung. Vielleicht könnte man sie dadurch zu verstehen versuchen, daß man sich vorstellt, daß das Gehirn teilweise durch diese Handlungen der Persönlichkeit und des Ich geprägt wird. Das heißt, daß man vor allem den Anteil des Gedächtnisses im Gehirn als Teil-Produkt des Ich bezeichnen kann. Nicht zuletzt wegen dieser Idee schlage ich vor, als Titel unseres Buches statt *Das Ich und das Gehirn – Das Ich und sein Gehirn* zu setzen.

E: Aus diesen neuen Entwicklungen bildet sich ein sehr interessantes Konzept heraus. Wir haben nicht nur erkannt, daß der selbstbewußte Geist aus der großen Darbietung neuronaler Leistung in den Verbindungszonen aktiv herausliest, sondern wir müssen auch erkennen, daß diese Aktivität eine Rückkoppelung besitzt, und daß sie nicht nur empfängt. Sie gibt oder bewirkt auch. Ich würde es mir in einer Weise vorstellen, daß in diesem aktiven Prozeß, diesem Selektionsprozeß, die ganze Zeit ein Geben und Nehmen stattfindet. Karl, ich möchte dein Konzept nehmen, daß die physische Welt an bestimmten Stellen offen ist und meinen, daß wir behaupten können, daß man an bestimmten einzigartigen Stellen des Gehirns die physische Welt offen vor sich hat. Wir können vermuten, daß diese Gehirnabschnitte diese Eigenschaft der Offenheit wegen der subtilen Konstruktion und der Ausgeglichenheit in ihren Operationsmerkmalen besitzen. Da diese Interaktion ein Zwei-Wege-Prozeß ist, empfängt und entwickelt der selbstbewußte Geist seine Erfahrungen bei seinem gesamten weitreichenden Suchen und Auswählen aus dem Liaisonhirn. Doch er wirkt auch zurück; und wie er empfängt, so gibt er. Auf diese Weise wird er Veränderungen in der Leistung des Gehirns hervorrufen, und während er diese Leistungen im Gehirn verschmilzt und

---

[1] Siehe Popper [1972 (a)], *Appendix*.

verschiebt und harmonisiert, werden sie am Ende, wenn sie genug durch-
gespielt worden sind, in neuronalen Regelkreisen stabilisiert, die man zu
den Erinnerungen in Beziehung setzen kann, wie in Kapitel E 8 beschrieben. So könnte man sagen, daß der selbstbewußte Geist in der Tat mit-
hilft, die Gedächtnisregelkreise, die Gedächtnisspeicher des Gehirns zu
modellieren. Diese Gedächtnisspeicher stehen nicht einfach dem gesamten unmittelbaren Wahrnehmungsinput zur Verfügung. Gleichzeitig stehen sie für die gesamte wahrgenommene Welt und die Welt des Denkens
und der Imagination, die unser Selbst ist, die Welt des selbstbewußten
Geistes, zur Verfügung.

Ich denke, es ist sehr wichtig, daß wir diese Rückkoppelung haben.
Wenn ich noch für einen Augenblick bei diesem Thema bleiben darf, so
könnten wir sagen, daß ein kleines Element in dieser Rückkoppelung vom
selbstbewußten Geist zum Gehirn mechanische Ereignisse in der äußeren
Welt durch Muskeln, die Gelenke bewegen und/oder durch das Veranlassen von Sprechen usw., wie in Kapitel E 3 und E 4 beschrieben, hervorbringt. Ich würde jedoch sagen, daß wir uns die willkürliche Bewegung
nur als eine kleine Komponente, eine spezialisierte Komponente, der gesamten Leistung des selbstbewußten Geistes bei der Rückwirkung auf und
bei der Kontrolle der Hirnprozesse denken müssen.

Wir vermuten, daß all die intellektuellen, künstlerischen, kreativen
und imaginativen Leistungen des selbstbewußten Geistes nicht nur passiv
aus den Hirngeschehnissen herausgelesen werden. Der selbstbewußte
Geist ist aktiv in der ungeheuer subtilen und transzendenten Operation,
seinen herausgelesenen Text zu organisieren, auszuwählen und zu integrieren, engagiert. Er ist der Auslöser der Gehirnprozesse, die für das
Herauslesen notwendig sind. Die Hirnprozesse ihrerseits können in einem
Gedächtnisprozeß stabilisiert werden, um als Erinnerung nach Bedarf
durch den selbstbewußten Geist entdeckt zu werden. Ich glaube, daß wir
dies fortwährend tun. Wenn wir an etwas denken, und dabei sagen, ich
muß mich daran erinnern, so wirken wir auf das Hirn, so daß die neuronalen Regelkreise gebaut werden können, die ein Wiederabrufen in einem
späteren Stadium gewährleisten werden. Darüber hinaus kann man noch
über eine Art assoziativer Erinnerung verfügen, die einen in die Lage versetzt, den geeigneten Wiederabruf zu bewerkstelligen.

So verleihen wir nun dem selbstbewußten Geist ein ungeheures Spektrum von Aktionen, wirklich wirkungsvollen Aktionen, nicht passiven,
wie im Parallelismus und Epiphenomenalismus und allen anderen ähnlichen Theorien – psychoneurale Identität, Biperspektivismus, Doppel-
aspekt usw. Im Gegensatz dazu verleihen wir nun dem selbstbewußten
Geist eine Meisterrolle in seiner Beziehung zum Gehirn. Sperry hat in
zahlreichen neueren Publikationen eine ähnliche Vorstellung ausge-

drückt, nämlich, daß die geistigen Ereignisse aktiv mit dem Geben an das und dem Empfangen vom Gehirn befaßt sind. Er geht noch weiter und sagt, daß dies den Grund dafür darstellt, daß sich der bewußte Geist entwickelt hat.

P: Laß mich dazu noch etwas sagen. Ich glaube, es ist grundfalsch, sich das Gedächtnis als eine Art Kino- oder Fernsehfilm über Wahrnehmungserlebnisse vorzustellen. Das Handeln ist ganz offenbar höchst wichtig für das Gedächtnis. Wenn wir uns zum Beispiel entsinnen, wie wir Klavier spielen gelernt haben, dann ist das ganz und gar das Erlernen einer bestimmten Handlungsweise. Und das Erlernen dieser Handlungsweise ist eine typische Leistung des Gedächtnisses, genau so wie wenn wir zum Beispiel ein Stück auf dem Klavier spielen und es dann ganz aus dem Gedächtnis wiederholen köcnen. Das Handlungselement beim Gedächtnis scheint also außerordentlich wichtig zu sein, und da ja Handeln eine Sache des moralischen Charakters und seines Willens ist, ist es ziemlich klar, daß unser Gehirn wenigstens teilweise das Produkt unseres Bewußtseins, unseres Geistes ist.

E: Ich kann noch weiter auf diese Wechselwirkung des selbstbewußten Geistes und der neuronalen Maschinerie eingehen. In der parallelistischen Anschauung gibt es die vollständig starre Beziehung des rein passiv Herausgelesenen. Ich meine, daß wir nun in unseren Konzepten viel offener sein müssen. Es gibt Kohärenz, d. h. die Operationen der neuralen Maschinerie sind kohärent mit dem, was der selbstbewußte Geist hier oder dort findet, doch der selbstbewußte Geist ist nicht genau auf eine begrenzte Zone oder auf die gesamte Zone beschränkt. Er hat die Auswahl. Er wählt willkürlich, wie wir sagen können, aus dem gesamten Programm der neuralen Maschinerie von Augenblick zu Augenblick. Man mag denken, daß dies sehr verschwenderisch ist, daß eine ungeheure Menge von Aktion im Gehirn vor sich geht, die niemals dazu durchkommt, im Bewußtsein erfahren zu werden, und die nicht im Gedächtnis gespeichert wird. Sie ist unwiederbringlich verloren, doch das ist natürlich äußerst wichtig. Der selbstbewußte Geist muß auswählen. Wir wären mit Information überladen, wenn wir in irgendeinem Augenblick Notiz von allem nehmen müßten, das sich in alle unsere Sinne ergießt. Dies ist vielleicht einer der sehr wichtigen Gründe für die Arbeitsweise des selbstbewußten Geistes und seine Evolution, wenn es Bewußtsein bei Tieren gibt. Er gibt eine Selektion oder eine Präferenz von der gesamten operativen Leistung der neuronalen Maschinerie.

Ein anderer Gesichtspunkt, über den ich hier sprechen möchte, ist, daß wir in diesem Zwischenspiel zwischen dem selbstbewußten Geist und den zerebralen Ereignissen ein ungeheuer reiches Feld für neues Denken und neue experimentelle Untersuchungen haben. Wir müssen uns auch vorstellen, daß wir imstande sind, zeitlich vorwärts und rückwärts zu spielen. Der selbstbewußte Geist ist nicht an die unmittelbaren Ereignisse, wie sie im Gehirn vor sich gehen, gefesselt, aber er beurteilt sie fortwährend und betrachtet sie in Beziehung zu vergangenen Ereignissen und zu antizipierten zukünftigen Ereignissen. Eines der einfachsten Beispiele, das ich mir vorstellen kann, steht in Bezug zur Musik. Wenn man Musik hört, die man kennt, verschmilzt man nicht nur unmittelbar wahrgenommene Noten oder Harmonien mit dem Vergangenen, das noch in unserem Gedächtnis bewahrt wird, um einem eine einheitliche Melodie zu vermitteln, sondern man antizipiert auch die Zukunft und all dies schenkt einem einzigartige Erlebnisse, die möglicherweise nicht auf der Grundlage der neuralen Maschinerie allein geschehen sein könnten. Der selbstbewußte Geist zeigt auf diese Weise seine Fähigkeit, sich selbst aus der strengen Kohärenz mit den neuralen Mustern, wie sie zu irgendeinem Augenblick vorhanden sind, herauszuheben. Ich glaube, daß uns dies wiederum eine Flexibilität in der Handhabung der Gehirnoperationen durch die Weise verleiht, in der unser Geist über sie hinwegstreifen und auf seine Quellen in der Vergangenheit zurückgreifen und in die Zukunft bauen kann.

P: Was du über Musik sagst, interessiert mich sehr. Es ist zum Beispiel wichtig, daß, wenn man Klavierspielen oder ein Stück auf dem Klavier spielen lernt, der bewußte Übungsprozeß rechtzeitig unbewußt wird. Das Ich-Bewußtsein wird durch ein geschultes Gedächtnis auf rein physiologischer Ebene entlastet: Es braucht die bewußte Aufmerksamkeit nicht mehr, es kann vielmehr ernsthaft gestört werden, wenn wir plötzlich bewußt darauf achten. Manchmal wird es durch bewußte Aufmerksamkeit positiv unterbrochen, manchmal negativ. Ich möchte die große Bedeutung des Handlungs- und Schulungs-Gedächtnisses nachdrücklich betonen.[2] Einer der bedeutsamsten Teile des Gedächtnisspeichers (des erworbenen Gedächtnisses) ist das Gedächtnis für Handlungen, die Beispiele für erworbene Fertigkeiten darstellen, das Gedächtnis für das Wissen-wie, mehr als bloß das Gedächtnis für das Wissen-daß. Wir haben gewissermaßen einen völlig anderen Apparat für eine Fertigkeit, die erworben wurde, als für eine Fertigkeit, die mit Hilfe bewußter Aufmerksamkeit auf bestimmte Handlungen angeeignet wurde. Das ist der Vorgang, durch den wir unsere Tätigkeiten dem Gehirn einprägen, und unter diese Tätigkeiten fallen natürlich unsere Persönlichkeitszüge, die ebenfalls dem Gehirn eingeprägt werden.

---

[2] Siehe auch meinen Abschnitt 41.

E: Es gibt etwas sehr Wichtiges bei der zeitlichen Bestimmung von Beziehungen des selbstbewußten Geistes in Beziehung zu neuralen Ereignissen. Ich habe in Kapitel E 2 schon ein Experiment von Libet beschrieben, das ihn dazu veranlaßte, die Hypothese der Antedatierung zu entwickeln. Die kortikalen Aktivitäten, die durch einen scharfen Stimulus auf die Hand von wachen menschlichen Versuchspersonen evoziert wurden, benötigten eine halbe Sekunde, um die Schwelle für die Bewußtmachung aufzubauen. Doch die Versuchsperson antedatierte es in ihrem Erleben auf eine Zeit, die die Zeit der Ankunft der Meldung von der Peripherie zur Großhirnrinde war, was fast eine halbe Sekunde früher gewesen sein mag. Dies ist ein außergewöhnliches Geschehen, und es kann auf keine Weise durch die Operationen der neuralen Maschinerie erklärt werden. Es muß einfach durch die Art erklärt werden, wie der selbstbewußte Geist des peripheren Ereignisses bewußt wurde, indem er aus der neuralen Maschinerie herauslas, als sich ihre Antworten auf die notwendige Stufe von Größe und von Aktion hin entwickelt hatten.

Der zweite Punkt ist, daß wir nun aus Untersuchungen von Kornhuber und anderen (Kapitel E 3) wissen, daß man, wenn man eine Aktion will, die Aktion nicht unmittelbar auslöst; doch auch in diesem Fall wirkt der selbstbewußte Geist auf die neurale Maschinerie in weitreichenden Teilen des Gehirns, modelliert schrittweise die Muster dort, wobei er sie aktiv verändert. So steuert am Ende das Muster der neuronalen Operation auf die richtigen Pyramidenzellen in der motorischen Rinde zu, um die erwünschte Aktion zustande zu bringen. Dieser gesamte Prozeß nimmt etwa 0,8 Sekunden in Anspruch, und daher kann man sich die unglaubliche Komplexität der ablaufenden Ereignisse vorstellen. Dies verkörpert wiederum einen aktiven Einfluß des selbstbewußten Geistes auf die neuronale Maschinerie.

Aus diesen Befunden entwickele ich die Mutmaßung, daß es keine einfache einheitliche Beziehung zwischen neuralen Ereignissen und dem selbstbewußten Geist gibt. Der selbstbewußte Geist ist nur wirksam gegenüber dem Gehirn, wenn sich das Gehirn in speziellen Zuständen sehr hoch integrierter dynamischer Aktivität befindet und natürlich führt das weiter zu der Frage der Bewußtlosigkeit und des Schlafens, von Koma, von Konvulsionen. Unter diesen Bedingungen gibt es kein Selbstbewußtsein. Man kann vermuten, daß die neuronale Maschinerie nicht auf einer Stufe arbeitet, auf der der selbstbewußte Geist mit ihr eine Verbindung eingehen kann. Dies wird das Thema eines späteren Gespräches sein und ist auch in Kapitel E 7 besprochen.

P: Man könnte gewissermaßen sagen, daß das Bewußtsein nicht nur die verschlüsselte Information, etwa die über das Gesichtsfeld, die es von der

Retina und so weiter empfangen hat, entschlüsselt, sondern daß es versucht, aus ihr unmittelbar den Zustand der Welt herauszulesen, insoweit dieser für den fraglichen Organismus von Bedeutung ist. Ich meine, daß in dieser Hinsicht etwas am naiven Realismus ist, oder, wenn du ihn nicht naiven Realismus nennen willst, kannst du ihn direkten Realismus nennen. Das heißt, das Gehirn versucht, direkt einen Überblick über die für den Organismus bedeutsame Situation in der äußeren Welt zu gewinnen. Das ist zudem nicht bloß eine *Gestalt*wahrnehmung oder etwas derartiges: es ist selbst eine *Aktivität,* und es ist in gewisser Weise Teil der Vorbereitung für weitere Tätigkeit, sowohl für die Bewegungen, die gerade gemacht werden sollen, als auch für die Tätigkeitsart, Annahmen über die Zukunft zu bilden, genauer über die zukünftige Entwicklung der Situation des Organismus in der äußeren Welt.

E: Ich bin ganz der gleichen Meinung, daß unser selbstbewußter Geist aus dem Gehirn nichts Einfaches oder Einheitliches herausliest. Ich bin sicher, daß die Aufgabe die ist, eine ungeheure integrierte Leistung aus dem Gehirn herauszuheben. Gehen wir vom anderen Extrem aus, wäre es ganz absurd zu denken, daß der selbstbewußte Geist dem Feuern irgendeiner besonderen Nervenzelle irgendeine Aufmerksamkeit schenken würde. Es besteht fast kein Interesse daran, weil fast keine Information über das Feuern einer Zelle vorhanden ist. Es ist die kollektive kommunale Operation einer großen Zahl von Neuronen, die die Basis für das Herauslesen zu bilden hat.

P: Ich glaube, man muß das von der Feldtheorie unterscheiden.

E: Ich stimme ganz zu. Es ist etwas ganz anderes als die Feldtheorie der *Gestalt* oder die Mikrofeldtheorie von Pribram. Nun sprechen wir nicht von Feldern sondern von neuen operativen Entwicklungen in dem, was wir die Moduln nennen wollen. Szentágothai hat erkannt, daß die Organisation der Großhirnrinde in einer Vielzahl von vertikal orientierten Moduln gegeben ist, von denen jeder einen komplex organisierten Verband von einigen Tausenden von Neuronen darstellt (Kapitel E 1). Er hat sich den Modul ähnlich einem integrierten Mikroregelkreis der Elektronik vorgestellt, nur sehr viel komplizierter. Es ist diese Art von integriertem komplexen Neuronenverband in der dynamischen Operation, der, so glaube ich, dem selbstbewußten Geist etwas von Interesse vermittelt. Doch ein Problem ergibt sich noch: Worauf hört der selbstbewußte Geist in Wirklichkeit? Was ist die Natur der neuronalen Aktivitäten? Ist es das Feuern einiger Nervenzellen oder die gesamte abgesprochene Aktion der Nervenzellen? Dies ist etwas, das wir noch weiter diskutieren müssen..

P: Du hast ganz zurecht davon gesprochen, daß das Bewußtsein etwas aus der Tätigkeit des Nervensystems herausliest. Ich möchte dieses Wort »liest« beibehalten. Wenn wir ein Buch lesen, sind uns die Buchstaben und sogar die Formen der Worte, die wir sehen, bald nicht mehr bewußt, und das Bewußtsein fängt an, direkt die Bedeutung zu lesen, die Bedeutung als solche. Natürlich lesen wir auch die Worte, doch nur im Kontext und als Träger einer Bedeutung. Ich glaube, das ist wahrscheinlich dem Prozeß, den du beschreibst, sehr ähnlich. Bei der Wahrnehmung lesen wir die Bedeutung des neuronalen Aktivitätsmusters des Gehirns, und die Bedeutung des neuronalen Aktivitätsmusters ist sozusagen die Situation in der Außenwelt, die wir verstehen wollen.

E: Wenn wir weiter darüber nachdenken, was der selbstbewußte Geist herausliest, können wir an den Modul mit seiner integrierten Mikroleistung neuronaler Muster denken. Dies ist etwas, über das wir immer noch sehr wenig wissen, doch wir können unsere Imagination in dieser Hinsicht nutzen (vgl. Kapitel E 1). Wir können mutmaßen, daß der Modul mit 10 000 Nervenzellen keine einfache Struktur darstellt. Er besitzt ein intensives inneres aktives Leben mit Mischungen von exzitatorischen und inhibitorischen Neuronen. Er besitzt zwei Operationsebenen, eine viel subtilere oberflächliche Ebene (Schichten I und II) und eine tiefere Ebene (Schichten III–VI), die stärker operiert. Der Modul könnte eine speziell konstruierte Struktur sein, durch die die physikalische Welt, Welt 1, eine Offenheit gegenüber der Welt des Geistes, gegenüber Welt 2, erreicht. Ich glaube, dies ist in unserer Hypothese impliziert. Es muß eine spezielle neuronale Struktur und Aktion vorhanden sein, die erlaubt, daß diese Verbindung geschieht, und es findet Operation in beiden Richtungen statt. Wenn wir die Analogie sehr weit ausdehnen wollten, könnten wir dem Modul mit einem Radio-Sender-Empfänger vergleichen, so daß er nicht nur funktioniert, indem er zum Geist, dem selbstbewußten Geist, überträgt, sondern auch indem er von ihm empfängt. Ich denke, daß dies Konzept gültig ist, weil ich glaube, wie wir zuvor gesagt haben, daß wir betonen müssen, daß die Aktion die ganze Zeit in beiden Richtungen erfolgt. Ich glaube, daß der selbstbewußte Geist nicht nur passiv empfängt, er arbeitet aktiv. Beim Empfangen ist er aktiv. Wenn er empfängt, erreicht er mehr Aktion, indem er die Leistung der neuronalen Maschinerie kontrolliert.

Es ist eine fortlaufende, ständig wechselnde Operation des Geistes auf das Gehirn vorhanden, und deshalb müssen wir annehmen, daß es eine sehr bemerkenswerte Offenheit des physikalischen Systems des Gehirns gibt. Wir sollten, so meine ich, fortfahren, dies in reduktionistischen Begriffen als ein rein physikalisches System zu betrachten, ein physikalisches

System jedoch mit der Offenheit gegenüber dem selbstbewußten Geist – wenigstens offen in bestimmten besonderen Zuständen, doch nicht immer offen. Wenn man schläft, ist es nicht offen, wenn man eine Narkose hat, ist es nicht offen. Wenn man im tiefen Koma liegt oder einen Schlag auf den Kopf erhalten hat, gibt es keine Offenheit; doch unter normalen Wachbedingungen ist es offen und hier, so könnte man sagen, liegt das gesamte Problem unseres Buchs.

P: Ich habe eine ganze Menge Fragen an dich. Erstens eine Frage über den derzeitigen Stand der Hypothese, über die wir diskutieren. Du würdest, so vermute ich, jetzt die These völlig verwerfen, daß es im Sehzentrum eine Region gibt, auf die sichtbare Bilder sozusagen in einer topologisch richtigen Weise, wenn auch nicht metrisch richtig, projiziert werden. Das heißt, du würdest die Theorie verwerfen, daß es eine Projektion von der Retina auf das Zentrum gibt. Diese Theorie ist eine typisch parallelistische Idee, die im Falle ihrer Annahme zu einem neuen Problem führt, nämlich, wie gerade *dieses* Bild nun interpretiert wird. Und damit würde sozusagen das ursprüngliche Problem bloß auf eine frühere Stufe verschoben. Nun nehme ich an, daß das Verschlüsseln grundsätzlich ein zeitliches Verschlüsseln ist; daß es der Verschlüsselung eines Fernsehempfängers gleicht, der ein Bild als eine rein zeitliche Abfolge von Signalen empfängt.[3] So ist vielleicht die Verschlüsselung, die das bewußte Ich erreicht, im wesentlichen eine zeitliche Verschlüsselung und womöglich gar keine räumliche. Alle diese Fragen sind natürlich ziemlich unausgegoren, doch ich finde, man sollte sie stellen. Sind meine Fragen klar?

E: Die Frage wird im Hinblick auf die Wahrnehmung eines Bildes, das wir anschauen, formuliert, eine Landschaft, oder was du willst: Wie wird es zusammengesetzt, nachdem es in der Retina auseinandergenommen worden ist? Es gibt das projizierte Bild auf die Retina, doch für diese Übertragung und seine Handhabung muß alles in eine mosaikförmige Anordnung gebracht werden, die in den Feuerfrequenzen der rund eine Million Fasern des Sehnerven kodiert ist. Wir haben in Kapitel E 2 dieses Buches die Elemente des Vorganges nachvollzogen durch den das Bild wieder zusammengesetzt zu werden beginnt. Zum Beispiel wird es unter den Kriterien der Ausrichtung (Orientierung), der Länge von Linien, der Winkel von Linien und schließlich in der infratemporalen Rinde zu komplexeren Umrissen zusammengesetzt, da hier Zellen mit Reaktionen auf Kreise eher als auf Quadrate und so weiter vorhanden sind. Dies ist soweit in Ord-

---

[3] Denn was wir erleben, ist nicht bloß das Bild, sondern die Tatsache, daß zum Beispiel ein physikalischer Körper vor einem anderen steht.

nung, doch es hat uns, wie du betonen wirst, überhaupt nicht gezeigt, wie wir ein Bild sehen, wie dies alles zusammengesetzt wird, um uns die visuellen Erlebnisse zu geben, deren wir uns alle erfreuen. Das ist der Punkt, wo diese neue Hypothese wichtig wird.

Die Fragestellung lautet jetzt: Wie wird das Bild zusammengesetzt? Es mag sein, daß wir niemals Zellen finden werden, die wirklich darauf spezialisiert sind, Bildwerk zu triggern. Das heißt, daß wir keine Zellen finden, die auf etwas wie etwa ein ganzes Gesicht antworten. Diese Vorstellung ist sehr verbreitet, und derartige Zellen werden ironisch »Großmutterzellen« genannt. Wir müssen erklären, wie wir auf eine globale Weise ein Gesicht blitzartig von einem anderen Gesicht unterscheiden können. Müssen wir uns dann vorstellen, daß in den Zentren, in denen dies bewerkstelligt wird, einige Zellen auf eine Art von Gesicht und eine andere Art von Zellen für eine andere Art von Gesicht spezialisiert sind, und daß wir über Tausende von Zellen wie diese verfügen, von denen jede darauf abgestimmt ist, durch ein bestimmtes Gesicht getriggert zu werden? Dann müssen wir daran denken, daß dies sehr kompliziert wird, weil es sich nicht nur um ein Gesicht in einem gegebenen Abstand in einer gegebenen Beleuchtung, einer gegebenen Profilstellung usw. handelt. Es ist das menschliche Gesicht in den vielfältigsten Situationen, und wir können die Identifizierung noch vollenden. Es kommt zu einer ungeheuren Herausforderung für die neurale Maschinerie, eine derartig diskriminative Aufgabe zu bewerkstelligen, weil sie unglaublich diskriminativ ist. Wir unterscheiden ein Gesicht von einem anderen Gesicht von einem weiteren Gesicht usw. Tests lassen erkennen, daß wir in dieser Hinsicht eine große Fähigkeit besitzen.

Vielleicht kann die Situation jetzt auf eine andere Ebene gebracht werden, wenn wir uns unseren selbstbewußten Geist vorstellen, wie er den ganzen Reichtum von Daten in den Verbindungsmoduln abtastet und in einer holistischen Weise in Beziehung zu den erinnerten Erlebnissen eines ganzen Lebens selektiert. Natürlich greife ich aus dieser ungeheuren Vielfalt die richtige Interpretation des präsentierten visuellen Erlebnisses heraus. Dies ist nur ein Beispiel. Ich denke, daß all dies Forderungen zu weiterem Nachdenken sind, doch ich sollte betonen, daß, wie in Kapitel E 2 festgestellt, die derzeitigen Theorien der neuronalen Maschinerie keine Erklärung irgendeiner Art für unsere Fähigkeit geben, die ungleichen, neuronalen Ereignisse, die in den visuellen Zentren als Folge eines retinalen Inputs entstehen, zu einem zusammenhängenden Bild zu integrieren. Gemäß unserer Hypothese ist es der selbstbewußte Geist, der diese unglaubliche Zusammenfassung zu einem bewußt erfaßten Bild bewerkstelligt. Wir können auch ein zusammenhängendes Bild von polymodalen Inputs großer Komplexität machen. Zum Beispiel können visuelle, auditorische und taktile Inputs zusammengefaßt werden, um die Erfahrung des Spielens eines Musikinstruments zu vermitteln.

P: Es ist vielleicht nicht ganz uninteressant, in diesem Zusammenhang eine Überlegung von Hobbes zu erwähnen. Man könnte Hobbes den Erfinder der Wellentheorie des Lichtes oder vielmehr der Vibrationstheorie des Lichtes nennen. Seine Überlegung ist interessant, auch wenn er keine Theorie der Ausbreitung des Lichtes besaß. Hobbes' Argument versteht man am besten als die Verfeinerung eines Argumentes von Descartes. Descartes meinte, daß wir letztlich auf die gleiche Art sehen, wie ein Blinder sich mit dem Stock vorantastet. Hobbes variierte dieses Thema, indem er sagte, daß der Blinde fortwährend immer wieder tasten müsse, indem er sozusagen ständig den Druck erneuert, um sicher zu gehen, daß sich nichts verändert hat. Folglich muß, selbst wenn sich überhaupt nichts ändert und wir nur eine Farbe sehen, die Farbe in einer dauernden Druckvibration auf unsere Augen bestehen. Das war Hobbes' Vorstellung. Es war ein völlig spekulatives Argument, das sich nur daraus ergab, daß der Reiz beim Farbensehen zeitlich andauert.

Ich glaube, daß man diesen höchst interessanten spekulativen Gedanken von Hobbes erweitern kann, indem man sagt, daß es im allgemeinen eine wesentlich zeitliche Abfolge von Signalen ist, die ähnlich auf uns wirkt, wie eine eindimensionale Abfolge von Signalen in Gestalt von Vibrationen auf einen Fernsehempfänger, und daß es in Wirklichkeit das ist, was auf uns einwirkt und was wir interpretieren und beim Entschlüsseln ablesen. Wenn ich nun noch einen anderen Gesichtspunkt in Zusammenhang mit dieser Tätigkeit des »Ablesens« erwähnen darf: genauso, wie wir beim Lesen eines Buches versuchen, sozusagen durch alle Sinnes-Elemente des Lesens zur Bedeutung von Welt 3 durchzudringen, die vom Autor gemeint ist, so glaube ich, daß wir – unser Ich – ähnlich die Botschaft des Gehirns lesen, indem wir durch sie zu Welt 1 durchdringen und dabei die wesentliche Struktur von Welt 1 (einschließlich ihrer situationsgebundenen Bedeutung für uns)[4] rekonstruieren, genauso wie wir im an-

---

[4] Unter dem Gesichtspunkt der Entwicklung scheint die Bedeutung das früheste Element der Interpretation zu sein. Der Säugling lächelt und reagiert sehr früh auf ein Lächeln mit einem Lächeln: irgendwie registriert er die Bedeutung des Lächelns. (Siehe meinen Abschnitt 31.) Demnach sind, wie Konrad Lorenz entdeckt hat, die sogenannten Attrappen (siehe Popper [1963 (a)], S. 381), auf die Säuglinge und Vögel reagieren, nicht eigentlich vereinfachte Formen (zum Beispiel des Muttervogels), sondern Auslösersignale für biologisch hochbedeutsame Reaktionen. Das heißt, der kleine Vogel erkennt in diesen Formen nicht so sehr seine Mutter – also einen bestimmten physikalischen Körper –, sondern den Nahrungsbringer. Somit scheint die Bedeutung eines optischen Signals seiner physikalischen Deutung voranzugehen, und wir können uns vielleicht fragen, ob nicht etwas Ähnliches beim Lesen geschieht: Der Sinn, die Bedeutung eines Wortes ist vielleicht vorrangig vor seiner Schreibweise (was zum Teil auch orthographische Fehler erklärt).

deren Falle versuchen, die relevante Struktur von Welt 3 zu rekonstruieren. Ich glaube, es ist wiederum sehr wichtig, daß das Bewußtsein dabei
sehr aktiv ist. Das heißt, es empfängt nicht bloß passiv diese zeitlichen
Signale, wie Hobbes meinte, sondern es versucht tatsächlich unentwegt,
sie zu interpretieren. Es gibt eine Art Resonanz darauf: Das Bewußtsein
versucht ständig aktiv vorwegzunehmen, was die nächsten Botschaften
sein könnten, um dann diese Vorwegnahmen der Botschaften mit den
einlaufenden Botschaften zu vergleichen und festzustellen, ob sie stimmen. Es ist ein Vorgang des Machens und Einpassens (making and matching), und es ließe sich durchaus mit der Hypothese arbeiten, daß das
Machen und Einpassen unter dem Gesichtspunkt des Gehirns eine Botschaft einschließt, die im Wesentlichen zeitlich ist, wie ich zuvor sagte.
Natürlich gibt es viele Stellen im Gehirn, wo diese zeitlichen Botschaften
eine Rolle spielen. Man könnte sich das Bewußtsein als etwas vorstellen,
das das Gehirn im Wahrnehmungsprozeß aktiv manipuliert: gleich einem
Arzt, der einen Patienten abklopft, statt bloß passiv zu horchen (der den
Patienten auskultiert und betastet). Der Arzt versucht von sich aus seine
verschiedenen hypothetischen Diagnosen zu testen, indem er auf verschiedene Körper-Partien des Patienten drückt, und schließlich kann er
sich ein Gesamt-Bild vom Zustand des Patienten machen. In gewisser
Weise geht alles wissenschaftliche Entdecken so vor sich.

E: Ich möchte ein weiteres Problem anschneiden. Ist es gerechtfertigt zu
denken, daß der selbstbewußte Geist, obwohl nach Durchtrennung des
Corpus callosum sein Zugang zu den gesamten neuralen Ereignissen in
der rechten Hemisphäre vollständig verhindert wird, nicht irgendeinen
Zugang zu diesen Ereignissen besitzt, wenn das Corpus callosum intakt
ist? Oder stellt das Corpus callosum eine Art Kanal dar, durch den sich
der selbstbewußte Geist arbeitet, und haben wir durch die Durchtrennung
seine normale Zugangsroute zu Ereignissen in der untergeordneten Hemisphäre unterbrochen? Wir können vermuten, daß der Zugang von offenen zu geschlossenen Moduln erfolgt und daß der Einfluß des Callosum
sogar bei intaktem Corpus callosum die Moduln der untergeordneten Hemisphäre veranlassen kann, dem selbstbewußten Geist direkt offen zu
stehen (vgl. Kapitel E 7, Abbildung 5).

P: Wenn das Corpus callosum in Ordnung ist, führt wahrscheinlich alles,
was in der untergeordneten Hemisphäre geschieht, zu einer Art Widerhall
in der übergeordneten Hemisphäre, so daß das Bewußtsein, auch wenn es
nur zur übergeordneten Hemisphäre Zugang hat, dennoch indirekten Zugang zu praktisch allen wissenswerten Informationen der untergeordneten
Hemisphäre hat. Wir wissen ja auch, daß ein Patient selbst nach Durchtrennung des Corpus callosum solche indirekte Information mittels Rück-

wirkungen erhält, und zwar von Bewegungen seiner linken Extremitäten auf die rechte Körperseite. Wir dürfen nicht vergessen, daß die Interpretations-Tätigkeit die Botschaft vervollständigen kann, selbst wenn die verschlüsselten Signale sehr unvollständig sind. Die Auffüllung fehlender Teile der einlaufenden Information ist eine der wichtigsten Funktionen auf jeder Interpretationsebene, besonders auf der höchsten Ebene.

E: Ich glaube, daß es so richtig ist. Was mich stört ist nur dies. Meiner Meinung nach besitzen wir in der untergeordneten Hemisphäre eine wunderbare neurale Maschinerie mit aller Subtilität und erlernten Fähigkeit, zum Beispiel musikalische Erlebnisse zu verarbeiten, sogar die Komplexität musikalischer Erlebnisse in allen Details. Wie kann dies durch das Corpus callosum zu irgendeiner unbekannten Empfangszone kommen, damit es durch den selbstbewußten Geist abgelesen werden kann? Vielleicht kommt es auf diese Weise. Ich habe jedoch das Gefühl, daß der selbstbewußte Geist, im Wissen, was los ist, in der Lage sein könnte, über die untergeordnete Hemisphäre zu »schleichen« und einen Blick darauf zu werfen, wo die wirklich subtilen integrationalen, globalen, operationalen Aspekte dieses Musikverständnisses ihren Sitz haben! Ich schneide diese Fragen an. Ich glaube, es ist immer noch möglich, daß wir unsere Hypothese ein wenig verändern und dem selbstbewußten Geist die Möglichkeit verleihen müssen, sich unter Bedingungen, unter denen das Corpus callosum intakt ist, zu bewegen, und er erkennt, daß etwas von höchstem Interesse auf der anderen Seite vor sich geht. Daher tastet er die entsprechenden Moduln dort ab. Natürlich »flattert« er normalerweise herum und tastet die dominante Hemisphäre ab, und wenn das Corpus callosum intakt ist, mag er häufig annehmen, daß in der subdominanten Hemisphäre nichts von Interesse abläuft, um das man sich kümmern müßte. Ich glaube, dies ist ein sehr unausgefeiltes analoges Sprechen, doch wenn wir nicht besser sprechen können, müssen wir in der Weise sprechen, in der wir können!

P: Ich möchte wissen, ob es Hinweise darauf gibt, daß Musikverstehen so gänzlich auf die untergeordnete Hemisphäre beschränkt ist. Das heißt, es wären eine Menge Belege nötig, um zu zeigen, daß die dominante Hemisphäre beim wirklichen Musikverstehen nicht beteiligt ist. Die untergeordnete Hemisphäre mag eine notwendige Bedingung dafür sein, Musik verstehen zu können, aber sie kann für ein volles Verständnis nicht hinreichend sein. Ich glaube, daß es wahrscheinlich so ist, und wir müssen mit dieser Vermutung auskommen, bis wir einen wirklichen Beweis für das Gegenteil haben. Ein Grund dafür ist, daß Musik sehr oft aus gesungenen Worten besteht: Das herkömmliche Lied ist eine der einfachsten musikalischen Formen. Ich möchte auch daran erinnern, was du gestern über den

Ursprung des Epos gesagt hast. Das Epos wird offenbar deshalb gesungen, um mit Hilfe der untergeordneten Hemisphäre ein bequemes Verfahren zum Behalten der Worte zu haben, denn Rhythmus und Melodie helfen dabei. Ich glaube, das sind einige *apriorische* Gründe dafür, daß man sehr vorsichtig sein muß, ehe man sagt, daß die Tätigkeit der untergeordneten Hemisphäre eine hinreichende Bedingung für das volle Musikverständnis ist.

E: Ich glaube, daß du eine sehr gute Bemerkung gemacht hast. Ich muß gestehen, daß die Untersuchungen, die bisher über das Musikverstehen des Gehirns durchgeführt worden sind, auf einer sehr elementaren Stufe, einer rohen Stufe stehen. Es ist schwierig, ausreichend diskriminative und ausgefeilte Tests für das Musikverstehen zu entwickeln; und viele der Versuchspersonen, die mit einer Art von neurologischen Läsion kamen, sind musikalisch ungebildet. Man kann mit ihnen nicht viel anfangen. Fälle von wesentlich größerem Interesse sind selten. Ich weiß von einem, von dem ich nur durch Zufall gehört habe. Ein bekannter Musiker ging zu seinem Arzt und sagte: »Herr Doktor, in meinem Gehirn muß etwas passiert sein, denn ich habe jegliches Musikverstehen verloren. Ich kann noch Klavier spielen, doch es sagt mir nichts. Ich habe keine Erregung, keine Emotion, kein Gefühl. Ich habe den Sinn für die Schönheit, für den Wert verloren.« Man entdeckte, daß er eine vaskuläre Läsion in seinem oberen Temporallappen auf der rechten Seite hatte. Er verlor sein gesamtes künstlerisches Leben durch eine nicht sehr ausgedehnte vaskuläre Läsion.

P: Das zeigt nur, daß diese Teile des Gehirns nötig sind. Allein die Tatsache, daß er die Lust an der Musik verlor, zeigt ja, daß normalerweise ein Zusammenwirken zwischen der linken und der rechten Seite besteht. Andernfalls hätte er den Verlust nicht so schmerzlich empfunden.

E: Ja, ich stimme dem zu. Ich natürlich würde gerne so viel wie möglich von der Geist-Hirn-Verbindung auf die dominante Hemisphäre legen, weil dies unsere Hypothese vereinfacht. Doch es ist schwierig für mich, zu glauben, daß im rechten Temporallappen all die neuronalen Vorgänge zur Vermittlung des Musikverstehens und zur Einbringung all der Erinnerungen, all der Subtilität, der ungeheuren gespeicherten Leistung, die sich dort befindet, ablaufen können, und daß dies dann irgendwie in kodierter Form zur dominanten Hemisphäre hinübergeschossen wird, um abgelesen zu werden.

P: Ich finde einfach, daß es, wiederum sehr ungenau ausgedrückt, im Selbstbewußtsein eine Struktur gibt; daß das Selbstbewußtsein irgendwie eine Höherentwicklung des Bewußtseins ist, und daß die rechte Hemisphäre womöglich bewußt, aber nicht sich selbst bewußt ist, daß aber die linke Hemisphäre sowohl bewußt als auch selbstbewußt ist. Es ist möglich, daß die Hauptfunktion des Corpus callosum gewissermaßen die ist, die bewußten – aber nicht ich-bewußten – Interpretationen der rechten Hemisphäre auf die linke zu übertragen und natürlich auch in die andere Richtung. Ich glaube, diese Möglichkeit muß man wirklich sehr ernst nehmen. Wir wissen so wenig darüber, daß man so etwas wie eine strukturelle Entwicklung des Selbstbewußtseins aus einer niedereren Bewußtseinsstufe in Betracht ziehen muß.

E: Ich komme am Ende dazu, zu sagen, daß dieses Problem des kommissuralen Transfers auch in einem bildlichen Sinne angesehen werden sollte. Bei den Splithirn-Patienten von Sperry und Bogen gibt es eine sehr vollständige Untersuchung der Leistungen der rechten Hemisphäre, die die untergeordnete Hemisphäre ist, und der linken Hemisphäre, die die beiden hinsichtlich des Abzeichnens von Bildern und auch des Erkennens von Bildern vergleicht. Die subdominante Hemisphäre zeigt sich der dominanten Hemisphäre überlegen. So muß man in dieser Hinsicht zugeben, daß die Maschinerie für die Bewerkstelligung dieser ganzen detaillierten Auswertung von Muster und Bild, von Perspektive, von der Bedeutung von Formen und Landschaften usw., daß all dies in der neuralen Maschinerie der untergeordneten Hemisphäre geschieht. Wird das Corpus callosum durchtrennt, so versagt die dominante Hemisphäre in dieser Hinsicht abgrundtief. Vermutlich kann sie sie gut bewältigen, wenn sie die Meldungen herüberbekommt, und das würde die einfachste Form unserer Hypothese für uns sein, zu sagen, daß all die neuronale Bewältigung bei Muster und Bild, all die detaillierte neurologische Maschinerie an speziellen Orten in der untergeordneten Hemisphäre arbeitet, und daß dann das integrierte Resultat durch das Corpus callosum übermittelt wird. Natürlich wird es die ganze Zeit übertragen, wie wir wissen, und wir vermuten, daß für die bewußte Erkennung eine Übertragung zu besonderen Verbindungsorten stattfindet, die wir in der dominanten Hemisphäre noch nicht einmal lokalisieren konnten. Diese würden die Abtastorte, wenn man sie so nennen mag, für den selbstbewußten Geist darstellen. Ich glaube, daß es in der gesamten detaillierten Hirnleistung eine große Zahl von Unbekannten gibt und viele herausfordernde Probleme könnten sicherlich in diesem Zusammenhang auftauchen. Jedoch glaube ich, daß Hoffnung besteht, weil diese neuen Hypothesen so fruchtbar an Problemen für die Zukunft sind. Eine weitere Behandlung dieses Themas der funktionellen Leistungen der dominanten und subdominanten Hemisphäre findet sich in den Kapiteln E 5 und E 6.

Dialog VI

23. September 1974, 10.15 Uhr

P: Da ist das große Problem, wie wir die Wechselwirkung zwischen dem Ich und dem Gehirn begreifen können, und die weitergehende Frage ist die, ob zwei gänzlich verschiedene Welten füreinander offen sein und miteinander in Wechselwirkung stehen können. Ich habe diese Frage in meinem geschichtlichen Kapitel P 5 behandelt, aber nur auf negative Art, indem ich nämlich sagte, daß die übliche Art, diese Frage zu stellen, unberechtigt ist, weil sie auf einer Auffassung von Kausalität beruht, die durch die Entwicklung der Physik überholt ist. Das Cartesianische Modell der Wechselwirkung zwischen ausgedehnten Körpern, das dieses Problem aufwarf, ist sicherlich völlig zusammengebrochen: Es ist auf die moderne Physik nicht anwendbar.

Dennoch bleibt die Frage sehr interessant und sehr tiefgründig. Ich meine, daß wir in unserem unmittelbaren Erleben, sofern es unmittelbares Erleben überhaupt gibt, eine Art Modell dafür haben, wie das Ich mit dem Gehirn in Wechselwirkung stehen könnte; und dieses Modell ist unser Erleben dessen, wie das Ich mit dem Gedächtnis in Wechselwirkung steht. (Ich denke jetzt hauptsächlich an Aufgaben wie die Erinnerung eines Namens.) Es kann kaum Zweifel darüber geben, daß das Gedächtnis im wesentlichen physiologisch und vom Gehirn abhängig ist. Es kann ebenfalls kaum Zweifel daran geben, daß das Gedächtnis, wie die allgemeine Gehirntätigkeit, eine der Vorbedingungen des Bewußtseins ist. Wie dem auch sei, das Gedächtnis hat unzweifelhaft eine bewußte Seite. Das heißt, wir können uns den Kopf zerbrechen, um uns an etwas zu erinnern, und dabei sind wir wirklich aktiv beteiligt, greifen sozusagen aktiv in das (wenn man so sagen darf) Uhrwerk oder die Fernsprechzentrale des Gedächtnisses ein. (Ob das ein gutes Bild ist, ist für meinen Zweck unwichtig.) Wenn wir uns nun ansehen, wie wir in das Gedächtnis eingreifen, dann entdecken wir, daß uns manches intuitiv zugänglich ist und anderes manchmal nicht. Das heißt, wir wissen irgendwie, wie man den Auslöser unseres Gedächtnisses betätigen muß, und gleichzeitig wissen wir irgendwie nicht, wie wir das anstellen. Ich nehme an, daß wir bei der Durchmusterung unseres Gedächtnisses uns vorkommen, als säßen wir sozusagen im Fahrersitz eines Autos und täten bestimmte Dinge, die bestimmte Wirkungen haben. Wie der Fahrer haben wir bestenfalls ein Teilwissen davon, was wir tun – von den Kausalketten, die wir in Bewegung setzen. Die Mischung aus dem Gefühl, daß wir einen bekannten Mechanismus bedienen, und dem anderen Gefühl, daß wir nicht wissen, wie die Wirkungen unserer Tätigkeiten wirklich zustande kommen, kann als Modell dafür dienen, wie das Ich mit dem Gehirn in Wechselwirkung steht. Das heißt, die Tätigkeit des Gehirns ist dem Ich teils zugänglich und teils unzugänglich.

All die Gefühle, die ich gerade beschrieben habe, liegen innerhalb unseres bewußten Erlebens und deshalb innerhalb *einer* Welt, nämlich der Welt 2. Dieses Modell, die Modellvorstellung eines Autofahrers oder, in Ryles Ausdrucksweise, des Gespenstes in der Maschine, ist sehr grob, aber man kann es als Modell für die Wechselwirkung zwischen zwei Welten, nämlich von Welt 1 und Welt 2 nehmen.

Man nimmt allgemein an, daß die Wechselwirkung innerhalb einer Welt nicht sehr schwer zu verstehen ist. Doch was ich beschrieben habe, sind Erlebnisse innerhalb von Welt 2, und ich glaube wir sehen, daß es erstens nicht stimmt, daß die Wechselwirkung innerhalb einer Welt ganz so allgemeinverständlich ist: nicht nur innerhalb von Welt 1 – nach Descartes –, sondern auch innerhalb von Welt 2. Zweitens ist es offenbar nicht schwerer, Wechselwirkung zwischen zwei Welten zu verstehen als Wechselwirkung innerhalb einer Welt.

Ich frage mich, ob die Tatsache etwas hergibt, daß es da sozusagen etwas Intermediäres gibt, nämlich das Gedächtnis, das seine bewußten und seine unbewußten Seiten hat; doch darüber braucht man eine gesonderte Untersuchung. Ich möchte nur noch sagen, daß ich die Wechselwirkung zwischen dem Ich und dem Gedächtnis nicht nur für ähnlich oder analog halte, sondern womöglich für dieselbe wie die Wechselwirkung zwischen dem Ich und dem Gehirn. Ich glaube, das sollte untersucht werden.

E: Das ist eine sehr stimulierende und aufregende Einführung, die du heute morgen gegegeben hast. Ich kann viele wichtige und schwierige Probleme sehen, die vor uns liegen. Ich glaube, in erster Linie müssen wir uns darüber klar werden, daß wir, soweit der selbstbewußte Geist und das Gedächtnis betroffen sind, eine Interaktion mit dem Gehirn haben, die in beiden Richtungen verläuft. Das heißt, ich betrachte den selbstbewußten Geist als mit Bedacht auf das Gehirn wirkend, in dem Versuch, Hirnaktio-

nen wieder zu Bewußtsein zu bringen, die ihrerseits zu den Erlebnissen
führen, die der selbstbewußte Geist wünscht. Wir können etwas sehr Einfaches tun. Um ein Beispiel zu nehmen, wir können nach einem Wort oder
einer Wendung oder einem Satz, nach einer einfachen Erinnerung dieser
Art suchen; doch ich glaube, der selbstbewußte Geist kann es nicht allein
ausführen, weil er das Gehirn benötigt, um ihm die Erinnerung zu liefern,
und so sucht er und prüft er und akzeptiert schließlich die Antwort. Wenn
wir zum Beispiel nach einem Synonym Ausschau halten, um einen Gedanken, den wir haben, mit einem besseren Wort auszudrücken, so muß dies
wiederum dem Gehirn eingespielt und vom Gehirn empfangen werden.
Vielleicht können wir es wiederholt vorwärts und rückwärts abspielen,
indem wir bewerten und beurteilen. Hier haben wir dann einen sehr starken Dualismus in einer Angelegenheit, die zu unseren geläufigsten Erlebnissen gehört.

Ich möchte gerne weiter sagen, daß eine große Menge intensiven Lernens für die wirksame Operation dieses Zwischenspiels erforderlich ist,
d. h. für den selbstbewußten Geist, um wirksam mit dem Gehirn zusam-
menzuarbeiten und mit dem Gehirn in Wechselwirkung zu stehen. Dies ist
es natürlich, was mit dem gewandten Gebrauch der Sprache kommt, daß
Vorstellungen unter Überprüfungen nach rückwärts und vorwärts in Worten und Sätzen ausgedrückt werden. Ich glaube, daß wir uns hier vor
Augen halten müssen, daß dies kein einfacher mechanischer Prozeß des
selbstbewußten Geistes ist, bei dem man nur einfach einige Stöpsel im
Gehirn herauszieht und eine Meldung zurückerhält, genau wie man es bei
einem Taubenschlag oder einem Computergedächtnis machen könnte! Es
ist unendlich komplizierter als das. Der selbstbewußte Geist muß auf der
sehr komplexen Maschinerie des Gehirns spielen, die überlegt und die
ganze Zeit spielt und empfängt und in Wechselwirkung steht. Es ist nicht
einfach eine Art Stakkato-Vorgang, bei dem man eine Taste drückt und
eine unmittelbare und endgültige Antwort zurückerhält. In der Generie-
rung von Sätzen findet fortwährende Gestaltgebung und Modifikation
vorwärts und rückwärts statt, die, wie ich denke, das Wesen des Wechsel-
wirkungsspiels ist, das zwischen dem selbstbewußten Geist einerseits und
den höheren zerebralen Zentren andererseits gespielt wird.

Während ich über dies spreche, zweifle ich natürlich. Können wir
weiter vorausschreiten und fragen, ob der selbstbewußte Geist seine eigene interne Frage- und Antwort-Maschinerie besitzt oder ob er zu diesem Zweck mit dem Gehirn verknüpft ist, nur imstande zu fragen und
Antworten zu erhalten und wieder zu fragen? Es gibt das, was man eine
vertikale Kommunikationsebene in beiden Richtungen zwischen Welt 2
und Welt 1 nennen könnte. Gibt es auch eine horizontale Kommunikationsebene? Wir wissen, daß es eine derartige horizontale Ebene in Welt 1

im Gehirn gibt. Wir besitzen eine ungeheure Menge neurophysiologischer und anatomischer Hinweise dafür, wie zum Beispiel in den Kapiteln E 1 und E 2 beschrieben ist. Man könnte sagen, daß das ganze Gehirn eine ungeheure horizontal operierende komplexe Maschine ist. Doch nun kommen wir zu der Frage: Gehen auch einige horizontale Operationen in Welt 2 mit dem selbstbewußten Geist vor sich oder muß er immer mit dem Liaisonhirn in Wechselwirkung treten, um die erforderliche Horizontalität der Leistung zu erlangen.

P: Was ich sagen will, hängt in etwa mit der Frage zusammen, die du gerade aufgeworfen hast. In dem Vorgang, bei dem wir uns den Kopf zerbrechen und schließlich die Ware vom Gedächtnis geliefert bekommen, bleibt das Ich gleichsam draußen, es bleibt vorläufig ein Zuschauer, fast wie ein Empfänger der gelieferten Waren. Das heißt, genau in solchen Augenblicken sehen wir ganz klar, daß wir das bewußte Ich von seinen Erlebnissen unterscheiden müssen.

Unter dem mittelbaren Einfluß Humes könnte man versucht sein, sich das Ich als die Summe seiner Erlebnisse zu denken. (Siehe meinen Abschnitt 53.) Doch mir scheint, daß diese Theorie durch die Erinnerungserlebnisse, die ich erwähnt habe, klar widerlegt wird. Jeweils in dem Augenblick, in dem das Gedächtnis uns etwas liefert, ist weder das zuliefernde Gedächtnis noch der Gegenstand, den es uns liefert, Teil unseres Ich; sie sind vielmehr außerhalb unseres Ich, und wir betrachten sie als Zuschauer (obwohl wir unmittelbar vor und nach der Lieferung aktiv sein können) und schauen die Lieferung gleichsam mit Erstaunen an. Wir können deshalb unsere bewußten Erlebnisse von unserem Ich trennen. Mir erscheint das nicht so sehr als eine vertikale denn als eine Art horizontaler Unterscheidung innerhalb des Bewußtseins, wobei das Ich auf einer höheren Ebene als gewisse andere Regionen steht – fast auf einer höheren logischen Ebene als die Gesamtsumme der Erlebnisse. Diese Idee des Ich als Zuschauer wird auch von Penfield sehr klar und lebendig beschrieben (siehe meine Abschnitte 18 und 37). Penfield beschreibt natürlich eine höchst künstliche Situation, bei der das Gehirn elektrisch gereizt wird. Ich meine, daß das Ich unter normalen Umständen nur für wenige Augenblicke Zuschauer ist und daß es in der Regel äußerst aktiv ist. Zuschauer ist es vielleicht genau in dem Augenblick, in dem seine Bemühung zum Erfolg führt. Wenn man Ryles Ausdrücke verwendet, kann »Erinnern« (insofern es Ergebnis einer Bemühung ist) als »Erfolgswort« bezeichnet werden. »Ich erinnere mich« ist gleichwertig mit »Ich habe Erfolg, mich zu erinnern«. Das Ich ist also erst in dem Moment wirklich Zuschauer, in dem seine Tätigkeit zum Erfolg führt. Sonst ist es ständig oder fast ständig aktiv.

578   Dialog VI

E: Ja, ich glaube, das ist ein sehr guter Kommentar zu der Frage der Vertikalität und Horizontalität – daß es innerhalb von Welt 2 diese Unterschiede gibt und daß wir uns in gewisser Weise den selbstbewußten Geist als all den Erlebnissen und Erinnerungen, die ihm dargeboten werden, überlegen denken können. Diese Beziehung ist in Abbildung E 7–2 in Kapitel E 7 dargestellt, in der das Selbst von seinen Erlebnissen in den Kategorien des äußeren Sinns und des inneren Sinns unterschieden wird.

Die ganze Zeit, wenn wir nach einer Erinnerung suchen, nach einem Wort suchen, nach etwas aus der vergangenen Speicherung in unseren Gehirnen suchen, suchen und empfangen und beurteilen und werten wir mit diesem bewußten Selbst. Es ist seinen Objekten, die ihm geliefert werden, überlegen und es ist darin überlegen, daß es sie annehmen oder zurückweisen und sie benutzen oder modifizieren und zurück in den Hirnspeicher stellen kann. Dies ist sicherlich ein wichtiges Konzept. Wir müssen uns vor Augen halten, daß eine aktive Wechselwirkung stattfindet. Der selbstbewußte Geist sondiert in der Tat immer das Gehirn auf eine Weise, um von dort etwas wiederzugewinnen oder zu versuchen wiederzugewinnen, das er zurückhaben möchte, einen erwünschten Input aus dem Gehirn. Nun muß dies eine ungeheure erlernte Leistung beinhalten. Man muß begreifen, daß die Gesamtheit unserer zivilisierten Entwicklung, unserer kulturellen Entwicklung nicht darin besteht, ein Gehirn mit all diesem Gespeicherten zu besitzen, sondern darin, einen selbstbewußten Geist zu besitzen, der subtil und effektiv aus diesem Gespeicherten zurückholen kann und wissen kann, wie er zurückholt. Er besitzt einige Möglichkeiten, in diesen ungeheuren Gedächtnisspeicher, der in den räumlich-zeitlichen Verknüpfungsmustern in der neuralen Kodierung liegt, hineinzuspielen und von ihm wiederzugewinnen – vielleicht nicht beim ersten Mal, doch er verfügt über Strategien und Tricks des Wiedergewinnens.

Ich weiß selbst, daß ich Schwierigkeiten habe, manche Namen von Leuten und Namen von Plätzen wiederzuerinnern, doch ich besitze Tricks, mit deren Hilfe ich versuche, diese Namen zu erhaschen. Einige Erinnerungen kann ich unmittelbar in einer Art globaler Weise abrufen und zuversichtlich sein, daß ich dies immer kann. Von anderen weiß ich, daß sie mir Schwierigkeiten bereiten. Dies ist etwas, das wir, so glaube ich, alle erleben, nämlich daß wir Tricks des Erinnerungsabrufs oder Strategien des Erinnerungsabrufs haben müssen, und dies ist alles ein Teil dessen, wie wir es bewerkstelligen können, willentlich den ungeheuren Informationsspeicher, der in unseren Gehirnen kodiert ist, zu überwachen und von ihm abzulesen. Wenn wir versuchen, an die Art von Kartenindexsystem zu denken, das wir benötigen würden, damit es uns in adäquater Weise die volle menschliche Leistung eines hochtrainierten Gehirns vermittelt, so läge dies jenseits jeglicher Vorstellungskraft. Natürlich verwenden wir alle Arten von Strategien, die auf der Anlage von Indexen beruhen. Das ist es, warum wir Bücher schreiben und sie mit Indexen versehen, warum wir Karteien anlegen usw. Wir besitzen alle Arten von Vorrichtungen, um die immense Gedächtnislast leichter werden zu lassen.

Wenn man darüber nachdenkt, so war es im wesentlichen dies, wofür geschriebene Sprache entwickelt wurde. Das Aufschreiben von Sprache wurde in Sumer erfunden, als sich das mündliche Gedächtnis als ganz inadäquat für die Speicherung von geschäftlichen Transaktionen, von ökonomischen Angelegenheiten, von Staatsdekreten usw. erwies. Bei der Organisation der ersten großen Städte, Städten mit mehr als hunderttausend Einwohnern, war geschriebene Sprache nötig, weil die Komplexitäten nicht länger im Geist der Menschen, die zum ersten Mal damit beschäftigt waren, eine große zivilisierte Gemeinschaft zu leiten, gespeichert und daraus wieder abgerufen werden konnten.

P: Ich möchte etwas sagen, was eigentlich nicht so wichtig ist und die Terminologie betrifft. Ich ziehe unsere Ausdrücke »der sich seiner selbst bewußte Geist« oder das »Selbst- oder Ich-Bewußtsein« oder »das höhere Bewußtsein« dem Ausdruck »das reine Ich« vor; denn selbst wenn solche Begriffe wie »das reine Ich« von Autoren auf die gleichen Dinge wie wir es tun, angewendet werden, wenn wir vom sich seiner selbst bewußten Ich sprechen, so sind diese Ausdrücke doch stark mit philosophischen Theorien beladen, die meiner Meinung nach nicht annehmbar sind. (Siehe meinen Abschnitt 31.)

Ein anderer Punkt fiel mir auf, als wir über das erstaunliche Wiederabrufsystem sprachen, das wir bei der Erinnerung haben; (bei mir beginnt es wegen meines Alters zu versagen; und ich erlebe sein Versagen sehr intensiv und empfinde es als einen sehr beträchtlichen Verlust, wenn nicht für meine Persönlichkeit so doch zumindest, sagen wir, für die intellektuelle Seite meiner Persönlichkeit.) Was ich über dieses Wiederabrufsystem, das du so schön beschreibst, sagen wollte, ist folgendes: Wir sprachen vor ein oder zwei Tagen über die erstaunlich rasche evolutionäre Entwicklung beim Größenzuwachs des menschlichen Gehirns, und wir besprachen die möglichen Anforderungen, die möglichen Bedürfnisse, die bis zu einem gewissen Grade die Art des Selektionsdrucks erklären könnten, der zu dieser sehr raschen Entwicklung geführt hat. Nun glaube ich, daß es tatsächlich ganz klar ist, daß Tiere dieses bewußte Wiederabrufsystem nicht haben. Das heißt, ich glaube, wir müssen zwei Arten von Gedächtnis oder zwei Beziehungsweisen zwischen dem bewußten Ich und dem Gedächtnis unterscheiden. Die eine ist das *implizite Gedächtnis* und die andere das *explizite Gedächtnis.*[1] Das implizite Gedächtnis ist gleichsam ganz gegen-

---

[1] Für andere Unterscheidungen des Gedächtnisses siehe meinen Abschnitt 41.

wärtig in uns. Solange wir wach sind, gibt es zahlreiche Dinge, die implizit ganz einfach da sind, verfügbar, die teilweise bestimmen, was wir tun und uns fortwährend beeinflussen. Doch es gibt auch das explizite Gedächtnis, das du beschrieben hast, als du über das Wiederabrufsystem sprachst. Nun möchte ich eine Hypothese anbieten: daß nämlich das explizite Gedächtnis spezifisch menschlich ist, und daß es zusammen mit der menschlichen Sprache entsteht; das heißt, daß sich das Wiederabrufsystem zusammen mit der menschlichen Sprache ausbildet.

Über diese Hypothese ließe sich eine Menge sagen; unter anderem könnte sie den unglaublichen Anspruch, der an das Gehirn gestellt wird, erklären und dementsprechend den unglaublichen Selektionsdruck, der auf die Evolution des Gehirns durch das Auftauchen der Sprache ausgeübt wurde. Nicht nur, daß wir sprechen lernen müssen; das ist das eine; wir müssen ja lernen, unsere Sprache nicht nur unbewußt zu benutzen (wie es ein lallender Säugling tut), sondern in bestimmten Fällen nötigenfalls bewußt, was eigentlich bedeutet, daß uns das Wiederabrufsystem zur Verfügung stehen muß. Meine Hypothese ist also, daß der große Umfang des Gehirns aus den Ansprüchen resultiert, die durch die Evolution der Sprache an das Wiederabrufsystem gestellt werden. Der Unterschied zwischen implizitem und explizitem Gedächtnis ist ziemlich wichtig (und sollte von uns weiter untersucht werden, besonders von dir, zum Beispiel anhand der Arbeit von Brenda Milner, in der gewisse Fehler des impliziten wie des expliziten Gedächtnisses beschrieben sind), doch beide sind ganz klar unterscheidbar. Übrigens kann auch das explizite Gedächtnis mit der Zeit immer impliziter werden, wie es zum Beispiel in Brenda Milners Bericht bei der Fähigkeit von HM, zu sprechen und Geschichten zu erzählen und auf alte Geschichten zurückzukommen der Fall war. Die alten Geschichten waren offenbar sowohl implizit als auch explizit und aus diesem Grund sehr leicht greifbar, während es, in anderer Hinsicht, einen Fehler des expliziten Gedächtnisses gab. (Siehe Kapitel E 3).

E: Mir gefällt diese Unterscheidung des Gedächtnisses in zwei Kategorien. Doch ich möchte noch weiter gehen. Ich würde mir gerne, vielleicht recht störrisch, vorstellen, daß eine große Zahl menschlicher Wesen, obwohl sie die Sprache verwenden, sie in einer impliziten Weise verwenden. Es ist eine Art von fortlaufendem Strom, in den sie ohne irgendeinen Gedanken eintauchen – das müßige Geplapper, die Wiederholung von Erzählungen, die Wiederholung von Ereignissen, die ungeheuren Beschreibungen von Trivialitäten ohne Urteil, ohne kritisches Urteil, ohne Gnade für ihre Zuhörer. Ich vermute, es ist das, was du implizites Gedächtnis nennen würdest, wie ich aus deiner Beschreibung folgere.

P: Es kann ein Drittes, eine Art von Zwischenstufe geben. Wir müssen das wirklich sorgfältiger ausarbeiten. Was wir hier sagen, sind bloß Vorschläge.

E: Ja, kann sein, daß es ein Spektrum gibt. Doch ich selbst habe eher das Gefühl, daß das Konzept des expliziten Gedächtnisses weiter erforscht werden sollte. Du siehst es, dies ist es, wo das Gehirn im sprachlichen Ausdruck auf seinen höchsten Stufen benutzt wird. Es setzt ein langes und mühsames Training voraus und es setzt auch die Gesamtheit des Wachstums von Welt 3 voraus. Ich glaube, dies geschieht durch den Gebrauch des expliziten Gedächtnisses mit der ganzen Skala von Problemen und Diskussionen und mit den Bewertungen von allen offenkundigen Leistungen, wie in den Künsten, im Handwerk, in der Technik, in den Wissenschaften usw. All dies setzt die kritischen Urteile voraus, die mit dem Gebrauch der Sprache und des expliziten Gedächtnisses auf dieser Stufe kommen. Ich vermute weiterhin, daß wir sagen könnten, daß die gesamte Mathematik eine Art expliziten Gedächtnisses darstellt. Es scheint sich somit nun eine scharfe Unterscheidung herauszuschälen. Wir haben vermutet, daß Welt 2 wegen Welt 3 wächst. Sie stehen in einer Wechselwirkung, bei der jede der anderen hilft; doch ist es nicht möglich, daß wir sagen könnten, es ist die Kategorie des expliziten Gedächtnisses von Welt 2, die in diese symbiotische Beziehung mit Welt 3 verwickelt ist, sowohl in ihr Wachstum als auch zu irgendeiner Zeit in ihre Nutzung?

Wir müssen uns Welt 3 auf zweierlei Weise vorstellen: daß wir sie bei all unseren zivilisierten und geschickten Aktionen, den wissenschaftlichen, den künstlerischen, den kreativen nutzen; und zweitens fügen wir ihr auch hinzu und haben deshalb eine positive Rückkoppelung zu Welt 3, indem wir etwas zu dem großen und wundervollen Speicher menschlicher Kreativität hinzufügen, den wir Welt 3 nennen. Ich denke, daß deine Beschreibung des Gedächtnisspektrums ohne Zweifel Gültigkeit hat und es gibt sogar innerhalb des expliziten Gedächtnisses eine Art von Spektrum.

P: Ich meine, daß das implizite Gedächtnis vielleicht der Faktor ist, der am stärksten unsere Persönlichkeit formt, wie sie sich gleichsam in der Zeit bildet; und selbst hier haben Elemente der Welt 3 unzweifelhaft ihre Wirkung. Du hast mir einmal erzählt, daß du als kleiner Junge von Reproduktionen berühmter klassischer Gemälde umgeben warst. Das hat nun ohne Zweifel irgendwie deine gesamte Persönlichkeit beeinflußt, deine Art, eine Landschaft zu sehen und deine Art, das Leben zu genießen. Bei mir ist es ähnlich mit der Musik. Ich habe eine sehr tiefe persönliche Beziehung zu bestimmten Musikstücken, die gewissermaßen implizit da sind und meinem Leben sozusagen einen bestimmten Rhythmus verleihen. Bei Brenda Milners Fall HM bekommt man aus ihrer Beschreibung wirklich einen Eindruck von dessen Persönlichkeit, einer reizenden, unschuldigen Persönlichkeit, die aber ganz erheblich durch die impliziten Erinnerungen, die HM immer noch an die Zeit vor der anterograden Amnesie hatte, geprägt zu sein schien. Ganz allgemein sind alle unsere Ziele und Pläne, unser Begriff von uns selbst und von unserem Status, sehr stark durch unsere vergangenen Wechselbeziehungen mit Welt 3 bestimmt. Diese, und daher indirekt Elemente der Welt 3 selbst, haben unsere Persönlichkeit geformt und bilden einen Teil unseres impliziten Gedächtnisses.

E: Karl, könntest du bitte etwas mehr darüber sagen, was du wirklich mit implizitem Gedächtnis meinst. Was umfaßt es? Denn ich bin ein wenig verwirrt über dieses Ende des Spektrums. Am anderen Ende habe ich, wie ich denke, keine Schwierigkeit, doch auf welchen Niveaus sprichst du über das Gedächtnis, wenn du von implizitem Gedächtnis sprichst?

P: Mit implizitem Gedächtnis meine ich alles das,was unsere vergangenen Erlebnisse ausmacht, die, wenn sie uns auch nicht explizit vor dem Bewußtsein stehen, dennoch da sind, die unser Tun beeinflussen und die uns vielleicht greifbar werden *können.* Doch es gibt auch Dinge, die zwar da sind, aber nicht greifbar und die ich eigentlich, solange sie nicht explizit werden, auch implizites Gedächtnis nennen möchte.

Das schließt Dinge ein, die lange vergessen, aber womöglich wieder abrufbar sind und sich explizit machen lassen. (Ich schlage daher vor, daß wir viele Unterteilungen innerhalb des impliziten Gedächtnisses machen.) Meine eigentliche Idee ist, daß unsere Fähigkeit zu sprechen das Ergebnis der frühen Erlebnisse unserer früheren Sprechversuche ist; wir erinnern uns nicht explizit an sie, aber sie haben eine Art Spur hinterlassen, etwas wie ein konstantes Merkmal unseres Ich und unserer Persönlichkeit, das uns ständig formt und das natürlich seinerseits durch unsere Handlungen, unsere Gedanken und Tätigkeiten fortwährend weiter ausgebildet wird.

E: Ich verstehe dies nun, und ich glaube, daß du in einer gewissen Weise auch das miteinbeziehst, was gewöhnlich unbewußte Erinnerungen genannt wird, Erinnerungen, die nicht offenkundig sind, sondern vielleicht unter speziellen Bedingungen wieder abgerufen werden können, und natürlich können wir in einer Hinsicht Freud beipflichten, daß unsere Charaktere selbst zu einem großen Teil durch Einflüsse geformt werden, die wir in der Vergangenheit angenommen haben und nun oft nicht erkennen. Dies alles ist ein Teil des Lebens, eines normalen Lebens und wir können dies alles als einen Teil des Gegebenen nehmen. Es formte unser Selbst und unsere Charaktere. Es bedeutet, daß wir bestimmte Haltungen, bestimmte Ängste, bestimmte Ansichten, bestimmte Schrecken, bestimmte Vorurteile usw. besitzen, die wir nicht erklären können. Diese sind vielleicht Ergebnisse nicht erinnerter Geschehnisse vergangener Zeiten. Wahnideen gehören in diese gleiche Kategorie. Normalerweise können wir mit all dem umgehen, doch andererseits entschlüpfen sie manchmal der Kontrolle und zerstören Persönlichkeiten oder verletzen sie schwerwiegend. Hier hatte, wie ich vermute, die Psychiatrie einen guten therapeutischen Einfluß. Ich sage nicht, daß alles an ihr gut ist, doch ich denke, daß sie in dem Sinn gut ist, daß sie diese Einflüsse erkennt und dem Patient zu helfen versucht, sie in einer rationalen Weise zu handhaben, indem sie sie offenlegt und auf diese Weise vielleicht hilft, sich gegen sie zu immunisieren.

P: Zu dem, was du über die Psychiatrie gesagt hast, möchte ich auf Abschnitt 6, Kapitel 1 meines Buches »Conjectures and Refutations«[1] hinweisen.

Du hast auch über die Beziehung zwischen explizitem Gedächtnis und Welt 3 gesprochen. Ich nehme nun an, daß in dem Sinn, in dem Welt 3 im Gehirn verschlüsselt ist, sie hauptsächlich im expliziten Gedächtnis verschlüsselt ist, doch ich wollte bloß darauf hinweisen, daß Welt 3, soweit sie einen starken Einfluß auf die Bildung oder Prägung unserer Persönlichkeiten ausübt, wahrscheinlich auch im impliziten Gedächtnis verschlüsselt ist.

Was die Frage der Einheit des Ich angeht, so gibt es nach meiner Meinung verschiedene »Einheiten«. Die eine ist das Ich als Subjekt des Handelns, der Aktivität und als Subjekt, das Information aufnimmt usw. Das ist eine Art von Einheit, die sehr wichtig ist. Doch es gibt noch eine andere Art von Einheit, nämlich die Einheit unserer Persönlichkeit, die irgendwie in unser Gedächtnis eingegraben ist – wahrscheinlich im impliziten Gedächtnis – und die in hohem Maße das Ergebnis unserer früheren Handlungen ist. Bis zu einem gewissen Grad kann man sogar sagen, daß diese eingeprägte Persönlichkeit, soweit es sie gibt, irgendwie zu Welt 3 gehört. Sie ist tatsächlich in gewisser Weise das Produkt unseres Bewußtseins, das Produkt unseres Ich, und indem sie ein Produkt unseres Ich ist, ist sie eine Art Gegenstand von Welt 3. (Das Ich als Gegenstand der Welt 3 enthält unsere Erwartungen über das, was wir morgen sein werden und, wie Dobzhansky betonte, unseres Todes. In diesem Sinne ist das Ich ein theoretischer Gegenstand, wie ich zuvor sagte, und seine »Einheit« ist eine Theorie.)

---

[1] [1963 (a)], S. 49–50.

Ich darf hier vielleicht auf eine Frage eingehen, die mir einmal gestellt
wurde, nämlich ob nicht Tierrassen, die wir bewußt züchten, Gegenstände
der Welt 3 sind. Meine Antwort war: Ja, bis zu einem gewissen Grade sind
sie Gegenstände der Welt 3, so wie es Kunstwerke sind; und es gibt ja
tatsächlich eine sehr alte Theorie, die besagt, daß unser eigenes Leben ein
Kunstwerk ist. Ich würde nun sagen, daß diese Theorie auch für unser Ich
stimmt, insoweit als unser eigenes Ich bis zu einem gewissen Grade ein
Gegenstand der Welt 3 ist, der in unserem Gedächtnis und in den Persön-
lichkeitszügen, die unser Gedächtnis festgelegt hat, verschlüsselt ist; es
gibt sowohl etwas wie eine Einheit als auch etwas, das Welt 3 vergleichbar
ist und in dem die andere Welt 3, die unpersönliche Welt 3, meiner
Meinung nach eine ganz entscheidende Rolle gespielt hat. Ich würde also
sagen, daß es wichtig ist, verschiedene »Einheiten« zu unterscheiden;
doch du hast in der Hauptsache von der Einheit des Ich als dem Subjekt
der Tätigkeit und dem Informations-Zentrum gesprochen.

E: Ich möchte gerne etwas sagen zu dieser sehr interessanten und wichtigen Bemerkung, die du gemacht hast, daß in einer bestimmten Weise
jedes menschliche Selbst ein Welt 3-Objekt ist. Ich glaube, daß dies ein
furchtbar wichtiges Konzept ist. Man kann sagen, daß dies unmittelbar
erkannt wird, wenn man an eine Biographie denkt. Eine Biographie ist ein
Kunstwerk oder ein Werk der Gelehrsamkeit oder eine Geschichte über
ein Welt 3-Objekt, nämlich ein lebendes Wesen – eine Autobiographie ist
dies sogar noch intimer. Und sogar, wenn Menschen keine langen Biogra-
phien besitzen, so haben sie wenigstens Geschichten und Erinnerungen
und Reminiszenzen und Todesanzeigen, die zeigen, daß sie dem gesamten
Strom der Zivilisation und Kultur auf ihre eigene besondere Weise angehören. Wir müssen erkennen, daß Individuen lebende Exemplare eines
kultivierten und zivilisierten und moralischen Lebens darstellen und in
dieser Hinsicht Welt 3-Objekte sind, die eine Botschaft an die Menschheit
haben.

P: Genau das wollte ich sagen; ich stimme deiner Interpretation völlig zu.

E: Wir können nun zu anderen Aspekten der Basis für unsere starke
dualistische Hypothese übergehen. Ich möchte nur kurz erwähnen, daß
wir annehmen müssen, daß unser selbstbewußter Geist eine gewisse Kohärenz mit den neuronalen Operationen des Gehirns besitzt, doch wir
müssen darüber hinaus erkennen, daß er nicht in einer passiven Beziehung steht. Es ist eine aktive Beziehung, die die neuronalen Operationen
sucht und auch modifiziert. So ist dies ein sehr starker Dualismus und er
trennt unsere Theorien vollständig von irgendwelchen parallelistischen

Anschauungen, bei denen der selbstbewußte Geist passiv ist. Das ist das Wesen der parallelistischen Hypothese. Alle Varianten von Identitätstheorien beinhalten, daß die bewußten Erfahrungen des Geistes lediglich eine passive Beziehung als Spinoff von den Operationen der neuralen Maschinerie, die sich selbst genügen, besitzen. Diese Operationen erbringen die gesamte motorische Leistung und vermitteln zusätzlich alle bewußten Wahrnehmungen und Gedächtnisabrufungen. So liefern die Operationen der neuralen Maschinerie den parallelistischen Hypothesen eine notwendige und ausreichende Erklärung für alle menschlichen Aktionen.

P: Genau das wollte ich ausdrücken, als ich mit einem Gefühl von Verzweiflung 1950 in Oxford sagte, ich glaubte an das Gespenst in der Maschine. Das heißt, ich glaube, daß das Ich irgendwie auf dem Gehirn spielt, wie ein Pianist auf dem Klavier oder der Fahrer auf den Kontrollinstrumenten des Autos.

E: Als Herausforderung will ich eine sehr kurze Zusammenfassung oder einen Umriß der Theorie geben, wie ich sie sehe. Hier ist sie. Der selbstbewußte Geist ist aktiv damit befaßt, von der Vielzahl von aktiven Zentren auf der höchsten Ebene der Gehirnaktivität, nämlich im Liaisongehirn abzulesen. Der selbstbewußte Geist selektiert aus diesen Zentren gemäß der Aufmerksamkeit und dem Interesse und integriert von Augenblick zu Augenblick seine Selektion, um auch den flüchtigsten bewußten Erlebnissen Einheit zu verleihen. Weiterhin wirkt der selbstbewußte Geist auf diese neuralen Zentren, indem er die dynamischen räumlich-zeitlichen Muster der neuralen Ereignisse modifiziert. So wird in Übereinstimmung mit Sperry gefordert, daß der selbstbewußte Geist eine höhere interpretative und kontrollierende Rolle gegenüber den neuralen Ereignissen inne hat.

P: Das halte ich für sehr gut. Die einzige Stelle, an der man es vielleicht noch überzeugender machen sollte, ist, wo du vom Verbindungsgehirn sprichst; wir könnten es nämlich dadurch überzeugender ausdrücken, daß wir klarmachen, daß das Verbindungsgehirn sozusagen beinahe einen Gegenstand der Wahl des Selbstbewußtseins darstellt. Das heißt, wenn ein bestimmter Teil des Gehirns nicht zur Verfügung steht, sucht sich das Selbst-Bewußtsein einen anderen Teil als Ersatz aus. Ich glaube, wir sollten aufgrund der Tatsache, daß das Verbindungsgehirn nach bestimmten Operationen oder Verletzungen, soweit wir wissen, tatsächlich seine Stellung verändert, das Verbindungsgehirn nicht als etwas betrachten, das physisch gegeben ist. Wir sollten es eher als so etwas wie ein Ergebnis der Zusammenarbeit und Wechselwirkung zwischen Gehirn und Ich ansehen.

Ich gehe also in meiner Auffassung der Wechselwirkung sogar noch etwas weiter als du, insofern ich schon die Lage des Verbindungshirns als Ergebnis der Wechselwirkung von Gehirn und Ich-Bewußtsein ansehe. Doch in anderen Punkten stimme ich dir völlig zu.

E: Ebenfalls relevant für diese Diskussion ist ein Bericht in Kapitel E 7 über das, was im Schlaf und in den Träumen geschieht. Ich kann mir vorstellen, daß der selbstbewußte Geist im normalen wachen Leben die ganze Zeit alle die Moduln dieser Teile des Gehirns abtastet und sondiert, von denen wir annehmen können, daß sie ihm zugänglich sind, oder diejenigen Teile des Gehirns, die für ihn von Interesse sind. Ich glaube, daß er sich in vieler Hinsicht nicht um die gewöhnlichen Verarbeitungszentren der Großhirnrinde auf niedrigem Niveau kümmert, wo es nur eine Modalität gibt (wie in Kapitel E 1, Abb. 7 und 8 dargestellt) und wo frühe Stadien der Zusammenfügung zu bedeutsamen Merkmalen stattfinden. Moduln dieser Bereiche sind permanent geschlossen. Diese sind nicht von Interesse für den selbstbewußten Geist. Der selbstbewußte Geist möchte, vielleicht aufgrund von Wahl, vielleicht aufgrund von Erfahrung aus den kortikalen Abschnitten herauslesen, in denen sich Geschehnisse abspielen, die für ihn von Interesse sind, weil man sich vorstellen muß, daß er mithilfe seiner Aufmerksamkeit immer Interesse provozieren muß. Er greift nicht nur irgendetwas, das im Gehirn geschieht, heraus, sondern er selektiert aus den Geschehnissen entsprechend seiner Wahl oder seinem Interesse. Ich glaube, wir müssen dies der Theorie inkorporieren.

Der Schlaf ist eine natürliche wiederholte Bewußtlosigkeit, für die wir nicht einmal den Grund kennen. Er zeigt nur eine offenkundige Relation zu unserem Thema, weil er eine Verbindung zum selbstbewußten Geist und zu der Aktivität des Gehirns besitzt, wie in Kapitel E 7 beschrieben. Wir wissen weiterhin, daß Träumen gut für uns ist. Wenn Personen gerade zu Beginn eines Traumzyklus, den man im Elektroenzephalogramm erkennen kann, geweckt werden und dies Nacht für Nacht während jedes Traumzyklus wiederholt wird, werden die Versuchspersonen in etwa zwei bis drei Tagen psychotisch. Diese eigenartige bizarre Aktivität des Gehirns, die durch den selbstbewußten Geist herausgelesen wird, besitzt vielleicht wegen der immensen intensiven Operation des Gehirns während der wachen Stunden einen heilsamen Wert für uns. Es findet eine Art Reinigungsprozeß statt, ein Aussortieren aus dem ungeheuren Datenspeicher, den das Gehirn jeden Tag erhält, und so kommt es in Träumen heraus. Ich weiß nicht, wie dies mit dem Herauslesen durch den selbstbewußten Geist in Verbindung steht. Ist es nötig, daß auch dieses Herauslesen stattfindet oder genügt es, wenn die neuralen Ereignisse weiterlaufen, als ob es ein Traum wäre, aber ohne einen Traum zu ergeben?

P: Was du andeutest, enthält ungefähr die Hypothese, daß der Traum eine Heil-Funktion hat, die darin besteht, das Gedächtnis von unnötigem oder unerwünschtem Erinnerungsmaterial zu reinigen, das sich gleichsam angesammelt hat. Ich glaube, daß man diese These in einer Art antifreudianischer Traumtheorie unterbringen könnte.

E: Die einzigen Träume, an die wir uns am nächsten Tag erinnern, sind die Träume, die uns aufwecken. Wir werden durch den Traum aufgeweckt und erleben ihn retrospektiv im Gedächtnis, nachdem wir den Traum in seinem ganzen bizarren Charakter zurückgerufen haben und dann können wir wieder schlafen und am nächsten Tag können wir ihn mehr oder weniger zurückrufen. Natürlich ist der Weg, einen Traum am wirksamsten zurückzurufen der, ihn, wenn man von ihm erwacht, immer wieder durchzugehen, ihn im Detail zu analysieren und ihn zu organisieren und ihn vielleicht mit anderen erinnerten Ereignissen in Verbindung zu setzen usw. Dann kann man ihn wirklich wiederfinden und sich an ihn erinnern. In dieser Hinsicht gibt es natürlich die bemerkenswerte Geschichte von Otto Loewi, der in einem Traum in einer klaren Vision erkannte, wie ein fundamentales Experiment über die chemische Übertragung vom Vagusnerven zum Froschherzen durchzuführen sei. Er hatte sich mit diesem Problem herumgeschlagen und in seinem Traum sah er den Weg, dieses Experiment durchzuführen. Er erwachte am nächsten Morgen und erkannte, daß er einen Traum gehabt hatte und daß er wichtig war und er sich an keine Details erinnern konnte. In der nächsten Nacht legte er, um sicher zu gehen, Papier und Bleistift neben sein Bett, und, wie er angenommen hatte, kam der Traum wieder zu ihm, er wachte auf, erinnerte sich an den Traum und schrieb mit Bleistift und Papier auf, worüber der Traum ging. Am nächsten Morgen erinnerte er sich, daß er es aufgeschrieben hatte und erwartungsvoll griff er nach dem Papier und schaute es an, aber, o weh, er konnte es überhaupt nicht interpretieren. Natürlich war die endgültige Lösung dann, Papier und Bleistift nicht zu trauen. In der dritten Nacht weckte er sich vollständig auf und machte einen ausführlichen Plan des Experiments. Das Traumexperiment wurde unverzüglich in seinem Laboratorium ausgeführt. Es war erfolgreich und Loewi erhielt für diese Entdeckung 1936 den Nobelpreis, den er mit Sir Henry Dale teilte, der mir viele Jahre später den vollen Bericht über diese Folge der drei Träume gab. Später in seinem Leben vereinfachte Loewi die Geschichte stark, indem er die ersten beiden Nächte ausließ. Die endgültige falsche Legende wurde von Dale wissentlich in seiner Biographie über Loewi im Nachruf der Royal Society berichtet!

P: Du hast sehr schön dargestellt, wie das Selbstbewußtsein in solchen Fällen schon sehr aktiv sein muß, wenn es den Traum dem Gedächtnis einprägen will. Das heißt, das Normale ist offenbar, einen Traum zu vergessen und das Außergewöhnliche ist, den Traum zu erinnern oder zu rekonstruieren und ihn dem Gedächtnis einzuprägen. Das zeigt wieder, wie aktiv das Selbstbewußtsein ist, während es im Teilbewußtsein des Träumens offensichtlich viel weniger aktiv ist.

Man könnte vielleicht sogar eine biologische Vermutung darüber anstellen, warum wir unsere Träume so leicht und so schnell vergessen. Weil nämlich das Selbstbewußtsein von sich aus den Traum als eine Art Störung oder Hirngespinst abweist; als etwas, das nicht in die Welt der Zwecke paßt, die dem Selbstbewußtsein durch seine Theorien über die Welt vorgeschrieben ist. Durch die Tatsache, daß wir den Traum nicht der Welt unseres Wachseins einfügen können, entdecken wir, daß er nicht eingepaßt werden kann. Er gehört somit zu den vielen von uns gemachten Dingen, die wir erfolglos einzupassen versuchen und deshalb dann aussondern. Ich spreche natürlich von normalen Menschen, nicht von Neurotikern, die durch viele ihrer Träume ganz tiefgreifend gestört werden können, vor allem, wenn ihre Aufmerksamkeit darauf gelenkt wird.

Dialog VII

P: Wir alle haben bestimmte Bedürfnisse, und eines der stärksten hinsichtlich des Ich ist das nach Integration: das Bedürfnis des Ich, seine Gen-Identität (um Kurt Lewins Ausdruck[1] zu gebrauchen) zu begründen. Ein Beispiel dafür ist das ständige Sich-Zurückwenden von Brenda Milners Versuchsperson HM auf ihre vergangenen Erlebnisse, weil das den einzigen Integrationspunkt für ihr Ich darstellte. Dieses Bedürfnis nach Integration ist ohne Zweifel eines der Momente, die das Ich auf das Gehirn einwirken läßt. Das heißt, das Ich hat den Drang oder das Bedürfnis oder die Tendenz zur Vereinheitlichung und zur Zusammenfassung der verschiedenen Gehirntätigkeiten.

Für das tierische Bewußtsein möchte ich die folgende Hypothese vorschlagen. Wo es Wachsein und Schlaf und einen periodischen Wechsel zwischen beiden gibt, da haben wir tatsächlich auch Bewußtsein, vielleicht auf einer ziemlich niederen Stufe, also ohne eine Spur von explizitem Gedächtnis, Bewußtsein, das sich eines Ich sozusagen völlig unbewußt ist, aber ein implizites Gedächtnis hat. Mir scheint auch, wenn wir den Parallelismus aufgeben und damit, was das menschliche Gehirn angeht, die Suche nach Integration im menschlichen Gehirn selbst, daß wir etwas ähnliches im Falle des tierischen Gehirns tun müssen.

E: Ich bin natürlich bereit, diesen Konzepten zuzustimmen, die du, Karl, über das tierische Gehirn und Bewußtsein hast. Ich möchte darauf hinweisen, daß wir, wenn wir das auf die Input-Seite vom Gehirn zu einem tierischen Bewußtsein übertragen, auch unterstellen müssen, daß eine umgekehrte Aktion stattfindet. Das tierische Bewußtsein ist keine Ganzheit, die für keinen anderen Zweck entwickelt worden ist, als vielleicht Tieren eine Art von Freude oder Leid zu vermitteln. Tierischem Bewußtsein

---

[1] K. Lewin [1922].

käme dann insofern ein realer biologischer Überlebenswert zu, als es die
Leistung des ganzen Tieres organisieren und seine Reaktionen auf Situationen wirksam kontrollieren würde. Das soll heißen, daß wir uns wie beim
Selbstbewußtsein des Menschen auch das tierische Bewußtsein sowohl mit
einem Input als auch mit einem Output versehen denken müssen.

P: Das hat auch mit dem Problem der Möglichkeit von zwei in Wechselwirkung stehenden Welten zu tun sowie mit meinem historischen Abriß
von Decartes' physikalischer Wirkungstheorie, der Theorie des Stoßes.
(Siehe meinen Abschnitt 48). Ich glaube, es ist sehr wichtig zu sehen, daß
es aus der Zeit Descartes' eine ähnliche Theorie der Wechselwirkung innerhalb des Bewußtseins gibt – die Assoziationstheorie der Ideen oder
Vorstellungen (siehe meinen Abschnitt 52).

Ich vertrete seit vielen Jahren die folgende Ansicht über das Lernen
von etwas Neuem, die Entwicklung einer neuen *Fertigkeit* oder die Entdeckung einer neuen Hypothese: solange das zu Lernende oder die zu
entdeckende Hypothese, (was ineinander übergeht und ungefähr das gleiche ist) neu für uns sind, müssen wir uns darauf konzentrieren und ihnen
unsere *ganze bewußte Aufmerksamkeit* widmen. Nimm etwa das Klavierspielen. Klavierspielen ist wirklich ein sehr gutes Beispiel, denn hier fällt
die Ausbildung einer neuen Fertigkeit irgendwie mit der Ausarbeitung
neuer Hypothesen darüber zusammen, wie wir spielen sollten. Das heißt,
man probiert verschiedene Hypothesen aus: Kann es so gehen? Nein.
Aber man könnte es so machen und so fort. Wir arbeiten sowohl mit
Hypothesen wie mit Fertigkeiten. Mein Vorschlag hier ist ähnlich, aber
nicht ganz derselbe wie eine Hypothese Schrödingers. (Siehe meinen Abschnitt 36.)

E: Das deckt sich ganz mit meinen eigenen Überlegungen über das Erlernen von Bewegungen und darüber, wie wir eine neue Bewegung erlernen,
über die wir nachdenken müssen. Du formulierst das als eine Hypothese
darüber, wie man Klavier spielt, und programmierst deine Bewegungen
vor. Es gibt bei der Vorprogrammierung einer Bewegung verschiedene
Regelkreise, die wir mittlerweile kennen, und wie sie in Kapitel E 3, Abbildungen E 3–6 und 7 beschrieben sind. Man geht in Gedanken durch,
was man tun möchte und wie man es tun kann, und daran sind Schaltkreise beteiligt, die von der Großhirnrinde zu den Kleinhirnhemisphären
verlaufen und über den Thalamus wieder zurückkommen. Es sind auch
Schaltkreise beteiligt, die wahrscheinlich zu den Basalganglien verlaufen.
So sind wir nicht nur in Großhirnschaltkreise verwickelt, sondern auch in
eine ganze Menge subkortikaler Aktivität, durch die Fertigkeiten organisiert werden. Wenn am Ende die Bewegung ausgeführt worden ist, finden

sich alle Arten von Feedback-Anordnungen, um sie zu kontrollieren und sie auf das erwünschte Muster zurückzubringen. Wenn man eine Aktion wiederholt ausführt, erlernt man natürlich schrittweise die ganze richtige Abfolge von Muskelkontraktionen und Feedback und alledem. Sie kann dann automatisch werden. Sie muß nicht länger in der Weise programmiert werden, wie sie es ursprünglich wurde. Vielleicht hebt man in diesen Fällen das Programm für den gesamten Ablauf auf. Zum Beispiel denkt der Pianist nicht länger an jede kleine Folge von Handbewegungen und Phrasierungen in jedem Klavierstück. Er gewinnt jetzt einen weiteren Blick, eine unabhängigere Anschauung bei der artistischen Kreativität seiner Wiedergabe. Und das ist nach meiner Meinung die Art und Weise, in der wir hochstehende Fertigkeiten erlernen. Wir relegieren schrittweise die Ausführung einfacherer Abläufe zur automatischen Stufe und halten uns selbst, unser Bewußtsein, unseren selbstbewußten Geist offen für die höherentwickelte, integrative, kreative Seite unserer Aktionen.

P: Ich möchte eine Anmerkung zur Induktion machen. Daß wir durch Wiederholung lernen können, ist vielfach mißverstanden und als Argument für die Induktionstheorie verwandt worden. Aber ich glaube (wie ich in Abschnitt 36 gesagt habe), Lernen durch Wiederholung bedeutet, etwas vom Bewußtsein ins Unbewußte oder ins Gedächtnis abschieben und es so problemlos machen (das heißt, es subjektiv gesichert machen, was etwas ganz anderes ist, als es der Welt anzupassen oder objektiv wahr zu machen). Im Unterschied dazu bedeutet das Problem der Induktion die Entdeckung von etwas Neuem (zum Beispiel einer neuen Theorie). Das wird nicht durch Wiederholung, sondern durch Machen und Passend-Machen (making and matching) getan. Wir entwickeln eine Hypothese gleichsam in uns, und dann probieren wir diese Hypothesen aus – das heißt wir testen sie und versuchen sie zu falsifizieren, und wenn das geschehen sollte, versuchen wir eine neue Hypothese aufzustellen und so fort. Dieser Vorgang von Machen und Passend-Machen scheint sehr schnell abzulaufen. Er funktioniert sogar bei der Wahrnehmung.

E: Ich möchte nun darüber sprechen, wie wir eine Gedächtnisspur legen können, oder was geschieht, wenn wir uns ein Ereignis noch einmal in das bewußte Erleben zurückholen – gemeint ist die Abfolge von einem bewußt wahrgenommenen Ereignis über einige Speicherungsprozesse zu der schließlichen Erinnerung. Sehen wir uns ein einfaches, aber einmaliges Wahrnehmungserlebnis an.

Nehmen wir ein höchst einfaches Beispiel. Man hat plötzlich den Gebrauch eines neuen Wortes erlebt, das man niemals zuvor verwandt hatte, und man möchte es benutzen, etwa die Worte »Paradigma« oder »Algorithmus« oder »Phonem«. Nun ist das erste, was geschieht, daß das Wort zum Bewußtsein kommt, indem es durch den selbstbewußten Geist herausgelesen wird. Auf dieser Stufe wird es durch verbale Repetition so lange im Gedächtnis gehalten, wie man möchte, wie in Kapitel E 8 beschrieben. Man könnte das Wort in der einen oder anderen Weise benutzen und weiter mit ihm umgehen und mit ihm spielen. Während man dies tut, hat man das, was bei der Anwendung dieses Wortes Kurzzeitgedächtnis genannt wird. Man kann das gleiche mit einer Telefonnummer machen, die man sich merken möchte. Man kann sie immer wieder wiederholen. Das ist verbale Wiederholung. Doch es könnte sich auch um ein Bild handeln, das man gesehen hat. Während dieser Aktivität braucht man sich nicht mehr als lediglich eine kontinuierliche neuronale Maschine von großer Komplexität vorzustellen, die in ihren räumlich-zeitlichen Operationen die Erinnerung festhält, die in jedem Augenblick durch den selbstbewußten Geist nach Art des ersten Erlebnisses herausgelesen werden kann. Das heißt, es ergibt sich ein kontinuierliches Erlebnis der gleichen Art wie das anfängliche. Dies scheint alles zu sein, was geschieht. Wir kennen das z. B. sehr gut aus Fällen totaler Hippokampektomie, wenn der gesamte Hippokampus auf beiden Seiten entfernt worden ist. Dann besitzen die Patienten nicht mehr als die Fähigkeit eines kurzen verbalen Zurückrufens, ein paar Sekunden von Gedächtnis (Kapitel E 8). Der interessante Befund ist, daß sie das Gedächtnis verlieren, sobald ihre Aufmerksamkeit abgelenkt wird. Sobald die kontinuierliche verbale Zurückholoperation auf ein anderes neuronales Muster gelenkt wird, kann sie nicht wieder hergeholt werden.

Wieviel speichern wir im normalen Leben in unseren verbalen und unseren bildlichen Wiederholungsoperationen in unserem Gehirn! Dies ist mein Hauptanliegen. Es gibt andere Gedächtnisebenen. Doch angesichts dieser Hippokampus-Geschichte müssen wir festhalten, daß der Hippokampus in die Operation einbezogen werden muß, sobald irgendetwas länger als dies erinnert werden muß. Man hat gezeigt, daß Hippokampektomie auf der linken Seite zu einem Versagen der verbalen Erinnerung führt. Der Zeitverlauf des Verlustes wurde an Versuchspersonen gemessen, nach etwa 20 Sekunden kommt es zum Versagen (Kapitel E 6).

P: Darf ich nur fragen: Du sprichst von verbalem Wiederabruf, doch das bedeutet vermutlich, daß die verbale Fähigkeit oder die sprachliche Fertigkeit nicht betroffen ist. Oder ist die sprachliche Fertigkeit betroffen? Ist also das Brocasche Zentrum betroffen?

E: Nein, diese Personen können die Sprache entsprechend ihrem alten Gedächtnisspeicher gebrauchen. Da gibt es kein Problem. Der Defekt liegt nicht im Gebrauch oder im Verständnis der Sprache. Der Defekt liegt nur in der Konsolidierung neuer verbaler Erfahrungen. Den Personen wird eine Folge von Zahlen oder Worten gegeben, an die sie sich erinnern sollen, und sie geht innerhalb von 20 Sekunden verloren. Die Verlustrate kann sogar graphisch dargestellt werden.

P: Ich möchte noch etwas anderes erwähnen. Es hat damit zu tun, wie man etwas dem Gedächtnis einprägt. Ich will ein eigenes Erlebnis mit Telefonnummern erwähnen. Ich versuche mich immer mit Hilfe von Diagrammen an Telefonnummern zu erinnern. Da ist zum Beispiel eine Nummer, die ich häufig anrufe, die Telefonnummer meiner Schwester. In der Telefonnummer meiner Schwester kommen die Zahlen 35–37–02 vor. Ich hatte nun gewisse Schwierigkeiten, mich zu erinnern, ob es 35–37–02 oder 37–35–02 war. Also prägte ich sie mit Hilfe eines Diagrammes, das die Form eines Giebeldaches hat, meinem Gedächtnis ein. Es zeigt, daß man mit etwas Kleinem anfängt, zu etwas Großem übergeht und dann zu etwas Kleinem zurückgeht:

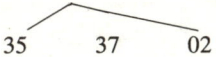

Das Diagramm half mir zwischen 37–35–02 und 35–37–02 zu unterscheiden. Das ist nur ein Beispiel. Ich glaube, die Verwendung solcher Diagramme ist ein sehr bezeichnendes mnemotechnisches Hilfsmittel, das auch für die Theorienbildung bezeichnend ist. Du hast selbst gesagt, daß du beim Nachdenken über Theorien ein Diagramm ausarbeitest. Und ich glaube, das war genau so ein Diagramm. Mit anderen Worten: beim Versuch, dem Bewußtsein etwas Neues einzuprägen und bei dem Versuch, etwas Neues zu finden ist ein ganz ähnlicher psychischer Vorgang im Spiel.

E: Dies ist völlig richtig. Die ganze Zeit tut unser selbstbewußter Geist nichts anderes. Der selbstbewußte Geist ist nicht passiv, er ist aktiv. Die wichtige Botschaft, die in den letzten paar Tagen zu mir gedrungen ist, ist, der Aktivität des selbstbewußten Geistes auf das Gehirn voll Rechnung zu tragen, nicht nur bei irgendeiner willkürlichen Aktion, sondern bei den gewöhnlichen, in jedem Augenblick ablaufenden Operationen, die sich durch unser gesamtes Leben ziehen, in denen Gedanken zu anderen Gedanken führen und in denen Erinnerungen in unserem geistigen Leben wieder hergeholt und wieder abgespielt werden usw. – zurückrufen und erinnern und einwirken und entwickeln. All dies ist sehr wichtig.

P: Was du über das Handeln gesagt hast, erinnert mich an die Körbchen-Kätzchen. Es ist für mich gewissermaßen ein schematisches Symbol für die

Bedeutung des Tuns in allen Lernprozessen und allen Bewußtseins-Vorgängen.

E: Um nun zum Hippokampus zurückzukehren. Es ist in gewissem Sinne eine außerordentliche Hypothese, daß wir uns vorstellen müssen, daß der Hippokampus so früh und wirksam mit hereingebracht wird, daß er uns sogar schon nach wenigen Sekunden hilft, eine Erinnerung wiederzubringen. Dies wird natürlich durch die Verletzungsuntersuchungen, die ich erwähnte, gezeigt (vgl. Kapitel E 8).

Ich meine, wir sollten annehmen, daß der selbstbewußte Geist auf die offenen Moduln des Neokortex wirkt, weil es für uns genügt zu denken, daß an diesen besonderen Orten im Gehirn und unter besonderen Umständen Welt 1 gegenüber Welt 2 offen ist (Kapitel E 7). Wir wollen nicht, daß sie sich überall öffnet! Ich glaube, daß Ökonomie erforderlich ist. In erster Linie müssen wir an die Minimumzonen für das Öffnen denken und sehen, ob wir all diese Phänomene auf diese Weise erklären können. Meine erste Mutmaßung ist, daß wir das können.

P: Das ist eine sehr wichtige Frage der Methode. Man kann sie so formulieren: *Sofern* Parallelismus erreichbar ist, sollten wir versuchen, einen Parallelismus zwischen Bewußtsein und Materie herzustellen; bis er irgendwo zusammenbricht und Wechselwirkung ins Spiel kommt. Natürlich sollten wir zunächst mit einer Art Minimum-Wechselwirkung arbeiten.

Ich sollte vielleicht hier versuchsweise eine Idee erwähnen, die mir vor vielen Jahren kam, nämlich die, daß es bedingte Reflexe eigentlich gar nicht gibt. Was Pawlow bedingten Reflex nannte, ist, daß der Hund Hypothesen macht. (Siehe meinen Abschnitt 40.) Ich glaube, die Theorie des bedingten Reflexes geht auf die Lockesche Assoziationspsychologie zurück. Anders gesagt, den bedingten Reflex dachte man sich als die physiologische Seite der Assoziation. Doch ich halte die Assoziationspsychologie für völlig falsch, und man sollte deshalb aufhören, von bedingten Reflexen zu sprechen.

E: Also gut, laß uns nicht allzu dogmatisch in dieser Angelegenheit sein, weil der bedingte Reflex natürlich eine falsche Bezeichnung ist. Ich stimme ohne weiteres zu, und darüber hinaus zeigt auch die experimentelle Forschungsarbeit, daß er normalerweise kortikale Aktion miteinschließt und so stellt er in der Tat eine extrem komplizierte Serie von Ereignissen dar. Der Fehler war in erster Linie, ihm den Namen Reflex zu geben. Er ist überhaupt kein Reflex. Sherrington würde nie glauben, daß er ein Reflex sei. Er glaubte, daß er das gesamte komplizierte Verhaltensmuster des Hundes verkörpere, und daß es sich um erlernte Erfahrung mit, wie du sagst, Antizipation und ihr eingebautem Gedächtnis handelte. Unglücklicherweise wurde er Reflex genannt, nämlich insofern, als das der Anlaß zu, wie ich denke, einem sehr limitierenden Behaviorismus war. Eine behavioristische Haltung gegenüber Menschen und Tieren heißt, die ganze Zeit in Begriffen eines absurd einfachen Reflexablaufs mit Stimulus – Antwort und dann mit operanter Konditionierung zu denken, die mit ihrer Karikatur dessen, was das Nervensystem arbeitet, ins Spiel kommt.

P: Ja, und nicht nur das Wort »Reflex« ist eine Karikatur, sondern auch das Wort »konditioniert«. Meine Theorie ist, daß wir gar nichts von außen konditionieren, sondern wir regen das Gehirn gleichsam von innen an, Erwartungen, Hypothesen oder Theorien zu produzieren, die dann ausprobiert werden. Natürlich sinken, wie zuvor erwähnt, diese Erwartungen, wenn sie durchprobiert sind und gut funktionieren, durch Wiederholung in den unbewußten Teil des Gehirns ab, auf eine niederere Ebene und funktionieren dann mehr oder weniger automatisch. Die beiden Worte »konditioniert« *und* »Reflex« sind also tatsächlich falsche Bezeichnungen, die gemeinsam zu einem behavioristischen Ansatz führen, den ich für vollkommen falsch halte.

E: Ich stimme dieser Kritik zu. Ich glaube, wir können die transaktionale Beziehung über die Kluft zwischen dem Verbindungshirn und dem selbstbewußten Geist nicht hoch genug einschätzen (vgl. Kapitel E7, E8).

Nun frage ich als nächstes, wie wir Erinnerungen wiedergewinnen? Ich glaube, das stellt in der Tat eine sehr wichtige funktionelle Aktivität des selbstbewußten Geistes dar. Ich glaube, daß der selbstbewußte Geist bei diesem Wiedergewinnen fortwährend danach sucht, Erinnerungen an Worte, Redewendungen, Bilder durch eine Aktion wiederzufinden, die nicht nur ein reines Abtasten der modulären Anordnung, sondern ein Eindringen in die moduläre Anordnung darstellt, um Antworten von ihr zu evozieren und um zu versuchen, die bevorzugten Moduln zu entdecken, diejenigen, die durch ihre musterförmige Organisation mit dem Gedächtnis verbunden sind. Auf diese Weise übernimmt der selbstbewußte Geist sozusagen eine sehr aktive Rolle beim Wiederfinden von Erinnerungen, die er zu diesem Zeitpunkt als wünschenswert betrachtet. Er tastet, so meine ich, die ganze Zeit der zerebralen Verbindungsbezirke mit Hilfe eines Versuch- und Irrtum-Prozesses ab. Wir sind alle vertraut mit der Leichtigkeit und Schwierigkeit des Rückrufs der einen oder anderen Erinnerung, und wir besitzen viele Tricks dafür. Manche kommen immer leicht, wir können immer ein Wort oder eine Redewendung finden; andere sind schwieriger, und all dies stellt Probleme für den selbstbewußten Geist und eine fortwährende Herausforderung für ihn dar, um die erwünschte Erinnerung durch diese Abtast- und Sondierungsoperation der modulären Muster zurückzurufen. Ich glaube, dies ist etwas, das ungeheuer wichtig in unserer gesamten kulturellen Leistung ist.

P: Darf ich noch etwas vielleicht ziemlich Triviales über Kultur und Gedächtnis hinzufügen. Wir erinnern uns häufig nur, daß wir etwas in einem Buch gelesen haben, und daß das Buch an einem bestimmten Platz steht, und wie wir das Gesuchte in dem Buch finden könnten. Es besteht ein Geben und Nehmen zwischen der im Gehirn gespeicherten Kultur und der Kultur der äußeren Welt 3, und es ist zweckmäßig, eine Technik auszubilden, wie man soviel wie möglich in die äußere Welt 3 verlegen kann.[2] Darum machen wir uns Notizen und haben Tonbandgeräte. Und noch etwas. Wenn wir nämlich selbst tätig sind und etwas schaffen, dann genügt es ganz und gar nicht, es nur im Kopf auszuarbeiten: Auch wenn das eine sehr wichtige Stufe ist, reicht sie nicht aus. Wir müssen unsere Ideen aufschreiben, und indem wir sie aufschreiben, stoßen wir bezeichnenderweise auf Probleme, die wir zuvor übersehen hatten und über die wir nun nachdenken können. Mit anderen Worten, die Tätigkeit des bewußten Ich im Verhältnis zu einem Blatt Papier und einem Bleistift hat entschiedene Ähnlichkeit mit der Tätigkeit des bewußten Ichs im Verhältnis zum Gehirn. Und beide schließen ein Vorgehen nach Versuch und Irrtum ein.

E: In unserem gelehrten Leben wären wir vollkommen verloren, wenn alles, was wir verwenden können, das wäre, was wir erinnert haben und wenn wir nichts niedergeschrieben hätten. Natürlich gab es ein Stadium, in dem dies so war und in dem sehr wenig niedergeschrieben war. Ich vermute, daß Sokrates nie irgendetwas niederschrieb, doch Sokrates fand sich in der glücklichen Lage, eine Menge Leute um sich herum zu haben, bei denen er nach Erinnerungen suchen konnte. Es bestand eine Atmosphäre von kultivierter Diskussion und Frage und Argument mit Fragen und Problemen, die aufgeworfen und beantwortet und kritisiert wurden. Dies kann so bis zu einer bestimmten Stufe unter sehr günstigen Bedingungen gemacht werden, ohne daß man es alles in geschriebene Form bringt; doch dann kamen natürlich Plato und andere und schrieben es nieder. Genauso verhält es sich mit dem Neuen Testament. Nichts war in der Zeit aufgeschrieben; es wurde viele Jahre später aus dem Gedächtnis aufgeschrieben, damit wir es alle lesen konnten. Einige der größten Perioden menschlicher Kreativität auf den höchsten Stufen besaßen nicht den

---

[2] Vergleiche Auguste Forels (autobiographische) Bemerkung: »Was wir auf unsere Bücherregale stellen können, sollten wir nicht in unsere Gehirne stopfen.«

Vorteil von Büchern, doch ich möchte nicht die Bücher abwerten, nicht einmal für einen Moment! Ich glaube, daß wir uns jetzt auf Stufen der Komplexität des Wissens befinden, die weit über alles herausgewachsen sind, was in den alten Schulen der Disputation behandelt werden konnte. Weiter glaube ich, daß wir erfahren im Schreiben geworden sind, so daß wir nun selbstkritischer und kritischer gegenüber anderen in Begriffen ursprünglicher Ausdrücke und Ideen sein können, als wir es in der gesprochenen Form erreichen. So habe ich selbst eine ganze Menge davon gelernt, daß ich meine Gedanken niedergeschrieben oder sie schematisch dargestellt habe.

P: Denken wir an das Problem der Abrufbarkeit. Ich glaube doch, daß wir eine Art diagrammatischer Darstellung der Sache, die wir finden wollen, haben, wenn wir etwa einen Namen oder ein Wort oder etwas derartiges aus unserem Gedächtnisspeicher abrufen wollen, bevor wir wirklich sozusagen in den Speicher hineingehen, um sie zu finden. Ich glaube, am Prozeß der Abrufung ist etwas sehr Wichtiges und Interessantes, nämlich, daß wir verschiedene Lösungen unserer Probleme ausprobieren und verwerfen. Wir vergleichen gewissermaßen das, auf das wir gekommen sind, mit unserem vage vorgestellten Ziel und sagen: nein, nein, das ist es nicht. Wenn wir es aber wirklich finden, dann sind wir gewöhnlich ganz sicher, daß wir das gefunden haben, wonach wir suchten. Manchmal aber kommt es zu einem Zwischenstadium, das heißt, manchmal finden wir einen Namen und sagen: oh ja, das könnte er sein; doch offensichtlich war es nur etwas ganz Ähnliches, und vielleicht erreichen wir später die völlige Gewißheit, daß wir wirklich gefunden haben, wonach wir suchten, und daß es ein wenig anders war als das, was es im Zwischenstadium zu sein schien. Wir arbeiten hier also gleichsam mit der diagrammartigen Vorstellung eines Ziels; mit einem bestimmten Punkt in einem Diagramm, den wir erreichen können, dem wir näher kommen können oder von dem wir weit weg sind. Und mit Hilfe des Diagramms können wir sagen, ob wir unser Ziel erreicht haben oder nicht.

E: Ein anderes Problem taucht auf, wenn wir der Frage nachgehen, ob es Erinnerungen gibt, die nicht in der normalen Weise durch die Abtasttechnik des selbstbewußten Geistes wiedergewonnen werden, den wir vorsätzlich zum Wiederauffinden antreiben können. Gibt es einen großen Gedächtnisspeicher, der nicht so willkürlich wieder auffindbar ist? Ich glaube, es besteht Anhalt dafür, daß diese Erinnerungen unter bestimmten Bedingungen wiedergewonnen werden können, und wir haben natürlich das Beispiel von Penfields Stimulation des Temporallappens (siehe Abb. 10 von Kapitel E 8).

P: Ganz abgesehen von den Experimenten Penfields meine ich, daß ein großer Teil dessen, was gespeichert, aber nicht abrufbar ist, eigentlich in Fertigkeiten und Tätigkeitsarten besteht. Das kann sogar die Wiedervergegenwärtigung bestimmter gefühlsmäßiger Obertöne betreffen, die bestimmte Situationen für uns haben – etwa beim Rezitieren. Auch gewisse Gerüche können bestimmte gefühlsmäßige Obertöne haben, und das ist etwas, was man kaum willentlich abrufen kann; etwas, das der Abrufung nicht zugänglich ist, das es aber nichtsdestoweniger gibt.

E: Ich bin natürlich auch der Meinung, daß Erinnerungen als Fertigkeiten gespeichert werden können. Wenn man eine Aktion sorgfältig erlernt hat, eine Leistung beim Sport oder in der Musik oder beim Tanz, dann kann man die Gesamtwirkung genießen und wird nicht durch die detaillierten Kontrollen gestört, die in der unbewußten Weise durch alle Arten von Regelkreisen ablaufen, über die wir im Prinzip Bescheid wissen. Ich glaube, eines der wundervollen Momente an unserer Bewegungskontrolle ist, daß wir lernen können, sie unbewußt und automatisch und mit Schönheit und Stil und Geschicklichkeit auszuführen. Wir können es sehr genießen, unsere Darbietung zu beobachten, die oft besser ist als wir dachten! Dies ist eine der Freuden des Lebens. Kleine Kinder haben sie sehr früh in all ihren Spielen und im Sport und natürlich geben einem junge Tiere das Gefühl, daß sie die gleiche Freude am Spiel empfinden. Bei allem Lernen müssen wir den selbstbewußten Geist in den früheren Stadien benützen, doch später können wir auf die Stufe eines automatischen Ablaufs hinaufsteigen. Ich glaube, daß sich das gleiche auf anderen Stufen bewußten Erlebens abspielen kann. Zum Beispiel auf der sensorischen Wahrnehmungsstufe können wir eine große Zahl von Synthesefertigkeiten erlernen, so daß wir eine Art holistischen oder *Gestalteindruck* gewinnen können, der ursprünglich aus stückweisen Komponenten aufgebaut werden mußte; doch nun können wir nur einen Blick darauf werfen und das Ganze dieser Synthese wird uns durch eine tief unten liegende erlernte Fertigkeit vermittelt. Ich bin sicher, daß wir nicht mit diesem globalen Gedächtnis unseres bildlichen Vorstellungsvermögens geboren werden. Ähnlich bei der Musik können wir uns die erlernten Fertigkeiten vorstellen, bei denen man versuchen muß, die Melodiefolge und die Harmonie der Töne und all die Phrasierungen usw. auf höheren und höheren Stufen zu verstehen. Dies ist alles Teil des Lernprozesses. Am Ende kann man das Ganze genießen oder kann irgendeinem gewünschten Instrumentenpart, den man möchte, lauschen, ihn willkürlich herausgreifen und dann alles zu einem angenehmen ästhetischen Genuß verschmelzen. Ich glaube, daß in der Tat aller ästhetischer Genuß auf diese Weise zu uns kommt. Er muß stückweise erlernt werden und schrittweise, mit zunehmend mehr

Fertigkeiten, können wir zur Synthese mit transzendenten Stufen des Genusses gelangen. So geschieht diese automatische Synthese sowohl auf der motorischen Seite als auch auf der sensorischen Seite, und ich glaube, sie geschieht auf einer noch höheren Stufe in der Imagination, wo sich die Stufen der Kreativität, der Kreativität des Gedankens, der Ideen usw., befinden. Dies ist wiederum das Leben von Welt 2 in Beziehung zu Welt 3.

P: Ich möchte noch etwas mehr über das Gedächtnis wissen – vor allem über die diversen Unterscheidungen dabei, etwa das Gedächtnis für Fertigkeiten und das Gedächtnis für Wissen, und wie explizites und implizites Gedächtnis mit diesen beiden Unterscheidungen zusammenhängen. Wenn die Kurzzeiterinnerung, wie du sagst, mit dem Hippokampus zusammenhängt, dann ist wahrscheinlich das physiologische Substrat etwa des impliziten Gedächtnisses, des Langzeitgedächtnis und des Gedächtnisses für Fertigkeiten verschieden lokalisiert. Das Sprechvermögen zum Beispiel (ich meine die Kenntnis, wie man spricht, nicht die Kenntnis, was man sagt) ist offensichtlich in der Brocaschen Zone lokalisiert.

E: Möglicherweise sind für erlernte motorische Fertigkeiten ganz andere Prozesse zuständig, im Unterschied zu dem Wiedergewinnen von sensorischen Erlebnissen, Wahrnehmungen und Ideen (vgl. Kapitel E 8). Ich bin sicher, daß viel mehr Forschung über mögliche Unterschiede zwischen motorischem und sensorischem Gedächtnis erforderlich ist. Ich möchte auch wissen, ob der Versuch, in dem Gedächtnis all die Stadien eines logischen Arguments oder eines mathematischen Beweises zu speichern, den Hippokampus überhaupt benötigt. Ich glaube nicht, daß dies getestet worden ist. Der hippokampische Lernprozeß befaßt sich mit dem Wiederbringen der gewöhnlichen Tag-für-Tag-Ereignisse, was man gerade gesagt hat, was man getan hat, wie man dorthin kam, was gestern geschah und all diese Art von Dingen im Ablauf des gewöhnlichen Lebens.

P: Ich möchte noch eine Bemerkung zum Problem der Einheit des Selbstbewußtseins und des Parallelismus machen; nämlich daß wir nicht erwarten sollten, eine besonders starke parallelistische Grundlage für diese Einheit im Gehirn zu finden. Das heißt, wir könnten soviel sagen, daß sich das Selbstbewußtsein anscheinend auf eine Hälfte des Gehirns konzentriert, um seine individuelle Einheit zu erlangen. Inwieweit vermag es, besonders in der Kindheit, gleichsam den Teil des Gehirns zu wählen – den linken oder den rechten – auf den es sich endgültig für die Einheit des Selbstbewußtseins konzentrieren will? Das ist eine sehr interessante Frage. Inwieweit ist sie physiologisch und inwieweit ist sie psychologisch? Das heißt, inwieweit spielt Tätigkeit eine Rolle?

E: Ich glaube, du hast ein transzendentes Problem zur Sprache gebracht. Es ist eines, das mich die ganze Zeit plagt. Zuerst mußte ich den Bruch zu der Position vollziehen, aus der ich annahm, daß die Einheit aller Erfahrungen in das Nervensystem eingebaut sei und mehr oder weniger passiv als Einheit durch den selbstbewußten Geist herausgelesen würde. Dann kam das neue Konzept, daß das Nervensystem in all seiner mannigfaltigen Verschiedenheit weit gestreuter modulärer Aktivität über einen ungeheuren Bereich des Verbindungshirns arbeitet und daß all seine Mannigfaltigkeit in einem transzendenten Prozeß durch den selbstbewußten Geist herausgelesen und vereint wird. Dies ist eine ganz wankende Hypothese. Mir schwindelt bei dem Gedanken daran! Wir haben uns nie diese weite Mannigfaltigkeit der Operation des selbstbewußten Geistes auf all diese Muster von Ereignissen von Welt 1 vorgestellt, die Hunderte und Tausende unabhängiger Einheiten beteiligt. Der selbstbewußte Geist dringt in diese große Mannigfaltigkeit ein und synthetisiert sie und bringt sie zu einer Einheit von Augenblick zu Augenblick. Dies geschieht innerhalb von Sekundenbruchteilen, während unser selbstbewußter Geist auf unseren Gehirnaktivitäten spielt und im Bewußtsein unser Weltbild von Augenblick zu Augenblick schafft. Wir stehen nun jenseits jeglichen Prozesses, der eine physische Basis in Welt 1 besitzen könnte, und das ist es, warum wir etwas ganz anderes einführen müssen, nämlich den selbstbewußten Geist in Welt 2. Das ist es, wo diese Vorstellung von Interaktion auf solche Ungläubigkeit der Leute treffen wird, die es gewohnt sind, plattfüßig in Welt 1 zu leben! Wie können sie sich überhaupt schulen, diese Art von Ideen anzunehmen, die wir nun für die tatsächliche Weise entwickeln, in der wir Bewußtsein erlangen und in der der selbstbewußte Geist über die Großhirnrinden spielt und in Wechselwirkung steht.

Ich würde vorschlagen, daß der selbstbewußte Geist alle Arten von Moduln abtastet. Er tastet alles ab und er findet, daß er nur mit einigen Moduln kommunizieren kann, indem er sowohl zu ihnen sendet als auch von ihnen empfängt. Dieses sind die offenen Moduln. Über die geschlossenen Moduln kann er nur hinwegstreifen, genau wie eine Biene, die Blumen findet, die nichts haben, und sie fliegt nur vorbei zu den anderen. Man muß sich nicht vorstellen, daß in den geschlossenen Moduln eine Blockade der Aktivität vorhanden ist. Es ist nur so, daß keine Reaktion auf den selbstbewußten Geist vorhanden ist, daß nichts zurückkommt und daß daher diesen geschlossenen Moduln nichts gegeben wird. Der selbstbewußte Geist behandelt solche Moduln nur wie irgendein anderes Stück von Welt 1. Er ist nur in Verbindung mit den sehr speziellen offenen Moduln und dann nur während spezieller Zustände dieser Moduln. Diese Vorstellung wurde weiter oben in Hinblick auf den Schlaf gegeben. Wenn man sich in einem tiefen Schlaf befindet, tastet der selbstbewußte Geist ab und findet überhaupt keine reagierenden Moduln. So ist es, wenn man nicht bei Bewußtsein ist. Dann werden einige Moduln ein wenig reagieren, eine kohärente Aktivität zu entwickeln beginnen. Das ergibt einen Traum, der von dem selbstbewußten Geist herausgelesen wird. Du weißt, wir können großen Spaß daran haben, mit Imagination mit diesen neuen Ideen zu spielen!

P: Ich glaube, dadurch ist gut zum Ausdruck gebracht, was ich sagen wollte. Es gibt natürlich noch ein großes Problem, nämlich wieviel physisch vorgegeben ist – es gibt offenbar eine ganze Menge, was im Unterschied zwischen der dominanten und der subdominanten Hemisphäre genetisch vorgegeben ist. Das ist klar, denn sonst wäre es eher ein 50:50-Verhältnis als ein 90:10-Verhältnis. Gleichwohl ist es nicht völlig vorgegeben, wie wir durch Verletzungsfälle wissen; und offenbar erfordert es die Mitwirkung des Selbstbewußtseins, um die Dominanz der linken Seite des Gehirns voll zur Geltung zu bringen.

Ich möchte auch noch etwas zu den verschiedenen Aspekten des Gedächtnisses sagen. Zunächst gibt es ein Spektrum, an dessen Enden das explizite und das implizite Gedächtnis steht. Zweitens gibt es Unterschiede in der Art, wie Erinnerung zustande kommt. Hier möchte ich drei Dinge erwähnen. (1) Ein Gedächtnis, durch einen Lernprozeß erlangt, der von einem Problem ausging, das zu einer Versuch- und Irrtum-Methode der Lösungsfindung führt, die gefundene Lösung, und dann die praktische Wiederholung, die zu einer Fertigkeit führt. (2) Ein Lernprozeß, der nicht von einer bewußten Lösung ausgeht, bei dem das Problem nur die Form einer unklaren Beunruhigung hat. (3) Gedächtnis aufgrund eines Vorgangs, der unser Handeln und unsere Wahlhandlungen auf unbewußte Weise in Erinnerung bringt und dadurch unsere Persönlichkeit formt. (Siehe auch meinen Abschnitt 41).

Dialog VIII

26. September 1974, 10.40 Uhr

P: In den Abschnitten 48–56 habe ich die Geschichte des Leib-Seele-Problems seit Descartes beschrieben, besonders die Wege, die zum Parallelismus führten – dem Parallelismus von Geulincx, Malebranche, Spinoza und Leibniz. Ich habe zu zeigen versucht, daß das Auftreten des Parallelismus fast völlig auf der Ansicht beruht, daß wir eine gültige Theorie der Verursachung in Welt 1 haben – daß Körper sich so verhalten, als wenn sie sich aneinander stießen und sich so gegenseitig veranlaßten, sich zu bewegen (das ist die Descartessche Kausaltheorie). Es gab auch eine Kausaltheorie in Welt 2, nämlich daß eine Idee mit einer anderen assoziiert ist und daß deshalb die Erinnerung an eine Idee (a) das Auftauchen der Idee (b) im Bewußtsein zur Folge hat. *Es gibt also zwei einfache Kausaltheorien, eine für Welt 1 und eine für Welt 2;* und unter der Voraussetzung dieser Theorien erscheint es vollkommen unverständlich, daß Welt 1 und Welt 2 in Wechselwirkung stehen können. Diese offensichtliche Unmöglichkeit der Wechselwirkung führte zum Parallelismus von Geulincx, Malebranche, Spinoza und Leibniz.

Ich habe diese Art der Rechtfertigung des Parallelismus durch den Hinweis kritisiert, daß die ihr zugrundeliegenden Kausaltheorien völlig überholt sind, daß wir in der Physik einen Pluralismus verschiedener Ursache-Arten kennen, nämlich von Kräften (mindestens von vier verschiedenen Arten von Kräften), und daß es auch in Welt 2, oder in der Subjektivität, Theorien gibt, die von der Assoziationstheorie völlig verschieden sind. Ich habe besonders die Theorie des bedingten Reflexes angegriffen, die das Gehirn-Pendant zur Lockeschen Assoziationstheorie darstellt. Die Assoziationstheorie stimmt nicht einmal im Falle eines sozusagen reinen Gedächtnisses, nämlich beim Abrufen von Erinnerungen. Denn dabei sind wir äußerst aktiv und warten keineswegs auf das Funktionieren der Ideenassoziation; wir benutzen alle Mittel, um gleichsam den Schlüssel zur Tür zu finden, der den besonderen Bereich des Gedächtnisses öffnet, an dem wir interessiert sind. Die dynamischen Elemente unseres Denkens und unserer Denkabläufe sind ebenfalls nicht assoziativ. Natürlich gibt es so etwas wie Assoziation, aber sie spielt nicht die Rolle des elementaren Mechanismus, den ihr die Assoziationstheoretiker zuschreiben. Vor allem ist sie nicht charakteristisch für das Bewußtsein, das Ich, weil die Assoziationstheorie so etwas wie einen »passiven Zuschauer« aus dem Bewußtsein, dem Ich, macht, während in Wirklichkeit der Geist, das Ich, fast ständig, solange wir bei Bewußtsein sind, aktiv ist – es forscht aktiv, versucht mit Modellen zu arbeiten, mit Diagrammen und Schemata, ist ständig tätig, erneuernd und verändernd und probiert immer wieder die Zulänglichkeit seiner Konstruktionen aus. Somit sind also die Theorie der Kausalität in der physikalischen Welt 1 als auch die Theorie der Kausalität in der psychologischen Welt 2, auf denen der Parellelismus beruht, heutzutage völlig unannehmbar.

Das heißt natürlich nicht, daß der Parallelismus widerlegt ist. Es heißt nur, daß die *a priori*-Argumente – die wie *a posteriori*-Argumente aussehen –, auf denen der Parallelismus beruht, ungültig sind. Der Parallelismus als solcher kann vielmehr einfach als eine Vermutung über das Verhältnis von Leib und Seele auftreten, und er kann selbst dann noch eine gültige Annahme sein, wenn die Argumente, die zu ihm geführt haben, widerlegt sind. Ich glaube, wir sollten uns heute bemühen, den Parallelismus nicht daraufhin zu kritisieren, ob er nachweisbar ist oder durch deduktive Argumente gerechtfertigt werden kann, sondern unter dem Gesichtspunkt, ob seine *Konsequenzen* annehmbar sind. Mit anderen Worten, wir sollten den Parallelismus nicht als *Schluß,* sondern als *Prämisse* zu kritisieren versuchen – als eine Hypothese, aus der sich gewisse Konsequenzen ergeben.

E: Karl, mir gefällt das sehr. Mir gefällt besonders die Weise, in der du die aktive Beziehung des selbstbewußten Geistes zum Gehirn betonst und deshalb die Passivität kritisierst, die im Parallelismus enthalten ist. Ich selbst glaube, daß dies das Hauptproblem beim Parallelismus ist. Er versagt in dieser wesentlichen Hinsicht, und ich kann zahlreiche Beispiele für die Art anführen, in der wir über das Gehirn-Geist-Problem denken. Erstens müssen wir uns nicht nur bei der willkürlichen Aktion vorstellen, daß der selbstbewußte Geist auf das Gehirn wirkt. Dies ist natürlich das offensichtlichste aller Beispiele dafür, daß der Geist auf Materie wirkt oder daß der Gedanke Aktion bewirkt. Wir haben dies in einem anderen Dialog und in Kapitel E 3 abgehandelt. Doch es ist, wie du sagst: wir versuchen die ganze Zeit, Erinnerungen wiederzufinden, Ideen zu entwickeln, sozusagen mit unseren Konzepten zu spielen und mit unseren Theorien zu spielen und uns aktiv Dinge vorzustellen. Auf diese Weise gehen wir weit über die Daten hinaus, die in unseren sensorischen Erlebnissen präsentiert werden, indem wir mit Interpretation und mit Urteil und mit Kritik agieren. All dies schließt eine aktive Seite ein, was die geistigen Prozesse oder den selbstbewußten Geist anbelangt, und es ist ganz klar, daß wir uns vorstellen müssen, daß diese Aktivität auf Gehirnereignisse Einfluß hat und sie verändert, um die erwünschten Effekte zustande zu bringen. Um zum Beispiel die Erinnerung wiederzufinden, die im Augenblick von Interesse ist, müssen wir sondieren und alle Arten von Strategien ausprobieren. Ich glaube, es ist ein ungeheuer komplexer aktiver Prozeß, mittels dessen der selbstbewußte Geist auf die Unermeßlichkeit neuraler Aktionen wirkt, die in der Großhirnrinde ablaufen und mittels dessen er aus ihnen in einer sehr spezifischen Weise selektiert, in einer Weise, die sicher nicht automatisch ist. Wir haben wundervolle Fertigkeiten entwickelt, durch unsere geistigen Prozesse die Ereignisse im Gehirn zu handhaben, auf die sie sich beziehen, so daß es ihnen gelingt, aus den zerebralen Ereignissen das Erwünschte herauszulesen und dieses Herausgelesene zu modifizieren usw. Das ist die wichtigste Bemerkung, die ich darüber machen wollte wie der Parallelismus vollständig versagt, die Phänomene der Wahrnehmung zu erklären.

Nun ist mir ein zweites Versagen des Parallelismus im Sinn, das in gewisser Weise mit dem ersten in Beziehung steht, doch es ist einfacher auszudrücken. Es betrifft die Einheit der bewußten Wahrnehmung, die wir von Augenblick zu Augenblick haben. Die Aufmerksamkeit flitzt von einer Angelegenheit zu einer anderen. In jedem Augenblick sind wir mit speziellem Bezug auf ein Element der Wahrnehmungswelt orientiert, während wir eine ungeheure Menge dessen, was sich durch unsere Sinnesorgane in uns ergießt, ignorieren. Dann können wir innerhalb eines Augenblicks zu einem anderen Merkmal von Interesse weitereilen usw. Nun scheint diese Operation unseres selbstbewußten Geistes, die diese Einheit von Augenblick zu Augenblick vermittelt, eine ganz außerordentliche Leistung darzustellen. Es war in der neurophysiologischen Theorie niemals möglich, eine plausible Erklärung dafür zu entwickeln, wie Einheitlichkeit aus der ungeheuren Vielfalt geschaffen werden kann. Es liegt außerhalb des Fassungsvermögens, wie ungeheuer diese Vielfalt der neuronalen Ereignisse ist. Wie kann diese Vielfalt in der Wahrnehmung vereinheitlicht werden? Wir kennen kein neurophysiologisches Mittel, abgesehen von den Merkmalserkennungsneuronen, die nur kleine Fragmente eines wahrgenommenen Bildes vermitteln. Es muß ein alles umfassender Abtastprozeß vorhanden sein, wie wir ihn für den selbstbewußten Geist postulieren, um uns diese Einheitlichkeit zuteil werden zu lassen. Es gibt nichts in der materiellen Beschreibung der Hirnaktionen, das dies überhaupt erklärt. Ich erkenne, wie wir schon gesagt haben, die *Gestalttheorie* über Felder oder die Theorie des Mikropotential-Feldes von Pribram (vgl. Kapitel E 7) nicht an, weil man in diesen Fällen offensichtlich einen Homunculus braucht, um das Bild herauszulesen! Man hat die wesentliche materialistische Reinheit des Parallelismus verloren, wenn man einen aktiv handelnden Homunculus einführt. In unserer Theorie vom Dualismus vollbringt der selbstbewußte Geist diese unglaubliche und unvorstellbare Leistung in ihrer Verbindung mit den zerebralen Ereignissen, wie in Kapitel E 7 beschrieben. Daß er dies tut, zeigt sich an der Einheitlichkeit der Wahrnehmung in jedem Augenblick. Wir können diese Integration nicht durch irgendeine materielle Theorie des Nervensystems erklären, und daher versagt die parallelistische Theorie, weil sie uns die erlebte Einheitlichkeit nicht vermitteln kann.

P: Ich bin auch der Meinung, daß es diese Aktivität des Bewußtseins ist, die sich mit einem Parallelismus physikalischer Couleur nicht verträgt – einem Parallelismus, der die physikalischen Mechanismen des Gehirns überbetont.

Ich möchte zunächst sagen, daß wir dem Parallelismus Gerechtigkeit widerfahren lassen sollten. Ich glaube, es gibt Fälle, in denen eine direkte Abhängigkeit der Erlebnisse des Selbstbewußtseins von dem vorliegt, was ihm durch das Gehirn geliefert wird. Ich glaube das ist besonders bei *optischen Täuschungen* der Fall. Es ist sehr interessant, daß wir uns aus einer typischen Täuschung als optischer Erfahrung nicht befreien können, selbst wenn wir ganz sicher sind, daß es eine Täuschung ist und aktiv versuchen, die Sache in ihrer täuschungsfreien Bedeutung zu sehen. Denke zum Beispiel an die Müller-Lyer-Täuschung.[1] Wir können messen, wie weit wir fehlgehen, und wir können sehen, wie wir das messen, aber wir sind mit all diesem Wissen und all dieser bewußten Deutung in unserem Geist immer noch nicht in der Lage, uns wirklich von dem Eindruck freizumachen, der visuellen Wahrnehmung, die uns unser Gehirn liefert. In diesem Fall kann der Dualismus wirklich erlebt werden: Damit meine ich einerseits die Abhängigkeit und Untätigkeit der Wahrnehmung, des visuellen Erlebnisses, seine Abhängigkeit von höheren (aber gleichwohl mit der endgültigen Interpretation verglichen niedereren) Hirnfunktionen; und andererseits unser Wissen, daß man diesem Erlebnis nicht

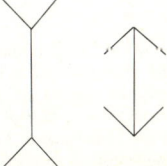

---

[1] Müller-Lyer-Täuschung. Die senkrechten Linien sind gleichlang. (Vergleiche auch die Zeichnungen in meinem Abschnitt 18.)

trauen darf. (Man ist versucht, diesen »Dualismus« als Dualismus zwischen zwei Entschlüsselungs- oder Interpretations-Mechanismen zu erklären; wir spüren allerdings bei der Feststellung dieses Dualismus keine Persönlichkeits-Verdopplung.)

Das zeigt die aktive Seite des bewußten Ichs in einem sehr interessanten Licht. Wir sehen hier, daß wir die Passivität des Ich erleben können und *deshalb* die Abhängigkeit des Bewußtseins, des Ich, vom Gehirn. Wir können also diese optische Täuschung gleichsam wirklich als ein epiphänomenales Erlebnis beschreiben, und wir können das Erlebnis einer solchen Täuschung unserem tätigen Erleben gegenüberstellen und erkennen, wie verschieden sie sind und wie wenig der Parallelismus diesen Unterschied in Rechnung zu stellen vermag.[2]

E: Die Geschichte mit der optischen Täuschung, die du erwähnt hast, ist sehr interessant und wichtig. Tatsache ist natürlich, daß wir als Dualisten nicht behaupten, daß der selbstbewußte Geist sich nicht über das erheben kann, was im Gehirn vor sich geht.

P: Ja. Aber manchmal tut er es nicht!

E: Der selbstbewußte Geist arbeitet sozusagen immer rückwärts und vorwärts, und wir könnten sogar sagen, daß er in all seinen Wahrnehmungsprozessen die modulären Aktivitäten im Gehirn gestaltet oder modifiziert, um von ihnen zurückzubekommen, was er möchte. Man könnte sagen, daß dies eine bewußte vorsätzliche Kontrolle zerebraler Ereignisse ist. Das unterscheidet ihn gänzlich vom Parallelismus. Er wird von ihnen zurückbekommen, was sie in diesem Augenblick berichten, doch wird er es die ganze Zeit in eine andere Form bringen und nach Erlebnissen suchen, die mit seinen Interessen zum gleichen Zeitpunkt mehr in Einklang stehen.

Doch ich möchte noch weiter in diese Täuschungsgeschichte eindringen. Wie wir nun wissen, werden manche Täuschungen im Prinzip durch die Verarbeitung von Information auf verschiedenen Stufen in der Großhirnrinde geschaffen. Zum Beispiel kann man so die Mach-Phänomene, die Müller-Lyer-Täuschung und die Nachbilder erklären. Man darf dabei nicht vergessen, daß wir aus Täuschungen immer Nutzen ziehen. So wird zum Beispiel die Parallaxe aufgrund des Unterschieds zwischen den Bil-

---

[2] J. J. C. Smart [1959], hat ein ausgezeichnetes Beispiel für seine Identitätstheorie gefunden; er gibt das Beispiel eines schwachen Nachbildes. In diesem Fall besteht wirklich kein zwingender Grund zu leugnen, daß ein Hirnvorgang erlebt wird (so daß der Gehirnvorgang und das Erlebnis parallel laufen – ich würde nicht einmal etwas gegen seine Behauptung einwenden, daß sie vielleicht sogar identisch sind). Ich versuche gerade Beispiele zu finden, die eher zum Gegenteil passen: zur dualistischen Wechselwirkung.

dern in den beiden Augen selektiv auf die Moduln der Sehrinde übertragen (Abb. E 2–7) und so interpretiert, daß sie uns Tiefenwahrnehmung vermittelt. Es findet eine Fusion von zwei verschiedenen Bildern zu einem Bild anderer Art und Tiefe statt. Wenn wir diese Fähigkeit haben, so kann sie auch zum Gegenstand der schönsten und erregendsten Demonstrationen gemacht werden. Ich kann als Beispiel die Stereogramme mit wahllos verstreuten Punkten anführen, die von Bela Julesz entworfen wurden und die unglaubliche Täuschungen in dreidimensionalem Erleben zeigen.

Hier haben wir wieder die aktive Intervention des selbstbewußten Geistes auf die Gehirnereignisse. Ich glaube, daß es eine Menge Illusionen gibt, bei denen das geschehen kann. Natürlich gibt es einige Illusionen, von denen man weiß, daß es sich um Illusionen handelt, doch man kann sie nicht willkürlich modifizieren. Dies ist vermutlich so, weil der Einfluß des selbstbewußten Geistes auf das Gehirn sehr schwach ist, wie in den Kapiteln E 3 und E 1 geäußert wurde. So ist seine Wirksamkeit stark eingeschränkt. Er benötigt auch Zeit, und bei den subtileren und verwirrenden Inputs zum Gehirn, wie den einen, den ich gerade erwähnt habe, benötigt er sehr viel Zeit.

Damit ist bewiesen, daß die Beziehung zwischen dem Geist und dem Gehirn nichts Augenblickliches und Automatisches wie in der parallelistischen Theorie ist. Sie beinhaltet einen ganzen Prozeß langsamer, schrittweiser Modifikation und Gestaltung, so könnte man sagen, mit Rückwärts- und Vorwärts-Interaktion. Das sollte man erkennen und mit dieser Erkenntnis wird der Parallelismus verworfen.

P: Die Frage, die du zur verhältnismäßig schwachen Einwirkung des Bewußtseins auf das Gehirn vorbringst, kann biologisch beantwortet werden. Es gibt demnach zwei Arten von Täuschungen – Täuschungen, die uns durch das Gehirn gegeben oder aufgedrängt werden und Täuschungen, die psychischen Ursprungs sind, etwa Wunscherfüllungen. Offenbar ist es unserem Organismus und dem gesamten »Mechanismus der Wechselwirkung« von Gehirn und Bewußtsein eingeprägt, daß das Bewußtsein in vielerlei Hinsicht vom Gehirn abhängig ist, damit es nicht zu leicht in jene Art von Täuschung verfällt, wie wir sie in der Phantasie erleben.

Ich würde sagen, man kann durch diesen ganzen Bereich zugleich eine Art Abgrund und auch eine Art von Abhängigkeit zwischen dem Selbstbewußtsein und dem Gehirn aufzeigen. Der Abgrund wird besonders dadurch gezeigt, daß wir uns höchst kritisch einer optischen Täuschung gegenüber verhalten können, sie aber dennoch erleben. Das Ich ist es, das der optischen Täuschung kritisch gegenübersteht. Und etwas wie eine niedere Stufe des Ich erlebt sie in Übereinstimmung mit dem, was das Gehirn ihm liefert (vergleiche Kapitel E 7, Abb. 2). Man könnte fragen, ob diese Art von Abgrund oder Spalt zwischen dem kritischen Apparat und dem nichtkritischen Teil des Ich nicht durch einen Computer simuliert werden könnte. Das ist wahrscheinlich möglich. Wir könnten einen Computer so bauen, daß er seinen Input kritisch überprüft, doch dann müßten wir allerdings scharf zwischen *zwei Teilen* des Computers unterscheiden. Genau dieser Dualismus verdeutlicht, worauf wir hinauswollen. In dem Computer müßte es eine Trennung zwischen Ergebnissen ersten Grades und Ergebnissen zweiten Grades geben, wobei die letzteren das Resultat einer kritischen Prüfung der Ergebnisse ersten Grades darstellten. Genau diese Art von Trennung könnten wir dem Computer aufgrund unserer eigenen Kritik einbauen, wobei wir den Unterschied zwischen unseren eigenen Ergebnissen ersten Grades und ihrer kritischen Prüfung als Modell benutzen würden. In unserem Gehirn sind, übereinanderliegend, zahlreiche derartige Kontroll-Hierarchìen eingebaut; doch gleichwohl kann das Endergebnis der Hirntätigkeiten bei einer Täuschung vom Ich unterschieden werden, insofern als wir annehmen können, daß die Täuschung, die wir als solche zwar durchschauen, die wir aber doch sehen, als Ergebnis der Deutungen des Entschlüsselungs-Mechanismus des Gehirns zu verstehen ist. Das kann sehr wohl ein parallelistischer Effekt sein. Er kann deutlich von unserer aktiven kritischen Haltung ihm gegenüber unterschieden werden. Ich glaube, dafür gibt es keine gänzlich physikalische Grundlage. Das kann natürlich eine gewisse Grundlage im Gehirn haben, aber ich glaube nicht, daß es gänzlich auf einen Siebmechanismus des Gehirns zurückgeführt werden kann. Soviel ich weiß, sind diese Dinge niemals diskutiert worden. Die Psychologen waren an optischen Täuschungen besonders interessiert, aber ich glaube nicht, daß sie jemals die hierarchische Struktur behandelt haben, die daher rührt, daß es ein Ich geben kann, das die optische Täuschung beobachtet und das sich kritisch der Tatsache bewußt ist, daß es eine Täuschung »erlebt« und die Täuschung als solche kritisch untersuchen kann.

Ich möchte noch einmal auf den Neckerschen Würfel zurückkommen. (Siehe Anmerkung 1 in meinem Abschnitt 24.) Das besonders Interessante ist, daß wir bis zu einem gewissen Grad den Neckerschen Würfel gewissermaßen unserem Willen unterwerfen und ihn, wenn wir wollen, auf die eine oder andere Seite drehen können. (Siehe auch meinen Abschnitt 18.) Wenn es uns gelingt, eine der zwei inneren Ecken des Würfels als vordere zu erkennen, kommt der Wechsel zustande, und man kann auf diese Weise lernen, den Wechsel herbeizuführen. Vermutlich können wir uns darin üben und dann ein Experiment anstellen, wie das mit der Fingerbewegung, also herauszufinden versuchen, ob die Anstrengungen, die erforderlich sind, um die Deutung zu ändern, neurologisch anerkannt werden können. Wir brauchen natürlich jemand Geübten, der die Dinge im Griff hat, anderenfalls würde die Versuchsperson unwillkürliche Wechsel von einer in die andere Deutung erleben.

E: Ich gebe dir recht, daß eine hochtrainierte Versuchsperson notwendig erforderlich ist. Dies ist sogar für die viel einfachere Aufgabe in Kornhubers Experimenten, den Finger zu bewegen, erforderlich (Kapitel E 3). Ich habe das Gefühl, daß uns der Parallelismus eine recht uninteressante und flache Erklärung des Erlebnisses gibt, die überhaupt keinen Bezug zu dem reichen, lebendigen, kontrollierenden Erlebnis aufweist, *das jeder von uns bei sich selbst feststellt.* Der Parallelismus versagt vollkommen seinen Anstrengungen, dies zu kommentieren; und was bietet er uns stattdessen? Lediglich den Glauben, daß diese neuralen Ereignisse irgendwie Anlaß zu Erlebnissen geben können, doch die Erlebnisse selbst finden keinen Weg zurück zum Gehirn. Operational sind sie lediglich ein Spinoff. Diese Passivität verleidet ihn mir. Nun aber eine abschließende Kritik. Es ist eine so einfache Kritik, und sie wird von den Parallelisten nie erwähnt, nämlich: Vom Standpunkt der Parallelisten aus gibt es keinen biologischen Grund, warum sich der selbstbewußte Geist überhaupt entwickelt haben sollte. Was wäre seine evolutionäre Bedeutung, wenn er nichts bewirkt? Ich glaube, daß die Parallelisten zustimmen werden, daß der selbstbewußte Geist in einer Weise, wie wir es uns nicht vorstellen können, ein Resultat der Evolution ist und daß er einigen Überlebenswert hat. Doch er kann nur dann Überlebenswert besitzen, wenn er etwas bewirken kann. Ihn in der Rolle einer passiven Erfahrung, nur zu unserer Freude oder unserem Leid zu besitzen, ist biologisch gesehen ein absurder Gedanke. Wir müssen uns vorstellen, daß er aufgrund des Selektionsdrucks entwickelt wurde, und so ist ihm Überlebenswert mitgegeben. Das erfordert zwingend, daß der selbstbewußte Geist in der Lage ist, Veränderungen im Gehirn und damit in der Welt zu bewirken. In seinem Erleben hätte er kontrollierenden Einfluß auf das Gehirn und damit auf den Organismus, des Hominiden oder des Menschen, der ihn besitzt. Die Idee der effektiven Kontrolle steht zu der parallelistischen Anschauung in Gegensatz, die in jeder Version auf eine rein passive Beziehung ausgerichtet ist.

P: Ich bin mit fast allem, was du sagst, einverstanden, mit der Einschränkung, daß von einigen Parallelisten implizit mit der Theorie des Panpsychismus geantwortet wird. Wenn man Evolutionist ist und dem Bewußtsein keine besondere Funktion zuschreiben kann (etwa, weil man ein Parallelist ist), dann scheint der Panpsychismus einen Ausweg aus der Schwierigkeit zu bieten. Panpsychismus ist die Theorie, daß die Welt letztlich dualistisch ist; natürlich nicht im Sinne der Wechselwirkung dualistisch, sondern parallelistisch-dualistisch. Nach dieser Auffassung braucht man das Bewußtsein nicht als etwas anzusehen, das eine besondere biologische Bedeutung hat. Natürlich kann der Panpsychismus aus anderen Gründen kritisiert werden. (Siehe meinen Abschnitt 19.)

Ich schließe mich jedoch vollkommen deinem biologischen Argument an, das ich sehr zutreffend finde. (Hierbei sollten wir Sherringtons Buch *Man on his Nature* [1940], S. 273–5 erwähnen.)

Ich glaube auch, daß wir uns zur Kritik der Assoziationspsychologie auf Freuds sogenannte freie Assoziations-Experimente berufen können. Diese Experimente zeigen zweifach, daß die Assoziationstheorie falsch ist. Erstens zeigen die Experimente, daß der sich einstellende Ideenfluß, wenn man der Assoziation freien Lauf läßt, ganz anders ist als das, was wir den »normalen« Ideenfluß nennen könnten. Der letztere ist viel zweckgerichteter und wird teilweise durch Probleme und Zielsetzungen von Welt 3 gelenkt. Und zweitens ist das Freudsche »freie Assoziieren« natürlich gar kein freier Fluß, sondern, wie Freud selbst betont hat, durch so etwas wie *versteckte* Probleme und Absichten determiniert (durch das, was Freud »Komplex« nannte). Das alles zeigt, daß Assoziation nicht eigentlich die hauptsächliche oder auch nur eine besonders bedeutende Weise, sagen wir, der Prägung, Vereinheitlichung oder Organisation dessen ist, was man »den Strom des Bewußtseins« genannt hat, das heißt der Weise, wie unsere subjektiven Erlebnisse verbunden (oder »kausal verknüpft«) sind.

Übrigens ist diese Theorie vom »*Strom des Bewußtseins*« eine Idee, die eine höchst zweifelhafte Wirkung auf die Theorie des Bewußtseins und auch auf Romanciers wie James Joyce hatte. Ganz offensichtlich stammt sie aus einer völlig passivistischen Betrachtungsweise des Bewußtseins. Im Traum sind wir vielleicht weniger aktiv als im Zustand voller Bewußtheit und Wachheit, und vielleicht gibt es im Traum so etwas wie einen »Strom des Bewußtseins«. Ich bezweifle es. Ich glaube, daß der Ausdruck »Strom des Bewußtseins«, der meines Wissens auf William James zurückgeht, eine sehr künstliche Situation beschreibt: Er beschreibt die künstliche Situation, die entsteht, wenn wir nur uns selbst beobachten und nichts zu tun versuchen. Dann, wenn wir – aktiv – versuchen, passiv zu sein, mag es so etwas wie einen Strom des Bewußtseins geben. Doch normalerweise sind wir aktiv, und dann gibt es nichts von der Art eines Bewußtseinsstroms, sondern vielmehr organisierte Vorgänge des Problemlösens.

E: Ich möchte einen Kommentar zu deiner vorangegangenen Feststellung geben, daß der Panpsychismus den einzigen Ausweg darstellt. Ich glaube, daß dies richtig ist. Der einzige Ausweg für die Parallelisten ist, sich den Panpsychismus zueigen zu machen, und dies muß auf dem ganzen Weg nach unten, nicht nur durch die Biosphäre, sondern auch in der materiellen anorganischen Welt akzeptiert werden. Man kann an mineralische Seelen und biologische Seelen und menschliche Seelen usw. denken! Es ist, wie ich meine, eine vollkommen unsinnige Vorstellung, doch es zeigt die Armseligkeit des Parallelismus. Ich betrachte die Einführung des Panpsychismus als ein höchst hoffnungsloses Unterfangen, die parallelistische Theorie über alle Vernunft hinaus zu retten; und für meinen Verstand ist sie vollkommen unakzeptabel. Die Alternative ist, sich vorzustellen, daß zu einer bestimmten Zeit während der evolutionären Entwicklung des Menschen, oder sollen wir sagen der Lebewesen, bestimmte spezielle Strukturen im Gehirn zur Entwicklung kamen, die gegenüber Welt 2 offen sind, d. h. wo Welt 1 nicht mehr geschlossen ist. Dies gibt natürlich Anlaß zu ungeheuren und sehr beunruhigenden Problemen, doch wir haben die Probleme ohnehin auf die eine oder andere Weise, und ich glaube, der heroische Weg ist der, die volle Unermeßlichkeit des Problems hinzunehmen, zu denken, daß die Welt 1 gegenüber Welt 2 in sehr speziellen Situationen offen ist und daß diese Offenheit schließlich im evolutionären Prozeß entdeckt und ausgenutzt wurde. Dies muß durch den Entwurf von etwas bewerkstelligt worden sein, das wir vielleicht nur als Welt 1-Strukturen von transzendenter Sensitivität fassen können, mit ihrem dynamischen Gleichgewicht, wenn man so will, so daß sie nun auf eine Weise offen wären, die bisher nicht möglich gewesen ist. Ich denke, wir würden die Vorstellung nicht akzeptieren wollen, daß die physische Welt unter allen Bedingungen offen ist, den ganzen Weg hinunter. Dies ist Panpsychismus – jedenfalls eine Version davon. Wir müssen uns vielmehr vorstellen, daß auf hohen Stufen biologischer Entwicklung Zentralnervensysteme konstruiert wurden, die diese speziellen Eigenschaften besaßen. Wir können uns ohne weiteres vorstellen, was dies zur Folge hat, weil die Leistung des Nervensystems höherer Tiere und besonders des Menschen zeigt, daß etwas von einer ganz anderen Ordnung eingetreten ist. Besonders betonen möchte ich, daß dies für den Menschen zutrifft, bei dem sich mit der sprachlichen Entwicklung und dem Wachstum von Welt 3 eine kulturelle Evolution an die biologische Evolution angeschlossen hat. All dies resultiert aus dem Sachverhalt, daß die Strukturen von Welt 1 in den Gehirnen der Menschen gegenüber der Interaktion von Welt 2 offen wurden. Daraus entstand die Fähigkeit des Menschen, Welt 3 zu erschaffen und mit Welt 3 in Wechselbeziehung zu stehen. Das ist die Geschichte des Menschen. Ich bin sicher, daß diese Geschichte bei kritischer Betrachtung viel akzeptabler ist als die Geschichte des Panpsychismus.

P: Laß mich noch die vielleicht recht offenkundige Bemerkung machen, daß es so aussieht, als ob dieser Vorgang des Offenwerdens für Welt 2 stufenweise vor sich geht. Das heißt, zuerst gab es wahrscheinlich sehr geringe Offenheit und mit der Zeit immer mehr. Das ist eigentlich der Grund, warum man meiner Meinung nach Tieren Bewußtsein nicht absprechen sollte, auch, wenn natürlich Selbstbewußtsein Tieren unerreichbar zu sein scheint.

E: Wir kehren damit zurück zur Frage des tierischen Bewußtseins, und ich kann meine agnostische Anschauung nur wiederholen. Das Problem, an dem ich besonders interessiert bin, betrifft das Wachstum des Selbstbewußtseins und wie das Selbstbewußtsein auf einer frühen Hominiden-Stufe zur Zeit der Australopithiceen zum Menschen kam, als er einfache Steinwerkzeuge schuf und die ersten versuchenden Schritte in Welt 3 unternahm. Doch Welt 3 entwickelte sich sehr langsam, mit Entdeckungen in Technik und Kunst und zweifellos auch sprachlichen Entsprechungen dazu. Diese Entwicklung dauerte durch die Ära des Hominiden-Menschen bis zum Homo erectus und so durch die ganze paläolithische Ära an. Dies ist die wundervollste Schöpfungsgeschichte, in deren Verlauf aus Welt 2 Welt 3 entstand, das Selbstbewußtsein des Menschen. Wir vermuten, daß die Dämmerung des Selbstbewußtseins, die von Gehirnen abhing, die einige neue Eigenschaften entwickelten, eine Beziehung zur Sprache hatte. Mag sein, daß das Auftauchen von Bewußtsein in den Gehirnen höherer Säugetiere angedeutet ist. Doch ist es wichtig, zu realisieren, daß wir bis jetzt nicht auf spezielle Strukturen verweisen können. In den besten elektronenmikroskopischen Untersuchungen, die bisher gemacht worden sind, finden sich keine speziellen Strukturen im menschlichen Gehirn, die der Sprachentwicklung entsprechen könnten, in Gegensatz etwa zum Gehirn des anthropoiden Affen (vgl. Kapitel E 4). Hier stehen wir heute. Aber ich habe keinen Zweifel, daß mit noch weiter perfektionierten Methoden spezielle Eigenschaften des Gehirns gefunden werden, besonders in den Abschnitten, die auf Sprache spezialisiert sind, dem Planum temporale und den Brodmannschen Arealen 39 und 40, wie in Kapitel E 4 beschrieben. Dennoch wissen wir noch nicht, nach welchen detaillierten Strukturen wir Ausschau halten sollen. Es fehlt noch das imaginative Verständnis der Stufen funktioneller Weiterentwicklung, die die offenen Moduln auf diesen hohen Stufen der Entwicklung der wundervollen menschlichen Großhirnrinde darbieten.

P: Wir scheinen in der Frage des Bewußtseins der Tiere nicht zusammenzukommen. Über die Frage des Selbstbewußtseins sowie darüber, daß es wohl nur beim Menschen auftritt, sind wir uns hingegen, glaube ich, einig. Ich glaube, ich kann jetzt, wiederum an optischen Täuschungen, besser zeigen, was ich mit den niedereren und höheren Formen des Bewußtseins meine. Eine optische Täuschung als solche ist natürlich ein bewußtes Erlebnis, aber es gehört nicht zum höchsten und kritischsten Teil unseres Bewußtseins, weil wir nämlich durchaus wissen können, daß es sich um eine Täuschung handelt und doch gewissermaßen nicht davon loskommen können. Jetzt kann man, glaube ich, die recht passende Annahme machen, daß Tiere unter bestimmten Umständen ebenfalls optische Täuschungen haben, daß wir aber ziemlich sicher sein können, daß sie den optischen Täuschungen nicht kritisch gegenüberstehen können. Damit, glaube ich, haben wir sowohl tierisches Bewußtsein als auch ein Fehlen von Selbstbewußtsein.

Ich möchte noch etwas im Zusammenhang mit dem eidetischen Gedächtnis sagen. Damit sind wir wohl wieder mit einem jener Effekte konfrontiert, die etwas Parallelistisches haben. So wie wir vorher sagten, Täuschungen hätten einen parallelistischen Anschein, so scheint das eidetische Gedächtnis einen parallelistischen Anschein zu haben. Und bezeichnenderweise gehört das eidetische Gedächtnis nicht zur Normal-Funktion des Gehirns. Man könnte es auch so ausdrücken: Das assoziations-theoretische Modell ist in Wirklichkeit ein Modell der Assoziation zwischen eidetischen Ideen, und das ist ganz und gar keine realistische Beschreibung des Gedächtnisses.

E: Das eidetische Gedächtnis beinhaltet einige bemerkenswerte Probleme, die sich aus diesem sehr genauen Ablesen vergangener Erlebnisse durch das Gedächtnis ableiten. Es beinhaltet mehr Genauigkeit, als wir gewöhnlich mit dem Wiederfinden von Erinnerungen assoziieren. Ich glaube, es ist immer noch alles durch spezielle Gehirnereignisse einer sehr selektiven, höchst sensitiven Art erklärbar. Und wenn es das nicht ist, was ist es dann? Es muß so sein, daß es im Gehirn ein viel zuverlässigeres und stärkeres Wiederfinden der räumlich-zeitlichen Muster gibt, das auf diejenigen der erinnerten Erlebnisse paßt. Ich glaube, keine Erklärung kann das übersehen. Die einzige Feststellung, die wir da machen, ist, daß diese Gehirnleistung durch den selbstbewußten Geist herausgelesen werden kann. Das eidetische Gedächtnis stellt, so denke ich, kein Problem für den Dualismus dar. Eher stellt es ein Problem für die zerebrale Maschinerie dar, diese sehr genaue Repetition musterförmiger Leistung zu bewerkstelligen.

P: Ich glaube, hier *gibt* es für den Vertreter der Wechselwirkung oder den Dualisten ein Problem. Ich meine, wir sollten eigentlich Ausschau nach Erlebnissen halten, die von parallelistischer Art zu sein scheinen, anstatt nach normalen Erlebnissen, die so eindeutig nicht-parallelistisch sind; denn dadurch stellen wir das Charakteristische des Nicht-Parallelistischen

viel klarer heraus. Das eidetische Gedächtnis scheint nach allem, was ich
darüber gelesen habe, viel passiver zu sein als das normale Gedächtnis.
Ich meine nicht den ursprünglich ersten Eindruck auf das Gedächtnis. Ich
weiß nicht, ob der aktiver oder passiver ist. Doch beim Abruf scheint das
Ich tatsächlich viel stärker Zuschauer als Handelnder zu sein, der es bei
normalen Erinnerungsvorgängen ist. Auch wenn diese besondere Interpretation nicht richtig ist, sollten wir meiner Meinung nach jedenfalls nach
Parallelismen (im Plural) suchen – ich glaube, es gibt mehrere verschiedene Parallelismus-Arten. Wichtig für unsere jetzige Diskussion ist jedoch, daß ein Wechselwirkungs-Dualismus mit dem Vorkommen parallelistischer Fälle verträglich ist, während jede parallelistische Theorie des
Leib-Seele-Problems mit dem Vorkommen von Fällen der Wechselwirkung unvereinbar ist. Somit ist für unser Problem das Vorkommen von
Wechselwirkungsfällen eine wichtige Sache.

E: Ich bin ebenfalls der Meinung, daß das eidetische Gedächtnis viel eher
passiv ist. Es ist, als ob die Person ein wiedergefundenes Gesichtsfeld
abtastet und daraus zu lesen vermag. Es bleibt interessant, weil es zeigt,
daß der selbstbewußte Geist imstande ist, das ursprüngliche Erlebnis so
vollständig wiederzufinden.

Dialog IX

27. September 1974, 16.15 Uhr

E: Wir können mit einer Diskussion über Illusionen beginnen, weil ich glaube, daß das eine große Gruppe von Phänomenen ist, die in Begriffen neuer Ideen über die Interaktion des selbstbewußten Geistes mit dem Gehirn interpretierbar ist. Es scheint mir, daß sich dies besonders gut durch die Einheitlichkeit des Erlebens zeigt, wenn man eine der doppelsinnigen Zeichnungen anschaut. Ich weise z. B. auf Sherringtons Buch *Man on his Nature* hin, wo[1] sich eine Zeichnung findet, die entweder als Treppe oder als überhängender Sims interpretiert werden kann. (Siehe Fußnote 2, unten.) Was wir bemerken, wenn wir sie anschauen, ist, daß es sich um ein ganz einheitliches Erlebnis handelt. Wir interpretieren sie in einer Weise für den Augenblick, in dem der selbstbewußte Geist die gesamte moduläre Leistung zu einem bedeutungsvollen Bild zusammenfaßt. Dann, in einem anderen Augenblick, wenn eine leichte Bewegung erfolgt, wird sie in einen überhängenden Sims verwandelt. Was daran so interessant ist, das ist, daß man keine partielle Interpretation erhalten kann. Es ist global die eine oder andere, und in dem Schwenk mag ein kurzer weißer Fleck gegeben sein, während die neue Interpretation zustandekommt. Ich würde dies als Beispiel dafür vorschlagen, daß der selbstbewußte Geist mit dem Gehirn in Wechselwirkung steht und aus ihm herausliest. Sicher gibt es ausgedehnte Gehirnmuster für die erfahrene Interpretation, doch für meinen Verstand ist das interessante Moment die globale Natur der Interpretation. Der selbstbewußte Geist geht seiner üblichen Tätigkeit nach, indem er versucht, eine Bedeutung aus der gesamten zerebralen Leistung zu extrahieren, die einen Bezug zu seinen gegenwärtigen Interessen hat.

---

[1] C. Sherrington [1940], S. 276.

P: In diesem Fall, beim ursprünglichen Lernen, ist zweifellos das Selbstbewußtsein in die Deutung der perspektivischen Figur eingeschaltet, wobei vor allem die Erfahrung mit einem Dachsims wesentlich für die Grundlegung der Deutung ist.[2] Mit anderen Worten, ich glaube nicht, daß ein Tier oder ein ganz junger Säugling oder jemand, der nie einen Dachsims gesehen hat, diese Figur interpretieren könnte.[3] Ich bin also auch der Meinung, daß das Selbstbewußtsein daran beteiligt war. (Ich bin aber nicht davon überzeugt, daß es in allen Fällen von Wahrnehmung oder Täuschung beteiligt ist – vergleiche meine Bemerkungen in Dialog VIII und X.) Ich glaube allerdings, daß das Interpretierenlernen von perspektivischen Zeichnungen so in uns festgelegt ist, daß es von der Psychologie in die Physiologie des Gehirns abgesunken ist und kein wirklicher Gegenstand unseres Willens und unserer bewußten Deutung mehr ist. Ich beispielsweise kann das Bild der Stufen so lange festhalten wie ich will, nicht aber die Darstellung des Simses. Nach verhältnismäßig kurzer Zeit schlägt es vom Sims automatisch in die Stufen um. Selbst wenn ich es halten und dem Bild den Sims aufzwingen möchte, dominieren schließlich die Stufen, die nicht spontan in den Dachsims umschlagen, während der Sims nur mit Willensanstrengung festgehalten werden kann. Ich glaube, hier zeigt sich, in einem einzigen Bild, sowohl Wechselwirkung als auch Parallelismus. (Vergleiche auch unser Gespräch über die Müller-Lyer-Täuschung im Dialog VIII.) Das heißt, wo wir von unserer Physiologie abhängig sind, da glaube ich, können wir von einer Art parallelistischem Effekt sprechen, wo aber der Wille dazwischentritt, ist eindeutig Wechselwirkung im Spiel.

---

[2] Sherrington bezeichnet die Figur als »eine Anordnung von Stufen«, die »plötzlich, ohne Vorwarnung zu einem überhängenden Dachsims wird«. Siehe *Man on his Nature* [1940], S. 276, Penguin books edition, S. 226f.

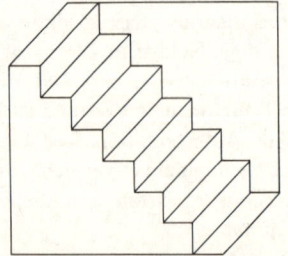

[3] Diese Bemerkung muß anhand eines Erlebnisses von Tinbergen mit einem Kätzchen neu überdacht werden, das in W. H. Thorpe [1974], S. 134f. berichtet wird; siehe besonders Abb. 41. Zum Einfluß von Welt 3 auf optische Täuschungen siehe R. Gregory [1966], S. 160–2, und J. B. Deregowski [1973].

E: Du hast, so meine ich, eine gute Bemerkung gemacht, Karl, doch die Bemerkung läßt mich vermuten, daß der Wille schwach ist. Der selbstbewußte Geist ist kein mächtiger Operator auf das Gehirn, er ist ein Interpret, der versucht, Bedeutung aus ihm herauszubekommen und sie schrittweise zu modifizieren, wie wir wissen, wenn wir aktiv nach Bedeutung suchen oder nach Worten suchen oder Aktionen veranlassen. Es ist nicht Kraft, die die Geist-Hirn-Aktion unterscheidet, sondern die Tatsache, daß wir sie willkürlich durch Nachdenken beeinflussen können. Ich denke, daß der Akzent, den ich setzen möchte, der ist, daß, wenn auch eine Hirnmaschine hinter dem Ganzen dieser Interpretation steht, doch die Interpretation selbst in einer bedeutungsvollen Weise als eine Treppe oder als ein Sims eine integrierte Errungenschaft durch den selbstbewußten Geist darstellt.

P: Integration ist eine Leistung des Bewußtseins und eigentlich eine Leistung von Welt 3. Das Erkennen perspektivischer Zeichnungen ist, wie die Erfindung der Perspektive selbst, eine Leistung von Welt 3, und wie ich sagen möchte, eine solche Leistung von Welt 3, die teilweise im Gehirn verschlüsselt ist. Und wenn die Verschlüsselung im Gehirn zur Wirkung kommt, dann *wird* diese Wirkung parallelistisch, obwohl sie zuerst durch Wechselwirkung *begründet* wurde.

E: Ein weiterer Diskussionspunkt ist die Tiefenwahrnehmung und die Parallaxe. Ich glaube wiederum, daß wir keine Gehirnprozesse kennen, die uns den endgültigen Schlüssel zur Erklärung der Tiefenwahrnehmung eines Bildes liefern. Wir haben natürlich die unterschiedlichen Bilder, die von den beiden Augen kommen und über getrennte Bahnen zu getrennten Ebenen im lateralen Nucleus geniculatus (Abb. E 2–7) und von dort zu benachbarten Moduln in der Sehrinde verlaufen und schließlich auf einer weiteren Stufe auf einzelne Zellen in der Sehrinde konvergieren. Danach wird die Interpretation ein wenig dunkel, doch auf dieser Ebene oder einer weiteren Ebene wird diese Ungleichheit zwischen den beiden Bildern des linken und rechten Auges durch spezielle Neurone erkannt (Ungleichheit-Erkennungszellen) und wird am Ende in der höheren Wahrnehmungssynthese der Tiefenstereopsis, die eine globale Interpretation ist, zusammengefaßt. Das gesamte visuelle Bild scheint durch die Interaktion des selbstbewußten Geistes mit dem Gehirn blitzartig hereinzukommen. Dies führt natürlich zu dem weiter, was ich gestern erwähnte, den Konstruktionen von Bela Julesz von Stereogrammen mit verstreuten Punkten, die der Stereopsis alle Stufen der Herausforderung liefern.

P: Ich halte es für wichtig, deutlich zwischen dem Ich auf der einen Seite und der Wahrnehmung auf der anderen zu unterscheiden. Genau das wird zum Beispiel von Schrödinger auf der letzten Seite seines Buches *What is Life?*[4] bestritten:

> *»... Was ist dieses ›Ich‹?*
> Wenn man es näher analysiert, dann findet man, glaube ich, daß es nur wenig mehr als eine Ansammlung einzelner Daten ist (Erlebnisse und Erinnerungen), nämlich die Leinwand, *auf der* sie angeordnet sind. Und bei näherem Hinschauen wird man finden, daß das, was man eigentlich mit ›Ich‹ meint, der Grundstoff ist, auf dem sie angeordnet sind.«

Nach meiner Ansicht ist nun das Ich *nicht* bloß die Leinwand, auf die unsere Wahrnehmungen gemalt werden. Ich kann mich mit einer Wahrnehmung abmühen, etwa wenn ich versuche, die Interpretation des Dachsimses oder des Neckerschen Würfels durchzuhalten und es mir nicht gelingt. Hier, im Falle einer Willensanstrengung, besteht ganz offensichtlich ein wirklicher Widerstreit zwischen dem Ich und dem Wahrnehmungsapparat. Mir scheint, man kann aus diesen Fällen herauslesen, daß das Ich manchmal eine hierarchische Struktur hat, daß es als Kontroll-Hierarchie verschiedener Höhen oder Tiefen erlebt wird, und daß wir unser Ich auch auf verschiedene Arten erleben können. Wenn ich mich also meiner Anstrengung, ein Bild »festzuhalten«, entsinne, bin ich wiederum nur der Beobachter eines vergangenen Erlebnisses; wenn ich mich aber wirklich anstrenge, das Bild »festzuhalten«, dann bin ich mehr ich selbst als in jedem anderen Fall des Wahrnehmens oder Erinnerns.

E: Ich habe eine andere Alternative dafür anzubieten, was der selbstbewußte Geist macht, wenn er aus der Hirnleistung die ungeheuer vielfältigen Muster herausliest, die ihm von Augenblick zu Augenblick dargeboten werden. Vielleicht versucht er, eine vereinheitlichte Interpretation zu sichern. Das ist eine weitere Möglichkeit, seine Aktionen zu beschreiben. Einige der faszinierenden Entwürfe von Escher wurden konstruiert, um Versuche einer vereinheitlichten Interpretation abzuwehren.

P: Ich glaube, daß der Begriff »vereinheitlichte Interpretation« sehr brauchbar ist, und die gesamte Folge von Kohärenz, Bedeutung und Sinn abdeckt. Das sind alles vereinheitlichte Interpretationen. Das heißt, sie sind das Ergebnis der Bemühungen um eine vereinheitlichte Interpretation.

E: Dies ist eine sehr wichtige Feststellung, weil sie die aktive Rolle des selbstbewußten Geistes mehr als die rein parallelistische passive Rolle betont, und wir kämpfen die ganze Zeit um diese vereinheitlichte Interpretation. Es liegt ein ungeheurer pragmatischer Wert in unseren Bemü-

---

[4] Siehe E. Schrödinger [1967], S. 96.

hungen, das zu interpretieren, was der Sinn oder die Bedeutung von all den mannigfaltigen Daten ist, die sich durch unsere Sinne in uns ergießen.

P: Genau darum habe ich die Willens-Anstrengung zum Festhalten des Bildes betont. Es war der aktive Versuch, dem Bild eine bestimmte vereinheitlichte Deutung, eine besondere Bedeutung aufzudrücken; und dabei kann man gleichsam das sich abmühende, tätige Ich bei der Arbeit sehen – und wegen des tieferen Eindrucks, den unsere sinnlichen Erlebnisse auf das Gehirn machen, scheitern sehen.

E: Ich würde nun gerne auf ein etwas anderes Gebiet übergehen, und das ist unsere gesamte Farbinterpretation. Wir leiten natürlich unsere Farbe im wesentlichen von einem Dreifarbenprozeß mit den entsprechenden Zapfen mit selektiver Farbbewertung in der Retina ab, und diese besitzen unabhängige Übertragungsbahnen. So ist es ein Dreifarbenprozeß, der geradewegs bis zur Sehrinde hinaufläuft. Nun ist das interessante Moment, daß man herausfindet, daß diese in verschiedene spezielle Zonen eingeordnet werden. Zeki hat entdeckt, daß es spezielle Zonen gibt, zu denen die farbspezifischen Bahnen nach vielen Übertragungsfolgen kommen. Dann bemerkte Sherrington, daß man tatsächlich die Farben verschmilzt, die durch beide Augen hereinkommen. Wenn man im Gesichtsfeld des einen Auges Grün und des anderen Auges Rot hat, erhält man die bronzefarbene Illusion aus der Verschmelzung der beiden retinalen Bilder.

Es sieht so aus, als wären wiederum Moduln in den speziellen farbempfindenden Zonen der Sehrinde aktiviert, und aus diesen wird durch den selbstbewußten Geist herausgelesen, um eine Farbe zu erhalten, die eine Tönung, eine Mischung darstellt. Er besitzt all die Subtilitäten der Interpretation. Tatsächlich kann man den interpretativen Charakter durch das Lernen, das beteiligt ist, erkennen. Es ist eine sehr aktive Erinnerungs-, Lern-, Veranschlag- und Benennungstätigkeit durch den selbstbewußten Geist in all seinen Fähigkeiten der Farbwahrnehmung gegeben. Dann muß man weiter an all die Subtilitäten der Farbe denken, wenn sie zu Kontrasten und Schatten usw. verschmolzen wird.

P: Ich möchte noch die Frage nach der Gültigkeit oder Ungültigkeit des Aufsatzes von Land stellen (1959), den wir vor dieser Aufzeichnung diskutiert haben. Warum fand ich Lands Aufsatz so gut? Ich weiß natürlich nicht, ob das, was Land sagt, richtig ist; ich habe ja die Experimente nicht gemacht. Aber ich fand seinen Aufsatz so gut, weil er außerordentlich gut zu unserer Auffassung paßt.

Das Interessante ist Lands These, daß zwei Farben genügen, um das gleiche Ergebnis wie mit dem Standard-Dreifarbenprozeß zu erzielen. Das Gehirn und das deutende Selbstbewußtsein sind so aktiv, daß sie die fehlende Farbe gleichsam ergänzen. Entscheidend ist, daß die Experimente nicht mit abstrakten Diagrammen, sondern mit Bildern realer Lebens-Situationen arbeiten. Die von ihm verwendeten Bilder sind teils einfarbig koloriert, teils in Grautönen. Was Land nun sagt, ist, daß wir diese Bilder so erleben, als wären sie völlig farbig.

Ich erwarte eigentlich nicht, daß seine Berichte Fehler enthalten. Wenn es wahr ist, was er sagt, wäre es von unserem Standpunkt aus nicht überraschend, wenn Erfahrung, Lernen oder Interpretieren gleichsam in ein vollständiges Bild etwa einer Landschaft, einer Rose und dergleichen überspränge; daß sie die Grenze – im Sinne dessen, was vorgegeben ist – übersprängen und auf eine volle Deutung abzielen. Ich glaube, daß es sogar mit Lands Methode möglich ist – wenn seine Ergebnisse stimmen – eine Situation ähnlich derjenigen der Treppe zu erreichen, so daß wir von einer Interpretation der Farbe zu einer anderen Farb-Interpretation umschalten könnten. Dann könnten wir zum Beispiel wenn Rot gegeben ist, von Gelb zu Blau und von Blau zurück zu Gelb schalten. Das müßte man natürlich ausprobieren, aber nichts in der Theorie des Farben-Sehens steht dem entgegen.

E: Ich habe Lands Experimente nicht gesehen. Ich habe ihre Beschreibung gehört, und ich habe immer das Empfinden, daß es mehr oder weniger alles schon mal gemacht worden ist. Wenn man durch die alte deutsche Literatur des letzten Jahrhunderts von Helmholtz an zurückgeht, wird man sehen, daß ein ungeheures Angebot an Arbeiten über Farbtäuschungen vorliegt. Es ist ganz einfach, Komplementärfarben zu erhalten, wenn man eine Farbe und eine graue Umgebung hat. Dann macht man die Komplementärfarbe. Ist es nicht das, was wir in der Land-Geschichte tun? Es ist nur eine Weiterentwicklung dieses sehr einfachen Farbkontrastes. Ich sehe nichts speziell Neues darin. Ich sehe lediglich, so könnte man sagen, viel Einfaltsreichtum darin, eine eindrucksvolle Illustration zu geben.

P: Das ist nur eine ihrer Deutungen, nämlich die Interpretation in Begriffen des Kontrastes und der Wirkung von Komplementärfarben. Doch was Land meiner Ansicht nach eigentlich behauptet, (wenn auch nicht in unseren Ausdrücken) ist, daß wir das Bild aktiv in realistischer Weise deuten und daß das nicht einfach von einem (sozusagen) mechanischen Komplementärfarbeneffekt abhängt, sondern von unserer eigenen aktiven Zutat oder Ergänzung, indem wir uns lediglich der Kontraste in dem Bild bedienen. Mit anderen Worten, wir versuchen eine einheitliche Interpretation (oder in deiner Terminologie, eine kohärente Interpretation) in Ausdrükken von Farbe und unseren Erlebnissen vom Farben-Sehen zu geben. Es ist wichtig, das Experiment zu wiederholen, um herauszufinden, ob es auf der Mechanik von Kontrast und Ergänzung beruht oder ob es sich vorwiegend auf unsere Bemühungen um eine einheitliche Interpretation stützt.

E: Es ist sicherlich interessant. Ich habe nur Berichte aus zweiter Hand gehört. Ich möchte nun zu einem anderen Phänomen kommen, nämlich dem Vervollständigungsphänomen bei Strichzeichnungen. Ich weise besonders auf die sehr interessanten Diskussionen in Ernst Gombrichs Buch *Art and Illusion* hin. Vervollständigung ist die Basis so vieler graphischer Kunst. Der Künstler scheint intuitiv zu wissen, bis zu welchem Grad er auf das Ausfüllen durch den Betrachter vertrauen kann. In einer subtilen Weise rekonstruiert man aus seinen Zeichnungen heraus Gestalten der Art, die er präsentiert hat. Ich glaube, dies ist ein sehr interessantes Beispiel für die vereinheitlichte Interpretation des selbstbewußten Geistes. Er nimmt die Zeichnungen und versucht, eine Interpretation davon vorzunehmen. Ich glaube, daß Gombrich Interesse daran hätte, über unsere neuen Theorien nachzudenken.

P: Ja, dies ist die gleiche Art vereinheitlichter Interpretation, die eine so große Rolle in der Kunst spielt und Kunst für uns so interessant macht.

E: Was sehr eindrucksvoll ist, ist das in Kapitel E 5 (Abb. E 5–5) beschriebene Chimären-Phänomen. Ich glaube, dies ist wiederum ein Experiment über die Geist-Gehirn-Interaktion, und es ist die Vollendung des Bemühens, immer das Bild zu vervollständigen und ein einheitliches Wahrnehmungsbild herzustellen.

P: Das bringt für unsere Ansicht, wonach das Selbstbewußtsein keinen direkten Zugang zur rechten Hemisphäre hat, ein Problem mit sich. Ich frage mich, ob das Phänomen, das du beschrieben hast, Teil der vielleicht angeborenen Tendenz sein könnte, in ziemlich willkürlichen Zusammenstellungen von Strichen oder Punkten Gesichter und besonders Augen zu sehen.

E: Ähnlich sind wir sehr geschickt in den Bemühungen, ein Portrait aus Tupfern verschiedener Farben einer sehr groben Körnung zu extrahieren und es immer noch zu schaffen, das Portrait zu erkennen. Natürlich ist das Standardprotrait, wie du weißt von Lincoln. Doch es gibt eine lange Geschichte dieses Phänomens, wie z. B. durch die Mosaikportraits der klassischen Zeiten gezeigt wird. Ich möchte auf die Frage der globalen Erkennung, sowohl räumlich als auch bildlich durch die rechte Hemisphäre hinweisen. Dieses Thema wird in Kapitel E 7 (vgl. Abb. E 7–5) ausführlich entwickelt.

Wir wissen, daß dies aufgrund ihrer Fähigkeit, die sich nach Kommissurotomie zeigt (siehe Kapitel E 5) geschieht und wir erkennen auch die Weise, in der Läsionen des rechten Temporallappens zu einem Verlust von Raum- und Bildsinn führen (Kapitel E 6). Was ich nun fragen möchte, ist: Wie können im normalen Gehirn diese spezielle Begabung oder Fähigkeit oder dieses Talent der rechten Hemisphäre dem bewußten Selbst verfügbar gemacht werden, von dem wir angenommen haben, daß es in Verbindung mit den offenen Moduln der linken Hemisphäre steht? Ich glaube, daß wir realisieren müssen, daß dies ein sehr ernstes Problem ist. Wir haben diese ganze neuronale Verarbeitung mit der Entwicklung von Muster- und Formwahrnehmung, die die rechte Hemisphäre speziell in einer Weise handhaben kann, wie es die linke überhaupt nicht kann. Irgendwie muß dieses integrierte räumliche Bild der linken Hemisphäre verfügbar gemacht werden, wenn sich nur in der linken Hemisphäre offene Moduln befinden. Als Vorschlag würde ich sagen, daß die Moduln der rechten Hemisphäre viele Bahnen über das Corpus callosum zu den offenen Moduln der linken Hemisphäre besitzen und daß Transfer von der rechten Hemisphäre zur linken hinüber zur bewußten Erkennung stattfindet. Weiterhin können die offenen Moduln der linken Hemisphäre vom selbstbewußten Geist beeinflußt werden, so daß sie zu entsprechenden geschlossenen Moduln der rechten Hemisphäre projizieren und aus ihnen für bewußte Interpretation rücklesen.

P: Wir müssen hier eigentlich zwei verschiedene Hypothesen in Betracht ziehen. Deine ist eine davon. Mein Glaube an ein tierisches Bewußtsein bringt mich zu einer anderen Hypothese, nämlich der, daß die rechte Hemisphäre eine Art höherer Stufe tierischen Bewußtseins hat, das die Interpretation selbständig durchführt und an das Selbstbewußtsein nur seine Resultate weitergibt, das, wie wir wissen, manchmal in parallelistischer Art darauf angewiesen ist, was ihm durch niederere Interpretationsmechanismen oder ein niederes interpretierendes Bewußtsein geliefert wird. Wir haben hier also zwei konkurrierende Hypothesen. Ich halte es für wichtig, daß wir mehr als eine Hypothese haben. Das könnte zu Experimenten führen, wie sie etwa Sperry durchgeführt hat, (Experimente mit dem »gespaltenen Hirn«), die es uns vielleicht ermöglichen, zwischen ihnen zu entscheiden.

E: Ich denke, es ist wichtig, in diesem Stadium unserer Diskussion die Musik zu betrachten. Wie wir wissen, erfolgt die Interpretation von Musik in all den Weisen, die zu untersuchen bisher möglich sind, im rechten Temporallappen, und Läsionen dort führen zu Ausfällen in den verschiedenen Seashore- und anderen Tests und zum Verlust des Musiksinns und des Musikverständnisses.

Nun ist der Fall des Musikers Ravel von Interesse. Wir besitzen den Hinweis von Dr. Alajouanine[5], daß Ravel gegen Ende seines Lebens an einer zerebralen Läsion mit schwerer Aphasie litt und daß dies eine Erkrankung war, die beide Seiten seines Gehirns umfaßte, nicht nur die Sprachzentren auf der linken Seite, sondern auch die Musikzentren auf der rechten Seite (vgl. Kapitel E 6). Es war ein sehr kompliziertes Bild, das Dr. Alajouanine in seinen Harvey-Vorlesungen beschrieb. Es ist ganz einzigartig, über einen derartig detaillierten Bericht eines Arztes über einen berühmten Künstler zu verfügen. Der Bericht enthüllt, daß Ravel seine Fähigkeit, Musik zu komponieren, vollkommen verloren hatte, und er hatte seine Fähigkeit verloren, neue Musikstücke auf dem Klavier zu erlernen, doch er konnte noch ziemlich gut diejenigen spielen, die er vorher gekannt hatte. Der andere Punkt war, daß er immer noch erkennen und kritisieren konnte, was er hörte, und Fehler in der Wiedergabe erfassen und einige erstaunliche Bemerkungen über die Details der Darbietung seiner eigenen Werke machen konnte. All dies war möglich. Doch auf der anderen Seite besaß er keinen Sinn, Musik zu schaffen und Musik zu beurteilen, die er früher nicht gehört hatte. Es war ein begrenzter Verlust und interessant, doch ich glaube, nicht von großer Bedeutung für uns, für unsere gegenwärtige Diskussion, weil die Hirnläsion selbst so diffus war. Sie war nicht auf ein Areal beschränkt. Ich glaube, man könnte höchstens sagen, daß es insofern bemerkenswert war, als es zeigte, wie weit verstreut die musikalische Leistung über die Oberfläche der Großhirnhemisphäre sein kann und dies könnte besonders in der rechten Hemisphäre der Fall sein.

P: War die Läsion überwiegend in der rechten Hemisphäre?

E: Nein, sie war in beiden Hemisphären, weil er an einer sehr schweren Aphasie litt. Sie konnte ebenso in der linken wie in der rechten Hemisphäre sein. Es war eine Art allseits ausgebreiteter Läsion, die bestimmte musikalische Fähigkeiten Ravels ergriff, ihn jedoch nicht seines musikalischen Verständnisses oder seiner Kritik dessen, woran er sich aus der Vergangenheit erinnerte, beraubte.

Die andere Bemerkung, die ich machen möchte, ist, daß wir uns im Hinblick auf automatische Bewegungen und die dominante Hemisphäre

---

[5] T. Alajouanine [1948]. Siehe Kapitel E 6.

in der gleichen Position befinden. Es ist ein Fehler zu denken, daß jede
Bewegung, die durch die dominante Hemisphäre initiiert wird, eine willentlich geplante Aktion darstellt, die durch den selbstbewußten Geist auf
die offenen Moduln ausgeübt wird. Dies ist der Fall, wenn wir beginnen,
eine neue Bewegung zu erlernen. Wir tun es mit geistiger Konzentration
und überprüfen es, während wir beobachten, daß die Aktionen besser und
besser gelingen. Sind sie einmal erlernt worden, dann werden sie in den
automatischen Bereich hinunterrelegiert.

Wir sollten auch Musikinstrumente erwähnen, weil die Darbietung mit
Musikinstrumenten eine der anspruchsvollsten aller möglichen Bewe-
gungskontrollen ist. Beim Klavierspielen mit sehr schnellen Bewegungen
muß man erkennen, daß man das Limit dessen erreicht hat, was kontrolliert werden kann. Tatsächlich kann man die einzelnen Fingerbewegungen
nicht mit Hilfe eines Feedback-Schaltkreises von der Peripherie mit 7 pro
Sekunde kontrollieren, was ich für etwa die höchstmögliche Frequenz
halte. Dies muß folglich in Phrasierungen geschehen. Die Kontrolle ist
automatisch in dem Sinn, daß eine Phrase zu einer weiteren und zu noch
einer weiteren führt und sogar die Kontrollmechanismen unserer Bewegungen arbeiten in Phrasen, indem sie sie modifizieren und sozusagen in
Stücken arbeiten und die Phrasen zusammensetzen und nicht die einzelnen Bewegungseinheiten. Dies geschieht zu schnell, um individuell kontrolliert zu werden.

P: Klavierspielenlernen ist etwas sehr Merkwürdiges. Vielleicht ist es Einbildung, aber ich glaube, es gibt etwas, das man Anschlag nennen könnte.
Unter dem Gesichtspunkt des motorischen Mechanismus und seiner Kontrollen muß das etwas unglaublich fein Ausgewogenes sein und mit der
Persönlichkeit und dem Selbstbewußtsein zu tun haben. Ich weiß dazu
eine hübsche Geschichte.

Ich bin ein Freund des großen Pianisten Rudolf Serkin und kenne
seinen Anschlag sehr gut. Folgendes passierte nach einem Treffen mit ihm
in Interlaken. Jeder von uns ging zu seinem Wagen, und wir fuhren in
verschiedenen Richtungen weg. Es war spät in der Nacht und man konnte
nichts sehen, oder nur ganz wenig. Später überholte ich einen Wagen –
einen von sehr vielen – und hörte dessen Hupe, und ich wußte sofort, daß
es Serkins Anschlag war. Die Hupe wurde pianissimo angeschlagen. Ich
konzentrierte mich aufs Fahren und war nicht darauf vorbereitet, ihm zu
begegnen; ich erkannte einfach seine Persönlichkeit an diesem Pianis-
simo-Anschlag der Hupe – und es war eine elektrische Hupe.

E: Ich möchte die Frage der Zeitwahrnehmung stellen. Wir sind uns alle
bewußt, daß die Zeit manchmal langsam und manchmal schnell zu verge-

hen scheint, und manche Leute glauben, daß sie schneller und schneller vergeht, wenn man älter wird, doch für mich tut sie dies nicht, wie du weißt. Ich finde, daß die Zeit immer noch sehr angefüllt ist, und jeder Tag ist ein guter Tag. Jedoch abgesehen davon erkennen wir, daß unter bestimmten Bedingungen, unter sehr attraktiven Bedingungen, zum Beispiel eine sehr nette Einladung zum Abendessen, die Zeit für das gesamte Essen verstrichen ist, ohne daß wir vielleicht das Essen sehr gewürdigt haben! Wir waren so sehr mit anregender Konversation beschäftigt. Bei anderen Gelegenheiten kann man das Empfinden haben, daß ein Abendessen sehr lange dauert, weil sich niemand mit einem unterhält, und wenn sie sich mit einem unterhalten, ist es ohne Interesse, sogar langweilig, und man ist dem überlassen, die Zeit zu zählen, bis man entwischen kann.

Nun gibt es einen besonderen Aspekt der Zeit, der von größtem Interesse ist, und den jeder erlebt hat. Er kommt in Notfällen vor. Wenn sich akute Notfälle ereignen, scheint die Zeit in Zeitlupe abzulaufen. Dies muß eine Anordnung für den selbstbewußten Geist sein, der aus den Moduln herausliest, die unter all diesem akuten Input in Beziehung zu dem Notfall stehen, und der selbstbewußte Geist ist nun in der Lage, die Zeit zu verlangsamen, so daß er offensichtlich mehr Zeit hat, in dem Notfall Entscheidungen zu treffen. Man könnte sagen, er hat das Zeiterleben für seine Aktionen in kleinere Stücke aufgegliedert, so daß er die beste Möglichkeit hat, diesem Notfall zu begegnen.

In einer intensiven Form hatte ich dieses Erlebnis nur einmal. Es war ein sehr akuter Notfall, als ich dachte, ich würde beim Überqueren einer Straßenkreuzung in der Schweiz getötet werden. Wir bogen nach links in eine Hauptverkehrsstraße ein, ohne daß etwas in Sicht war. Doch die tiefstehende Sonne blendete unsere Augen und die Straße war dicht mit Bäumen gesäumt. Am Ende dieser dunklen Straße raste ein dunkelroter Lastwagen mit etwa 80 Stundenkilometern die Steigung hinab. Meine Frau und ich sahen ihn nicht, bis er aus dem Dunkel in das Licht herausschoß. Es war zu spät zu bremsen, so daß alles, was wir tun konnten, war, zu versuchen zu beschleunigen, um davonzukommen, und wir kamen nur langsam voran, weil wir gerade erst angefahren waren! Als ich beobachtete, wie dieser Lastwagen näher und näher kam, schien die Zeit kein Ende zu nehmen. Ich konnte ihn beobachten und denken, jetzt bin ich an ihm vorbei, er wird mich nicht direkt treffen. Wir können das Vorderteil des Wagens heraushalten. Er kam näher und näher und dann dachte ich, er würde nur das Ende des Wagens treffen, und dann dachte ich, wenn es das Ende des Wagens ist, werden wir herumgedreht und vielleicht zerquetscht werden. Dann am Schluß merkte ich, daß das Ende des Wagens wunderbarerweise nicht einmal getroffen worden war und der Lastwagen fuhr vorbei, doch alles in Zeitlupe. Es war ein unglaubliches Erlebnis, und meine Frau hatte das gleiche Erlebnis, daß die Zeit in diesem Notfall fast zum Stillstand gekommen sei. Und so fuhren wir weiter, ohne auch nur zu wagen, zurückzublicken. Der Lastwagenfahrer schien uns nicht gesehen zu haben und unternahm keinen Versuch zu bremsen. Wir hatten es alles selber schaffen müssen.

Dies war der selbstbewußte Geist, der im Notfall die höchst bemerkenswerte Leistung vollbrachte, zu steuern und zu beschleunigen, um zurande zu kommen.

Die Bemerkung, die ich weiter machen möchte, ist, daß man, wenn man einen ernsten Eindruck dieser Art hat, diese Zeitlupenerfahrung nicht nur zu der entsprechenden Zeit, sondern auch in der Erinnerung hat. Tief eingebettet in unserem Gedächtnis ist dieser Terror des Notfalls, dieses roten Monsters, das auf einen zurast, und man träumt nachts davon und manchmal kommt es auch untertags wieder. Natürlich werde ich es niemals vergessen, doch dies ist Teil meiner Theorie des Gedächtnisses, nämlich daß wir Vorkommnisse erinnern, die sich blitzartig ereignen, weil wir sie wieder und wieder und wieder durchspielen und so unsere Gedächtnisspuren für anhaltende Freude oder, in diesem Fall, für Schrecken anlegen!

P: Ich habe ähnliches erlebt, sogar auch richtige Autounfälle. Alles bestärkt die Ansicht, daß in einer kritischen Situation die Zeit langsamer abläuft.

E: Dies ist jedoch ein sehr wichtiger Anhalt für unser Problem der Wechselwirkung. Man kann nur nicht erklären, wie dies rein durch Hirnaktion bewerkstelligt werden kann. Die zerebralen Ereignisse können als solche nicht in ihren Zeitabläufen verändert werden. Es ist die Interaktion des Geistes mit dem Gehirn, die diesen Effekt vermittelt, wobei der selbstbewußte Geist in diesem intensiven Notfall empfängt und gibt. So ist hier ein abschließender Kommentar. Wir müssen uns nicht nur vorstellen, daß der selbstbewußte Geist in einer linearen Weise die Geschehnisse der offenen Moduln und all die Leistung der in Wechselbeziehung stehenden Moduln usw. herausliest und uns diese Erlebnisse vermittelt, sondern daß er Zeittricks vollführt. Bereits in Kapitel E 2 haben wir in den Experimenten von Libet gesehen, daß der selbstbewußte Geist die Zeit hinsichtlich des Empfindens von auf die Peripherie verabfolgten Stimuli beeinflußt. Es dauert vielleicht eine halbe Sekunde, bevor ein sehr schwacher elektrischer Schlag auf die Hand tatsächlich die Empfindung in der bewußten Wahrnehmung evoziert. Das ist der Zeitraum, den er benötigt, den selbstbewußten Geist zu durchlaufen, doch der selbstbewußte Geist antedatiert ihn tatsächlich auf etwa den Zeitpunkt zurück, zu dem die Impulse die

Großhirnrinde erreichen. Die genialen und komplexen Experimente von Libet werden in Kapitel E 2, Abbildungen 2und 3, beschrieben. Der selbstbewußte Geist beeinflußt sozusagen die zeitlichen Abfolgen für seine eigenen Zwecke, alles in der richtigen Weise herauskommen zu lassen.

P: Genau so wie bei den optischen Täuschungen ein Mechanismus am Werk ist, der die Deutung der normalen Wirklichkeit anpaßt, so ist es auch bei diesen zeitlichen Täuschungen. Die Deutung berücksichtigt sozusagen die zeitliche Perspektive: Sie läßt uns das Geschehen in unserem intuitiven Erleben auf einen Zeitpunkt beziehen, an dem es entsprechend unserer Richtschnur zur realistischen Deutung der Welt in der wirklichen Welt stattgefunden haben sollte.

E: Ein weiteres Beispiel dafür, daß der selbstbewußte Geist mit einer zeitlichen Korrektur herausliest, kennt man beim Sprechen. Wir hören die einzelnen Worte in einem gesprochenen Diskurs, doch keine Zeitlücken können in der kodierten Botschaft entdeckt werden, die tatsächlich in einer Bandaufnahme vorliegen.

Dialog X

P: Jack, du meinst, so etwas wie unsere Kritik am Parallelismus habe es bisher nicht gegeben. Das ist nicht ganz richtig. Es gab eine deutsche Diskussion, die man als Vorläufer unserer Diskussion bezeichnen könnte.

Der Hintergrund dafür war die parallelistische Lehre Wilhelm Wundts, die nicht nur in Deutschland sondern auch in Amerika und England unglaublich einflußreich war. Wundts Psychologie war bewußt parallelistisch. Dann wurden Wundts Theorien von Carl Stumpf kritisiert, der auf den holistischen oder Gestaltcharakter unserer psychischen Erfahrungen pochte, besonders bestimmter psychischer Wahrnehmungen. (Soviel ich weiß, benutzte er zu Anfang der Diskussion den Begriff Gestalt noch nicht; das war Christian von Ehrenfels, der (1890) erstmals den Begriff Gestalt aufbrachte und ihn vor allem auf Melodien und klangliche Gestalten und auf die Möglichkeit anwandte, Melodien in andere Tonarten zu transponieren.)

Stumpfs Argument lautete, daß nichts dergleichen in der physischen Welt und deshalb nichts davon im Gehirn zu finden sei. Das Interessante ist nun, daß dieses Argument (das insofern unserem Argument gleicht, als es die Schwierigkeiten des Parallelismus aufzeigt) 1920 Wolfgang Köhler in seinem hochinteressanten und hochinformativen – aber wesentlich parallelistischen – Buch *Die physischen Gestalten in Ruhe und im stationären Zustand* (1920) unter psychologischen wie unter physiologischen Gesichtspunkten sehr gut parierte. (Siehe auch meinen Abschnitt 8.) In diesem, vom Parallelisten Köhler dem Verfechter der Wechselwirkung Stumpf gewidmeten Buch, erklärte Köhler nachdrücklich, daß es *doch* Gestalten gibt, und zwar nicht nur in der psychischen Welt, sondern auch in der physischen Welt. Das vielleicht einfachste und typischste Beispiel ist eine Seifenblase: Wenn wir mehr Luft in die Seifenblase blasen, wird sie größer, behält aber im wesentlichen ihre kugelförmige Gestalt bei. Natürlich kann auch ein Wassertropfen als eine physische Gestalt bezeichnet werden, und was, wie bei der Seifenblase, zu seiner Form führt, ist die Oberflächenspannung. Ein besonders hübsches Beispiel ist ein Seifenhäutchen, das von einem dünnen, zu einer Schlinge gebundenen Faden gehalten wird, den man in die Lauge taucht. Wenn man das Häutchen in der Schlinge durchsticht, nimmt der Faden jedesmal eine Kreisform an, wiederum aufgrund der Oberflächenspannung sowie des Umstandes, daß ein Kreis die Figur mit der größten Fläche für einen gegebenen Umfang darstellt.

Köhler nahm nun an – und das wurde durch recht gute Vermutungen über das Gehirn unterstützt –, daß immer, wenn wir eine Gestalt wahrnehmen, auch im Gehirn eine Gestalt eingeprägt wird: daß es eine parallele Gestalt in der Gehirntätigkeit gibt. Insofern eine solche Theorie überhaupt widerlegt werden kann, deutet wohl, wie ich glaube, alles darauf hin, daß Köhlers Theorie durch neuere Untersuchungen des Gehirns widerlegt worden ist. (Ich denke natürlich vor allem an die Aufspaltung des visuellen Bildes in der Retina und seine Übersetzung in sehr viele Punktereignisse im Gehirn sowie daran, daß diese Punktereignisse offensichtlich nicht durch wieder rein physiologische Tätigkeiten voll integriert werden. Hier bringen tatsächlich *wir* die Tätigkeit des Selbstbewußtseins ein, und in diesem Zusammenhang sind die Experimente über die regellos verstreuten Punkte, die du gestern erwähntest, sehr wichtig.) Ich meine also, daß Köhlers prächtige Hypothese falsch ist; jedenfalls ist sie in ihrer ursprünglichen Form nicht haltbar.

Unsere Kritik weist auf zwei weitere Schwierigkeiten des Parallelismus hin, genauso wie früher Stumpf die Schwierigkeiten des Parallelismus hervorhob. Aber wir legen nicht, wie es Stumpf tat, solch besonderen Nachdruck auf den holistischen Charakter psychischer Erlebnisse, sondern vielmehr auf andere Merkmale psychischer Erlebnisse. Wir könnten somit unsere Kritik eine neue Herausforderung nennen, auf die vielleicht ein neuer Köhler aus parallelistischer Sicht antworten könnte. Und wenn eine solche Antwort zustande käme, hätten wir jedenfalls eine Menge gelernt.

E: Noch mehr, wir werden wahrscheinlich unsere eigene Theorie in einer umfassenderen Weise entwickeln können, um die neuen Befunde, wie auch immer sie beschaffen sein mögen, zu erklären, weil ich glaube, dies ist der Weg, den wir wagen müssen. Mein eigener sehr starker Glaube ist, daß die gesamten neurophysiologischen Entdeckungen der Vergangenheit bis zur Gegenwart und weiter in die Zukunft hinein, sofern wir sie antizipieren können, alle von einer bestimmten Art sind (vgl. Kapitel E 2). Am Ende einer bemerkenswerten neuen Erkenntnis über die Merkmalerkennungseigenschaften von Neuronen in den Sehzentren finden wir Feststellungen, daß die physiologische Arbeit unbegrenzt weiterzuführen scheint.

Es ist keine Antwort in Sicht, wenn man eine letzte Interpretation dessen verlangt, wie visuelle Bilder in ihrem Umfang und ihrer Komplexität erlebt werden. Zum Beispiel David Hubel wird sagen, daß er findet, daß wir die ganze Zeit mehr und mehr über Merkmalextraktionsneuronen lernen und wie sie dazu kommen, zunehmend komplexere Muster herzustellen, doch es kommt nie dazu, daß das Stadium, wo uns mehr als kleine Blitze einfacher geometrischer Fragmente gezeigt werden, auf die jede Zelle spezifisch antwortet, überschritten wird. Wie das ganze große Bild dazu kommt, im Gehirn repräsentiert zu werden, ist eine ganz andere Angelegenheit.

Du wirst dich erinnern, Karl, wir unterhielten uns darüber, als wir oben auf dem Kastell waren und die schöne Aussicht auf das Ende des Comer-Sees mit den Bergen, mit den Booten im Wasser, mit all den Ortschaften rund um den See und auf die Berge, die sich auf allen Seiten erheben, betrachteten. Hier haben wir ein wunderbares, sehr vielfältiges Bild, alles unglaublich fein im Detail, alles in der klaren Luft. Irgendwie wird aus dem feinen punktförmigen Bild in unserer Retina ein integriertes Bild als ein Ergebnis all der Verarbeitung der kodierten Übertragung von der Retina im Gehirn erlebt. Es kommt zu uns als dieses Bild lebhaften Entzückens und es scheint mir, daß wir diese Vollendung niemals auf der neurophysiologischen Ebene erreichen können.

Alles, womit wir dabei arbeiten, sind Muster von Impulsen, die zunehmend komplexere Merkmale signalisieren. Es muß ein interpretierendes Herauslesen stattfinden. Dies ist es, von dem wir glauben, daß es uns ein einheitliches Bild vermittelt und es ist ein Bild, das alle Arten von Merkmalen wie Licht und Farbe und Tiefe und Form beinhaltet. Du siehst, welchen Schwierigkeiten wir gegenüberstehen. Das retinale Mosaik wird in Kodes von Impulsen in Sehnervenfasern und in Zellen der Sehrinde, einfachen, komplexen und hyperkomplexen verwandelt, und dann muß man es wieder zusammensetzen. Das beste, was wir in der Neurophysiologie erforschen können, ist die Merkmalextraktionsleistung, beobachtet in Neuronen des inferotemporalen Lappens, wie in Kapitel E 2 beschrieben. Zelle für Zelle kann durch selektive Antwort auf dieser Ebene einfacher geometrischer Merkmale entdeckt werden. Diese Leistung ist ungeheuer entfernt von dem lebendigen Bild, das unserer Retina eingeprägt wurde, und das wir am Ende all dieser zerebralen Verarbeitung erfahren.

Die einzige Weise, in der wir, wie ich glaube, das Bild erklären können, ist, daß die zerebrale Aktion in ein geistiges Erlebnis umgewandelt werden muß, die natürlich das darstellt, was sie am Ende in ihrem Erkennen ist. Es wird nicht vom Gehirn zusammengefügt und als ein einziges einheitliches Phänomen des geistigen Erlebens durch den selbstbewußten Geist herausgelesen, doch in unserer Hypothese nimmt der selbstbewußte

Geist in der Tat all das Zusammensetzen vor. Er liest die Vielfalt, die ungeheure Komplexität der neuronalen Antworten heraus und er schafft das Bild (vgl. Kapitel E 7). Dies ist natürlich nur dann möglich, wenn wir einen großen Teil unseres Lebens damit zugebracht haben, zu lernen, cerebrale Aktivitäten als Bild zu interpretieren. Unser visuelles Erleben der äußeren Welt wird uns in unserer imaginativen Interpretation des immensen und komplexen Musters von Gehirnereignissen geliefert, die von retinalen Entladungen herstammen.

P: Etwas möchte ich noch fragen. Denn es scheint mir durchaus möglich und sogar wahrscheinlich, daß Wahrnehmung die Tätigkeit und die Funktion eines niederen Teils des Bewußtseins ist und nicht jenes höheren Bewußtseins, das wir übereinkamen Selbst- oder Ich-Bewußtsein zu nennen. Das heißt, es kann Wahrnehmung geben, ohne daß wir völlig bewußt oder völlig unserer selbst bewußt sind, wie es tatsächlich schon auf der Tierstufe vorkommen mag. Die einzige Frage, die ich in diesem Zusammenhang stellen möchte, ist, ob du Wahrnehmung direkt mit der Tätigkeit des Selbstbewußtseins in Beziehung setzt. Sicher ist sie eine psychische Tätigkeit, doch ich halte es für eine offene Frage, ob die höchste Funktion für die Wahrnehmung nötig ist. Ich glaube, daß die bestimmt für den vollen Genuß und das ästhetische Verständnis etwa eines Landschaftspanoramas nötig ist. Dafür ist sicher Selbstbewußtsein nötig, aber das hängt zum Teil damit zusammen, daß das ästhetische Verständnis einer schönen Aussicht etwas ist, das nahezu eine Sache von Welt 3 ist und nicht bloß eine Sache der Wahrnehmung zu biologischen Zwecken. Ich würde sagen, daß Wahrnehmungen – integrierte Wahrnehmungen – einen biologischen Zweck haben: herauszufinden, was draußen vor sich geht – herauszufinden, was mich von draußen bedroht, oder etwas ähnliches. *Dazu,* vermute ich, bedarf es nicht des Selbstbewußtseins, während volles ästhetisches Verständnis nur durch das Selbstbewußtsein erreicht wird.

E: Ich sehe deinen Standpunkt und natürlich stimme ich zu. Wir haben zuvor die Rolle der Aufmerksamkeit erwähnt. Aufmerksamkeit kommt, wenn wir uns vorsätzlich einem besonderen Aspekt neuraler Ereignisse zuwenden, die in irgendeiner Weise ausgelöst wurden, und wenn wir uns auf diese mit der Vorwärts- und Rückwärts-Interaktion, die der selbstbewußte Geist mit den offenen Moduln und indirekt mit all den anderen Moduln hat, konzentrieren.

P: Du hast mir einmal gesagt, daß die rechte Hemisphäre Bilder lesen kann und darin einiges leistet, aber ich glaube, es ist die linke Hemisphäre, die unsere Aufmerksamkeit – das heißt die Aufmerksamkeit des Ich – auf einen Gegenstand lenkt. Oder, sagen wir, es ist das Selbstbewußtsein in Wechselwirkung mit der linken Hemisphäre, das die Aufmerksamkeit unseres Ich auf gewisse Aspekte lenkt, die biologisch vielleicht ganz unwichtig, ästhetisch aber bedeutsam und bei einem Bild wichtig sind. Ich meine, daß es zwei Seiten der Aufmerksamkeit gibt: biologische Aufmerksamkeit und willentliche Aufmerksamkeit. Katz sagt (siehe meinen Abschnitt 24), daß ein Tier auf der Flucht nur Fluchtwege sieht und ein hungriges Tier nur Gelegenheiten, Nahrung zu finden. Mit anderen Worten, die Aufmerksamkeit des Tieres ist hier durch seine physiologische und biologische Situation festgelegt. Im Gegensatz dazu stellt die für das Selbstbewußtsein charakteristische Aufmerksamkeit einen Willensakt dar. Wir konzentrieren unseren Willen bewußt auf einen Aspekt einer Situation, eines Bildes oder auf sonst etwas. Ich glaube also, daß der Unterschied zwischen diesen zwei Arten der Aufmerksamkeit sehr stark für einen Unterschied zwischen einer höheren und einer niederen Form des integrierenden Bewußtseins spricht.

E: Ich stimme natürlich zu. Es gibt eine Art holistischer Interpretation oder bedeutungsvoller Interpretation von Bildern durch die rechte Hemisphäre nach Kommissurotomie (siehe Kapitel E 5). Diese ist der bewußten Versuchsperson unbekannt, so ist der selbstbewußte Geist mit dieser holistischen Interpretation nicht befaßt. Bei den Versuchspersonen, die dies ausführten, zum Beispiel den Comicstrip zusammensetzten, muß man sich daran erinnern, daß sie vor der Kommissurotomie lange Zeit diese Interpretation vornahmen, und sie erlebten. Ihre rechte Hemisphäre war viele Jahre lang Teil eines normalen Gehirns oder eines mehr oder weniger normalen Gehirns mit all den Erlebnissen gemeinsamer Interaktion gewesen. Wird es von der selbstbewußten linken Hemisphäre abgetrennt, so behält es all die Leistungen, die es normalerweise in Verbindung mit der linken Hemisphäre ausübte. Ich möchte meinen, daß in der rechten Hemisphäre eine sehr bemerkenswerte moduläre Interaktionsoperation stattfinden würde, die normalerweise von den offenen Moduln der linken Hemisphäre dargeboten würde. Auf diese Weise sehen wir in der Interaktion zwischen der linken und der rechten Hemisphäre, rückwärts und vorwärts, den selbstbewußten Geist in der Lage, mit all dem eine sehr enge Beziehung einzugehen, was in den speziellen Zonen der rechten Hemisphäre, die für das Bildliche zuständig sind, passiert, und das Gleiche könnte für den musikalischen Bereich zutreffen.

Die Idee, daß die rechte Hemisphäre eine einheitliche Aktion darbietet, weil sie alle diese Erinnerungen oder niedergelegten Reaktionsmuster besitzt, finde ich attraktiv. Darüber hinaus handelt sie im motorischen Bereich als ein einheitlich organisierter Handelnder, wobei sie die linke

Hand einsetzt. Es könnte ein übergeordnetes, integrierendes, bewußtes Erleben geben, das der rechten Hemisphäre nicht Selbstbewußtsein verleiht, doch das wie das Selbstbewußtsein auf die linke Hemisphäre wirkt, indem es vereinheitlicht und eine Art allumfassenden Bildes dessen, was sich in der gesamten gewaltigen Anordnung von Aktivität in der kodierten Information der Moduln darbietet, herstellt.

P: Die Frage der Einzigartigkeit des Ichs in der besonderen Form, wie sie Jennings (in seinen Terry Lectures, 1933) und auch du, Jack, stellst, ist womöglich ein Scheinproblem. Das Ich wird, teilweise durch unsere Theorien des Ich, mit seinem Körper verbunden, und genau so, wie unser Körper nicht identisch mit irgendwelchen anderen Körpern ist, ist unser Ich nicht mit irgendeinem anderen Ich identisch. Deshalb kann man die Frage stellen, ob das Bewußtsein, die bewußten Iche identischer Zwillinge ähnlich sind, so wie sich ihre Körper ähneln, aber *nicht* die Frage, ob ihre bewußten Iche identisch sind; denn ihre Körper, so ähnlich sie sich auch sein mögen, können nicht identisch sein.

Ich möchte in diesem Zusammenhang einen weit verbreiteten Ansatz zur Ichheit kritisieren, den man zum Beispiel auch bei Hume findet. Ich meine, sich selbst als ein wahrnehmendes Ich oder als einen Beobachter zu denken. Ich glaube, daß Wahrnehmung oder Beobachtung eine ganz besondere Tätigkeitsart ist, und zwar eine solche, bei der das Ich verhältnismäßig weniger aktiv als bei anderen Tätigkeiten ist, während das Gehirn die Hauptarbeit der Interpretation besorgt.

E: Wir werden nun eine Diskussion über »Indeterminism is Not Enough« führen, einen Artikel von Karl[1], der im Encounter erschienen ist. Die erste Bemerkung, die ich machen möchte, erfolgt im Hinblick auf die Beziehung von Welt 1, Welt 2 und Welt 3. Ich schließe mich vollkommen der Feststellung an, daß es eine kausale Offenheit von Welt 1 gegenüber Welt 2 geben muß, doch ich habe das Gefühl, daß es zu einem Mißverständnis kommen kann, wenn wir über die kausale Offenheit von Welt 2 gegenüber Welt 3 durch direkte Aktion sprechen. Ich möchte vorschlagen, daß dazwischen immer ein Schritt über Welt 1 eingeschaltet ist. Die ist natürlich offenkundig genug, wenn man seine bewußten Erlebnisse aus der kodierten Repräsentation von Welt 3 über einen materiellen Gegenstand ableitet. Dann ist klar, daß er durch die Sinne wahrgenommen werden muß, wobei er alle Welt 1-Stadien der Rezeption und Transmission durchläuft. Auf der anderen Seite gibt es die subtilere Bedingung, bei der Welt 3 durch einige Gedächtnisprozesse im Gehirn in bestimmten Bezirken in neuronalen Netzwerken kodiert wird. Sogar dabei betone ich,

---

[1] K. R. Popper [1973 (a)].

daß man es aus Welt 1, kodiert in den neuronalen Verknüpfungen gewinnen muß.

P: Ich möchte vorschlagen, daß wir anstelle von »Welt 3 ist im Gehirn verschlüsselt« sagen, daß bestimmte Gegenstände von Welt 3 im Gehirn aufgezeichnet und damit gleichsam inkarniert sind. Das Ganze von Welt 3 ist nirgendwo; nur bestimmte einzelne Gegenstände von Welt 3 sind es, die manchmal inkarniert und damit lokalisierbar sind.

E: Sie können als Erinnerungen wiedergewonnen und ausgedrückt werden. Doch sogar da sind die Welt 3-Objekte sozusagen in die neuronale Maschinerie einprogrammiert und müssen daraus durch die Aktion des selbstbewußten Geistes herausgelöst werden. So tritt in einem gewissen Sinn immer noch Welt 1 in die Beziehung mit ein. Ich glaube, daß dies eine ganz unbedeutende Angelegenheit ist, doch ich wollte sie nur erwähnen, weil manche Kritiker darauf hinweisen könnten, daß anscheinend eine direkte Beziehung (Hellsehen) zwischen dem selbstbewußten Geist, Welt 2 und der Information (Welt 3) vorhanden ist, die in Objekten entweder in der äußeren Welt oder im Gehirn umgesetzt (kodiert) ist. Im wesentlichen ist natürlich die Angelegenheit, wie sie in »Indeterminism is Not Enough« berichtet wird, akzeptabel. Es ist nur diese winzige Kritik, die ich anbringen wollte.

P: Es ist sehr wichtig, daß du diesen Punkt betonst. Ich stimme allerdings deiner Kritik nicht ganz zu. Es ist völlig richtig, daß das Gehirn an vielen Wechselbeziehungen zwischen Welt 2 und Welt 3 beteiligt ist und dadurch an Welt 1. Aber ich glaube, daß besonders bei vielen kreativen Tätigkeiten, die mit Welt 2 und Welt 3 zu tun haben, Welt 1 *nicht* unbedingt beteiligt ist, oder daß Welt 1 nur als ein Epiphänomen von Welt 2 beteiligt ist. Das heißt, etwas geschieht in Welt 1, aber es hängt zum Teil von Welt 2 ab. (Das ist die Idee der Wechselwirkung.) Mit »kreativen Tätigkeiten« meine ich so etwas wie die Entdeckung neuer Probleme oder die Entdeckung neuer Lösungen unserer Probleme. Es ist völlig richtig, daß mit diesem Entdeckungsprozeß wahrscheinlich Prozesse in Welt 1 einhergehen; aber nicht, möchte ich betonen, parallel damit, weil die Entdeckung von etwas Neuem ein einzigartiger Vorgang ist, und ich glaube nicht, daß man von einem Parallelismus zwischen zwei einzigartigen Vorgängen sprechen kann, die in Standard-Elementarprozesse nicht auflösbar sind.[2]

_____

[2] Genauer gesagt, jede von uns durchgeführte Analyse in Standardelemente von Prozessen in Welt 1 wird nicht einer Analyse von einzigartigen Prozessen in Welt 2 entsprechen, weil Welt 2 nicht völlig in Standardelemente (Vorstellungen, Darstellungen, Gefühlen oder anderem) auflösbar ist. Übrigens könnte man annehmen, daß in der Hoffnung, eine derar-

(Das ist einer der weiter oben angedeuteten Fälle, in denen Vorgänge in Welt 1 sich zu dem, was in Welt 2 vorgeht, epiphänomenal verhalten.)

Doch ganz abgesehen davon halte ich es für äußerst wichtig zu sehen, daß wir oder genauer gesagt unsere Welt 2 es in Fällen, in denen wir das Gefühl haben, daß ein bisher noch nicht ausformuliertes Problem in Welt 3 zu entdecken und zu formulieren ist, im wesentlichen mit Welt 3 zu tun haben, ohne daß Welt 1 an jedem Schritt beteiligt ist. Welt 1 liefert einen allgemeinen Hintergrund, das ist zweifellos wahr. Ohne ein Gedächtnis der Welt 1 könnten wir nicht tun, was wir tun; doch das besondere neue Problem, das wir herausbringen wollen, wird von Welt 2 direkt in Welt 3 ausgedrückt. (Siehe meinen Abschnitt 13 und Dialog XI.)

Das Erfassen von Gegenständen der Welt 3 ist vor allem ein *aktiver* Vorgang. Tatsächlich vermute ich, daß das Ich der einzige aktiv Handelnde im Universum ist: der einzige Handelnde, auf den der Ausdruck Tätigsein richtig paßt. (Siehe auch meinen Abschnitt 32). Da aber Lebewesen aktiv sind, müssen sie so etwas wie ein Ich haben – sie müssen bewußt sein, wenn auch nicht reflektiv sich dessen bewußt, daß sie ein Ich haben. Sich dessen bewußt zu sein, setzt Theorie und folglich darstellende oder menschliche Sprache voraus. Ein Automat kann nicht aktiv sein oder handeln, und es scheint mit der Evolutions-Theorie unvereinbar zu sein, Tiere, besonders höhere Tiere, für Automaten zu halten. Allem Anschein nach führen sie durchaus zweckgerichtete Handlungen aus.

Ich glaube, daß menschliche Leistungen, also solche der Welt 3, einzigartig sind und daß dies unser Ich, unser Bewußtsein, unseren Geist zu etwas Einzigartigem macht. Ich glaube nicht, daß wir für die Einzigartigkeit des Menschen die These von der genetischen Einzigartigkeit des Menschen brauchen. Die Evolution des menschlichen Gehirns ging zugegebenermaßen unglaublich schnell vor sich. Aber es war kein einmaliger Sprung: Sie bestand, wie die ganze Evolution, aus vielen kleinen Schritten.

E: Ich wende mich nun einer Seite deines Artikels im *Encounter* zu, der sich mit der Frage der Offenheit von Welt 1 gegenüber Welt 2 befaßt. Du sagst zum Beispiel: »Doch nichts ist für uns gewonnen, wenn diese Welt 1 gegenüber dem, was ich Welt 2 und Welt 3 genannt habe, vollständig verschlossen ist.« Ich denke, daß es sehr wichtig ist, diese Feststellung zu diskutieren, weil ich sicher bin, daß die Hauptkritik an unserem Dualismus die sein wird, daß wir vorschlagen, daß die physikalische Welt, Welt

---

tige Analyse auszuführen, vielleicht das tiefste Motiv derjenigen liegt, die vom »Strom des Bewußtseins« oder vom »Strom der Ideen« sprechen. Die Unmöglichkeit einer solch vollständigen Analyse wird besonders deutlich angesichts der Rolle, die unbewußte Vorgänge in Welt 2 spielen, die die Abfolge bewußter Vorgänge in Welt 2 unterbrechen und aufhalten.

1, gegenüber Einflüssen einer anderen unvorstellbaren Art offen ist, gegenüber den Einflüssen eines selbstbewußten Geistes mit Vorwärts- und Rückwärtskommunikation. Deshalb müssen wir vorschlagen, daß die Welt 1 von bestimmten Sprachzentren und verwandten Regionen im Gehirn, die ich offene Moduln genannt habe, gegenüber diesen Einflüssen von Welt 2 offen steht. Wir müssen erkennen, daß dies in den Begriffen moderner Wissenschaft ein ganz revolutionäres Konzept darstellt.

P: Damit bin ich völlig einverstanden. Natürlich kann nur im Gehirn Wechselwirkung zwischen Welt 1 und Welt 2 stattfinden, und man muß durchaus sagen, daß Descartes darin unser Vorläufer war. Auch wenn es für die moderne Wissenschaft revolutionär sein mag, so oder so kommen wir nur auf Decartes' fundamentale Idee zurück, daß Welt 1 (die für Descartes die mechanische Welt war) im Gehirn offen für Welt 2 ist.

E: Ich möchte gerne, Karl, daß du noch mehr zu dieser Frage der Offenheit von Welt 1 gegenüber Welt 2 sagst. Siehst du, es gibt fundamentale Prinzipien der Physik, die dadurch anscheinend verletzt werden, weil es, wie ich glaube, nicht möglich ist, die Quantenunschärfe für diesen Zweck zu nutzen. Diese gibt Zufallsereignisse und ist für die Erklärung der sehr präzisen kausalen Ereignisse, die sich in der Beziehung zwischen Welt 2 und Welt 1 in diesen sehr speziellen Zonen des Gehirns abspielen, nicht von Nutzen. Natürlich ist mir klar, daß wir uns vor zu strenger Kritik schützen müssen, indem wir darauf hinweisen, daß dieses Postulat der Offenheit nur in Beziehung mit gewissen höchst entwickelten und höchst ausgefeilten Strukturen vorkommt, die biologisch errichtet und mit unglaublichen Eigenschaften in ihrer dynamischen Aktivität versehen sind, nämlich die Moduln in der Großhirnrinde (vgl. Kapitel E 1) und nur einige dieser Moduln würden die Eigenschaft, gegenüber Welt 2 offen zu sein, besitzen und dann nur in speziellen Zuständen dieser Moduln (siehe Kapitel E 7). Wir haben dies zum Beispiel bereits in der Frage des Schlafes und der Bewußtlosigkeit behandelt, die verschiedene abgeschwächte zerebrale Zustände begleitet, wie auch die hyperaktiven zerebralen Zustände bei konvulsiven Anfällen. In diesen Fällen sind die Moduln nicht offen. Darüber hinaus würde man denken, daß die Offenheit von Zeit zu Zeit entsprechend dem erhöhten Bewußtsein oder der Dumpfheit der Versuchsperson variiert. So haben wir unser Problem dargelegt. Doch wie formulieren wir es? Wir haben immer noch diese unglaubliche Hypothese vor uns, daß in Welt 1 Strukturen existieren, von denen wir vorschlagen, daß sie eine Beziehung zu Welt 2 besitzen, eine Zwei-Wege-Beziehung der Beeinflussung durch Welt 2 und des Einflusses auf Welt 2. Das ist das Problem, über das du bitte mehr sagen sollst.

P: Das ist natürlich ein sehr schwieriges Problem. Ich habe eine ganze Menge Ideen dazu, aber sie sind noch lange nicht reif.

Vor allem stimme ich natürlich darin zu, daß die quantentheoretische Unbestimmtheit nicht wirklich weiterhelfen kann, denn sie führt lediglich zu Wahrscheinlichkeitsgesetzen, und wir wollen ja nicht sagen, daß so etwas wie freie Entscheidungen bloß eine Sache der Wahrscheinlichkeitsangelegenheiten sind.

Die Schwierigkeit mit der quantenmechanischen Unbestimmtheit ist zweifach. Erstens ist sie probabilistisch, und das hilft uns nicht viel beim Problem des freien Willens, das nicht bloß eine Zufallsangelegenheit ist. Zweitens bietet sie uns Indeterminismus, nicht Offenheit gegenüber Welt 2. Etwas umständlicher gesagt glaube ich allerdings, daß man sich der quantentheoretischen Unbestimmtheit bedienen kann, ohne sich der These zu verschreiben, daß Entscheidungen des freien Willens eine Sache der Wahrscheinlichkeit sind. In diesem Zusammenhang möchte ich auf einen bestimmten Punkt zu sprechen kommen. Neue Ideen haben eine verblüffende Ähnlichkeit mit genetischen Mutationen. Bleiben wir einen Augenblick bei den genetischen Mutationen. Mutationen werden anscheinend durch quantentheoretische Unbestimmtheit verursacht (einschließlich der Strahlungseffekte). Demnach unterliegen auch sie der Wahrscheinlichkeit und sind an sich ursprünglich nicht selektiert oder angepaßt, vielmehr setzt an ihnen dann die natürliche Auslese an, die ungeeignete Mutationen ausmerzt. Einen ähnlichen Vorgang können wir uns nun bei neuen Ideen, Entscheidungen des freien Willens und dergleichen vorstellen. Das heißt, eine Reihe von Möglichkeiten wird gleichsam durch einen wahrscheinlichkeitstheoretisch und quantenmechanisch gekennzeichneten Satz von Vorschlägen angeboten – Möglichkeiten, die vom Gehirn weiterverarbeitet werden. Daran setzt nun eine Art von Auslese-Verfahren an, das die Vorschläge und Möglichkeiten tilgt, die für das in Welt 3 verankerte Bewußtsein, für den Geist, unannehmbar sind; das Bewußtsein probiert sie in Welt 3 aus und überprüft sie anhand von Standards der Welt 3. So könnte das vielleicht vor sich gehen, und aus diesem Grunde schätze ich so sehr das Bild von den blockierenden Neuronen, die wie ein Bildhauer arbeiten, der Stücke des Steins abträgt und wegwirft, um seine Figur herauszubilden.

Was ich hier vorschlage ist, daß wir uns die Offenheit von Welt 1 für Welt 2 etwa als Einfluß des Selektionsdrucks auf die Mutationen denken können. Die Mutationen selbst kann man sich als Quanteneffekte vorstellen – als Schwankungen. Solche Schwankungen können zum Beispiel auch im Gehirn vorkommen. Im Gehirn können zuerst rein probabilistische oder wirre Veränderungen entstehen, und einige dieser Schwankungen werden vielleicht unter Gesichtspunkten von Welt 3 zweckvoll ausgele-

sen, ähnlich wie die natürliche Auslese quasi-zweckvoll Mutationen aus-
liest. Ich will nicht sagen, daß diese Analogien leicht hinzunehmen sind,
aber sie sind es zumindest wert, daß man darüber nachdenkt. (Das Alles-
oder-Nichts-Prinzip des Feuerns der Nerven kann tatsächlich als ein Mechanismus interpretiert werden, der für kleine Schwankungen willkürlich
makroskopische Effekte zuläßt.) Die Einwirkung des Bewußtseins auf das
Gehirn könnte darin bestehen, bestimmten Schwankungen zuzugestehen,
Neuronen zum Feuern zu bringen, während andere bloß zu einem geringen Temperaturanstieg des Gehirns führen. Das ist eine mögliche Art,
»Bildhauer« zu sein (und das Gesetz von der Erhaltung der Energie aufrechtzuerhalten).

Das bringt mich zu meiner nächsten Frage: stößt sich das alles wirklich
mit fundamentalen Gesetzen der Physik, insbesondere mit Gesetzen der
Thermodynamik?

Ich glaube nicht, daß wir uns über das Zweite Gesetz der Thermodynamik überhaupt Sorgen machen müssen. Wir müssen nur annehmen, daß
das Gehirn bei geistiger Tätigkeit ermüdet, und daß diese Ermüdung
irgendwie der Wärmeproduktion und somit einem Energieabbau entspricht, und daß damit das Zweite Gesetz der Thermodynamik gewahrt
bleibt. Durch alle diese Prozesse wird eine Menge Wärme produziert:
Man bekommt sozusagen ein heißes Gehirn.

Das Problem liegt vielleicht anders beim Ersten Gesetz der Thermodynamik, dem Gesetz von der Erhaltung der Energie. Hier gibt es verschiedene Möglichkeiten.

Eine Möglichkeit, die uns außerordentlich gut passen würde, wäre die,
daß das Gesetz von der Erhaltung der Energie sich als nur statistisch gültig
herausstellte. In diesem Fall könnte es sein, daß wir nur auf eine physikalische Energie-Schwankung zu warten haben, bevor Welt 2 auf Welt 1
einwirken kann, und die Zeitspanne, in der wir uns auf die »freiwillige
Bewegung eines Fingers« vorbereiten, kann durchaus lang genug sein, um
solche Schwankungen zu ermöglichen. Einige Physiker haben tatsächlich
Theorien vorgeschlagen, in denen die Erhaltung der Energie nur statistisch gültig ist. Zum Beispiel gab es die auf Bohr, Kramer und Slater
[1925] zurückgehende Theorie, die aber später verworfen wurde. Sie
wurde eigentlich durch die Quantenmechanik überholt, in der das Erste
Gesetz der Thermodynamik nicht statistisch gültig, sondern streng gültig
ist. Später [1952] allerdings machte Schrödinger einen anderen interessanten Vorschlag für die Möglichkeit, daß auf einer noch tieferen Ebene
das erste Gesetz nur statistisch gültig sei. Er wies darauf hin, daß Energie
hv ist; das heißt, sie ist proportional zu v – zur Frequenz –, und Frequenzen haben statistische Mittelwerte. Somit hätten wir es in den Frequenzen
der Lichtwellen tatsächlich mit einem statistischen Element zu tun. (Für

eine andere Möglichkeit – daß geringe Abweichungen vom Ersten Gesetz ausgeglichen werden können – siehe meinen Abschnitt 48 und Dialog XII.)

Ich darf vielleicht noch etwas mehr über die Offenheit der physikalischen Welt (genauer die Welt der Mechanik) gegenüber einer anderen Welt sagen. (Das wäre auch eine Alternative zu dem oben skizzierten Ansatz, der die statistische Deutung des Gesetzes von der Erhaltung der Energie verwendet.)

Zur Zeit Oersteds war die Grundlage der Physik noch durch die Newtonsche Mechanik umrissen. Oersteds Experiment (bei dem ein Draht, den ein elektrischer Strom durchfließt, an eine Magnetnadel gehalten wird, wobei dann die Nadel, so lange der Strom eingeschaltet ist, abgelenkt wird) schien die Newtonsche Mechanik zu verletzen – was auch der Fall war. Das heißt, es stellte sich heraus, daß die Welt der Mechanik: des Stoßes, der Gravitationskraft, der elastischen Abstoßung und insbesondere auch der Erhaltung der (mechanischen) Energie sich plötzlich als offen erwies – offen für eine neue Welt, nämlich die Welt der Elektrizität. Diese Offenheit der mechanischen Welt gegenüber der Welt der Elektrizität war die Haupt-Herausforderung, die zu einer Rekonstruktion der Physik führte, bei der die Elektrizität zur Grundlage wurde und die Mechanik sich aus der Elektrizität ableitete. Wir hatten eine Theorie, die die Reduktion der Mechanik des Stoßes auf elektrische Phänomene, wie die Abstoßung negativ geladener Elektronen, zuließ. Diese Reduktion war sehr erfolgreich, und eine Zeitlang sah es so aus, als wäre ein elektrischer Monismus begründet. So war es aber nicht. Es gibt keine monistische physikalische Welt der Elektrizität. Es gibt noch andere als elektrische Kräfte, Kräfte wie die Kernkräfte und schwache Wechselwirkungskräfte, abgesehen von den Gravitationskräften. Demnach können wir sagen, daß jede der beiden physikalischen Welten, die physikalische Welt und die elektrische Welt, unserem derzeitigen Verständnis nach »offen« für wenigstens eine der anderen physikalischen Welten ist, die auf irgendeine Weise mit der mechanischen und der elektrischen Welt in Wechselwirkung steht. Mit anderen Worten, die moderne Physik ist pluralistisch (und das Gesetz von der Erhaltung der Energie mußte jedes Mal, wenn sich die physikalische Welt vergrößerte, verallgemeinert werden). Wir sollten also über eine *prima facie*-Verletzung dieses Gesetzes nicht allzu beunruhigt sein: Irgendwie werden wir es schaffen, das auszuglätten. (Die wirkliche Schwierigkeit war die Verallgemeinerung des hochgradig intuitiven mechanistischen Weltbildes.) Diese Situation erleichtert es sehr, die Möglichkeit einer Wechselwirkung von außen anzunehmen – von etwas noch Unbekanntem, das, sofern wir die Physik abschließen wollen, der physikalischen Welt hinzugefügt werden müßte.

Ich bin allerdings nicht unbedingt für das metaphysische Forschungsprogramm der Abschließung der Physik (ich habe aber hier keine apriori-
stischen Messer zu wetzen). Ich möchte vielmehr sagen, daß die Physik
offen ist. Es gibt zwei Arten, mit dieser Offenheit umzugehen, wie Wigner
einmal irgendwo gesagt hat. Auch Wigner glaubt, daß die Physik unabgeschlossen ist, aber er glaubt, daß die Physik möglicherweise durch das
Hinzukommen bestimmter neuer Gesetze abgeschlossen werden könnte.
Ich glaube, damit ist nur auf andere Weise gesagt, daß die Physik für etwas
bis jetzt noch Unbekanntes offen ist. (Im Augenblick würde ich sagen,
daß sie eher für Welt 2 als für andere physikalische Gesetze offen ist, denn
soviel wir wissen, kann nur Welt 2 mit Welt 3 in Wechselwirkung treten.
Dafür haben wir eine Menge Erfahrungen, wie auch für die Tatsache, daß
Welt 2 mit Welt 1 in Wechselwirkung steht; vor allem aber für die Tatsache, daß das so geschieht, daß die Pläne und Theorien der Welt 3 große
Veränderungen in Welt 1 bewirken können. Eben aus diesen sehr guten
Gründen müssen wir, glaube ich, in jedem Fall die Offenheit von Welt 1
für Welt 2 postulieren, während die bloße Offenheit der bekannten Welt 1
für einen unbekannten Teil von Welt 1 nichts zur Lösung des großen
Problems beitragen würde, daß Pläne und Theorien der Welt 3 Veränderungen in Welt 1 bewirken.)

E: In meinen Diskussionen mit Eugene Wigner gewinne ich den Eindruck, daß er eine vollständige Transformation der Physik für erforderlich
hält, nicht nur ein Hinzufügen zu einem Aspekt eines physikalischen Gesetzes, sondern daß die Basis der Physik selbst mit einer Revolution rekonstruiert werden muß, die die existierende Physik mehr transformieren
würde, als es mit der früheren Physik unter dem Einfluß der Einsteinschen
Relativitätstheorie und der Planckschen Quantentheorie geschah.

P: Ich hoffe auf eine Revolution in der Physik, weil ich den gegenwärtigen
Zustand der Physik unbefriedigend finde, aber das ist eine andere Sache.
Ich meine, wir können nicht wissen, was wirklich geschehen wird. Selbst
bei einer Revolution in der Physik muß die gegenwärtige Physik als eine
erste Annäherung Gültigkeit behalten, weil unsere gegenwärtige Physik
außerordentlich gut überprüft ist. In erster Annäherung wird also unsere
gegenwärtige Physik weiterhin bestehen bleiben. Doch daß das vom
Standpunkt einer neuen Physik aus nicht ganz befriedigend ist, ist meiner
Meinung nach ebenfalls klar. Die Offenheit von Welt 1 gegenüber Welt 2
macht mir nicht sonderlich Kopfzerbrechen, doch ich stimme dir zu, daß
das vom Standpunkt der gegenwärtigen Physik aus sicher einen revolutionären Schritt darstellt. Was das Zweite Gesetz der Thermodynamik betrifft, so darf ich vielleicht abschließend noch hinzufügen, daß dieses Ge-

setz in jedem Fall nur statistisch ist und bekanntlich bereits geringfügig verletzt wurde. Man kann von der Brownschen Molekularbewegung sagen, daß sie das Zweite Gesetz in jedem Augenblick geringfügig verletzt, nur werden diese Verletzungen dann reichlich durch das kompensiert, was in den benachbarten Teilen des Systems (eines Gases oder einer Flüssigkeit) in den vorangehenden und nachfolgenden Augenblicken geschieht. Die Idee, daß das Gehirn beim kreativen Denken heiß wird, genügt jedenfalls völlig dafür, daß es hinsichtlich des Zweiten Gesetzes bestimmt kein Problem gibt.

E: In diesem Stadium möchte ich zwei Zitate hinzufügen, eines von Wigner und eines von Schrödinger, die ein kurzes Statement über ihre Ansichten über die Notwendigkeit der Rekonstruktion der Physik geben.

Schrödinger [1967]: »Die Sackgasse *ist* eine Sackgasse. Sind wir sonst nicht die Täter unserer Taten? Doch wir fühlen uns verantwortlich für sie, wir werden für sie gestraft oder gelobt, wie der Fall liegen mag. Es ist eine schreckliche Antinomie. Ich bleibe dabei, daß sie nicht auf der Stufe der Wissenschaft von heute gelöst werden kann, die immer noch gänzlich in dem ›Ausschlußprinzip‹ befangen ist – ohne es zu wissen – daher die Antinomie. Dies zu realisieren ist wertvoll, doch es löst nicht das Problem. Man kann das ›Ausschlußprinzip‹ sozusagen nicht durch einen Parlamentsbeschluß entfernen. Eine wissenschaftliche Haltung muß wieder errichtet werden, die Wissenschaft muß erneuert werden. Sorgfalt ist vonnöten.«

Eugene Wigner [1969] hat die Irrigkeit demonstriert, zu postulieren, »daß Leben ein physikochemischer Prozeß ist, der auf der Grundlage der normalen Gesetze der Physik und Chemie erklärt werden kann«. Er fährt fort, vorherzusagen, »daß die Gesetze der Physik geändert und nicht nur reinterpretiert werden müssen, um das Phänomen des Lebens zu behandeln«.

P: Das grundlegende Argument für die Offenheit von Welt 1 mittels Welt 2 für Welt 3 ist einfach das, daß unsere Kultur Veränderungen in Welt 1 bewirkt. Wenn ein Bildhauer eine Figur macht, dann bewirkt er eine grundlegende Veränderung in Welt 1, und wir können nicht annehmen, daß es gänzlich eine Sache von Welt 1 ist. Also etwa anzunehmen, daß Michelangelos Werke bloß das Ergebnis von Molekularbewegungen sind und sonst nichts, erscheint mir noch viel absurder als die Annahme einer geringfügigen und wahrscheinlich unmeßbaren Verletzung des Ersten Gesetzes der Thermodynamik.[3]

---

[3] Ein Materialist könnte das alles als Ergebnis der natürlichen Auslese zu erklären versuchen. Ich glaube aber, daß *natürliche* Auslese nicht ausreicht, sondern daß wir auch

E: Hier muß noch etwas zu dem Punkt von S. 25 deines *Encounter*-Artikels »Indeterminism is Not Enough« gesagt werden. Es geht so weiter: »Somit ist Indeterminismus notwendig, doch unzulänglich, menschliche Freiheit und speziell Kreativität zu berücksichtigen. Was wir wirklich nötig haben, ist die These, daß Welt 1 unvollständig ist; daß sie von Welt 2 beeinflußt werden kann, daß sie mit Welt 2 in Wechselbeziehung stehen kann oder daß sie kausal offen gegenüber Welt 2 und daher weiter gegenüber Welt 3 ist. Wir kommen so zu unserem zentralen Punkt: Wir müssen fordern, daß Welt 1 nicht in sich abgeschlossen oder geschlossen, sondern offen gegenüber Welt 2 ist, daß sie von Welt 2 beeinflußt werden kann, genau wie Welt 2 von Welt 3 beeinflußt werden kann.«

P: Nach deiner vorigen Kritik an dem, was ich über die Beziehung von Welt 2 und Welt 3 gesagt habe, und nach deinem Argument, daß sich Welt 1 stets in jede Wechselwirkung zwischen Welt 2 und Welt 3 einschaltet, bin ich durchaus bereit anzunehmen, daß stets Prozesse von Welt 1 ablaufen, wenn ein Prozeß in Welt 2 abläuft und somit auch immer, wenn Welt 2 mit Welt 3 in Kontakt ist. Vielleicht gibt es auch eine Menge energetisch überaus verschwenderischer Prozesse im Gehirn. Das heißt, das Gehirn verbraucht vielleicht, wenn es in Kontakt mit Welt 2 steht, mehr Nahrung als wir eigentlich erwarten. Das ist wahrscheinlich tatsächlich so, weil das Gehirn außerordentlich aktiv sein muß, um in Kontakt mit Welt 2 zu bleiben. Ich muß sagen, ich glaube, daß sogar die Ansicht denkbar ist, nach der dem ersten Gesetz der Thermodynamik, dem Gesetz von der Erhaltung der Energie, Genüge getan wird und in der doch noch Einfluß von Welt 2 auf Welt 1 ausgeübt wird. Ich halte das für eine mögliche Theorie, aber darüber müßte man noch mehr nachdenken.

---

noch Michelangelo haben, der eine *kritische* Auslese ausübt (hinsichtlich bestimmter Prinzipien der Welt 3). Außerdem stellt selbst die Theorie der natürlichen Auslese ein Problem für den Materialisten dar.

Eine meiner Hauptfragen zum Leib-Seele-Problem ist die: auch wenn Welt 2 aus Welt 1 hervorgegangen ist, muß sie in beträchtlichem Ausmaß von Welt 1 unabhängig geworden sein, denn in einer kritischen Diskussion muß sie sich an Standards von Welt 3 orientieren – etwa an logischen – statt an Welt 1. Wäre sie nur ein Epiphänomen von Welt 1, dann wären alle unsere Annahmen Illusionen wie andere Illusionen auch; und dies würde für alle »Ismen« gelten, einschließlich des Epiphänomenalismus und der Theorie der natürlichen Auslese. Es stellt sich also heraus, daß der durch die Theorie der natürlichen Auslese verstärkte Materialismus eine metaphysische Theorie ist, die nicht widerlegbar ist; aber er kann auch nicht rational aufrechterhalten werden, weil seiner eigenen Ansicht nach alle derartigen metaphysischen Auffassungen epiphänomenale Täuschungen und somit diesen gleichwertig sind. Wenn wir nicht annehmen, daß – etwa durch natürliche Auslese – eine autonome Welt 3 mit autonomen Standards kritischer Diskussion entstanden ist, dann sind alle Theorien gleichermaßen epiphänomenale Täuschungen (selbstverständlich mitsamt der Theorie der natürlichen Auslese). Siehe meinen Abschnitt 21.

E: Die Schwierigkeit mit mehr Energie für das Gehirn unter gewissen Bedingungen ist, daß Gesamtmessungen zeigen, daß der Sauerstoffverbrauch bei sehr starker geistiger Aktivität kaum mehr ausmacht. Das ist natürlich bei Messungen für das gesamte Gehirn, die von Seymour Kety und Mitarbeitern durchgeführt wurden. Dann gibt es zum Beispiel Messungen der Entladungsfrequenzen zerebraler Neurone, die Evarts von einzelnen Neuronen ableitete. Es gibt verschiedene Leistungsmuster von Nervenzellen und man hat große Zellen und kleine Zellen, die in ihrer Aktivität variieren, wobei bei speziellen Aktivitätszuständen oder im Schlaf die eine hinauf geht und die andere abfällt, doch es ist wiederum schwierig, eindeutige Regeln aufzustellen (siehe Kapitel E 7).

P: Ich darf vielleicht nochmals erwähnen, daß wir bei Vorgängen, bei denen Welt 2 auf Welt 1 einwirkt, nicht mehr vorauszusetzen brauchen, als daß die beteiligten physikalischen Größen beliebig klein sind – das heißt verschwindend klein (denken wir an das Alles-oder-Nichts-Prinzip), und daß sie also womöglich unterhalb jeder Meßbarkeit liegen. Was für unser Problem wichtig ist, ist die allgemeine Vorstellung, daß nur ein hochaktives und angeregtes Gehirn offen gegenüber Welt 2 ist.

E: Ich werde dir eine ein wenig überraschende Information geben, die sich aus Experimenten, die kürzlich von David Ingvar (1975) aus Lund durchgeführt wurden, ableitet. Er verwandte radioaktives Xenon, das er in die Arteria carotis injizierte, um die Durchblutung der Großhirnrinde zu klären, und er kann tatsächlich 32 Meßfühler über die Großhirnhemisphäre dieser Seite verteilen, so daß er die Durchblutung dieser verschiedenen Abschnitte bestimmen kann. Dies wird natürlich im Zusammenhang mit klinischen Untersuchungen an psychiatrischen Patienten und chronischen Alkoholikern vorgenommen. Es ist therapeutisch wichtig, etwas über die Durchblutung der Großhirnrinde von einem Abschnitt zu einem anderen zu wissen. Er konnte klären, was geschieht, wenn Patienten in einer spezifischen Weise den einen oder anderen Teil ihrer Sprachzentren benutzen. Die Produktion gesprochener Sprache erhöht die Durchblutung des Brocaschen Zentrums und zu einem geringeren Ausmaß des Wernickeschen Zentrums und auch der motorischen Abschnitte, die am Sprechen beteiligt sind. Beim Lesen kam es zusätzlich zu einer Zunahme des Durchflusses im Okzipitallappen, was sich auf die visuelle Beteiligung bezieht. Bei sprachlicher Leistung kam es zu keiner Zunahme des Durchflusses über der untergeordneten Hemisphäre. Abstraktes Denken schließlich, wie das schweigende Lösen eines Problems, resultierte in einer erhöhten Durchblutung der frontalen, parietalen und okzipitalen Assoziationszentren. So ist unter diesen Bedingungen eine Zirkulationsänderung einer spezifischen Art vorhanden. Er macht das Gleiche bei manueller Aktivität, die die Zirkulation und komplexe neuronale Aktivität in der sensori-motorischen Rinde des Gehirns erhöht, und zu dem paßt, was die Theorien über die beteiligten Abschnitte vermuten. Ich glaube, diese Resultate sind wichtig, weil sie erhöhte Aktivität in den Rindenabschnitten zeigen, die mit diesen spezifischen Funktionen in Verbindung stehen. Ingvar ist ein Meister auf diesem Gebiet und er realisiert die philosophischen Implikationen seiner Entdeckungen.

Ich möchte eine Bemerkung über den Determinismus anfügen. Wenn der physische Determinismus richtig ist, dann ist dies das Ende aller Diskussion oder Argumentation; alles ist zu Ende. Es gibt keine Philosophie mehr. Alle menschlichen Personen sind in diesem unerbittlichen Netz von Umständen gefangen und können nicht aus ihm ausbrechen. Alles, von dem wir denken, daß wir es tun, ist eine Illusion und damit hat es sich. Möchte irgendwer gemäß dieser Situation leben? Es kommt sogar dazu, daß die Gesetze der Physik und all unser Verständnis der Physik das Resultat des gleichen unerbittlichen Netzes von Umständen sind. Es ist nicht mehr eine Angelegenheit unseres Kampfes um Wahrheit, um zu verstehen, was diese natürliche Welt ist und wie sie entstanden ist und was die Quellen ihrer Operationsweise sind. All dies ist Illusion. Wenn wir diese rein deterministische physikalische Welt haben wollen, dann sollten wir still bleiben. Anders, wenn wir an eine offene Welt glauben, dann besitzen wir die ganze Welt des Abenteuers, indem wir unseren Geist benutzen, unser Verständnis benutzen, um zunehmend subtilere und kreative Ideen zu entwickeln, d. h. um Welt 2 zu entwickeln. Unsere Beziehung zu Welt 3 wird kennzeichnenderweise eine willentliche menschliche Leistung. In der endgültigen Welt menschlicher Existenz nutzen wir diese Offenheit von Welt 1 in diesen sehr speziellen Abschnitten unserer Gehirne.

P: Das ist eine sehr gute Feststellung, doch ich möchte wieder eine ganz kleine Korrektur vorschlagen. Welt 3 ist sicher eine »willentliche menschliche Leistung«, aber es stecken unbeabsichtigte Folgen in ihr, außer denen, die bewußt gewollt sind.

E: Ich würde zustimmen und darüberhinaus ist es wie eine große Symphonie mit verschiedenen Instrumenten, die verschiedene Rollen spielen und das Ganze wird in eine unglaubliche synthetisierte Leistung verschmolzen, in eine Harmonie. Dies ist die Weise, in der individuelle Personen aufgrund ihrer Kreativität eine Zivilisation und eine große Kultur aufbauen können. Es ist nicht nur ein einzelnes Individuum, das vorsätzlich in Isolation handelt. Es ist die gesamte ungeheure Leistung menschlicher Wesen, die unsere Welt 3 aufbaut und damit die Welt 2 jedes Einzelnen von uns.

Dialog XI

29. September 1974, 17.00 Uhr

E: Karl, könntest Du bitte über die Vorstellung sprechen, die Du über eine direkte Beziehung zwischen Welt 3 und Welt 2 hast, unter Hinweis auf Euklids Theorem, das Du mir gerade erzählt hast.

P: Ich glaube, dieses Problem ist von großer Bedeutung. Obwohl natürlich Hirnprozesse der Welt 1 ständig ablaufen, während Welt 2 wach ist und vor allem, wenn sie mit Problem-Lösen befaßt ist oder Probleme formuliert, geht meine These nicht nur dahin, daß Welt 2 Gegenstände der Welt 3 erfassen kann, sondern daß sie das direkt tun kann; das heißt, obwohl gleichzeitig Vorgänge der Welt 1 ablaufen (auf epiphänomenale Weise), stellen sie keine physikalische oder Welt 1 gemäße Repräsentation solcher Gegenstände der Welt 3 dar, die wir zu erfassen versuchen.

Ich will das mit einer Erörterung des Lehrsatzes von Euklid erläutern, wonach es für jede natürliche Zahl, wie groß sie auch sei, eine noch größere gibt, die eine Primzahl ist: oder anders gesagt, daß es unendlich viele Primzahlen gibt. Gewiß hatte Euklid seinem Gedächtnis (und also vermutlich seinem Gehirn) einige Tatsachen über Primzahlen eingeprägt, namentlich über deren fundamentale Eigenschaften. Aber ich glaube, es kann kaum Zweifel daran geben, was vor sich gegangen sein muß. Was Euklid tat, und was weit über die Gedächtnisaufzeichnungen von Welt 1 im Gehirn hinausging, war, daß er sich ein deutliches Bild von der (potentiell) unendlichen Reihe natürlicher Zahlen machte – er sah sie im Geiste vor sich, wie sie immer weiter gehen; und er sah, daß in der Reihe aller natürlichen Zahlen die Primzahlen immer weniger werden, je weiter wir voranschreiten. Die Abstände zwischen den Primzahlen werden gewöhnlich immer größer. (Obwohl es Ausnahmen gibt; zum Beispiel sieht es, soweit wir auch gehen, so aus, daß es immer noch sogenannte Zwillingsprimzahlen gibt, die nur durch eine gerade Zahl voneinander getrennt sind; aber auch diese Zwillingsprimzahlen werden seltener.)

Als er nun diese Zahlenreihe intuitiv betrachtete – was keine Sache des Gedächtnisses ist –, entdeckte er, daß da ein Problem lag: das Problem, ob die Primzahlen schließlich aufhören oder nicht – ob es eine größte Primzahl und danach keine mehr gibt – oder ob die Primzahlen immer weitergehen. Euklid *löste* dieses Problem. Weder die Formulierung des Problems noch seine Lösung beruhten auf verschlüsselten Gegebenheiten von Welt 3 oder war daraus abzulesen. Sie gründeten unmittelbar auf einem intuitiven Begreifen der Situation der Welt 3: der unendlichen Reihe der natürlichen Zahlen.

Die Lösung des Problems ist die: wenn wir annehmen, daß es eine größte Primzahl gibt, dann *können wir* mit Hilfe dieser vorgeblich »größten Primzahl« *eine noch größere bilden.* Wir können alle Primzahlen bis hinauf zur »größten« nehmen, sie, einschließlich der »größten«, alle multiplizieren und dann eins hinzufügen. Nennen wir die so gebildete Zahl N. Dann können wir zeigen, daß N eine Primzahl sein muß, nach der Voraussetzung, daß die Faktoren von N-1 alle vorkommenden Primzahlen sind. Denn wenn wir N durch einen dieser Faktoren dividieren, ist der Rest eins. Somit kann N nur solche Divisoren haben, die größer als die Zahl sind, die wir als größte Primzahl annahmen.

Das Problem, ob es eine größte Primzahl gibt, ist damit negativ gelöst. Das verwandte Problem, ob es ein größtes Zwillingspaar von Primzahlen gibt, ist meines Wissens bisher noch nicht gelöst worden.

Euklids Beweis arbeitet mit den folgenden Ideen: (1) Eine potentiell unendliche Reihe natürlicher Zahlen. (2) Eine endliche (beliebig lange) Reihe von Primzahlen. (3) Eine mögliche unendliche Reihe von Primzahlen. Euklid *entdeckte das Problem,* ob die Reihe der Primzahlen *endlich* oder *unendlich* ist; und er löste das Problem durch die Entdeckung, daß die erste Alternative zur zweiten und somit zu einer Absurdität führt. Er arbeitete zweifellos mit intuitiven symbolischen Darstellungen und Diagrammen. Doch die waren lediglich eine Stütze. Sie stellten weder das Problem noch bildeten sie seine Lösung. Wir können sagen, daß die reine Idee der Unendlichkeit – eine Idee der Welt 3 – keine direkte Repräsentation im Gehirn haben kann, obwohl das *Wort* »unendlich« natürlich eine haben kann. Das Problem wird aus einer unmittelbaren Einsicht der Welt 3-Situation abgelesen. Das kann natürlich nur dadurch erreicht werden, daß man mit der Situation von Welt 3 und ihren verschiedenen Aspekten vertraut wird.

Ich will damit sagen, daß es keine Repräsentation einer Idee von Welt 3 durch Welt 1 geben muß (zum Beispiel ein Modell aus Begriffen von Gehirn-Elementen), um die genannte Idee der Welt 3 zu erfassen.[1] Ich

---

[1] Zum Problem des Begreifens von Gegenständen der Welt 3 siehe auch meinen Abschnitt 13.

halte die These von der Möglichkeit eines direkten Begreifens von Gegenständen der Welt 3 durch Welt 2 im allgemeinen für zutreffend (und zwar nicht nur für unendliche Gegenstände der Welt 3, wie unendliche Reihen); doch am Beispiel solcher unendlicher Gegenstände wird, glaube ich, ganz klar, daß keine Repräsentation des Gegenstandes der Welt 3 durch Welt 1 beteiligt sein muß. Wir könnten natürlich einen Computer bauen, der für eine ewig ablaufende Operation (etwa der Addition von 1 zu irgendeinem Zwischenresultat) programmiert ist. Doch (1) wird der Computer nicht tatsächlich ewig weiterlaufen, sondern sich in einer endlichen Zeit verausgaben (oder die verfügbare Energie aufbrauchen) und (2) wird er, so programmiert, eine Reihe von Zwischenresultaten, aber kein Endresultat liefern. *Wir* sind es, die die *Reihe* der Zwischenresultate als unendliche Reihe deuten, und die verstehen, was das bedeutet. (Es gibt keine (endlichen) physikalischen Modelle oder Repräsentationen der aus Welt 3 stammenden Idee potentieller Unendlichkeit.[2])

Das Argument für das direkte Begreifen von Gegenständen der Welt 3 hängt nicht davon ab, daß es keine Repräsentationen der Unendlichkeit durch Welt 1 gibt. Der entscheidende Punkt scheint mir der zu sein: Im Verlauf des Entdeckens eines Problems der Welt 3 – etwa eines mathematischen Problems – »spüren« wir das Problem zunächst vage, bevor es in gesprochener oder in geschriebener Sprache formuliert wird. Wir vermuten zuerst sein Vorhandensein; dann geben wir vielleicht einige verbale oder schriftliche Hinweise (sozusagen Epiphänomene); danach stellen wir es klarer und dann formulieren wir es vielleicht ganz scharf. (Nur in diesem letzten Stadium stellen wir das Problem sprachlich dar.) Es ist ein Prozeß des Machens und Passend-Machens und des erneuten Machens.

Der abgeschlossene Beweis aus Welt 3 muß kritisch auf seine Gültigkeit überprüft werden, und dazu muß er in eine Darstellung der Welt 1 gebracht werden – in Sprache, am besten in geschriebene Sprache. Doch das Finden des Beweises war ein direkter Eingriff von Welt 2 in Welt 3 – gewiß mit Hilfe des Gehirns, aber ohne ein Ablesen von Problemen oder Resultaten aus hirnverschlüsselten Repräsentationen oder anderen Verkörperungen von Gegenständen der Welt 3.

Das zeigt, daß alle oder doch die meisten schöpferischen Akte der Welt 2, die neue Gegenstände der Welt 3 hervorbringen, ob Probleme oder neue Beweise oder etwas dergleichen, auch wenn sie von Prozessen der Welt 1 begleitet werden etwas anderes sein müssen als ein Ablesen aus dem Gedächtnis und als verschlüsselte Gegenstände der Welt 3. Das ist sehr wichtig, denn ich glaube, daß diese Art eines direkten Kontakts

---

[2] Eine materialistische Metaphysik würde demnach ganz konsequent zu einer finitistischen Mathematik führen, in der Euklids Problem sinnlos würde.

auch die Art ist, auf die Welt 2 verschlüsselte oder verkörperte Gegenstände der Welt 3 verwenden, um ihre Welt 3-Aspekte unmittelbar, und
nicht in ihrer Verschlüsselung, zu sehen. Auf diese Art überschreiten wir
beim Lesen eines Buches das Verschlüsselte und kommen unmittelbar zu
seinem Sinn.

Das Zentrum im Gehirn, das sprachliche Bedeutung erfaßt (das Wernicke-Zentrum), muß irgendwie in direktem Kontakt mit Welt 3 stehen.
Etwas geht in Welt 1 vor, doch dieser Vorgang des Begreifens geht über
das hinaus, was in Welt 1 vorgeht; und aus diesem Grund kann man
vielleicht annehmen, daß es tatsächlich das Wernicke-Zentrum ist, das
einige offene Moduln enthält, ein Offensein von Welt 1 für Welt 2.

E: Ja, ich bin überzeugt, daß die Geschichte von Euklid eine direkte
Beziehung zwischen Welt 3 und Welt 2 zeigt. Nun, da ich es voll verstanden habe, ist es in der Tat sehr überzeugend. Es führt zu vielen anderen
Ideen, die ich kurz erwähnen möchte, doch ich wollte zuallererst sagen,
daß ich die offenen Moduln nicht auf das Wernickesche Zentrum beschränken würde. Die Zentren der Vorstellung sind mehr als das, sie
umfassen alle Arten von Erlebnissen: bildliche, musikalische und emotionale usw. Ich habe eine abschließende Bemerkung, die ich für wichtig
halte. Der Schluß, den du gezogen hast, und der Glaube, den du mir nun
gegeben hast, könnte folgendermaßen formuliert werden. Bei den Operationen der kreativen Imagination, wenn etwas Erstmaliges erdacht wird,
das niemals zuvor auf irgendeine Weise ausgedrückt worden ist, steht
Welt 2 direkt mit Welt 3 in Interaktion. Dies ist die Operation der kreativen Imagination. Es ist die höchste Stufe der menschlichen Leistung. Als
eine Welt 2-Welt 3-Interaktion geschieht es unabhängig vom Gehirn und
geht dann kodiert zum Gehirn zurück. Ich glaube, daß es erst der selbstbewußte Geist ist, der seine eigenen Quellen ausschöpft, die ungeheuren
Potentialitäten, die ihm zur Verfügung stehen.

P: Ich möchte noch etwas über die Beziehung zwischen den Komponenten von Welt 1, in denen Gegenstände der Welt 3 verschlüsselt sind, sowie
Welt 2 und Welt 3 ergänzen. Ich glaube, daß das, was wir beim Betrachten
einer Figur von Michelangelo sehen, einmal natürlich insofern ein Gegenstand der Welt 1 ist, als es ein Stück Marmor ist. Zum anderen wird selbst
das Materielle daran, etwa die Härte des Marmors, nicht unerheblich für
die zur Welt 2 gehörenden Wertschätzung dieses Gegenstandes der Welt
3 sein, der in einem Substrat aus Welt 1 verschlüsselt ist; denn es ist das
Ringen des Künstlers mit dem Material und die Überwindung des Wider-
standes des Materials durch den Künstler, was einen Teil des Reizes und
des Sinns dieses Gegenstands der Welt 3 ausmacht. Ich will also nicht

grundsätzlich den Aspekt der Welt 1 bei einem verschlüsselten Gegenstand der Welt 3 zu einem Epiphänomen herunterspielen, doch manchmal ist er das. Wenn wir ein Buch haben, das recht ordentlich, aber nicht sonderlich gut gedruckt ist – also keine Prachtausgabe –, dann kann der Gesichtspunkt von Welt 1 dieses Buches völlig unwichtig und in gewissem Sinn nicht viel mehr als ein Epiphänomen sein, ein uninteressantes Anhängsel des Gehaltes von Welt 3 des Buches. Doch das, womit wir – unsere Welt 2, unser bewußtes Ich – sowohl im Falle der Figur Michelangelos als auch bei dem Buch wirklich in Berührung kommen, ist der Gegenstand der Welt 3. Im Falle der Statue ist der Gesichtspunkt von Welt 1 wichtig; aber er ist nur wichtig wegen der Leistung von Welt 3, die in der Veränderung und Gestaltung des Gegenstandes der Welt 1 besteht. Was wir in beiden Fällen wirklich anschauen, bewundern und verstehen ist nicht so sehr der materialisierte Gegenstand der Welt 3, sondern die verschiedenen Aspekte der Welt 3, ungeachtet ihrer Materialisierung. Die alte Ausgabe eines Buches wird z. B. wegen ihrer historischen Bedeutung bewundert – wieder ein Aspekt der Welt 3. Und es ist wichtig zu sehen, daß der der Welt 2 zugehörige Genuß an dem materialisierten Gegenstand der Welt 3 – etwa der Genuß eines Kenners, wenn er eine sehr seltene Dante-Ausgabe in der Hand hält – weitgehend von der *theoretischen Kenntnis* dieser Dinge rührt, was bedeutet, daß wiederum Aspekte von Welt 3 eine große Rolle spielen.

E: Karl, wir haben die Konzepte des selbstbewußten Geistes entwickelt und geklärt. Nie zuvor war es mir so klar und nicht nur so klar, sondern wir können nun seine vielfältigen Eigenschaften erkennen. Er kommt nun viel mehr in die gesamte menschliche Leistung hinein, als ich jemals zu denken gewagt hätte. Der selbstbewußte Geist ist verantwortlich für den Akt der Aufmerksamkeit, während er aus all den immensen Aktivitäten unseres Gehirns selektiert, den neuralen Grundlagen unserer Erlebnisse von Augenblick zu Augenblick. Die Einheitlichkeit bewußter Erlebnisse mit all ihren Wahrnehmungsqualitäten liegt auch in der Erinnerung und in den anderen höheren Aspekten geistiger Aktivität. Doch der selbstbewußte Geist empfängt nicht nur. In all diesen Hinsichten, sowohl auf der Wahrnehmungsseite als auch auf der höheren intellektuellen Seite, ist er aktiv damit befaßt, das Gehirn zu modifizieren. So steht er in einer dynamisch aktiven Beziehung mit dem Gehirn und nimmt unzweifelhaft eine Position der Überlegenheit ein (vgl. Kapitel E 7). Als wir unsere Hypothese entwickelten, kehrten wir zu den Anschauungen vergangener Philosophien zurück, daß die geistigen Phänomene sich nun wieder über die materiellen Phänomene erheben.

Schließlich sind wir erst jetzt dazu gekommen, zu erkennen, daß der

selbstbewußte Geist bei der kreativen Imagination aktiv an dem Austausch zwischen Welt 2 und Welt 3 bei der Herstellung neuer, vollständig
neuer Konzepte oder Ideen oder Probleme oder Beweise oder Theorien
beteiligt ist. Die kreative Imagination wird durch den selbstbewußten
Geist zu Flügen der Imagination getrieben, die natürlich die größten Leistungen der Menschheit verkörpern. Wir können in die Vergangenheit
zurückschauen und an die großen Flüge der Imagination in all der Kreativität von Kunst und Wissenschaft und Literatur und Philosophie und
Ethik usw. denken, die die Menschheit zu dem gemacht haben, was sie ist,
und was unsere Zivilisation gegeben haben.

P: Ich freue mich, daß du solchen Nachdruck auf die menschliche Einbildungskraft legst. Das ist einer der Gründe, warum ich glaube, daß der
Ursprung des Selbstbewußtseins irgendwie mit dem Ursprung der Sprache
zusammenfällt, wie ich zuvor schon sagte.

Fragen wie *was ist* Selbst- oder Ich-Bewußtsein oder Geist, also »Was-
ist-Fragen«, sind meiner Ansicht nach gewöhnlich nicht besonders wichtig
und eigentlich keine sehr guten Fragen. Sie sind von einer Form, die keine
wirklich erhellenden Antworten darauf zuläßt. So kann man auf die
Frage, was Leben ist, die unbefriedigende Antwort geben, Leben sei ein
chemischer Prozeß. Die Antwort ist unbefriedigend, weil es Unmengen
chemischer Prozesse gibt, die nichts mit Lebensvorgängen zu tun haben.
Es *kann* uns sehr wohl interessieren, wenn gesagt wird, daß Leben ein
chemischer Prozeß ist; aber hauptsächlich deswegen, weil es uns zu interessanten Bildern anregt. Wenn wir sagen, das Leben habe eine gewisse
Ähnlichkeit mit den chemischen Prozessen einer Flamme, es stelle eine
Art offenes System dar wie eine Kerzen-Flamme, dann kann das tatsächlich ein eindrucksvolles Bild sein, aber von besonderem Wert ist es
nicht.

Im Zusammenhang mit der Frage nun, »Was ist das Selbstbewußtsein?«, der »seiner selbst bewußte Geist«, könnte ich zunächst als vorläufige Antwort sagen (wobei ich immer daran denke, was ich gerade gegen
alle »Was-ist-Fragen« gesagt habe): »Es ist etwas von allem anderen, was
es unseres Wissens zuvor in der Welt gab, äußerst Verschiedenes.« Das ist
eine Antwort auf die Frage, aber eine negative. Sie hebt nur den Unterschied zwischen dem Bewußtsein, dem Geist hervor und dem, was zuvor
da war. Fragst du dann: ist es wirklich so völlig anders, dann kann ich nur
sagen: Oh, es hat womöglich eine Art Vorläufer in der zwar nicht-selbst-
bewußten, aber vielleicht bewußten Wahrnehmung der Tiere. Es gibt vielleicht so etwas wie einen Vorläufer des menschlichen Geistes im Lust- und
Schmerz-Erleben bei Tieren, aber diese Vorform ist natürlich völlig verschieden von diesen tierischen Erlebnissen, weil sie selbstreflektiv sein

kann; das heißt, das Ich kann sich seiner selbst bewußt sein. Das ist es, was wir mit dem Selbstbewußtsein, dem Geist meinen. Und wenn wir danach fragen, wie das möglich ist, dann, glaube ich, heißt die Antwort, daß das nur über die Sprache und über die Entfaltung der Einbildungskraft in dieser Sprache möglich ist. Das heißt, nur wenn wir uns selbst als tätige Körper vorstellen können, und zwar als tätige Körper, die irgendwie durch das Bewußtsein, den Geist inspiriert werden, also durch unser Ich, nur dann, nur durch diese ganze Reflektiertheit – durch das, was man Verbindungs-Reflektiertheit nennen könnte – können wir wirklich von einem Ich sprechen.

E: Ich bin wirklich sehr interessiert an dem, was du gesagt hast, und ich möchte nur das Licht erwähnen, das wir darauf im menschlichen evolutionären Ursprung werfen können. Ich möchte aus meinem Buch *Facing Reality*[3] zitieren: »Sicherlich ist eines der schmerzlichsten Probleme, denen jeder Mensch in seinem Leben gegenübersteht, sein Versuch, sich mit seinem unvermeidlichen Ende im Tod abzufinden. Dies kann natürlich mit seinem evolutionären Ursprung in Zusammenhang gebracht werden. Er stirbt, wie andere Lebewesen sterben, doch die Unvermeidlichkeit des Todes schmerzt allein den Menschen, weil der Mensch in seiner Entwicklung Selbstbewußtsein erlangt hat.«

P: Unter evolutionärem Gesichtspunkt halte ich das Selbstbewußtsein für ein emergentes Produkt des Gehirns; emergent in ähnlicher Weise, in der Welt 3 ein emergentes Produkt des Geistes ist. Welt 3 entsteht zusammen mit dem Selbstbewußtsein, aber dennoch entsteht sie als ein Produkt des Selbstbewußtseins, durch gegenseitige Wechselwirkung mit ihm. Ich möchte nun betonen, wie wenig damit gesagt ist, daß der Geist ein emergentes Produkt des Gehirns ist. Es hat praktisch keinen Erklärungswert und trägt kaum zu mehr bei, als ein Fragezeichen an eine bestimmte Stelle in der menschlichen Evolution zu setzen. Gleichwohl glaube ich, daß das alles ist, was wir vom darwinistischen Standpunkt aus darüber sagen können.

Ich bin ganz sicher, daß du und Dobzhansky darin recht haben, daß die Vergegenwärtigung des Todes – die Drohung und die Unvermeidbarkeit des Todes – eine der großen Entdeckungen war, die zum vollen Selbstbewußtsein führte. Wenn das aber stimmt, dann können wir sagen, daß das Selbstbewußtsein bei einem Kind nur langsam zu vollem Selbstbewußtsein wird, denn ich glaube nicht, daß Kinder sich völlig ihrer selbst bewußt sind, bevor sie sich nicht ganz des Todes bewußt sind.

---

[3] [1970], S. 62.

Im Zusammenhang mit den hier behandelten Fragen ist es äußerst wichtig zu sehen, daß eine Erklärung niemals endgültig ist. Das heißt, jede Erklärung ist in gewissem Sinne intellektuell unbefriedigend, weil jede Erklärung von bestimmten festgelegten Annahmen ausgehen muß, und diese Annahmen werden ihrerseits als unerklärte Voraussetzungen zum Zweck der Erklärung benutzt. Wir können uns zwar im Falle dieser unerklärten Voraussetzungen stets über die Notwendigkeit oder den Wunsch, sie ihrerseits zu erklären, klar werden. Aber das führt natürlich wiederum auf dasselbe Problem zurück. Wir sehen dann ein, daß wir irgendwo haltmachen müssen. So gelangen wir zu der These, daß es Letzt-Erklärungen nicht gibt. Und Evolution kann man bestimmt nicht in irgendeinem Sinn als Letzt-Erklärung nehmen. Wir müssen uns mit der Tatsache abfinden, daß wir in einer Welt leben, in der fast alles, was wirklich bedeutend ist, im wesentlichen unerklärt bleibt. Wir versuchen unser Bestes, um Erklärungen zu geben, und wir dringen durch die Methode der mutmaßlichen Erklärung immer tiefer in die wirklich unglaublichen Geheimnisse der Welt ein. Aber wir sollten uns stets vor Augen halten, daß das gleichsam nur ein Kratzen an der Oberfläche ist und daß letztlich alles unerklärt bleibt, besonders all das, was mit dem Dasein, der Existenz, zu tun hat. Newton, dem ersten, dem eine wirklich befriedigende erklärende Theorie des Universums gelang, war vielleicht auch der erste, der das ganz erkannte. (Siehe meine Abschnitte 47 und 51.) Ich möchte dazu noch sagen, daß ich Dasein, Existenz, nicht unbedingt im Sinne der Existentialisten verstehe, sondern daß ich einfach die Tatsache meine, daß die Welt existiert, und selbstverständlich auch, daß *wir* in dieser Welt existieren. Das ist natürlich letztlich unerklärbar; und das scheint es auch vom Standpunkt der modernen Evolutions-Theorie aus zu sein, in der die Existenz, das Vorkommen von Leben etwas ist, das zu einem wissenschaftlichen Problem wird. Die Entstehung des Lebens ist vielleicht einmalig, und sie ist im Grunde vielleicht unwahrscheinlich, und dann wäre sie kein Gegenstand dessen, was wir normalerweise Erklärung nennen; denn Erklärung in wahrscheinlichkeitstheoretischer Sprache ist stets eine Erklärung, daß unter gegebenen Bedingungen ein Ereignis äußerst wahrscheinlich ist.

E: Ich habe etwas für dieses Stadium der gegenwärtigen Diskussion in meinem Buch *Facing Reality* und ich will nur einen Abschnitt vorlesen[4]: »Ich glaube, daß meiner Existenz ein fundamentales Mysterium anhaftet, das jede biologische Erklärung der Entwicklung meines Körpers (einschließlich meines Gehirns) mit seinem genetischen Erbe und seinem evolutionären Ursprung überschreitet. Und, daß ich, da dies so ist, ähnliches

---

[4] J. C. Eccles [1970], S. 83.

für jedes menschliche Wesen annehmen muß. Und gerade weil ich keine wissenschaftliche Erklärung meines persönlichen Ursprungs geben kann – ich wachte sozusagen im Leben auf, und fand mich selbst als ein körperhaftes Selbst mit diesem Körper und Gehirn existierend – so kann ich nicht glauben, daß dieses wunderbare Geschenk einer bewußten Existenz keine weitere Zukunft besitzt, keine Möglichkeit einer anderen Existenz unter anderen unvorstellbaren Bedingungen.« Ich zitiere dies jetzt, weil dies uns vielleicht weiter führt als du möchtest, Karl, doch dahin möchte ich bei der Betrachtung der Verwicklungen des selbstbewußten Geistes, über die wir in diesen letzten paar Tagen gesprochen haben, kommen. Ich versuche sozusagen, dem Wunder voll in die Augen zu sehen, dem Terror und dem Abenteuer meines selbstbewußten Lebens. All diese Worte können verwendet werden, doch letztendlich liegt es jenseits meiner Vorstellung oder Ausdruckskraft.

Ich denke, Karl, du hast dies ebenfalls unterstellt, daß es etwas Unerklärbares gibt, ein Mysterium in der Existenz jedes Einzelnen von uns. Dies ist notwendigerweise so, weil es zum gegenwärtigen Zeitpunkt jenseits jeder Erklärung steht, wissenschaftlich oder anderer Art. Wir können erkennen, daß diese Welt 2-Existenz zum primitiven Menschen mit seiner sich entwickelnden sprachlichen Vervollkommnung kam. Sprache befähigte ihn, in kreative Tätigkeiten von Welt 3 hineinzuwachsen, und so seine eigene Welt 2 weiter zu entwickeln. Diese beiden zusammen, Welt 2 und Welt 3, haben dieses verfeinerte Selbstbewußtsein entstehen lassen, das wir nun besitzen und von dem man sagen könnte, daß es am Ende der Bemühungen des Menschen in seinem kreativen Denken steht. Und so haben die Menschen durch die Zeitalter gefragt: Was bedeutet dieses persönliche bewußte Leben? Wie kann ich das Beste aus meinem Leben machen? Was kann ich letztendlich nach dem Tode erwarten?

P: Ich glaube, in all diesen Punkten stimmen wir überein. Auf einen anderen Punkt, in dem wir vielleicht nicht übereinstimmen, möchte ich nun – mit einem gewissen Zögern – zu sprechen kommen. Es geht um die Frage des Weiterlebens nach dem Tode. Zunächst einmal erwarte ich kein ewiges Leben. Im Gegenteil, die Vorstellung, daß es ewig so weitergeht, erscheint mir äußerst erschreckend. Jeder, der genügend Einbildungskraft hat, sich die Idee der Unendlichkeit zu vergegenwärtigen, wird mir wohl zustimmen – nun gut, vielleicht nicht jeder, aber wenigstens einige. Dagegen finde ich, daß selbst der Tod ein positives, wertvolles Element im Leben darstellt. Ich glaube, wir sollten das Leben und unser eigenes Leben sehr hoch bewerten, aber doch irgendwie mit der Tatsache zurechtkommen, daß wir sterben müssen; und wir sollten einsehen, daß es gerade die faktische Gewißheit des Todes ist, die viel zum Wert unseres Lebens beiträgt, vor allem zum Wert des Lebens anderer. Ich glaube, wir könnten das Leben nicht wirklich schätzen, wenn es immer weitergehen würde. Gerade die Tatsache, daß es gefährdet ist, daß es endlich und begrenzt ist, daß wir seinem Ende ins Auge sehen müssen, erhöht meiner Meinung nach den Wert des Lebens und damit sogar den Wert des Todes, den wir schließlich erleiden müssen. Das ist das eine, was ich über den Tod sagen wollte.

Ich will noch sagen, daß alle Versuche, sich ein ewiges Leben vorzustellen, meiner Ansicht nach völlig darin versagt haben, diese Vorstellung irgendwie verlockend zu machen. Ich brauche nicht ins Einzelne zu gehen und es liegt mir fern, diese Versuche lächerlich zu machen, aber ich könnte vielleicht noch erwähnen, daß mir namentlich der Himmel des Islam als Ideal ewigen Lebens besonders unannehmbar vorkommt. Die schrecklichste aller Aussichten aber scheint mir die zu sein, die uns Leute eröffenen möchten, die an Seelenforschung und Spiritualismus glauben. Also eine Art von geisterhafter Halbexistenz nach dem Tode, eine Existenz, die nicht nur geisterhaft ist, sondern die wohl auch intellektuell auf einer besonders niederen Stufe steht – auf einer niedereren Stufe als der Normalzustand menschlicher Dinge. Diese Form eines Semi-Weiterlebens ist wahrscheinlich die übelste Form, die bisher erdacht wurde. Ich glaube nämlich, daß die Idee des Fortlebens anders als alles sein müßte, was wir uns vorstellen können, wenn sie etwas taugen und wenn sie annehmbar sein sollte: sie dürfte nichts sein, was mit dem Leben und folglich mit dem Fortleben wirklich vergleichbar ist. Es gibt Menschen, die an ein Weiterleben glauben müssen, um das Leben erträglich zu finden, und es ist der Gedanke an diese Menschen und meine Sympathie für sie, der mich etwas wie das hier Angedeutete nur widerstrebend veröffentlichen läßt. Aber wenn wir nun doch etwas veröffentlichen, dann möchte ich wenigstens eines sagen, das ich im Hinblick auf die Gewißheit des Todes sehr tröstlich finde: Das ist die Tatsache, daß der Tod unserem Leben einen Wert, und zwar in gewissem Sinne einen beinahe unendlichen Wert verleiht und die Aufgabe dringlicher und attraktiver macht, unser Leben dazu zu nutzen, etwas für andere zu leisten und Mitarbeiter in dieser Welt 3 zu sein, die offensichtlich ungefähr das verkörpert, was man den Sinn des Lebens nennt.

E: Ich glaube, daß du, Karl, von all den sehr unbeholfenen Versuchen, das Leben nach dem Tode zu beschreiben, abgestoßen bist. Ich bin ebenfalls von ihnen abgestoßen. Doch ich glaube, daß ein unglaubliches Mysterium darin liegt. Was bedeutet dieses Leben: Erst beginnen zu sein, dann schließlich aufhören zu sein? Wir finden uns hier in dieser wunderbaren, reichen und lebendigen, bewußten Erfahrung und sie geht das ganze Leben hindurch weiter, doch ist das das Ende? Dieser unser selbstbewußter Geist besitzt diese mysteriöse Beziehung zu dem Gehirn und gewinnt in der Folge davon Erfahrungen von menschlicher Liebe und Freundschaft, von den wundervollen Schönheiten der Natur und von der intellektuellen Erregung und Freude, die uns durch den Genuß und das Verständnis unseres kulturellen Erbes geschenkt wird. Soll dieses gegenwärtige Leben ganz im Tode enden oder können wir Hoffnung haben, daß ein weiterer Sinn entdeckt werden wird? Ich möchte hier nichts bestimmen. Ich glaube, es besteht vollständige Unkenntnis der Zukunft, doch wir kamen aus dem Unbekannten. Ist es so, daß dieses unser Leben einfach eine Episode von Bewußtsein zwischen zwei Bewußtlosigkeiten darstellt oder gibt es eine weitere transzendente Erfahrung, von der wir nichts wissen? Ich meine, ich möchte diese Fragen zu diesem Zeitpunkt offen lassen.

Der selbstbewußte Geist befindet sich in meiner Denkungsweise in einer Position der Überlegenheit über das Gehirn in Welt 1. Er ist eng mit ihm verknüpft und natürlich hängt er für alle detaillierten Erinnerungen von dem Gehirn ab, doch in seinem wesentlichen Sein könnte er sich über das Gehirn erheben, wie wir in kreativer Imagination vorgeschlagen haben. So könnte es einen zentralen Kern geben, das innerste Selbst, daß den Tod des Gehirns überlebt, um eine andere Existenz anzunehmen, die ganz jenseits irgendetwas, das wir uns vorstellen können, liegt. Die Einzigartigkeit der Individualität, deren Besitz ich selbst erfahre, kann nicht der Einzigartigkeit meines DNA-Erbes zugeschrieben werden, wie ich bereits in meiner Eddington Lecture [1965] argumentiert habe, die in meinem *Facing Reality,* Kapitel 5, abgedruckt wurde. Unser Beginnen zu sein ist ebenso mysteriös wie unser Aufhören zu sein im Tode. Können wir deshalb nicht Hoffnung ableiten, weil unsere Unkenntnis unseres Ursprungs zu unserer Unkenntnis über unsere Bestimmung paßt? Kann Leben nicht als ein herausforderndes und wundervolles Abenteuer gelebt werden, dessen Sinn entdeckt werden muß?

P: Natürlich, das ist wirklich das Entscheidende. Wenn wir meinen, daß das Leben lebenswert ist – und ich glaube es ist höchst lebenswert –, dann ist es die Tatsache, daß wir sterben werden, die dem Leben zum Teil Wert verleiht. Wenn das Leben lebenswert ist, dann können wir mit der Hoffnung leben, daß wir es nicht zu schlecht geführt haben; und das könnte irgendwie eine Erfüllung in sich selbst darstellen. Ich möchte hier das Wort Hoffnung betonen, das als ein Hinweis auf die Zukunft gedeutet werden kann (aber nicht auf eine Zukunft jenseits dieses Lebens).

Wenn die Idee des Weiterlebens etwas besagt, dann glaube ich, daß die, die meinen, das könne nicht einfach in Raum und Zeit geschehen und nicht einfach eine zeitliche Ewigkeit sein, sehr ernst zu nehmen sind.

E: Ich möchte ein Zitat von Wilder Penfield [1969], dem großen Neuro-Wissenschaftler und Neurochirurgen, anfügen. Am Ende eines Artikels, den er kürzlich schrieb, stellte er fest: »Die physische Basis des Geistes ist die Hirnaktion in jedem Individuum; sie begleitet die Aktivität seines Geistes, doch der Geist ist frei; er ist eines Grades von Initiative fähig.« Penfield fährt fort: »Der Geist *ist* der Mann, den man kennt. Er muß durch Perioden von Schlaf und Koma Kontinuität besitzen. Ich vermute, daß dann dieser Geist irgendwie nach dem Tode fortleben muß. Ich kann nicht daran zweifeln, daß viele in Kontakt zu Gott treten und von einem größeren Geist geführt werden. Doch das ist persönlicher Glaube, den jeder Mensch für sich selbst annehmen muß. Besäße er nur ein Gehirn und keinen Geist, so wäre diese schwierige Entscheidung nicht seine Angelegenheit.« Sherrington schrieb in seinem *Man on His Nature* [1940] gegen die Unsterblichkeit, trotz seiner Befürwortung des Dualismus. Wie ich auf S. 174 meines Buches *Facing Reality* schrieb, gab er mir gerade vor seinem Tode 1952 zu verstehen, daß er vielleicht seinen Sinn darüber geändert hätte, indem er feststellte, »für mich ist nun die einzige Realität die menschliche Seele«.

P: Ich bin froh, als letztes Wort zu diesem Thema noch anzumerken, daß ich doch wohl für uns beide spreche, wenn ich sage, daß wir ungeachtet unserer teilweisen Meinungsverschiedenheit – wie meines Erachtens aus unserer Diskussion klar geworden ist –, die Meinung des anderen zu dieser Frage ernst nehmen und respektieren. Eine Mißachtung der Haltung eines anderen zu diesen höchst wichtigen Fragen würden wir nicht dulden.

E: Ich würde darüber hinaus gerne sagen, daß der Mensch in diesen Tagen seinen Weg verloren hat – was wir die Bedrohung der Menschheit nennen könnten. Er braucht eine neue Botschaft, durch die er mit Hoffnung und Sinn leben könnte. Ich glaube, daß die Wissenschaft darin zu weit gegangen ist, den Glauben des Menschen an seine geistige Größe zu zerstören und ihm die Vorstellung zu geben, daß er lediglich ein unbedeutendes materielles Wesen in einer eisigen kosmischen Immensität ist. Nun impliziert diese strenge dualistisch interaktionistische Hypothese, die wir hier vorlegen, sicherlich, daß der Mensch viel mehr ist, als durch diese rein materialistische Erklärung gegeben ist. Ich glaube, es liegt ein Mysterium im Menschen und ich bin sicher, daß es wenigstens wunderbar für den Menschen ist, das Gefühl zu gewinnen, daß er nicht nur ein hastig gemachter Überaffe ist und daß etwas viel Wunderbareres in seiner Natur und in seiner Bestimmung liegt.

P: Gewissermaßen als Abstieg vom Höhepunkt dessen, was du, Jack, so gut gesagt hast, will ich bloß noch erwähnen, daß ich auch glaube, daß in der Wissenschaft insofern eine Gefahr liegt, als sie uns vielleicht das Leben zu leicht machen könnte. Leben ist ein Kampf um etwas; nicht bloß um Selbstbehauptung, sondern um die Verwirklichung bestimmter Werte in unserem Leben. Ich glaube, es ist wesentlich für das Leben, daß es da Hindernisse zu überwinden gibt. Ein Leben ohne Hindernisse, die es zu überwinden gilt, wäre fast so schlimm wie ein Leben, das nur aus Hindernissen besteht, die nicht überwunden werden können. (Siehe meinen Abschnitt 42.)

Am nächsten Morgen, 30. September 1974, 10.30 Uhr
P: Was die Unermeßlichkeit unserer Unwissenheit betrifft, so möchte ich auf die Einführung zu meinem Buch *Conjectures and Refutations,* (1963 (a), Abschnitt X, S. 16 verweisen. In diesem Abschnitt gehe ich auf Nicolaus von Cues' *De Docta Ignorantia – Die gelehrte Unwissenheit* ein.

E: Karl, ich möchte noch einmal die Diskussion und Kritik auf die Position lenken, mit der wir gestern Abend schlossen. Ich habe noch mehr darüber nachgedacht und ich finde, daß etwas durch die Ideen, die du vorgebracht hast, nicht erklärt ist. Es betrifft den Ursprung des Ich. Dies ist schließlich das, worüber das Buch geht, das Ich und sein Gehirn. Ich glaube, daß dadurch ein absolutes Schlüsselproblem entsteht, weil wir von der Einzigartigkeit des Ich wissen, jeder von uns für sich selbst, und wir nehmen an, daß dies auch für andere Menschen zutrifft. Es ist eine Einzigartigkeit, die sich kontinuierlich durch unser gesamtes Leben zieht, und mit allen unseren Gedächtnisfolgen eng verbunden ist. So ist dies eine Erfahrung, die, wie ich glaube, wir alle teilen können. Nun hast du seinen evolutionären Ursprung erwähnt, und daß es in gewisser Weise in Zusammenhang mit dem Gehirn entstand, eine Art von auftauchendem, evolutionärem Prozeß. Ich finde, daß wir, falls es in seinem Ursprung ein Abkömmling des Gehirns ist, sogar in dieser auftauchenden, oder, wenn du möchtest, transzendenten Weise am Ende etwas den monistischen Materialisten nahekommen. Man kann David Armstrong nehmen und sagen, dies ist eine Entwicklung seiner materialistischen Theorie des Geistes. Wird er nicht berechtigt sein, dies auszuführen? Falls er ein auftauchender Abkömmling einfach eines Gehirns ist, das sich auf der höchsten Stufe im evolutionären Prozeß entwickelt hat, dann, so denke ich, geben wir schließlich einer Ansicht den Weg frei, die den selbstbewußten Geist einfach zu einem Abkömmling von dem hochentwickelten Gehirn stempelt. Dann verwenden wir ihn dazu, auf das Gehirn in all den Weisen Einfluß auszuüben, über die wir gesprochen haben.

Meine Position ist diese. Ich glaube, daß meine persönliche Einzigartigkeit, das heißt mein eigenes erlebtes Selbstbewußtsein, durch diese auftauchende Erklärung des Beginnens zu sein meines eigenen Ich nicht erklärt wird. Es ist die erlebte Einzigartigkeit, die so nicht erklärt wird. Genetische Einzigartigkeit wird nicht genügen. Es kann behauptet werden, daß ich meine erlebte Einzigartigkeit besitze, weil mein Gehirn durch die genetischen Instruktionen eines ganz einzigartigen genetischen Kodes gebaut ist, meines Genoms mit seinen etwa 30 000 Genen (Dobzhansky, persönliche Mitteilung), aufgereiht auf der ungeheueren Doppelhelix der menschlichen DNS mit ihren $3,5 \times 10^9$ Nukleotidpaaren. Es muß erkannt werden, daß mit 30 000 Genen eine Chance von $10^{10\,000}$ dagegen besteht, daß diese Einzigartigkeit erreicht wird. Das heißt, wenn meine Einzigartigkeit des Ich mit der genetischen Einzigartigkeit, die mein Gehirn erbaute, verbunden ist, dann stehen die Chancen, daß ich in meiner erlebten Einzigartigkeit existiere, $10^{10\,000}$ dagegen.

So bin ich genötigt zu glauben, daß es etwas gibt, das wir einen übernatürlichen Ursprung meines einzigartigen selbstbewußten Geistes oder meiner einzigartigen Selbstheit der Seele nennen könnten; und das läßt natürlich ein ganzes Bündel neuer Probleme entstehen. Wie kommt meine Seele dazu, mit meinem Gehirn in Verbindung zu stehen, das einen evolutionären Ursprung besitzt? Mit dieser Idee einer übernatürlichen Schöpfung entkomme ich der unglaublichen Unwahrscheinlichkeit, daß die Einzigartigkeit meines eigenen Ich genetisch determiniert ist. Es gibt kein Problem wegen genetischer Einzigartigkeit meines Gehirns. Es ist die Einzigartigkeit des erlebten Ich, die diese Hypothese eines unabhängigen Ursprungs des Ich oder der Seele erforderlich macht, das dann mit einem Gehirn verknüpft wird, das so zu meinem Gehirn wird. Das ist es, wie das Ich dann dazu kommt, als ein selbstbewußter Geist zu handeln, indem es mit dem Gehirn auf all die Weise arbeitet, über die wir gesprochen haben, indem es empfängt und ihm gibt und eine wundervolle integrierende und antreibende und kontrollierende Tätigkeit auf der neuralen Machinerie des Gehirns ausübt.

Es bestehen tiefe Probleme, wie diese Verbindung des Ich mit dem Gehirn entsteht und wie sie enden wird. Das ist ein neuer Packen von Problemen; aber andererseits glaube ich, daß sich diese Probleme von einer realistischeren Hypothese ableiten, als derjenigen, die annehmen könnte, daß mein Ich in einer transzendenten auftauchenden Beziehung zu meinem Gehirn steht, und daher diese Erklärung, die sich vollständig von einer materiellen Struktur in Welt 1 ableitet.

P: Ich möchte betonen, falls ich es nicht zuvor schon getan habe, daß die Evolutionstheorie uns nie eine erschöpfende Erklärung dafür gibt, wie etwas im Laufe der Evolution ins Dasein tritt. Wir können sagen, daß sich im Verlauf der Evolution beispielsweise Vögel aus Reptilien entwickelt haben; aber das ist natürlich keine Erklärung. Wir wissen nicht, wie sich Vögel aus Reptilien entwickelt noch warum sich eigentlich Vögel aus Reptilien entwickelt haben. Die Evolutions-Theorie ist als erklärende Theorie in bestimmter Weise furchtbar schwach, und wir sollten uns dessen bewußt sein. Doch so, wie sich nach der Evolutions-Theorie der Archäopteryx, der »Urvogel«, aus den Reptilien entwickelt hat, so hat sich, glaube ich, der Mensch, nach allem was wir gegenwärtig wissen, wahrscheinlich aus einem Vetter des Affen entwickelt. Das ist eine Vermutung, aber die ist ziemlich gut fundiert.

Was das Bewußtsein betrifft, so müssen wir wohl annehmen, daß sich das tierische Bewußtsein aus einem Nichtbewußtsein entwickelt hat – mehr wissen wir nicht darüber. Auf irgendeiner Stufe wurde diese unglaubliche »Erfindung« gemacht. Sie ist noch viel unglaublicher als beispielsweise die Erfindung des Fluges, die für sich schon so merkwürdig ist, daß wir davon tief beeindruckt sein sollten. Das Selbstbewußtsein (im Gegensatz zum tierischen Bewußtsein, das womöglich sogar auf Vorformen des Gehirns zurückgeht) scheint mir nun ganz klar ein Produkt des menschlichen Gehirns zu sein. Doch wenn ich das sage, weiß ich sehr gut, daß es wenig genug besagt; und ich betone sofort, daß wir darüber hinaus nicht viel sagen können. Es ist keine Erklärung und es darf nicht als Erklärung genommen werden.

Wir haben die gleiche Situation beim Auftreten des Lebens aus dem Unbelebten. Es ist unvorstellbar unwahrscheinlich, daß Leben jemals entstand; aber es entstand *dennoch*. Weil es nun unvorstellbar unwahrscheinlich ist, kann es keine Erklärung sein, wenn man sagt, es entstand, weil, wie ich zuvor sagte, eine Erklärung in wahrscheinlichkeitstheoretischer Sprache immer eine Erklärung in Form hoher Wahrscheinlichkeit ist: daß es unter den und den Bedingungen *sehr* wahrscheinlich ist, daß das und das geschieht. Das ist eine Erklärung, aber für die Emergenz des Lebens oder die Emergenz des menschlichen Gehirns haben wir eine solche Erklärung nicht.

Dialog XII

30. September 1974, 11.00 Uhr

E: Wir sind uns im großen und ganzen in unserem Denken über all diese ungeheuren Probleme der biologischen Evolution einig. Ich möchte nun darüber hinaus die Probleme der Evolution in Beziehung zu dem evolutionären Ursprung des Selbstbewußtseins betrachten. Wie weit zurück in der Homipidenlinie gewann der primitive Mensch Selbstbewußtsein? Wir wissen, daß dies wenigstens bis zum Neandertaler zurückliegt, und wir können uns vorstellen, daß das Selbstbewußtsein, parallel zur sprachlichen Entwicklung schrittweise in viel früheren evolutionären Stadien entstand. Es stellt Probleme sowohl für Deine Ansicht als auch für meine Ansicht darüber, wie etwas von dieser transzendenten Art (ich folge Dobzhansky, indem ich es das transzendente Entstehende nenne) dazu kam, einem Gehirn aufgepfropft zu werden, das bisher seinem Besitzer kein Selbstbewußtsein geboten hatte.

Nun gibt es eine komplementäre Weise, dieses Problem anzuschauen. Betrachten wir es von dem Standpunkt eines Kindes her in der Weise, daß die Ontogonie die Phylogenie rekapituliert. Ich glaube, die wichtigste Arbeit über diese Entwicklung des kindlichen Geistes und der Kenntnis des Kindes seiner selbst muß noch stattfinden. Es ist mir klar, daß Piagets Arbeiten dieser Art den Weg bereitet hat, doch ich finde, daß seine Arbeit zu dogmatisch und ein wenig zu unimaginativ ist. Ich möchte Forscher sehen, die von einer vollen Würdigung des Wunders und Mysteriums menschlichen Selbstbewußtseins inspiriert, sich mit dieser Studie über das sich entwickelnde Kind befassen. Sie sollten es mit vielen Reihen von Kindern machen, besonders hochbegabten und imaginativen Kindern. Ich glaube, diese sind die wertvollsten für eine Untersuchung. Dieses ganze Mysterium des Selbst und die Einzigartigkeit des Selbst eröffnete sich mir ganz früh in meinem Leben, als ich ein Teenager war, doch ich schaffte es nicht, daß mir irgendwer zuhörte!

Es liegt mir daran, daß wir in unserer Hypothese des Selbst-Hirn-

Problems die Vorrangigkeit des Selbst, Welt 2, über das Gehirn in Welt 1 ins Auge fassen, besonders in seiner Kontrolle und seiner synthetischen Macht. Mir erscheint das bewußte Selbst in dieser Hinsicht ganz anders als das Gehirn, und ich beziehe mich mit Billigung auf Sperrys Feststellung, daß die neuen Ideen, die er entwickelt, »dem Geist seine alte angesehene Position über die Materie zurückgibt«. So finde ich mich in der verwirrenden Position zu wissen, daß das Gehirn in seiner evolutionären Entwicklung mit dem selbstbewußten Geist verknüpft wurde.

P: Ich zweifle nicht, daß du hier an gewisse letzte Fragen gerührt hast, aber ich zweifle auch nicht daran, daß das Fragen sind, die wir *nicht* beantworten können, wenigstens jetzt nicht. Ich glaube hingegen, daß es so etwas wie einen möglichen Ansatz zur Ableitung einer Antwort durch Welt 3 gibt. Welt 3 übersteigt Welt 2. Das ist, glaube ich, sehr wichtig, und es ist sehr wichtig, daß wir diesen Punkt gut begründen. Es besteht eine Wechselwirkung zwischen Welt 3 und Welt 2, die irgendwie im Bereich der Vernunft liegt. Welt 3 übersteigt nicht nur Welt 1, sondern auch Welt 2. Sie existiert wirklich; und sie existiert nicht nur, sie ist auch aktiv; sie wirkt auf uns ein (natürlich nur durch die Wechselwirkung). Ich denke mir die Beziehung zwischen Welt 1 und Welt 2 ähnlich. (Siehe meinen Abschnitt 15.) Was ich da sage, ist nicht sehr viel, und ich finde schon gar nicht, daß es eine Erklärung ist. Es ist zwar keine Erklärung, aber es ist ein Versuch, in diese Geheimnisse mittels der Vernunft einzudringen. Ich gebe gerne zu, daß wir damit schon um einiges weitergekommen sind, doch gerade so weit, wie wir meiner Ansicht nach kommen konnten. Vieles ist ungelöst und sehr vieles ist offen geblieben. Ich stimme völlig zu, daß wir sehr wenig wissen.

Ich glaube, es ist in diesem Zusammenhang wichtig, sich an die Grenzen der Erklärung zu erinnern: daran, daß wir niemals Erklärungen beibringen können, die im Sinne einer Letzt-Erklärung ganz befriedigend sind (siehe Dialog XI. und meine Abschnitte 47 und 51).

Es gibt auch die besonderen Grenzen evolutionärer Erklärungen, wie ich sie am Schluß von Dialog XI behandelt habe.[1] Deshalb würde ich keineswegs irgendwie erklären, daß wir diese schwierigen Probleme gelöst haben.

Aus diesem Grunde nehme ich deine Kritik, daß ich etwas ähnliches wie Armstrong [1968] sage, nicht sehr ernst. Ich glaube hingegen, daß wir uns über unsere gegenwärtigen Grenzen klar sein müssen und daß es bestimmte Dinge gibt, die zumindest jetzt so aussehen, als wären sie ewige Geheimnisse. Weiter will ich eigentlich nicht gehen, bis auf den Hinweis

---

[1] Siehe auch Popper [1972 (a)], Kapitel 7, und [1976 (g)], Abschnitt 37.

auf die Beziehung zwischen Welt 2 und Welt 3 sowie darauf, daß die
Beziehung zwischen Welt 1 und Welt 2 ähnlich ist. Ich sehe nicht, wie wir
zum gegenwärtigen Zeitpunkt darüber hinaus gehen könnten. Das bedeutet natürlich nicht, daß ich den Wunsch, weiter zu gehen, nicht respektiere
oder die Probleme bagatellisiere. Im Gegenteil, die Probleme sind derzeit
zu groß für uns – was sie nur um so dringlicher macht.

E: Ich möchte zu mehreren Punkten in dieser sehr schönen Zusammenfassung, die du, Karl, von diesen ungeheuren Problemen, die wir haben,
gegeben hast, etwas bemerken. Ich stimme dir natürlich, was das Mysterium angeht, das wir nicht lösen können, zu. Wir versuchen, es mit Vernunft zu lösen, doch wir können hier nur wenig erreichen. Ich schließe
mich dir auch an, daß wir die ganze Zeit Probleme aufdecken sollten,
anstatt zu versuchen, sie zu verdecken. Das ist, wie ich meine der Fall mit
all den parallelistischen Erklärungen. Sie verdecken alle diese Probleme
der Gehirn-Geist-Interaktion, und es bleibt tatsächlich nichts zurück, außer der dogmatischen Feststellung, daß alles, worüber wir sprechen, einfach ein Abkömmling (spin-off) von Hirnereignissen ist, und daß alles
determiniert ist und wir dazu verurteilt sind, einfach Zuschauer vor einer
parallelistischen Leinwand oder einem Bildschirm zu sein, wenn man so
möchte, wo die geistigen Ereignisse in einer passiven Weise aus den Hirnereignissen herausgelesen und so erfahren werden. Es gibt überhaupt kein
weiteres Problem. Ich möchte den Punkt klar machen, daß ich nicht gesagt
habe, daß ich dich auf der gleichen Linie wie die materialistische Erklärung des Geistes in der Art und Weise Armstrongs sehe. Ich dachte jedoch, daß Armstrong behaupten könnte, du hättest dich ihm angeschlossen, vielleicht nicht direkt, doch auf Umwegen, und ohne Zweifel auf
einer subtileren Stufe; wenigstens, daß du dir seine Denkweise zueigen
gemacht hättest. Deine letzten Feststellungen haben ganz klar gemacht,
daß dies nicht der Fall ist. So glaube ich, daß dies eine gute Bemerkung
darstellen könnte, um diese Diskussion zusammenzufassen.
    Wir sind uns einig, daß wir uns mit unserer winzigen Intelligenz und
unserem Verständnis nur soweit in die großen Mysterien wagen können,
die uns bei unserem Versuch, alles in der Existenz und in der Erfahrung zu
erklären, von allen Seiten gegenüberstehen. Die Wissenschaft ist auf ihrem begrenzten Feld von Problemen sehr erfolgreich; doch die großen
Probleme, das *mysterium tremendum,* in der Existenz von allem, was wir
kennen, dies ist nicht in irgendeiner wissenschaftlichen Weise erklärbar.
So lassen wir es dabei bewenden. Wir leben mit Mysterien, die wir erkennen müssen, wenn wir zivilisierte Wesen sein sollen, die unserer Existenz
ins Auge blicken. Natürlich gefällt mir besonders, daß du Welt 3 in das
Problem eingeführt hast, weil ich auch glaube, daß es nur durch das Ent-

stehen von Welt 3 geschehen ist, daß Welt 2 entstand. Diese beiden sind miteinander verknüpft. Wenn man keine Welt 3 hat, gibt es keine Welt 2. Ich glaube, dies wird durch den Fall des in tragischer Weise deprivierten Mädchens in Los Angeles gut illustriert, der in Kapitel E 4 beschrieben ist. Denn 13½ Jahre lang besaß sie keine Welt 3 und sie besaß ebenfalls keine Welt 2.

30. September 1974, 16.00 Uhr

P: Im Zusammenhang mit den offenen Moduln und der Offenheit von Welt 1 für Einflüsse von Welt 2 möchte ich nur noch einmal sagen, daß ich eigentlich nicht im mindesten von der Gefahr beeindruckt bin, mit dem Ersten Gesetz der Thermodynamik sozusagen zusammenzustoßen, ganz zu schweigen von der Möglichkeit, daß das Erste Gesetz der Thermodynamik auf dieser Stufe vielleicht nur statistisch gilt. (Jede Verletzung in einer Richtung kann statistisch durch eine in der entgegengesetzten Richtung ausgeglichen werden.) Was ich vor allem sagen will ist, daß unter dem Gesichtspunkt der Energie eine Menge im Gehirn vor sich geht, und zwar auf allen Ebenen, und die Ebenen sind offene Systeme. Zweifellos ist das Gehirn ein offenes System offener Systeme. Jeder Energie-Verlust oder -Gewinn an einer Stelle kann leicht durch Gewinn oder Verlust in seiner Nachbarschaft stabilisiert werden, und sofern es irgend eine Abweichung vom Ersten Gesetz gibt, so wäre sie derart, daß sie durch Messungen nie festgestellt werden könnte. Somit könnten wir nicht einmal sagen, ob die Abweichung (sofern es sie gibt) statistisch ist oder nicht.

E: Auf der Mikrostufe der Hirnaktion kann es gegenwärtig schwer vorgestellt werden. Dazu müssen wir uns vorstellen, daß es nicht so ist, als ob der selbstbewußte Geist mit einer mächtigen Aktion herankommt, wobei Zellen sofort in Antwort auf seine Aktion feuern. Seine Aktion ist sehr schwach und langsam. Sie mag z. B. Hunderte von Millisekunden benötigen, damit ein Effekt registriert werden kann, das heißt für den selbstbewußten Geist, um eine Nachricht von den Operationen in den Moduln durchzubekommen. Diesen Zeitablauf wissen wir aus Libets Arbeit (Kapitel E 2); und wieder bei Aktion in der anderen Richtung, wie in Kornhubers Arbeit (Kapitel E 3), sind bis zu 800 Millisekunden erforderlich, um eine Aktion in Gang zu setzen. Dies bedeutet, daß der selbstbewußte Geist bestimmten Moduln, den offenen, keinen heftigen Schlag versetzt, sondern daß er ihre Aktion geringfügig ablenkt, so daß sehr leichte, statistisch über die offenen Moduln verbreitete Einflüsse schrittweise durch moduläre Interaktion erhöht werden. Ich glaube, es macht eine statistische Operation erforderlich, damit die feinsten Veränderungen aus dem Lärm mit Hilfe einer intensiven ablaufenden modulären Interaktion herausgehoben werden. Es sind Hunderte von Millisekunden Zeit, damit zu spielen, und jede synaptische Verknüpfung benötigt nur etwa eine Millisekunde. Es gibt Stufen der Subtilität der Leistung sowohl für das Empfangen als auch für das Geben, die sich ganz in Übereinstimmung mit Deiner Bemerkung befinden, daß dies alles auf einer Stufe stattfindet, die weit unterhalb jeder Meßbarkeit liegen.

P: Ich möchte den Zustand mit dem einer elektrischen Orgel oder, wenn du willst, mit dem einer elektrischen Schreibmaschine vergleichen. Man kann im Prinzip die Relais solcher Instrumente so einstellen, daß diese Instrumente immer empfindlicher für die leiseste Berührung werden, bis sie schließlich für die Brownsche Molekularbewegung empfindlich werden (wir dürfen auch das Alles-oder-Nichts-Prinzip nicht vergessen, das vielleicht für derartige Instrumente zutrifft). Ungefähr auf dieser Stufe erreichen wir nun eine Situation, in der das Erste Gesetz der Thermodynamik nicht länger überprüft werden kann; und es gibt somit keinen wirklichen Grund zu sagen, daß es verletzt worden ist. Im Gegenteil, ich glaube wir wissen, daß ein solcher Stand technisch erreichbar ist und daß deshalb ein davon nur geringfügig entfernter Stand unter dem Gesichtspunkt der Messung praktisch ununterscheidbar wäre; doch er kann immer noch »offen« für das Ich sein, und das Ich kann darauf einwirken; und falls er durch irgendeine unerwartete Bewegung (etwa die Brownsche Molekularbewegung) beeinflußt wird, könnte das Ich das korrigieren.

Noch eine abschließende Bemerkung zur Evolution. Ich stehe der Evolutions-Theorie und ihrer Erklärungskraft, besonders der Erklärungskraft der natürlichen Auslese, ziemlich kritisch gegenüber. Doch ungeachtet meiner Kritik sollten wir nach meiner Meinung herauszufinden versuchen, wie weit man innerhalb der Theorie der natürlichen Auslese gehen kann. Ich darf noch einmal auf die Theorie der organischen Evolution hinweisen.[2] Sie behauptet, daß die Wahlhandlungen der Tiere ursächliche Faktoren bei der Festlegung ihrer Umwelt sind und folglich zu einem bestimmten Auslesetyp führen. Man kann sagen, daß Tiere in einem fast Bergsonschen oder vielleicht auch Lamarckschen Sinne kreativ sind, obwohl wir ganz innerhalb der Theorie der natürlichen Auslese bleiben können.

Ob die Theorie der natürlichen Auslese ausreicht, ist eine andere

---

[2] Siehe meinen Abschnitt 6, Sir Alister Hardy, *The Living Stream* [1965], und Ernst Mayr [1963], [1967].

Frage, doch ich glaube, daß die Wichtigkeit des eben erwähnten Gesichtspunktes zum Beispiel Darwin selbst entgangen ist, (nicht zu reden von seiner Anerkennung der Theorie, nach der erworbene Eigenschaften vererbt werden können[3]). In gewissem Sinne könnte man sagen, daß sich Lebewesen zum Teil selbst schaffen; teilweise, nicht ganz; und daß der Mensch sich durch die Schaffung der darstellenden Sprache, und damit der Welt 3, selbst geschaffen hat.

---

[3] Siehe Darwin, *The Variation of Animals and Plants Under Domestication*, zweite Ausgabe [1875], Bd. I, S. 466–70.

Bibliographie zu Teil III

ALAJOUANINE, T. [1948] »Aphasia and artistic realization«, *Brain, 71,* S. 229–241.

ARMSTRONG, D. M. [1968] *A Materialist Theory of the Mind,* Routledge & Kegan Paul, London.

BOHR, N., KRAMERS, H. A., und SLATER, J. C. [1924] »The quantum theory of radiation«, *Philosophical Magazine, 47,* S. 785–802.

DARWIN, C. [1875] *The Variation of Animals and Plants Under Domestication,* 2. Auflage, John Murray, London.

DEREGOWSKI, J. B. [1973] »Illusion and Culture«, in: GREGORY und GOMBRICH (eds) [1973], S. 161–191.

DOBZHANSKY, T. [1967] *The Biology of Ultimate Concern,* The New American Library, New York.

ECCLES, J. C. [1953] *The Neurophysiological Basis of Mind,* Clarendon Press, Oxford.

 [1970] *Facing Reality,* Springer-Verlag, New York/Heidelberg/Berlin.

 [1975] *Wahrheit und Wirklichkeit* (Facing Reality), Übers. von R. Liske, Springer-Verlag, Berlin.

EHRENFELS, C. von [1890] »Über Gestaltqualitäten«, *Vierteljahrschrift für wissenschaftliche Philosophie, 14.*

GOMBRICH, E. [1960] *Art and Illusion,* Phaedon, London.

GREGORY, R. L. [1966] *Eye and Brain,* Weidenfeld & Nicolson, London.

GREGORY, R. L., und GOMBRICH, E. (eds) [1973] *Illusion in Nature and Art,* Duckworth, London.

HADAMARD, J. [1954] *The Psychology of Invention in the Mathematical Field,* Dover, New York.

HARDY, A. [1965] *The Living Stream,* Collins, London.

HOLLOWAY, R. L. [1974] »The casts of fossil hominid brains«, *Scientific American, 231,* Juli, S. 106–115.

INGVAR, D. H. [1975] »Patterns of Brain Activity Revealed by Measurements of Regional Blood Flow«, in: *Brain Work,* hrsg. v. D. H. Ingvar und N. A. Laser, Munksgaard, Kopenhagen, S. 397–413.

JENNINGS, H. S. [1933] *The Universe and Life,* Yale University Press, New Haven; Oxford University Press, London.

JULESZ, B. [1971] *Foundations of Cyclopean Perception,* University of Chicago Press, Chicago.

KÖHLER, W. [1920] *Die physischen Gestalten in Ruhe und im stationären Zustand,* Vieweg, Braunschweig.

LAND, E. H. [1959] »Experiments in Colour Vision«, *Scientific American,* Mai 1959.

LEWIN, K. [1922] *Die Begriffe der Genese in Physik, Biologie und Entwicklungsgeschichte,* J. Springer, Berlin.

LORD, A. B.   [1960]   *The Singer of Tales,* Harvard University Press, Cambridge, Mass.

MAYR, E.   [1963]   *Animal Species and Evolution,* The Belknap Press, Harvard University Press, Cambridge, Mass.

                        [1976]   *Evolution and the Diversity of Life,* The Belknap Press, Harvard University Press, Cambridge, Mass.

PENFIELD, W.   [1969]   »Science, the arts and the spirit«, *Trans. Royal Society of Canada, 7,* S. 73–83.

PLACE, U. T.   [1956]   »Is consciousness a brain process?«, *British Journal of Psychology, 47,* S. 44–51.

PLATON   *Gesetze*

                                 Timaios

POPPER, K. R.   [1963(a)] *Conjectures and Refutations,* Routledge & Kegan Paul, London.

                       [1972(a)] *Objective Knowledge: An Evolutionary Approach,* Clarendon Press, Oxford.

                       [1973(a)] »Indeterminism is Not Enough«, *Encounter, 40,* Nr. 4, S. 20–26.

                       [1973(i)] *Objektive Erkenntnis: Ein revolutionärer Entwurf,* Hoffmann und Campe, Hamburg. (Siehe auch [1974(e)])

                       [1976(g)] *Unended Quest,* Fontana/Collins, London.

RYLE, G.   [1949]   *The Concept of Mind,* Hutchinson, London.

                       [1969]   *Der Begriff des Geistes,* Übers. von K. Baier, überarb. von G. Patzig u. U. Steinvorth, Stuttgart.

SCHRÖDINGER, E.   [1952]   »Are there quantum jumps?«, *British Journal for the Philosophy of Science, 3,* S. 109–123 und 233–242.

                       [1967]   *What is Life? & Mind and Matter,* Cambridge University Press, Cambridge.

                       [1951]   *Was ist Leben?,* 2. Aufl., München.

                       [1959]   *Geist und Materie,* Vieweg, Braunschweig.

SHERRINGTON, C.   [1940]   *Man on His Nature,* Cambridge University Press, Cambridge.

                       [1969]   *Körper und Geist,* Der Mensch über seine Natur, Schünemann, Bremen.

SMART, J. J. C.   [1959]   »Sensations and brain processes«, *Philosophical Review,* LXVIII, S. 141–156.

THORPE, W. H.   [1974]   *Animal Nature and Human Nature,* Methuen, London.

WIGNER, E. P.   [1969]   »Are we Machines?«, *Proceedings of the American Philosophical Society, 113,* S. 95–101.

Namenregister*

* Kursiv gedruckte Seitenzahlen beziehen sich auf die Bibliographie.

Acuna, C. siehe Mount-castle, V. B. 331
Adam, G. *487*
Adam, J. 210
Adams, R. D. siehe Victor, M. 471
Adrian, E. D. 192, 457, *487*
Agranoff, B. W. 464, *487*
Akert, K. 472, *487*
Akert, K. siehe Warren, J. M. 419, *501*
Alajouanine, T. 407, *487*, 623, *666*
Alexander von Aphrodisias *260*
Alkmaeon 153, 203
Allen, G. I. 18
Allen, G. I. und Tsukahara, N. 351, 352, 353, 354, 355, *487*
Allen, J. 17
Anaxagoras 202, 213
Anaximander 206
Anaximenes 201, 202, 206
Andersen, P., Bland, B. H. und Dudar, J. D. 476, *487*
Andersen, P., Bliss, T. V. P. und Skrede, K. K. 476, 477
Arbib, M. A. siehe Szentágothai, J. *500*
Aristoteles 56, 57, 96, 143, 150, 154, 190, 191, 192, 193, 196, 202, 203, 204, 205, 207, 208, 209, 210, 211, 215, 216, 217, 220, 221, 222, 223, 229, 241, 242, 243, *260*

Armstrong, D. M. 27, 109, 127, 128, 129, 136, 137, 168, 255, *260*, 281, 435, *487*, 657, 661, 662, *666*
Arnauld, D. 221, 229, 254, *260*
Augustinus 208, 221, 229, *260*
Austin, G., Hayward, W. und Rouhe, S. 399, *487*
Austin, J. L. 86, *260*
Avenarius, R. 215

Bacon, F. 219
Bahle, J. 141, 142, *261*
Bailey, C. 57, 106, *261*
Bailey, P., Bonin, G. von, Garol, H. W. und McCulloch, W. S. 374, *487*
Bain, A. 138
Baldwin, J. M. 32
Barlow, H. B. 432, 435, 440, *487*
Barondes, S. H. 464, 465, 482, 486, *487*
Basser, L. S. 401, 426, *487*
Battersby, W. S. siehe Teuber, H.-L. 324, 330, 415, *500*
Bayle, P. 254
Beaumont, J. G. siehe Dimond, S. J. 425
Bechterew, W. von 173, 174
Bell, J. 90
Bellugi, U. siehe Bronowski, J. 374, *488*
Beloff, J. 120, 132, 152, 154, 160, 162, 214, 227, *261*
Bender, D. B. siehe Gross, C. G. 328, *492*

Bender, M. B. siehe Teuber, H.-L. 324, 330, 415, *500*
Bentham, J. 241
Bergson, H. 31, 175, 181, *261*
Berkeley, G. 26, 79, 162, 191, 215, 235, 241, 247
Berlucchi, G. 422, *487*
Berlyne, D. B. 435, *487*
Blackmore, J. T. 27, *261*, *487*
Blakemore, C. B. 483
Blakemore, C. B. siehe Ettlinger, G. 321, 397, *490*, 556
Bland, B. H. siehe Andersen, P. 476
Bliss T. V. P. 18
Bliss, T. V. P. siehe Andersen, P. 476, 477
Bliss, T. V. P. und Gardner-Medwin, A. R. 459, 461, *488*
Bliss, T. V. P. und Lømo, T. 458, 459, 460, *488*
Blumberg, A. E. 115
Bocca, E., Calearo, C., Cassinari, V. und Migliavacca, F. 368, *488*
Bogen, J. E. 380, 384, 396, 424, *488*
Bogen, J. E. siehe Sperry, R. W. 374, 377, 378, 379, 380, 396, 424, *499*, 573
Bogoch, S. *488*
Bohm, D. 56, 58, *261*
Bohr, N. 26, 63, *261*, 638, *666*
Bonin, G. von siehe Bailey, B. 374, *487*

Sachregister

Karl R. Popper

Auf der Suche nach einer besseren Welt

Vorträge und Aufsätze aus dreißig Jahren. 282 Seiten. SP 699

Karl Raimund Popper zählt zu den bedeutendsten Philosophen dieses Jahrhunderts. Sein »kritischer Rationalismus« und seine Konzeption der »offenen Gesellschaft« haben nachhaltigen Einfluß auf die Philosophie, die Wirtschafts- und Sozialwissenschaften und auf die Politik der westlichen Welt ausgeübt – sie tun dies bis heute. Der vorliegende Band – vom Autor selbst gestaltet – versammelt zentrale Vorträge und Aufsätze Poppers aus dreißig Jahren. Die Texte faszinieren durch ihre lebendige und klare Sprache. Sie konfrontieren den Leser mit Poppers großen Themen und mit der Vielfalt seines Denkens.

»Die Textsammlung ist selbst für versierte Popper-Kenner noch anregend und aufschlußreich.«
Das Parlament

»Wer Popper wenig oder nicht gelesen hat, wird hier einen vortrefflichen Überblick über sein Denken gewinnen.«
Die Presse

Alles Leben ist Problemlösen

Über Erkenntnis, Geschichte und Politik. 336 Seiten. SP 2300

Karl Popper, einer der einflußreichsten Denker des 20. Jahrhunderts, hat an diesem Buch bis zu seinem Tod gearbeitet. In den sechzehn Texten kommen noch einmal die großen Themen zur Sprache, die sein Lebenswerk beherrscht haben: Fragen der Erkenntnis und der Beschränktheit der Wissenschaft, der Frieden, die Freiheit, die Verantwortung der Intellektuellen, die offene Gesellschaft und ihre Feinde.

»Karl Popper gehört mit Sigmund Freud und Ludwig Wittgenstein zu den Söhnen der jüdischen Bürgerschicht von Wien, deren Gedanken die geistige Landschaft Europas … verändert und geprägt haben.«
Frankfurter Allgemeine

John C. Eccles

Die Evolution des Gehirns – die Erschaffung des Selbst

Aus dem Englischen von Friedrich Griese. 450 Seiten mit 110 Abbildungen. SP 3709

»Ich finde dieses Buch einzigartig. Seit Darwins *Descent of Man* ist die Frage nach der Abstammung des Menschen intensiv erörtert worden, aber nie zuvor hat ein Hirnforscher das gesamte Tatsachenmaterial im Hinblick auf das bedeutendste der großen Probleme – die Evolution des menschlichen Gehirns und des menschlichen Geistes – zusammengetragen.«
Sir Karl Popper

»Das allgemeinverständlich geschriebene Buch ist die Summe eines großen Forscherlebens.«
Frankfurter Allgeemeine Zeitung

Karl R. Popper / John C. Eccles

Das Ich und sein Gehirn

Aus dem Englischen von Angela Hartung und Willy Hochkeppel, unter wissenschaftlicher Mitarbeit von Otto Creutzfeldt. 699 Seiten mit 66 Abbildungen. SP 1096

»Ein ungemein gedankenreiches Buch, das seine Hypothesen in ruhiger, verständlicher Sprache vorträgt. Die Autoren führen ein in ein wichtiges Gebiet heutiger Philosophie und Naturforschung, ohne die vielfältigen problemgeschichtlichen Zusammenhänge zu vernachlässigen ... ein Werk, dem in der gegenwärtigen Literatur eine herausragende Stellung zukommt«
Frankfurter Allgemeine Zeitung

»Das Gehirn gehört dem Ich. Worin das Verdienst ihrer Hypothese liegt, haben Popper und Eccles gleich selbst trefflich formuliert: ›Sie gibt den Menschen das Empfinden für Wunder, für Mysterien und für Wert zurück.‹«
Die Zeit

Paul Watzlawick

Die erfundene Wirklichkeit

Wie wissen wir, was wir zu wissen glauben? Beiträge zum Konstruktivismus. Herausgegeben von Paul Watzlawick. 326 Seiten mit 31 Abbildungen. SP 373

Vom Unsinn des Sinns oder vom Sinn des Unsinns

Mit einem Vorwort von Hubert Christian Ehalt. 83 Seiten. SP 1824

»Wenn sich der brillante Philosoph und Psychoanalytiker Paul Watzlawick Gedanken über den Sinn und seine Täuschungen macht, ist Konzentration gefragt. Trotz aller Verwirrung und sprachmächtigen Wortspielereien behandelt er nämlich die zentrale Frage der menschlichen Existenz. Unbedingt ernstzunehmen.«
Forbes

Vom Schlechten des Guten

oder Hekates Lösungen 251 Seiten. SP 1304

Ferngelenkt von der finsteren Schicksalsgöttin Hekate sitzen wir unermüdlich den scheinbar hundertprozentigen Lösungen auf, weil ein ehrbares Prinzip, eine Ideologie oder das Streben nach Sicherheit und Glück uns übersehen lassen, daß die Lösung eines Problems oft nur ein Trugschluß ist.

Anleitung zum Unglücklichsein

132 Seiten. SP 2100

»Eine amüsante Lektüre für Leute, wie mich, die dazu neigen, sich das Leben schwer zu machen – ohne zu wissen, wie sie das eigentlich anstellen. Ein Lesevergnügen mit paradoxem Effekt. Das Nichtbefolgen der ›Anleitung zum Unglücklichsein‹ ist die Voraussetzung dafür, glücklich sein zu können.«
Brigitte

Paul Watzlawick / Franz Kreuzer
Die Unsicherheit unserer Wirklichkeit

Ein Gespräch über den Konstruktivismus. Mit einem Beitrag von Paul Watzlawick. 76 Seiten. SP 742

Paul Watzlawick / John H. Weakland (Hrsg.)
Interaktion

Menschliche Probleme und Familientherapie. Forschungen des Mental Research Institute 1965–1974. 526 Seiten mit 15 Abbildungen. SP 1222